航天科技图书出版基金资助出版

星球巡视器

——太阳系的无人探测

Planetary Rovers

Robotic Exploration of the Solar System

［加］亚历克斯·埃勒里（Alex Ellery） 著

彭 松 廖慧兮 陶 灼 李海飞 赵小宇 译

中国宇航出版社

·北 京·

Translation from the English language edition：

Planetary Rovers：Robotic Exploration of the Solar System

by Alex Ellery

ISBN 978-3-642-03258-5

Copyright © Springer-Verlag Berlin Heidelberg 2016

All Rights Reserved

本书中文简体字版由著作权人授权中国宇航出版社独家出版发行，未经出版社书面许可，不得以任何方式抄袭、复制或节录本书中的任何部分。

著作权合同登记号：图字：01-2020-2913 号

图书在版编目（ＣＩＰ）数据

星球巡视器：太阳系的无人探测／（加）亚历克斯·埃勒里著；彭松等译. -- 北京：中国宇航出版社，2021.1

书名原文：Planetary Rovers：Robotic Exploration of the Solar System

ISBN 978-7-5159-1799-3

Ⅰ.①星… Ⅱ.①亚… ②彭… Ⅲ.①太阳探测器

Ⅳ.①V476.4

中国版本图书馆 CIP 数据核字(2020)第 124407 号

| 责任编辑 | 彭晨光　朱琳琳 | 封面设计 | 宇星文化 |

中国宇航出版社

出版发行			
社　址	北京市阜成路8号　邮　编　100830	版　次	2021年1月第1版
	(010)60286808　　(010)68768548		2021年1月第1次印刷
网　址	www.caphbook.com	规　格	787×1092
经　销	新华书店	开　本	1/16
发行部	(010)60286888　　(010)68371900	印　张	37.25　彩　插　32面
	(010)60286887　　(010)60286804(传真)	字　数	907千字
零售店	读者服务部　　(010)68371105	书　号	ISBN 978-7-5159-1799-3
承　印	天津画中画印刷有限公司	定　价	168.00元

本书如有印装质量问题，可与发行部联系调换

航天科技图书出版基金简介

航天科技图书出版基金是由中国航天科技集团公司于 2007 年设立的，旨在鼓励航天科技人员著书立说，不断积累和传承航天科技知识，为航天事业提供知识储备和技术支持，繁荣航天科技图书出版工作，促进航天事业又好又快地发展。基金资助项目由航天科技图书出版基金评审委员会审定，由中国宇航出版社出版。

申请出版基金资助的项目包括航天基础理论著作，航天工程技术著作，航天科技工具书，航天型号管理经验与管理思想集萃，世界航天各学科前沿技术发展译著以及有代表性的科研生产、经营管理译著，向社会公众普及航天知识、宣传航天文化的优秀读物等。出版基金每年评审 1～2 次，资助 20～30 项。

欢迎广大作者积极申请航天科技图书出版基金。可以登录中国宇航出版社网站，点击"出版基金"专栏查询详情并下载基金申请表；也可以通过电话、信函索取申报指南和基金申请表。

网址：http：//www.caphbook.com

电话：（010）68767205，68768904

推荐序

1957 年，苏联斯普特尼克 1 号成为第一个环绕地球的人造卫星，标志着人类利用航天器对宇宙探索的大幕徐徐拉开。飞掠和环绕的探测方式通常是访问地外天体的第一步，惊鸿一瞥或者遥遥相望所获得的图像极大地丰富了人类的想象力，同时激发了人类更为深入探索的欲望。为了获得更多、更细致的科学数据，人类制造了可以抵达星球表面进行原位勘察的探测器，其中包括同地球上车辆概念对等的星球巡视器，其所具有的能够抵达不同地点的移动性，可以不断地拓展探测范围，大大增加了探测任务的科学产出。

早在 20 世纪 70 年代，苏联就利用月球车 1 号和 2 号成功进行了月面巡视探测，获得了月球地形地貌、月壤力学特性等科学数据。美国在阿波罗 15 号、16 号和 17 号任务中利用载人月球车辅助航天员进行月面活动，显著扩大了航天员的活动范围。成功进行月球探测之后，与地球毗邻而且相似的火星成为人类地外天体探测的又一焦点，特别是巡视探测一次又一次地刷新了人们对这颗红色星球的认识。1997 年登陆火星的"旅居者"实现了人造物体在火星表面的首次巡视探测，随后的"机遇""勇气"和"好奇"都在火星表面进行了卓有成效的探测，如今"毅力"也开始奔赴火星。探寻资源和发现地外生命的愿望会一直驱动人类研制更加智能、携带更多科学载荷的巡视器"驰骋"星球。

我国的月球与深空探测事业起步较晚但起点高。过去的十几年间，月球探测任务实现了"六战六捷"，特别是两只可爱的"玉兔"在月球上印上了中国足迹：嫦娥三号巡视器实现了中国首次月面巡视探测，嫦娥四号巡视器实现了人类首次月背巡视探测。中国的首个火星探测器天问一号正在奔赴红色星球的路上，未来火星巡视器也将在橙红色的火壤上刻上中国印记，可以说我国的星球巡视探测取得了长足进展和阶段性突破。为了更加全面深入地掌握巡视器技术，吸收世界上其他国家巡视器研制的经验和教训，同时也为了激发更多民众和学生对星球巡视器的兴趣，作为我国月球与深空探测技术总体单位的中国空间技术研究院总体设计部组织翻译了《Planetary Rovers—Robotic Exploration of the Solar System》一书。该书作者是加拿大渥太华卡尔顿大学的亚历克斯·埃勒里（Alex Ellery）教授，他结合自己多年的航天器研制经历和教学过程，逐步凝练形成本书。书中全面细致地介绍了星球巡视器的发展历史、技术现状与发展趋势，对星球巡视器的设计及相关技术的研究具有很好的借鉴意义，也是提供给航天爱好者的一本系统全面的科普读物。

2017 年，我曾为《Robotic Exploration of the Solar System》一书四卷的中译本作序，

而《Planetary Rovers—Robotic Exploration of the Solar System》一书和上述四卷书关系紧密、内容衔接，译者都是我国常年工作在月球与深空探测领域一线的青年科研人员，他们中大多数人参与了我国月球巡视器和火星巡视器的研制工作，具有丰富的工程经验，同时密切跟踪国际星球巡视器的技术动态和发展方向，对星球巡视器倾注了热爱和激情，对相关技术有着深刻的认识，在翻译过程中最大程度地保留了原书特色，并力求使文字表达符合中国航天工程习惯，使得此书有更强的可读性。他们相继译出国际上这一方面有影响的书，介绍给国内的读者，充分反映了他们对事业的热爱和对高度的不断追求。

　　从"嫦娥""玉兔""鹊桥"到"天问"，中国人在航天事业这条大路上不断迈进，古人的神话正在一步一步变成现实，我们由"日月安属，列星安陈"的好奇和向往，走向了"前望舒使先驱兮，后飞廉使奔属"的探索和勘察。在充满风险和挑战的月球和深空探测之路上，梦想从未停止，脚步始终向前，未来中国对小行星、木星系、火星后续等的探测任务也将逐步拉开帷幕，将会有更多中国制造的智能"车辆"行驶在遥远异域，成为开辟人类新家园的探路者。"路漫漫其修远兮"，希望本书的出版，能够吸引更多的人关注深空，助力月球与深空探测事业的发展，让人类的脚步走得更远。星球上本没有路，行驶的车多了也就有了路。

译者序——异想天开，脚踏实地

在浩瀚的宇宙中，地球犹如天地一蜉蝣，沧海一粟粒，是渺小而孤独的存在，地球上的人们坐地日行八万里，遥看列星随旋，日月递炤。当人们仰望天空，都不乏对这片神秘深邃空间产生源源不断的强烈好奇与万千遐想：天穹的杂乱星点上环境如何？是否有生命存在？

其中，月球作为距离地球最近的星体，如同古老的情感海绵般，承载了古往今来无数异想天开的企盼：人们想象月球是仙界，中国神话中奔月嫦娥与捣药玉兔在广寒宫相依相伴，日本传说中天女辉夜姬下凡人间游历一遭后终回月宫；人们想象月球是异世界，古罗马作家琉善在《真实的故事》中假想月球人以三头一身的秃鹰为坐骑，德国天文学家开普勒在《梦》中假想月球上住着体型硕大的生物，白天出没，居于洞穴、岩缝之中；人们想象月球是乌托邦，英国史学家弗朗西斯·戈德温在《月中人》中想象月球上具有良好优美的自然景观，月球人居于面对地球的一侧，人人都快乐满足，社会美好至极，寻不到一丝"恶"的影子。历史长河滚滚向前，这些"异想天开"生生不息，见证了人类文明史上宗教、艺术、思想等发展变革的浪潮。然而，它们终归是想象，无法回答"月球是什么样子""是否有生命存在"等问题。

从20世纪50年代开始，各国竞相开展深空探测活动，以月球、火星、小行星等为目标星体，将想象层面的探索落实到了技术层面。特别是巡视器的诞生，使得探测器可以在地外天体表面"脚踏实地"地漫游，代替人类"边走边看"，获取了大量的精细科学数据。截至2020年，共有11辆巡视器成功登陆月球或火星表面，中国的天问一号和美国的毅力号正在奔往火星。这些巡视器担负着沉甸甸的希望，带领我们领略星球的浩瀚，回答着沧海桑田的问卷。

星球巡视器作为一种特殊的航天器，首先它具有航天器的典型特征；同时它作为一种适应星表复杂环境、具有移动能力的航天器，和常规在轨飞行的航天器又有显著的不同。亚历克斯·埃勒里（Alex Ellery）教授结合其多年的航天器研制经历和教学经验，撰写了《Planetary Rovers—Robotic Exploration of the Solar System》一书。书中开篇论述了巡视器的特点及探测优势，指明了巡视器的应用方向，并讨论了研制巡视器的航天项目管理方法；接着介绍了巡视器工作的星球环境，对以往成功执行任务的各类巡视器进行全面调研和总结；然后对巡视器的移动、传感控制、机器视觉、自主导航、路径规划、机构样品采集、自主科学探测等技术细节进行了深入论述，并给出了研究案例；最后展望了巡视器的发展趋势，讨论了未来巡视器的研制理念。作者平衡了知识体系的深度与广度，尽量全面细致地解读巡视器系统，通过此书您可以看到，巡视器的每一步"脚踏实地"都来之不易，承载着无数科研人员的汗水与梦想。

　　本书的译者是一群对深空探测事业饱含热情与激情的航天工作者，大部分译者参与了我国月球巡视器和火星巡视器的研制，具有丰富的工程经验；工作中密切跟踪国际星球巡视器的技术动态和发展方向，以期对巡视器有更深刻的认识；在翻译过程中根据各自的研究方向对全书内容进行了匹配分工，力求实现更精准的表达。本书的顺利完稿也离不开译者所在单位中国空间技术研究院总体设计部的大力支持，型号副总指挥黄晓峰、研究室主任杜颖策划并组织了翻译工作，型号副总师贾阳对本书进行了全面的把关，巡视器研制项目组的研究生莫琪、孟德利、张天翼、田鹤等为本书部分章节提供了细致的编辑和校对工作，在此表示衷心的感谢。在星辰大海征途中奋勇前行的这些年让我们深知，每一本与航天器技术相关的著作，都凝聚着一代又一代航天人的辛勤汗水与智慧，因而翻译此书时，我们既饱含对深空探测的热忱，又满怀对航天前辈的敬意，希望此书能为知识的薪火相传略尽绵力。限于译者的水平，书中难免有不妥之处，恳请专家和读者批评指正。

　　写在最后，我们给您一个阅读本书的小小建议。虽然这是一本技术性较强的著作，我们仍建议您抱着"异想天开，脚踏实地"的心态去品读它。从混沌到明朗，从来不是一蹴而就的，用"异想天开"去培养兴趣，用"脚踏实地"去研读并实现书中的技术，同时不要将思维受限于此，站在书中先进技术的肩膀上，开启新一轮的"异想天开"，去不断突破科技的上限。

前　言

　　随着太空探测任务由星球飞掠、环绕向原位探测发展，特别是利用巡视器的移动优势进行探测这项技术的发展，似乎适合推出一本书将许多分散的星球巡视器技术汇聚成一个系统。当然，我不能声称该书能覆盖该领域的全部内容。然而，我试图提供宽广的覆盖面，并在不牺牲深度的基础上令每一章节都能够详述和巡视器相关的内容。但更进一步讲，尽管我试图全面审查参考文献的完整性，却仍难免会出现意外疏漏——关于这点我表示歉意，希望读者能随时向我提供可能纳入将来版本的缩略信息。

　　这本书的目标受众是想要了解星球巡视器技术细节以及这些技术在不久的将来如何发展的任何人。他们可能主要是研究生，将要毕业的本科生，以及参与星球巡视器开发的行业工程师。我结合自己多年的航天器研制经历，包括在工业界和学术界研究所参与项目的经历，如英国萨里空间中心（Surrey Space Centre）的移动机器人计算机模拟项目、英国的 ExoMars 巡视器项目，以及加拿大航天局 Kapvik 微型巡视器原理样机的机器人系统项目，形成了我在卡尔顿大学讲授的星球巡视器课程，并在教学过程中逐步形成该书。Kapvik 微型巡视器被设计成可从地面爬起的模拟平台去进行星球探测（和配备推力器的装置不同），尽管蒙特利尔的 MPB 通信集团作为主承包商，但我的卡尔顿大学团队承担了设计工作并且作为移动机器人核心方面（移动系统、电机控制航空电子学、自主导航、视觉处理、成像控制以及其他电机单元）的技术权威。事实上，这些设计基于我前些年在英国研制的先锋火星巡视器任务，该巡视器的图片和文字说明可以适用于任何星球巡视器项目。

致 谢

  我要感谢我的前同事和现同事，尤其是萨里空间中心对我成长为航天工程师产生深远影响的同事，这表明即使是经验丰富的工程师，也可以学到很多。我要感谢我之前和现在的研究生和博士后研究人员，他们提供了许多用于出版的图片。这些人员包括 Yang Gao 博士、Ala Qadi 博士、Nildeep Patel 博士、Elie Allouis 博士、Brian Lynch 博士、Adam Mack，Tim Hopkins，Tim Setterfield，Cameron Frazier，Marc Gallant，Rob Hewitt，Chris Nicol，Matt Cross，Helia Sharif，Mark Swarz，Jesse Hiemstra，Adam Brierley 以及其他人。对于无意中忽略的人我表示歉意。

亚历克斯·埃勒里

空间探索工程集团（SEEG）

卡尔顿大学，渥太华

关于作者

亚历克斯·埃勒里教授是加拿大渥太华卡尔顿大学空间机器人、空间机械技术与宇航工程系的研究主席。他拥有物理学学士（荣誉）学位、天文学硕士学位以及航空与航天工程博士学位。他也是国际空间大学的校友。他是一位特许工程师，是工程与技术研究所、机械工程研究所、皇家航空学会的研究会员。他曾在萨里大学的萨里空间中心被机械工程师学会授予乔治·斯蒂芬森勋章（2005 年），并曾担任英国天体生物学协会的主席（2005、2006 年）。

缩 略 词

A – DREAMS	Advanced DREAMS	高级 DREAMS（DREAMS：Dust characterization，Risk assessment，and Environment Analyzer on the Martian Surface，火星表面的尘埃特性、风险管理、环境分析）
ACWP	Actual Cost of Work Performed	已实施工作的实际成本
ADC	Acoustic Digital Current	声数字电流
ADC	Aide – De – Camp	航天员副官
ADC	Analog – Digital Converter	模数转换器
ADC	Analog – to – Digital Conversion	模数转换
ALU	Arithmetic Logic Unit	算数逻辑单元
AMCW	Amplitude Modulated Continuous Wave	振幅调节连续波
APS	Active Pixel Sensor	有源像元敏感器
APXS	Alpha Particle（or Proton）X – ray Spectrometer	α 粒子 X 射线光谱仪
ARM	Anthropomorphic Robotic Manipulator	仿生自动操纵器
ARM	Articulated Robotic Manipulator	仿生自动操纵器
ARMA	AutoRegressive Moving Average	自回归滑动平均
ASIC	Application – Specific Integrated Circuit	特定应用集成电路
ASM	Augmented Finke Statement Machine	增强定时器
ASPEN	Automated Scheduling and Planning Environment	自动调度和规划环境
ATHLETE	All – Terrain Hex – Legged Extra – Terrestrial Explorer	全地形六腿地外探测器

ATP	Adenosine triphosphate	三磷酸腺苷
AUDOS	Aberdeen University Deep Ocean Submersible	阿伯丁大学深海潜水器
AuRA	Autonomous Robot Architecture	自主机器人架构
AUV	Autonomous Underwater Vehicle	自主潜水器
AVATAR	Autonomous Vehicle Aerial Tracking and Reconnaissance	自主航空跟踪和侦察探测器
AWG	American Wire Gauge	美国线缆测量标准
AXS	Alpha – X – ray Spectrometer	α – X 射线光谱仪
BACON	General scientific law	通用科学定律
BCWP	Budgeted Cost for Work Performed	已实施工作的预算成本
BCWS	Budgeted Cost for Work Scheduled	计划工作的预算成本
BD	Bayesian Dirichlet	贝叶斯狄利克雷
BEES	Bio – inspired Engineering of Exploration Systems	生物启发探索系统
BF	Boundary Following	边界跟踪
BISMARC	Biologically Inspired System for Map – based Autonomous Rover Control	实现基于地图的自动巡视器控制的生物激励系统
BN	Bayesian Network	贝叶斯网络
BRISK	Binary Robust Invariant Scalable Keypoint	二进制鲁棒不变尺度关键点
CAMPOUT	Control Architecture for Multirobot Planetary OUTpost	多机器人行星控制架构
CAN	Controller Area Network	控制局域网
CANX	CANadian Advanced Nanospace eXperiment	加拿大先进航天实验室
CASPER	Continuous Activity Scheduling Planning and Replanning	连续活动调度规划和再规划
CASPER	Continuous Activity Scheduling Planning Execution and Replanning	连续活动调度规划执行和再规划
CCD	Charge Coupled Device	电荷耦合器件

CCIR	Consultative Committee on International Radio	国际无线电咨询委员会
CDH	Command and Data Handling	指令和数据操作
CEBOT	CEllular roBOT	蜂窝机器人系统
CELSS	Closed – loop Environmental Life Support System	闭环环境生命保障系统
CER	Cost – Estimation Relationship	成本估算关系
CESAR	Common controller for European Space Automation and Robotics	欧洲空间自动化和机器人的通用控制器
CFRP	Carbon Fiber Reinforced Polymer	碳纤维增强聚合物
CG	Center of Gravity	重心
CHIMRA	Collection and Handling for In situ Martian Rock Analysis	收集和处理火星岩石并进行原位分析
CHIRPS	Cryo – Hydro Integrated Robotic Penetrator System	穿冰–游泳集成机器人穿透系统
CI	Cone Index	圆锥指数
CID	Charge Injection Device	电荷注入器件
CKF	Cubature Kalman Filter	容积卡尔曼滤波器
CMDL	Conditional Minimal Description Length	条件最小描述长度
CMOS	Complementary Metal Oxide Semiconductor	互补金属氧化物半导体
CNES	Centre National d' Etudes Spatiales	法国国家空间研究中心
CogAff	Cognition and Affect	认知和影响
COTS	Commercial Off The Shelf	商业化货架式
CPM	Critical Path Method	关键路径方法
CPU	Central Processing Unit	中央处理器
CSA	Canadian Space Agency	加拿大航天局
CTD	Conductivity Temperature and Depth	传导率、温度和深度
CV	Cost Variance	成本偏差
DAC	Digital – to – Analog Conversion	数模转换器

DAMN	Distributed Architecture for Mobile Navigation	移动式导航的分布式结构
DARE	Directed Aerial Robot Explorer	定向空中机器人探测器
DARPA	Defense Advanced Research Projects Agency	达帕（先进防御研究调查机构）
DC	Direct Current	直流
DeeDri	Deep Driller	深层钻机
DEM	Digital Elevation Map	数字高程图
DEM	Digital Environment Mapping	数字环境图
DENDRAL	Mass spectrometer data	质谱仪数据
DLR	German Aerospace Center	德国宇航中心
DNA	Deoxyribonucleic acid	脱氧核糖核酸
DOF	Degree Of Freedom	自由度
DOG	Difference – of – Gaussian (function)	高斯差分（函数）
DP	Drawbar Pull	车辆牵引力
DPSK	Differential Phase Shift Keying	差分相移键控
DRAM	Dynamic RAM	动态 RAM
DREAMS	Dust characterization，Risk assessment，and Environment Analyzer on the Martian Surface	火星表面的尘埃特性、风险管理、环境分析
DS2	Deep Space 2	深空二号
DSP	Digital Signal Processor	数字信号处理器
DTM	Digital Terrain Map	数字地形构造图
DTM	Digital Terrain Model	数字地形模型
EDAC	Error Detection and Coding	错误检测和校正
EDL	Entry Descent and Landing	进入、下降和着陆
EDLS	Entry Descent and Landing System	进入、下降和着陆系统
EEPROM	Electrically Erasable Programmable Read Only Memory	电子可擦除可编程只读存储器

EIA	Electronic Industries Alliance	电子设备联合
EKF	Enhanced Kalman Filter	增强卡尔曼滤波器
EKF	Extended Kalman Filter	扩展卡尔曼滤波器
ELF	Extremely Low Frequency	极低频
ELMS	Elastic Loop Mobility System	弹性环路移动系统
EPFL	École Polytechnique Fédérale de Lausanne（法语）	洛桑联邦理工学院
ESA	European Space Agency	欧洲空间局（简称欧空局）
ESOC	European Space Operations Centre	欧洲空间操作中心
EVA	ExtraVehicular Activity	舱外活动
FAMOUS	Flexible Automation Monitoring & Operation Users Station	灵活自动监控和操作用户站
FET	Field Effect Transistor	场效应晶体管
FIDO	Field Integrated Design and Operations	场集成设计和操作
FIR	Far InfraRed	远红外
FIRAS	Force Involving Artificial Repulsion from the Surface	表面虚拟斥力
FLOPS	FLoating – point Operations Per Second	每秒浮点运算次数
FOC	Focus Of Contraction	收缩焦点
FOE	Focus Of Expansion	延伸焦点
FORMID	Formal robotic Mission Inspection and Debugging（tool）	正式的机器人任务检验和调试（工具）
FOV	Field Of View	视场
FPGA	Field Programmable Gate Array	现场可编程门阵列
FREAK	Fast REtinA Keypoint	快速视网膜关键点
FSK	Frequency Shift Keying	频移键控
FSMs	Finite State Machine of registers and timers with output wires	由寄存器、计数器和输出线组成的有限状态机
GAP	Gas Analysis Package	气体分析包

GCMS	Gas Chromatography Mass Spectrometer	气相色谱-质谱仪
GCOM	Gray level Co Occurrence Matrix	灰度共生矩阵
GESTALT	Grid – based Estimation of Surface Traversibility Applied to Local Terrain	局部地形表面可通过性的网格估计方法
GLCOM	Gray – Level Co – Occurrence Matrix	灰度共生矩阵
GNRON	Goal Not Reachable with Obstacles Nearby	目标不能与附近的障碍物接触
GPS	Global Positioning System	全球定位系统
GVF	Gradient Vector Flow field	梯度矢量流场
H&S	Health & Safety	健康及安全
HARVE	Unmanned ultra High Altitude Reconnaissance Vehicle	无人极高地形侦察器
HERRO	Human Exploration using Real – time Robotic Operations	用实时机器人操作的人类探测活动
HMM	Hidden Markov Model	隐马尔可夫模型
HO	Human Operator	操作人员
HSV	Hue，Saturation，and Value	色调、饱和度和值
HUF	HangUp Failure	悬挂失效
IARES	Illustrateur Autonome de Robotique mobile pour l'Exploration Spatiale（法语）	用于空间探索的自主移动机器人插画家
ICE	Integrated Cryobot Experimental	集成穿冰机器人实验
ICER	Image compressor	图像压缩
IDD	Instrument Deployment Device	仪器投放装置
IDDS	Inchworm Deep Drilling System	尺蠖深钻系统
IIR/FIR	Infinite Impulse Response/Finite Impulse Response	有线脉冲应答/无线脉冲应答
IMU	Inertial Measurement Unit	惯性测量单元
IP	Internet Protocol	互联网协议
IQM	Image Quality Measurement	图像质量测量
ISRU	In Situ Resource Utilization	原位资源利用

ISS	International Space Station	国际空间站
JPEG	Joint Photographic Experts Group	联合图像专家组（一种图像格式）
JPL	Jet Propulsion Laboratory	喷气推进实验室
LAAS	Local Area Augmentation System	局域增强系统
LAN	Local Area Network	局域网
LAVA	Lunar Advanced Volatile Analysis	月球高等挥发物分析系统
LCROSS	Lunar Crater Remote Observation and Sensing Satellite	月球陨坑远程观测和遥感卫星
LED	Light Emitting Diode	光发射二极管
LIBS	Laser Induced Breakdown Spectroscopy	激光感应分析仪
LIDAR	LIght Detection And Ranging	雷达
LITA	Life In The Atacama	阿塔卡马生命
LocSyn	Locomotion Synthesis	运动综合软件
LOG	Laplacian of Gaussian (filter)	高斯拉普拉斯（滤波器）
LRM	Lunar Rover Mockup	月球巡视器模型
LRO	Lunar Reconnaissance Orbiter	月球勘测轨道器
LRV	Lunar Rover Vehicle	月球车
LUMOT	Locomotion Concepts Analysis for Moon Exploration	月球探测机动概念分析
LVDS	Low – Voltage Differential Signal	低压差分信号
LWF	Line Weight Function	线性权重函数
MANTA	Mars Nano/Micro – Technology Aircraft	火星纳微技术飞机
MAP	Maximum A Posteriori	最大后验
MARTE	Mars Analog Research and Technology Experiment	火星模拟研究和技术实验
MARTE	Mars Astrobiology Research and Technology Experiment	火星天体生物学研究和技术实验
MASE	Miniature Autonomous Submersible Explorer	小型自动化潜水式探测器

MASSIVA	MARS Surface Sampling and Imaging VTOL Aircraft	火星表面采样和成像垂直起降飞行器
MAV	Micro – Air Vehicle	微型飞行器
MBO	Management By Objectives	目标管理
MDA	MacDonald，Dettwiler & Associates Ltd.	麦克唐纳、迪特维利联合责任有限公司
MECA	Microscopy Electrochemistry and Conductivity Analyzer	显微镜电化学和电导率分析仪
MEMS	MicroElectroMechanical System	微型机电系统
MER	Mars Exploration Rover	火星探测漫游者
MFP	Mean Free Path	平均自由程
MI	Mobility Index	流动指数
MICE	Mars Ice Cap Explorer	火星冰层探测器
MIDD	Mobile Instrument Deployment Device	移动仪器投放装置
MINERVA	MIcro Nano – Experimental Robot Vehicle for Asteroids	小行星微纳试验机器人车辆
mini – TES	miniature Thermal Emission Spectrometer	微型热发射分光计
MISUS	Multi – rover Integrated Science Understanding System	多巡视器综合科学理解系统
MITEE	MIniature reacTor EnginE	微型反应堆引擎
MLE	Maximum Likelihood（ratio）Estimation	最大似然（比）估计
MLI	MultiLayer Insulation	多层隔热材料
MMP	Mean Maximum Pressure	平均最大压力
MMP	Mean Metric Pressure	平均测量压力
MOLA	Mars Orbiter Laser Altimeter	火星轨道激光测高仪
MPF	Mars PathFinder	火星探路者
MRF	Markov Random Field	马尔可夫的随机场
MSL	Mars Science Laboratory	火星科学实验室
MSSL	Mullard Space Science Laboratory	马拉德航天科学实验室

MtG	Motion – to – Goal	移动至目标
MUROCO	Mathematical specification and verification tool	数学描述和证明工具
MWD	Measurement While Drilling	随钻测量
NASA	National Aeronautics and Space Administration	美国国家航空航天局
NASREM	NASA – NBS Standard REference Model	NASA – NBS 标准参考模型
NBV	Neutral Buoyancy Vehicle	中性浮力潜水艇
NEAR	Near Earth Asteroid Rendezvous	近地小行星交会
NEMO	Nuclear Europa Mobile Ocean	核能欧罗巴（木卫二）移动海洋计划
NEO	Near – Earth Object	近地天体
NGP	Nominal Ground Pressure	标称地面压力
NIF	Nose – In Failure	突出点失效
NIR	Near InfraRed	近红外
NPV	Net Present Value	净现值
NRMM	NATO Reference Mobility Model	北约参考机动性模型
NTSC	National Television System Committee	美国电视系统委员会
OASIS	Onboard Autonomous Science Investigation System	器载自主科学调查系统
OASIS	Operations And Science Instrument System	操作和科学仪器系统
OBC	OnBoard Computer	器载计算机
OBS	Organization Breakdown Structure	组织结构分解
OKR	OptoKinetic Response	视动反应
OVEN	Oxygen and Volatile Extraction Node	氧原子及挥发物提取单元
PAW	Position – Actuated Workbench	位置驱动工作台
PCA	Principal Components Analysis	主成分分析
PCB	Printed Circuit Board	印制电路板
PCI	Peripheral Component Interconnect	外围设备连接
PD	Proportional Derivative	比例、微分

PDF	Probability Density Function	概率密度函数
PDM	Precedence Diagram Method	优先图表方法
PERT	Program Evaluation and Review Technique	计划评估与审查技术
PET	Polyethylene terephthalate	聚对苯二甲酸乙二醇酯
PI	Proportional Integral	比例、积分
PIC	Programmable Interface Controller	可编程界面控制
PID	Proportional Integral Derivative 525	比例、积分、微分
PL	Pathfinder Lander	探路者号着陆器
PLUTO	PLanetary Underground Tool	行星地下工具
PoE	Power over Ethernet	以太网供能
PPTA	Poly – p – phenyleneterephthalimide	聚对苯二甲酰亚胺芳族聚酰胺
PR	Penetration Rate	穿透速率
PrOP – F	Pribori Otchenki Prokhodimosti – Fobos （俄语）	计分通道装置
PROSPECTOR	Mineral prospecting data	矿物勘探数据
PSK	Phase Shift Keying	相移键控
PTFE	Polytetrafluoroethylene	聚四氟乙烯
PWM	Pulse Width Modulation	脉冲宽度调制
QAM	Quadrature Amplitude Modulation	正交幅度调制
RAM	Random Access Memory	随机存取存储器
RANSAC	RANdom SAmple Consensus	随机抽样一致
RASSOR	Regolith Advanced Surface Systems Operations Robot	高级土壤表面系统操作机器人
RAT	Rock Abrasion Tool	岩石研磨工具
RCET	Rover Chassis Evaluation Tool	巡视器悬架评价工具
RCL	Rover Company Ltd.	无人移动科学与技术公司
RCU	Robot Control Unit	机器人控制单元

RESOLVE	Regolith and Environment Science and Oxygen and Lunar Volatile Extraction	表层土与环境科学以及氧与月球挥发物提取
RF	Radio Frequency	无线电频率
RG	Red Green	红绿色
RHT	Randomized Hough Transform	随机霍夫变换
RHU	Radioisotope Heater Unit	同位素热源
RIHN	Rock Impact Hardness Number	岩石冲击硬度值
RISC	Reduced Instruction Set Computing	精简指令集
RMPET	Rover Mobility Performance Evaluation Tool	巡视器移动能力评价工具
RMPET	Rover Mobility Prediction and Evaluation Tool	巡视器移动能力预测及评价工具
RMS	Remote Manipulator System	遥控操纵系统
RMS	Root Mean Square	均方根
ROS	Robot Operating System	机器人操作系统
ROV	Remotely Operated Vehicle	遥控潜水艇
RPET	Rover Performance Evaluation Tool	巡视器特性评价工具
RPF	Regularized Particle Filter	正则粒子滤波器
RPM	Revolutions Per Minute	每分钟转速
RT	Real Time	实时
RTEMS	Real Time Executive for Multiprocessor Systems	实时执行多处理器操作系统
RTG	Radioisotope Thermal Generator	放射性同位素热发生器
RTG	Radioisotope Thermoelectric Generator	放射性同位素热电发电器
RTOS	Real Time Operating System	实时操作系统
SAD	Sum of Absolute Difference	绝对差值和
SALE	Subglacial Antarctic Lake Environments Consortium	南极冰川下的湖泊环境
SAP	Science Activity Planner	科学活动规划器

SAR	Synthetic Aperture Radar	微型合成孔径雷达
SATM	Sample Acquisition and Transfer Mechanism	样品采集和转移机构
SAW	Surface Acoustic Wave	表面声波
SCOS	Spacecraft COntrol System	航天器控制系统
SCU	Servo-Control Unit	伺服控制单元
SD2	Sampling Drill	取样钻机
SDM	Software Development Model	软件开发模型
SDRAM	Synchronous DRAM	同步 DRAM
SfM	Structure from Motion	运动恢复结构
SHPD	Sample Handling, Processing, and Distribution (device)	样品处理、加工和分配（装置）
SIFT	Scale-Invariant Feature Transform	尺度不变特征变换
SIR	Sequential Importance Resampling	序贯重要性重采样滤波器
SIS	Sequential Importance Sampling	序贯重要性采样
SLAM	Self-Localization And Map-building	自定位和建图
SLAM	Self-Localization And Mapping	自定位和制图
SLAM	Simultaneous Localization and Mapping	同时定位和制图
SLIM	Source LIkelihood Map	源似然图
SOLID	Signs Of LIfe Detector	生命迹象探测器
SPADE	Sample Processing and Distribution Experiment	样品处理和分配实验
SPARCO	SPAce Robot Controller	空间机器人控制器
SPDHS	Sample Processing, Distribution, and Handling System	样品处理、分配及操作系统
SPDS	Sample Processing and Distribution System	样品处理和分配系统
SRAM	Static RAM	静态 RAM
SRR	Sample Return Rover	采样返回巡视器
SRTMR	Self-Reconfigurable Tracked Mobile Robot	可自重构的履带型机器人

SSD	Sum of Squared Differences	方差和
SSX	Mars Subsurface Explorer	火星地下探险器
SURF	Speed – Up Robust Feature	快速鲁棒特征
SVD	Singular Value Decomposition	奇异值分解
TANDEM	Titan AND Enceladus Mission	泰坦和土卫二任务
TCP	Transmission Control Protocol	传输控制协议
TDI	Time Delay and Integration	时间延时积分
TDLAS	Tuned Laser Absorption Diode Spectrometer	二极管光谱仪
TEGA	Thermal Evolved Gas Analyzer	热演化气体分析仪
THEMIS	THermal EMission Imaging System	热发射成像系统
TOF	Time Of Flight	飞行时间
TVTC	Temporal VTC	暂时的 VTC
UCS	Unconfined Compressive Strength	无侧限抗压强度
UHF	Ultra High Frequency	特高频
UKF	Unscented Kalman Filter	无迹卡尔曼滤波器
USB	Universal Serial Bus	通用串行总线
USDC	Ultrasonic/Sonic Driller/Corer	超声波/声波钻孔机/取样器
UUV	Unmanned Underwater Vehicle	无人潜航器
UV	UltraViolet	紫外
VCI	Vehicle Cone Index	车辆圆锥指数
VL1	Viking Lander (or Landing) site 1	海盗着陆地点 1
VL2	Viking Lander (or Landing) site 2	海盗着陆地点 2
VLSI	Very Large Scale Integration	超大规模集成电路
VMC	Visual Monitoring Camera	视觉监控相机
VME	Virtual Machine Environment	虚拟机械环境
VOR	Vestibular Ocular Reflex	前庭视觉反射
VR	Virtual Reality	虚拟现实
VTC	Visual Threat Cue	视觉危险提示

VTOL	Vertical TakeOff and Landing	垂直起降
VXI	VME eXtensions for Instrumentation	VME 扩展仪表
WAC	Wide Angle Camera	广角相机
WAC	Wide – Angle stereo Camera	广角立体相机
WBS	Work Breakdown Structure	工作结构分解
WEB	Warm Electronics Box	控温电子箱
WES	U. S. Army Engineers' Waterways Experiment Station	美国陆军工程师水路试验基地
WIMPS	Windows Icons Menus Pointers	窗口、图标、菜单和指针

目　录

第1章　导论 ⋯⋯⋯⋯⋯⋯⋯⋯⋯⋯⋯⋯⋯⋯⋯⋯⋯⋯⋯⋯⋯⋯⋯⋯⋯ 1

　1.1　为什么选择巡视器 ⋯⋯⋯⋯⋯⋯⋯⋯⋯⋯⋯⋯⋯⋯⋯⋯⋯⋯⋯ 2

　1.2　航天项目管理 ⋯⋯⋯⋯⋯⋯⋯⋯⋯⋯⋯⋯⋯⋯⋯⋯⋯⋯⋯⋯⋯ 14

　　1.2.1　项目规划 ⋯⋯⋯⋯⋯⋯⋯⋯⋯⋯⋯⋯⋯⋯⋯⋯⋯⋯⋯⋯⋯ 14

　　1.2.2　工作结构分解 ⋯⋯⋯⋯⋯⋯⋯⋯⋯⋯⋯⋯⋯⋯⋯⋯⋯⋯⋯ 17

　　1.2.3　项目调度 ⋯⋯⋯⋯⋯⋯⋯⋯⋯⋯⋯⋯⋯⋯⋯⋯⋯⋯⋯⋯⋯ 19

　　1.2.4　项目预算 ⋯⋯⋯⋯⋯⋯⋯⋯⋯⋯⋯⋯⋯⋯⋯⋯⋯⋯⋯⋯⋯ 20

　　1.2.5　研制计划 ⋯⋯⋯⋯⋯⋯⋯⋯⋯⋯⋯⋯⋯⋯⋯⋯⋯⋯⋯⋯⋯ 23

　　1.2.6　人员管理 ⋯⋯⋯⋯⋯⋯⋯⋯⋯⋯⋯⋯⋯⋯⋯⋯⋯⋯⋯⋯⋯ 23

第2章　星球环境 ⋯⋯⋯⋯⋯⋯⋯⋯⋯⋯⋯⋯⋯⋯⋯⋯⋯⋯⋯⋯⋯⋯⋯ 29

　2.1　月球 ⋯⋯⋯⋯⋯⋯⋯⋯⋯⋯⋯⋯⋯⋯⋯⋯⋯⋯⋯⋯⋯⋯⋯⋯⋯ 31

　2.2　火星 ⋯⋯⋯⋯⋯⋯⋯⋯⋯⋯⋯⋯⋯⋯⋯⋯⋯⋯⋯⋯⋯⋯⋯⋯⋯ 38

第3章　星球巡视器调研 ⋯⋯⋯⋯⋯⋯⋯⋯⋯⋯⋯⋯⋯⋯⋯⋯⋯⋯⋯⋯ 46

　3.1　月球车 LUNOKHOD ⋯⋯⋯⋯⋯⋯⋯⋯⋯⋯⋯⋯⋯⋯⋯⋯⋯ 46

　3.2　月球车 LRV ⋯⋯⋯⋯⋯⋯⋯⋯⋯⋯⋯⋯⋯⋯⋯⋯⋯⋯⋯⋯⋯ 47

　3.3　火星探路者中的旅居者号 ⋯⋯⋯⋯⋯⋯⋯⋯⋯⋯⋯⋯⋯⋯⋯ 49

　3.4　火星探测漫游者号 ⋯⋯⋯⋯⋯⋯⋯⋯⋯⋯⋯⋯⋯⋯⋯⋯⋯⋯⋯ 51

　3.5　火星科学实验室 ⋯⋯⋯⋯⋯⋯⋯⋯⋯⋯⋯⋯⋯⋯⋯⋯⋯⋯⋯⋯ 54

第4章　巡视器机动性及移动方式 ⋯⋯⋯⋯⋯⋯⋯⋯⋯⋯⋯⋯⋯⋯⋯⋯ 56

　4.1　轮式巡视器 ⋯⋯⋯⋯⋯⋯⋯⋯⋯⋯⋯⋯⋯⋯⋯⋯⋯⋯⋯⋯⋯⋯ 58

　4.2　铰接式底盘 ⋯⋯⋯⋯⋯⋯⋯⋯⋯⋯⋯⋯⋯⋯⋯⋯⋯⋯⋯⋯⋯⋯ 65

　4.3　履带式巡视器 ⋯⋯⋯⋯⋯⋯⋯⋯⋯⋯⋯⋯⋯⋯⋯⋯⋯⋯⋯⋯⋯ 68

　4.4　移动测量 ⋯⋯⋯⋯⋯⋯⋯⋯⋯⋯⋯⋯⋯⋯⋯⋯⋯⋯⋯⋯⋯⋯⋯ 73

　4.5　地形粗糙度和车辆悬架 ⋯⋯⋯⋯⋯⋯⋯⋯⋯⋯⋯⋯⋯⋯⋯⋯⋯ 77

　4.6　巡视器平均自由程 ⋯⋯⋯⋯⋯⋯⋯⋯⋯⋯⋯⋯⋯⋯⋯⋯⋯⋯⋯ 80

　4.7　车辆和土壤的相互作用——Bekker 理论 ⋯⋯⋯⋯⋯⋯⋯⋯ 84

　4.8　轮壤相互作用——Russian 方法 ⋯⋯⋯⋯⋯⋯⋯⋯⋯⋯⋯⋯ 105

第 5 章　巡视器的传感控制系统 ·· 106

　5.1　驱动电机 ·· 106

　5.2　电机控制器 ·· 113

　5.3　运动控制 ·· 124

　5.4　巡视器移动传感器 ·· 128

　5.5　太阳敏感器 ·· 132

　5.6　激光测距 ·· 136

　5.7　自主牵引控制 ·· 138

　5.8　传感器融合 ·· 147

第 6 章　巡视器视觉——基本原理 ·· 158

　6.1　巡视器相机系统综述 ·· 158

　6.2　常见相机系统 ·· 162

　6.3　视觉处理要求 ·· 169

　6.4　相机标定 ·· 171

　6.5　视觉处理 ·· 175

　6.6　地形成像 ·· 199

　6.7　立体视觉 ·· 203

第 7 章　巡视器视觉——高级功能 ·· 210

　7.1　视觉里程计 ·· 210

　7.2　基于光流的导航 ·· 214

　7.3　主动视觉 ·· 228

第 8 章　自主导航——行为模式和构架 ······································ 241

　8.1　遥操作机器人 ·· 242

　8.2　巡视器表面操作 ·· 250

　8.3　基于行为模式的自主运行 ·· 251

　8.4　智能巡视器结构 ·· 258

第 9 章　自主导航——自定位和制图 ·· 264

　9.1　数字高程模型/数字地形模型 ·· 264

　9.2　火星探测漫游者巡视器导航 ·· 269

　9.3　法国国家空间研究中心/局域增强系统自主导航系统 ···················· 271

　9.4　基于卡尔曼滤波的自定位和制图 ···································· 275

　9.5　基于无迹滤波器的自定位和制图 ···································· 285

9.6　基于贝叶斯估计的自定位和制图 ……………………………………… 287

9.7　快速自定位与建图 …………………………………………………… 293

第 10 章　路径规划 …………………………………………………… 300

10.1　搜索算法的路径规划 ………………………………………………… 300

10.2　基于势场法的路径规划 ……………………………………………… 307

10.3　基于模拟退火的路径规划 …………………………………………… 321

10.4　基于运动模式的路径规划 …………………………………………… 323

10.5　多个巡视器的探测 …………………………………………………… 327

第 11 章　自动样品采集 ……………………………………………… 337

11.1　自动操纵器样品采集 ………………………………………………… 338

11.2　取样器/研磨机样品采集 …………………………………………… 349

11.3　地下钻探样品采集 …………………………………………………… 352

11.4　穿透鼠样品采集 ……………………………………………………… 366

11.5　钻机性能模型 ………………………………………………………… 370

11.6　样品处理、加工和分配装置 ………………………………………… 378

第 12 章　器载自主科学探测 ………………………………………… 384

12.1　视觉目标分析 ………………………………………………………… 386

12.2　贝叶斯网络分类 ……………………………………………………… 395

12.3　显著性作为一种价值衡量 …………………………………………… 405

12.4　专家系统知识库 ……………………………………………………… 407

12.5　自主科学的机器人现场试验 ………………………………………… 409

12.6　气体排放源定位 ……………………………………………………… 411

第 13 章　案例研究：木卫二机器人探测 …………………………… 419

13.1　木卫二穿冰机器人 …………………………………………………… 421

13.2　木卫二游泳机器人 …………………………………………………… 423

13.3　潜水器动力学 ………………………………………………………… 431

13.4　丰富的行星海洋 ……………………………………………………… 438

13.5　与地球地下海洋的类比 ……………………………………………… 439

第 14 章　未来巡视器概念 …………………………………………… 443

附录 …………………………………………………………………… 461

参考文献 ……………………………………………………………… 475

第 1 章 导 论

机器人经常被安排承担枯燥、肮脏或者危险的任务，它具有不知疲倦的优点，并且不会因为枯燥乏味而降低注意力，与此相对，人的注意力往往是所有系统中最薄弱的环节。然而，这均不是在太空中使用机器人的理由，人类在太空工程中使用机器人是因为目前人类还不能进入该环境。星球巡视器是一种特别有效的探测工具，适用于所有的固态星球，如小行星、彗星等小天体，气态巨行星和地球的卫星，以及火星等类地行星。随着飞掠探测任务逐渐让位给更有针对性的环绕探测和原位着陆探测任务，星球巡视器显得日益重要，并因为其具有在大范围区域移动的能力，成为星球详查探测任务的关键。在操作上，星球巡视器具有很高的适用性和灵活性，允许对科学探测目标进行合理选择。事实上，基于上述原因，相对于静止的着陆器人们更倾向于使用巡视器[2]。近期天文生物学研究成为行星科学一个普遍关注的主题，对星球巡视器的平台提出了更高的要求。第一个投放到地外天体的巡视器是在月面工作的月球车（LUNOKHOD）1 号和月球车 2 号，该巡视器是轮式遥控车，由地球上的五人控制团队进行控制。美国的阿波罗（Apollo）月球车，主要由航天员手动控制，同时具备类似于无人巡视器的地面遥控功能，可以在无人探测任务中使用。美国的星球表面探测活动在经历海盗号（Viking）任务之后长时间的沉寂后，又引领了这一领域，包括火星探路者（Mars PathFinder，MPF）项目中的旅居者号（Sojourner），以及异常成功的火星探测漫游者（Mars Exploration Rover，MER）项目中的勇气号（Spirit）和机遇号（Opportunity），其中勇气号和机遇号的在轨工作时长远远超过了其设计寿命。最近，火星科学实验室（Mars Science Laboratory，MSL）项目中的好奇号（Curiosity）已经开始了其在火星表面的探测之旅。在本书搜集素材阶段，中国的嫦娥三号（Chang'e‑3）月球探测任务在 2013 年年末成功将质量为 120 kg 的六轮巡视器玉兔号投放到月球表面的雨海区域，准备进行 3 个月的巡视探测。

"巡视器"（rover）这个术语形成于阿波罗任务期间，用于命名月球表面的载人车辆，但该词先前也用来命名一款英国制造的汽车。很显然，英国的汽车公司并没有提出反对，因为当局认为美国的月球车和汽车市场毫无关系。所以，在传统的以狗来命名机器人之后，巡视器、菲多（fido）、瑞克斯（rhex）等名字也相继出现。为什么狗会受到诋毁或推崇呢？可能是因为狗是最早为人类服务的动物吧。然而，遗传证据表明，狗是 10 万年前由狼进化而来的，远远早于考古记录显示的 14 000 年前，14 000 年前人类的生活方式从传统游牧狩猎转向了定居农耕[3]。不管是何种原因，术语"巡视器"一直被用来区分星球探测机器人和地面上的移动机器人。但是这种区分并不贴切，空间机器人一直被认为是传统机器人的一个神秘分支，但我不同意这种说法。机器人的空间应用，特别是对于星球探测来说，目前能够并且将来也能够驱动移动机器人改变当前被边缘化的状态。总体来说，机器人学（像它的姊妹学科人工智能一样）还没有实现它的承诺（或担忧），即开发无处不在的对社会有用的机器人（Roomba 牌真空吸尘器显然不能）。我的观点是：必要性是创新之母，并且空间机器人更加强调必要性的要求，这将成为不远将来生活中出现真正有用并且无处不在的机器人的根基。

　　将来的空间探测任务（先不管其具体细节或者局部的修修补补），将会更多涉及月球以及火星探测，在这类任务中，巡视器将会扮演关键的角色。在本书写作阶段，美国的好奇号火星巡视器刚刚成功着陆在火星上，人们对它寄予很高的期望。火星将会一直是人类探测的直接或间接目标，它作为一颗近地行星并可能存在生命，理所当然会引起人类浓厚的探测兴趣。人类的探测任务将会一直需要机器人元素的支持。除了火星，基于相同的原因，人类的探测兴趣还集中在太阳系的小行星以及气态巨行星的卫星上。一种或多种类型的巡视器将会在这类天体的探测中发挥重要作用。耗资 25 亿美元的好奇号巡视器很可能是最后的飞往火星的大型旗舰任务，至少在未来 10 年内如此，但是更加先进的机器人设备将会在未来拉开序幕［火星生物学（ExoMars）任务不属于这一范畴］。而另外一些经济、快捷的探测任务中使用了大量质量较小（1～2 kg）的机构探测装置[4,5]。无论大或小，巡视器将会成为未来太阳系探测任务中的有力工具。

1.1　为什么选择巡视器

　　星球巡视器是一种特殊的航天器，受其探测目标星球环境的约束[6]。它具有若干和其他航天器一样的功能和分系统，这些功能/分系统包括：

　　　1）牵引、移动以及悬架分系统（推进）；

　　　2）车辆控制和自主导航分系统；

　　　3）结构分系统；

　　　4）指令和数据处理分系统；

　　　5）通信分系统；

　　　6）能源生成和存储分系统；

　　　7）热控分系统；

　　　8）科学载荷。

　　所有的星球巡视器都会有一套移动系统，用于实现崎岖地形上的牵引和机动[7]。约束因素中最重要的是重量、能源、计算能力、通信带宽以及可视窗口。地外空间部署意味着在空间飞行过程中要暴露在高辐射环境下，但火星上的紫外辐射相比月球或其他无大气天体上的电离辐射可以忽略不计。上述的这些约束因素很少影响地面移动机器人，地面移动机器人的研究集中在车辆控制和自主导航分系统上，一般不考虑其他分系统。目前为止，几乎所有的星球巡视器都采用六轮移动系统，仅有少数例外。此外，星球巡视器需要实施科学探测任务，即作为科学仪器的投放装置[8]。科学仪器决定了平台，即探测任务导向。科学仪器装置通常包括样品采集装置、样品处理装置或加工设备，这就需要一套成像系统来支持科学样品和科学仪器之间的遥控或者自主导航（或者是两者结合）。同时，成像功能为科学仪器投放之前的原位探测提供了基础。所有的星球巡视器都会经历如下设计阶段：

1）性能需求定义阶段；

2）巡视器概念备选，主要底盘设计阶段；

3）各概念底盘的地形适应性鉴定阶段；

4）根据预期性能权衡概念设计阶段；

5）详细底盘设计和整车设计阶段；

6）试验硬件的研发测试阶段；

7）整车在相关地形上的数值仿真阶段。

通常巡视器的质量组成如下：底盘 30%，科学仪器 20%，其他分系统 50%。星球巡视器设计成能够适应极度恶劣的空间环境以及它们的工作环境。此外，从地球上的遥控距离意味着巡视器需要自主操作。星球巡视器的基本性能要求通常包括正向和反向运动能力，原地转弯能力以及良好的越障能力。

有四种类型的巡视器，除了最后一种，其余三种均在以前的任务中经历了在轨飞行：

1）自主车辆（如旅居者号、MER、好奇号）；

2）遥控车辆（如月球车 LUNOKHOD 系列）；

3）不带压力舱的人工驾驶车辆（如阿波罗月球车）；

4）带压力舱的人工驾驶车辆。

从以前的探测任务中可以发现，人工驾驶的巡视器相对于自主巡视器具有优势，人工驾驶的阿波罗月球车和 MER 任务中的机遇号行驶了相近的距离（35 km），但花费的时间相差很大；人工驾驶的阿波罗月球任务带回了 382 kg 的月球岩土，包括月表地下 2～3 m 的钻取采样，与此相比，俄罗斯的月球探测任务仅带回了 0.32 kg 的月球表面和近表岩土（虽然阿波罗任务也像其他任务一样进行了 2 次）。载人任务中用来进行科学研究的重要基础设施配套要远远超过无人任务，无疑载人任务相对于无人任务能够提供更强的探测能力，但是载人任务的花费不能通过科学探测成果或者仅通过政治因素或经济因素来评价。带压力舱的巡视器能够为航天员提供辐射防护，压力舱是一个圆柱形的压力容器，由金属合金、碳纤维制作，全舱通常需要数千瓦的能源[9]。带压力舱的人工驾驶月球车需要配置独立的生命保障系统供不穿航天服的航天员使用。理想情况下，压力舱至少部分资源可再生，以此提供一个近似的闭环环境生命保障系统（Closed - loop Environmental Life Support System，CELSS）。带压力舱的巡视器可以当作一个移动的月球基地，使得探测半径扩展到 100 km，一次应该能支持连续 14 个地球日（一个月昼）的巡视（行驶速度 5 km/h），在该类巡视器上配备原位资源利用（In Situ Resource Utilization，ISRU）装置，能进一步增强它的探测能力，扩大活动半径。必须为航天员提供空气闸门以便能够进行像清除灰尘污染这样的舱外活动（Extra Vehicular Activity，EVA）。在所有的舱外活动中必须配备 2 名航天员，其中 1 名航天员要留在巡视器中。和无人巡视器不同，乘坐舒适性是一个需要着重考虑的因素。战车（Chariot）人工驾驶压力舱巡视器配置 6 组独立的双驱车轮，使得车辆能够原地转弯和侧向移动 [见图 1-1（b）]，整车重 8 000 kg（压力舱 5 314 kg，底盘 2 618 kg），一个双人组的航天服锁作为空气闸门，车辆后部的载荷包括一系列工具，如绞车、电缆盘、起吊设备、挖土装置等。配置的出舱口消除了灰尘对压力舱内部的污染。全地形六腿地外探测器（All-Terrain Hex-Legged Extra-Terrestrial Explorer，ATHLETE）是一种用于货物搬运的月面巡视器，配置了 6 条 3 关节的轮腿（腿的末端安装车轮），能够抬高或降低载荷舱，并提供很高的移动速度，如图 1-1（a）所示[10]。六边形的底盘结构给轮腿提供了安装连接点。移动模式中，在不同的腿部动力构型下，车轮能够当作脚或者滚动轮来使用。巡视器能够行走或者滚动，跨越障碍。每个腿都可以作为一个机械臂，并通过安装接口安装不同的工具（如夹子）。

（a）全地形六腿地外探测器

（b）战车

图 1-1　带压力舱的月面巡视器原理样机 [来源：NASA]（见彩插）

在崎岖地形中巡视器可能被赋予不同角色，如运输航天员等，增大巡视器平台可以降低风险。在该角色下，航天员不需冒险就可以进入危险和富有挑战性的地点，大型人工操作平台可以作为遥控的眼睛和手臂进行样品采集，然后在实验室环境中使用更加先进的仪器舒服地进行样品分析。

星球巡视器具有传统的功能，作为移动的科学仪器将相关设备布置在选定的目标处进行原位测量，其探测范围为科学目标选择提供了更多的机会，可以获取更多的科学数据。因此星球巡视器能够推动星球科学的进步——MER 已经被认定为"机器人领域的地质学家"，可以作为遥控的地质考察工具来使用。它们基本的科学仪器是相机。相机可以提供周围环境的调查或制图结果。其他的科学仪器可能包括样品采集装置、样品处理装置以及进一步的分析仪器。和可达范围不超过 $1 \sim 2$ m 的着陆器相比，巡视器具有独特的优势，它能够提供穿越不同地点的移动性。利用巡视器能够显著扩大科学探测范围，并且为区域内的探测目标选择提供了便利，探测区域按照探测距离的平方增大——即使相对着陆器的距离有一点增加，也会显著增加可以探测的地点数量。实际上，在海盗号火星探测项目中（1976），科学团队因为无法探测下传图像上可见但不可达的感兴趣区域而备感遗憾。该种情况表明了星球巡视器的重要性，星球巡视器已经在火星探测任务中进行了应用，从探路者项目中的旅居者号、火星探测漫游者项目中的勇气号和机遇号开始，到现在的好奇号。

然而，这并没有导致固定的着陆器的消失，如凤凰号（Phoenix）着陆器。着陆器是一个固定的平台，相比巡视器能够装载更多的仪器设备。着陆器较大，配置的太阳电池阵也较大，能够支持更加多样化的仪器包。巡视器的能源受限于顶板上的可利用面积。着陆器适合于静态测量设备，如气象的或地质物理的传感器，这些传感器需要一个固定的平台并且能够布置在多种构型着陆器 [如网络着陆器（NetLander），现在已取消] 的太阳阵上，可以进行更加全局的测量。巡视器虽然有可移动的优势，但在这方面有约束条件，限制了仪器设备的配置，移动性对整器的体积、重量和能源提出了限制条件。此外，巡视器特别适合投放区域化测量设备，这类仪器在很短的距离也会引起测量结果的变化（如矿物学和太空生物学的测量仪器），这些及其他的物理特征在火星等星球表面随着区域变化呈现出高度多样性。然而这并不是一个严格的划分，因为着陆器也可以配置区域化的仪器（虽然它们被限制在可达的周围环境中）。着陆器（包括携带巡视器的着陆器）通常选择着陆风险最小的着陆位置，但该位置往往不具备高的探测价值，因此移动性在该情况下显得十分必要，可以从着陆位置穿越到感兴趣的科学探测区域。当然可以实施着陆器和巡视器的联合体（如火星探路者项目），这通常意味着需要更高能力的局部巡视器而不是一个高移动性的平台。这里涉及微型巡视器或纳米巡视器领域[11]，在该情况下，着陆器会配置更重的原位分析仪器，与此同时巡视器移动到不同地点进行采样和封装，然后将采集到的样品运回着陆器进行分析。巡视器可以自由移动（如旅居者号）或者绳系移动 [如欧洲的贝比科隆博水星（BepiColombo Mercury）任务中的 Nanokhod]，后者可以认为是机械臂的延伸 [和失败的猎兔犬（Beagle）二号上的配置一样]。

巡视器（如旅居者号和 MER）上配置了需要长时间测量的仪器 [如 α 粒子 X 射线光

谱仪（Alpha Particle X - ray Spectrometer，APXS）和穆斯堡尔光谱仪（Mössbauer Spectrometer）]，这些仪器并不是巡视器上的理想配置设备，因为它们需要长达数小时的探测时间，从而削弱了穿越的持续性。某种程度上，将来任务的一个核心目标是使用巡视器进行样品采集返回，特别是火星样品的返回。巡视器是关键的"科学放大器"，能够提供具有一定地理范围和地质多样性的样品，使用原位仪器在地质学范围内对返回的样品进行精心选择以最大限度提升该类任务的科学探测成果。每份样品都具有重要的科学价值，其地质学意义上的封装特别重要（和丢失地质学信息的抓取包装定位不同）。

星球巡视器可以按照质量来进行分类：大型巡视器的质量要超过 100 kg（某种程度上是任意设定的值）。所有当前以及计划发射的大型巡视器均具有较大的质量：MER 的质量为 180 kg，火星生物学（ExoMars）巡视器的最初设计质量预计为 240 kg，并且质量有逐渐增大的趋势，这点在火星科学实验室项目中的好奇号巡视器上得到了体现，该巡视器质量接近 1 t。火星生物学巡视器能够通过最大坡度为 25° 的覆盖沙土的坡面，同时能够通过平均坡度为 15°、长度大于 1 m 的坡面，包括上坡面、下坡面或交错坡面[12]。当前的火星生物学任务预计在 2016 年发射一个轨道器，接着在 2018 年着陆一个巡视器（见图 1 - 2）。2016 年的大气调查轨道器将作为 2018 年着陆的巡视器的中继，同时进行大气中的甲烷分析，第二阶段的任务涉及在 2018 年将巡视器和着陆器运送至火星表面[13]。随后计划进行一项火星样品采集任务但具体日期尚未确定，这需要一个携带上升器的着陆器和一个 60 kg 的具有良好覆盖范围的样品采集巡视器，该巡视器可能作为 2018 年任务的一部分，和火星生物学巡视器一同发射。它需要具备较高的自主能力以进行穿越和科学选择。它将会在火星表面封装样品并在随后的样品返回任务中重新工作。为了尽量缩短探测时间，需要保证其速度——样品采集巡视器平均穿越速度为 200 m/h。

小型巡视器的质量在 50～100 kg（某种程度上是任意设定的值，除了 Marsokhod，质量在 70～100 kg，基于构型而定，目前还没有其他的原理样机）。极小的皮巡视器（picorover）级别的装置已经被开发出来——一个 7 mm 长的小型车辆，由轮系底盘、壳体车架、电磁电机组成，该电机能使整车最高速度达到 100 mm/s[14]。微型车辆的核心设备是一个直径为 1 mm 的四极步进电机。但是，目前该类型的皮巡视器还不能为星球探测提供有用的功能。纳米巡视器的质量为 5～10 kg，体积为 35 cm×25 cm×20 cm，合理的探测距离在 10 m 之内。它们的体积将其越障能力限制在 10 cm 的高度，科学载荷承载能力限制在 1～2 kg，平均功耗小于 2 W，峰值功耗为 3 W 的约束将其通行速度限制在 5 m/h，最大爬坡能力限制在 15°～20°（较平坦的地形）。基本的设计架构是通过连接着陆器的可展开绳索进行能源供应和数据传输，在着陆器附近进行相关操作。该类纳米巡视器可以被看作是"扩展的机械臂"，活动范围可达 10 m，其主要取决于系绳的长度（系绳长度受到直流电压转换损失的限制）。通常情况下，巡视器的有效载荷质量占比为 5%～15%，但是纳米巡视器通过将通信设备以及能源生成设备转移给着陆器可以提高有效载荷的占比。着陆器上倾斜安装的立体视觉成像镜头的基线长为 0.5 m、距地面 1.5 m，可以进行 20 m 范围内的导航，能够适用于在轨巡视器。例如，欧洲的 Nanokhod 巡视器原理样机，一个携带 1.1 kg 科学载荷（一个 α 粒子 X 射线光谱仪、一个穆斯堡尔光谱仪和一个近距离观察的立体成像系统）的循迹巡视器，自身质量只有 2.45 kg，通过一根 20～30 m 的可以提供能量和通信数据的系绳连接到着陆器。Nanokhod 巡视器立体相机的视场（23°×23°）有 60% 的重叠，将 30°×12° 视场范围内的环境进行分隔，三个仰角弧分别对应 1.5 m，3.9 m，20 m 的距离[15]。控制舱内的电动杠杆能够调整离地间隙，并允许巡视器"跪下"以投放科学仪器。转向通过相对轮的差动驱动来实现。纳米巡视器作为科学仪器，在平台装载能力方面和移动能力方面均受到限制。美国的纳米巡视器技术展示样品是一个可自由移动的重约 1.3 kg、低功耗（2.5 W）的巡视器（见图 1-3）[16]。它是一个 20 cm 长的 4 轮车辆，将车轮安装在杠杆上，通过滑动转向装置来调整车轮轨迹和航向。直径为 6.5 cm 的可独立驱动车轮安装在可移动的支架上，据此可调整车体的俯仰姿态，舱体由 2 个凯夫拉材料印制的环形结构板组成，舱体外部粘贴太阳电池片。该巡视器被设计成可以适应极端温度范围（−170～125 ℃）[17]。

图 1-2 欧洲的火星生物学巡视器 [来源：ESA]（见彩插）

图 1-3　纳米巡视器［来源：NASA JPL］（见彩插）

日本的 MUSES-C Hayabusa 近地小行星任务中计划使用纳米巡视器。该巡视器安装了带有滤光器的成像相机、近红外光谱仪、温度传感器和一个小型化的 α 粒子 X 射线光谱仪。该巡视器以 1 mm/s 的低速通行，并可以通过杠杆进行瞬间跳跃，但它因为超预算从航天器的有效载荷清单中删除了。

微型巡视器的质量约为 10～50 kg，能够为近程的区域表面探测提供最强的能力[18]——它们有合理的科学载荷、适中的质量、适中的体积以及合理的探测距离（约 1 km）。旅居者号巡视器属于这个级别，但是自此火星巡视器开始增加质量。旅居者号微型巡视器的成功以及局限性促使美国走上增大巡视器的尺寸之路，以提高巡视器的里程和速度（科学仪器承载能力也更加合理）。这种模式模仿了一般航天器的设计思路，小型的、功能受限的航天器逐渐让位，以提高其载荷承载能力和功能性——卡西尼-惠更斯（Cassini-Huygens）就是这种多仪器、大质量、复杂航天器的最佳示例。当然，对于航天器来说，这种趋势最近被扭转，开始强调增加飞行机会，如今的方案是减少雄心勃勃的多目标探测任务，进行更频繁的飞行。星球巡视器已经开始遵循这一趋势，因此常被忽视但具有潜力的微型巡视器通过运用小型化技术逐渐显现优势。旅居者号为微型巡视器的性能提供了技术基础[19-22]。它最初的任务设计中工作寿命为 7 天，而实际工作时间超过了 30 天，通行距离刚刚超过 100 m，它携带了自己的能源系统和在轨计算机（有限功能）。该巡视器被限制在距着陆器［卡尔·萨根（Carl Sagan）纪念站］10 m 之内的范围，不是由于它的驱动能力，而是由于导航相机安装在着陆器上，并且着陆器-巡视器之间通信链路的连接不能超过该范围。因此，若巡视器配置自己的导航相机并且能够维持巡视器-着陆器/轨道器的通信链路，则没有范围上的固有限制。此外，旅居者号驱动速度高度保守（是美国实施的第一个巡视器）。MER 在初期采用类似驱动方式但是随着任务的推进行进速度变得更加激进。旅居者号采用气囊着陆在高石块覆盖率的区域，MER 与此情况不同，它们的工作环境更加温和。旅居者号代表一种过时的技术——它的主要约束是在轨计算机资源十分受限。旅居者号和 MER 自主能力的约束影响了它们的科学探测成果——MER 以 4 天为一个周期进行指令上注—执行—遥测返回—部署，科学探测能力遭到了削弱。这需要更加广泛的自主能力，在不需要地面干预的情况下进行决策和故障情况下的恢复。加拿大质量为 30 kg 的微型巡视器原理样机 Kapvik 是一种更先进的艺术级微型巡视器，它在演示中通行了数千米，平均速度为 80 m/h（和 MER 的最高速度 100 m/h 接近）。该微型巡视器由加拿大团队（卡尔顿大学、蒙特利尔 MPB、瑞尔森大学、多伦多大学、MDA、Xiphos 和温尼伯大学）为加拿大航天局研制，下面将重点进行阐述[23,24]（见图 1-4）。

图 1-4　Kapvik 微型巡视器原理样机［来源：布瑞恩·林奇（Brian Lynch），卡尔顿大学］（见彩插）

　　Kapvik 微型巡视器（见图 1-5）由本书作者和其卡尔顿大学的团队（太空探测机械集团）设计，设计理念继承了萨里大学的方案，该方案开创了低成本小型化航天器的研制方法。这涉及使用 COTS 构件，尤其是开发量产计算机的高级性能，同时实施错误检测和校正（Error Detection and Coding，EDAC）技术以提高它们在辐射环境下的可靠性。这种设计在降低硬件复杂性的同时强化了软件的工程复杂性。为了利用最新的研制成果，采用现场可编程门阵列（Field Programmable Gate Array，FPGA）技术作为 Kapvik 巡视器的核心能力来保证高度的自主能力。机械设计部分在分系统层面进行模块化设计以提高巡视器的可重构性。然而，电子学部分被集成在一块共用的底板上以减少节点、支架和布线[25]。Kapvik 原理样机源自先锋（Vanguard）火星探测任务方案，是继猎兔犬二号火星探测任务之后用于太空生物学的微型巡视器。先锋火星探测任务的目标如下[26-29]：

　　1）确定火星表面可能支持生命的地质微环境，火星上存在水、碳酸盐沉积以及表层下面氧化层消失的证据表征了这一情况；

图 1-5　Kapvik 微型巡视器原理样机［来源：伊恩·辛克莱（Ian Sinclair），MPB 通信集团］（见彩插）

2）检测、确认和鉴定火星表层下面是否存在已灭绝生物表征的有机物和/或生物分子迹象；

3）获取火星地下地理学数据和气象学数据。

为了实现这些目标，探测器的地表移动性和地下穿透性是十分必要的，有以下 2 项衍生的机构需求：

1）地表不同位置的多样本数据采集——意味着需要地表移动性；

2）地下 2～3 m 深度的样本采集——意味着需要地下穿透性。

先锋火星探测任务方案基于以下三个要素[30]：一个小型基站着陆器，一个微型巡视器和一组 3 个钻土机构（见图 1-6）。微型巡视器的质量为 30 kg，支持巡视器的基站着陆器的质量为 35 kg，包括钻取机构在内的总质量为 70 kg。先锋微型巡视器在设计上配置了一系列的科学仪器，不需要进行样品处理，而 Kapvik 在设计上配置了一个机械臂以获取土壤样品。进入、下降和着陆系统（Entry Descent and Landing System，EDLS）与猎兔犬二号相似，都基于大气进入烧蚀防护、降落伞、气囊冲击防护，着陆误差为 50 km×100 km 的椭圆。这意味着火星进入质量为 140 kg，相比尺寸不断加大的火星巡视器，如火星生物学、好奇号等，规模非常小。

虽然 Kapvik 巡视器现在没有配备地下探测装置，如钻取机构，但它安装了绞盘使其能够使用 2 个安全锚从峭壁上滑下去。该类型的攀爬机器人已经被提出以探测能够提供地质分层信息的火星悬崖，如水手号峡谷（Vallis Marineris）。该方案的一个例子是峭壁机器人（Cliffbot）——它启发了 Kapvik 的绳降能力——该机器人可以依靠 2 个在悬崖顶部放绳的锚点机器人的支持，沿一根系绳从悬崖下滑（见图 1-6 和图 1-7）[31]。

但丁二号（Dante Ⅱ）是一个可沿绳索下滑的八足机器人，使用了一个可缩放的行走构型系统来消除垂直运动时的能量损失。机器人的下降通过一根张紧的系绳来控制，该系绳在阿拉斯加（Alaska）火山坑的处女航中被勾住并且损坏了[32,33]。这说明了一个重要问题，即潜在的缠绕和损坏使得系绳成为一个单点失效模式。

微型巡视器可以扮演多种角色，相比大型巡视器，它们的移动里程十分受限，但探测高度危险的地点时，它们因较小的尺寸而具有优势。性能和成本的矛盾是尤为突出的，尤其是发射和巡航的成本随着重量成倍增加。基于重量，估计微型巡视器在耗费 1/30 成本的同时能够提供 1/5 的性能。微型巡视器的一个优势是利用它们较小的尺寸可以在多个地点布置进行快速的探测，这提供了高度的冗余，使得根据任务需求使用多个携带具体传感器的巡视器或者是可互换的相同巡视器成为可能。此外，多个巡视器通过分布式的感知信息能够提供更加快速、准确的自定位能力和制图能力。一个微型巡视器的实施场景是先锋火星小型任务方案，该方案把微型巡视器作为核心要素（相同的场景在像月球一样的其他星球表面也可以运用）。微型巡视器的主要角色包括（但不局限于）：

1）作为航天员副官（Aide-De-Camp，ADC）和侦察员降低航天员驾驶车辆的风险。位于基地或者大型载人巡视器上的航天员可以释放微型巡视器调查撞击坑等危险区域。微型巡视器可以通过遥操作、遥机构或者受监督的自主手段进行部署，它们使用科学

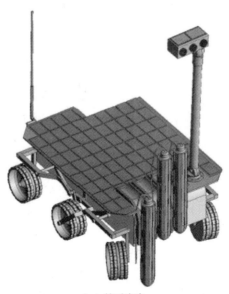

（a）轮系底盘

（b）履带式底盘

图 1-6　带三个垂直钻取机构的先锋火星巡视器的两种方案
［来源：埃利·阿卢伊（Elie Allouis），萨里空间中心］（见彩插）

仪器探测危险的区域，并可能采集样品返回母巡视器或者基地。航天员避免了具有潜在危险的舱外活动，同时避免了驾驶载人车辆进入危险区域。大型载人巡视器可沿探测区域的外围行驶，微型巡视器实施详查任务直至返回大型巡视器。这极大增加了大型巡视器的地理覆盖范围。

　　2）大型巡视器的样品返回是上述应用的一个衍生，但是微型巡视器特别适合执行样

（a）峭壁机器人沿峭壁下降

（b）和（c）Kapvik在测试坡道上进行拉绳上升

图 1-7 ［来源：NASA］和［来源：伊恩·辛克莱，MPB 通信集团］（见彩插）

品返回任务。机器人采样返回的高额成本削弱了火星表面即取即走的样品返回理念。科学样品恢复需要科学背景以解释它们复杂的历史——这是相比地表陨石更需要返回样品的主要科学原因，目前欠缺这方面的内容。一个配置科学仪器包的微型巡视器具备对返回的样品进行选择并提供相关背景数据的能力。

3）科学探测的表面移动属性（如火星探测）把微型巡视器作为仪器投放装置（Instrument Deployment Device，IDD）进行原位测量（上述定义的机器采样返回任务也需要该功能）。微型巡视器也可以作为着陆任务的一部分进行部署，以提供更加广阔的探测覆盖范围。尽管受限于低功耗、小型化设备的需求，平台规模不断缩小，但平台上的科学仪器逐渐增大，先锋任务方案就属于这一类型。

1.2　航天项目管理

所有的航天任务（包括巡视器）都作为项目进行管理。巡视器项目往往涉及广泛的试验和测试需求，而且该类项目的试验和测试费时又费力。该类项目的按时交付是项目经理及其团队的关注点。管理要具有经济性、有效性及效率性——经济性涉及低成本获得各种资源；有效性保证经济性活动的产出能够实现期望的目标；效率性提供了使用最低成本资源得到最高效益产出的能力。有效性是项目的核心，没有效果的经济性和效率性毫无价值可言。尤其是当可获取的资源较少时，管理中常常更强调工作效率而不是有效性，这种做法可能带来风险。计划中包含实现目标的主要步骤，组织机构对每个步骤以及步骤的顺序和时间安排负责。项目是计划中较小的独立部分，由目标、目的、需求、全寿命周期成本、开始节点和结束节点组成。必须清晰定义成功的标准，涉及安全性、成本、时间安排、技术以及管理需求。项目经理的任务是在任意情况下确定哪些技术能够最好地实现项目目标。项目必须满足顾客的需求，这通常在报价中进行定义。通过提案竞标项目是研究基金项目中最为常见的形式。欧洲空间局（简称欧空局）采用一套标准对提案进行分级，如下：

1）提案者的背景与经验；

2）对需求和目标的理解程度；

3）提案的质量和适用性；

4）管理、成本和计划的充分性；

5）行政招标条件的符合程度。

一份欧空局的提案由技术提案、财政提案、管理提案和行政提案组成。技术提案包括对需求和目标的理解、工作计划、需求与工作计划的一致性描述、完整的研制/测试计划。财政提案、管理提案和行政提案应该包括背景经历，组织和管理结构，管理规程，可使用的设施，关键人员的履历，工作分解结构，工作包描述，成本、进度和里程碑，出差/日常计划以及交付项目列表。大多数欧空局征集的提案规定了固定的价格合同，以及基于提案工作内容的最高价格。为了控制成本，固定价格合同完全取代了成本加成合同。主要的市场策略是基于独特的技术知识、有效的研究和发展、有效的制造能力以及专利保护。

1.2.1　项目规划

在规划过程之前，了解顾客的需求至关重要。管理过程的本质是规划和控制项目成员活动的过程，并且利用所有其他组织资源来实现项目目标。规划涉及目标的选择，来决定阶段目标以及实现这些目标的活动程序。决策是选择解决给定问题的行动方案的过程。实现给定目标的行动方案可能有多种，需要做出最合适的选择。在人类飞行任务中，决策通过 GRADE 来进行：

1）收集（Gather）所有能获得的信息进行问题诊断；

2）检查（Review）信息，解决歧义，并舍弃无关紧要的信息；

3）分析（Analyse）选项，舍弃不相关的内容，寻找实现目标的方案；

4）决定（Decide）做什么，并通过委派活动来采取行动；

5）评估（Evaluate）结果，通过分析反馈确保措施正确、有效。

规划有以下 4 个步骤：

1）建立一组目标；

2）确定当前形势；

3）确定实现目标的有利因素和障碍；

4）制订一组行动来实现上述目标。

规划呈现了制订行动方案来实现目标的方法，组织意味着进行资源协调来实现这些规划，领导意味着影响下属来高效工作，而控制则意味着监控规划和掌控方向。这就需要通过折中来平衡相互矛盾的目标，通过解析分解问题使之成为总目标的有机组成部分，以此来寻找可行的解决方案。这需要解决问题和做出决策。所有的管理者需要为他们的下属、同事、上级协调组织多组行为。在人际关系中，管理者是组织的象征，是雇员的领导者，是同行的联络员。在信息交流中，管理者的责任是在组织（无论是大型企业、学术界还是小型企业）内交互信息，这不一定有利于项目管理者角色。

作为项目管理的一个有益的经验，创新和成功的公司一般具有以下八个属性：

1）非正式任务团队的行动倾向；

2）以顾客为导向的优良产品或服务；

3）内部的自主权和敢于承担风险的企业家精神；

4）通过人力资源价值体现的生产力；

5）强调共同的价值观；

6）注重内部多样化而非统一；

7）简单的部门结构与精简的人员；

8）自主向下推动的层次结构。

项目管理者需要监督业务活动，将相关信息分配给员工，并传递上级责任单位以外的信息。管理的过程为组织机构和员工之间提供了一个必需的沟通媒介。这强化了管理者的信息化角色，包括获得信息、对信息进行排序并基于信息进行决策。决策可以是专断的、商讨的或者基于集体讨论决定而产生的。协同概念表明整体大于各组织部分的总和，强调相同组织内各部门的合作。在决策角色方面，管理者对下属职责范围内的表现负责，调解争论，解决困难，分配资源，进行合同谈判。他们必须进行艰难决策以平衡不同的组织目标。在所有的管理功能中，人际关系处理是下属关系处理中最重要的。

结构化的项目管理最初在美国的航天工程中应用，目前几乎应用到了所有的生产活动中。工作说明是一份合同，定义了项目的最终产出，包括起止日期以及明确的预算，这是项目管理规划的基础。项目管理是指在资源约束（包括时间）下通过一系列和任务相关的逻辑事件来实现既定的目标。项目管理涉及组织、规划、指挥、监控和控制项目的所有要素。整个合同必须按照工作、资源、时间、预算进行策划。项目管理者最本质的任务是确定使用可获得的资源（通常很稀有）来实现项目目标。项目通过时间、成本和性能来定义。项目首先要具有明确的开始和结束节点，即项目必须按时交付。然而，在项目持续过程中可能发生偏差，通常需要增加成本雇佣额外的人力来消偏。事实上，这通常比延迟交付要好，因为延迟交付往往会招致经济上的处罚。项目需要足够的人力（足够的素质、专业知识、技能以及经验）才能在规定的时间内完成任务。项目规划后在推进过程中通过表格和预算等测量工具能跟踪项目进度。项目管理的基本功能如下：

1）项目范围管理，确定目标以及要执行的工作；

2）人力资源管理；

3）沟通管理，保持项目沿正轨运行；

4）时间管理，通过计划和遵循时间表来进行；

5）工作质量管理，保证获得满足要求的结果；

6）成本管理，控制成本在预算之内。

项目管理的规则（某种程度非正式）如下：

1）众所周知，工作通常会扩展填满可用的时间表，并且没有重要项目能够在预算内或者在使用相同工作人员的情况下按时完成。

2）项目在完成 80％ 之前进展很快，剩下的 20％ 永远无法完成。

3）在进展顺利的时候有些东西会出错；当认为事情无法再变糟时，往往会变糟；当情况显示正在改善时，有些事情会被忽视。

4）如果项目允许更改内容，那么改变速度会超过进展速度。

5）没有系统被完全调试过。

6）计划不周的项目需要预期时间三倍的时长来完成，而计划周密的项目只需要花费两倍的时间。

7）项目团队厌恶进度报告，因为报告证明了他们缺少进展。

8）有这样一个前提，即管理者会增加下属，帕金森定律显示在工作容量不变的情况下，管理人员平均每年增加 5％～7％[34]。

太空任务的目标务必可实现、清晰、明确。目标数量要尽可能少（最好只有一个，尽管这非常少见）。项目目标应该是具体的、可量化的、取得一致同意的、现实的和受时间限制的（最后一项可能受发射窗口影响）。项目由一系列可做到的并且明确定义的任务组成——这些任务必须分配到合适的资源，并配备其所需技能的合适的团队成员。项目管理者的角色是激励员工实现项目目标，这需要领导力，包括智力、精力和智慧。项目管理者需要具备一定的技能，包括制订财务计划、管理合同、管理有创造性的员工、激发创造性问题解决方案的能力。解决问题从问题定义开始，列出可供选择的方案，比较分析每一个方案，选择方案并执行。决策有助于降低不确定性。非常重要的一点是要有适应性，因为没有项目会严格按照计划执行。对于非正式架构以及沟通链路的鼓励也很有成效。项目管理的基础是项目规划（相关的项目条目）。最可能影响项目进度的问题包括：

1）与项目团队沟通不畅；

2）项目目标和需求定义不清；

3）微观管理而不是强调个体责任；

4）与顾客和/或分包商存在分歧；

5）不遵守标准和规则；

6）团队中的人员冲突；

7）缺少环境支持（如不良的公司关系等）。

有几种策略可以降低沟通成本并且提高处理信息的能力：

1）创造冗余的资源，通过增加规划目标或者延长完工日期、增加预算目标和/或资源清单来实现，这些方法均受到成本限制；

2）创造多种自洽的任务和必要的资源来实现自洽的产出，例如生产线等，以此减少资源分配的冲突，但是高度专业化的劳动功能必须集中以维持专业劳动的多样性以及经济规模（如财政和法律服务）；

3）建立横向关系，通过联络绕过冗长的沟通链，通过多部门的工作团队从更高层次解决问题，集中团队进行项目管理。

可交付性非常重要，因为它们是可见的，要么能提交，要么不能提交，它们同时可以提供一组方法进行进度跟踪。

1.2.2　工作结构分解

规划通过设计好的具体行动来实施，以实现多组目标。这里介绍管理的控制功能（保证行动符合规划）。控制和规划紧密相连。如果规划和实际情况发生偏差，必须对行动做出调整使得它们更贴近规划，或者对计划进行重新规划，或者对控制程序进行调整，以保证它们正在有效地监管着计划。项目控制的一个重要特性是可追溯性，即项目控制能够识别引起偏离的问题。这主要通过组织结构分解（Organization Breakdown Structure，OBS）和工作结构分解（Work Breakdown Structure，WBS）来实现。OBS 确定了从管理层到技术层对项目工作表现负责的各职能部门和部门成员，它建立了部门之间的联系，确定了汇报结构。WBS 工作包根据 OBS 确立的人力资源责任进行分配。工作的完成度必须要进行测量，这要求其能容易地被监管。必须确立汇报结构以保证所有资源能获得必要的信息，这样就可以预测计划日期和成本的改变带来的影响。定义沟通渠道的汇报结构有三种类型——定期的书面报告，定期的会议和现场汇报总结。进度汇报应当包括项目每月的状态/进度报告。进度总结具体包括以下几个方面的内容：

1）截至当前总体的完成度；

2）当月的完成度及项目状态；

3）截至当前预算的花费程度；

4）已完成的活动；

5）顾客已收到的交付成果和将要交付的成果；

6）当前的问题及解决方案；

7）预期的问题及解决方案；

8）前期行为的状态。

项目工作需求通过项目的 WBS 定义，项目资源分配依据 OBS 进行。WBS 按照层级定义了完成项目所必需的不同活动和具体任务。它在没有重复和冗余的情况下建立了所有工作要素之间的逻辑关系。WBS 中的任务按照 OBS 中的功能要素进行分配（即逐一的）。WBS 源自功能需求，并组成功能分解树。然后功能树分解成能够定义系统要素的产品树，即将要实施的任务。对于星球巡视器来说，所有在轨分系统的结构分解（最低三个层次）中最重要的是车体以及科学仪器配置。

麦肯锡（McKinsey）7 - S 结构描述了组织工作中相互依存的 7 个方面——结构、策略、系统（和程序）、管理方式、技能、员工和共同价值观。这里突出的主题是由具体任务组成工作，任务需要产生定义 WBS 的每项因素，WBS 确定了项目的范围。任务被分配给负责它的管理者。每个定义的工作包被分配给与整体管理产生接口的执行它的负责人。对于团队领导来说详细工作的目的是确定责任分配矩阵。每个工作包都由资源需求和约束来表征。每个工作包用如下的因素进行衡量：清晰定义的输入、工作范围定义的输出、起止日期内的持续时间（通常为一个月或更长）、预算。它利用单一的成本要素，人力和材料要素两者取一。通常存在一个独立定义的项目管理 WBS，该 WBS 包含了进度发展的基础，对每项活动都给出了一条时间线，为过程监管做好准备。一个典型的 WBS 将项目分解成一定层次的要素工作包：每个工作包都有一个责任个体或者有一个对其交付负责的主要监管者。表 1-1 给出了一组通用的工作包示例：

表 1-1　工作包描述

项目		工作包编号
工作包标题		
承包人		
开始事件		计划开始时间
结束事件		计划结束时间
工作包管理者		事项序号
		总结日期
开始工作包的所需输入		
工作包包含的任务		
工作包中明确执行的任务		
工作包输出		

1）项目管理、财政账目和行政支持；

2）可靠性和质量评价；

3）结构（质量预算）；

4）能源分系统（能源预算）；

5）热控（热量预算）；

6）通信分系统（链路预算）；

7）CDH 分系统（数据预算）；

8）射频/电磁兼容性；

9）轨道/姿态控制分系统；

10）推进分系统（速度增量预算）；

11）有效载荷仪器；

12）集成和测试活动（包括布线）；

13）地面支持设备（机械/电子）；

14）发射活动；

15）任务操作。

技术预算（质量预算、能源预算等）由系统工程师控制，他们也通过接口控制文件（ICDS）来控制接口。

1.2.3　项目调度

需要制订一个详细的基于时间的进度表以满足合同的需求。项目调度涉及时间表的规划，以及资源、活动和交付物的分配日期。调度需要估计活动持续时间，以及在资源、预算和交付日期约束下确定活动之间的先验关系。区分关键的任务和可以延迟的任务非常重要。根据 WBS 安排项目的进度，随着时间的推移工作包能够被安排下去。甘特图（条形图）通常被用来进行项目规划，并跟踪并行和串行任务路径，同时报告工作进度。每项工作活动都在日程表上列出。甘特图是一个带标记的条形图，反映了事件之间的时间关系。每项 WBS 包列在纵轴上，持续时间列在横轴上。一般来说，甘特图上活动项目的最大数量约为 40。条代表一项活动随着时间推移的持续时间。空心条表示已计划的活动，实心条表示活动的进度。活动用箭头表示，其上的节点表示里程碑。里程碑为项目生命周期内的主要事件或关键事件，可认为是计划的检查点，以便随着项目的推进进行工作监管——检查点应该在项目所有的主要阶段定义，并且能够被检查。计划的最高层级是里程碑的概要安排，它定义了合同中的里程碑。主要的项目安排反映了里程碑，对表征项目相关功能工作主要成绩的事件进行了标记。例如：

1）项目启动；

2）需求分析完成；

3）初步设计审查；

4）关键设计评审；

5）集成和测试完成；

6）质量保证评审和交付；

7）顾客满意度测试完成。

中级调度反映了 WBS 和网络调度的集合点，使得管理责任功能和个人规划功能产生关联。甘特图也可反映根据起止时间不同任务之间的依赖关系。优先关系表明活动 A 必须在活动 B 开始之前完成，从而产生串行的活动和并行的活动。项目由一组相互影响的活动组成。一条经验法则是每项活动占整个项目 $0.5\%\sim2\%$ 的长度。一般来说，最好通过增加工程预算来降低延迟交付的风险。甘特图中每个事件有 4 类时刻：最早开始时刻（ES），最早完成时刻（EF＝ES＋L），最晚开始时刻（LS＝LF－L）和最晚完成时刻（LF），L 表示活动持续时长。总余量时间定义如下

$$TS＝LS－ES＝LF－EF$$

因此余量时间可定义为活动链中最早的完成时刻—允许的最晚开始时刻。没有余量时间的活动是关键活动，连接项目起始和完成时刻的一组活动是关键路径，该路径上任何活动的推迟都会导致整个项目的推迟。关键路径定义了项目推迟的最高敏感程度。项目控制应聚焦在关键路径上。增加关键路径上余量时间的最好方案是并行安排活动并重新分配人力资源。预算状况也可列入以表示花费情况。预算包括若干要素：独立的工作成果（劳动力）、材料费和其他费用。大多数项目资源受限，当所需资源超限，在非关键活动上放松要求可用来实现特定目标。计划评估与审查技术（Program Evaluation and Review Technique，PERT）以及关键路径方法（Critical Path Method，CPM）以图形方式表示了任务之间和里程碑之间的关系。CPM 假定活动时间是确定的，PERT 假定时间是随机的，有乐观的、悲观的、最可能的持续时长。项目管理必须建立一组高效、明确的方法汇报进展，通常通过月度状态汇报和三个月一次的进展会议来实现（关键管理中的频率更高）。

1.2.4　项目预算

项目管理最重要的作用是优化资金以及其他资源的配置，这意味着需要确定优先级。预算是指在一个给定的时间段内每项活动的财务报表状态，包括收入、支出以及供给对象。对于项目的协调来说，预算的制订是一项关键规划过程。规划和控制之间通过预算联系，它指导有关资源分配的决策以实现项目目标。项目预算源自 WBS 和项目调度。规划涉及不同细节层次的网络调度，并在一段时间内为这些任务分配预算。优先图表方法（Precedence Diagram Method，PDM）是一种关于选择的网络方法，它把活动当作花费时间和资源的功能项进行分配，并根据时间和资源决定活动的顺序。一旦规划了每项花费账目，所有花费账目的总预算即成为性能测量基线或者项目调度表。监控和控制的基础由已实施工作的预算成本（Budgeted Cost for Work Performed，BCWP）（即已完成工作的预算费用）给定，这是已完成工作的计划成本。已实施工作的实际成本（Actual Cost of Work Performed，ACWP）给出了已完成工作产生的实际成本。据此可计算成本偏差，CV＝BCWP－ACWP。根据计划工作的预算成本（Budgeted Cost for Work Scheduled，BCWS）可以计算进度偏差，SV＝BCWP－BCWS。这些都是能够为评价报告提供输入的测量方法。成本和已实施的工作直接相关（如人力和材料成本）。成本账户管理涉及规划、安排、预算和控制所有的预算支出和人力支持。成本账户由 WBS（依据 OBS 制定）构建的责任矩阵确立。根据网络调度表追踪已完成的工作，监控待完成工作的成本来预测未来

的需求，通过这种途径可以提高绩效。绩效评价体系是用于项目成本和进度控制的规范化文件，它明确了项目工作人员的责任，并且保证了项目计划的参考时间。挣值跟踪可以基于资源使用和资金支出情况来评价计划工作的成本。预算可有效地说明项目利润/亏损状态和资产负债情况。记录不同活动花费时间的时间表为项目工作跟踪提供了基础。典型的时间"强盗"包括下属未完成工作或者低劣的工作，不能胜任的组成团或者没有监管授权的工作，日常的缺少文书支援的管理，以及过多的危机应对。项目成本包括：

1）人工（开发和运营）费用；

2）材料费用；

3）差旅费用；

4）消耗品或设备，包括专用设备（如校准设备、夹具、测试设备和搬运设备等）费用；

5）咨询费用；

6）管理费用；

7）许可证费用；

8）经费（能源、IT、不动产）；

9）特殊项目（进口或出口关税、运输包装、保险）费用。

直接成本是指直接和系统的设计、开发、建造、运营相关的成本。它包括非日常成本和日常成本。非日常成本包括研发、设计、设施、工具和测试成本，日常成本是指项目周期内经常发生的费用，如制造、计划、飞行前检查、飞行操作、维修、耗材和训练费用。间接成本是指和商务相关的费用，包括管理费用、利润、非操作设施和间接经费。有多种成本估算方法可供使用。经验法则/类比方法需要以前相似项目中专家的判断（通常作为初始估计），这里采用了 6/10 法则

$$C_i = C_{i-1} \left(\frac{S_{i-1}}{S_i} \right)^{\gamma} \tag{1-1}$$

式中　$C_{i,i-1}$——基于项目 $i-1$ 的项目 i 的成本；

　　　$S_{i,i-1}$——基于项目 $i-1$ 的项目 i 的规模；

　　　$\gamma = 0.6$。

自底至上的方法在工作包层次（ESA 需求）采用了详细的 WBS。参数方法将成本与人力和产出关联，并基于历史数据（对新技术不适应）得出成本估算关系（Cost‐Estimation Relationship，CER）。成本估算比率采取如下形式

$$C(2005 \$ M) = a \, (m_i(kg))^b \tag{1-2}$$

式中，a = 相似倍率×最适用回归系数；$0.3 < b < 1.0$。例如，基于分系统质量的姿轨控系统 CER 按照下式给出

$$C(2000 \$ M) = 464 \, (m_i(kg))^{0.867} \tag{1-3}$$

学习曲线由实现目标的支出（时间、成本等）定义，随着重复次数减少（见表 1-2）。克劳福德（Crawford）公式显示重复产出可以稍微减少支出。例如，第二件产品的花费是第一件产品的 80%，第四件产品是第二件产品的 80% 等。

$$C_n = C_1 n^p$$

其中

$$p = \frac{\log(C_2/C_1)}{\log 2} \tag{1-4}$$

平均成本由下式给出

$$\bar{C}_n \approx C_1 \frac{n^p}{1+p} \tag{1-5}$$

表 1-2　产品的成本示例

航天器类型	尚未发生的成本(a)	尚未发生的成本(b)	首件产品(a)	首件产品(b)
行星际航天器	13.89	0.55	1.007	0.662
地球轨道航天器	3.93	0.55	0.446 4	0.662
科学仪器	2.102	0.50	0.297 4	0.70

　　商业计划基于一个项目的净现值（Net Present Value，NPV）分析。未来成本根据货币的机会成本进行折现——一笔固定金额的钱的价值在未来不断减小，类似复利一样不断减小。NPV 按下式定义

$$C_i = \frac{C_{i+n}}{(1+r)^n} \tag{1-6}$$

式中　r——打折率，通常为 $10\% \sim 15\%$。

　　NPV 假设 R 为每年固定的支出，则

$$C_i = R \frac{1-(1+r)^{-n}}{r} \tag{1-7}$$

　　投资者通常要求明确的最低内部收益率（IRR）：风险投资者通常要求在 18 个月的回报期内，达到 $70\% \sim 100\%$ 的 IRR，这说明对于技术产品而言很难获得长期投资。成本可以以每年不同的成本（启动成本较低）进行分摊。成本通常使用贝塔函数进行评估，贝塔函数定义了总项目成本的一部分（$0 \leqslant C \leqslant 1$）

$$C(\tau) = 10\tau^2(1-\tau)^2(A+B\tau) + \tau^4(5-4\tau) \tag{1-8}$$

式中　τ——总项目时间的一部分（$0 \leqslant \tau \leqslant 1$）；

　　　A，B——形状参数（$0 \leqslant A+B \leqslant 1$）。

形状参数由最大 C 的位置和峰值 P 的宽度定义。

若 $C < 0.5$，则

$$A = \frac{(1-P)(C-0.187\,5)}{0.625}, B = P\frac{C-0.187\,5}{0.312\,5} \tag{1-9}$$

若 $C \geqslant 0.5$，则

$$A = \frac{P(C-0.812\,5)+(C-0.187\,5)}{0.625}, B = P\frac{0.812\,5-C}{0.312\,5} \tag{1-10}$$

　　因为缺乏有效的控制以及各部门不合理的期望，成本超支在航天项目领域比较常见。商业化货架式（Commercial Off-The-Shelf，COTS）元器件的使用为缩减研制费用提

供了一种方法（宇航级元器件十分昂贵）。有时候，可以通过研制原理样机来提高元器件的可靠性——这也许涉及重新包装或者软件的适应性修改（特别是对于电子元器件而言）。

1.2.5　研制计划

研制计划包含研发项目的主要文件，其组成部分如下：

1）概述研制项目范围的介绍，一份引用文件清单，所有主要分系统的简短描述；

2）基于工作分解结构的可交付成果，确定工作包，明确描述必须和产品树相关的可交付成果，确定供应商和分承包商的信赖关系的文件；

3）描述需求的约束因素，考虑文件、主要交付日期、互动群体的责任；

4）一份研制计划，定义项目的阶段以及活动的次序，明确工作的实施地点和评审会的日期；

5）一份描述如何实现的验证计划；

6）对项目进行工作结构分解，分解成个体的工作包，定义工作的范围、要进行的活动、持续时间、资源需求以及每个工作包的团队负责人；

7）项目的组织结构分解，分配职责和权限；

8）一份风险计划，明确主要风险、影响以及如何避免；

9）一份明确任务的进度表，定义工作包和里程碑以及监管过程；

10）成本分解，确定人力资源以及成本。

1.2.6　人员管理

在高等级的管理层面，技术技能不如概念技能重要，概念技能是关于策略协调和整合的，需要花费更多的时间在计划上而不是在监管上。但是，所有的项目管理者需要与人协同工作，这一基础技能是他们最重要的技能。与下属具有良好关系的领导比与下属不具有良好关系的领导更具影响力。项目管理者必须通过说服、强调和示范的方式来管理团队。管理者应当具有清楚的指令、沟通清晰、支持下属并且有效解决冲突，这一点非常重要。在个人层面，他们应该鼓励信赖、尊重，并树立共同价值观。有一项重要的因素经常被忽略或被掩盖，即自我管理的必要性[35]。项目环境是一个变化的环境，面对各种变化必须通过革新和创造来进行有效管理以应对机遇。其基础是信息和知识的管理，以支持有效决策。以身作则是以行动为中心领导力的基础。有效的领导特征在于假定工作是满足的源泉，团队成员行使自我指导并且在基于回报的基础上承诺完成目标，授权是可取的，并且需要通过良好沟通来共享信息。下属应该受到尊重和重视。良好的沟通非常必要并且需要清晰无误。这鼓励了以员工为中心的监督，而不是以工作为中心的监督，允许员工在决策时最大限度地参与。

为了减少微观管理，授权是必不可少的。任务被分配给定义了自己职责的下属，规定下属的义务以及实现这些职责的权限。因此，授权过程会分配该任务以及实现它的权限。

这为通常会提高生产力的协商决策过程提供了基础。以下几点很重要，即任务被完成，团队角色（团队角色应该在有能力的团队中通过共享领导力、共同义务和集体工作保持平衡）是有意义的，实施了有用的培训并且提供了自我发展的机会。这是工作丰富化、多样化以及人力资源管理中员工承诺的基础，有助于发挥员工的天分、能力以及员工实现个人价值和提升满意程度。在这种环境下，一个领导者需要尽最大能力展现领导力、创新性、判断力、决策能力、自律性以及勤奋性等所有素质。对项目管理者来说，缺乏团队成员的承诺是一项最困难的问题。有许多增加工作无聊程度的任务——填表式管理，无意义的任务，重复工作，任务完成情况不佳等。虽然有些行政管理是必要的，但过多的普遍招人抱怨的行政管理，也恰好是官僚组织的特征。在这种盲目情况下，公众官僚机构，通常由该环境下培养出来的平庸的管理者和行政人员掌控，扼杀了创造力和革新精神。创新基于知识，一个组织的知识是它主要的资产。缺乏高级管理的支持不可避免地会影响资源的可获得性以及项目的保证性，并且会很明显地体现缺乏项目及其管理者的高级管理支持。每个员工都应具备员工相关工作（目标）条目，以分层方式定义要实现的工作，从而将责任分配到个体员工的层次（见表1-3）。

表1-3　相关工作条目

工作标题		
部门经理		
工作范围		
工作的整体目标		
详细的任务需求		
已完成的/正在进行的关键任务清单	性能标准	支持数据
新的关键任务清单	性能需求	目标日期

这些应该根据每周目标进行定义。这就是基于目标管理（Management By Objectives, MBO），基于雇员的目标整合组织的目标。它更多聚焦于结果而不是过程，由例行绩效评估来表征。基于目标管理建立在管理者和雇员通过商讨达成共同目标的基础上。每个人都要为目标的实现承担责任。有效的计划由详细定义的具体目标决定，可以为每个管理者提供工作的重点。管理者必须积极参与目标建立过程。个人目标和共同目标之间的关系对于实现组织目标来说至关重要。在决定和选择实现目标的方法时，个人应具有广泛的自由裁量权和自主权，以利用其主动性和创造性。此类目标应该由员工和上级协商建立——越多的共同参与尤其是下属的参与，目标越容易实现。但是协调组织目标和多样化的个人目标是困难的。最基本的是，它涉及管理者/下属认同并评估工作责任、绩效目标，并进行一定程度的自我评估。个人目标清晰定义了与组织目标相关的工作责任和目标。最终的结果是改善计划、协调、控制和沟通等方面的表现。MBO系统有若干特征，对项目的承诺在组织的各个层次都是必需的，以实现功能最大化并且保证个人目标与组织目标的相容性。基于目标管理在绩效评估方面也拥有价值。一个良好的评估体系为改进提供了机会，同时为处理不达标提供了方法。为了实现目标，项目进程中周期性的评审对于解决问题来说十

分必要。此类评审必须定期进行来为其表现提供反馈。制定或参与自己目标的个体通常倾向于提高以往的表现。对于雇员来说，业绩方面建设性的反馈通常会实现更好的业绩表现，在反馈细致的时候更为明显。MBO 有很多优点——个体参与其中并理解组织目标，因为有效的沟通目标变得更加现实。现实的和清晰的目标是通往成功的必要基础要素。对于目标，有 8 个不同的业务领域——市场地位、创新性、生产力、人力和财务资源、收益性、管理者水平和发展、工人水平和态度，以及公共责任。MBO 的首要问题是如何使用目标测量体系进行评价，通常很难实现。更进一步，对于成功，MBO 需要更具适应性的管理方式，需要较高水平的技巧以处理人际关系。在决策过程中，共同参与通常会减少对抗。但是，一个低劣的或者滥用的评估进程比不进行评估还要糟糕。最好的评估过程是真正可共享的，结合了自我评价、上级评价和下级评价。项目团队被组织以适应项目，基于其拥有的资源（包括员工）。团队是基于项目的复杂程度以及项目团队的规模进行构建的，随着项目的推进会进行调整。组织结构基于每个人处理信息的能力。项目管理者应该授权给一部分的下级管理者。优秀的管理者应该在自己和团队之间维持一种心理距离。心理距离可通过如下手段进行增强：任务导向；维持良好的沟通以减少流言；维持公平，不要和团队成员结有深交。所有的团队成员要认识到他们的责任——有什么权限，可使用什么资源，在什么时间段内，要完成什么。团队成员应该清楚责任的界限和正式汇报的程序。航天任务项目团队由具有强烈动机的个体驱动。所有的航天任务由自身即是最重要资源的人员实施。航天任务研制工作的特征是人力集中型。马斯洛（Maslow）人类层次需求理论定义了人们的工作动机：

生理需求——饥饿、渴、睡眠等；

安全需求——远离危险的防护；

社会需求——社会存在性以及同家庭和社会团体的关系；

尊重需求——自我尊重，地位以及认可；

自我实现需求——个人发展、成长以及实现。

人类的需求构成一个金字塔，低层次的需求要在高层次的需求之前满足。最低层次是生理需求，在当代社会通常都会被满足。在更高层次的需求被满足之前，基本的需求要至少部分被满足。个体会基于当时的状态以及最近的经历，被驱动去满足最强烈的需求。基本的生理需求必须通过足够的工资去满足，并保护每个雇员以及他们的家庭，另外雇主必须提供一个安全的工作环境。除此之外，激励机制还为员工提供尊重、和同事之间紧密联系的工作氛围以及晋升机会。安全需求意味着工作安全，不受强迫以及清晰的规则。通常来说，生理需求和安全需求一般都会满足。工作环境能提供良好的社会环境。成就和地位的渴望可通过挑战性的工作以及适当的认可来实现。除此之外，还有自我实现的需求，以提供进步和工作的意义。对于成就的渴望可以认为是在竞争激烈以及具有挑战性的环境中渴望表现出色。这通常意味着愿意承担责任，倾向于设定具有挑战性的个人目标，以及对绩效的强烈需求。具有高成就需求的员工渴望挑战性和刺激性的工作，他们喜欢自主性和多样性。工作满意程度和工作的性质以及回报相关（例如成就、责任、认可和进步）。工作的不满源自个人的工作以及和组织的关系（例如薪水、人际关系、工作条件，特别是公司政策）。动机和需求的满意度相关，会随着时间或者给定的情境变化。这些需求驱动有意的行为尝试去满足他们。目标取决于对某一特定行为的预期回报。对于航天任务项目人员，最后三个层次是主要的驱动力。赫茨伯格（Hersberg）定义了衡量工作满意度以及生产力的两个方面：保健因素（公司政策、行政、工作条件、监管、人际关系、工作安全性、报酬）以及激励因素（成就、认可、进步和成长、责任、工作的技术方面）。如果一个组织仅满足了保健因素，员工就不会被满足，仅仅是没有不满。

为了提高生产力，组织必须重视激励因素。激励可被定义成"引起"人们行为的东西——人们在很大程度上是自我驱动的并且渴望用自己的方式去追求工作的自主性。传统的管理学校利用薪水刺激去驱动工人以最高效的方式从事无聊的、重复的体力工作。人际关系学校使用非正式的工作组织为工作提供社会维度，以减少无聊程度和重复性。人力资源学校认为激励包括多种因素——薪水回报、工作满意度、有意义的工作以及能提供满意度的优秀表现，特别是在给定责任的情况下。人员政策包括员工福利，以及对个体员工的奖励方法，例如通过晋升使薪水上涨。组织文化（例如自主性及决策程度）在影响动机方面也十分重要。特别地，同级及上级的当前工作环境，强烈影响动机和表现，因为他们是组织文化中最重要的传递者。外因取决于雇主，内因来源于个体，直接影响任务成败，和成就、自尊及精通新技能相关。关于动机的期望方案在不同个体和情形下会出现差异。假定行为由不同期望的个体和不同环境所产生的各种推动力的组合决定。个体都拥有不同的目标和需求，他们基于自己的期望决定自己的行为，即特定的预期产生特定的行为。个体期望回报价值，与获取回报所涉及的努力感，以及在付出努力程度下获取回报的可能性相关。努力程度与能力以及工作的完成方式相结合，产生具体的业绩水平，从而得到回报。必须评定每个员工看重的奖励，并确定所需的业绩。奖励必须基于业绩水平进行限定，同时要足够，并且考虑每个员工对公平的理解（与类似绩效的他人奖励相比）。管理者要想影响下属的行为，必须保证下属的行为会产生适当的后果。通常来说，奖励期望的行为比惩罚不期望的行为更为有效。正面强化是对期望的行为进行奖励，通常可以提升效率、减少成本以及提高生产力。负面强化是对不期望的行为进行惩罚，但会引起不利于生产力的怨恨和羞辱——因此可以消除惩罚，在某些不期望的行为上可以不用强化，这通常很有效。当期望的行为发生时立即奖励会导致快速短暂的影响，要持续加强这种影响。可以选择定期提供奖励，定期提供奖励会提供更加长久、持续的影响效果。对于奖励分配来说公平性至关重要。

在将学习理论应用到工作环境中时，管理者应该识别不期望的行为，了解其发生的时间和频率，确认不期望行为产生的原因，采取措施去阻止这些行为，改变这些行为产生的后果并且评估进展。要考虑整个系统施加在每个员工身上的推动力，以理解员工的动机和行为。以下因素会影响组织的动机：个体特征，如兴趣、态度、需求；工作特征，由员工任务决定；工作状态特征，是工作环境中的因素，包括同事的鼓励以及管理态度。有意义和有挑战性的工作由关于动机的 5 个核心工作需求表征：技能多样性、任务意义、任务重要性、自主性（责任）和工作有效性的反馈。但是，有两种类型的工人是值得注意的——需要挑战的高成长需求的员工和需要直接监管的低成长需求的员工。X 理论认为人类是懒惰的，不喜欢工作并且倾向于不工作，喜欢逃避责任，所以管理者要强迫人们去工作。Y 理论认为工作是一种天性，人类会让自己通过完成任务获得回报，他们将会实践自我控制、承担责任，利用知识去进行谋划和创造。实际上，人类的潜能只有部分被认知，满意度和回报是实现成就的关键。但是，如果工人能够充分发挥其全部的潜能，其福利会被提高。在这种情况下，每个工人都会执行他们的工作，为下一个高层次的工作做好准备，并同时训练他的继任者。只有当个人和组织的目标和需求同时被满足时，组织才能高效地运行。伦理上的考虑涉及如下问题，在政治民主和经济自由形势之下，主张将参与式管理作为工作场所民主的一种形式，而不是更专制独裁的管理形式[36]。这是唯一持续的模型，假定了人类的价值和最合适的方式来管理人类社会组织（例如一个基本的伦理是正义要得到伸张）。这在欧洲的组织中和最近的日本组织中得到了很好的执行，但是在美国的组织中仍然是独裁的并且在精神上是封建的，甚至在某种程度上公司文化中否认公民自由。

"9，9" 团队管理方式建立在信任的基础之上，强调个人的职业发展。该方法建议共同参与团队管理，包括经济奖励、高期望的目标、良好的工作实践和准确的沟通。总的来说，管理者在实现个人和组织目标方面必须考虑动机的重要性：

1）管理者必须有效激励他们的下属；

2）管理者必须认识到员工具有不同的动机和能力；

3）奖励应该和业绩相关，而不是基于非业绩的考虑；

4）工作要有挑战性和多样性；

5）管理应该建立在基于业绩的组织文化的基础上；

6）管理者应该深入了解他们的员工和问题；

7）员工应该在组织绩效中发挥积极作用。

员工希望他们的角色和地位通过一个普遍认可的方式被清晰定义。衡量一项工作重要性的主要标准是评价决策之间的时间长度。法约尔（Fayoll）的 14 条管理原则是：

1）进行劳动分工，促进专业化和提高效率；

2）权力与责任相当；

3）纪律严明，需要同时具备处罚和奖励；

4）指令的一致性意味着任何人只对一条链路上的管理者负责；

5）方向的一致性意味着具有相同目标的部门应该在一个管理者领导之下；

6）个体利益应服从组织的共同利益；

7）工作的报酬应该是公平的；

8）集权意味着管理者拥有最终的责任，但是要委派足够的权限使得工作被高效完成；

9）一个组织中的权限结构应该具有层次性；

10）资源应该在合适的时间出现在合适的地点；

11）管理者对待下属应当公正合理；

12）员工流失率应当低；

13）下属应当被赋予足够的自由以激发他们的主动性；

14）应该培养团队精神。

受过良好教育的员工更不易接受正式权力，所以人际关系对组织结构有一定影响。管理中的领导力来自管理者的渊博知识和高超技能，而不是来自正式权力。仅有经济刺激还不足以驱动生产力的提高。为员工提供优渥的福利以及创造和谐的氛围会提高员工的工作积极性（霍桑效应，Hawthorne effect）。工作团队的活力和自豪感会极大影响生产力，不仅能够使工作关系更加和谐，而且可以产生正面的社会影响。工作地点的社会环境是生产力的一个重要维度。

项目管理团队包括一系列重要的职位：

1）项目经理：对项目进度、任务分配、状态监管以及财政计划负责（项目经理应当具备工作经验，拥有战略领导能力，在技术层面进行决策，具备人际交往能力，并有成熟的管理能力）；

2）产品保证工程师：对可靠性和质量负责；

3）系统工程师：对整个系统工程、接口和系统集成（ICD）负责；

4）首席科学家：对载荷系统负责。

按照贝尔宾（Belbin）的说法，在团队中有九种角色来实现良好的平衡（虽然大多数团队失败是由于团队成员的知识不足）：

1）谋划者——富有创造性，非传统的问题解决者；

2）外交家——外向的和善于交际的联络人员和项目串联者；

3）负责人——自信的、目标导向的决策者；

4）塑造者——渴望克服障碍的动力驱动者；

5）监视者/评估者——在评定选项上进行战略判断的人；

6）团队工作者——能够缓解压力、富有合作精神的交际者；

7）实施者——可靠的和保守的实用主义者；

8）完成者/终结者——对于细节认真处理；

9）专家——侧重于具体问题的自励者。

团队应能融合各种角色，这些角色的重要性会随着项目的推进而变化。奇怪的是，贝尔宾发现大多数管理者是较弱的完成者/终结者。实施项目所必需的人力在时间上的分布遵循普特南-诺登-瑞利（Puttman - Norden - Rayleigh）曲线

$$y(t) = 2K \cdot a \cdot t \cdot e^{-at} \tag{1-11}$$

式中，K 为人力投入，按照人/月计算；a 为曲线的初始斜率。在项目持续时间和人力之间有一个权衡

$$K = C/t^4 \tag{1-12}$$

式中，C 为常数。人力可用来缩短研制时间，但是价格昂贵。

第 2 章 星球环境

星球巡视器的首要目标是以导航为手段，穿过未知、恶劣的地形，识别并绕过障碍物，释放科学仪器，对科学目标进行采样。行星环境非常复杂多变，从相对平坦、安全的地貌到多岩石、恶劣的地貌。尽管最近都在强调"实体化"或"情景化"机器人，即强调机器人应对真实（非常严酷的）环境的必要性，但地面移动机器人平台还是大部分都在像办公室走廊一样的相对温和的环境中进行操作[37,38]。地面移动机器人的研究趋势是采用原始的移动系统，如使用差动驱动，配置两个动力轮，一个从动轮[39]。星球机器人的配置没有那么豪华，因为星球的环境崎岖不平、恶劣、事先未知（如火星地形多岩石、多沙，如图 2-1 所示）。与传统的地面移动机器人相比，星球巡视器还受到许多其他关键因素的限制[40]：

1）恶劣的地形环境，如岩石、悬崖、裂缝等，可用于自定位的特征较少；

2）缺少关于探测区域环境特征前期数据；

3）信号的往返时间较长，与地球的通信窗口受限，具有高度的自主需求；

4）要经历包括极热环境和沙尘在内的恶劣的环境条件；

5）可用的能源受限；

6）高可靠度的需求限制了机械的复杂度。

相对于传统的地面移动机器人，星球巡视器在这些问题上受到了更加严格的限制，这对其设计方法有显著的影响。通常星球巡视器底盘的质量占总质量的 30%。

北约参考机动性模型（NATO Reference Mobility Model，NRMM）[41]，强调以下性能参数：

1）最大速度和转弯半径；

2）克服移动阻力的牵引力；

3）躲避障碍的机动能力；

4）乘坐舒适度。

不需要深入考虑乘坐舒适度，因为总的来说，对于机械巡视器不需要优先考虑悬架，星球巡视器的穿越速度一般都很低，10～20 cm/s，对于低于 3 m/s 的对象，使用准静态模型足以表征其速度动态特性。性能参数 1）由参数 2）和 3）共同决定。而最大速度由以下几个性能参数决定：

1）电机力矩；

2）坡度；

3）障碍物出现的概率（这决定了平均自由路径）；

4）土壤表面引力。

（a）多岩石地貌

（b）多沙地貌

图 2-1　火星地貌图［来源：NASA JPL］（见彩插）

　　机动车辆的几何构造、转弯模式等都对转弯半径有影响，同时转弯半径还对性能参数
3）有很大程度的影响：在履带式巡视器和微型巡视器中使用的防滑转向装置具有最高的
转弯机动性，但以功耗为代价。大多数具有前进后退能力的机动车可以通过防侧滑装置转
弯。微型或微型以上级别的星球巡视器通常都采用阿克曼转向装置。

　　破碎的颗粒物覆盖在所有陆地的表面，这些颗粒物是表面岩石受到冲击、温度变化、化学效应或其他类型的侵蚀风化形成的。颗粒物的组成与地球表面土壤的组成类似，但是没有地球土壤的水分和有机成分。由于没有大气层来过滤掉小陨石的撞击，月球土壤相对于火星土壤更加细碎，含有的石砾更少。本书讨论最常见的探测对象——月球和火星，其他星球（如金星、气态巨行星的卫星、太阳系中的小星体等）也可以进行星球巡视器探测任务。绝大多数类地行星，特别是月球和火星，具有一些共同的特征。通过原位测量以及对带回的样品进行分析，我们已经得知月球土壤的属性。而对于火星土壤，只是通过原位测量得到了较少的信息。一般来说，外星环境最显著的特征就是干旱，这体现了地表风化层的物理属性。不过气态巨行星的卫星却不是这样，比如木卫二（见图 2-2）、木卫三、木卫四和土卫二，它们结冰的表面证明有液态水流存在。

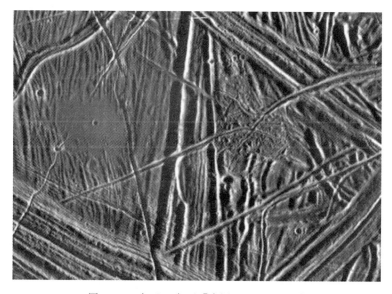

图 2-2　木卫二表面〔来源：NASA JPL〕

行星地形对巡视器底盘的设计有着很大的影响，从而也会对星球巡视器的质量和功率的预算有所影响。因此，星球巡视器的设计要基于参考地形。同样，就像所有着陆在行星表面的其他航天器一样，星球巡视器的设计，要适应地球上所少有或者没有的恶劣环境。行星上的昼夜循环会导致星球巡视器经历热循环，引入大量的热负荷：例如，一个火星日（sol）比一个地球日略长，火星距太阳比地球更远，但是环境温度主要受火星大气层影响。月球 2 周是白天，2 周是夜晚，到太阳的距离与地球基本相同，但是它直接暴露在太阳的照射或者寒冷的深空中。与地球的距离影响巡视器的通信系统架构，这就决定了月球车可以使用遥操作，而火星车不得不使用自主操作。与星球巡视器相关的通用航天器设计问题在其他书籍中有专门的论述[42]。

2.1　月球

相对于载人探测，月球更适合使用无人探测方式[43]。尽管美国对月球的意图现在还并不明朗，但中国对月球表现出了极大的关注。这始于中国 2003 年进行的首次载人发射，接着中国发射了嫦娥一号、嫦娥二号探月卫星，以及嫦娥三号月球着陆器/巡视器。通过这些技术积累，后续的嫦娥四号会携带另一个着陆器和巡视器登陆月球表面，最终嫦娥五号实现从月球采样并返回地球。中国同时也进行着载人空间站天宫一号的研究。月球表面的重力加速度为 1.62 m/s^2，赤道附近的温度变化范围为 $120 \sim 380 \text{ K}$，两极附近的温度低至 40 K。月球没有大气层。地壳平均厚度为 70 km，近地端比远地端要薄一些。地壳之下是覆盖在固态地核之上的地幔。月球的地核很小，半径只有 340 km。因此月球没有全球性的磁场，只有月表岩石显示出的剩磁。月球的质心向地球方向偏离，偏离其几何中心 2 km。月球在地质构造上已经死亡，被锁定在环绕地球的轨道上运行，公转周期等于其自转周期（朔望日），大约为 29 天。贯穿整个运动周期，日下点都在赤道的 1.59° 之内，因此高赤道区域太阳倾角也高。阿波罗任务在近赤道的实地考察，发现了从地质化学角度来说不同寻常的高浓度的克洛普矿物（钾、地球稀有元素和磷）。它们是在 $3.85 \sim 3.90 \text{ Gyr}$ 之前直径为 1 200 km 的雨海（Imbrium）陨石坑形成时的喷射物的产物。月球表面由崎岖的高地和玛利亚（Maria）平原组成，其中崎岖高地富含钙和铝的火成岩，更为年轻、平缓的玛利亚平原富含铁和镁的玄武岩，高地代表着更古老的地壳。平缓的玛利亚平原集中于面向地球的近地端。由于万古以来陨石的不断撞击，月球表面布满了冲击盆地和环形山。特别地，由于没有大气层阻拦小陨石的撞击，表层被粉碎，形成了十分细碎的风化层。

月球岩石由固态结晶的矿物和在可忽略的氧分压力且无水条件下形成的玻璃组成。月壳的 98% 以上都是由斜长石、辉石、橄榄石和钛铁矿四种矿物构成的。剩下的小于 2% 的物质主要是钾长石、金属氧化物（如金红石 TiO_2，以及铬铁矿 $FeCr_2O_4$，非常少的赤铁矿或磁铁矿）、金属铁颗粒、陨硫铁 FeS、锆石 $ZrSiO_4$ 和磷酸钙。长石是一种铝硅酸盐，而斜长石则是一种典型的钙-钠-铝硅酸盐长石。多数月球长石都是介于钠长石（$NaAlSi_3O_8$）和钙长石（$CaAl_2Si_2O_8$）之间的斜长石类型。钙长石是一种在月球占统治地位的富含钙的斜长石。月球上几乎所有的铝都以斜长石的形式存在。辉石是一种镁-铁-钙硅酸盐（如顽辉石 $MgSiO_3$，钙硅石 $CaSiO_3$ 和铁辉石 $FeSiO_3$），斜辉石 $[Ca(Mg,Fe)Si_2O_6]$ 是一种含钙的辉石（与月海玄武岩有关），而斜方辉石 $[(Mg,Fe)SiO_3]$ 是一种含有微量钙的辉石（与高地岩石有关）。橄榄石是一种镁-铁硅酸盐，其组成成分介于硅酸镁 Mg_2SiO_4 和正硅酸铁 Fe_2SiO_4 之间。大多数月海玄武岩橄榄石矿物含 80% 的硅酸镁和 20% 的正硅酸铁。几乎所有的铁和镁都存在于辉石、橄榄石和钛铁矿之中。月球岩石中铁、锰含量比值基本固定为 70:1。月球高地由大量的钙长石、少量的辉石和橄榄石构成。而月海玄武岩则主要由硅酸盐（橄榄石、斜长石和斜辉石）构成。硅酸盐是月球上最丰富的矿物，包括辉石 $(Ca,Fe,Mg)_2Si_2O_6$、斜长石 $(Ca,Na)(Al,Si)_4O_8$ 和橄榄石 $(Mg,Fe)_2SiO_4$。氧化物是月球上，尤其是月海玄武岩之中次丰富的矿物，包括钛铁矿 $(Fe,Mg)TiO_3$、尖晶石 $MgAl_2O_4$、铬铁矿 $FeCr_2O_4$、钛尖晶石 Fe_2TiO_4 和铁尖晶石 $FeAl_2O_4$。处于月球近地端的西北的克洛普岩层风暴洋含有大量的富含钾和其他地球稀有元素的辉石而不是斜长石。含二氧化硅的矿物，如石英，以及大多数硫化物在月球上都十分稀少。硅酸盐矿物匮乏是由于缺少含二氧化硅的小花岗岩的热液沉淀（月球花岗岩不含云母、角闪石）。然而，硅质矿物多与克洛普矿物共生。由于硫化物稀少，所以铜、锌、砷、硒、汞、银和铅的含量也非常低。月球上不存在地球上的成矿过程基于水的含水矿物，如黏土、云母和角闪石。

在月球上的含水矿物磷灰石矿中检测到了水的存在，磷灰石是月海玄武岩和高地斜长石的组成部分[44]。氢同位素分析表明多数的水可能来自彗星。在月球两极处于永久阴影中的环形山中的温度为 100 K，预期在那里有以冰的形态存在的水。含水挥发物可能是在千万年间由彗星的撞击而带入了月球。任何冰态水存在的表征都是进行无人探测任务的一个主要理由，以期能够支持载人探测。美国月球轨道卫星项目克莱门汀号（Clementine）（1994）使用 S 波段双站雷达和月球勘探者项目（1998）使用中子能谱探测了月球远地端和极地区域，结果表明月球两极处于永久阴影中的环形山中可能存有 10^9 t 的固态水。这个结论是通过对雷达的反射率和氢元素特征的数据分别进行分析而间接得来的，是否真的是固态水还需要进一步测量（其他可能性包括固态甲烷或固态氢）。印度月船一号（Chandrayaan-1）航天器的微型合成孔径雷达（SAR）探测到在月球的北极可能有固态水的存在。月球勘测轨道器（Lunar Reconnaissance Orbiter，LRO）（2009）与 LCROSS（月球陨坑远程观测和遥感卫星）合作对月球南极进行了勘测。LRO 对 LCROSS 撞击月球的南极区域产生的碎屑和挥发物进行了光谱分析。测量结果表明可能有分子氢的存在（存在于其他物质中），这些分子氢很可能来自撞击目的地卡比厄斯（Cabeus）陨石坑的固态水，据估计固态水占该处地表构成的 5.6%。目前尚不清楚卡比厄斯陨石坑如此丰富的藏水量是否能够代表所有处于永久阴影中的陨石坑，它也可能是由彗星撞击形成的一个特例。无论如何，月球上固态水的存在还没有得到确凿的证实。高分辨率相机、激光高度计、红外光谱仪、X 射线和 γ 射线光谱仪被广泛用于确定月球水储量、定位矿物和创建地形图，以便为未来的人类探索活动做好准备。如果月球上存在水资源，将极大地降低人类月球探索活动的成本，特别是进行月球殖民的成本。

太阳风和宇宙射线能够使一些挥发物进入月球表壤。在月球的两极，虽然太阳风强度较低纬度处弱[45]，但是低于 100K 的低温降低了脱附速率，反而有更多的气体被太阳风带入表壤中。这表明在两极地区更有可能提取出氢（可能以气体分子或者水分子形态存在）和低浓度的 He-3（$[He-3]=3(0.025)(4\times10^{-4})H_{max}$）。因此月球是获得可用于清洁核聚变的氦（地球上稀有）的最近的来源。由太阳风引入的气体在被加热到 700 ℃的时候就能够被释放出来，这可以通过建造在月球上的设施来实现。可以采用原位资源利用（ISRU）的方式来进行月球南极的水资源开发。月球上的水资源提供了进行生活补给和生产推进剂、氧化剂以及燃料的希望。水是生活补给的最重要物资和电解制氧气的来源。这些水资源预期处于月球约 1 m 深的浅表。尽管深钻需要人为干预，但样本收集和仪器的安装可以自动进行。克莱门汀号和月球勘探者项目（Lunar Prospector）测量到的氢分布约

0.5～10 km/pixel，还不足以作为着陆进行原位开发的目标地点（美国 2009 年发射的月球勘测轨道器用于调查可着陆开发的潜在地点）。月球矿物学也表明有希望通过碳热还原法在原位提取氧气、硅、铁和高精度钛。这样的原位资源能力具有长期商业化的潜力。

针对月球的大量科学研究表明，它是一个具有吸引力的研究对象[47]。月球丰富的地质情况引起了许多科学家的研究兴趣。具有 30 K 低温的陨石坑在千万年里从彗星和小行星的撞击中获得并保存了固态的水和其他挥发物。鉴于水资源很可能存在于月球的两极地区，南极的艾特肯（Aitken）盆地倍受机器人探测器探测任务的青睐。处于远地端的南极艾特肯盆地（57°S，180°W）直径为 2 250 km，是太阳系最大的盆地。它也是月球上最古老、最深的盆地，形成于大约 3.9 Gyr 以前早期太阳系集聚的最后激变阶段。它的海拔变化从当地水平面以上 6 km［如距南极点 120 km 的马拉柏特（Malapert）山］到当地水平面（基于 13 km 范围内的地形剖面）以下 5 km。它的深度表明撞击可能穿透了地壳并掘出了月球地幔的物质，但目前仍未采集到样本来对其证实。撞击形成南极艾特肯盆地的物体的质量估计为 1.5×10^{19} kg。陨石坑的表面覆盖着岩石粉末和尘埃构成的表层土。陨石坑的盆地处于永久阴影中，因此很可能捕获挥发物。西安大略大学的菲利普·斯图克（Philip Stooke）分析得出了以下潜在的着陆地点并在开发相应的机器人探测采样返回项目Hopper。项目的首选地点是直径为 39 km 的索梅克-乌斯蒂尼（Shoemaker – Faustini）陨石坑（87.3°S，77.0°E）。预期该处的氢含量 ［H］ $= 0.17\%$，氦含量 ［He - 3］ $= 10^{-7}$，温度估计在 100 K 左右。然而，也存在选取其他地点的可能。

南极艾特肯盆地的横截面呈现出一种阶梯状地势（见图 2-3 和图 2-4）。在艾特肯盆地上可以画出 3 个同心圆。第一个环直径为 2 400 km，海拔急剧下降 3～4 km。第二个环直径为 2 100 km，海拔下降 2～3 km。第三个环直径为 1 500 km，包含盆地最深的部分，与环 2 和环 3 的过渡处相比，深度急剧下降 2～3 km。

图 2-3　南极艾特肯（SPA）盆地［来源：NASA］（见彩插）

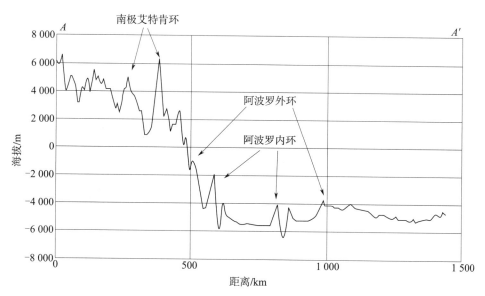

图 2-4　南极艾特肯盆地北部横截面图［来源：NASA］

一个好的着陆地点需要具备以下条件：

1）良好的光照以便于太阳能供电；

2）良好的对地通信环境；

3）针对火山坑中永久黑暗区域的可行巡航路线；

4）可进行轨道成像；

5）相对较少的岩石且平坦的地形。

由于月轴与地月黄道平面有 5°的夹角，月球到地球的通信需要一个 5°的最小仰角。在仲夏期间，极地着陆点到地球的视线在水平线之上有最大 7°的方位角，在太阴日这一天会有±5.5°的变化。这些边际条件过于严酷以至于无法保证持续不间断的通信（归于地形阻碍），因此建议使用月球轨道卫星来进行通信中转。马拉柏特山峰（86.0°S，2.7°E）具有持续的对地视线但是光照小于 74%。南极点古老的陨石坑具有喷溅覆盖物形成的圆形边缘。然而，直径 1 m 的岩石很有可能出现在陨石坑的边缘附近，且更大的直径可达 70 m（这会影响到探测操作）。更年轻的陨石坑具有 20°～25°陡峭的边缘，对巡视器的牵引能力提出了更大的挑战，传统的摇臂转向架六轮底盘设计将无法提供足够的牵引力。一种可能的解决方案是履带式底盘。它就像是加大版的 Nanokhod 或者弹性环路移动系统（ELMS）。在两极附近，当地的地形会阻挡阳光进入某些位置。也会有一些地形上的高地区域几乎会被太阳持续照射，而且十分接近永久阴影区。以下几个高光照（每年的 86%）区域就十分接近永久阴影陨石坑[48]：

1）A 点位于沙克尔顿（Shackleton）环形山的边缘（89.68°S，166.0°W）；

2）B 点位于靠近沙克尔顿环形山的山脊（89.44°S，141.8°W）；

3）C 点位于蒂米斯特尔（De Gerlache）环形山的边缘（88.71°S，68.7°W）；

4）D 点（99.79°S，124.5°E）位于沙克尔顿环形山边缘沿着 120°E 经度线的一条山脊。

　　光照最好的区域位于沙克尔顿环形山的西部边缘，如图 2-5 所示。

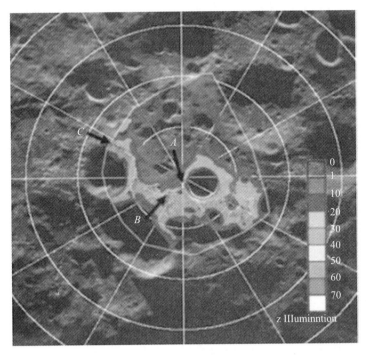

图 2-5　直径 20 km，深 3 km 的沙克尔顿环形山太阳光照百分比图 ［来源：NASA］（见彩插）

　　A 点、B 点和 C 点是光照最好的区域，最小光照时间占比为 70%。A 点（位于沙克尔顿环形山的边缘）和 B 点相距 10 km 并且结合这两个点的光照时间可达到 98%，但是它们任一点都不具有持续光照（不是永昼峰）。D 点全年光照率大于 86%，且在夏季有持续 5 个月的光照。而在剩余 7 个月的日、月蚀季节发生的日、月蚀时间也很短。着陆点附近还必须具有能够探测挥发物的处于永久阴影中的区域（最好在 10 km 以内）。计划中的 Hopper 着陆器能够使用推进器在距离 50 m 的三个地点间跳跃，但是考虑到永昼峰和永久阴影区的距离，这也不足以使其能够找到以永冻冰形态存在的水。月球巡视器必须能够到达它附近处于永久阴影中的陨石坑。最合适的着陆地点被选在了沙克尔顿环形山和蒂米斯特尔环形山的喷射覆盖物上。

　　地点 1 和地点 2 位于沙克尔顿环形山边缘，可以进入直径 20 km，深 3 km 的沙克尔顿盆地内部。然而沙克尔顿环形山相对年轻，地形较为陡峭且挥发物储量较少。沙克尔顿环形山的内坡比外坡更为陡峭。地点 3、5 和 6 距离附近的小环形山很近，但是小环形山可能具有的挥发物有限。从地点 4 移动 20 km 可以进入一个具有缓坡且挥发物存量丰富的古老环形山。可以与处于地点 4 的着陆器保持通信。但是在巡视器向环形山移动的过程中，它与地球间的通信线路会被阻挡，因此需要部署中继设备（十分昂贵）或者使用轨道卫星来保持通信。地点 7 有几条通向蒂米斯特尔环形山的路线。作为着陆点基线的地点 4 表明着陆器需要具备良好的移动能力以便往返于目的地（见图 2-6）。

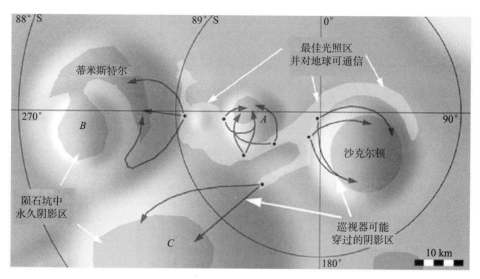

图 2-6　从永昼峰开始的可能巡航路线［来源：菲利普•斯图克，西安大略大学］

　　装载有高移动性巡视器的着陆器必须降落在一个临近沙克尔顿环形山内永久阴影区的永远有阳光照射的地区，以获得恒定的太阳能。巡视器移动的路线是极具挑战性的——需要在沙克尔顿环形山内极度崎岖不平的地表上单程行驶 20 km。而且光照条件也可能是有限且不断变化的。巡视器的移动假设必须在 14 天内的白天时段完成，这意味着需要达到的最低速度为 3 km/24 h。如果进行时间单位变换，可以得到最低速度约为 120 m/h。这还没有包括在目的地进行科学考察的时间。

　　例如，计划于 2018 年发射的月球资源探测器/RESOLVE（Regolith and Environmetn Science and Ozygen and Lunar Volotile Extruction，表层土与环境科学以及氧与月球挥发物提取）就是一个 ISRU 项目。其目的在于寻找近地表的挥发物，如水，对样本进行提取和分析，论证月球南极点附近的阴影区域中月球表层土的化学变化过程。所选地点需要光照周期能够支持使用 250 We 太阳能电池板（配有 3.5 kW•h 充电电池）作为能源，能够与地球（南极站）保持持续的可视通信，便于进入氢浓度高且能够稳定保存冰的阴影区域。月球资源探测器基于一个质量为 243 kg 的机器人月球车（包括有效载荷），它将执行一个针对卡比厄斯环形山（85.75°S，45°W）的为期 5～7 天，跨度 1～3 km 的月表探测任务[49]。宇宙神 5 号（Atlas V）火箭携带的发射质量为 3 476 kg，而着陆质量为 1 285 kg。共计 72 kg 的 RESOLVE 载荷包括 4 个子系统：1）一个采样点选择系统，包含用于定位氢/水资源的中子频谱仪和近红外光谱仪；2）样本采集与传输子系统，包含一个 1 m 的钻机/螺旋钻以及能够取 3～5 个岩芯的核心传动机构；3）氧原子及挥发物提取单元（OVEN）用于对样本进行化学处理，包括一个能加热到 900 ℃ 的热反应炉；4）用于分析提取到的挥发物的月球高等挥发物分析系统（LAVA），包含一个气相色谱-质谱仪（GCMS）和一个利用冷凝室来捕获水的设备。一个 1 m 的岩芯将被分成 8 段来进行处理。它们将会被加热到 150 ℃ 来进行挥发物提取，和氢一起加热到 900 ℃ 通过氢还原反应来提取氧。得到的挥发物由 GCMS 来进行分析。

月球尘埃无处不在而且由于摩擦及其静电特性会附着在任何东西上。细颗粒的尘埃漂浮在空中，白天是由于阳光紫外线辐射，夜晚则是太阳风的作用[50]。月球土壤中的凝结状玻璃和纳米相的铁越来越多，颗粒度则越来越小（高斯平均尺寸为 3 μm）[51]。对呼吸系统有害的直径小于 2.5 μm 的粒子非常多。月球土壤的平均长宽比为 0.7，且呈多角交错的形状，故具有高度黏性。这是扩展月球上操作所要面临的一个主要问题，因此需要高效的除尘技术[52]。尘埃粒子会落到并被范德华力吸附在太阳能电池阵列、散热器和光器件的表面。可以利用机械振动、（电）磁场和静电等来除去它们防止沉积。尽管磁场的方法最简单[53]，但电磁场的方法是使用最多且最有效的[54-56]。对于巡视器上的发动机和齿轮、控制器、钻头等机械系统来说，月球土壤的颗粒大小也是一个重要问题。对于自动化机械设备，必须使用旋转密封作为第一或第二防尘机制。转子/定子的空隙、电机校准、电刷/换向器磨损、齿轮摩擦和啮合、滑轮座、连接器接头、轴承、电机温度都会受到粉尘污染的影响。旋转密封用于移动部件之间的密封。与静态密封依靠的是固体之间的紧密接触不同，旋转密封需要液体润滑，通常会使用低黏度的烃油。移动部件需要液体润滑剂来将摩擦磨损降到最低。液体润滑剂大多是基于石油合成的化学制品，通过其黏性及薄膜附着力起作用。在太空中，聚四氟乙烯密封是最适合的干膜润滑剂，它能够承受温度的剧烈变化且具有较高的化学稳定性。但是已经证明聚四氟乙烯 O 形密封不足以应对高粉尘环境（以多角的硅粉尘为例）[57]。磁流体旋转密封可用于真空和低压的零泄漏液体密封[58]。两个相对的磁体能够形成一个包含磁流体的磁路。磁流体是由直径 10 nm 的顺磁颗粒悬浮在液体中而形成的胶状的悬浮液，从而在整体上具有了顺磁性。利用磁场就可以控制这样的流体来密封两个区域。这是用来对发动机做旋转密封的理想材料。

2.2　火星

火星主要由五类地形组成（见图 2-7）：高地岩石、低地岩石、火山区、沟壑、极区。相对于南半球，北半球比较平坦，平均海拔为 −1～−3 km，而南半球多山脉，平均海拔为 +4 km。北半球的季节比南半球的季节要更加温和，每天的平均温度为赤道 215 K，南北极 150 K。在赤道，晚间温度降低到 150 K，中午温度升高到 290 K，但是火星的土壤温度保持在接近平均温度 215 K 的水平。最明显的特征是水流切割的沟渠和洪水流域，蚀刻着火星表面。南半球的古老环形火山形成的（大约 3.5～4 Gyr）高原的特点是具有河谷网络，与之相反，北半球由平滑、年轻的低洼平原组成，赤道地区的峡谷和塔尔西斯（Tharsis）高原的火山所形成的古代的海岸线将南半球和北半球分开。火星北半球的地壳的厚度是 40 km，南半球的地壳的厚度是 70 km。塔尔西斯火山下的地壳最厚，在南半球巨大的海拉斯（Hellas）盆地处的地壳最薄。火星主要的火山区域是塔尔西斯和埃律西昂（Elysium）。塔尔西斯火山在赤道区域，平均高度是 10 km，塔尔西斯是构造断裂（Tectonic Faults）和火山生成的主要区域。塔尔西斯凸起形成于 3.7 Gyr 前，但是塔尔西斯火山口，包括奥林匹斯山，形成于 100～150 Myr 前，这说明在那期间有火山活动。

火星的历史被分为三个主要的纪元：诺亚（Noachian）纪元（南部高地）、赫斯斑（Hesperian）纪元（北部低地）和亚马逊（Amazonian）纪元（火山区域）。三个纪元的边界是根据月球火山坑记录来界定的，诺亚/赫斯斑（3.5～3.7 Gyr），赫斯斑/亚马逊（2.9～3.3 Gyr）。在火星的 20 个巨型火山中，有太阳系中最大的盾形火山奥林匹斯火山，高 22 km，火山口直径为 60～90 km，深 3 km。火星地表在两个时期曾经被液体水显著改变，一个是早期时代形成了山谷，另一个是晚期时代形成了排水通道，尤其是在北部低地和南部高地之间有 5 km 的海拔不连续地带[59-61]。有证据表明火星上纬度超过 50° 的地区地表下 1～2 m 处存在着大量的水冰，这些水冰如果融化，足够将整个火星淹没在 500 m 深的水下。另外，在更低纬度的地区也有近地表水存在，尽管其存在形式仍旧未知（与矿物化学或物理结合）。由于范德华力，吸附水具有更强的黏着力。海盗号实验中，通过将土壤样品加热到 500 ℃ 以上以释放水合物中的水，结果表明表层土壤平均含有 0.2% 的水。由 MER 发现的针铁矿和黄钾铁矾表明火星表面存在着与矿物化学结合的水。排水通道和山谷网络的存在也早已表明了在不同的时代火星表面曾经存在着液态水。排水通道是大型河流的特征，大型河流由西北部和克里斯（Chryse）地区的特大洪水形成。而更古老的山谷网络则是由地下水渗流形成的地表径流冲刷而成的[62]。南方高地的山谷网络有可能形成于 3.5 Gyr 之前的大撞击时期的末期，由于热喷射而使得气候较为温暖[63]。地热融化了近地表冰从而引起了地下水的侵蚀。发生了地下水冰从温暖的赤道地区向两极地区的净迁移，更稳定地存在于小于 1 m 的浅表层永久冻土层中[64]。尽管浅表层冰在纬度高于 40° 的地区更加稳定，但是也广泛地出现于其他地区。最大的排水通道是卡塞峡谷（Kasei Vallis），排水通道在赫斯斑时期占主导地位，但有一些可能起源于亚马逊时期。

图 2-7　根据 MOLA 数据生成的火星地形图［来源：NASA］（见彩插）

　　山谷网络遍布于古代陨石坑地带（形成于大撞击时代后期），这表明在诺亚时代，早期的火星大气能够支持水循环所需要的温暖、湿润的气候（1～5 bar[①] CO_2）[65]。只靠浓度较高的二氧化碳温室气体不足以维持液态水所需要的温暖环境。然而，形成的二氧化碳冰云还能够反射地表的热辐射[66]。另外，水汽和二氧化硫温室气体（二氧化硫是一个次要的组成部分，来源于周期性的火山喷发，它能够抑制二氧化碳云的冷凝）也帮助确保了地表液态水的稳定存在[67-69]。二氧化碳在 15 μm 波长有一个强大的振动吸收带，在 9 μm 和 10 μm 波长附近还有几个较弱的振动吸收带。在 273 K 以上，水汽具有在 20 μm 向长波段的轮转吸收带并且在 8～12 μm 波长之间有一个连续的较弱的吸收带。二氧化硫具有在 7 μm、9 μm 和 19 μm 波长附近的振动吸收带，以及在 40 μm 向长波段的转动跃迁。氨在 10 μm 波长具有振动吸收带且在 16 μm 波长处也有较弱的吸收线。甲烷在波长 7.7 μm 处具有一个吸收峰值。然而，甲烷和氨气（属于还原性气体）在太阳紫外线作用下会不稳定。对于二氧化碳和甲烷，对 20 μm 以上波长的吸收只有在较高气压下才重要。在塔尔西斯地区存在较为年轻的山谷（<2.5 Gyr），是在火星气候与现在较为类似的时期由当地地表径流形成的[70]。有证据表明，北部低地揭示了古代是一个巨大大洋的海岸线，该大洋底部的地形是十分平坦和光滑的，平均深度在大地水准面 3.8 km 以下，容量为 1.4×10^7 km[3][71]。这个古老的海洋（Oceanus Borealis）可能一直存在到赫斯斑时代的晚期。排水通道将水从克里斯和亚马逊（Amazonis）排进北部低地。北部地区包括埃律西昂平原。塔尔西斯地区的地质构造从诺亚时代的晚期开始就没有明显的变化，虽然该地区可能是北部平原偶发性洪水的源头。处于塔尔西斯地区的水手号峡谷长 4 000 km，宽 65 km，深 8～10 km（见图 2-8）。它含有大量的水合硫酸盐的分层沉积结构，表明曾经发生过由火山热源触发的灾难性的泄流。在诺亚时代的早期，赫斯斑时代的晚期，水手号峡谷所经历的激烈的地质活动产生了这些排水通道。而水手号峡谷（Valles Marineris）的结构则是在赫斯斑时代的晚期，亚马逊时代的早期形成的。然而，塔尔西斯地区最近的水流特征（沟壑、洪水、极地冰帽）等表明火山和地质活动一直持续到现在（最近 10 Myr）[72]。有证据表明，在过去的 100 Myr 中，在塔尔西斯和埃律西昂仍有间歇性的火山活动。在过去的 3 Myr（岩浆房冷却所需要的近似时间以内）中有从科伯洛斯槽沟（Cerberus Fossae）到埃律西昂山东南部的岩浆流。此外，据信低地洪水的源头在赤道北边附近，因为一些分散的板状物被证明源自科伯洛斯槽沟的火山灰和灰尘所覆盖的冰块。火星两个半球纬度处于 30°～70°之间的地带中陨石坑陡峭石壁上的峡谷表明在过去的 1～5 Myr 间曾为液态水流所侵蚀[73]。地下从 0.2～1 km 有多层的冰沉积。最近的一次活动主要是黄赤交角的变化引起的，在过去的 5 Myr 中，黄赤交角曾经超过了 35°，这个过程持续了大概 10^5 年。这会产生二氧化碳和水的升华作用，从而使大气压大于 25 mbar，进而引起雪的沉淀而形成冰川。

　　根据现有的黏性形变（如有液态喷出的火山）所形成的地貌判断，最少 28% 的冰存在

---

① 1 bar＝0.1 MPa。

图 2-8　水手号峡谷［来源：NASA］（见彩插）

于 1 km 深的永久冻土层中（40％的冰存在于近地表）[74]。这意味着在 1 km 深处存在着一个全球水库。大多数行星在赤道之外的区域都在较深的地下存在着冰。赤道附近冰冻层在地下 3～5 km 处较为稳定，极点附近冰冻层在地下 8～13 km 处较为稳定，在更深的地方有可能有液态水存在。浅层地下冰在纬度低于 40°的地方是不稳定的，会发生升华。盐可以降低水的凝固点，这提高了液态水存在的纬度范围。稀硫酸溶液可以将水的凝固点降低 70 ℃。火星上极点附近冰沉积物的季节性变化主要是由于干冰的变化。然而，火星北极点附近的冰盖主要由水冰和不同数量的灰尘构成。南极点的冰盖也主要是水冰和少量的灰尘。极地冰和永久冻土中可能会存在着古老的细菌（几百万年左右）和气体，如甲烷、氨、硫化氢、硫氧化物和氮氧化物。火星两极的冰/粉尘层超过 10^6 km²，厚度为 3～4 km，会随季节而变化，但已经存在了 10^5～10^8 年。火星两极在土壤的上层拥有大量的地表冰，可能覆盖在深层的更古老的冰层之上。南极是典型的古老陨石坑地形的代表。火星的倾角会以 10^5～10^6 年为周期变化，变化幅度达 45°，在火星处于高倾角的时候极点会接受到更多的阳光。现在火星与黄道平面的倾角是 25.2°，在几百万年间逐渐地变化。火星的自转倾角曾经在 0°～60°范围内混乱地变化，而水星和金星的自转倾角由于太阳的潮汐力而稳定。地球的自转倾角则由于月球的潮汐力而稳定[75,76]。对于火星，自旋轴的进动是由太阳力矩的驱动引起的，而轨道进动则是由其他行星的扰动引起的。10^6～10^7 年间的自旋-轨道共振引起的火星的倾角振荡影响着火星的气候[77]。在过去的 20 Myr，火星的倾角接近 45°，使得高纬度地区的温度更高，并使地面附近的冰气化。火星倾角可以达到

$60°$，从而由于极地冰的蒸发而产生高浓度的大气。周期性地出现 $10^6 \sim 10^8 \ m^3/s$ 的灾难性的巨大洪水。这些区域洪水的短期爆发可能会持续大约 10^3 年（不是 10^6 年）。处于较大的行星倾角（$40° \sim 60°$）时，更多的阳光会使北极点的水冰蒸发，这些水汽会向低纬度地区迁移，导致大气压力升高（30 mbar）、温室效应和表面温度升高[78]。火星倾角对火星的气候有直接的影响，包括在低纬度地区造成大气中水饱和从而引起降水。这可能引起永久冻土层被加热，温度衰减深度计算公式为

$$d^2 = \frac{kT}{\pi} \tag{2-1}$$

式中　K ——热扩散率；

　　　T ——振荡周期。

这表明钻井的深度至少要 1 km 才能到达永久冻土层。这种古老的永冻层被认为是最有可能存在火星生物化石遗迹的地方[79]——这里的永久冻土与西伯利亚永久冻土（距今 5 Myr）和南极冻土（距今 8 ~ 20 Myr）相比，要古老大约 3.5 Gyr。火星永久冻土的温度（$< -90 \ ℃$）比长期保存生物活性所需的温度要低得多。然而，来自铀、钍和钾的 0.2 rad/yr 的辐射使得生命不可能长期存活。存在于不同的经度、纬度和海拔（包括赤道地区）的大量冰川表明火星气候在近期（最近的 5 Myr）有所改变。曾存在于赤道地区的表面冰具有与极地冰川类似的像蛇形丘和溶岩的样貌特征[80]。这种地表水随着时间变化的现象证明了火星是倾角驱动型气候。火星地下的大部分地区近地表土壤可能含有 50% 的水冰。

火星内部的热损失使得火山活动减少，进而蒸发到火星大气中的水也变少了。火星气候经历了显著的演变。它经历过小行星撞击时期的冲击侵蚀[81]，也经历过随后发生的太阳风导致的溅射，氢、氮、氧元素的流失[82]。通过测量火星挥发物中 D/H，$^{18}O/^{16}O$ 和 $^{38}Ar/^{36}Ar$ 的历史含量可以得知火星大气在早期曾经大量流失[83]。大气水蒸气中大量的氘表明火星曾经失去的氢元素相当于全球海洋厚度 100 m 那么多的水中的氢元素。在火星地核处于严寒之后，由于太阳风的喷溅，火星大气密度在好几个时代都处于 $0.02 \ kg/m^3$ 的较低水平（这也是火星上碳酸盐储量低的一个原因）。火星的大气压力平均约为 6 ~ 7 mbar，随季节不同有 25% 的变化，这是由二氧化碳在两极的冷凝/升华引起的。火星地表的平均风速是 2 ~ 9 m/s，阵风可以达到 60 m/s。最大的沙尘暴开始于南部春天温度升高的时候，有时会席卷整个星球。典型的沙尘暴直径为 200 ~ 300 m，往往发生在当地时间下午 2 ~ 3 点。夏季地表风速较低（2 ~ 7 m/s），在秋季会增加到 5 ~ 10 m/s，而在沙尘暴期间可达 20 ~ 30 m/s。NASA 的艾姆斯（Ames）火星大气环流模型表明一个为期 6 天的大气热振荡就会引起北方春天的低地区域的局部沙尘暴[84]。这些沙尘暴是由地表加热的空气与周围的冷空气形成对流所引起的。原位分析表明，火星上的玄武岩和安山岩富含氧化物和硫化物。占主导地位的硅酸盐矿物包括橄榄石、斜长石、辉石（赫斯斑和诺亚的斜辉石和斜方辉石类）、石英与 Ti - Fe 的混合氧化物。大多数的火星陨石都是玄武岩与辉石的次生矿物。玄武岩在南半球占统治地位，而安山岩则广泛存在于北半球。这符合火成岩熔化析出硅化物的明确规律。地幔的主要成分是橄榄石，熔化之后就会形成玄武岩。

玄武岩熔化后会形成安山岩，安山岩熔化后会形成英安岩，而英安岩熔化后则会形成花岗岩。火星上只存在非常少的花岗岩。火星上曾经存在过暂时性的湖泊，并且在反复地经历枯水和有水的循环过程中形成了分层的酸性盐滩。梅里迪亚尼平原上的弧形波纹表明曾经可能有浅水湖存在。赤铁矿和针铁矿是火星上常见的铁（氧）氢氧化物。在梅里迪亚尼平原上偶然发现的"蓝莓"赤铁矿（$\alpha-Fe_2O_3$）是在水中通过蒸发沉积而形成的。矿物粒度分布符合水沉积特征而不是风沉积特征。针铁矿（$\alpha-FeOOH$）是一种水合铁矿，通常与赤铁矿一起作为水成的证据。水铁矿（$5Fe_2O_3 \cdot 9H_2O$）是赤铁矿和针铁矿的前身，它在低温低 pH 值的环境下会生成针铁矿，而在高温高 pH 值下则会生成赤铁矿。黄钾铁矾矿物的发现表明火星上的水是酸性的咸水。谢弗里耶（Chevrier）和马特（Mathe）（2007）基于对 SNC 陨石的研究强调了由于水汽蒸发和热液作用形成的酸性溶液对硫酸盐形成的重要性[85]。层状硅酸盐，如黏土、蛇纹石和滑石，都是水作用于硅酸盐后的衍生物。透辉橄无球粒陨石中发现了蒙脱石-伊利石矿物和其他的蒸发岩矿物，如橄榄石单斜辉石岩中的石膏和盐[86]。在火星最古老地区检测到的黏土矿说明火星上曾发生过水力作用。奋进（Endeavour）陨石坑中有需要接近中性 pH 值才能形成的黏土矿物。酸性溶液会破坏碳酸盐并抑制黏土的形成。好奇号巡视器对火星采样进行 K-40/Ar-40 比率测定，其结果表明黏土矿形成于 80 Myr 之前。磁赤铁矿被认为是由风化形成的火星岩漆的成分之一。火星岩石中的磁化物主要包括磁铁矿（$\gamma-Fe_3O_4$）、钛磁铁矿（$Fe_{3-x}Ti_xO_4$）和磁赤铁矿（$\gamma-Fe_2O_3$）。与地球相比，火星土壤富含铁和硫，而硅和铝的含量较低。铁主要以氧化物（Fe_3O_4）和氢氧化物的形式存在。氯和硫含量高表明有可溶性硫酸盐存在。硫酸镁石（$MgSO_4 \cdot H_2O$）、石膏（$CaSO_4 \cdot 2H_2O$）和泻盐（$MgSO_4 \cdot 7H_2O$）已被确定存在，它们通常包含超过 50% 的结合水。丰富的硫酸盐以酸性水溶液条件下形成的玄武岩中的硫化矿物（如陨硫铁 FeS）的形式存在。然而，相邻的橄榄石矿床则说明水成条件的存在是十分短暂的。黄钾铁矾 [水合铁硫酸盐矿物$(K,Na,H)Fe_3(SO_4)_2(OH)_6$] 已被确定存在于火星表面，这是曾经发生过水成沉积的一个证据。热液作用会导致黄钾铁矾和铁氧化物在酸性环境中沉积。西班牙的 Río Tinto 就是这种典型的地貌，那里只有耐酸生物才能茁壮成长。火星土壤饱含高氯酸盐，如在地球上只有在干旱的环境中才有的 $Mg(ClO_4)_2$。高氯酸盐可以显著降低水的凝固点从而使地下水径流的存在成为可能。高氯酸盐加上还原剂在有水的情况下可以作为能源使用（氨酯被用作火箭推进剂中的氧化剂）。海盗号结果的一个解释就是当尝试加热土壤释放有机物时，高氯酸盐成了强大的氧化剂。最初认为发现的氯代有机物分子来自用于清洁飞船的清洁剂。然而，高氯酸盐可以通过紫外线的光化学作用引入地表土壤中，进而扩散到地下。这种扩散与近地表紫外线辐射相结合会摧毁任何有机材料和生物。据推测在可能存在的早期的较浓厚的大气中有大颗粒（接近 2.5 μm、4 μm 和 7 μm）的碳酸盐，如菱铁矿（$FeCO_3$）。土壤中检测到了低浓度（<5%）的碳酸盐（水合碳酸镁），但是其浓度低的原因尚不确定。一种可能的原因是它们被可溶性更好的矿物，如硫酸盐所覆盖。另外，早期的火星大气中包括火山排出的温室气体二氧化硫和硫化氢，与三价铁溶液一起会形成酸性（H_2SO_4）的海洋环境从而抑制菱铁矿的形成，碳

酸盐矿物无法从溶液中沉淀出来[87,88]。可溶性的硫酸盐矿物形成的酸性溶液会破坏碳酸盐。有证据表明碳酸盐在低 pH 值（酸性）条件下发生了风化作用[89]。

　　在环形山、峡谷、中部平原等火星表面的广大沉降区都有沉积矿床存在。广泛存在于火星的分层地貌，提供了地层沉积的证据。间歇的古老水流造成了这种分层的地貌（见图 2-9）。在许多陨石坑中（特别是那些有完整边缘的）都有存在水体的证据［如直径为 1 000 km 的阿尔及尔（Argyre）盆地似乎曾经装满了水］。

图 2-9　火星上的分层积淀［来源：NASA］（见彩插）

在火星表面寻找水存在的证据是一个主要科学目标，因为这意味着在火星早期历史中可能有生命存在[90]。在潮湿的赫斯斑时期，可能具备适合微生物起源和演化的条件。地质记录（有争议）表明太古代生物迅速地出现在了地球上，这表明它们也有可能曾经出现在同时期的条件类似的火星上。假设火星类地进化的起始资源和环境相似，火星表面的早期生物可能就像 3.5 Gyr 前在地球上出现目前主要存在于南极荒漠的蓝藻。湖泊可能长期存在于保护冰盖下，包括当气候变得越来越寒冷的时期，类似于覆盖于冰雪之下的南极干涸的湖泊。这些湖泊由于地热能而保持液态，但是表面也覆盖着 3～5 m 的冰［如霍尔（Hoare）湖］。尽管没有现存的浅火山活动，但是基于火山热点的水热体系存在了几百万年并且造成了富含矿物质的水流穿过裂隙和断层[91]。最有可能存在这种现象的地点是塔尔西斯地区——火星上最年轻的火山区。该地区与地球上的南极地区有些类似，可能存在只需少量水即可进行代谢活动的岩石内生物或者休眠生物。极地土壤生物薄膜、冰封湖泊湖床的叠层岩和横贯南极的山脉中半透明砂岩代表了光合生物不同种类的可能的栖息地。一些微生物的化合物（如藿烷、卟啉和类异戊二烯）是不易分解的，曾在 2.5 Gyr 前的化石中被发现。火星也可能存在过类似的生物。毫无疑问，火星湖泊沉积物是天体生物学探索的高优先级目标。由于侵蚀，仅存在少量的诺亚时代的湖泊活动证据，但基于古湖泊三角洲的分析表明湖泊活动在上赫斯斑时代（2.5～2.1 Gyr 之前）最为活跃，而在亚马逊时代开始减少[92]。深水古湖泊的边缘有浪蚀的阶梯状区域，入水口处有冲击形成的三角洲平地。少量的干涸湖泊有着很高的反射率[93]。湖泊的边缘有浪蚀的阶梯状区域，与湖中心区域相比包含更多的细颗粒泥沙——砂子、淤泥和黏土。由于水的蒸发，盐类会从湖水中沉淀出来。化学过程和生物过程都可能引起碳酸盐的沉积。干涸的湖泊只有在周期的洪水期才会有水，水分蒸发后会沉淀出碳酸盐、硫酸盐等蒸发盐。蒸发盐证明了在热环境下曾经有水存在。火星上是否存在大规模的蒸发沉积仍待确认，但预计火星上存在蒸发环境［例如位于（64.3°S，4°W）的韦格纳（Wegener）陨石坑］。事实上，生命残留物可能在火星脱水变冷的过程中被保存在了永久冻土中的盐湖卤水囊中，变干之后又形成了蒸发岩——主要是盐岩（氯化钠）、石膏（$CaSO_4 \cdot 2H_2O$）和无水石膏（$CaSO_4$）。据猜想，古生菌和嗜盐菌可能存活于冷冻状态，然而能存活多久尚待确认[94]。可想而知，可自行发育的弧形生物和细菌可能生存在冷冻状态，虽然这种生存的持续时间尚未确定[94]。洞穴是一个主要的勘察地点，因为它们代表地下水通道管道。未来最有前途的探索地点之一是埃律西昂平原附近直径为 160 km 的古谢夫陨石坑，终止在一个大的马阿迪姆谷（Ma'adim Vallis）网络。有证据表明在土壤下有一个表面结冰的地下湖。

在火星表面也存在灰尘问题，尽管其表现略有不同。火星是一种风成环境，具有季节性的沙尘暴和总是存在的尘暴。防尘密封机制所面临的问题与月球相似。旅居者号通过在活动连接处使用阳极氧化铝中的缩醛树脂球作为输出轴承，来实现防尘密封，防止灰尘污染。

第 3 章　星球巡视器调研

迄今为止，几乎所有的星球巡视器都采用了轮式底盘设计，这种设计系列的星球巡视器具有机械简单和高可靠性的特点。轮式底盘设计在过去及未来一段时间中将一直占据着主导地位。需要提及的一个采用非轮式底盘设计的特例是俄罗斯火星 3 号着陆器（1971）上搭载的 Prop - M 纳米巡视器，该巡视器重 4.5 kg，采用一对滑板作为移动装置进行巡视勘察。令人遗憾的是，在这次任务中着陆器完成登陆后，巡视器巡视勘察未能取得成功。

3.1　月球车 LUNOKHOD

世界上最早的星球巡视器是俄罗斯研制的 2 辆 8 轮月球车（LUNOKHOD），它们分别于 1970 年和 1973 年登上月球（见表 3 - 1）[95]。

表 3 - 1　月球车 LUNOKHOD 参数对照表

参数	月球车 1 号	月球车 2 号
工作时间/天	302	125
移动距离/km	10.5	37.0
平均速度/(km/h)	0.14	0.34
最大坡度/(°)	22～27	22～27
能源消耗/(Wh/m)	0.2～0.22	0.2～0.22
运动阻力系数	0.15～0.25	0.15～0.25
平均滑移（Average Slippage）/%	5～7	5～7

俄罗斯的月球车为后来月球探测器的设计提供了参考样本（后来的月球探测器车轮相对较少）。俄罗斯的月球车为 8 轮式底盘设计，可以在地球上实时地遥控，进行月面自动无人行驶（见图 3 - 1）。在进行 8 个车轮的设计时，在确保牵引能力足够的情况下，尽量缩小轮毂的尺寸。月球车的车尾布置了 1 个可展开式的非驱动轮，可以对月球车的非滑移实际行走距离进行测量。澡盆式的外形结构围绕着 1 个压力容器，压力容器内含有一定压力的大气，同时压力容器内布置着电子设备、放射性同位素热源和蓄电池。月昼工作时，太阳翼上的盖板打开，获取太阳能，同时确保散热器暴露在外部进行辐射散热。月夜时，盖板呈关闭状态，月球车进入生存模式。月球车 1 号质量约 756 kg，通过地面遥控，对月面的雨海地区进行巡视勘察，在 11 个月的时间内，共行走了 11 km（平均速度

0.14 km/h)。月球车 2 号质量约 840 kg，由于其改进的控制系统和改进的 TV 相机配置，月球车 2 号平均速度达到 0.34 km/h，8 周的时间里，在月面地形更为崎岖的澄海地区行驶了 37 km。月球车在月面持续不间断行走的时间由月球车 1 号的 50 s 延长到月球车 2 号的 7 min。月球车 1 号和月球车 2 号都采用了 8 个刚性辐条式车轮，车轮直径 51 cm，宽 20 cm，车轮分布在扭杆式底盘两侧。每个车轮的轮辋由钢丝网编织而成，通过横向呈波纹排列的 3 个钛制肋板进行加强。两辆月球车均设置有 2 种齿轮转速，0.8 km/h 和 2 km/h，可以克服 0.4 m 高的台阶障碍。转向装置通过滑移转向实现。地面需要通过一个由 5 人（指挥官、领航员、驾驶员、工程师和无线电操作员）配合使用的远程操作设备对月球车进行控制，这种 5 人团队需要组成 2 队，每 2 h 进行轮班。月球车通过静态图像向地面的领航员进行信息反馈，月球车 1 号的反馈速率为每帧 20 s，并且具有 2.5 s 的信号延迟，到月球车 2 号时反馈速率提高到每帧仅需要 3 s。后来，月球车 2 号在从一个火山口爬出时，由于散热器表面落满了月尘，导致车体温度过高。

图 3-1　月球车 LUNOKHOD［来源：NASA］

3.2　月球车 LRV

阿波罗 15、16 和 17 号月球车（Lunar Roving Vehicle，LRV）于 1971—1972 年间登上月球，可以由航天员进行控制驱动，在月面上行驶。LRV 为 4 轮移动装置，如果车上的 2 个车组人员失去对车辆的控制，可以通过地面进行遥控[96,97]。开放敞篷式风格的 LRV 本体质量为 218 kg，有效载荷搭载能力为 490 kg（满载时总质量为 708 kg），如图 3-2 所示。LRV 设计工作寿命为 78 h，可以在 0～16 km/h 间进行无级变速，实现巡视勘察 4×30 km。LRV 长 3.1 m，前后车轮间轮轴距离 2.29 m，由铝合金管材构造而成。LRV 车轮通过扭杆式悬架安装到底盘上。LRV 采用柔韧的镀锌涂层金属丝网编织形式的车轮结构。每个车轮都包含一个铝轮毂和一个直径 81.8 cm、宽 23 cm 的轮胎。车轮轮胎表面 50% 的区域覆盖有钛材料的 V 形结构，这些 V 形结构类似于车轮的履带，可以提高车轮的牵引力。每个车轮的轮毂内安装有一个 80∶1 的谐波传动装置，通过一个 190 W 的直流电机独立驱动。每个车轮传动轴上产生的扭转力矩为 45 N·m。与 LUNOKHOD 不同的是，LRV 采用双阿克曼转向装置。车轮上安装有防尘板，用于隔离月尘，保护航天员和车上的有效载荷。LRV 可以适应的月面斜坡坡度为 19°～23°，在车轮滑转平均 2%～3% 的状态下，平坦月面上每个车轮可以产生 239 N 的拉力[98]。满载下的 LRV 平均最大压力为 4.2 kN/m²，平均能量消耗为 35～56 Wh/km。

图 3-2　阿波罗 LRA［来源：NASA］（见彩插）

LUNOKHOD 与 LRV 参数对比见表 3-2。

表 3-2 LUNOKHOD 与 LRV 参数对照表

参数	LUNOKHOD 1	LRV
质量/kg	756	708(满载)
底盘质量/kg	105	
负载/车轮/N	153.4	287.3
车轮直径/cm	51	81
车轮宽度/cm	20	22
速度/(km/h)	0.8/2.0	13(最高)
底座/m	1.7	2.29(单独底板 2.06)
坡道/m	1.6	1.83
距月面高度间隙/m	0.38	0.36
回转半径/m	2.7	3
越障能力/m	0.35	0.3(高),0.7(裂缝),25°(斜坡)

3.3 火星探路者中的旅居者号

火星探路者号（Mars PathFinder，MPF）着陆器于 1997 年着陆在火星表面阿瑞斯山谷（Ares Vallis）地区（19.4°N，33.1°W），其上搭载着旅居者号（Sojourner）微型巡视器[99-102]。火星旅居者号微型巡视器质量约 11.2 kg（火星表面重 38.6 N），外形包络尺寸为 63 cm（长）×28 cm（高）×48 cm（宽），详见图 3-3 和表 3-3。旅居者号采用 6 轮摇臂转向架组件作为车体的悬架系统，这种设计方式在美国机器人车辆底盘设计中几乎成了一种标准。每个车轮由一个牵引电机提供行进驱动，同时前后两侧的 4 个车轮另有 4 个电机为车轮提供转向动力。旅居者号 6 个车轮的直径为 12.5 cm，车轮宽度为 7.9 cm，在火星表面的移动速度最大能够达到 0.6 cm/s（标称速度 0.4 cm/s）。旅居者号的质心靠近车体的形心，并且质心与路面距离仅 13 cm，使得它可以承受 45°的倾角。

旅居者号携带 3 台相机——1 个前视单色立体相机对和 1 个监视设备后部的彩色相机。然而，旅居者号主要用于导航的导航全景立体相机对布置在探路者号着陆器上一个可伸缩的桅杆上。旅居者号每个车轮上有 16 个 0.127 mm 厚的防滑钢楔，钢楔凸出车轮外表面1 cm。旅居者号能够以 37 cm 的转弯半径进行原地转向，最高转向速度为 7 (°)/s，车体的转向角信息可以由电位计给出。旅居者号以 15 cm/s 的速度进行移动，每行走 6.5 cm，移动停止，进行危险探测。旅居者号驱动车轮的功率为 4 W，微型控制器的功率为 1 W，车上的导航系统的功率为 1 W。旅居者号通过 2 台避障相机和 5 个激光发射器进行危险侦察。旅居者号在长达一个月的时间中，以 0.036 km/h 的速度，总共行进了 106 m[103]。然而，旅居者号从来不曾冒险走到距着陆器 10 m 范围之外。该范围限制是由两器间的通信链路方向图和着陆器上为旅居者号导航的相机的分辨率决定的。

（a）实物图

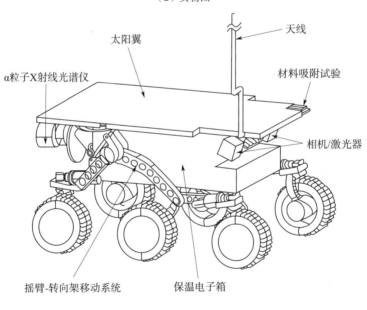

（b）原理图

图 3 - 3　旅居者号微型巡视器［来源：JPL/NASA］

旅居者号使用车轮里程计、电位计、陀螺仪和加速度计引导转向进行自主驾驶避障（航位推测法），到达预定的目标位置；通过车头的立体相机对、5 个激光发射器和正前部的接触传感器进行危险侦察。

旅居者号通过 114 个指令共行进了 106 m（保持在距着陆器 10 m 范围内），该范围限制是由两器间的通信链路方向图和着陆器上为旅居者号导航的相机的分辨率决定的。

表 3 - 3　旅居者号微型巡视器参数表［来源：摩尔（Moore）等，1997］

参数名称	参数值
有效长度	62 cm
有效宽度	47 cm
有效高度	32 cm
质量	10.5 kg
火星表面重量	39.1 N
质量/轮轴(前)	27%
质量/轮轴(中)	36%
质量/轮轴(后)	37%
标称速度	0.4 m/min
崎岖路面速度	0.25 m/min
转向速度	7(°)/s
车轮直径	13 cm
车轮宽度	7 cm
驱动电机无负载电流	9~13 mA
驱动电机力矩因数	3.9~4.4 N·m/mA
标称驱动电压	15.5 V(DC)
电机堵转力矩	3.0~4.5 N·m
0 ℃堵转电流	196 mA

3.4　火星探测漫游者号

许多星球巡视器都是基于 NASA/JPL 的场地集成设计和操作（Field Integrated Design and Operations，FIDO）巡视器进行研发的[104,105]，该巡视器的质量为 70 kg，外形尺寸为 85 cm（宽）×105 cm（长）×55 cm（高），其与地面的间隙为 23 cm，作为旅居者号及其他星球巡视器如洛基（Rocky）系列的发展，它继续采用了 6 轮摇臂-转向底盘设计，在平坦地形上的平均速度为 200 m/h，崎岖路面上的平均速度为 100 m/h，标称行程范围为 10 km。车轮的直径为 20 cm，通过 35 N·m 的力矩进行独立驱动和转向，移动速度不超过 9 cm/s。车上布置有一个 4 自由度的桅杆，桅杆上安装了立体全景相机、红外光谱仪、拉曼穆斯堡尔分光计、微型岩石取样器，同时车上还布置有一个 4 自由度的机械臂，机械臂上携带有一个臂装微型相机和一个夹持物体用的夹子。车上安装有一个集合了三轴陀螺仪及加速度计的惯性导航单元、太阳敏感器和车轮里程计，用于支持车体对环境的感知及导航。

两次火星探测漫游者（Mars Exploration Rovers，MER）任务——勇气号（Spirit）着陆在古谢夫陨石坑，机遇号（Opportunity）着陆在梅里迪亚尼平原，两次任务的巡视器基本一致，任务于 2004 年开始实施，并已远远超过了其原有的 90 天的设计寿命。MER

作为人类研究火星的"机器地质学家"，其任务是描绘着陆区附近的地质情况，寻找火星上可能存在水及生物的线索。两次任务中巡视器的质量为 174 kg，车体总长度为 1.6 m，车轮间距宽 1.22 m，长 1.41 m[106,107]，如图 3-4 所示。MER 的车体底盘设计继承了旅居者号的设计特点，为 6 轮摇臂刚性悬架结构；车体结构使用了含有钛合金附件的复合板材，摇臂悬架为钛合金材料，车轮则为铝合金材料。每个车轮的直径为 25 cm，共配置有 6 个车轮，形成了一个长 1.4 m、宽 1.2 m 的覆盖区域；每个车轮均为独立驱动，其中 4 个角处的车轮非常易于转向，可以实现原地转弯（转弯半径 1.9 m）。然而，在必要的情况下，防滑转向装置可以将回转圆减小至 0.9 m。每个车轮均进行了防滑设计，用以增大对车体的牵引力。MER 的设计平均速度为 100 m/天，当车辆的能源消耗到达预定的限制或移动的行程超过预设的目标值 100 m 时，移动会自主停止。车体顶部有一个 1.4 m 高，同时集成了云台全景相机的桅杆组件，桅杆上集中布置了导航和科学立体相机平台、热辐射传感器；车体的前部和后部分别安装了避障相机对；在云台相机桅杆组件展开的状态下，每个 MER 的高度为 1.54 m，车体离地距离为 0.3 m，其中车轮的直径为 0.25 m，车体离地距离和车轮的直径决定了车体可以越过障碍物的最大尺寸。桅杆上安装了科学立体云台相机和用于通过性评价的立体导航相机。在平坦路面上，车体的最大移动速度为 4 cm/s，但是在进行风险规避时，移动速度会减小至 1 cm/s。车体的质心靠近摇臂的支点，可以满足 45° 的侧向稳定，虽然软件保护设计中不允许超过 30° 的侧向倾斜。每个巡视器上均携带一个包含三轴倾斜和速率数据的利顿 LN-200 惯性测量单元。火星轨道激光测高仪（MOLA）数据最初是通过轨道三角测量来定位车体的。通过辅助使用其他的现场处理技术，超高频多普勒轨道跟踪可以提供精度在 100 m 以内的粗略导航，使用器载传感器的器载自定位误差为 10%，且为累积误差，但通过采用视觉里程计，可以将该误差降低至 1%。MER 以 5 cm/s 的速度每移动 30 cm 的路线段后，会停止 20 s 进行导航规划，通常情况下，车体每日移动的距离限制在 10 m 左右（在任务的后期，此限制比较灵活）。车体静止不动时，通过处理避障相机拍摄的图像进行危险侦察。完成地形的成像后，图像被收集到一个 10 m×10 m 的星球模型图中。所有其他的器载数据——车轮编码器、电机电流、转向标记、操纵杆角度、倾斜状态等，均以 8 Hz 的频率进行采样。

MER 采用了较高规格的科学敏感元器件，包括：

1）2 个 1 024×1 024 像素 CCD 相机组成的多光谱立体科学相机对。每个相机有一组 14 等级的滤光器，可以敏感 400~1 100 nm 的波长，角分辨率为 0.28 mrad/像素。

2）基于迈克尔逊干涉仪的微型热发射光谱仪，光谱分辨率为 10 cm，波长范围为 5~29 μm，可用于矿物红外吸收光谱。

3）一个 5 自由度、0.7 m 长的机械臂，用于投放科学仪器。

4）机械臂末端携带可以磨蚀岩石的机械研磨头，可以移除岩石 5 mm 深的风化外皮。

5）近距离显微成像仪器，分辨率为 30 μm/像素。

6）用于岩石和土壤元素分析的 α 粒子 X 射线光谱仪。

7）穆斯堡尔分光计，通过对 [57]Co 源的共振吸收测量，以测定岩石/土壤的氧化态和含铁量。

  MER 获得了人类前所未有的成功。2009 年，在成功穿越 7.73 km 后（6 年 3 个月），勇气号在攀爬斜坡的时候，车轮陷进了沙堆中，从此变成一个固定站。截止到 2011 年 8 月，机遇号已经行进了 33.2 km（7 年 6 个月）。从旅居者号到 MER，再到好奇号，巡视器的外形一直呈现增大的趋势，如图 3-5 所示。

（a）实物图

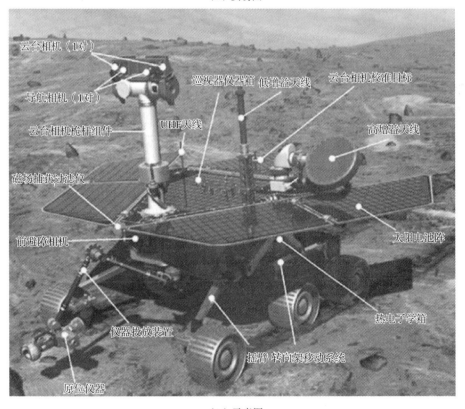

（b）示意图

图 3-4   MER 巡视器［来源：NASA JPL］（见彩插）

图 3 - 5　旅居者号、MER 和好奇号［来源：NASA JPL］（见彩插）

3.5　火星科学实验室

火星科学实验室（Mars Science Laboratory，MSL）项目中的好奇号（Curiosity）巡视器是 MER 的改进型，已经在 2012 年完成发射并且成功着陆到了火星表面（本书编写时，好奇号任务刚刚开始），如图 3 - 6 所示。好奇号外形庞大，质量约 900 kg，为摇臂-

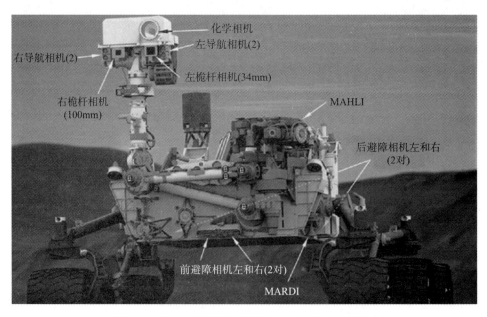

图 3 - 6　好奇号巡视器［来源：NASA］（见彩插）

转向架底盘结构设计，车轮直径为 51 cm。好奇号以近半米直径车轮为基础的摇臂–转向架底盘设计与勇气号和机遇号相似，其最大移动速度为 4 cm/s，但是一般情况下，好奇号仅按照半速行进。好奇号能够以 90 m/h 的速度穿越和攀爬高度达 75 cm 的障碍物，通过放射性同位素热源提供能量，其工程任务目标是在直径为 154 km 的盖尔陨石坑内，由着陆点开始移动 5～20 km。除此以外，好奇号上的科学仪器、基本设计和性能与 MER 相似。

目前，计划在 2020 年发射一个好奇号的备份前往火星。

第4章 巡视器机动性及移动方式

巡视器导航需要考虑底盘的特性。导航系统和地面适应系统之间具有密切的联系。适应认知能力应用于动态系统的过程表明，巡视器和环境的相互作用是智能系统特性的关键[108]。有许多文献提出了星球探测巡视器的概念[109-113]。现阶段应用于星球巡视器的五种移动系统为：1）轮式（如汽车）；2）履带式（如坦克、旋转钻机和拖拉机）；3）腿式（如动物）；4）身体关节爬行或滑动（如蛇）；5）非接触式（如跳跃或飞行）。小型腿式巡视器具有穿越崎岖地形、越过障碍和沟壑的能力，具有较好的适应性。蜜蜂概念车（生物启发工程探索系统）应用了仿生学的移动、控制和感知方法[114]。例如，具有8条腿的Scorpion机器人，每条腿具有3个自由度，可以被部署为一辆侦察车，用于辅助更大的轮式巡视器开展任务[115]。微控制器利用中央模式发生器结合局部反馈控制腿进行运动。腿式巡视器方案往往由于其机械复杂性和控制复杂性而被排除。在考虑到刚性框架巡视器可以解耦竖直和水平方向运动，为行星任务部署提供解决方案时，腿式巡视器才被建议使用[116]。然而，问题不仅是控制复杂，而且驱动如此多自由度需要大量的能量消耗。这里有许多特别为火星探测准备的候选移动系统[117]。一种四面体巡视器概念已经被提出，这种巡视器作为一种可重构的骨架式结构，由一些压杆相互连接[118]。这种结构可以像风滚草一样滚动前进也可以步行（具有26个压杆，9个节点，可以形成12个相通的四面体）。遗传进化神经网络可以用来产生相应的控制行为。多数星球巡视器是轮式的，由于它们简单、成熟、可靠并易于控制[119]。有多种选择和变化形式可以被应用于底盘设计当中[120]。相比于单个车轮，运动机构的应用可以显著地提高巡视器的越障特性。六轮车相比于四轮车具有优势，因为在同样的运动模式下，六轮车对电机的力矩需求更低却有更强的障碍通过能力。它们很好地协调了轮数和性能。八轮车增加了复杂度但没有使性能显著地提升。

前进、后退、转向和良好的越障能力是星球巡视器基本的性能需求。巡视器的移动性能要求决定了底盘选择的过程。ExoMars巡视器的移动性能要求如下：1）能翻越0.3 m的台阶障碍；2）能翻越18°～25°不同类型松软土壤的斜坡；3）静态稳定角40°；4）移动速度125 m/sol①（平均每天有6.25 h可达到20 m/h），包括定位、轨迹规划、越障等，在参考地形下达到100 m/h（最多持续20 min）；5）原地转向能力。该阶段的ExoMars火星巡视器底盘的选择过程是由埃勒里（Ellery）等人提出的（2005）[121]。有5种巡视器悬架概念从19种可以翻越0.3 m台阶障碍和25°松软土壤斜坡的悬架中脱颖而出。选择的标准（基于一个多属性决策方案）包含：1）有效载荷承载能力；2）移动能力；3）能源利用效率；4）控制要求；5）固有设计特点。评价权值为：1—不足；2—低于平均水平；

---

① sol 为一个火星日。

3—平均水平；4—高于平均水平；5—非常好。轮的基线直径为 0.3 m，带有 5 mm 轮刺。巡视器设计和性能仿真是困难的，需要专门制作多种特殊的土壤环境模型，来满足巡视器和地形间的相互作用的模拟需求。动力学分析可以进行力的仿真测量，并可以选择力的仿真测量时刻以及仿真力对巡视器的作用效果。鉴于巡视器的低速度、准静态假设是成立的，机构运动学分析就可以满足控制的需要了。运动学模型可以对多铰接体的相对运动进行分析。越障能力可以运用多体动力学软件进行分析（大多数软件不提供牵引力分析）。

　　牵引力分析需要轮地力学模型，使巡视器在土壤中的表现可以被评估，但是缺乏用于牵引力分析的软件工具[122]。ROAMS 就是这种类型的软件工具，一种专门用于摇臂悬架的软件[123]。轮壤相互作用被定义成一种与库仑摩擦表面接触的弹簧阻尼系统[124]。对复杂的巡视器和地面的接触，这并不是一个有效的模型。RCAST 是一套完整的软件工具，包括基于 SimMechanics 工具包的 3D 多体动力学仿真，并包括 AESCO 轮壤力学单元 AS^2TM[125]。RCAST 可以模拟车轮滑转率达到 100% 的爬坡运动。帕特尔（Patel）等人（2004）采用了牵引力模型系统 RMPET（Rover Mobility Prediction and Evaluation Tool，巡视器移动能力预测及评价工具），RMPET 允许在 Cosmos‐Motion 3D 多体动力学模型中输入轮壤参数[126]。其中也包含一个计算工具，类似于 LosSyn（Locomotion Synthesis，运动综合），用于车轮的结构设计，就像 Nomad 基于 Bekker 轮地作用模型[127]。RMPET 是一套更大的软件工具 RCET（Rover Chassis Evaluation Tool，巡视器悬架评价工具）的一部分，这套软件工具是为欧洲空间局开发的[128]。当没有合适的替代方法的时候，试验是最基本的进行确认、证明和测试的方法。但是现在先进的理论分析节约了宝贵的时间、资源和费用（见图 4‐1）。

图 4‐1　Kapvik 微型巡视器悬架在渥太华附近的试验场进行试验（见彩插）

4.1　轮式巡视器

　　悬架运动机构的复杂性是在机械复杂性和障碍通过能力之间进行妥协的结果。美国的六轮主副摇臂悬架采用将单一车厢装在杠杆机构上的运动系统，并且该运动系统成为美国星球巡视器的标准移动系统[129-134]。轮式主副摇臂悬架的概念已经在轨测试，在旅居者号、MER 及好奇号巡视器上应用，它是在 Rocky 系列小型样机上发展成熟的[135,136]。要尽量避免使用弹性悬架，因为当爬坡的时候，弹性悬架产生扭转变形，使得辅助爬升的车轮的牵引力被削弱。主副摇臂悬架是一种非弹性悬架，当以被动方式爬坡时，具有六个车轮保持受力均衡的特性。

　　Kapvik 微型巡视器样机悬架（底盘）由卡尔顿大学研制，是一种 0.782 m 宽，0.50 m 长的主副摇臂机构（见图 4-2）[137,139]。主副摇臂悬架分为两侧主副摇臂悬架，分别安装在车体两边，每个主摇臂一端连接后轮，一端连接副摇臂。主摇臂的中间通过差动机构与车厢相连，差动机构使得车厢的俯仰角总是两侧摇臂俯仰角的平均值（见图 4-3）。

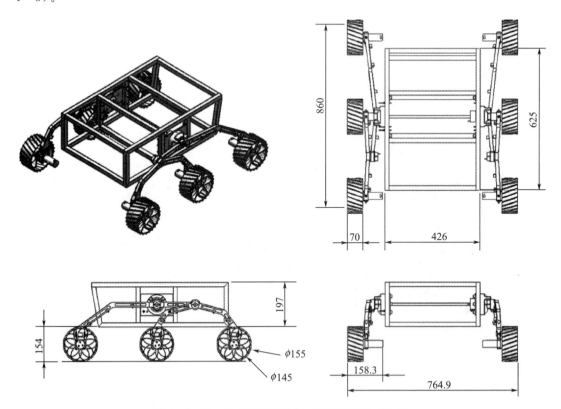

图 4-2　Kapvik 微型巡视器主副摇臂悬架（底盘）

［来源：蒂姆·塞特菲尔德（Tim Setterfield），卡尔顿大学］

图 4-3　主副摇臂差动机构（顶侧-底侧）［来源：蒂姆·塞特菲尔德，卡尔顿大学］

　　Kapvik 微型巡视器的车轮半径为 75 mm，宽为 70 mm，具有 5 mm 高的轮刺，以19.4°螺旋式倾斜排列，以便在车轮前行时给车轮最佳的前向力。两个主摇臂的运动范围被强制约束在±16°以内。每个主摇臂的前端直接与前轮相连，后端与旋转的副摇臂（转向架）相连，主副摇臂间的夹角变化量被强制限制在±30°以内，每个副摇臂（转向架）和中轮、后轮相连。差动机构保证了两个主摇臂相对于车厢的转角是相反并相等的，这减小了车厢的俯仰角。MER 车身上的差速器可以达到 45°的倾角（软件将倾角限制在 30°）。六个轮子独立驱动，连接在铰接式车架上。四个角上的车轮是可以独立转向的，从而提供了阿克曼双转向。这种机构可以越过 1.5 个车轮直径的台阶障碍，越过 40％ 车体长度的沟壑[140]。主副摇臂运动机构可以建模成一个平面的车体-车轮动力学系统（见图 4 - 4）[141]。
车轮上的力学传感器集成到 Kapvik 微型巡视器的主副摇臂机构上，这种设计用来提供一
种牵引力控制的手段，更重要的是，对车辆的地面力学情况进行在线估计。Sherborne 传
感器 SS4000M 是一种单轴传感器，可以承载 200 N 以内的力，这种传感器被用于每一个
车轮（见图 4 - 5）。

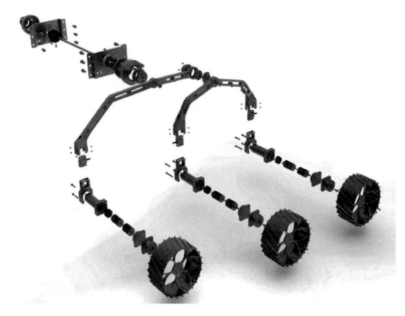

图 4 - 4　Kapvik 微型巡视器摇臂-转向架装配图 [来源：蒂姆·塞特菲尔德，卡尔顿大学]

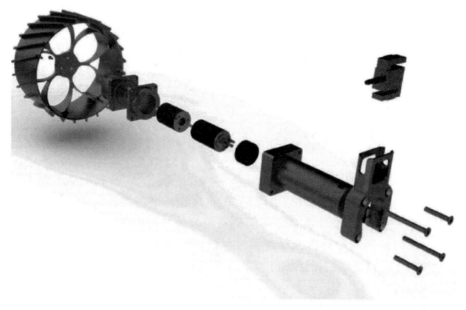

图 4 - 5　负载力传感器与车轮总成装配图 [来源：蒂姆·塞特菲尔德，卡尔顿大学]

前进速度测量装置与力的测量装置共同完成了牵引力和阻力矩的评估垂直载荷和滑转率，通过经验给定的四阶拟合多项式，给出了土壤性质。因此，这是通过两个同时工作的无迹卡尔曼滤波器实现的，两个滤波器一个测量阻力矩和滑转率，另一个测量垂直载荷和牵引力。如果机构运动协调，主副摇臂的性能会得到进一步提升。此外，随车携带的操控器通过调整质心位置来提升巡视器的坡道稳定性，但是这个策略并没有用于星球巡视器[143]。有一系列的主副摇臂改装形式，用于克服轮式巡视器的不足。日本的月球微型巡视器 Micro5 有 5 个轮子，其中 4 个轮子用传统的方式安装在巡视器的 4 个角上，第 5 个车轮放置在底面中央安装于前轮的轮轴上，用于增强越障鲁棒性，但是增加了底盘的质量[144]。它在可以相互转动的两侧车体中间配置一个均衡桥架。

主副摇臂悬架前轮越障策略的变形体是洛桑联邦理工学院（École Polytechnique Fédérale de Lausanne，EPFL）的 Solero 巡视器样机（其前身是 Shrimp），该巡视器能够达到和主副摇臂巡视器相同的性能，但是与主副摇臂不同，其 6 个独立驱动的车轮安装在一个菱形连杆结构中[145,146]。前轮连接在一个弹簧叉结构上，后轮直接与车体底盘相连，车体两侧各有两个车轮安装在摇臂上（见图 4-6）。两个中轮摇臂装配在车体上，可以绕中心转轴自由转动。前轮为转向轮，通过平行四边形连杆铰接式弹簧叉与车体相连，这种弹簧式悬架保持所有车轮与地面的接触并提升前轮翻越障碍的性能。虚拟的悬架转动中心在车轮轮轴的高度上。当翻越垂直障碍时，前面的叉式悬架上的弹簧被压缩，这为前侧悬架车轮翻越障碍积蓄了能量[147,148]。Solero 可以越过两倍车轮直径高的障碍，越过 40°的斜坡并保持良好的稳定性。长 88 cm，宽 40 cm，高 38 cm 的 Solero 样机，质量 12 kg，有 6 个直径 14 cm、宽 9 cm 的车轮，每个车轮有 12 个轮刺。

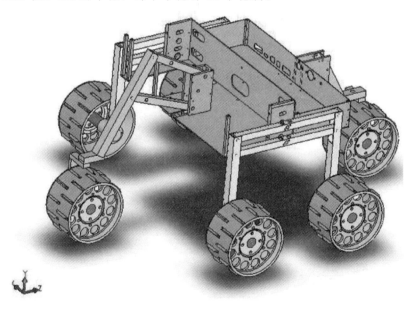

图 4-6　Solero 巡视器样机及其运动学悬架示意图

［来源：尼尔迪普·帕特尔（Nildeep Patel），萨里空间中心］

　　主副摇臂机构的其他变形包括 RCL 系列六轮底盘，该系列底盘是为 ExoMars 巡视器设计的[149]。所有的 RCL 系列概念都基于被动刚性悬架，角上的 4 个车轮均装有独立转向驱动，可以完成原地转向[150]。RCL - C 和 RCL - D 增加了一个额外的杠杆，使其成为运动机构纵向对称的双主副摇臂设计[151]。RCL - C（见图 4 - 7）比 RCL - D（见图 4 - 8）更简单，RCL - D 具有双重杠杆而非一个单一的杠杆，但是也增加了质量。RCL - C 在翻越障碍时存在悬架被锁死悬空的问题——中轮被悬空，前、后轮被拖拽到一起。RCL - E（见图 4 - 9）回归了纵向不对称设计，其两个后轮被一个垂直于纵向轴线的杠杆横向连接在一起。前轮和中轮被杠杆纵向连接。与主副摇臂系统不同，后轮没有通过杠杆和前/中轮连接。其独立的横向转向架去除了差动机构。RCL - E 的设计保证了近似于竖直方向的车轮运动与水平方向的车轮运动是解耦的，而这正是 RCL - C 和 RCL - D 存在的基本问题。相较于 RCL - C 和 RCL - D，这种底盘设计提升了越障特性，同时具有更小的质量。不幸的是，RCL - E 存在大斜坡静态稳定性差的问题。一个解决这个问题的途径是，将前、中轮的纵向连接杠杆折成倒立的 V 字形，使得下坡的车轮和地面的作用力增加[152]。然而，主副摇臂机构仍具有更优越的地形黏附性和越障能力。

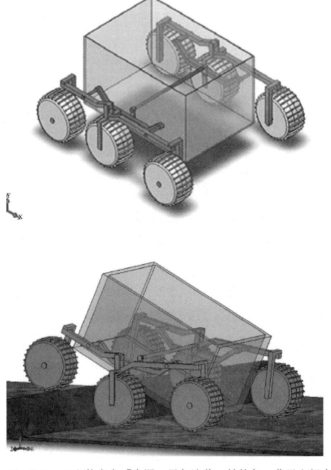

图 4 - 7　RCL - C 六轮底盘［来源：尼尔迪普·帕特尔，萨里空间中心］

图 4 - 8　RCL - D 六轮底盘［来源：尼尔迪普·帕特尔，萨里空间中心］
以及 ESA 将其装在 Exomader 上的效果图［来源：ESA］（见彩插）

　　悬架机构必须允许巡视器在着陆器上可以被折叠压紧，随后被展开分离——用于展开底盘的电机也可以用于轮行走。旅居者号巡视器需要平放在着陆器的花瓣式机构的花瓣内侧，这限制了旅居者号巡视器的折叠高度仅为 200 mm（巡视器的实际展开高度为 300 mm）。主副摇臂机构必须为折叠而重新设计，并且在主摇臂两个杆件间增加一个被动的关节（见图 4 - 10）。展开时，后轮向前驱动，中轮和前轮被锁定，从而将车身拱起。这将引起主摇臂两个杆件间相对转动，直至弹簧锁被锁定，两个主摇臂杆被锁定成为一体[153]。除此之外，为了加固运载过程中的折叠，巡视器通过一些固定夹和着陆器连接在一起：两个双脚支架（bipods）（X/Z 轴），一个单脚支架（monopod）（Z 轴）和一个剪切销（Y 轴）。单脚支架和双脚支架都用具有预紧力的张紧的不锈钢绳索和巡视器连接在一起，着陆后用火工品切割绳索释放巡视器。

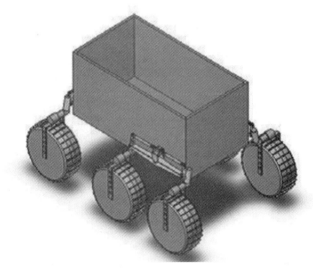

图 4 - 9　RCL - E 六轮底盘［来源：尼尔迪普·帕特尔，萨里空间中心］
以及其装在 ExoMars 上［来源：ESA］（见彩插）

图 4 - 10　折叠压紧状态下的旅居者号［来源：NASA JPL］

不是所有的轮式底盘都包含摇臂-转向架式的连接。例如，SpaceCat 是一种三轮轮式小型巡视器，包含 6 个独立驱动的车轮，分别装在位于车体两侧的两个三角车轮框架上，组成了可跨步的三个车轮——每侧的框架都可以相对车厢独立转动，因此车轮可以被抬起至障碍物之上[154,155]。3.1 kg 的移动仪器投放装置（Mobile Instrument Deployment Device，MIDD）小型巡视器利用连接在可折叠的杠杆上的前轮，允许根据仪器设备的指示将载荷舱接触土壤[156,157]。可折叠的杠杆还可以移动车体质心，具有质心重构能力。MIDD 最初作为猎兔犬二号火星任务的巡视器，但是由于巨额预算被搁置了[158]。

4.2 铰接式底盘

铰接式底盘已经发展为星球巡视器原理样机，但是还没有在轨使用——尤其是 Marsokhod 巡视器，每当提及星球巡视器的发展，就会提及这款巡视器。六轮底盘的神奇之处是，其底盘的设计是三个独立的单元相铰接。通过独立单元之间的铰接，提供了强大的越野性能，但是增加了成本和机械复杂性[159]。苏联的 Marsokhod 巡视器展现了这种铰接式底盘的应用（见图 4-11）[160,161]。尤其是，铰接式底盘为轮式巡视器可以爬升接近于土壤休止角的斜坡提供了基础。Marsokhod 巡视器具有复杂的铰接式底盘，底盘的设计包括一个扭转脊柱，该扭转脊柱成为其总质量的重要组成部分[162,163]。这种方法利用多个车厢和鼓状车轮提供了最大的牵引力。Marsokhod 巡视器具有三个分立的车厢/轮轴，车厢/轮轴之间用两个活动的转动副相连，这样做的好处是在轮轴间提供了灵活的脊柱。Marsokhod 巡视器底盘长 1.5 m，宽 1.0 m，质量为 35 kg，巡视器的总质量为 100 kg。每一个锥形的圆柱轮直径为 35 cm，宽 70 cm，连接在具有 3 个自由度的铰接框架上，横向和纵向都有很好的地形适应能力。每个车轮上都集成了支持硬件，如线束和电池，用以降低巡视器的质心。每一个车轮可以相对彼此移动，前后轴有纵向的运动自由。Marsokhod 巡视器可以越过两倍车轮直径的障碍，具有爬升 45°斜坡的能力。其最大移动速度为 0.5 km/h（轮式）或 0.02 km/h（轮步式）。车轮几乎占据了所有的底盘空间，以防止被底盘下的障碍卡住。其能耗为 25~30 Wh/km。前边和后边的车轮与操作杆连接，允许车轮爬升接近土壤休止角的大角度斜坡——这涉及一个蠕动序列，包括交替锁定、步进和驱动车轮。由于在步态循环过程中有可能下滑，轮步行进是在提升爬坡能力上最具有讨论价值的。有许多 Marsokhod 底盘的变体，其中包括 IARES-L，它采用了六轮多分立车厢的设计，保留了车厢之间的旋转自由度但是采用了更传统的车轮[164]。IARES-L 巡视器有一个质量为 80 kg 的底盘，占据了总质量（150 kg）的很大一部分，这是该种系统的缺陷。CNES LAMA 是一种六轮铰接 Marsokhod 底盘，整车重 160 kg（其中有效载荷 70 kg），最大速度为 0.2 m/s[165,166]。

在已经取消的俄罗斯火星 2001 任务中，采用了一个质量为 70 kg 的小型 Marsokhod 巡视器，搭载了 15 kg 的科学载荷，继承了已经取消的俄罗斯火星-98 任务[167]（见表 4-1）。支持设备和电子有效载荷的集成在 Marsokhod 巡视器的底盘设计中是一项相当大的

图 4 - 11　Marsokhod 巡视器结构［来源：NASA］（见彩插）

挑战[168]。在微小的舱体和轮子的空腔中摆放和集成有效载荷是困难的。身体关节在不同运动维度上会用到不同车厢之间的某个关节[169]，或者多车厢之间的多关节，最极端的是蛇行。铰接式机器人提供更高的地形适应性，通过引入铰接式关节连接的独立部分，可以使每个部分绕纵向轴线独立转动。这样的铰接最大化地保障了车轮和地表的接触，通过适应地表轮廓减少避让操作。事实上，动物的越障能力更多地取决于脊柱的灵活性，而不是腿的移动。正是这种关节使得动物的腿可以适应地表的轮廓。车体的铰接主要提供一种蠕动能力[170]。很多巡视器，不仅是 Marsokhod 巡视器，采取了铰接机构。在南极洲用于陨石研究的四轮 Nomad 巡视器（重 725 kg）就用到了可变形的底盘（见图 4 - 12）。采用可变形的底盘，可以将其占地面积增加 33%，即从 $1.8\ \mathrm{m}^2$ 变化至 $2.4\ \mathrm{m}^{2[171\text{-}173]}$。可变形的底盘通过一个连接每个车轮的四杆机构实现扩展和收缩，这个机构通过两个电机驱动，也可以提供转向功能。可变形的底盘允许重心转移提升越障能力。这无形中降低了在障碍较多区域被困住的可能性。Nomad 巡视器可以利用这种底盘改变车轮方向从而实现直接转向——直接转向相较于滑动转向可以提供更好的自由程并减少能量消耗，但是会增加执行器的数量、零件数量和体积包络。相较于滑动转向，Nomad 巡视器直接转向只需要一半的能量。

表 4 - 1　不同 Marsokhod 巡视器的尺寸范围［采用克米季扬等人的成果］

参数	微型 Marsokhod	小型 Marsokhod	大型 Marsokhod
质量/kg	4～10	70	＞200
载荷/kg	1～5	15	100
速度/(km/h)	10～20	0.5	1.6
车轮直径/m	—	0.35	0.51
轴距/m	—	0.7(min)	1.4(min)
展开/m	—	0.3	1.1
越障高度/m	—	0.5～0.75	1.0
最大爬坡角/(°)(轮步)	—	20（30～35）	20（30～35）

图 4 - 12　Nomad 巡视器及其可变形底盘［来源：NASA］（见彩插）

相似地，采样返回巡视器（Sample Return Rover，SRR）样机是一个四轮巡视器，每个车轮连接在支柱上，可以提供一个可变的占地面积（见图 4 - 13）。这个 9 kg 的"抓取"巡视器样机用于收集样品，并将样品传递给上升器以返回地球。

图 4 - 13　具有可变轮地接触区域的采样返回巡视器样机 [来源：NASA JPL]（见彩插）

4.3　履带式巡视器

履带提供了地表包络适应性，这使得它们凭借比较大的地表接触面积和松软地面上的高牵引力从而更好地适应一般的越野场景[174]。履带式巡视器与轮式巡视器具有相似的特征，并且也备受青睐。由于履带式巡视器将载荷分布在了更广的面积上，使得它们在崎岖地形上也能提供大牵引力——由于其地表压强更小，因而在同等质量下，履带式巡视器可以获得较四轮、六轮或者八轮巡视器更大的牵引力。然而，相较于轮式巡视器，履带式巡视器的机械效率低，消耗能量高。履带式车辆一般包括胎面、驱动链轮、滚轮（或许需要供电）和可选的一些配套的转向架车轮。在后轮之间的无动力转向架均匀分散了载荷压力，并为履带提供了持续的支持。履带式巡视器不会产生悬挂失效（HangUp Failure，HUF，即当翻越障碍时车厢底盘与障碍发生碰撞），而四轮巡视器是会发生的，而且四轮巡视器通常要考虑的突出点失效（Nose - In Failure，NIF，即巡视器前端或后端在翻越障碍时与障碍发生接触），在大多数时候也是不会发生的。它们的大功率消耗是由于履带和地面间的摩擦以及转向架车轮和履带间的摩擦，所以相比轮式巡视器，履带式巡视器的能量需求要大得多。巡视器的悬架系统包括一个扭杆、车轮连接臂、倾斜的基于弹簧的吸振器和碰撞限位器。军用的履带式车辆采用液压阻尼悬架单元。在军用履带式车辆中，钢铁链用销连接在一起，这样可以使履带柔软灵活，但是如果由于碎石导致销断裂会造成车辆移动能力丧失。有两种履带驱动系统，一种是摩擦驱动，通过驱动轮和履带的内表面摩擦，这要求高摩擦因数（要达到 80% 车辆重量）；另一种是齿啮合驱动，链轮齿和履带内侧的空洞或者互补驱动齿相啮合。动力链轮会增加履带拉力。这将使与车轮作用的履带分担一部分车辆载荷——如果皮带很松软，牵引力将与多轮车辆是一样的。车轮和道路之间的履带的形状由下式决定[175]

$$T \frac{\mathrm{d}^2 z}{\mathrm{d}x^2} - p \left[1 + \left(\frac{\mathrm{d}z}{\mathrm{d}x} \right)^2 \right]^{3/2} = 0 \qquad (4-1)$$

式中　　T——履带张力；

　　　　p——正应力。

断带的情况发生在链轮覆盖过多或者车辆的侧向力过大时。履带式车辆通过履带的差动驱动实现滑动转向。由于基于履带滑动，因此移动里程测量在这里失效了，但是这并不是主要的缺点，因为车轮的移动里程测量不精确，且必须用加装外部传感器测量。20 kg 的 Urban Ⅱ 机器人是一种履带式城市救援机器人，它有两个可以旋转的履带臂，因此可以爬楼梯（见图 4-14）[177]。NASA 的履带式 RASSOR 机器人与 Urban Ⅱ 有些相似，但是有一个水桶式的棘轮安装在悬架后方，用于抓紧泥土。

另一种可以爬楼梯的履带城市机器人是一种可自重构的履带型移动机器人（SRTMR）[178]。3.2 kg 的 Nanokhod 样机是一种微型机器人，包络尺寸为 250 mm×160 mm×65 mm，一个连续的金属薄片履带包裹在两个轮子上，轮子安装在密封的刚性移动单元里[179-181]（见图 4-15）。两个履带单元之间，一个可倾斜±180°的载荷舱通过舱体支架和两个移动单元连接在一起。相似地，整个履带可以像轮子一样旋转 90° 并仍保持车厢水平。每个移动单元由一个框架、一个带夹板的履带、一个单一的带驱动力的动力轮、一个二次非动力轮和两个垫圈组成。履带的装配方法是用金属夹板将不锈钢薄片连接在一起。直流有刷履带电机和行星/蜗杆传动装置密封在履带包裹的空腔里，用塑料刷密封防尘，并用聚四氟乙烯干性润滑油润滑轴承。密封是塑料的，不能阻止细小的灰尘进入履带，但是额外的电机和轴承等部分的密封可以轻松实现。两个移动单元包含直流有刷电机、行星蜗杆传动装置和用于分配能量、信息交互和控制的巡视器底层支持系统，该系统安装在移动单元的内壁上。每个移动单元由前面的主动轮驱动，履带后方有一个单独的从动轮，两者都装在移动单元内。每个履带的单一驱动轮由一套行星/蜗杆传动装置驱动。两个移动单元在车辆后方用一个机械桥相互连接，机械桥包含两个栓线的线轴。每一个线轴具有 30 根总线，用于供能和与着陆器通信。它可以支持 100 V 直流电流，而无等离子体放电的影响。缆绳的质量很小（0.4 g/m），由于没有在横梁上复绕，因此只产生一个小拉力 [不像 MIDD 电缆支持<1 N 的拉力，却有很大的质量（22.2 g/m）]。Nanokhod 的最大移动速度为 5 m/h，可以越过 10 cm 高的障碍。虽然 Nanokhod 避免了使用转向架轮和液压减振器，但是由于使用刚性移动单元，不能保持与崎岖地表最大接触。

图 4 - 14　Urban II 救援机器人［来源：NASA JPL］（见彩插）

　　弹性环路移动系统（ELMS）通过提供高移动能力的方式解决了这一问题（见图 4 - 16）[182]。这减少了传统履带固有的许多缺点，如高内摩擦、机械复杂性、链断裂问题。弹性环路包括一个单一的连续的履带和其围绕着的两个终端轮，这两个终端轮一个是驱动轮，另一个是滚轮（两个轮子至少有一个是驱动轮）。由于没有转向架轮，内摩擦损耗会减小。环的弹性是由于预制的纵向和横向曲率。高弹性金属履带在宽度方向被卷曲，由于这种预制的横向卷曲，在两个终端轮之间的部分是平的而且是紧的。传统地，ELMS 是由 Ti（Ⅲ）β 合金（Ti 以及 11.5％的 Mo，6.5％的 Zr 和 4.6％的 Sn）制造的。预制的横向卷曲通过增大轮地接触面积分散了载荷，获得了履带的纵向刚度。

$$f_{\text{load}} = \frac{\pi b}{r^2} \frac{Et^3}{12(1-v^2)} \qquad\qquad (4-2)$$

其中，当 NiTi 为奥氏体相时，$E = 83$ GPa；当 NiTi 为超弹性相时，$E = 300$ MPa。这种系统避免了通过一个可断裂的销连接互锁的单元。前边和后边的轮子被抬离地面，因此履带像一个弹簧悬架将巡视器和车轮举起以保证石块和泥土在卡住轮子之前掉落。由于弹性环路的刚度很高，保证了巡视器可以没有转向架轮。相较于传统的履带，这样的设计潜在地减小了 ELMS 的能耗需求。双端轮和履带的紧密配合区域限制在了上边 1/3 履带环路处，减小了被石块和沙土卡住的可能。通过单向阻尼作用的吸振器可变载荷下的悬架臂保证了轮/带的接触。环路的弹性提供了具有弹性的悬架，而吸振器提供阻尼。前轮接触到台阶障碍的时候，前部被抬起，部分环路直立起来。前轮依靠直立起来的环路爬升台阶，而不止是依赖于障碍本身的摩擦系数。可以翻越高度和履带环长度一样的障碍。原理样机试验显示，其翻越的障碍高度是相同的几何形状的传统履带式系统越障高度的两倍[183]。

　　ELMS 系统在月球以及火星应用中均被提及[184]，而且被取消的海盗三号着陆器应用了弹性环路移动系统腿，以进行移动，可惜未能进行发射。Kapvik 微型巡视器吸收了各

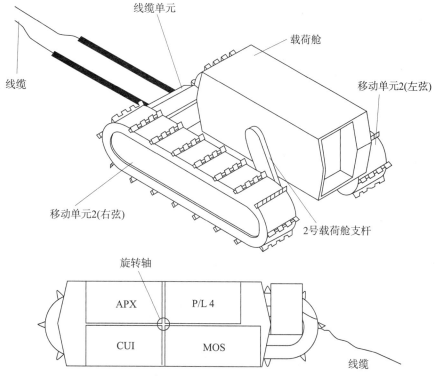

图 4 - 15　Nanokhod 微型巡视器［来源：ESA］（见彩插）

种不同的底盘设计方案，ELMS 是其履带式设计方案的前身（见图 4 - 17）。构型基于模块化系统，简单的界面允许更换底盘。Kapvik 微型巡视器底盘的更换时间少于 5 min，其中还包括电路系统的连接。ELMS 为稳健的移动提供了更高的潜能，使其成为星球巡视器应

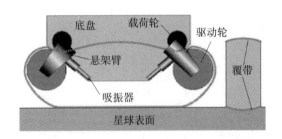

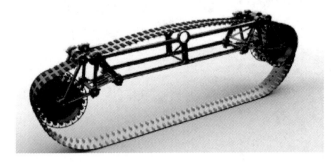

图 4 - 16　弹性环路移动系统以及 ELMS 在 Kapvik 微型巡视器上的设计

[来源：卡梅伦·弗雷泽（Cameron Frazier），卡尔顿大学]

用中的杰出方案[185,186]。ELMS 最大的困难在于如何缓解灰尘/石块的侵入，但是缩小版的样机试验表明这个问题或许并不像预期的那样严重。目前，这种方案已经得到了少量的应用。

图 4 - 17　Kapvik 微型巡视器模块化可变底盘设计允许基于履带的底盘的拆装

[来源：卡梅伦·弗雷泽，卡尔顿大学]（见彩插）

4.4　移动测量

　　牵引性能的快速测量可以在巡视器设计过程中提供可行/不可行的快速判据。尤其是，轮子的数量和尺寸可以基于这些测量或者更多的关于其牵引和越障能力的分析进行选取。基于压力的估计值不能超过土壤的德泽基（Terzaghi）极限承载强度，其由下式给出

$$W_c = 2\gamma lb^2 N_\gamma + 2lb\sigma N_q + \frac{4}{3}lbCN_c \qquad (4-3)$$

式中　C ——土壤内聚力；

　　　N ——与摩擦角相关的承载系数；

　　　γ ——重力加速度，$\gamma = \rho g$；

　　　b ——轮/履带宽度；

　　　l ——轮/履带长度；

　　　N_c ——内聚力因子，$N_c = N_q - 1/\tan\phi$，ϕ 为土壤摩擦角；

　　　N_q ——过载因子，$N_q = \exp\left[2\left(\frac{3}{4}\pi - \frac{\phi}{2}\right)\tan\phi\right]/2\cos^2(45° + \phi/2)$；

　　　N_γ ——楔形加权因子，$N_\gamma = 2(N_q + 1)\tan\phi/(1 + 0.4\sin4\phi)$。

　　通常，作用于土壤表面的 σ 被假定为 0，式（4-3）中间的一项不计入。为了增加车辆在摩擦性土壤上的载荷又保证土壤不会失效，轮子或者履带的宽度要在一定的履带长度或者车轮直径的基础上增加：$W = 2b^2 l\gamma N_\gamma$。黏性土的临界载荷取决于车辆与地面的接触面积：$W = \frac{4}{3}blCN_c$。表 4-2 列出了典型的土壤承载强度。

表 4-2　典型的土壤承载强度

土壤	承载强度/(kN/m²)
密集的砾石土壤	>600
中等密集的砾石/沙土混合土壤	200~600
松软的砾石/沙土混合土壤	<200
密实的沙土	>300
中等密实的沙土	100~300
松软的沙土	<100
坚硬黏土	300~600
硬黏土	150~300
可塑黏土	75~150
软黏土	<75

对于月壤，1 m 直径的轮地接触面积下极限承载载荷是 6 000 kPa。有很多不同的地面压力测量指标。圆锥指数（Cone index，CI）是一种土壤强度的测量方法，其定义为在稳定速率下将一个 30°的锥形体压进土壤 15 cm 所需的单位锥底面积上的力。它既反映了地面的剪切及凝聚强度，也反映了车辆-地面的摩擦/粘结。根据 WES（U. S. Army Engineers' Waterways Experiment Station）的研究，单轮的土壤性能可以通过以下几种措施进行量化[187]

$$N_c = \frac{Cbd}{W} \left(\frac{\delta}{h}\right)^{\frac{1}{2}} \frac{1}{1+(b/2d)} \tag{4-4}$$

式中　C ——圆锥指数；

　　　h ——轮胎高度减去沉陷深度。

　式（4-4）用于纯黏性土（黏土数字）。

$$N_\phi = \frac{G (bd)^{3/2}}{W} \left(\frac{\delta}{h}\right) \tag{4-5}$$

式中　G ——砂侵彻阻力梯度，尤马（Yuma）沙漠沙子的 $G = 0.9 \sim 5.4$ MPa/m。

　式（4-5）用于纯摩擦砂（砂数值）。

$$N_{c\phi} = \frac{Cbd}{W} \tag{4-6}$$

　式（4-6）用于既有黏性也有摩擦性的土壤（Wismer-Luth 关系）。这个值对越野车很有价值。对于履带式车辆也有对应的评价指标[188]。Freitag-Turnage 移动指数[189]是一个附加的测量指标，但是很少被应用。流动指数（Mobility Index，MI）是一种可选择的流动性测量量，对于轮式车辆，MI 为

$$\mathrm{MI}_{\mathrm{wheel}} = \left(\frac{\mathrm{CF}}{\mathrm{TF}} + \mathrm{WL} - \frac{C}{10}\right) \tag{4-7}$$

式中　CF ——接触压力因数，$\mathrm{CF} = W/nrb$；

　　　TF ——宽度因数，$\mathrm{TF} = (10+b)/100$；

　　　WL——车轮载荷因数，$\mathrm{WL} = W/n$；

　　　C ——离地间隙。

　履带式车辆的 MI 为

$$\mathrm{MI}_{\mathrm{track}} = \left(\frac{\mathrm{CF}}{\mathrm{TF}} + B - \frac{C}{10}\right) \tag{4-8}$$

式中　CF——接触压力因数，$\mathrm{CF} = W/A$；

　　　A ——履带和地面的接触面积；

　　　TF——宽度因数，$\mathrm{TF} = b/100$；

　　　B ——重量指数，$B = W/10nA$。

　车辆圆锥指数（Vehicle Cone Index，VCI）应用在 NRMM 中，可以使用圆锥贯入仪测量土壤强度特征，确定 MI。其表征了车辆 x 次通过所需的最小土壤强度（见表 4-3）。VCI 可以从 MI 计算得出，并可以提供车辆多次通过的情况。对于轮式车辆

$$\mathrm{VCI}_1 = 11.48 + 0.2\mathrm{MI} - \frac{39.2}{\mathrm{MI} + 3.74}, \mathrm{VCI}_{50} = 28.23 + 0.43\mathrm{MI} - \frac{92.67}{\mathrm{MI} + 3.67} \quad (4-9)$$

对于履带式车辆

$$\mathrm{VCI}_1 = 7.0 + 0.2\mathrm{MI} - \frac{39.2}{\mathrm{MI} + 5.6}, \mathrm{VCI}_{50} = 19.3 + 0.43\mathrm{MI} - \frac{125.8}{\mathrm{MI} - 7.1} \quad (4-10)$$

或者，车辆单次通过且与 MI 无关的轮式及履带式车辆的 VCI 可表示为车辆限制圆锥指数，分别为[190,191]

$$\mathrm{VCI}_{\mathrm{wheel}} = \frac{1.85W}{2nb^{0.8}d^{0.8}(\delta/d)^{0.4}}, \mathrm{VCI}_{\mathrm{track}} = \frac{1.56W}{2nba(pd)^{0.5}} \quad (4-11)$$

式中　W ——车辆重量；

　　　n ——轴数；

　　　d ——车轮直径；

　　　b ——车轮宽度；

　　　δ/d ——轮胎径向变形分数；

　　　p ——履带接地距离（长度）；

　　　a ——履带链面积与总履带面积之比，$a = A/pb$（等于 1 时是连续履带）；

　　　A ——履带链面积。

对于黏性土壤 VCI 的相关性很好，但是对于非黏性土壤 VCI 不是很精确。

表 4 - 3　推荐的 VCI 取值

	多次通过	可通过	单次通过
湿细砂	90	140	240
雪	10	25～30	40

额定圆锥指数（Rating Cone Index，RCI）是在多次通过的情况下测得的土壤强度，而 VCI 是在一定重复通过次数（1 或 50）下车辆可以通过的最小土壤强度。RCI 不是常用的指标。有很多地面压力的测量指标用于评价轮式车辆的性能[192]。这些指标测量车辆在土壤上的垂直压力。标称地面压力（Nominal Ground Pressure，NGP）定义为

$$\mathrm{NGP}_{\mathrm{wheel}} = \frac{W}{nrb} \quad (4-12)$$

其中

$$W = mg$$

式中　W ——车辆重量；

　　　m ——车辆质量；

　　　n ——车轮数；

　　　r ——车轮半径（假定最大沉陷）；

　　　b ——车轮宽度。

$$\mathrm{NGP}_{\mathrm{track}} = \frac{W}{2lb} \quad (4-13)$$

式中　　l——履带地面接触长度;

　　　　b——履带宽度。

　　相较于增加和地面接触的长度,增加车轮或履带宽度更有利于提高承载能力,这是 NGP 没有包含的因素。NRMM 用 VCI 作为性能指标,但是这已经渐渐被平均测量压力 (Mean Metric Pressure,MMP) 取代。MMP 是最普遍应用的测量量,用于确定车辆在土壤上产生的压力。MMP 模拟一系列车辆参数的影响。MMP 随着车轮宽度、车轮直径和车轮挠度的不同而不同[193]。土壤承载能力必须超过车辆的 MMP,并且最大的 MMP 必须小于 10 kPa(基于承载能力为 25~55 kPa 的月球土壤的高度保守估计,但是在火山口或者斜坡上将会更小)。雪地最大可通行 MMP 为 40 kPa(最好小于 30 kPa)。金星表面土壤参数的测量已经由苏联的 Venera 13 和 14 号着陆器完成——用一个动力触探仪测量岩石强度和电阻,通过着陆冲击测量岩石强度,通过钻孔测量岩石的机械特性,并拍摄了着陆场的照片。测得承压强度为:$(2.6 \sim 10) \times 10^4$ kg/m² (Venera 13),体现了沉积样本的特性;$(6.5 \sim 25) \times 10^5$ kg/m² (Venera 14),体现了火山样本的特性。平均最大压力 (Mean Maximum Pressure,MMP) 评价了每个轮地单元的平均峰值压力,并被认为比 NGP 更优。轮式和履带式车辆的 MMP 为[194]

$$\text{MMP}_{\text{wheel}} = \frac{KW}{2nb^{0.85}d^{1.15}(\delta/d)^{0.5}}, \quad \text{MMP}_{\text{track}} = \frac{1.26W}{2nba(pd)^{0.5}} \qquad (4-14)$$

式中　　n——轮轴数;

　　　　d——车轮或履带直径;

　　　　b——车轮或履带宽度;

　　　　p——履带地面接触长度;

　　　　a——履带链面积与总履带面积之比,$a = A/pb$;

　　　　δ/d——轮胎径向变形分数,一般小于 0.8;

　　　　K——轮轴参数(由表 4-4 中给出)。

表 4-4　轮轴参数 K

驱动轴分数　／　轮轴数	1	$\frac{3}{4}$	$\frac{2}{3}$	$\frac{1}{2}$	$\frac{1}{3}$	$\frac{1}{4}$
2	3.65			4.4		
3	3.9		4.35		5.25	
4	4.1	4.4		4.95		6.05

　　表 4-5 列出了一些星球巡视器 NGP 和 MMP 的测量值。NGP 和 VCI 比 MMP 更接近于实际的地面压力,但是很难测量,尤其是它假定了在土壤表面没有沉陷。这些经验值仅用于比较分析,并受到适用范围的限制。它们经常给出不一致的结果,而 MMP 已成为占主导地位的度量方法。如果地面压力小于 7 kPa,车辆在月球上的牵引力将没有问题。

表 4 - 5　星球巡视器 NGP 和 MMP 的测量值

	质量/kg	负载 W/N	车轮数量 n	车轮载荷/N	车轮直径 d/cm	车轮宽度 b/cm	变形量 δ/cm	K	MMP/kPa	NGP/kPa
LUNOKHOD	756.0	1227.2	8	153.4	51	20.0	—	2.05	8.7	1.5
阿波罗 LRV	708.0(满载)	1149.3	4	287.3	81	22.0	7.5	1.83	8.0	1.6
旅居者号	10.5	38.8	6	4.8(前轮) 7.2(中轮) 7.4(后轮)	13	8.0	—	1.95	4.9	0.7
MER	180.0	669.6	6	101.0(前轮) 120.5(中轮) 112.6(后轮)	25	16.0	—	1.95	10.3	8.0

4.5　地形粗糙度和车辆悬架

　　在火星环境中，大部分地面是平坦的，很少有超过几度的斜坡，但有地方可能超过，如陨石坑，当然还有岩石。通过火星轨道激光测高仪（Mars Orbiter Laser Altimeter，MOLA）测量得出，超过 20% 的火星北半球地表的平均海拔在 200 m 内，低海拔和低地表粗糙度是相关的[195]。再次，MOLA 以地形建模为目的的水平分辨率有限。然而在高分辨率下地形是粗糙的，这就要求火星巡视器具有穿越这种地形的高移动性能。地形粗糙度是造成车辆振动的主要原因，可以以地形表面的功率谱密度的形式建模。输入到巡视器的地形功率谱被定义为任意零点下的均方根高度，是频率的函数（即功率谱密度）。通过广义调和分析（又名广义谐波分析），功率谱密度提供了地形粗糙度模型基本的分析方法。地形粗糙度可以被建模为地表谱密度的形式[196]，即

$$S(k) = Q \mid k \mid^{-w} \tag{4-15}$$

式中　Q ——地形剖面谱密度；

　　　w ——无量纲的常数，在恶劣的地形下取 2；

　　　k ——地形剖面谱密度波数（波周数/m），$k = 1/\lambda$ 。

　　地表谱密度特定波数 k 下，可以被转换为地表高度剖面，即

$$h_j(k) = \sum_{j=0}^{n-1} \sqrt{S_j} \exp\left[i\left(\theta_j + \frac{2\pi/r}{k}\right)\right] \tag{4-16}$$

其中

$$S_j = (2\pi/nr)S(k)$$

式中　r ——地表剖面的距离间隔；

　　　θ_j ——一系列均匀分布在 0 ～ 2π 之间的随机相位角。

　　地形高程被假定在一个任意的零点基础上，该零点基本上是沿运动路径随机选取的。地形谱密度也可以通过地形波动方程傅里叶级数建模，即

$$h(k) = \sum_{j=0}^{n} 2a_j \cos\left(\frac{k}{l_j} + \phi_j\right) \tag{4-17}$$

其中

$$l_j = w_j / v_0$$

式中　　w_j——地面波速度；

　　　　v_0——巡视器行驶速度。

均方差粗糙度定义为

$$\bar{h}^2(k) = \int_0^\infty S(k) \mathrm{d}k \qquad (4-18)$$

地表剖面的功率谱密度 $S(k)$ 可以近似为指数方程，在双对数坐标图上用一条直线拟合：$S(k) = Ck^{-w}$，其中：k 是空间频率；粗糙地面 $C \approx 10^{-3}$。火星地形的模型，在类似幂次定律形式 $S(k) \propto k^{-w}$ 下，设立了三个尺度范围，但是具有不同的 w 值，然而现有的数据对于巡视器的运动还是太过粗糙了[197]。

虽然由于巡视器移动得很慢，不需要进行动力学分析，但这并不符合载人巡视器的情况，载人巡视器的舒适度是重要的考量指标之一。巡视器悬架系统的任务之一是通过弹簧和阻尼过滤掉由于地形轮廓变化而产生的车和地面之间的相互作用力。巡视器可以建模为6自由度系统，包含两种质量：簧载质量和簧下质量。弹性弹簧是一个叉形弹簧，利用吸振阻尼消减了车轮（簧下质量）的波动，隔离了巡视器（簧载质量）和地面。下面来讨论 $1/n$ 车辆模型，包括一个簧载质量（车体）和一个簧下质量（车轮），如图 4-18 所示。

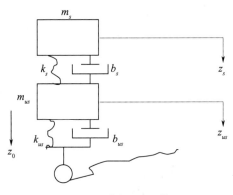

图 4-18　车辆-地面模型

对于簧载质量，有

$$m_s \ddot{z}_s + b_s(\dot{z}_s - \dot{z}_{us}) + k_s(z_s - z_{us}) = 0 \qquad (4-19)$$

对于簧下质量，有

$$m_{us} \ddot{z}_{us} + b_s(\dot{z}_{us} - \dot{z}_s) + k_s(z_{us} - z_s) + b_{us}\dot{z}_{us} + k_{us}z_{us} = F(t) = b_{us}\dot{z}_0 + k_{us}z_0$$

$$(4-20)$$

式中　　$F(t)$——地面不平产生的激励；

　　　　m_s——簧载质量，$m_s \approx 10 m_{us}$；

　　　　m_{us}——簧下质量；

　　　　b_s——吸振阻尼系数，$b_s \approx 0.2 \sim 0.4$；

　　b_{us} ——轮胎阻尼系数；

　　k_s ——悬架刚度；

　　k_{us} ——轮胎弹性刚度，$k_{us} \approx 10k_s$ ；

　　z_0 ——表面高程。

　　假设自由振动，此时 $b=0$，则 $F(t)=0$，解具有以下形式

$$z_s = z_{s0}\cos(w_n t)$$

$$z_{us} = z_{us0}\cos(w_n t)$$

(4-21)

式中　w_n ——无阻尼固有频率。用下式替代

$$(-m_s w_n^2 + k_s)z_s - k_s z_{us} = 0$$

$$-k_s z_s + (-m_{us} w_n^2 + k_s + k_{us})z_{us} = 0$$

$$\begin{vmatrix} (-m_s w_n^2 + k_s) & -k_s \\ -k_s & (-m_{us} w_n^2 + k_s + k_{us}) \end{vmatrix} = 0$$

(4-22)

展开行列式得到特征方程

$$w_n^4(m_s m_{us}) + w_n^2(-m_s k_s - m_s k_{us} - m_{us} k_s) + k_s k_{us} = 0$$

(4-23)

因此

$$w_n^2 = \frac{B_1 \pm \sqrt{B_1^2 - 4A_1 C_1}}{2A_1}$$

(4-24)

其中

$$A_1 = m_s m_{us}$$

$$B_1 = m_s k_s + m_s k_{us} + m_{us} k_s$$

$$C_1 = k_s k_{us}$$

这里给出一种近似

$$w_{n(s)} = \sqrt{\frac{k_s k_{us}/(k_s + k_{us})}{m_s}}$$

$$w_{n(us)} = \sqrt{\frac{k_s + k_{us}}{m_{us}}}$$

(4-25)

簧载质量的振动振幅由下式给出

$$\frac{z_s}{z_0} = \frac{\sqrt{A_2}}{\sqrt{B_2 + C_2}}$$

(4-26)

其中

$$A_2 = (k_s k_{us})^2 + (b_s k_{us} w)^2$$

$$B_2 = [(k_s - m_s w^2)(k_{us} - m_{us} w^2) - m_s k_s w^2]^2$$

$$C_2 = (b_s w)^2(m_s w^2 + m_{us} w^2 - k_{us})^2$$

式中　w ——激励频率，$w = 2\pi v/l_w$ ；

　　　　v ——巡视器行驶速度；

　　　　l_w ——地面轮廓波长。

簧下质量的振动幅度由下式给出

$$\frac{z_{us}}{z_0} = \frac{\sqrt{A_3}}{\sqrt{B_2 + C_2}} \qquad (4-27)$$

其中

$$A_3 = [k_{us}(k_s - m_s w^2)]^2 + (b_s k_{us} w)^2$$

由于

$$\frac{w_{n(us)}}{w_{n(s)}} \gg 1 \qquad (4-28)$$

簧载质量对振动吸收的贡献很小。$1/n$ 车辆的动力学方程由下式给出[198]

$$\ddot{z}_{\text{rel}} = \sqrt{\frac{1}{T} \int_0^T \left(\frac{\ddot{z}}{g}\right)^2 \mathrm{d}t} \ , \ F_{\text{rel}} = \sqrt{\frac{1}{T} \int_0^T \left(\frac{F_{z,\text{dyn}}}{F_{z,\text{stat}}}\right)^2 \mathrm{d}t} \qquad (4-29)$$

当车体重量远远高于车轮和弹簧的回复力时，基于弹簧的悬架是适用的。最常见的吸振器是螺旋弹簧环绕一个阻尼器，吸振器由机油填满。叶片弹簧由碳素钢或复合纤维制造的拱形单元组成，是最灵活的，不需要悬架控制装置。防倾杆是横向弹簧，为横向滚动提供阻力，但是对载人巡视器是没有必要的。扭力杆是由合金弹簧钢制成的，常用于前悬架，盘簧/片簧常用于后悬架。最常见的悬架轴系统设计要使在地面拱度变化时保持车轮和地面的接触。最简单的是工字轴，工字轴中一个长-短臂悬架轴通过一个较长的低控制臂和一个较短的高控制臂与车轮连接。麦克弗森（MacPherson）支柱悬架的车轮与车厢/阻尼支杆的底部连接，车厢/阻尼支杆通过支杆和车厢的角度控制曲面。

4.6　巡视器平均自由程

巡视器必须能够适应星球表面的岩石等障碍。岩石障碍以高于地表高度的形式定义。对于主副摇臂机构，最大可越过障碍高度取决于车轮直径并有 50% 的余量。另外，车辆离地间隙也影响最大可越过障碍高度，通常设计时保留 20% 的余量。表面岩石分布影响离地间隙和直线轨迹段。平均自由程（Mean Free Path，MFP）可以被定义为在给定的地面条件下，在与不可越过的障碍相遇并需要转向之前，可通过的直线距离（即与可操纵性相关）。高平均自由程减少了由于遇到障碍而需要转向的需求。平均自由程影响最大的一个方面是它决定了机器人对人工智能的要求。底盘通过岩石障碍的能力决定了什么将成为障碍。首先，需要明确岩石的尺寸-频率分布。火星地形在海盗一号、海盗二号、探路者号、勇气号和机遇号不同的着陆场中是多变的。虽然我们关注的是火星，但岩石分布模型适用于其他地面类型，如月球。更令人惊奇的是，在近地小行星交会探测器舒梅克（NEAR Shoemaker）降落到爱神（Eros）小行星之前，嵌入到水沉积（但是现在是干沙风化层）中的岩石或许成为小行星巡视器探测任务的危险障碍。

障碍物的空间密度和它们的分散程度，可以由泊松分布的形式给出，即

$$p(n) = \frac{(\rho a)^n}{n!} e^{-\rho a} \qquad (4-30)$$

式中　a——覆盖区域；

　　　n——对象数量；

　　　ρ——空间分布。

　　如果 n 是独立随机分布在区域 a 中的障碍，n 个随机障碍在区域 a 中的概率 $p=n/a$。相似地，没有障碍在区域 a 中，即 $n=0$ 的概率是 $p(0)=e^{-\alpha}$。如果 $a=\pi r^2$，则 $p(r)=2\pi r\rho e^{-\pi r^2\rho}$。

　　然而，人们对岩石直径分布感兴趣。这类似于根据直径 D 确定火星表面陨石坑的分布的幂次定律

$$N(D)=CD^{-b} \tag{4-31}$$

其中，当陨石坑直径<1.54 km 时，$b=3.32$，$C=2.5\times10^{12}$。这样的陨石坑模型指出了必须进行避障的陨石坑，这种陨石坑通常意味着大斜坡运动障碍。新形成的陨石坑可能具有 40°以上的斜坡，但是在火星表面超过 20°～30°的斜坡极少。MER 机遇号巡视器，在其着陆地梅里迪亚尼平原，遇到过难以翻越的陡峭且很滑的沙质斜坡。当然，更为紧急重要的是确定岩石（障碍）分布。类似于陨石坑分布，直径 $D>D(m)$ 的每立方米岩石累积数由下式给出

$$N(D)=\kappa D^{-2.66} \tag{4-32}$$

其中

$$\kappa=0.013$$

　　由直径为 D 的岩石所覆盖的相应的累积分数面积由下式给出

$$\rho(D)=cD^{-0.66} \tag{4-33}$$

其中

$$c=0.040\,8$$

　　上述岩石分布的幂次定律适用于海盗二号着陆器（Viking Lander 2，VL2）着陆场中直径超过 20 cm 的岩石。然而，它高估了大岩石和小岩石的数量和覆盖率[199-201]。已经发现一种更好的基于指数函数的岩石大小-频率分布，用以预计海盗号着陆场的火星岩石分布，相符率达到 98%～99%（见表 4-6）[202-205]。每立方米中直径 $D>D(m)$ 的岩石累积数由下式给出

$$N(D)=Le^{-sD}$$

其中，L 为每平方米内所有尺寸的石头的累计数量，$L_{VL1}=5.16$，$L_{VL2}=6.84$，$L_{MPF}=20.00$，$L_{MER-A}=40.00$，$S_{VL1}=12.05$，$S_{VL2}=8.30$，$S_{MPF}=11.00$，$S_{MER-A}=24.00$。海盗一号和二号着陆场直径为 D 的石头的频率分布由下式给出

$$\rho(D)=Ke^{-q(K)D} \tag{4-34}$$

式中　K——所有尺寸的岩石的累积覆盖分数面积；

　　　$q(K)$——指数系数，$q(K)=1.79+0.152/K$；

　　　$K_{VL1}=0.069$，$K_{VL2}=0.176$，$K_{MPF}=0.187$，$K_{MER-A}=0.07$；$q_{VL1}=4.08$，$q_{VL2}=2.73$。

　　上述参数通过以下表达式相关联

$$F(D) = \frac{\pi}{4} L e^{-sD} (D^2 + 2D/s + 2/s^2) \tag{4-35}$$

表 4 - 6　火星岩石分布参数〔来源：卢茨·里克特（Lutz Richter）〕

	海盗一号	海盗二号	MPF	MER - A(着陆点)
k	0.069	0.176	0.187	0.070
L	5.61	6.84	20.00	40.00
s	12.05	8.30	11.00	24.00

当 $D \to 0$ 时，$F(D) \to k$，表示全部岩石覆盖的情况。海盗着陆地点 1（Viking Lander site 1，VL1）和海盗着陆地点 2（Viking Landing site 2，VL2）的岩石频率分布类似于月球 Surveyor 7 着陆场，粗糙度则像更崎岖的月海。VL1 和 VL2 具有像流水渠中石头一样分布的岩石。VL2 的大岩石比 VL1 的岩石大两倍。探路者号（Pathfinder）着陆场的情况与海盗号数据推算得到的情况相符——最大的岩石直径为 20～50 cm，高度大于 0.5 m 的岩石覆盖率小于 1%，高度超过 1 m 的岩石覆盖率远远小于 1%。古谢夫陨石坑的岩石散布情况与海盗号和探路者号所在地点高度相似。的确，大多数以科学探测为目的的着陆场都是分布着大量石块的坑坑包包的地面。MER 的长距离探索穿越了相对温和的环境。对比来讲，VL2 的岩石分布情况最糟糕。这些统计模型可用于生成典型火星岩石场的随机样例（见图 4 - 19）。

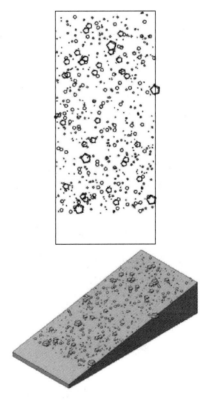

图 4 - 19　随机统计生成的 VL2 岩石分布〔来源：埃利·阿卢伊，萨里空间中心〕

　　岩石分布影响了巡视器穿过这片地形的平均自由程。由于石块嵌在沙土中，相较于石块的直径，MFP 更多地取决于岩石的垂直高度。假定石块直径 D 符合泊松分布，具有与面积成比例的期望值。平均石块高度可以根据石块直径 D_0 确定，即

$$H = 0.365D + 0.008 \text{（假定 VL1 的石块高度是 3/8 石块直径）}$$

$$H = 0.506D + 0.008 \text{（假定 VL2 的石块高度是 1/2 石块直径）}$$

　　因此，对于 VL1 和 VL2，$H = (0.25 + 1.4k)D$，VL1 具有 0.1% 的表面被高度高于 0.2 m 的石块覆盖，VL2 具有 1% 的表面被高度高于 0.5 m 的石块覆盖。JPL 采用花岗质砂模拟海盗号着陆场的岩石分布制作的模型进行火星车的行走测试。可构成障碍的石块高度取决于底盘设计：对于主副摇臂悬架设计，可构成障碍的石块高度是 1.5 倍车轮直径（虽然超过一个车轮直径的岩石就会被标记为警报情况）。大多数的越障能力将障碍高度和车轮直径的比值限制为 1［例如，因德拉（Jindra），1966］[206]。对于巡视器的移动距离 m，它必须清除掉长度为 $(m + D/2)$，宽度为 $(r + D)$ 的矩形区域中直径为 D 的岩石，这样避免了岩石被定义为一个质点。为确定相邻岩石之间的平均最短距离，概率密度函数是必需的。对于直径大于 D_0 的石块有[207,208]

$$\int_{D_0}^{\infty} (m + D/2)(r + D)\rho(D)\mathrm{d}D = 1 \tag{4-36}$$

式中　　$\rho(D)$——直径为 D 到 $D + \delta D$ 范围内的岩石在每平方米的概率密度，$\rho(D) = K\mathrm{e}^{-qD}$；

　　　　r——最小的车辆转弯半径。

　　MFP 的解由下式给出[209]

$$m = \frac{1 - (r/2)\int_{D_0}^{\infty} D\rho(D)\mathrm{d}D - (1/2)\int_{D_0}^{\infty} D^2\rho(D)\mathrm{d}D}{r\int_{D_0}^{\infty} \rho(D)\mathrm{d}D + \int_{D_0}^{\infty} D\rho(D)\mathrm{d}D} \tag{4-37}$$

相应的积分可被计算为

$$\int_{D}^{\infty} K\exp(-qD)\mathrm{d}D = \frac{K}{q}\exp(-qD_0)$$

$$\int_{D}^{\infty} DK\exp(-qD)\mathrm{d}D = K\left[\frac{D_0\exp(-qD_0)}{q} + \frac{\exp(-qD_0)}{q^2}\right]$$

$$\int_{D}^{\infty} D^2 K\exp(qD)\mathrm{d}D = K\left[\frac{D_0^2\exp(-qD_0)}{q} + \frac{2D\exp(-qD_0)}{q^2} + 2\exp\left(\frac{-qD_0}{q^3}\right)\right]$$

$$\tag{4-38}$$

对于原地转向的车辆，其转弯半径必须被定义为最大的对角线 $r = \sqrt{l^2 + w^2}$，其中：l 是车辆长度，w 是车辆宽度；对于滑动转向的车辆，转弯半径更大。旅居者号可以进行原地转向，转弯半径为 0.37 m。这样的统计模型也会带来问题，比如给旅居者号带来的困扰，旅居者号的穿行区域内直径超过 3 cm 的岩石覆盖率为 24.6%，计算得出的该地点的平均岩石覆盖率为 16%。然而，这些模型使平均自由程指标可以根据巡视器的越障能力和车体大小得以确定（见图 4-20）。通过表 4-7 可以发现，在车辆尺寸相当的情况下，越障能

力越强，平均自由程越大。在类似于 VL2 岩石分布的火星表面上，算得 Kapvik 微型巡视器的平均自由程为 15 m。

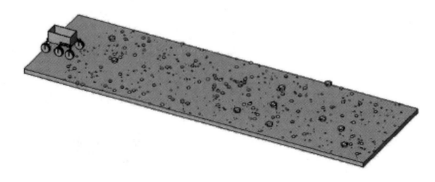

图 4 - 20　在类似于 VL2 岩石分布的火星表面上的 RCL - E 底盘巡视器

[来源：尼尔迪普·帕特尔，萨里空间中心]

表 4 - 7　多种微型巡视器的平均自由程评估

	障碍高度限/m	MFP VL1/m	MFP VL2/m
旅居者（标准）	0.13	66.3	14.9
旅居者（最大）	0.20	72.0	15.9
Nanokhod	0.25	76.3	16.7
ELMS	0.325	83.4	18.04

4.7　车辆和土壤的相互作用——Bekker 理论

对于星球巡视器，巡视器和土壤的相互作用是必须考虑的，其表达形式为牵引力分析[210]。在星球表面很难有有效的可利用的牵引力——因为大多数星球体覆盖着一层松散的沙状风化层，其间散布着石块。Bekker 理论提供了巡视器在自然地表上行走时的基础理论分析方法（通过牵引力的度量量化）。这种方法基于部分以往的经验和压力-下沉试验，用一块金属板模拟车辆和土壤的接触区域。Bekker 牵引分析的基础是考察车轮和土壤的接触区域，类似于许多测点的压力测量，但更详细[211-215]。在这种情况下，移动性能通过车辆牵引力（Drawbar Pull，DP——不同于土壤推力和运动阻力）进行量化。移动需要牵引力来提供地面的前向推力并克服阻力运动，而阻力主要由下沉产生。设计星球巡视器的一个重要方面就是考虑土壤的机械特性——抗剪强度、抗压强度、承载能力、穿透阻力等。几乎所有这些参数都是相互关联的（如承载能力取决于穿透阻力），大多数重要的土壤参数都与抗剪强度有关，由摩尔-库仑（Mohr - Coulomb）关系量化。通过有效的土壤剪切应力（由土的内聚力和内摩擦角决定），可以确定车的通过性和其他参数。普拉基特（Plackett）（1985）[216]对 Bekker 理论及其变形进行了全面的综述。牵引力分析要求评价土壤的机械特性，但这并不是一定可以得到的。土壤抗剪强度是由土壤内聚力 C 和内摩

擦角 ϕ 确定的，由摩尔-库仑定律量化得到平行于地面的剪切应力为

$$\tau = C + \sigma \tan\phi \qquad\qquad (4-39)$$

式中　τ——土壤抗剪强度；

　　　C——土壤内聚力（与土壤胶结相关）；

　　　ϕ——土壤内摩擦角；

　　　σ——正应力，$\sigma = W/A$。

当车轮使土壤变形时，压力的最大值在接触部分的最下方，最小值在接触部分的边缘。注意，在均匀介质中摩尔-库仑关系代替了土壤的摩擦系数（标称滑动摩擦系数为 0.3~0.5，干土壤＞0.5，岩石可以达到 0.8）——车轮和土壤之间的黏附性由一个类似的关系给出：$\tau = C_a + \sigma \tan\delta$，其中：$\delta$ 是车轮粗糙角，$C_a = C$ 是黏附系数，是土壤内聚力的一次近似。摩擦角定义了阻止颗粒间滑动的土壤坡度角（如干沙子具有高摩擦角）。沙子的内聚力在 0（干的）到 10 kN/m^2（湿的）之间变化，而黏土的内聚力为 50~200 kN/m^2。沙子的摩擦角可以达到 50°，黏土的摩擦角为 0°~20°。因此，干沙是摩擦性土壤，$C_0 \to 0$；黏土是黏聚性土壤，$\phi \to 0$。

火星的风化层是优质的沙质硅酸盐材料颗粒，颗粒大小约为 0.1~1.0 mm，高达 40% 的孔隙空间充满了冰冻挥发物并粘结着硫酸盐和氯盐。铁的浓度超乎寻常的高，基本有 20% 的 Fe_2O_3。大多数土壤颗粒的直径在 100~1 000 μm 之间，这些大小的颗粒占据了土壤的 55%，其余的在 0.1~100 μm 之间线性分布。计算得到土壤密度为 1.2~2.0 g/cm^3（平均 1.52 g/cm^3）。类似于黏质粉土埋着沙子和石子。火星土壤通常为干沙型土壤，水性条件下形成玄武岩被水合硫酸盐粘结的形式。颗粒物质按如下方式分类：直径 5~2 mm（颗粒）、2 mm~62.5 μm（沙——火星漂移和块状土砂的平均粒径为 20~40 μm）、62.5~12 μm（泥沙）和 12~0 μm（黏土）。一般来说，火星土壤的差异在于机械特性，而不是矿物学。砂颗粒随着火星表面的沙暴移动，通常限于＜30° 的休止角。行星表面不大可能存在黏土型的土壤，虽然黏土矿物（蒙脱石类）是在水溶液条件下形成的特殊类型的层状硅酸盐，在火星表面的多处被发现，最丰富的黏土岩层在马沃斯峡谷（Mawrth Vallis）被发现。黏土矿物是水化矿物，如蒙脱石和高岭石。大多数火星土壤，特别是水平表面的沉积物，类似于沙质土壤，但它一般包括一些不同类型的土壤。海盗号着陆器遇到了三种类型的表面土壤——简单可挖的均匀漂移材料（VL1）；壳状或块状材料，可分层为块状材料和上边的一层壳，可以破碎为 4 cm 厚的一块，并且很难挖掘（VL2）；一种很难粉碎和挖掘的块状材料（VL1）。在一般情况下，含有丰富氧化铁的灰尘覆盖所有沉淀物。探路者号在着陆点探索到了类似于混合了石英长石、辉石、石英和钛铁氧化物的玄武-安山岩石石块，它们可能形成于火星早期的地质历史时期火星地幔中（由高 SiO_2 含量表示）的岩浆。火星土壤包括可以被风吹起的风积细尘（漂移材料），平均直径为 20~40 μm，覆盖在古土层以及致密黏着的"块状结构岩体"或者"块状结构体"土壤上，这层土壤覆盖了大部分火星着陆点。漂移材料（可能是黏土）的密度是 1 300 kg/m^3。块状结构体土壤是混合得较差的一类，类似于陆地上的黏土淤泥，与砂土和卵石混合后，由于

盐（或硫酸盐）的作用而粘结在一起。内聚力通常和摩擦角负相关[217]。漂移材料（$C=$ 0.01～0.30 N/cm², $\phi=18°$）是最柔弱的土壤，具有均匀的纹理。层-块状结构体土壤（$C=0.02～0.58$ N/cm², $\phi=30°～35°$）是一种中等强度土壤，具有层状结构，易破碎成薄板，基底材料破碎成更厚的层状。块状结构岩体材料（$C=0.15～0.9$ N/cm²）是最结实的土壤，难以打碎，土壤的密度估计为 1 200～2 000 kg/m³。VL1 多为漂移土壤和块状结构岩体土壤，VL2 多为块状结构体土壤。海盗号着陆点表现出比旅居者号着陆点略高的内聚力，$C=0.02～0.58$ N/cm², $\phi=30°～35°$，摩擦角在 32°～41° 之间变化（平均36.6°），休止角在 30°～38° 之间变化（平均 34.2°），内聚力在 0.12～0.356 kPa 之间变化（平均 0.238 kPa）[218]。在脆弱的多孔地区，$\phi=26°$，$C=0.53$ kPa。大部分地区都是类似于 VL2 的层-块状结构体土，$\phi=34.5°\pm4.7°$，$C=（4.4\pm0.8）$ kPa，VL1 多为层-块状结构岩体土，$C=（5.5\pm2.7）$ kPa。旅居者号进行了车轮磨损试验以评估车轮损耗——在其中一个车轮上安装了黑色阳极电镀的铝片，铝片上有一层仅有一层原子厚度的金属镀层。一个光电池监测薄膜的反射率变化。旅居者号锁定了除一个车轮以外的所有车轮，因此，自由转动的车轮可以钻入到土壤里，并监测电机电流（作为车轮力矩测量的手段）。由此，车轮和土壤间的剪应力可以被测量。探路者号所在地的火星土壤具有以下参数：体积密度 $\rho=1\,550$ kg/m³，$C=220$ Pa，$\phi=33.1°$。旅居者号评估的土壤内聚力比海盗号低，这是由于旅居者号评估的沉陷仅限于 4.3 cm（车轮沉陷），而海盗号具有 10 cm 的采样深度（通过挖沟）——海盗号的评价包括了由于深度方向的压实而产生的增量。海盗号的评价更可靠。平均值为：$C=0.24$ kPa，$\phi=35°$，平均密度为 1.52 g/cm³，这些是火星表面代表性的基线值（见表 4-8）。火星的漂移土壤体现了火星表面最恶劣的环境，而 VL2 的层-块状结构体是火星最典型的土壤环境。MER 的土壤分析结果与海盗号及探路者号的分析结果一致[219]。建议把这三种土壤分别定义为最小、最大和中等参数。

表 4-8　重要火星土壤物理性质概览［来源：卢茨·里克特］

土壤	体积密度/(kg/m³)	土壤内聚力/Pa	摩擦角/(°)	K_c/(N/m^{n+1})	K_ϕ/(N/m^{n+2})	变形系数 n
DLR 土壤模型 A	1 140	188	24.8	2 370	60 300	0.63
DLR 土壤模型 B	1 140	441	17.8	18 773	763 600	1.10
DLR 土壤模型 C	1 140	41	25.6	1 342	265 114	0.86
DLR 土壤模型 D	—	13	13.4	19 152	667 500	1.80
VL1 漂移土壤	1 153	1 600±1 200	18±2.4	1 400	820 000	1.0
VL1 块状结构岩体	1 605	5 500±2 700	30.8±2.4	1 400	820 000	1.0
VL2 层-块状结构体	1 403	1 100±800	34.5±4.7	1 400	820 000	1.0
VL 石块	2 600	1 000～10 000	40～60	—	—	—
MPF 漂移土壤	1 172	380±200	23.1±8.0	1 400	820 000	1.0
MPF 块状结构体	1 532	170±180	37.0±2.6	1 400	820 000	1.0

续表

土壤	体积密度/(kg/m³)	土壤内聚力/Pa	摩擦角/(°)	K_c /(N/m^{n+1})	K_ϕ /(N/m^{n+2})	变形系数 n
梅里迪亚尼平原	—	4 800	20.0	28 000	7 600 000	1.0
干沙	1 524	1 040	28	990	1 528 000	1.1
沙质壤土	1 524	1 720	29	5 270	1 515 000	0.7
黏土	1 524	4 140	13	13 190	692 200	0.5
雪	<500	150	20.7	10 550	66 080	1.44
MER-A"松软"	1 231	1 000	20	TBD	TBD	TBD
MER-A"致密"	1 484	15 000	25	TBD	TBD	TBD
MER-B"坡面土壤"	1 185	500	20	6 800	210 000	0.8
MER-B"沙质壤土"	1 333	5 000	20	28 000	7 600 000	1.0

注：TBD 表示由其他参数决定（TBD＝To Be Determined）。

对于月球来说，阿波罗航天员使用了透度计，同时该装置也安装在了 LUNOKHOD 1 号和 2 号上用于测量月壤参数。LUNOKHOD 的支柱载荷包括里程轮和安装在 LUNOKHOD 后部的锥/叶片剪切仪。对于月球，推荐的月壤参数为：$C=0.017$ N/cm² （变化 $0\sim0.035$ N/cm²），$\phi=35°$（变化 $\pm4°$），$K=1.78$ cm（变化 ±0.76 cm），$n=1$，$K_c=0.14$ N/cm²（范围 $0\sim0.28$ N/cm²），$K_\phi=0.82$ N/cm³，部分可由碎玄武岩复制[220]。表 4-9 给出了 DLR 月壤模型特性，其模拟了两个不同的区域。

表 4-9　DLR 月壤模型特性 [来源：卢茨·里克特]

	区域 A	区域 B
n	0.8	1.0
K_ϕ/(N/m^{n+2})	3.63×10^5	6.02×10^5
K_c/(N/m^{n+1})	2.41×10^3	7.77×10^3

固体岩石的平均密度为 $2.50\sim2.70$ g/cm³。对于月壤，上层 15 cm 的密度为 (1.5 ± 0.05) g/cm³。浅于 5 cm 深的月壤具有 65% 的相对密度，在 5 cm 深处增长到 70%～75%，在 10 cm 深处达到 75%～85%。在 20～60 cm 的土壤深度范围内，土壤密度随深度的增加而增加，平均密度为 (1.66 ± 0.05) g/cm³。达到 30 cm 深时，月壤的相对密度达到最大值 90%。彗星体和极地冰盖中发现的冰的平均内聚力为 0.08～0.28 MPa，内摩擦角为 40°～60°，体积密度为 0.05～1.5 g/cm³。风化层的冰浸渍可能显著地改变土壤参数。密度与深度的双曲线型方程为

$$\rho=1.92\frac{z+12.2}{z+18} \tag{4-40}$$

在 $z=0$ cm 处密度为 1.30 g/cm³，在 $z=50$ cm 处密度为 1.76 g/cm³。在最上层的 30 cm，月壤的平均空隙度为 49%。其余参数随着深度变化（见表 4-10）。

表 4 - 10　月壤性质随深度变化

深度/cm	内聚力（平均）/kPa	内聚力（范围）/kPa	摩擦角（平均）/(°)	摩擦角（范围）/(°)
0	0.45	0.35～0.70	36	30～50
0～15	0.52	0.44～0.62	42	41～43
0～30	0.90	0.74～1.10	46	44～47
30～60	3.0	2.40～3.80	54	52～55
0～60	1.6	1.30～1.90	49	48～51

通常，土壤颗粒之间的摩擦力被认为是黏性力。土壤兼有弹性和塑性行为，这可以分别通过刚度/黏度和压缩/屈服模型建模。车轮下的地面变形作用类似于非线性弹性，并减小地面轮廓粗糙度产生的振动。随着重量的增加，土壤的弹性和塑性变形变化如下

$$W = \begin{cases} k_e z, & z < z_e \\ k_e z + k_p(z - z_e), & z > z_e \end{cases} \qquad (4-41)$$

式中　k_e——弹性系数；

　　　k_p——塑性系数；

　　　z_e——弹性极限深度。

土壤和车辆相互作用的特性通过利用板载试验测量的刚度参数确定

$$K = \frac{4Gr}{1-\upsilon} = \frac{2rE}{1-\upsilon^2} \qquad (4-42)$$

式中　r——板的半径；

　　　G——刚性模量，$G = E/[2(1+\upsilon)]$，沙土为 0.2 N/mm²；

　　　E——杨氏模量，沙土为 0.6 N/mm²；

　　　υ——泊松比，土壤为 0.35。

美国联邦公路管理局采用了如下实验版本的公式

$$K = \frac{1.77rE}{1-\upsilon^2} \qquad (4-43)$$

例如，德国宇航中心测试土壤 B 拟态刚度为 84.72 N/mm。土壤也具有阻力特性：$F_d = -C_d \dot{z}$。黏土较沙质土壤具有更高的阻尼，土壤的阻尼为

$$C_d = \frac{3.4r^2}{1-\upsilon} \sqrt{G\rho_s} \qquad (4-44)$$

式中　ρ——土壤密度，为 1 140 kg/m³。

弹性和塑性分量之间的平衡力，可用于确定土壤压力[221,222]

$$p = c_f(z_{el} - z_{pl}) + \eta(\dot{z}_{el} - \dot{z}_{pl}) = \mu z_{pl} + u_y \qquad (4-45)$$

式中　c_f——土壤刚度；

　　　η——土壤（牛顿）黏性；

　　　μ——土壤的压缩性常数；

　　　u_y——土壤的屈服常数；

$\dot{z}$ ——沉陷速度。

求导并整理得

$$\dot{p} + \frac{c_f + \mu}{\eta} p = \mu \dot{z}_{el} + \frac{c_f \mu}{\eta} z_{el} + \frac{c_f u_y}{\eta} \tag{4-46}$$

假设沉陷的弹性部分符合 Bekker 沉陷，则这种形式下的地面压力公式为

$$p = \left\{ \left(\frac{\mu}{c_f + \mu} \right)^2 \eta \dot{z} + \left(\frac{c_f u_y}{c_f + \mu} \right) \left[1 - \exp\left(\frac{c_f + \mu}{\eta} z \right) \right] \right\} + \frac{c_f \mu}{c_f + \mu} z \tag{4-47}$$

这可以和简单得多的 Bernstein - Goriatchkin 公式进行比较，该公式将在本章的后续部分介绍。其主要问题是土壤参数通常无法获得或难以测量。Bekker 理论是一个更常用的星球巡视器牵引力模型理论。车轮由以下力达到力的平衡：水平的牵引力 DP，车轮竖直载荷 W 和力矩 T。车轮角速度 ω 提供了平移速度 v（见图 4 - 21）。车轮和地面接触的最靠前、后的点和竖直（重力）方向之间的角度为进入角 θ_1，离开角 θ_2，这决定了车轮和地面接触角的极限。车轮和地面接触的应力 σ 分为正应力和切应力分量。最大应力出现的角度 θ 在进入角 θ_1 和离开角 θ_2 之间。

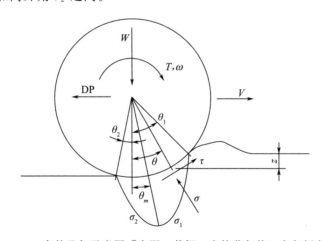

图 4 - 21　车轮几何示意图［来源：蒂姆·塞特菲尔德，卡尔顿大学］

车轮上的力取决于竖直方向（重力）和切向（牵引）的力

$$F_n = W = rb \left[\int_{\theta_1}^{\theta_2} \sigma(\theta) \cos\theta \mathrm{d}\theta + \int_{\theta_1}^{\theta_2} \tau(\theta) \sin\theta \mathrm{d}\theta \right] \tag{4-48}$$

$$F_t = \mathrm{DP} = rb \left[\int_{\theta_1}^{\theta_2} \tau(\theta) \cos\theta \mathrm{d}\theta - \int_{\theta_1}^{\theta_2} \sigma(\theta) \sin\theta \mathrm{d}\theta \right]$$

式中　σ ——轮壤界面上的正应力；

　　　τ ——轮壤界面上的切应力。

沙土上，车辆载荷的增加，增大了牵引力，车轮的力矩由下式给出

$$T = r^2 b \int_{\theta_1}^{\theta_2} \tau(\theta) \mathrm{d}\theta \tag{4-49}$$

式中　r ——车轮半径；

　　　b ——车轮宽度。

　　对于 ExoMars 巡视器，峰值车轮力矩约为 15 N·m。只有驱动轮产生驱动力，并且驱动力必须超过阻力才能使巡视器前进。牵引力（DP）是土壤推力和运动阻力之间的差值，即

$$DP = H - \sum R \tag{4-50}$$

式中　　H——车轮和土壤作用产生的土壤推力；

　　　　$\sum R$——土壤运动阻力，$\sum R = R_c + R_b + R_g$；

　　　　R_c——由于沉陷产生的压实阻力；

　　　　R_b——推土阻力；

　　　　R_g——坡度产生的梯度阻力。

　　牵引力决定了可通过特性。滚动阻力有时指压实阻力和推土阻力的合力，但是不提倡使用这种方式。阿波罗月球车的滚动阻力占其余机械能量总损失的 15%。在平整地面上，由于车轮沉陷产生的压实阻力是主要的土壤阻力，在斜坡上，随着坡度的增大，滑转率迅速增大。在车轮和地面的接触面积 A 上，在土壤失效剪切强度之内，基于摩尔-库仑关系，土壤可提供的牵引推力 H 为

$$H = AC + W\mu = AC + W\tan\phi \tag{4-51}$$

式中　　A——车轮/履带的地面接触面积，$A = (\pi/4)bl$；

　　　　l——地面接触长度，$l = (d/2)\arccos(1 - 2z/d)$；

　　　　b——车轮/履带宽度；

　　　　W——车轮载荷；

　　　　d——车轮直径；

　　　　z——土壤沉陷深度。

　　这是 Bernstein - Bekker 等式，等式的假设条件为，以整车为研究对象，整车施加于地面的压力是均匀的。对于轮式/履带式车辆，土壤牵引力为

$$H = N(blC + W\tan\phi) \tag{4-52}$$

式中　　N——车轮的轮数；

　　　　l——地面接触长度。

　　车轮宽度和直径的比通常为 1:2.5，然而旅居者号车轮宽度和直径的比接近于 1:2.2（即增加宽度是有利的）。通常假设车轮的运动轨迹在一个平面上，但是 MER 的车轮是曲线的，这是由于其转向驱动电机轴相对于轮毂是斜的（见图 4 - 22）。

　　土壤牵引力受到滑移量的影响，并影响着内聚力和摩擦（但是可以分别独立建模[223]）。Bekker 理论对模型参数高度敏感，尤其是滑转率，然而，很多实验表明牵引力的最佳实验值出现在滑转率为 20% 时。吉-克拉夫（Gee - Clough）（1976）[224] 将滑转融合到滚动阻力（压实和推土）中，而不是推导土壤推力更为复杂的公式。如果出现滑转，就需要计入土壤变形以改良计算模型，Hanamoto 可以用于描述车辆的剪切应力-应变关系。通常，位移可以用下式描述

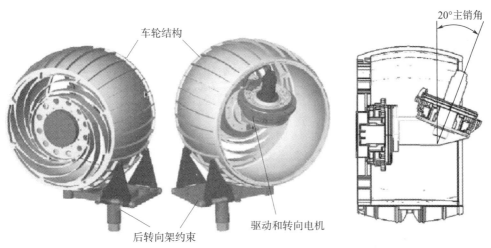

图 4 - 22　MER 车轮结构 [来源：NASA JPL] (见彩插)

$$N(\theta) = \int_{\theta_e}^{\theta} r_r \cos\theta \, \mathrm{d}\theta = r_r(\sin\theta - \sin\theta_e) \qquad (4-53)$$

式中　θ_e ——轮地接触角；

　　　r ——车轮半径。

正应力为

$$\sigma_n = kN(\theta)^n = k[r_r(\sin\theta - \sin\theta_e)]^n \qquad (4-54)$$

切向位移为

$$T(\theta) = \int_{\theta_e}^{\theta} (r - r_r \sin\theta) \mathrm{d}\theta = r(\theta - \theta_e) - r_r(\cos\theta - \cos\theta_e) \tag{4-55}$$

切应力为

$$\sigma_{\tau} = (C + \sigma_n \tan\phi)(1 - \mathrm{e}^{-T(\theta)/K})$$
$$= (C + \sigma_n \tan\phi)\{1 - \mathrm{e}^{-[r(\theta-\theta_e)-r_r(\cos\theta-\cos\theta_e)]/K}\} \tag{4-56}$$

这就是 Janosi-Hanamoto 等式描述的剪切应力和剪切位移的关系。这个等式对于一些种类的沙土、湿黏土、雪和泥是有效的。脆性土壤的土壤切应力方向位移相较于塑性土壤具有更大值[225]。最大的正向应力并不作用在轮轴的正下方，而是随着滑转率的增加而不断向前移动。不同角度接触点的应力用 Fröhlich 等式描述，而 Boussinesq 等式是它的一种特殊情况

$$\sigma_r = \frac{mW}{2\pi R^2}\cos^m\theta \tag{4-57}$$

式中，$m = 3 \sim 6$（Boussinesq 等式 $m = 3$）；R 为接触部分的半径。其推导过程十分复杂。不同的土壤深度，车轮下方的垂直应力由下式给出

$$\sigma_z = \sigma_0\left[1 - \frac{z^3}{(z^2 + r_0^2)^{3/2}}\right] \tag{4-58}$$

滑动速度为

$$v_j = rw[1 - (1-s)\cos\theta] \tag{4-59}$$

式中，θ 是车轮/履带和水平面之间的夹角。轮壤接触面上的剪切位移由下式给出

$$j = \int_0^t v_j \mathrm{d}t = \int_0^t rw[1 - (1-s)\cos\theta]\mathrm{d}t$$
$$= \int_0^{\theta_0} rw[1 - (1-s)\cos\theta]\frac{\mathrm{d}\theta}{w} \tag{4-60}$$
$$= r[(\theta_0 - \theta) - (1-s)(\sin\theta_0 - \sin\theta)]$$

式中，θ_0 是进入角；θ 是轮壤接触点至轮心的连线与垂直方向的夹角；s 为

$$s = \begin{cases} \dfrac{rw - v}{rw}, & rw > v \\[3mm] \dfrac{rw - v}{v}, & rw < v \end{cases} \quad \text{分别表示驱动 / 制动情况，因此} -1 \leqslant s \leqslant 1 \tag{4-61}$$

在横向的滑移可以通过滑移角来模拟[226]

$$\beta = \arctan\frac{v_y}{v_c} \tag{4-62}$$

因此切应力为

$$\tau = (C + \sigma\tan\phi)(1 - \mathrm{e}^{-j/K})$$
$$\tau(\theta) = [C + \sigma(\theta)\tan\phi]\{1 - \mathrm{e}^{-(r/K)[(\theta_0-\theta)-(1-s)(\sin\theta_0-\sin\theta)]}\} \tag{4-63}$$

对于轮式巡视器，j 为土壤变形速率常数，$j = \int_0^t v\mathrm{d}t = r[(\theta_1 - \theta) - (1-s)(\sin\theta_1 - \sin\theta)]$；$K$ 为最大土壤应力下土壤滑动剪切变形系数，取决于轮壤接触面积，$K = 0.01 \sim 0.05$ m[229]（通常月壤为 1.6 cm）；σ 为正应力，$\sigma = (k_c + k_\phi b)(z/b)^n$；$\theta$ 为车轮角位置；θ_1 为

轮地垂直面到车轮与土壤最先接触点的角度；$z(\theta) = r(\cos\theta - \cos\theta_1)$，为土壤沉陷；剪切变形模量 K（取决于轮地接触面积）决定了由于车轮滑转产生的最大土壤剪切强度部分（即厘米级土壤滑转系数）。它表示在剪切情况下土壤最大剪切强度的变化快慢

$$\frac{K_2}{K_1} = \sqrt{\frac{A_2}{A_1}} \tag{4-64}$$

式中　　$K = 1.78\text{cm}$ ——LRV 在月球上的数据（变化范围 ± 0.76 cm）；

$K = 0.8$ cm——RCL - E 车轮在火星地面上的数据；

$K = 0.2$ cm——Solero 车轮；

$K = 3.0$ cm——MER 车轮。

对于履带式巡视器，剪切位移由下式[230-232]给出

$$j = \int_0^t v_j \mathrm{d}t = \int_0^t rw[1 - (1-s)\cos\theta]\mathrm{d}t = \int_0^l rw[1 - (1-s)\cos\theta]\frac{\mathrm{d}l}{rw} \tag{4-65}$$

$$= \int_0^l \left[1 - (1-s)\frac{\mathrm{d}x}{\mathrm{d}t}\right]\mathrm{d}l = l - (1-s)x$$

式中　　l ——履带上的点到初始剪切点的距离；

x ——土壤上的点到初始剪切点的水平距离。

因此，履带式巡视器的剪切应力为

$$\tau(x) = [C + \sigma(x)\tan\phi]\{(1 - \mathrm{e}^{-[l-(1-s)x]/K}\} \tag{4-66}$$

因此，土壤推力为

$$F = b\int_0^l \tau\mathrm{d}x = b\int_0^l (C + \sigma\tan\phi)(1 - \mathrm{e}^{-j/K})\mathrm{d}x = b\int_0^l \left(C + \frac{W}{bl}\tan\phi\right)(1 - \mathrm{e}^{-ix/K})\mathrm{d}x$$

$$= (AC + W\tan\phi)\left[1 - \frac{K}{il}(1 - \mathrm{e}^{-il/K})\right] \tag{4-67}$$

式中，l 为履带接触长度。对于轮式地面车辆，滑转率一般为 $2\%\sim3\%$（如阿波罗 LRV），但是 LUNOKHOD 展示出的滑转率为 $5\%\sim7\%$，MER 在平地上的滑转率为 $10\%\sim20\%$。履带式巡视器的滑转率要比轮式小一个数量级（极少超过 $1\%\sim12\%$）。滑转率的确定是建模过程中最困难的步骤之一，也是星球巡视器最关键的问题，特别是在斜坡上，土壤具有自组织临界性的现象，是典型的远离平衡条件的颗粒介质。土壤是由团聚颗粒组成的，具有由其应力状态决定的介于固体和流体之间的复杂特性。土壤兼具由相变区分的类似于固体和类似于液体的特性[233]。其颗粒间的内聚力和摩擦力使其保持固体行为，但是超过一定的阈值应力后就变得不稳定。砂桩试验表明，根据雪崩频率和沙丘的大小间的幂律关系，灾难性的沙丘雪崩发生在某些配置达到一定值的时候，这导致了土壤结构的不稳定。某一临界坡角以上，当受到小扰动时，土壤的崩塌行为类似于液体。自组织临界以这样的方式体现在沙丘上：随着沙土的积累，沙丘不断增高，直到达到休止角，而后，当有更多的沙土注入时，沙丘就会坍塌，而回归到休止角[234]。自组织临界包含了临界状况，当超出临界值，就会达到新的临界状态。不同大小的沙丘的崩塌有关 s 的概率分布符合幂次定

律，即 $p(s) = s^{-\tau} G(s/L^D)$，其中：$\tau = 1$，$D = 2.23 \pm 0.03$[235]。增大的沙丘会变得陡峭，直到达到临界值，当超过临界值，沙子会倾泻下来形成新的稳定结构[236]。当滑转率达到100%，车轮不再向前运动，此时沙子的性质类似于液体。这点在斜坡上显得尤为重要。休止角是使松散材料稳定的最大角度。这个角度介于竖直和当土体发生破坏时产生的应力之间。地球上大多数沙土的休止角在 23°~40° 之间变化（例如沙土的休止角为 23°，此时滑转率为 100%）。车轮滑转具有一般形式

$$\frac{F}{W} = \frac{\tau}{rw} = a(1 - e^{-bs}) \tag{4-68}$$

JPL/加州理工学院［林德曼·沃赫（Lindemann - Voorhees）］小组在加利福尼亚州的沙漠中利用 MER 模型进行了试验，得到了滑转的经验曲线。用一个单项式方程可以表示为：$s = ab^\theta$，其中，s 为滑转率（%）；a 为常数，为在平面（$\theta = 0°$ 时）的滑转率；b 为常数，$b = 1.089\ 3$。对从水平表面上取得的最小滑转率 2% 到 23° 斜坡上的最大滑转率 100%，进行了三次样条插值，很好地符合了去除极值后的经验数据

$$S = a\theta^3 + b\theta^2 + c\theta + d \tag{4-69}$$

式中　θ——坡度角；

　　　　a，b，c，d——插值系数。

用一个更为成熟的多项式模型很好地将车轮滑转率描述为坡度的方程，在 x 方向为六次的，在 y 方向是四次的，并符合在平面（$\theta = 0°$）上的滑转率为 5%（根据 MER 数据），在坡道（$\theta = 23°$）上的滑转率达到最大 100%[237]。根据水平地面（$\theta = 0°$）滑转率最小为 5%、休止角条件下滑转率最大为 100% 的情况，滑转率-坡度关系也可以描述为曲线呈 s 形的方程

$$S = \frac{a}{1 + b e^{(-c\theta)}} \tag{4-70}$$

其中，$a = 100$，$b = 67$，$c = 0.32$。这个方程描述的关系与插值曲线十分相近，对于休止角为 23° 的土壤/沙土的预测结果精度误差 < 10%。这一模型可行的原因尚不明确。

通常，如果车轮具有弹性，车轮与地面的接触面积是变化的[238]。对于柔性轮，车轮直径为

$$d = \frac{2}{\sqrt{F/\pi bB}} \tag{4-71}$$

式中　F——载荷；

　　　　b——轮宽；

　　　　B——抗弯刚度，$B = Et^3/[12(1 - v^2)]$；

　　　　E——铝合金的杨氏模量，$E = 71\ \text{GPa}$；

　　　　t——轮胎厚度；

　　　　v——泊松比。

柔性轮增加了与地面的接触面积，增加了土壤推力从而形成牵引力。充气轮胎对星球巡视器是不适用的，因为它在空间环境下容易被刺穿或发生聚合物降解。在 ATHLETE

上运用了 Tweed 非充气轮胎，采用柔性轮辐连接内部和外部轮缘。用 Nepean 轮式巡视器模型评价两种备选的柔性月球车车轮——一种为金属网轮，另一种为环簧轮[239]。DLR 采取的方法为，采用金属板弹簧作为主要弹性元件，并用最外侧的环提供额外的弹性。这些是 ExoMars 巡视器的基础（见图 4-23）。虽然 10 kPa 量级的车轮刚度在多种土壤上表现为最优的，但是刚度略小于 7 kPa 的车轮会产生 13% 的径向形变，从而提升牵引力。ExoMars 的弹性车轮直径为 0.3 m，宽为 0.1 m，内轮毂的直径为 0.16 m，缓冲盘直径为 0.22 m，可以提供最大 0.04 m 的挠度。它有 2×6 个圆形辐条，直径为 70 mm，宽度为 24 mm，6 个内部圆形辐条与外侧辐条直径相同，宽度为 48 mm。车轮径向刚度设计为 5.9 N/mm，可以在 150 N 的车轮载荷下提供 2.54 cm 的挠度（假设一个 240 kg 的巡视器运行在火星重力条件 0.38 g 的环境下，且重力均匀地作用在 6 个车轮上）。用杨氏模量为 110 GPa 的 Ti6Al4V 合金制作的轮缘、轮辐、轮毂的厚度分别为 0.5 mm、0.5 mm、4.0 mm，质量分别为 0.208 kg、0.280 kg、0.889 kg（整个车轮的质量为 1.377 kg）。缓冲块产生挠度需要 350 N 的载荷。

图 4-23　ExoMars 的弹性车轮［来源：ESA-DLR］（见彩插）

通过改变轮刺高度 h 可以充分地提高土壤推力。车轮需要一个最优的轮刺数量，使得轮刺间的空间不会被土壤堵塞，通常每个车轮 10～12 个轮刺。装备 4 kg DLR 车轮的 MIDD 微小型巡视器，采用 4 个直径为 160 mm，宽度为 22 mm 的车轮，车轮上安装着 26 个 5 mm 高的轮刺[240-242]。

Kapvik 微型巡视器的车轮直径为 145 mm，具有 24 个 5 mm 高的轮刺（见图 4 - 24）。轮刺的形状也是很重要的——锋利的刀片增加了车轮的摩擦，从而有助于攀登岩石。人字形的轮刺可以安装为两个方向——人字形的前向箭头提供了在黏性土壤上的轮刺间空间的自清洁功能，向后的箭头增加了轮刺在沙土中的推力。阿波罗月球车用 54 号铝合金人字形轮刺覆盖了车轮表面的 50%，高度为 1.6 mm（间距 2.4 cm）。旅居者号巡视器采用尖状轮刺，MER 采用直径为 0.25 m 的车轮，车轮形状为截断的球，好奇号进行了进一步发展（见图 4 - 25）。MER 采用球形轮的原因是，车轮的驱动轴和转向轴之间存在夹角，球形轮对转向来说是重要的。ExoMars 巡视器的 A 相设计采用直径为 0.3 m 的车轮，上边有 12 个 5 mm 高的轮刺。动态分析表明双倍的轮刺可以使牵引力增加 30%[243,244]。离散元分析表明，更多数量的小板较更少数量的大板产生更好的牵引力[245]。因此，增加轮刺可以增加牵引力，且对质量影响较小。一个垂直的轮刺，被动压力分布为

$$\sigma_p = \gamma z N_\phi + q N_\phi + 2c \sqrt{N_\phi} \tag{4-72}$$

式中　γ ——土壤密度，$\gamma = \rho g$；

　　　z ——沉陷深度；

　　　q ——土壤表面压力，$N_\phi = \tan^2(45° + \phi/2)$。

由于使用轮刺而产生的牵引力为

$$F_p = \int_0^{h_b} \sigma_p \, \mathrm{d}z = \frac{1}{2} \gamma h_b^2 N_\phi + q h_b N_\phi + 2c h_b \sqrt{N_\phi} \tag{4-73}$$

式中　h_b ——轮刺刺入深度。

部分车轮、轮刺切入土壤，和土壤表面作用，克服土壤和车轮之间的阻性摩擦，描述这种运动的基本等式为

$$T = F\left(r + \frac{2}{3}h_b\right) \tag{4-74}$$

式中　F —— 剪切力，$F = b\left(\frac{1}{2}\gamma h_b^2 N_\phi + \sigma h_b N_\phi + 2C h_b \sqrt{N_\phi}\right)$；

　　　γ ——火星平均的土壤密度，$\gamma = \rho g = 1.53$ g/cm²；

　　　σ ——车轮正下方的正应力；

　　　N_ϕ ——土壤支撑系数，$N_\phi = \tan^2(45° + \phi/2)$。

所有带轮刺的车轮产生的车轴上的力矩为

$$T = r^2 b \int_0^{\theta_0} \tau(\theta) \, \mathrm{d}\theta + F\left(r + \frac{2}{3}h_b\right) \tag{4-75}$$

相应的前进方向的牵引力为

$$H = rb \int_0^{\theta_0} \tau(\theta) \cos\theta \, \mathrm{d}\theta + F \tag{4-76}$$

图 4 - 24　带轮刺的 Kapvik 巡视器（见彩插）

图 4 - 25　旅居者号、MER 和好奇号巡视器的车轮及轮刺结构［来源：NASA JPL］

对于一个带有轮刺的 N 轮巡视器，有 n 个轮刺与土壤接触，土壤推力为

$$H = N(T_0 + W\tan\phi) \tag{4-77}$$

其中

$$T_0 = n\tau_0[hb/(\cos\beta\sin\beta) + h^2/\cos\beta]$$

式中　β——土壤休止角，$\beta = 45° + \phi/2$；

　　　τ_0——剪切应力；

　　　h——轮刺高度。

对于一个 N 个履带的巡视器，每个履带有 n 个轮刺，根据 Bekker 公式

$$H = N\left\{nblC\left(1 + \frac{2h}{b}\right) + W\tan\phi\left[1 + 0.64\left(\frac{h}{b}\operatorname{arccot}\frac{h}{b}\right)\right]\right\} \tag{4-78}$$

巡视器性能的牵引理论已经通过一些一般性的观察试验总结出来（即轮刺的大小和分布是牵引力的基本决定因素）[246]。

土壤推力的反作用力是驱动阻力。用土壤推力减去阻力可以得到牵引力。作用于土壤的驱动阻力具有多种来源，其中土壤的压实作用是最主要的一种来源，其余的，如推土阻力相比较而言可被忽略。土壤刚度由地面的压应力和相应的沉陷 z 决定，即

$$p = k_{eq}z \tag{4-79}$$

当为干沙时，$k_{eq} = (6.94/b + 505.8)\ \text{kN/m}^3$；当为沙质黏土时，$k_{eq} = (74.6/b + 2\ 080)$ kN/m^3。实际上，该关系不是线性的

$$p = kz^n \tag{4-80}$$

式中　k——由于沉陷产生的土壤变形模量（连续土壤）（N/m^{n+2}）；

　　　n——土壤变形指数，$0 < n < 1.2$（注意：当 $n > 3$ 时，$z \to 0$），Bernstein 土壤的值为 0.5，Gerstner 土壤的值为 1。

压实阻力可以利用 Bernstein - Goriatchkin 应力-沉陷关系计算，该关系是与车辙形状相关的结果。

$$\sigma(z) = (k_c + k_\phi b)\left(\frac{z}{b}\right)^n = \left(\frac{k_c}{b} + k_\phi\right)z^n = kz^n \tag{4-81}$$

其中

$$k = k_c + bk_\phi$$

式中　$\sigma(z)$——地面应力载荷；

　　　k_c——土壤变形的黏性模量；

　　　k_ϕ——土壤变形的剪切模量。

式（4-81）描述了平整土壤上的沉陷，是描述正应力和土壤变形的公式。不幸的是，火星土壤的参数 k_c，k_ϕ，n 是不清楚的，也无法利用飞行器进行测量，月壤的参数也是如此[247]，因而要利用启发值进行计算：

k_c 为土壤变形的黏性模量，月壤：$k_c = 0.14\ \text{N/cm}^2$（变化范围 $0 \sim 0.28\ \text{N/cm}^2$）；

k_ϕ 为土壤变形的剪切模量，月壤：$k_\phi = 0.82\ \text{N/cm}^3$；

n 为土壤变形指数，月壤：$n=1.0$。

通过海盗号着陆器的着陆脚压力和质量估算出的海盗号着陆场的土壤参数为：$k=1\,481.0$ kPa，$n=1.8$，$k_c=306.8$ kPa，$k_\phi=20.0$ kPa/m。必须注意的是，估算值具有很高的不确定性。土壤参数对沉陷和压实阻力具有显著影响——一个较低的指数 n 会使土壤沉陷和压实阻力显著降低。k_ϕ 是最重要的参数，这个值要足够高才能使沉陷和压实阻力较小。一种可替代 Bernstein - Goriatchkin 关系的理论为 Reece 等式

$$\sigma(z)=(Ck_c+\gamma bk_\phi)\left(\frac{z}{b}\right)^n \tag{4-82}$$

其中

$$\gamma=\rho g$$

式（4 - 82）需要无量纲的模数 k_i，k_i 去除了变形模量和 n 的耦合性，但是通常是不可获得的。式（4 - 82）基本给出了和 Bernstein - Goriatchkin 公式相同的结果。对 Bernstein - Goriatchkin 关系的进一步变形增加了潮湿系数

$$\sigma=kz^n-c\dot{z} \tag{4-83}$$

式中，c 为潮湿系数，与刚度系数成比例，$c=\eta k$。

对于雪，压力-沉陷关系为

$$\sigma=\sigma_0\left[-\ln\left(1-\frac{z}{z_0}\right)\right] \tag{4-84}$$

其中

$$z=z_0(1-e^{-p/p_0})$$

巡视器在土壤中的沉陷取决于土壤和车辆的性质，车轮沉陷取决于

$$W=R_c l=\int_0^{\theta_0} b\sigma r\cos\theta\,\mathrm{d}\theta \tag{4-85}$$

每个车轮的土壤压实阻力为

$$R_c=b\int_0^z\left(\frac{k_c}{b}+k_\phi\right)z^n\mathrm{d}z=bk\frac{z^{n+1}}{n+1}=\frac{z^{n+1}}{n+1}(k_c+bk_\phi) \tag{4-86}$$

因此，对于单一的车轮或履带形式

$$z=\left(\frac{p}{k/b}\right)^{1/n}=\left[\frac{W}{A(k/b)}\right]^{1/n}=\left[\frac{3W}{(3-n)(k_c+bk_\phi)\sqrt{d}}\right]^{2/(2n+1)} \tag{4-87}$$

在 $n<1.3$ 的情况下（即车轮直径大于 500 mm，垂直载荷超过 45 N），式（4 - 87）是有效的。因此，土壤压实阻力可由下式决定

$$R_c=\int_0^{\theta_0} b\sigma r\sin\theta\,\mathrm{d}\theta$$

$$=\frac{1}{(3-n)^{(2n+2)/(2n+1)}(n+1)b^{1/(2n+1)}(k_c/b+k_\phi)^{1/(2n+1)}}\left(\frac{3W}{\sqrt{d}}\right)^{(2n+2)/(2n+1)}$$

$$=\frac{(k_c/b+k_\phi)b}{n+1}z^{n+1}=\frac{bk}{n+1}\left[\frac{3W}{(3-n)bkd^{1/2}}\right]^{(2n+2)/(2n+1)} \tag{4-88}$$

对于履带式巡视器，在压实土壤过程中产生了深度为 z 的车辙，产生的驱动阻力为

$$W = R_c l = bl \int_0^{z_0} p \, \mathrm{d}z = bl \left(\frac{k_c}{b} + k_\phi \right) \left(\frac{z_0^{n+1}}{n+1} \right) = \frac{bl}{(n+1)(k_c/b + k_\phi)^{1/n}} \left(\frac{W}{bl} \right)^{(n+1)/n}$$

$$(4-89)$$

因此

$$R_c = \frac{1}{(n+1)(k_c/b + k_\phi)^{1/n} b^{1/n}} \left(\frac{W}{l} \right)^{(n+1)/n} \qquad (4-90)$$

沉陷和压实阻力随着车轮宽度的增大而减小，但更有效地减小沉陷和压实阻力的方法是增大直径。履带的使用明显地减小了沉陷，减小了多达一个量级——履带宽度影响土壤变形模量 k，车轮宽度增大，增加了与地面的接触面积，有利于减小沉陷。根据假定了最小车轮尺寸的 Bekker 理论，小直径车轮巡视器的预期表现将会很差[249]。一般来讲，车轮沉陷应小于 4 cm，最多 $0.3d$。这些表达式只是在 $n < 1.3$ 时有效。在干燥沙质土壤中，直径小于 50 cm 的车轮沉陷量的计算精确性更低。

巡视器前轮轮压和沉陷是相关的，即

$$W = bk \int_0^{z_0} \frac{z^n \sqrt{d}}{2\sqrt{z_0 - z}} \mathrm{d}z \qquad (4-91)$$

另外，第二次通过的车轮的沉陷由 $z_0 + z_2$ 给出

$$W = bk \sqrt{dz_2} \left[(z_0 + z_2)^n - \frac{n}{3} (z_0 + z_2)^{n-1} z_2 \right] \qquad (4-92)$$

第三次通过的车轮沉陷更大

$$W = bk \sqrt{dz_3} \left[(z_0 + z_2 + z_3)^n - \frac{n}{3} (z_0 + z_2 + z_3)^{n-1} z_3 \right] \qquad (4-93)$$

由于轮刺产生的沉陷表示为

$$z_s = 2hs \qquad (4-94)$$

式中，$h = 1.2h_b$，h_b 为轮刺的高度。瑞彻尔（Richer）等人（2006）给出了一种线性关系[250]

$$z_s = 2h \left(s - \frac{1}{2} s^2 \right) \qquad (4-95)$$

因此，总沉陷为

$$z = z_0 + z_s \qquad (4-96)$$

由于滑转产生的沉陷用下面的公式进行表述

$$z_s = z(1+s)^{n/(2n+1)} \qquad (4-97)$$

如果将滑转产生的沉陷也考虑在内，土壤-车轮的径向正应力为

$$\sigma_{av} = \frac{1}{s_0} \int_0^{s_0} kz^n (1+s)^n \mathrm{d}s = \frac{kz^n (1+s)^n}{n+1} \qquad (4-98)$$

压实阻力是土壤阻力中最主要的部分，推土阻力是由于土壤在前进的方向堆积产生的，水平土壤的推土阻力由 Hegedus 推土阻力公式给出

$$R_b = \frac{\cot\beta + \tan(\beta + \phi)}{1 - \tan\alpha\tan(\beta + \phi)} b \left\{ zC + \frac{1}{2}\rho z^2 \left[(\cot\beta - \tan\alpha) + \frac{(\cot\beta - \tan\alpha)^2}{\tan\alpha + \cot\phi} \right] \right\}$$

$$(4 - 99)$$

其中

$$\alpha = \arccos[1 - (2z/d)]$$
$$\beta = 45° - \phi/2$$

式中 α ——接近角;

β ——水平面和切平面之间的夹角。

Bekker 理论给出了稍有不同的公式,式中只有第一项和履带式巡视器有关,两项都可用于轮式巡视器

$$R_b = N \left\{ \frac{b\sin(\alpha + \phi)}{2\sin\alpha\cos\phi}(2zCk_c + \gamma z^2 k_\gamma) + \left[\frac{\pi\gamma l^3(90 - \phi)}{540} + \frac{\pi C l^2}{180} + Cl^2\tan(45° + \phi/2) \right]_w \right\}$$

$$(4 - 100)$$

式中,k_c 为土壤支撑性能参数,$k_c = (N_c - \tan\phi'')\cos^2\phi''$;$k_\gamma$ 也是土壤支撑性能参数,$k_\gamma = [2N_r/(\tan\phi'') + 1]\cos^2\phi''$;$N_{c,\gamma}$ 为被动地球压力的固结系数,即

$$\sigma = 2C\sqrt{N_\phi} + \gamma z N_\phi$$

$$N_c = \frac{W}{2lbC}$$

$$N_\gamma = \frac{W}{2b\gamma}$$

$$(4 - 101)$$

$$N_\phi = \tan^2(45° + \phi/2)$$

$$l = z\tan^2(45° - \phi/2) \text{ 为破裂距离}$$

$$\phi'' = \arctan\left(\frac{2}{3}\tan\phi\right)$$

后面的公式(Bekker 理论)表现得更为可靠,推土阻力同时受到车轮/履带的直径和宽度的影响——窄轮会明显减小推土阻力,但会显著地增大压实阻力。窄轮由于土壤被推到两侧,而使推土阻力减小。由于后边的车轮行走在前排车轮的车辙中,因而推土阻力基本由前轮产生。当 $z/d > 0.06$ 时,推土阻力就成为需要考虑的问题了。在地面上转向的过程中,当出现显著的侧面移动时[用侧向滑移角 $\phi = \arctan(v_\gamma/v_x)$ 评价],推土阻力尤其重要[251]。通常,相较于沉陷产生的压实阻力,推土阻力产生的影响很小。显而易见,履带式巡视器相较于轮式巡视器会有更优的牵引特性(见表 4 - 11)[252]。

表 4 - 11 轮式和履带式巡视器的比较 (单位:N)

	土壤推力	压实阻力	考虑滑转的牵引力
旅居者号	36.8	23.1	6.9
Nanokhod	950.3	0.03	943.5
ELMS	2 085.4	0.03	2 078.6

巡视器特性评价工具（RPET），包含 3 个主要的模块：巡视器移动能力评价工具（RMPET）、移动综合（MobSyn）和 SolidWorks 车辆引擎（RoverGen）（见图 4 - 26）。

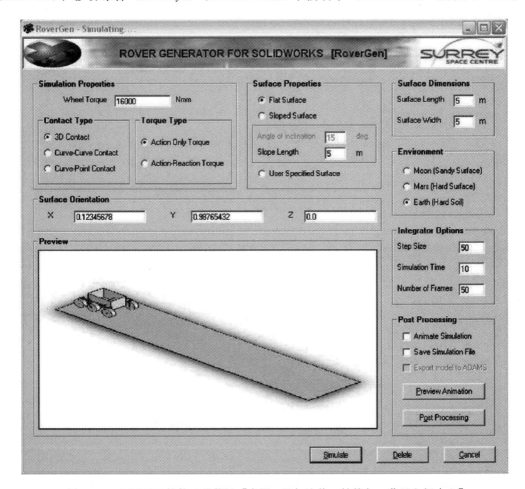

图 4 - 26   RMPET 软件工具截屏［来源：尼尔迪普·帕特尔，萨里空间中心］

RMPET 用 3 个参数评价巡视器性能：垂直于地面压力/平均最大压力、牵引力和平均自由程。MobSyn 反向利用了 RMPET 的逻辑流，在这种程度上，类似于 LocSyn。RoverGen 基于 SolidWorks/Adams 建立了巡视器的多体运动学/动力学装配方程。

对于六轮 Solero 巡视器，质量为 12 kg，速度为 30 mm/s 时，牵引力为 24 N，速度为 50 mm/s 时，牵引力为 39 N，50 mm/s 时典型车轮的平均力矩为 0.3 N·m。若要爬升 15°的斜坡需要后轮的力矩达到 0.52 N·m，中轮 0.3 N·m，前轮 0.28 N·m。在 50 mm/s 的速度下可以爬升的最大角度为 33°（见图 4 - 27 和图 4 - 28）。

基于 Bekker 理论，6 个直径为 15 cm，宽度为 7 cm，具有 12 mm×5 mm 车轮轮刺板的 Kapvik 巡视器，理论上，可以在月壤上产生 363 N 的牵引力并具有 50°的爬坡能力。假设滑转率为 10%，在标称速度 40 m/h 时，需要小于 25 W 的能量。在多种典型土壤上对 240 kg 的 ExoMars 巡视器的早期版本的牵引力值进行了评估（见表 4 - 12）。

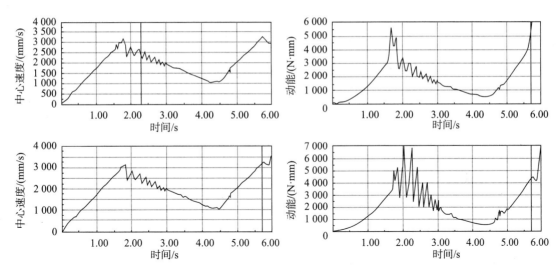

图 4 - 27　前轮和后轮力矩恒为 300 N・m 的 Solero 巡视器仿真结果
〔来源：尼尔迪普・帕特尔，萨里空间中心〕

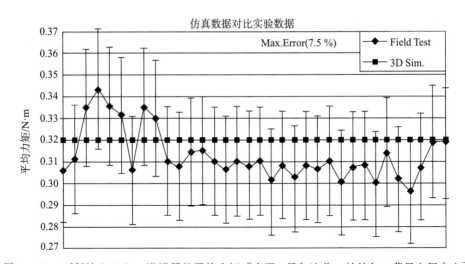

图 4 - 28　15°斜坡上 Solero 巡视器的平均力矩〔来源：尼尔迪普・帕特尔，萨里空间中心〕

表 4 - 12　不同土壤下对 ExoMars 巡视器牵引力的评估

土壤	比重(ρg)	内聚力/Pa	摩擦角/(°)	k_c /(N/m^{n+1})	k_ϕ /(N/m^{n+1})	$k = k_c + b k_\phi$	n	牵引力
A 类 DLR	4.24	188	24.8	2 370	60 300	8 400	0.63	112.7
B 类 DLR	4.24	441	17.8	18 773	763 600	95 133	1.1	155.0
VL1 流沙	4.29	1 600	18	1 400	820 000	83 400	1.0	151.28
VL2 块状结构岩体	5.97	5 500	30.8	1 400	820 000	83 400	1.0	319.5
VL2 层-块状结构体	5.22	1 100	34.5	1 400	820 000	83 400	1.0	378.8

续表

土壤	比重(ρg)	内聚力/Pa	摩擦角/(°)	k_c /(N/m^{n+1})	k_ϕ /(N/m^{n+1})	$k = k_c + bk_\phi$	n	牵引力
PL 黏土	4.36	380	23.1	1 400	820 000	83 400	1.0	215.2
PL 块状结构体	5.70	170	37	1 400	820 000	83 400	1.0	421.5
干沙	5.67	1 040	28	990	1 528 000	153 790	1.1	293.2
沙壤	5.67	1 720	29	5 270	1 515 000	156 770	0.7	298.8
黏土	5.67	4 140	13	13 190	692 200	82 410	0.5	79.2
MER - B 沙壤	4.24	4 800	20.0	28 000	7 600 000	788 000	1.0	202.7
MER - B 斜坡土	4.24	500	20.0	6 800	210 000	27 800	0.8	137.2

在计算牵引力时可能要考虑一些小的附加因素。Bekker - Semonin 经验关系给出了由于车轮塑性产生的驱动阻力

$$R_f = \frac{3.58bd^2(W/A)\varepsilon(0.035\theta_a - \sin2\theta_a)}{\theta_a(d - 2\delta)} \tag{4 - 102}$$

其中

$$\theta_a = \arccos[(d - 2\delta)/d]$$
$$\varepsilon = 1 - e^{-k\delta/h}$$

式中　θ_a——轮地接触角；

h——轮高；

k——经验车轮参数，k 为斜纹轮胎时，$k = 15$，k 为子午线轮胎时，$k = 7$。

由履带横向滑动产生的履带巡视器转向阻力矩为

$$M = \frac{1}{4}\mu WL \tag{4 - 103}$$

式中　L——履带长度；

W——车辆重量。

增加履带宽度，可以增加巡视器的移动性能，在黏性土壤上，尤为明显。最后，还应考虑爬越高度为 h 的障碍时产生的阻力

$$R_0 = \frac{W(l_f + d/2)(\mu - \mu_r)(\mu_r\sin\theta + \cos\theta)}{(\mu_r\sin\theta + \cos\theta - \mu_r\sin\theta)[h(\mu - \mu_r) + l_f + l_r + d/2]} \tag{4 - 104}$$

其中

$$\theta = \arcsin[(d - 2h)/d]$$

式中　θ——接触角；

μ——黏附系数，岩石材料的 μ 为 0.5。

为了在不同的土壤上获得最大牵引力，重心相对地面位置的调整需要通过调整车身质心来实现（即翻越障碍时，为获得最大牵引力，需要将质心向靠近障碍下方的轮子处移动）。在火星表面需要翻越的最大斜坡出现在陨石坑的边缘内侧，通常达到 30°～40°，但

是轮式巡视器的最大爬坡角通常小于 25°。牵引力系数 DP/W 表示的是巡视器在平地上的最大加速度，或可爬越的最大障碍等级。爬坡角近似地等于牵引力-车轮载荷比，表述为

$$\theta_{max} = \arctan\left(\frac{DP}{W_{wheel}}\right) \qquad (4-105)$$

由于接触面积较大，履带式巡视器相较于多轮式巡视器，可以提供大得多的牵引力——相似地，弹性车轮增大了轮地接触面积从而使牵引力特性变优，但是在摩擦性的沙质土壤上这种影响明显小于在黏性土壤上的影响[254]。虽然，Bekker 理论具有久远的历史，但是其依赖于标准、精确的土壤测量，并直接受到巡视器尺寸的影响（小型巡视器需要对 Bekker 理论进行修正[255]）。

4.8 轮壤相互作用——Russian 方法

Russian 星球巡视器车轮理论定义了"广泛相互作用参数"，这关系到土壤上的参数测量，用单个车轮测量出所有的车轮牵引特性参数（LUMOT）[256]（即滑转率 s、车轮转向角 ψ 和垂直于车轮的载荷 W）。

总推力系数（耦合系数）为

$$\varphi(s,\psi) = \frac{H}{P_z} = \frac{H}{W} \qquad (4-106)$$

牵引阻力系数为

$$\rho(s,\psi) = \frac{R}{P_z} = \frac{R}{W} \qquad (4-107)$$

特别牵引系数（定义转向能力）为

$$T(s,\psi) = \frac{\tau/r}{P_z} = \frac{\tau/r}{W} \qquad (4-108)$$

牵引力系数为

$$K(s,\psi) = \frac{P_x}{P_z} = \frac{DP}{W} \qquad (4-109)$$

侧向阻力系数为

$$\mu(s,\psi) = \frac{P_y}{P_z} = \frac{P_y}{W} \qquad (4-110)$$

滑动系数为

$$S = \frac{s_{theor} - s}{s_{theor}} \qquad (4-111)$$

$R = H - DP$ 且 $\tau \approx \varphi$

$$\rho(s,\psi) = \frac{R}{W} = \frac{H-DP}{W} = \phi(s,\psi) - K(s,\psi) \approx T(s,\psi) - \mu(s,\psi) \qquad (4-112)$$

Russian 方法高度依赖实验，现在很少被西方采用。

第 5 章　巡视器的传感控制系统

巡视器由四种主要硬件组成：底盘、主控计算机、电机和电机控制器。软件利用控制系统将这些系统集成在一起。

5.1　驱动电机

车轮由永磁直流电机控制，位置和速度传感器提供闭环反馈。航天领域应用的电机必须具有低转动惯量（意味着稀土平板转子）、低质量、大力矩和高位置精度。由于步进电机在高速运转时不能提供足够大的力矩而限制了其应用——伺服电机可以在高速情况下提供大力矩和平稳的运动（虽然微步法可以解决步进电机的这一问题）。直流电机通常用于航天系统的机械装置，包括机器人系统，如巡视器和机械臂[257]。航天器中的电机选择的是带集成电子设备的电子整流无刷直流电机，因为其寿命长、力矩大、质量小、高效、低热耗。大多数小型移动直流电机的额定电压为 12 V、24 V 和 48 V。Nomad 巡视器样机采用无刷直流车轮电机，电机的力矩常数为 0.56 N·m/A，连接在谐波齿轮上，齿轮减速比为 218：1，驱动速度为 0.15 m/s。无刷直流电机由一系列定子线圈和永磁（铁氧体和稀土）转子组成，无需换向器。无刷直流电机用电子换向器控制电流通过绕组，从而避免了通过电刷发生的功率损失。换向逻辑和开关电子提供的传感器反馈集成到电机。可以提供高达 100 000 r/min 的转速，两倍于有刷直流电机的输出力矩，并具有更高的可靠性。电机由电子控制器和换向器集成。无刷电机采用固定的软铁定子磁极线圈和类似于同步交流电机的永磁转子。没有了电刷，消除了库仑摩擦，能量通过铜-辊接触转换，而不是滑动环。无刷电机采用固态开关而不是换向器和电刷。无刷直流电机转子中的永磁体产生独立于电流的电枢磁场。它们需要轴位置传感反馈和复杂的电子控制，但在航天应用中流行且有效。标准、盘式、铃形或环形电机的选择取决于应用——它们通常被制作成有空间谱系的薄转子（如盘式或扁平电机）。一些材料凭借高的热膨胀系数（类似于钢）、低密度、良好的热导率和非常高的弹性模量，而被用于机械部件。一些创新的方法能够提供小质量的电机（例如，用超级搪瓷铝绕组线替换铜绕组线，用蚀刻的薄膜线圈盘状图案替换传统线圈，利用电枢线圈减少铁心的使用）。电机最大的问题是静摩擦力会随着电机的使用年限增长。

有刷直流电机利用换向器和电刷使电流通过绕组与换向器环。电刷通过滑动与旋转的换向器相接触会产生摩擦和磨损，因此直流无刷电机是更好的选择。换向电子通常包括霍尔效应传感器、信号调节和放大器电路。换向限制了电机速度，当速度超过某值时将会发生打火现象，电机性能水平限制在 0.1～10 000 r/min 以内。由于电刷在真空中的磨损更为严重，因此电刷不能用于时间较长的任务。但是有刷直流电机应用在了旅居者号和

MER 的车轮上，MER 使用有刷直流电机是由于其（最初的）设计寿命较短。Maxon RE 系列为旅居者号提供了 11 部电机，为两台 MER 提供了 39 部电机。它们的转换效率达到约 90%，具有高可靠性，并且可定制。猎兔犬二号将 Maxon 电机用于其铰接机器人的机械臂上，齿轮齿数比为 100∶1。旅居者号车轮用 Maxon RE016 电机驱动，力矩为 11 N·m（12 N·m 的失速力矩），齿轮传动比为 2 000∶1，车轮转速为 0.9 r/min（等价于 0.4 m/min）。当中轮运行载荷为 0 时，前轮轴产生 1 N·m 的力矩（对于半径为 0.065 m 的车轮，产生 30.8 N 的牵引力），后轮轴产生 0.5 N·m 的力矩（15.4 N 的牵引力），即总牵引力为 46.2 N。每个电机工作在 15.5 V 电压时需要电流 116 mA，在 −80 ℃ 下提供 1 N·m 的力矩。装配在旅居者号上的电机是定制的工作温度为 −80 ℃ 的商业电机，包含 Maxon 直流无刷电机、行星齿轮箱、润滑。电机、齿轮、轴承的所有结构部件均采用钛和碳纤维以减少热膨胀。电容器的作用是减小大开机力矩，这样电机可以在低温下起动并且不会产生电刷放电——火星大气的击穿电压为 100 V。电机采用真空浸渍的 Braycote 814 润滑油，选择该润滑油的原因是其具有非常低的流点。Maxon RE016 电机的直径为 16 mm，长为 41 mm，质量为 38 g，配有贵金属电刷和钕永磁体，可以在 16 V 额定电压下工作，额定功率为 2.5 W，转速为 100 000 r/min。选择 Maxon 有刷电机的原因是当功率小于 1.5 W 时其具有卓越的力矩质量比。最小的 Maxon 有刷电机质量为 2.8 g，包含霍尔效应传感器。直径为 6 mm，驱动功率为 1.2 W 时转速为 80 000 r/min，额定电压为 9 V，最大电流为 500 mA。它们的最大持续力矩为 0.26 mN·m，但是使用 6 mm 的行星齿轮降低了转速提供了更大的力矩。Maxon 电机也在空间机器人领域成为实际上的标准。四轮采样返回巡视器（SRR）每个车轮都用直流有刷 Maxon RE025 电机驱动，其车轮直径为 20 cm。MER 上采用了 39 个 Maxon 电机——8 个 RE25 用于着陆器的部署，2 个 RE20 用于底盘悬架，5 个 RE20 用于太阳能电池板的部署，6 个 RE25 用于车轮驱动，4 个 RE25 用于车轮转向，2 个 RE20 用于天线驱动，5 个 RE20 用于机械臂，1 个 RE25 和 2 个 RE20 用于岩石磨损工具，1 个 RE25 和 3 个 RE20 用于相机定向。

在旅居者号上，一个 157 Ω 的加热器在 14 V 电压下为每个电机提供 1.2 W 的热功率。每个电机需要 116 mA 电流、15.5 V 电压，以在 −80 ℃ 的环境下提供 1 N·m 的力矩。1 N·m 力矩在半径为 0.065 m 的车轮上输出 15.4 N 的力。在 −80 ℃ 下失速力矩为 12 N·m，此时电流为 196 mA，电压为 15.5 V。两个前轮提供 9 in.-lb（1 N·m 即 30.8 N 的力），两个后轮提供 4.5 in.-lb（0.5 N·m 即 15.4 N 的力），两个中轮无载荷（当车辆重量为 38.6 N 时，总共为 46.2 N 的力）。因此，需要 8.5 W 来驱动巡视器。另外，微控制器需要 1 W，搭载的导航计算机需要 1 W。Kapvik 微型巡视器比旅居者号更重更快，需要更有力的电机。我们采用了现成的商业石墨电刷 130 g Maxon RE25 电机（见图 5-1），它具有两级行星齿轮减速器 GP26B（14∶1），谐波传动至 GP26B 中间板，谐波驱动齿轮 CSF-11-2XH-F（100∶1），总减速比为 1 400∶1。RE25 电机提供额定 29.1 mN·m 的力矩，转速 3 820 r/min，消耗功率 10 W，电压 12 V。齿轮集成到基于车轮的保护外壳上。车轮行驶距离由集成增量编码器测量。RE25 电机采用磁阻编码器（500

计数每转）。另外，单轴载荷传感器安装在每个车轮顶端以测量垂直力。每个车轮都由 Maxon EPOS 24/1 电机驱动器驱动，该驱动器和所有的传感器都是连接的，频率为 1 kHz。额外的电机可以轻松地用 CAN 总线连接。分配给 6 个电机的功率是 24 W（效率 87％），最大标称速度为 80 m/h。Maxon 电机提供优异的力矩质量特性，可以空间应用，如提供附加电容以提高能源效率。Maxon 电机凭借其紧凑性，高效率和性能规格，高可靠性，低电磁干扰，和对齿轮、反馈和控制电子产品的多个组合的适应性，已经成为空间机器人平台的实际标准。最高的性能由基于钕铁硼永磁体的 RE 系列提供，而最低成本由基于铝镍钴磁铁的 S 系列提供。

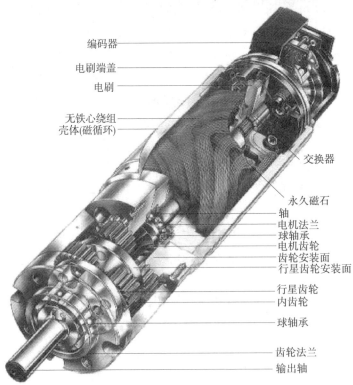

图 5-1　Maxon Re025 电机图解［Maxon 公司允许发表］（见彩插）

　　齿轮电机是复杂的动力系统，其特点是齿轮间的滑动会产生损耗，包括齿轮啮合损耗和润滑油损耗，从一级行星齿轮到最后阶段的蜗轮。齿轮传动的特点是具有高传动比，在行星齿轮箱中的行星齿轮传动常用于机器人机构，如航天飞机遥控操纵系统（Shuttle Remote Manipulator System，RMS）。行星齿轮传动常用于星球巡视器（如 LUNOKHOD 采用两级驱动速度，齿数比为 80～200）。双行星齿轮提供了一个 1∶600 的高减速比，并放大了力矩。齿轮通常用阳极氧化处理的铝合金 6802（轻负荷）或硬化奥氏体不锈钢（440C 耐腐蚀）制造，高负载的情况下，可能需要使用等离子渗氮、沉淀硬化钢（如飞机 RMS 行星齿轮箱）。轴和轴承座通常由钛合金制造，这种合金具有和轴承钢相近的热膨胀系数。电机组件间的摩擦越小，间隙越小，性能越优——谐波驱动齿轮系统通过谐波发生器和刚轮消除了间隙（见图 5－2）。刚轮比柔轮多两个齿。谐波驱动齿轮提供 80∶1 的减速比，和 75% 的机械效率。谐波驱动齿轮应用于 Apollo LRV 具有 80∶1 的减速比。齿轮使用的减少实际上意味着机械复杂度的减小和润滑油使用的减少。然而，谐波驱动的传动比限制在 1∶100 以内，因此需要配合行星齿轮使用。直接使用电机驱动，不在执行机构和传动链末端之间使用机械传动可以使集成度高，质量小。然而，直接用电机驱动受限于力矩输出能力而使其相较于齿轮电机更重。在 Kapvik 巡视器的车轮电机中，谐波齿轮驱动连接两级行星齿轮箱，总传动比为 1 400∶1。Kapvik 巡视器的驱动功率为 24 W。

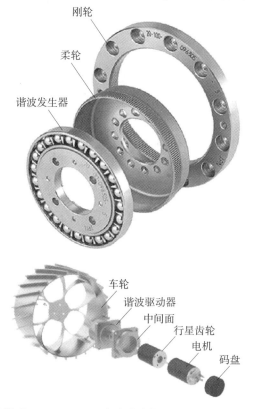

图 5－2　谐波驱动器［Maxon Motors 允许发表］及 Kapvik 巡视器的电机齿轮组装图
［来源：蒂姆·塞特菲尔德，卡尔顿大学］

　　所有的空间齿轮系统包括紧急情况下或姿态保持情况下使用的电机锁紧闸（如保持巡视器停在斜坡上）。闸基本上是电机架上安装的唯一一个电磁驱动的摩擦盘闸。

　　电机选择是驱动器设计过程中的重要一环，是基于载荷需求的——载荷需求必须通过齿数比 $n = w_m / w_l$ 转换为作用在电机架上的等效载荷，其中 w_m，w_l 分别为电机的角速度和载荷。电机的峰值力矩是电机可输出力矩的最大值。电机最大转速下的力矩小于电机的失速力矩。通常，电机的最大力矩输出转速为最大转速的一半。电机的力矩-转速曲线提供了电机性能的基本描述——它包括无载荷电枢电流和失速力矩的关系曲线，以及无载荷的电机转速和失速力矩的关系曲线。曲线从零力矩/零电流到失速力矩/失速电流将电机电流表述成了电机力矩的函数。电机输出能量与失速力矩的关系曲线表明了能量需求，表述为 $P = \tau w$。电源是一个典型的直流电源连接了一个伺服放大器。通过电枢的电流造成的功率的损失为 $I^2 R$。最大的电枢绕组温度为 120 ℃，受到最大电流和热沉的共同影响。电机的选择包括以下几步：

　　1）抵抗电机转动的载荷力矩。包括摩擦力矩（用于克服摩擦力，它近似于常数，但随着速度的增大而增大）和加速度力矩（用于载荷的加速或减速，与加速度成比例）。功率向载荷传递的描述函数是输出力矩和电机转轴转速间的关系：$T = f(K_t w)$。电机摩擦力矩必须加到输出力矩中。

　　2）绕组电阻。这是反电动势产生的绕组上的电压阻值（它随着速度的增大而增大，直到反电动势等于施加的电压，在无载荷转速的情况下，会产生零力矩输出）。最大的力矩输出是失速力矩。失速力矩下电机转速很低，需要伴有几瓦的热量耗散。

　　3）计算电机力矩常数 K_m。它将绕组中的功率损耗和输出力矩联系在一起，$T : K_m = T / \sqrt{P_w}$，其中 P_w 为绕组中的功率损耗。K_w 要增加 15% 的余量以应对绕组的变化。

　　4）电机的峰值力矩需要为最大设计力矩的 2～3 倍。

　　5）选择的绕组线的规格将影响阻值和力矩-绕组常数，$K_t = T / I$，其中 I 为绕组电流（A）。

　　6）解：

$$K_m = \frac{K_t}{\sqrt{R}}, \quad T = \frac{K_t}{R}[V_i - f(K_t w)] \tag{5-1}$$

式中　V_i——输入电压。

　　7）计算反电动势常数 K_b。

　　8）求解在给定电压下的失速力矩和无载荷转速

$$T_{stall} = \frac{V_i K_t}{R}, \quad \omega_{\text{no-load}} = \frac{K V_i}{K_b} \tag{5-2}$$

式中　K——比例常数。

　　9）电机的性能随着温度的变化而变化，可以用品质因数进行量化表示

$$Q = \frac{1}{1 - P\left(\dfrac{\delta T}{T}\right)} \tag{5-3}$$

式中　T ——环境温度;

　　δT ——电机温度变化量。

10) 力矩/速度特性用于确定在给定电机转速和载荷力矩下需要的电压。

11) 齿数比需求可以用 $n = \sqrt{I_{load}/I_{motor}}$ 估算,其中,I_{load},I_{motor} 是载荷/电机的转动惯量——高传动比可以减小载荷反馈到电机转轴上的惯性力。

在执行机构设计中还有一些必有的安全特征:1) 除了断电以外的紧急运动制动;2) 用软件限制逆向运行,用硬件限制运动范围;3) 在 6 个方向上安装防过载开关;4) 电机温度和输出电压测量以发现电源过载。对于 Kapvik 微型巡视器,Maxon 电机在装配前进行了性能测试(见图 5-3)。

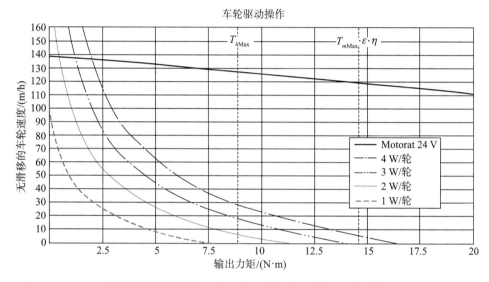

图 5-3　Kapvik 微型巡视器车轮驱动性能测试 [来源:蒂姆·塞特菲尔德,卡尔顿大学]

根据输出力矩可以计算功率消耗——可以假设电机效率为 0.7,对于标准的行星齿轮齿轮箱效率为 0.6,传动链效率为 0.7。发动机的功率和电机的力矩是相关的,电机力矩必须大于相对于轮心的所有阻力矩加上需要的牵引力产生的力矩的和力矩。

$$P = R \sum_{i=1}^{m} I_i^2 = \frac{Rn^2}{K_t^2} \sum_{i=1}^{m} \tau_i^2 = \frac{Rn^2 r^2}{K_t^2} \sum_{i=1}^{m} T_i^2 \tag{5-4}$$

式中　R ——电机阻力;

　　I_i ——电机电流,$I_i = r_m/K_t$;

　　K_t ——电机力矩常数;

　　n ——电机齿轮比;

　　τ ——电机力矩,$\tau = \sum (R + H) \times r$;

　　τ_i ——输出电机力矩,$\tau_i = \tau_m/n$;

　　T_i ——牵引力;

　　r ——车轮半径。

包括轮刺影响的电机力矩由下式给出

$$\tau \approx F\left(r + \frac{2}{3}h_b\right) \tag{5-5}$$

式中，h_b 为轮刺高度，且

$$F = b\left(\frac{1}{2}\gamma_s h_b^2 N_\phi + \sigma h_b N_\phi + 2Ch_b\sqrt{N_\phi}\right) \tag{5-6}$$

总车轮力矩为

$$\tau = r^2 b \int_0^{\theta_a} \tau(\theta)\mathrm{d}\theta + F\left(r + \frac{2}{3}h_b\right) \tag{5-7}$$

车轮力矩和车轮转速将随着地形的改变而改变——模拟 240 kg 采用六轮 RCL - C 悬架的 ExoMars 巡视器用一个车轮翻越台阶障碍（无滑转），巡视器速度由给定的车轮力矩决定（见图 5-4）。

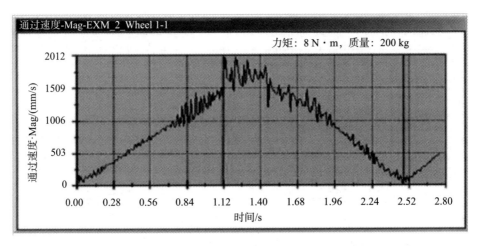

图 5-4　ExoMars 给定的车轮力矩下翻越障碍时的车轮轮速（无滑转）

[来源：尼尔迪普·帕特尔，萨里空间中心]

电机上主要的功率损失必须计算：

1) 定子和转子绕组中的焦耳损耗（铜损失）

$$P_{\mathrm{Cu}} = \sum_{i=1}^{n} I^2 A\rho l_{\mathrm{turn}} \tag{5-8}$$

式中　n ——转子/定子绕线数；

　　　I ——电流密度；

　　　A ——绕线表面积；

　　　ρ ——铜的比电阻；

　　　l_{turn} ——绕线长度。

2) 电枢铁心的磁滞和涡流损耗（铁损失）

$$P_{\mathrm{Fe}} = k_e B^2 f_{\mathrm{rot}}^2 + k_e B^2 f_{\mathrm{start}}^2 m_{\mathrm{start}} + k_h B^2 f_{\mathrm{start}} m_{\mathrm{start}} \tag{5-9}$$

式中　k_e ——材料涡流常数，$k_e = 50$ Hz；

k_h ——材料磁滞常数，$k_h = 50$ Hz；

B ——最大磁通密度；

f ——频率；

m ——质量。

3）由于轴承和空气摩擦产生的机械能损失。电机通常会有多种机械能损失，其中黏性摩擦是最易于建模的。库仑（coulomb）摩擦（特点是具有连续幅值且与电机运动方向相反）以及静摩擦（stiction）（特点是具有高临界值且只发生在静态）则不太易于建模。

履带式巡视器由于比轮式巡视器更重，因而其能量消耗比轮式巡视器大得多——其功率质量比不是小质量的巡视器可以与之相比的。小型 Marsokhod 火星巡视器的主要质量来自底盘（31 kg）和控制装置质量（35 kg）。其能量消耗高达 $25 \sim 30$ Wh/km。能量系统是其操纵性能中至关重要的部分。旅居者号具有以下特点[258]：

1）电流限制器电路保证了能源总线电压不会低于 13.5 V，如果驱动电机严重过载可用于保护 CPU。

2）电池旁路开关使得电池能够在太阳能电池板无法工作时为电机供电。

3）三电池串开关只有在着陆后才会闭合，因此电池组在飞行过程中是不放电的。

4）输入闭锁继电器可以在 CPU 出现故障时给科学仪器继续供电。

5）能量监视电路可以在每天工作结束后将电源安全地关闭。

6）载荷输出监视电路用于监视电源总线电压，若电源总线电压小到某个特定值以下，关闭所有设备以保护 CPU 不会遭到电源浪涌的冲击。

7）着陆器控制电源开关和着陆器相连接，允许着陆器在飞行过程中唤醒巡视器进行健康检查。

8）闹钟控制电源开关被一个独立的闹钟控制，作为唤醒巡视器的备份。

电源时序管理算法（Power-Scheduling algorithm）可以极大地扩展微型巡视器的执行时间。作为算法的一部分，安全模型会在关键的控制条件下被调用，此时非关键的功能将关闭。旅居者号装备了一个单一的电源检查系统，电池监控的优先级高于载荷转换及指令的执行。能量管理需要测量电池剩余容量的能力。一种方法是利用传感器通过测量连接在电池一极上的电阻电压计算库仑充/放比[259]。ADC 进行定期的电压采样，电压-频率转换器利用时间将其计算成电池的充电量。对载荷电池电流随时间变化情况进行测量可以评估可使用的 Peukert 容量。

5.2　电机控制器

电机控制器的作用是按预定的控制方式驱动电机。电机的两个供电电压输入提供独立的逻辑和电源通道，后者通常通过一个电压调节器。限流电阻可在电机堵转电流过大时保护电机，并提供一个电机电流的测量点。对于 Kapvik 微型巡视器，PIC18F4431 微控制器（PIC18F8680 的升级版本）由于与 CAN-bus 2.0 总线的兼容性而被考虑，但最终选用了

Maxon。Kapvik 微型巡视器利用 EPOS 24/1 位置控制单元控制 Maxon 直流电机，和 24 V 直流电源总线与用于数据传输的 CAN 总线兼容（见图 5 - 5）。一个 CAN 总线可以连接所有的电机控制器，以分发中心控制器发出的指令。其采用 RS - 232 系列协议传输数据包，数据包格式为 1 bit 开始位，8 bit 数据操作码，1 bit 结束位。

图 5 - 5　Maxon 电机 EPOS 24/1 电机控制器 [来源：马特·克罗斯（Matt Cross），卡尔顿大学]（见彩插）

每一个 EPOS 24/1 电机控制器都有电源、数据和通信连接。它为一个单一电机提供可调电流、速度和位置控制。控制器接收指令并用闭环 PID 算法驱动电机，其位置和电流采样频率分别为 1 kHz 和 10 kHz。EPOS 24/1 提供了可兼容的 P，PI，PID 算法，可以和 CAN 总线相连，与 9~24 V 直流总线兼容。

多至 16 个 EPOS 24/1 节点可以硬连接在一个单一的 CAN 总线上（提供高达 1 MHz 的数据传输频率），这与 Kapvik 巡视器需要控制车轮驱动电机、一个器载操纵器、一些云台的要求是兼容的（见图 5 - 6）。EPOS 24/1 电机控制器的额定工作温度为 −10 ℃，电机控制器要经过环境试验，以保证其可以适应零下的环境温度，因此在加拿大北部对其进行了和火星环境相似的温度试验，试验结果表明：存储温度范围为 −40~+50 ℃，工作温度范围为 −20~+40 ℃[260]。这些控制器可以不改变原有设计在 −30 ℃ 下使用，虽然在 −20 ℃ 下润滑黏度有所增加。Kapvik 巡视器车轮驱动系统包括 6 个电机控制器（与 CAN 总线相连）。MER 巡视器的移动速度在 3~4 cm/s 范围内变化，更先进的巡视器可以达到 5~10 cm/s。MER 的最大移动速度是 5 cm/s，但是电机热耗将其移动速度限制在 3.75 cm/s。福克（Fuke）等（1994）比较了集中式及分布式电机驱动的利与弊（见表 5 - 1）[261]。

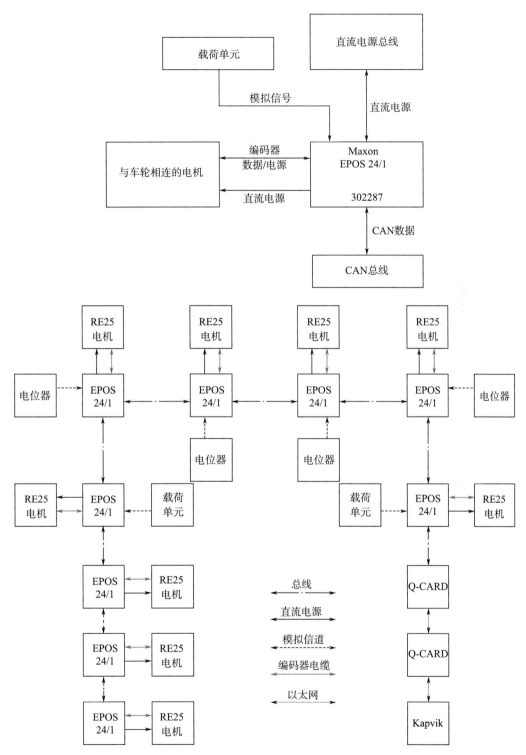

图 5 - 6　Kapvik 巡视器电机控制结构［来源：阿拉·卡迪（Ala Qadi），卡尔顿大学］

表 5 - 1　　集中式及分布式电机驱动比较

功能	集中式驱动(2 个操纵器)	分布式驱动(6 个操纵器)
热控保护	较简单,由于操纵器在车体内	较难,由于操纵器在轮上
传动装置失效的影响	严重	可容忍
布线	车厢内布线	车厢和车轮间有向连接的布线
驱动链	由于高摩擦而复杂	由于低摩擦而简单
耗能	低效的能量耦合	高效的能量耦合
力矩分布	差动/黏性耦合	滑转或力矩控制

很显然,分布式驱动简化了驱动链并且消除了单点失效——已经应用在巡视器上。电流传感器用于电机力矩、电池和能量管理系统。能量管理系统也需要电源总线电压的测量。电机驱动/控制器用其专有的处理器控制电机的运动,大多数是一个微型控制器。脉冲宽度调制(Pulse Width Modulation,PWM)是电机速度控制最常用的方法。PWM 放大器在高频部分会引入噪声,但是线性放大不存在无控制作用区。电机驱动控制用 PWM 控制车轮驱动力矩,因此力矩是周期性的。旅居者号采用 bang - bang 开关控制驱动电机,但是 Rockey 测试平台采用 PWM 控制电机电流,同时传感器数据反馈到 PID 控制——这是最灵活的选择。旅居者号的 Rockey Ⅲ/Ⅳ 样机使用微型控制器,通过 L293D 电机控制器 IC 采用 PWM 控制每个车轮的转速和方向。通常微处理器作控制器时会使用 PWM。每个电机用 H 桥产生的 PWM 信号控制,调节电机电压。所有的星球巡视器平台都使用健康监视、故障诊断和故障保护。习惯上,功能性不同的电路板是分离的,但是为了节约质量,不同的功能可能安装在同一电路板上以减小成本。在这种情况下,母板可能安装电机驱动、电源管理和传感器驱动接口。然而,电源系统和电压 DC/DC 控制器安装在分立的 PCB 上。双面薄电子器件的安装减小了舱板的面积和体积。当把地面技术应用到航天级平台时,有一些注意事项。通常用 PC/104 处理器,运行 Linux 操作系统,与外围设备采用局域网(LAN)如以太网进行通信。PC/104＋提供一种小型处理器,可以适用于巡视器。ESA 的 Lunar Rover Mockup(LRM)处理器是 700 MHz 的 Pentium Ⅲ,具有256 MB 的 RAM 和 20 GB 的硬盘 I/O 接口。FIDO 自主导航系统安装在 266 MHz 的 Pentium CPU 上,操作系统是 VxWorks 5.4。相似地,RWI Pioneer——一个研究平台,用 Inter Pentium 处理器作为其基础处理器,安装 Linux 操作系统和以太网 TCP/IP 接口,以使可选环境增多。TCP/IP 接口不适用于星球操作系统。

实时控制要使用实时控制操作系统以对触发事件做出实时反应。实时操作系统并行安排任务、运行任务,处理信息并实时响应中断。这样的操作系统的内核包含一个中心内核,该内核实施的基本功能包括堆栈、出栈和停止。有一些已有的实时操作系统是可以利用的,包括 RTEMS、实时 Linux、VxWorks。VxWorks 是嵌入式系统(尤其是像巡视器一类的机器人操作系统)中最流行的多线程操作系统。Marsokhod 巡视器样机 Lama 具有4 个 CPU 运行 VxWorks,用于数据获取(不包括图像)、移动、环境建模和任务规划。相似地,星球巡视器样机 FIDO 使用 VxWorks 操作系统。RTEMS 更强健,但是 Linux 更灵活。

Linux 采用开源代码，有类似 UNIX 的内核，不需要购买，免费发布。它是一个多任务、多用户、多进程的操作系统，支持广泛的硬件平台，有一大批开发者开发软件。Linux 操作系统为它的实时内核提供有关时敏及事件驱动的中断的扩展，具有 C 编译器和 C 函数库用于支持应用程序。Nomad 南极陨石探测巡视器有三个器载计算机——一个 VxWorks Pop CH62 68060 处理器安装在 VME 背板上用于实时控制；一个 133 MHz 的 Pentium 处理器安装在 PCI 总线上采用 RedHat Linux 操作系统用于自主导航，一个 200 MHz 的 Pentium Pro 处理器安装在 PCI 总线上采用 RedHat Linux 操作系统用于载荷数据自主科学分析。火星探路者号着陆器安装 VxWorks 操作系统用于故障保护、闭环温度控制、高增益天线指向和 EDL 的各个方面。多种处理器提供不同的功能，具有更强的灵活性并且可以与处理器和 DAC/ADC 共同集成在一个 VME 背板上——MER 与外围设备的连接采用 VME 接口。

通常，电机控制要利用专用的微型控制器以保证电机控制过程获得了足够的带宽[262]。微型控制器是与存储、输入、输出功能集成在同一个芯片上的微型处理器。它们用于实时嵌入式控制器，由于其具有实用的嵌入式软件，如时钟、中断器、ROM/RAM、数量可观的 I/O 接口和低耗能特点，因此它们适用于电机控制。微控制器通常用于运动控制方面，如电机控制。PD 数字化微控制器通常需要低通滤波器用于去除齿轮抖动，齿轮抖动可能造成闭环控制不稳定。处理器必须有足够的更新速率使得闭环控制工作在实时状态下（最小 > 20 Hz）。大多数嵌入式微控制器都是基于 32 位 Intel 8051/8052/x86 系列或 Motorola 68K 系列的。嵌入式处理器提供独立的分布式控制。分布式系统应用于 Urban Ⅱ 城市救援机器人，其电机采用低级输入/输出 Motorola 68332 处理器，该处理器可以访问临近的传感器以及给电机发送指令。其采用 RS-232 系列接口、PC-104 总线与两个低级主处理器进行通信：一个 166 MHz 的 Pentium Ⅱ 导航处理器和一个 232 MHz 的 Pentium Ⅱ 视觉处理器。其微控制器需要足够的输入通道连接传感器和输出通道连接电机。微控制器单元需要向电机传递指令。微控制器与每个电机驱动电路连接——由于电机驱动需要 1～2 A 的电流，当输出功率不足的时候，这么做是必要的。这就是电机驱动的目的。需要一个高电压输出来驱动载荷，如电机。MER 包含一个具有闭环电机微控制器和 H 桥的 9U VME 总线，数字化框架的平行相机界面和 RS-232 串行接口。MER 的移动特性为直线行驶速度 3.75 cm/s，转弯速度 2.1 (°)/s——PID 电机控制器的驱动频率为 1 kHz。

微控制器需要数个 ADC 通道以建立一系列与传感器的接口。一个输入通道专用于一个探测器——电机轴码盘，用于测距、惯性测量、抵近观察、大范围探测等。以机器人为例，微控制器通常将 PWM 输出用于电机控制。微控制器可以产生 n 个独立的 PWM 信号，为每个电机提供相应频率上的控制信号。Nanokhod 微型巡视器只需要一个 40 MHz 的 8051 微控制器装载在其载荷舱中，因为所有的图像处理和导航功能都是通过远程处理的。其基于 PIC 的电机驱动器，为左右履带的电机、载荷舱关节控制电机和杆件关节控制电机，提供了基于 PWM 的电机控制，每一个电机都安装了反馈码盘。一个用于小型航天器分布网络的 4 位微处理器也已经被发明出来[263]。Motorola MC68HC11 控制器已经经历了多次的变化和发展，Khepera 移动机器人应用了 MC68311 处理器。MC68311 微处理器有板上的时钟和计数电路，它们可以直接产生方波 PWM 信号用于直流电机控制。MC68HC11 为敏捷平台机器人提供了基础，可用 C 语言进行编程控制[264]。旅居者号的微型巡视器样机 Rockey Ⅲ/Ⅳ 使用 Intel 8085 处理器、变化版 MC68HC11 和 40 KB 内存（其中使用了 20 KB）[265]。3 个 Intel 8751 处理器与 6811 连接作为隶属处理器，连接方式采用同步串行总线，这样可以增加 I/O 管脚的个数。旅居者号本身采用抗辐射加固的 Intel 80C85 处理器。一种基于 8 MHz Motorola MC68HC11 的 8 位抗辐射微处理器用于火星表面[266]。具有 1 MB 内置闪存、25 KB 内置 SRAM、256 MB 扩展闪存和 3 个 2 MB 扩展 SRAM 芯片（包括三重表决 EDAC）的 40 MHz ARM7 计算机是一套标准的多伦多大学太空飞行实验室计算机，其飞行耗能小于 500 mW。Freescale（原来的 Motorola）68HC11 已经发展为抗辐射器件。脉冲调制可以用 MC68HC11 甚至一个 PIC 实现——由 Microchip 发展而来的 PIC 微控制器家族被用于萨里空间中心 Palmsat 器载计算机（PIC18F8680），该计算机已被更新为 8 位 PIC18F4431，较其前期版本可以提供更多的程序内存、RAM 和更高的速度，但是仍保持了低能耗和高时钟频率。它们也能和 CAN 2.0B 总线接口兼容。Aeroflex UT69RH051 微控制器是宇航级的抗辐射微控制器。ESAADV 80S52 微控制器是空间应用微控制器，完全应用了 Intel 8052 的架构，包括标准的外围设备[267]。现在的微控制器更加复杂。它们提供 PWM 支持，用 n 个通道控制 n 个电机——10 个驱动电机（6+4）或 18 个驱动电机（6×3 自由度的腿）。其必须具有与 n 个 H 桥电路的接口，以控制电机转速或方向。电机必须包含电机轴码盘，用于位置或速度反馈。这个架构应与 CAN 总线兼容以达到对宇航前期设计的继承——微控制器通常包含 CAN 总线和一系列外围接口。萨里空间中心 Palmsat OBC 是基于 PIC 系列微控制器的——用 20 MHz 的 PIC18F8680 替代了原有的 PIC16F877，由于其提供了完全的 CAN 2.0B 接口。具有 ROM 的 8 位 40 MHz 的 PIC18F4431 集成芯片已经被用于 Kapvik 微型巡视器电机控制器。

对于 Kapvik 微型巡视器，器务及巡视器控制计算机是分立的。其器载计算机、电能分配/控制和通信系统继承于 CANX 微型卫星。其用于器务的子系统计算机基于一款 150g 32 位的 RISC ARM7 处理器和具有三重表决 EDAC 内存控制器的扩展 SRAM。支持设备包括 64 KB 的内部 SRAM/1 MB 内部闪存、3 个 2 MB 扩展 SRAM 和 256 MB 扩展闪存。其最大转换频率为 40 MHz，4.5 V 时消耗功率 325 mW。内部 SRAM/FLASH 存储 BootLoader，而应用程序存储在内部 FALSH/外部 SRAM。其提供 RS422 接口。

图像获取采用 125 ms 独立帧频率。IEEE 194 接口是高速接口，提供高帧频率和不压缩的视频。帧捕获器作为 DAC 平台用于数字化图像和提供图像缓存区。有一些通用的数字通信协议——I2C、IEEE、1394（FireWire）、MIL - STD - 1553（宇航标准）PC/104＋、PCI（外围设备连接）、简约 PCI、RS232/RS422 系列、USB 和 VME/VXI 这些总线框架/接口协议。最受欢迎的框架是 VME、PC/104＋和 PCI 这些地面标准。VME 系统总线具有飞行经验，但是 PCI 具有更优异的性能。VME 通过 21 槽的底板提供 32 位和 64 位数据总线，传输速率为 40~500 MB/s。VME 底板比 PC - 104 总线连接器更坚固。PCI 提供 32 和 64 位的数据总线，传输速率为 133~533 MB/s，8~16 槽的底板（这是 JPL X2000 框架的候选器件）。PC 104＋是一种传输速率在 5～132 MB/s 的无背板的自堆叠总线。后者具有 32 位 PCI 总线连接能力。芯片上需要独立的时钟。SpaceWire 是一款迅速发展的宇航级协议。

星球巡视器需要足够的计算资源，主要器载计算机提供大多数器上信号处理、接口和通信功能。传统的是一个 32 位抗辐射宇航级的处理器——25 krad 对于大多数任务是足够的[268]。处理器速度必须支撑基于事件的实时控制和导航功能（约 100 MHz）。在科学数据或其他数据下行传输之前，需要存储在非易失存储器中。抗辐射内存需要安装在芯片之外的地方。需要一个额外的数字信号处理器（Digital Signal Processor，DSP）用于信号/图像处理。处理能力是主要的限制因素，现阶段的航天任务都采用具有更高性能的非片上的处理器。例如，Clementine 月球探测采用一款传统的抗辐射 1.7 MIPS MIL－STD 1750A 处理器用于一般的功能，这款处理器由 18 MIPS 32 位 RISC 处理器支持，用于图像处理。高性能的协处理器是嵌入式实时系统的理想处理器，其基于高速系列链，具有并行处理框架。例如，T805 微处理机芯片应用在 CNES IARES－L 移动机器人上，一个用于移动控制，另一个用于操纵机械手。

为了节约资源，旅居者号的供电、导航和计算机电子设备都是集成在一起的——CPU 和供电板在 WEB（Warm Electronics Box，控温电子箱）中连接在一起。旅居者号的主计算机是宇航级品质的 0.5 kg 2 MHz Intel 8 位 80C85 微处理器，提供 100 KIPS、16 KB PROM 根内存、176 KB EEPROM 程序存储器、分页模式下 512 KB 暂态 RAM 存储器。其安装了一个多路复用的 8 位地址/数据总线以支持 90 路传感器通道的输入/输出，而仅需要1.5 W 的能耗（相较于 Rocky 7，地面试验的使用提供 100MIPS 的 68060 计算机）。抗辐射 RAM 从非易失存储器中调取操作程序。其中存储操作系统的 48 KB 是具有辐射防护的以避免其受到单粒子的影响。地面站的巡视器操作者选取好导航标志点，旅居者号的行为控制软件用 90 KB EEPROM 在导航标志点间进行自主导航。为克服其一些处理的限制，其用激光条纹机辅助着陆立体相机（安装在比着陆器高 1.5 m 的桅杆上进行成像），但是大多数图像处理的操作是在地面完成的。其安装板的总面积为 360 cm²，高 1.9 cm，质量 995 g。Athena 软件开发模型（Software Development Model，SDM）采用高分布式的方法，采用一个 12 MHz/10 MIPS R3000 CPU（耗能 2～3 W），由一些 FPGA 支持，达成低层次电机控制[269]。其包含 32 MB DRAM、4MB EEPROM、64 MB 闪存和 128 KB PROM 根内存。CPU 主板上是一个具有 R3000 RISC 框架的 32 位 Synova Mongoose－Ⅴ 处理器，并由 2 KB 片上数据缓存和 4 KB 片上指令缓存作为支持。板上有一个 I2C 系列接口，该接口读写速度为 400 kbit/s。这比应用在旅居者号微型巡视器上的 100 KIPS 8085 处理器更优。I/O 板执行图像捕获和 ADC 功能。远程工程单元包括一个基于 FPGA 的 PID 电机控制器和电机码盘传感器用 ADC。它用一个分析器保证了梯形速度剖面，从而获得了平滑的电机控制。惯性测量单元包括一个三轴加速度计和陀螺仪。

探路者号着陆器采用一个 20 MHz 的 RISC RAD 6000 抗辐射处理器（基于一种早期的 PowerPC 设计）和一个 32 位架构以及 128 KB 的 DRAM 内存，11 MB 的 EEPROM 和 256 MB 的闪存。它具有 22MIPS 的处理速度和 128 MB 内存。MER 器载计算机也有一个

20 MHz 的 RAD6000 计算机。相比之下，FIDO 试验巡视器采用一个 266 MHz 的 Intel Pentium 处理器（耗能 15 W），它具有 4 个 RS-422 串行 I/O 端口，两个 USB 端口，和一个并行端口（由一个 384 MB 的闪存固态硬盘支持）。另外搭载了一个 100 Mbit/s 以太网板，两个彩色帧捕获板，数字 I/O 板，12 位 ADC 板，8 位 DAC 板，两个 16 位编码板，五个低通滤波器板和 PWM 功率放大器以及电机驱动器（为它的六个电机提供驱动）。在 FIDO 上，闭环 PID 电机控制器工作在 50 Hz 频率，速度同步信号为 10 Hz。所有的测量设备都通过 RS232 串行总线连接，测量数据的采样频率为 200 Hz。一个 PowerPC 处理器被用在 Robonaut（后文具体说明）上，用于实时控制，采用 VME 背板运行 VxWorks 操作系统。火星科学实验室采用一个宇航级的 PowerPC 750，具有 100 MHz 的处理速度，但是与地面处理器相比仍然相距甚远。MER 采用闭环电机控制器和 H 桥用于驱动电机，两个平行的相机用于联合绘制立体图像，设备界面远程通信界面和 1553 界面总线完成在航行过程中与着陆器的通信。惯性测量单元测量巡视器的姿态。另外，四个广角 HazCam 相机用于立体成像，每两个一对安装在 WEB 前后用于地形探测。器载软件采用 C 语言编程。在 VME 舱体内，不同的卡槽专用于一种辅助功能，如图像获取、电机驱动和科学载荷并行处理。传感数据的探测频率为 8 Hz。

三层控制的电机控制方法已经越来越成熟[270]——电流内环控制、位置外环控制、速度中环控制。内环的响应速度大约是外环的 5 倍。直流电机控制器基于特定应用集成电路（ASIC），提供一定的优势，如在集成电路产品的实时控制方面具有更强的处理能力[271]。ASIC 结合微处理器的快速中断响应和精简指令集计算平台的 DSP 的优化重复计算，平台采用哈佛架构。DSP 可以用于高频率电机控制，采用高效滤波算法，虽然一般来讲控制最好采用主中央处理单元[272]。PID 控制对不同方程采用的积分和微分操作是利用梯形近似，乘法/除法运算符使用加/减法和移位功能实现。嵌入式系统的图像处理通过 DSP 可以实现，DSP 比通用计算体系结构和 FPGA 性能更优（虽然其处理时间更长）[273,274]。32 位的 Analog Devices ADSP2120 数字信号处理器以 15 MHz 的时钟频率提供 15MIPS/45MFLOPS 的特殊功能。TSC21020E 是 20 MHz ADSP 21020 DSP 的抗辐射版本，它具有增强的哈佛架构，同时具有内存读/写能力。视觉系统使用的数字信号处理和嵌入式处理可以运用 TSC21020 DSP（the space-qualified version of the ADSP21020 DSP board）实现，提供了 20 MIPS 和 60MFLOPS 的计算能力[275]。更多成熟的基于人工智能方法的电机控制方法被提出，这种方法不需要传感器，其基于观察的速度预测依赖于前馈神经网络、神经模糊网络和自组织 Takagi-Sugeno 规则库，后者更优[276]。ASIC 的主要缺点是开发时间比较长，成本和风险比较高。FPGA 正在替代 DSP 的信号处理功能[277]。FPGA 的可编程性使得其功能显著增加，相对 ASIC 产生了压倒性的优势。而且它的开发时间要短很多，因此被用来替代 ASIC。FPGA 已经应用于包括 MER 在内的多款星球巡视器。例如，ESA 的 Lunar Rover Mockup（LRM）的底层控制软件运行在一个微控制器上，通过串行数据线接收速度和电机角度数据。PID 控制器发出指令，发送到转向桥和一个 FPGA 上，PID 控制器在这个 FPGA 上实现。

MUSES‐C 微型巡视器采用更为先进的计算平台，如 ASIC 和 FPGA。其电子控制系统以一个 32 位的 Synova Mongoose V 处理器为核心，具有 1.5 MB 的 SRAM、1 MB 的 EEPROM、一个 ASIC（用于胶合逻辑），电机控制的接口由 FPGA 支持。应用在电路板组件中的电子器件包括一个电脑板芯片，两个内存板，一个模拟信号-处理 ADC 板，一个电机驱动板和一个功率开关电源板。板载电子设备包括 1 个具有 10 位模数转换器（ADC）的 64 通道模拟信号-处理链，10 个具有霍尔传感器反馈和 PWM 电机驱动控制的无刷直流电机（4 个用于轮子，4 个用于支撑，2 个用于光学设备），1 个双向 9600 波特无线接口，20 个 0.3～4.4 V 开关电源稳压器和 2.5 W 太阳能面板。电子设备也连接到一个 256×256 的 CMOS 有源像素传感器，256 通道红外光谱仪，1 个 APXS，14 个温度通道和 6 个太阳能传感器（每个体侧）上。

未来的计算资源，如多核架构和 FPGA 将提供增强的复杂的导航算法。数字图像处理技术的使用将增强 FPGA 的导航过程。JPL 正在开发一种基于 Xilinx Virtex‐II Pro FPGA 的器载电子设备模块，包括两个处理速度为 300 MHz 的嵌入式 PowerPC 405 处理器以及额外的 100 MHz 处理能力的 FPGA。PPC405 内核包括 Linux 操作系统和以太网、PCI 总线、紧凑型闪存和串行 I/O，能够运行所有器载应用软件。应用 FPGA 的例子是 Kapvik 微型巡视器，其采用 FPGA 电子设备更快地处理图像，以用于自主导航。更快速的自主导航使速度更高。在 Kapvik 微型巡视器上，宇航级的 Xiphos Q5 卡配置了带有 Linux 操作系统的 PowerPC 架构（现在还不是实时的）（见图 5‐7）。Q5 包含 250 000～1 500 000 个可编程逻辑门，采用 300 MHz 的 PowerPC 405 处理器内核，由 32/64 MB SDRAM 和16 MB闪存支持。代码是硬件 CPU 和可编程逻辑之间的联系。其温度耐受范围为－65～＋150 ℃（存储）和－40～＋85 ℃（操作）。

子板通过以太网、RS‐232、RS‐422 协议将 Q5 和其他电子设备相连接。MicroBlaze 架构改进了 Xiphos Q6 卡，Xiphos Q6 卡包括 Xilinx Spartan 6（具有 LEON‐3 选项）和具有 Linux 2.6 操作系统的 Actel ProASIC3 FPGAs，Linux 2.6 操作系统是具有一定实时特性的操作系统。Q6 卡提供 4GB 的大规模存储和 2W 的小功耗。电机控制器通过一个控制局域网（Controller Area Network，CAN）总线连接 Xiphos Q6 计算机。控制器在三种基础控制模型下运行：1）所有的轮子是匀速转动的，用 PID 控制；2）定轮速的位置控制，以初始和最终的位置作为约束，采用 PID 控制；3）恒定电流控制，这种方法没有用于 Kapvik 微型巡视器。Q6 卡中充斥着以太网/电源卡和 USB/FireWire/RS‐422 卡。CAN 总线具有高可控性，并且 CAN2.0 总线具有飞行经验，可提供 1MHz 的传输速度。Player/Stage 被作为开发环境，因为它具有广泛的兼容性，并且驱动程序具有可用性。探路者号和 MER 都采用 VxWorks 操作系统。实时操作系统如 Lynx RTOS 也适用于空间机器人，但是 RT Linux 也是一个常用的选择（Kapvik 微型巡视器使用 Linux 操作系统）。实时 Linux 被用于 Kapvik 微型巡视器，是一种在实时操作系统（如 RTEMS 或 VxWorks）和快速开发系统（Linux/ Player）之间的折中，这么做主要是考虑到 Kapvik 微型巡视器仅需要软实时操作，因为其速度低（虽然现在 Player 已经被 ROS 取代）。

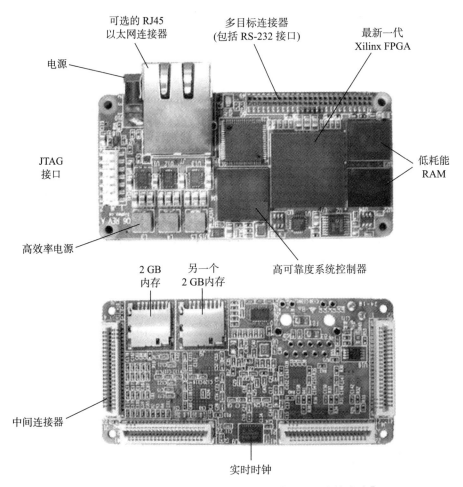

图 5 - 7　Xiphos Q6 FPGA 处理器板［Xiphos 允许发表］

　　Kapvik 微型巡视器所有的航天电子体系结构如图 5 - 8 所示。Kapvik 微型巡视器的航天电子是基于模块化背板用传统的点对点设计安装在车后段的（见图 5 - 9）。该航天电子设备外壳包括一个滑动接入面板，并且板载电池安装在电子板上。

　　MER 控制系统包括一系列层：电机控制、直接驱动策略（在某位置上转动等），以及基于目标驱动（到路途中的标记点）[278]。接收指令时立即执行，更常见的是，先存储然后顺序执行。巡视器的软件提供了三大功能：地形评估、路径选择和视觉姿态更新。地形评估通过月球车相机建立了一个环境地图。路径选择的机制是挑选通向目标路径上的弧线段组成通向目标的路径。基于车轮里程计和 IMU 的状态估计在车辆行驶时的更新速度为 8 Hz。器载软件持续监测非额定的条件，如巡视器车身倾斜、摇臂转向架姿态、电机驱动温度等。在静态的时候视觉里程计用来更新这些估计。虚拟姿态更新通过相机图像采用视觉里程计进行巡视器自定位。MER 处理器平均每个图像对检测 15 000～50 000 个 XYZ 点。每个图像对所需的获取和处理时间为 3 min。虽然有足够的能力对静态图像进行处理，但在车辆行驶时图像的处理能力仍然不足。

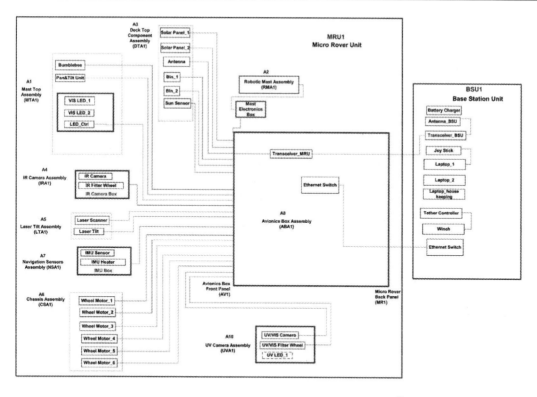

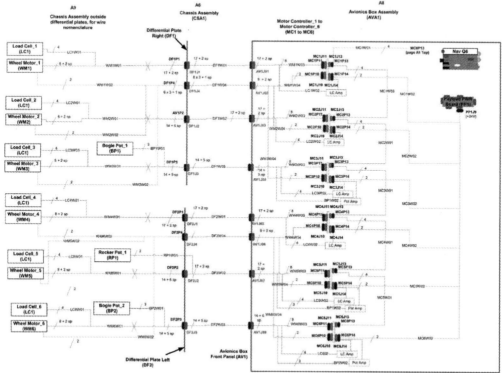

图 5 - 8　Kapvik 微型巡视器航天电子体系结构和底盘电气图

[来源：伊恩·辛克莱（Ian Sinclair），MPB 通信集团]

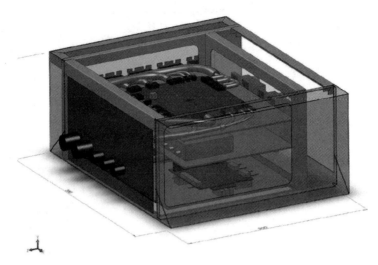

图 5 - 9　Kapvik 微型巡视器可移动的航天电子箱和背板结构

［来源：阿达姆·布赖尔利（Adam Brierley），卡尔顿大学］

5.3　运 动 控 制

运动控制是自主导航并实现电机指令的最低层。它需要闭环轨迹控制，以限制误差传播。这涉及两个控制回路，一个控制速度和转向角度（包括牵引力控制系统和力的分布），另一个是更高级别的控制，以保证跟踪参考轨迹，以最小的能量消耗通过要求的航点。自主巡视器控制架构必须支持实时传感、控制和规划。它必须实现避障和支持简单的非标称偏差。长时间执行"直行"指令会产生偏差，由于左、右电机的行为不完全相同。一个带有死区的 Bang - Bang 控制的连续控制策略围绕巡视器前进方向将以最小的偏差进行修正。直线运动控制和转向可以使用 PID（滞后补偿器）控制律实现。如果车遇到意外情况，自主控制系统将使巡视器停下来并请求地面控制站进行控制修复。两轮差动驱动的机器人是最基础的车辆模型。车辆的位置和速度状态被定义为与外部全局参考系相关。

$$p_k = \begin{pmatrix} x_k \\ y_k \\ \theta_k \end{pmatrix} = \begin{pmatrix} x_{k-1} + r\cos\theta_k \\ y_{k-1} + r\sin\theta_k \\ \theta_{k-1} + \Delta\theta \end{pmatrix} \tag{5-10}$$

式中，$(x，y)$ 为机器人质心位置；θ 为转向角；r 为车轮半径；x、y、θ 定义了 k 时刻巡视器的笛卡儿位置坐标及转向角。平均转向角由下式给出

$$\theta = \arctan\left(\frac{2d}{\sqrt{\rho^2 - d^2}}\right) \tag{5-11}$$

式中　d ——转向轴之间的半距离；

　　　ρ ——从中心到车辆质心的距离；

　　　θ ——当前方向和所需方向之间的夹角。

假设在一个水平面上进行纯滚动（没有滑动），很容易通过两侧车轮的速度得出运动

方程

$$\begin{pmatrix} v \\ w \end{pmatrix} = \frac{1}{2} \begin{pmatrix} \frac{1}{2}(v_r + v_l) \\ (v_r - v_l)/l \end{pmatrix} = \begin{pmatrix} \frac{1}{2} & \frac{1}{2} \\ -1/l & 1/l \end{pmatrix} \begin{pmatrix} v_r \\ v_l \end{pmatrix} = \begin{pmatrix} \frac{1}{2}r(w_r + w_l) \\ \frac{r}{b}(w_r - w_l) \end{pmatrix} \tag{5-12}$$

式中，l 是两车轮间的距离。速度可以直接由两侧车轮的角速度得出，即

$$v_l = v - \frac{l}{2}w$$
$$v_r = v + \frac{l}{2}w \tag{5-13}$$

转弯半径由下式给出

$$R = \frac{l}{2}\left(\frac{v_l + v_r}{v_r - v_l}\right) = \frac{l}{2}\left(\frac{w_l + w_r}{w_r - w_l}\right) \tag{5-14}$$

那么

$$\dot{P} = \begin{pmatrix} \dot{x} \\ \dot{y} \\ \dot{\theta} \end{pmatrix} = \begin{pmatrix} \cos\theta & 0 \\ \sin\theta & 0 \\ 0 & 1 \end{pmatrix} \begin{pmatrix} v \\ w \end{pmatrix} \tag{5-15}$$

因此

$$\tan\theta = \frac{\dot{y}}{\dot{x}} \tag{5-16}$$

其中巡视器的雅可比矩阵为

$$J = \begin{pmatrix} \cos\theta & 0 \\ \sin\theta & 0 \\ 0 & 1 \end{pmatrix} \tag{5-17}$$

巡视器的移动由下式给出

$$\dot{x} = v\sin\theta, \dot{y} = v\cos\theta \tag{5-18}$$

那么，$(x，y，\theta)$ 是后轮轮轴中间点的位置，并且巡视器的运动受非完整约束的影响

$$-\dot{x}\sin\theta + \dot{y}\cos\theta = 0, \dot{\theta} = \frac{v}{L}\tan\phi \tag{5-19}$$

式中，ϕ 为转向角，如果 $\tan\theta$ 为常数，那么该方程是可积的。将合力分为两个部分，一个沿车辆前进的方向，以控制速度，另一个垂直于车辆前进方向来控制转向角。

$$\begin{pmatrix} x_k \\ y_k \\ \theta_k \end{pmatrix} = \begin{pmatrix} x_{k-1} \\ y_{k-1} \\ \theta_{k-1} \end{pmatrix} + \begin{pmatrix} (L/\tan\varphi)(\sin\theta_k - \sin\theta_{k-1}) \\ (L/\tan\varphi)(\cos\theta_k - \cos\theta_{k-1}) \\ v\Delta t(\tan\phi)/L \end{pmatrix} \tag{5-20}$$

式中　L——径向坐标，$L = v/w$。

　　巡视器在距离障碍一定距离的地方必须停下来，因此，$d = v^2/2a$，其中 a 为减速度。需要保持控制以尽量减小与所选择的路径的偏差。

阿克曼转向机械地协调转向车轮的角度，因此，在转向时，车轮滚动不打滑，绕一个共同的圆心转弯（图 5 - 10 为双阿克曼几何）。因此，通常转弯圆弧中心点的内侧车轮应转动一个更大的转角以消除车轮滑动。这将应用于前轮（用于转一个特定的角度）、后轮（用于原地转向），或者所有车轮（用于侧向行驶）。用几何表述为

$$\cot\theta_i - \cot\theta_o = \frac{B}{L} \tag{5-21}$$

式中　θ_i——内侧车轮转向角；

　　　θ_o——外侧车轮转向角；

　　　B——轴距；

　　　L——纵向车轮的轮距。

原地转向　　　　　　　　　　　　　　圆弧转向

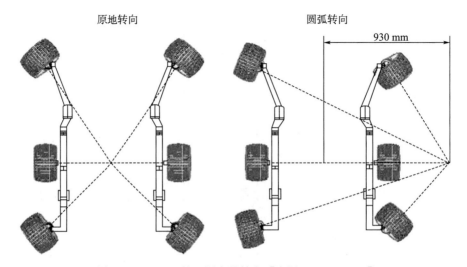

图 5 - 10　MER 的双阿克曼转向［来源：NASA JPL］

巡视器的转角为

$$\tan\theta = \frac{L}{0.5B} \tag{5-22}$$

因此

$$\cos\theta = \cot\theta_i + \frac{B}{2L}, \cos\theta = \cot\theta_o - \frac{B}{2L} \tag{5-23}$$

由阿克曼转向几何可知，前轮的转角是不同的，因此巡视器行驶轨迹曲率为[279]

$$k(t) = \frac{1}{r(t)} = \frac{d\theta(t)}{ds} = \frac{\tan\phi}{B} \tag{5-24}$$

式中　ϕ——转向角；

　　　r——曲率半径；

　　　θ——巡视器的朝向。

那么

$$\dot{\theta} = \frac{d\theta}{ds}\frac{ds}{dt} = k(t)v(t) = \frac{\tan\phi}{B}v(t) \tag{5-25}$$

相似地

$$\dot{x} = v(t)\cos\theta(t), \dot{y} = v(t)\sin\theta(t) \tag{5-26}$$

外侧车轮通常较内侧车轮具有更高的力矩（高达总驱动力矩的 80%）。轮地力学和滑动转向相联系可以解释这一现象[280]。滑动转向通常消耗阿克曼转向两倍的能源。对于重量均匀分布的四轮巡视器，转向力矩由下式给出

$$\frac{B}{2}(F_l - F_r) = \frac{\mu W L}{2} \tag{5-27}$$

转向所需的能量为

$$P = P_{\text{str}} + \frac{\mu W L}{4}\dot{\phi} \tag{5-28}$$

式中，$\dot{\phi}$ 为转向速度；μ 为硬地面上钢铁的横向摩擦系数，$\mu = 0.6$。典型的，$P_{\text{skid}} = 2.5 P_{\text{str}}$，虽然长宽比需要减小，但减少了滑动转向的能量消耗。一个更成熟的由势场矢量给出的转向规律可以用于星球巡视器的驱动轮上

$$v_{\text{left}} = v - K_p \Delta\theta - K_v \dot{\theta}, v_{\text{right}} = v + K_p \Delta\theta + K_v \dot{\theta} \tag{5-29}$$

其中

$$\theta = (v_r / B)\tan\phi$$

式中　v ——行驶速度；

　　　$\Delta\theta$ ——转向角；

　　　B ——左侧车轮和右侧车轮的轴距；

　　　K_p ——比例转向增益；

　　　K_v ——阻尼转向增益。

运动学分析基于简化的 Marsokhod 底盘，用两个圆柱关节连接了三个轮轴[281]。静力平衡分析决定了巡视器车轮是否滑转或者造成车辆倾翻。更复杂的静力学巡视器模型已经发展为结合摇臂-转向架机械的链传动关系的模型[282]。倾翻是一种存在于难以预知的复杂环境下可能发生的情况。巡视器的运动结构需要保证任何方向上大于 45° 的静态稳定角——这表明质心投影不会超出车轮投影组成的区域之外。对于一个倾翻的巡视器其重心在地面上的垂直投影一定超出了车轮和地面接触点围成的区域。这种现象产生的原因可能是地面坡度或者障碍，车辆质量分布变化，或者有外力施加于巡视器上。侧倾传感器可以提供这种情况下的预警。ExoMars 的静态稳定性必须可以使其以任何朝向停在 40° 斜坡上时不会倾翻。对于斜坡上的静态稳定性，要求

$$\theta_{\max} = \arctan\left(\frac{Y_{\text{CG}}}{Z_{\text{CG}}}\right) = \arctan\left(\frac{L/2}{H_{\text{CG}}}\right) = 59° \tag{5-30}$$

对于侧向的稳定角为

$$\theta_{\max} = \arctan\left(\frac{X_{\text{CG}}}{Y_{\text{CG}}}\right) = \arctan\left(\frac{B/2}{H_{\text{CG}}}\right) = 76° \tag{5-31}$$

对于重心需要通过左/右底盘上方的情况，保持重心低以增强静态稳定性是比较困难的。如果静态稳定性无法被满足，那么考虑自适应站立就是必要的了[283]。

5.4　巡视器移动传感器

巡视器的避障、导航、电源管理和故障保护等功能需要大量的器载传感器。人们采用一些重要的属性来定义传感器的性能[284]：1）输入输出灵敏度；2）线性度；3）测量范围；4）响应时间（时间常数）；5）频率响应（包括滞后）；6）精度；7）稳定漂移和重复性（校准）；8）分辨率；9）带宽；10）可靠性。传感器提供了对位置的估计，而这正是机器人导航的基础[285]。机器人的传感器有两种类型：一种是内部传感器，它提供机器人当前状态的本体感觉信息；另一种是外部传感器，它提供机器人所在环境当前状态的外感信息。外部传感器包括直接感知临近空间的接触式传感器和感知更大空间的环境传感器。由于环境传感器整合了区域空间信息，导致它们提供的是模糊的信号，因此这个过程是不可逆的。包括随机噪声和混叠在内的一些不确定性来源会导致传感器的输出信号出现不确定性。这可能是由于分辨率有限、偏差、尺寸误差等因素引起的。例如，轮测距误差受累积漂移的影响。同样，执行器的输出也有不确定性，可能是错误的电机指令、电机执行、电机路线等引起的。由于不同的传感器具有不同的方向性、灵敏度、分辨率、特异性和准确性，因此通常会选用一套传感器。

路径积分（航位推测）依赖于本体传感器等，如车轮编码器和/或陀螺仪，但它只有在短距离使用时具有准确性，因为距离变长后会因滑移等导致误差累积。在这时，需要使用参考坐标来克服在航位推测中约 5％～10％ 的误差限制。旅居者号的轨迹中每 10 m 有一个 25 cm 标准偏差的横移距离。导航需要三种类型的传感器支持[286]——里程计（如车轮编码器、电位器、转速计、倾角仪）、惯性导航传感器（如陀螺仪和加速度计）和视觉定位（如侧摆-倾斜相机、激光测距仪和 LIDAR），也有可能包括接近传感器等额外的传感器（例如，晶须接触力传感器可以检测与障碍物的碰撞）。典型的里程计采用连接到电机轴或轮轴的光学编码器测量车轮旋转。测距精度直接受车辆运动学设计的影响。车轮通常采用光学编码器，电位器则用于确定底盘的动态配置。里程测量在测量电机旋转（如在一个车轮内）中应用最为广泛。转向方向可以通过陀螺罗盘或转向轮中的角测量电位器/光学编码器测量。转向角度编码器（名义上有 4 个）安装在有滑动转向的拐角处。里程计可融合偏航陀螺仪的测量，提供对行驶距离的更优估计。运动杠杆安装在底盘角度编码器传感器上，来测量转向架和差动位置（即底盘配置）。因此，里程计需要测量车轮的旋转和底盘的咬合，才能得到巡视器位置的测量结果。通过测量电机电流可以获得对电机力矩的估计（$I \propto \tau$）。大多数商用电机带有霍尔效应传感器，可以测量电机的磁通，进而得知转子的转动位置[287]。霍尔效应传感器可以用来测量位移，但光学轴编码器更准确：它们使用路径积分，并通过测量电动轴的旋转确定车辆的运动。所有的车轮和转向电机都安装有编码器来反馈车轮的位置和速度。由于速度控制器比位置控制器运行得更快，最好有一个单电机编码器来反馈车轮的位置和速度，而不是使用一个单独的转速表。转速表往往内置于直流电机里，通过测量转速获得速度反馈，并推断相对位置。由于光学编码器天然的离散属性，采集过程不需要模数转换，因此它成为最常见的轴位移传感器。光学编码器让光束打在一个带有镂空图案的光探测器上，而这个图案连接在电机输出轴的旋转圆盘上。有两种类型的光学编码器——振幅盘和干涉仪。全息编码器是基于数字衍射的光学元件，可以在同一码盘上实现许多不同的编码模式。光学编码器提供高精度的探测数据，并具有高的电磁干扰环境耐受性。在旅居者号和 MER 火星车的每个车轮上都安装有光学编码器。旅居者号的里程计平均每 6.5 cm（一轮半径）更新车辆的估计位置。FIDO 巡视器采用光学车轮编码器，其精度为 0.027°，等同于直径 20 cm 的车轮的 0.048 5 mm 直线距离。Kapvik 微型巡视器车轮编码器是三通道的 Maxon MR 编码器（类型为 ML），可以通过减速比 1 400：1 在输出轴上实现每圈 500 次计数（即 5×10^{-4}°）。摇臂转角传感器是 Inscale GL 系列空心轴电位器（两个 GL60 为摇臂转向架服务，一个 GL100 为摇臂服务），均提供 340°的旋转范围（见图 5 - 11）。但是硬限位装置限制了摇臂和转向架的角度范围（见图 5 - 12）。

图 5 - 11　Kapvik 微型巡视器底盘中使用的电位器

图 5 - 12　摇臂转向架硬限位装置［来源：蒂姆·塞特菲尔德，卡尔顿大学］

利用电机旋转测量的主要困难是，它们受齿轮传动的系统误差和滑移的非系统误差的影响。使用低通滤波器过滤掉了里程计和惯性导航传感器中的大部分噪声。导航也需要使用陀螺仪提供倾斜地形下车体姿态角的测量数据。车轮里程计和惯性测量单元（IMU）被用来估计 MER 火星车车体姿态和移动距离之间的关系。惯性测量单元可以通过测量高度来获知探测器在第三维度上的移动。惯性测量单元把加速度计和陀螺仪集成在一起，既可以通过测量高度确定探测器的倾斜（尤其是俯仰角），也可以测量方向（偏航）。旅居者号携带有三轴速率陀螺和三个加速度计，用来进行惯性导航。有三种实现微加速度传感器的方法：

1）用硅悬梁悬挂一个硅检测质量块，具有离子注入压阻压力测量的功能。

2）悬浮在微电容板之间的硅质量块。

3）对硅质量块共振频移的检测。

加速度计在低加速度使用时，往往具有一个低的信号-噪声比。尤其是在穿越粗糙的地面时，信号漂移明显。正因如此，加速度计在移动机器人中的应用很少。然而，旅居者号在车辆的每一个轴上用三个加速度计作为倾角仪，以确保不会走上 30°以上的坡。

陀螺仪可以是绝对传感器（陀螺仪）或相对传感器（速率积分陀螺仪）。速率陀螺仪基于旋转或振荡晶体，利用科里奥利效应（Coriolis effect）测量惯性角速度。光纤环形激光器的速率陀螺仪采用光纤电缆，测量行程的时间差〔萨格纳克效应（Sagnac effect）〕。微机械陀螺仪一般采用振动质量块来检测旋转运动的部件。它们是基于科里奥利力（$a = 2v \times w$）原理产生的力转换为模块的振动完成测量。它们由带有位移测量设备（如电容）的自调谐谐振器组成，如电容传感器。音叉陀螺仪包括连接在一个连接杆上的一对质量块，在相等但相反的方向共振。质量块的旋转引起一个和角速率成比例的正交振动（弯曲或扭转）。振动轮陀螺仪围绕轮的对称轴振动。旋转引起可检测的车轮倾斜。压电片陀螺使用振动压电片作为测量科里奥利力的基础。这些传感器被安装在一个三角形的三边，共振频率约为 8 kHz。科里奥利力在旋转过程中产生振动强度的差异。由于热漂移会影响传感器的误差，所以微机械惯性传感器的精度依赖于温度。

由三轴加速度计和三轴角速率陀螺组成的 Litton LN - 200S 惯性测量单元（重 0.75 kg）测量 MER 的行驶高度。加速度计量程为 80 g，分辨率为 2.4 mg，数据速率为 400 Hz，采样率为 8 Hz。这样的采样把有效噪声减弱为 300 μg。MER 位置和姿态估计在运动过程中的采样率为 8 Hz。FIDO 有差分 GPS 接收机（参考导航）和拥有三加速度计及三个陀螺仪的 DMU - 6X 惯性导航系统。速率陀螺仪是一个振动陶瓷板，可以测量科里奥利力并输出角速度信息，量程为±50（°）/s，分辨率为 25（°）/s。硅微机械电容加速度计可以检测线性加速度，量程为±2 g，精度为 1 g。

Crossbow 惯性测量单元 400 系列（3 W 功率的要求）在 Shrimp 和 Lama 移动机器人中采用。萨里空间中心的 GSTB - V2/A 航天器使用的微机电陀螺 Donner QRS - 11 质量为 240 g，功耗为 1.2 W，量程为 10（°）/s，平均漂移小于 20（°）/h。34 g Fether Umlimited Inc. 的微纳卫星基于微机电的惯性测量单元，轮廓尺寸为 38.1 mm×50.8 mm×

15.2 mm，包括 6 自由度运动传感器和三轴微机电系统速率陀螺仪（量程为±300 (°) /s），双量程（±1.2 g 和±10 g）三轴微机电系统加速度计和三轴磁强计（量程为±1 000 μT）。在 1 000 g 的振动测试中，功率损耗只有 40 mW（在 5 V 时），温度量程为－40～85 ℃。惯性传感器的主要问题是惯性元件质量小，容易受到热噪声的影响。Kapvik 微型巡视器采用 Memsense H3 - IMU HP02 - 0300 IMU，包括三个相互正交的加速度计（量程为±2 g）和三个正交的陀螺仪来测量车距、偏航和滚动（见图 5 - 13）。轮毂电机可以作为里程计的传感器以及驱动器——驱动电机的直流电流与轮-土壤摩擦产生的力矩成正比。车轮力矩传感器测量电机电流，这种测量车轮力矩的方法经过了减速齿轮是间接的（且不准确）。因此，它可能估计从电机电流反馈的相互作用力，虽然这个信息会被损坏。测量低于 100 mA 的小电流受到电刷、放大器、力矩脉动的噪声影响。克服这一问题的一种方法是设计一个用于电机电流测量的低通滤波器[288]。触觉传感器是用于检测与障碍物的碰撞的接触式传感器。最简单的触点闭合开关可配置成晶须、天线或保险杠。所有的操作原理是一样的，障碍物直接碰触传感器或开关，使其发生变形，从而触发传感器。如果（非接触方式）距离传感器失效，触觉传感器提供检测障碍物的最后手段。

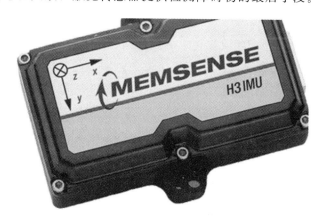

图 5 - 13　Memsense H3 HP02 - 0300 惯性测量单元［来源：罗伯·休伊特（Rob Hewitt），卡尔顿大学］

　　最简单的距离探测器测量环境对象的距离通过非接触式的手段，包括接近、飞行时间和相范围传感器。接近传感器只检测障碍物存在或不存在，不测量距离。常用的接近传感器包括近红外接近传感器（通常包括发送器/接收器单元），感应距离约 880 nm，检测对象是不透明或反射近红外辐射的物体。旅居者号使用碰撞检测器开关作为接近传感器，但非接触式接近传感器（如电容传感器）可能更适合替代碰撞传感器。接近传感器很少在星球探测器使用（激光雷达可代替）。

　　这些运动监测传感器涉及约 10～100 Hz 的高频控制回路。以 8 Hz 的采样频率进行中断操作，对 MER 的危险进行实时反应检查，这些中断包括俯仰-滚转角、摇臂-转向架杠杆悬架角度、电机档、极限周期（无前向运动）和资源冲突。自定位使用 8 Hz 的频率，结合月球车车轮里程计、惯性测量的三轴加速度计和三轴角速率陀螺仪进行。这些快速控制回路将辅以更长时期的视觉定位数据（根据地形和速度，变化范围为 0.5～2.0 m）。低带宽的导航算法应该部署在运动控制器的一个独立板载计算机上。使用它们为微控制器生成必要的参考指令。在行星机器人上，还没有采用近处接近检测感知附近目标，除了使用视觉（避障相机）。立体视觉中视觉定位跟踪像素的恢复相对于外部地标的变化至关重要。同样重要的是，在外部多变的气象条件下，偏振敏感的太阳敏感器提供一个额外的全局参考框架。障碍检测与远距离导航成像都需要一套 CCD 相机，它们也服务于科学成像。

5.5　太阳敏感器

太阳敏感器对巡视器在行星表面的自定位至关重要。它提供了关于太阳的外部参考，以克服巡视器里程计测距不准确所带来的问题。MER 的全景相机通过对太阳成像来确定太阳矢量，实现对巡视器转向角和姿态的测量，而无须使用专用的太阳敏感器[289]。星载加速度计根据重力确定矢量，而全景相机图像每 10 min 确定一次太阳矢量，相当于太阳光线转过约 2.5°，提供车的主轴惯性姿态。窄视场的全景相机需要在 880 nm 和 440 nm 波长下对太阳进行指向。为了不影响全景相机，使用了约 5 个中性密度过滤器。太阳光斑占全景相机的 22 像素。从太阳图像中减去暗电流，并计算太阳图像质心。FIDO 巡视器的太阳敏感器包括一个宽视场的 CCD 成像仪。太阳的中心通过使用抗野值的阈值和中心寻找算法确定。太阳位于二维图像平面上，射线矢量通过一个鱼眼透镜的相机参数计算出来，射线矢量从巡视器惯性测量系统转换成重力参考框架下的矢量。太阳在天空中的位置与时间和巡视器在行星表面的位置（经度和纬度）相关。NASA/JPL 的太阳传感器提供了计算代价最小的星球巡视器行驶方向估计方法[290]。太阳是明亮的，它的角半径小到足以被认为是一个点源（在一个日地距离上为 0.3°）。太阳敏感器是一个黑白 CCD 摄像机，拥有一个广角镜头（JPL 的太阳敏感器的视场角为 120°×84°）和阳光过滤器附加镜头过滤掉非阳光强度入射光。太阳敏感器采用专用的图像采集卡以最小化计算代价。太阳敏感器集成了穿过其视场的光输入并输出定义太阳图像中心的信号。太阳的中心是通过固定阈值、伪影去除从图像中提取的，中心和圆度通过一阶和二阶矩测定。

太阳矢量表示为

$$\begin{pmatrix} s_x \\ s_y \\ s_z \end{pmatrix} = \begin{pmatrix} \cos\alpha\sin\zeta \\ \cos\zeta \\ \sin\alpha\sin\zeta \end{pmatrix} \tag{5-32}$$

式中　α ——相对于传感器的太阳方位；

　　　ζ ——相对于传感器的太阳高度。

而 MER 用太阳的全景图像来提取太阳矢量，一个专用的太阳敏感器对巡视器导航是有用的。Kapvik 微型巡视器采用 Sinclair 星际太阳敏感器（见图 5-14）。

一个在 Kapvik 微型巡视器上具有 140°的锥形视野的太阳敏感器，提供对偏航角的绝对测量。Sinclair 星际 SS-411 太阳敏感器的质量为 30 g，视野宽 140°，精度为 0.1°，是巡视器上部署的理想设备[292]。通过倾角仪、惯性测量单元组合测量重力矢量，巡视器的

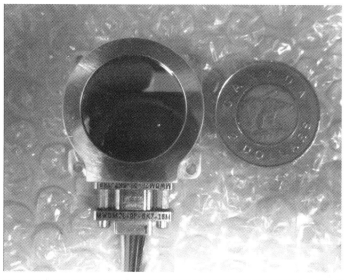

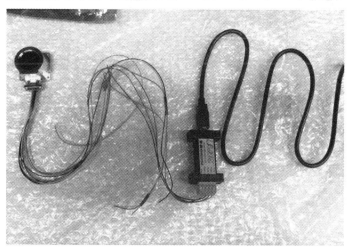

图 5 - 14　Sinclair 星际 SS - 411 太阳敏感器

[来源：杰西·希姆斯特拉（Jesse Hiemstra），卡尔顿大学]

旋转矩阵可通过它穿越的地形估计（假设偏航是零）[293]

$$T = \begin{pmatrix} \cos P & 0 & -\sin P \\ \sin R \sin P & \cos R & \sin R \cos P \\ \cos R \sin P & -\sin R & \cos R \cos P \end{pmatrix} \qquad (5-33)$$

式中　R ——滚动角；

　　　P ——俯仰角。

　　巡视器加速度通过下式得到

$$\begin{pmatrix} a_x \\ a_y \\ a_z \end{pmatrix} = \begin{pmatrix} -\sin P \\ \sin R \cos P \\ \cos R \cos P \end{pmatrix} \qquad (5-34)$$

解得

$$P = \arctan\left(\frac{-a_x}{\sqrt{1-a_x^2}}\right)$$

$$R = \arctan\left(\frac{a_y}{a_z}\right) \tag{5-35}$$

因此

$$\boldsymbol{T} = \begin{pmatrix} \sqrt{1-a_x^2} & 0 & a_x \\ -\dfrac{a_y a_x}{\sqrt{1-a_x^2}} & \dfrac{a_z}{\sqrt{1-a_x^2}} & a_y \\ -\dfrac{a_z a_x}{\sqrt{1-a_x^2}} & -\dfrac{a_y}{\sqrt{1-a_x^2}} & a_z \end{pmatrix} \tag{5-36}$$

对于一个给定的世界时（UT），天文学的太阳位置从星历数据获取，这个星历数据存储在一个用开普勒方程计算的天文年历中。由此可以决定巡视器的朝向。在自主导航定位中，位置误差呈增长趋势，而偏航误差由于受太阳敏感器的约束而保持稳定（见图 5-15）。巡视器定位可以通过车轮里程计、惯性导航测量和太阳敏感器测量并融合完整的状态估计提供位置和方向，和基于扩展卡尔曼滤波的星用姿态控制系统相似。

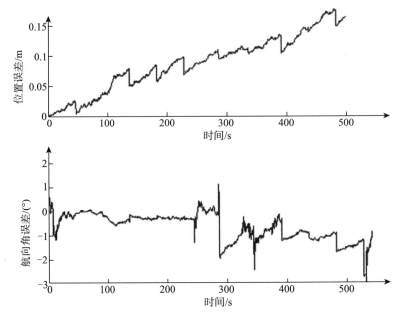

图 5-15　太阳敏感器对偏航误差的约束〔来源：罗伯·休伊特，卡尔顿大学〕

使用太阳进行导航，需要结合一天中太阳的运动。在地球上，太阳方位角的变化率和时间（晨昏时为 7.7（°）/h，正午时为 56.1（°）/h）、日期以及纬度有关。以尽可能高的频率对戈壁蚂蚁的运动进行观察，可以看出它们的导航方式并不是把太阳方位角的变化率假定为常数[294]。由于尘埃导致的不透明和云层遮蔽（仅对有大气的星体适用），在非理想情况下，极化敏感度将会提高太阳敏感器的鲁棒性。由于大气的太阳光散射，将会发生天光极化，在太阳方向为 90°时偏平面极化的极化度达到最大。极化模式由大气的瑞利散射（Rayleigh scattering）引起。穿过天空的极化方向形成了一个规则的模式，这个模式和太阳及反太阳子午面镜面对称。在阳光 90°照射时，极化度最大。在火星，由于全球尘埃风暴导致尘埃沉积和飘升，使尘埃粒子大小为 $10 \sim 100 \ \mu m$。在火星大气紫外波段（波长小于 450 nm）会发生瑞利散射，散射峰值发生在 200 nm 波长处（效应为 5%）。

　　在地球上，线极化方向（e 矢量）和太阳、e 矢量定点形成的方向成镜面对称。e 矢量的主方向和阳光的方向正交。由于太阳高度以 15（°）/h 的速度西移，电场矢量极化方向关于其定点进行旋转。这为昆虫指南针的定向提供了基础。一些昆虫使用地面标志物和空间的极化模式进行视觉导航。昆虫的复眼由许多孔眼（视锥）组成。一些昆虫（如蜜蜂）在眼的背边缘有对特殊极化方向敏感的视锥（复眼像素点），向上视野为 60°[295,296]。每一个视锥包含两个极化敏感感光器，两个感光器的方向正交，便于交叉分析。许多昆虫用对太阳光线极化光的极化平面进行导航。蚂蚁和蜜蜂通过测量阳光的极化方向，把其信息作为视觉指南针进行导航。沙漠中的蚂蚁通过整合极化指南针和里程计的信息进行自主导航[297]。星球巡视器中具备线极化器的极化敏感感光器阵列可以以鲁棒稳定的太阳指南针类似的工作模式运行。

　　它们可以布置在正交方向以便于进行交叉分析。在巡视器行驶方向的 0°，60°，120°上可以各安装一个这样的设备。已经开发了一种模拟的具有 60°视场的极化光敏感器[298]。该敏感器由一对线极化的光电二极管组成，形成一个对数放大器。每一对形成一个对数放大器：$V_o = K(\log I_1 - \log I_2)$。这压缩了光反应强度，因此放大了密度范围。有三种可能的安装方法[299]。采用一组传感器绕垂直轴扫描天空，更可靠的是采用三组传感器进行精调，让三组传感器沿着三个方向（0°，60°，120°）进行瞬时扫描。后一种方式可以连续运行并减少导航误差。

　　旋转的线性极化视场产生的入射光强度取决于滤波器指向方向的正弦值。光强、极化角和极化度依观测位置而变化。该观测位置决定了偏极化的形式。极化敏感器对部分极化光的敏感度由下式给出

$$S(\phi, D) = KI \left[1 + \frac{d(S_p - 1)}{S_p + 1} \cos(2\phi - 2\phi_{\max}) \right] \qquad (5-37)$$

其中

$$S_p = s_{\max} / s_{\min}$$

$$\phi = 0.5 \arctan\{(s_1(\phi) + 2s_2(\phi) - 1.5)/[\sqrt{3}(s_1(\phi) - 0.5)]\}$$

$$d = (I_{\max} - I_{\min})/(I_{\max} + I_{\min})$$

$$I = I_{\max} + I_{\min}$$

式中　S_p——极化敏感度；

　　　　ϕ——极化角；

　　　　$s_{\max}$——最大极化角；

d —— 极化度；

K —— 常数；

I —— 总光强；

I_{max} —— 最大光强；

I_{min} —— 最小光强。

对数放大器输出的幅值正比于极化度，极化度每天发生变化。使用这种极化敏感的太阳敏感器可以为导航提供外部的全局参考。另外，巡视器在 20 km 范围内的夜间自主导航也可以通过使用星敏得以实现。

5.6   激光测距

红外传感器是最简单的非接触式传感器，利用近处物体对红外线的发射和反射进行探测。由于强度非常低，所以其适用范围非常有限（50 cm 左右）。有源传感器发出一个信号被散射回来，并被一个接收器检测到。最简单的方法是激光扫描——在视场中两侧前视相机投射垂直条纹到物体上（结构光）。在旅居者号上，当静止时，五个基于激光二极管的条纹作为障碍接近传感器使用。当相机拍摄图像时，投射的条纹就形成了一个反映物体形状的图像。同样，通过控制每个激光划线机的前束，就可以确定该物体的距离。结构光可以用来解决图像的模糊性和减少图像的计算复杂度。条纹激光器投射条状光或网格光到物体表面，条纹的变形量和深度成比例，变形表示在平面的几何变化，不连续性指示了缺口的存在。深度的定义为

$$z = \frac{b}{x/f + \tan\alpha} \tag{5-38}$$

式中 b —— 激光与光学相机之间的基线；

f —— 相机镜头焦平面；

x —— 检测激光条纹的图像位置；

α —— 相对于 Z 轴的激光投影角。

这种结构光方法提供了对深度更可靠的估计[300]。一个像素看到激光条纹时，这个一定时间范围内变化的激光就连续扫描场景，并计算距离。这种非扫描的方法消除扫描机制。该方法使用激光脉冲来覆盖整个场景，由一个 CCD 阵列探测器计算在每个像素激光返回的时间。深度分辨率依赖于基线、焦距和图像分辨率。一般来说，在 5 m 距离时深度分辨率降低到小于 1 m，在 10 m 距离时深度分辨率降低到小于 3 m，在 15 m 距离时深度分辨率降低到小于 7 m，在 20 m 距离时深度分辨率降低到小于 12 m。旅居者号的激光二极管向车前可投射 30 cm，在车的左右为 13 cm。如果有一个高度的变化，条纹会发生失真。可以测量这个变化确定对象的曲率，只是在此过程中不能有环境光。不幸的是，在火星地形上，旅居者号的激光条纹容易误报（裂缝、斜坡和障碍）。更复杂的外部范围传感器是基于发射脉冲的飞行时间测量，或发射连续波并对它的回声或相移进行测量。脉冲可以是超声波、射频信号或光波。超声波测距传感器通过产生和发射的超声波脉冲提供范围

检测。探测波从物体反射回来，被探测器探测到，计算得到波返回用的时长，由此得出相对距离。镜面反射会损坏超声波范围数据，和超声波阵列产生串扰干扰。由于大的束宽，它们在方向分辨率方面并不准确，而且分辨率依赖于温度、明显的镜面反射、多次反射物体的串扰。对于微波雷达，雷达方程表明电磁波会以 $1/r^2$ 衰减，但是如果准直光束使用激光，对向外的路径有很少或没有传播损耗，就会只有 $1/r$ 的路径衰减。激光测距仪使用光（而不是超声波信号）来测量飞行时间或测量发射信号和反射信号之间的相位差[301]。光学（激光）雷达具有比微波雷达更高的精度。一个单频率典型发光功率值为 $30 \sim 100$ mW 的激光二极管结合一个光电二极管检测器，相移测量通常涉及对信号的中间频率进行接收和外差处理。相对相移由下式给出

$$\phi = \frac{4\pi d}{\lambda} \rightarrow d = \frac{\phi c}{4\pi f} \tag{5-39}$$

激光雷达（光探测和测距）是一种主动发射激光并接收反射光，探测光飞行的时间，用以测距的方法，不需要环境照明[302]。激光雷达系统采用的光束为窄光束，而且光的波长小于目标尺寸表面起伏。因此，伪倾斜的束反射和镜面反射不会发生。飞行时间测量通过测量反射射线到达接收器的时间给出目标的距离。激光扫描根据视场中物体的深度和高度分布，提供了物体角度和位置信息。多普勒信号处理也可以产生运动数据。激光雷达采用美国 MUSES-C 作为其 10 m 范围内的主要导航和避障传感器。MUSES-C 的激光测距仪也可用于在 100 bit/s 速率以下直接对地光通信。Nomad 同样把激光测距仪作为主要的导航传感器。通过光电倍增管检测脉冲激光发射和反射光束的飞行时间；或者通过一个连续波光束检测传输和接收的信号之间的相移。一个典型的扫描激光雷达扫描整个场景的激光束，一个探测器测量反射光[303]。扫描激光测距仪有三种基本的类型，不同的是它们如何测量距离。AMCW 激光测量发射和接收信号之间的相位差，飞行时间（TOF）激光器测量脉冲传播时间，调频连续波激光测量调制的频移激光频率。AMCW 激光在进行接近中等范围（高达 50 m）的测量时执行效果最好。TOF 扫描仪在进行长距离测量时和室外环境测量时执行效果最好，但它们的捕获率较低。调频连续波激光器更准确，但复杂笨重。在测距几米左右的物体时，需要的精度要求为响应时间 50 ns。毫米波雷达（77 或 94 GHz）不受激光雷达固有的不透明度的限制。它们提供较低的分辨率，但范围更大，可以产生一个地形图像，但由于使用激光雷达，地形会产生阴影和闭塞错误。三维扫描仪通过外推，创建（重建）一个物体表面的几何距离的点云。可参考多个扫描结果以便创建 3D 模型。Kweon 和 Kanade（1992）描述了在点（x，y）处距离、方向、高度图的（$\rho\varphi z$）轨迹法，这种方法利用一系列传感器和两个图像之间的地形特征匹配转换生成数字高程图[304]。这是使用相机图像的大型六足巡视器原型 Ambler 采用的地形制图方法[305]。它使用一个激光测距仪在地图上来规划崎岖地形上的落脚点[306]。通常情况下，会施加一个人工网格，来维护高度、坡度，粗糙度和障碍占用数据（与置信度估计）[307]。20 Hz 的二维扫描在 50 m 的距离提供了 20 cm 的精度。HOKUYO URG-04LX 2D 激光扫描测距仪和 LM 系列飞行时间激光类似，已在移动机器人领域成为标准，但是其庞大的规模、质量（1.1 kg）和功率要求（12 W）并没有成为标准[308]。Sick LMS 111 有一个较长的 20 m 量

程和 0.5°角分辨率。HOKUYO 激光测距仪由于其低功耗（2.5 W），性能良好，质量较小（0.16 kg）（见图 5-16），被选择安装在一个全倾斜单元的 Kapvik 微型巡视器上。这使它能够通过倾斜进行三维扫描。

用一个旋转的反射镜进行红外激光束扫描，将发射和返回的光的相位进行比较，以提取距离。该镜扫描出一个 240°的视场，角度分辨率为 0.36°，扫描速率为 10 Hz。它可以通过 RS-232C 串行接口以 750 kbit/s 的速率进行传输，最大功率消耗为 4 W。使用距离可达 4 m，误差仅为 0.3%。

通过敲击和倾角测量，三维激光成像也可应用于岩石表面的几何测量。然而，激光雷达没在 MER 上使用，也不是 ExoMars 火星车的基线，因为在这两种情况下，立体视觉是用来遍历规划和避障的。通常认为火星地形纹理中有足够的视觉特征。然而，结合激光雷达与基于视觉的方法减少了立体视觉中固有的视差计算量。

图 5-16　Hokuyo URG-04LX 激光扫描仪［来源：罗伯·休伊特，卡尔顿大学］

5.7　自主牵引控制

在崎岖地形上导航需要考虑巡视器与地形之间的物理作用。这涉及障碍物上的行驶过程。以下的算法可以用来说明在高速通过障碍时，通过抬起前轮，以最大限度地减少对摇臂转向架底盘的冲击[309]：

1）所有车轮以相同的标称速度行驶。

2）当障碍物与前轮在一个车轮直径距离内时

—中轮加速 30%；

—后轮减速 30%。

3）当障碍物直接在前轮下面时

—所有车轮仍以相同的标称速度行驶。

4）当障碍物与中轮在一个车轮直径距离内时

—前轮减速 30%；

—后轮加速 30%。

5）当障碍物直接在中轮下面时

—所有车轮仍以相同的标称速度行驶。

更普遍的情况是，在移动中，必须尽量减少车轮打滑，以减少能源消耗和里程计误差，以及让车轮力分布合适，以确保四个轮子正常合作。由于崎岖的地形带来不断变化的坡度和车轮滑转率，因此通过对车轮编码器数据的整合来推断车位置是不准确的。即使借助于惯性传感单元也不会校正成准确的数据，因为它也受到累积漂移的影响。此外，里程计强烈依赖于底盘运动结构，这也会使得测量不精确。主要的问题是滑移。机遇号火星车需要能够爬越 15°的斜坡，才能爬出它所在的深 22 m 的撞击坑，它在爬坡的时候滑转率达到了 45%～50%。勇气号在第 399 个火星日试图到达"Larry's Lookout"观测点时，爬坡角达到了 16°，滑转率达到了 100%，但是在几米外的 19°斜坡上其滑转率只有 20%。在第 454 个火星日，当勇气号检测到超过 90% 的滑移并且其车轮被淹没时，它就停止了，淹没深度几乎达到一个完整的车轮半径。同样，在 2005 年，机遇号由于下沉到了一个沙丘，土壤没过了轮轴，它也停止了运动（见图 5 - 17）。

滑移导致大功率消耗，却没有有效牵引巡视器，这种情况应尽量减少。牵引控制通过尝试减少滑动，以降低功耗。所有的自动牵引控制方案的基础是对滑移进行估计，以尽量减少滑移[310]。车轮打滑发生在车轮-土壤界面，此时车轮的角速度与等效地面速度不匹配。里程计是不准确的，所以外部测量是必不可少的（即通过外部传感器测量巡视器的移动进程）。为了纠正滑动，需要一些外部参考测量来直接监测地面轨迹。滑动可以通过对里程计与外部参考传感器的比较获得

$$s = 1 - \left(\frac{v}{rw}\right) \tag{5-40}$$

其中，加速时 $rw > v$ ，减速时 $rw < v$ ，v 为车辆平移速度，r 为车轮半径，w 为车轮旋转角速度。将此方程进行微分得到

$$\dot{s} = \frac{1}{wr}\left(-\dot{v} + \frac{v}{wr}\dot{w}r\right) \tag{5-41}$$

以此描述滑移的演变。轮测距提供移动距离的数据，但由于土壤中的车轮打滑导致结果不准确。准确的轮测距需要自由的车轮，就像在 LUNOKHOD 中使用的那样。但由于质量消耗，这种方法仍然不准确（误差 10%）。已经使用视觉里程计测量地面位移，在两边安

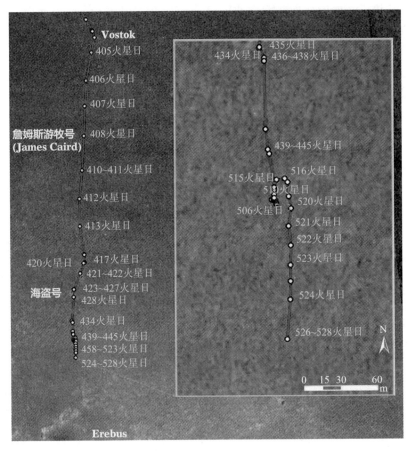

图 5-17　机遇号在其巡行期间的高滑转率分布范围［来源：NASA］（见彩插）

装两个下视摄像头，拍摄车轮两侧的图像，通过两侧图像的比对测量归一化相位[311,312]。它基于两个图像之间的像素偏移测量归一化的相位误差

$$I_1(x + \Delta x, y + \Delta y) = I_2(x, y) \tag{5-42}$$

这项技术工作在无特征点的表面。光学鼠标需要放置在距离表面几毫米之内，测量巡视器相对于表面的运动轨迹。传感器和表面之间的距离决定了成像传感器上的投影面积，这使得它在粗糙的地形使用时由于距离变化会带来困难。此外，接近表面的操作限制其速度要小于 30 cm/s。为适应更高的高度，可以为机器人应用程序增加一个放大透镜和一个照明源[313,314]。光流传感器质量为 5~20 g，可与 10 MHz 的 PIC 18c252 单片机连接，并集成视觉芯片[315]。在像素的强度迅速增加时，会产生脉冲，相邻像素的脉冲序列就可以实现视觉运动检测。基于激光的器件优于基于 LED 的器件。事实上，相比于一个单一的照明源，双轴照明提高了二维位置测量精度[316]。另外，可以使用一对光学鼠标[317]。差分光学传感器采用在不同高度的两个光学鼠标，用一个分光器补偿高度差，可用于崎岖地形[318]。另外，一个单一下视摄像头光流测量，可与卡尔曼滤波及牛顿-拉夫逊估计（Newton-Raphson estimator）结合[319]，或与一个滑模观测器结合[320]。然而，这些方法有一定的重量影响。另外，可以使用激光散斑测速仪，它采用光反馈半导体激光器作为一

个单一的光轴发射器和接收器[321-323]。散斑效应是由粗糙表面多个二次点源的相干光束干涉引起的。典型的散斑尺寸被定义为

$$d = 0.61 \frac{\lambda}{NA} = 1.22 \lambda f_{\#} \tag{5-43}$$

式中　NA ——数值孔径；

　　　$f_{\#}$ —— f 数。

散斑图像中的对比度（可见性）由下式给出

$$C = \frac{I_{\max} - I_{\min}}{I_{\max} + I_{\min}} = \frac{\Delta I}{T_T} \tag{5-44}$$

激光投射激光源到粗糙的表面上，由于光束在不同的长度路径上传播，形成干涉（斑）。从地面返回到激光腔的一对探测图像与发射光干扰导致随机的光谱能量变化，该变化由一个终端的光电二极管探测到。如果在粗糙表面移动的均方根高度大于激光光源的波长，由于传送和接收的光在不同路径长度之间的干涉效应，其平面运动产生随机散斑效应。自相关被用来检测自混合信号，该信号由随机散斑图案的速度产生，该速度可以从散斑图案中时间和随机振动线性函数的逆相关运算中提取。预滤波的图像使用二进制阈值或 Canny 边缘检测滤波器，提高了跟踪能力。归一化互相关之间的散斑图像能够对图像帧进行对比，在速度为 50 mm/s 时误差为 0.75%，而车轮里程计误差为 10%。只要可以测量滑动，就可以实现防滑控制。当巡视器穿越崎岖的地形时，由于地形地貌不同，每个车轮会承受不同的载荷。由于每个车轮对其行驶点的速度控制是自闭环的，导致车轮之间速度不协调而导致能量耗损。当四轮车辆前后轮速度和滑动相等时，可以达到其最大牵引效率 $\eta = 1 - R/H$ [324,325]。鲍姆加特纳（Baumgartner）等（2001）提出了一种相对简单的速度同步算法[326]。车轮速度和标称速度之间的偏差由下式给出

$$\delta_i = \sum_{i=1, i \neq m}^{n} | \theta_m - \theta_i | \tag{5-45}$$

式中，θ_m 为第 m 个轮子的行驶距离（$m = 1, \cdots, n$）；θ_i 为第 i 个轮子的行驶距离，并且 $i \neq m$。平均偏差由下式给出

$$\delta_{av} = \frac{1}{n} \sum_{i=1}^{n} \delta_m \tag{5-46}$$

表决方法用来剔除在平均值的小范围之外的异常值

$$d = \sum_{i=1}^{n} \begin{cases} \theta_m, & \delta_m \leqslant \delta_{av} \\ 0, & \delta_m > \delta_{av} \end{cases} \tag{5-47}$$

如果 $\delta_m \leqslant \delta_{av}$，$c = c + 1$ 会被作为计数器使用。总距离用 $D = d/c$ 计算。相对于标称速度设定值，第 m 个轮所需的变化速度为

$$e_m = D - \theta_m$$
$$v = v_{ref} + \Delta v \tag{5-48}$$

其中

$$\Delta v = \begin{cases} e_m v_{ref}, & e_m v_{ref} \leqslant \Delta v_{th} \\ \Delta v_{th}, & e_m v_{ref} > \Delta v_{th} \end{cases} \tag{5-49}$$

式中，Δv_{th} 为最大速度变化。但是，还有更为复杂的方法。在月球车移动中推荐基于模型的前馈控制（基于估计的车轮力从 Bekker 分析计算）结合基于传感器的反馈控制（基于滑移估计通过电机电流测量）[327]。使用正向和反向摇臂-转向架连杆机构系统的运动学模型并借助于视觉里程计和卡尔曼滤波，提供对滑移的估计以避免使用牵引建模[328]。不幸的是，由于视觉系统的延迟，在移动中这样的方法难以在线实现。滑移率可以表示为一个牵引力和下沉量的函数曲线（即滑移率可从 T/W 的比值估计）。这需要测量垂直轮负载和驱动力矩随土壤类型的数据。已使用基于 Bekker 理论的在线地形参数估计算法，来简化包含牵引、重量和车轮力矩的力平衡方程[329]。大多数牵引力控制算法通过 Bekker 理论涉及轮-地相互作用，尤其是 Janosi-Hamamoto 关系[330]。这种方法基于负载-牵引因子的计算，它定义为牵引力（切向力）和竖向荷载（即体重超过每轮）（DP/W）的比值，这个因子被最大化以减少滑移[331]。车轮力矩由 Janosi-Hamamoto 关系和 Mohr-Coulomb 关系决定

$$\tau = r^2 b \int_{\theta_a}^{\theta_d} (c + \sigma \tan\phi)\{1 - e^{(r/K)[\theta_a - \theta - (1-s)(\sin\theta_a - \sin\theta)]}\} \tag{5-50}$$

式中，r 为车轮的半径；b 为车轮的宽度；c 为土壤的内聚力；ϕ 为土壤的摩擦角；σ 为正应力（Bernstein-Goriatchkin 负载-下沉量的关系），$\sigma = (k_c + bk_\phi)(z/b)^n$；$k_c$ 为土体变形模量；k_ϕ 为土体变形摩擦模量；s 为滑移；j 为轮/土界面剪切位移，$j = r[(\theta_a - \theta) - (1-s)(\sin\theta_a - \sin\theta)]$；$K$ 为经验确定的剪切常数；θ_a 为与地面接触方向垂直方向的入口角；θ 为车轮角位置；z 为下沉量；n 为土壤变形指数（名义上统一定义为 Gerstner 土壤）。类似的关系可以用于履带式车辆[332]

$$\tau = b \int_0^l (c + \sigma \tan\phi)\{1 - e^{-[l-(1-s)x/K]}\} \tag{5-51}$$

式中　l ——地面轨道长度；

　　　x ——轨道位移。

滑移补偿需要几个组件功能：视觉里程计和 IMU 数据，以向卡尔曼滤波器提供输入，来确定车运动；输出和使用电机角度的车辆运动学模型进行角度比较来估计打滑；路径生成系统用来补偿滑移[333]。可能使用一种基于 PI 的滑动控制法（$\Delta s = s^d - s$）从目前的测量中确定实证模型，使滑移误差减小到零 $\Delta s \rightarrow 0$

$$\delta = k_p e + k_i \int e \, dt \tag{5-52}$$

这一方法需要了解土壤参数，这一般是未知的。亚涅马（Iagnemma）等人（2002）[334-337]提出使用近似关系和一些简化符号来简化牵引估计模型。该方法通过线性最小二乘法，为估计土壤内聚力和土壤内摩擦角提供了依据，同时也有科学的价值，有助于提高移动效率

$$\begin{pmatrix} c \\ \tan\phi \end{pmatrix} = (\boldsymbol{K}_2^{\mathrm{T}} \boldsymbol{K}_2)^{-1} \boldsymbol{K}_2^{\mathrm{T}} \boldsymbol{K}_1 \tag{5-53}$$

其中

$$K_1 = \frac{4\tau\cos\theta_a - 8\tau(\theta_a/2) + 4\tau}{1 - A}$$

$$K_2 = \frac{2r^2 w\theta_a[\cos\theta_a - 2\cos(\theta_a/2) + 1]}{-[4\tau\sin\theta_a + W\theta_a^2 r - 8\tau\sin(\theta_a/2)]}$$

$$A = e^{-\frac{r}{K}\{\frac{\theta_a}{2} + (1-s)[-\sin\theta_a + \sin(\theta_a/2)]\}}$$

$$\tau = \frac{1}{2}r^2 b\tau_m\theta_1 , \tau_m \text{ 为电机力矩}$$

(5-54)

土壤变形模量一般未知，然而，使用安装在每个车轮轴上的应变计测量正常负载将消除土壤变形模量需求，并对整车的重量影响最小。每个电机的电机力矩 τ 可以通过电流输入和电流-力矩关系（虽然会有通过齿轮箱的非线性）估计。车轮的位置和运动可以通过车轮编码器/转速表测量。如果没有外部视觉传感器，车轮下陷和车轮-土壤接触角将很难在线测量。一个建议是引入触觉轮来测量车轮-土壤接触角：已经提出了包括基于强度、三角测量、相移测量的激光发射和检测器、超声波范围传感器（由于火星大气稀薄，此方法不可行），以及使用涡电流传感器来测量距离和车轮变形。还提出了一种应变计传感器（基于 SAW 传感器）来测量车轮变形，这将对确定车轮的变形有用。对星球巡视器而言，触觉轮具有严格的质量要求，并对星球巡视器产生复杂的影响。艾格尼玛（Iagnemma）等人[338-340]提出采用只使用车辆倾角仪和车轮转速计的扩展卡尔曼滤波器来估计车轮-土壤接触角，并测量地形地貌。但是，他们的公式假设接触地形为刚性而且不下沉。使用简单的传感器，车轮-土壤接触角和下沉量基本上是不可观测的。可以从它与下沉的几何关系用一个简单的方法来确定下沉（刚性车轮下陷）

$$\theta_a = \arccos\left(\frac{r - z}{r}\right) \tag{5-55}$$

下沉可以通过每个车轮上的正常载荷来确定（见图 5-18）

$$z = \left[\frac{3W}{b(3-n)(k_c/b + k_\phi)\sqrt{d}}\right]^{2/(2n+1)} \tag{5-56}$$

里克特（Richter）和哈马克（Hamacher）于 1999 年提出了一种更复杂的方法以解释前轮车辙导致的后轮附加下沉。

对于前轮（下沉量 z_0）

$$W = -bk\int_0^{z_0} z^n \frac{2(z_0 - z) - d}{2\sqrt{d(z_0 - z) - (z_0 - z)^2}}\,\mathrm{d}z \tag{5-57}$$

对于中轮（下沉量 $z_0 + z_2$）

$$W = bk\sqrt{dz_2}\left[(z_0 + z_2)^n - \frac{n}{3}(z_0 + z_2)^{n-1}z_2\right] \tag{5-58}$$

对于后轮（下沉量 $z_0 + z_2 + z_3$）

$$W = bk\sqrt{dz_3}\left[(z_0 + z_2 + z_3)^n - \frac{n}{3}(z_0 + z_2 + z_3)^{n-1}z_3\right] \tag{5-59}$$

载荷加载在车轮上的力可以由一个安装在每个车轮轴上的单一或多轴应变力传感器来

（a）Sherborne SS4000M-200 N载荷传感器（包含放大器）

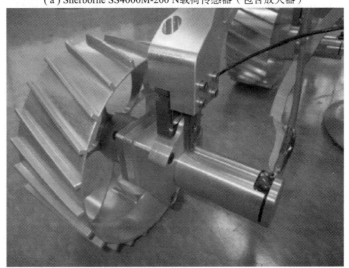

（b）已经安装在Kapvik微型巡视器车轮上用于测量车轮载荷

图 5-18　　［来源：蒂姆·塞特菲尔德，卡尔顿大学］

测量。通过结合以上各轮参数，载荷传感器为将车轮载荷变换成下沉量估计值提供依据，以此来提取土壤参数（见图 5-19）。

两个多层感知器用于 Bekker - Wong 牵引力模型的学习，以提取土壤内聚力和摩擦力的连续数据（见图 5-19）。土壤的牵引特性算法在滑转率估算上十分强大，滑转率的估算是十分基本和重要的（见图 5-20）。可以使用一个 512×512 像素的帧频率为 0.5 Hz 的小相机在巡视器运动速度为 10 cm/s 的情况下进行滑转率的测量。假设滑转在 1 m 内是不变的，摄像频率可以减小到每 10 s 拍摄一幅。这种方法对巡视器造成的影响最小。与（恒定）速度控制相比，牵引力控制使得功率消耗被显著降低。巡视器通过车轮力矩、载荷、滑转率"感知"地面的情况。这些方法最大的限制是它们采用简化的牵引力模型而不考虑柔性车轮和轮刺。自动化牵引控制系统仍然在开发当中，尚未用于星球巡视器。

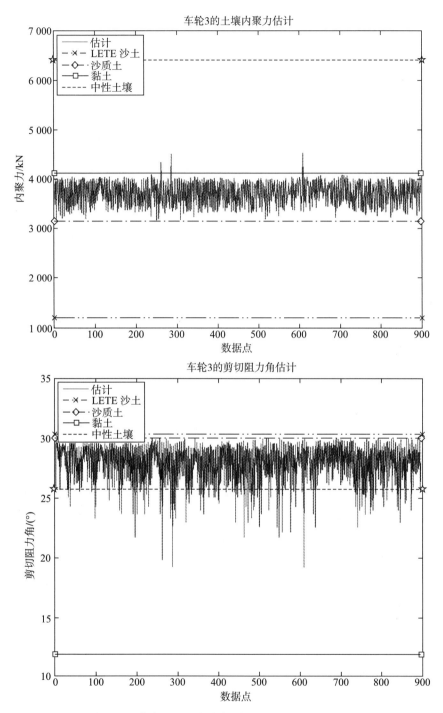

图 5 - 19   沙质土的土壤内聚力和摩擦角［来源：马特・克罗斯，卡尔顿大学］

　　障碍识别是运动过程中避障和导航功能重要的一部分。危险包括障碍、大斜坡、具有挑战的粗糙地面和低牵引力的松软地面。通过提取静态特性对斜坡和粗糙地面进行几何分析，可以将地面分为沙土、粗糙、多石块、不可通过或未知。例如，粗糙地面可以通过标

准差表述和计算

$$\sigma = \sqrt{\frac{\sum_{i,j} \left(I_{av} - I_{i,j}\right)^2}{nm}} \tag{5-60}$$

其中

$$I_{av} = \frac{\sum_{i,j} I_{i,j}}{nm}$$

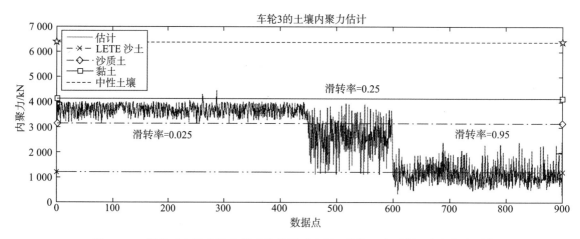

图 5 - 20　滑移对土壤内聚力影响的估计 [来源：马特·克罗斯，卡尔顿大学]

　　图像的参数 I 可以通过地形海拔高度 z 估算，它可以表示出具有挑战性的地貌或斜坡角 θ，这些特殊地形增加了车轮的滑转。较崎岖的地形具有更高的标准差。地形的视觉分析对这一过程至关重要。不同地形需要不同图像处理方法（如雪地是高反射的而沙地是随时间变化的）。滑移预测需要使用视觉信息来评估地形（例如，沙质斜坡产生较高的滑移，最好避免）。地形可以通过基于规则的、基于模糊逻辑或基于贝叶斯或以人工网络的方法进行分类。一个模糊的通过性指数可定义四个通行测量量（粗糙度、坡度、不连续性和硬度）[341]。基于模糊逻辑的地形分类方法比性能最差但计算快速的基于规则的地形分类方法具有更优越的性能和更高的成本[342]。从本质上说，分类的复杂性决定了它的性能[343]。地形是必须要依赖的因此也必须被考虑。学习地形纹理特征和滑移发生率之间的相关性是可能的[344]。神经网络非常适合通过经验学习这种关联。地形图像可以根据地形特征用神经网络进行分类，如沙土的纹理（假设没有阴影）[345]。一旦学会了，就可以通过视觉特征预测地形。视觉里程计用来测量滑移，在线地形参数估计用来描述地形的某些方面。基于地形块纹理（基元）的视觉图像为地形类型辨别提供了基础。滑转和斜坡角的关系是非线性的，其可以利用神经网络进行建模，可以用扩展的卡尔曼滤波方法进行巡视器姿态评估[346,347]。特别地，这个工作也可以使用 EKF 估计神经网络权重，以及成功补偿滑移的学习规则。地形图可以包含滑移预测[348]。

　　确定非几何的障碍，如可以困住巡视器的松散沙子，是需要被考虑的。车辆行进过程中产生的加速度数据的振动信号与巡视器行走的土地特性息息相关。振动信号在频率层面上描述了地形信息。对功率谱密度进行分析，并进行主成分分析，以允许使用费舍尔（Fisher）判别分析。马氏距离（Mahala nobis - distance）可以用来对新的地形进行分类。这些方法是有限制条件的，因为它们仅限于在某种实际地形中的某一速度下。不同的速度在相同的地形上产生不同的振动响应。这同样适用于与地形相关的电机电流监测[349]。这些是基础的方法。一种方法依赖于已知的巡视器的振动传递函数，该函数定义了地形输入的巡视器振动频率响应[350]。通过长距离的视觉数据对地形进行分类的方法优于基于地图的数据呈现方法[351]。最常见的地图表示是基于网格的高程地图[352]。简单的色彩分析，如 HSV（色调、饱和度和值）可能不足以达到此目的。视觉特征分析可以基于 HSV 颜色，或纹理基元的纹理分析，可用于定义地形类型。这需要纹理分析，如 Gabor 滤波器，但是这些都很昂贵。另一种方法是使用 Haar 小波分解。类似的性能可以用基于 $rg[r=R/(R+G+B)$，$g=G/(R+G+B)]$ 色彩的二维归一化颜色直方图达成，这可以在降低计算成本的基础上减小对光照的敏感度。分类可以通过朴素贝叶斯分类器（Bayes classifier）来填充笛卡儿地图的元素。贝叶斯分类器用标准方法为触觉和视觉特征的提取提供了传感器融合[353,354]。这使得在车辆行驶之前就可以预测滑转率。这可以结合先前受过训练的基于振动的地形分类系统，用于视觉分类[355]。奇异值分解可以用于这样的分类[356]。一个学习过程已经被研究，这个学习过程囊括了通过视觉纹理（利用 Haar 小波分类）的土壤牵引特性的预测，该预测是基于在以前走过的视觉分类的地形与振动信号之间建立关系进行的[357]。Kapvik 微型巡视器摇臂-转向架系统的牵引力和滑转率评估已经利用一个无迹卡尔曼滤波，基于多项式土壤的牵引模型和车轮力矩、车轮载荷的测量[359]进行计算。试图提取基于车轮的传感器数据来测量土壤成分的变化，这一尝试已经用于原位资源利用中的水冰探测[360]。该车轮传感器包括测量土壤的介电常数的阻抗谱仪，测量电导率的电导率传感器，测量静电特性的静电计，以及测量含铁矿物的磁学性质的磁强计。这种轮内传感器的测量效率现阶段并不清楚，复杂度也难以控制。一个基于神经网络的方法已经得到发展，并成功在前进过程中基于车轮力矩、载荷和滑转率提取出土壤参数（内聚力和摩擦角）[362]。车轮载荷提供了测量的关键，在其他土壤参数 n、k_c、k_ϕ 已知的情况下，用以评估 c 和 ϕ。这种连续的对土壤内聚力和摩擦角的测量可以在车辆行进过程中探测水冰而不需要车轮内置传感器。

5.8　传感器融合

多传感器融合涉及从多个感觉模式合并信息。它捕获环境的不同特征，允许特征进行组合，以实现更准确、更强大的分类[363]。对于复杂的环境，需要同时整合来源不同的传感器信息。一个分布的多种类的传感器组合使得巡视器系统可以利用功能冗余轻松地应对困难。传感器组合提供了不同体系的冗余信息或者不同模式的信息。每一个传感器的输出都是被噪声减弱了的，所以用多个传感器对同一特性进行测量时，不确定性被降低了。多传感器数据融合，通过提供更可靠和健壮的环境评估（相比于利用单一传感器），提升了所有测量和分类工作性能。通过采用不同传感模式的冗余信息，来减小传感器的不确定性。人类的感官整合符合贝叶斯过程，是基于主观概率（或模糊逻辑）的，它指定了不同的证据如何进行组合[364]。人类的多感官融合提供了腹语的基础，腹语者的声音似乎是从他手中的玩偶口中发出的，由于声音刚好和玩偶的口型吻合（即视觉信息要优于声音信息，因为视觉信息更为准确和可靠）。那么一些问题马上从多传感器融合中显现出来：1）不同的传感器提供不同的物理传导机制、不同的位置，由于所在环境不同而采集不同的测量信号，具有不同的带宽、不同的谱段、不同的信号采集率；2）一个传感器的数据点和另一个传感器的数据点的关系需要被记录；3）合并表现形式差异很大的数据在一个统一形式的媒介上。传感融合发生在不同层次上，从数据成熟度的集成到世界模型属性的集成[365]。分布式背板结构可以提供一个通用的传感信息集成的中心环境，以在信号通过背板后完成高质量的传感融合[366]。背板是一种解决问题的方法，在背板上多种信息使用通用的背板数据结构进行处理。然而，很显然，人类对传感信息的认知整合能力似乎在一个低得多的层次上[367]。在人类大脑当中视觉和听觉的传感融合通过了最大程度的整合，而使得融合估计方差最小[368]

$$\hat{s} = \sum_i w_i \hat{s}_i \qquad (5-61)$$

其中

$$w_i = \frac{1/\sigma_i^2}{\sum_j 1/\sigma_j^2}$$

式中，$\hat{s}_i$ 为估计变量，$\hat{s}_i = f_i(s)$；f 为神经传导算子；σ_i 为标准差。最终估算出的标准差要小于单独视觉或听觉的估计。

$$\sigma_{vh}^2 = \frac{\sigma_v^2 \sigma_h^2}{\sigma_v^2 + \sigma_h^2} \qquad (5-62)$$

这和贝叶斯方法是一致的。多传感器融合可以采用一系列不同的方法——加权平均、卡尔曼滤波、贝叶斯评估（马尔可夫）、Dempster - Shafer 概率、模糊逻辑或者神经网络[369-373]。也可以用数值方法处理不确定问题，有一些典型的方法，如非单调逻辑（non - monotonic default logics）[374]。如果冗余的数据间存在冲突，则需要一种给每个数据分配置信度的机制。令人信任的结果可以是加权后取加权平均值。基于概率的方法建立在贝叶斯定理基础上，用于找到似然比，其权重确定取决于置信值。最简单的融合策略涉及结合从多个传感器获得的同一特性的原始测量值（直接融合）。在融合之前，需要检查多种测量源的一致性，检查其是否表现的是同一个物理实体。类均值中的样本的马氏距离可以由标准差确定。马氏距离对于同一代表对象会很小，可以这样确定[375]

$$d = \frac{1}{2}(x_i - x_j)^{\mathrm{T}} \mathbf{C}_k^{-1} (x_i - x_j) \qquad (5-63)$$

式中 x_k ——传感器输出；

C_k ——对角方差-协方差矩阵。

马氏距离服从 χ^2 分布。对于两个标量输出的传感器，简化为

$$d = \frac{(x_1 - x_2)^2}{\sqrt{\sigma_1^2 + \sigma_2^2}} \tag{5-64}$$

式中　σ_i——传感器测量的标准差。

　　融合数据最简单的方法是使用贝叶斯最大似然比模拟传感器的不确定性。基于贝叶斯的感知将噪声传感数据表示为条件概率密度函数而不是来自每个传感器的单个值，更容易在融合过程中出现最优估计[376]。每个传感器的数据体现了一个事件发生的概率[377]。事件 H 和 X 都发生的概率为

$$p(H,X) = p(H)p(X \mid H) = p(X)p(H \mid X) \tag{5-65}$$

　　贝叶斯定理分配了一个在证据基础上的置信度概率测度。贝叶斯规则定义了假设 H 发生时 X 也发生的概率

$$p(H \mid X) = \frac{p(X \mid H)p(H)}{p(X)} \tag{5-66}$$

式中，X 为传感器输出（测量）；H 为对象属性（假设）；$p(X \mid H)$ 为在特性 H 发生的情况下输出为 X 的条件概率；$p(H \mid X)$ 是在测量量为 X 的条件下特性为 H 的概率。$p(H)$ 为 H 发生的先验概率，$p(X) = \sum\limits_{i=1}^{n} p(X \mid H_i)p(H_i)$，为 X 发生的概率。那么，$p(X \mid H)$ 取决于传感器模型

$$p(H \mid X) = \frac{p(X \mid H)}{\sum\limits_{i=1}^{k} p(X_i \mid H)} \tag{5-67}$$

用 k 个传感器读数的对象属性 H 的最优估计，由 X 的似然估计给出，因此其最大值为

$$p\left[\sum_{i=1}^{k}(X_i \mid H)\right] = \sum_{i=1}^{k} p(X_i \mid H) \tag{5-68}$$

对数操作更加简单

$$L(H) = \sum_{i=1}^{k} \log[p(X_i \mid H)] \tag{5-69}$$

其中

$$p(X_i \mid H) = \frac{1}{\sqrt{(2\pi)^n C_i}} e^{-\frac{1}{2}(X_i - H)^{\mathrm{T}} C_i^{-1}(X_i - H)} \tag{5-70}$$

因此

$$L(H) = \sum_{i=1}^{k} \left\{ -\frac{1}{2} \log[(2\pi)^n C_i] - \frac{1}{2}(X_i - H)^{\mathrm{T}} C_i^{-1}(X_i - H) \right\} \tag{5-71}$$

　　最优估计 $\hat{H}$ 由 $L(H)$ 和 H 间的差给出，并且该值趋近于零

$$\hat{H} = \frac{\sum\limits_{i=1}^{k} C_i^{-1} X_i}{\sum\limits_{i=1}^{k} C_i^{-1}} \tag{5-72}$$

对于两个标量输出的传感器，可以简化为

$$\hat{H} = \frac{\sigma_i^2 x_i + \sigma_j^2 x_j}{\sigma_i^2 + \sigma_j^2} \tag{5-73}$$

贝叶斯定理可以用于在专家系统中分配置信因数，通过概率归纳法量化接近真值的程度[378]。Mycin 和 Prospector 是早期的专家系统，该系统用确定性因数定义了一个数值的跨度，该跨度在 [0, 1] 区间内。然而，确定性因数不是概率，因为它们不满足对概率求和为 1 [例如，$p(H) + p(\sim H) = 1$]，由于考虑到这方面的证据，公理不适用。因此，若 $B + D \neq 1$，事件 B 和事件 D 的概率定义为

$$B = \frac{p(h \mid e) - p(h)}{1 - p(h)}, D = \frac{p(h) - p(h \mid e)}{1 - p(h)} \tag{5-74}$$

确定性因数定义为

$$CF = \frac{B - D}{1 - \min(B, D)} \tag{5-75}$$

确定性因数是前提和行为之间关系的测量。对贝叶斯定理的主要批评源于它不能体现未知的事实——如果证据只是部分地支持一个假设，它也必须部分地支持这一假设的否定，因为 $p(H \mid E) + p(\sim H \mid E) = 1$。这显然是反直观和矛盾的。不分配给 H 的概率就要分配给 $\sim H$。

另一种方法是 Dempster - Shafer 理论，它解决了传感器融合中的贝叶斯定理的一些固有的问题[379-382]。它在确定、似然和怀疑之间，不同于贝叶斯定理，它可以体现未知的事件。传感器的探测结果被作为推断世界的各种假设的证据。Dempster - Shafer 理论将不确定的证据作为未知事件的表征。其允许似然和未知间存在区别，并且可以区别不同程度的信任度（基于一些假设的已有证据）和可辩解度（基于一些无法对假设证伪的证据）。证据不会通过一系列假设给出概率分布，但是可以给出信任函数。信任函数基于基本概率分配。辨识框架 h 是有限的互斥假设集合 $H = \{H_i\}$。这个假设集合的一部分可以分类为一个子集 $H = \{H_1, \cdots, H_n\}$。证据影响的大小取决于基本概率分配函数 m，m 用来给每个辨识框架的子集分配证据权重。

$$m : 2^h \rightarrow [0, 1] \tag{5-76}$$

式中，h 为排外原子假设的集合（辨识框架）；2^h 为 h 的子集（加权子集）。当 $H_i \subset H$，$m(\phi) = 0$ 且 $H_i \geqslant 0$，$H = \sum_{H \subseteq h} m(H) = 1$，$m(H_i) = \sum p(H_i) / [1 - \sum p(H_i)]$。这是 Dempster 规则。基本概率分配（信任权重）m 在区间 [0, 1] 内选取，体现了证据的健壮度——$m = 0$ 为空集，$m = 1$ 表示证据是完整的，这表明 H 是完全真的，其他的事件不需要分配权重来为假设证伪（即假设的集合没有概率分布）。这种分布可以用于 H 的任何子集而不需要为 $\sim H$ 的元素提供反面证据。信任度是一个假设的支撑程度。信任度为 0 表示没有证据支持假设，而一致的信任性表示假设是完全信任的。我们通过区间定义 H 的不确定性 [Bel(H), Plaus(H)]。信任度表示更低的概率可推理出命题 H，而似然度表示假设 H 具有更高的发生概率，表示如果所有未知的事实都支持 H' 时体现的信任度。$m(H)$ 体现了假设 H 的信任度，$m(H) + m(\sim H) \leqslant 1$，其中 $m(\sim H)$ 表示 H 的未知程度。信任函数定义了所有合适的 A 的子集

$$\text{Bel}:2^h \to [0,1],\text{那么 Bel}(H) = \sum_{H_i \subseteq H} m(H_i) \tag{5-77}$$

信任函数和基本概率之间存在一一对应关系。对于原子假设 H，$\text{Bel}(H) = m(H)$。似然度表示证据不支持假设的反命题的趋向性。似然函数为

$$\text{Pl}(H) = \sum_{H_i \cap H = \phi} m(H_i) = 1 - \text{Bel}(\sim H) \tag{5-78}$$

式中，$\text{Bel}(\sim H) = \text{Dou}(H)$，$\text{Bel}(H) \leqslant \text{Pl}(H)$。它度量了 H 的可疑程度——表示多少证据表明假设是假的。H 为真的信任度在区间 $[\text{Bel}, \text{Pl}]$ 内。信任度为零并且似然度为零表示没有可用的证据。在 $\text{Bel}(H)$ 和 $\text{Pl}(H)$ 之间的区间表示命题 H 的不确定程度，命题为真也在这个区间内表示。不确定度不一定为零，Dempster – Shafer 理论为贝叶斯定理定义了这个值。对一个子集的信任不需要用其否命题做自持 [即 $\text{Bel}(H) + \text{Bel}(\sim H) < 1$]。对一个集合的信任不能细分到其未来的子集中。证据利用 Dempster 联合规则相联合，这种方式将信任度用加权的归一化集合进行融合，这点与贝叶斯规则不同。

$$\text{Bel}(H \mid E) = \frac{\text{Bel}(H \cup \bar{E})\text{Bel}(\bar{E})}{1 - \text{Bel}(\bar{E})}, \ \text{Pl}(H \mid E) = \frac{\text{Pl}(H \cap E)}{\text{Pl}(E)} \tag{5-79}$$

这使得证据 E 可以对信任度 H 进行修正。基本概率分配随着新证据而被不断更新，从而得到一个新的基本概率分配。任何两个信任函数 A 和 B 可以利用 Dempster 联合规则合并为一个新的信任函数 $C = A \cap B$，Dempster 联合规则指定了联合权重

$$m(C_k) = (m_1 \oplus m_2) = \frac{\sum_{A_i \cap B_j = C_k \neq \phi} m(A_i)m(B_j)}{1 - \sum_{A_i \cap B_j = C_k = \phi}}, (m_1 \oplus m_2)\phi = 0 \tag{5-80}$$

该式是经过定义的。对于两个传感器的输出，不确定度可以由信任函数表征，两个输出要用 Dempster 联合规则进行融合

$$\text{Bel}(A_i B_j) = \frac{\text{Bel}(A_i)\text{Bel}(B_j)}{1 - \sum_u \sum_v \text{Bel}(A_u)\text{Bel}(B_v)} \tag{5-81}$$

式中，$A_u B_v = \phi$。这表示两个信任度函数的正交和。这可以用来度量冲突的权重，度量两个函数的不一致

$$\text{Con}(\text{Bel}_1, \text{Bel}_2) = \log\left(\frac{1}{1 - \kappa}\right) \tag{5-82}$$

其中

$$\sum_{A_i \cap B_j = \phi} m(A_i)m(B_j)$$

这表明一个或多个传感器不工作或环境变化了。Dempster – Shafer 信任理论具有很高的计算复杂度 $[O(n^{2^m})]$，其中：2^m 是基础概率分配的数量；n 是证据参数的数量。这比贝叶斯定理的计算复杂性大许多——对于 m 个假设，有 2^m 个可能的假设组合需要验证 [即计算复杂度为 $O(2^m)$]。还有，Dempster – Shafer 能否发现非法组合是不明确的。

经典的分类方法将具有相同属性的元素整理在一起——通过集理论建模。全集由两部分组成：在某一集合内的元素，在某一集合外的元素——全在该集合里的元素和全不在集

合里的元素 $\{0，1\}$（即 $x \in A$ 或者 $x \notin A$）。然而，人类的思维是模糊的——在真实世界里的对象的集合的特性是相互交错的，集合间的分界是模糊的而不是清晰的[383-385]。模糊集理论提供了概率论的基础（作为概率理论的对立方面），其试图模拟人类思维中的模糊部分，虽然这部分总是遭到批评[386]。模糊集理论是一种处理可能性逻辑的方法，基于近似推理的语言变量。模糊逻辑是一个传统逻辑一般化的产物，表达了带有模糊性和非统计的不精确性的自然语言，反之，通常的集合基于离散的真值（0 或者 1）有着精确的元素隶属关系。模糊真值在实数区间 $[0，1]$ 内具有多值性，体现了语言量词，但是，不同于用特定的值进行表述，它们可能被表述为单位区间内可能的分布——隶属度函数 $\mu(x)$ 定义了模糊集合里元素的真值。隶属度函数压缩了真值的分度。模糊隶属度体现了不确定性属性间的相似性，而概率体现了频率相关的统计学规律。模糊集合允许出现具有部分为真的集合理论概念，而且可以运用精确集适用的规则而增加容忍度：

1）等式：$A = B \leftrightarrow \mu_A(x) = \mu_B(x)$。

2）包含：$A \subset B \leftrightarrow \mu_A(x) \leqslant \mu_B(x)$。

3）补（非 A）：$\mu_{\sim A}(x) = 1 - \mu_A(x)$。

模糊集不是相互排斥的，因此类似于语言度量。模糊集的交集（结合）表示为 $A \bigcap B = \min(A，B)$，则

$$\mu_{A \bigcap B}(x) = \min[\mu_A(x)，\mu_B(x)] \tag{5-83}$$

这可以定义为 T 操作。交叉点相当于"且"连接，即 $x \in A$ 且 $x \in B$。相似地，模糊集的并集隶属度定义为

$$\mu_{A \bigcup B}(x) = \min[\mu_A(x)，\mu_B(x)] \tag{5-84}$$

这可以定义为 S 操作。并集等于"或"连接，即 $x \in A$ 或 $x \in B$。模糊集合的并集和其组成不一定是相等的——这不允许用是/否二分法，不同于主观概率的情况。由中项不周延定律，外延真假的判断是不允许的。然而，分配和关联的定律适用。对于两个模糊集 A 和 B，有

$$\mu(A \bigcup B) = \mu(A) + \mu(B) - \mu(A \bigcap B) \tag{5-85}$$

模糊集反映了我们在语言标签中使用的模糊分类："高""慢""冷"等。这些语言变量的使用是相对于它们的上下文，并有不确定的边界。模糊集合将不确定性描述为模糊语言变量——非常低、低、中等、高、非常高等——而不是概率。作为一个多值逻辑，模糊集假定主观的真实度——非常真实、真实、比较真实、或多或少的真实、不是非常真实、不怎么真实等：very true = true^2，not true = true$'$，false p = true - p，more or less true = $\sqrt{\text{true}}$。"相当的"真实是一个模棱两可的说法，它可以表示"完全"或者"绝对"，这取决于其上下文。一个模糊命题包含这样的模糊形容词和副词，并将它们定义为模糊集合。可能会有额外的模糊限制语如"非常""极其""相当"等。模糊量词如"最""几乎""一般"等。模糊量词使信息以广义的方式沟通，并与语言变量密切相关。通过隶属度，模糊集提供了真实度，隶属度在区间 $[0，1]$ 内表述不确定度：$\overline{\mu}_{i+1} = \lambda \overline{\mu}_i + (1 - \lambda) \overline{\mu}_i$，其中：若 $x \in A$，则 $0 \leqslant \lambda \leqslant 1$ 且 $\mu_A(x) = 1$，否则 $\mu_A(x) = 0$。模糊的度量包括信任度、合理性、可能性、概率等。通过

这种方式，它可以容纳类似于模态和默认逻辑的可能的集合。对于一组可能的集合 W，在 W 上，概率分布的概率函数记为 $\pi: W \rightarrow [0, 1]$。隶属度函数体现了集合的部分成员来描述模糊概念。如果 $\mu(x) = 1$，那么 $x \in A$，若 $\mu(x) = 0$，那么 $x \notin A$，隶属度值的渐近范围在 0 和 1 中间。在传统的经典集合中，一个元素的成员是有（x 是集合的一个成员）或无（x 不是集合的一个成员）。经典集合将分类划分为互斥类（即，人的身高，"矮"是＜1.62 m，"中等"是 1.62～1.78 m，"高"是＞1.78 m）。每个类都是由一个不连续的阶跃函数分离出来的。在模糊集合中，隶属度函数允许中间程度的真值（或信任度）。成员的程度由状语（修饰语）决定（例如，当描述大小时，微、小、中等、大、巨大等）。成员程度值可以基于给定策略的典型程度[387]。这允许更加混合的分类，其中类彼此重叠。模糊隶属度函数可以具有不同形状——三角形、梯形、正弦曲线、高斯曲线、铃形或 S 形。隶属度函数通常是三角形并在类间互相重叠。三角形函数具有以下形式

$$\mu(x) = \max\left[\min\left(\frac{x-a}{b-a}, \frac{c-x}{c-b}\right), 0\right] \qquad (5-86)$$

三角形函数为模糊变量的模糊化和逆模糊化提供了实数的基础依据。对于特定的模糊数 2（见图 5-21）：差不多——2±5%，大约——2±10%，粗略——2±25%，粗糙——2±50%。

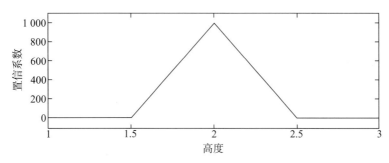

图 5-21　模糊数 2

其他常见的模糊集形状有：梯形、分段线性、高斯曲线，S 形等。梯形函数表示为

$$\mu(x) = \max\left[\min\left(\frac{x-a}{b-a}, 1, \frac{d-x}{d-c}\right), 0\right] \qquad (5-87)$$

铃形函数的形式为

$$\mu(x) = \frac{1}{1 + \left[\left(\frac{x-\overline{x}}{a}\right)^2\right]^b} \qquad (5-88)$$

式中　$\overline{x}$——隶属度函数的中间点；

　　　a——半宽度；

　　　b——交叉点梯度。

归一化的高斯隶属度函数的形式为

$$\mu(x) = a\exp\left(-\frac{x-\overline{x}}{2\sigma^2}\right) \qquad (5-89)$$

这与 Shepard 的通用泛化函数相关，该函数是凹的，并随着距离指数下降[388,389]。S 形函数表示为

$$\mu(x) = (1 + e^{-m(x-c)})^{-1} \qquad (5-90)$$

式中　c——交叉点；

　　　m——交叉点斜率。

模糊集已经被应用于控制系统[390-392]，但是，特别适合用于弥补专家系统的知识不足[396-398]。模糊推理规则类似于标准逻辑推理（$A \rightarrow B$ 或者 $\sim A \cup B$），但是利用隶属度函数的语言变量。这可以通过连接集合 A 与 B 的模糊关系概念阐述——一个关系是一个连续积的子集

$$\pi R(x,y) = A(x) \times B(y) \qquad (5-91)$$

这是笛卡儿积，因此

$$\pi_B(y) = \max[\min(\pi R(x,y), A(x))] \qquad (5-92)$$

式中，(x,y) 是一对有序的元素。模糊"如果-则"规则有前项-结论的形式："如果 A 是 X，那么 B 是 Y"，其中隶属度函数量化了命题的值。例如，如果速度很快，则力很大，其中速度和力是语言变量，而"很大"是通过隶属度函数表述的语言值。模糊函数中的命题，可以具有以下形式：如果 A_1 是 X_1 且 A_2 是 X_2，那么 B 是 Y；如果 A_1 是 X_1 或 A_2 是 X_2，那么 B 是 Y。模糊"如果-则"规则的多个集合组成了一个模糊规则基础。一个模糊模型包括一系列"如果-则"规则，每一个对应一个特定的输入-输出行为。A_i 通常以"如果-则"生成规则的形式包含在控制器中，传感器信息的匹配依赖于这些规则完成[399]。模糊控制包含一系列模糊规则，决定了控制行为在不同过程下被应用。模糊规则封装了专家经验并可以这样进行模糊推断："如果 X_1 是 A_1 且 X_2 是 A_2 且……，那么 Y 是 B"，其中 A_i，B 是语言变量，组成了模糊集的一部分。这样一个模糊规则的集合构成了模糊规则库，在这个库中，模糊规则是平等的，并有确定的因素。它阐述了语言对模糊集的解释。控制包括语言规则的使用，例如，"如果误差很大，且是正的，那么反馈很大且是负的"，反过来也是一样。这些规则像输入输出函数一样工作。模糊逻辑控制器已经用于模型控制规则，该控制规则是反模糊的，定义了定量的值。在机器人导航中，四边形网格的每个单元可以由下面的高斯隶属度函数定义

$$\mu_i = e^{-|x-p_{x,y}|^2/\sigma_{x,y}^2} \qquad (5-93)$$

式中　$p_{x,y}$——隶属度函数的重心；

　　　$\sigma_{x,y}$——隶属度函数的宽度。

典型的，模糊化包括将变量分配到一些模糊集合中（例如，左边远处，左边，较近的左边，正前方，较近的右边，右边，右边远处组成了视野内一个障碍的输入）。这允许模糊规则集合的生成，如"如果在较近的左边或正前方，迅速向右转""如果在左边，慢慢向右转""如果在右边，慢慢向左转"等。模糊"如果-则"规则的输出是模糊操作。如果需要精确控制信号，将模糊"如果-则"规则反模糊化得到精确值就是必要的了。模糊控制器的输入和输出是精确值。模糊控制有两种通用方法[400,401]。在 Mamdani 推理系统中，

模糊规则的形式为

$$如果 X_1 是 A_1，且 \cdots，且 X_n 是 A_n，那么 Y 是 B \qquad (5-94)$$

对于"且"用隶属度函数表示为

$$\mu_{A \to B} = \mu_A \cdot \mu_B = \min[\mu_A, \mu_B] \qquad (5-95)$$

其中

$$A = A_1 \times \cdots \times A_n$$

所有活动的模糊规则相加（或/最大集），则

$$\mu_C = \sum_{j=1}^{m} \mu_{A \to B}(j) \qquad (5-96)$$

因此，Mamdani 推理对模糊且（交集）和或（并集）操作采用最大和最小操作。Mamdani 模糊推理基于语言变量（粗糙 - 平滑）和最大 - 最小推理操作，而 Takagi - Sugeno 模糊推理采用非线性数学函数，可以作为全局逼近器。在 Takagi - Sugeno 推理统中，模糊规则具有模糊先行词和一个精确的输出

$$如果 x_1 是 A_1，且 \cdots，且 x_n 是 A_n，那么 y = f(x_i) \qquad (5-97)$$

反模糊器将模糊集映射到真的精确点当中。反模糊化通常通过计算隶属度函数下的区域和该区域的模糊重心进行处理。每个输出隶属度函数的加权强度和其各自的隶属度函数中心点相乘并求和。将这个结果除以加权的隶属度函数强度，给出一个精确的输出。反模糊化的计算类似加权平均

$$x_{i+1} = \frac{w_1 x_1 + \cdots + w_n x_n}{w_1 + \cdots + w_n} \qquad (5-98)$$

式中　w_1——权重，$w_1 = \mu_1$；

　　　x_i——三角形隶属度函数的中心。

最常见的反模糊化的方法是使用质心求解方法，因为其与概率分布的期望值相似，由下式给出

$$C = \frac{\sum_{i=1}^{n} x_i \int \mu_i}{\sum_{i=1}^{n} \int \mu_i} \qquad (5-99)$$

式中　$\int \mu_i$——隶属度函数的面积。

另外，区域的中心值和最大值的反模糊化合并均值可以为

$$W = \frac{\sum_{j=1}^{n} \mu_j \left(\sum_{i=1}^{k} w_i / k \right)}{\sum_{i=1}^{n} \mu_i} \qquad (5-100)$$

式中　μ_i——每个集合隶属度函数的最大值；

　　　w_i——每个集合的权重。

利用 Takagi - Sugeno 模型显著地减少了模糊知识库中模糊规则的数量。Sugeno 方法

将语言隶属值转化为一个单一的实数值。特别的，Takagi-Sugeno 模糊模型与自回归模型及 IIR/FIR 滤波器是等价的[402]。Takagi-Sugeno 模糊系统通常建模为线性状态方程的加权，如

$$如果 x_1 是 a_1，且 \cdots，且 x_n 是 a_n 等，$$
$$那么 \dot{x} = A_i x + B_i u_i \tag{5-101}$$

式中，$x^{\mathrm{T}} = (x_1, \cdots, x_n)$；$u^{\mathrm{T}} = (u_1, \cdots, u_n)$；$a_i$ 为模糊集。

对于开环系统，前项为

$$\dot{x} = a_{0i} x_0 + \cdots + a_{ni} x_n \tag{5-102}$$

Takagi-Sugeno 模糊规则只涉及模糊集规则前提下的一部分（例如，如果速度快，那么力 $= k \times v^2$）。在零阶 Takagi-Sugeno 模型中，若 $f(x)$ 是常数，那么零阶 Takagi-Sugeno 模型是 Mamdani 模糊模型的一个特例。用隶属度函数的高度值对区域内元素进行加权，并对高度及权重取平均

$$\mu = \frac{\sum_{i=1}^{n} c_i w_i f_i}{\sum_{i=1}^{n} w_i f_i} \tag{5-103}$$

式中，f_i 是高度；c_i 是域内元素的峰值；w_i 是权重因数。那么 (x, u) 对的最终输出为

$$\dot{x} = \frac{\sum w_i (A_i x + B_i u)}{\sum w_i} \tag{5-104}$$

式中，$w_i = \prod u_j(x)$。Takagi-Sugeno 方程的主要成就是其将全局逼近和符号化的"如果-则"规则融合，使得其适合进行整体规划并用于移动机器人控制[403-405]。然而，由于设计参数数量多，因此 Takagi-Sugeno 规则难以构建。运用模糊逻辑的人工智能系统也已经很好地建立。在这种情况下，模糊逻辑的特点由模糊谓词、模糊量词和用数值计算隶属函数的近似推理过程体现出来。模糊推理通过模糊"如果-则"规则提供了模糊推论的基础[406,407]。模糊逻辑可以直接用于模糊假言推理，模糊假言推理是模糊推理的中心。典型的假言推理的逻辑形式为

$$\begin{array}{c} A \to B \\ \underline{A} \\ B \end{array} \tag{5-105}$$

模糊假言推理是假言推理的一般化。模糊推理试图效仿"前因-结论"形式的人类推理（模糊式规则是常见的）

$$如果 x 是 A，则 y 是 B（A, B 是模糊集合） \tag{5-106}$$

或者

$$A \xrightarrow{\ m\ } B（m 为逻辑量词，表明在某种程度上 A 意味着 B）$$

我们不再进一步考虑这个问题。一种神经模糊车辆控制器，其模糊"如果-则"控制规则

（关于模糊机器人基于模糊距离测量的电机输出）和隶属度函数，根据一个标准的具有以下形式的拟合公式已经得到

$$F = v(1 - \sqrt{\Delta v})(1 - s) \tag{5-107}$$

式中，v 是车轮转速；Δv 是左右车轮的转速差；s 是最大接近传感器的值[408]。这说明了模糊逻辑在机器人巡视器控制中的应用。

　　模糊集合从不精确的过去或现在事件中得出事件可能性，而概率论用于处理未来事件的偶然性[409]。更具体地说，概率论用精确的集合来描述不精确的事件，而可能性理论用不精确的集合来描述精确的事件。因此，不同的方法可能得出不同的概率结果。因此，如果变量 x 的可能性分布为 $\pi = (\pi_1, \cdots, \pi_n)$，概率分布为 $p = (p_1, \cdots, p_n)$，概率和可能性分布的一致性程度可以由 $\gamma = \pi_1 p_1 + \cdots + \pi_n p_n$ 给出。然而，隶属度函数不一定不能表述为可能性分布。模糊变量如"必然""很可能""总是"在可能性分布里具有区间值 $0.95 \sim 1$。模糊事件的概率可以定义为 Lebesgue - Stieltjes 积分，即

$$P(A) = \int \mu_A(x) \mathrm{d}P \tag{5-108}$$

　　然而，从概率函数中确定适当的隶属度函数是不平凡的。隶属度符合 $\mu(A) + \mu(\sim A) \leqslant 1$。这体现出非精确性，而这种非精确性可以由 Dempster - Shafer 似然性进行补偿，且满足：$\mathrm{plaus}(\sim A) = I - \mu(A)$ 且 $\mathrm{plaus}(A) = I - \mu(\sim A)$，那么 $\mathrm{plaus}(A) \geqslant \mu(A)$ 且 $\mathrm{plaus}(\sim A) \geqslant \mu(\sim A)$。在相同的证据下似然性比置信度大，因此比置信度弱。有这样一个问题，可能性为 1 的一个事件的可能性没有明确的意义，这个事件不一定是必然的或仍然只是有可能[411]。

　　更复杂的融合策略涉及加权最小二乘拟合和递归卡尔曼滤波器等技术。卡尔曼滤波自然地融合不同设备和不同概率下的测量，包括传感器失效的情况。贝叶斯方法是一种通常的卡尔曼滤波器，是一种高效率形式的贝叶斯评估。测量量通常建模为高斯概率分布，需要平均值和方差-协方差矩阵。递归卡尔曼滤波估计算法可以通过假设高斯误差将数据从多个图像合并成一个复合图像[412,413]。

第6章　巡视器视觉——基本原理

没有一个单一形式的传感器，可以提供足够的数据来提取周围环境的所有相关特征，但视觉传感器可以获取最丰富的信息。在星球巡视器的导航和避障中，视觉传感器作为最重要的感知形式，为其提供距离观测。此外，它还是能够提供最丰富信息的传感器。在构建巡视器外部环境距离信息的位置图过程中，视觉是最主要的手段。在目标识别、空间定位定向和视觉伺服控制中，立体视觉必不可少。视觉还为相关科研团队的科学分析提供了基础，同时也是巡视器走向自主科学探测的第一步。行星表面的自然环境往往与地球不同，这使得图像处理更加困难。而且传感器数据总是受到噪声的影响，同时还具有观测局限性。

6.1　巡视器相机系统综述

巡视器相机有三个主要功能：为巡视器前行提供导航支持，为样品采集装置和其他科学仪器提供调度支持，为正常的科学观测提供支持。事实上，它是巡视器上搭载的主要仪器。这些相机通常安装在可伸展的桅杆上面，桅杆具有云台（上下－左右）运动能力，可以认为是一种操纵器（从控制的观点）。海盗号在两个桅杆上搭载了彼此相距 1 m 的立体相机对，相机距离地面 1.3 m，云台的水平和俯仰转角范围分别是 360° 和 －40°～60°。所有的星球巡视器都搭载一个立体全景多光谱相机系统（PanCam），通常安装在 1.5～2 m 理想高度的桅杆上，1 m 高的桅杆视地平距离是 1.8 km，而 2 m 高的桅杆视地平距离则达 3.5 km（以火星为参考）。全景相机实现了第一个任务目标，生成着陆点的 360° 全景图。这意味着需要一个云台机械装置。彩色成像是必不可少的，因为颜色值不仅是目标反射率的充分体现，同时还能区分障碍物和阴影。反射率变化的检测为色觉的 Retinex 理论提供了基础，这里的颜色值是根据不同波长的表面反射率对应不同的强度信息而得到的。彩色成像非常适合精准地形感知。多光谱扫描仪在三基色谱带中恢复各自的反射率，然后得到颜色值。标准的相机滤光器通常是在 RGB 颜色模式下，波段范围从近紫外到可见光，其中三个最大峰值（红、绿、蓝）处的波长分别是 5 500 Å、4 400 Å 和 3 650 Å。在紫外线波段（900～3 000 Å），用到了 LiF 涂层。对于小型巡视器，由于搭载了全景立体相机，巡视器的观测范围被限制在 10 m 以内。全景图像是利用一系列不同视角的图像拼接而成的（见图 6-1），然后对其进行基于图像灰度的匹配，这有助于巡视器的自主导航，然而该方法并未得以应用[414]。尽管无助于机器人的探测任务，但是当巡视器执行建设任务，需要定期地回归同一地点时，该方法就有其用处了。使用该方法时，水平面内的一系列局部视图快照将环境信息记录下来，快照图像得到的是环境最大响应值。这些快照图像集可以确定环境中的特定位置。在重回起始点的过程中，巡视器会将此时获取的图像，和之前快照获取并经过校正匹配后的图像进行比较。一旦找到当前位置的最佳匹配图像，就得到了当前图像和匹配图像之间的差异值。

(a)探路者号

(b)勇气号

(c)勇气号

(d)机遇号

(e)好奇号

图 6-1　全景图［来源：NASA JPL］（见彩插）

巡视器相机系统的空间形变和光谱失真应较低。然而在这方面，负责科学观测任务的相机和负责导航定位任务的相机相互冲突。后者需要较大的视场角（FOV）。但是大视场角更容易产生畸变（65°的视场角造成 0.1％～1.0％的畸变）。MER 上搭载的避障相机有着非常大的畸变，因为它观测目标时采用的是鱼眼镜头，如图 6-2 所示。然而科学观测需要较小的视场角，以减小地质图像的畸变。小的视场角通常还意味着高的分辨率。有些相机会通过多幅图像的拼接重构位置视图，如生成全景图像（见图6-3）。大视场角减少了生成 360°全景图像所需的图像数目。

图 6 - 2　MER 避障相机的图像上的线性辐射校正和颜色畸变 ［来源：NASA JPL］（见彩插）

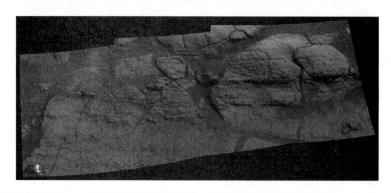

图 6 - 3　好奇号在 El Capitán 地区得到的镶嵌图像，表明有水流痕迹 ［来源：NASA JPL］（见彩插）

大部分巡视器视觉系统都是基于固体 CCD（电荷耦合器件）或者 CID（电荷注入器件）技术，尽管出现了基于 APS（有源像元敏感器）的 CMOS（互补金属氧化物半导体）技术。CCD 成像采用的是模拟移位寄存器的面阵，其中电荷积聚和入射光强成一定比例。它们是集成探测器，电子是从光子通量中产生的。这些电子积聚在 CMOS 的像点上，它们的主要优点是以 FET（场效应晶体管）的形式直接读出电子流。电子的电荷集中在势阱里（作为电容器），势阱是由高度混合材料做成的彼此绝缘的电极产生的。CCD 阵列的优点是快速、稳健，同时具有较高的几何精度和良好的分辨率，它们很少受畸变、溢出或者电子漂移的影响。然而，如果一个 CCD 势阱趋于饱和，那么额外的光通量会导致电荷泄漏到邻近的像素——即溢出现象。它们可以满足以下要求：质量小、体积小和功耗低，同时提供高信噪比，效率接近 100%。行星着陆器通常用线扫描方式生成图像，但是星球巡视器上的传感器不采取这种方式。大多数 CCD 相机分辨率为 1 024×1 024 像素。最苛刻的实时视觉任务要求视频图像帧率为 25～30 Hz（25 Hz 是欧洲 CCIR 标准，30 Hz 是美国 EIA 标准），但这需要高性能的专用图像采集卡硬件，目前还不可行。对于星球巡视器，这种要求可以适当降低，因为巡视器行进速度慢，而且还受到其上搭载的计算处理资源的限制。

APS 也基于 CMOS 技术，但是它的芯片电路可以实时进行信号调理，如低级别图像的处理、控制逻辑、校准和接口等——类似于人类视网膜的光电二极管智能相机系统[415]。CMOS 技术将基于特定像素的晶体管用到每个像素上，以测量和放大信号。这实现了并行处理，克服了 CCD 串行移位操作引起的时间延迟。它们实现了低电压操作、低功耗、集成芯片上电子兼容、随机访问图像数据的功能。这种系统的分辨率已经达到了 0.5～0.35 μm。它们和 CCD 相比有更大的噪声，但是它们以低功耗提供高帧频和高读取率的优点，对星球巡视器上的程序非常有吸引力。这是通过将像素读取、ADC 和双端口 SRAM 集成在一个芯片上实现的。读取在每行执行，而 ADC 在下一行执行。一个大小为 1 024×1 024 像素，像素尺寸为 8 μm^2 的 CMOS APS 可以在时钟速度为 74 MHz 的情况下实现 60 帧/秒的处理速度和 250 mW 的低功耗[416]。它们目前处于领先阶段。

星球巡视器的导航对立体相机的视觉功能提出了一些具体要求[417]：

1）立体相机应该是宽视场角的，最小分辨率是 256×256 像素，每个像素以 8 bit 编码——目前全景立体相机的标准分辨率是 1 024×1 024 像素，每个像素以 16 bit 编码；

2）立体相机应该安装在距离地面高度为 h 的桅杆装置上，这里 h > 1.5 m（最好是 2 m），以保证在有障碍物的情况下有最大的视场区域，以及 10 m 的观测距离——不考虑火星地形特征时，1 m 的高度对应 1.8 km 的视地平距离；

3）立体相机基线应该在 0.5 m 左右，以保证 10 m 范围内的位置精度是 10 mm；

4）立体相机的位置可以沿着水平轴和倾斜轴调整（水平方向 -180°～180°，垂直方向 0°～90°）；

5）立体相机应该沿着纵轴尽量靠近巡视器的前端，以防止巡视器前端的遮挡；

6）（光学）避障相机应安装在巡视器车身的正面，以实现遇到阻碍时紧急停止的功能；

7）（光学）避障相机由于是近距相机，最小分辨率应该是 128×128 像素，最低以 8 bit 编码；

8）定位系统应该引入精度为 1°的三轴姿态角以控制相机云台运动；

9）巡视器导航软件的随机存储器（RAM）内存分配应该大于 3 MB，4～5 MB 更有利于提高软件运行效率；

10）巡视器上可执行导航代码的非随机存储内存应该大于 100 KB。

直射阳光会使传感器像素饱和，而金属表面反射阳光会导致眩光，因此需避免阳光直射。此外，阳光矢量造成尖锐的阴影，给特征和物理性质（如质心）的提取带来了困难。对于 Kapvik 微型巡视器上的自主导航系统，它要求视场角为 120°，前视距离为 4～5 m 时的分辨率要达到 2 cm。

6.2 常见相机系统

失败的猎兔犬二号着陆器搭载了彩色立体相机对，这和探路者号着陆器上的全景相机类似，如图 6-4 所示。每个都是 1 024×1 024 像素的集成电路 CCD 相机，包括 8 MB 的本地存储[418,419]。相机的有效孔径是 $f/18$，焦距是 20 mm，分辨率为 1 mrad/像素。每个相机的 FOV（视场角）为 48°×48°，基线长为 209 mm，角距为 3.7°，它安装在距离机械臂末端 1.2 m 处。广角镜头允许在机械臂展开前对火星表面进行观察。每个相机都安装了一个 LED 闪光灯（总质量为 2.47 g）以实现一般照明。所有的光学组件都包含 BK7 玻璃。每个相机都有一个集成的步进电机驱动的滤光器，直径为 24×10 mm，在红色/红外光谱范围的 18 个波段用来对地质成像，在 440～1 000 nm 光谱范围的 4 个波段用来 RGB 彩色成像（相当于人类视觉的光度反应）。在 670 nm 处滤波生成的数字高程图（DEM）的精度与立体基线成正比，与距离的二次函数成反比。此外，立体微型相机也安装在机械臂上，基线长为 195 mm，焦距为 20 mm。相机系统的总质量为 360 g，其中每个相机重 52.5 g，光学器件重 1.4 g，电子驱动装置重 89 g，刮水器、线缆和其他装备共重 19.5 g。相机的温度上限是 100 ℃，平均功耗为 1.8 W。一个 10 Mbit/s 的 RS-422 总线将相机连接到着陆基地的电子系统。小波编码的目的是以 32:1 的倍率压缩 10 Mbit 大小的图像，以便于数据传输。

旅居者号携带了三个相机——一个前置避障相机对和一个后置相机，其主要的导航全景立体相机对安装在探路者号着陆器的伸缩式桅杆上。火星探路者号着陆器的相机对质量为 0.5 kg，安装在长度为 1.4 m 的成像桅杆的云台上，它结合了巡视器导航和科学成像的功能。它使用了 12 个滤光器，以提供光谱范围为 0.45～1.5 μm 的地质观测。旅居者号自身用两个前置黑白相机为导航提供立体成像信息，而后置的 RGB 彩色相机提供地表的光谱信息。旅居者号上的每个 CCD 相机由于受到其自带的 80C85 处理器的限制，经光栅扫描仅能得到大小为 768×484 像素的图像。每个相机的焦距为 4 mm，立体基线为 12.56 cm，角分辨率为 0.001 rad/pixel。前置相机的视场角为 127.6°×94.5°，而后置相

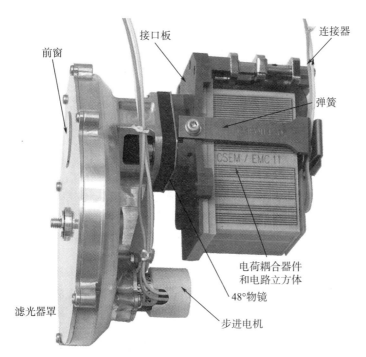

图 6-4　猎兔犬二号立体相机系统（来源：MSSL-ESA）（见彩插）

机的视场角为 $94.5° \times 127.5°$。它被限制在距离着陆器 10 m 的范围内工作，为旅居者号微型巡视器提供导航，这也揭示了基于着陆器相机的局限性。此外，在图像处理领域，由于受到视线的限制，不同范围的视角会产生很大的差距。

　　MER 携带了 9 个相机，其中有 8 个立体相机对用来获取距离和生成多分辨率三维地形图，如图 6-5 所示。每一个 MER 携有 2 个安装在桅杆上用来远程成像的黑白相机，4 个安装在车体上的成像距离在 3 m 范围的黑白避障相机（两个前置，两个后置）。对于安装在桅杆上的彩色全景科学相机对，每个相机的质量为 270 g，有 12 个滤光器。MER 能够单色显微成像。桅杆上还安装了一个重 2.1 kg 的热辐射光谱仪，它可在一定的距离测量岩石的辐射，以此选择用于更详细科学分析的岩石。它还可以分析火星大气中的水汽成分，并且生成 10 km 高度的温度分布。9 个成像相机及降落相机，都使用相同的设计和电子系统，但使用不同的光学器件，它们几乎都是像素数为 $1\,024 \times 1\,024$、像素尺寸为 12 μm^2 的 CCD 像素阵列，都生成 12 bit 的灰度图像。每个相机的质量都小于 300 g，功耗小于 3 W[420,421]。每个相机包括一个探头（包含支持光学成像的 CCD 阵列和由 CCD 驱动电路组成的电子盒）、12 bit 的 ADC、巡视器的电子接口，以及能够维持 55 ℃ 最低温度的电阻加热器。Actel RT 1280 现场可编程门阵列（FPGA）通过一个高速串行低压差分信号（LVDS）接口与巡视器的电子系统通信。CCD 在光敏阵列之间按照帧传输模式工作，其中图像以 5.1 ms 的帧传输速率转移到一个图像缓冲存储区，而读取的噪声小于 50 电子。由于数字化采用的是 12 bit 的 ADC，当以 200 000 像素/s 的速度从存储区读取时，需要 5.4 s。

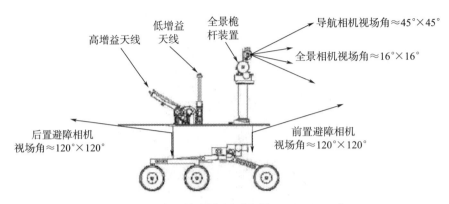

图 6-5　MER 相机配置 [来源：NASA JPL]

MER 携带的相机信息见表 6-1。MER 有一个长 1.54 m，有 4 个自由度的桅杆，以便安装全景相机和导航相机[422]（见图 6-6）。桅杆上的云台能实现 370°方位角（水平）和 194°高度角（俯仰）的转动，而且能由 10 幅 36°的立体像对生成全景图像，其视地平距离为 3.2 km，指向精度为 0.1°（假设火星为球体），如图 6-6 所示。所有的桅杆驱动器都是 Maxon RE020 有刷电机，其上安装了加热器以便在寒冷条件下工作。相机的角分辨率为 0.28 mrad/像素，相当于 20/20 的人类视觉灵敏度，所以可以把 MER 定位成一个机器人地质学家。它能检测大小为20～25 cm 的障碍物，相当于 5～8 像素，这使得巡视器的最大前行距离是 100 m/sol。

表 6-1　MER 相机系列

MER 相机对	视场角/(°)	分辨率	角分辨率/(mrad/pixel)	焦距/mm	基线长度/cm	立体距离/m	高度/cm
导航相机	45	1 024×1 024	0.77	14.67	20	2～20	152
全景相机	18	1 024×1 024	0.27	43	28	4～70	152
避障相机	120	256×256	2.2	—	10	0.5～5	53

MER 上的全景相机是一个彩色立体相机对，基线长为 12 cm，视场角为 18°，角分辨率为 0.28 mrad/pixel，该相机可对太阳成像，还可以停下来进行科学观测[423]。它采用滤光器进行多光谱成像，其中包括模仿人类光度响应的 RGB 滤光器。全景相机作为太阳敏感器以确定巡视器的前进方向，在导航过程之前或之后工作。一个高分辨率，视场角为 3.5°的相机应能实现变焦功能。与焦距为 14.67 mm 的导航相机相比，全景相机有更长的焦距（38 mm），更适合观测远处的目标。

MER 的导航相机是一个黑白立体相机对，基线长为 20 cm，视场角为 45°，角分辨率稍低，为 0.82 mrad/像素，安装在云台组件上。它的有效孔径是 $f/12$，焦距为 14.67 mm，景深范围从 0.5 m 到无穷远。MER 还携有一个腹部相机，视场角为 110°×90°，它能对从小取样器得到的土壤进行分析成像；两个车体避障相机对，基线长为 10 cm，视场角为 120°，角分辨率为 2.1 mrad/像素，分别安装在车体前后以实现避障目的。避障相机的有效孔径为 $f/15$，焦距为 5.58 mm，是鱼眼镜头。前置避障相机的光轴与地平线的夹角为

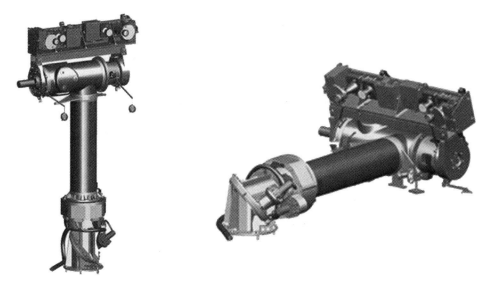

图 6-6　火星巡视器全景相机装置［来源：NASA JPL］（见彩插）

45°，而后置避障相机的光轴与地平线的夹角为 35°。它们分别一前一后固定安装在高于地面 53 cm 的位置。5.58 mm 的短焦距使它们聚焦于近处目标。图像是通过一个独立图像采集指令得到的。一幅未压缩图像的大小为 1.5 MB。容量大小为 256 MB 的闪存只能存储 130 幅图像。使用 JPL ICER 小波图像压缩技术对 12 bit 的图像进行压缩（类似于 JPEG 压缩），压缩比为 48∶1。导航相机和避障相机有相同的光谱灵敏度（600~800 nm）。导航相机的目的是通过跟踪地形特征预估巡视器的运动，而 256×256 像素的避障相机的目的是在车身 3 m 范围内避开障碍物。在 10 m 范围内，避障相机的距离测量精度优于 50 cm，而导航相机的精度优于 10 cm，因为导航相机有更高的角分辨率。避障相机在勇气号上用作主要的导航相机，因为古谢夫陨石坑内布满了岩石。勇气号每向前行进 0.5~1.5 m，避障相机就得获取一次图像。它们还用在巡视器上，用来对安装科学仪器的 5 自由度仪器配置设备（机械臂）进行投放规划。然而，因为梅里迪亚尼平原上障碍物很少，好奇号使用具有更小视场角的导航相机作为主要的导航相机。随着 MER 前行路径的规划越来越成熟，在地面人员确定路径上无障碍时，短距离行程被 100 m 的长距离行程取代，自主避障技术的应用使得每个火星日的行进距离为 300~400 m。

ExoMars（火星生物学）火星漫游者全景相机的设计基于猎兔犬二号上的立体相机，它可以实现科学观测相机和导航相机的全部功能[424]。它的主要科学目标如下：

1）提供着陆点和行进中巡视器位置的自定位；

2）提供区域的多光谱地质图；

3）提供大气数据；

4）为其他的巴斯德科学仪器提供情景支持。

ExoMars 桅杆上全景相机的安装高度为 2 m（见图 6-7）。每个广角立体相机（Wide-Angle stereo Cameral，WAC）的质量为 182 g，它基于 CCD 技术，图像大小为 1 024×

1 024 像素，以 10 bit 编码。每个相机的视场角为 69°×55°（角分辨率为 1.1 mrad/pixel），大于 MER 全景相机的视场角（18°），甚至大于 MER 导航相机的视场角（45°）。65°（平均值）的视场角可以用 6 张相片生成全景图像，去除了 5°的相片重叠外，每张相片对应的方位角为 60°。在距离为 20 m 时，65°视场角的距离分辨率为 25 mm。这种大视场角的设计是为了减小传回地球的图像数据量。然而，这种大视场角的相机更适合于导航功能，因为它是专为数字地形测绘和多光谱地质成像设计的。它的焦距为 10 mm，角分辨率为 1.1 mrad/像素，远低于 MER 全景相机的角分辨率 0.28 mrad/像素，但（云台）中部有一个高分辨率窄角相机能够提供变焦功能。它们固定地安装在云台装置上面，基线长为 50 cm，这明显大于 MER 桅杆上安装的全景相机的基线长度（28 cm），这意味着立体成像会有更高精度和更大范围。云台装置提供了 360°方位角和 ±90°高度角的观测，这是通过两个步进电机实现的，角精度为 1 弧分，与 MER 上的全景相机相同。广角立体相机图像的大小为 10 Mbit。

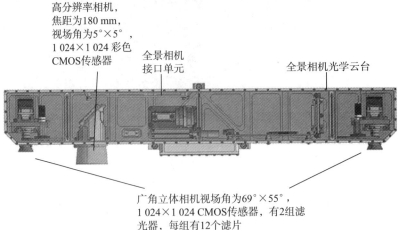

图 6-7　ExoMars 全景相机的原型和 ExoMars 安装云台 ［来源：NASA］（见彩插）

有些低功耗、小质量、小体积和低成本的成像相机可以实现避障相机的功能，包括抗辐射（为 20 krad）的 VMC 系列相机[425]。FUGAI5 黑白模式相机的像素大小为 512×512，提供对数光强。IRIS 模式的相机有一个彩色滤光片，像素大小为 640×480。两者的功耗为 3 W，在直流电源为 28 V 时，可支持 1 Mbit/s 的 TC‐B‐01 接口。它们的尺寸都为 6 cm×6 cm×10 cm，质量为 430 g。它们都能搭载飞行，IRIS‐1 搭载在火星快车上，监测猎兔犬二号的分离。CSEM 生产的像素大小为 1 024×1 024 的 CCD 微型相机质量为 100 g，使用 RS‐422 接口的数据传输速率为 10 Mbit/s，能耐受−100 ℃的低温。视觉系统用到的嵌入式数字信号处理技术就是基于 TSC21020 的数字信号处理器（ADSP21020 DSP 板的空间限定版）。在和 256 k 字节的 SRAM（静态随机存储器）存储器连接后，它提供了 20 MIPS（百万条指令/s）和 60 MFLOPS（百万次运算/s）的计算能力。

Kapvik 巡视器搭载了一个立体相机，以实现导航和科学数据采集的功能（见图 6‐8）。大黄蜂 XB3 立体相机系统的基线长度为 240 mm，同时在中点安装了紫外光谱仪（覆盖了中间相机）。每个相机的像素大小为 1 280×960，尺寸为 3.75 μm^2。它的科学观测能力是有限的，因为它不使用科学滤光器。

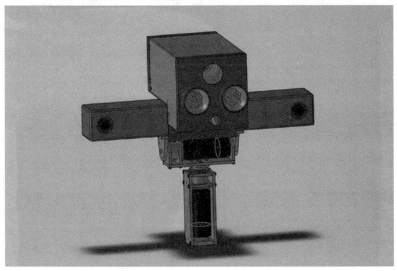

图 6‐8　kapvik 巡视器的大黄蜂 XB3 立体相机系统和搭载的紫外光谱仪

[来源：布瑞恩·林奇（Brian Lynch），卡尔顿大学]

　　总重 505 g 的组件加上光谱仪被安装在一个专用的 2 自由度的云台上面，云台由卡尔顿大学设计和生产（见图 6-9）。它被安装在一个 4 自由度的机械臂上面，机械臂折叠后可当作桅杆。机械臂的大指向范围使得仪器工作更加灵活。

图 6-9　kapvik 巡视器云台装置［来源：布瑞恩·林奇，卡尔顿大学］

6.3　视觉处理要求

MER 飞行软件会定期更新补丁程序，其中包括图像自动处理算法和导航算法[426]。亚历山大（Alexander）等人对 MER 图像处理做了详述[427]。在自动设备的控制中，最显著的时间延迟是图像采集。视觉处理在处理和存储方面有着很高的计算资源需求。图像数据的无线传输要求对其压缩（30∶1 压缩比会产生小波损失），而图像处理、校正、制图导航要求的是原始图像。对于 1 024×1 024 像素，16 bit 编码的全景相机图像来说，需要实现导航中数据的高效处理和存储。分布并行处理技术有效地取代了单一集成处理技术，尤其是其中的多线程处理器，它在异步通信的同时共享一个内存空间，这需要很好的技术设计。为了实现常见的低级图像处理功能，最简单的多重处理技术是使用协处理器（coprocessor），如 ASIC（特定应用集成电路）、DSP（数字信号处理系统）或 FPGA（现场可编程门阵列）。

对于相机系统和图像处理系统，首先要制定需求，然后对其进行测试以满足技术要求。瓦格纳（Wagnerm）（2002）在其文章中详述了视觉系统设计的约束条件[428]。为了最大程度减小巡视器的前行盲区，桅杆应该前向安装。视场角（FOV）不仅和投影成像时的角距大小有关，还和场景采样要求的角度有关。视场角要求如下

$$\text{FOV} \geqslant \frac{w}{2\sqrt{h^2 + (R + y_{\text{sens}})^2}} \tag{6-1}$$

式中，w 为投影相机视场角对应的地面宽度值；R 为前向距离；y_{sens} 为相机的前向位置；h 为立体相机距地面的高度。投影到地面之后，视场角由原来的形状变成了楔形。立体相机对的交叉点距离一定要不小于巡视器的最大宽度。最小分辨率定义如下

$$h_{\min} = d^2 \left[\frac{2\tan(\text{FOV}/2)}{bN_{\text{col}}} \right] \tag{6-2}$$

式中　d——物体和相机之间的距离；

　　　b——相机基线长；

　　　N_{col}——每幅图像的像素列数。

最大距离定义如下

$$R = \sqrt{\frac{h_{\text{obs}}bN_{\text{col}}}{2\tan(\text{FOV}/2)}} \tag{6-3}$$

式中，h_{obs} 是障碍物的最小高度。对于基线长为 0.5 m 的立体图像来说，其前向观测距离通常小于 10 m（最大为 15 m）。在粗糙的地形条件下，定义垂直视场角为 $4\theta_{\max}$，其中 $\theta_{\max}$ 为最大俯仰角。视觉传感器的输出值定义如下[429,430]

$$f_{\text{pixel}} = \frac{\psi}{(\text{PFOV})^2} \tag{6-4}$$

其中

$$\psi = \text{HFOV} \times \text{VFOV} \times f_{\text{image}}$$

式中　PFOV——传感器的角分辨率；

ψ——传感器通量；

HFOV——水平视场角；

VFOV——垂直视场角；

f_{pixel}——图像帧率。

视觉处理会产生时间延迟，因为图像处理通常比本体伺服控制耗费更多的时间：它们具有不同的采样率 kT 和 $k\tau$，而 $k\tau \ll kT$。图像处理中的时间延迟不是单纯的时间延迟，因为有系统输入延迟和依赖于输入的系统输出延迟。因此，图像帧率决定了巡视器的最大行进速度。处理器负载定义如下

$$f_{\text{cpu}} = f_{\text{pixel}} F \qquad (6-5)$$

式中，F 为 FLOPS（每秒浮点运算次数）/像素。因此，有

$$f_{\text{cpu}} = F \frac{\psi}{(\text{PFOV})^2} = F \frac{\text{HFOV} \times \text{VFOV} \times f_{\text{image}}}{(\text{PFOV})^2} \qquad (6-6)$$

为保证检测定义了最小分辨率

$$\text{PFOV} = \frac{1}{2} \frac{Lh}{R^2} \qquad (6-7)$$

式中　L——可分辨的距离；

R——距离；

h——相机高度。

从而得

$$f_{\text{cpu}} = F f_{\text{pixel}} = F \left[\frac{4R^4}{(Lh)^2} \right] \psi = F \left\{ \frac{4 [t_{\text{react}} v (1+b)]^4}{(Lh)^2} \right\} \phi \qquad (6-8)$$

因此，在计算速度的提高上，存在一个四次多项式的增长。计算处理功耗要求可定义为

$$P_{\text{comp}} = \frac{\gamma}{T_{\text{clock}}} \qquad (6-9)$$

式中，γ 为比例因子。对于特定的平台来说，比例因子往往不是固定的。计算时间的影响可量化为停止距离

$$d_{\text{resp}} = v_{\text{robot}} t_{\text{resp}} (1+b) \qquad (6-10)$$

式中　t_{resp}——响应时间；

b——制动距离。

当传感器前视距离过小时，会出现短视问题。当响应时间太长时，会出现延迟问题。响应时间依赖于图像处理时间。如果采用分布式计算方法

$$t_{\text{resp}} = \frac{t_{\text{opt}}}{N_{\text{cpu}}} + \frac{t_{\text{net}} (N_{\text{cpu}} - 1)}{N_{\text{cpu}}} \qquad (6-11)$$

对于一个单一的处理器，响应时间仅由图像处理模块决定，而其依赖于处理器的时钟速度延迟

$$t_{opt} = \alpha t_{clock} + \beta \tag{6-12}$$

式中，α，β 为常数，它们依赖于软件的大小和图像大小。因此，有

$$d_{resp} = v_{robot} \frac{\alpha t_{clock} + \beta + t_{net}(N_{cpu} - 1)}{N_{cpu}} = v_{robot}(\alpha t_{clock} + \beta) \tag{6-13}$$

成像时间为

$$T_{tot} = T_{int} + T_{ftr} + T_{ro} + T_{str} + T_{tx} \tag{6-14}$$

式中　T_{int} ——图像积分时间；

　　　T_{ftr} ——帧转移时间；

　　　T_{ro} ——读出时间；

　　　T_{str} ——广角立体相机生成一幅图像之前的图像存储时间；

　　　T_{tx} ——图像传输到巡视器大容量存储器的时间 t 。

在确定计算存储器存储要求时，图像大小占重要地位。每幅图像需要的存储容量为

$$N = \frac{(I + BWHf)t}{C} \tag{6-15}$$

式中　I ——图像头文件大小（字节）；

　　　B ——字节数/像素，对于 256 色图像来说，1 像素需要 1 字节；

　　　W ——图像宽度（像素数目）；

　　　H ——图像高度（像素数目）；

　　　f ——帧速率（Hz）；

　　　t ——存储时间（s）；

　　　C ——压缩比。

无损数据压缩可提供的压缩比为 10，虽然小波压缩的压缩比估计为 20～30。

6.4　相机标定

必须校正相机的光学基座（optical bench），以便恢复成像所需要的几何参数（如焦距、像素尺寸、图像平面与光轴的交叉点、相机畸变、基线等）。虽然发射前通常会进行校正，但是由于发射载荷的扰动、巡航环境（尤其是温度骤变）、再入冲击、下降减速、振动和极端降落冲击等，还需进行地面再标定[431]。地面上需要进行图像标定，以实现世界坐标系和图像平面坐标系的正确转换[431]。在 $z_i = 1$ 下，将世界坐标系下的物点（x_0，y_0，z_0）投影到图像平面坐标（x_i，y_i），得到

$$x_i - x_c = -\frac{x_0 - x_c}{z_0}, \quad y_i - y_c = -\frac{y_0 - y_c}{z_0} \tag{6-16}$$

透镜焦点位于（x_c，y_c）。相机标定很复杂，需要在参考坐标系中建立相机的三维位置和方向。物体和相机之间的距离为

$$d = \sqrt{\Delta x^2 + \Delta y^2 + \Delta z^2} \tag{6-17}$$

物体（如岩石）的角距为

$$\theta = 2\arctan\left(\frac{r}{R}\right) \tag{6-18}$$

式中　r ——半径；

　　　R ——距离。

　　物体定位与定向要用到坐标系，坐标系定义为 4×4 齐次坐标转换矩阵[432]。转换矩阵 $^A\boldsymbol{T}_B$ 定义了参考坐标系从 A 到 B 的转换。逆变换公式为 $^B\boldsymbol{T}_A = {}^A\boldsymbol{T}_B^{-1}$，通常具有以下形式

$$^{\text{object}}\boldsymbol{T}_{\text{world}} = {}^{\text{world}}\boldsymbol{T}_{\text{image}} {}^{\text{object}}\boldsymbol{T}_{\text{image}} \tag{6-19}$$

小孔成像模型中，小孔位于镜头的焦点中心。空间中的点 $(x，y)$ 的像点坐标是 $(u，v)$，可用仿射变换表示，即

$$\begin{pmatrix} u \\ v \end{pmatrix} = \begin{pmatrix} m_1 & m_2 \\ m_3 & m_4 \end{pmatrix} \begin{pmatrix} x \\ y \end{pmatrix} + \begin{pmatrix} t_x \\ t_y \end{pmatrix} \tag{6-20}$$

式中　$(t_x，t_y)$ ——平移参数；

　　　m_i ——仿射旋转、缩放、切变参数。

　　还可表达如下

$$\boldsymbol{Ax} = \boldsymbol{b} \tag{6-21}$$

其中

$$\boldsymbol{A} = \begin{pmatrix} x & y & 0 & 0 & 1 & 0 \\ 0 & 0 & x & y & 0 & 1 \\ & & \vdots & \vdots & & \end{pmatrix}$$

$$\boldsymbol{x} = \begin{pmatrix} m_1 \\ m_2 \\ m_3 \\ m_4 \\ t_x \\ t_y \end{pmatrix}$$

$$\boldsymbol{b} = \begin{pmatrix} u \\ v \\ \vdots \end{pmatrix}$$

x 的最小二乘解为

$$\boldsymbol{x} = (\boldsymbol{A}^{\text{T}}\boldsymbol{A})^{-1}\boldsymbol{A}^{\text{T}}\boldsymbol{b} \tag{6-22}$$

小孔成像模型中，世界坐标系中一点 $P(x，y，z)$ 投影到相机参考框架下的像平面坐标系的像点坐标为 $P(u，v)$

$$k \begin{pmatrix} x \\ y \\ z \end{pmatrix} = \begin{pmatrix} u \\ v \\ \lambda \end{pmatrix} \rightarrow \begin{matrix} kx = u \\ ky = v \\ kz = \lambda \end{matrix} \tag{6-23}$$

所以

$$k = \frac{\lambda}{z}, u = \lambda \frac{x}{z}, v = \lambda \frac{y}{z} \qquad (6-24)$$

式中，z 为焦距。根据相似三角形几何学（正弦定理）得到投影方程 $\lambda = f/s$，s 为像素大小，f 为焦距（见图 6-10）。从相机定向和定位的角度，对该模型简化得到共线方程

$$u = -f \frac{r_{11}(x-x_0) + r_{21}(y-y_0) + r_{31}(z-z_0)}{r_{13}(x-x_0) + r_{23}(y-y_0) + r_{33}(z-z_0)} \rightarrow u_p = \frac{u}{s_x} + x_0 \quad \text{像坐标系}$$

$$v = -f \frac{r_{12}(x-x_0) + r_{22}(y-y_0) + r_{32}(z-z_0)}{r_{13}(x-x_0) + r_{23}(y-y_0) + r_{33}(z-z_0)} \rightarrow v_p = \frac{v}{s_y} + y_0 \quad \text{像坐标系}$$

$$(6-25)$$

其中，$(x_0, y_0, z_0)^\mathrm{T}$ 为平移向量。相机旋转矩阵为

$$\boldsymbol{R}_{RPY} = \begin{pmatrix} r_{11} & r_{21} & r_{31} \\ r_{12} & r_{22} & r_{32} \\ r_{13} & r_{23} & r_{33} \end{pmatrix} \qquad (6-26)$$

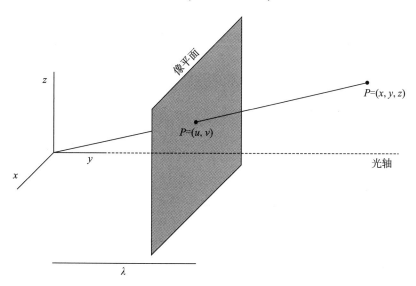

图 6-10　小孔成像模型

Tsai 标定方法[433]应用最广，它通过引入限制条件，将方程的解用 12 个参数（9 个平移参数和 3 个旋转参数）表示。该方法自动而精确，高效而灵活。在固定的参考系中，相机标定要知道其姿态参数。猎兔犬二号选用了艺术家达米恩·赫斯特（Damien Hirst）的固定多重颜色作品作为标定目标。同样，ExoMars 全景相机也制作了辐射标定目标，它由不同颜色的金属板组成[434]。

第一步：从三维世界坐标（x_w, y_w, z_w）转换到三维相机坐标（x_c, y_c, z_c）

$$\begin{pmatrix} x_c \\ y_c \\ z_c \\ 1 \end{pmatrix} = \begin{pmatrix} \bm{R} & \bm{P} \\ 0 & 1 \end{pmatrix} \begin{pmatrix} x_w \\ y_w \\ z_w \\ 1 \end{pmatrix} \tag{6-27}$$

其中

$$\bm{R} = \begin{pmatrix} r_1 & r_2 & r_3 \\ r_4 & r_5 & r_6 \\ r_7 & r_8 & r_9 \end{pmatrix}$$

$$\bm{P} = \begin{pmatrix} p_x \\ p_y \\ p_z \end{pmatrix}$$

$$\begin{aligned} r_7 &= r_2 r_6 - r_3 r_5 \\ r_8 &= r_3 r_4 - r_1 r_6 \\ r_9 &= r_1 r_5 - r_2 r_4 \end{aligned} \tag{6-28}$$

式中　$\bm{R}$——相机旋转矩阵；

$\bm{P}$——相机平移矩阵。

3×3 齐次旋转矩阵很容易表示相机的滚动—俯仰—偏航转换过程[435]。

第二步：基于小孔成像模型的中心投影理论，三维特征 (x_u, y_u, z_u) 可投影到二维平面上，将三维相机坐标 (x_c, y_c) 转换到二维像平面坐标 (x_u, y_u)。成像跟物距和焦距有关。根据相似三角形几何学，相机模型描述了相机坐标到像平面坐标的中心投影

$$\begin{aligned} x_u &= f \frac{x_c}{z_c} \\ y_u &= f \frac{y_c}{z_c} \end{aligned} \tag{6-29}$$

式中　f——相机有效焦距；

z_c——摄影主光轴距离；

$(x_c, y_c, z_c)^T$——相机坐标系中的物体位置。

第三步：计算镜头的径向畸变

$$x_d (r_d^2 K + 1) = x_u, \quad y_d (r_d^2 K + 1) = y_u \tag{6-30}$$

其中，(x_d, y_d) 为畸变后的像平面坐标；$r_d = \sqrt{x_d^2 + y_d^2}$；$K$ 为镜头畸变的一阶系数。

第四步：将真实像平面坐标转换为相机像素参考坐标 (x_f, y_f)

$$\begin{aligned} x_f &= C_x + \left(\frac{x_d}{d_x} \right) s_x \rightarrow x_d = (x_f - C_x) d_x \\ y_f &= C_y + \left(\frac{y_d}{d_y} \right) \rightarrow y_d = (y_f - C_y) d_y \end{aligned} \tag{6-31}$$

其中，(C_x, C_y) 为计算机帧存储器中相对固定中心坐标系的行/列；d_x 为扫描行沿 x 方向像素间的中心距离；d_y 为扫描行沿 y 方向像素间的中心距离；s_x 为比例系数。相机高度为

$$h = r_{12}x_c + r_{22}y_c + r_{23}z_c \qquad (6-32)$$

该算法非常简单灵活。

6.5　视觉处理

　　视觉处理的主要目的是提取目标特征，以便识别世界中不同的物体。特征包含属性和值。这种识别基于一个或多个特征——这些特征可以在不同尺度上分层有序表示。正是这种识别能力，定义了世界中物体的语义概念。马蒂斯（Matthies）（2007）等人在文章中详述了视觉处理在火星巡视器中的应用[436]。从数据处理和存储的需求来看，视觉处理需要比较高的计算能力。视觉处理通常建立圆柱几何模型，约束条件定义了特征的相对位置。目标的自动识别以特征为基础，而路径规划以物体间的拓扑关系为基础。视觉处理的基本问题是，得到的图像数量远远多于传感器的观测值数目，所以要做简化假设。视觉处理输入的是三维场景投影到二维平面的亮度阵列，输出的是三维场景的描述、场景中的物体和它们间的关系（视觉观测除了包含物体的光照强度外，还有背景噪声）。图像中所有的二维直线可能对应于无穷数量的三维物体投影，这是逆光学（inverse optics）问题。投影到二维平面后，三维信息丢失，而图像的强度也受到入射光照、反射特性、与观测者和光源有关的表面观测方向等的影响。三维场景属性的恢复是欠约束的（病态的）。视觉处理必须从环境中提取物体的不变量，而不变量可以直接匹配到图像中的已有模板。人类视觉系统根据内聚性、有界性、刚度和稳定性，将外部世界划分为许多单一对象。视觉处理的第一步是通过视觉搜索确定边缘——这是一个分类任务，区分出相关和不相关的信号。图像处理中最基本的方法包括边缘检测、边缘平滑和分割成光谱均匀区域。分割是将图像分成不同的均匀区域，最基本的方法是将前景（对象）从背景中提取出来。这种方法基于以下假设，与背景相比，边缘具有高对比性，这样就能将物体从背景中提取出来。因此，视觉处理就是图像的边缘检测问题，是非确定性多项式（NP）难题。一个二维图像可以表示为 $I(x, y)$，$I(x, y)$ 表示每个像素的强度（亮度）。空间分辨率可定义为水平和垂直方向上的像素数目。每个像素都有四个水平和垂直的相邻像素 $(x+1, y)$，$(x-1, y)$，$(x, y+1)$，$(x, y-1)$，还有对角相邻像素 $(x+1, y+1)$，$(x+1, y-1)$，$(x-1, y+1)$，$(x-1, y-1)$，除了忽略或用相同值填充的边缘像素。像素 $p(x_1, y_1)$ 和 $q(x_2, y_2)$ 间的欧几里得（欧氏）距离为

$$D(p,q) = \sqrt{(x_1 - x_2)^2 + (y_1 - y_2)^2} \qquad (6-33)$$

　　CCD 传感器相机数字化处理后得到像素的强度。视觉预处理包括噪声滤除，畸变校正，利用相当于卷积积分滤波器的掩膜算子对图像进行平滑处理。高梯度强度转换表示高频成分，因而通过滤波抑制噪声，缓和剧烈的强度变化。低通滤波的平滑处理必不可少，因为边缘检测取决于图像内部的差异变化。图像处理的基本原理是：在边缘处，物体和背景有高对比度，这样可以将物体从背景中提取出来。图像阈值化处理后得到高对比度边缘，然后再分割成光谱均匀区域。这些均匀区域表示为物体或物体局部。从这些光谱均匀

区域，可以提取图像的不变特性、形状特征和边界（周长、面积、多个半径矢量、区域中心/矩等）。幸运的是，在星球探测中，它们是地质特征和物体的有限子集。为了减少计算代价，可以利用图像的残差金字塔，所以需要求解相邻像素的均值，以得到简化图像。一般来说，都要进行分辨率从粗到细的图像处理，实现鲁棒模式识别。这种多分辨率的分层框架，可以提取不同场景的物理结构[437]。图像分析中，分辨率从粗到细的逐次精化操作，需要多尺度变换[438]。

视觉处理的第一步是数字化传感器的视场输入，根据灰度级（亮度分辨率）得到图像强度的像素阵列，这是图像采集卡的功能。一个二维阵列相机生成一幅二维强度值图像 $I(x，y)$，具有代表性的是 8 bit 图像，共有 $2^8=256$ 个可能强度值。图像上一个点的强度为

$$I = ER\cos i \tag{6-34}$$

式中，E 为入射光强；R 为表面反射率（反照率）；i 为视线与局部表面法线之间的入射角。由 I 反求 E，R 和 i，需要额外的约束条件，如距离和方向。除此之外还要求，物体表面是均匀分布的（朗伯体），内部的反照率相同，而边界的反照率不连续。在区域内部满足

$$\frac{\mathrm{d}E}{E} = \frac{\mathrm{d}I}{I} + \frac{\mathrm{d}R}{R} + \frac{\mathrm{d}(\cos i)}{\cos i} \rightarrow \frac{\mathrm{d}E}{E} = \frac{\mathrm{d}I}{I} \tag{6-35}$$

边界上满足

$$\frac{\mathrm{d}E}{E} = \frac{\mathrm{d}R}{R} \tag{6-36}$$

虽然星球巡视器的彩色成像是必不可少的，但仍然可以将彩色图像转换为灰度图像，实现保留光强的同时去除色调，压缩图像。RGB 颜色可以用 RGB 彩色立方体模型表示，RGB 原色值分别位于每个轴的角点上，黑色位于原点处，白色位于离原点最远的角点上（见图 6-11）。对于都是 8 bit 的红、绿、蓝分量图像来说，红色的 RGB 值是（255，0，0），归一化为（1，0，0）。CCD 的像素通常分成 2×2 的四部分，两个像素获取绿色强度值，一个像素获取红色强度值，另外一个像素获取蓝色强度值。下面的公式将 RGB 模型转换为灰度级模型

$$I = 0.299R + 0.587G + 0.114B \tag{6-37}$$

式中，R、G、B 分别是图像的红、绿、蓝分量强度。也有其他彩色模型，如 $(Y，U，V)$ 模型，可以进行类似的转换

$$\begin{pmatrix} Y \\ U \\ V \end{pmatrix} = \begin{pmatrix} 0.299 & 0.587 & 0.114 \\ -0.169 & -0.331 & 0.500 \\ 0.500 & -0.419 & -0.081 \end{pmatrix} \begin{pmatrix} R \\ G \\ B \end{pmatrix} \tag{6-38}$$

彩色边缘检测可以先计算每个分量图像的梯度，然后将结果相加得到 RGB 梯度图像。

颜色还可以用 NTSC 色彩空间中的归一化变量表示，公式为

$$\begin{aligned} Y &= 0.299R + 0.587G + 0.114B \\ G &= (0.596R - 0.274G - 0.322B)/Y \\ Q &= (0.221R - 0.523G + 0.312B)/Y \end{aligned} \tag{6-39}$$

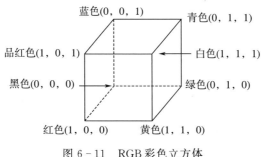

图 6-11　RGB 彩色立方体

相比于 RGB 强度值，色调、饱和度和值（Hue，Saturation，and Value，HSV）对光照变化的描述，表现出了更强的鲁棒性。在分类和目标识别之前，必须定义物体的边界。视觉特征通常为角和边缘。边缘表示强度的不连续性，而边缘检测算法必须以最小的误差检测定位出真正的边缘。边缘检测是最常见的图像处理方法，因为边缘可以确定物体的轮廓，然后将其从背景中分离出来。一旦确定了物体的轮廓，就可以确定物体的面积、周长和形状等物理性质。视觉处理是对原始输入图像做函数变换，得到输出图像

$$I'(x,y) = f(I(x,y)) \tag{6-40}$$

需要对图像做预处理以校正由模糊和噪声引起的畸变，要用到卷积掩膜（滤波器）。卷积掩膜是一个大小为 $m \times m$ 的矩阵核，通过对大小为 $n \times n$ 的原始图像矩阵 $\boldsymbol{I}$ 做卷积，得到大小为 $n \times n$ 的滤波图像矩阵 $\boldsymbol{I}'$

$$I'_{ij} = \sum_{p,q} k_{p,q} I_{i-p,j-q} (1 \leqslant i,j \leqslant n; 1 \leqslant p,q \leqslant m) \tag{6-41}$$

从图像的左上角开始，将卷积模板叠加在每个像素上，依次向右、向下移动，直到所有像素都已被处理。

噪声会损坏图像边缘。加入高频分量的噪声抑制滤波后，会模糊边缘。然而，低通滤波器广泛用于多光谱尺度图像的平滑。由于图像中存在着明显的强度变化，必须在多尺度上使用滤波器。平滑滤波器对自身像素和邻域像素做平均，以代替原来的强度值

$$\begin{pmatrix} \dfrac{1}{9} & \dfrac{1}{9} & \dfrac{1}{9} \\[2mm] \dfrac{1}{9} & \dfrac{1}{9} & \dfrac{1}{9} \\[2mm] \dfrac{1}{9} & \dfrac{1}{9} & \dfrac{1}{9} \end{pmatrix}$$

对以下图像做卷积

8	3	4	5
7	6	4	5
4	5	7	8
6	5	5	6

平滑处理得到

6.44	5.22	4.33	4.67
5.78	5.33	5.22	5.67
5.56	5.44	5.67	6.00
5.22	5.33	5.78	6.33

高空间频率内，小尺度纹理含有大量的强度变化，但是平滑处理去除高空间频率成分的同时，不会对低空间频率成分造成扭曲。二维掩膜可看成是两个一维掩膜相乘。因此，为了减少计算量，以上滤波器可视为两个较小滤波器的卷积。比如

$$\begin{pmatrix} \dfrac{1}{9} & \dfrac{1}{9} & \dfrac{1}{9} \\[2mm] \dfrac{1}{9} & \dfrac{1}{9} & \dfrac{1}{9} \\[2mm] \dfrac{1}{9} & \dfrac{1}{9} & \dfrac{1}{9} \end{pmatrix} = \begin{pmatrix} 0 & \dfrac{1}{3} & 0 \\[2mm] 0 & \dfrac{1}{3} & 0 \\[2mm] 0 & \dfrac{1}{3} & 0 \end{pmatrix} \cdot \begin{pmatrix} 0 & 0 & 0 \\[2mm] \dfrac{1}{3} & \dfrac{1}{3} & \dfrac{1}{3} \\[2mm] 0 & 0 & 0 \end{pmatrix}$$

忽略零值，只需 6 步计算，而不是 9 步。总的来说，计算量由 $(n+1)^2 m^2$ 减少到 $2(n+1)m^2$。平滑（模糊）函数实际上是一个雅可比矩阵。伪逆求解是一种根据最小二乘误差原理，求解超定方程的方法。对于一个函数 J，其伪逆是

$$J^+ = (J^T J)^{-1} J^T \tag{6-42}$$

它用于视觉处理，如果模糊度为 $g = J f$，那么复原（去模糊）为

$$\hat{f} = J^+ g \tag{6-43}$$

模糊矩阵也可以通过奇异值分解（SVD）分解为特征矩阵

$$J = U \Lambda^{1/2} V^T \tag{6-44}$$

得到

$$J^+ = V \Lambda^{1/2} U^T$$

针对不同的情况，可以采用许多简单的边缘检测滤波器——这可能需要使用几种不同的边缘检测器[439]。边缘检测对光照条件、场景中物体对象的集合形式和噪声水平非常敏感。为了找到边缘，我们需要寻求像素强度的最高梯度。边缘被检测为强度的剧烈变化（比如，一阶导数的最大值，或者二阶导数的零交叉点）。超过阈值的任何像素设置为 1，否则为 0。一幅图像 $I(x, y)$ 的梯度为

$$G(I(x, y)) = \begin{pmatrix} G_x \\ G_y \end{pmatrix} = \begin{pmatrix} \dfrac{\partial I}{\partial x} \\[2mm] \dfrac{\partial I}{\partial y} \end{pmatrix} \tag{6-45}$$

这里的梯度值是一阶微分

$$G_x = \frac{\partial I}{\partial x} = I(x, y) - I(x-1, y)$$
$$G_y = \frac{\partial I}{\partial y} = I(x, y) - I(x, y-1) \tag{6-46}$$

　　向量 $\boldsymbol{G}$ 指出了在 $(x，y)$ 处 I 的最大变化率的方向，即零交叉检测。在恒定光照区域，梯度值很小。由此可以得到一幅梯度图像

$$| G(I(x，y)) | = \sqrt{\left(\frac{\partial I}{\partial x}\right)^2 + \left(\frac{\partial I}{\partial y}\right)^2}$$

$$= \sqrt{(\Delta_x I)^2 + (\Delta_y I)^2}，在方向 \theta = \arctan\left(\frac{\dfrac{\partial I}{\partial y}}{\dfrac{\partial I}{\partial x}}\right) 上 \tag{6-47}$$

其中

$$\begin{aligned}
\Delta_x I = &[I(x-1,y-1) + 2I(x,y-1) + I(x+1,y-1) \\
&- I(x-1,y+1) + 2I(x,y+1) + I(x+1,y+1)] \\
\Delta_y I = &[I(x+1,y+1) + 2I(x+1,y) + I(x+1,y-1) \\
&- I(x-1,y+1) + 2I(x-1,y) + I(x-1,y-1)]
\end{aligned} \tag{6-48}$$

　　在检测图像的不连续处（边缘）时，这种方法对像素强度的空间变化率非常敏感。可以用一个卷积掩膜进行更有效的数字化处理，形式如下

$$\text{Delta} - x \ 梯度：\begin{pmatrix} -1 & 1 \\ 0 & 0 \end{pmatrix}，\text{Delta} - y \ 梯度：\begin{pmatrix} -1 & 0 \\ 1 & 0 \end{pmatrix}$$

为了计算 45°和 135°方向上对角像素的梯度，可以使用罗伯特交叉梯度算子，卷积掩膜如下

$$\begin{pmatrix} 0 & 1 \\ -1 & 0 \end{pmatrix} 和 \begin{pmatrix} 1 & 0 \\ 0 & -1 \end{pmatrix}$$

该 2×2 边缘检测掩膜不需平滑处理，就能发现某些方向的边缘，但是更大的算子可以通过局部平均减少噪声。3×3 的空间卷积掩膜依次以每个像素为中心，计算邻域内的强度梯度，然后用其代替中心像素的原来强度。Sobel 算子是一个高通滤波器，可以加强边缘。它用到两个掩膜

$$| G | = \sqrt{S_1^2 + S_2^2} \tag{6-49}$$

其中

$$\theta = \arctan\left(\frac{S_1}{S_2}\right)，S_1 = \begin{pmatrix} -1 & -2 & -1 \\ 0 & 0 & 0 \\ 1 & 2 & 1 \end{pmatrix}，S_2 = \begin{pmatrix} -1 & 0 & 1 \\ -2 & 0 & 2 \\ -1 & 0 & 1 \end{pmatrix}$$

下面是另外一种 Sobel 掩膜，它对所有方向上的边缘都很敏感

$$\begin{pmatrix} -1 & 0 & 1 \\ -2 & 0 & 2 \\ -1 & 0 & 1 \end{pmatrix} 和 \begin{pmatrix} 1 & 2 & 1 \\ 0 & 0 & 0 \\ -1 & -2 & 1 \end{pmatrix}$$

更大的掩膜（如 5×5 大小的卷积掩膜）可用于进一步抑制噪声，通过局部平均来平滑图像。在模糊的边缘处，Sobel 卷积掩膜的表现效果不好。

　　高斯滤波器分为低通、高通、带通滤波器。高斯卷积掩膜是一个各向同性掩膜，可以很好地平滑图像并去除噪声，它的横截面是高斯正态分布，并且带有一定的权重。根据高斯掩膜的宽度，可以选择某个频率值，低于该值的变量被去除，而高于该值的变量则保留

$$G(x,y) = \frac{1}{2\pi\sigma^2} e^{-r^2/2\sigma^2}$$

$$r = \sqrt{x^2 + y^2}$$

式中　$G(x,y)$——带权重的高斯平滑掩膜；

　　　　r——像素到模板中心的距离；

　　　　σ——掩膜宽度。

　　最初，用高斯低通滤波器对图像滤波以去除噪声。高斯平滑通过对更大范围的图像模糊处理，将噪声分配出去，从而表现为低通滤波器，去除了高频噪声。因此，选择高斯平滑低通滤波器平滑图像以减少噪声和误差，而不选择边缘检测掩膜。还可以使用核掩膜完成平滑

$$\boldsymbol{G} = \begin{pmatrix} \frac{1}{16} & \frac{2}{16} & \frac{1}{16} \\ \frac{2}{16} & \frac{4}{16} & \frac{2}{16} \\ \frac{1}{16} & \frac{2}{16} & \frac{1}{16} \end{pmatrix}$$

这可以确保边缘检测器导数的稳定性。高斯函数可以对图像卷积[440]

$$L(x,y) = G(x,y) * I(x,y) \tag{6-50}$$

其中

$$G(x,y) = \frac{1}{2\pi\sigma^2} e^{-(x^2+y^2)/2\sigma^2}$$

　　同时傅里叶变换

$$g(w_x,w_y) = \exp\left[-\frac{1}{2}\sigma^2(w_x^2 + w_y^2) \right] \tag{6-51}$$

在不同空间尺度上对图像卷积，得到高斯差分（Difference-of-Gaussian，DOG）函数如下

$$D(x,y) = [G(x,y,k\sigma) - G(x,y,\sigma)] * I(x,y) \tag{6-52}$$

即

$$g(x,y) = k^2 e^{-(x^2+y^2)/2\sigma^2} - e^{-(x^2+y^2)/2(k\sigma)^2} \tag{6-53}$$

式中，$k = \dfrac{1}{\sqrt{2\pi}\sigma}$。其高斯函数对应的接受域（receptive field）如下

$$w_i = e^{-\frac{1}{2}(x-c_i)^T D_i (x-c_i)} \tag{6-54}$$

式中，D_i 为距离度量。为了检测边缘，需要找到二阶导数的零交叉点。可以通过一个与方向无关的高斯拉普拉斯滤波器实现。Marr-Hildreth 滤波器是一种基于梯度的算子，它利

用拉普拉斯算子计算图像的二阶导数

$$\nabla^2 f = \frac{\partial^2 f}{\partial x^2} + \frac{\partial^2 f}{\partial y^2} \tag{6-55}$$

这是一个边缘检测器，不需要预先设定阈值，可计算像素的二阶导数。它通过损失外部像素来加强中心像素，表现出很强的生物模拟功能。它可以描述最稳定的图像特征，因为它具有中心-环绕（墨西哥草帽）特点[441]。生物学的中心-环绕机理中，中心细胞的神经元接收来自接受域中心附近区域感光细胞的兴奋性输入，还有周围区域的抑制性输入；对于偏离中心的细胞来说，则相反（即侧抑制为中心-环绕接受域的关键）。中心-环绕掩膜具有生物模拟功能，可以在图像中搜索边缘。光感器密度中心-环绕的结构可以用一个对数极坐标映射实现

$$q = (r, \phi) = \alpha(x, y) = \left(\log \sqrt{x^2 + y^2}, \arctan \frac{y}{x} \right) \tag{6-56}$$

式中，r 为径向坐标，ϕ 为角坐标

$$(x, y) = \alpha^{-1}(r, \phi) = (e^r \cos\phi, e^r \sin\phi) \tag{6-57}$$

$$I(r, \phi) = I(\alpha^{-1}(r, \phi)), I(x, y) = I(\alpha(x, y)) \tag{6-58}$$

为实现对数极坐标系与笛卡儿直角坐标系之间的转换，可定义雅可比矩阵

$$\boldsymbol{J}(x, y) = \begin{pmatrix} \dfrac{x}{x^2 + y^2} & \dfrac{y}{x^2 + y^2} \\ -\dfrac{y}{x^2 + y^2} & \dfrac{x}{x^2 + y^2} \end{pmatrix}, \; \boldsymbol{J}^{-1}(r, \phi) = \begin{pmatrix} e^r \cos\phi & -e^r \sin\phi \\ e^r \sin\phi & e^r \sin\phi \end{pmatrix} \tag{6-59}$$

高斯差分函数（墨西哥草帽算子）是用高斯掩膜对卷积的近似逼近，即中心-环绕掩膜 $\sigma^2 \nabla^2 G$（拉普拉斯高斯）[442]：

$$LG(x, y) = -\frac{1}{\pi \sigma^4} \left(1 - \frac{x^2 + y^2}{2\sigma^2} \right) e^{-(x^2 + y^2)/2\sigma^2} \tag{6-60}$$

这是横向抑制的多尺度边缘检测，受 Marr - Hildreth 神经生理学理论的启发

$$\nabla^2 G(x, y) = -k \left[\frac{(x^2 + y^2) - 2\sigma^2}{2\pi \sigma^6} \right] \exp\left[\frac{-(x^2 + y^2)}{2\sigma^2} \right] \tag{6-61}$$

$$I'(x, y) = \nabla^2 G(x, y) * I(x, y) \tag{6-62}$$

最广泛使用的是高斯拉普拉斯（Laplacian of Gaussian，LOG）滤波器和高斯差分（DOG）滤波器，后者与哺乳动物的视觉有关。高斯拉普拉斯滤波器对噪声很敏感。高斯差分函数的功能类似于视觉处理神经元的接受域特性。接受域响应可表示为输入图像和权函数的卷积，权函数决定其输入响应。二维高斯滤波器可以分离成更简单的一维高斯滤波器（水平和垂直方向）

$$G(x, y) = \frac{1}{\sigma \sqrt{2\pi}} e^{-(x^2 + y^2)/2\sigma^2} = \frac{1}{\sigma \sqrt{2\pi}} e^{-x^2/2\sigma^2} e^{-y^2/2\sigma^2} \tag{6-63}$$

检测图像一阶导数的局部极大/极小值或二阶导数的零交叉点确定边缘。中心-环绕掩膜的输出在零交叉点两侧变为正值或负值（见图 6-12）。

拉普拉斯特别适合于自然场景[443]。高斯拉普拉斯与热扩散方程有关

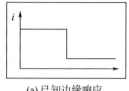　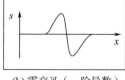　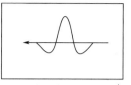

(a) 已知边缘响应　　　(b) 零交叉（一阶导数）　　(c) 最大响应（二阶导数）

图 6-12　高斯差分滤波器

$$\frac{\partial G}{\partial \sigma} = \sigma \nabla^2 G \approx \frac{G(x,y,k\sigma) - G(x,y,\sigma)}{k\sigma - \sigma} \tag{6-64}$$

所以

$$G(x,y,k\sigma) - G(x,y,\sigma) \approx (k-1)\sigma^2 \nabla^2 G \tag{6-65}$$

式中，k 为尺度因子。图像去模糊方法假设模糊过程是一种扩散，满足

$$\frac{\partial^2 I}{\partial t^2} = k\left(\frac{\partial^2 I}{\partial x^2} + \frac{\partial^2 I}{\partial y^2}\right) = k \nabla^2 I \tag{6-66}$$

式中，$\nabla^2 I = L$，为拉普拉斯算子。模糊图像和清晰图像的关系为

$$I = \hat{I} - K \nabla^2 \hat{I} \tag{6-67}$$

式中，$0 < K < 1$。在离散情况下，计算梯度

$$\begin{aligned}
\nabla^2 I(x,y) &= \Delta_x I(x,y) - \Delta_x I(x-1,y) + \Delta_y I(x,y) - \Delta_y I(x,y-1) \\
&= I(x+1,y) + I(x-1,y) - 2I(x,y) + I(x,y+1) + I(x,y-1) - 2I(x,y) \\
&= I(x+1,y) + I(x-1,y) + I(x,y+1) + I(x,y-1) - 4I(x,y)
\end{aligned}$$

$$\tag{6-68}$$

拉普拉斯算子 $I_{xx} = \partial^2 I / \partial x^2$ 和 $I_{yy} = \partial^2 I / \partial y^2$ 可用 3×3 卷积模板的局部近似得到

$$\begin{vmatrix} 0 & -1 & 0 \\ -1 & 4 & -1 \\ 0 & -1 & 0 \end{vmatrix}$$

拉普拉斯在恒定强度的区域为零。一个更复杂的拉普拉斯算子包括其相邻的对角像素 $I(x+1,y+1)$，$I(x-1,y-1)$，$I(x-1,y+1)$ 和 $I(x+1,y-1)$

$$\begin{vmatrix} -1 & -2 & -1 \\ -2 & 12 & -2 \\ -1 & -2 & -1 \end{vmatrix}$$

因为对图像求导会放大高频噪声，所以使用高斯滤波器之前，需要平滑图像。噪声去除包括替换掉与周围点不同的点，这里用到了多个由邻域得到的阈值。阈值分割能区分边缘点和非边缘点。一个像素和它的四个邻域像素 $I(x\pm 1,y)$，$I(x,y\pm 1)$ 的均值为

$$\begin{aligned}
\nabla^2 I(x,y) &= 5\left\{\frac{1}{5}[I(x,y) + I(x-1,y) + I(x+1,y) + I(x,y-1) + I(x,y+1) - I(x,y)]\right\} \\
&= 5[\hat{I}_{av} - I]
\end{aligned}$$

$$\tag{6-69}$$

如果比例因子 $K = \dfrac{1}{5}$ ，那么 $I = 2\hat{I} - \hat{I}_{\text{av}}$ 。相比于低频成分，这增强了信号的高频成分，能得到一幅更清晰的图像。中值滤波器用像素自身和邻域 8 个像素的中值代替原来感兴趣的像素值，它去除了图像中的异常尖峰值。拉普拉斯算子归一化后的卷积模板，通过损失外部像素来加强中心像素，具有很强的生物模拟功能

$$\begin{pmatrix} -\dfrac{1}{8} & -\dfrac{1}{8} & -\dfrac{1}{8} \\[2mm] -\dfrac{1}{8} & 1 & -\dfrac{1}{8} \\[2mm] -\dfrac{1}{8} & -\dfrac{1}{8} & -\dfrac{1}{8} \end{pmatrix}$$

它具有各向同性，因为在去除噪声中，它用到了所有最近邻像素的加权平均。高斯拉普拉斯滤波器是随着尺度增加不产生零交叉点的唯一平滑滤波器。在空间域和频率域的同时定位上，高斯滤波器做了最佳折中。任何函数都可以用高斯函数的一阶导数线性组合逼近，这类似于以正弦函数为基函数的傅里叶级数展开式。圆形的对称高斯滤波器由下式给出

$$G(x,y) = e^{-(x^2 + y^2)} \tag{6-70}$$

Gabor 函数和高斯差分函数是对生物滤除功能的模拟。一阶高斯导数是最优的边缘检测。当检测任意边缘方向时，高斯拉普拉斯效果最好。

在边缘检测中，这些滤波器会造成错误检测和混合检测。选择不同尺度 σ 的滤波器，得到一组具有不同层次的平滑图像。为了解决多尺度的问题，提出了一种由细到粗和由粗到细的手段，它采用自适应阈值的迭代边缘检测方法。一种简单的方法是定义三个尺度

$$\sigma_1 = \sigma_0 + \frac{1}{3}(\sigma_2 - \sigma_0) \tag{6-71}$$

式中　σ_0——边缘出现时的检测最佳尺度；

　　　σ_2——边缘出现时的最粗糙尺度。

另外，还用到一个增强边缘的线性权重函数（LWF），它由高斯函数及其二阶导数（拉普拉斯函数）组成，即

$$f(x,y) = G''_{\sigma_1}(x) G_{\sigma_2}(y) \tag{6-72}$$

它基于灵长类动物的生物接受域[444]——高阶导数更容易去模糊。滤波后用 Sobel 算子对图像做卷积，通过寻求一阶导数的最大值来检测边缘。LWF 具有更强的边缘定位能力，尽管存在噪声移动。

高斯拉普拉斯算子依赖于方向，在角点和曲线处产生分解。Canny 边缘检测器结合了高斯平滑，利用垂直和水平方向的差分算子，在每个像素处得到一个平滑后的梯度方向。Canny 边缘算子是一种高斯边缘算子，可以提取封闭边界。高斯函数的一阶导数可以在一维方向 r 上优化边缘检测和定位[445]，它是 Canny 边缘算子的很好近似

$$G'(x) \approx -\frac{r}{\sigma^2} e^{-(r^2/\sigma^2)} \tag{6-73}$$

在提取阶跃性边缘时，Canny 算子类似于高斯拉普拉斯算子，但是当使用自适应阈值时，它具有更强的鲁棒性（见图 6-13）。它作为标准，被广泛使用，具有优良的性能，优于许多新的算法。它结合高斯平滑，利用两个垂直的一维高斯函数和两个方向上的梯度微分计算，提取边缘。它需要计算每个像素的梯度幅值大小和方向。其中边缘阈值基于滞后阈值，滞后阈值需要高阈值和低阈值。如果像素的幅值超过高阈值，则为边缘像素；如果像素的幅值在两个阈值之间，并且仅仅连接到一个边缘像素，则为边缘像素；如果像素的幅值小于低阈值，则不是边缘像素。Canny 滤波器是高斯卷积的递归近似，对二维图像的每个像素滤波计算时，需要 12 步乘法和 24 步加法。一种简单的方法是使用一个离散核，如两个方向上的 2×2 罗伯茨（Roberts）梯度检测算子

$$| \boldsymbol{G} | = \sqrt{\boldsymbol{R}_1^2 + \boldsymbol{R}_2^2} \tag{6-74}$$

其中

$$\boldsymbol{R}_1 = \begin{pmatrix} -1 & 0 \\ 0 & 1 \end{pmatrix} 和 \boldsymbol{R}_2 = \begin{pmatrix} 0 & -1 \\ 1 & 0 \end{pmatrix}$$

Prewitt 算子用到两个 3×3 掩膜

$$| \boldsymbol{G} | = \sqrt{\boldsymbol{P}_1^2 + \boldsymbol{P}_2^2} \tag{6-75}$$

其中

$$\theta = \arctan\left(\frac{\boldsymbol{P}_1}{\boldsymbol{P}_2}\right), \boldsymbol{P}_1 = \begin{pmatrix} -1 & -1 & -1 \\ 0 & 0 & 0 \\ 1 & 1 & 1 \end{pmatrix}, \boldsymbol{P}_2 = \begin{pmatrix} -1 & 0 & 1 \\ -1 & 0 & 1 \\ -1 & 0 & 1 \end{pmatrix}$$

巴苏（Basu）在其文章中对高斯边缘滤波做了概述[446]。在 FIDO 巡视器的地形直线特征的视觉采集中，用到了结合小波变换的 Canny 边缘检测器[447]。不同方向的二维高斯函数的导数可以分析不同方向的特征。像素是第一个三阶高斯微分算子的滤波器响应特征向量；边缘特征采用一阶导数的正交对。这些基本特征的空间组合可以描述各种各样的形状和纹理。

角点检测器检测的是两条直线的交点（如 Harris 和 FAST——加速分段测试特征算法），而 Blobs 检测器试图检测出与背景不同的区域块（如 SIFT、SURF 算法等）。斑点容易识别，但计算更为复杂。MER 使用 Harris 角点检测器是因为它的简捷性，但作为一个角点检测器，它的性能不如 Blobs 检测器。在图像的点匹配方面，有许多 Blobs 检测算法：尺度不变特征变换（Scale-Invariant Feature Transform，SIFT）算法；取而代之的是基于 Haar 小波的快速鲁棒特征（Speed-Up Robust Feature，SURF）算法，它的功能相似，但复杂度更低；二进制鲁棒不变尺度关键点（Binary Robust Invariant Scalable Keypoint，BRISK）算法，用汉明（Hamming）距离度量代替欧氏距离。SIFT 算法首先用高斯差分滤波器在多个尺度上提取特征尺度不变的特征，然后通过一个高斯差分的泰勒级数展开式去除错误特征

$$D(\boldsymbol{x}) = \boldsymbol{D} + \frac{\partial \boldsymbol{D}^\top}{\partial \boldsymbol{x}} \boldsymbol{x} + \frac{1}{2} \boldsymbol{x}^\top \frac{\partial^2 \boldsymbol{D}}{\partial \boldsymbol{x}^2} \boldsymbol{x} \tag{6-76}$$

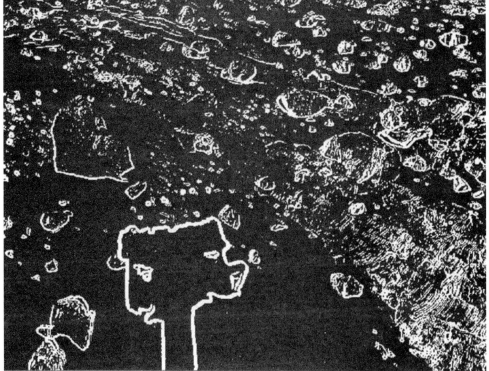

图 6 - 13　MER 桅杆图像和 Canny 边缘提取后的图像

舍弃低对比度的特征

$$\frac{1}{2}\boldsymbol{x}^{\mathrm{T}}\frac{\partial^2 \boldsymbol{D}}{\partial \boldsymbol{x}^2}\boldsymbol{x} < 0.003 \qquad\qquad (6-77)$$

具有高曲率的低稳定性边缘将被消除。然后在不同尺度上，对图像上每个特征中心附近的像素，利用一个方向不变的掩膜进行高斯平滑。生成一系列方向上的直方图。SURF 算法和 SIFT 算法有相同的鲁棒性，但是 SURF 算法的计算效率更高。一个计算速度更快的盒式滤波器代替了二阶泰勒展开式，而且 Haar 小波用来提取方向不变特征。小波是一种多尺度函数逼近，它是对一个信号的多层次分解。不同的尺度上，小波对图像信息的编码是一个从粗到细的过程。Harr 小波是最简单的小波。在每个尺度上，它可以应用在图像的不同方向上（如垂直、水平和对角方向）。SURF 特征提取算法已经成为主流算法，因为它的效率高于 SIFT 算法。然而，BRISK 算法和 SURF 算法相比，性能类似，但在同一个数量级上的运算速度更快（它采用 SURF 算法得到特征），这也使它更适合于星球巡视器的应用程序[447a]。快速视网膜关键点（Fast REtinA Keypoint，FREAK）算法基于人类的视网膜特征提取，它使用差分高斯滤波器，在视网膜中央凹的空间分辨率呈指数变化[448]。

图像的信息量可以衡量视觉特征的特性，以确定兴趣点[449]。图像信息量与其概率分布呈反比：$I = -\log(p)$。所有信息的平均信息量可由熵给出：$S = -\sum_i p_i \log(p_i)$。兴趣点包括高曲率的轮廓（角点），以及具有纹理特征容易从背景中分离的高对比度区域。强度差异可以通过自相关函数量化。Harris 角点检测器利用一个掩膜对图像做卷积，计算图像的自相关矩阵导数。得到的是能检测出特征点的高熵值。它是稳定的，有助于确定深度。它可以用来选择兴趣点，但它对图像尺度的变化很敏感。改进的精确 Harris 角点检测方法，处理效果更好。然而，角点在纹理表面分布很普遍，不适用于自然场景。

轮廓检测算法可以根据物体轮廓的边缘和纹理特性识别强度的变化[450]。多分辨率的边缘检测阶段之后，还包括应用贝叶斯去噪和环绕抑制。当然了，这种方法计算比较复杂。这里的边缘检测可以认为是基于数据驱动的统计推断，而不是传统边缘检测方法中的模型驱动[452]。它使得 Canny 边缘检测器具有优越的性能，但需要对图像背景进行统计建模。在描述早期神经元对视觉输入的响应时，线性接受域已经取代了非线性接受域[453]。

基于最大后验概率估计的贝叶斯估计可以用来补偿图像退化[453]。该方法类似于采用全局控制参数模拟温度的模拟退火算法。一个缓慢下降的模拟退火算法构成了一个马尔可夫链，以关联到图像的最低能量状态。这对应于噪声指数吉布斯分布的最可能状态，吉布斯分布的表达式为

$$\pi(w) = \frac{1}{2}\mathrm{e}^{-E(w)T}$$

式中　　$E(w)$ ——能量函数。

$$Z = \sum_w \mathrm{e}^{-E(w)/T}$$

上式为分割函数（归一化因子常数）。这种吉布斯分布利用最大后验概率（MAP）估计来描述马尔可夫随机场的特征。一个像素在给定状态的概率是由相邻像素区域的概率确

定的。

假设缺乏月球和火星岩石颜色变化的数据，排除颜色后，纹理可能是星球探测采用的视觉特性。纹理分析包括纹理特征提取、纹理分割和纹理分类几个步骤。大多数研究工作致力于前两步，因为它们是紧密相连的。纹理分割将一幅图像分割成不同的纹理区域，这依赖于之前的纹理提取。马尔可夫随机场非常适合生成纹理模型，但它对规则纹理的处理效果并不好[453]。将马尔可夫随机场和离散小波变换结合使用，图像纹理分割的效果要优于两者中的任何一种方法[453]。大多数纹理特征提取基于统计或变换方法。图 6 - 14 给出了纹理分析的实例库。简单的图像统计结果具有一定区分判别能力，也是纹理分析的基础。纹理可看作视觉强度的局部空间变化的一种度量。Haralick 参数包括对比度（惯量）、二阶矩（能量）、熵、均值、方差、相关性等，前三项是最常用的。人眼视觉系统对接收的照度刺激最为敏感

$$C = \frac{I_{\max} - I_{\min}}{I_{\max} + I_{\min}} \qquad (6-78)$$

式中　　$I_{\max}$，$I_{\min}$——最大、最小照度刺激。

二阶矩是纹理能量的一种度量（同质性），能够有效地描述纹理。Haralick 参数如下[454,455]

$$能量,E = \sum_i \sum_j \Delta I_{ij}^2 \qquad (6-79a)$$

$$方差,V = \sum_i \sum_j (i-\mu)^2 \Delta I_{ij} \qquad (6-79b)$$

$$熵,S = -\sum_i \sum_j \Delta I_{ij} \log \Delta I_{ij} \qquad (6-79c)$$

$$对比度,C = \sum_i \sum_j (i-j)^2 \Delta I_{ij} \qquad (6-79d)$$

$$相关系数,\chi = \frac{\sum_i \sum_j \Delta I_{ij} - \mu_x \times \mu_y}{\sigma_x \sigma_y} \qquad (6-79e)$$

式中，ΔI_{ij} 为像素距离为 d 的像素对 (i,j) 之间的灰度差。

Haralick 纹理参数通过方向独立的灰度共生矩阵（Gray level Co Occurence Matrix，GCOM）计算得到。它们在 2～6 m 的范围内是稳定的[456]。在纹理识别方面，如 Haralick 共生矩阵之类的二阶统计量（基于像素对）方法要优于基于变换的识别方法，如小波变换[457]。最常见的变换是傅里叶变换，定义如下

$$F(w) = \int_{-\infty}^{+\infty} f(x) e^{-jwt} dx \qquad (6-80)$$

一幅 $n \times n$ 大小的图像 $f(x,y)$ 的傅里叶变换为[458]

$$F(w_x,w_y) = \int_{-\infty}^{+\infty} \int_{-\infty}^{+\infty} e^{-\sqrt{1}(w_x x + w_y y)} f(x,y) dx dy \approx \frac{1}{n^2} \sum_{i,j=0}^{n-1} f(i,j) e^{-\sqrt{-1}(iw_x + jw_y)} \qquad (6-81)$$

傅里叶变换是一种单纯的频率表示，它跨越了无限的空间域。因此，它不能表达位置信息。而检测纹理需要空间和频率信息。为了表示空间信息，要用到窗口傅里叶变换。窗口傅里叶变换满足不确定性原理，需用到窗函数 $g(x)$ 的标准差及其傅里叶变换 $G(w)$

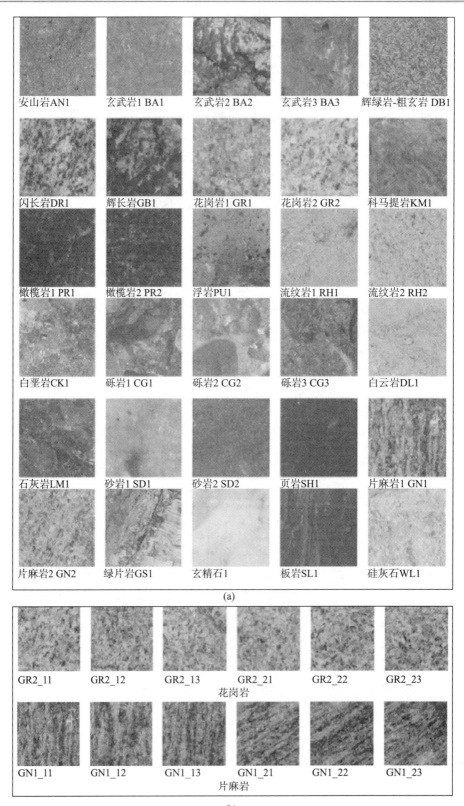

(a)

(b)

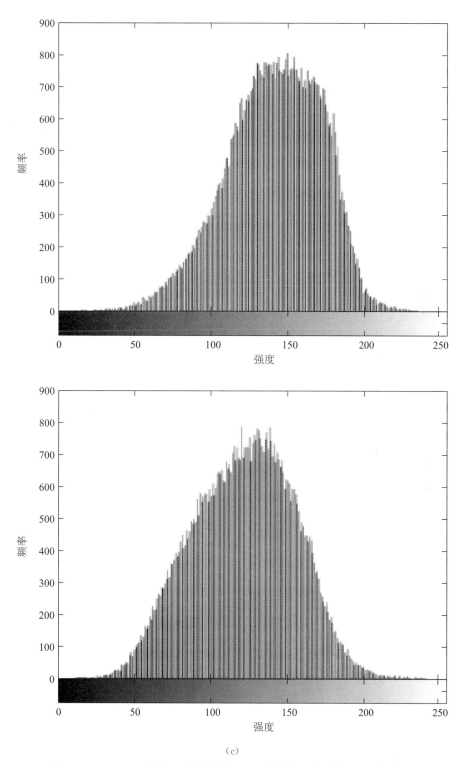

(c)

图 6 - 14 （a）不同岩石的样图库；（b）花岗岩和片麻岩的图像子集；

（c）片麻岩的灰度直方图（均值＝141.37，方差＝30.96），花岗岩（均值＝120.6，方差＝32.91），

说明简单的统计特性的可识别性［来源：赫利亚·谢里夫（Helia Sharif），卡尔顿大学］

$$\sigma_x^2 \sigma_w^2 \geqslant \frac{\pi}{2} \tag{6-82}$$

其中

$$\sigma_x^2 = \int_{-\infty}^{+\infty} x^2 \mid g(x) \mid^2 \mathrm{d}x , \sigma_w^2 = \int_{-\infty}^{+\infty} w^2 \mid G(w) \mid^2 \mathrm{d}x \tag{6-83}$$

当窗函数是高斯函数时，相位空间分辨率有最大值，类似于 Gabor 变换（即 Gabor 函数在空间和频率域的局部优化）。Gabor 函数是一个正弦波，经高斯包络调制后可作窗口函数。Gabor 变换是一种特殊的窗口傅里叶变换，它具有接受域响应。在进行傅里叶积分时，空间窗口函数 $g(x)$ 沿着空间轴平移，以覆盖所有信号。在频率为 w 时，点 u 处的窗口傅里叶变换如下

$$Gf(w,u) = \int_{-\infty}^{+\infty} \mathrm{e}^{-jwt} g(x-u) f(x) \mathrm{d}x \tag{6-84}$$

它表达的是频率为 ω 时，点 u 处波的振幅。Gabor 滤波器包含一个复杂的正弦曲线，经过了二维高斯函数的调制，如下

$$\begin{aligned} G(x,y) &= g(x,y) \cdot f(x,y) = g(x,y) \cdot \mathrm{e}^{-j(w_x x + w_y y)} \\ &= \frac{1}{2\pi\lambda\sigma_x\sigma_y} \mathrm{e}^{-\frac{1}{2}\left[\left(\frac{x/\lambda}{\sigma_x}\right)^2 + \left(\frac{y}{\sigma_y}\right)^2\right]} \mathrm{e}^{-j(w_x x + w_y y)} \end{aligned} \tag{6-85}$$

式中　(w_x, w_y)——频率域中滤波器的位置；

　　　θ——滤波器方向，$\theta = \arctan(w_x/w_y)$；

　　　w_0——中心频率，$w_0 = \sqrt{w_x^2 + w_y^2}$；

　　　λ——高宽比；

　　　σ——尺度因子。

Gabor 函数表示的是经高斯调制的复指数信号，可建模为径向基函数来表示特定的接受域（用线路编码的形式定义其标签）[458]。Gabor 滤波器适合于复杂背景下的目标检测，同时提供了一种基于纹理的分割方法[459]。它们可以用来表示生物模拟，具有中心-环绕特性，尤其是方向选择性，以便在初级视觉皮层中提取有向边缘。人类视觉系统对信号的敏感度在 0°和 90°方向上最大，在 45°方向上最小。它们是带通滤波器，在频率和空间域具有最佳的分辨率，并符合皮质细胞的接受域[460]。Gabor 滤波器可以由一个椭圆高斯函数，和对数极坐标中的一个复杂的平面波函数得到

$$G(x,y) = \frac{1}{2\pi\sigma_x\sigma_y} \exp\left[-\frac{1}{2}\left(\frac{x^2}{\sigma_x^2} + \frac{y^2}{\sigma_y^2}\right)\right] \cos[2\pi f_0(x\cos\theta + y\sin\theta) + \phi] \tag{6-86}$$

式中，f_0 为正弦函数的频率；ϕ 为正弦函数的相位；θ 为滤波器的小波方向；σ_x/σ_y 为椭圆高斯包络的长宽比；$\sigma_x = \sigma_y = \sigma\left[\sqrt{\ln 2}(2^B+1)/\sqrt{2}\pi f_0(2^B-1)\right] \approx 0.5$ 生物量，B 为频率带宽（通常是一个八度）。还有更紧凑的表达形式

$$G(x,y) = \exp\left[-\frac{1}{2}\left(\frac{x^2}{\sigma_x^2} + \frac{y^2}{\sigma_y^2}\right)\right] \exp[iw_0(x+y)] \tag{6-87}$$

实数（偶数）分量的形式为

$$G(x,y) = \exp\left[-\frac{1}{2}\left(\frac{x^2}{\sigma_x} + \frac{y^2}{\sigma_y}\right)\right]\cos(w_0 x + \phi) \tag{6-88}$$

式中，ω 为滤波器径向频率。虚数（奇数）分量的形式为

$$G(x,y) = \exp\left[-\frac{1}{2}\left(\frac{x^2}{\sigma_x} + \frac{y^2}{\sigma_y}\right)\right]\sin(w_0 x + \phi) \tag{6-89}$$

Gabor 滤波器和傅里叶变换密切相关，具有相同的形式[461]

$$F(x,y) = \exp\left[-\frac{1}{2}\left(\frac{x^2}{\tau_x} + \frac{y^2}{\tau_y}\right)\right]\exp\left[ix(w_x + w_y)\right] \tag{6-90}$$

Gabor 滤波器可以设计为强度变化在不同尺度和不同方向上的灵敏性。因此，Gabor 滤波器可以在不同方向上检测出线元素。所有图像必须在一系列不同的尺度和方向上，用一组 Gabor 滤波器卷积。方向选择性响应可以通过 Gabor 小波实现。因此，Gabor 滤波器对不同方向上不同的形状有很好的响应（如纹理）。Gabor 小波是由一个旋转对称的高斯窗乘以正弦波得到的，其中正弦波沿不同相位和不同方向传播。人类早期视觉加工的特点是在空间频率域上使用一组 Gabor 滤波器[462]。一个折中的滤波器组是基于三个尺度因子和四个范围为 $0°\sim180°$ 的方向因子。Gabor 滤波器包括边界为高斯包络的谐波振荡。它是全局傅里叶分析和局部线性检测器之间的一种折中。基于高斯调制的正弦信号的小波函数（Gabor 函数）是视觉皮层极模型。Gabor 函数可作为纹理基元探测器[463]。纹理分割需要空间域和频率域内的观测值。在空间频率域 (u,v) 内，当 $\phi = 0°$ 时，Gabor 滤波器的傅里叶变换（调制传递函数）为

$$G(u,v) = 2\sqrt{\pi\sigma_x\sigma_y} \cdot \left\{\exp\left[-\frac{1}{2}\left(\frac{(u-f_0)^2}{\sigma_u^2} + \frac{v^2}{\sigma_v^2}\right)\right] + \exp\left[-\frac{1}{2}\left(\frac{(u+f_0)^2}{\sigma_u^2} + \frac{v^2}{\sigma_v^2}\right)\right]\right\} \tag{6-91}$$

Gabor 滤波器具有在空间域和频率域同时取得最佳分辨率的特性，其方向和频率表示接近人类视觉系统，对于方向上分辨率约为 $5°$，对于频率分辨率估计有八档间隔，如 $1\sqrt{2}$，$2\sqrt{2}$，$3\sqrt{2}$，$\cdots$，$n/4\sqrt{2}$，n 为像素数。真实图像的能量谱具有幂律形式：$1/f^\alpha$，其中，$\alpha \approx 1 \sim 2$，每个 α 值取决于特定的环境。Gabor 滤波器应用于自然场景时，应在 $\pm30°$，$\pm45°$，$\pm60°$ 方向上计算以提高计算效率（即分辨率为 $15°$）。Gabor 滤波器的问题是，计算太复杂，需要用到专用电路以实现最耗时的功能。神经网络也被用于二维 Gabor 图像分析，生成紧凑式编码表，将其作为 Gabor 系数，并重建图像[465]。由于高频响应，它们容易在边缘附近生成环形。对于纹理分析，SIFT 优于 Gabor 滤波器[466]。然而，Gabor 滤波器在自动化科学中的复杂图像处理方面有着巨大的潜力。现在已经实现了基于人类视觉皮层接受域模型，利用多尺度 Gabor 滤波器，从背景中提取不同图像强度的视觉挖掘算法。它的优点是在没有先验模型的情况下，以视觉的角度，从背景中检测出不同的对象。它特别适合于显微成像。Gabor 滤波器已被用来连接中心-环绕滤波器和角点敏感滤波器。中心-环绕滤波器能够发现局部明亮或者黑暗区域，这些区域与周围环境不同。最近的研究工作是基于 Gabor 滤波器实现纹理识别［麦克·A.（Mack A.），未发表］，这表明，Gabor 滤波器可以用来可靠地提取分层。

　　窗口傅里叶变换不适合图像处理——它将一个函数分解为具有恒定大小间隔的一组频率。这限制了图像窗口变换的空间分辨率，但它非常适合于同一尺度上的信号处理。对于自然纹理，它是令人满意的，它采用可变的空间分辨率，在多尺度上表达和区分不同的纹理。人类视觉系统将刺激分解成一组具有对数带宽的频率通道。小波变换可以同时表示频率和空间，它通过膨胀和平移，将一个特定的小波函数 $\psi(x)$ 变换成一个小波函数族 $\sqrt{s}\psi(s(x-u))$ 来表达信号[467]。小波变换的表达如下

$$Wf(s,u) = \int_{-\infty}^{+\infty} f(x)\sqrt{s}\psi(s(x-u)) \cdot \mathrm{d}x \tag{6-92}$$

式中　s——膨胀因子；

　　　u——平移因子。

　　当 s 较小时，空间分辨率粗糙，频率分辨率精细；当 s 较大时，空间分辨率精细，频率分辨率粗糙。如果 $s=2^j$，$u=2^{-j}n$，得到的是一个正交小波。Gabor 函数是一个可接受的小波（虽然不是正交）——由 Gabor 函数膨胀构建变换得到的是 Gabor 小波，而不是 Gabor 变换。Gabor 小波是一个旋转对称的高斯窗乘以正弦波函数得到的，正弦波函数沿着不同的相角有不同的方向。李（Lee）在其文章中对 Gabor 小波做了详细分析[467]。经正交小波分解后，任何函数都可以被重建。正交小波的一个例子是 Haar 小波，如下

$$\psi(x) = \begin{cases} 1, & 0 \leqslant x < \dfrac{1}{2} \\ -1, & \dfrac{1}{2} \leqslant x < 1 \\ 0, & \text{其他} \end{cases} \tag{6-93}$$

　　小波变换将图像分解成一系列不同的频率通道，其带宽呈对数变化。图像处理在分辨率上表现为从粗到细，这有效地实现了多分辨率分解，粗糙信息是精细计算的基础。对于纹理检测，一组小波的能量度量性能稍优于熵度量[467]。广义 Gabor 函数结合了基于位置的采样和生物视觉系统中的对数频率缩放特性，后者和拉普拉斯金字塔相似的可变光谱宽度生成一个多分辨率金字塔[467]。如果需要旋转不变性，则有三种地形特征提取方法：1）旋转不变的小波变换；2）圆对称 Gabor 滤波器；3）圆形邻域的高斯-马尔可夫随机场。其中小波变换和 Gabor 滤波器对噪声具有一定的鲁棒性。圆的对称性使得 Gabor 滤波器具有旋转不变性

$$G(x,y) = \frac{1}{2\pi\sigma^2} e^{-(x^2+y^2)/2\sigma^2} e^{-jw_0\sqrt{x^2+y^2}} \tag{6-94}$$

式中，$\sigma = \sigma_x = \sigma_y$。对滤波后的图像进行非线性 Blob 检测器变换，其中用到一个 S 形函数

$$\psi(t) = \tanh(\mu t) = \frac{1-e^{-2\mu t}}{1+e^{-2\mu t}} \tag{6-95}$$

其中，$\mu = 0.25$，为一常数。提取的纹理特征用能量值度量，然后根据方差，聚类为不同的纹理类别。有许多合适的分类器，如 k-means 聚类和神经网络，后者优于前者。

　　完成边缘检测后，就要进行图像分割，将图像分割成不同均匀亮度的区域，然后进行

特征提取。一个特征可以被定义为一个元组 $f = \langle F, x, y \rangle$，其中 F 为图像区域（比如，7×7 大小的区域），(x, y) 为特征质心坐标。阈值操作产生一个亮/暗二进制值的二进制边缘图像，将像素分为两类——背景和物体。全局阈值法适用于对象和背景差异很明显的图像，阈值为一常数值。局部阈值法适用于对比度不明显的图像，而且阈值取决于局部平均灰度值。为了应对变化的光照情况，边缘检测阈值必须是变量。动态阈值法取决于像素的位置，所以阈值取决于邻近点强度。动态阈值法需要灰度直方图（见图 6-15）。

可以用直方图估计阈值，直方图描述的是图像强度值的频率分布。在比较简单的情况下，直方图有两个峰，一个表示背景强度，另一个表示对象强度。从直方图中得到平均强度值，然后基于此选取阈值。用来选取阈值的强度值是整幅图像的中间强度值，它位于两个峰值形成的波谷处。利用阈值法不容易将较小对象从背景中提取出来，因为直方图可能比较平坦，而且许多对象可能有不同的强度。可以计算对象和背景的强度均值来获取更多的阈值。好的阈值可以减小同一对象中像素的强度方差。当较小的对象很多时，不能用阈值法，而熵估计为一种更稳健的方法[467]：

$$H_{\text{obj}} = -\sum_{i=1}^{s}\sum_{j=1}^{t} \frac{P_{ij}}{\sum_{i=1}^{s}\sum_{j=1}^{t}P_{ij}} \ln\left(\frac{P_{ij}}{\sum_{i=1}^{s}\sum_{j=1}^{t}P_{ij}}\right) = \ln\sum_{i=1}^{s}\sum_{j=1}^{t}P_{ij} + \frac{-\sum_{i=1}^{s}\sum_{j=1}^{t}P_{ij}\ln P_{ij}}{\sum_{i=1}^{s}\sum_{j=1}^{t}P_{ij}}$$

$$(6-96)$$

$$H_{\text{bgd}} = \sum_{i=s+1}^{m}\sum_{j=t+1}^{m} \frac{P_{ij}}{\left(1-\sum_{i=1}^{s}\sum_{j=1}^{t}P_{ij}\right)} \ln\left(\frac{P_{ij}}{1-\sum_{i=1}^{s}\sum_{j=1}^{t}P_{ij}}\right)$$

$$(6-97)$$

$$= \ln\left(1-\sum_{i=1}^{s}\sum_{j=1}^{t}P_{ij}\right) + \frac{-\sum_{i=1}^{m}\sum_{j=1}^{m}P_{ij}\ln P_{ij} + \sum_{i=1}^{s}\sum_{j=1}^{t}P_{ij}\ln P_{ij}}{\left(1-\sum_{i=1}^{s}\sum_{j=1}^{t}P_{ij}\right)}$$

式中，P_{ij} 为 (i, j) 处像素强度的概率。熵的标准为

$$\phi(s, t) = H_{\text{obj}} + H_{\text{bgd}} \tag{6-98}$$

其中，最优阈值满足 $\hat{\phi}(s, t) = \max\phi(s, t)$。

线构成轮廓，轮廓构成表面，表面构成对象。图像轮廓通常对应于确定的物理特征——阴影、深度不连续性等。如果 S_l、S_r 为轮廓 C_l、C_r 围成的区域的面积，(A_l, B_l) 和 (A_r, B_r) 为轮廓的质心坐标，则

$$\frac{S_l}{S_r} = \frac{1-A_l p - B_l q}{1-A_r p - B_r q} \tag{6-99}$$

在分类性能方面，有许多不同的方法来表示和识别视觉对象。分类不仅包括描述对象自身，如它的几何形状，还包括描述与其他已知对象的相似性。可以用有利于快速模式匹配的广义角来识别形状[468]。多边形像素链是对象边界曲线的一种逼近，以一系列的转角为特征。因此，任何对象的形状可以用一系列转角 α_i 和边缘长度 l_i 来表示。直线模型的极坐标形式为

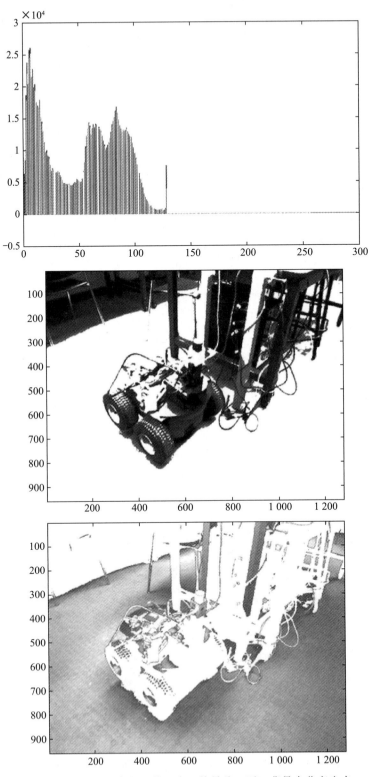

图 6 - 15　（上）直方图将（中）前景从（下）背景中分离出来

[来源：阿达姆·迈克（Adam Mack），卡尔顿大学]

$$r = x \cos\alpha + y \sin\alpha \tag{6-100}$$

式中　α——x 轴和直线法向量之间的夹角；

　　　r——原点到直线的垂直距离。

直线参数的协方差矩阵为

$$\cos(r,\alpha) = \begin{pmatrix} \sigma_r^2 & \sigma_{ra} \\ \sigma_{ra} & \sigma_a^2 \end{pmatrix} \tag{6-101}$$

常见的异常点剔除的聚类算法包括随机抽样一致（RANdom SAmple Consensus，RANSAC）算法，以及性能更优越的霍夫（Hough）变换。霍夫变换是一种流行的线提取算法，它对异常点具有很强的鲁棒性。通过一致性识别特征群，如边缘轮廓。霍夫变换可用于检测对应于直线元素的边界点（即简单的霍夫变换可以在二维数据集中找到规则形状，如线）。人造物体的边缘通常为直线或圆形，投影后变成直线和椭圆边界。霍夫变换是一种连接这类边缘的全局方法。它将数据映射到参数空间，并在这个参数空间中进行搜索，以便数据的聚类。霍夫变换检测经过参数空间点的无数条直线或曲线，其中两直线的交点对应于图像中的一段直线。如果我们在图像中选一点 (x,y)，所有经过该点的直线表达形式为：$y = mx + c$ 或 $c = -mx + y$。具有不同斜率和截距的每条直线，对应于 (m,c) 参数空间中某一直线上的一个点。如果在 (x,y) 坐标空间中，p 和 q 两个像素在同一直线上，那么在 (m,c) 参数空间中，像素 p 和 q 对应于某两条直线的交点（也就是说，一条直线上所有的像素，在 (m,c) 参数空间中变成了一个点）。经霍夫变换后，笛卡儿坐标系中的每条直线都会转换成参数空间中的一个峰值点 (m,q)。霍夫变换将每个像素转换为参数空间中的一条参数化曲线。点 (x,y) 在 (m,c) 参数空间中可以转换成一条直线：$y = mx + c$，或 $c = y - mx$。类似地，两个点可以通过 $y = m_1 x + c_1$ 和 $y = m_2 x_2 + c_2$，投影到 (m_1,m_2) 参数空间中。

对于曲线，线可表示为

$$r = x \cos\theta + y \sin\theta \tag{6-102}$$

圆可表示为

$$r = \sqrt{(x-a)^2 + (y-b)^2} \tag{6-103}$$

因此，(m,c) 空间可表示为一个二维累积矩阵，(a,b,r) 空间可表示为一个三维矩阵。一般的椭圆需要五维参数空间。搜索累积矩阵的元素会产生较大的值，它们对应原始边缘图中的线。随机霍夫变换（Randomized Hough Transform，RHT）可用于检测曲线，随机选取 n 个像素点映射到参数空间中[469]。随机霍夫变换的优势是计算效率高。随机变换和霍夫变换一样，都是转换到极坐标空间 (ρ,θ) 中。在极坐标系中，直线可表示为

$$\rho = x \cos\theta + y \sin\theta \tag{6-104}$$

随机变换形式如下

$$R(\rho,\theta) = \int_{-\infty}^{+\infty} \int_{-\infty}^{+\infty} g(x,y)\delta(\rho - x\cos\theta - y\sin\theta)\mathrm{d}x\,\mathrm{d}y \tag{6-105}$$

式中　$g(x,y)$——待转换函数；

$\delta(x，y)$ —— δ 函数；

ρ —— 原点到直线的距离；

θ —— 法线角。

广义霍夫变换基于正弦曲线，将其性质扩展到任意形状，但对自然对象的处理效果不好。此外，它的计算复杂度很高，但是对噪声具有鲁棒性。广义霍夫变换的矢量形式为

$$f(x) = A\sin(wx - \phi) - c \qquad (6-106)$$

式中　A —— 正弦波的振幅；

w —— 角速度，$w = 2\pi/\tau$；

τ —— 周期；

ϕ —— 相位；

c —— 坐标轴偏移。

$$\begin{aligned}
H(A,w,\phi,c) &= \int_{-\infty}^{+\infty} g(x,[A\sin(wx - \phi) - c])\mathrm{d}x \\
&= \int_{-\infty}^{+\infty}\int_{-\infty}^{+\infty} g(x,y)\delta[y - A\sin(wx - \phi) - c]\mathrm{d}x\,\mathrm{d}y
\end{aligned} \qquad (6-107)$$

如果非零，$(x，y)$ 符合正弦曲线。

为了处理更一般的非椭圆形的封闭轮廓形状，可以使用活动轮廓模型（它们可以用于势场）[470]。Snakes 模型是一种能量极小化样条模型，在外力的引导和图像中内力的作用下，初始轮廓线被拉向线和边缘之类的特征。它是附着于图像边缘特征的二维弹性模型。收缩力使 Snakes 轮廓线沿着能量高梯度向对象的边界靠拢收缩。

这种方法可以用于跟踪连续图像中的移动对象[471]。这与通过最小化路径长度解决 NP 旅行商问题的弹性网络方法相似[471]。然而，利用一种能量函数，一个封闭的循环路径被非均匀地延长，直到它穿过每个城市。这种扩延由一个尺度参数控制，它对应于最大后验概率的贝叶斯估计。

直线连接一系列控制点——用这些控制点组成原始的 Snakes 模型，它们构成一条可变形的曲线 $v(s)$。活动轮廓取决于这些控制点的数目和坐标 $(x，y)$。由空间索引 s 和时间 t 组成的可变形曲线 $v(s，t)$ 是其上坐标 $(x，y)$ 的函数

$$v(s,t) = (x(s,t),y(s,t)) \qquad (6-108)$$

通过移动控制点，利用能量函数来减少活动轮廓的能量

$$E_{\mathrm{contour}} = E_{\mathrm{int}} + E_{\mathrm{ext}} \qquad (6-109)$$

等价于

$$F_{\mathrm{ext}} = -\nabla E_{\mathrm{ext}},F_{\mathrm{ext}} + F_{\mathrm{int}} = 0 \qquad (6-110)$$

内力是一种势力，被定义为势函数的负梯度；而外力则是一种压力。内部（弹性）能量依赖于固有的属性，如曲率和长度。外部能量依赖于外部定义的约束，如边缘。活动轮廓的运动依赖于模拟力。弹性能量与总长度成正比，总长度为相邻控制点之间距离的平方和

$$E_{\mathrm{el}} = K_1 \sum_{i=1}^{n} (x_i - x_{i-1})^2 + (y_i - y_{i-1})^2 \qquad (6-111)$$

式中，K_1 为弹性常数；$(x_i，y_i)$，$(x_{i-1}，y_{i-1})$ 为控制点 i 和 $i-1$ 的坐标。更普遍的是

$$E = \frac{1}{2} \int_s K_1 \left| \frac{\mathrm{d}v}{\mathrm{d}s} \right|^2 + K_2 \left| \frac{\mathrm{d}^2 v}{\mathrm{d}s^2} \right|^2 - \lambda \mid \nabla^2 I \mid \cdot \mathrm{d}s \qquad (6-112)$$

它通过最速下降法进行最小化。第一项是平滑张力，它在最大曲率处有最强值。第二项是刚性项。第三项是外部项，由图像强度（下面用高斯掩膜算子做预处理）导出，并导致活动轮廓移向阶跃式边缘。叠加膨胀参数，能够在平滑轮廓的同时最大化面积。它在第 i 个控制点处产生弹性力

$$F_{\mathrm{el}} = -2K_1 \left[(x_i - x_{i-1}) + (x_i - x_{i+1}) + (y_i - y_{i-1}) + (y_i - y_{i+1}) \right] \quad (6-113)$$

控制点被拉向离它们最近的邻近点，以使弹性力移向平均位置（即平滑的同时向内移动）。以最快速度拉动离群点，以最快速度平滑最大曲率。外部能量函数定义为像素强度值总和的负值。最小化能量函数，就是将轮廓向图像中最亮区域移动的过程

$$E_{\mathrm{ext}} = -K_2 \sum_{i=1}^{n} I(x_i, y_i)$$

$$\rightarrow F_{\mathrm{ext}} = \frac{K_2}{2} \left[I(x_{i+1}, y_i) - I(x_{i-1}, y_i) + I(x_i, y_{i+1}) - I(x_i, y_{i-1}) \right]$$

$$(6-114)$$

控制点被拉向强度值的梯度方向。内力操作完成后，就可以用外力闭合轮廓。可以实现活动轮廓，它们的平均值超过更多的像素值或者更复杂的变量值。Snakes 模型是广义贝叶斯最小化准则的一种特殊情况[472]。总能量由图像能量、保持 Snakes 轮廓平滑性的内部能量和外部能量组成

$$E_{\mathrm{total}} = \frac{1}{2} \int (E_{\mathrm{int}} + E_{\mathrm{image}}) \mathrm{d}s \qquad (6-115)$$

其中

$$E_{\mathrm{image}}(x, y) = -\gamma \mid \nabla I(x, y) \mid^2 \qquad (6-116)$$

$$E_{\mathrm{int}}(v(s)) = \alpha(s) \left| \frac{\partial v}{\partial s} \right|^2 + \beta(s) \left| \frac{\partial^2 v}{\partial s^2} \right|^2 = \alpha_i \mid v_i - v_{i-1} \mid^2 + \beta_i \mid v_{i-1} - 2v_i + v_{i+1} \mid^2$$

$$(6-117)$$

式中，α，β，γ 为加权常数，所以

$$E_{\mathrm{total}} = \sum_{i=1}^{n} \alpha \mid v_i - v_{i-1} \mid^2 + \beta \mid v_{i-1} - 2v_i + v_{i+1} \mid^2 + \gamma (-\mid \nabla I(x_i, y_i) \mid^2)$$

$$(6-118)$$

最终得到的是最小点的总能量。图像的能量梯度可以用 Sobel 算子对图像进行卷积得到

$$S(x, y) = I(x, y) \otimes H(-x, -y) = \sum_i \sum_j h(i, j) I(i+x, j+y) \quad (6-119)$$

其中

$$h_x = \begin{pmatrix} -1 & 0 & 1 \\ -2 & 0 & 2 \\ -1 & 0 & 1 \end{pmatrix}, h_y = \begin{pmatrix} 1 & -2 & -1 \\ 0 & 0 & 0 \\ -1 & 2 & 1 \end{pmatrix}$$

Snakes 模型已被应用于机器人的路径规划，其中能量最小化曲线接近于机械手的形

状[473]。活动轮廓模型会有凹边界问题，需要强大的压力，但这会使轮廓不稳定。为了克服这个问题，提出了梯度矢量流场（Gradient Vector Flow field，GVF）Snakes模型，其中外力不是势能的负梯度[474]。GVF模型中的场和光流场直接相关

$$f(x,y) = \begin{pmatrix} u(x,y) \\ v(x,y) \end{pmatrix} \quad (6-120)$$

其中能量最小化

$$E = \iint k(u_x^2 + u_y^2 + v_x^2 + v_y^2) + |\nabla I|^2 |f(x,y) - \nabla I|^2 dx dy \quad (6-121)$$

一个对象完全由其边界曲线确定。形状编码滤波器可以实现对图像区域形状的编码，它的输入是一个二维对象边界矩阵，输出的是基于形状数学模型的明确特征[475]。分割将像素分类成强度值相似的区域。图像通过迭代分割后，被分成亮度均匀、局部一致的区域，它们对应于表面或纹理区域。对于现实世界的图像，区域生长方法优于分割方法，因为它不需要如曲线之类的边界，而且非常适合于纹理分割和分析——合并过程是细分生长过程，通过添加类似的相邻像素后，区域仍满足一致性条件。当相邻区域的边界对比度或纹理约束比较低时，依次合并这些区域，最后只保留高对比度的边界。一个区域可用它的封闭边界描述，边界可以用参数曲线、其中心和半径或一个向量对表示。目标识别基于几何形状，它们被编码为具有旋转、平移和缩放不变性的特征，如周长、面积和矩。可以提取全局特征，如面积、周长、质心、周边半径、一阶矩和二阶矩、孔的数量和面积。对象在图像中的面积定义为对象所含的像素数目。对象的周长定义为沿目标边界所包含的像素数。对象的范围定义为某一方向上线段的长度——最大范围是它的直径。主要的困难是，那些容易从图像中提取的标准特征集，并不能很好地描述自然地形。几何矩对数学运算具有不变性，如反射、旋转等，几何矩的提取，定义如下[476,477]

$$m_{pq} = \int_{-\infty}^{+\infty} \int_{-\infty}^{+\infty} x^p y^q I(x,y) dx dy = \sum_i \sum_j x^p y^q I(x,y) \text{ 离散形式} \quad (6-122)$$

其中，$p+q$ 为阶矩。一种更稳健的表示如下

$$m_c^{p,q} = \sum_x \sum_y x^p y^q \delta(c - I(x,y)) w(x,y) \quad (6-123)$$

其中，$\delta(x)$ 为克罗内克（Kronecker）δ 函数；$w(x,y)$ 为加权函数，它强调中心的边缘。对象的质心（中心）为

$$\overline{x} = \frac{m_{10}}{m_{00}}, \overline{y} = \frac{m_{01}}{m_{00}} \quad (6-124)$$

重心的中心矩为

$$m_{pq} = \sum_i \sum_j (x - \overline{x})^p (y - \overline{y})^q I(x,y) \quad (6-125)$$

因此，相应的质心惯性矩（见图 6-16）为

$$J = \iint r^2 I(x,y) dx dy = \iint (x\cos\theta + y\sin\theta - \rho)^2 I(x,y) dx dy \quad (6-126)$$

方位角是指穿过对象轴的方向，这样对象关于该轴的二阶矩才能最小（最小惯性轴）（$\rho = x\cos(\theta - \pi/2) + y\cos(\theta - \pi/2)$）

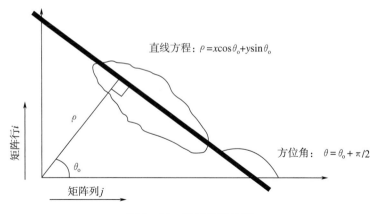

图 6-16　物体的惯性矩

$$\theta = \frac{1}{2}\arctan\left(\frac{2m_{11}}{\sqrt{m_{20}^2 - m_{02}^2}}\right) \qquad (6-127)$$

其中

$$m_{20} = \iint (x - \overline{x})^2 I(x, y)\,\mathrm{d}x\,\mathrm{d}y$$

$$m_{11} = \iint (x - \overline{x})(y - \overline{y}) I(x, y)\,\mathrm{d}x\,\mathrm{d}y$$

$$m_{02} = \iint (y - \overline{y})^2 I(x, y)\,\mathrm{d}x\,\mathrm{d}y$$

主轴线是通过质心的直线，它的惯性矩最小。归一化中心矩如下

$$\eta_{pq} = \frac{m_{pq}}{m_{00}^\gamma} \qquad (6-128)$$

其中，$\gamma = (p+q)/2$；m_{00} 为面积。对象的离心率如下

$$\varepsilon = \left(\frac{\mu_{02}\cos^2\theta + \mu_{20}\sin^2\theta - \mu_{11}\sin2\theta}{\mu_{02}\sin^2\theta + \mu_{20}\cos^2\theta - \mu_{11}\cos2\theta}\right)^2 \qquad (6-129)$$

其中，$\mu_{20} = m_{20} - \mu\overline{x}^2$，$\mu_{02} = m_{02} - \mu\overline{y}^2$ 和 $\mu_{11} = m_{11} - \mu\overline{x} \cdot \overline{y}$。矩对旋转、缩放和平移具有不变性。零到二阶矩可以用来计算周长、轮廓面积、质心（质量的中心，如果质量密度均匀分布）、主轴角、椭圆截面、面积/（周长）^{2}（衡量一个对象的紧密度或它的逆复杂度）、面积/（厚度）^{2}（延展性）。二阶和三阶惯性矩能够非常有效地区分自然地标。矩可以表示一类傅里叶功率谱技术。

6.6　地形成像

在火星表面岩石的地质鉴定中，图像上的颜色变化不能作为主要的区分特性，因为颜色的变化量很小。然而，颜色和纹理的变化程度（信息熵量化）可以表示障碍物的距离，因为这种变化随着距离的减小而减弱。这种方法可以作为光流法的补充（后面会讨论）。有许多"由 x 到形状"的三维提取方法[479]，这里的 x 可以是阴影（图像强度变化）、立体视觉（生物深度知觉）、运动（图像流）、纹理（表面斑点分布）等[480]，这些方法通常假设外部物理世界是规整的（如双极性、刚性等）。通常用地面法向量进行地表定向。形状参数化用到两个参数描述曲面块 S，$p=\partial z/\partial x$ 和 $q=\partial z/\partial y$，曲面块 S 上的点 $(x，y)$ 代表亮度 $I(x，y)$，即图像辐照方程 $I(x，y)=R(p，q)$，R 为表面反射率。表面法向量表示如下

$$\frac{(p，q，-1)}{p^2+q^2+1} \tag{6-130}$$

运动恢复形状是一种基于自运动—重建方法描述物体形状的问题，重建过程用到最小二乘估计以及从奇异值分解（Singular Value Decomposition，SVD）中求解雅可比矩阵，重建对误差非常敏感，这些误差包括图像噪声、由目标和相机距离产生的视差变化[481]。阴影恢复形状利用图像中的阴影渐变恢复形状，这里假设物体表面是朗伯体的，具有漫反射和局部区域渐变性质[482]。对于一个朗伯体表面，图像亮度表示如下

$$I(x，y)=\frac{\rho(1+pp_s+qq_s)}{\sqrt{1+p^2+q^2}\sqrt{1+p_s^2+q_s^2}} \tag{6-131}$$

式中，ρ 为反射率（假设为常量）；$(p，q，-1)$ 为物体的表面法向量；$(p_s，q_s，-1)$ 为光源方向。阴影恢复形状已经用于地形分析[483]。在 ExoMars 巡视器探测任务中，正尝试将其结合到立体图像恢复形状中。该方法很容易将目标和背景区分出来，因为目标的灰度级特征揭示其视觉纹理。

地貌分类给巡视器的自主导航，尤其是其中的自主牵引控制带来了极大帮助。纹理是物体表面的固有性质，描述表面的微观结构和组织关系。重建物体表面结构的三维模型非常重要。投影带来了畸变——距离效应（物体离像平面越近就越大）、位置效应（视线和像平面间的夹角使图像产生畸变）、投影缩放效应（视线和平面法向量间的夹角使图像产生畸变）。纹理由基本单元（纹元）组成，地面定向是由邻近纹元的均匀度和差异度决定的。在表面纹理特征中，纹理梯度是描述表面方向和距离信息的变量[484]。表面倾斜角 σ 与纹理梯度的关系如下

$$\tan\sigma=\frac{\nabla\rho}{3\rho} \tag{6-132}$$

式中，$\rho=\rho_0(d^2/\cos\sigma)$，为测得的纹理密度；$d$ 为中心径向距离，ρ_0 为在纹理一致性和规律性约束下的表面纹理密度。没有任何一种方法在所有情况下都是优越的，这意味着需要采用多个、综合的方法，从多个角度来说，每种方法都能提供视觉线索[485,486]。许多自然对象需要用到分形描述[487]。自然界中，分形普遍存在——它们的分形维数 D 要大于拓扑维数（见表 6-2）。

表 6-2　不同地形的分形维数

地形	分形维数 D
平原	2.0
乡村	2.1

续表

地形	分形维数 D
久蚀山脉	2.3
年轻崎岖的山脉	2.5
石笋覆盖的平面	2.8

粗糙度可以通过 Hausdorff – Besicovitch 维数量化，0（粗糙）$< h <$ 1（平滑）。分形函数能有效地构建三维自然表面模型，因为许多物理过程生成分形表面。一个分形的 Hausdorff – Besicovitch 维数大于它的拓扑维数（例如，山的维数会变，从久蚀山脉维数 2.3 到年轻陡峭的山脉 2.5）。因此，它对应于纹理粗糙度的概念，但不同的纹理可以具有相同的分形维数[488]。这使得它不适合表征纹理。然而，自然纹理可以建模为布朗分形噪声，其局部差异服从高斯概率分布函数，在所有尺度上具有自相似随机性。分形噪声的功率谱如下

$$P(w) = kw^{-2H-1} \tag{6-133}$$

式中，$H = T + 1 - D$；T 为空间拓扑维数，图像的 $T = 2$；D 为分形维数。分形表面的图像强度也将是分形的。多光谱图像的自动地形分析方法使用纹理数据，将地形分割成不同独特的区域，光谱数据来自特定的通道，包括近红外波长（化学成分和物理成分的作用结果）[489]。纹理定义为图像中 $n \times n$ 大小窗口的强度的均值和标准差，其中 n 取决于特征。纹理梯度是指景深方向上（对室外图像很有用）视觉纹理的精细度增量。纹理梯度可以用图像窗口的一个二维离散傅里叶变换描述

$$F(n,m) = \frac{1}{p^2} \sum_{x=0}^{p-1} \sum_{y=0}^{p-1} I(x,y) e^{-2\pi i(xn+ym)/p} \tag{6-134}$$

式中，p 为方形窗口大小。功率谱的定义为

$$P(n,m) = \sqrt{F_{\mathrm{Re}}^2(n,m) + F_{\mathrm{Im}}^2(n,m)} \tag{6-135}$$

相位谱的定义为

$$\psi(n,m) = \arctan\left(\frac{F_{\mathrm{Im}}(n,m)}{F_{\mathrm{Re}}(n,m)}\right) \tag{6-136}$$

功率谱具有平移不变性，但没有旋转不变性。功率谱从直角坐标转换到极坐标 $P(r, \phi)$ 时，提供了方向性信息，其中对于任意给定的 r，它都是一维函数 $P(\phi)$。$P(\phi)$ 的峰值意味着方向性纹理，而一个单值函数意味着非方向性纹理。由纹理梯度得到的景深是一相对值，因此，利用投影函数计算距离值

$$R = k \int P \cdot \mathrm{d}y \tag{6-137}$$

其中，k 为比例常数（需要校正）；y 为图像垂线。计算纹理梯度图像时，一个 $(2k+1) \times (2k+1)$ 大小的窗口是以每个像素为中心进行运算的，其中 k 为感兴趣区域的大小。图像中的 k 和 n 都是根据地形类别边界的范围而设定的。窗口大小为 $n \times n$ 时，像素 i 处的纹理梯度定义为

$$\max \sqrt{(\mu_i - \mu_{i+1})^2 + (\sigma_i - \sigma_{i+4})^2} \tag{6-138}$$

式中，μ 为图像强度的均值；σ 为标准差。可以用光谱类的贝叶斯方法计算每个类别的置信区间。

两个纹理之间的差异可以用局部特征的一阶统计量（概率分布）来检测，局部特征由给定方向和大小的细长的块（纹元）组成[490]。小波变换可以看作是纹元分解，其中每个纹元相当于一个特定的小波函数。可以将前面的纹元概念扩展到三维纹元，它有一个外观关联向量，可以描述不同光照和观察条件下的辐射分布特征[491]。纹理由它对一组方向和空间频率可选的线性滤波器的响应来定义，该响应形成一个小的原型响应向量（纹元）。特别地，表面法线变量为纹理提供了线索——镜面反射、脊、槽、阴影、遮掩等，它们可能发生在不同的高度和方向。三维纹元的鲁棒分类需要许多不同照明和观察条件下的图像，以便区分特征。聚类包括基于统计相似性的对模式（特征）的非监督分类[492]。相似性测度包括闵可夫斯基距离（Minkowski metric）（简单的欧氏距离是其特例）和马氏距离（Mahalanobis distance），后者基于协方差矩阵。由此，均方差可以用来实现聚类——$k-$means 算法使用均方差准则，计算复杂度较低。通过 $k-$means 聚类算法求解距离平方和的局部最小值

$$e = \sum_{i=1}^{N} \sum_{j=1}^{K} q_{ij} \mid x_i - c_j \mid^2 \tag{6-139}$$

其中

$$q_{ij} = \begin{cases} 1 & \text{当 } \mid x_i - c_j \mid^2 < \mid x_i - c_k \mid^2 \text{ 时}, k = 1, \cdots, K \\ 0 & \text{其他} \end{cases}$$

$k-$means 算法可以利用 Kohonen 神经网络实现，后者能提高求解质量。基元可以通过贝叶斯方法学习[493]。纹元可表示为联合概率分布，通过旋转不变滤波器响应的频率直方图表示[494]。这些滤波器包括一组不同方向和尺度上的高斯滤波器、高斯差分滤波器和高斯拉普拉斯滤波器（例如，MR8 滤波器包括六个方向和三个尺度上的边缘和条状滤波器、一个高斯滤波器和拉普拉斯高斯滤波器）。这些方向敏感的滤波器（边缘和条状）只会选择最大响应值作为输出。利用 $k-$means 算法将这些滤波器响应聚为纹元，纹元是典型的滤波器响应。学习过程中，纹元用来标记训练集的每个滤波器响应。然后做出对应于图像模型的纹元频率直方图。不同纹理类别的纹元组成了纹元字典。将新的纹元直方图与已学习得到的库做比较，然后利用一个最近邻域分类器，基于 χ^2 距离度量，选择最接近的纹元模式。k 最近邻域分类器利用一个标签特征的数据库对新的特征进行分类。它在数据库中选择最近的 k 个训练点，然后将距离最小的训练点代表的类别，作为未知特征的类别。然而，现在用马尔可夫随机场表示纹元，取代了滤波器组[495]。它选择的是 $n \times n$ 大小像素的方形邻域，不包括中心像素，而不再是单个像素。3×3 大小的邻域具有很好的分类精度，而 7×7 大小的邻域具有最高性能。

6.7 立体视觉

立体观测是从双目（或更多）图像中重建距离（景深）的过程[496]。可以根据两幅图像中的同名像点和相机参数，计算出相机到物体的距离。双目视觉中的视线在水平方向（基线）上有轻微差异，从而可以恢复景深。从两个不同位置相机得到的立体双目视觉可以估计三维距离。可以从两幅图像中提取相互匹配的特征，同时可以根据匹配特征之间的位置差异计算视差。立体视觉基于两幅图像之间的视差，两幅图像同名区域光强相等

$$I_{\text{left}}\left(x+\frac{1}{2}d(x)\right)=I_{\text{right}}\left(x-\frac{1}{2}d(x)\right) \tag{6-140}$$

式中，$d(x)$ 为点 x 处的视差。可以根据两个相机获取的两幅图像中的同名区域的视差，得到三维信息。由两幅图像间的视差角和已知的相机间距，可以计算出距离。立体视觉中要解决三个主要问题，分别对应于立体视差测量的三个步骤——标定、匹配和重建[497]。标定确定了相机系统参数，和一幅图像中场景的选定位置。匹配问题是识别两幅图像上的同名点，以实现图像的匹配（即，另一幅图像上必须找到同一位置）。匹配是指同一物体在两幅图像上投影点的配准。因此，可以测量（重建）两个像点之间的视差。两个相机的安装要求是传感轴平行于相机光轴。然而，会聚式相机的可能应用正在研究，它们采用最小二乘估计程序方法[498]。可能要用到一些约束条件[499]。对应配准点必须有相同的高度 y（极线约束）。立体视觉要限制聚散度（水平角/偏航角），要求相机有相同的俯仰角，而无任何滚动角。

使用双目视差（基线）分离得到的两幅图像使得两条投影线交于一点，然后确定距离（见图 6-17）。表面上的每个点都会在两幅图像上产生同名点。根据几何约束条件，光线的交叉点决定了表面的位置。通常采用的立体设计为平行相机系统，相机焦距为 f，相机间距为 d（基线），它们的光轴彼此平行。世界坐标系中的一点 (x, y, z)，在左图像的投影点坐标为 (x_L, y_i)，在右图像的投影点坐标为 (x_R, y_i)

$$x_L=f\,\frac{\left(x+\dfrac{b}{2}\right)}{z},\ y_i=f\,\frac{y}{z},\ x_R=f\,\frac{\left(x-\dfrac{b}{2}\right)}{z} \tag{6-141}$$

式中，z 为物体相对于相机的深度景深。中点在 cyclopean（中央眼）坐标系中的坐标为

$$X=\frac{b}{2}\,\frac{(x_L+x_R)}{(x_L-x_R)},\ Y=\frac{b}{2}\,\frac{by}{(x_L-x_R)},\ Z=\frac{bf}{(x_L-x_R)} \tag{6-142}$$

其中，$d=x_L-x_R$，为立体视差。

距离 Z 取决于两幅图像上同名点的 x 轴坐标差 d。显然，基线距离 b 决定了景深估计的精度，但对巡视器来说，基线距离通常是有限的。坐标值 (x_L, y_i, x_R) 对应于视差空间中的坐标 x_L-x_R。计算视差后可以提取三维空间中特征的 Z 值。距离和视差成反比，视差和基线长成正比。这是假设光轴平行——当存在倾斜时，公式更复杂。点 $R(x, y, z)$ 投影到由两个倾斜光轴（$Y=0$）构成的立体平面上，其中景深定义为

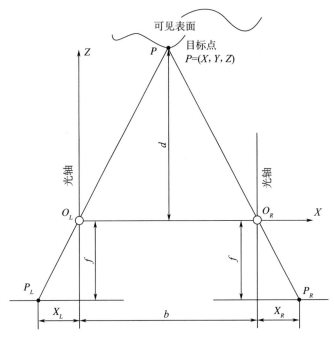

图 6-17　双目立体几何学

$$Z = b\,\frac{\tan(\alpha - \gamma)\tan(\beta + \delta)}{\tan(\alpha - \gamma) + \tan(\beta + \delta)} \tag{6-143}$$

式中，α，β 为倾斜角；$\gamma = \arctan(x_L / f_L)$，为左视差角；$\delta = \arctan(x_R / f_R)$，为右视差角；$x_R = x_L + d$；$f_L$，$f_R$ 为相机焦距（以像素为单位）；b 为基线长。视差角为零时，到注视点的距离为

$$Z_{fp} = B\,\frac{\tan\alpha\tan\beta}{\tan\alpha + \tan\beta} \tag{6-144}$$

相机主动控制允许自校正相机的焦距和倾斜角。可在两个注视点之间移动相机对，估计相机焦距

$$\theta = \arctan\left(\frac{x}{F}\right) \tag{6-145}$$

式中，θ 为相机旋转角；x 为注视点在像平面上的移动量。因此，可以根据两个相机获取的两幅图像中的同名区域的视差，得到三维信息。由两幅图像间的视差角和已知的相机间距（基线），可以计算出距离。

重建问题涉及由视差得到物体的三维结构。视差向量得到的是栅格点。基于双目假设，两个相机的光学中心和它们之间的基线确定了投影时的极平面。同名像素位于极线上，这限制了计算的必要条件。对于视差矢量中的每个值，在左、右图像上放置一个滑动窗口。在图像匹配中，有一些确定它们之间相似性的算法。当搜索窗口大小增加时（通常为 10～20 像素），不确定性会更大，进而由低空间分辨率造成的错误匹配会更多，但窗口过小会产生误匹配。互相关算法计算的是两个相机两幅图像上每对同名像素的匹配程度。

最佳匹配提供两幅图像间的对应关系。互相关匹配方法对噪声和光照差异敏感。为了减小误差，可假设地形是局部连续的。基于向量内积的多个互相关算法可以检测多幅图像中的模式类别。立体视觉应基于区域相关，而不是边缘相关，因为自然场景中信息很丰富，但直线边界较少。相关系数描述了特征之间的相似性

$$c_{ij} = I \otimes S_{ij} = \sum_{k=1}^{m} \sum_{l=1}^{n} I_{kl} S_{kl} \qquad (6-146)$$

有几个基本的立体视觉算法：

归一化互相关系数（Normalized Cross-Correlation，NCC）

$$C_{NCC} = \frac{\sum_{u,v}(I_i(u,v) - \overline{I}_i)(I_2(u+d,v) - \overline{I}_2)}{\sqrt{\sum_{u,v}(I_i(u,v) - \overline{I}_i)^2(I_2(u+d,v) - \overline{I}_2)^2}}$$

平方差之和（Sum of Squared Differences，SSD）

$$C_{SSD} = \sum_{u,v}(I_1(u,v) - I_2(u+d,v))^2$$

$$= \sum_{i=-n}^{n} I_1^2(u,u) + \sum_{i=-n}^{n} I_2^2(u+d,v) - 2\sum_{i=-n}^{n} I_1(u,v)I_2(u+d,v)$$

归一化的平方差之和（Normalized Sum of Squared Differences，NSSD）

$$C_{NSSD} = \sum_{u,v}\left(\frac{I_1(u,v) - \overline{I}_1}{\sqrt{\sum_{u,v}(I_1(u,v) - \overline{I}_1)^2}} - \frac{I_2(u+d,v) - \overline{I}_2}{\sqrt{\sum_{u,v}(I_2(u+d,v) - \overline{I}_2)^2}}\right)$$

差的绝对值之和（Sum of Abslute Differences，SAD）

$$C_{SAD} = \sum_{u,v} | I_1(u,v) - I_2(u+d,v) |$$

SAD 是最有效的方法，但是它不具有鲁棒性。在 SSD 方法中，随着两幅图像相关性（最后项）的增加，欧氏距离减小。归一化互相关可以量化相似度，相似度具有缩放不变性。如果将两幅图像看作向量（无论是线或阵列图像），则相关性可看成以下形式的内积

$$\langle \boldsymbol{I}_1, \boldsymbol{I}_2 \rangle = | \boldsymbol{I}_1 | | \boldsymbol{I}_2 | \cos\theta \qquad (6-147)$$

式中，θ 为向量 $\boldsymbol{I}_1$ 和 $\boldsymbol{I}_2$ 之间的夹角。当两向量之间夹角为零时，相关性最大。类似的方法也适用于二维图像，所以滤波器卷积也是一种形式的相关性

$$I_1(x,y) \cdot I_2(u,v) = \sum_{i=-n}^{n} \sum_{j=-n}^{n} I_1(x,y)I_2(u,v) \qquad (6-148)$$

在寻求匹配点之间的最大相关性时，最常用的是归一化互相关方法

$$C_{ij} = \frac{\sum_i^n \sum_j^m (I_1(i,j) - \overline{I}_1)(I_2(i+d,j) - \overline{I}_2)}{\sqrt{\sum_i^n \sum_j^m (I_1(i,j) - \overline{I}_1)^2(I_2(i+d,j) - \overline{I}_2)^2}} \qquad (6-149)$$

其中

$$d = 基线长$$

$$\mu_1 = \frac{1}{mn} \sum_i^n \sum_j^m I_1(i,j)$$

$$\mu_2 = \frac{1}{mn} \sum_i^n \sum_j^m I_2(i,j)$$

$$\sigma_1^2 = \frac{1}{mn} \sum_i^n \sum_j^m (I_1(i,j)^2 - \mu_1(i,j)^2)$$

$$\sigma_2^2 = \frac{1}{mn} \sum_i^n \sum_j^m (I_2(i,j)^2 - \mu_2(i,j)^2)$$

这利用的是每幅图像中像素强度的均值和方差。最大值意味着最佳匹配。可以采用和更新（sum‑updating）方法以减少计算负担[500]。基于计算得到的距离值，每个像素都对应一个三维位置。可以随机选取一些像素进行分析，以进一步减少计算量。相关系数还提供了与原型模板比较的最佳匹配准则（如 Moravec 相关系数法)[501]

$$c_{ij}(f) = \frac{\sum_{k=0}^n \sum_{l=0}^m f_{k,l} I_{i+k,j+l}}{\frac{1}{2} \sum_{k=0}^n \sum_{l=0}^m f_{k,l}^2 + \frac{1}{2} \sum_{k=0}^n \sum_{l=0}^m I_{i+k,j+l}^2} \tag{6-150}$$

在匹配过程中，将含有 m 个特征、p 像素的模板图像 I 和含有 n 个特征、q 像素的目标图像 T 进行匹配。这需要相关系数高于给定的由整幅图像计算得到的阈值。模板 T 和图像 I 的全匹配为(N 个特征匹配的最小值)

$$\mu(T,I) = \begin{cases} \frac{1}{|Q|} \sum_f c(f), & |Q| > N \\ 0, & 其他 \end{cases} \tag{6-151}$$

　　事实上，有一种候选视差值的分布。一种方法是估计每幅图像像素的视差独立性（统计无关)[502]。该模型是视差域上的一种联合先验分布，其中噪声模型是均值为零的平稳高斯白噪声。

$$I_l(x) = I(x) + n_l(x) \tag{6-152}$$
$$I_r(x) = I(x + d(x)) + n_r(x)$$

式中，d 为视差。测量值是两幅图像上待匹配点 x_0 周围小窗口的强度差异（误差)

$$e(x_0 + \Delta x_i; d) = I_r(x_0 + \Delta x_x - d) - I_l(x_0 + \Delta x_i) \tag{6-153}$$

$$e(x_0, d) = (e(x_0 + \Delta x_1; d), \cdots, e(x_0 + \Delta x_n; d))^T \tag{6-154}$$

式中，Δx_i 为窗口像素索引；n 为窗口大小。噪声的联合概率密度函数需要最大化（因此要最小化 $e^T e$)

$$f(e \mid d) = \frac{1}{(2\pi)^{n/2} \sigma} e^{-[1/(2\sigma^2)] e^T e} \tag{6-155}$$

式中，$\sigma = \sqrt{\sigma_r^2 + \sigma_l^2}$。最大似然估计（Maximum Likelihood Estimation，MLE）将视差作为一种未知的确定参数。当视差域的先验概率信息已知时，贝叶斯估计是合适的，所以在

给出观测值 e 后，视差 d 的后验概率是

$$f(d \mid e) = \frac{f(e \mid d)f(d)}{\sum_i f(e_i \mid d_i)f(d_i)} \tag{6-156}$$

其中，$f(d)$ 为 d 的先验概率函数。当后验概率 $f(d \mid e)$ 最大时，d 有最优估计。d 的先验概率函数来自与图像无关的外部传感器。在最简单的情况下，可假设最大和最小视差之间的先验概率是相等的

$$f(d \mid e) = \frac{f(e \mid d)}{\sum_i f(e_i \mid d_i)} = K \cdot f(e \mid d) \tag{6-157}$$

当 $f(e \mid d)$ 最大时，视差 d 有最佳估计。更复杂的模型采用的是 d 的先验概率函数的高斯模型。立体视觉算法输出的是三维点云数据，可以直接输入至自主导航算法中（见图 6-18）。

针对立体视觉的匹配问题，提出了一种可行的方法，用复杂的带通 Gabor 滤波器得到高精度的视差，但它对高景深的边界和遮掩处理困难，其中 Gabor 滤波器对局部相位差产生的图像局部位移变化很敏感[504]。这涉及用复杂的 Gabor 滤波器对左右图像做卷积，每个像点的相位差可以表示位移量。或者，用傅里叶变换的方法将空间域中的平移量转换成频率域中表现为相位差的某一比例平移量。倒谱（Cepstral）滤波器可以计算视差。两幅图像之间可以进行相移转换

$$R(x,y) = L(x,y) * \delta(x - x_d)(y - y_d) \tag{6-158}$$

式中，$x_d = h/(2\pi)\Delta\theta^i$；$y_d = w/(2\pi)\Delta\theta^i$；$\Delta\theta^i = \theta_R^i - \theta_L^i$，为两幅图像（水平）的相位差；$\Delta\theta^j = \theta_R^j - \theta_L^j$，为两幅图像（垂直）的相位差。$x$ 方向上的视差为

$$d_x = \frac{M}{2\pi}(\theta_R^i - \theta_L^i) + \frac{m}{2\pi}\Delta\theta \tag{6-159}$$

式中，$\Delta\theta$ 为相位角误差；M 为窗口 x 的尺寸。因此，减小窗口尺寸可以减小误差。尽管有其他方法，立体视觉中最常用的还是互相关法。

双目立体视觉还包括辐辏控制。辐辏运动基于视差线索来弥补景深运动。辐辏控制包括伺服双目视觉系统的倾斜，以固定于一个选定的点——通过减小两幅图像之间的双眼视差来实现[505]。从一个相机中选取固定点，需要对相机进行姿态控制以保证光轴指向该点。另一个相机的姿态由两幅图像之间的视差决定。顶点控制可以固定目标，以确保两个相机的光轴相交于该目标点。凝视目标后，光流减少。聚散度控制每个立体相机光轴之间的夹角[506]。水平视差 $d = x_l - x_r$ 可以用来计算辐辏角

$$d = G_r(\theta_r - \theta_r^0) \tag{6-160}$$

式中，G_r 为敏感度；θ_r 为辐辏角；θ_r^0 为中心目标的辐辏角，以使 $d=0$。立体图像对之间的目标视差为

$$S(I_{x,y}^r, I_{x,y}^l) = \sum (I_{x,y}^r - I_{x,y}^l)^2 \tag{6-161}$$

最小相关函数为

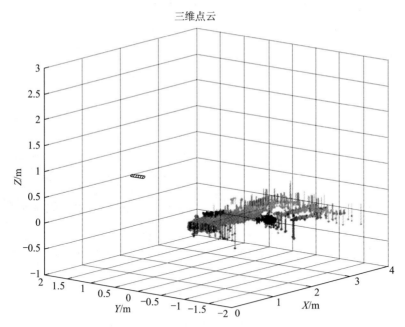

图 6-18　有障碍物环境的校正图像，以及根据立体视觉得到的三维点云

[来源：阿达姆·迈克，卡尔顿大学]

$$C(I^r, I^l, d) = \int (I^r_{x+d}, I^l_{x,y}) \tag{6-162}$$

并行的神经网络被调谐后，对视差的离散值很敏感。图像坐标与水平角 θ_p 和俯仰角 θ_t 有关，即

$$x = G_p(\theta_p^0, \theta_v^0)(\theta_p - \theta_p^0) \tag{6-163}$$
$$y = G_t(\theta_t^0, \theta_v^0)(\theta_t - \theta_t^0)$$

对于静态目标，图像速度与水平角 w_p 和俯仰角 w_t 有关

$$v_x = G_p(\theta_p^0, \theta_v^0) w_p$$
$$v_y = G_t(\theta_t^0, \theta_v^0) w_t \tag{6-164}$$

在三维重构中，从图像中提取的多个线索比单一线索具有更大的鲁棒性[507]。两个连续的立体像对需要匹配四幅图像，一组用于立体视觉，另一组用于图像流。

整个视觉处理流程包括若干个模块，它们可以用不同的方式组合（见图 6-19）。MER 立体视觉流程如下：

1）将大小为 1 024×1 024 的图像压缩为 256×256 的图像；

2）图像校正，以便达到行对齐；

3）用高斯差分滤波器消除噪声；

4）用 7×7 窗口计算图像间的相关性（对两幅图像做相关计算），得到并消除差异值；

5）计算三维坐标，进行匹配。

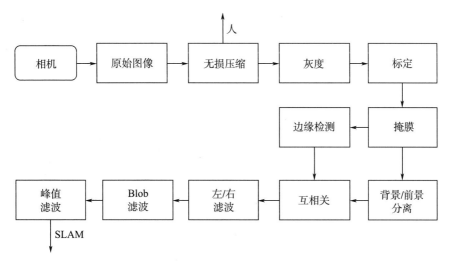

图 6-19　典型的巡视器视觉处理流程［来源：阿达姆·迈克，卡尔顿大学］

由这些图像处理算法得到的结果令人很满意。对于 R3000 12 MHz 处理器，该算法用时 5 s。实时立体视觉处理需要很高的处理能力，只能通过多处理器架构实现[508]。大部分处理关注的是重复性的低级别算法——矩阵运算、卷积和 FIR 滤波——这需要用到专用 DSP。DSP 处理器如 32 bit 摩托罗拉 DSP96002，包括一个单周期乘法器/累加器芯片、整数 ALU（算数逻辑单元）、用于计算和多次存储的数据地址发生器，以及能够支持 100 MFLOPS（百万次运算/s）的数据/地址总线。有一种被动距离模式的传感器系统，它包括由两个透镜和一个 CCD 成像仪组成的光学立体系统，CCD 成像仪测量的是场景投射到 CCD 上的距离[509]。虽然这降低了立体视觉硬件要求，但短基线给图像相关算法带来了困难。实时立体视觉的计算成本很高，需要借助 FPGA 实现[510]。在一个单一的 FPGA 上，可以成功实现并行/流水线计算，包括利用相关法对两幅校正图像进行立体匹配、视差映射，采用抛物线拟合进行亚像素估计，以及利用阈值法去除尖峰。

第7章 巡视器视觉——高级功能

在本章中，我们将介绍一些超出巡视器视觉基础的更高级的方法来进行视觉处理，这些方法较其他方法对巡视器任务进程的发展起到更好的作用。通常，这些方法需要采用专用硬件进行大量的计算工作。神经形态视觉传感器是一种仿生芯片，可以快速处理与焦平面平行的图像[511]。该方法已经运用于星球着陆器[512]。此外，一种向周围降低分辨率的对数极坐标视觉传感器可实现主动视觉，尽管这不太可能用于星球探索中（这个在软件中相对比较容易实现）[513]。最有可能实现的是，使用星球巡视器上的计算资源实现这些方法以展现更出色的能力。

7.1 视觉里程计

作为一种先进技术，视觉里程计已经应用于火星探测任务 MER 中。立体视觉测距法是一种基于视觉的运动估计技术，通过立体相机对其所在环境自运动的六个自由度进行估计[514]。视觉测距跟踪视觉特征——使用立体导航相机从连续的立体图像对提取出图像特征。视觉里程计利用立体相机获取的图像进行自定位，并纠正轮系里程计的不精确性。这些特性的 3D 位置通过立体匹配计算，并通过连续跟踪帧来确定移动的距离。火星巡视器机遇号上坡移动了 19 m 的距离，但由于滑移问题，轮系里程计少测量了 1.6 m 的距离（约 10%）。采用视觉里程计时，巡视器的定位误差减小到 1%。在斜面和沙质表面等滑移率较大的情况下，视觉里程计是必不可少的。它涉及采集和处理 t、$t+1$ 时刻巡视器两个位置之间测段的连续立体像对。在不同时刻的 2 组立体像对之间进行像素匹配，匹配结果提供了笛卡儿空间中的一组 3D 点坐标。3D 点坐标的匹配建立被用来恢复 t 和 $t+1$ 时刻之间的位置和速度。为得到精确的运动估计，需要大量的像点匹配。这是一个简化版的同时定位与制图（Simultaneous Localization And Mapping，SLAM）。这个过程包括（见图 7 - 1）：

1）从左侧和右侧摄像机获取立体像对；
2）发现图像（使用 Harris 或相关算子）中的特征；
3）计算特征的三维坐标；
4）匹配不同的视点图像之间的特征；
5）计算视点之间的运动。

连续的像对会在 2D 像素和 3D 世界坐标系下跟踪感兴趣的地形特征，通过最大似然估计器确定最终的运动估计[515]，这涉及跟踪连续立体图像之间地形特征的相对运动。基于图像之间的匹配性选择特征，使用量化显著性的兴趣算子，例如快速计算的 Harris 角点检测。为了保持特征的均匀分布，定义了特征间的最小距离。为了减少计算代价，像素

图 7-1 在火星上应用的视觉里程计［来源：NASA JPL］（见彩插）

被融合进更大的使用角点算子的单元群。选择每个格网单元中具有最强角点响应的特征作为候选特征，直到定义了固定数量的特征。每个特征的 3D 位置坐标由立体匹配计算而来。一种沿着两极对称线周围 3×3 邻域的归一化互相关算法可以提供最好的立体匹配。特征的 3D 位置由相机模型投影的交叉射线决定。误差和不精确性使得它们通常不能交于一点。两条射线间最短的距离能够体现立体匹配的优良性质。

相对于每个相机的特征位置由下式给出

$$\boldsymbol{P}_1 = \boldsymbol{C}_1 + m_1 \hat{\boldsymbol{r}}_1 \qquad (7-1)$$

式中，$\boldsymbol{C}_1 = (x_1, y_1, z_1)$，为相机 1 的位置；$m_1 = |\boldsymbol{P}_1 \boldsymbol{C}_1|$，为从相机到特征的向量 $\boldsymbol{r}_1$ 的梯度。

$$\boldsymbol{P}_2 = \boldsymbol{C}_2 + m_2 \hat{\boldsymbol{r}}_2 \qquad (7-2)$$

式中，$\boldsymbol{C}_2 = (x_2, y_2, z_2)$，为相机 2 的位置；$m_2 = |\boldsymbol{P}_2 \boldsymbol{C}_2|$，为从相机到特征的向量 $\boldsymbol{r}_2$ 的

梯度。

$$m_1 = \frac{b\,\hat{\boldsymbol{r}}_1 - (\boldsymbol{b}\cdot\hat{\boldsymbol{r}}_2)(\hat{\boldsymbol{r}}_1\cdot\hat{\boldsymbol{r}}_2)}{1-(\hat{\boldsymbol{r}}_1\cdot\hat{\boldsymbol{r}}_2)^2}, m_2 = (\hat{\boldsymbol{r}}_1\cdot\hat{\boldsymbol{r}}_2)\,m_1 - b\,\hat{\boldsymbol{r}}_2, \boldsymbol{P}=\frac{\boldsymbol{P}_1+\boldsymbol{P}_2}{2} \qquad (7-3)$$

式中，$\boldsymbol{b}=\boldsymbol{C}_1-\boldsymbol{C}_2$，为立体基线。在巡视器移动之后，获取新的图像对并投影到基于轮系测距方法的新图像中。采用基于互相关搜索方法，定位出第二像对的特征。立体匹配提取基于仿射变换的深度坐标[516]

$$x_2 = ax_1 + by_1 + c, y_2 = dx_1 + ey_1 + f \qquad (7-4)$$

其中，$(a，b，c，d)$为未知仿射变换系数，由最小化评价系数确定

$$m = \sum \left[\boldsymbol{I}_1(x_1,y_1) - \boldsymbol{I}_2(x_2,y_2)\right]^2 \qquad (7-5)$$

运动估计分为两步——第一步，利用最小二乘估计快速确定运动，消除异常值。在第二像对进行立体匹配追踪特征，来得到它们的新三维位置。如果准确测量运动，那么初始和最终的三维位置差将处于一个误差椭圆内。最大似然估计能更准确地完成该过程

$$\boldsymbol{P}_i = \boldsymbol{R}\boldsymbol{P}_{i-1} + \boldsymbol{T} + \boldsymbol{\varepsilon} \qquad (7-6)$$

式中　$\boldsymbol{P}_i$——现在的特征位置；

　　　$\boldsymbol{P}_{i-1}$——上一个特征位置；

　　　$\boldsymbol{R}$——巡视器的三个姿态角得到的旋转矩阵；

　　　$\boldsymbol{T}$——巡视器的位置偏移坐标；

　　　$\boldsymbol{\varepsilon}$——高斯分布的位置误差。

通过最小化得到

$$\sum_{i-1} \boldsymbol{A}_j^{\mathrm{T}}\boldsymbol{W}\boldsymbol{A}_j \qquad (7-7)$$

其中，$\boldsymbol{A}=\boldsymbol{P}_i-\boldsymbol{R}\boldsymbol{P}_{i-1}-\boldsymbol{T}$；$\boldsymbol{W}$ 是 $\boldsymbol{\varepsilon}$ 的逆协方差矩阵。最大似然估计参数 θ 是似然函数 $f(y\mid\theta)$ 最大化得到的 $\hat{\theta}$ 值。如果运用高斯统计，则最小二乘估计提供最大似然估计。根据贝叶斯定理

$$f(\theta\mid y) = \frac{f(y\mid\theta)f(\theta)}{f(y)} \qquad (7-8)$$

式中　$f(y)$——实概率密度函数；

　　　$f(y\mid\theta)$——模型概率密度函数。

Kullback - Leiber 信息距离代表了两个概率分布之间的相对熵

$$I_{\mathrm{KL}} = \sum_{i=1}^{n} f(y_i)\log\frac{f(y_i)}{f(y_i\mid\theta)} \qquad (7-9)$$

Fischer 信息矩阵定义为

$$M = \left\langle \left(\frac{\mathrm{d}}{\mathrm{d}\theta}\log f(y\mid\theta)\right)^2 \right\rangle \qquad (7-10)$$

在姿态估计中使用高斯误差模型，可以提高精度。巡视器正运动学根据车轮转向的位置速度来计算整器运动。逆运动学可计算车轮速度和转向角以生成所需的巡视器运动。该算法针对配有 16 自由度摇臂转向结构的巡视器，可以推导其速度的雅可比矩阵[517]。采用

间接扩展卡尔曼滤波器算法，融合惯性测量结果和视觉里程得到相对位姿，以确定车辆姿态、位置和速率。光学跟踪可以通过均值移动跟踪算法[518]来实现。该算法在一个矩形的搜索窗口中跟踪最有可能的目标，且该目标在一个基于视觉特征分布的连续图像上。目标可以通过颜色分布或纹理定义。它使用迭代梯度上升（均值漂移）算法来找到一个最大的目标和候选图像之间的相似性峰值，类似于传统的互相关算法。巴氏距离是一个类贝叶斯的度量。对于正态分布，巴氏距离由下式给出

$$d = \frac{1}{8}(\boldsymbol{\mu}_2 - \boldsymbol{\mu}_1)^{\mathrm{T}} \left(\frac{\boldsymbol{\Sigma}_1 + \boldsymbol{\Sigma}_2}{2}\right)^{-1} (\boldsymbol{\mu}_2 - \boldsymbol{\mu}_1) + \frac{1}{2}\ln\left(\frac{\left|\frac{1}{2}(\boldsymbol{\Sigma}_1 + \boldsymbol{\Sigma}_2)\right|}{\sqrt{|\boldsymbol{\Sigma}_1||\boldsymbol{\Sigma}_2|}}\right) \quad (7-11)$$

其中，第一项为每个分布的平均数的类间可分性，第二项给出了协方差均值分布的类可分性。视觉里程计主要的问题是需要较长的计算时间。该情况下倾向于使用光流，光流可以用来进行运动检测、目标分割、碰撞时间和延伸焦点的计算[519]。

由于立体相机的基线较短，巡视器的立体视觉范围较小。长基线立体视觉通过使用探测器在不同位置捕获的两幅图像来实现[520]，通过互相关匹配图像之间的最大似然估计，实现高度精确定位。这是一种针对长、短基线的主动视觉融合，可以减少视觉模糊[521]。建立连续多帧图像网络，用来跟踪地形特征的运动。某些视觉里程计依赖于光流来跟踪地面特征点（见图 7-2）。

在滑移条件下视觉里程计已成功地应用于火星探测器来校正轮系里程计误差[522,523]。对于导航应用，车轮编码器和惯性测量单元数据变得不可靠，因此，使用导航相机的立体图像计算 6 自由度的巡视器姿态是非常必要的。MER 经历的滑坡倾角达 30°，期间滑移达到 100%。这涉及在连续立体图像之间跟踪相对运动的地形特征。这些特征根据其独特性，基于 Harris 或 Fortner 角点检测算子选择出来。它需要相邻图像之间至少有 60% 的重叠（即 75 cm 或 18° 的偏航角）。对于 MER 的 20 MHz RAD6000 器载计算机，每一步计算需要 2～3 min 时间，所以视觉里程计只能基于稀疏的光流。因此，视觉里程计在平坦的地形环境特征下可以使用稀疏的光流特征（滑移在这样的环境中很低）。

在缺乏特征和纹理的火星梅里迪亚尼平原使用视觉里程计是非常具有挑战性的。但是，此处的地形一般很平坦，有利于得到较高的轮系里程计和姿态测量精度。在山坡上，一般拥有更显著的特征，视觉里程计更加有用。类似的情况适用于岩石环境。视觉里程计已被多次使用。例如，机遇号从第 133 个火星日到第 312 火星日在直径为 130 m 的 Endurance 陨石坑中行驶时，在第一段 5.95 km 的路程中使用视觉里程计的比例为 11%，使用立体视觉的比例为 28%。在古谢夫陨石坑着陆的火星勇气号，由于着陆地点的岩石分布特征，更适合使用视觉里程计，勇气号上视觉里程计的使用更为频繁以补偿车轮的打滑。在第一段 4.8 km 的路程中，使用视觉里程计的比例为 16%，使用立体视觉的比例为 21%。在这两个案例中，每条线路的剩余部分可视为盲走。相似地，在这两种情况中，视觉里程计主要用于会产生很大滑移的斜坡地形。一个主要问题是视觉里程计需要使用器载处理器，花费较长的计算时间，因此它只在高滑移率（斜坡和车轮打滑）的短距离移动中使用。

图 7 - 2　使用体感传感器的基于视觉里程计的特征流

［来源：巴勃罗·莫利纳（Pablo Molina），卡尔顿大学］（见彩插）

7.2　基于光流的导航

为了感知和规划轨迹，基于立体视觉和制图的传统自主导航系统不再适用星球巡视器。它们拥有有限的器载计算资源，限制了它们的有效移动速度。一种典型的导航模式是基于停止-扫描-驱动的方法。它将采用停止-移动策略，停止时描绘所在场景，进行地图构建，并绘制将要跟踪的轨迹。在站点通过立体视觉或激光雷达扫描获取现场环境数据。这提供了地形的 DEM 基础数据。一旦计算出轨迹，巡视器将按照其地形特征移动固定距离（标称 5 m）。这些运动采用盲走模式，直到下一个感知周期。移动完成后，巡视器停止并进行下一个进程。对于 ExoMars 和其他巡视器而言，当前每 5～10 m 的移动-停止方法是低效的，并存在潜在的危险。巡视器在运行中是"盲目的"，导航轨迹的错误，感知数据的不确定性，或其他未观察到的风险会使巡视器受损导致任务的失败。巡视器运动的视觉测量将弥补这一缺陷——允许电荷转移的帧转移 CCD 可用于实现时间延时积分（Time Delay and Integration，TDI）模式成像[524]。巡视器运动会导致图像模糊，降低图像质量。为了去除模糊，图像点扩散函数的估计需要对图像进行卷积（例如，Richardson -

Lucy 算法可以最大化图像模型的似然函数)。实现这一目标的一种方法是联合使用高分辨率相机和低分辨率相机,以满足重量约束[525]。光流提供了巡视器运动期间连续检测的能力[526]。自动巡视器是一种移动的车辆,运动检测可实现车辆运动的测定。光流场提供了运动检测的方法,可以应用到主动视觉上,特别是平滑追踪、视动力反应和前方的光学响应。光流可以通过逆透视映射实现障碍检测[527,528]。这样,图像运动在世界坐标系中可以转换为观测者使用的前向平行运动坐标。一个障碍被定义为观测者二维路径的水平视线上方的一个实体。像蜜蜂这样的飞行昆虫,能够使用光流进行包括避障、航位推测和着陆在内的导航。它们依靠视觉运动测量保持在一条直线上飞行,该视觉运动由自运动产生,会产生视动反应。视流可以通过一种行为控制方法来实现,涉及两种基本行为——碰撞躲避和目标跟踪。由于在生物有机体中的基本用途[529],光流被认为是视觉的一个最重要部分。光流可直接应用于巡视器导航,但目前尚未完全了解这一技术[530]。光流也可用于滑动感知——当向下指向的相机沿着该方向运动时,地面和周围向后移动的图像会形成光流场。光流提供了巡视器运动期间的连续检测能力[531]。

由于观测者和目标在环境中的相对运动,光流可由图像亮度模式的运动速度来定义。光流是一个三维运动的投影,能够描述传感器相对于静态场景的运动。二维光流是图像中点的二维运动,表示三维运动在图像平面上的透视投影。点 $\boldsymbol{P}=(X,Y,Z)$ 在一个图像上的投影为

$$\boldsymbol{p}=(x,y)=\left(\frac{fX}{Z},\frac{fY}{Z}\right) \tag{7-12}$$

光流是运动目标从 3D 场景 (6 自由度) 到 2D 图像平面的投影。光流作为一种二维速度场,可以用来提取视场内目标的 3D 运动。Vedula 等人 (2005) 描述了一个等价的 3D 场景流[532]。光流法生成的矢量场代表图像像素的运动。与每个像素相对应的是一个速度矢量,和图像的所有像素对应的是光流矢量场。前提条件是运动场和光流场的空间变化强度一致,对应于可见 3D 表面物理特征一致,虽然实际上并不一致[533]。为了使条件成立,自运动必须具有足够高的速度,使环境物体运动可以忽略不计,在静态的星球环境也是如此。一般存在一定的局部假设——均匀照明,朗伯表面反射,平行于图像平面。光流模式的不连续性使图像分割成对应于不同目标的区域。通过施加恒定的亮度约束,保证图像运动场的运动像素亮度在恒定时间内具有连续性。光流是一种基于梯度的方法,运动到图像亮度的联系通过微分方程 (x 定义两个图像空间坐标 x,y) 求解

$$I(x,t)=I(x+\delta x,t+\delta t) \tag{7-13}$$

泰勒级数展开式为

$$I(x,t)=I(x,t)+\nabla_x I\cdot\delta x+\delta t I_t+O^2 \tag{7-14}$$

其中

$$\nabla_x I=\partial I/\partial x$$

$$I_t=\partial I/\partial t=I_i-I_{i-1}$$

式中　$\nabla_x I$ ——空间强度的梯度;

　　　I_t ——时间强度的梯度。

沿图像点轨迹的时间导数通过微分形式给出

$$\frac{\mathrm{d}\boldsymbol{I}}{\mathrm{d}t} = \frac{\partial \boldsymbol{I}}{\partial t} + \nabla \boldsymbol{I} \cdot \boldsymbol{v} = -K\rho(x)\frac{\mathrm{d}(\boldsymbol{n},\boldsymbol{r})}{\mathrm{d}t} \tag{7-15}$$

其中

$$\boldsymbol{v} = \begin{pmatrix} u \\ v \end{pmatrix}$$

式中　$\nabla \boldsymbol{I}$ ——图像空间梯度；

$\partial \boldsymbol{I}/\partial t$ ——图像局部时间强度差；

$\boldsymbol{v}$ ——运动方向的平移运动场（光流）；

$\rho(x)$ ——图像点的常数反照率；

$\boldsymbol{n}$ ——曲面法线；

$\boldsymbol{r}$ ——表面辐射；

K ——比例因子；

$\boldsymbol{n} \cdot \boldsymbol{r}$ 是一个常数，即

$$\frac{\mathrm{d}(\boldsymbol{n} \cdot \boldsymbol{r})}{\mathrm{d}t} = 0 \tag{7-16}$$

因此，由一个图像到另一个图像的某点水平平移由下式给出

$$\frac{\mathrm{d}I}{\mathrm{d}t} = \frac{\partial I}{\partial x}u + \frac{\partial I}{\partial y}v + \frac{\partial I}{\partial t} = 0 \tag{7-17}$$

其中

$$u = \mathrm{d}x/\mathrm{d}t \; ; \; v = \mathrm{d}y/\mathrm{d}t$$

因此

$$\frac{\mathrm{d}I}{\mathrm{d}t} = 0 \tag{7-18}$$

这使得光流场在单个目标上变化缓慢[534]。这里给出了光流约束方程，假设图像梯度方向上具有恒定亮度

$$\nabla Iv + \frac{\partial I}{\partial t} = 0 \Rightarrow v = -\frac{\partial I/\partial t}{\nabla I} \tag{7-19}$$

通常情况下，在计算梯度之前图像会经过平滑处理，但这样的平滑可能导致模糊。光流是一种基于梯度的方法，通过确定有关运动和亮度的微分方程，确定图像间局部微小差距。假设一个标准的摄像机模型，可以提取图像点 $P(x, y)$ 处的光流 (u, v)，从世界坐标系到图像坐标系的转换为

$$x = \frac{fX}{Z}, y = \frac{fY}{Z} \tag{7-20}$$

其中，(X, Y, Z) 为笛卡儿坐标；f 为相机主距；(x, y) 为图像坐标。假定不存在要被考虑的比例因子

$$\frac{\mathrm{d}P}{\mathrm{d}t} = \boldsymbol{v} + \boldsymbol{w} \times \boldsymbol{P} \tag{7-21}$$

其中

$$\boldsymbol{v} = (v_x, v_y, v_z); \boldsymbol{w} = (w_x, w_y, w_z)$$

因此[535,536]

$$u(x,y) = \frac{1}{Z}(-fv_x + xv_z) + w_x\left(\frac{xy}{f}\right) - w_y\left(f + \frac{x^2}{f}\right) + w_z y$$

$$v(x,y) = \frac{1}{Z}(-fv_y + yv_z) + w_x\left(f + \frac{y^2}{f}\right) - w_y\left(\frac{xy}{f}\right) - w_z x \qquad (7-22)$$

或者，可以用一个仿射映射近似流场（为了方便忽略焦距）[537]

$$\begin{pmatrix} u \\ v \end{pmatrix} = \begin{pmatrix} w_x xy - w_y x^2 + yw_z \\ w_x y^2 - w_y xy - xw_z \end{pmatrix} + \begin{pmatrix} \dfrac{v_x - xv_z}{z} \\ \dfrac{v_y - yv_z}{z} \end{pmatrix} \qquad (7-23)$$

　　光流场具有平移分量和角速度分量。平移分量具有一个从延伸焦点方向扩张/收缩的径向结构，在位置

$$(x_0, y_0) = \left(\frac{fv_x}{v_z}, \frac{fv_y}{v_z}\right) \qquad (7-24)$$

　　延伸焦点（Focus Of Expansion，FOE）定义了流矢量产生运动场中的点。收缩焦点（Focus Of Contraction，FOC）定义了流向量消失的点。它们处于纯平移视场之内，纯旋转视场之外。混合的旋转和平移使 FOE 和 FOC 的相对位置变化。位于径向流模式中心的延伸焦点决定了运动的方向。基于平移速度的光流场延伸焦点的确定对于目标十分重要。旋转分量是三个加权角速度分量的线性组合。流循环计算的旋转参数，可以从延伸焦点计算而来[538]。循环的轮廓和轮廓中心流场旋度有关，根据这点可以计算出旋转角速度。可以在水平线上方和下方以不同的方式利用光流，水平线以下采用 x 和 z 射线测量，而水平线以上采用旋转方式[539]。水平线提供了一个高对比度的转换。如果相机面对光流路径的切线方向（即朝向没有姿态运动方向），那么

$$v_x = v_y = w_x = w_y = 0 \qquad (7-25)$$

然后

$$\begin{pmatrix} u \\ v \end{pmatrix} = \begin{pmatrix} w_y x^2/f \\ w_y xy/f \end{pmatrix} - \begin{pmatrix} \dfrac{xv_z}{z} \\ \dfrac{yv_z}{z} \end{pmatrix} \qquad (7-26)$$

如果 $v_z = 0$（没有垂直运动），则

$$\begin{pmatrix} u \\ v \end{pmatrix} = -\frac{f}{z}\begin{pmatrix} v_x \\ v_y \end{pmatrix} \qquad (7-27)$$

这是平行方向的平移运动。

　　估计视觉流场是欠约束问题，由于光圈问题，流只由图像梯度决定。用定心反射方法，垂直分量的流可以忽略不计，因此水平流为[540]

$$u = -\left(\frac{\mathrm{d}I/\mathrm{d}t}{\mathrm{d}I/\mathrm{d}x}\right) \tag{7-28}$$

这特别适合巡视器由于地形引起的垂直位移。只有法向速度 $v_\perp$ 垂直于观察方向——

$$\frac{I_t}{\sqrt{I_x^2 + I_y^2}} \tag{7-29}$$

该速度可被提取——这是孔径现象，因为无法计算平行于观察方向的运动来提取三维物体的速度分量

$$v_\perp = \frac{-I_t \nabla_z I}{|\nabla_z I|^2} \tag{7-30}$$

光流是由一个目标关于距离 d 和偏移量 θ 的平移和旋转运动观测量 $(v, w)^\mathrm{T}$（见图 7-3）

$$v_\perp = -w + \left(\frac{v}{d}\right)\sin\theta \tag{7-31}$$

式中　　w ——旋转角速度；

　　　　v ——平移速度；

　　　　θ ——障碍与运动方向的夹角；

　　　　d ——巡视器与目标物体之间的视线距离。

相近的特征产生更大的光流。当 $\theta = 90°$（垂直）时，光流是最大的；当 $\theta = 0°$（水平）时，光流是最小的，不能用光流来检测运动方向上的障碍（除非十分接近）。因此

$$d = \frac{v \cdot \sin\theta}{v_\perp + w} \tag{7-32}$$

为了计算距离，旋转运动应尽量减少，所以 $w = 0$。

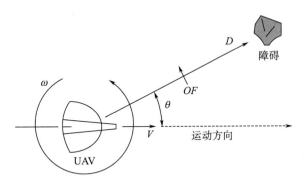

图 7-3　地面或空中巡视器以一定速度路过

空间计算是复杂的，一个可供选择的替代方法能够提供更高的效率[541,542]

$$\Delta\theta = \frac{v\Delta t \sin\theta}{d} \tag{7-33}$$

这是运动视差原理。背景可以从目标所在的前景中区分出来，背景在距离 nd（假定为无限）处的角速度为

$$\Delta\theta = \frac{v\Delta t \sin\theta}{nd} \tag{7-34}$$

同样，对于飞行器，角速度为 $\dot{\theta}$ 的地面点由光流[543]方程给出

$$\dot{\theta} = \frac{v}{d}\sin\theta \tag{7-35}$$

式中　v——飞行器速度；

　　　d——海拔；

　　　θ——水平轨迹角。

光流可以作为一个绕着纵轴旋转的偏航速度陀螺仪。在昆虫中，导航是通过一个中心响应来实现的，这样一个无碰撞的障碍物之间的路径是通过平衡左右障碍物上的光流来实现的，光流的误差由下式[544]给出

$$e = v_L + v_R = v\left(\frac{1}{z_R} - \frac{1}{z_L}\right) \tag{7-36}$$

式中　v_L，v_R——左、右视流速度；

　　　v——车辆前进速度；

　　　z_L，z_R——运动物体在图像上的水平投影。

车处在障碍物中间，通过使用成比例控制形式来平衡视网膜定位的视流

$$\theta^d = k\left(\frac{\partial I^{\max}}{\partial t_{\text{left}}} - \frac{\partial I^{\max}}{\partial t_{\text{right}}}\right) + \theta_{\text{current}} \tag{7-37}$$

只要旋转速度远远低于平移速度，这是有效的。光流计算复杂度 $\sim O(n)$ 较低，其中 n 为水平分辨率。

当摄像机沿运动方向向前移动时，地面和周围环境的图像形成一个光流场（见图 7-4）。光流场从 FOE 向外辐射，收敛于 FOC。这就在相机上形成了一个特定运动刺激分布——由此可以推断视网膜速度场碰撞信息。对于平移观察运动，与延伸焦点一致的前进方向定义为所有速度矢量偏移引起的空间位置。当机器人穿越地形[545]时，视场内的流场偏移可作为机器人避障的线索。障碍对机器人会产生一个正散度的扩大图像，因此到障碍物的距离与散度大小成反比。只考虑水平光学流，延伸焦点对应于矢量变化方向的点。根据定义，延伸焦点可定义为与速度矢量偏离的任一侧的过零点。图像可以投影到一个半径为 r 的图像范围内。ϕ 方向的图像 $I(x, y)$ 在距离 r_ϕ 方向上的偏离可以被定义为

$$\frac{\partial I_\phi}{\partial r_\phi} = \cos^2\phi \frac{\partial I_x}{\partial x} + \sin^2\phi \frac{\partial I_y}{\partial y} + \sin\phi\cos\phi\left(\frac{\partial I_x}{\partial y} + \frac{\partial I_y}{\partial x}\right) \tag{7-38}$$

式中，$I = I_{\text{perpendicular}} + I_{\text{parallel}}$；$\partial I_\perp / \partial r_\phi = v_\perp / z$，垂直运动（方案结果扩展）；$\partial I_{\text{para}}/\partial r_\phi = (\tan\beta v_{\text{para}}/z)(\cos^2\phi\cos\alpha + \cos\phi\sin\phi\sin\alpha) \rightarrow 0$，仅针对平行运动；$\alpha$ 为表面法线倾斜角投影；β 为表面法线和 z 轴的倾斜夹角。任何物体碰撞过程中在图像重要区域会产生 $\partial I_\phi / \partial r_\phi > 0$。图像的相对速度取决于从延伸焦点起图像向外部的均匀扩大。事实上，根据高斯散度定理，通过测量封闭轮廓的法向速度，可以对任意运动的碰撞时间进行估计。对于半径为 r 的圆形轮廓

$$\int_c v \cdot n \cdot \mathrm{d}s = \frac{2\pi r_0^2}{r} \tag{7-39}$$

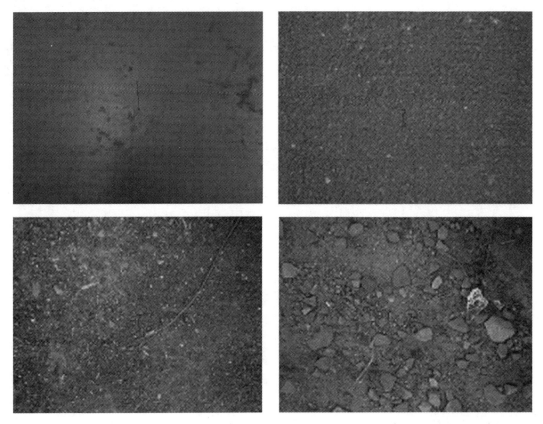

图 7-4　巡视器光流测量测速仪（左上）在水泥表面，（右上）沥青面层，（左下）土壤表面，和（右下）
石面［来源：阿达姆·迈克，卡尔顿大学］（见彩插）

式中，n 为单位法向量。因此，假设恒定的速度，碰撞时间基于径向运动的测量决定

$$\tau = \frac{Z}{v} = \frac{2\pi r^2}{\int_c v \cdot n \cdot ds} \tag{7-40}$$

式中　r ——圆形图像轮廓 C 的半径；

　　　v ——速度场；

　　　n ——轮廓法向量。

与物体最近点的距离可由下式决定

$$Z_{\max} \leqslant \max\left[\left| \frac{2v}{\nabla} \right|, \left| \frac{vr}{r\,\nabla} \right| \right] \tag{7-41}$$

其中

$$\nabla = \cos^2\phi\,(\partial I_x/\partial x) + \sin^2\phi\,(\partial I_y/\partial y) + \sin\phi\cos\phi\,[(\partial I_x/\partial y) + (\partial I_y/\partial x)]$$

式中　r ——椭圆半径；

　　　ϕ ——强度发散方向。

接触时间估计形式 $t = d/v$，源自正面碰撞检测，通过分析左右相机（类似于昆虫视
觉导航）[546]之间的光流速度差来实现。假设相对恒定的速度，接触时间表示前车与障碍物

的碰撞时间。这可以直接从光流计算。然而对于鲁棒估计，需要若干个这样的样本。我们还可以在估计碰撞时间的基础上执行运动任务[547]

$$\tau = \frac{\theta}{\mathrm{d}\theta / \mathrm{d}t} \qquad\qquad (7-42)$$

式中　θ ——目标的导向角；

　　　$\mathrm{d}\theta / \mathrm{d}t$ ——图像扩张速度。

目标的移动以恒定速度直接面向镜头

$$\tau = \frac{b}{D(\mathrm{d}\delta / \mathrm{d}t)} \qquad\qquad (7-43)$$

式中　b ——基线距离；

　　　$\mathrm{d}\delta / \mathrm{d}t$ ——相对视差变化率；

　　　D ——当前目标位置和目标的初始位置之间的移动距离；

　　　δ ——相机当前视点的角度。

因此

$$\frac{\mathrm{d}\delta}{\mathrm{d}t} = \frac{b}{D\tau} \qquad\qquad (7-44)$$

对于任何给定的 τ，相对差距的变化率随距离的增加而增加。

对于飞行器，在低空区域光流可以用于基于向下成像的高度测量。在图像速度保持为零时，即处于悬停状态，可以使用光流测量。它也被用来作为一种昆虫的着陆策略，在着陆面光流保持恒定，且向前的速度与垂直速度成正比。通过保持 w 不变，上升时提高速度，同样，下降时降低速度。同样，降低前进速度变化率。着陆时，一个常数下降角定义为

$$\alpha = \arctan\left(\frac{1}{w\tau}\right) \qquad\qquad (7-45)$$

在接近着陆地点，视觉的前后比增大有利于着陆行为；后前比增加的运动对着陆行为不利[548]。碰撞时间由膨胀率给定

$$\tau = \frac{\theta}{\dot{\theta}} \qquad\qquad (7-46)$$

式中　θ ——表面和延伸焦点之间的视角；

　　　$\dot{\theta}$ ——光流的径向分量，在平移阶段，$\dot{\theta} = (v \cdot \sin\theta)/d$；

　　　d ——到点 P 的距离。

向前碰撞通过测量相对膨胀率来对正面碰撞做出响应。昆虫使用的躲避碰撞策略是眼部的扫视反应，使得昆虫身体躲避高速图像测速区域。平衡策略控制法定义为光流穿过整个视场的定心反应

$$\Delta(F_L - F_R) = K\left(\frac{\sum w_L - \sum w_R}{\sum w_L + \sum w_R}\right) \qquad\qquad (7-47)$$

当进行平移运动时，运动视差表明，近处目标比远处目标产生更快的穿过视网膜运动。此外，近处目标占据更多视场。为了实现目标的软对接，一种 PD 形式的控制可以

使用

$$\Delta(F_L + F_R) = K(\dot{\tau} + c) \tag{7-48}$$

其中，$c = 0.5$。为了提取光流矢量，必须跟踪多个图像帧的特征来采样图像流场。有几种方法来估计图像速度——基于灰度的差分（梯度）方法，基于频率的滤波，和基于相关的方法[549,550]。差分方法根据图像的强度时空导数［例如，$dx/dt = (dI/dt)/(dI/dx)$］来计算图像速度，尽管对噪声有较好的鲁棒性，但灵敏度差。相关方法采用经过高斯滤波器预平滑处理的时空交叉互相关滤波信号。这是为了降低它们对时间混叠的敏感度，虽然它们对噪声的鲁棒性很好，但它们对光照和刺激较为敏感。

可以使用基于边缘的滤波。运动的不连续性发生在目标边缘，使目标分化。这里最小化光流速度梯度的平方

$$\left(\frac{\partial u}{\partial x}\right)^2 + \left(\frac{\partial u}{\partial y}\right)^2, \left(\frac{\partial v}{\partial x}\right)^2 + \left(\frac{\partial v}{\partial y}\right)^2 \tag{7-49}$$

等价形式是光流的拉普拉斯平方和

$$\nabla^2 u = \frac{\partial^2 u}{\partial x^2} + \frac{\partial^2 u}{\partial y^2}, \nabla^2 v = \frac{\partial^2 v}{\partial x^2} + \frac{\partial^2 v}{\partial y^2} \tag{7-50}$$

最简单的假设是，它的拉普拉斯算子是 0，来达到平滑约束。我们可以差分估算

$$I_x \approx \frac{1}{4}(I_{i,j+1,k} - I_{i,j,k} + I_{i+1,j+1,k} - I_{i+1,j,k} + I_{i,j+1,k+1} - I_{i,j,k+1} + I_{i+1,j+1,k+1} - I_{i+1,j,k+1})$$

$$I_y \approx \frac{1}{4}(I_{i+1,j,k} - I_{i,j,k} + I_{i+1,j+1,k} - I_{i,j+1,k} + I_{i+1,j,k+1} - I_{i,j,k+1} + I_{i+1,j+1,k+1} - I_{i,j+1,k+1})$$

$$I_t \approx \frac{1}{4}(I_{i,j,k+1} - I_{i,j,k} + I_{i+1,j,k+1} - I_{i+1,j,k} + I_{i,j+1,k+1} - I_{i,j+1,k} + I_{i+1,j+1,k+1} - I_{i+1,j+1,k})$$

$$\tag{7-51}$$

拉普拉斯 (u, v) 可近似为

$$\nabla^2 u \approx \kappa(\overline{u}_{i,j,k} - u_{i,j,k}), \nabla^2 v \approx \kappa(\overline{v}_{i,j,k} - v_{i,j,k}) \tag{7-52}$$

式中，$\kappa = 3$，并且

$$\overline{u}_{i,j,k} = \frac{1}{6}(u_{i-1,j,k} + u_{i,j+1,k} + u_{i+1,j,k} + u_{i,j-1,k}) + \frac{1}{12}(u_{i-1,j-1,k} + u_{i-1,j+1,k} + u_{i+1,j+1,k} + u_{i+1,j-1,k})$$

$$\overline{v}_{i,j,k} = \frac{1}{6}(v_{i-1,j,k} + v_{i,j+1,k} + v_{i+1,j,k} + v_{i,j-1,k}) + \frac{1}{12}(v_{i-1,j-1,k} + v_{i-1,j+1,k} + v_{i+1,j+1,k} + v_{i+1,j-1,k})$$

$$\tag{7-53}$$

这定义了一个权重模板

$\frac{1}{12}$	$\frac{1}{6}$	$\frac{1}{12}$
$\frac{1}{6}$	-1	$\frac{1}{6}$
$\frac{1}{12}$	$\frac{1}{6}$	$\frac{1}{12}$

为了最小化亮度变化率和平滑度的误差总和

$$e^2 = \iint (\alpha^2 e_s^2 + e_b^2) \mathrm{d}x \, \mathrm{d}y \tag{7-54}$$

其中，$\alpha^2 = $ 权重因子 $\to 0$；$e_b = I_x u + I_y v + I_t \to 0$。

$$e_s = \sqrt{\left(\frac{\partial u}{\partial x}\right)^2 + \left(\frac{\partial u}{\partial y}\right)^2 + \left(\frac{\partial v}{\partial x}\right)^2 + \left(\frac{\partial v}{\partial y}\right)^2} \to 0 \tag{7-55}$$

从微积分的变化

$$I_x^2 u + I_x I_y v = \alpha^2 \nabla^2 u - I_x I_t$$
$$I_x I_y u + I_y^2 v = \alpha^2 \nabla^2 v - I_y I_t \tag{7-56}$$

使用拉普拉斯估计

$$(\alpha^2 + I_x^2)u + I_x I_y v = (\alpha^2 \overline{u} - I_x I_t)$$
$$I_x I_y u + (\alpha^2 + I_y^2)v = (\alpha^2 \overline{v} - I_y I_t) \tag{7-57}$$

为了解算 (u, v)

$$(\alpha^2 + I_x^2 + I_y^2)(u - \overline{u}) = -I_x(I_x \overline{u} + I_y \overline{v} + I_t)$$
$$(\alpha^2 + I_x^2 + I_y^2)(v - \overline{v}) = -I_y(I_x \overline{u} + I_y \overline{v} + I_t) \tag{7-58}$$

最小化误差的流速位于垂直相交约束线的方向。如果所有的误差和权重归零，可以得到

$$(I_x^2 + I_y^2)(u - \overline{u}) = -I_x(I_x \overline{u} + I_y \overline{v} + I_t)$$
$$(I_x^2 + I_y^2)(v - \overline{v}) = -I_y(I_x \overline{u} + I_y \overline{v} + I_t) \tag{7-59}$$

通过高斯–约旦消元法（Gauss – Jordan Elimination）解决整个图像中的这一问题计算代价较高。高斯–赛德尔（Gauss – Seidel）迭代方法可用于计算基于导数场从前面的估计 (u_i, v_i) 计算下一组的速度估计 (u_{i+1}, v_{i+1})

$$u_{i+1} = \overline{u}_i - \frac{I_x(I_x \overline{u}_i + I_y \overline{v}_i + I_t)}{(\alpha^2 + I_x^2 + I_y^2)}, \ v_{i+1} = \overline{v}_i - \frac{I_y(I_x \overline{u}_i + I_y \overline{v}_i + I_t)}{(\alpha^2 + I_x^2 + I_y^2)} \tag{7-60}$$

另外，利用时空拉普拉斯高斯卷积核 $\partial \Delta G / \partial x$ 滤波应用在水平中心环绕场寻找零点。空间频率滤波涉及图像使用接受域算子代替高斯拉普拉斯进行卷积生成滤波图像

$$v_\perp = \frac{\partial \nabla^2 G \cdot I / \partial x}{\partial \nabla^2 G \cdot I / \partial t} \tag{7-61}$$

$$G(x, t) = u(\alpha / \pi)^{3/2} \mathrm{e}^{-\alpha |x|^2 + u^2 t^2}$$

式中　$G(x, t)$——高斯函数；

　　α, u——包络形状控制参数。

接受域函数确定响应可选性（如在运动过程中图像旋转的敏感性）来对昆虫的基础运动探测进行建模[551]。为了减少计算量，测量设置在照度零点。

基于相关的方法类似于立体视觉中利用相关窗口在最大相似度的基础上搜索不同视点的图像帧之间的匹配特征。它们是最好的运动后粗估计，能够减少相关方法搜索的计算负担。通常，边缘提取使用非线性算子（Hough 变换是最常见的），然后在边缘处进行跟踪和速度估计。光流可以计算使用匹配算法的两图像间的视差场（因此，光流可以用于立体视觉）。假设在小窗口的像素差距变化很平缓，$p_1, \cdots, p_n$，因此，差值可使用最小二乘

算法估计，如

$$v = (\boldsymbol{A}^{\mathrm{T}}\boldsymbol{A})^{-1}\boldsymbol{b}^{\mathrm{T}}\boldsymbol{b} \tag{7-62}$$

其中

$$\boldsymbol{A} = \begin{pmatrix} \nabla_x I(p_1) \\ \nabla_x I(p_2) \\ \vdots \\ \nabla_x I(p_n) \end{pmatrix}, \boldsymbol{b} = \begin{pmatrix} \dfrac{\partial I}{\partial t}(p_1) \\ \dfrac{\partial I}{\partial t}(p_2) \\ \vdots \\ \dfrac{\partial I}{\partial t}(p_n) \end{pmatrix} \tag{7-63}$$

平方差和计算，可以通过最小二乘最小化来确定加权函数的最大相关性。匹配强度可以定义为

$$M(x,y,u,v) = \sum_{i,j} \phi(I_1(i,j) - I_2(i+u,j+v)) \tag{7-64}$$

这种方法对于噪声具有鲁棒性。卡尔曼滤波方法可以将已有估计与新估计结合起来。不过，基于相关的方法对于封闭环境是敏感的，该环境具有非结构化的特征。

基于频率的方法一般是模拟生物模型的方向选择性方法，类似于傅里叶变换提取运动特征。傅里叶变换的光流被定义为

$$\hat{I}(k,w) = \hat{I}_0(k)\delta(v^{\mathrm{T}}k + w) \tag{7-65}$$

式中 $\hat{I}_0(k)$——$I(x,0)$ 的傅里叶变换；

δ——狄拉克 δ 函数。

光流场约束等式为

$$v^{\mathrm{T}}k + w = 0$$

时空 Gabor 滤波器（高斯函数乘以一个正弦或余弦波）可以用于得到时空定位

$$G(x,t) = \frac{1}{(2\pi)^{3/2}\sigma_x\sigma_y\sigma_t} e^{-(x^2/2\sigma_x^2 + y^2/2\sigma_y^2 + t^2/2\sigma_t^2)} e^{i(2\pi f_0 x\cos\theta + 2\pi f_0 y\sin\theta)} \tag{7-66}$$

式中 σ——Gaobor 滤波器的标准差（定义尺度）；

f_0——与峰值响应的中心频率。

$$\iint \left(u\frac{\partial I}{\partial x} + v\frac{\partial I}{\partial y} + \frac{\partial I}{\partial t}\right) \times G(x-x_0,y-y_0)\mathrm{d}x\,\mathrm{d}y = 0 \tag{7-67}$$

假设 (u,v) 是连续的，因此

$$u\frac{\partial I * G}{\partial x} + v\frac{\partial I * G}{\partial y} + \frac{\partial I * G}{\partial t} = 0 \tag{7-68}$$

Gabor 滤波器的多分辨率最小二乘估计已被用于光流处理[552]。在这种情况下，Gabor 滤波器分成三个连续的阶段：调制、高斯低通滤波、形式解调

$$y(k) = x(k)(K e^{-(k^2/2\sigma^2)} e^{i2\pi f_0 k}) = \{[(x(k)e^{-i2\pi f_0 k}] * K e^{-(k^2/2\sigma^2)}\} e^{i2\pi f_0 k} \tag{7-69}$$

最大可探测速度为

$$|v_\perp| < \frac{\sigma}{2\pi\sigma f_0 + 1} \tag{7-70}$$

Gabor 滤波器是集中计算的，除非在巡视器上有更多的计算资源可用，如 FPGA。这些方法已被评估[553]：

1）基于相位的方法使用方向敏感的过滤器，该方法最准确，但计算最复杂（Fleet - Jepson）；

2）基于梯度约束的微分方法最不准确（Horn - Schunk）；

3）基于加权最小二乘拟合微分方法计算简单且准确（Lucas - Kanade）。

光流算法的计算复杂度可由它的处理时间评估[554]（见表 7 - 1）。

给定一个 $M \times N$ 的图像，标准 Lucas - Kanade 方法每帧需要 10^5 次 $M \times N$ 运算，16 个 $M \times N$ 存储字节。通过使用基于特征的方法复杂性将显著下降。与 Lucas - Kanade 算法相结合，精度和效率会提高许多，有助于在 FPGA 上[555]实时实现。该系统实现的吞吐量为每秒 2 857 000 像素，几乎相当于每秒三帧 1 024×1 024 图像（见表 7 - 2）。因此，基于加权最小二乘法的差分方法最适合器载计算资源使用。

表 7 - 1　进行树序列移动的样品执行时间 [来源：博贝尔（Bober）和基特勒（Kittler），1994]

（单位：分：秒）

Horn	Uras	Anandan	Lucas	Fleet
8：00	0：38	8：12	0：23	30：02

表 7 - 2　Lucas - Kanade 算法在 LEON 处理器上的处理时间

Image size	Instructions per frame (million instructions)	Memory (MB)	Time on LEON (100MIPS)(s)	Frame rate on LEON (FPS)	Time on COTS (600MIPS)(s)	Frame rate on COTS (FPS)
256×256	6.9	1	0.069	14.5	0.012	83.3
512×512	27.5	4	0.275	3.6	0.046	21.7
1 024×1 024	110	16	1.1	0.9	0.18	5.5

为了实现光流，最简单的相机类型是全方位视觉相机，它能模拟昆虫的半球状视流[556]。折反射成像仪使用锥形反射镜和单相机，无广角鱼眼镜头固有的失真。因为功能缺陷，这样的成像相机不太可能用于星球任务。一对侧视相机的光流可以躲避侧向的障碍，一对前向相机的立体视觉可避免正面的障碍，两者结合可以提供两个方向的避障功能[557]。事实上，单对前向鱼眼相机可以实现立体视觉在图像中央部分而光流在图像的边缘部分。对于平移运动，与运动方向一致的延伸焦点定义为所有速度矢量偏离的空间位置。仅考虑横向光流，延伸焦点对应于矢量改变方向的点。定义可知，延伸焦点与任何一侧的速度矢量偏移都是零交叉。碰撞前的影响时间可以通过光流计算，而不需要去估计延伸焦点。光流计算如下式

$$\frac{\mathrm{d}I}{\mathrm{d}t} = \frac{\mathrm{d}\nabla I}{\mathrm{d}t} = 0 \tag{7-71}$$

式中，I 为点 $(x，y)$ 的图像强度。全局光流被计算并且分成两个部分。流场 V_r 的旋转部分是由相机旋转角和焦距本体测量出来的。全局流速减去旋转部分以产生平移流速，从而得到影响时间

$$t = \frac{d}{v_t} \tag{7-72}$$

式中　d——从延伸焦点到点 $(x，y)$ 的距离；

　　　v_t——平移流速。

　　然而，延伸焦点可以使用立体视差消除。深度可以通过过基线中点且垂直于基线的轴线测量出来。光流测量平行于相机的光轴。两个参考帧的相关关系为

$$Z(x，y) = Z^{of}(x，y)h(x) \tag{7-73}$$

其中，$h(x) = \sin\alpha + (x/F_l)\cos\alpha$。鲁棒的时间可以计算出来

$$t = \left(1 + \frac{x}{F_l \tan\alpha}\right)t^{of} \tag{7-74}$$

　　其中主要的问题是，光流数据只有在高对比度的地区是稀疏、可靠的。对比度的单次粗测量可以被定义为

$$m = \frac{I_{obj} - I_{back}}{I_{obj} + I_{back}} \tag{7-75}$$

以提供初值查找高对比度的区域。此外，图像预处理可提高速度估计的准确性。这有利于滤波模板的使用。平滑约束一般不适用于复杂的室外环境。而且，这有利于提取边缘。一般情况下，使用由粗到细的策略，光流是最好的多分辨率分层计算方法，特别是对于稀疏环境。然而，鉴于互相关算法用于立体视觉的普遍性，该方法是最容易应用到星球探测的。光流可用于跟踪其他机器，以帮助在没有通信的情况下，分布式编队中多机器的维护[558]。外部的变化特征可用于在视场中增大光流来估计相近或相关目标的运动[559]。基于这样的前提，相比远距离（在视图存在更多的目标），图像在近距离有较少的纹理和颜色（由于更少的目标）变化。然而，近距离并不十分可靠，由于分辨率增大，目标的纹理熵相应增加。为了减少光流的计算要求，基于图像加权质心的图像方法已经被提出[560]。

　　运动恢复结构（Structure from Motion，SfM）最常见的用途是三维重建，也许是最适合巡视器的科学探测阶段。图像序列（运动恢复结构）的三维结构恢复可以通过光流实现，但运动参数可以不使用光流计算。SfM 的测定与单相机的立体视觉是等效的。SfM 需要利用光流（或其他方法）获取相机的三维运动。由于二维变换的变化图像是唯一确定的，可以由运动恢复三维形状。使用标准立体视觉方程可以得到匹配点的三维位置。SfM 假设三维结构投影到二维图像的过程是刚性变换。获取物体表面的三维结构需要更详细的相对运动测量[561,562]。四个点构成的三条视线对于恢复目标唯一的三维结构是足够的。如果一个连续的速度场测量了完整的图像，那么可以计算得到加速场并恢复目标的三维结构，但它需要在一个合理的时间序列内成像。为了降低对误差的敏感性，图像时空导数的密集测量是必需的。有两种 SfM 方法：直接或基于特征。最常见的是基于特征的卡尔曼滤波方法，而其他的方法是通过复杂的计算实时实现的。实时实现有一个特征数目 n 的限

制，由于增强卡尔曼滤波器（Enhanced Kalman Filter，EKF）的计算时间复杂度为 $O(n^3)$。对于 SfM 的计算复杂度，30 个特征包括 $10^5 \sim 10^7$ FLOPS[563]。这种方法在稀疏环境中相比密集的光流计算只需要较低的计算能力，如火星表面，那里只有少数几个特征。然而，在复杂的环境中，大量的可见岩石会导致计算复杂度显著增加。SfM 还有一些其他缺点，如改变相机内部的几何形状（如焦距）将产生误差，除非是校准过的。它需要一个良好的特征跟踪算法，也许是基于光流算法。毫无疑问，基于光流的方法提供了一种基于视觉的行为控制方法，它是一种被动避障的行为控制方法，自主导航在此是至关重要的。问题是如何在未来实现这一过程。受昆虫视觉启发而产生的基于光流的视觉感知被认为是生物启发探索系统（Bio - inspired Engineering of Exploration System，BEES）方法的一部分[564]。另一种方法是使用一个单一的折反射摄像机与锥镜提供无失真的 360° 水平视场和 70° 垂直视场，这样的做法非常适合实施光流导航。光流 Reichardt 探测器可用于实现并行处理[565]。一种超大规模集成电路（VLSI）的视觉运动芯片已经开发出来，在硬件上实现了 Adelson - Bergen 算法，以产生局部运动感应[566]。同样，FPGA 和微控制器都配置了光流功能[567,568]。另外，定向中央凹视觉系统可以减少图像处理的过程[569]。势场法也与光流方法相一致，在该方法中，依据两者间的导航技术，运动产生的光学运动场提供潜在的协同效应[570]。

视觉自主导航中有一些常用的度量方法[571]。视觉危险提示（Visual Threat Cue，VTC）为

$$\text{VTC} = -R_0 \frac{\mathrm{d}R/\mathrm{d}t}{R(R - R_0)} \quad R > R_0 \tag{7-76}$$

式中　R——观察者和目标之间的距离；

　　　R_0——最小距离。

一个移动车辆周围的视场定义了没有碰撞的路线。VTC 的视场是相似的光流场，但拥有独立的旋转速度。如果 VTC > 0，目标在车辆前面。VTC 将变化为暂时的 VTC（Temporal VTC，TVTC）

$$\text{TVTC} = \frac{\mathrm{d}(\text{VTC})}{\mathrm{d}t} = \frac{2RR_0\dot{R}^2 + RR_0^2\ddot{R} - R_0R^2\ddot{R} - R_0^2\dot{R}^2}{R^2(R - R_0)^2} \tag{7-77}$$

局部空间色调的变化，体现出一种视觉图案纹理；文本细节模糊的特征通过使用图像质量测量（Image Quality Measurement，IQM）的不同图像强度来描述

$$\text{IQM} = \frac{1}{|D|} \sum_{x_i}^{x_f} \sum_{y_i}^{y_f} \left(\sum_{-L_c}^{L_c} \sum_{-L_r}^{L_r} |I(x,y) - I(x+p, y+q)| \right) \tag{7-78}$$

其中

$$D = (2L_c + 1)(2L_r + 1)(x_f - x_i)(y_f - y_i)$$

式中　$I(x, y)$——图像像素灰度；

　　　(x_i, y_i)——初始 (x, y) 坐标；

　　　(x_f, y_f)——最终 (x, y) 坐标；

L_c，L_r——正整数常量。

相对时间变化通过 IQM 给出

$$\frac{1}{\text{IQM}}\frac{\mathrm{d(IQM)}}{\mathrm{d}t} = -\frac{R_0}{R(R-R_0)}\frac{\mathrm{d}R}{\mathrm{d}t} \tag{7-79}$$

因此，可以用 IQM 测量 VTC。

7.3　主动视觉

　　虽然主动视觉尚未用于星球巡视器，但巡视器自主导航需要这种能力。为了提取巡视器任务的科学数据，桅杆式全景照相机用于寻找随机的科学目标。这需要在巡视器移动时进行自动化相机控制。使用主动视觉可以减少潜在的计算工作，它将计算资源投入相关图像分割中。主动视觉内部没有形成一个完整的世界模型环境，重点是基于任务的知识[572]。传统的视觉处理问题是病态的，它依赖于非现实假设，如朗伯反射，表面光滑，均匀的照明和无噪声的条件[573]。主动视觉通过相机系统的平移、倾斜、聚焦驱动进行图像定位。它包括在视场内交叉的快速相机运动来搜索目标对象（扫视）和缓慢的相机运动来跟踪目标（追随运动）——这是一项探索性的活动。它涉及一个主动观察者控制其感官装置以提高知觉感知的质量，例如保持视觉固定在一个移动的标靶。主动视觉包括两个方面：目标导向图像采集（"什么"，目标识别部分），图像采集控制（"哪里"，目标位置部分）——这是允许感知选择的目标方向。这样，主动视觉提供了由目标导向期望向直接低级处理的基础[574]。主动视觉可以用来指导机器人的导航任务，作为一种由相机控制驱动的行为控制形式。主动视觉使用惯性测量（姿态测量）和平移/倾斜相机（视觉跟踪）。主动视觉是一个范例，集成的控制行为（如通过缩放/平移/倾斜透镜）可以将被动观察从一个病态的、非线性的和不稳定的问题，利用多个信息源的主动观察转换成一个适合的、线性稳定的解决方案[576]。主动视觉可以解决一些特定的视觉问题，如 x 恢复形状。阴影恢复形状要假定表面光滑，朗伯（各向同性）反射，点光源照明和无噪声图像。轮廓恢复形状和纹理恢复形状需要类似假设。由已知的平移和旋转方式移动相机，通过提供多个视点，减少对这种假设的依赖。定向眼睛（凝视稳定）跟踪环境中静态或移动的物体来提供核心的活动视觉。不同于相机在视场采用统一分辨率，人的视网膜具有可变视力，凹偏心距增大，视力单调减小[577]

$$r = \frac{2\pi}{3n}e \tag{7-80}$$

式中，r 为视场半径；e 为视网膜偏心距；n 为在偏心 e 下的像素数目。主动视觉在人眼视场的 $2°\sim4°$ 中心凹和 $160°$ 视场边缘之间，能够实现空间分辨率 $60:1$ 的区分。有向视网膜中央凹视觉的使用大大降低了视觉系统的计算要求。它能够过滤从环境中提取的信息。对于星球巡视器的在轨自动相机控制，主动视觉提供了更大的灵活性。主动视觉为动态视觉提供了基础，使用注视控制来快速瞄准眼睛凹窄视场以跟踪视场中的目标[578]。主动视觉受到许多哺乳动物能力的启发：前庭视觉反射（Vestibular Ocular Rflex，VOR）、视动反应

（OptoKinetic Response，OKR）、追随运动和扫视。运动检测的光流在主动视觉中有所应用，尤其是追随运动、视动反应和前庭视觉反应。主动视觉具有许多控制视网膜中央凹眼运动的哺乳动物的视觉特征[579]：

1）追随运动。追随运动是 1～30（°）/s 的缓慢眼睛运动，试图稳定视网膜上的移动目标图像；

2）扫视。扫视是一个快速的扫描过程，眼睛在 1°～40°的范围重新定位运动，持续 30～100 ms，加速度达到 40.000（°）/s²，峰值速度高达 500～1 000（°）/s，频率达 3～4 Hz；

3）注视。扫视被分解成近似固定运动，平均 330 ms 的持续注视间隔（高变化），如果没有视觉反馈，随机波动和漂移是固定的。

4）VOR。在头部旋转时，通过反向旋转眼睛，使眼球始终固定在被注视的物体上，延迟持续 10 ms，最快的开环视觉反射由耳石（线性）和半规管（角）控制。

5）OKR。这种视流驱动头部运动的稳定凝视的响应时间为 100 ms；认为平稳跟踪机制和视动反应系统具有相同的机理。

6）聚散度。眼睛朝着相反的方向以最大范围 15°，小于 10（°）/s 的速度运动，在不同的距离改变固定目标（聚焦）。

7）微跳动。随机快速眼睛运动小于 1°。

8）漂移。慢速随机眼球运动小于 0.1（°）/s。

9）震动。高频率（30～150 Hz）眼球震荡＜30 弧秒。

主动视觉包括有目的的凝视和固定注视，相对于环境稳定的凝视是主动视觉的关键，这需要提取图像速度（光流）。通过凝视目标，光流会减少。惯性信息在稳定性上的使用是测量头部转动速度必不可少的信息源。这也减少了计算所需惯性数据，数量级小于视觉数据。带有视网膜中央凹视觉的两个相机可以同时平移和倾斜，每个都拥有可达 3 Hz 频率的独立凝视能力，偏航轴聚焦控制可用。人类扫视以 3 Hz 的频率可以达到 700（°）/s。在快速扫视中固定可持续达 300 ms。然而，尚不明确相机的惯性和结构马达是否可以匹配人的眼球（即使这样的速率是可取的）。快速扫视眼球运动使得中央凹在视场内不同目标之间移动，而主动注视将中央凹陷保持在一个具体目标上。当扫视发生时，会重写另一只眼睛控制系统。我们的眼睛一直在运动，表现为扫视特征，穿插着相对稳定的转向控制凝视[580]。在固定期间，视网膜滑移用来稳定视网膜图像。视觉固定若需要保持在一个移动的目标，主动视觉是必需的。目标选择问题涉及看哪里的问题，这样可以保持有向的凝视。在视场中一个点的选择是和目标相关的，但受到一定的限制：

1）视觉序列是离心排列的（即连续固定点彼此接近，接近潜在目标的点选为固定点）；

2）眼球的向上运动优于向下运动；

3）特定的左眼或右眼旋转优于混合方向；

4）眼睛注视达 250 ms 往往集中在顶点和多边形的角；

5）扫视趋向于面部特征等高信息密度区域（或阅读文字内容[581,582]）；

6）边缘运动引起的扫视针对运动目标。

主动视觉持续和环境交互，通过在视场不同区域快速移动眼睛的频繁扫视来进行。在整个视场中凝视不断改变，而不是使用一个统一的图像场。扫视和追踪运动使用视网膜位置和速度误差来补偿视觉目标的横向运动。凝视搜索视觉场景中的信息。在一般情况下，如果无界，视觉搜索是完备的，但如果期望是有界的，这些搜索会变成多项式或线性复杂的。视觉搜索模式通过分形来匹配自然场景的特征（例如，树木、云等）。分形的Hausdorff – Besicovitch维数大于它的拓扑维数，它描述图形的破碎度和粗糙度。眼睛重复的分形搜索模式比一维线性占用更大的空间，但小于二维平面——更精细的分形结构和视觉覆盖分形维数。眼睛以小范围运动搜索一个区域（具有 1.9 分形维数）之前，跳跃（具有 1.1 分形维数）到另一个区域，搜索类似的小动作。总眼球运动的平均分形维数值为 1.5[583]。动物狩猎遵循类似的模式，这比纯粹的随机轨迹更有效。约 10%～15% 的扫视回归重复地区。视场区域包括越多信息，固定数量越大。视觉信息的获取只能在固定期间，因为当扫视自身掩盖任何模糊效应的期间，信息采集会被抑制。固定点一般选择在高信息区域的基础上[584]：高对比度，高空间频率，顶点，对称轴，接近于以前的固定点等。对于信息丰富的目标，固定时间往往较长，如高空间频率变化和对比度[585]。此外，突然出现或消失或外周刺激的运动经常会引导朝那个位置扫视。当扫视开始，针对视野内的目标会产生一个对数似然估计，直到达到一个阈值。这可被纳入一个贝叶斯框架。后验概率由先验概率加观测结果给出[586]

$$\log L_{\text{post}} = \log L_{\text{prior}} + \log \frac{p(E \mid H_{\text{tar}})}{p(E \mid H_{\text{ref}})} \tag{7-81}$$

式中　E——观测结果；

　　　H_{tar}——目标假设；

　　　H_{ref}——参考假设。

贝叶斯定理计算了一个不依赖于相机参数先验概率的后验概率

$$p(x_i \mid z_i, a_i) = \frac{p(z_i \mid x_{i+1}, a_i) p(x_i)}{p(z_i \mid a_i)} \tag{7-82}$$

这可能是迭代计算与前一个后验概率进入下一次迭代的先验估计

$$p(x_{i+1}) = p(x_i \mid z_i, a_i) = \frac{p(z_i \mid x_i, a_i) p(x_i \mid z_{i-1}, \cdots, z_0)}{p(z_i \mid a_i)} \tag{7-83}$$

概率密度函数在训练过程中进行估计。这包括先验的上下文信息。随机性是视觉扫视有关概率方面的重要组成部分[587]，可以为主动视觉提供一种选择相机参数（例如，焦距、平移、倾斜角度和视野）的机制。基于贝叶斯计算的互信息最大化可用于选择运动基础上的先验和似然函数，从而降低环境状态下视点选择的不确定性[588]。互信息将相机视场接受域放置在感兴趣区域。它量化了不确定性如何在 x 中减少，如果观察量 o（不确定性）取决于运动 a（选定的相机参数），则

$$I(x_i; z_i \mid a_i) = H(x_i) - H(x_i \mid z_i, a_i) = \int_{x_i} \int_{z_i} p(x_i) p(z_i, a_i) \log \left(\frac{p(z_i \mid x_i, a_i)}{p(z_i \mid a_i)} \right) \mathrm{d}z_i \mathrm{d}x_i \tag{7-84}$$

其中

$$H(x_i) = -\int_{x_i} p(x_i)\log[p(x_i)]dx_i$$

$$H(x \mid z) = \sum p(x \mid z)\log p(x \mid z)$$

在自然场景中，上下文信息对于在贝叶斯框架中建立自然场景下的目标搜索是至关重要的[589]。注意力（凹陷也一样）由全局场景内容引导。有两个并行计算——自下而上的局部特征，如解析目标（显著性），以及具有情景语境的图像中自上而下的全局特征，其影响视觉处理的早期阶段（在图像开始 $150 \sim 200$ ms 之内）。上下文信息（先验），如目标的共同出现，在目标检测中是特别重要的。这些因素，特别是语境信息，使图像的第二区域预测是固定的。固定出现的图像位置已经包含了上下文信息，目标对象的概率最高（即，估计 $p(O, X \mid L, G)$，在位置 X 进行局部测量 $L(X)$ 目标对象的出现概率 O 和一系列特征 G）。从贝叶斯定理得出

$$p(O, X \mid L, G) = \frac{p(L \mid O, X, G)p(X \mid O, G)p(O \mid G)}{p(L \mid G)} \tag{7-85}$$

局部特征通过显著性计算，而全局特征需通过信息理论计算。

前庭视觉反射（VOR）将提供强大的静止和运动目标跟踪。视觉使用在伺服控制回路中——视觉伺服[590]——需要从场景中提取足够的相关信息（轮廓或区域）建立一个给定任务的、和闭环速率兼容的控制算法，如运动速度控制[591]。尽管有扫视的眼部运动，在视觉世界中从观察者的角度仍然存在目标的自我感知稳定性[592,593]。这是通过在视网膜投影连续凝视跟踪实现的。视觉伺服控制是主动视觉范式的延伸[594]。可以采用一种混合的仿射视觉方法[595]。一个物体，其表面可以被定义为

$$\xi(x, y) = \frac{\partial\xi}{\partial x}x + \frac{\partial\xi}{\partial y}y + c \tag{7-86}$$

相机坐标系中的投影点 p 和物体的结构由下式给出

$$\begin{pmatrix} p_x \\ p_y \end{pmatrix} = \lambda\begin{pmatrix} x_c \\ y_c \end{pmatrix} + T\begin{pmatrix} x_0 \\ y_0 \end{pmatrix} \tag{7-87}$$

式中，$\lambda = f/z_c$，并且

$$T = \lambda\begin{pmatrix} c\alpha c\beta c\gamma + s\alpha s\gamma & c\alpha c\beta s\gamma - s\alpha c\gamma \\ s\alpha c\beta c\gamma - c\alpha s\gamma & s\alpha c\beta s\gamma + c\alpha c\gamma \end{pmatrix} \tag{7-88}$$

式中　α——俯仰角；

　　　β——滚动角；

　　　γ——偏航角。

视觉伺服闭环包括自定位和导航控制[596,597]。样条函数可以用来计算从当前位置到下一个扫视目标的轨迹，由 Moore - Penrose 伪逆导出眼睛的运动速度。视觉伺服控制法具有以下形式

$$\dot{\theta} = -J^+ e \tag{7-89}$$

式中　e——笛卡儿图像坐标变化，$e = \Delta q$；

J^+ ——雅可比的 Moore - Penrose 伪逆，$J^+ = (J^{\mathrm{T}} J)^{-1} J^{\mathrm{T}}$；

J ——图像雅可比矩阵相对于节点的角度坐标，$J = \partial q / \partial \theta$。

Moore - Penrose 伪逆可由单值分解算法计算。追踪要求保持凝视以提供反馈信号。这一过程有三个阶段，分别为停歇、稳定收敛和追踪。

摄像机模型的透视方程为

$$x_u = f\,\frac{x}{z}, y_v = f\,\frac{y}{z} \tag{7-90}$$

其中，$(x_u,\ y_v)^{\mathrm{T}}$ 为图像坐标。事实上，图像点可以被转换出来

$$u = s_x x_u + u_0, v = s_y y_v + v_0 \tag{7-91}$$

其中，$(u_0,\ v_0)^{\mathrm{T}}$ 为图像中心坐标；s_i 为尺度因子。我们需要调整相机角度参数 θ_r 和 θ_l 来保持目标在图像中心。

相机水平朝向控制转动角的计算公式如下

$$\Delta \theta = \arctan\left(\frac{\Delta u}{s_x f}\right) \tag{7-92}$$

式中，Δu 为水平视差，$\Delta u = u - u_0$。

到固定点的角度和距离由下式给出

$$\theta_n = 90° - \arctan\left(\frac{h}{p}\right) \tag{7-93}$$

式中，$h = d_r \tan\theta_r = d_l \tan\theta_l$；$d = d_l + d_r = $ 基线长；$p = d_l - b/2$；$d = \sqrt{h^2 + p^2}$。当 $\theta_l = \theta_r$，$d = b/2\tan\theta_l$ 时，移动相机

$$\theta_l = \arctan\left(\frac{h}{d_l}\right),\ \theta_r = \arctan\left(\frac{h}{d_r}\right) \tag{7-94}$$

相似性计算公式如下

$$S(x,y) = \sum_{i=-n}^{n} \sum_{j=-m}^{m} \left[P(i,j) - I(x-i,y-j)\right]^2 \tag{7-95}$$

其中，P 为搜索模式；I 为图像。通过追随运动和朝向控制有效地实现了持续凝视[598]。

人类眼球运动的控制有时间延迟。除了扫视是基于位置，所有的眼球运动行为都遵循速度指令。追随运动，VOR，OKR 是核心能力。VOR 是基于反馈测量头部旋转的前庭系统。VOR 为抵消头部运动的影响，产生相反的眼球运动，可达到 500（°）/s。视动反应（OKR）相似，但受到视觉系统的控制。VOR（15～30 ms）相比 OKR（80～100 ms）具有更短的延迟时间，它采用视网膜滑移（速度）的反馈来加快 VOR。OKR 可抵消由于躯体运动而产生的高达 80（°）/s 的图像滑动。VOR 和 OKR 协作，通过控制头部动作使得视网膜滑移误差最小化来确保感知稳定[599]。VOR 将眼球的运动保持在与头部运动相反的方向，使得目标静态出现在视野内。可以将来自惯性传感器的数据与来自立体视觉的数据合并，用于自动相机俯仰控制，模拟人的 VOR 来稳定头部[600]。当头部移动时 VOR 会引起补偿性眼球运动，以保持稳定注视，通过开环操作（前馈）快速响应，频率高达 5 Hz。平移 VOR 响应线性的头部运动，角度 VOR 对头部角运动有响应。VOR 增益是眼

球运动速度和头部运动速度的比值，通常接近于 1。OKR 提供延迟闭环系统（不带前馈组件）来纠正 VOR 中的误差，但操作更慢（小于 1 Hz）。追踪系统在中心凹区域的移动对象也起到稳定眼球运动作用并对 VOR 提供反馈作用[601]。追随运动使得微小移动目标保持 40 (°) /s 来跟踪凹陷。跟踪系统以比 OKR 更高的频率在运行，因此有不同眼动控制系统之间的相互作用，特别是 VOR 和 OKR 之间[602]。在主动视觉系统中，稳定的视线相对于静态或移动的目标是一个基本的要求。视网膜图像流的头/眼反射被视觉和前庭视觉反射抵消。在固定的视线上，有几弧分的微小漂移/（微跳动），振幅周期为 0～0.6 s。

主动视觉需要使用惯性测量（姿态测量）和云台相机（视觉追踪）。动眼神经追随运动可以由光流场的速度驱动，眼睛对目标的响应通过向光流场相反的方向移动来实现。眼球运动响应图像的速度信息来生成追随运动，并对眼睛的位置信息产生相反方向扫视，直至眼睛达到眼眶边缘。光流可以实现相机控制的主动视觉。依赖姿态测量来补充图像速度测量显著降低了单独依赖光流的计算复杂度。使用惯性信息来测量头部运动是前庭视觉反射（VOR）的基础，其生成基于头部角速度的前馈信号[603]。器载惯性导航系统最好布置在桅杆相机上，但因为布局原因不太可能实施。然而，桅杆的惯性测量可以由巡视器惯性测量结果和云台角度测量结果估计（假设桅杆是刚性的）。VOR 可以由在多自由度机械臂/桅杆云台上安装摄像系统来实现。前馈组件包括所需的倾斜角度、角速度和角加速度。这些可以被转换成等效的节点力矩值。当巡视器运动时，可能结合节点进行运动反馈（视网膜滑移不能用于视觉反馈），以允许精确跟踪视觉目标。

世界坐标系（惯性）W 是参考框架，坐标系内巡视器本体 B 的位置为 p_0，方向角为 R，P 和 Y（见图 7-5）。相机框架 C 安装在能够转动 n 度的操纵臂上，包括倾角 α 和 β。相机的 X 轴指向目标。相机坐标系相对于末端操作器的倾斜旋转矩阵为

$$\boldsymbol{R}_C^{(N)} = \begin{pmatrix} \cos\alpha & -\sin\alpha & 0 \\ \sin\alpha & \cos\alpha & 0 \\ 0 & 0 & 1 \end{pmatrix} \begin{pmatrix} \cos\beta & 0 & \sin\beta \\ 0 & 1 & 0 \\ -\sin\beta & 0 & \cos\beta \end{pmatrix}$$

$$\boldsymbol{R}_C^{(N)} = \begin{pmatrix} \cos\alpha\cos\beta & -\sin\alpha & \cos\alpha\sin\beta \\ \sin\alpha\cos\beta & \cos\alpha & \sin\alpha\sin\beta \\ -\sin\beta & 0 & \cos\beta \end{pmatrix} \tag{7-96}$$

在世界坐标系下的摄像机坐标系统是由云台旋转矩阵右乘由末端位置定义在世界坐标下的矩阵

$$\boldsymbol{R}_C^{(0)} = \boldsymbol{R}_N^{(0)} \begin{pmatrix} \cos\alpha\cos\beta & -\sin\alpha & \cos\alpha\sin\beta \\ \sin\alpha\cos\beta & \cos\alpha & \sin\alpha\sin\beta \\ -\sin\beta & 0 & \cos\beta \end{pmatrix} \tag{7-97}$$

相机沿着相机坐标系的 X 轴方向，以单位矢量 $\boldsymbol{u}_T$ 指向目标物体

$$\boldsymbol{u}_T = \boldsymbol{R}_N^{(0)} \begin{pmatrix} \cos\alpha\cos\beta & -\sin\alpha & \cos\alpha\sin\beta \\ \sin\alpha\cos\beta & \cos\alpha & \sin\alpha\sin\beta \\ -\sin\beta & 0 & \cos\beta \end{pmatrix} \begin{pmatrix} 1 \\ 0 \\ 0 \end{pmatrix} \tag{7-98}$$

$$\boldsymbol{u}_T = \boldsymbol{R}_N^{(0)} \begin{pmatrix} \cos\alpha\cos\beta \\ \sin\alpha\cos\beta \\ -\sin\beta \end{pmatrix}$$

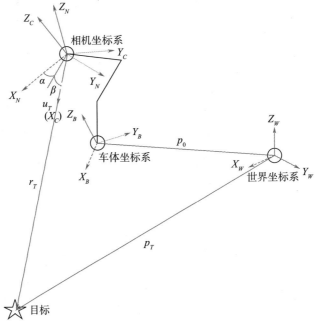

图 7-5　巡视器的坐标系，其相机位置和视觉目标均在惯性系下进行描述

［来源：布瑞恩·林奇（Brian Lynch），卡尔顿大学］

所需相机云台角度可由此确定

$$\begin{pmatrix} \cos\alpha\cos\beta \\ \sin\alpha\cos\beta \\ -\sin\beta \end{pmatrix} = (\boldsymbol{R}_N^{(0)})^{\mathrm{T}} \boldsymbol{u}_T \tag{7-99}$$

末端的方向矩阵取决于巡视器的主体方向矩阵

$$\boldsymbol{R}_B = \begin{pmatrix} \cos\psi & -\sin\psi & 0 \\ \sin\psi & \cos\psi & 0 \\ 0 & 0 & 1 \end{pmatrix} \begin{pmatrix} \cos\theta & 0 & \sin\theta \\ 0 & 1 & 0 \\ -\sin\theta & 0 & \cos\theta \end{pmatrix} \begin{pmatrix} 1 & 0 & 0 \\ 0 & \cos\phi & -\sin\phi \\ 0 & \sin\phi & \cos\phi \end{pmatrix} \tag{7-100}$$

式中，ϕ，θ，ψ 分别为滚动角、俯仰角、偏航角，目标位置相对于相机的位置为

$$r_T = p_T - p_0 - p_C^{(0)} \tag{7-101}$$

在世界坐标系中，由机械臂运动学模型来确定相机相对于巡视器的位置

$$p_C^{(0)} = \sum_{i=1}^{N} R_i^{(0)} L_i \tag{7-102}$$

其中

$$R_i^{(0)} = R_B \sum_{j=0}^{i} R_j$$

目标的单位向量是

$$\boldsymbol{u}_T = \frac{\boldsymbol{r}_T}{\boldsymbol{d}_T} \tag{7-103}$$

其中

$$d_T = (\boldsymbol{r}_T^{\mathrm{T}} \boldsymbol{r}_T)^{1/2}$$

因此，相机云台角度可以很容易地确定[604]。变量的时间变化率可通过差分确定。

敏捷眼是一个球面 3 自由度的相机定位系统，在一个紧凑的单元基于三个相互垂直的圆弧连接来提供相机旋转的能力[605]。它是一个 Stewart 平台上的并联机器人的运动学变体，可应用于机械臂[606]。一种超大规模集成电路的视网膜芯片已被使用[607]，其直流电流流经电阻器时通过分流在视网膜上不同位置产生不同的抑制强度。利用类似于电子成像仪中生物微跳的光轴小幅度位移，可以使分辨率超过光感器件最小间距的限制。这样的相机应该能实现每 50～100 ms 完成 60°范围的扫视，精度可达 1°。为了旋转视觉的轴线，成像和聚焦透镜可以固定在旋转棱镜光栅的聚焦透镜前，用于提供定向性。通过一个追随算法来控制，以将目标保持在棱镜方向视场的中心。扫视探索算法周期性地运行来随机改变焦点。

使用主动立体视觉通过摄像机的聚焦、变焦、定位控制等，可以克服许多与立体视觉有关的复杂性，这些手段提供了丰富信息，包括焦距聚焦深度以及朝向深度[608]。对于提取深度一致的信息，双目凝视系统比单目转向控制系统更有效[609]。眼睛的辐辏运动通过视差测量控制。散焦图像使得透镜法则满足

$$\frac{1}{Z_{\text{object}}} + \frac{1}{Z_{\text{image}}} = \frac{1}{f} \tag{7-104}$$

从而获得 Z_{object} 单眼估计。事实上，这将有一个范围值，由下式给定[610]

$$z_{\text{upper}} - z_{\text{lower}} = \frac{2AC z_{\text{est}} f (z_{\text{est}} - f)}{A^2 f^2 - C^2 (z_{\text{est}} - f)^2} \tag{7-105}$$

其中

$$C = d(z_{\text{upper}} - z_{\text{lower}}) / z_{\text{image}}$$

$$d = f/F$$

$$F = F - \text{number}$$

式中　A——孔径面积；

　　　C——模糊圈直径；

　　　d——透镜直径；

　　　$z_{\text{upper}} - z_{\text{lower}}$——焦点图像平面位移；

　　　f——焦距。

　　VOR - OKR 双目系统的基本功能是，当头部在水平面内旋转时，每只眼睛必须保持凝视在某一点 P ，瞬时角度由下式给出[611-613]

$$\theta_e = \arctan\left(\frac{\boldsymbol{v}_b \times \boldsymbol{v}_g}{\boldsymbol{v}_b \cdot \boldsymbol{v}_g}\right) \tag{7-106}$$

式中　　$\boldsymbol{v}_b$——从眼睛到基线中点的向量；

　　　　$\boldsymbol{v}_g$——眼睛到凝视点 P 的向量。

　　从几何学上有

$$\boldsymbol{v}_g = \left(\frac{1}{2}b\cos\theta_h - a\sin\theta_h, d - \left(a\cos\theta_h + \frac{1}{2}b\sin\theta_h\right)\right)$$

$$\boldsymbol{v}_b = \left(\frac{1}{2}b\cos\theta_h, -\frac{1}{2}b\sin\theta_h\right) \tag{7-107}$$

　　每个相机的角度为

$$\theta_e = \arctan\left(\frac{a - d\cos\theta_h}{b/2 - d\sin\theta_h}\right) \tag{7-108}$$

式中　　θ_h——头部旋转角度；

　　　　d——从头部旋转中心到固定点的距离；

　　　　b——目间距（基线）；

　　　　a——从头部旋转中心到基线中点的距离。

　　差分形式给出 VOR 关系式

$$\dot{\theta}_e = \frac{d^2 - dZ}{(b/2)^2 + a^2 + d^2 - 2dZ}, \dot{\theta}_e = G_{\text{VOR}}\dot{\theta}_h \tag{7-109}$$

这里

$$Z_l = a\cos\theta_h + \frac{1}{2}b\sin\theta_h = 左眼 z 坐标$$

$$Z_r = a\sin\theta_h - \frac{1}{2}b\sin\theta_h = 右眼 z 坐标$$

$$\tag{7-110}$$

　　这需要维持双眼注视。理想情况下，G_{vor} 应等于 1.0，但是运动饱和极限可能需要通过延长注视距离来降低。同样地，垂直运动的眼动速度可由平移/倾斜得到

$$\dot{\theta}_e = \left[\frac{d - a}{\left(\frac{1}{2}b - x\right)^2 + (d - a)^2}\right]v_x, 左眼视角 \tag{7-111}$$

　　假设朝向对称，一个类似的表达式对右眼有效，但在相反的方向却无效。通过测量头部的角速度和旋转眼睛开环，视网膜滑动引起的图像速度量大幅减少（计算也会减少）。三维物体运动的眼睛速度 $(v_x, v_y, v_z, w_x, w_y, w_z)$ 为

$$u(x,y) = f_x\left(\frac{\frac{x}{f_x}v_z - v_x}{Z} + w_x\frac{xy}{f_xf_y} - w_y\left(1 + \frac{x^2}{f_x^2}\right) + w_z\frac{y}{f_y}\right)$$

$$v(x,y)=f_y\left(\dfrac{\dfrac{y}{f_y}v_z-v_y}{Z}+w_x\left(1+\dfrac{y^2}{f_y^2}\right)-w_x\dfrac{xy}{f_xf_y}-w_z\dfrac{x}{f_x}\right) \tag{7-112}$$

这提供了基于视网膜滑移产生的 OKR 闭环控制

$$\dot\theta_e=G_{\text{AVOR}}\dot\theta_h+G_{\text{OKR}}\begin{pmatrix}u\\v\end{pmatrix},\text{角度情况}$$

$$\dot\theta_e=G_{\text{LVOR}}v_h+G_{\text{OKR}}\begin{pmatrix}u\\v\end{pmatrix},\text{线性情况} \tag{7-113}$$

垂直轴 y 和 zx 平面交于图像中心 $(x,y)=(0,0)$，此处水平分量反向旋转为

$$u(0,0)=f_x\left(-\dfrac{v_x}{z(0,0)}-w_y\right) \tag{7-114}$$

其中

$$w_y=(1-G_{\text{VOR}})\dot\theta_h$$

$$v_x=(b/2\cos\dot\theta_e-a\sin\dot\theta_e)\dot\theta_h$$

式中　w_y——眼轴旋转速度；

　　　v_x——沿正面图像平面的矢量平移；

　　　$z(0,0)$——凝视点 P 到相机 $(0,0)$ 的矢量。

$$\dfrac{u(0,0)}{f_x}=-\dfrac{v_x}{z(0,0)}-w_x \tag{7-115}$$

其中

$$w_x=w_y+\Omega_y$$

式中　Ω_y——头部旋转速度。

相机的输出角度应该经过带通滤波，以补偿热漂移、机械振动和电子噪声。

固定距离由下式得到[614]

$$d=b\,\dfrac{\cos\theta_r\cos\theta_l}{\sin\left[\dfrac{1}{2}(\theta_l+\theta_r)\right]\cos(\theta_l-\theta_r)} \tag{7-116}$$

这可以用来自适应调整相机指向。视流具有有限的图像速度，所以视觉稳定是有限的，需要惯性稳定支持。此外，如果相机和头部的旋转轴重合，固定点位于无穷远，惯性信息足以稳定凝视。然而在相机和头部旋转轴不同时，头部的旋转会造成相机的旋转和平移。在这种情况下，需要视觉信息。通过计算图像之间的欧氏距离，在两个连续图像间进行图像比较，可以用来稳定一个云台相机，以恢复相机到它的原始位置

$$d(I_i,I_j)=\sqrt{\sum_{k=1}^{h\times w}\sum_{l=1}^{c}\left[I_i(k,l)-I_j(k,l)\right]^2} \tag{7-117}$$

式中　h,w——搜索窗口的高度和宽度。

全局最小的欧氏误差表面定义了所需的执行信号。不需要识别特定的特征来跟踪目标图像，可以使用适应于通用图像搜索中的特征像素来实现[615]。有多种方式来选择图像中

的特征部分，包括预定义分散式位置的方式和整个图像内随机选择的方式。两种方式都需要选择大约 50% 的图像像素，并且对不同类型图像具有鲁棒性，这省去了边缘检测和特征识别。帕帕尼科洛普洛斯（Papanikolopoulos）和科斯拉（Khosla）（1993）视觉跟踪算法将延迟因素考虑进去[616]。有人提出，基于史密斯预估器，而不是使用纯开环方法的预测组件，会显著增加注视控制和视觉跟踪的鲁棒性并补偿延迟[617,618]。这样的史密斯预估控制器形式为

$$\overline{C} = \frac{C}{1 + CA(1 - z^{-\tau})} \qquad (7-118)$$

式中　$C(z)$——无延迟控制器；

　　　$z^{-\tau}$——延迟；

　　　$A(z)$——普朗特系数。

在追随运动中，视网膜滑移作为反馈来控制眼球运动。追随运动是非常准确的跟踪，需要三部分系统：反馈控制器（因视网膜滑移而明显延迟）、目标速度预测控制器和逆运动模型[619]。通过预测器准确跟踪需要一个精确的逆运动学模型。卡尔曼滤波器预测目标位置时可以辅以史密斯预估器来应对时间延迟。迪亚斯（Dias）等人（1998）使用卡尔曼滤波器来预测目标的未来位置、速度和加速度，以方便追踪和目标跟踪[620]。事实上，基于双目视觉的灵长类动物的平滑追随是基于从视觉反馈到驱动追踪的预测编码信号，可以来弥补 OKR100ms 的延迟[621]。为了确保机械停止范围不超限，可以运用一个非线性函数实现

$$\theta_{av} = \frac{\theta}{(\theta - \theta_{max})^2} \qquad (7-119)$$

式中　θ_{av}——平均云台角度；

　　　θ_{max}——最大云台角度。

视网膜滑移的视觉反馈可以建模为[622]

$$f = \frac{d}{dt}\sqrt{(\theta_h^2 + \theta_v^2)} \qquad (7-120)$$

式中　θ_h，θ_v——水平和垂直眼睛移动误差。

用于追随运动的罗宾逊模型与眼睛速度反馈和前庭前馈输入综合表明，前庭输入是至关重要的，可以提供预测能力以维持视网膜图像稳定[623]。追随运动可以概括为 VOR - OKR。其中动眼神经凝视最复杂的模型是柴田（Shibata）和沙尔（Schaal）（2001）的基于前庭小脑带有反馈误差学习的模型[624]。基于参考模型（即模型参考自适应控制器）的输出反馈控制器，给出了机器误差估计。图像稳定可以防止自运动干扰视觉功能。事实上，视网膜滑移闭环取消使得视网膜稳定，这表明图像采集的自主导航不再需要巡视器是静态的。扩展卡尔曼滤波训练神经网络已经用来实现 VOR，例如一个 3 自由度的巡视器桅杆相机追踪系统[625]。这种神经模型构成了巡视器运动时在相机视场中动态跟踪目标的前向模型。如果与期望的跟踪性能有偏差，可使用反馈控制系统，它也被用于训练前向模型。前向和反馈控制相结合能够产生良好的相机跟踪反馈控制（见图 7-6）。

　　神经领域已经提出了通过竞争动态神经网络来确定下一个扫视目标[626]。视觉流输入被送入下个扫视目标的显式图，赢者通吃策略用来选择下一个扫视目标。

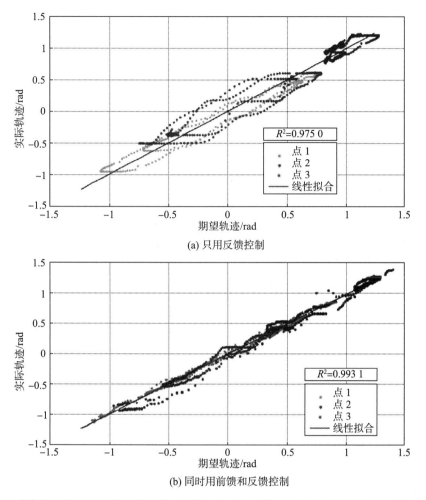

(a) 只用反馈控制

(b) 同时用前馈和反馈控制

图 7 - 6　在追踪期间相机和目标的轨迹偏差 ［来源：乔丹·罗斯（Jordan Ross），卡尔顿大学］（见彩插）

　　光流可用于主动双目视觉以跟踪目标[627]。相机通过运动检测与主动视觉控制视觉光流和结构，以支持视觉导航和避障[628]。双目视差可以与光流相结合，获得场景的相对深度图。多方法集成的视觉可以解决一些关键问题，如显式校准和鲁棒性噪声。可以将每个图像对随时间变化的双目视差与单目光流相结合，以产生关于时间和相对深度的 2.5D 场景表示。主动凝视控制确保图像流对应于运动流，为相机旋转提供显著的鲁棒性。在巡视器运动期间，主动凝视控制和视觉伺服使用势场图而不是图像数据，这提供了鲁棒性。凝视通过快速扫视重定向而不进行视觉处理，但单目瞄准目标需要双眼有对称度。假设目标是不远处的固定点，光流追踪为扫视的生成提供依据（视网膜中央凹区域内）。所产生的目标速度被输入卡尔曼滤波器，以产生新的速度来控制摄像机的位置。点 (X_C, Y_C, Z_C) 在坐标系下的移动速度为

$$\begin{pmatrix} v_x^C \\ v_y^C \\ v_z^C \end{pmatrix} = -\begin{pmatrix} w_x \\ w_y \\ w_z \end{pmatrix} \times \begin{pmatrix} \boldsymbol{X}_c \\ \boldsymbol{Y}_c \\ \boldsymbol{Z}_c \end{pmatrix} + \begin{pmatrix} v_x \\ v_y \\ v_z \end{pmatrix} \qquad (7-121)$$

根据视网膜坐标系

$$\begin{pmatrix} v_x \\ v_y \end{pmatrix} = -\boldsymbol{R}_{\mathrm{ret}} \begin{pmatrix} v_x^C \\ v_y^C \\ v_z^C \end{pmatrix} \qquad (7-122)$$

式中　　$\boldsymbol{R}_{\mathrm{ret}}$ ——3×2 的旋转矩阵，描述了从单目坐标映射到视网膜左/右相机的坐标。

视网膜图像运动流偏差由下式给出

$$\Delta = v_l - v_r \qquad (7-123)$$

假设目标以相同的倾斜角度接近（即，$X_c = Y_c = 0$），则只与水平运动差异有关

$$\Delta = \begin{pmatrix} \Delta_x \\ \Delta_y \end{pmatrix} = \begin{pmatrix} \dfrac{v_z f \sin 2\theta}{Z_C} \\ 0 \end{pmatrix} \qquad (7-124)$$

式中，f 为两个相机相同的焦距。和时间的关系为

$$t_c = \frac{Z_C}{v_z} = \frac{f \sin 2\theta}{\Delta_x} \qquad (7-125)$$

其中

$$Z_C = \frac{1}{2} b \tan\theta$$

式中　　b ——基线长。

因此

$$\Delta_x = \frac{4(v_z f \cos^2\theta)}{B} \qquad (7-126)$$

微分形式为

$$\frac{\partial Z_C}{\partial t} = \frac{b}{2\cos^2\theta} \frac{\partial\theta}{\partial t} = v_z = \frac{b\Delta_x}{4f\cos^2\theta} \qquad (7-127)$$

其中

$$\frac{\partial\theta}{\partial t} = \frac{\Delta_x}{2f} \qquad (7-128)$$

这是转向的角速度（追随运动），它维持了目标在移动时的稳定。

自定位和制图（Self-Localization And Mapping，SLAM）[629] 使用主动闭环控制，这种方法已经结合主动视觉进行研究。关键是使用视网膜中央凹视觉相机来预测特征点的期望位置。这使得随着时间的推移，可以重新检测特征以减少漂移，但是这种方法对于星球巡视器应用过于依赖人工操作[630]。因此开发了自动探索策略，该策略使用凝视规划策略搜索环境区域以匹配内部特征[631]。

第 8 章 自主导航——行为模式和构架

所有太空任务的操作控制，都是通过地面站建立通信信道来实现的。巡视器任务也不例外。对于行星际任务，重要的限制包括地形特性、能源、计算资源，与人类操作员的通信以及科学目标的性质和位置等。通过自主任务规划来实现全自动化控制是难以想象的，实际上也不可取——巡视器任务还是需要在人类的监控下实现。太空或行星际任务的遥控机器人的特点是要在遥远的环境下对其进行操作。的确，对于月球任务，使用遥操作是可行的，因为相隔距离近，月球又受重力影响，其运行轨道环绕地球。而对于更远距离的任务，如火星，遥操作就不切实际了。遥操作速度必须比自主运行的巡视器的前进速度快得多，这样才能减轻操作人员的工作负担（LUNOKHOD 的前进速度是 $1\sim2$ km/h）。遥操作中，人机接口的其中一个重要的因素是操作人员的行为模式。人类的反应速度由 Fitts-Hick 法则决定[632]

$$T = k\log_b N + c\log_2 N \tag{8-1}$$

式中　N ——接收到的信息总数；

　　　b ——供选择的动作；

　　　k，c ——经验常数。

人类反应的典型时间为 $150\sim200$ ms，其中听觉反应时间比视觉反应时间快大约 50 ms。Fitts 法则给出了运动的持续时间公式[633]

$$T = a + bI = a + b\log_2\left(\frac{2d}{w}\right) \tag{8-2}$$

其中

$$I = \log_2(2d/w)$$

式中　I ——移动的难度指数；

　　　d ——移动的距离；

　　　w ——目标宽度；

　　　a，b ——经验常数。

难度指数在 Fitts 的定义中有几个不同的定义方式

$$I = \log_2\left(\frac{d}{w} + \frac{1}{2}\right) - \text{Welford} \tag{8-3}$$

$$I = \log_2\left(\frac{d}{w} + 1\right) - \text{MacKenzie} \tag{8-4}$$

Schaubde 版本的 Fitts 法则通常用来描述运动时间与运动难度之间的变化趋势，其表达式如下

$$T = a + (b + cG)I \tag{8-5}$$

式中　G ——学习带来的增益；

　　a，b，c ——系统信息容量参数。

人机接口能够完成动态条件下的故障管理，这需要一定的倾向性[634]：

1）如果必要的话，接口必须充当外部的存储器，以灵活性为代价，降低对操作人员的要求；

2）接口不能有太多的窗口或显示界面，以免分散操作人员的注意力，使其无法执行任务；

3）使用统一的风格来高亮显示关键事件。

8.1　遥操作机器人

总的来说，太空遥操作是计算机网络远程控制机器人这类任务的扩展[635-637]。在恶劣、遥远的环境所进行的遥操作，其特点是场景感知度低，通信带宽受限，具有时间延迟，对操作人员的技能要求高。场景感知度低是由于相机的视角受限，照明度不受控制使得视觉清晰度低，同时缺少实时的触觉反馈。对于月球，对遥操作进行优化来实现对巡视器的控制还算可行：如果数据未进行压缩，地面遥操作的视频通道大概需要至少 120 Mbit/s 的高速数据，而当使用压缩处理近实时成像时，对于速率的要求可以降低到 250 kbit/s。与机器人物理隔离的操作人员（如在地球上）通过具有时间延迟的通信信道，对远程机器人进行分布式控制（如星球巡视器），这类控制技术称为遥操作机器人技术。距离遥远的巡视器受到计算资源的限制，而地面站的计算机则不受此限制，因此其处理功能非常强大。遥操作是电脑化的人机接口，其设计的目的是跨越物理距离，增强和突出人类感知和操作的灵活性。对于近距离的通信，如月球表面操作，遥操作是可行的。遥操作涉及在一定距离下操作人员（Human Operator，HO）的身体动作反应。根据 HO 的不同的监管程度，将遥操作机器人技术的复杂度分为不同的等级[638]。遥操作机器人技术分为三个等级：手动遥操作，处于监控下的遥操作以及自动控制。地面发送指令信号至遥远的巡视器，巡视器再反馈遥测信号至地面，控制过程受信息交互过程的影响。HO 所在的环境为主控环境，远距离处的工作点所在的环境为从动环境，它们之间通过通信链路连接。人类主要是视觉数据处理动物，因此接口主要反馈给 HO 视觉信息，让 HO 来引导任务实施。直接类型的遥操作通常需要大量的不同的视觉角度，包括全局的立体视角（也就是多图像）。同样的，数据显示最好的方式就是图片或画面形式。为了减轻操作人员的负担，需要提供图片形式虚拟的模型，地面操作人员将一部分操作分配给自主操作运行。遥测数据尤其是图片，占据了通信带宽，带宽限制了遥测数据的传输速率，也制约了视频图像的传输。图像传输时需要对图像进行高度压缩。有很多方法可以降低图像传输的速率——低分辨率彩色图像与高分辨率黑白图像相结合，可以显著降低对于数据传输速率的要求。预测显示使用图像的方法来实时模拟机器人和目标的移动。通过 2D 场景的电视图像叠加生成机器人和环境中物体的 3D 图像模型（如线框或者 3D 模型）。电子自动化方法将远程系统与控制站系统隔离开来，这种方式只可以应用于太空环境中如巡视器这样的纯动力学模型[639]。对于自由移动，预测显示是有效方式，而对接触式操作，共享柔顺控制非常有效[640]。

Robonaut 是当今技术最成熟的机器人。它现在为国际空间站服务。它的上半身为人形设计，用于舱外活动——其承担任务的类型与人类航天员相似。它有两个手臂，每个手臂具有 7 个自由度（滚动-俯仰-滚动-俯仰-滚动-俯仰-偏航），手臂长度为 0.7 m。它有两只手，每只手有 5 根手指；头安装在具有 3 个自由度的脖子上，可以改变方向（左右移动、倾斜和前后移动）；直立的抓取腿具有 6 个自由度。每个手臂都有肩膀、肘部和腕关节，共同实现滚动-俯仰-滚动-俯仰-滚动-俯仰-偏航。每只手（包括前臂在内）有 14 个自由度，手腕有 2 个自由度，手腕装在具有 12 个自由度的手上（2 根具有 3 个自由度的手指，1 根具有 3 个自由度的大拇指，2 根具有 1 个自由度的手指，和具有 1 个自由度的手掌）。手安装在具有 5 个自由度的手臂上——14 个驱动电机和谐波驱动器，12 块电路板和所有的电线都集中在手部。它共有 42 个自由度。手被设计用来操作包括动力工具在内的 EVA 工具。每根手指都有 1 个 6 轴的力传感器，而且在每个关节都有力传感器，每根手指的抓握力可以达到 2 kg，每个手臂可以提起 9.5 kg 重的物体。出于安全考虑，施加的力被限制不超过 90 N。Robonaut 可以伸出手臂、朝向某个方向、控制物体，也可以控制灵活的物体。150 kg 的 Robonout 2 有 350 个传感器。头部由两个双目立体相机组成。头部安装在平动-倾斜的脖子上，在相机框架下有一个俯仰轴，这样脖子能够向前移动。为了使星球巡视器具有精细控制操作的能力，有人提出将 Robonaut 安装在星球巡视器的底盘上，星球巡视器的整个形状像"半人马座"[643]。Robonaut 的躯干使用了 38 个 PowerPC 处理器（这些处理器运行使用 VxWorks 的操作系统），并通过 VME 底板连接。Robonaut 遥控机器人系统采用全沉浸式的遥感方式，使用立体视角的头盔和一双触觉数据手套，这种方式只适合在轨航天员对巡视器进行遥操作（见图 8-1）[644]。

人机接口的发展趋势是最大化操作人员与遥远地点之间的透明度。透明度可以最小化操作人员的认知负担。这是虚拟现实的原则——预测图像的延伸——通过多个传感信道实时模拟出环境，这样可以为操作人员提供身临其境的感觉[645]。"浸入式"试图通过创造身临其境的幻觉来增加 HO 和机器人之间的透明度，其中这种身临其境的感觉就是场景感知度，通过计算机生成的图像环境，HO 物理存在于遥远处的工作环境中。VR 引擎通常都是多处理机图形工作站，用户利用这些工作站通过包括 3D 跟踪器、感应力量的数据手套、立体头戴式显示和 3D 声音在内的输入/输出设备进行交互。模拟世界通过图像视觉和触觉进行反馈输出。为了维持身临其境的感觉，需要很高的帧频率（大约 30 Hz），这可以通过可变的细节表达来实现，如远距离和/或环境中的非凹区域使用较低的分辨率。操作员可以通过瞳孔反射的红外线来控制远程照相机的方向[646]。

文献［646］对大脑-计算机接口进行了研究，利用 2D 指针控制实现对飞行器的导航。这种基于 EEG 测量的方法，利用操作人员大脑中的事件关联潜质（P300）来生成 2D 屏幕指针性质的控制矢量。这是控制月球车的一种有潜力的方式。

图 8-1　Robonaut 在空间站中使用（上图）和 Robonaut 的半人马外形（下图）（见彩插）

要想实现高效率的遥操作，最长的时间延迟大约是 0.2～0.5 s。当时间延迟比这个值大的时候，操作人员通常会采用移动-等待策略。时间延迟会引入相位延迟，这会降低系统的稳定裕度。然而，任何时延和带宽限制都会降低身临其境的真实度[647]。有许多方法可以在遥操作期间调节适应时间延迟[648]。对远程机器人（phantom 机器人）进行图像表达，如在真实的机器人视觉图像基础上覆盖线框或者 3D 模型。用图像叠加的方法来标注出其对应的真实位置，并用这种方法来预测远距离处的移动。预测显示是实时估计巡视器未来状态的基础，尤其对于大于 0.5 s 的长时间延迟，这种方法很有用。基于当前的控制信号来估计下一状态的控制信号，这类方法大多都涉及在模型中增加当前状态与时间导数状态。史密斯预测方法试图去除时间延迟对于闭环控制系统的影响。

操作先进的遥控机器人，可以使用自主运行和遥操作的混合控制方式。高级别指令发往远距离处的巡视器，巡视器进行闭环伺服控制，这个过程通常被称为监督控制过程。与地面采用低级别的时标指令的传统方式不同，监督控制过程的灵活性更高。重复执行的任务，为提前编程的高度自主控制提供了使用机会（比如，在相机调整时不受干扰，可以连续执行的情况下，基于相机位置自主控制相机的位置和方向，可以显著减轻操作人员的工作负担）。通过限制数据转换到更高级别的控制，可以将人类所需处理的信息速率降低大约 10^7 倍，达到 50～100 bit/s（人类阅读的速度是 40 bit/s，演讲的速度是每秒 10 音位）[651]。DLR 遥控机器人系统是能够适应共享控制的系统之一（见图 8-2）[652,653]。

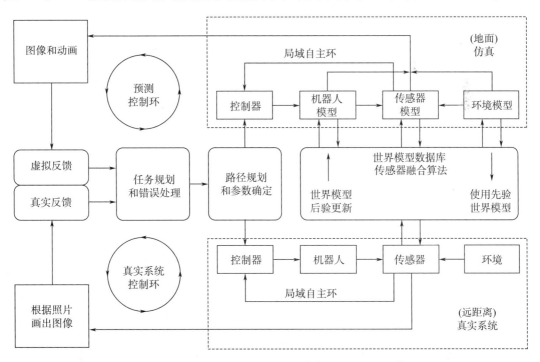

图 8-2　DLR 遥控机器人系统［来源：DLR ESA］

人类操作员是任务的计划者，同时对全局进行监控。在发送实际的执行序列之前，允许受监管的自主系统模拟和修正任务指令。任务的本质定义为指令序列。指令序列通常由固定的系列指令组成，能够对其进行参数化和排序，以生成广泛的行为。大多数指令的基本语句结构为"移动（物体）至（位置）"，通过一系列序列定义穿越或者动力学的要求。通过通信窗口，地面控制站上传新的目标和中间路径点至巡视器，同时生成指令序列。地面控制人员每天选择路径点以引导巡视器实现自主导航。指令行使用户直接接入计算机操作，指令脚本为用户提供了很大的权力和灵活性。但是这种权力和灵活性同时也很危险。人类计算机接口的首要目的是隐藏计算机的低级别操作。最常用的方法是 WIMPS（窗口、图标、菜单和指针），即使用菜单对用户的操作进行特别的限制。

人类操作员需要看到行星表面上的遥远环境。无法正常执行指令进行移动时，应该能够激活自动反应能力，或者停止移动，或者更正指令。这类事件激活安全性反应，对于耐用性至关重要[654]。通过着陆器得到的全景立体图像，地面可以自动构造出环境的 3D 数字高程图（Digital Elevation Map，DEM）[655,656]（见图 8 - 3）。

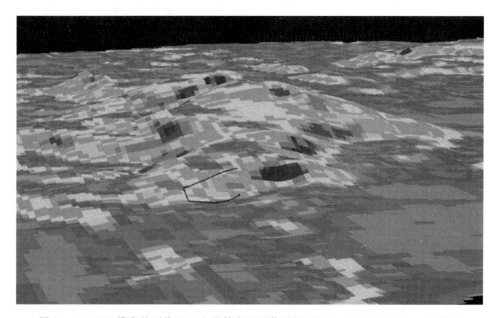

图 8 - 3　MER 横穿的哥伦比亚山的数字地形构造图（Digital Terrain Map，DTM）
［来源：NASA JPL］（见彩插）

在猎兔犬二号任务中，地面控制中心的操作计划组上传生成的指令，对猎兔犬二号进行控制。在火星快车号（1～4 天一次）或者火星奥德赛号（周期性的）过顶时上传指令，再转发给火星表面的猎兔犬二号。需要特别指出的是，火星奥德赛号在太阳同步极轨道上，每天可以提供两次窗口，发送的指令可以覆盖长达 4 天的表面活动。火星快车/猎兔犬二号任务控制中心，对整个任务负有全部责任，它利用 ESOC 建立对火星快车号的通信链路。前期阶段的着陆任务通过火星奥德赛号来实施，同时火星快车号机动到操作轨道。通过使用 Envision 软件，用虚拟现实的表示方法来构造降落地点的 DEM，从而实施操作计划。在着陆盖打开后，ARM 释放前，将进行的第一个活动是通过广角镜头拍摄着陆地点的全景照片。ARM 在表面释放，首要的目标物是岩石，尤其是风化氧化表层下和深至

1.5 m 处的次表面层。ARM 的仪器分析后，样品会通过 GAP 仪器进行分析。

　　基于 WIMPS，Silicon Graphics Onyx 2 图像工作站为旅居者号的地面控制站提供图像用户接口支持。操作者佩戴专门的眼镜观看 3D 立体图像，并通过操作杆来控制巡视器，这个操作杆可以牢固抓握，并很容易移动，但是相对于鼠标，这种方式没有光标的引导。美国的遥操作控制人员一般都使用双操作杆，而欧洲的操作人员一般都使用空间鼠标。还有一些其他的选择，如可以扭动和推动的空间球，可以通过光标来改变位置和方向的 Polhemus 跟踪器，记录位置、方向和姿势的数据手套。用象征性的飞镖来指示巡视器前进的路径。地球上的操作人员在通过立体图像生成的着陆地点的 3D 地图上，标识出路径点。地面站的遥操作人员规划并生成路径点，而路径点之间的导航路径由巡视器自动生成。地面控制器搜寻和评估所选择地点之间的潜在路径，原则是功耗、翻倒风险、穿越时间、滑动风险等因素的加权和最小。地面上传路径点坐标，通过简单的软件导航算法，使巡视器移动到这些坐标上：

> If no hazard exists
> 　　Move forward and steer towards the goal
> Else if there exists a hazard on the left
> 　　Turn in place to the right until no hazard is detected
> Else if there exists a hazard to the right
> 　　Turn in place to the left until no hazard is detected

　　总的来说，旅居者号通过地面上传的指令执行了 114 个动作，行进了 104 m。MER 通过图形用户接口"虚拟仪表盘"，发送控制指令给远处的巡视器。通过 MER 立体相机所拍到的照片，构建火星环境的 3D 地形模型，在此基础上设计指令序列。

　　ExoMars 的地面站设想建立用于高级任务规范和监督的分布式机器人和自动化环境工作平台（Distributed Robotic & automation Environment for Advanced Missions Specification & Supervision，DREAMS），这个系统可以与火星快车号上的自动导航系统进行交互[657,658]。DREAMS 系统是一个集成化分布式多用户系统架构，它的用途是在地面上指定、监控、控制太空或者行星表面的机器系统。DREAMS 系统可以用来实现对空间机器人的通用操作，同时它继承 JERICO、FAMOUS、SPARCO、MARCO 和 CESAR。FAMOUS（灵活自动监控和操作用户站）可以将机器人操作系统划分为 6 个层次等级，多重任务、简单任务、动作、传动、设备和物理层。CESAR（欧洲空间自动化和机器人的通用控制器）是一个灵活的、模块化、开放式的机器人控制结构，用来服务于行星际场景，这套结构基于早期的空间机器人控制器（SPAce Robot COntroller，SPARCO）[659]。它由一套机器人控制单元（Robot Control Unit，RCU）和一套从动的伺服控制单元（Servo - Control Unit，SCU）模块组成，其中，RCU 可以完成绝大多数高等级的任务。通过在任务、作业、操作层次，对机器人分等级操作进行定义[660]，DREAMS 系统实现空间机器人的控制功能，任务是由一系列的作业组成的，而作业是由一系列的操作组成的。人们希望能够对 DREAMS 进行扩展，使其包括一个作业计划工具（TAsk - Planning tool，TAPAS），一个正式的数学描述和证明工具（Mathematical specification and verification tool，MUROCO)[661]，以及先进的遥操作反馈能力（TELEMAN，与火星快车号不相关）。操作排序形成任务，任务又形成计划。正式的机器人任务检验和调试工具（FORmal robotic Mission Inspection and Debugging（tool），FORMID）是一个能够为 DREAMS 结构的操作实现逻辑功能的生产系统。每个生产规则为用一套先验条件来定义新事件，再用一套后验条件来定义操作的效果。对于如星球巡视器这样至关重要的系统，异常处理是必不可少的。序列动作或者并行动作形成复杂的作业。欧洲空间局开发了 A - DREAMS（高级 DREAMS）地面控制站，用来支持其空间机器人应用[662]。它采用离线编程环境和 3D 动态模型来规划机器人作业，同时通过半实物确认和触觉、视觉反馈方式，为遥操作和交互式自主运行提供自主标定服务。它将任务目标分解为三个层次输出：作业、操作和计划。它涵盖三个核心操作阶段的功能[663]：

1）准备和状态确认站（包括地面标定）；

2）机器人控制、监控和指令站；

3）载荷监控和指令站（基于 SCOS2000，ESOC 实施的标准飞行器控制系统）。

对于 ExoMars 探测器（无法使用遥操作）来说，最重要的是 CNES 自动巡视器导航系统。DREAMS 将会执行 CNES 巡视器导航软件模拟器，将其作为地面仿真设施、可视化工具和用于物理验证的地形测试平台。巡视器接收到地球给出的目标位置（方位、距离和路径点的坐标等），而这些信息是由地面站人员根据之前的通信窗口传输的图像识别出来的。目标或是可见的，但是距离无法通过相机计算得到，或者目标在巡视器图像可视范围之外。然后巡视器就开始穿越，直到到达地面所识别的目标才停下。在行进的过程中可能会受到优先级更高的事件的干扰而中断，如无通信窗口或者目标被障碍所阻挡。

DEM 定义了笛卡儿坐标元，用贝叶斯分类法对元进行分类，根据测量属性如纹理，地形被分类成平坦的、凹凸不平的和未知的。地面站用 3D 形式来展示星球的局部地形，操作人员选择一系列的位置（路径点），通过巡视器上的立体图像系统来获得这些图片。操作杆用来定位 3D 图像模型上的巡视器的路径点。直线轨迹定义为标称路径。然后将指令序列上传至巡视器。这些引入了地面的高处理需求。尽管 DEM 通常由地面根据下传的图形构造而成，但采用器上构造 DEM 会将传递到地球的数据需求减少 20~100 倍[664]。已经有人提出，立体视觉可以融入 3D 视频，这样 3D 电子感知场景表达就可以提供环视四周的能力[665]。这继承于 3D 计算机图像学。需要不同远程相机的光轴在水平方向相互有小的间隔（类似于人类的双目基准线），且光轴有小的焦距，每个相机需要具有与人类相当的颜色辨识度。在算法上，这需要立体深度分析、移动估计、形状分析和纹理分析。

火星前哨用于探索火星更大的区域，它由建造在火星上的人类居住的研究基站和大量的机器人组成，其中研究站为原位资源利用的工厂，而机器人由巡视器、气球等组成。人类在相对安全的居住区对机动设备进行遥操作，实现对大型区域的勘察。另一个办法就是把人送往火星轨道，而将机器人探测器放置到火星表面，人在火星轨道上对其进行遥操作[666]。这种方法可以降低人类面临的危险，同时将起飞和下降引入生物污染的可能性最小化。

　　关于使用无人探测器还是载人探测器的争论历时已久，不时地会被拿出来重新讨论。这两个方法完全互补。有一种合成的、有效的分配机器和人类劳动力的方式，这种分配方式涉及共生关系：让机器人具备搬动更沉重的东西的技能，而让人类去处理更精密、更花费心思的任务[667,668]。在恶劣环境下，机器人适合处理一致的、重复性的和常规的作业以及对精度、速度和反复操作性有很高要求的作业，因为机器长时间工作不会疲惫也不会出现注意力不集中的情况。机器人可以用于监视多个复杂的系统和进行故障检测，在这方面机器人大大优于人类操作者。人类适合多变、非重复性的作业，这些作业需要高度灵活的手动操作，在嘈杂的、不确定的环境中可以理智地进行模式识别，以及基于毕生所学的灵活判断力和处理突发或者困难事件的能力。人类可以根据经验调整和制定决策，而机器人现在不具有这样的能力。受技术发展水平限制，机器人还停留在只能实现自动化可以实现的能力范畴。然而，随着技术的进步，从人类那里，机器人将会得到更多复杂的功能，它们也将能够承担更多认知方面的挑战性任务。机器人要在星球表面先行勘测，作为人类的交通工具，同时要规划设计，让人类能够到遥远、恶劣的环境进行探索。机器人助手可以用来搬运工具和设备，用作航天科学家的遥操作科学平台以及航天员的运输交通工具[669,670]。HERRO（用实时机器人操作的人类探测活动）的概念是建立在人类探测和机器人探测的劳动力分工的前提下，人类在火星轨道附近对火星表面的巡视器进行遥操作[671]。人类不降落在火星表面，这充分降低了载人登火所带来的代价和风险。人造火星轨道器可以在火星的轨道上维持一年或者更久的时间，它可以释放在火卫一上，但是周期受限，短于 8 h（也就是说，最长 4 h 的近赤道跨越）。在轨道器上的人员可以对原位巡视器进行遥操作，因为火星表面和火星轨道器之间的距离很短。轨道周期为半个火星日，即12 小时 20 分钟，轨道高度为 30 000 km，延迟响应时间短于 100 ms。可以在轨道穿越表面不同位置时控制多个巡视器。然而，尽管巡视器自主需求已经大幅度降低了，但是火星表面的操作仍然受释放的巡视器的动作能力所限制（正常情况下，车队中的巡视器具有不同的能力）。我们关注自动行为模式的两个方面——在巡视器行进阶段运行的自主导航，和在释放科学仪器、获取采样、处理和测量阶段时自主运行的科学操作。在自主运行的所有方面，需要重点考虑的一点就是如何避免失败。执行操作可以认为是逻辑效应，作为操作的结果来改变环境的状态——基于探测器探测的环境对先验条件进行初始化定义。动作的重要子集是对失败进行反应并重新进行规划（见表 8-1）。

表 8-1　降低失败影响的操作

1	操作执行失败导致的结果	重新规划后的再次试操作
2	可执行的操作先验条件检查失败(可用资源变更)	对现有的可执行的作业重新规划
3	可执行操作的先验条件失败	修订计划,插入额外的作业
4	原先规划的作业现在不可行,提出新的作业	在最低等级计划/重新计划可执行的作业
5	现存的作业序列的不可行——资源变更或其他威胁或机遇	在作业等级重新规划
6	任务目标面对威胁或者机遇	生成新的作业并为其制订计划

　　在人机接口环境中（如帧解析）必须考虑到人类的心理[671]。认知处理不是机械过程，而是一个基于情景理解、文化背景和个人技能，对其重新构造的过程。人类容许帧不连续，因为人类可以利用个人观点和感知将不连续的帧进行重组——接口以结构化的方式调解该过程，因此接口设计至关重要。

　　在未来，对机器人进行开发，使其基于社交礼仪与人类建立更加复杂的社会关系[672]。发展这样的机器人社交技能，将大范围地扩展人机交互的范围，不仅限于对话，还包括细微的社交信号。但是想令这样的能力面世，需要大幅度增加人类和机器人交互信息的数量。脸部自动识别技术是这类能力的基础。脸部识别技术是图像处理技术的特殊形式，经常使用卡洛变换、奇异值分解或者神经网络来得到高曲率特征[673]。它们依赖于传统的处理方式，如 Canny 边缘检测，Hough 特征检测，这两者都基于强度变化测量。Gabor 小波分解在特征提取上展现了前景。2D Gabor 变换和 Gabor 傅里叶变换由下式给出

$$g(x,y;u,v) = e^{\left[-\left(\frac{x^2}{2\sigma_x^2} + \frac{y^2}{2\sigma_y^2}\right) + 2\pi i(ux+vy)\right]} \qquad (8-6)$$

式中　σ_x^2，σ_y^2——高斯空间宽度；

　　　　$(u，v)$——复数正弦频率。

$$G(u,v) = e^{-2\pi^2[\sigma_x^2(u-u')^2 + \sigma_y^2(v-v')^2]} \qquad (8-7)$$

8.2　巡视器表面操作

　　地球和火星之间的信号延迟时间长达 40 min，这就排除了对火星甚至更远距离使用遥操作的可能性，因此星球巡视器需要高度自主的导航和控制。除此之外，地球与火星的通信窗口受限（比如，火星探路者号与地球的通信窗口每天只有 5 min）。通信需要能量，计算处理数据也需要能量，需要对这两者进行折中。受通信带宽的限制，将通信需求最小化，支持器上计算处理信息，这种方法是可取的。通信限制规定了在通信窗口之间所需要的自主度——这本质上也定义了巡视器的表面操作任务。此外，基于先前下行遥测而发送的上行遥控指令的数据传输速度要低得多。然而，虽然器载计算不需要权衡通信带宽需求和响应的时间延迟需求，但是需要权衡计算资源处理和数据存储的需求。器上数据处理的性能主要受资源制约。例如，180 kg 的 Zoe 巡视器使用了 6 个高端的机载计算机，其中 1 个用于自定位，2 个用于星上自主导航，2 个用于机动控制[674]。至少在现阶段，配备这种级别的计算资源对于星球巡视器来说还不现实。对于早期和现在的巡视器任务，应该尽可能减少星球导航对于机载计算资源的需求。

　　火星日（SOL）长约 24 小时，与地球的一天的长短相似（但不是完全相同）。MER 表面操作引导性特别强，包括：

　　1）用于上传图像的通信时段（由轨道器过顶决定，典型时长最长达 1 小时）；

　　2）电池充电时段（通常接近于正午）；

　　3）行进前的图像获取时段；

　　4）表面行进时段；

5）科学测量周期。

两个 MER 的初始定位是通过火星与地球之间的双向 X 频段多普勒信号和巡视器与奥德赛轨道器之间的 UHF 多普勒信号来实现的[675]。每个火星日 MER 接收一次预先规划好的指令序列，这些指令精确指定当天的移动。主要有三类指令：巡视器成像和科学测量，机器人手臂定位指令和巡视器移动指令[676]。低级别指令精确指定驱动动作，更高级别指令指定圆弧路径，最终由巡视器自主进行路径选择。直接驱动原始指令执行速度最快（高达120 m/h），但是风险更高，因为除了自动导航视觉（AutoNav VisOdom）设施外，没有其他超前设备能够在速度高达 10 m/h 时检测到障碍物。AutoNav 在地形可见的距离内（通常是 5～10 m）提供地形图像和闭环的风险规避措施。MER 被限制在一天当中特定的时间进行表面操作[677]。巡视器在上午时分（大约 9：00）被唤醒，在中午充电 1～2 小时（11：30～12：30），最后在下午关闭（大约是 3：00）。图像获取、前进、获得目标和科学试验的时间被限制为一天 5 小时。如果想在每个火星日前进 100 m，速度至少要达到 20 m/h，但是 MER 的每个功能在特定的日子实现。一天的穿越距离通常限制为 50 m，在接近目标的特定天内，距离限制为 10 m。相似地，科学仪器在科学日被释放，此外，可用的能量随着时间而减少，因为灰尘沉积在太阳能电池阵列上（每天能量减少 0.3%），在 90 天内寿命期能量降低 25%。在扩展任务中 MER 的工作时间远远超出任务寿命周期，这是由于间歇的沙尘天气可以清除掉太阳能电池阵列上的灰尘。在休眠期间，几乎所有的设备都关掉电源，只有电池、热控和计算机计时器仍然处于工作状态。休眠期从下午 3 点到第二天早上 9 点，如果有轨道器过顶的话休眠期就是下午 4 点到第二天早上 4 点。巡视器的操作周期为四天，一天拍摄全景照片，一天留给地面上传所定义的目标，一天行进到地面所选择的目标，同时拍摄更高分辨率的照片和进行更高精度的定位，最后一天进行科学测量。通信、科学和能源等无法在飞行前提前给出具体的调度规划，因此需要制订大量的计划。功率维护和功率的调度策略特别重要，是能源自给自足的基本方面，与星球巡视器的行为模式相结合以确保星球巡视器的存活[678]。

很明显，地面规划严重制约了巡视器的科学产出能力。在 MER 上，每天的计划取决于前一个火星日活动是否成功完成。航迹推算误差和巡视器行进途中遇到不曾预料的障碍物，机器人手臂所产生的反作用力，摩擦过程造成的磨损等，这些难题无法建造有效的模型来描述。需要注意的是，这些功能都是基于未建模的环境，与机器人实现交互。现在，地面控制站在 3D 环境建模（基于下传的图像构建地图）、巡视器底盘动态模型、车轮/土壤建模和轨迹规划方面起了至关重要的作用。自动化意味着在巡视器上实现这样的功能，地面站则扮演监督的角色（监督自主）。

8.3 基于行为模式的自主运行

基于行为模式控制巡视器灵活绕过障碍物，美国是这方面的先驱[679]。欧洲关于巡视器导航和控制的研究，集中在使用中心世界模型来进行自上向下的轨迹规划领域。然而，近些年，这些方法已经趋于一致。美国第一个巡视器——旅居者号微型巡视器——计算资源极度受限[680]。行为控制方式的逻辑是采用简单的程序来使计算所需的能量最小化，其选用小于 40 KB 的 EEPROM 存储器和小于 1 MIPS 的处理负荷[681]。行为控制是一类自动化机器人控制方法论，是受动物行动学影响而形成的，而不是基于人类能力形成的[682,683]。一个例子是 Braitenberg 方法，仅简单使用通过硬连线连接的传感器和传动器，就能产生出害怕和威胁等复杂的行为[684]。与在环境当中不同点之间行进时绕开障碍物相比，机器人行为模式没有这么强的目的性——自适应行为模式不涉及逻辑推理。动物行为最简单的形式就是反射——特定的激励所触发的一个迅速的、规定好的响应。反射一般由感官与运动神经之间的直接连接所形成，没有经过中间的神经处理。所有的神经系统组织形成运动模式，最简单的模式就是简单的开环反射，更复杂些的反射模式是闭环的（比如，反射性抓握）。后一种可改进式反射形成了学习运动技能的预适应性。反应式机器人行动，并决定从环境中得到何种感官模式。对于奠定行为控制的物理基础假设有多个原则[685]：

1）情景化：机器人是真实世界的自主体，因此世界是它自己最好的模型（因为模拟的世界模型表达不完全，智慧型行为不要求特别详细的世界模型）；

2）融入：机器人身体上的传感器和传动器可以用来与真实世界直接交互（也就是说，意义建立在物理环境的基础上）（人工智能不需要详细的符号处理）；

3）智能化：通过与环境动态交互，机器人依靠智慧这个财富在真实世界中生存；

4）同化：通过与真实世界的交互，机器人的智慧行为趋于同化。

情景化意味着自主体对于所融入的真实世界有见解——它的行为基于与环境之间的交互。如果让机器人按照计划执行，那么将引入数量非常庞大的计划组合，使用计划不太适宜。通过全局通信而不是中央控制模式来实现与环境之间的交互，最终形成智慧行为[686]。此外，生态均衡的原则是指复杂的传感器、传动器和控制系统之间需要相互匹配[686]。这与 animat 理论联系紧密：强调在复杂的自然环境中，在没有严密规划的情况下操作的重要性[687]。融入到物理世界对人工智能至关重要，因为它必须处理真实环境的动态不确定因素[688]。

提出行为控制是为了克服机器人规划算法速度慢的问题——因为要进行大量的运算处理，斯坦福车每挪动 1 m 需要 10～15 min 的时间[689]。基于计划的控制策略采用中心化世界模型，随时利用传感器融合的数据对这个模型进行更新；而反射式控制策略采用判读反射条件——执行的规则，传感器和传动器之间直接建立链路，而不将传感器的信息融合到中央世界模型中。生成一个整体的世界模型并对其进行维护，所产生的计算量非常庞大。行为控制就是将自动化智能行为分解为多个模块化的、基于作业的能力（行为）——每个模块化的行为表示面向目标的控制规则，这个规则涵盖特定的、简单的作业，作业的特点由场景化——操作规则决定，即先验条件（传感器模式）和后验条件（操作）建模所形成的刺激物——响应的反射过程。因此，每个反射式行为直接连接到相关的传感器和传动器，中间不经过任何符号处理（如中央化世界模型的符号处理）。这些传感器和传动器的作用是使机器人直接融入到环境中，这也强调了情景化和融入化的重要性。每个行为运行只需要与任务相关的数据（自我中心不变性）。每个行为从高度详尽传感器模式的子集中调用，生成特定的运动响应（也就是说，通过感性分析只过滤掉了环境的一小部分，如何过滤由传感器传导过程所决定）。基本行为模式包括：Avoid _ Obstacles (level 0)，Move _ Forward (level 1)，and Turn _ Towards _ Target (level 2)。机器人在环境里移动，传感器模式随着物体的距离，视觉条件的变化而变化。每个行为模式不同步工作，并行处理。可以将其看作是指令的融合的一个形式，不需要与世界模型或者复杂的传感器相融合。出现了更高级别的复杂的全局行为模式，这类行为模式不能分解为由个人的更简单的基本行为组成的模式[690,691]。通过与世界交互，出现了多重行为，而这个过程不需要中央控制——通过与环境直接进行全局通信而不是借用中间的模型，因为世界是它最好的模型[692-695]。由不同的基本行为形成的独特行为，其总数可以假设为一个二项式函数，n 个事件在时间 k 发生，其组合有 i 种可能，由下式表示

$$i = \sum_{k=0}^{n} \frac{n!}{k! \ (n-k)!} \tag{8-8}$$

行为可以在时域或者空间上相互耦合。可供选择的排序方式包括通过加入时域排序，将基本行为进行分层次的耦合。因为每个行为仅需要有限的传感器数据，控制系统可以快速地响应，而没有引入传感器融合和世界模型所导致的延迟。基于行为单元而不是功能模块，自主行为的问题被垂直分解为不同级别作业能力。控制系统从下至上增长式地建立能力层次，低级别的能力是更高级别能力的子集。作业级别的行为从基本的移动递增到成熟度更高的级别，但是每个行为模式有自己的感知和驱动功能。行为的分层次协议如图 8 - 4 和表 8 - 2 所示。只有前三种行为模式是行为控制可以实现的典型行为，现阶段无法成功将其扩展到更复杂的行为，因为从反射式功能拓展为目的性功能需要建立世界模型。典型的绕过障碍物的过程是后退一个车身长度，向远离障碍物的方向转 90°的弯，再前进一个车身的长度，再转回 90°。行为控制的基本模式是要列举一个大的选择语句，对环境下特定传感器的模式进行判定。选择语句的组成指定激活哪一种行为。

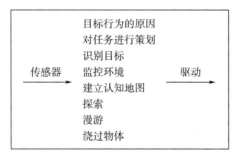

图 8 - 4　行为控制能力分层结构

表 8 - 2　包容结构

等级	模块	效果
0	相撞、失控	保持静止直到移动的障碍物接近
1	漫游、避开障碍物	生成新的方向,周期性接收等级 0 的力矢量输入,抑制输出失控模块

续表

等级	模块	效果
2	朝向目标方向的探测	在一定距离内寻找通往特定目标的路径并向目标移动(好比基于所提供的信息的探索性行为)
3	建造认知地图	在路标之间进行路径规划
4	环境监视	对环境的动态变化进行监视
5	目标识别	识别环境中的目标并推理基于目标可进行的任务
6	任务计划	按照需求进行规划,改变世界的状态
7	推理目标的行为	对世界中的目标行为进行推理并相应地调整计划

操作选择是行为控制中一个显著的问题,因为不同的行为请求可能导致矛盾的行为(如循环行为或冻结行为),这就要求进行仲裁和选择(化解冲突)。简单的行为可以通过不同方式相联系,包括(加权)平行式/分布式矢量求和、激活扩散、分层假设、分级抑制和时序请求[697]。包容结构的构造是一种结构化的、分层的方式,将简单的实现任务的行为,以固定的优先级融合,更高级别的行为的优先级高于低等级的行为,用这种方法解决了冲突[698,699]。分层次的方法采用固定的优先级,高优先等级者决定行为的选择,更高级别的行为阻止了低等级行为的执行,这样就通过优先级消除了冲突(也就是说,更高等级的行为能够包容低等级的行为)。包容结构的一个实例是基于逻辑的包容结构,基于限定推理,通过这个结构实现非单调性的逻辑行为[700]。包容结构的实现是利用扩充式FSMs(由寄存器、计数器和输出线组成的有限状态机),通过局域组合电路,传递 8 bit 的非同步信息生成驱动器输出[701]。基于包容结构的行为控制已经应用于机器人手臂上,通过 15 个独立的行为组合成 6 种能力:捧、抓握、规划路线、放置、擦和本机化[702]。固定的优先级比如包容性限制了灵活行为的产生。可以根据学习算法对行为进行加权,而行为阈值化消除了产生混乱行为响应的可能性。模糊逻辑可以用来实现行为,通过模糊真实值加强规则,实现模糊行为。用超规则的形式选择行为可能本身就会模糊,这实现了有差别的优先级。融合情景的行为可以表达不同的行为模式:IF obstacle _ close THEN avoid _ obstacle;IF obstacle _ close THEN go _ to _ target。介于中间距离的障碍物会引起两类行为。用这种方法,复杂的面向目标的行为可以由简单的局部模糊准则来构造。模糊准则的数目可以表示为 $O(K^n)$, K 表示模糊预测的数目, n 是输入变量的数目。模糊准则集的复杂度可以很大。可以通过分层次构造的方式来降低复杂度。移动式导航的分布式结构(Distributed Architecture for Mobile Navigation,DAMN)基于行为方法,采用中心指令仲裁的方式,关联(模糊)输出,根据投票方案,使行为模块生成动作[703]。罗森布拉特(Rosenblatt)和佩顿(Payton)(1989)在包容结构中引入了一个变量,采用条理精细的、面向任务的成套行为,并使用连接型结构、高度结构化的结构对其进行组织[704]。行为有两个层——绕开障碍物层和沿着路径前进层。行为用来表达特定的概念——每个单元接收来自其他单元的多重加权输入,计算出一个单独的驱动水平的输出。通过优先级来对每个链路加权。每个单元计算接收到每个主动行为 $0 < w < 1$ 投票的加权和。通过与加权

和相除，将得到的和进行归一化。选择最高的激活单元来执行指令。系统通过梯度执行来绕过障碍物，基于折中仲裁指令来实现目标。

　　用于机器人规划路径的贝叶斯方法在决策论中最初被应用于避开障碍物[705]。智慧型行为的重要行为是动作选择，其取决于自主体的状态和环境的状态。感觉运动系统——与环境有接口的传感器和驱动器——要受到噪声的影响。因此非常有必要对这些状态进行估计。必须对执行不同的动作的潜在回报和代价进行评估，联合这些评估值进行状态估计。巴尔内斯（Barnes）等人（1997）扩展了行为的概念，包括评估行为的效用，从而生成行为输出[706]

$$y = \begin{pmatrix} f_r(s) \\ f_u(s) \end{pmatrix} \qquad (8-9)$$

式中　f_r——关于传感器数据 s 的响应函数；

　　　f_u——关于传感器数据 s 的效用函数。

　　可以认为效用等价于在图示中获得的信息。这与罗森布拉特（1997）所提出的计算世界状态效用的行为相似。贝叶斯决策分析可以用来决策下一个要执行的感应动作[707]。可以在动作集合 $a \in A$ 中选择，a 的概率服从分布函数 $p(x \mid a)$，其中 X 为可能的世界状态。动作的效用函数用来描述在每个可能的状态 $a(x)$ 下，每个动作的结果特性。通过贝叶斯概率估计，结合效用函数，执行选定的动作，可以将期望所产生的效用最大化[708]

$$U(a) = \sum_c U_c(a(c)) \cdot p(c \mid a, e) \qquad (8-10)$$

其中，每个动作 a 执行后得到结果 c；$U(c)$ 表示结果 c 所期望得到的效用；$p(c \mid a, e)$ 表示在观察到所获得的证据 e 的前提下，执行动作 a，发生结果 c 的概率。利用贝叶斯定理来推理不确定性，通过使效用最大化来选取最优的动作。

　　行为控制可以充分地减少巡视器计算资源所需的重量，0.1～1 MIPS 的运算速度和 10 KB 的存储容量（MC6811 微控制器的能力）就可以满足要求，而为了保证实时处理性能，传统方式需要 100～1 000 MIPS 的运算速度[709-712]。Rocky 系列的微型巡视器原理样机（旅居者号的前身）只能基于受限的计算资源运行处理。它们采用了一个三层次软件架构，每一层结构传递信息至控制层：最底层实现速度和方向的运动控制，第二层实现轨迹监视和避开障碍物，第三层实现高级别的时序控制，通过操作人员所指定的一系列 x，y 路径点来使机器人移动。GoTo _ XY 指令是在路径点之间移动的首要自动指令。Rocky Ⅲ/Ⅳ、Ⅶ平台实现了 ALFA，这是一种行为编程语言，能够实现计算行为模块的网络化，不同模块之间通过数据流结构进行相互通信[713,714]。每个模块是一个计算状态空间机器，计算输入输出的变换函数。每一层通过计算信道与上一层有接口，接收一系列的输入再将其组合形成一个单独的输出。中断处理在软件控制环内为反射性事件提供了方法。ALFA 允许高层次通过数据流通信信道，向低层次传递信息（在包容性结构中）。Rocky 导航算法如下[715]：

1. LOCALISATION

Measure global rover position from lander

2. WAYPOINT

　Set new reference position from task queue

3. TURN – TO – GOAL

　If position error is small

　　Goto 1

　Else

　　Turn in place towards goal

4. OBSTACLE – DETECT

　Measure terrain in front of rover

5. TURN – IN – PLACE

　If obstacles center or left and right

　　Turn nominal rotation right

　Goto 4

　　If obstacles left/right

　　　If previous obstacles left/right

　　　　Goto 6

　　　Else

　　　　Turn nominal rotation left

　　　　Goto 4

6. THREAD – THE – NEEDLE

　If obstacle center

　　Move total alley length straight backwards

　　Goto 4

　Else if obstacles left or right

　　Move nominal translation straight forward

　　Increment total alley length

　　Obstacle _ detect

　　Goto 6

　Else if obstacle clear

　　Move nominal translation straight forward

　　Goto 4

7. LOOP – TO – GOAL

　If orientation error is small

　　Move nominal translation straight forward

　Else if orientation error is medium

　　Set turn radius to large

　　　　Move nominal translation forward
　　Else if orientation error is large
　　　　If position error is medium
　　Goto 3
　　Else
　　　　Set turn radius to small
　　　　Move nominal translation forward
　　Goto 4

　　作为自动控制系统的一部分，旅居者号和 MER 实现了这样的行为控制方式。旅居者号的行为控制软件采用 90 KB 的 EEPROM，实现了在地面站操作人员选择的路径点之间自动导航的功能。器上软件实现了单个控制环，执行诸如看门狗和指令处理的调度功能。巡视器移动指令被编排成批量的指令文件，每天通过通信窗口上传到旅居者号。指令序列基于高等级的语言形式 Go_To_Waypoint_X_Y（用里程计测量距离，在特定的距离内直线移动），Turn（转特定的角度，这个角度由偏航陀螺测量得到），Update_Position（将着陆器位置作为笛卡儿参考系的原点，进行位置估计）。探路者的着陆相机从已知的参考位置生成巡视器的照片，其中旅居者号自身的立体图像增加了参考位置的精度。基于这些所提供的图像，选择目标位置的路径点，路径点是地面站通过通信窗口时段上传至巡视器上的。旅居者号根据指令在这些目标之间移动，同时实施一系列灵活行为控制来避开路径上的障碍（也就是说，巡视器可以通过自动导航实现在路径点之间行进最终到达目标位置）。巡视器上的实时行为控制算法实现在路径点之间自动导航，同时避开障碍物。控制环包含对反射事件的中断处理。Go To_XY 是在路径点之间穿越时的基本指令，同时这些指令可以使巡视器避开障碍物。通过估算坐标 XY 的位置和巡视器的方向来决定转向角。沿着前进的路径，器上传感器检测障碍物的存在，修正路径点。如果接近传感器检测到右方或者左方有障碍物，巡视器停止前进，向左转或者右转，再前进一小段距离。对于旅居者号，每天当中的后期操作就是着陆相机拍摄巡视器及其周围地形的照片，以便地面控制站来选择下一天前进的路径点。在自动前进的过程中，如果检测到障碍就调用躲避行为，直到车通过障碍物才恢复原来的路径。主要的巡视器控制环在关闭前每两秒执行 1 次（关闭与否取决于能量是否减少到无法维持或者是否超时）。如果问题发生，而巡视器不能自动解决（比如过度倾斜），它就会停止动作，进入安全模式，等待地面进一步的指示——这种操作模式在旅居者号穿越岩石花园时引起了非常多的问题。收到错误警报时，地面站执行初始化、错误恢复的操作。

　　有人建议，基于行为的方式可以适应预测、计划和制定目标等不同行为，而这个过程不需要经过中心审议的世界模型[716]。然而，在反射式行为控制中，行为的复杂度是由环境而不是中间执行者决定的，因此世界的当前状态完全决定了巡视器要执行的动作。简单的控制规则通过智能体与执行者交互，生成复杂的动力学。受行为控制的局限性所在，它们有限利用外部环境（世界模型）的内部表达。有人提出行为控制可以进行扩展，通过加入新的特征构造环境所产生的面向目标的行为，来增强应对复杂任务的能力，但是这只适用于星球表面的基础建设任务[717,718]。格申森（Gershenson）（2004）做了一些有趣的试验，评估控制机器人的方法——基于规则、基于知识、基于行为、基于神经网络和基于Braitenberg——每一个都有限制也有好处，无法证明其中一种方式比其他方式更优越[720]，这表明要使用多种方式。特别地，行为控制的准则是世界是最好的模型，也就是说，完全避开世界模型，并不能为星球巡视器提供足够的能力。反射式方法被比作沃森行为主义，人类行为的特点是响应刺激，而内部认知过程是虚幻的[721]。然而内部表达是同一种感应模式（即记忆）产生不同行为所必需的——这是认知的基础。例如，在第 22 个火星日，在火星上的旅居者号微型巡视器被命令后退至特定的岩石，将机械臂放到岩石上进行光谱测量，然后再行进至另外一块岩石。不幸的是，它在距离目标岩石不远处停了下来，在空气中进行了测量，然后就离开岩石，前进至下一目标。由于它丢失了前一次行进的记忆，导致失去了一次科学探测的机会。

8.4　智能巡视器结构

　　行为控制要受到很大的限制，因为很难将行为控制扩展来控制更复杂的行为。行为控制被局限于控制相对简单的任务，同时由于响应刺激的感觉受限，可能会有循环行为。行为控制用马尔可夫链来进行自主导航，而不是依赖于以前的经验。响应行为中内存的缺乏限制了响应的灵活性，而响应的灵活性依赖于需要实行内部状态的先前状态（即记忆状态的发生[722]）。这允许实现面向目标的行为——这样的目标可以包括科学仪器释放和采样。而且，智慧型自主要求制定高等级决策，提供预测能力来预料行为造成的后果[723]——这允许执行面向目标的动作。

　　黑板系统用多重的知识源来分析复杂问题的不同方面。它们提供了一个统一的系统，集成了大量不同的、专业的和独立的知识源，能够实现与通用的全球数据库（黑板）的通信。当独立的无通信的自主者无法解决子问题时，可以使用通用的基于多重知识源的记忆共享结果。黑板系统是高级别的操作系统，根据它的总体规划，它集成了对分布式组件源的控制。当事件发生时，执行程序控制轮流激活每个知识源。系统目标决定了计划，制定所执行的任务，根据优先级和时间限制制定所执行的顺序。黑板结构已经成为机器人控制的标准结构[724]。在符号级别普遍使用黑板结构来集成多个传感器数据。这是世界模型的表达级别。黑板是多代理系统，使用共享的中央控制单元——它适用于包括监控低等级行为模块的高等级推理的多重分层控制等级。它包含一组分布式的相互独立的，但是彼此之间还可以合作的知识源，每个知识源监视共享黑板，基于黑板的状态进行自我激活，从而实现参与解决问题。不同的专家在不同的方面做出贡献，并将其粘贴到黑板上，不同的贡献被合并到一起。所有的领域专业数据（包括部分解决方案）被每个知识源粘贴到黑板上，允许所有的事件通过黑板发布给所有的知识源。主控程序检验黑板，将子解决方案按照时间安排到综合解决方案中。黑板是一个通用的集中化全局数据结构，可以分层分区来表示问题所在的领域。它支持国际知识源通信，充当知识源共享存储器的角色。更正式的说，黑板是一种处理模式 $<X，P，B，I，T>$，其中 X 是黑板数据物体的集合，P 是黑板物体状态的集合，B 是专业知识源的集合，I 是黑板数据物体的初始值，T 是知识库之间问题解决的通信信道[725]。黑板是一个集中式数据库，允许假定和测试处理。基于其世界模型，系统有一套假设，用这些假设来集中处理期望事件。每个知识源在黑板上应用假设或者测试假设。知识源能够基于之后来自其他知识源的贡献，改进其张贴的计划。执行数据源应用推理技术，在黑板上生成解决要素，知识源对此进行响应，生成并在此基础上改进黑板上的解决要素。黑板系统受数据和目标驱动。每个行为模块由运动神经功能组成[726]。特定的动作集合（运动感知功能）组成了特征的特定集合，通过这个集合来对行为进行定义。黑板上的一组解决方案构成了一个局部方案。补充计划或者替代计划可以共存，并且可以合并一个或者多个部分计划，组合成更完整的计划。每个代理基于其不完整的数据，进一步发展局部解释和假设。使用假设-验证策略，黑板上相互制约的局部解决方案组合形成了最终的解决方案。基于不同的方面共享形成了这样的结果，而这个结果是数据导向所形成的。提出部分假设并在每个处理阶段对其可行性进行验证。结果共享促进解决那些无法被细划为子任务的问题。黑板的监控者为行为模块的实例化和不同实例之间的仲裁提供了很大的灵活性。用势场和模块作为独立的用于移动机器人行为的专家技术系统，可以用场景拓扑地图来表征黑板。

高等级计划和低等级的反射能力融合是必不可少的[727,728]。梅斯（Maes）的动作选择动力学的概念将目标驱动（从上到下）和事件驱动（从下至上）行为相结合。行为被接入语言网络，语言网络中，目标、感知和行为单元通过当前和目标场景之间的兴奋和抑制链路来相互连接。信息流穿过网络，创建出一个扩散的活动，这个活动通过因果链路穿过行为单元。选择执行最高等级的激活行为网络。这反映了生物认知的结构[729]——一个演化过的用于运动感知环的、旧的反应层和一个演化过的、较新的审议层为计划提供未来的动作。两个等级通过学习能力来增强其能力。反应层基于快速动作反射式行为的快速并行操作，而审议层基于速度慢一些的串行处理，用于制订决策和计划。这是面向目标的 CogAff（Congnition and Affect，认知和影响）结构的基本原理。在反应到达审议层的第二层次的过程中，CogAff 结构通过门限可变的注意力滤波器传递反应过程[730]。注意力滤波器检测注意力和处理资源，来设定目标的优先级。在自动导航过程中，需要以面向目标的空间记忆的方式来表达世界[731,732]。这需要将事件驱动行为与目标驱动行为相结合[733,734]。佩顿（Payton）[735]等人（1990）强调将高等级计划与低等级反射行为通过分等级的方式相结合，这是对罗森布拉特和佩顿（1989）所提出的理论的发展。最低等级是必不可少的行为，更高等级的系统基于它来进行基于地图的路径规划。可以用单元地图的梯度场（与势场相似）来表达内化计划。尽管建议使用梯度场表达方式而不使用统一的表达方式，但使用梯度场计算路径的代价仍为 A＊搜索算法。大多数自动导航结构由四个主要的组件组成：感觉/感知系统、路径规划、执行监控系统和车辆控制系统，其中车辆控制系统的作用是在低分辨率的地形图上画出巡视器的轨迹[736]。出于改善性能的目的，在反射层和面向目标层上再加入一个更高层——无管理层是可能的，而这关系到自我学习、自我改进、自我监控和自我评估等内部行为。

　　为了应对机器人控制的复杂度问题，机器人控制结构通常都为分层金字塔决策结构[737,738]。分层是将复杂的系统分解为更小的相互关联的子系统，子系统嵌套到等级中，这个分解过程一直持续到分解为最低等级。为了分析大的、复杂的有效信息流系统，将其分解到层次模块是必不可少的[739-741]。操作和科学仪器系统（Operations And Science Instrument System，OASIS）是一个用于实现远程机器人控制的分层结构。NASREM（NASA - NBS Standard REference Model）是一个经常被引用的参考模型，智慧式机器人架构包含一组模块和大量的特定组成——注意力集中的传感器感知、产生审议和反射行为（计划和控制）、世界建模（对环境制图）和由知识库（推理）支持的价值判断（成本-效益分析）[742]。NASREM是基于模型的结构同样是分层的结构[743,745]。三个分层——执行-协调-组织反映了抽象认知的递增的层次，其特点是精度逐层降低而时间逐层增加。所以，在任何一种控制架构中，至少需要三个控制等级——用于任务计划中实现目标（比如时间逻辑计划）的监视/决策等级，用于协调计划中的每个任务的协调等级（比如部分计划日程），和用于控制运动动作（比如，行为控制反射）的执行等级[746,747]。因此自动导航架构也通常采用三个等级——这是基于随着智能增长而精度降低的原则[748]。伺服等级实现伺服控制和基本的行为。中间的执行层通过过程推理系统（比如躲避障碍物），根据冲突化解所需的任务对伺服等级的基本行为进行协调。最高等级是计划层，其输出是描述世界状态和达成目标所需要的任务时序。每个分层在空间、时间上被分解为分辨率更精细的分层——因此，控制带宽会随着等级的增加而降低。夏蒂拉（Chatila）（1995）建议使用三个层次的控制分层结构[749]——反射模式，2D模型模式（区域地图）和3D计划模式（地图模型）。最低功能等级包含基本的技能模块，如图像处理、躲避障碍物、移动伺服控制等。这些模块是基本的数字算法，其循环速率高至 $10\sim100$ Hz，这些算法与基本的移动指令相关。根据手上的任务及决策与功能等级的接口，执行等级控制和协调功能模块的执行。轨迹生成等级也实现反应式行为。最高决策等级，其循环速率较低，典型值为>10 s，决策等级基于符号处理实现逻辑推理，从而生成计划和监督计划的执行情况。基于全局地图，路径规划生成任务的子目标（生成向目标前进的指令），这个过程受限于时间和能量。常用的结构包含用来监控环境的感知系统，对世界实现物理动作（受感知系统的监控）的执行系统，和定义在给定的环境条件下（计划）所执行的面向目标的动作决策/控制系统。感知-控制-操作是一个迭代的循环过程。这需要实现一定基本的功能：获得环境数据、环境模型建模（建立地图）、自定位（相对于地图）、移动（向目标）、移动执行和监视，以及基于反馈误差的控制。LAAS构造采用这个通用的方案，但是它的执行等级为请求控制等级。这要求控制等级根据当前系统的状态，检查发送到功能模块和资源使用的请求，它的作用相当于滤波器。

　　JPL 的多机器人行星控制架构（Control Architecture for Multirobot Planetary OUTpost，CAMPOUT）是一种行为控制架构，它通过子目标与更高等级的任务规划结合，组织模块化行为，用于组织多个行星机器人的反射式行为（见图 8 - 5）[750]。它不使用集中计划，而是基于通用的三层式的分层结构，和分布行为控制方法来协调成组的移动机器人[751,752]。它的结构是分层反射/审议混合结构，其中，高等级进行任务规划，同时根据受限的资源和低等级行为反射控制分解。它能够实现非集中式高度分布式的计划或控制。特别地，诸如运输大型物体的协作任务，受物理条件限制需要在高低不平的地形上实现紧密的合作。CAMPOUT（见图 8 - 5）使用分级结构，基本行为和由更多基本行为形成的复合式行为，实现了有限状态机行为（使用简单的 If - then 规则来编程）。组行为由多个机器人的相互协调行为组成。基于优先级的仲裁原理为：将一个行为作为单个控制环的主导行为，从而阻止了低优先级行为的发生（包容性）[753]。或者，指令融合与多重行为表达输出相结合，通过投票的最大权重或者简单的布尔逻辑运算获得一致性结果。此外，完成了处理语境的模糊元规则的实现：

IF（obstacle is close）THEN avoid collisions

IF NOT（obstacle is close）THEN follow target

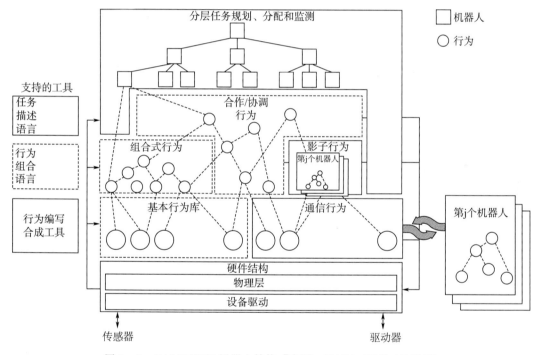

图 8 - 5　CAMPOUT 机器人结构［来源：NASA JPL］（见彩插）

行为通过与环境实现交互通信或行为与行为之间直接通信。单个机器人有两类主要的行为模式：Avoid_Obstacle 和 Goto_Target。这两者组合生成了 Safe_Navigation。有两个主要的组行为：Assume_formation 和 Approach_target。Assume_formation 将编队转向释放目标区域，而 Approach_target 用于向视觉目标前进。机器人之间的主动妥协是通过隐形通信和公开通信来实现的，其中隐形通信通过共享的有效载荷实现（由外部和内部干扰所决定）。

CAMPOUT 的中间层是 BISMARC（实现基于地图的自动巡视器控制的生物激励系

统），BISMARC 基于神经行为控制结构，与 DAMN 结构类似[755,756]（见图 8 - 6）。BISMARC 有两个等级：第一个等级基于立体图像生成运动动作，而第二个等级用权重动作计划来实现动作驱动。通过它们之间的加权链路来组织行为，而加权链路能够与加权加法相结合。行为或者是通用行为（避开障碍物）或者是任务特定行为。

　　BISMARC 使用基于与障碍物和目标相对应的外部地标作为参照物的长期记忆，而短期记忆为当前的感知周围物体的地图。在巡视器行进时，长期地图依据短期地图进行概率性更新。人们已经将 BISMARC 用于协调多个机器人[757]。JPL 的 CASPER（Continuous Activity Scheduling Planning and Replanning，连续活动规划调度和再规划）是 ASPEN（Automated Scheduling and Planning Environment，自动调度和规划环境）的扩展，其中，ASPEN 根据资源限制和当前目标对活动进行计划和调度[758]。它使用时域逻辑表达的搜索算法，由当前目标集、当前状态、当前计划和状态预测来制订未来的计划。CASPER 的基本算法如下：

Initialise P to the null plan

Initialise G to the null goal state

Initialise S to the current state

Given current plan P and current goal G

（ⅰ）update G to reflect new goals and delete goals no longer required

（ⅱ）update S to the new current state

（ⅲ）compute conflicts on（P，G，S）

（ⅳ）apply conflict resolution planning to P within resource bounds

（ⅴ）release relevant near－term activities in P to Executor for execution

（ⅵ）goto（ⅰ）

对冲突分级并制订新的计划来解决冲突，通过这个迭代修复的过程，不断地产生计划。它还包括实时控制系统，用来监控任务的执行。相似的是，用于深空一号探测器的自动飞行控制系统的远程代理计划系统已经对其做了适应性更改，用于星球巡视器行进计划[759]。它的基本角色是自主导航、能量计划和故障恢复。远程代理结构与实时控制系统有接口，而且它本身由三个主要的推理组件组成：基于地面的时域逻辑计划者/调度者，其根据高等级目标产生调度；器载小型执行者，将调度分解成受任务限制的更低等级的巡视器指令；器载模型，基于诊断和重新构造系统，监控巡视器状态，在发生故障时生成恢复计划。计划方式的问题是，对于变化或者未知的环境的应对不够及时，需要大量的处理，而这适用于空间飞行器的控制，而不太适合巡视器。

　　与真实世界交互涉及实时交互、未知的知识和环境复杂度。计划不能被固定为抽象动作的序列，必须为基于当前情景定义连续动作的策略。事实上，即使是反射系统也要涉及环境中物体的内部符号表达，以及涉及功能关联性[760]。内部符号系统指的是与传感器和驱动器有接口的环境物体或者环境状态。通常这样的内部表达为情景化动作提供前后关系，是必不可少的。反射和符号计划系统的融合技术将会非常必要。

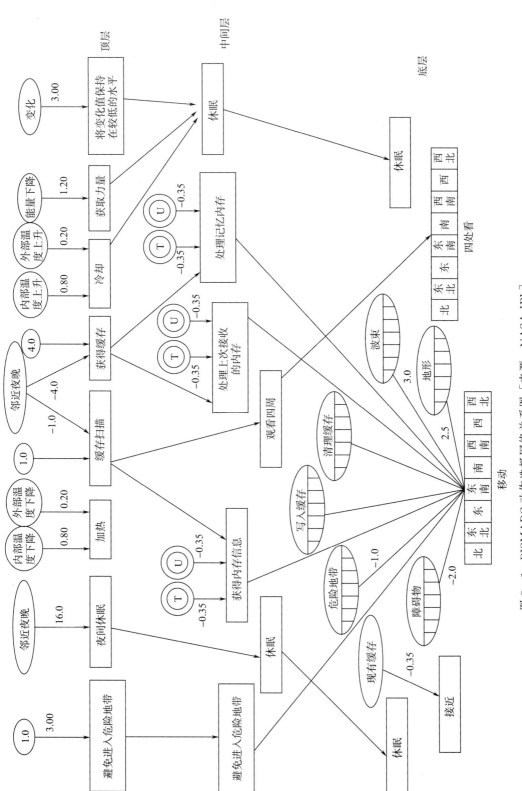

图 8 - 6 BISMARC 动作选择网络关系图 [来源：NASA JPL]

第 9 章 自主导航——自定位和制图

为了实现机器人的自主移动——这种技术在星球巡视器上得到高度应用，杜兰-怀特（Durrant - Whyte）（2001）总结出 5 类关键的技术[761]：1）在不同的地形灵活地移动；2）自定位；3）局部导航；4）全局导航；5）通信。所有的这些问题都以某种形式与自主导航相关。导航是穿越地域到达目标（局部目标或者科学目标）的过程。目标是具有科学价值的典型地点，巡视器在目标处获取采样和原位分析。目标可以是一个坐标位置，一个可见的对象，或者基于指定事件。在遥远星球表面上进行自主导航，是行星际任务中最具有挑战性的要求之一。巡视器要穿过恶劣的星球地形，这就要求自主导航在能够应对各类意外局面的同时，还能够感知环境，制定计划并沿着安全航迹前进。导航涉及四个主要的过程：1）感知环境；2）根据地标进行定位；3）路径规划；4）沿着路径前进。导航最简单的形式就是航迹推算，利用里程计进行相对测量得到巡视器的移动距离，但是里程计受到累计漂移误差的影响。通过再校准，去除掉相关传感器的漂移量，这个过程对于绝对位置测量是非常必要的。大概需要每 15 min 提供一次外部传感器基准。仅通过本体感觉（里程计）不足以实现高精度导航，因此需要外部感觉（视觉）传感器根据环境特征提供反馈[762]。事实上，内部的本体感知会有固有噪声，外部感知传感器会受到感知混淆的影响——不同的位置可能会产生相似的感应数据。本体感知数据必须根据外部感知数据进行校准，而外部感知数据必须依据本体感知数据来消除混淆。Kapvik 微型巡视器的导航结构如图 9 - 1 所示。

9.1 数字高程模型/数字地形模型

与基于行为模式的机器人方式不同，基于地图的方式需要具备更高级的认知能力——地图是对于真实环境的内部表示。对于计划的需求意味着需要一定类别的表示结构，对于自主导航这种表示结构就是内部地图。性能稳定的机器人导航需要使用罗盘（如太阳参考源）、邻近的和远距离的参考地标，以及需要使用规范路径而非随意性路径，以避免传感器的信号之间产生混淆。有两类方式可以实现机器人导航：矩阵结构和拓扑结构。拓扑地图是环境的图形表达，每个单元都代表一个特定的地点，而两个点之间的连线提供路径信息。拓扑式地图构建方法将一个地点进行相关编码。在拓扑地图中，物体的位置以与特定地点之间的相关数字数据的形式存在一个本地参考帧中，可以使用诸如距离的米制信息来提高拓扑地图的质量。使用与特征地点或者地标对应的点来表示环境。拓扑地图是空间语义等级的一个特例，可以将其看作是布鲁克（Brook）的基于行为的第三等级能力。在米制地图中，物体的位置以绝对数字信息的形式存储在通用的全局参考帧中。米制地图需要

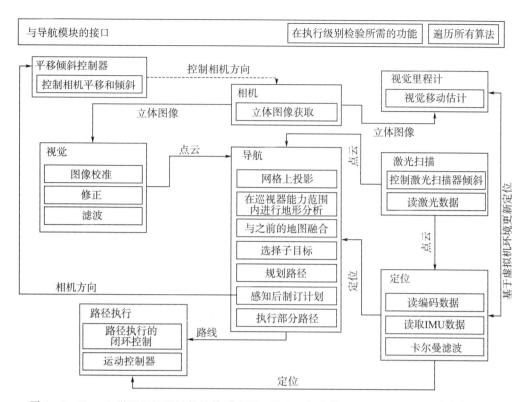

图 9-1　Kapvik 微型巡视器导航结构［来源：马克•加仑特（Mark Gallant），卡尔顿大学］

精准的环境表示，通常涉及大量的数据存储需求和缓慢的处理速度。生物策略建议使用拓扑地图，而不使用几何地图（因为米制地图易出现错误）[763]。莱蒙（Lemon）和内姆佐夫（Nehmzow）（1998）也建议导航中使用拓扑地图而不是几何地图[764]。拓扑表达是由点组成的图形，边的定义是节点之间的连通度。节点代表地理区域，而弧线表示这些区域彼此邻近的程度（也就是可遍历性）。它代表着对于导航非常重要的非距离信息。绝大多数拓扑地图颗粒粗糙，其中每个节点表示一个地标，而弧线表示物理邻近间距。这提供了环境的一个动态世界模型。可以通过局部米制地图构建拓扑实现全局计划。局部米制地图和全局计划两者之间通过拓扑地图连接[765]。相对距离可以通过马氏距离来计算得到，其中马氏距离将位置的不确定度的方差和协方差相结合

$$d = (\hat{x}_k - x_k)(H_k P_k H_k^\mathrm{T})^{-1}(\hat{x}_k - x_k)^\mathrm{T} \tag{9-1}$$

马氏距离非常适用于混乱的环境。通过与局部地标的相对位置（距离和方向）和/或光谱特征进行定位，从而实现对地点的定义[766]。拓扑地图是稀疏式表达，构建拓扑地图比构建米制地图要容易[767]。然而，它的缺点是，难以辨别出之前访问过的地点。拓扑地图可以用简单的关联记忆来实现。与拓扑地图相比，米制地图有更高的分辨率，但是其空间和时域复杂度更高。将基于网格的米制地图和拓扑地图相结合，可能获得高精度的米制地图和效率更高的拓扑地图：把网格地图分割成小部分区域，这小部分区域可以用拓扑地图来表达[768]。因为对于导航仅位置信息为有用信息，因此可以仅用物体的地理位置而不

是物理特性来简单表示几何地图。然而，简化的过程中，对某个环境特征进行选择、摘取，降低了环境表达的逼真度。与米制导航相比，方向性地标与拓扑导航相结合可以获得更高的效率[769]。构建米制地图的计算量非常庞大，而拓扑地图仅存储地标之间的相邻关系，而非距离。结合米制地图和拓扑地图的 SLAM 的混合方式提供了一种有效的方法[770]。可以用拓扑地图描述环境，而巡视器的全局拓扑地图中的子地图用米制表示。一个例子是受生物启发的 RatSLAM，它使用一个全球参考拓扑地图和一系列以机器人为中心的局部障碍物地图[771]。昆虫机器人也主要使用两类导航策略：长距离导航使用路径积分，接近目标时使用视觉里程计导航[772]。这些生物启发式的导航方法在此不进行深入讨论。

移动机器人导航需要使用三角测量方法，利用可见地标实现自定位[773]。这意味着立体视觉需要提供深度信息（LIDAR 或许可以提供）。然而，一般情况下，行星地形有足够多的纹理，不需要使用 LIDAR，单独使用基于像素的立体视觉方式就可以满足需求。立体视觉涉及在具有同样焦距、一个水平极限和并行光轴的两个相同的相机之间进行三角测量来提取深度。对相机进行校准来补偿对准误差，以保证深度提取的误差，这个校准过程非常重要。三角测量至少需要三个有辨识度的、广泛分布的地标，通过六个维度的变换和定向来实现机器人姿态的识别（也就是说，它需要全向相机或者方向可调相机）。第四个地标作为冗余，三个地标交汇得到独特的位置。更倾向于将地标的光谱特征作为一个特定地点的决定性的（从多个视角）和独一无二的特征。用相关算法来检测图像之间的匹配性，差异大的图像对其进行重构，从而实现立体匹配。立体视觉算法计算所有像元的相关匹配值，选择最好的匹配值。当多个像元有相似的匹配值时，基于局部表面连续的假设，消除不匹配性。因此需要巡视器构造一个 3D 的巡视器周围的局部环境（它的地形）的几何地图，以实现相对于可视地标的自定位。地标代表着独特的感官感觉，不需要预先定义，机械结构自动辨识这样的地标[774]。因为是通过视觉数据对几何世界模型进行初步计算，所以视觉传感器很容易辨识出地标。地标必须相对背景有足够的对比度。可以使用自然形成的圆石作为局部山峰，使用着陆器作为人工地标对其进行补充。能够辨识出障碍物的距离，由下式给出

$$R = \frac{h}{\phi n_{\min}} \qquad (9-2)$$

式中　h ——障碍物的最小尺寸；

　　　n ——扫描的线数/帧数；

　　　$n_{\min}$ ——获得可靠图像的最小帧线数。

精确的测距信息将前视距离限制为 10～15 m，这个数字也定义了世界模型真实度的限制。受图像帧频限制，巡视器的最大速度为

$$v \leqslant \frac{\Delta s}{2t} \qquad (9-3)$$

式中　s ——视场的上限和下限的差值；

　　　t ——帧变化的时间间隔。

所以，图像生成率必须与巡视器行进速度相协调，低的帧频足以实现导航。立体相机安装在可以平移和倾斜的桅杆上，整体最小高度为 1.5 m。桅杆必须安装在巡视器的前部，这样可以使巡视器前方地形遮挡最小。点云是 3D 全局坐标里地图表达的最简单的形式。它们可以很轻易地转换蜂窝网格的形式。在互相关后，数据构造为一个直角坐标表达的 3D 点的集合，高度对应着图像的每一个像素。因此，使用立体图像来构建机器人环境的局部拓扑地图。任何星球巡视器都需要在未知的环境内，基于它本身的地图，实现自定位和导航功能[775]。地图一般都是一个以巡视器为中心的单元地图，通过立体图像来得到（比如，火星探路者着陆点[776]）（见图 9 - 2）。数字地形模型（Digital Terrain Model，DTM）包含数字高程图（Digital Elevation Map，DEM）、三角网格模型、纹理地图和主题地图。

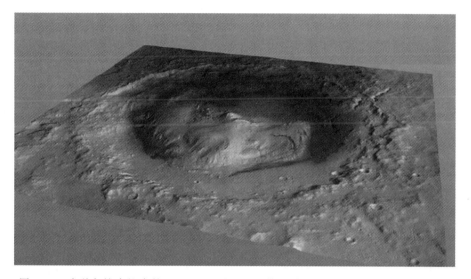

图 9 - 2　在盖尔撞击坑内的 Mt. Sharp 的 DEM 结构 ［来源：NASA JPL］（见彩插）

DEM 是一个离散的矩形网格，$z = f(x, y)$ 定义地形的几何结构[777]。因而用规则的笛卡儿坐标系来表示：单元格的水平值、高度值为从视觉（或其他）传感器中得到的数据。在崎岖不平的地形中前进，就限制了巡视器的稳定度、跨越障碍物高度和底盘牢固度等。每个单元格表示是否可前行的估计值，可以分为可继续前进（1）、不可继续前进（0）或未知（＊），取决于单元格内障碍物的高度（定义为地形难度数）。因此，仅仅使用这样的单元格标签方式，就可以根据 DEM 获得前进评估地图[778]。实际上，分辨率可以用迭代分层的方式表达（64 m×64 m 地图分辨率为 1 m，16 m×16 m 地图分辨率为 0.25 m，8 m×8 m 地图分辨率为 0.125 m）。每个单元格包括地形的平均高度和平均坡度，而高度和坡度对巡视器的姿态有所约束（限制其动力学特性）。DEM 由高度组成，取 $n × n$ 个内核窗口在每个像素处的最大互相关值，得到相应的高度值。据估计，在巡视器构建地形 DEM 会使传输回地球的数据量减少20～100 倍[779]。在 DEM 的像素之间进行三角化以生成几何网格图。网格 3D 表面的构建函数的形式为

$$z(x,y) = \sin(y+a) + b\sin x + c\cos(d\sqrt{y^2 + x^2}) \qquad (9-4)$$
$$+ e\cos y + f\sin(f\sqrt{y^2 + x^2}) + g\cos y$$

加入基于纹理的地形网格——在半径为 r 的网格内所有高度为 z 的点的方差来表征。同时合并坡度相近的区域。地形的坡度的定义为

$$k = \frac{z_2 - z_1}{\sqrt{(x_2 - x_1)^2 + (y_2 - y_1)^2}} \qquad (9-5)$$

主题地图根据土壤的色调和颜色的一致性对地形的规律性编码。栅格当中的每一个单元根据它的占用状态（也就是障碍物）被标记为可穿越、不可穿越和未知。最后，加入伪彩色来描绘禁止地区，比如障碍物（红色）、松土壤区域（橙色）和安全区域（绿色）。每个单元包含数据测量的不确定度，可以根据不同图像所测量得到的诸如纹理的属性，使用贝叶斯分类方法将不同的地形分类为平坦、崎岖不平、有障碍物和未知[780,781]。塔洛克（Tarokh）等人（1999）提出了采用单元阻抗测量的形式来表征可穿越性[782]

$$\rho = \frac{1}{2}(\delta + \kappa) \qquad (9-6)$$

式中，δ 表示归一化的由障碍物所导致的表面不平坦度（高度乘以区域印迹）；$\kappa = 1/r$，表示归一化的表面垂直曲率（粗糙度）。可以采用不确定度的模糊集合来表示被占用的可能性[783]。比如，$\pi = 0$ 表示一定为空，$\pi = 1$ 表示已经被占用，$\pi = 0.5$ 表示不确定。萨拉杰（Seraji）（1999）建议基于地形坡度和粗糙度来模糊估量可穿越性，但是似乎相对于其他方式没有显著的优越性[784]。很难对每个单元的穿越性进行分类，因为土壤参数很难在线测量。加特（Gat）等人（1994）提出生成连续的梯度测量方式，自目标处扩展响应来传递信息[785,786]，这与使用势场方式进行导航有一定相似之处。通常情况下，受巡视器自定位能力的限制（取决于它自身传感器的能力），实际的最终位置会与之前设定的目标位置不同。

通过不同时间逐幅得到的照片构建形成全局地形地图，再将新得到的局部地图与之前的全局地图相融合，从而确保长距离导航下实现自定位。通过搜索算法，试图得到局部照片与全局模型的统计一致性，从而实现地图的匹配。其中，要注重新近得到的局部数据，这样能避免出现累计定位误差。使用贝叶斯分析来进行融合：单元被占用的概率取决于传感器的测量。Dempster-Shafer 联合概率取不同的不精确度和置信度，以更大的计算复杂度为代价得到了更好的结果[787]。在这种情况下，使用三个值来描述单元格的特点：高度 z、精度 p 和置信度 c。对于地图中的第 n 个单元格

$$z_{i+1} = \frac{c_i z_i + c_0 z_0}{c_i + c_0}, p_{i+1} = \frac{c_i p_i + c_0 p_0}{c_i + c_0}, c_{i+1} = c_i + c_0 \qquad (9-7)$$

式中，$c_0 = 1/n$，是当前的置信度估计值；p_0 是当前的精度估计值。另外，更新的局部地图可以基于最大似然估计原则[778,779]与之前的环境全局地图相比较。局部地图 L 由 n 个特征组成 $\{l_1, \cdots, l_n\}$，而全局地图由 m 个特征值组成。局部地图的特征 l_i 与全局地图的特征 g_i 的距离 A（可以是欧氏距离、豪斯多夫距离或者马氏距离）定义为

$$d_{ij}^X = \text{dist}(X(l_i), g_j) \qquad (9-8)$$

局部地图的特征与最接近的全局地图特征的距离为

$$D_i^X = 1 \leqslant \min_j \leqslant m \mid d_{ij}^X \qquad (9-9)$$

机器人位置的似然函数为

$$L(X) = p(X) \sum_{i=1}^{n} p(D_i^X) \qquad (9-10)$$

其中

$$p(D_i^X) = k_1 + (k_2 / \sigma \sqrt{2\pi}) e^{-(D_i^X)^2 / 2\sigma^2}$$

式中　$p(D_i^X)$——每个特征的概率密度函数；

　　　$p(X)$——位置 X 的概率。

选择位置 X 使得 $L(X)$ 具有最大似然估计。该技术对于户外环境、噪声环境、封闭环境均具有鲁棒性。主要的难点在于全局地图需要高的存储容量，这很可能制约技术的实行。

9.2　火星探测漫游者巡视器导航

在火星探测漫游者（MER）任务的早期阶段，采用的控制策略是高度保守的。然而，在任务的扩展阶段，由于具有了比海盗号（Viking）和探路者号（Pathfinder）更好的环境（见图 9-3），从而部分地实现了更高层次的自主。

　　　(a) 布满岩石的不利环境　　　　　　(b) 沙丘地形的恶劣环境

(c) 相对平坦的良性环境

图 9-3　火星地形（来源：NASA）（见彩插）

　　首先通过像素平均的方法，将 1 024×1 024 像素的 CCD 原始图像缩减为 256×256 像素，从而将立体视觉的计算量降低了 8 倍。再用一个差分高斯滤波器应用于平均压缩后的像素，利用高通滤波来去除噪声。对滤波后的图像即可进行互相关处理。互相关算法使用一个 7×7 的搜索窗口通过差值估计的方法在不同的图像中搜索对应的相关像素。互相关算法通过计算相似度的方法来找到两幅图像中最匹配的像素。互相关算法可以在两个方向运行以相互校验。即使用移动窗口在左图像上搜索右图像中的匹配点，同时使用移动窗口在右图像上搜索左图像中的匹配点。MER 的处理器大概需要 30 s 来计算视差图。基于这个视差图，利用摄像机模型提取出一个范围。为了减少计算量，使用的是滑动窗口求和的方式。然后使用峰值滤波器来找到相似度高于周围其他像素的像素。最后使用一个阈值滤波器来清除异常值。环境的 3D 几何模型被构造为一个以巡视器的避险摄像头为圆心的扇面楔形，宽度为 115°，范围 0.3～3 m。MER 将一个 10 m×10 m 的区域划分为很多小的单元格。每个单元格的大小通常是巡视器车轮的大小（20 cm×20 cm），用于表示位于这一单元格的巡视器是否会在邻近的单元格遇到障碍物。每个单元格初始被赋予一个中值 0.5。阶梯型地表和不平地表的风险通过计算相邻单元格的高度差来评估。如果高度差小于 $1/3\ h$（h 为巡视器的离地高度），该单元格则被标记为可以通过的。倾斜的风险可以通过计算相邻单元格间的斜率来评估，斜率不超过最大倾角的情况下可认为是可通过的。边界风险是通过邻近单元格是否为不可通过的或者未知的来定义的。以上所有风险基于不确定性进行加权然后求和之后得到一个最终的值。在合成得到的棋盘状网格模型中，每个单元格都可以用 $(x,\ y,\ z)$ 坐标来表示，从中可以选取能够通航的路径点 $(x,\ y,\ z)$。路径点是由可通过性高的单元格连续连接而成的。传感器读数使用一定的概率规则置于网格中，该规则为每个网格单元中目标的存在可能赋予一个确定性因子。使用 12 MHz 的 R3000 处理器构建这个地图要花费 10 s 的时间。

　　通过生成一组潜在的弧线轨迹，评估成功完成目标的可能性。MER 导航是基于本地 3D 环境的几何属性，使用评估局部地形表面可通过性的网格估计（Grid - based Estimation of Surface Traversability Applied to Local Terrain，GESTALT）[790] 来进行。这种网格估计方法将环境表示为一个包含很多圆弧线的配置空间，以评估不同轨迹的风险。这些圆弧线基于一个全局概率模型（见图 9 - 4）。每次迭代都会更新地形模型中一系列圆弧的利益值（到达目标的代价的倒数）和风险值（可通过性的度量）。利益/风险比最大的圆弧会被选中。

　　CESTALT 通过计算轨迹弧线决定巡视器的前进方向，直到它到达目标。轨迹由一系列线段组成，连接点是路线发生变化的地方。需要的轨迹选定之后，行动指令会发布给巡视器一组轨迹，驱动和控制其沿着轨迹前进 0.3 m，巡视器每行进 0.3 m 都会停下来获取新的图像。每段前进轨迹会被分解为基本的车轮力矩和速度来执行。通过的距离利用车轮里程计的测量来控制。在两次静态图像采集之间，MER 并不利用它们的成像系统进行移动，而是依靠倾斜传感器、电机电流监测、轮子和杠杆里程计。里程计通过融合前进方向角速度陀螺仪测量结果来估计行进距离。MER 方案的主要限制是它缺乏远程导航——有

图 9-4　使用局部地形表面可通过性的网格估计方法生成的圆弧集合［来源：NASA JPL］（见彩插）

时需要进行回溯，这是由于它过度依赖避障相机。

圆弧方法的一个变体是用于不平坦地形的嵌套弧方法[791]。嵌套深度 20×2 m 长弧作为第一深度层，10×2 m 长弧作为第二深度层，具有良好的效果。对于每一个弧，根据底盘姿态和在地形上的几何关系来评估一组离散的规则间隔位置。这使得风险可以通过一个二次函数来进行量化，确保对大角度有较大的惩罚。使用 A ∗ 算法可以得到利益/风险值最大的弧。MER 完成一个任务导航过程需要至少三天时间以及大量的地面操作人员，因此需要提高自主性。为了实现自主运行，需要开发具有更复杂能力、更高性能的巡视器。

9.3　法国国家空间研究中心/局域增强系统自主导航系统

MER 导航系统主要是反应式的，以评估高度自主任务是否需要协商为前提，提出了法国国家空间研究中心（CNES）/局域增强系统（LAAS）方法。CNES/LAAS 自主导航系统遵循传统的方法进行路径规划，并基于立体成像相机（可能带有激光测距仪）构建 3D 几何动力效应模型来进行导航[792,793]。与 MER 算法一样，CNES 自主导航算法在巡视器静止的时候运行来获得并处理立体图像。与 MER 算法一样，假设立体相机的最小分辨率为 256×256 像素，8bit 色彩深度（256 色）。使用基于相关性的像素集匹配算法[794-796]，可以生成视差图。根据视差图，利用三角测量原理可以生成范围图并将其转换为全局坐标。在立体图像间进行追踪是通过选择具有较高匹配准确性的像素来实现的[797]。

　　图像地图通常仅限于小于10～20 m的前瞻距离（取决于相机高度和障碍物分布），显著地大于MER所采用的0.3 m，但是在恶劣的岩石环境中该距离可能减小到2 m左右。DEM的分辨率可以达到5 cm×5 cm，比采用巡视器轮子尺寸作为分辨率的MER算法高得多。3D分辨率随着距巡视器的距离增加而递减。

　　每个单元格的可通过性由巡视器的最大阶梯高度和通过巡视器车轴配置评估的最大倾斜角度来决定。通过评估在每个单元格上时巡视器的车轴配置和内部底盘配置来对每个单元格进行分析。最大倾角受限于移动的最大坡度（由土壤牵引而不是静力稳定性决定）（见图9-5）。将巡视器车轴的中间置于地形网格的每个单元格上来判定它是否超过了最大阶梯高度和最大倾角。如果任何一个轴向处于一个不可能的构型状态，超出了最大倾角，那个单元格会被归类于不可通过的。这些因素决定了标记于该单元格上的困难值。评定该值时也会使用一定的安全裕度，但是该值的设定需要小心，以避免将可能的路径排除。考虑到多次图像获取引起定位和轨迹误差的增大，障碍物的尺寸会被放大。还要考虑标记障碍物后面的远端盲区，这也与相机的高度相关。

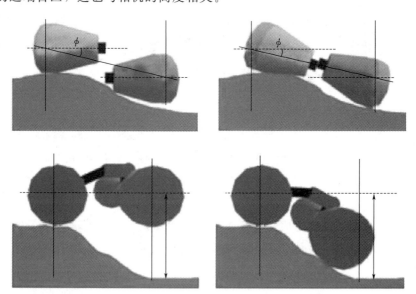

图9-5　使用CNES/LAAS算法得到的Marsokhod巡视器可通过性
[来源：CNES-ESA]

　　目标定义在导航图上接近边界的地方，子目标则选定在地图的已知区域（见图9-6）。CNES算法使用一种两层图搜索算法，使用A*算法找到从当前位置出发的粗粒度路径。这个粗粒度路径会再被划分为多个子目标（通过定义路标点），使用A*算法来找到优化的路径。每个子目标都位于从当前位置可以访问的导航区内已知区域和未知区域的边界。A*路径规划算法用于计算到子目标的优化路径。

　　在每个子目标点，巡视器调整立体相机，获取最多的目标方向的地形信息，远离不可通过的区域。由于巡视器的姿态会影响它的视线，因此每次停止的时候它都会测量自己的姿态。这使得巡视器能够针对下一个获取新图像和地图的停靠点来调整航向，一步步向目

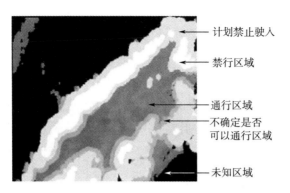

计划禁止驶入

禁行区域

通行区域

不确定是否
可以通行区域

未知区域

图 9-6　CNES 自主导航地图〔来源：CNES-ESA〕

标移动。这会生成一个直线/曲线段的轨迹，航向在一系列的路标点处产生变化。CNES
自主导航系统生成了一条连续的安全导航路径。CNES 方法类似于 MER 方法，但是不使
用陀螺仪来估计航向。CNES/LAAS 探测器导航方法建议使用一种用全局多层复合环境表
示地形的导航功能，以服务于不同模式（反射/协商）[798,799]。

CNES 自主巡视器导航系统有一些值得关注的特性：

1）校准过程没有考虑畸变模型，曾经测试过一种基于表格的方法（这个方法使用双
线性插值算法对器上的数据进行插值），但并没有被实现该方法。

2）两个立体相机必须完全相同且有相同的焦距。

3）立体相机的基线必须与地面保持水平，距离小于 0.5 像素。两个相机的光轴必须
平行（无内倾）。而 MER 的全景相机有 1°的内倾。

4）立体视觉计算基于两个层次进行处理，包括子像素插值以增加速度和减少失配。

5）用感知规划算法来确定相对于地面的合适的视线方向（根据巡视器的配置和姿态
计算镜头平移和倾斜角度）。

6）使用基于图像分割的视差过滤算法。

7）DEM 算法保留了最大值和最小值，而不仅仅是平均值（最大期望误差以附加半径
的形式被引入到障碍物尺寸估计之中）。

8）目前出现了比 A * 算法快得多的 D * 算法（动态 A * 算法），这将显著缩短计算
时间。

CNES 算法曾经在 JPL Mars Yard 项目中的 JPL FIDO 巡视器平台上进行过测试。该
平台配备有基于 PC104 的主频 133 MHz 的奔腾 CPU，运行 VxWorks 5.3 实时操作系
统[800,801]。尽管机械移动能力可以达到 5 cm/s，但是受限于 FIDO 的本地计算资源，只能
达到 1 cm/s。而 MER 则使用的是主频 20 MHz 的 RAD6000 RISC 处理器，具有 8 KB 的
缓存和 128 KB 的 RAM，也使用 VxWroks 操作系统。分辨率为 512×486 像素的 FIDO 导
航相机对能够在 1.53 s 内生成一个 251×251 的 DEM 网格，每个单元格的尺寸为 50 mm。

CNES 自主导航算法需要总共 3 MB 的 RAM，但是考虑到余量最好有 5 MB 的 RAM。
最少要 100 KB 的非易失性存储器来存储可执行代码。立体相机获得的每幅原始图像大小

为 200 KB，假设立体相机对每 2 m 拍摄一次，需要的存储空间将为 100 MB/km。如果只是存储 DEM 数据而不存储原始数据，则只需要 5 MB 的存储空间。图像的尺寸决定了计算机的处理时间，处理一幅 1024×1024 像素图像所需要的时间是处理一幅 256×256 像素图像的 64 倍。FIDO 上进行立体视觉和地图绘制的 CNES 算法执行时间占移动时间的 5%（即花费 2.2 s 处理 256×243 像素的图像）。当前欧洲航天计算机处理器的基线标准是 100 MHz 的 LEON 处理器，该处理器使用 CNES 算法进行立体视觉和 DTM 计算花费 3.3 s 的时间，这包括从摄像机获取一对 256×256 像素图像的时间。使用 LEON 处理器执行 D * 算法计算一条轨迹需要 2 s 的时间。其他的包括视觉测程 6.5 s，最坏情况 8.25 s。理论上，在 2 m 的轨迹段中每 0.5 m 进行一次视觉测程共计会引入 13 s 的附加移动切换时间。逼近期间的安全模式下每 0.5 m 就要进行一次导航（花费 6.5 s），紧接着移动 8.5 s，移动期间每 0.5 m 执行一次视觉测程。一种可能的优化方法是一个相机改用黑白图像（3 bit 编码）而另一个相机仍为彩色图像（8 bit 编码），然而，这可能会带来匹配上的困难。为了提高性能，基于最近的商用货架产品情况，可以考虑采用 PC104 架构，使用奔腾 PC 处理器和闪存卡，运行基于 Linux 的嵌入式系统。也有望通过在空间系统中使用 FPGA 来大幅提高性能。

随着自主导航技术的飞速发展，CNES 软件已经有些过时了：

1）考虑到随着距离增加单元格解析率会降低，可使用贝叶斯分类器对初始结构进行分类。

2）可以综合轮系里程计（估计运行距离）、陀螺仪数据（估计 R，P，Y 角度）和太阳矢量（估计巡视器朝向）来更新巡视器状态的 6 自由度数据。这些数据可以与立体视觉相结合通过卡尔曼滤波生成对巡视器位置的估计。

3）可以通过使用只基于摩擦力的库仑关系（而不是基于内聚力和摩擦力的摩尔-库仑关系）建立的土壤-车轮相互作用模型来引入土壤参数补偿崎岖地表的滑动，土壤接触黏性可以被模型化为只能压缩的弹簧减振器[802]。另外，巡视器周期性采集图像以测量下沉度，这能够提供土壤属性数据，支持巡视器进行牵引力控制。识别岩石、山脊、沟槽等地质形态对于巡视器的移动十分重要。

CNES 系统可能会被应用在欧洲 ExoMars 上。

视觉 SLAM 系统的一个关键组成部分是光束法平差，需要进行计算代价相当大的矩阵乘法和雅可比行列式运算。光束法平差搜索满足最大似然投影误差最小的 3D 位置和相机朝向。这可以表示为一个非线性最小二乘问题，误差定义为 n 个观测点的 3D 位置与它们投射到图像平面上的位置之差的平方。这里的计算复杂度为 $O(n^3)$，其中 n 为观测点的个数。通常采用 Levenberg - Marquardt 或者 Gauss - Newton 算法通过一系列的线性近似来解决光束法平差的非线性最小二乘问题。如果初始估计距解答较远，更倾向于采用 Levenberg - Marquardt 算法。可以采取几种近似来降低计算负荷，例如把程序限制在全局地图的一个子集内。要被最小化的目标函数需要找到相机姿态和视觉特征位置 x 以使测量值 z 具有最大似然比。

$$F(z \mid x) = \frac{1}{2} \sum_{i=1}^{n} (z_i - h_i(x))^{\mathrm{T}} R_i^{-1} (z_i - h_i(x)) \qquad (9-11)$$

式中　h——观测模型；

　　　　R_i——观测协方差矩阵。

一阶泰勒级数展开定义了雅可比矩阵

$$J(x)^{\mathrm{T}} R_i^{-1} J(x) = -J(x)^{\mathrm{T}} R_i^{-1} (z_i - h_i(x)) \qquad (9-12)$$

式中，$J = \partial h / \partial x$，为雅可比行列式；$H = J^{\mathrm{T}} R J$，为海塞矩阵。

　　光束法平差的运算量很大，因此不适于在星球巡视器上使用，除非只用于局部地图。

9.4　基于卡尔曼滤波的自定位和制图

　　布鲁克（Brook）说过[803]："问题的关键是要试图建立一个世界的模型……这就要将传感器的当前数据与（部分的）现有世界模型相关联。用于构建现有模型的原始数据存在模型噪声并在表征世界的时候引入了不确定性。新获得数据也包含噪声。另外，如果机器人在传感器进行数据获取之间进行了移动，又会存在两个（或更多）坐标系中的数据如何关联的问题。如果使用了多于一种的传感器，就会存在将不同类型的数据融合的问题。"这些就是自定位和制图所要解决的问题（见图 9-7）。

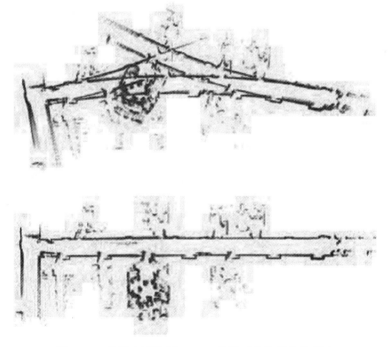

图 9-7　使用和不使用 SLAM 情况下定位误差的影响

［经过如下来源允许再加工：reproduced with permission from Montemerlo，M.，and Thrun，S. (2007)
FastSLAM：A Scalable Method for the Simultaneous Localization and Mapping Problem in Robotics，
Springer - Verlag，New York］

　　SLAM 可以使用一个具有运动估计步骤（预测）和测量更新步骤（修正）的贝叶斯滤波器来实现。置信度代表处于当前位置的概率，而行动更新则决定了每次移动之后的新置信度。传感器更新会在测量之后计算新的置信度。处理规划问题的不确定性的关键是贝叶斯框架，例如卡尔曼滤波[804]。卡尔曼滤波器是一个广义迭代版本的维纳（Wiener）滤波器（广义的贝叶斯估计过程）。任何考虑了定位的不确定性的机器人导航系统都会比那些不考虑的要表现得好。SLAM 试图提供处于路标之间的巡视器相对位置的估计。导航轨迹的执行必须与传感器的位置估计相关以确保能够对该轨迹进行追踪。星球巡视器导航系统可以基于通过轮系里程计、惯性传感器和太阳敏感器来获得状态估计，与航天器使用的姿态控制系统类似[805]。在移动和导航期间，空间定向控制是十分重要的，这依赖于对本体中心坐标系中多种传感器数据（尤其是视觉、本体和平衡感知）的整合以及对世界坐标系中与计划路线的偏差的监控[806]。巡视器的近似位置和朝向可以根据里程计数据得到。这可以提供一个估计的位置和一幅估计的期望图像，作为地图匹配搜索的一个约束。该估计图像可以用于匹配通过视觉传感器获得的实际视觉图像。构建的过程和表示的精度包含了 SLAM 问题的核心问题。SLAM 是基于条件概率分布来融合世界模型的信息（利用）和传感器测量值（探测）。世界模型包含一个条件概率分布，因此 SLAM 涉及概率密度函数在时间上的传播，这代表了巡视器在其环境中位置的估计。关于机器人当前状态 x_k 的置信度可以定义为概率值（见附录）：

$$
\begin{aligned}
\mathrm{Bel}(x_k) &= p(x_k \mid u_1, z_1, \cdots, u_k, z_k) \\
&= \eta p(z_k \mid x_k, u_1, z_1, \cdots, u_k) p(x_k \mid u_1, z_1, \cdots, u_k) \text{— 贝叶斯定理} \\
&= \eta p(z_k \mid x_k) p(x_k \mid u_1, z_1, \cdots, u_k) \text{— 马尔可夫假设} \\
&= \eta p(z_k \mid x_k) \int p(x_k \mid u_1, z_1, \cdots, u_k, x_{k-1}) p(x_{k-1} \mid u_1, z_1, \cdots, u_k) \mathrm{d}x_{k-1} \\
&= \eta p(z_k \mid x_k) \int p(x_k \mid u_k, x_{k-1}) \mathrm{Bel}(x_{k-1}) \mathrm{d}x_{k-1}
\end{aligned}
$$

$$(9-13)$$

　　马尔可夫定位由 $\mathrm{Bel}(x_{k-1})$，u_k，z_k 来定义，初始 $\eta = 0$，要生成新的置信度必须更新 η 值。

　　预测置信度由旧的置信度和传感器模型得出

$$\overline{\mathrm{Bel}}(x_k) \leftarrow \int p(z_k \mid x_k) \mathrm{Bel}(x_{k-1}) \tag{9-14}$$

　　这个预期的置信度再与运动模型进行卷积

$$\mathrm{Bel}(x_k) \leftarrow \int p(x_k \mid u_k, x_{k-1}) \overline{\mathrm{Bel}}(x_k) \mathrm{d}x \tag{9-15}$$

　　地图绘制就变成了一个最大似然估计问题。卡尔曼滤波器可以表示为一个动态的贝叶斯网络，其中的隐变量代表了状态[807]。卡尔曼滤波器基于过去的所有观测来计算隐状态的概率 $p(X_i \mid y_i, \cdots, y_0)$。卡尔曼滤波器允许追踪带有简单状态的目标，但是如果要表示更加复杂的内部状态则需要用一个状态网络。贝叶斯网络可以做到这一点。

　　SLAM 通常被表示为卡尔曼滤波器[808]或者其他的包含地理建模和测量不确定性的递归估计问题。SLAM 中最常用的数据融合方法[809,810]是扩展卡尔曼滤波器（Extended Kalman Filter，EKF），其从最小二乘方差意义上为线性系统提供最优估计[811]。事实上，卡尔曼滤波器将最小二乘估计——求能使残差的平方和最小的最可能的 x 值——扩展为随时间变化的变量[812]。卡尔曼滤波器整合系统动力学及其噪声特性的信息，以及传感器系统及其噪声特性的信息。所有以前的测量值都被使用，但其影响随时间呈指数降低。这是一个利用传感器的历史反馈数据最小化估计值的均方差的最优积分器。它因此维护了一个给定模型和测量值的系统状态的最优估计。卡尔曼滤波器的递归属性有助于使用最小的训练进行计算牵引。系统状态的不确定性被定义为该状态的概率分布函数。高斯分布函数可以用均值和协方差来完全表示，分别为

$$\hat{x} = \langle x \rangle, P(x) = \langle \overline{x} \cdot \overline{x}^{\mathrm{T}} \rangle \tag{9-16}$$

式中，$\overline{x} = x - \hat{x}$。假设数学模型和传感器所受的干扰都是高斯噪声。卡尔曼滤波器利用传感器测量的统计属性，假设噪声为高斯分布以提供最优估计[813]。它结合了所有有关测量数据的可用信息、动力学的先验知识，以及不确定性的统计分析来估计后续的巡视器状态和其周围的环境地图。它假定一个关于被估计变量的已知状态的空间模型，并假设测量的噪声是高斯（白）噪声（均值为 0，方差为常数）。它使用系统测量、系统动力学和噪声模型作为输入，输出系统状态和更新（预计测量值与实际测量值之间的差）。这是基于融合了所有测量数据的系统模型的巡视器状态的最优迭代估计。因此卡尔曼滤波器是一种基于观测者的方法，根据观测的输入和系统的输出来估计系统状态。它使用一个用于计算状态估计误差的协方差矩阵作为权重。卡尔曼滤波器预测当前状态和误差协方差得到一个先验状态（预测器），并将新的测量值与先验估计相结合以改善后验估计（校正器）[814]。之前的后验估计会被用于预测新的先验估计。卡尔曼滤波器的执行可以分为三个阶段——预测、观测和更新，这三个阶段迭代进行。"迭代"意味着它只使用最新测量值而无需存储之前的测量值和估计值——它通过预测和校正进行循环。迭代的特性使得卡尔曼滤波器能够取代直接处理所有数据的 Wiener - Kolmogorov 滤波器。卡尔曼滤波器将最小二乘估计扩展到时域，是一种广义的维纳滤波器和自回归滑动平均（Auto Regressive Moving Average，ARMA）滤波器。如果噪声符合高斯分布，卡尔曼滤波器会产生一个最优最小方差贝叶斯状态估计。它根据已知的先前状态统计和测量值统计来计算后验条件概率密度函数的均值。

　　卡尔曼滤波器分两步用于迭代估计状态变量。第一步是基于一个动态模型根据上一次的状态估计 $x(k)$ 来预测条件状态向量 $\hat{x}(k+1 \mid k)$。这是一个用于生成预计测量数据的先验估计。第二步是基于以往的观测将先验估计修正为后验估计作为新的测量结果 $\hat{z}(k+1 \mid k)$。估计值与测量值的差，即剩余误差 $\overline{x}_k = \hat{x}_k - x_k$，必须减小到零。巡视器的姿态由状态向量描述，协方差矩阵提供了通过扩展卡尔曼滤波器更新来维护姿态估计的方法。在巡视器移动的时候，它使用航位推测法（测程法和惯性测量）和协方差模型来预测状态。巡视器基于融合了多种传感器数据的全局地图进行位置和姿态的状态估计[815]。通过

融合位置预测和所有传感器测量数据来计算巡视器位置的最佳估计。地图必须根据外部传感器的测量数据定期进行外部校准。三维地形测绘的主要问题是要将累积的误差降到最低。感知过程引入的不确定性主要是由噪声引起的，会降低估计的可靠性。巡视器位置被表示为在一个由离散位置组成的有限集合上的概率分布。置信估计定义了单元格中有障碍物的概率，初始值为先验概率，后续通过传感器模型进行更新。此外，模糊逻辑也可以被用于定义占用概率[816]。传感器数据与地图相结合使用贝叶斯或者卡尔曼滤波方法对其进行更新[817]。地图不能太大否则会需要大量的计算存储能力。基于卡尔曼滤波的 SLAM 算法的算法复杂度为 $\sim O((2N)^2)$，其中 N 为用于黎卡提（Riccati）矩阵递归计算 P 的路标的个数。基于小波的压缩算法可以将所需存储空间减少 90%～95%。帧频通常都很低，小于 1 Hz（普通视频的帧频为 25～30 Hz）。车体的滚动和俯仰可以通过将立体数据点最小二乘拟合到一个平面的方法来估计，地表的粗糙程度可以利用拟合产生的卡方残差来进行估计，从而可以为每一个单元格生成一个可通过性评估值[818]。帕伊（Pai）和雷塞尔（Reissell）（1998）[819]使用二维离散小波变换来表示局部地形的频率从而创建崎岖地形的多分辨率平滑表示。当巡视器移动的时候，会从视觉和/或激光扫描传感器中提取环境航标并关联到地图上。对这些航标的后续观测会与里程计和惯性传感器的测量数据相结合，以更新巡视器的位置估计。卡尔曼滤波器也可以用于从立体视觉的两个不同帧中集成图像或者图像追踪[820]。使用卡尔曼滤波器的追踪技术需要频繁地更新以追踪图像间的少量特征。迪萨纳亚克（Dissanayake）等（2001）证明了卡尔曼滤波的递归属性能够通过连续测量航标使得误差随时间收敛到零，只要航标估计的误差互相关值能够维持在地图的协方差矩阵之内。用于目标追踪的卡尔曼滤波器的问题之一是它对模型的敏感性。使用多个模型之后发现马尔可夫模型滤波器（粒子滤波器）的效果较好。卡尔曼滤波器比马尔可夫定位更高效，但是后者对噪声和误差的鲁棒性更好。

巡视器开始在一个未知环境中移动后，会使用它的传感器逐步构建这个环境的地图，同时也使用这个地图进行自定位。动态模型使用内部测量数据预测巡视器的姿态。扩展卡尔曼滤波器包含惯性导航、三轴陀螺仪和三轴加速计的测量误差模型，用于估计车体的位置和方向[821]。巡视器的状态向量包括它在全局坐标系中的平面位置 (x, y) 和方向（偏航）角 ϕ，即 $\boldsymbol{x}(k)=[x(k), y(k), \theta(k)]$（其实 5 自由度状态 (x, y, R, P, Y) 更为常用）[822-824]。巡视器状态向量定义了巡视器的位置和方向；转向角和平移速度将作为控制输入。测量模型通过调整协方差将传感器的测量数据与车体状态相关联。这里列出的方法假设巡视器的状态 x 是由车轮里程计（θ）估计得来的，然后根据姿态测量（φ）更新。姿态包括滚动角（R）确、俯仰角（P）和偏航角（ϕ），偏航角定义了转向朝向。机器人车辆使用的运动学方程根据速度 v 和转向 ϕ 来预测车辆状态，假设笛卡儿坐标系的中心位于两个后轮之间

$$\dot{x}=v\cos\phi, \dot{y}=v\sin\phi, \dot{\theta}=\frac{v\tan\phi}{l} \tag{9-17}$$

式中，l 为轴距。巡视器状态可以用其位置表示

$$\boldsymbol{x}(k)=\begin{pmatrix} x(k) \\ y(k) \\ \phi(k) \end{pmatrix} \tag{9-18}$$

卡尔曼滤波器提供了巡视器状态的预测估计及其对应的非线性系统的最小协方差。它维护了系统状态估计 x 和其不确定性的协方差估计 P。巡视器的位置由里程计数据 $\boldsymbol{u}(k)$ $=[d(k)，\varphi(k)]$ 和其他传感器数据 $(x，y，\varphi)$ 共同决定。系统误差也可以被纳入状态模型之中（例如滑动误差）

$$\boldsymbol{x}(k)=(x(k),y(k),\phi(k),s_{\text{left}}(k),s_{\text{right}}(k))^{\mathrm{T}} \tag{9-19}$$

控制输入包括速度和转向指令

$$\boldsymbol{u}_k=\begin{pmatrix} v(k) \\ w(k) \end{pmatrix} \tag{9-20}$$

卡尔曼滤波器用于递归巡视器系统状态，将巡视器系统演化为由测量模型观测到的过程模型。卡尔曼滤波器高度依赖于使用的模型。系统状态向量包括巡视器的位置和朝向 $x_v(k)$ 和航标的位置 $p(k)$，最多有 n 个航标。合适的航标包括不受视点、分辨率、遮挡、模糊和噪声等因素影响的最大曲率点。原始图像通过高斯滤波器进行卷积平滑后选出最大曲率点作为航标，曲率为

$$\boldsymbol{\kappa}=\frac{1}{r}=\kappa(x,y)=\frac{\partial^2 y/\partial x^2}{[1+(\partial y/\partial x)^2]^{3/2}}=\frac{\dot{x}\ddot{y}-\dot{y}\ddot{x}}{[\dot{x}^2+\dot{y}^2]^{3/2}}=\dot{x}\ddot{y}-\dot{y}\ddot{x} \tag{9-21}$$

式中　r——曲率半径。

再与高斯函数进行卷积计算以产生新的曲率估计。当一点的曲率比其两侧最近的两个点的曲率都大的时候，它才会显现出来。随着平滑尺度的增加，只有最大的极值点能够显现。如果航标是静止的，则假设构建地图的过程中它们是没有噪声的

$$p_i(k+1)=p_i(k)=p_i=\text{常数}(1\leqslant i\leqslant n)\text{ 地标} \tag{9-22}$$

因此

$$\boldsymbol{x}(k)=[x_{\text{rob}}(k),p_1,\cdots,p_n]^{\mathrm{T}} \tag{9-23}$$

在离散形式下，系统模型将由于控制输入 $u(k)$ 引起的巡视器状态变化 $x(k)$ 描述为

$$\boldsymbol{x}(k+1)=F[x(k),u(k)+n(k)] \tag{9-24}$$

式中　$n(k)$——过程噪声。

$$\boldsymbol{F}=\begin{pmatrix} x(k)+d(k)\cos\phi(k)\cos[\theta(k)+\phi(k)] \\ y(k)+d(k)\cos\phi(k)\sin[\theta(k)+\phi(k)] \\ \theta(k)+d(k)\sin\phi(k)/l \end{pmatrix} \tag{9-25}$$

式中　ϕ——转向角；

　　　θ——巡视器朝向与 x 坐标轴的夹角；

　　　l——前后轮轴之间的距离。

作为一个线性系统，系统动力学建模为一阶微分状态空间方程

$$\boldsymbol{x}(k+1)=\boldsymbol{A}(k)\boldsymbol{x}(k)+\boldsymbol{B}(k)\boldsymbol{u}(k)+\boldsymbol{v}(k) \tag{9-26}$$

式中　$\boldsymbol{A}(k)$——状态转换矩阵；

$B(k)$——控制矩阵；

$u(k)$——控制输入向量；

$v(k)$——协方差矩阵为 Q 的过程噪声误差向量。

在扩展卡尔曼滤波器中，动力学问题被线性化为一条标称轨迹，并对均值进行泰勒级数展开逼近

$$\hat{x}(k+1)=f(\hat{x}(k),v(k))\equiv f(\hat{x})+\frac{\partial f(x)}{\partial x}\hat{x}+\cdots\approx F(k)\hat{x}(k)+w(k)$$

$$(9-27)$$

$$\begin{pmatrix} x(k+1) \\ y(k+1) \\ \theta(k+1) \end{pmatrix}=\begin{pmatrix} x(k)+d(k)\cos[\theta(k)+\phi(k)] \\ y(k)+d(k)\sin[\theta(k)+\phi(k)] \\ \theta(k)+d(k)\tan\phi(k)/l \end{pmatrix}u(k)+w(k) \qquad (9-28)$$

式中，$d(k)=v(k)\Delta t$，是距离。误差的协方差 P 表示状态估计的不确定性

$$P(k+1)=A(k)P(k)A^{\mathrm{T}}(k)+Q(k) \qquad (9-29)$$

式中，$Q(k)=\langle v(k)v(k)\rangle$，是过程噪声的协方差矩阵。协方差矩阵的定义为

$$\boldsymbol{P}=\begin{pmatrix} \sigma_x^2 & \sigma_{xy} & \sigma_{x\theta} \\ \sigma_{xy} & \sigma_y^2 & \sigma_{y\theta} \\ \sigma_{x\theta} & \sigma_{y\theta} & \sigma_\theta^2 \end{pmatrix} \qquad (9-30)$$

非对角线上的元素是由相关系数定义的协方差

$$\rho_{ij}=\frac{\sigma_{ij}}{\sigma_i\sigma_j}=\frac{\langle \overline{x}_i\overline{x}_j\rangle}{\sqrt{\langle \overline{x}_i^2\overline{x}_j^2\rangle}} \qquad (9-31)$$

其中，$-1\leqslant\rho_{ij}\leqslant1$，$\sigma_{ij}=\rho_{ij}\sigma_i\sigma_j$。根据最大熵原则，其均值和方差服从正态分布。

$$p(x)=\frac{1}{\sqrt{2\pi P}}\mathrm{e}^{-\frac{1}{2}(x-\overline{x})^{\mathrm{T}}P^{-1}(x-\overline{x})} \qquad (9-32)$$

（传感器）测量模型描述了如何测量与状态向量 x 相关的观测值（输出）z

$$z(k)=H(k)x(k)+w(k) \qquad (9-33)$$

式中　$H(k)$——将传感器输出 z 与状态 $x(k)=\nabla h\hat{x}$ 相关联的测量雅可比行列式；

$w(k)$——协方差矩阵为 R 的测量白噪声。

测量模型给出了每个传感器（例如 LIDAR 或视觉传感器）测量得到的相对于航标的距离 $r(k)$ 和相对方位 $\gamma(k)$

$$z(k)=h(k)+w(k)=\begin{pmatrix} r(k) \\ \gamma(k) \end{pmatrix} \qquad (9-34)$$

其中

$$h(k)=\frac{y_i-y(k)}{x_i-x(k)}-\theta(k)$$

$$r(k)=\sqrt{(x-x_r(k))^2+(y-y_r(k))^2}+w_r(k)$$

$$\gamma(k)=\arctan\left(\frac{y-y_r(k)}{x-x_r(k)}\right)-\phi(k)+w_\gamma(k)$$

式中 $w(k)$——测量噪声；

$\quad\quad h(k)$——测量函数；

$\quad\quad \phi$——机器人的方向。

传感器在车上的位置为

$$\begin{pmatrix} x_r(k) \\ y_r(k) \end{pmatrix} \tag{9-35}$$

其中
$$x_r(k) = x(k) + a\cos\phi(k) - b\sin\phi(k)$$
$$y_r(k) = y(k) + a\sin\phi(k) + b\cos\phi(k)$$

式中 (a,b)——传感器与车后轴的偏移量。

$$\frac{\partial h}{\partial x} = \frac{-(y - y(k))}{(x - x(k))^2 + (y - y(k))^2}$$

$$\frac{\partial h}{\partial y} = \frac{-(x - x(k))}{(x - x(k))^2 + (y - y(k))^2}$$

假设所有巡视器动作基于阿克曼转向，那么巡视器运动的状态方程为

$$\frac{\mathrm{d}x}{\mathrm{d}\theta} = \begin{pmatrix} \dfrac{\mathrm{d}X}{\mathrm{d}\theta} \\ \dfrac{\mathrm{d}Y}{\mathrm{d}\theta} \\ \dfrac{\mathrm{d}\phi}{\mathrm{d}\theta} \end{pmatrix} = \begin{pmatrix} r\cos\phi \\ r\sin\phi \\ \dfrac{r}{b}u \end{pmatrix} + w(\theta) = f(x,u) + w(\theta) \tag{9-36}$$

其中

$$x = \begin{pmatrix} X \\ Y \\ \phi \end{pmatrix} \tag{9-37}$$

$$\theta = (\theta_r + \theta_l)/2$$

$$u = (\mathrm{d}\theta_l - \mathrm{d}\theta_r)/(\mathrm{d}\theta_l + \mathrm{d}\theta_r)$$

式中 x——巡视器位置；

$\quad\quad \theta$——用轮测程法测得的直接移动距离和操纵移动距离的平均值；

$\quad\quad r$——轮子半径；

$\quad\quad b$——轮轴之间距离的一半；

$\quad\quad u$——控制输入；

$\quad\quad \mathrm{d}\theta_l,\ \mathrm{d}\theta_r$——左右轮转角的平均差分；

$\quad\quad w(\theta)$——随机的过程噪声模型。

对于转弯的动作，有

$$\frac{\mathrm{d}X}{\theta} = \frac{\mathrm{d}Y}{\theta} = 0 \tag{9-38}$$

扩展卡尔曼滤波器的估计误差协方差矩阵 $P(\theta)$ 随着时间变化，定义为

$$\frac{\mathrm{d}P}{\mathrm{d}\theta} = F(x)P(\theta) + P(\theta)F(x)^{\mathrm{T}} + Q \tag{9-39}$$

式中　$F(x)$——传递方程式；

　　　Q——过程噪声的协方差矩阵，$Q = \mathrm{diag}(Q_{XX}Q_{YY}Q_{\phi\phi})$。

用于计算 F 的雅可比矩阵的更新方程式为

$$P(k+1 \mid k) = \nabla F P(k \mid k) \nabla F^{\mathrm{T}} + Q(k) \tag{9-40}$$

其中

$$\nabla F = \frac{\partial F}{\partial x} = \begin{pmatrix} 1 & 0 & -d(k)\cos\phi(k)\sin[\theta(k)+\phi(k)] \\ 0 & 1 & d(k)\cos\phi(k)\cos[\theta(k)+\phi(k)] \\ 0 & 0 & 1 \end{pmatrix} \tag{9-41}$$

根据贝叶斯规则，先验估计的概率 $\hat{x}(k+1 \mid k)$ 由所有的先验测量 $z(k+1 \mid k)$ 所决定。后验状态估计反映了状态分布的均值，而后验估计的误差协方差则反映了状态分布的方差

$$\hat{x}(\theta_{i+1}) = \hat{x}(\theta_i) + K(\theta_{i+1})[z(\theta_{i+1}) - h(\hat{x}(\theta_i))] \tag{9-42}$$

其中

$$K(\theta_{i+1}) = P(\theta_i)H(\hat{x}(\theta_i))^{\mathrm{T}}[H(\hat{x}(\theta_i))P(\theta_i)H(\hat{x}(\theta_i))^{\mathrm{T}} + R]^{-1}$$

式中　$K(\theta_{i+1})$——卡尔曼增益；

　　　θ_{i+1}——新测量值；

　　　$\hat{x}(\theta_{i+1})$——更新的巡视器状态；

　　　$\hat{x}(\theta_i)$——根据综合状态方程得到的巡视器状态估计；

　　　$H(\hat{x}(\theta_i))$——估计状态的测量值雅可比矩阵；

　　　R——偏航传感器的测量噪声协方差矩阵。

测量阶段计算的新息（残余）定义为预测值与实际测量值之间的差 $z(k+1)$。预测误差（新息）为

$$V(k+1) = z(k+1) - H(k)\hat{x}(k+1 \mid k) = z(k+1) - \hat{z}(k+1 \mid k) \tag{9-43}$$

新息协方差矩阵 $S(k+1)$ 的计算方法如下

$$S(k+1) = \nabla h P(k+1 \mid k) \nabla h^{\mathrm{T}} + R(k+1) \tag{9-44}$$

式中　∇h——h 的雅可比矩阵，$\nabla h = \partial h / \partial x$；

　　　$R(k)$——测量误差的协方差矩阵，$R(k) = \langle w(k) \cdot w(k)^{\mathrm{T}} \rangle = tr(\sigma_{ii}^2)$。

一般来说，重要的是要准确地描述 Q 和 R——通常由估计得到。如果来自不同传感器的噪声是不相关的，R 将是一个对角线矩阵。可以对一个传感器的 RMS 噪声水平或者 ADC 离散误差进行平方计算后得到方差值作为矩阵 R 的元素。Q 的值更难估计一些，往往随机设置其初始值。一般来说，Q 和 R 的值决定了对象模型和测量的重点所在。状态估计和状态估计协方差会被更新方程更新，以提供在时间 $(k+1)$ 的过滤后的状态向量估计

$$\begin{aligned}
\hat{x}(k+1 \mid k+1) &= A(k)\hat{x}(k \mid k) + u(k) + K(k+1)v(k+1) \\
&= \hat{x}(k+1 \mid k) + K(k+1)V(k+1) \\
&= \hat{x}(k+1 \mid k) + K(k+1)[z(k+1) - h(k+1 \mid k)]
\end{aligned} \tag{9-45}$$

式中，$z(k+1)=y(k+1)-H(k+1)\hat{x}(k+1\mid k)$，为测量残差。状态估计的协方差决定了实际测量值偏离预测值的多少。

$$P(k+1\mid k+1)=P(k+1\mid k)-K(k+1)\cdot S(k+1)\cdot K^{\mathrm{T}}(k+1) \qquad (9-46)$$

其中

$$
\begin{aligned}
K(k+1) &= P(k+1\mid k)\,\nabla h^{\mathrm{T}}S(k+1)^{-1} \\
&= P(k+1\mid k)H^{\mathrm{T}}(k)S^{-1}(k+1) \qquad 卡尔曼滤波器增益 \\
&= P(k+1\mid k)H^{\mathrm{T}}(k)\cdot[H(k+1)P(k+1\mid k)H^{\mathrm{T}}(k+1)+R(k+1)]^{-1}
\end{aligned}
$$

$$(9-47)$$

因此

$$P(k+1\mid k+1)=[I-K(k+1)H(k+1)^{\mathrm{T}}]P(k+1\mid k) \qquad (9-48)$$

卡尔曼滤波器基于卡尔曼增益更新估计值，卡尔曼增益比较有噪声的传感测量值与基于内部模型的先验估计值，定义了修正的相对权重。该权重与状态估计的先验协方差成正比，而与测量的条件协方差成反比。因此，增益由最优描述下，模型和测量误差的相对方差决定。可以通过使用四元组来表示方向从而减少计算量。里程计包括电机角位置传感器、电机转速表和地面多普勒 LIDAR/雷达。惯性测量传感器通常包括一个含三个陀螺仪的集成平台、一个三轴加速度计和倾斜传感器[826]。陀螺传感器漂移速度偏差可以通过一个线性卡尔曼滤波器来进行估计。这个方法将滑移看作是高斯噪声源。这假设了一个线性模型，而扩展卡尔曼滤波器可以被用于非线性系统。共进行了两次线性化以生成状态值和测量值的雅可比矩阵。扩展卡尔曼滤波器假设高斯噪声和非高斯噪声可以被近似为几个高斯概率密度函数的加权和。Kapvik 巡视器将扩展卡尔曼滤波器［后来被替换为容积卡尔曼滤波器（Cubature Kalman Filter，CKF）］算法与 CNES/LAAS 立体视觉匹配算法相结合。扩展卡尔曼滤波器往往会低估状态协方差，在应用于高度非线性系统时效果不好。阿拉斯（Arras）等（2001）使用卡尔曼滤波器来处理从图像中提取出的线段。卡尔曼滤波器可能有大量的状态向量，可能会有较高的存储和计算需求。维护协方差矩阵的计算复杂度为 $O(n^2)$，这里 n 为地图中特征的数量。矩阵求逆的计算复杂度为 $O(n^{2.4})$，而矩阵乘法的计算复杂度为 $O(n^2)$。主要的计算瓶颈是矩阵求逆，其大小取决于航标的数量。卡尔曼滤波器提供了多目标跟踪的基础，数据关联问题是这个应用中的著名问题[829]，而且也同样适用于涉及处理多个航标的 SLAM[830]（见图 9-8）。

有人建议在巡视器进入新的地域后删除旧的航标以缓解这一问题[831]。这样建议的另一个理由是可以避免观测值与地图特征之间会出现不一致。由于 SLAM 是一个非线性问题，无法保证估计的协方差与估值误差相匹配。尽管卡尔曼滤波器中的高斯噪声假设是错误的，扩展卡尔曼滤波器的效果仍旧很好。可以通过使用重尾分布非高斯观测误差或状态误差（不同时使用）来增加卡尔曼滤波器的鲁棒性[832]。可以采用来源于最大后验概率（Maximum A Posteriori，MAP）贝叶斯方法的非高斯统计数据[833,834]。有人建议为了减小误差累积，构建独立的以巡视器为中心的本地地图，而不是增量合并为绝对参考系的全局地图[835,836]。可以通过门控网络来混合系统参数（包括非高斯统计数据），不同的多个专

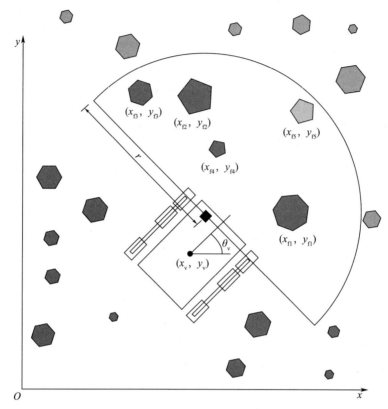

图 9-8　使用基于激光扫描仪的 SLAM 进行数据关联来区分新老目标仿真结果

［来源：罗伯·休伊特，卡尔顿大学］

家卡尔曼滤波器形成一个并行的卡尔曼滤波器组提供在线适应性[837]。可以对这些卡尔曼滤波器生成的不同估计值进行加权求和之后得到一个最优估计，权重由贝叶斯规则决定

$$\hat{x}_{\text{opt}} = \sum_{i=1}^{l} \hat{x}_k(\alpha_i) w_i \tag{9-49}$$

式中，l 为卡尔曼滤波器模块数；$\hat{x}_{k+1}(\alpha_i)$ 为卡尔曼滤波器 i 的输出；α_i 为兴趣参数；$w_i = p(\alpha_i \mid z_k) \equiv p(z_k \mid \alpha_i) p(\alpha_i) / \sum_{i=1}^{l} p(z_i \mid \alpha_i) p(\alpha_i)$ ；z_k 为测量输入；$p(z_k \mid \alpha_i) = [1/(2\pi \mid S_k \mid) e^{-\frac{1}{2} v_k^{\mathrm{T}} S_k^{-1} v_k}] p(z_{k-1} \mid \alpha_i)$ 。此外，通过使用模糊逻辑规则调整权重因子防止发散行为可以增强卡尔曼滤波器方法[838]。然而，这些方法都很耗费计算资源。基于 FPGA 硬件形式可实现卡尔曼滤波器，FPGA 进行矩阵乘法的处理速度是晶片机的 3 倍[839]。使用由连接了 64 k 处理器的超立方体网络构成的连接机可以将卡尔曼滤波器的计算复杂度从 $O(n^3)$ 降低到 $O(n \log n)$[840]。另一种可能的方法是利用支持函数逼近功能的人工神经网络控制器实现类卡尔曼滤波器的行为。神经网络能够增强扩展卡尔曼滤波器，使其能够通过在线训练来学习未建模的动态[841,842]。一种方法是使用神经网络来粗略估计用于 SLAM 的扩展卡尔曼滤波器（Extended Kalman Filter，EKF）系统模型中的不确定性[843]。

9.5　基于无迹滤波器的自定位和制图

相对于传统卡尔曼滤波器，无迹卡尔曼滤波器（Unscented Kalman Filter，UKF）具有多种优势，包括适用于非线性系统和不要求符合高斯分布[844-846]。无迹滤波器使用没有进行泰勒级数展开线性化的非线性模型进行线性加权回归。在卡尔曼框架内，通过结合粒子滤波器的一些方面，也可以具有粒子滤波的一些优点。它不需要计算雅可比矩阵。为了避免计算雅可比矩阵，可使用均值和协方差矩阵的积分解的近似解——数值积分方法包括Gauss‐Hermite 积分法、无迹滤波器变体的 Gauss‐Hermite 求积近似和蒙特卡洛方法[847]。无迹变换的本质是一个截断的 Gaussian‐Hermite 求积逼近，可以作为卡尔曼滤波器的输入。蒙特卡洛积分可用于解决大尺度问题，例如多目标追踪问题。具有较低计算复杂度，所需运行时间较短的无迹卡尔曼滤波器技术表现出了很好的性能折中[848]。非线性滤波器，例如粒子滤波器提供了一个更好的对非线性函数的线性逼近。无迹卡尔曼滤波器选取采样（sigma）点的最小集合来近似状态的概率分布函数（即一个具有相同均值和方差的 sigma 点的集合作为真实概率分布函数）。在一个单点进行非线性变换比通过一个通用的非线性函数进行非线性变换要容易得多。利用 n 维状态的协方差平方根矩阵，选出 $2n$ 个 sigma 点进行非线性变换。这些 sigma 点捕获一个给定分布的不同属性。非线性函数被用于上述各点产生一个变换后的样本，相应的均值和协方差也会被计算出来。这与蒙特卡洛方法类似，但是采样并不是随机的，而是基于已有的信息选择出的。这些 sigma 点是分散的，以确保准确地表示概率分布函数。概率分布函数的均值和方差被近似为这些点的均值和方差。这些构成了先验估计。状态和协方差矩阵可以被初始化为

$$\hat{x}_0^+ = \langle x_0 \rangle \tag{9-50}$$

$$P_0^+ = \langle (x_0 - \hat{x}_0^+)(x_0 - \hat{x}_0^+)^{\mathrm{T}} \rangle \tag{9-51}$$

其中，$2n$ 个 sigma 点 x_i 形成了一个近似的高斯分布，描述了状态梯度的统计（n 为状态空间纬度）

$$\overline{x}_{k-1}^i = \overline{x}_{k-1}^+ + \widetilde{x}^i \tag{9-52}$$

其中，$i = 1, 2, \cdots, 2n$；$\widetilde{x}^i = (\sqrt{nP_{k-1}^+})_i$，是 $\sqrt{nP}$ 的第 i 列。$(\sqrt{nP})^{\mathrm{T}}(\sqrt{nP}) = nP$，且 $\widetilde{x}^{n+i} = -(\sqrt{nP_{k-1}^+})_i$，其中 $i = 1, 2, \cdots, n$。

sigma 点是均值点而且位于协方差矩阵的对称位置。它们被散布于状态模型形成了先验估计

$$\overline{x}_k^i = f(\overline{x}_{k-1}^i, u_{k-1}) \tag{9-53}$$

$$\overline{x}_k^- = \frac{1}{2n} \sum_{i=1}^{2n} \overline{x}_k^i \tag{9-54}$$

$$P_k^- = \frac{1}{2n} \sum_{i=1}^{2n} (\overline{x}_k^i - \overline{x}_k^-)(\overline{x}_k^i - \overline{x}_k^-)^{\mathrm{T}} + Q_k \tag{9-55}$$

sigma 点被散布于非线性测量函数以形成后验估计

$$\overline{x}_k^i = \overline{x}_k^- + (\sqrt{nP_k^-})^{\mathrm{T}} \tag{9-56}$$

$$\overline{x}_k^{n+i} = \overline{x}_k^- - (\sqrt{nP_k^-})^{\mathrm{T}} \tag{9-57}$$

$$\overline{z}^i = h(\overline{x}_k^i), i = 1, 2, \cdots, 2n \tag{9-58}$$

$$\overline{z}_k = \frac{1}{2n} \sum_{i=1}^{2n} \overline{z}_k^i \tag{9-59}$$

除了 0 点之外的每个 sigma 点的权重是相同的。这些采样点近似于泰勒级数的前三个时刻。预期测量值、新息协方差矩阵和互协方差矩阵可以通过以下方法计算

$$P_{zz} = \frac{1}{2n} \sum_{i=1}^{2n} (\overline{z}_k^i - \overline{z}_k^-)(\overline{z}_k^i - \overline{z}_k^-)^{\mathrm{T}} + R_k \tag{9-60}$$

$$P_{xz} = \frac{1}{2n} \sum_{i=1}^{2n} (\overline{x}_k^i - \overline{x}_k^-)(\overline{z}_k^i - \overline{z}_k^-)^{\mathrm{T}} \tag{9-61}$$

互协方差是相当于雅可比矩阵的术语。更新涉及计算一个后验估计

$$K_k = P_{xz} P_{zz}^{-1} \tag{9-62}$$

$$\overline{x}_k^+ = \overline{x}_k^- + K_k(z_k - \overline{z}_k) \tag{9-63}$$

$$P_k^+ = P_k^- - K_k P_{zz} K_k^{\mathrm{T}} \tag{9-64}$$

由于算法是递归的，所以状态和协方差估计会被作为滤波器的递归输入。UKF 具有与扩展卡尔曼滤波器相似的计算复杂度（即 $\sim n^3$，n 为问题的维度）。无迹变换具有同三阶泰勒展开相等的性能，而 EKF 只进行一阶泰勒线性化。主要优势在于不需要进行大型雅可比矩阵的计算。然而，UKF 有维度灾难问题。CKF 使用高效的积分方法（容积法则）来避免矩阵求逆，并提供了更好的数值精度和稳定性。容积卡尔曼滤波器是一个对非线性系统有效的高斯条件下的贝叶斯滤波器。它使用球面径向求容积法的法则来计算非线性贝叶斯滤波器中状态变量的均值和方差[849]。根据贝叶斯法则，当前状态的后验概率密度为

$$p(x_k \mid D_k) = \frac{p(x_k \mid D_{k-1}) p(z_k \mid x_k, u_k)}{p(z_k \mid D_{k-1}, u_k)} \tag{9-65}$$

其中

$$D_{k-1} = (u_i, z_i)_{k-1}$$

$$p(x_k \mid D_{k-1}) = \int p(x_{k-1} \mid D_{k-1}) p(x_k \mid x_{k-1}, u_{k-1}) \mathrm{d}x_{k-1} \tag{9-66}$$

$$p(z_k \mid D_{k-1}, u_k) = \int p(x_k \mid D_{k-1}) p(z_k \mid x_k, u_k) \mathrm{d}x_k \tag{9-67}$$

式中　$p(x_k \mid D_k)$ ——概率密度；

　　　$p(x_k \mid x_{k-1}, u_{k-1})$ ——状态转换函数，源于状态方程 $x_k = f(x_{k-1}, u_{k-1}) + v_{k-1}$；

　　　$p(z_k \mid x_k, u_k)$ ——测量值似然函数，源于测量方程 $z_k = h(x_k, u_k) + w_k$；

　　　D_{k-1} ——输入减去到 $k-1$ 时刻的输出历史值。

对于一个具有 n 个状态变量的系统，CKF 使用 $2n$ 个容积点以计算球面径向的三维求和的形式来计算标准高斯积分

$$I_n(x) = \int f(x) N(x, \mu, P) \mathrm{d}x \approx \sum_{i=1}^{2n} w_i f(\xi_i) \tag{9-68}$$

式中，$\xi_i = \sqrt{n}[1]$，$w_i = 1/2n$，$i = 1$，2，$\cdots$，$2n$，$n(\cdots)$ 为高斯概率密度函数。容积点 (ξ_i, w_i) 的集合用于计算高斯积分。

平方根容积卡尔曼滤波器通过使用后验概率密度函数的平方根提高了鲁棒性（$P_0 = S_0 S_0^T$）。它将协方差矩阵分解为三角矩阵和对角矩阵（$X = LDL^T$）。它的计算复杂度与容积卡尔曼滤波和扩展卡尔曼滤波类似，但是不需要使用雅可比矩阵。计算过程如下：

1）针对 $i = 1$，2，$\cdots$，$2n$，计算容积点

$$x_{k-1|k-1} = \hat{x}_{k-1|k-1} + S_{k-1|k-1}\xi \tag{9-69}$$

2）针对 $i = 1$，2，$\cdots$，$2n$，计算扩散的容积点

$$x_{k|k-1}^* = f(x_{k-1|k-1}, u) \tag{9-70}$$

3）计算预测状态

$$\hat{x}_{k|k-1} = \frac{1}{2n} \sum_{i=1}^{2n} x_{k|k-1}^* \tag{9-71}$$

4）计算预测误差协方差矩阵的平方根

$$S_{k|k-1} = \text{Tri}([x_{k|k-1}^* \quad S_{Q,k-1}]) \tag{9-72}$$

其中，$P_{Q,k-1} = S_{Q,k-1}S_{Q,k-1}^T$；Tri 为 QR 因子分解；$x_{k|k-1}^*$ 是加权中心对称矩阵。

卡尔顿大学开发了一种容积无迹卡尔曼滤波器算法并在 Kapvik 微型巡视器上进行了实现，通过增加传感器的融合能力，提升了 CNES/LAAS 的基于立体视觉的导航算法（见图 9-9）。

9.6　基于贝叶斯估计的自定位和制图

自定位引入了一个问题，即如何基于地图在一定的距离和时间范围内，获得关于位置的置信度。用一个先验概率来表示地图上的一个特定点。然而这个位置具有不确定性，这个不确定性用静态模型来表示。标准的贝叶斯更新规则为：根据环境地图中的栅格被占用的先验概率和测量结果，计算得到后验概率。对于高斯分布，其由均值和方差来表示。位置的置信度信息必须随着时间更新，因为机器人移动会引入不确定度，用卡尔曼滤波器来跟踪随着时间变化的位置。在每个观察-行动环中，只需要更新位置置信度的高斯概率表达的均值和方差。使用高斯概率的卡尔曼滤波器效率很高，但是有可能丢失目标。卡尔曼滤波器是一个单点假设方法，只需要用概率密度函数的单维模式来表示，但是多维卡尔曼滤波器可以实现多重假设。在多重置信度表达式中，可以保留机器人的多个位置。用不确定度来标记，用概率分布来表示不确定度。机器人的多维质心概率可以适应环境信息所发生的显著变化。马尔可夫定位方法在所有的可能的位置上使用概率分布——可以使用包括多模式在内的任意的概率密度函数。机器人的置信度表示为每个机器人在其地图中的位置的独立概率分布。在观察-执行的每个循环中，对每个栅格的概率进行更新。更新的机制将传感器得到的新信息与先验置信概率相结合——可以使用贝叶斯定理，从而计算得到置信状态。先验以概率的形式描述世界的结构。马尔可夫定位可以从模糊的状态中恢复出位

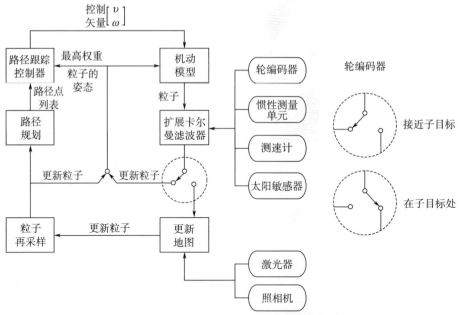

图 9-9　Kapvik 微型巡视器的基于扩展卡尔曼滤波器的 SLAM 架构［来源：罗伯·休伊特，卡尔顿大学］
和鉴于 Kapvik 微型巡视器在 CSA 的火星场所进行的成功场地试验，随后扩展卡尔曼滤波器被更新为
容积卡尔曼滤波器。［来源：伊恩·辛克莱，MPB 通信集团允许发表］

置，因为机器人是跟踪多重位置置信度。

多种假设会增加计算代价。如果一个连续的环境被嵌入一个每个单元格都具有离散化概率值的网格地图，那么这就使用了马尔可夫方法。这样会更易于计算。一个固定分辨率的地图包括一个占用网格，网格中每个单元格都被认为是被一个障碍物占用的（不可通过的）或者是空的自由空间（可通过的）。随着地图的扩展，构建地图需要的内存也会增长。因此更倾向于使用不包括几何信息的拓扑表示。当存在多种备选假设时，每一种假设的结果都能够断定并被实验验证。这些假设从概率上有效地预测了观测结果。概率分布反映了对假设集合中每个假设的置信程度。如果观测到了预测的事件，就会增强对应的预测假设的置信度。假设 H 被认为是迹象 E 的原因。假设必须是互斥且完备的。贝叶斯定理是更新概率分布的最简单的方法。它被用于融合观测和运动测量值[850-853]。贝叶斯推理通过概率估计融合了多传感器的数据得到正确的状态[854]。贝叶斯方法不需要高斯噪声假设，仅仅依靠观测值。

粒子滤波器表示了巡视器在环境中的不同位置的置信度。它们将未知的非高斯概率分布表示为一组经过加权的粒子。巡视器在一个指定时间指定位置的初始概率包含了先验概率。贝叶斯规则被用于基于先验概率和来自传感器测量的新数据来计算关于巡视器位置的新置信度。贝叶斯滤波器根据传感器对其所处环境的测量值（距离测量值、相机图像、测程法等）来估计巡视器的位置状态 x（姿态）。贝叶斯滤波器假设环境特征可以使用一个马尔可夫链来描述，因此过去和未来的数据是独立的，未来的状态仅由当前状态决定。目标是在观测到的证据的基础上计算一个给定假设集合的概率。先验概率的集合在进行传感测量之前描述了每个假设的可能性。先验概率是基于之前试验的一种有效的内部模型，但主要是主观的。可观测量和假设的联合概率表示了当巡视器处于地图模型中给定位置时进行观测的可能性。感知证据调整先验概率从而使之变为后验概率。贝叶斯方法建立了关于巡视器位置的置信度模型。贝叶斯定理被用于估计当传感器数据为 s_i 的时候在状态空间 x_i 上的后验概率密度（置信度）[855-858]

$$\text{Bel}(x_t) = p(x_t \mid s_{0,\cdots,t}, m) \tag{9-73}$$

式中　x_t——时刻 t 的状态；

　　　$s_{0,\cdots,t}$——从时刻 0 到时刻 t 的传感器数据序列；

　　　m——世界模式（环境地图）。

贝叶斯定理有效地对内部模型和有噪声的感知似然性进行加权整合。有两种类型的感知数据——反映环境属性的外感知数据 y_i，例如相机采集的图像；内部状态测量得到的本体感知数据 u_i，例如里程计的测量值。

$$\text{Bel}(x_t) = p(x_t \mid y_t, u_{t-1}, y_{t-1}, u_{t-1}, \cdots, u_0, y_0) \tag{9-74}$$

式中，$s_{0,\cdots,t} = (y_t, u_{t-1}, y_{t-1}, \cdots, u_0, y_0)$。从输出的序列可以推断出系统的动态特性。贝叶斯滤波器（马尔可夫定位法）使用状态空间的一个均衡分布作为初始值迭代地估计置信度

$$\text{Bel}(x_t) = \frac{p(y_t \mid x_t, u_{t-1}, \cdots, y_0) p(x_t \mid u_{t-1}, \cdots, y_0)}{p(y_t \mid u_{t-1}, s_{0,\cdots,t-1})} \tag{9-75}$$

状态 x_t 的测量值 y_t 与过去的测量值无关：

$$p(y_t \mid x_t, u_{t-1}, \cdots, y_0) = p(y_t \mid x_t) \text{ 或 } p(y_t \mid x_t, u_{t-1}, \cdots, y_0) = p(y_t \mid x_{t-1}, u_{t-1})$$

因此

$$\mathrm{Bel}(x_t) = \frac{p(y_t \mid x_t)p(x_t \mid u_{t-1}, \cdots, y_0)}{p(y_t \mid u_{t-1}, s_{0,\cdots,t-1})} \tag{9-76}$$

在 $t-1$ 时刻的积分为

$$\mathrm{Bel}(x_t) = \eta p(y_t \mid x_t) \int p(x_t \mid x_{t-1}, u_{t-1}) \mathrm{Bel}(x_{t-1}) \mathrm{d}x_{t-1} \tag{9-77}$$

式中，$\eta = 1/(p(y_t \mid u_{t-1}, s_{0,\cdots,t-1}))$，为正则化常数。如果置信度被表示为高斯函数，这就是一个卡尔曼滤波器。需要计算三种概率分布——初始置信度（如果初始位置是未知的，则假设是均衡的）；下一个状态（动作）概率 $p(x_t \mid x_{t-1}, u_{t-1})$，表示一个概率性的动力学模型；感知概率 $p(y_t \mid x_t)$，表示一个基于传感器的概率性的传感器模型。假设时间独立的前提下，概率密度函数 $p(y, x)$ 可以看作变量的一种随机混合，这些变量建立了传感器的响应与给定的环境属性间的关系（通过与高斯噪声相卷积）。概率性的表示允许维护基于传感器的多种假设。最优的样本数量在 $100 \sim 500$ 之间。由于状态空间是连续的，置信度更新是有意义的，因此粒子滤波器使用了一组加权的离散状态空间采样（粒子）来近似置信度，其中重要性权重 p_i 的和为 1

$$\mathrm{Bel}(x) = \{x_i, p_i\}_{i=1,\cdots,n} \tag{9-78}$$

置信度可以近似为

$$\frac{p(y_t x_t)p(x_t \mid u_{t-1})\mathrm{Bel}(x_{t-1})}{p(y_t \mid s_{0,\cdots,t-1}, u_{t-1})} \approx p(x_t \mid x_{t-1}, u_{t-1})\mathrm{Bel}(x_{t-1}) \tag{9-79}$$

其中

$$p(y_t \mid x_t) \sim \frac{1}{p(x_t \mid x_{t-1}, u_{t-1})\mathrm{Bel}(x_{t-1})} \frac{p(y_t \mid x_t)p(x_t \mid u_{t-1}, x_{t-1})\mathrm{Bel}(x_{t-1})}{p(y_t \mid s_{0,\cdots,t-1}, u_{t-1})} \tag{9-80}$$

与高分辨率的基于网格地图的方法相比，这种粒子滤波器方法降低了对内存的需求。为了缓解低噪声传感器条件下的收敛速度慢的问题，可以使用一种混合的分布。估计后验概率函数的一种方法是在一系列基于占用栅格的地图上使用极大似然估计，每个位置 (x, y) 标记着是否被占用 $m = (0, 1)$：

$$\mathrm{Bel}(m_{xy}) = \eta p(y_t \mid m_{xy}) \sum_{m_{xy}=0}^{1} p(m_{xy} \mid m_{xy,t-1}, u_{t-1})\mathrm{Bel}(m_{xy,t-1})$$

$$= \eta p(y_t \mid m_{xy}) \mathrm{Bel}_{t-1}(m_{xy}) = \eta \frac{p(m_{xy} \mid y_t)p(y_t)}{p(m_{xy})} \mathrm{Bel}_{t-1}(m_{xy}) \tag{9-81}$$

马尔可夫决策过程可以用于根据观察到的变量的统计测量来对巡视器导航的状态转换建模。它可以提供随机环境中的控制。马尔可夫定位基于传感器数据将巡视器的位置表示为环境中每个网格点上的概率分布。这是一种利用直方图来追踪位置不确定性的多重假设方法。该方法会维持巡视器在其所处环境中所有可能的位置的概率密度，并在巡视器获得新的传感器数据后进行更新。这非常适用于动态环境。马尔可夫模型是随机过程模型，其概率的变化只取决于当前状态（马尔可夫特性）——趋向于平稳。马尔可夫定位是贝叶斯方法的一个变种，使用对先验概率分布的离散逼近。根据贝叶斯规则，在状态并不是完全可观测的时候，必须要提供一个观测模型。隐马尔可夫模型（Hidden Markov Model，HMM）是最简单的贝叶斯网络，将观测到的数据作为信号，可以用于识别巡视器的行为[859,860]。一个系统被表示为一组离散的状态，而系统的演化表示为以一定概率分布进行的状态的转变。贝叶斯定理用于根据可观测的状态来估计隐藏状态的概率。

以零为初值的全局定位需要关于巡视器状态（位置）假设的多模式的表示（以解决机器人被“绑架”时的问题）。每种假设可以作为一个扩展卡尔曼滤波器，组合在一起表示为一个混合高斯模型。然而，对于非线性系统，必须要使用一个通用非高斯概率分布函数来对巡视器的状态（位置）进行近似。这是使用递归版本的蒙特卡洛算法来实现的，该方法基于概率密度的点质量表示（即粒子滤波器）。粒子滤波器算法近似使用一系列粒子的后验分布，这些粒子是根据概率分布的贝叶斯估计对状态分布的随机采样。这种粒子滤波器根据可能位置的概率分布通过一组加权的样本（粒子）来表示置信度[861]。用于表示多个位置的概率分布是非高斯的。粒子滤波器适用于非高斯系统。有几种粒子滤波器：需要重采样（将低概率粒子替换为高概率粒子以防止粒子驱散）的粒子滤波器，包括序贯重要性采样（Sequential Importance Sampling，SIS）粒子滤波器和引导粒子滤波器（除更新方法外与 SIS 方法类似）；不需要重采样的粒子滤波器，包括可能使用了蒙特卡洛方法，Gauss – Hermite 方法，或无迹方法近似的高斯粒子滤波器。蒙特卡洛方法对于随机建模是有效的，并不局限于高斯概率密度函数[862]。Gauss – Hermite 粒子滤波器运行时间最短。粒子滤波器是一种用来逼近可信状态的马尔可夫链的蒙特卡洛算法[863]。粒子滤波器是贝叶斯滤波器的一个变种，维护了对于巡视器姿态和朝向位置的一组假设。使用粒子滤波器（蒙特卡洛算法使用采样来近似概率密度函数）进行的随机采样包含了随机采集的可能位置的表示，而不是环境中所有可能的位置。这减少了马尔可夫定位的计算代价。使用概率值对样本集合进行加权增加了较高概率的样本。使用状态和权重来描述粒子集合

$$s(k) = (x_i(k), w_i(k)) \tag{9-82}$$

其中

$$w_i(k) = p(z(k) \mid x_i(k))$$

一旦知道了姿态的概率分布函数，（通常）就可以从加权平均值来估计姿态。在进行几轮迭代之后，位置的不确定性被降低——绝大多数权重非常小的粒子可以被忽略，因为它们并不代表该位置。当粒子中样本的容量低于一定的百分比时，需要进行重采样。小权重的粒子被淘汰，取而代之的是复制的高权重粒子。粒子滤波器进行采样并针对定位更新最大后验概率密度估计。

马尔可夫链蒙特卡洛方法是一种随机模拟，用于从一个复杂分布（例如贝叶斯后验分布）中生成一个样本。在基于蒙特卡洛方法的粒子滤波器中，状态的后验概率密度通过在概率密度函数（Probability Density Function，PDF）随机抽取得到[864]。蒙特卡洛方法随着时间来更新这些粒子——后验分布通过系统的重复观测来更新。依据可能性对样本进行选择，集中于高可能性状态——该属性提高了粒子滤波器的效率。样本的使用减少了对计算内存的需求，可以进行多模式分布的概率表示。粒子滤波器是递归的，所以包含两个阶段[865]——对每个粒子根据现有系统模型进行加权以预测下一个状态概率密度函数，然后根据最新观测值对权重进行重新估计。序贯重要性重采样滤波器是一种基于绝大多数粒子滤波器使用的递归蒙特卡洛方法。后验概率密度由大量的带有权重的随机样本来表示。粒子滤波器方法如下：

1）初始化生成样本（粒子）的状态向量，来近似预测概率密度函数 $p(x_{k-1} \mid z_{k-1})$

$$s_k = (x_k^i, w_k^i) \tag{9-83}$$

2）根据测量值 z_k 的可能性 x_k 来更新每个样本的重要性权重 w_k^i

$$w_k^i = w_{k-1}^i p(z_k \mid x_k^i) = w_{k-1}^i p(z_k - h(x_k^i)) \tag{9-84}$$

权重意味着特定粒子的质量。由下述公式正则化

$$w_k^i = \frac{w_k^i}{\sum_i w_k^i} \tag{9-85}$$

以确保

$$\sum_{i=1}^n w_k^i = 1$$

权重根据重要性采样原则来选取以逼近后验概率密度函数 $p(x_k \mid z_{k-1})$。状态估计包含对所有粒子的加权和

$$\hat{x}_k = \sum_{i=1}^n w_k^i x_k^i \tag{9-86}$$

基于样本的后验概率密度在 n 趋于无穷的时候以 $1/\sqrt{n}$ 的比率收敛于真实的后验概率密度。

3）由于粒子的发散，粒子的方差随着时间增加。重采样选择高可能性的样本来提高概率。重采样使用了源自于序贯重要性采样算法的序贯重要性重采样滤波器，包含样本集 $(s_1, \cdots, s_n)$，替换的样本为 (s_i, p_i)，其中 p_i 为概率权重函数。N 个样本以如下的概率被替换

$$w_k^i = \frac{1}{N} \left(N = \frac{1}{\sum_i (w_k^i)^2} < N_{\mathrm{th}} \right) \tag{9-87}$$

式中，N_{th} 为阈值，标称为 $2/3 N$。为了减少发散的影响，需要一个很大的 N_{th} 来增加 N 的数量。重采样发生于 N 低于阈值的时候——重采样包含消除低权重的粒子以向高权重的粒子集中。重采样包含从一个后验概率密度函数 $p(x_k \mid z_{k-1})$ 的近似表示生成一个新的粒子集合。序贯重要性重采样滤波器使用一种离散近似，而正则粒子滤波器（Regularized

Particle Filter，RPF）则使用一种连续近似来防止由于所有粒子都过于集中引起的样本贫化。

4）预测阶段对状态方程进行模拟并回到 2）进行迭代循环。

针对 SLAM 应用，粒子滤波器给出了比扩展卡尔曼滤波器更好的结果[866]。随着状态维度的增加，需要大量的粒子，会导致高昂的计算代价。为了减轻计算负担，可能会减少粒子的数量，但是这可能会引起样本贫乏从而导致粒子分布对概率分布函数的逼近较差[867]。有人提出，在自定位的过程中，可以基于 Kullback - Leibler 距离来减少样本数量，Kullback - Leibler 距离定义了真实后验概率与基于样本的后验概率之间的误差[868]

$$K(p,q) = \sum p(x)\log\left(\frac{p(x)}{q(x)}\right) \tag{9-88}$$

这些基于蒙特卡洛法的方法计算量都很大。应用蒙特卡洛方法处理大尺度的样本时往往比较棘手——这种情况下会使用多元高斯近似。因为要处理大量的粒子，粒子滤波器很难实时实现。然而，如果过程模型或者观测模型是线性的，可以使用 Rao - Blackwell 简化来减少计算负荷。Rao - Blackwell 粒子滤波器维护所有巡视器和环境状态的后验概率，广泛用于解决 SLAM 问题。比较粒子滤波器和扩展卡尔曼滤波器的性能，可以发现扩展卡尔曼滤波器没有粒子滤波器准确但是计算速度更快[869]。与卡尔曼滤波器相比，贝叶斯方法在处理复杂环境中的复杂传感器模型时具有一些优势——卡尔曼滤波器假设零均值的高斯噪声并且不能处理系统误差和高度非线性的系统[870]。古特曼（Gutman）等（1998）[871]比较了卡尔曼滤波器和马尔可夫定位方法[872]，发现卡尔曼滤波器更高效，更准确；而马尔可夫定位法对噪声的鲁棒性更好。然而，粒子滤波器的计算量非常大。

9.7　快速自定位与建图

SLAM 的问题可以表示为树形的动态贝叶斯网络，巡视器的状态 X_k 为关于巡视器控制输入 u_k 的函数。每个地标的测量值 z_k 为关于地标位置 k 与巡视器状态 x_k 的函数。协方差矩阵随着地图的特征数变化而平方级别增长。对于一个在二维地图中有 n 个特征的机器人，协方差矩阵会有 $(2n+3)^2$ 个元素。在粒子滤波器中，粒子的有限集合（采样状态）以概率分布的形式表示，这可以对系统的状态进行置信度表示。高概率状态空间包含大量的粒子，而低概率区域包含的粒子数目较少或者没有。对于自定位和制图所需的典型的粒子数为 2 000～5 000 个。概率加权法根据置信度的似然函数来对每个粒子分配权重。有足够多的粒子时，粒子滤波器可以表示复杂的多维的概率分布。然而，粒子的数目随着估计状态的数目的增加而指数级别增长，这限制了粒子滤波器只能解决低维问题。SLAM 基于地图，利用机器人的路径，计算后验概率分布

$$p(x_i, \theta \mid z_i, u_i, n_i) \tag{9-89}$$

式中　x_i——测量的机器人位置；

θ——测量的地图上地标的位置；

z_i——测量序列；

　　　u_i ——控制输入值；

　　　n_i ——与变量相关的数据。

　　快速自定位与建图（FastSLAM）的实现是以通过地标位置估计实现机器人定位为前提。通过对机器人的路径和环境地图解耦，来降低计算量。对于维度低的机器人姿态，FastSLAM 使用粒子滤波器来对其进行估计，而维度比较大的环境状态，FastSLAM 使用扩展卡尔曼滤波器来对其进行估计（也就是说，FastSLAM 是粒子滤波器和扩展卡尔曼滤波器的混合）。Rao – Blackwell 理论涉及联合使用粒子滤波和卡尔曼滤波方式来弥补小的粒子数目 N 并降低其收敛。用粒子滤波器的加权样本来表示轨迹，用扩展卡尔曼滤波器来表示地图中的地标。这假设巡视器的路径和地标测量是条件独立的。FastSLAM 的复杂度随着地图中的地标数目 K 而指数增加，即复杂度正比于 $O(N\log K)$[873, 874]。N 个粒子中的每个粒子均估计巡视器的路径，对于 K 个地标位置，这些粒子用 K 个独立的卡尔曼滤波器。根据非线性模型 $p(x_i \mid x_{i-1}, u_i)$ 得到机器人的状态，通过非线性测量模型 $p(z_i \mid x_i, \theta, n_i)$ 来得到传感器的测量值。FastSLAM 问题涉及确定所有地标 θ 的位置，通过测量值 z_k 和控制输入值 u_k 计算后验概率得到巡视器的位置 x_k。因此，FastSLAM 假设后验概率可被分解为 k 个机器人定位和独立地标位置后验概率的乘积[875]

$$p(x_k, \theta \mid z_k, u_k, n_k) = \eta p(z_k \mid x_k, \theta_n, n_k) p(x_k \mid x_{k-1}, u_k) p(x_{k-1}, \theta \mid z_{k-1}, u_{k-1}, n_{k-1})$$

$$(9-90)$$

因此

$$p(x_k, \theta \mid z_{k-1}, u_k, n_k) = p(x_k \mid x_{k-1}, u_k) p(x_{k-1}, \theta \mid z_{k-1}, u_{k-1}, n_{k-1}) \quad (9-91)$$

式中，$p(x_k \mid x_{k-1}, u_k)$ 为巡视器的姿态的动态模型；$p(z_k \mid x_k, \theta_n, n_k)$ 为测量模型；n_k 为地标对应的映射指数（与变量相关的数据）；θ_n 为观测到的地标位置。将 n_k 映射为观测值和地标之间的数据，代表着数据关联问题。卡尔曼滤波只保留了一个基于最大似然的单一数据关联，多重数据表达可以获得更好的性能。FastSLAM 假设后验概率被分解为巡视器后验概率和 K 个独立的地标在给定路径条件下的后验概率的乘积

$$p(x_k, \theta \mid z_k, u_k, n_k) = p(x_k \mid z_k, u_k, n_k) \prod_{i=1}^{K} p(\theta_i \mid x_k, z_k, u_k, n_k) \quad (9-92)$$

　　这就可以使用粒子滤波器来处理巡视器路径，用 K 个卡尔曼滤波器来处理代表地标位置的每个粒子。通过巡视器路径的不确定性生成不同地图地标的不确定性——如果巡视器的路径确定，地标的误差应该彼此独立。根据后验概率 $p(x_k \mid z_k, u_k, n_k)$ 和后验 $s_k^i \sim p(s_k \mid s_{k-1}^i, u_k)$ 回归得到粒子集合 $s_k = \{s_1^i, s_2^i, \cdots, s_k^i\}$，其中 s_{k-1}^i 表示巡视器在时间 $k-1$ 的后验估计值。新的粒子分布（建议分布）为 $s_k^i \sim p(s_k \mid z_{k-1}, u_k, n_{k-1})$。$N$ 个粒子以这种方式生成。FastSLAM 从粒子集合中再取样形成一个新的粒子集合，取样形成的概率分布与重要性权重成正比

$$w_k^i = \frac{p(s_k^i \mid z_k, u_k, n_k)}{p(s_k^i \mid z_{k-1}, u_k, n_{k-1})} \approx \int p(z_k \mid \theta_n^i, x_k^i, n_k) p(\theta_n^i) d\theta_n \quad (9-93)$$

　　根据大致所需的巡视器的位置的后验概率 $p(x_k \mid z_k, u_k, n_k)$ 得到产生的样本。通过扩展卡尔曼滤波器得到地标位置的条件估计值 $p(\theta_i \mid x_k, z_k, u_k, n_k)$，每个对应巡视器

的姿态粒子 s_k。扩展卡尔曼滤波器使用测量模型的线性版本

$$p(z_k \mid x_k, \theta_k, n_k) = h(x_k, \theta_n, n_k) + v_k \tag{9-94}$$

式中，v_k 为均值为 0，方差为 R_k 的高斯估计噪声。也可以使用巡视器移动线性模型

$$p(x_k \mid x_{k-1}, u_k) = f(x_{k-1}, u_k) + w_k \tag{9-95}$$

式中，w_k 为均值为 0，方差为 P_k 的高斯过程。因此，需要计算 n_k 个扩展卡尔曼滤波器。重要性权重可以被减少为

$$w_k^i \approx \frac{1}{\mid 2\pi Q_k^i \mid^2} e^{-\frac{1}{2}(z_k - \hat{z}_k^i)^\mathrm{T} Q_k^{i-1}(z_k - \hat{z}_k^i)} \tag{9-96}$$

其中

$$Q_k^i = H_k^{i\,\mathrm{T}} \sum\nolimits_{k-1}^i H_k^i + R_k$$

式中　H——估计函数的第一阶泰勒因子；

　　　$\sum\nolimits_{k-1}^i$——测量方差。

对机器人的姿态进行估计，使用粒子滤波器得到的估计值与贝叶斯滤波器得到的估计值相近[876]。每个粒子代表巡视器姿态，其有一个独立的扩展卡尔曼滤波器集合来对地图上的特征地点进行估计。机器人的后验估计可以分解为更简单的项目的乘积——基于机器人路径的单独估计与地图上环境特征的位置估计相互独立的前提下。每个环境特征由扩展卡尔曼滤波器集合基于滤波器生成的机器人路径来得到。有两个 FastSLAM 算法——版本 1.0 是基础，版本 2.0 在其之上做了一些改进。根据贝叶斯准则得到的真实分布进行加权得到粒子分布

$$w_i = \frac{1}{\sqrt{\mid 2\pi Z_k \mid}} \exp\left[-\frac{1}{2}(z_k - \overline{z}_k)^\mathrm{T} Z_k^{-1}(z_k - \overline{z}_k)\right] \tag{9-97}$$

其中

$$Z_k = H_k P_k H_k^\mathrm{T} + R_k$$
$$P_k = (I - K_k H_k P_{k-1})$$
$$K_k = P_{k-1} H_k^\mathrm{T}(H_k P_{k-1} H_k^\mathrm{T} + R_k)^{-1}$$
$$H_k = \partial h / \partial \lambda$$

通过与权重成比例采样，得到一个新的粒子集合。这个再采样保持了粒子的数目，同时消除了不可能的候选对象，还不影响粒子的多样性。FastSLAM 1.0 与 FastSLAM 2.0 的区别在于它们的建议分布以及重要性权重不同：与 FastSLAM 1.0 不同，FastSLAM 2.0 包括最近测量得到的 z_k 值，而不是仅包括巡视器模型在设定地点的采样值[877]。对于过程噪声比测量噪声更大的场景不易实现，因为其为巡视器位置引入了低的测量可能性。相对于 FastSLAM 1.0，FastSLAM 2.0 的鲁棒性更强，性能更优越。FastSLAM 1.0 从后验 $s_k^i \sim p(s_k \mid s_{k-1}^i, u_k, z_k, n_k)$ 中提取样本，而 FastSLAM 2.0 从 $s_k^i \sim p(s_k \mid s_{k-1}^i, u_k)$ 中提取样本。FastSLAM 2.0 的建议分布为

$$p(s_{k-1} \mid z_{k-1}, u_{k-1}, n_{k-1}) p(s_k \mid s_{k-1}, z_k, u_k, n_k) \tag{9-98}$$

重要性权重为

$$w_k^i = \eta p(z_k \mid s_{k-1}^i, z_{k-1}, u_k, n_k) \tag{9-99}$$

对粒子权重进行些许修正，为

$$Z_k = H_k Q H_k^T + H_k P_k H_k^T + R_k \tag{9-100}$$

无迹 FastSLAM 使用无迹滤波来更新基于地图特征的测量值得到的状态估计值[878]。因为使用无迹滤波来对估计状态进行更新，因此不需要对非线性函数进行线性近似。无迹FastSLAM 不需要像 FastSLAM 1.0 和 FastSLAM 2.0 那样计算雅可比行列式。它比FastSLAM 2.0 精度更高，而计算量只有小幅度增加。

　　Kapvik 微型巡视器在雷达扫描前，使用扩展卡尔曼滤波器估计和 FastSLAM 算法来对巡视器和地图的状态进行修正。这与可用雷达扫描的频率限制相适应。在每次扫描前，通过动态模型（先验）传送粒子集合。通过里程计、惯性测量单元、太阳敏感器的测量值更新得到的卡尔曼测量值，应用于每个粒子。这个过程在每次雷达扫描前可进行多次。在雷达扫描后，求容积。FastSLAM 2.0 根据雷达的测量结果对状态进行更新。姿态估计的不确定度可以用来指出何时适合使用雷达。神经网络用来对测量值进行分类，执行数据关联。在 SLAM 算法中，其中一个比较难的问题与数据关联（也就是测量数据与环境的几何地图的相关性）相关。数据关联涉及关联目标的观测值——对于移动的物体尤其有挑战性。SLAM 算法的稳定性主要取决于数据关联性，而数据关联必须解决感知偏差问题。为了解决数据关联问题，经常通过使马氏距离最小的方法，选择使测量值 z_k 的似然最大的n_k 值（最大似然估计）。矢量 x 和 y 的不同可以通过马氏距离来量化

$$d_M = \sqrt{(z_k - \overline{z})^T Z_k^{-1} (z_k - \overline{z})} \tag{9-101}$$

式中，Z 为状态协方差；z 为测量值。在测量值中，选取使网格地图表达的能量矩阵最小化的数据，实现数据关联（等同于马氏距离的最大似然估计）[879]。通过使传感器测量值 z 的概率最大化（最大似然估计器）进行数据关联。一旦存在有超过一种的数据关联方式，产生多个假设，使用分支树对其进行表达。选择使后验概率最大的状态。无迹卡尔曼滤波器已经应用于解决 SLAM 问题[880]。无迹卡尔曼滤波器选择 $2n+1$ 个 σ 点，每个点的权重为$w_i(i=1,2,\cdots,n)$：

$$\sigma_i = \hat{x}_{l|k} + \sqrt{(n+\kappa) P_{l|k}} \tag{9-102}$$

其中

$$w_i = \frac{1}{2(n+\kappa)} \tag{9-103}$$

式中，l 为 k 或者 $k+1$；κ 为自由度，$n+\kappa=3$。

$$\sigma_{i+n} = \hat{x}_{l|k} + \sqrt{(n+\kappa) P_{l|k}} \tag{9-104}$$

其中

$$w_{i+n} = \frac{1}{2(n+\kappa)} \tag{9-105}$$

　　无迹卡尔曼滤波器涉及计算状态协方差矩阵在每个时间步长的平方根，它与FastSLAM 的另外一个不同是对状态方程进行划分，模型的线性部分使用卡尔曼滤波器，

非线性部分使用粒子滤波器（也就是利用粒子滤波器实现对巡视器的位置估计，利用卡尔曼滤波器实现对位置导数的估计[881]）。使用由不变特征构造而成的视觉词汇，代表着另外一种可能性，即在用从符号词汇中选择得到的符号属性来表示场景[882]。卡尔顿大学已经在 Husky 试验中实现了 FastSLAM 自主导航算法（见图 9‑10）。

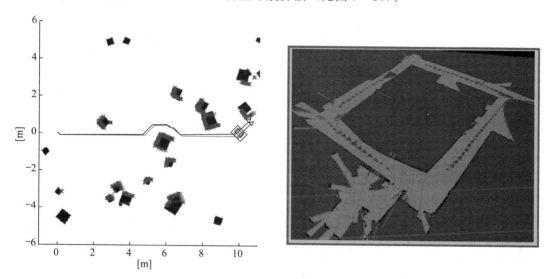

图 9‑10　穿过障碍物区域的 FastSLAM 导航仿真图（左图）[来源：罗伯·休伊特，卡尔顿大学] 和室内的物理环路（右图）[来源：巴勃罗·莫利纳（Pablo Molina），卡尔顿大学]

在 Kapvik 微型巡视器的地形地图中，已经使用神经网络方法来对雷达数据进行分类[883,884]（见图 9‑11）。在模拟环境下，神经网络自动对激光扫描数据分类，生成障碍物网格地图[886]。通过卡尔曼滤波器得到神经网络的权重，在文献 [887] 中应用这种方法结合输出来解决数据关联问题

$$y_i = f(w_i, u_i) + v_i \tag{9-106}$$

式中，$w_i = w_{i-1} + \omega_i$，为状态模型；v_i 和 w_i 分别是测量值和状态噪声；$f()$ 为神经网络。FastSLAM 2.0 估计巡视器的姿态，神经网络将其作为输入。障碍物的均值和方差也是神经网络的输入。在真实环境中建立火星地形的模拟模型，地形中有随机分布的岩石，基于此环境建立卡尔曼滤波训练算法，神经网络基于此算法进行学习。因为雷达扫描非常耗费时间，在雷达扫描之间的定位算法采用了 FastSLAM 2.0 的改进版本[888]。尽管通过模拟的环境学习，但是在真实的户外环境下，系统展现了很好的性能（见图 9‑12）。

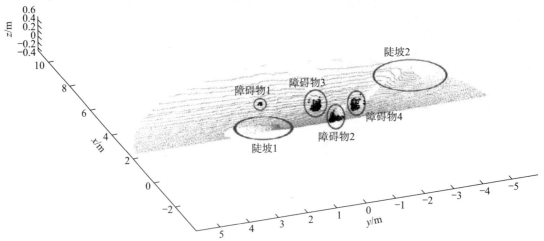

图 9-11　FastSLAM 2.0 在皮特里岛测试中检测巡视器的障碍物地图
[来源：罗伯·休伊特，卡尔顿大学]（见彩插）

(a) 平面图

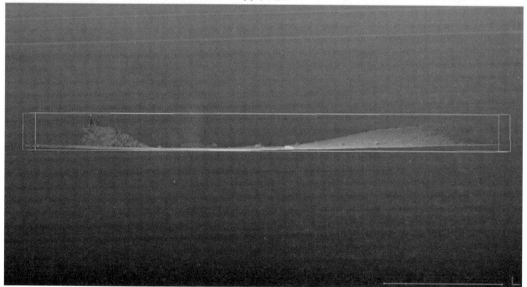

(b) 斜程图

图 9-12　加拿大航天局（CSA）的火星试验场进行的雷达试验，在巡视器前进过程中
FastSLAM 2.0 地形地图［来源：罗伯·休伊特，卡尔顿大学］（见彩插）

第 10 章　路径规划

因为低分辨率的卫星影像不足以获取行星表面的局部岩石分布情况，所以需要在线的巡视器路径规划。巡视器经过 SLAM 过程生成了周围环境地图后，它的自主导航模块会生成到达目标的轨迹（见图 10 - 1）。这属于路径规划和执行的范围。现有的几种路径规划方法复杂度各不相同，其中势场法是最实用灵活的。

10.1　搜索算法的路径规划

Bug 算法是最简单的避障算法，当机器人每经过一个障碍物时，会沿着其轮廓行驶。Bug2 算法也是沿着障碍物轮廓行驶，但机器人看到目标后，就会驶离障碍物。TangentBug 算法引入了范围检测和能够获取最优路径的局部切线图。在自由空间中，切线图包含了连接初始位置、目标和障碍物的所有线段。WedgeBug 算法则引入了楔形感知视野的模型[889]。基于 TangentBug 算法的 WedgeBug 算法已经应用于星球巡视器的导航任务。TangentBug 算法假设全方位视野，WdegeBug 算法则考虑了传感器的有限视场（FOV），同时实现了凝视控制。传感器利用楔形图 $W(x，v)$ 感知目标距离，楔形图 $W(x，v)$ 的半径为 r，视场角以速度 v 的方向为中心，大小为 2α。WedgeBug 算法完备而准确，并使用一个世界模型和器载传感器实现运动规划。而 TangentBug 算法使用的是小型世界模型，仅能感知障碍物的端点。规划器有两个功能——移动至目标（Motion - to - Goal，MtG）模式和增量互动的边界跟踪（Boundary Following，BF）模式。MtG 是典型的主导行为，引导机器人驶向目标。

如果机器人遇到了某一阻挡障碍物，其对应局部极小值 $d(x，T)$，它的规划器会切换到 BF 算法以绕开障碍物的边界，直至机器人又回到规划到达目标的一个新子路径。RoverBug 算法是 WedgeBug 算法的扩展，它在构建地图的同时减少了计算要求[890-893]。它已应用于 JPL Rocky 7 巡视器的测试平台。由障碍端点得到的局部信息用来构建局部地图——障碍边界表示为轮廓，端点包括障碍顶点。在世界模型中仅存储边界端点，节省了计算资源。它基于两种操作模式——MtG 和 BF——它们相互作用以便收敛。MtG 是主要模式，并且图形由连接起始位置、所有对象顶点和目标位置的全部自由空间线段构成。考虑到巡视器的外形尺寸，需要扩展障碍物轮廓，以生成构型空间的障碍物。巡视器按照直接通过自由空间（直行）或沿着障碍物的边界（滑行）的模式行驶，以缩短与目标的距离。此算法通过局部地图的 A * 搜索生成到达目标的最短路径。罗（Rowe）和里赛博格（Richburg）（1990）提出了一种新的基于光线跟踪和斯涅尔定律（Snell's law）的路径规划方法，光线的路径遵循费马原理（Fermat's principle），以时间最短选择两个位置之间

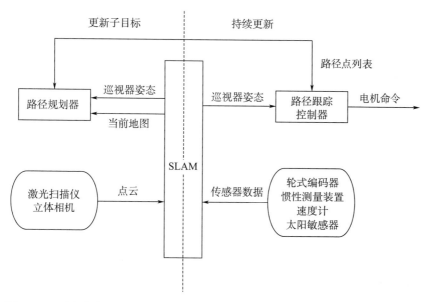

图 10 - 1　路径规划以及它和 SLAM 的关系 [来源：马克·加仑特，卡尔顿大学]

的路径[898]；对于障碍物密集的野外场地，需要避障路径规划技术，因此它不适合野外岩石场的巡视器探测任务。

　　拓扑地图的路径规划比较简单，因为它仅需要简单的图搜索，而度量地图则首先需要离散化[899]。现已有许多图遍历穷举搜索算法，如广度优先（Dijkstra 算法）、A * 或 D * 算法（动态 A * 算法）。图搜索选择一个代价函数，以确定沿着给定路径行驶的功耗。Dijkstra 算法是最基础的通过图形寻找最短路径的图搜索方法，它保存部分路径的工作序列，并在每个节点处更新最短距离：

```
for all cell nodes v do dist （v）：= ∞ end for；
dist （S）：=0；
Paths：= ｛ ［S］ ｝；
while Paths ≠ ｛｝ do
  select P from Paths；
  t：=head （P）；
  for each neighbour n of t do
    newdist：=dist （t） +length （edge （n，t） ）；
    if newdist< dist （n） then
      dist （n）：=newdist；
      Paths：=Paths U ｛P+n｝；
      endif；
    endfor；
endwhile；
```

　　该算法可以选择广度优先、深度优先或最佳优先搜索。最佳优先搜索扩展了最少的路径，深度优先搜索是最简单的，广度优先搜索是两者的折中。Dijkstra 算法适用于理论研究，但在移动机器人的导航中价值有限。"路径寻找"问题需要在避开障碍物的同时，确定从物体初始位置到目标点的连续路径。构型空间或 C-空间中，障碍物的模型为凸多边形，机器人通过远离这些障碍物到达目标点。代表着每个障碍物的凸多边形扩展为 C-空间障碍物，以对应机器人的尺寸，机器人则缩小为一个点。另外一种方法是广义柱面（generalized cylinders）法，它将二维广义柱面拟合到三维空间，但会造成障碍物的重叠。然后可以计算障碍物之间的自由空间路径。最短路径应包括旋转路径，以便避开 C-空间障碍物。传统的搜索数字网格地图的无碰撞路径方法，是在基于网格的地形图上使用 A ∗ 搜索算法。A ∗ 算法是一种启发式搜索算法，它是 Dijkstra 算法的扩展。它扩展每个顶点以生成搜索树，搜索树计算了从起始节点到当前节点的代价，和从当前位置到目标节点的代价。这种图遍历的最佳优先 A ∗ 算法可以用于找到最小代价路径（即最小最大原理）。它是一种分支限界（Branch and Bound）图搜索算法，它基于代价函数（cost‐to‐go）来搜索经过树的最小代价路径。尽管它在最坏情况下的表现较差，但它在处理一般的情况时非常有效。在起始节点 S 和目标节点 G 之间的任意中间节点 N，可以计算 N 和 G 之间以及从 S 到 N 的最短直线路径。首先通过扩展最有希望的路径，可以得到 S 和 G 之间的最短路径的最优值：

```
for all nodes v do dist (v)：＝ (end for;
dist (s)：＝0；
shortest：＝∞；
Paths：＝ ｛ [S] ｝；
while Paths（ ｛｝ do
    select P from Paths with minimum minlength (P)；
    t：＝head (P)；
    for each neighbour n of t do
        newdist：＝dist (t) ＋length (edge (n，t) )；
        if newdist ＜ dist (n) then
            dist (n)：＝newdist；
            Paths：＝Paths U ｛P＋n｝；
            endif；
        endfor；
endwhile；
```

　　A ∗ 算法使用评估函数对节点排序。在基于行驶距离的代价函数构建表示障碍物之间直线轨迹的自由空间走廊时，可以使用图形遍历 A ∗ 算法来识别路径段。A ∗ 算法是最佳路径规划算法，并需要基于网格的表示。使用最小化功耗和风险的评价是必要的。每个弧段具有以下代价函数[900]

$$C(A_i) = K_1 C_d(A_i) + K_2 C_n(A_i) + K_3 C_m(A_i) \qquad (10-1)$$

式中，$C_d(A_i) = LS_{max}(1 + \Delta z/L)/(H(S_{max} - \Delta z/L))$，为距离和坡度度量；$C_n(A_i) = \min(n_k)$，为地面特征度量；$C_m(A_i) = (1/N)\sum_{i=1}^{N} \rho_v(P_i)/H[\rho_0 - \min(\rho_v(P_i))]$，为移动性度量；$\Delta z$ 为弧段高差；L 为线段长度；S_{max} 为最大坡度；$H(x) = 0$，如果 $x < 0$ 或者 $x = 1$，A_i 为 A* 线段；n_k 为地面粗糙度；ρ_0 为曲率极限；N 为线段像素数。可以在低分辨率上通过两步 A* 算法得到直线段路径，然后在高分辨率上得到安全路径——在计算上这两步方法比单个 A* 搜索方法更容易进行。如果检测到障碍物，则沿着障碍物生成局部路径，然后回到其直线段路径。席勒（Schiller）（2000）介绍了一种基于最短行驶时间和车辆稳定性的路径规划的度量[901]。三阶段的优化过程最开始沿着路径确定车辆的最大速度，该路径是通过控制点的三次平滑 B 样条网格，车辆可以平稳动态地在上面行驶。这可以实现参数优化和搜索最佳路径。A* 算法的局限性是沿着连接顶点的边缘运动——对于八相邻网格，路径被局限为 $\pi/4$ 倍数的转向增量。A* 算法可以由基于导航距离、垂直危险度和转弯机动能力的路线代价来指导[902]。

更高效的方法是 D*（动态 A*）算法，路径再规划时它比 A* 算法（见图 10-2）更高效[903]。它是基于细胞分解的算法，其中每个基于网格的世界模型是由传感器获取的局部信息构建的。D* 算法可以有效地在未知或变化的环境中规划路径，而不用从起始位置规划。这特别适合于火星探测，因为环境最初未知，直到获取传感器反馈。该算法使用传感器数据来构建行驶路径的空间网格，并且在最小化后续行驶距离的同时能够避开障碍物。它为路径规划提供了一种快速反应的能力。问题空间被描述为包含机器人状态节点的有向图，节点之间通过一定代价的有向弧连接。D* 搜索算法构成了移动式导航的分布式结构（Distributed Architecture for Mobile Navigation，DAMN）的核心[904]。D* 算法和 A* 算法一样，健全、完善而优化，但 D* 算法的计算速度比 A* 算法快 200 倍。D* 算法能够以有效、最优和健全的方式规划未知、部分已知和变化环境中的路径[905]。它类似于 A* 算法，但当遇到一个未知的障碍物时，它可以在动态地生成路径的过程中改变代价参数。与 A* 算法不同，它不会在规划失败时重新计算新路径，而是在获得新信息时递增地修复路径。基于网格的 D* 算法路径被标记为相邻单元之间移动代价、到达最终目标节点的估计代价和朝向目标节点的指针。除目标节点状态 G 之外，每个状态 x 都有一个指向下一个状态的后向指针 $b(x) = Y$，并且一系列后向指针表示到达目标节点的路径。从状态 Y 到 X 的遍历代价是 $c(X, Y)$。D* 算法最先用来计算机器人环境中到达所有位置的最佳路径。与 A* 算法类似，它搜索图的遍历代价值以寻找到达目标节点的最小代价路径。D* 算法和 A* 算法都有一个表示节点状态的开放（OPEN）列表，列表最初只含有零值代价的目标状态。OPEN 列表上具有最大路径代价的节点状态会不断地向其邻域节点扩展，并计算扩展后的路径代价。OPEN 列表只含有最小路径代价的状态，直到完成了所有网格的最优路径代价的计算。然后机器人沿着代表最优路径的指针行驶。在行驶时，如果遇到意外的障碍物，则需要重新计算最优路径。对于 A* 算法，这意味着从头开始。对于 D* 算法，此时的障碍物状态则更新为更高的代价，并且相邻网格被添加到 OPEN 列表中以计算到达目标的新路径。D＊算法通过增量地"修复"原来规划路径，重新计算最佳路径。

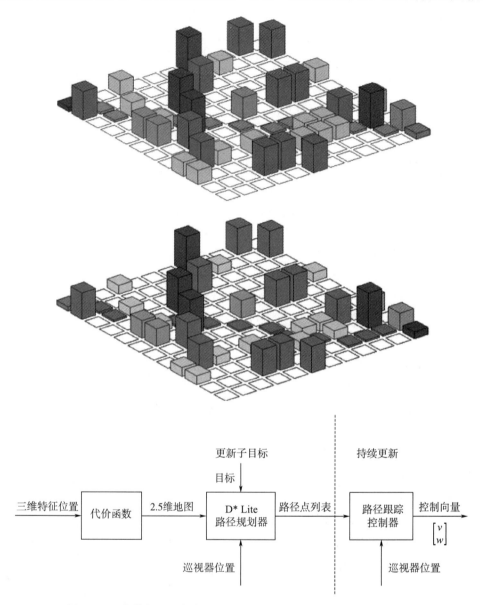

图 10 - 2　离散场上反方向的 D＊- Lite 图搜索和 D＊- Lite 架构实现

［来源：马克·加仑特，卡尔顿大学］（见彩插）

D＊算法中含有表示节点状态的 OPEN 列表，并且通过两个功能操作：前进状态
（PROCESS - STATE）计算到达目标节点的最优路径代价，而修正代价（MODIFY -
COST）改变弧段代价函数并将受影响的节点状态添加到 OPEN 列表。不断地进行
PROCESS - STATE 操作，直到将机器人的状态从 OPEN 列表中移除。然后机器人沿着
后向指针的顺序行驶，直到它抵达目标或在代价函数中发现错误。最后 MODIFY - COST
功能操作纠正错误。D＊算法的主要内容如下：

Function: PROCESS - STATE()

L1　X＝MIN - STATE( )

L2　if X＝NULL the return　 －1

L3　k_{old}＝GET - KMIN( )

L4　DELETE(X)

L5　♯ Reduce h(X) by lowest - cost neighbour if possible

L6　for each neighbour Y of X:

L7　　if t(Y)＝CLOSED and h(Y)≤k_{old}.

L8　　and H(X)＞h(Y)＋c(Y,X) then

L9　　　b(X)＝Y

L10　　　h(X)＝h(Y)＋c(Y,X)

L11　　endif

L12　endforeach

L13　♯ Process each neighbour of X

L14　for each neighbour Y of X:

L15　　♯ Propagate cost to NEW state

L16　　if t(Y)＝NEW then

L17　　　b(Y)＝X

L18　　　h(Y)＝h(X)＋c(X,Y)

L19　　　p(Y)＝h(Y)

L20　　　INSERT(Y)

L21　　endif

L22　　else

L23　　　♯ Propagate cost change along backpointer

L24　　　if b(Y)＝X and h(Y)(h(X)＋c(X,Y) then

L25　　　　if t(Y)＝OPEN then

L26　　　　　if h(Y)＜p(Y) then p(Y)＝h(Y)

L27　　　　　　h(Y)＝h(X)＋c(X,Y)

L28　　　　　endif

L29　　　　else

L30　　　　　　p(Y)＝h(Y)

L31　　　　　　h(Y)＝h(X)＋c(X,Y)

L32　　　　endelse

L33　　　　INSERT(Y)

L34　　　endif

L35　　　else

L36　　　　　＃Reduce cost of neighbour if possible

L37　　　　　if b(Y) ≠X and h(Y)＞h(X)＋c(X,Y) then

L38　　　　　　if p(X)(h(X) then

L39　　　　　　　b(Y)＝X

L40　　　　　　　if t(Y)＝CLOSED then p(Y)＝h(Y)

L41　　　　　　　h(Y)＝h(X)＋c(X,Y)

L42　　　　　　　INSERT(Y)

L43　　　　　　endif

L44　　　　　　else

L45　　　　　　　p(X)＝h(X)

L46　　　　　　　INSERT(X)

L47　　　　　　endelse

L48　　　　　else

L49　　　　　　＃Set up cost reduction by neighbour if possible

L50　　　　　　if b(Y)≠X and h(X)＞h(Y)＋c(Y,X) and

L51　　　　　　　t(Y)＝CLOSED and h(Y)＞k_{old} then

L52　　　　　　　p(Y)＝h(Y)

L53　　　　　　　INSERT(Y)

L54　　　　　　endif

L55　　　　　endelse

L56　　　　endelse

L57　　　endelse

L58　endforeach

L59　＃Return k_{min}.

L60　return GET – KMIN

L61　endfunction

Function：MODIFY – COST()

L1　＃Change the arc cost value

L2　c(X,Y)＝cval

L3　＃Insert state X on the OPEN list if it is closed

L4　if t(X)＝CLOSED then

L5　　p(X)＝h(X)

L6　　INSERT(X)

L7　endif

L8　＃Return k_{min}.

L9　　return GET – KMIN(　　)

L10　　endfunction

　　作为对 D * 算法的扩展，Focused – D * 算法更关注节点代价的更新以减少计算量[906]。它用到的启发式偏移函数有效地将计算时间缩短了两到三倍。在阿塔卡马沙漠生命（The Life in the Atacama，LITA）项目中，机器人利用天体生物学方法，通过基于 D * 算法的自主行驶探寻生命。该算法将到达目标所需电池能量的估计作为代价函数[907]。Theta * 算法，是 A * 算法的一个变体，它与 D * 算法相似，但是在接近最小长度路径的同时，具有更少的转向代价[908]。它不限于顶点边缘，可以在任何方向上生成路径。

　　可以通过对每个目标搜索波阵面进行传播来搜索多目标路径。波阵面在 Voronoi 边缘处会合，并形成起决定作用的势能脊。Voronoi 图由与两个或多个障碍物等距离的所有点的连线形成的边缘组成。Voronoi 图要求表达全局网格。因此，节点与通过线/表面连接的两个或更多个障碍物等距。这些连接的节点表示远离障碍物最大距离处的路线图。路线图倾向于将地图中的机器人和障碍物之间的距离最大化，但这不一定产生最佳路径。将对象分解为凸多边形的几何方法是 NP（多项式复杂程度的非确定性问题）难题，它是一种指数级计算方法，需要大量的简化假设，以使其便于处理[909]。这种指数级计算不能通过增加处理资源来解决，需要一种针对性的算法，而非通用的算法[910]。另一种选择是使用基于混合函数的参数曲线的（立方的）B 样条曲线的网格[911]——然而，它们不适合崎岖的地形。

10.2　基于势场法的路径规划

　　巡视器的人工势场是由以障碍物为中心的斥力场和以目标位置为中心的引力场共同合成的总势场。势场法描述了一种特别强大的单一实现架构，它通过一种独立于传感器形态的融合性过程将每一级别的行为结合起来，实现了低级别的反应能力和高级别的路径规划能力[912, 913]。凯文（Kweon）等人（1992）建议将人工势场法作为一种传感器融合表示的手段[914]。每个传感器都会生成对任何物体的势场模型，而且多个传感器数据可以组合起来，将力场中各自的排斥力进行叠加[915]。势场法可以在结合行为控制的同时，生成周围环境的感知地图。0 级的避碰涉及感知物体周围的排斥力。回避行为引导机器人远离某些刺激物，吸引行为则引导机器人朝向其他刺激。每个行为都可以映射到势场之中，其中排斥力保护巡视器，引力则将巡视器引导到特定位置。0 级的避碰和 1 级的广义漫游，使巡视器在避开障碍物的同时，可以进行随机的探索行为。广义漫游行为是构建环境感知地图所必需的探索性行为模式，这里感知地图是复杂环境中导航的基础。2 级的目标导向探测额外增加了对通往目标位置与障碍物之间的自由空间的搜索。通过势场机制实现指令的融合。需要逻辑推理和表达能力来完成路径规划的新任务。路径规划生成初始点和目标位置之间的轨迹。在规划过程中需要顺利地绕过障碍物。集成反应式的隐式规划可以表示为朝向目标的梯度场以指导行驶[916]。加权融合的最常见形式是势场中的矢量求和。虽然被视为一种行为控制方法，但是梯度场可以被视为一种内化规划，它定义了从当前位置到目标位置的流矢量[917]。流矢量场形成场脊，因为来自多个目标点的波阵面在 Voronoi 图边缘处相遇——所选择的目标取决于相对于场脊的路径记录。基于网格的地形图可以用于生成人工势场，但是势场法不需要之前的离散化。可以引入虚拟力场来改进网格占用图——由障碍物占据的每个单元产生排斥力，同时目标产生吸引力。势场有效地将路径规划部分添加到可以在行驶时执行的反应性方法之上。

人工势场法具有生成平滑路径、计算量低和适应动态环境的优点。实时避障和局部路径规划可以通过在低级控制法则中使用人工势场法来实现[918]。它生成的直接指令被发送到产生 PWM（脉冲宽度调制）信号的伺服控制器上，PWM 信号可以控制巡视器的伺服电机。避碰基本上具有实时控制的快速响应能力，其使用局部反馈信息来实现动态转向以生成无冲突路径。可引入人工势场作为计算力矩控制律的一部分，而巡视器上的机械臂控制要用到力矩控制律[919]。事实上，已经提出了类似于人体手臂运动的姿势力模型的势场，其中肢体姿势由肌肉的弹性长度与张力性质的平衡控制生成[920]。势场法也已用于解决星球表面的移动传感器网络的部署问题，这里的每个移动传感器（巡视器）和障碍物被视为排斥节点，以便网络扩散[921]。它们已被应用于超冗余串行链路蛇形操纵器的路径规划[922]，应用于远程机器人界面以增强人-机性能[923]，应用于在线机器人利害刺激学习，其中趋近-回避的梯度矢量在强化学习中作为奖励-惩罚信号，如 Q - Learning[924]。人工势场有许多变体，包括基于基尔霍夫电流定律（Kirchoff's current law）的标量静电势场，它通过模拟环境的电阻网络开发[925,926]。障碍物可以被建模为绝缘固体，起始/目标位置建模为拉电流和灌电流（current source - sink），这样电流被定义为 $j = -\nabla U$[927]。但不建议选择这种静电势场方法。

在环境地图上，人工势场法生成从当前点到目标位置的梯度场。产生的梯度场必须在目标点处具有全局最小值，并且在障碍物周围具有高势能值。这里认为巡视器在势场中行驶时，其中目标位置为机器人提供吸引力，并且障碍物在其表面产生排斥力。巡视器被吸引到目标位置，并被障碍物在人工势场中产生的虚拟力排斥。这包括基于势场负梯度的方向矢量，$F = -\nabla U$。障碍物产生排斥力 $F_o = \sum F_{oi}$，而目标物产生吸引力 F_g。视觉传感器提供关于障碍物的形状和位置数据。通常会限定巡视器和障碍物之间的最小距离。可以将巡视器的尺寸添加到障碍物的尺寸上，这样允许巡视器缩至一点；或者，将巡视器的表面视为障碍物。人工势场 $F(q) = \nabla U(q)$ 的主要特征是独立矢量场的线性相加——力的叠加原理[928]。这种矢量加法依赖于场的旋转不变性：

$$\text{curl}\left(\frac{\partial U}{\partial q}\right) = \nabla \times \left(\frac{\partial U}{\partial q}\right) = 0 \tag{10 - 2}$$

大多数机器人导航系统假设机器人行驶于无地形变化的二维表面。这样就仅考虑了位置平移，而不考虑方向自由度。势场被建模为由目标位置处的引力场和所有障碍物的斥力场产生的势能的矢量和（见图 10 - 3）：

$$U(q) = U_r(q) + U_a(q) \tag{10 - 3}$$

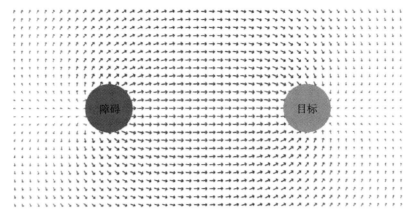

图 10 - 3　人工势场的力示意图（见彩插）

式中，U_a 为引力场；U_r 为斥力场。对势场函数进行微分求出势场梯度。合力场决定巡视器的运动

$$F(q) = F_r(q) + F_a(q) \tag{10-4}$$

其中

$$F(q) = -\nabla U(q) = \partial U / \partial q$$

式中　F_a——目标位置引力；

　　　F_r——障碍物斥力。

由势场梯度产生的合力决定巡视器的运动，它引导巡视器沿着一条势能最小的路径（与能量最小化密切相关）避离障碍物驶向目标。矢量场中蕴含着巡视器行驶的方向（即它是一种梯度下降算法）。这些力可以直接并入控制定律中以产生电机力矩。雷蒙（Rimon）和凯迪斯切克（Koditschek）（1992）建议增加一个散逸函数作为衰减振荡的阻尼因子[929]

$$F(q,\dot{q}) = -\nabla U(q) + D(q,\dot{\boldsymbol{q}}) \tag{10-5}$$

式中　D——散逸函数。

这使得巡视器在沿着轨迹行驶时产生能量损失，但可以接近障碍物以实现诸如对接、部件配合等任务。葛（Ge）和崔（Cui）（2000，2002）的研究表明，引力势场可以根据位置和速度来定义[930,931]

$$U(q,\dot{q}) = K_p \mid q_g - q \mid^m + K_v \mid \dot{\boldsymbol{q}}_g - \dot{\boldsymbol{q}} \mid^n \tag{10-6}$$

加入巡视器速度阻尼项后会得到更平滑的轨迹，控制巡视器接近物体的速度，减少局部最小值造成的不良影响。势场法的主要缺点是容易陷入某些障碍物（例如 U 形凸出的障碍物）的局部最小值。这发生于

$$\nabla U = \frac{\partial U}{\partial x}\hat{\boldsymbol{x}} + \frac{\partial U}{\partial y}\hat{\boldsymbol{y}} = 0 \tag{10-7}$$

可以检测到某种陷入状态（没有驶向目标的趋势或陷入循环行为）并且引入类似模拟退火之类的反应性恢复过程，或者改变场的参数（如后面的 α）。对于目标点，最简单的

势函数是一个二次引力势阱（其中 $K_v = 0$，$m = 2$），目标引力如下

$$F_g(q) = -\nabla U_g = -K_p(\boldsymbol{q}_g - \boldsymbol{q}) \tag{10-8}$$

式中　K_p——比例增益因子；

$\boldsymbol{q}_g$——相对于参考坐标的广义目标位置矢量；

$\boldsymbol{q}$——相对于参考坐标的当前位置矢量。

合力决定了巡视器应该移动的方向（即由幅度和方向表示的向量）。它在极坐标系中的表示如下

$$F(r) = -K_p\frac{\Delta q}{r^\sigma} \text{ 对应于 } F = \sqrt{F_y^2 + F_x^2}, \theta = \arctan\left(\frac{F_y}{F_x}\right) \tag{10-9}$$

在笛卡儿坐标系中，引力场可表述为

$$U_g(q) = \frac{1}{2}k_p(q_g - q)^m \tag{10-10}$$

当 $q = q_g$ 时，它取得最小值零。该势场随着到目标的距离呈指数变化。如果 $0 < m \leqslant 1$，势函数是圆锥形的；如果 $m = 2$，势函数是二次的。较高的 m 值产生较陡的势函数（例如，可以改变 m 以规避局部最小值）。随距离二次增长的引力场表示抛物线势阱

$$U_g(q) = \frac{1}{2}k_p(q_g - q)^2 \tag{10-11}$$

这是一个比例控制律，因此将阻尼引入以保持稳定性

$$F_g(q) = k_p(q_g - q) + k_v\left(\frac{dq}{dt}\right) \text{ 以使 } k_p^{\text{obj}}(q_g - q) > k_v^{\text{obj}}\dot{\boldsymbol{q}}_{\max} \tag{10-12}$$

这类似于虚拟阻抗法[932]。线性吸引力可以表示为增益缩放的二次式的锥形势阱。

$$U(q) = \begin{cases} ke^2, & |e| = |q_g - q| < s \\ 2ks|e| - ks^2, & |e| = |q_g - q| \geqslant s \end{cases} \tag{10-13}$$

这在远距离处产生中心吸引力场，当 $q = q_g$ 时，其最小值为零。广义势场是巡视器位置和速度的函数。可以组合这些势阱，使得远离目标位置存在引力的线性行为，它通过抛物线势阱接近目标位置[933]

$$U_g(q) = K_g\sqrt{(q_g - q)^2 + w^2} \tag{10-14}$$

其中

$$w = d_m\sqrt{1/[F_g^{\max}(g)]^2}$$

式中　d_m——极限距离；

$F_g^{\max}$——最大引力，即

$$F_g(q) = -K_p\frac{(q_g - q)}{\sqrt{(q_g - q)^2 + w^2}}\frac{\partial(q_g - q)}{\partial q} \tag{10-15}$$

势场法可以扩展到包含旋转元素，假定斥力是一个和障碍物距离、巡视器相对障碍物的方位（即巡视器的势能）相关的函数。此时偏航角为

$$\theta = k \times M_\theta = k \times (p \times F_p) \cdot k \tag{10-16}$$

笛卡儿势场中有零旋度，而旋转势场有零散度，它们可以向量相加

$$F(q) = \sum_{i=1}^{n} \phi_i + \sum_{i=1}^{m} \psi_i \qquad (10-17)$$

其中，旋度 $\phi_i = 0$，　散度 $\psi_i = 0$。

由于势场的叠加属性（见图 10-4），障碍物可以通过几何基元组合来描述，例如圆柱体或椭圆体

$$F_o = \sum_{i=1}^{n} F_{oi} \qquad (10-18)$$

斥力场应该对应于具有有限影响范围的障碍物表面轮廓，并且在远距离处具有球形对称性。它和它的导数也应该是平滑的。然而，这使得难以定义排斥力参数以获得关于远距离和近距离处的障碍物的恒定行为。有许多可选值，包括球形对称斥力因子，其反立方体（inverse cube）随径向距离衰减。就障碍物而言，斥力场在凸多边形障碍物表面处产生障碍，其随着远离表面而迅速下降。GNRON（Goal Not Reachable with Obstacles Nearby，目标不能与附近的障碍物接触）是一般的斥力场，由下式给出

$$U_0(r) = \begin{cases} \dfrac{1}{2} K_r \left(\dfrac{1}{q} - \dfrac{1}{q_0} \right)^2 q_g^m, & q \leqslant q_0 \\ 0, & q > q_0 \end{cases} \qquad (10-19)$$

式中　q_g——到目标的距离。

FIRAS（Force Involving Artificial Repulsion from the Surface，表面虚拟斥力）的斥力场是 GNRON 的一个特例，由下式给出

$$U_0(r) = \begin{cases} \dfrac{1}{2} K_r \left(\dfrac{1}{q} - \dfrac{1}{q_0} \right)^2, & q \leqslant q_0 \\ 0, & q > q_0 \end{cases} \qquad (10-20)$$

其中

$$q_0 = q / \left[1 - (\sqrt{m/s}) v_{max} q_{max} \right]$$

式中　q_0——斥力场范围内的某一有限距离；

q——巡视器至目标的最短距离，

m——从对象中心到对象表面的最短距离；

K_r——势场尺度因子，为常量；

q_{max}——巡视器的间隙宽度；

v_{max}——巡视器的最大行驶速度。

FIRAS 障碍物斥力由下式给出

$$F_0(x) = -\nabla U_0 = \begin{cases} K_r \left[\dfrac{1}{2} \left(\dfrac{1}{q} - \dfrac{1}{q_0} \right) \left(\dfrac{1}{q} \right)^2 \dot{q} \right], & q \leqslant q_0 \\ 0, & q > q_0 \end{cases} \qquad (10-21)$$

式中，F_0 是在障碍物表面得到的虚拟斥力。当与引力势阱结合时，FIRAS 斥力场可以在物体的任一侧产生局部最小值。避免这种情况的一种方法是引入球形对称性以避免生成局部最小值。这意味着需要一个斥力场，其循着物体表面，但当距离障碍物较远时衰减为球

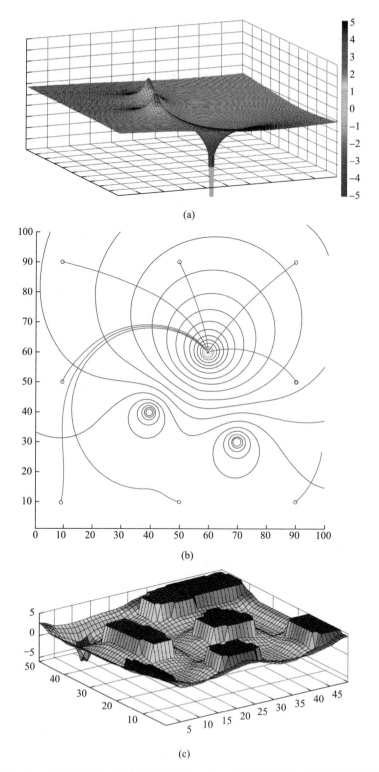

图 10-4　　(a) 和 (b) 为障碍物的势场；(c) 为路径规划生成的典型地形图

[来源：卡梅伦·弗雷泽，卡尔顿大学]（见彩插）

形对称场。然而，多面体对象不一定具有球形对称性，并且强加上对称球形场会减少用于巡视器横穿的自由空间量。哈代德（Haddad）等（1998）根据 FIRAS 提出了排斥力的一种更复杂的变形

$$U_0(q) = \begin{cases} \alpha^2 \left[\dfrac{1}{2} k_1 \left(\dfrac{1}{p} - \dfrac{1}{p_0} \right)^2 \right] + \dfrac{1}{2} k_2 (p - p_0)^2, & p < p_0 \\ 0, & \text{其他} \end{cases} \quad (10-22)$$

其中

$$\alpha = |\sin(\Delta\theta)|$$

式中　$\Delta\theta$ ——巡视器方向和最近栅格单元之间的相对夹角。

这包括二次求和控制以及线性行为控制，其中二次求和控制在障碍物附近占主导地位，以防止碰撞障碍物；并且线性控制在限制距离附近占主导地位，以提前避开障碍物。限制距离可以动态地定义

$$p_0(\phi) = p_m \left(\frac{1 + e^{\cos\phi}}{1 + e} \right) \quad (10-23)$$

式中　p_m ——在静态情况下对应于 p_m 的安全距离；

ϕ ——巡视器行驶方向和障碍物最近点方向之间的夹角。

汤川（Yukawa）斥力势场具有以下形式

$$U(q) = A \frac{e^{-\alpha q}}{q} \quad (10-24)$$

它在短距离处具有较强的排斥力，并且随着距离的增长呈指数衰减。参数 α 确定衰减的速度，A 是总比例因子。一个在接触障碍物时为零的人工势场的接近函数，由下式给出

$$U(q) = \begin{cases} \dfrac{A}{q} e^{-\alpha q}, & q \geqslant 1 \\ A\exp(-\alpha q^{1+(1/\alpha)}), & 1 > q \geqslant 0 \end{cases} \quad (10-25)$$

可以使用背景噪声分量来克服局部最小值（奇点），以生成低幅度随机力矢量，以便从非期望的平衡点移除巡视器。高斯形式（Gaussian form）的排斥场增加了噪声，将巡视器位置从低势场处撤离。最常见的障碍物势场基于高斯概率分布（Gaussian probability distribution）

$$U_{\text{Gauss}} = C_{\text{Gauss}} e^{-\sum\limits_{i=1}^{n} \sum\limits_{j=1}^{n} \frac{1}{\sigma_{ij}} (x_i - a_i)(x_j - a_j)} \quad (10-26)$$

其中

$$\sigma_{ij} = K_1 R_0$$

式中　C_{Gauss} ——障碍物大小常数；

σ_{ij} ——障碍物形状常数；

(x_i, x_j) ——当前坐标；

(a_i, a_j) ——障碍物坐标；

R_0 ——障碍物半径。

此外

$$U_{\text{power}} = \frac{C_{\text{pow}}}{\sum\limits_{i=1}^{n} |x_i - a_i|^N} \tag{10-27}$$

式中　　C_{pow}——障碍物大小常数；

　　　　N——指数控制下降率。

斥力场的强度决定其下降速率。低指数表明可以在更远的距离处检测到障碍物，从而给它们提供更多的泊位点。这也可以用于避免势场中两侧都是障碍物产生的局部最小值。对象可以由概念空间中的超二次方程来表示，其是从以下形式的参数方程导出的 3D 几何基元

$$f(\eta, w) = \begin{pmatrix} a_x \cos^{\varepsilon_1} \eta \cos^{\varepsilon_2} w \\ a_y \cos^{\varepsilon_1} \eta \sin^{\varepsilon_2} w \\ a_z \sin^{\varepsilon_1} \eta \end{pmatrix} \tag{10-28}$$

式中　　$(a_x, a_y, a_z)^{\text{T}}$——物体超二次轴的超二次长度；

　　　　ε_1——物体的经度形状因子；

　　　　ε_2——物体的纬度形状因子。

这种超二次方法避免了势场最小值的问题[934]。超二次势场轮廓被用作 3D 基元以产生任何形状，但具有有限影响范围的排斥势场。超二次轮廓是从具有以下形式的三角函数的二次方程导出的超椭球体形状[935]

$$f(x, y, z) = \left[\left(\frac{x}{a_x} \right)^{2/\varepsilon_1} + \left(\frac{y}{a_y} \right)^{2/\varepsilon_2} \right]^{\varepsilon_1/\varepsilon_2} + \left(\frac{z}{a_z} \right)^{2/\varepsilon_1} \tag{10-29}$$

当形状因子<1 时，超二次轮廓变为正方形；当接近 1 时，超二次轮廓变为圆形［比如，(0.1, 0.1) 产生长方体，(0.1, 1.0) 产生圆柱，(1.0, 1.0) 产生椭圆］。这种超二次方法可以接近障碍物，同时碰撞不到障碍物。它的势能函数在障碍物表面是有限的，而不是无限的。这种接近障碍物的能力对机器人配置科学载荷，以及对具有科学价值的岩石进行探测是至关重要的。在 6 自由度空间（p_x，p_y，p_z，R，P，Y）中对运动对象的超二次表示已经被提出，作为机器人控制的 3D 几何（反应）和符号（语言）水平的情境—动作对之间的中级度量表示格式，以统一视觉和人工智能[937,938]。这种超二次轮廓可以紧凑地表示为向量符号，以下述形式编码其对象参数及其位置

$$m = (a_x, a_y, a_z, \varepsilon_1, \varepsilon_2, p_x, p_y, p_z, R, P, Y) \tag{10-30}$$

这可以被推广到时变函数 $m(t)$，其被定义为"诺克斯尔"（knoxel）。超二次轮廓是一个来模拟等位面的可变参数表面

$$U(q) = \left[\left(\frac{x}{a} \right)^{2n} + \left(\frac{b}{a} \right)^2 \left(\frac{y}{b} \right)^{2n} \right]^{1/2n} - 1 \tag{10-31}$$

超二次曲面可以用于对具有由至少一个超二次曲面表示的对象的斥力场进行建模

$$U(x, y, z) = \left[\left(\frac{x}{a_x} \right)^{2n} + \left(\frac{y}{a_y} \right)^{2n} \right] + \left(\frac{z}{a_z} \right)^{2m} = 1 \tag{10-32}$$

这是一个椭圆函数，其轴值 a 由对象的大小加上边界来确定，对于巡视器，其通常定

义为巡视器最大尺寸的一半。例如，尺寸为 a，b，c 的 n 维椭圆平行六面体表面具有以下形式

$$\left(\frac{x-x_0}{a}\right)^{2n}+\left(\frac{y-y_0}{b}\right)^{2n}+\left(\frac{z-z_0}{c}\right)^{2n}=1 \qquad (10-33)$$

类似地，横截面为 $(a，b)$ 和长度为 $2c$ 的 n 维椭圆体表面具有以下形式

$$\left(\frac{x-x_0}{a}\right)^{2}+\left(\frac{y-y_0}{b}\right)^{2}+\left(\frac{z-z_0}{c}\right)^{2n}=1 \qquad (10-34)$$

其中，$n=1/(1-e^{-aK})$，α 为可调参数。通常，$n=4$ 时有很好的近似。可以随着距离修改椭圆函数以改变其形状，其在远距离处变成椭圆形，但是接近于对象轮廓

$$K=\left[\left(\frac{x}{a_x}\right)^{2n}+\left(\frac{a_y}{a_x}\right)^{2}\left(\frac{y}{a_y}\right)^{2n}\right]^{2n}-1 \qquad (10-35)$$

其中，$n=1/(1-e^{-aK})$（m 在 3D 的 n 维椭圆体情况下相同），α 为可调参数。通过改变 a_x，a_y，a_z 值，n 维椭圆体可以变形成任意形状（例如，改变 a_z 可以调整斥力场高度）。这可以用来通过相关性为 $1/K$ 的汤川（Yukawa）势函数形成斥力场

$$U(K)=\frac{Se^{-aK}}{K} \qquad (10-36)$$

式中，S 为尺度因子；α 为梯度陡度因子。其可以用于引力场，必须包括阻尼以吸收动力学振荡并且在表面处具有高斯形式（Gaussian form），因此在与物体接触时不会遇到虚拟力。这描述了一种引力形式

$$U(K)=\begin{cases} \dfrac{Ae^{-aK}}{K}, & K\geqslant 1 \\ Ae^{-aK^{k+\frac{1}{a}}}, & k>K\geqslant 0 \end{cases} \qquad (10-37)$$

沃伦（Warren）（1989）提出了一种用于确定障碍物内的势位的表达式——可用于跨越障碍[939]

$$U_{in}=U_{max}\left(1-\frac{r_{in}}{r_{max}}\right)+U_s \qquad (10-38)$$

式中　U_{max} ——最大势位；

r_{in} ——距障碍物中心的内部距离；

r_{max} ——从障碍物中心到表面的半径；

U_s ——用于越过障碍物的附加惩罚势函数，用于限制边界外的势位影响

$$U_{out}=\frac{1}{2}U_s\left(\frac{1}{1+r_{out}}\right) \qquad (10-39)$$

式中，r_{out} 是到障碍物边界的距离。伯恩斯坦（Borenstein）和卡恩（Koren）（1989）建议采用由确定性值定义的直方图网格单元表示，以表示障碍物存在于单元内的置信度[940]。

网格分辨率 Δs 必须与采样周期 T 相关

$$\Delta s > Tv_{max} \qquad (10-40)$$

其中，v_{max} 为最大速度。如果巡视器正在驶向障碍物，建议限制速度以提供阻尼效果

$$v = \begin{cases} v_{max}, & F_0 = 0 \\ v_{max}(1 - |\cos\theta|), & F_0 > 0 \end{cases} \tag{10-41}$$

其中

$$\cos\theta = (v_x F_{0x} + v_y F_{0y})/|v||F_0|$$

一个动作选择的建议是使用 n 选 $m(m-out-of-n)$ 加权表决投票，如果已经接收到 $m-out-of-n$ 票，则被选择——多数表决是 $m = n/2$ 的特殊情况。如果每次可以投票给多个动作，则这样的多个动作将选择正确的行驶方式。科恩（Koren）和伯恩斯坦（1991）强调，当巡视器高速行进时，基于势场的导航可能产生振荡，而当两侧出现狭窄的障碍物时需要减慢速度[941]。矢量场直方图方法有些类似于势场方法[942]。它使用二维笛卡儿网格（即直方图网格）单元作为表示环境的世界模型。每个单元格表示障碍物的概率。对象或自由空间的检测根据不确定性水平增量地调整单元格值。确定性网格内的每个活动单元施加与其确定性值（基于置信度的概率估计）成比例的虚拟排斥力，并且与车辆的距离成反比

$$F_{ij} = \frac{l F_{max} p_{ij}}{d_{ij}^n}\left(\frac{\delta q}{d_{ij}}\right) \tag{10-42}$$

式中　l ——巡视器正面横截面；

　　　d_{ij} ——单元格到巡视器的标量距离；

　　　p_{ij} ——单元格占用确定性值，$n = 2$ 时为负二次方力；

　　　δq ——单元格到巡视器的矢量距离。

将恒定大小的虚拟吸引力施加到巡视器

$$F_g = F_c\left(\frac{\delta q}{d_g}\right) \tag{10-43}$$

式中　F_c ——目标点的吸引力；

　　　d_g ——目标到巡视器的标量距离；

　　　δq ——目标到巡视器的矢量距离。

排斥力和吸引力的叠加与其他势场方法一样适用。矢量场直方图围绕巡视器生成小范围的局部势场图。直方图网格可以被定义在定向扇区之上，以找到障碍物之间的开放空间，并生成最远离障碍而最靠近目标的转向航向（和速度）。当前局部区域中的每个单元施加以下形式的排斥力

$$F_r = K_p c_{ij}\left(\frac{w}{d_{ij}}\right)^2\left(\frac{r}{d_{ij}}\right) \tag{10-44}$$

式中　d_{ij} ——巡视器中心和单元 ij 之间的距离；

　　　c_{ij} ——单元格的确定性值；

　　　w ——巡视器的宽度；

　　　r ——当前位置和单元之间的距离，$r = \sqrt{\Delta x^2 + \Delta y^2}$。

恒定的虚拟吸引力以下列形式作用于目标

$$F_a = K_{pr}\left(\frac{r}{d}\right) \tag{10-45}$$

式中，d 为巡视器和目标之间的距离。这会给电机发送转向指令，其稳定性由排斥力常数和吸引力常数之间的比值确定。此外，在单元之间需要平滑插值多项式以减少离散变化。拉普罗斯（Labrosse）（2006）已经建立了昆虫状导航模型[943]，该模型由一系列短程归航行驶组成，其由沿着路线的环境快照指定，没有特征提取，而是基于颜色分布距离来计算导向梯度。虽然颜色辨别对于星球巡视器而言被认为是不够可靠的，但是基于图像的归航技术可用于某些类型的巡视器行驶。在目标位置处的每个与运动矢量相关联的一系列快照图像将允许在这些位置之间可重复地精确导航[944]。沙漠蚂蚁利用视觉刺激，尝试通过将局部地标的当前视网膜图像，与接近导航目标的已存储的近似导航（快照）匹配来识别目标位置。

势场的另外一种表示是方向矢量场，它被定义为包括固定吸引点（目标）和排斥性障碍物的场[945,946]。该场可以用方向矢量场表示，它将航向变化率定义为一个序列

$$\dot\phi = \frac{1}{\tau} \cdot \sin(\phi - \psi) + n(t) + \lambda_i(\phi - \psi_{obs(i)})\exp\left(\left|\frac{(\phi - \psi_{obs(i)})^2}{2\sigma_i^2}\right|\right) \tag{10-46}$$

其中

$$\sigma_i = \arctan[\tan\Delta\theta/2 + r_{veh}/(r_{veh} + R_{obs})]$$
$$\lambda_i = \beta_1 \exp(-R_{obs}/\beta_2)$$
$$\psi_{obs} = \sum_i [\arcsin(R_{obs} + d_{veh})/r_{obs}]$$

式中 $\psi(t)$ ——目标点吸引子的方向；

   $\psi_{obs(i)}(t)$ ——障碍物方向；

   $\phi(t)$ ——巡视器行驶方向；

   τ ——运动的松弛时间尺度（与速度有关）；

   $n(t)$ ——高斯噪声；

   R_{obs} ——到障碍物的距离；

   d_{veh} ——巡视器的宽度；

   r_{obs} ——障碍物的半径；

   w_i ——归一化权重；

   σ_i ——排斥力范围；

   λ_i ——排斥力强度；

   β_1，β_2 ——全局强度和全局衰减率。

极坐标直方图表示障碍物通过极角的概率，由此可以确定转向方向。代价函数应用于所有自由空间，并且选择最低代价方向。黄（Huang）（2006）已经定义了基于巡视器行驶方向的偏航角加速度的势场[947]，这是凡进（Fajen）和沃伦（Warren）（2003）模型的发展。它定义如下[948]

$$\ddot\phi = k_g(\phi - \phi_g)(e^{-c_1 d_g} + c_2) - b\dot\phi + \sum_i k_0(\phi - \phi_{0_i})(e^{-c_3|\phi - \phi_{0_i}|})e^{-c_4 d_{0_i}} \tag{10-47}$$

$$I_G = k_g (\phi - \phi_g)(e^{-c_1 d_g} + c_2)$$

$$I_{0_i} = k_0 (\phi - \phi_{0_i})(e^{-c_3 |\phi - \phi_{0_i}|})[\tan(\theta_i + c_5) - \tan(c_5)]$$

$$c_5 = (\pi/2) - 2\arctan[r_0 / (r_{0_i} + r_r)]$$

$$\theta_i = 2\arctan(r_{0_i} / d_{0_i})$$

式中 I_G ——目标加速度；

$\quad\quad I_{0_i}$ ——障碍物加速度；

$\quad\quad c_5$ ——障碍物间隙；

$\quad\quad \theta_i$ ——障碍物角宽度；

$\quad\quad b$ ——人工阻尼系数；

$\quad\quad r_0$，r_r ——障碍物、巡视器的半径。

这只提供转向控制。转向加速度通过阻尼系数与转向角速度成比例地衰减。目标项根据刚度参数 k_g、衰减率 c_1 和最小目标加速度 c_2 的强度将巡视器朝向目标拉动。障碍物项在强度参数 k_0 和角衰减率 c_3 的排斥力的作用下推动巡视器远离障碍物。具有距离衰减率 c_4 和假定的零尺寸障碍的早期版本被由参数 c_5 确定的有限大小的障碍物替换。指数确保场的影响随着距离的增长迅速下降。势场随着巡视器的移动而改变，不需要到障碍物的距离，因为障碍物排斥是基于尺寸的。速度控制可以基于障碍物密度

$$v = v_{\max} e^{-k_v \sum I_{0_i}} - \varepsilon \tag{10-48}$$

使用默认参数，在不同类型的火星地形上在不同速度下以不超过 10 cm/s 的速度在 12.7 m 的距离上进行包括 100 次运行的统计运行。

转向势场控制器由于遇到大的岩石尺寸在 MPF 岩石分布情况下遇到了困难——要求在安全停止和碰撞的可能性之间达到一种平衡，这决定了岩石地形的可导航性[949,950]（见图 10-5）。可以在笛卡儿和极坐标系的势场中模拟海马中的躯干和头部方向细胞的生物学实验[951]。人工势场也可用于表示类似于动物觅食的搜索策略[952]。例如，误差信号可以用作线性或多项式恢复力，以驱动机器人到达包括力场平衡点的目标[953]。同样，还可以增加额外的能力，以增强其灵活性[954]：

1）根据遇到的障碍物斥力进行指数速度限制——这是与障碍物排斥力成比例的阻碍障碍物的风险力，但是与反向法速度呈指数关系

$$F_{\text{risk}} = -\varepsilon K_{\text{risk}} F_{\text{obs}} \tag{10-49}$$

其中

$$\varepsilon = e^{-c_d \cdot v}$$

式中 K_{risk} ——比例因子；

$\quad\quad c_d$ ——衰减常数；

$\quad\quad v$ ——巡视器速度。

2）垂直于障碍物斥力的指数衰减切向力——这是避免当吸引因子和障碍物沿着行进路径放置时的局部最小条件的切向力——引入偏置力以允许通过狭窄通道区域

$$F_{\text{tan}} = \varepsilon \gamma K_{\text{tan}} R F_{\text{obs}} \tag{10-50}$$

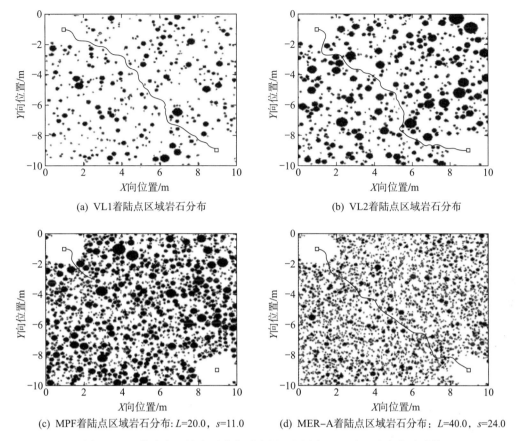

(a) VL1着陆点区域岩石分布　　　　　　　(b) VL2着陆点区域岩石分布

(c) MPF着陆点区域岩石分布：$L=20.0$，$s=11.0$　　(d) MER-A着陆点区域岩石分布：$L=40.0$，$s=24.0$

图 10-5　着陆点区域岩石分布［来源：阿达姆·迈克，卡尔顿大学］

式中，K_{tan} 为切向力增益

$$R = \begin{pmatrix} 0 & -1 \\ 1 & 0 \end{pmatrix}$$

$$\gamma = \begin{cases} \mathrm{RAND}(1，-1)， & v < v_{tan} \\ \mathrm{SGN}(\lambda)， & 其他 \end{cases}，\lambda = \mathrm{SGN}(v) \qquad (10-51)$$

第一项作为缓冲器，第二项作为导向力，以推动巡视器通过狭窄的通道区域。

当障碍物排斥力和目标吸引力达到平衡时（特别是在杂乱的环境中），势场法容易陷入局部最小值。在这些条件下会产生振荡行为。在凹面物体、障碍物之间狭窄通道区域的情况下尤其如此。巡视器处于近距离障碍物势场和远距离目标引力场影响下，会出现一些拉格朗日点（Lagrange points），使得

$$\left| F_{goal} \right| = \left| F_{obstacle} \right| \qquad (10-52)$$

这些点将使巡视器停滞于此，特别是在杂乱的环境中。然后需要采用全局方法以克服局部最小值，或者添加概率蒙特卡罗元素（Monte Carlo element），诸如模拟退火方法，或者使用网格求解器，它可以确定一个满足拉普拉斯方程（Laplace equation）的势场。避免局部最小值的另一种机制是确保

$$|\theta_t - \theta_0| < 90 \tag{10-53}$$

式中　　θ_t——巡视器-目标方向；

　　　　θ_0——行驶方向。

　　更高级别的全局规划器（例如，C-空间/自由空间方法）沿着避免局部最小值的路径导出一系列偏置中间点。全局规划器通过使用基于最短距离的代价函数（例如，A×或D*算法）搜索可接受的路径来实现其全局规划目标。在模式表示内，可以使用背景噪声分量来克服局部最小值，以产生低幅度随机力矢量，以从非期望的平衡点移除巡视器。噪声模式与避障（Avoid_Obstacles）模式结合生成搜索性行为。金姆（Kim）和霍斯拉（Khosla）（1992）基于不可压缩流场理论引入了谐波函数来消除局部最小值，所以流速定义为[955]

$$v = -\nabla U \tag{10-54}$$

因为流体是不可压缩的

$$\nabla v = 0 \tag{10-55}$$

　　作为拉普拉斯方程解的谐波函数可以实现基于势场的路径规划，而不受局部最小值的影响。表达式如下

$$\nabla^2 U = \sum_{i=1}^{n} \frac{\partial^2 U}{\partial q_i^2} = 0 \tag{10-56}$$

　　这是拉普拉斯函数，其解是谐波函数，由没有涡度的流体流动定义。就谐波函数而言，障碍物具有势位 $U=1$，而目标区域具有势位 $U=0$。这些谐波函数在离散笛卡儿网格上计算。现在，扩散方程模拟由于将另一流体引入不同流体介质中所带来的扰动（摄动）

$$\frac{\partial U}{\partial t} = -\lambda \frac{\partial^2 U}{\partial q_i^2} = -\lambda \nabla^2 U$$

$$\lim_{t \to \infty} \frac{\partial U}{\partial t} = \nabla^2 U \tag{10-57}$$

该极限是拉普拉斯方程的一般形式，其表示对于稳态条件，势位的二阶导数必须为零

$$\nabla^2 U = \frac{\partial^2 U}{\partial x^2} + \frac{\partial^2 U}{\partial y^2} + \frac{\partial^2 U}{\partial z^2} = 0 \tag{10-58}$$

同样地，在极坐标中（假设没有方向性）

$$\nabla^2 U = \frac{\partial^2 U}{\partial r} + \frac{n-1}{r} \frac{\partial U}{\partial r} \tag{10-59}$$

然后可以积分得出

$$\frac{\partial U}{\partial r} = \frac{c}{r^{n-1}} \tag{10-60}$$

如果 $n=2$，则

$$U = k + c\log r \tag{10-61}$$

如果 $n > 2$，则

$$U = \frac{c/(2-n)}{r^{n-2}} + k \tag{10-62}$$

其中，$r = \sqrt{q_1^2 + q_2^2 + \cdots + q_n^2}$。拉普拉斯函数的标量势 U 是通过势场的谐波，所以不会遭受局部最小问题。根据定义，任何势位最小值必须在一侧上具有正梯度，在另一侧上具有负梯度（即与拉普拉斯方程相矛盾的非零二阶导数）。目标点被定义为低势位，同时它应用的是拉普拉斯函数，因此它是最小奇异值。例如，目标点和障碍物可以采用指数 $n = 2$ 的形式（此时 1 表示障碍物，0 表示目标点）

$$U_i(q) = \sum_{i=1}^{n} \frac{\lambda_i}{2\pi} \log r \qquad (10-63)$$

其中，$r = \sqrt{(x_i - x)^2 + (y_i - y)^2 + (z_i - z)^2}$；$\lambda_i$ 为强度参数，$\lambda_i < 0$ 时表示拉出（source），$\lambda_i > 0$ 时表示灌入（sink）。对于复杂环境，不可能全局求解拉普拉斯函数，因此必须选择离散拉普拉斯差分方程，在每个节点上构建网格的有限元。朝向目标点的最速下降路径定义为

$$p_{i+1} = p_i + \Delta p \; \frac{\nabla U}{|\nabla U|} \qquad (10-64)$$

式中　p_i ——当前路径位置；

　　　Δp ——路径增量；

　　　ΔU ——势场梯度向量。

在某些情况下，可能存在这样的情况，其中，只有当巡视器从最速下降路径偏离某个角度时，才应限制控制驱动

$$\frac{p \cdot (-\nabla U)}{|p| \, \|\nabla U\|} < \cos\theta \quad \rightarrow \text{无控制动作}$$
$$\qquad\qquad\qquad\qquad 否则 \qquad\qquad \rightarrow \text{有控制动作} \qquad (10-65)$$

如果 $\theta = \pi/2$，控制动作仅在势位增加时被调用——这将允许巡视器漫游直到路径偏离，然后势场梯度对其施加控制动作。由于数字化的拉普拉斯方法具有相当高的计算处理和存储要求，使得它不太适合于实时控制。该方法已被应用于自由飞行的航天器导航和其他航天器的接近操作，其中势函数被视为用于实时控制的李雅普诺夫（Lyapunov）函数，以确定所需的 Δv，形式为[956,957]

$$v + \Delta v = -k \; \frac{\nabla U}{|\nabla U|} \qquad (10-66)$$

式中　v ——当前轨道速度；

　　　Δv ——所需的速度调整量；

　　　k ——速度调整函数。

这等价于超维旁路（即许多局部最小值变为高维空间中的鞍点[958]）。这种势场法导航的最重要问题是其计算要求，考虑到所需要环境的拓扑全局知识对器载计算资源的严重限制，这种势场法导航对于行星巡视器是不可行的。

10.3　基于模拟退火的路径规划

势场提供了广义的环境介质，概念上类似于能量形式。可以使用跨越空间和时间维度

的势能度量来量化环境复杂性。我们希望势场配置是平滑和滚动的，而不是平坦和凸凹不平的（这不一定必须类似于实际地形的规模），所以希望模拟退火能够很好地克服局部最小值[959]。模拟退火是一种多参数优化方法，用于找出具有许多独立变量的函数的最小值或最大值，例如在退火物理过程中建立的完全 NP 旅行推销员问题（traveling salesman problem）模型[960]。它在算法定义中不是一个确定性机械过程，而是一个类似于其他软计算方法如遗传算法的策略，并提供类似的性能[961]。模拟退火是使用统计力学原理的局部搜索算法，以使能量最小化来找到最小成本解。如果当前位置定义为 E，则随机选择具有能量 E_0 的相邻位置，直到建立逃逸值[962]。由于在通过场传播的目标处产生扰动，模拟退火提供了动态梯度——在模拟退火的情况下，扰动是热源。低能态意味着高度有序的状态，例如晶体点阵。模拟退火可以用于跳出局部最小值，类似于冷却期间的相态。对于优化问题，模拟退火可以使用有效温度作为控制变量来产生解。这种技术是用于找到具有许多独立变量［例如，NP 难题（NP - Hard）的旅行推销员问题］的函数的最小值或最大值的优化方法。它和通过最大化所有概率平衡状态下的熵的最大后验（Maximum A Posteriori，MAP）估计相关联［使用维特比算法（Viterbi algorithm）来解决 MAP 问题］。通过退火生成无缺陷晶体，加热至高温，并缓慢冷却直至材料冻结。在气体状态下，每个原子通过其玻耳兹曼概率（Boltzmann probability）加权

$$p = \mathrm{e}^{-E_i/k_B T} \qquad (10-67)$$

式中　E_i——原子的能量；

　　　k_B——玻耳兹曼常数；

　　　T——绝对温度。

这产生正态分布的玻耳兹曼能量。然而，在低温下，当集合开始凝固时，基态由于其配置加权 $\mathrm{e}^{-N/2}$ 而成为主导因素。概率密度函数可描述为

$$p(q,t) = \frac{1}{\sqrt{2\pi}\,\sigma} \mathrm{e}^{-\left(\frac{q^2}{2\sigma^2 t}\right)} \qquad (10-68)$$

式中，$\sigma^2 t$ 为确定随机游动范围的方差。在高温下，液体分子可以占据一个基于温度的连续能量状态。随着冷却，它们逐渐失去能量并固化以形成代表最低的全局最小能量状态的晶体。退火包括在高温下熔化材料，然后非常缓慢地降低温度并保持其接近冰点足够的时间以允许系统实现热平衡。在晶体生长过程中，以指数速率快速冷却（淬火）

$$T_n = \left(\frac{T_i}{T_0}\right)^n T_0 \qquad (10-69)$$

淬火导致系统失去平衡，并且固体将形成无序结晶的晶体，但具有远离全局最优高度有序晶态的亚稳态局部最优结构。如果系统快速冷却，则产生具有较高能量状态的局部最小值的非晶形的多晶态。用于优化问题的迭代算法和技术等价于从高温到低温的快速淬火的过程，其中代价函数起到能量的作用。然而，如果采用缓慢冷却退火流程，则该系统将在缓慢冷却期间保持热平衡，并且将趋于玻耳兹曼分布（Boltzmann distribution）而不进入非平衡亚稳态。退火程序升高温度并缓慢冷却至低温以确保达到全局最小值。缓慢冷却确保在每个温度下花费足够的时间以确保热平衡。对于优化问题，模拟退火可以使用有效

温度作为控制变量来产生解。最简单的缓慢冷却流程是

$$T_n = \alpha T_0 \qquad (10-70)$$

其中，$\alpha < 1$，但这不可能是最优的，因为将成本采样平均值和方差建模为当前温度下的马尔可夫系统（Markov systems）以适应冷却流程。这产生无缺陷的高度有序的晶体状态的全局基态。通过允许降低代价函数的解，将仅找到亚稳态的解。因此，模拟退火允许能量代价函数中的上坡步骤跳出局部最小值。接受产生 $\delta E < 0$ 的解，同时 $\delta E > 0$ 的解也行。在较高温度下，由于能量分布的随机性，能量增加的概率较高，但是在较低温度下，该概率较小。当 $\delta E > 0$ 时，解的概率为

$$P(\delta E) = e^{-\frac{\delta E}{k_B T}} \qquad (10-71)$$

这里用到生成 $0 < Rnd < 1$ 值的随机数发生器：如果 $Rnd < P(\delta E)$，保留该解，否则拒绝。此过程避免卡在局部最小值，因为随机分量允许上坡转换。模拟退火通过使用玻耳兹曼概率分布，允许偶尔向上跳跃的能量跳出局部最小值，从而找到全局最小值

$$p(E) = \frac{1}{kT} E^{-E/kT} \qquad (10-72)$$

式中　T ——温度；

　　　k ——玻耳兹曼常数；

　　　E ——能量代价函数。

这产生正态玻耳兹曼分布的能量。高温对应于梯度下降算法，而低温对应于随机搜索。模拟退火本质上是一种自适应分而治之策略，它由自然选择进化的方式提供了一个有趣的模型。这产生具有无缺陷的高度有序的晶体状态的全局基态。因此，其本质上是并行的，通过最大化所有概率平衡状态的交叉熵来提供对应于最大后验估计的快速计算能力。

10.4　基于运动模式的路径规划

势场法可以通过基于行为的模式来实现。模式是封装广义运动控制程序的心理结构[963]。模式是在组织数据结构中关于适当类型行为的通用规范。它们为行动、感知和认知的整合提供了基础。运动模式是知识结构（类似于但不同于框架[964]），包括行为激励。行为模式可以被视为感知和运动模式的整合。感知运动模式是结构化知识的粗粒度递归模块，其封装基于感知数据的物理过程的过程性知识，因此它们以条件—运动规则的形式封装感知运动行为。行为模式由如下条件定义：用于调用的上下文 C（前提条件），可作为目标导向控制轨迹的行为输出 A（后置条件）[即如果—那么（if - then）规则]。它们在条件—运动—期望规则的建模中是可以预期的。它们选择并参与特定的刺激以调用它们的实例化。它们的实例化由它们的活动水平控制，其可以由动机和上下文因素确定。广义模式可以在新的情况下使用并且组合成多个不同的运动动作序列。基于模式的架构是分布式的，并且可以协作或竞争或两者兼具（竞争合作）。它们可以彼此激发或抑制。此外，若干模式的实例化可以产生紧急行为。将势场法表示与基于反射行为的控制结合丰富了自主导航

的实现形式。使用势场法，可以同时并直接地融合多种模式（动作融合）。每个行为可以映射到一个势场，其中排斥力来自物体，并且目标点的吸引力将巡视器引导到特定位置[965]。模式与基于行为的导航方法和基于势场法的导航方法完全兼容。反应式系统和计划系统的集成也可以通过将物理运动链接到抽象动作指令的行为模式来实现[966]。势场不是全局计算的，而是基于当前传感数据在本地计算的，因此，巡视器通过其搭载的相机实时对地形观测，实现连续性的探索过程。然而，由于视点的限制，在障碍物的背面将存在不能观察到的阴影区。但是，可以进行对称性的假设，直到观察确定为止。

亚琴（Arkin）等人（1987，1990a，1990b）使用一种基于行为的控制形式，其中行为被封装成独立的模块（模式），封装了关于如何实现这些行为的所有知识[967-969]。原始行为被实现为多个并发和独立的运动模式，能够联系和处理冲突数据——这种自主机器人架构（Autonomous Robot Architecture，AuRA）采用基于感知运动模式的规划，允许在一个框架内封装感知-行动过程，该框架与自上而下的期望/关注和自下而上的反应行为机制兼容。AuRA通过模式理论将层次计划与反应控制相结合。每个模式是单独的基本行为模式，并且它们可以组合在一起同时操作。计划器生成计划，并将其分解为一组模式，而输出的是模式的组合。该模式实际上是一个通用计算代理。期望由关于环境和其能力约束的先验知识提供。因此，模式比简单的行为规则更具有包容性和灵活性。它们的收益反映了可以通过学习调整的激活水平。AuRA拥有五个主要子系统[970]：

1）感知子系统——该模块实现外部感知和短期记忆（动态短期世界模型）；

2）制图子系统——该模块实现长期记忆（本质上是静态的先验知识）；

3）规划子系统——该模块实现规划和执行；

4）稳态控制子系统——该模块基于在内分泌系统（例如能量水平）上建模的内部传感器实现与生存相关的目标；

5）运动子系统——该模块执行由规划器（车辆相关子系统）产生的运动指令。

短期记忆是一种短暂的，基于当前感知数据的黑板型机制；长期记忆是一种静态的知识库结构。未来可以通过学习机制以将持久性抽象数据从短期记忆转换成长期记忆。在AuRA中，运动模式是行为的基本单位，从中可以构建复杂的行为。它们指定了行为动作的某些模式，这里的行为动作是在有组织的数据结构中编码的，其中一些类似于在C空间中生成楔形地形图的RoverBug算法的操作模式（运动到目标和沿着边界）[971]。每个电机模式包含如下参数：吸引—排斥增益值、影响范围和最小范围。示例运动模式包括：

- Move _ to _ goal：| v | is given a fixed gain value

    v direction lies towards the goal

    Gain＝1.0

- Avoid _ static _ obstacles：Gain＝4.0

    Sphere - of - influence＝3.0

- Move _ forward

- Stay _ on _ path

- Dock _ with _ station
- Move _ randomly：| v | is given a fixed gain value

    v direction is random

    Gain＝0. 1

    Noise persistence＝2 steps
- Move _ uphill
- Move _ downhill
- Maintain _ attitude

模式由通过霍夫变换（Hough transforms）识别处理的传感器数据的特定模式调用，通常用于提取边缘。它们为某些运动行动提供期望——这是以行动为中心的感知，其模拟特定对象或情况［吉布森知觉情形（Gibsonian affordances）］中潜在的行为。期望表示对直接传感器到特定感知事件（类似于主动视觉）的关注和跟踪。每个模式根据当前位置输出单个运动矢量。原始模式行为可以被组合以产生更复杂的行为，例如避免障碍物等。来自每个激活运动模式的输出向量被求和并且归一化以给出速度和转向动作。运动模式作为一个活跃行为模式的动态合作网络，随着环境变化的感知而变化——这是亚布（Arbib）和劳（Liaw）（1995）的原理 1[972]。在动物学研究中，这些模式网络应用神经共同产生成功的行为[973]。巡视器的无源导航通过这些遇到模式的实例化而出现。每个模式输出势能力场矢量。避障（Avoid _ Obstacle）模式由下式给出

$$| v |=\begin{cases} 0, & d > S, \\ \dfrac{S-d}{S-r} \times G, & r < d \leqslant S \\ \infty, & d \leqslant r \end{cases} \qquad (10-73)$$

式中　　S ——以障碍物为中心的影响范围；

　　　　r ——障碍物半径；

　　　　G ——增益；

　　　　d ——巡视器到障碍物中心的距离。

v 的方向是沿着从巡视器到障碍物中心的线，而远离障碍物。另一个形式是指数函数

$$| v |=\begin{cases} 0, & d > S \\ (e^{\frac{S-d}{S-r}}-1) \times G, & r < d \leqslant S \\ \infty, & d \leqslant r \end{cases} \qquad (10-74)$$

趋向目标（Move _ to _ Goal）模式相对简单：$v=G$ ，在目标的方向；可以添加噪声，因此 $N=G$ ，在随机方向上持续 N 个步骤。路径跟踪（Path _ Following）模式由下式给出

$$v=\begin{cases} P, & d > w/2 \\ \dfrac{d}{w/2} \times G, & d \leqslant w/2 \end{cases} \qquad (10-75)$$

式中　　w ——路径宽度；

　　　　P ——偏离路径增益；

G ——路径上的增益；

d ——巡视器到路径中心的距离。

每个模式都具有用作实例化的阈值的激活水平，并且可以通过改变提供注意力集中形式的增益来控制该激活水平。这些模式（行为）可以通过分离链接和并行链接（非冲突）组合以形成复杂的控制器。这些控制轨迹类似于表示目标和路径的人工势场，但是组合的过程不同于权重叠加。模糊逻辑允许对基本行为的组合使用逻辑运算符。模糊逻辑可以表示符号和数值方面的推理，以整合高层次和低层次之间的规划。If - then 规则关联可以通过强化来学习[974]

$$w_{i+1} = w_i + \eta r_i \overline{\mu}_i \qquad (10-76)$$

式中，η 为学习率；$r_i = -1.0 \sim 1.0$，为强化信号。每个模式是独立的并且在没有分层的情况下被并行激活，并且它们的势场输出是它们的权重相加得到的。求和时需要通过通信来解决相互冲突的力量，这可以通过黑板来完成。这本质上提供了一个世界模型/认知图，它是一个黑板，使用行为控制模块作为其并行调用的知识源[975]。

运动模式驱动巡视器与其环境进行交互，以满足规划系统生成的目标。已经基于交互行为单元的并发活动产生的行为，开发出神经启发的模式[976]。将每个模式实现为单个神经网络，形成彼此交互的神经网络。感知模式专门用于感知输入，运动模式专门用于动作输出，感知运动模式集成感知 B 输入和动作输出。里昂（Lyons）和哈根斯（Hendricks）（1995）使用一种模式方法来集成规划性和反应性机器人系统，其中模式表示并发交互模式的网络[977]。实施局部空间存储以忘记过去，为避免局部最小值提供了进一步发展[978]。环境的空间存储可以被定义为表示每个单元已经被访问次数的整数二维阵列。这类似于蚂蚁放置信息素轨迹以帮助觅食。在 Avoid _ Past 和 Past _ Mapper 模式中实现空间存储。Past _ Mapper 模式存储和更新数组，但不提供运动输出。Avoid _ Past 模式将地图与当前位置进行比较，并计算移动离开先前访问区域的运动向量（类似于图像处理中的梯度计算），排斥力取决于访问次数。Avoid _ Past 增益（通常 $G = 3.0$）必须高于 Move _ to _ Goal 模式的增益。巡视器驻留在局部最小值处的时间越长，它记录的位置访问次数越多，这会加强排斥场，直到它逃脱。可以添加衰减机制以确保巡视器不被全局最小值排斥。莫尔曼（Moorman）和拉姆（Ram）（1993）通过案例推理扩展了基于模式的势场法，其中成功的先验行为在类似的条件下是有利的，这也实现了最终的成功[979]。特别地，基于过去类似情况的最成功策略，案例推理定义了增益值以确定变量的加权和变化，例如影响范围、阈值、距离的定义等。这需要在案例库中存储模式的实例化生成更具体的情况：

清除（Clear _ Field）：增加目标增益，减少噪声；

膨胀（Ballooning）：增加障碍物增益以增加漂移；

挤压（Squeeze）：减少障碍物增益，增加狭窄通道的目标增益；

收紧（Hugging）：增加边界跟随增益；

随机化（Randomize）：增加噪声水平以增加随机漂移；

排斥（Repulsion）：将目标增益降低到负值，以暂时离开。

　　添加这种类型后，允许该方法克服箱形峡谷势场的最小化情况。亚琴（Arkin）和鲍尔奇（Balch）（1997）增加了一个协商分层规划器，使用 A * 算法搜索自由空间图形化地图生成规划路线[980]。利夫（Reif）和王（Wang）（1999）介绍了基于弹簧的弹力控制法则，而不是反平方力控制法则[981]。势场法与行为控制方法一致，类似于包含体积的"感知力（feelforce）"模块，其将检测到的对象的排斥场求和[982]。势场法表示与比尔（Beer）[983,984]提出的机器人动力学方法完全一致，其中重点放在机器人-环境交互而不是信息处理。势场法与动力系统理论和吸引子状态的分析[985]是一致的。基于模式的势场法的自动导航方法可通过模块化实现，从而最大限度地提高其灵活性和可升级性。可以创建特定模块，其在避开障碍物的同时提供特定动作导向的感知和运动功能，例如牵引控制。运动模式根据情况生成相应的动作，并作为势场矢量生成器被实现。每个模式将感知情况链接到物理运动动作。对象和规划的识别来自多个模式的相互作用，这些模式将适当的运动行为转换为更复杂的运动行为。高级规划和低级反应式架构的整合被认为是真正自主性的关键[986]。关键是在不同行为之间的动作选择，选择是通过行为指令的融合而不是传感器融合实现的。它们使用具有多个加权细粒度行为的连接主体网络框架，计算了确定是否生成输出的激活水平。基本的避开障碍物和定向导航行为分为更精细的尺度行为——轨迹选择和轨迹速度（用于避开障碍物），以及目标寻求和梯度速度（用于定向导航）行为。动作选择和组成由行为之间连接上的权重定义。（势位）梯度场被用作内部规划，以同时从多个目标传播搜索波阵面以生成计划轨迹。尼克罗斯（Nikolos）等人（2003）使用反向势场力作为遗传算法适应函数的一部分，用于避开障碍物的路径规划[987]。行为模式为整合反应和规划能力提供了基础[988]。因此，目标和行为可以被组合成不同成分的模式以产生复杂的控制方案。有人建议多值逻辑（如模糊 if - then 规则）可以用于实现更多的抽象控制模式，通过连接和链接交互形成混合行为。

10.5　多个巡视器的探测

　　可以通过多个巡视器的合作部署来加强行星探测。相比单个巡视器任务而言，多个巡视器合作具有更高效的工作性能，具体表现为可以更快地完成任务，承载更多的任务，通过将任务分配到多个平台空间以减少内部故障，以及提升科学探测制图能力。就科学探索而言，分布式探测显得特别具有吸引力。当不同行为之间存在相互依赖关系时，需要多个机器人协调[989]。主要功能包括分布式协作控制[990,991]。分层社会熵是机器人组合行为多样性（代理类型的数量和大小）的信息理论测量[992]。较大的群体在追踪环境变化方面更有效率，因为它们具有更强的社会交往能力，这有助于将个体快速分配到不同的任务[993]。N 个机器人的合作团队来实现空间分布任务的控制，可以动态地建模为一系列微分速率方程 dN/dt，但是这在行星应用方面实用性有限[994]。虽然不直接适用于行星探测，但机器杯（RoboCup）有一些类似的目标，试图在一个动态游戏中实现机器人团队的标准化参数[995]。然而，行星探测任务与觅食[996]（在这种情况下，寻找科学兴趣的目标）的问题有很多相似之处。多路径搜寻期间未知环境的合作地图构建是一种非常必要和基本的能力[997,998]。根据巡视器先前的位置和它们彼此之间的距离，最大似然方法可用于确定所有巡视器的相对位置。集体定位方法的一个示例是，包含单个集中的卡尔曼滤波器，它利用的是通过通信网络共享的分布式机器人的传感器数据[999]。

　　与多机器人团队相关的组织控制方法有多种类型。在集中控制中，单个领导代理负责控制所有其他跟随子代理。它的主要优势是可以实现全局信息掌握、规划和决策。分布式控制在每个代理中独立地进行局部自主控制，其通常优于集中控制[1000,1001]。如果采用分散控制，合作行为不需要显式通信互动[1002,1003]。分层控制分散在各代理之间，但包含一个集中的指令链。这方面的一个变化是实施一定程度的局部自主，但具有更高水平的协调。通信的问题分为三类[1004]：1）通过环境本身而没有显式通信（例如，基于行为的方法）的有限的机器人之间相互作用；2）通过彼此的被动感知而没有显式通信的局部机器人之间相互操作（例如，CEBOT——蜂窝机器人系统）；3）机器之间直接或通过广播（例如，通过合同网协议的任务分配）进行的显式通信。互动代理组内的所有社会性都源于个体行为[1005]。基于行为方法的群体协调往往被认为是优于基于模型的方法，但目前没有足够论据证明这种说法[1006]。然而，分布式人工智能方法倾向于通过直接通信实现多代理之间的协调和协作协调，但这些技术通常很慢。简单的基于行为的系统需要三条设计原则来使多个巡视器实现复杂的合作目标：1）最大限度地减少目前任务所需的资源；2）无状态，其定义了不实施内部状态的情况下所需的反应程度；3）对不确定性的容忍度。

　　最基本的个体行为为较高层次的群体行为提供了基础，最大限度地减少了由共享资源的竞争而产生的个体之间的干扰。使干扰最小化的最常见的社会关系形式是支配等级。也可以使用其他社会规则来使干扰最小化。基于行为的方法不需要集中式控制器，而是依赖于各个代理之间的交互。基于社会行为的控制是多个巡视器的分散控制方法：目标行为是为了驶向位置，避免行为是为了避开障碍，跟随行为是为了吸引其他巡视器，慢行为是为了降低速度，以防止巡视器碰撞，而找到行为是探索性和最低优先级的行为。跟随行为和慢行为针对机器人之间的交互。可以使用简单的行为组合来维持模拟鸟类（类鸟群）中的群体行为，包括[1007]：

1）通过与最近的类鸟群保持最小距离来避免碰撞；

2）将速度与相邻的类鸟群匹配；

3）通过吸引力靠近群体中心。

　　多机器人组行为的一组更复杂的极简基本行为包括（障碍）避开、（群体）跟随、聚合、分散、回原点和漂移[1008-1011]。每个行为都由传感器感知的环境条件调用。避开（障碍）和跟随（目标）意味着有能力区分两者。这些行为可以通过求和或排序来组合以产生更复杂的创新行为。最简单的复合行为之一是安全漫游（Safe_Wandering），其包括避开和漫游。群体和觅食是两个更复杂、更高级别的行为：1）来自避开、聚集和漂移的并行求和结果（添加回原点，实现目标导向的迁移群集）；2）来自避开、分散、跟随、回原点和漂移之间的时间转换的觅食结果。与群体不同，运动编队需要机器人组保持特定的形状

（例如柱、矛头或钻石形状）[1012,1013]。导航编队可以通过最近邻域跟踪系统来实现，很明显其需要机器人之间的通信[1014]。霍林圆盘方程（Holling's disk equation）可以量化信息增益的速率

$$R = \frac{\lambda G - s}{1 + \lambda H} \qquad (10-77)$$

它的最大值为

$$R = \frac{G}{H} \qquad (10-78)$$

式中 λ ——搜索期间遇到的信息速率（取决于环境丰富程度）；

G ——信息摄入率；

H ——信息处理代价率；

s ——搜索代价率（功耗）。

据此，查尔诺夫边际值定理（Charnov's marginal value theorem）指出，只要将 $1/\lambda$ 的导航时间考虑在内（即信息块的普遍性），块内的边际增益率大于总增益率，巡视器应该保留在信息块中。最佳觅食理论已应用于人类食品收集工作，使每个搜索时间的净能量回报率最大[1016]。具有吸引力/排斥力的势场可以用于协调巡视器编队的流动，并通过自组织原理展示群体智能和编队行为[1017]。在这种情况下，对于大于预定阈值（替代 $1/r^i$ 或指数衰减函数）的距离 r（巡视器 i 和 j 的表面之间的距离），势能场具有零强度——这避免了产生局部最小值。对于避碰，短距离排斥场由下式给出

$$F_{\text{rep}}(r) = \begin{cases} \tan\left[\frac{\pi}{2}\left(\frac{r}{\sigma} - 1\right)\right] - \frac{\pi}{2}\left(\frac{r}{\sigma} - 1\right), & 0 < r \leqslant \sigma \\ 0, & r \leqslant 0 \end{cases} \qquad (10-79)$$

式中，σ 为最大范围参数。这已被提议直接应用于协调空间飞行器编队[1018]。这样的社会势场可以用来反映巡视器之间的社会关系，使得任何巡视器的运动都是由其他巡视器和障碍物施加虚拟力作用的结果。它的一个变化是基于模式的行为控制，提供动态和灵活的基本感知——运动模块通过加权求和及时间排序作为势场表示的一部分[1019]。诸如 Obstacle _ Avoidance，Move _ To _ Goal 和 Maintain _ Formation 的模式以及噪声可以被组合以产生朝向目标的多机器人编队行为[1020]。Maintain _ Behaviour 模式决定了机器人之间的分离距离和编队速度。社会势场可以展示群体行为，如聚类、守卫、护送和巡逻等。现在已经可以对群体个体之间的势场相互作用力进行建模，用来模拟响应捕食者攻击的群体行为[1021]。它们还可以表征游戏理论效用函数，代表多方合作的适当机制[1022]。神经势场被认为是协调多个巡视器在编队中运动的手段[1023]。神经势场与离散的极性势场具有一些相似性，并且提供了作为动力系统吸引因子的行为的神经实现[1024,1025]。鸟群可以通过 Steer _ and _ Avoidance 行为来表达，该行为由更基本的避碰、速度匹配和群体向心行为组成。

虽然单蚁表现出混乱行为[1026]，但社会性昆虫已被用作集体智能的模型，通过遵守简单行为规则的简单代理实现[1027-1029]。使用简单的算法[1030]很容易复制几种类型的协调群体

行为：路径规划、巢分类、巢建立、任务分化、集群和狩猎。五种简单的机制足以在没有集中控制或使用显式通信的情况下，生成群体行为：具有避障功能的共同目标寻找行为、跟随行为、环境线索（匹配的过滤器）以控制行为过渡、群组内任务特定行为实例化，以及群传播的刺激[1031]。使用自适应逻辑网络（二元布尔神经网络）可以执行复杂的构造任务[1032]。多个巡视器的群体行为可以通过虚拟信息素消息传递来完成，该传递通过分布式计算方法实现。细菌细胞类似地产生和检测信号分子（例如革兰氏阴性细菌中的 N-酰基高丝氨酸酯），一旦达到临界种群密度（群体感应），细菌细胞提供用于细菌细胞之间协同作用的介质[1033]。群体感应涉及广泛的微生物活动，如微生物生物膜分化、群体攻击猎物、毒力因子生产和子实体分化[1034]。蚂蚁和白蚁利用信息素来传达和协调它们的联合活动，来模拟共享的黑板。信息素通过扩散向所有方向发出化学信息。可以采用相邻机器人代理之间的虚拟信息素（或信标）传递信息，从接收信号功率测量距离以计算梯度，类似于势场的梯度[1035]。信息素梯度提供关于邻近代理的位置信息。虚拟信息素可以通过由波束宽度和向量方向定义的视场来表征，以实现定向收发消息。它们在局部传播产生局部梯度并引发简单的吸引—排斥行为。梯度跟随行为是将巡视器引导到特定位置或区域的最基本的行为。这种从单个个体与简单行为的局部相互作用产生的自组织模型受社会性昆虫（例如白蚁）的启发，它们在无全局控制的情况下构建非常复杂的结构，但结构从单个昆虫对局部信息素浓度的有限行为反应中产生[1037,1038]。白蚁爬行途径由随机游走和趋化行为叠加而成。蚂蚁模型可以解决一些数学问题，如最短路径、旅行推销员和蚁群优化。例如，侦察工蚁可以测量比它们的感知范围大得多的不规则空间，以评估空穴作为巢穴的适宜性[1039]。它们使用蒲丰针算法（Buffon's needle algorithm）（几何方法确定），在探测巢穴的外围并随机移动至巢穴内部的同时分泌信息素来估计潜在巢穴的空间面积[1040]。蒲丰针算法将针随机投放在有横格的纸上，横格的间距与针的长度相同——通过针碰到横线的次数可以估计 π 值（为 $2N/n$，其中 N 为总投放次数，n 为针碰到横线的次数）。对于蚂蚁，多次访问后，它们会铺设初始信息素轨迹，并测量随后的每条随机探索路径的交叉频率。昆虫的复杂社会行为的出现需要三个属性：1）来自均匀初始条件的复杂时空模式；2）由于随机初始异质性的扩增而存在多稳态；3）在对小参数变化的动态响应中存在分支。根据当地条件，白蚁丘的设计有许多变化，但是所有设计都是为了保持恒定的环境条件。白蚁通过基于来自信息素的化学提示的自组织构建"生态建筑"[1041]。自组织包含集体时空模式，该模式是通过简单的单个昆虫的集体相互作用实现的。它涉及正反馈和负反馈、代理之间的多种相互作用，以及随机波动的放大（例如温度或湿度的自然梯度）。自组织有几个属性：1）正反馈（放大）；2）负反馈（以平衡正反馈）；3）波动的放大；4）多重相互作用。这产生了时空结构，其中几种稳定状态可以共存并且其中可能发生分支。蚂蚁或白蚁随机运输和放置浸渍信息素的土壤颗粒，以构建建筑的支柱。蚂蚁在离任意距离 r 处释放沉淀物的概率形成了宽度为 σ 和 $r=\sigma+\rho$ 的高斯环（Gaussian ring），从原点开始

$$\mathrm{d}p = \frac{1}{\sqrt{2\pi}} e^{-(r-\rho)^2/2\sigma^2} \, \mathrm{d}t \qquad (10-80)$$

超过临界尺寸后，可以随机设置一个波动信息素源的初始值。通过吸引其他蚂蚁，由于更大的吸引力，该值被放大，从而加强信息素信号。蚂蚁或白蚁被更强的激素浓度吸引到更远的距离，激素浓度进一步增强。由表现出简单的刺激-反应行为的、分散的简单生物构建的社会昆虫建筑可以是高度复杂的——白蚁丘表现出复杂的内部肺泡结构。复杂的蚂蚁巢是通过不停地沉积小颗粒土壤构建的，该过程基于个体蚂蚁的简单跟踪行为。它们的刺激-反应神经系统产生吸引/排斥行为，相互作用形成形态发生模式[1042]。土壤颗粒被信息素浸渍，信息素扩散到空气中形成信息素梯度。这吸引其他蚂蚁，并刺激它们沉积更多的土壤颗粒接近原始颗粒，以增加信息素的浓度。随着更多的蚂蚁沉积颗粒，这些地方将成为建筑物的支柱。巢穴的建造始于外围墙壁打开处的入口[1043]。非洲白蚁亚种大白蚁亚科的巢穴包括育巢室、支柱、壁垒、肋骨和叶片式的螺旋冷却通风口、菌圃和白蚁皇室。白蚁获取并沉积经过信息素调制的土壤颗粒，这些土壤颗粒沉积于信息素浓度最大的地方。白蚁蚁后连续发出信息素。由白蚁体内的热扩散驱动的对流空气，使得信息素分子在特定方向流动。信息素浓度梯度描述如下

$$\delta C = k_1 P - k_2 C + D_C \nabla^2 C \qquad (10-81)$$

式中　C——信息素浓度；

　　　k_1——单位时间内单位沉积物排放的信息素量；

　　　P——活性沉积物的量；

　　　k_2——信息素衰变常数；

　　　D_C——扩散系数。

建设过程需要白蚁的最低临界密度，低于该最低临界密度则不会进行建设。这可以通过活动的短距离激励（正反馈）和长距离抑制（负反馈）之间的图灵类（Turing-like）动态来描述

$$\frac{\partial c(x,t)}{\partial t} = v\left(k_d a + \frac{\alpha_1 a \phi_c}{\alpha_2 + \phi_c} - \frac{\alpha_3 \rho c}{\alpha_4 + \phi_c}\right) \qquad (10-82)$$

$$\frac{\partial a(x,t)}{\partial t} = -v\left(k_d a + \frac{\alpha_1 a \phi_c}{\alpha_2 + \phi_c} - \frac{\alpha_3 \rho c}{\alpha_4 + \phi_c}\right) + D \nabla^2 a \qquad (10-83)$$

式中　a——蚂蚁浓度；

　　　c——土壤中负载的信息素浓度；

　　　v——蚂蚁速度；

　　　k_d——负载信息素土壤中每个蚂蚁的沉积速率；

　　　ρ——非携带土壤的蚂蚁密度；

　　　D——扩散系数。

第二和第三项代表依赖密度的土壤放置和去除率。这已被应用于具有机器人代理行为结构的自动构建，其取决于基于浓度的信息素规则，浓度随着距离衰减（遵循平方反比定律）[1044]。蚁群系统是一种分布式算法，能够解决 NP-hard 的旅行推销员问题[1045,1046]。它涉及一组使用协同机制的协作代理，通信的介质涉及一种强化学习形式的信息素信号[1047]。无中央仲裁的代理合作也通过添加冲突解决情绪来建模，以修改个体行为来监控

目标[1048,1029]。有人提出，激烈的竞争将减少事故带来的干扰并提高团队效率[1050]。"攻击（Fight）"（基于恐惧阈值）在尝试获取相同资源的多个机器人之间实现冲突解决。这通过调用"勇敢（brave）"行为（大于阈值）打破僵局，继续进行标准的定向导航行为，而"恐慌（panic）"行为（小于阈值）则调用随机冲刺以打开空间。可以通过支配等级、随机分配、对资源（目标）的接近度或成功攻击的过去历史函数（正或负）来确定恐惧阈值。后者表现出支配优先等级（增加成功攻击）或轮换（减少成功攻击）。

蚂蚁行为——特别是，蚂蚁群的猎物运输任务——激发了多个巡视器的协作推箱任务[1051-1053]。工蚁被信息素吸引而来，并且在大型猎物的运输中互相合作[1054]。对于箱子推送任务，行为模块类似于从属架构中的标准行为：搜索（Find）使巡视器向前运动，跟随（Follow）使巡视器到其最近的相邻巡视器（保持编队），减缓（Slow）使巡视器在接近的过程中降低速度，目标（Goal）将巡视器定位到箱子，避障（Avoid）（最高优先级）使巡视器远离障碍物（包括其他巡视器）[1055]。停滞和循环行为是与内存缺失相关的潜在性的问题。环境线索是控制一系列连续单步行为的关键，由一组巡视器确定了一个集体任务。环境线索控制每个巡视器的每个行为之间的过渡。环境线索可分为障碍物检测传感器（Obstacle_Detection_Sensor），箱子检测传感器（Box_Detection_Sensor）和目标位置传感器（Goal_Location_Sensor）。这些是在三个传输状态之间的转换：发现箱子（Find_Box），运动至箱子（Move_To_Box）和推向目标（Push_To_Goal）。自适应逻辑网络是一种二进制神经网络，它可以利用简单的布尔逻辑组合对这样的环境线索进行分类。推箱任务模型可以通过三个步骤构建拱形物[1056]：1）构建独立柱体块；2）构建相邻的相同柱；3）将梁放置在两个柱的顶部上。这可以通过一系列简单的构建步骤（本质上是盲目推土行为）构建白蚁巢穴，每个转换由特定的刺激调用。这是格拉斯协同机制（Grasse's stigmergy）媒介的基础，而没有直接通信。协同性（Stigmergy）是社会性昆虫个体之间的协同机制，其中特定的刺激触发对环境和其他社会性昆虫具有级联效应的特定行为。白蚁巢穴的构建包含自组织和协同机制的组合。群体行为（等时性）受群居动物中的（化学或视觉）交流调节——正向反馈会通过吸引其他个体来强化行为（群体中的个体相互模仿彼此的行为）从而扩大波动[1057]。这种自组织过程可以通过协同机制增强，其中巢穴建筑取决于巢穴结构和蚂蚁对该结构的反应。巢穴建筑中的特定局部环境的结构刺激蚂蚁中的特异性反应。此响应是将当前刺激的结构转换为另一结构的特定建筑动作——该目标结构又可触发另一建筑动作。由于蚂蚁的行为改变这些环境刺激，随后的行动将被改变。不同的结构会触发不同的操作。协同机制是指某个个体的行为通过当地环境的变化间接影响其他个体连续行动的机制。建筑形状的动态演变会刺激蚂蚁的响应，这可以将原来的建筑变换成新的建筑结构。这种类型的蚂蚁铺设机制已经应用于电信网络中的路由和负载均衡[1058]。这也可能完成更复杂的合作性任务[1059-1061]。

基于社会性昆虫筑巢行为的自动施工的可行性已经被证明，即利用小组爬行机器人通过沉积聚合物泡沫以构建拱门和墙壁[1062]。机器人推土机群可以实现盲目推土以模仿蚁群的筑巢行为[1063]。这特别适用于通过向外挖掘清除某一地区的碎片而进行的地盘扩展。协同机制通过简单的有限状态机（避碰—直线推土—结束和随机转变）来控制推土过程。假设每个机器人独立行动，最终的巢的大小由下式给出

$$r = \frac{F_{ext} + \sqrt{F_{ext}^2 + (F_{fr}\rho w r_0)^2}}{F_{fr}\rho w} \tag{10-84}$$

式中　ρ ——材料移动密度；

　　　F_{ext} ——机器人施加的接触力；

　　　F_{fr} ——表面摩擦力；

　　　r_0 ——初始巢半径。

　　另一个演示通过机器人使用简单的预制砖块建造建筑，其中机器人能够在平面中移动，每一步能够以一个砖的高度爬上/爬下，拾起并粘贴其面前的一块砖（使用简单的手臂/夹子）[1064]。从砖块构造的建筑得到启发，可以将第一块砖作为坐标系参考基准，构建三维坐标网格。该方法基本上将施工过程离散化了——方砖具有自对准和相互依附的优点。机器人可以建造砖块结构的楼梯，爬上更高的平面［使用"轮腿式（whegs）"机器人］，但仅限于只能局部感知有图案的砖块（通过用于砖块检测的主动红外传感器）。超声波传感器可以检测建筑结构和其他机器人。在协同机制的环境下，所有的通信都是隐性的。因此，机器人根据当前结构向建筑中添加砖块。每个机器人使用相同的目标结构表示进行编程，从而得到一组建筑构建路径。所有的路径都从原点开始，并在建筑的自身和周围，沿着相同的螺旋方向，适当部署砖块并退出建筑物以获取另一个砖块。

　　在巡视器群体中，会出现劳动分工的问题，表现为在可以执行所有任务的通才专家和只能执行一小部分任务的特定专家之间进行劳动分配的问题[1065]。这类似于囚徒困境（Prisoner's Dilemma）问题。最优的分配是将任务公平地分配到人口规模增加的大型专业群体[1066]。因此，在巡视器群体中增加任务的专业化是有利的。此外，增加群体成员之间劳动行为的异质性，可以减少任务实现中所需的控制工作量[1067]。角色分配可以是动态的，并且可以简单地将一个巡视器分配为领导者，而将其他巡视器分配为跟随者[1068]。为了完成不确定情况下的多目标任务，在巡视器编队的动态任务分配中，意味着最佳分配策略将随着所处环境和相关的噪声水平而改变。这种动态任务分配可以由基于市场的拍卖系统通过共享的黑板[1069,1070]来实现。其他基于市场交易的方法也是可行的，使用供求来协调巡视器——市场在表示帕累托均衡（Pareto equilibrium）时是全局有效的，而每个代理则试图最大化自己的利润。这类经济方法的三个典型的例子是拍卖[1071]、合同网协议[1072]和克拉克税机制（Clarke tax mechanism）[1073]。诸如拍卖的协商机制可以通过黑板架构来实现。使用多个巡视器协同合作传送较大物体的常规方法可以基于全局路径规划器和局部操作规划器[1074]。全局规划器基于简化的构型空间（C 空间）表示（通过约束操纵时的相对目标姿态进行简化），在使用局部势场进行搜索的同时，将对象操纵的约束并入，作为A ∗ 的代价函数搜索。

　　迄今为止，尚未部署多个协调巡视器，但未来的任务，特别是那些为人类探测任务做准备或提供协助的任务，将需要多个巡视器来执行各种各样的功能。虽然火星是主要的部

署环境，但类似的方法也适用于月球探测[1075]。例如，月球设施基地应包括发电厂、采矿设施、产品制造设施、耗材提取设施、轨道运输产业、地面运输系统、太阳能电池板生产设施、修理设施和仓库。将基础设施部署到月面是探测任务的前期工作，以后将演变成功能齐全的基地。对于土建施工，推荐的最小抗压强度为 $1.75\ N/mm^2$。月球风化层是一种高效的热绝缘体，使得 0.5 m 深度的温度为 240 K，尽管环境温度变化很大——它可以作为静态行星基地的热绝缘体。通常建议采用由风化层屏蔽的充气结构，虽然有时也建议采用月球混凝土。这需要大量的地面准备，充气纤维的展开以及对结构进行加压和刚性化。许多月球基地构造的方法都建立在使用安置在月球表面上的预制模块（诸如类似于空间站类型的设计）上，被连接成一个综合设施，并且部分地或完全地埋在风化层中。这将需要大量的场地准备工作。最后，需要将局部的月面风化层推至顶部模块作为辐射屏蔽。这要求模块的拱起较浅或者实现由模块上的梁和柱支撑的支架包络。这将需要很强的构建能力。最基本的任务包括将巡视器作为处理风化层的多用途设备。前哨——无论是静态还是动态的——是一种人类机器人设施，能够支持中等时间长度居住（一般为 6 个月）。例如，最初的火星基地可能是在霍顿（Haughton）火山口附近的直径 8 m 的火星北极研究站，其包括两个甲板[1076]：上甲板作为包含睡眠和厨房区域的起居区，而下甲板用来支撑巡视器的装载和维护设施、生命保障系统和科学实验室。这可能部署为一个 10 人的基地，在火星北极点进行为期 1 200 天的任务，消耗 92 t 材料和 61 kW 的功率[1077]。这里每人需要 $40\ m^2$ 的表面积，并且最好是模块化的形式。单个模块为凯夫拉（Kevlar）/迈拉（Mylar）/多层隔热材料（MLI）盘状膜结构，质量为 $3\ kg/m^2$，充气至70 kPa 的压强。在结构内，展开刚性板以进一步增大结构刚性。电力由 50 kW 气冷式粒子床核反应堆提供，使用布雷顿（Brayton）功率转换，其在源极处分配 440 V AC，然后通过 $0.5\sim1.0\ km$ 下行的传输线，使得基站处降低到 220 V AC。每个模块产生高达 10 kW 的热功率，必须通过 $270\ W/m^2$ 散热板来排除。每个模块都是一个独立的结构，安装在三条腿上，终止于用于移动的跟踪驱动装置。该基站包括由七个外围模块包围的核心模块，所述外围模块围绕其径向布置，以将工作、休闲和睡眠环境分开[1078]。专用模块包括睡眠区、员工厨房/休闲区、生命保障系统/花园、科学/医学实验室，EVA/巡视器停泊站和消耗品存储区。

除了探测任务外，巡视器将是发展月球、火星、小行星或其他天体基础设施的关键因素。以后任何的月球基地建筑都将需要考虑与低重力、真空条件要求导致的放气，以及严重和极端的温度循环的兼容性。在处理无处不在的灰尘问题时，应在不使用或尽量少使用工作液的情况下实现这一目标。许多核心技术本质体现在机器人上，说明了机器人在支持人类地球外殖民方面的重要性[1079]。重点是将具有不同作用的巡视器进行编队，以支持前哨基地以及自身任务。基地本身可能需要可调节的热屏蔽系统，以应对昼夜温度环境——对于静态基座，可以使用月面风化层作为热绝缘体。简单地将风化层推覆至基地，不可能使基地足够稳定，因此可能需要一些沙袋。前哨将由着陆/发射台支持，与其至少隔开 0.5 km，以防止前哨被污染。为了减少羽流产生，发射台应该安装在准备好的表面上，将表面加热至镜面或者去除其上的风化层。在建立任何永久性基础设施之前，将需要在发射/着陆点和前哨之间利用巡视器进行设施运输。如果是太阳能供电，所有活动必须由一个发电量为 100～500 kW 的发电厂提供支持，但要求发电厂具有防尘能力（也需要储存电能的设施）。如果是核能，则从前哨埋设/分离。太阳能发电设施可以按照模块化方式部署，但仍然需要通过电池、燃料电池或电容器组进行电能存储；核电不需要这种储存，但需要大型散热器，并要求辐射减少到低于 5 rem/yr。可以用 2～3 m 厚度的月面风化层屏蔽核辐射。在任何情况下，这些设施都需要监视和维护。原位资源利用（In Situ Resource Utilization，ISRU）用于制造基本消耗品的设施，对于支持任何前哨基地或基地设施至关重要。地外采矿和挖掘必须主要自主实现，以尽量减少对人类干预的依赖。这将涉及各种各样的任务：现场勘测、资源勘探、规划矿井建设、原位资源利用、材料加工、过程监测和前哨建设。典型的巡视器活动将包括在巡视器操作期间持续的现场勘测、地形平整、运输、平台建设和槽探。单独的现场勘测包括根据海拔、矿井布局和矿井建设规划，对要开采的区域制图。矿井规划包括确定最佳挖掘模式和计划表。主要影响可能存在于风化层的土工技术和机器人对风化层的处理之中[1080]。采矿包括岩石破碎（钻井、爆破和选矿）、覆盖层清除（挖掘）和材料处理（装载和拖运）。岩石破碎主要依靠爆炸物来减少铲斗和挖掘机的挖掘力——炸药用于阿波罗 16 号月球表层试验箱（ALSEP）系统，并广泛用于电雷管。硬岩需要 0.12 kg/m³ 的特定爆炸装药量。或者，通过电解质中电容器组快速放电而产生的电爆炸形成膨胀等离子体[1081]。聚焦太阳能、激光和微波可以被部署用于岩石破碎和磨碎。露天采矿设备包含挖掘装载机和运输车（可以是同一车辆）。露天开采是最适用的采矿方法。矿场位置、加工设施和前哨/基地不太可能被同地调用，所以需要巡视器具有较强的运输能力。运输包括将挖掘的材料运输到将使用传送带、电缆挖掘机和铲土机的地方。在任何情况下，最简单的采矿方法是挖掘松散的表面碎石进行加工。生产监控包括根据材料的重量或体积来计算吞吐量。在处理完之后，最终产品必须被存储和/或分发到前哨。一个关键问题是最小化支撑前哨的运输成本（距离、航行速度和货物质量的乘积）[1082]。所有这些都要参考前哨或基地的运行需要，而不考虑机器人对其安置的要求，这将涉及更大的机器人技术的挑战[1083]。这需要自动挖土机，例如推土机、挖掘机、开凿机和轮式装载机等。最简单的挖掘机包含具有末端铲斗执行器和/或铲斗轮的搭载在巡视器上的机械臂。反铲挖掘量是一种常用的建筑方法，它包含松动土壤并通过对铲斗的牵引和抬升来除去土壤。这将需要复杂的阻抗控制算法，能够在土壤挖掘和牵引过程中估计末端执行器/土壤的相互作用力[1084]。

　　显然，由单个操作员协调多个巡视器是具有挑战性的[1085]。这将有利于使用多个自主巡视器，在最少的人力辅助下协同工作。巡视器编队将在建设行星表面基础设施方面发挥关键作用，作为人类前哨任务的先驱，比如当作栖息地（或作为更复杂的机器人基础设施的一部分）[1086,1087]。这些任务将包含现场准备、部署硬件器件以及维修这些器件——这可能包括地形修整和道路建设、重型负荷的合作处理和运输、基站建设、可充气的栖息地模块的部署、原位资源利用中推进剂生产的部署、太阳能光伏阵列的部署、远程勘探勘测、机器人科学站的建设，以及大量的基础设施维修和修复操作。电力系统部署方案被认为是最具挑战性的任务之一。人类基础设施支持的电力需求约为 100 kW，这需要 5 000 m² 的太阳能面积，总质量为 3.5 t（这与 5~7 t 的核电厂相比是有利的）。探索火星的人类使命将需要对基础设施安置进行大量前期现场准备[1088,1089]——现场准备任务包含对选定的50 m×100 m 区域的粗糙土壤进行平整和岩石清除。任务中的运输活动包括协同操纵和物体运输。这与标准的多机器人推箱任务（模拟岩石清除）有些相似，但是现场准备更加复杂，只包括少量的巡视器（一般为 4 个或 5 个）。多巡视器编队必须在不断变化的环境中满足动态和连续地协同操作。JPL 的 CASPER 系统是 ASPEN 的扩展，通过迭代修复方案支持分布式控制方法[1090]。已经提出了两种巡视器控制架构来控制具有推土机功能的巡视器编队——俾斯麦（BISMARCK）[1091] 和联盟（ALLIANCE）[1092]——尽管其他的架构也是合适的，例如 AuRA。ALLIANCE 架构是一种基于行为的分布式多机器人控制方案，其实现了激励机制（不耐烦和默许）以实现自适应动作选择[1093-1095]。激励（不耐烦和默许）在数学上被建模以增强其基于行为的架构，以响应动态环境。这允许 ALLIANCE 在冲突行为之间进行选择。有 6 个行为集：准备清除路径（Prepare _ for _ Clearing _ Pass），清除子目标路径（Clear _ Path _ to _ Subgoal），请求帮助（Request _ Help），合作清除（Cooperative _ Clear），维护操作（Maintenance _ Operations）和返回基地（Return _ to _ Home _ Base）。激励主要与驱动程序和情绪相关。情绪提供了区分可能有害或有益的情况的基础，而没有推理原因。它们有助于在基于行为的控制系统中提供基于目标的前进，超越有限状态机的传统限制，特别是与多巡视器合作相关联，该合作可能会受到相互依赖循环的影响[1096]。一个示例是助理机器人无法重新补给另一巡视器（例如，硬件/软件故障、时间延迟等原因），这将在等待巡视器中遇到任务故障。基于行为的方法对多巡视器的分布式控制的各种任务已经很成熟。例如，自主航空跟踪和侦察探测器（Autonomous Vehicle Aerial Tracking and Reconnaissance，AVATAR），其实现了基于分级行为的控制系统，其中更复杂的行为是从使用航空探测器和地面巡视器编队的更基本的简单行为导出的[1097]。已经提出大量部署多个小型、便宜、约 100g 的巡视器，以实现覆盖行星表面区域[1098]，但是这些提议并没有具体的实施方案。可以使用飞行器（诸如气球）通过低高度降落着陆，将地面巡视器编队部署在大面积的行星表面上。它们可以与集体行为协调以形成通信网络基础设施。

第 11 章　自动样品采集

机器人行星探测器的主要目的是在关注的目标天体上部署科学仪器设备，并且获取目标天体上的物质样品，通过科学仪器设备进行原位分析，或者携带物质样品返回地球。对行星地表和地下的土壤及岩石进行科学分析的第一步是样品采集。样品的采集通常由机器人实施，包括研磨、钻探以及挖掘。后续会对机器人实施样品采集进行详述。样品采集的第一步是了解所要提取的样品所处的自然环境情况。经常会遇到的土被环境（不包含冰）有两种：1）来自含有大气层行星的土被，如火星，该类型的土被遭受到风化侵蚀的影响，但是躲过了微型陨石的撞击；2）来自不含有大气层行星或其他小天体的土被，该类型的土被未遭受到风化侵蚀的影响，但是亿万年来不断受到微型陨石的撞击（例如月球）。对于月球，阿波罗航天员将空心驱动取芯管垂直地钉入土被深度达到 1 m——通过 50 次的锤击深入至 70 cm。旋转钻机芯管能够使穿透深度达到 3 m，在这一深度范围处，由于无数年代间微型陨石的撞击，土壤开始变得十分坚实[1099]。土被层估计有 10～30 m 厚。松散风化薄层覆盖着高度压实层的这一特性，预计存在于所有大气稀薄的天体表面，如小行星。

一般认为火星的表面和近表面的土被大部分充满了氧化剂，如过氧化氢、金属氧化物、过氧化物和超氧化物。一般认为火星的表面和近表面的土被缺乏有机物质——因为海盗号着陆器上的气相色谱仪/质谱仪（gas chromatograph/mass spectrometer）在十亿分辨率级的重有机物和百万分辨率级的轻有机物中，检测不到有机物质存在。该上限远远低于亿万年来碳质陨石流入的预期。通常认为，在低层大气中，太阳紫外线辐射作用于少量的水蒸气会在土壤中产生过氧化氢和其他的过氧化物。此外，紫外线诱导的芬顿反应（Fenton's reaction）可能会出现，在土壤中形成能够迅速氧化有机化合物的羟基自由基。火星表面的紫外线辐射通量为 2.6 mW/cm² （大约相当于地球表面紫外线辐射通量的 4 倍）。而且，由于在太阳的早期主序阶段较高的紫外线辐射通量，造成火星大气中氢等水组分的损失，直接导致了土壤中氧化剂的掺入[1100]。这种氧化层的分布受到分子扩散和陨石撞击作用的影响，通常深度达到数米，名义上氧化剂的平均消失深度约为 3 m，氧化剂的平均消失深度依赖于撞击坑群，氧化条件的开始和土壤中所吸收的水分[1101-1104]。火星大气中的氧化剂包括 H_2O_2，O_3 和 H_2O，氧化剂的含量约为 $10^{10}/cm^3$，这些氧化剂会扩散到火星表面的土壤中。氧化剂的扩散可以通过斐克定律（Fick's law）的线性扩散模型进行描述

$$\phi = \frac{dC}{dt} = -D \frac{\partial^2 C}{\partial z^2} = -D \frac{f}{q} \frac{dy}{dz} \tag{11-1}$$

式中　C ——土被中过氧化物的密度（浓度）；

　　　ϕ ——紫外线辐射通量；

D ——扩散系数；

f ——土被的孔隙率；

q ——弯曲度；

y ——孔隙水蒸气质量密度；

z ——垂直深度。

消光系数的定义为在某一深度处过氧化物的密度下降到相对于对应地表过氧化物密度的 10^{-6}。在扩散的作用下，30 cm 深度范围内的土被均被充分地氧化。氧化条件的发生出现在 3.8 Gyr 前重轰击阶段结束时，当撞击率达到 10^4 之后，氧化条件开始发生。在水分过多的条件下，氧化剂不能存在。因此，通过冲击作用氧化剂的混合条件将被降低，表明 $1/e$ 氧化剂深度为 0.5～0.85 m（即 2～3 m 深度以下不存在氧化剂）。因此，天文生物学勘探需要从该深度值以下获取样品[1105,1106]。

尽管 Kapvik 没有包含任何地下钻探的能力，但先锋号火星巡视器方案设计上是具有地下钻探的功能。先锋号采用的地下穿透方式为地面穿透鼠（ground-penetrating mole）。原位传感器的头部可以安装于穿透鼠之中，然而该穿透装置本身安装在巡视器上。这种装置可以穿透的标称深度为 3 m。通过三台这样的设备采集样本，一旦设备开始工作并穿入地表以后，无须再次将设备返回地面——它们可以将器载仪器的传感器头部安放到地面钻孔之中。这样显著地降低了穿透鼠上抽取机械装置的复杂程度。微型巡视器可以依次部署每一个穿透鼠，来提供一组三个深度的剖面。这就要求使用远程传感仪器，利用传感器探头与主要仪器设备的分离来消除采集土壤样品的需求——主要使用的仪器设备为一个拉曼光谱仪，一个红外光谱仪和一个激光等离子体光谱仪。在穿透鼠上增加测温探针和磁力计可以提取有重要价值的原位地质物理学数据。在选择钻探场地前，通过使用地面穿透雷达装置，可以确保避开土被中被掩盖的砾石障碍物。考虑到相对于大气层比较稀薄的天体上的土壤，火星土被可能会比较疏松，敲击型穿透鼠提供了适当深度下穿透比较可行的方法。

11.1　自动操纵器样品采集

自主科学研究领域中一个重要的工具是表面样品采集自动操纵器。机器人操纵器设计时必须考虑到它们的工作情况：1）位置精度和可重复性；2）速度/加速度界限（操作周期时间和反应速度）；3）平均寿命；4）可靠性/可维护性。采集样品可能需要考虑在非结构化环境中的触点压力。自主控制系统需要具备足够的适应性，来应对这些紧急情况，如工作于任何类型的土壤和随机障碍处理工作[1107]。现在的巡视器均携带有自动操纵器，在每个关节处设计带有电动马达的旋转接头，以提供最大的工作空间和可控的构型。对于自动操纵器的最低要求配置是 3 个自由度（Degrees of Freedom，DOF），具有一种肘部运动——基座摆动、肩部倾斜和肘部倾斜，类似于 PUMA 560/600 操纵器。但是，腕关节倾斜的增加可以提供更大的操作灵活性。器载操纵器系统一般具有质量较小（约 1～3 kg）

和布局比较紧凑的特点，以排除对巡视器操作的干扰。它们都要求有 1 kg 有效载荷负载能力，较大的工作空间和多功能性[1108]。巡视器的操纵器臂随着复杂程度的逐渐增加，可能具有以下配置[1109]：

1）1 个 2 自由度的铲斗；

2）含 2 个近端执行器的 3 自由度的铲斗；

3）含 2 个末端执行器的 3 自由度的铲斗；

4）一个 4 自由度的铲斗，平夹，弧状接近地面的功能托盘；

5）一个 4 自由度的铲斗，能够使用铲斗和曲状夹子向前堆装物体，用于仪器处理；

6）一个 4 自由度的铲斗，平夹，线性接近地面的功能托盘；

7）一个 4 自由度的铲斗和弧形夹子用以处理前面和侧面的堆装物体；

8）一个 5 自由度的夹子，带有通向地面的平面通道、传输工具和水平功能托盘；

9）一个 6 自由度的夹子（缺少末端翻动执行器），可以进入倾斜的工具托盘。

在巡视器的设计中，一个 6 自由度的操纵器通常不满足于质量和体积的系统规定参数，因此，通常使用不具有滚动自由度的 5 自由度的操纵器。一个可展开 5 自由度的，和猎兔犬二号类似的关节式机械臂，安装在巡视器的外部，该类机械臂通常包括一个岩石取芯器和一个小的近景摄像头，用于监视地面情况和巡视器自身状态。机械臂位于巡视器的前面，以提供一个很好的样品采集范围。巡视器必须能够适应寒冷环境，机械臂可以进入外部的样品存储器。操纵器上部署有岩石取样钻。除了俄罗斯的探测器任务外（月球和金星），第一个用于星际任务的自动操纵器出现在美国的海盗号火星探测任务中。海盗一号和海盗二号着陆器分别在 1976 年着陆在火星表面的克律塞伊斯平原（Chryse Planitia）和乌托邦平原（Utopia Planitia），两次着陆区域分别位于火星的相对面。

两次登陆火星的海盗号着陆器（1975）是第一次利用关节式遥控操纵器执行挖掘火星土壤的太空任务，土壤挖掘范围在距离着陆器 2.5 m 处，挖掘深度为 10 cm（见图 11-1）。所有的器上试验均需要收集火星的土壤进行，而火星土壤获取通过着陆器上携带一个小铲的伸缩机械臂来执行。取得的火星土壤通过着陆器上的筛网后被储存起来，以备器上的各种后续试验使用。可展开的悬臂由不锈钢平行连杆组成，平行连杆被扭结弯曲以提供沿着连杆长度方向的刚度，通过收起悬臂上的金属系带，可展开的悬臂能够被卷起。海盗号着陆器机械臂挖掘出了一条沟槽，深度达到 23 cm。海盗号着陆器样品收集器头部下颌宽度为 4.45 cm，带有呈锯齿形的边缘。一个 6.1 cm 宽，6.45 cm 高的反铲挖土器放置在距离锯齿状末端 10.2 cm 的地方。上颌由一个频率为 4.4 Hz 或 8.8 Hz 的振动螺线管驱动。上颌的上表面具有 0.2 cm 的孔，用以分离比较粗糙和粉末级的颗粒。收集器头部长度为 24.3 cm，连接到一个可卷起的悬臂上。收集器的头部可以沿着它的纵轴反向转动，可以从其底座处垂直地转动 10°的角度。海盗号悬臂获取样品的工作程序如下：

1）将取样悬臂定位到预定的方位角；

2）延长收集器的头部到所需的长度；

3）降低收集器的头部至火星表面；

4）在收集器头部颌打开的状态下，以 0.025 m/s 的速度将收集器头部插入火星土壤中 0.1 cm；

5）关闭收集器头部颌，缩回收集器头部；

6）抬起机械臂，通过收集器头部上颌 0.2 cm 的开口递送收集的样品；

7）倾倒剩余的粗糙颗粒。

图 11-1　海盗号着陆器（1976）及其样品采集器

［来源：NASA JPL/Smithsonian Air & Space Museum］（见彩插）

在月球表面，一个宽度为 W ，加速度为 $\alpha = (\alpha_x \alpha_y)^{\mathrm{T}}$ 的挖掘刀片，所能产生的挖掘力可由下式给出[1110]

$$F = \sqrt{F_x^2 + F_y^2} \qquad (11-2)$$

式中，x 和 y 为相对于挖掘刀片的参考方向

$$F_x = P\cos(\alpha - \delta) + F_S\cos\beta + (W/g)\alpha_x \qquad (11-3)$$

$$F_y = W + P\sin(\alpha - \delta) + F_S\sin\beta + (W/g)\alpha_y \qquad (11-4)$$

式中　P ——作用于挖掘刀片上的被动土压力；

　　　F_S ——侧面摩擦力；

　　　α ——刀片的倾角；

　　　β ——侧面摩擦角；

　　　δ ——土壤和刀片的摩擦角。

被动土压力 P 和侧面摩擦力 F_S 均是挖掘深度、土粒密度、土壤内聚力、土壤摩擦角以及表面附加作用（如地面力学性能，特别是土壤内聚力）的函数。因此，测量土壤的物理参数，就可以控制刀片在土壤中的移动操作。土壤挖掘里斯基本方程（Reece's fundamental equation）描述了切削刀片在土壤中移动时，垂直于刀面的作用力（如推土机、挖掘机挖斗等）[1111]：

$$F = b(\gamma z^2 N_\gamma + cz N_c + qz N_q) \qquad (11-5)$$

式中，N 为被动土压力系数[1112,1113]。

被动压力系数

$$N_\gamma = \frac{(\cot\alpha + \cos\beta)\sin(\beta + \phi)}{2\sin(\alpha + \beta + \delta + \phi)} \qquad (11-6)$$

黏性系数

$$N_c = \frac{\cos\phi}{\sin\beta\sin(\alpha + \beta + \delta + \phi)} \qquad (11-7)$$

摩擦系数

$$N_q = -\frac{\cos(\alpha + \beta + \phi)}{\sin\alpha\sin(\alpha + \beta + \delta + \phi)} \qquad (11-8)$$

$$\cot\beta = \frac{\sqrt{\sin(\alpha + \delta)\sin(\delta + \phi)/\sin\alpha\sin\phi} - \cos(\alpha + \delta + \phi)}{\sin(\alpha + \delta + \phi)} \qquad (11-9)$$

表面压力

$$q = \frac{\gamma gl\tan\beta\tan\alpha}{2(\tan\beta + \tan\alpha)} \qquad (11-10)$$

式中　α ——刀片切入角；

　　　β ——土壤破坏角；

　　　δ ——土壤-叶片摩擦角。

基于卢瑟-威斯纳（Luth-Wisner）数学模型的洛克希德·马丁/海盗号模型（Lockheed-Martin/Viking model），其上机械臂基于斗轮或等效土方铲进行挖掘，所需要的挖掘力由参考文献［1114，1115］给出。

$$F_{\text{fric}}^{\text{horiz}} = \gamma gwl^{1.5}\alpha^{1.73}\sqrt{d}\left(\frac{d}{l\sin\alpha}\right)^{0.77}\left[1.05\left(\frac{d}{w}\right)^{1.1} + 1.26\frac{v^2}{gl} + 3.91\right] \qquad (11-11)$$

$$F_{\text{fric}}^{\text{vert}} = \gamma gwl^{1.5}\sqrt{d}\left[0.193 - (\beta - 0.714)^2\right]\left(\frac{d}{l\sin\alpha}\right)^{0.777}\left[1.31\left(\frac{d}{w}\right)^{0.966} + 1.43\frac{v^2}{gl} + 5.60\right]$$

$$(11-12)$$

$$F_{\text{coh}}^{\text{horiz}} = \gamma g w l^{1.5} \alpha^{1.15} \sqrt{d} \left(\frac{d}{l \sin\alpha}\right)^{1.21} \left\{ \left(\frac{11.5C}{\gamma g d}\right)^{1.21} \left(\frac{2v}{3w}\right)^{0.121} \left[0.055 \left(\frac{d}{w}\right)^{0.78} + 0.065 \right] \right\}$$

$$(11-13)$$

$$F_{\text{coh}}^{\text{vert}} = \gamma g w l^{1.5} \sqrt{d} \left[0.48 - (\alpha - 0.70)^3 \right] \left(\frac{d}{l \sin\alpha}\right) \times$$

$$\left\{ \left(\frac{11.5C}{\gamma g d}\right)^{0.41} \left(\frac{2v}{3w}\right)^{0.041} \left[9.2 \left(\frac{d}{w}\right)^{0.225} - 5.0 \right] + 0.24 \frac{v^2}{g l} \right\}$$

$$(11-14)$$

式中　　α——前倾角；

　　　　d——挖掘深度；

　　　　C——土壤内聚力；

　　　　w——挖掘工具宽度；

　　　　l——挖掘工具长度；

　　　　γ——土壤质量密度；

　　　　g——重力加速度；

　　　　v——挖掘工具速度。

当土壤的内聚力比较小时，摩擦力的贡献远大于其他的力（例如月球土壤）。

当海盗号操纵器进行样品采集时，器上的一些科学仪器设备需要具有定位的能力，用来感知它们的目标。旅居者号巡视器上搭载的 α 粒子 X 射线光谱仪（Alpha Proton X-ray Spectrometer，APXS）布置在一个可展开的机械臂上，机械臂携带传感器的头部沿着一个规划好的路线移动，直到传感器的头部接触到物体表面为止。机械臂上的灵活腕关节和电机驱动的平行连杆臂，将传感器头部对齐岩石的表面 20° 范围之内（传感器头部可以适应岩石表面的角度从水平到垂直状态）。来自 3 对 LED 和 1 个光电晶体管的信号可以反馈出 0.5～3 N 范围的传感器与样品的接触力。重 185 kg 的火星探测漫游者（勇气号和机遇号）各自均携带有一个小型的操作机械臂——仪器投放装置（Instrument Deployment Device，IDD）——用来展开科学仪器设备，这些科学仪器设备包括一套岩石研磨工具（Rock Abrasion Tool，RAT），一台 APXS，一台穆斯堡尔分光计和一个微型成像器，这些设备用来分析所选择的岩石和土壤对象[1116]。

IDD 包含一个 5 自由度的机械臂，该机械臂位于巡视器的前方，安装在主车体的下部。IDD 的可展开长度达到 0.75 m。其构型包括 2 个肩关节（方位角/高度角），1 个单肘关节，腕部的倾斜和偏航——偏航主要用于定位不同的仪器设备。在探测器发射阶段，巡航阶段，以及开始下降和着陆阶段，其肘关节和腕关节处均是压紧固定的。当探测器实现安全着陆后，压紧点处的火工装置起爆，在压缩弹簧弹力的作用下，完成由压紧固定到释放分离。连接外壳和轴是由钛合金管材制造的。IDD 由 5 个直流电刷电机驱动，电机带有 3 级行星齿轮、磁致电阻译码器和安装在从动轴上的旋转电位计。利用润滑油对它们进行湿润滑，并且使用特氟纶 O 形圈、迷宫式密封设计和毛毡进行密封。每个关节使用 Maxon RE020 电机驱动，并且配有支持电热调节器测量的电加热器，保持每个关节的温度不低于 −55 ℃。电机/齿轮被放置在肩部偏航轴与肘部俯仰轴的交叉处，以及肘部偏航轴与腕部俯仰轴的交叉处，如图 11-2 所示。肩部和肘部的传动装置同样都含有谐波激励齿轮装置，当腕关节电机也包括 2 个附加的行星齿轮级时，可以降低反冲作用力。

图 11-2　MER 仪器投放装置［来源：NASA JPL］

IDD 的精确度达到 4 mm 和 5°，可以输出的接触预载能力大于 10 N。它的总质量为 4 kg，包括 1 kg 重的电缆，可以提供 2 kg 的有效负载能力。具有 3 m 长的电缆束，包含超过 200 个扁平柔性导线分支，通过臂杆，连接到每一个关节上，但是大部分的导线分支经过 micro-D 连接器，最终连向末端执行器设备。IDD 使用正面广角立体对监视相机，对其展开状态和在每一个仪器上的近距离反馈开关传感器进行可视化的信息反馈，以便在判断接触发生后停止继续运动。IDD 是以 8 Hz 的速度进行 PID 控制的，其指令运动采用梯形速度剖面。通过递归平分法，在初始姿态和最终姿态之间生成一系列中间姿态点。总共存在 4 种基本行为表现——空间自由状态、安全模式状态、缩回状态和预载移动状态。电机控制器板使用来自译码器的反馈信息，而有效负载模拟板使用来自电位计和短距离传感器的反馈信息。飞行控制站和 VxWorks 实时操作系统软件位于主 RAD6000 计算机中，飞行控制站和 VxWorks 实时操作系统软件是通过 1 个 VME 底板彼此隔离的。

IDD 的运动学特征可以通过德纳维特-哈滕伯格矩阵（Denavit-Hartenberg matrix）的方法描述，当末端执行器的 z 轴指向校准靶标时（接近适量，见表 11-1），该矩阵主要表现 IDD 的姿态（$p_x p_y p_z \theta_{az} \theta_{el}$）。肩部构型右侧为正（＋），左侧为负（－），肘部构型向上为正（＋），向下为负（－）；腕部构型向上为正（＋），向下为负（－）。

表 11 - 1　IDD 运动学特征参数

连杆编号	连杆偏移距离 a_i	连杆弯曲角度 α_i	连杆长度 d_i	关节角度 θ_i
1	a_1	$\pi/2$	d_1	θ_1
2	a_2	0	0	θ_2
3	a_3	0	0	θ_3
4	0	$-\pi/2$	d_4	θ_4
5	0	$\pi/2$	d_5	θ_5

IDD 的运动学描述如下所示

$$^0T_{ee} = {^0T_5}\,{^5T_{ee}} \tag{11-15}$$

其中

$$^0T_5 = \begin{pmatrix} c_1 c_{234} c_5 - s_1 s_5 & -c_1 s_{234} & c_1 c_{234} s_5 + a_1 c_5 & a_1 c_1 + a_2 c_1 c_2 + a_3 c_1 c_{23} + d_4 s_1 - d_5 c_1 s_{234} \\ s_1 c_{234} c_5 + c_1 s_5 & -s_1 s_{234} & s_1 c_{234} s_5 + c_1 c_5 & a_1 s_1 + a_2 s_1 c_2 + a_3 s_1 c_{23} - d_4 c_1 - d_5 s_1 s_{234} \\ s_{234} c_5 & c_{234} & s_{234} s_5 & d_1 + a_2 s_2 + a_3 s_{23} + d_5 c_{234} \\ 0 & 0 & 0 & 1 \end{pmatrix}$$
$$\tag{11-16}$$

$$^5T_{ee} = \begin{pmatrix} c_{ee} & 0 & s_{ee} & {^5p_{eex}} \\ 0 & 1 & 0 & 0 \\ -s_{ee} & 0 & c_{ee} & {^5p_{eez}} \\ 0 & 0 & 0 & 1 \end{pmatrix} \tag{11-17}$$

式（11-16）中，$c_i = \cos\theta_i$，$s_i = \sin\theta_i$。由此可以得到反向的运动学特性，如下

$$^0p_5 = {^0p_{ee}} - {^0a_{ee}} \mid {^5p_{ee}} \mid \tag{11-18}$$

$$\theta_1 = \arctan\left(\frac{^0p_{5y}}{^0p_{5x}}\right) \pm \arctan\left(\frac{d_4}{\sqrt{^0p_{5x}^2 + {^0p_{5y}^2} - d_4^2}}\right) \tag{11-19}$$

$$\theta_2 = \arctan\left(\frac{^1p_{4y}}{^1p_{4x}}\right) \pm \left[(c_1{^0p_{5x}} + s_1{^0p_{5y}})(\pm{^2p_{3y}})\arccos\left(\frac{^1p_{4x}^2 + {^1p_{4y}^2} - a_2^2 - a_3^2}{2a_2\sqrt{^1p_{4x}^2 + {^1p_{4y}^2}}}\right)\right]$$
$$\tag{11-20}$$

$$\theta_3 = \arctan\left[\frac{\pm(c_1{^0p_{5x}} + s_1{^0p_{5y}})(\pm{^2p_{3y}})\sqrt{1 - \left(\frac{^1p_{4x}^2 + {^1p_{4y}^2} - a_2^2 - a_3^2}{2a_2 a_3}\right)^2}}{\left(\frac{^1p_{4x}^2 + {^1p_{4y}^2} - a_2^2 - a_3^2}{2a_2 a_3}\right)}\right]$$
$$\tag{11-21}$$

$$\theta_4 = \arctan\left(\frac{^0a_{eez}}{c_1{^0a_{eex}} + s_1{^0a_{eey}}}\right) - \theta_2 - \theta_3 \tag{11-22}$$

$$\theta_5 = \arctan\left(\frac{c_1 c_{234}{^0a_{eex}} + s_1 c_{234}{^0a_{eey}} + s_{234}{^0a_{eez}}}{s_1{^0a_{eex}} - c_1{^0a_{eey}}}\right) - \theta_{ee} \tag{11-23}$$

虽然没有安装到巡视器上，但是猎兔犬二号操纵器与巡视器上操纵器是相似

的[1117,1118]，如图 11 - 3 所示。登陆火星的猎兔犬二号着陆器任务在设计和构造上包括一个 2.4 kg 的 5 自由度仿生自动操纵器（Anthropomorphic Robotic Manipulator，ARM），该操纵器带有向外卷的连接接头。具有广义性的 4×4 的德纳维特-哈滕伯格矩阵可以由猎兔犬二号上操纵器的运动学参数得出，猎兔犬二号上操纵器的运动学参数见表 11 - 2。

图 11 - 3　猎兔犬二号着陆器及其 5 自由度仿生机械操纵器 [来源：ESA]

表 11 - 2　猎兔犬二号运动学参数表

连杆编号	α_i /(°)	a_i /mm	d_i /mm	θ_i /(°)
1	0	0	d_1	θ_1
2	90	a_2	0	θ_2
3	0	a_3	d_3	θ_3
4	0	0	d_4	θ_4
5	90	a_5	0	θ_5

ARM 布置在与太阳能电池板的相对的一侧，这样可以最大限度地增大样品采集可利用的区域范围。机械臂通过其腕部安装在位置驱动工作台（Position - Actuated Workbench，PAW）上[1119]。所有连接件均由钛合金制造成，而连接件的接合处为碳纤维复合材料缠绕的钛末端配件。碳化纤维管构成了 ARM 的上部和下部两段。ARM 包括 162 个部件，总质量为 2.108 kg。ARM 基座安装面的热间隔设计可以减少热量的泄露。猎兔犬二号的机械臂装置将 PAW（其上安装有 6 台科学仪器）指向岩石样本。在机械臂的远端位于肘部处安装有一台全景相机。所有的关节均为独立运动，这样可以将能量消耗降低至约 1 W。机械臂的第一阶振形频率为 180 Hz。该机械臂可伸展的距离达到 1.09 m，工

作区域覆盖面积约 0.7 m² （1.09 m 的伸展距离可以满足其接近 2～4 个直径为 10 cm 的岩块），其有效负载能力为 2.7 kg。PAW 的质量限制是携带一套集成传感器封装包：X 射线光谱仪 （X - Ray Spectrometer，XRS）、穆斯堡尔光谱仪、显微镜、岩芯研磨器和穿透鼠。每个旋转关节包括一个 Maxon 有刷直流电机和 100：1 的谐波驱动齿轮，每个关节的偏移由输出轴上的电位计进行测量。关节的最大转动速度为 0.6 （°）/min，驱动功率为 1.2 W，驱动电压为 12 V，最大电流为 100 mA。ARM 的定位精度为 ±5 mm 和 ±5°，主要受到关节电位计反馈的影响，在采用立体相机成像后，其定位精度可以提高到 ±2 mm 和 ±1°——前一种定位精度可以满足将样品递送到着陆器上的入口，但是提高后的定位精度对于一些高精度需求的仪器设备是必需的 （例如，显微镜和 X 射线/穆斯堡尔光谱仪）。在工作区域内定义了多个安全配置。ARM 的所有运动都预定义成几个标准动作：

　　1) 从收起位置展开至安全位置；

　　2) 将穿透鼠从安全位置移动到气体分析包 （Gas Analysis Package，GAP） 入口；

　　3) 将岩芯从安全位置移动到 GAP 入口；

　　4) 旋转 PAW 改变仪器；

　　5) 缓慢渐进地移动，确保与岩石接触并施加了预定载荷。

　　一旦确定了采样位置，ARM 对准 PAW 并朝向其目标前进，直到接触并施加以 5 N 的作用力 （其最大作用力为 30 N）。如果 ARM/PAW 接口处的压电力传感器测量到非预期的接触力，运动将会在 100 ms 内停止。ARM 的最复杂操作是将样品放入着陆器上的气相色谱-质谱仪 （Gas Chromatograph/Mass Spectrometer，GCMS）。

　　凤凰号火星着陆器 （2008） 携带有一个 4 自由度、2.4 m 长的机械臂和反向铲斗[1120]。其配置构造以肩部偏航和俯仰，肘部俯仰和腕部俯仰为基础。铲斗的前隔室从前部切割刀片收集样品，而后室由铲斗后部的锉刀切割工具收集样品。通过围绕腕部轴线旋转整个铲斗，可以在铲斗的前隔室和后隔室之间转移样品。机械臂在火星表面风化层土被区域挖掘沟槽，并通过热演化气体分析仪 （Thermal Evolved Gas Analyzer，TEGA） 和显微镜电化学和电导率分析仪 （Microscopy Electrochemistry and Conductivity Analyzer，MECA） 对获取的火星样品进行科学分析。它还将一个热电导率传感器插入火星表面风化层土被和不同高度区域的火星大气中，用来测量该区域的湿度。它移动相机，对其周围环境拍摄大量图像，特别是在将样品送入科学仪器之前，进行全景拍摄。该机械臂共获取并向器上搭载的科学仪器传送 17 份样品。

　　海盗号微型巡视器采用了一个 4 自由度的操纵器，它起到类似于全景相机桅杆的作用。其末端执行器是用于样品采集的铲斗。如同海盗号上的铲斗一样，它被设计成用于获取土壤和小型的岩石，用于随后的科学分析 （见图 11-4）。通过在机械臂上附加一个平转-倾斜单元对其进行扩充，该平转-倾斜单元上可以安装全景立体摄像机。这种附加方法将机械臂和相机桅杆集成在一个统一的视觉-操作 （eye - inhand） 配置中。可移动操纵器为一种安装在可移动平台的操纵器，其具有比固定基座上安装的操纵器大得多的工作空间。最为常见的做法是将控制运动 （位置控制） 和操纵 （力控制） 的问题解耦为单独的子问题，通过顺序操纵来适应两者之间的相互作用效应[1122]。已经有人提出采用分解加速度控制和 PI 力控制作为移动机械臂的控制机制，来解决移动操纵器的控制机构问题[1123]。然而，还是建议对移动平台上的操纵器运动的动态相互作用进行全补偿[1124]。这将确保巡视器器载操纵器的视觉伺服系统功能。视觉伺服系统涉及通过视觉传感器控制一个机械臂去捕获物体[1125,1126]。图像数据被直接用于控制机械臂相对于目标的姿势和运动。误差函数根据图像中的可测量物理量（例如，特征点、取向线等）来定义，并且建立起相应的控制规律，将误差直接规划到机械臂的动作中。末端执行器的速度定义为

$$\begin{pmatrix} \dot{x} \\ \dot{y} \\ \dot{z} \end{pmatrix} = - \begin{pmatrix} 0 & -z & y \\ z & 0 & -x \\ -y & x & 0 \end{pmatrix} \begin{pmatrix} w_x \\ w_y \\ w_z \end{pmatrix} + \begin{pmatrix} v_x \\ v_y \\ v_z \end{pmatrix} \tag{11-24}$$

　　误差函数是所选择的图像点的期望位置和测量位置之间的矢量差。k 个测量的图像特征的向量由下式给出

$$s_k(t) = \begin{pmatrix} u(t) \\ v(t) \end{pmatrix} \tag{11-25}$$

式中，$u(t)$，$v(t)$ 为图像点坐标。图像特征速度为

$$\dot{s}(t) = J v \tag{11-26}$$

式中，$J = \partial s / \partial r$，为互相关矩阵（图像雅可比行列式）；$v = \begin{pmatrix} v \\ w \end{pmatrix} = \dot{r}$，为末端执行器/相机的速度。图像雅可比行列式描述了图像速度与相机坐标的关系[1127]

$$\dot{x} = z w_y - \frac{vz}{\lambda} w_z + v_x \tag{11-27}$$

$$\dot{y} = \frac{uz}{\lambda} w_z - z w_x + v_y \tag{11-28}$$

$$\dot{z} = \frac{z}{\lambda} (v w_x - u w_y) + v_z \tag{11-29}$$

式中，λ 为相机焦距 f 与缩放因子 α 的乘积。相对于相机坐标，投影的图像速度由下式给出

$$\begin{pmatrix} \dot{u} \\ \dot{v} \end{pmatrix} = \begin{pmatrix} \dfrac{\lambda}{x} & 0 & -\dfrac{u}{z} & -\dfrac{uv}{\lambda} & \dfrac{\lambda^2 + u^2}{\lambda} & -v \\ 0 & \dfrac{\lambda}{z} & -\dfrac{v}{z} & \dfrac{-\lambda^2 - v^2}{\lambda} & \dfrac{uv}{\lambda} & u \end{pmatrix} \begin{pmatrix} v_x \\ v_y \\ v_z \\ w_x \\ w_y \\ w_z \end{pmatrix} \tag{11-30}$$

　　相对于相机支架。反演需要使用穆尔-彭罗斯逆最小二乘解（Moore - Penrose inverse least - squares solution）。解析的运动速率控制可以应用于

$$e(t) = s(t) - s^d \tag{11-31}$$

图 11 - 4　海盗号使用操纵器携带铲斗获取岩石样本［来源：伊恩·辛克莱，MPB 通信集团］（见彩插）

图像雅可比行列式可以分解为

$$\dot{s} = J_v(u,v,z)v + J_w(u,v)w \tag{11-32}$$

将图像运动转换成相机运动，相应使用图像雅可比行列式的逆矩阵。可以确定一个基于位置的控制规律

$$e_l = (x,y,z) - (x^d,y^d,z^d) \tag{11-33}$$

$$e_\theta = \theta - \theta^d \tag{11-34}$$

控制规律由下式给出

$$\tau = J^T k_p e - k_v \dot{e} \tag{11-35}$$

图像坐标必须与机械装置的本体坐标相关。这种视觉伺服系统的一个变量是伺服摄像机在机械臂上的配置[1128]。

11.2　取样器/研磨机样品采集

由于岩石的表面经常覆盖有一层风化的外壳，如火星表面的岩石，被厚厚的灰尘和风化层包裹着，在对这些岩石进行科学分析之前，需要使用岩石取样器/研磨机将其表面的灰尘和风化层除去，显露出岩石的新鲜表面。这可能类似于层压在地球岩石外表的沙状层，表现出与叠层石相似的生成模式[1129]。在地球上，表层包括二氧化硅矿物和铁锰氧化物，这些矿物和氧化物中包括有机物，例如氨基酸，甚至 DNA 的有机物，因此，代表着天体生物学研究的一个潜在部位。每一个 MER 均携带有一个重要的低功率旋转取芯钻——720 g 的岩石研磨工具（Rock Abrasion Tool，RAT）利用一对高速度的敲击类研磨齿对岩石的表面进行清洁，研磨齿端部镶嵌有钻石，清洁时间在 30 min 至 1 h，清洁的区域直径为 40 mm，深 5 mm（见图 11-5）。在部署科学仪器之前，岩石研磨工具被 IDD 夹持着，一直倚贴在样本岩石的表面。RAT 耗费三个激励器使火星岩石暴露出来：一个激励器用于高速旋转两个研磨砂轮——其中的一个砂轮配备两个钻石研磨齿，而另一个砂轮含有一把刷子，可以用于清除岩石上的切屑；另一个激励器通过旋转头部来使两个砂轮彼此围绕；第三个激励器主要提供进入岩石的推力。RAT 与岩石接触的周围呈现出环状形状。RAT 耗费 50 Wh 在玄武岩岩石表面研磨出一个直径为 40 mm，深度为 5 mm 的孔，为 MER 上的 APXS、穆斯堡尔质谱仪和显微成像仪提供了一个用于检测的原始状态的岩石表面。MER 的岩芯钻取器在岩石上获取的岩石样品直径为 8~17 mm，深度达到 5 cm。岩芯钻可以垂直于岩石表面钻孔或与岩石表面垂直方向呈 45°角钻孔。一旦获取了岩石样品，可以通过装备的仪器对样品进行检查和/或将样品放置到样品容器的一个隔室中。一旦采集了样品，操纵器的悬臂将被缩回。

猎兔犬二号的岩石取样器/研磨机安装在机械臂的 PAW 上，用来打磨岩石表面被灰尘覆盖的岩石风化皮，从而获得一个平坦的直径为 30 mm 的新鲜表面，为科学仪器设备提供具有岩石内部原始状态的样品[1130]。它是基于夹持＋插入的概念，该概念源自处理嵌体的牙科钳（镊子是用于夹持直径达 20 cm 的任何形状的物体最常见的实验室工具）。岩

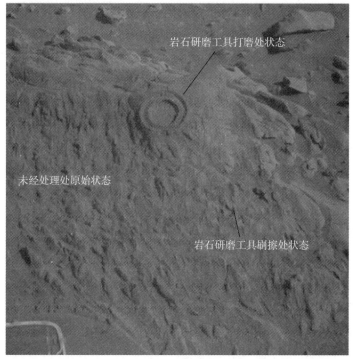

图 11-5　MER 岩石研磨工具和其在火星岩石上的研磨情况［来源：NASA JPL］（见彩插）

芯取样器的接触尺寸约为 15～25 mm，而比较大的研磨机是用来为 GAP 粉碎岩石的。岩石取样器/研磨机是一个由电机驱动的钻头，该钻头被一个电机驱动的凸轮机构锤以 1 Hz 的频率进行冲击。钻头同时以 60 r/min 的速度旋转，消耗功率为 1.5 W。在猎兔犬二号的 ARM 提供的 6～9 N 的推力作用下，钻头周围的明显接触环可以起到增大与岩石表面摩擦的目的。ARM 需要在岩石表面横向移动，这样才能获得质谱仪和显微镜需求的直径为 20 mm 的区域。钻孔时间取决于岩石的硬度——对于多孔岩石大约需要 15 min。348 g 的岩石取样器/研磨机主要用于对每一种矿样（通常是 75 mg，假定密度为 3 g/cm³）获得直径为2.5 mm，深 7 mm 的岩芯（岩石密度按 3 g/cm³ 计算，得到的样品质量约 60～80 mg）。

声波/超声波钻探是一种非常具有挑战性的技术，特别适用于无法采用泥浆钻探的方法。一种用于岩石研磨/浅钻孔的新型冲击方法是使用超声波/声波钻孔机/取样器（uLtrasonic/Sonic Driller/Corer，USDC），它包含有呈压缩状态堆叠着的压电陶瓷，可以驱动一个超声波喇叭激励器[1131-1133]。超声波/声波钻孔机如图 11-6 所示。一个超声波/声波变换器由钻机/取样器控制杆组成，可以将 20 kHz 的超声波频率转换为钻进行动。该频率为超声波喇叭激励器的共振频率。超声波喇叭激励器驱动一个 4 g 的检测质量块，其在喇叭和 100 mm 长的钻杆（厚度 3 mm）之间产生共振。变换器包括一个自由浮动着的钻杆，它将驱动频率为 20 kHz 的超声波转换为 60～1 000 Hz 的声波。喇叭的振动激励着检测质量块，使其在喇叭末端和钻杆的顶部之间以约 1 kHz 的频率共振。检测质量块持续击打着用于破碎岩石的钻杆。取芯钻头创建了一个稍大于钻头直径的孔。传递到岩石的声功率很高——自由质量撞击钻杆的顶部，作用到岩石表面为持续时间为 25～50 μs、大小为 0.1 GPa 的压力。USDC 的质量约 800 g，需要 5～10 N 的低预载负荷力，同时在 0.1 mm/s 的钻速下，仅需要 5.3 W 的功率。它可以钻穿任何硬度的岩石，包括花岗岩，而不会发生钝化，可以提取各种形状的岩芯。它已经展示了在 3 N 轴向载荷下，在玄武岩上取得25 mm 岩芯的能力，而且在沙层中以 1 cm/min 的钻取速率或在坚硬的风化层中以1 mm/min 的钻取速率工作下，仅仅消耗 3 W 的功率[1134]。钻杆和自由质量块是仅有的两个运动部件。钻头不需要特别的锋利，所以钻齿的钝化对钻取过程是不会产生问题的。在启动过程中，该装置不受钻取路径的影响，不会在传统的旋转钻的任何固定平台上施加大的横向力和扭矩。此外，传统的钻机会引起平台的低频扰动（约 2～10 Hz），因此传统钻机平台一般为比较庞大的结构。超声波钻速度快，不会钝化钻头，但是需要很高的功率，并且在柔软的岩石上（硬度不大）具有很大的能量损耗。目前还不清楚，在合理的质量和功率水平下，这种模式的钻探是否可扩展到更大的

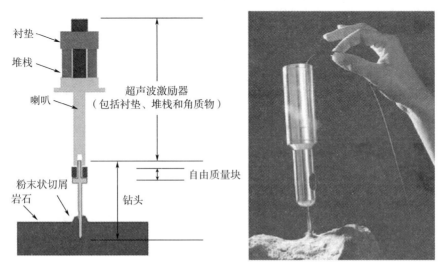

图 11-6　超声波/声波钻孔机 ［来源：NASA JPL］

深度。尽管如此，声波/超声波钻孔机还提供了一种与 RAT 相似的岩石粉碎能力。

　　另一种方法是用一个螺线管代替压电驱动器，使用正弦输入电压和限制弹簧，螺线管的高频振动行程会更长[1135]。

11.3　地下钻探样品采集

　　海盗号着陆器对火星的研究被限制在仅到其风化层表面以下 20 cm 的深度，主要受到其沟槽挖掘试验深度极限的限制。虽然火星地表以下的状态目前是未知的，一个广泛认可的火星模型假定一个 1～2 m 厚的尘埃层覆盖着一个深度为 300 m 的熔岩层，在熔岩层之下为 2.5 km 的恒冻层。除此之外，一般认为还有一个液态水层。即使深入到 300 m 深以下的恒冻层，也存在着相当大的挑战。然而，在非常接近地表处，那里也可能存在有一些水（或许为冰）——海盗二号在两块岩石底下采集的样品，当从 50 ℃ 逐步加热至 200 ℃ 时，释放出 0.15％～1.1％ 的水，对比由火星表面采集的样品，当一步加热到 200 ℃ 时，仅释放出 0.002％ 的水[1136]。由此可知，地表以下和岩石底下的处于 2.5～5.0 cm 深度处的土壤相比表面处的土壤，包含有更多的吸附水分。对于地表以下的样品，需要通过机械钻探进行样品的获取。理想情况下，为了优化钻探地点的选择，可以采用地面穿透雷达，并通过电磁传感器增强雷达穿透能力，以便在决定进行钻探工作之前，检测到是否存在地下水。为了选择地下取样的最佳地点，往往需要在几千米的范围内进行选择，因此能够在地表进行移动是必不可少的。钻探穿透的深度决定了可以获取到的样品的类型。钻探任务通常根据其钻取的深度进行分类[1137]。近地表钻探深入到地下约 5～10 cm，在这一深度范围可以毫无困难地进行地质化学取样；近地下可以认为是紧接着潜在氧化层下方的层次，在该区域范围可以获得未经降解的有机物，其深度范围至少大于 2 m 深；浅层深度钻探深入到地下深度 200 m，其中可能有来自生物分子化石的有机物，获取该深度的岩芯在技术上是可能的，但是具有比较高的挑战性，需要人类的参与，同时也需要一套庞大的基础设备设施；深层次钻探深入到地下深度 5 km 以上，主要是为了找寻地下液态水和生物圈活动的迹象，这一深度的钻探目前超出了我们具有的地外天体技术。火星表面以下的次表层液态水在目前的火星模型中，在赤道处位于 2.5～5.0 km 的范围，在两极处位于 8～13 km 的范围——当下及在未来的数年间以上深度是不可能到达的，但是，液态水很明显地也可以在约 100～200 m 比较浅的深度范围的局部地方存在[1138]。已经考虑研究过 200 m 深度的钻探，但是在低质量的探测系统中是不太可能实现的[1139]。显然，更深层次的钻探意味着更大的地层访问和数据质量。在地球上陆地钻探可以实现 12 km 的钻进深度，但这需要庞大的基础设施和具有工业规模的人力团队。通常，行星表面的上部 1～2 m 是疏松的风化层/土被——这种状况典型存在于暴露在大气层中的行星（含有大气层天体）或者某些空间环境中（无大气层天体）。然而，通常认为小于 1 m 深度的钻探相较于在浅层挖掘沟槽取样或机械操纵器表层取样，在所带来的科学意义上的回报并没有明显的差异。因此，在进行地下钻探取样时，钻头钻探的深度最好超过 1 m。如果要获取到未经翻转的整块样品材料，则需要 10 m 的钻探深度。一般认为在近期机械钻探的深度需要达到 3～5 m，深入到 5～20 m 的钻探深度是未来一段时间内更长期的目标。深度超过 10 m 时，一般认为不太可能通过机械钻探实现，然而，5～10 m 深度范围内的样品被认为是最具有科学价值的[1140]。以火星为例，估计需要深入到 3 m 以下的深度，以获得未经氧化过的材料，从其中提取到原始有机物。在未到达 20 m 以下的深度前，不太可能会出现早期岩浆活动形成的基岩（近期火星上的岩浆活动证据证明了这个假设）。在短期内，估计不太可能达到 5 m 以下的深度（分类为浅钻探），目前设计的大多数近期探测任务规划的深度为 1～2 m。就月球来说，最大的钻探深度约为 3 m，这是由于在该深度以下，因无数年间的陨石撞击影响，导致地下风化层土被变得十分坚实。一般来说，出于科学可复现性的考虑，在特定的钻探位置应钻出最少 3～5 个钻孔，尽管这在单个机器装置任务的约束下，也许不可能实现。

在行星表面（如火星）上进行机械钻探将是非常具有挑战性的，涉及复杂的机械和控制问题，更不用说因低温和低压所带来的极端的力学环境特征。与常规的钻探平台不同，行星钻探必须具有较小的质量，并且在低功率水平下就可以运转。为了移除钻屑，通常需要使用钻探液，钻探液同时也可以冷却钻头。钻探产生的泥浆不应作为钻探液使用，因为泥浆有可能会破坏钻眼环境的完整性。而且，存在质量限制和流体处理问题。火星钻探的关键性问题是如何将钻屑从钻眼中移走，因为火星上不能使用钻探液。钻头外表面上的螺旋钻齿可用于从旋转钻头运送切屑。主要的问题是对于坚实的切屑，螺旋钻齿会发生堵塞。可以使用低压气体，像气锤一样将风化层从钻孔中吹出。这基本上将钻头所需的重量减少到接近零。在压缩气体的冲击和螺旋钻齿的组合作用下，足以使暴露的地下冰层发生自然升华[1141]。即使在土壤中存在少量的冰，也会产生足够的水蒸气，将切屑从孔中吹出，从而不会粘在钻头上。大多数行星钻探情况，假定对于玄武岩、沉积物、玻璃和冰的钻进速率为 1 m/天，向下钻进的推力主要由钻头的重量确定（这对于低重力环境成为问题）。地表下的地质变化多端，可能由柔软的土壤至坚硬的岩石巨砾（玄武岩），再至冰块晶体。火星风化层包括一系列土壤类型，在近地面层，通常是来自风力作用形成的疏松的风化沉积物。土壤不同于砂土，包括嵌入其中的砾石和岩块。冰层需要最低的钻探能量，而玄武岩需要最大的钻探能量，永久冻土层钻探需要的能量在以上两者之间。由于冰层中的沉积物起到了加强剂的作用，这可能是深入火星风化层时存在的一个问题。水冻冰块（Water ice）的切割强度由 250 K 时的 25 MPa 提高到 140 K 时的 60 MPa——在任何给定的温度环境下，干冰（carbon dioxide ice）的切割强度是水冻冰块切割强度的一半。然而，相比于颗粒状的土壤，冰冻的土壤更有利于保持其中钻眼的完整性，颗粒状土壤中的钻眼则比较容易发生坍塌。对于在固态冰上钻探，采用热融化也是比较实际的（例如，电热器加热，热水/蒸汽喷射，激光，微波加热和热化学加热），虽然相比采用机械切割，热融化的效率比较低，主要是由于水具有较高的热容量。火焰喷射在固态冰中的钻探速率可以达到 15 mm/s，在冻土中的钻探速率为 5 mm/s，但是由于融化水的高热容量，功率密度被限制在 3 MW/m² 。对于在 -5 ℃ 下的纯固态冰，3 MW/m² 的功率密度可以达到的理论钻探速率为 10 mm/s——远低于机械钻探所能获得的钻探速率。然而，机械钻头可以在钻头的钻齿空间之间出现部分熔融和冰的再冻结——只能通过使用熔点抑制剂来避免这种情况的发生（盐、乙二醇或甲醇），但是这样会带来对样品的污染。通过喷嘴喷射经过加压后压力约 1~10 MPa 的热水具有很高的效率，可以达到 50~100 mm/s 的穿进速率。来自钻孔中的水可以进行再循环利用，注入一个加热器，在 0 ℃ 时可以释放出的比能为 300 MJ/m³ 。钻探过程将必须应付各种各样的沉积物，包括比较坚硬的岩石，如玄武岩——事实上，如果玄武岩可以被钻穿的话，其他的材料基本上也不应存在问题。土壤孔隙率将随着深度而减小

$$\pi_z = \pi_0 e^{-z/K} \tag{11-36}$$

式中，在火星上 $K = 2.82$ km，在火星表面 $\pi_0 = 40\%$（来自海盗号探测器探测数据）。火星表面的土壤可能在孔隙空间中含有吸附的水和二氧化碳。在岩石和地层中还可能有被束缚的易挥发的化学物。因此，需要将钻头设计得比较坚固，以适应多种类型的钻探介质，包括结冰的土壤、沉积岩、沙层和诸如玄武岩的火山岩。虽然钢通常用于制作钻头，钛合金可以减小钻头的重量，但是碳化钨的切削刃可以用于钻探冻土。以体心为中心的立方结构金属不能用于制作钻头，因为它们在低温下会变脆，而复合材料由于热循环，会出现热疲劳。金刚石浸渍钻头通常包含有软金属，例如青铜，即在青铜中掺杂有分散的金刚石颗粒。随着青铜的磨损，钻头内部分散的金刚石颗粒暴露出来，继续切削岩石。青铜的硬度必须与所切削岩石的硬度相匹配，以平衡金刚石和青铜的磨损。离散的切削钻头具有几个大的碳化钨钻齿，在钻齿的前边缘上带有一层金刚石切割器。这种钻头相比其他钻头具有更快的钻进速率，但是遭受的磨损同时也更大。在 60 r/min 的速度下，对比碳化钨刀具和多晶金刚石刀具，结果表明具有 210 MJ/m³ 比能量的多晶金刚石刀具性能更加优越。在冰和结冰的土壤中，钻探过程中冰会发生融化和再凝结，导致这两种类型的钻头均表现出较差的性能，这种情况下，比较适合使用负倾角的钻头。一种混合方法是使用两类切割刀具——一个正倾角截面和金刚石浸渍材料的刀具。金刚石浸渍钻头，其中多晶金刚石切割单元浸渍到柔软金属中，如青铜（理想的匹配是钻头硬度略微小于岩石），将在钻探的过程中，不断暴露出新的切削齿。仅仅依靠巡视器自重带来的有限钻压能力，这种钻头可以钻入玄武岩，但仅能钻到几厘米的浅深度[1142]。为了能够进入地表以下，需要采用某种形式的钻探，通过旋转螺旋钻，或者线性冲击钻，或者超声波钻。钻探包括三个过程——穿透到地下，移除移位的钻屑，以及维持钻眼的完整性。冲击式钻铲破和压碎岩石，而旋转式钻凿破和切割岩石。常规的钻探涉及机械切割，使用旋转切削钻头、旋转滚柱钻头，冲击和旋转冲击方法[1143]。大多数的钻探是依靠旋转的超速金刚石钻进机连续去除样本内部物体，金刚石钻进机为一个旋转的多晶金刚石钻具，向下线性钻进[1144]。

　　在行星表面上，存在多种可以采用的地下穿透技术，范围从诸如激光/电子束钻孔的特殊方法，到诸如旋转钻孔的更传统的方法：1）非传统钻探（例如，激光、电子束、微

波等），这需要较高的能量——行星表面上该资源稀缺；2）熔化尖端钻探，其需要较高的能量并且因为形成一个玻璃状的套管而污染环境；3）旋转钻探（例如，罗塞塔着陆器），这是最常见的方法，但是在超过 1 m 穿透深度的情况下，需要自主组装钻柱；4）冲击钻探，在考虑到功率消耗方面，是最可行的一种方法。现代钻探技术，例如激光、电子束、微波喷射等，需要消耗很高的能量，大约是常规钻探消耗能量的 3～5 倍。熔化尖端钻探特别适合用于穿透冰层，例如火星的极冠上或木卫二/土卫二上发现的冰壳。关于这种方法的一个演变是使用热水射流，目前，这种方法被用来穿透南极洲的沃斯托克湖（Lake Vostok）。这种方法最适合采用的能源是先进的放射性同位素热发生器（Radioisotope Thermal Generator，RTG）。由于水的高比热容，注定了这是一种高能耗的方法。通常情况下，并不清楚钻孔是否能保持其完整性以防止坍塌，坍塌的出现使钻具在深度上难以恢复或在最坏情况下不可能恢复。如果土壤具有较低的黏合力，地面上的钻孔将会发生坍塌，除非在钻孔中放入保护性的罩壳。旋转钻探和冲击钻探被认为是适合在行星上开展的两种方法[1146]。冲击钻探比旋转钻探具有更高的效率。冲击钻探一般不会受到嵌入地下岩石的阻碍，在冲击的作用下，小型嵌入岩石将被移走，而较大的岩石将被敲击碎裂。

旋转钻探的优点是在石油工业中具有大量的使用经验。旋转钻探通过向钻头施加推力和力矩来钻孔。旋转钻探旋转并推动钻杆，并在钻杆的端部设置有切削钻头或取芯钻头。在陆地环境下，它通常与冲洗钻探（wash boring）一起联合使用，该冲洗钻探可以冷却并润滑钻具——这种技术不可能用于行星飞行任务中。旋转钻探是一种非常通用的方法，能够穿透黏性和无黏性的土壤和岩石。旋转钻探需要两个电机（或联动的齿轮单电机）以提供旋转运动和垂直推力。旋转驱动器在钻杆的外部，力矩通过钻杆传递到钻头，而推力通常由钻头的本身重量提供。短距行程螺旋钻包括有限长度的螺旋结构，在螺旋结构行程的末端带有切削齿。连续行程螺旋钻包括沿着钻杆整个长度的螺旋结构（钻杆可以是或不是中空的，以实现在任何期望的深度进行取样）。能够穿透的深度受限于钻杆行程的长度。切削动作涉及两个过程——使用切削型钻头对表面进行平行凿削和使用牙轮钻头垂直于表面进行冲击缩进。对于平行凿削运动，刀具的特征取决于三个角度：前角（β_1），后角（β_2）和夹角（β_3）。对于冰层和冻土，前角、后角和夹角应该分别为 40°～50°，10°～15°，30°～40°。每个刀具都遵循着一条确定的螺旋路径。对于常规的压入脆性材料，会通过剥落形成一个凹坑。

旋转钻探是最广泛使用的钻探模式，但是在开始钻探阶段，会出现钻头钝化，并且需要相当大的作用力。在钻柱中使用的旋转和运动部件会发生单点失效故障模式。对于小于 20 m 的较浅层深度，通常使用连续的钻杆，其由随着钻进逐步深入而通过螺纹拧紧和锁定在一起的单个钻杆段组成。可以将向下钻进的钻探单元附连到 1 条钢丝绳上，使得钻探深度不会受到限制。钢丝绳通过绞车和卷轴进行收展。这样就要求钻探单元需要将其自身锚固到钻孔的侧面，同时需要一件弹簧提供钻头钻进的钻压。当锚定器脱离进行自由下降时，该弹簧可以使用一个电机进行压缩。切屑通过螺旋钻向上输送到表面。旋转钻机可以在其取芯部分内回收矿样，这样能够维持沉积物的原始形态，从而避免来自表面的污染。一旦已经获取到了岩芯，则钻探系统将被卷扬机拉回至地面，并且储存获取的岩芯样品。地面系统中使用了大量的笨重的地面支承结构，尽管这可以在适度的深度内被省略。在钻探过程中，局部位置可能会被加热至 $250\sim500\ ℃$，在该温度下，可能会引起矿物学上的变化。旋转钻探可能会受到钻头钝化/破裂、钻头堵塞、钻机起动时的高轴向力、钻探行进的潜能以及高功耗需求的影响。

旋转钻头和钻柱在能量使用效率方面不高。冲击钻探通过锤和凿动作原理，在过程中动能被转换成应力脉冲。冲击钻探比较适用于硬脆性岩石，这种岩石可以被凿成碎片。钻头通过很小的偏心力（$<70\ N/mm$ 钻头直径）与岩石保持接触。在两次冲击之间，钻头旋转，使得在每次冲击时，钻头可以冲击到岩石的新鲜区域。这种移位可以由小的旋转电机产生。冲击钻探通常采用的冲击频率范围为 $20\sim60\ Hz$，但是在 10 m 深度处，由于钻柱中的能量耗散，会变得很低效。对于更深的冲击钻探，使用可附连到旋转钻机的向下钻进锤。穿进模式是通过使用绞车交替地抬升和下降钻进锤 $1\sim2\ m$ 的高度，以提供自由落体冲击。冲击钻探根据钻头本身的结构，每次冲击的最大冲击能量限制在 0.5 kJ。典型的冲击能量与质量的比在 $1.5\sim5\ J/kg$ 的范围。对于非黏性土壤，采用由沉重钢管构成的壳体，在壳体的下端设置有摆动的活门。对于黏性土壤，使用由钢管构成的，在下端具有切割靴（cutting shoe）的黏土切割机。为了破碎掩埋在地下的石砾，可以使用经金属沉降杆加重的凿子。冲击的方法不需要使用钻探液和较长的钻柱，但是其在硬岩中的穿透速率低，并且钻屑的运输困难。冲击钻探不能确保岩芯样品的完整性，但是相比旋转钻探，冲击钻探的效率更高。在土壤固有频率下的振动辅助钻探可以破坏其中的黏性块，通常用于地球陆地钻探。超声波钻探是快速的，并且不会钝化钻头，但需要消耗很高的能量，在软质岩石中存在着显著的能量耗散，并且需要使用泥浆流体用于与岩石产生声耦合。一般来说，基于冲击方法的钻探存在着切屑运送方面的困难。共振声波钻是一种极富挑战性的钻探技术。该钻机拥有一个声波头，使用反向旋转的质量块产生 150 Hz 的能量，产生的能量通过展开和收缩一个附连的钻杆，使其做切削运动。共振声波钻的钻进速率是传统旋转钻的 $2\sim3$ 倍。然而，这种钻探方法在结构上比较庞大，并且需要消耗强大密集的能量。

现有的钻探方法均需要很高的轴向力，需要消耗很高的能量和需要配套十分沉重的支撑基础结构。旋转钻头和钻柱的使用在能量使用方面并不是高效率的。常规钻探会受到钻头阻塞、钻头破裂和钻头钝化的影响。在钻柱中使用的旋转和活动部件会出现单点故障模式，特别是在多尘的火星和月球环境中，这降低了任务成功的可能性。现代使用于坚硬岩石的新奇钻探技术，诸如高压水射流，热激光/电子束/微波喷枪，爆炸射流，电弧和等离子体钻探等，均需要消耗很高的能量。高压水射流明显地需要大量的水资源，而这些水资源很可能是缺乏的［除了在极地地区或像木卫二这样的水载（water-laden）天体上］。爆炸射流（锥孔装药）可以通过从锥角约为 60°的成形射孔产生爆震波来实施钻孔。这种钻孔方式会产生一个深而狭窄的钻孔，在钻孔的表面形成一个宽大的钻坑。穿入的深度与目标材料的平方根成反比。目标材料越坚固，产生的钻孔就越深和越狭窄。使用燃料/氧化剂射流的火焰喷射器可以穿透几乎任何类型的岩石，特别是具有高石英含量的岩石，在该类型的岩石中热爆裂引起钻孔的碎裂和冲击碎片。电热点钻机需要的功率密度为 $0.3\sim3\ MW/m^2$，用于熔化钻孔，形成一个坚实牢固的钻孔内壁。这些钻探方法均需要很高的能量（例如，玄武岩岩石的熔化需要 $100\ GJ/m^3$ 的能量）。非传统钻探技术（激光、电子束等）是极其消耗能量的，需要的能量是传统钻探技术的 $3\sim5$ 倍。

所有钻探系统都必须要考虑切屑的去除，其中有几种技术可供参考：连续行程螺旋钻（螺旋输送），循环提升螺旋钻，气体循环或液体泥浆循环。此外，去除切屑的同时将会移走岩石破碎过程中产生的70%的热量，可以防止过热。连续行程螺旋钻是一种用于去除切屑的典型方法，尽管在超过 10 m 深的深度钻探中，该方法会显著增大能量的消耗，因此该方法适用的钻探深度是有限的。此外，螺旋钻输送仅仅限用于干燥、粉末状材料，当用于输送潮湿、黏性材料时会发生阻塞，例如黏土。陆地钻探系统利用液体钻探泥浆冷却钻头，将钻屑输送到地面，并提供抵抗钻眼坍塌的流体静压力。液体通常是沿着钻杆的中空内部被向下注入的，然后由钻杆和钻眼内壁面之间的空隙向上返回地面。流体输送并不适宜于在行星系钻探系统中选择使用。流体例如泥浆，由于它们易于污染和渗透到地层中，因而是不可实行的。然而，穿透鼠可以使用从地表薄软管泵送的循环液态氩或二氧化碳，然后通过一个开孔将液体喷出。混合着土壤/冰粒样本的流体可以如钻探泥浆（泥浆测井（mud logging））一样，将样品运送至表面。二氧化碳可能来自火星大气，这将需要在星表设置一台压缩机装置。这类似于水冲式钻探，其在高压下通过空心钻杆泵送水流，然后在钻杆端部的狭窄小孔处将水流释放喷射，使土壤松动。为了维持钻眼的完整性，防止出现倒塌（尤其是在沙质土壤中），通常在钻眼中插入金属或塑料管道（保护外套），或者通过高密度钻探流体（泥浆）来实现。这不适用于行星上操作实施。然而，两种环氧流体可以从表面向下泵送到穿透鼠，在穿透鼠中进行混合并挤出，以创建一个空心管柱，随着穿透鼠的逐步下降，固化以形成硬的环氧材料衬里。这些方法都涉及液体处理和使用控制起来比较复杂的泵、阀门和液压装置。如果仅仅考虑切屑的输送，一个压缩气体系统也许是切实可行的——使用直径为 25 mm 的钻头，对于 0.1/0.5 mm 直径的钻屑，需要 0.032/0.22 g/s 的气体质量流率。气体供应可以由化学分解或压缩的大气气体产生。压缩大气气体作为钻探流体，其收集和加压是不易完成的。此外，在钻探期间加热至 250 ℃ 的 CO_2 将导致矿物学改变。对于火星，无流体的钻孔是可能的，因为永冻层中的冰可能在钻探时升华，可以清除钻孔中的切屑。然而，这取决于足够的冰升华，提倡使用气体的爆破对钻孔进行周期性的清除[1147]。

钻探的主要目的是回收地下材料的矿样——直径为 1 cm 的岩芯，至 1.5 m 的深度，质量大约有 200 g。钻探必须能够应对各种硬度的土壤和岩石，并且必须能够自主地运行。几种钻探概念已应用于空间飞行任务。大多数行星钻探使用螺旋钻的旋转钻机，尽管它们的缺点是很好理解的，但是最有效的方法是使用高功率效率的机械冲击装置。有人建议，可以将巡视器的本体视作一个刚性平台，把具有螺旋边缘的旋转螺旋钻安装到巡视器的本体上，以 13 cm/s 的钻进速率，钻探出 1～2 m 的深度——钻进 1.5 m 需要消耗 1.15 kW 的能量[1148]。螺旋钻必须被容纳在一个金属管中，以使得能够回收从地表下面携带到地表的土壤样品。螺旋钻不能钻探硬岩，但不需要流体用于润滑或冷却。它由一个旋转驱动单元（具有 7～70 N·m 的力矩和 0.75 kW 的功率）和一个平移驱动单元（具有 1.75 kN 的力和 0.4 kW 的功率）进行驱动，旋转驱动单元和平移驱动单元的总质量为 260 kg。钻头的宽度为 1.4 m，长度为 1.7 m。钻进速度与旋转速度是线性相关的。值得注意的一点是，将科学仪器集成到旋转钻具中是很有意义的——近年来，随钻测量（Measurement While Drilling，MWD）技术部分地取代了电缆测量[1149,1150]。钻机必须采用基于温度测量的反馈控制系统，以防止土壤过热，这可能导致冰块融化和有机材质的破坏。

最简单的行星钻探之一是单发射击（single - shot）DS2 微探针采样微型钻，一般安装在器体前部。这种钻头可以产生 45 N 的推力，力矩范围为 0.226～0.282 N·m，旋转速度为 7.5 r/min。然而，旋转钻机需要将分段的钻探段自动组装成可增长的钻柱，以实现深于 1 m 的任何有效深度的钻探。5 kg 重量的深层钻机是一个样机，安装在微型太空车（Nanokhod）的有效载荷舱段内部——一种移动式钻探平台，该平台包括两个平行的轨道体，它们通过升降桥连接，中间夹持一个可旋转的有效负载搭载室，这一钻机是钻探和采样系统的一种原型样机，能够钻探到约 1～2 m 的深度[1151]。该移动式钻探平台是一种履带式移动工具，能够将钻探和采样系统运送到多个地点，并且再返回到着陆采样位置处。可倾斜式的有效载荷搭载室能够实现钻探和采样系统垂直钻入地面或水平钻入峭壁。旋转钻机可以自主地穿入坚硬或柔软的土层中，并且可以钻探出多个钻孔。它包括三个电机以驱动整个组合过程——推力电机提供向下的推力，以组装钻柱而不依赖于局部重力；钻杆旋转式传送带，通过旋转以选择一个钻杆；钻头旋转式传送带，钻头传送带旋转进行钻头的选择。钻尖可以进行钻孔、取芯并且取回样品用于在着陆器上进行分析。通过转动钻杆旋转式传送带，将选择好的钻杆段与推动装置对准，将选择的钻杆和延伸单元组装。推力电机向下推动选择的钻杆与钻柱对接。钻杆与钻柱（仅最初端为钻头）间通过单向离合器紧密配合，构成组装式的钻柱。组装的钻柱由旋转和推力电机驱动，向土壤中钻进。当到达钻杆的顶端时，附接新的钻杆继续延长钻柱。

10～25 kg 重的深层钻机取样器来自已取消的 DS4 Champollion 彗星着陆器样品采集和转移机构（Sample Acquisition and Transfer Mechanision，SATM）低温钻，用来在彗星表面采集深度分别处于 20 cm，1 m 和 10 m 的样品[1152]。它具有带有多个钻柱的线性进给器形式的钻柱附接件，以实现深至 10 m 的钻探深度。当钻头穿入地面后，钻杆由顺序的钻柱段构建而成。多个钻柱段可以在钻探期间彼此机械地连接，以形成一个简短的钻架。位于前面钻柱中的电机移动中心推杆，将岩芯样本弹出。旋转剪切管从基岩中剪切岩芯样品。钻柱的薄横截面使其在钻探期间易于断裂。

目前正处于航行途中的罗塞塔（Rosetta）任务，将带有 3 个折叠着陆腿的 85 kg 的五边形着陆器放置到一颗彗星的表面，以回收多种冰块样本，用于进行原位分析。罗塞塔着陆器上的 SD2（取样钻机）旋转钻探系统，用来钻入彗星表面，同时收集位于不同深度的冰块样本，可以达到 0.25 m 的深度[1153,1154]。两个锚固鱼叉可以提供足够的反作用力，用于进行钻探。该钻头包括一个力/力矩传感器，用于进行闭环控制，监测确保最大垂直推力为 20～50 N。罗塞塔 SD2 包括 3 个部件，位于一个 3.1 kg 重的集成盒中，对于旋转速度小于 100 r/min、扭矩小于 10 N·m、推力小于 100 N 的情况，仅仅需要 5 W 的功率。一个含有钻机和采样器的工具箱；一个旋转式传送带，用于转动微型容器箱，以存储样品材料；一个局部控制单元，驱动 SD2 上的电机。罗塞塔上直径为 12 mm 的钻探/取芯工具，包括一个中空的管筒，管筒内部安装有一个螺旋钻，可以以小于 100 r/min 的转速旋转。钻头包含多晶金刚石切割器，用来切割冰块和土层。在钻机旋转时，两个四分之一球状骨针会切割已采集矿样的底部。非旋转的内管在钻探期间向下推进，并且在外管保持在钻孔中的状态下，内管被抽出。钻头本体上安装有一个力/力矩传感器，可以监测 20～50 N 的最大垂直推力，包含钻具的工具箱可以围绕与地面垂直的轴线旋转。这种旋转可以移动钻机至地面狭缝的上方，以获得到达钻探地点表面的通路。这种钻机存在两个自由度——一个垂直平移以向下推进钻具，一个围绕其轴线旋转。在完成钻探之后，钻头被从钻眼中移出，同时携带着样品返回到表面。钻机在其推力和力矩的驱动下，穿入到预定的深度，之后再被收回。工具箱旋转以将采样器放置在钻孔上方，然后将采样器插入到钻孔中以用于样本收集。采样器被收回后，工具箱旋转以将采样器放置在一个位于旋转式传送带上的微型容器箱上方。旋转微型容器箱及其中样品以进入不同的科学仪器。每种样品被运送到一个薄壁旋转式传送带，以部署到样品进料点，其旋转以接近不同的试验站：显微镜/红外光谱仪，加热炉和析出气体分析仪。

DeeDri（Deep Driller，深层钻机）旋转钻机是一种建立在罗塞塔 SD2 上的紧凑型集成钻机，可用于同时钻探和岩芯采样，在风化层土被中可达到 1～5 m 的深度。它采用快门来实现岩芯的采集[1155,1156]（见图 11-7）。DeeDri 的不同之处在于钻机和采样器是同一设备的一部分。DeeDri 包括一个 50 cm 长的圆柱形钢棒、切削刀头和一个内部滑动的活塞，它可以产生一个中央样品存贮室，以收集和弹射出土壤样品。碳化中心钻头通过安装的六个辐射状的多晶金刚石刀片进行增强。中心活塞被抽回以产生用于样品收集的内部容积。DeeDri 钻探工具原型样机直径为 35 mm，具有样品收集的能力，其岩芯钻取器的直径为 17 mm，长度为 25 mm。在 50 N（10 W 功率）的垂直推力下，其在石灰岩中的钻进速度为 1 mm/min，而在大理石中，在 200 N（20 W 功率）的垂直推力作用下，其钻进速度为 0.4 mm/min。它具有 125 r/min 的旋转速度。

为了在行星任务中适应有限的可使用容积，DeeDri 采用多个钻杆，这些钻杆可以自动组装成可扩展的钻柱，以达到所需的钻探深度。所有的钻杆段安装在钻箱内的旋转式传送带上。使用一种复杂的机械装置自动组装钻杆和更换各类工具。为了驱动每个旋转式传送带，该组装装置具有三个电机：提供向下推力以组装钻杆的推力致动器，旋转以选择一个钻杆的钻杆传送带，以及旋转以选择钻头的钻头传送带。钻机的端部可以进行钻孔、取芯并且取回用于在着陆器上进行科学分析的样品。通过转动钻杆旋转式传送带，将选择好的钻杆段与推动装置对准，来进行一段钻杆的选择。推力电机向下推动选择的钻杆与更下方

(a) 取岩芯

(b) 收回岩芯

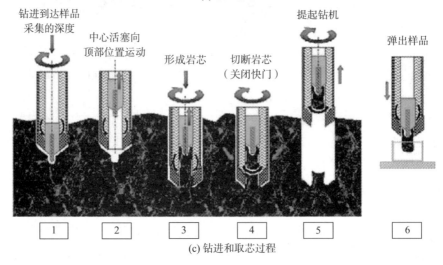

(c) 钻进和取芯过程

图 11 - 7 火星探测器钻机原型 [来源：ESA]

的钻柱对接。钻杆与钻柱（仅最初端为钻头）间通过单向离合器紧密配合，构成组装式的钻柱。组装的钻柱由旋转和推力电机驱动，向土壤中钻进。当到达钻杆的顶端时，附接新的钻杆继续延长钻柱。

被提议的 ExoMars 地下钻探系统是基于 DeeDri 设计的，它包括一个钻探箱和一个 3 自由度的钻具定位单元，总质量为 7.25 kg，包络体积为 175 mm×175 mm×540 mm，如图 11-8 所示。它的基本要求是钻进到 2 m 的深度，并从表面岩石回收样品。在硬度为 0～150 MPa 的土壤中提供长度为 40 mm，直径为 10 mm 的样品芯，意味着需要直径为 25 mm 的钻头。该深度需要使用 3 个可延伸的钻杆，每个钻杆长度为 575 mm，三个钻杆被组装到钻头杆上，以自动构造长达 2 m 的钻杆。第一个钻杆仅具有样本收集功能，而附加的钻杆是安装在旋转传送带上的延伸杆。当第一个钻杆完全钻入土壤中时，其与芯轴断开，并且在其与芯轴之间插入一个延伸钻杆。钻杆与多个电连接器耦合在一起。重复该过程，直到所有的延伸钻杆连接以产生 2 m 的深度。为了将样品回收到表面，钻杆依次被提起并拆卸。需要使用一个位于钻箱底部的相机，监视整个完整的钻探过程。钻具和延伸钻杆支持光纤连接，用于工具内的测量仪器。它必须能够钻掘未知硬度的土被和岩石，可适用的硬度高达 150 MPa（相当于花岗岩的硬度）。这需要 100～200 N 量级的推力和 1.5～2.0 N·m 的力矩，需花费 30～60 W 的功率（取决于材料）。钻具定位单元（加上用于电源、微控制器、电机驱动板等的相关电子器件）需要 3 自由度——2 个转动（偏转/滚动）和 1 个平移（上/下）将钻箱放置在土壤上。如果钻头出现卡滞，它可以通过起爆火工螺栓分离开来。必须特别注意的是多尘的环境。钻探是钻箱布置过程中最耗能的操作——据估计，在 125 r/min 的转速下，在石灰岩中以 1 mm/min 的速度钻进，消耗功率 33 W（钻探时为 1.3×17 W+4 W 的电子仪器+3.5 W 电子计算机线路板）。

一种新颖的行星钻探机构已经被提出，其拥有低功耗并且不需要进行自动钻杆组装的绳系井下动力钻具[1157]。一个独立的穿透鼠在向下钻进的同时，通过系绳与表面相连——该装置包括一个定向钻头和一系列螺旋状的切割螺旋钻零件。一系列尺寸逐渐增大的螺旋钻在钻孔中进行传递挖掘土壤。其在表面需要一个三脚架框架/绞车，用于将钻机放入钻孔中，或者将钻机从钻孔中收回，同时需要具有复杂系列操作的可延伸护套。

对于自动组装钻杆的需求，被认为是引起这种系统可靠性故障的原因，如单点失效模式，是需要重点关注的内容。一种生物启发式钻探方法已经被提出，该方法所依赖的机械装置运行原理基于树蜂科动物叶蜂（woodwasp Sirex noctilio）产卵器[1158~1160]，如图 11-9 所示。该种动物将其产卵器钻入树皮中，然后在其中产卵。它包括两个半剖面：一侧带有牙齿用于切削木材，另一侧具有用于去除碎屑的口袋。两侧互相配合操作。这种钻机的最大推力取决于沿着圆柱形钻具长度方向的屈曲应力。它沿着木材天然纹理方向钻入木材，在其中产卵，同时遵守欧拉（Euler）端部负荷屈曲约束条件

$$F_c = \frac{\beta \pi^2 EI}{L^2} \tag{11-37}$$

式中　β——端部约束条件，对于万向节为 1，对于销连接为 2；

　　　E——杨氏模量；

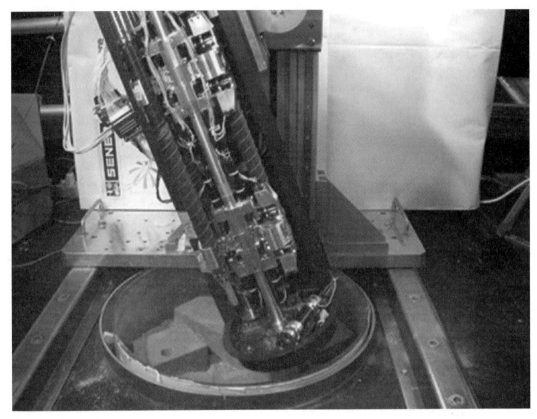

图 11-8　带有 3 个扩充钻杆的 ExoMars 巡视器钻机装置［来源：ESA］

　　I ——惯性矩；

　　L ——支柱长度。

　　产卵器可以建模为圆形横截面的中空软管，其惯性矩为 $I = \pi(R_o^4 - R_i^4)/16$，外部横截面厚为 0.1 mm。在尖端点处的前四个齿仅在上行程（拉动齿）上向近侧切割。下面的齿在远端定向并且在下行程（推动齿）上切割。间距使得任一侧上的推动齿彼此交替。

　　欧拉端部屈曲为钻杆的长度/刚度比提供了最强的约束条件。树蜂科动物胡蜂（woodwasp Megarhyssa nortoni）的产卵器相比叶蜂的产卵器更长、更薄。胡蜂的产卵器由一个凹槽的引导器固定在其腹部，该引导器可以锁定产卵器，从而产生驱动产卵器的推力。端部的齿面是最接近的，因此木材最初的破碎是通过腹部的肌肉向上提拉张紧实现的。木材的硬度约为 70 GPa，其断裂应变为 2%（即断裂应力 1.5 GPa）。产卵器两侧的腹部需要有一个处于张紧状态，以保持产卵器稳定，而不出现屈曲。向下推动的锯齿是交错排列的，因此产生的切削力均匀地分布在整个运动的行程上。凹坑点排成一排，引导锯屑远离切割边缘。除了产卵器快速的机械途径，胡蜂有节奏地上下摆动它的全身，以帮助清除切屑。钻进速度为 1.5 mm/min。

　　受树蜂科动物产卵器启发的仿生钻机已经被提议用于行星际钻探，因为它可以在布满灰尘的环境中，克服自动组装/拆解钻杆的需求，具有更高的机械可靠性[1162,1163]。这两个

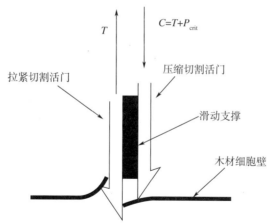

图 11 - 9　树蜂科动物叶蜂的生物产卵器（上部）与仿产卵器机械装置（下部）

［朱利安·维森特（Julian Vincent）允许再加工］

部分结合了锯齿和口袋。在两个往复零件之间产生钻进力，所以不需要外部的钻进力。在浓缩的石灰石、非燃烧黏土和石灰砂浆中进行的 9 个不同额定功率下的试验显示出了仿生钻机的适应能力——随着钻进的深入，有更多的锯齿参与其中，钻进的速度逐渐提高[1164]。通过经验确定的钻进速度为

$$v = k \frac{P}{\sqrt{\sigma}} \tag{11-38}$$

式中　k ——比例常数；

　　　P ——输入功率；

　　　σ ——基体抗压强度[1165]。

钻头设计为边缘呈锯齿状的直径逐渐增大的半圆锥形。圆锥的边缘提供了抓取功能。

该驱动装置基于一个简单但紧凑的曲柄连杆机构（pin and crank）[1166]，如图 11 - 10 所示。压电式电机提供了紧密匹配的摆动运动，因此相比电控电机更为必要。

由于驱动机构中滑块的往复运动，卷绕的金属带被拉出卷轴。具有狭槽的摩擦轮滚轴驱动金属带展开和缩回。附连到滑块的夹子夹住金属带上的锯齿，提供将金属带从其滚筒上拉出的力。一旦金属带完全伸展，螺线管会被激活，以将齿轮电机由曲柄连杆机构切换到卷筒机构，以实现金属带被重新卷绕收回。样品采集可以通过类似于大麦头部的中心带有一定角度刷毛的内衬来实现，以向上传送细碎颗粒。

仿生钻机也可用于从小行星、彗星或近地天体（Near - Earth Object，NEO）的冰穴中回收水。许多 NEO 是些逐渐消失的彗星，主要包括混合有硅酸盐和其他岩石矿物的水（脏雪球模型，dirty snowball model）。钻管作为工作机构下降，同时用作钻眼内衬管。热量可以通过内部探针传送并融化冰层，然后可以将融化后的水泵送至表面。这些水资源还可以用作热推进剂（蒸汽）以提供用于火箭的推力，或者电解成氢气和氧气当作燃料——氢气在难以到达的月球上可能是特别有价值的。

钻机安装的方式不能妨碍巡视器的移动。这涉及安装在一个 3 自由度的绝缘隔热钻探箱中，该钻探箱可以水平地和侧向地安装在巡视器的前部，这样可以使可见视场最大化，同时将对巡视器系统的干扰降到最小。当钻头被卡在火星土壤中时，在确保巡视器的机动性不会受到损害的情况下，钻头是可分离的。钻机越短，其安放越容易，特别是对于垂直安装；相反，钻机越长，则钻到给定深度需要越少的钻段。钻取监视相机能够监视钻机位置和钻取过程。旋转钻通常用于深度采样和取芯——将原位科学仪器集成到钻环中不是一个小问题。随钻测量（Measurement While Drilling，MWD）技术最近在陆地石油工业中变得比较常见，替代了专用的电缆-测井探测装置（wireline - logging sondes）。通过开拓MWD 技术，在钻进的过程中，提取岩土工程学数据是可能的，如土壤物理参数。根据钻机所钻进基材的不同，钻机的响应也不同。这可以是简单的区别，诸如坚实的和松散的材料，或复杂的区分，如冰层和干燥的土被。这样提取的数据是复杂的，涉及知识/分类，如果知识/分类是预先确定的，且原位化学分析能够被执行或离线执行，这些工作可能实现在线处理。由于需要自主钻杆装配，同时受到火星尘埃的影响，在火星表面的地下钻探中，深度旋转钻孔不是一种非常可靠的选择。

钻头地面振动辐射可以帮助预测钻头前面的危险[1167]。声波能量是从一个工作的钻头中辐射出来的，当钻头钻进岩石中时，由于向钻杆施加了轴向力，钻机将压缩波或初级波辐射到周围的岩石中。一个滚柱芯钻头起到向外辐射能量的 P 波的偶极子源的作用。在地面上，为了加强声耦合，在浅孔中放置的地震检波器阵列可以检测到 P 波。在钻杆顶部的多组加速度计将检测到钻杆上的轴向振动。通过岩层组织传递的能量波比钻杆的轴向振动行进得更慢，从而提供时移的传感器信号。可以通过互相关方法计算出时间差。如果轴向振动沿钻杆向上行进的时间是已知的，则可以计算从钻头到地面的地震波传输的时间。越过钻头传播的能量经常因为岩石中的地层阻抗改变，而被反射，可以产生预示图像。

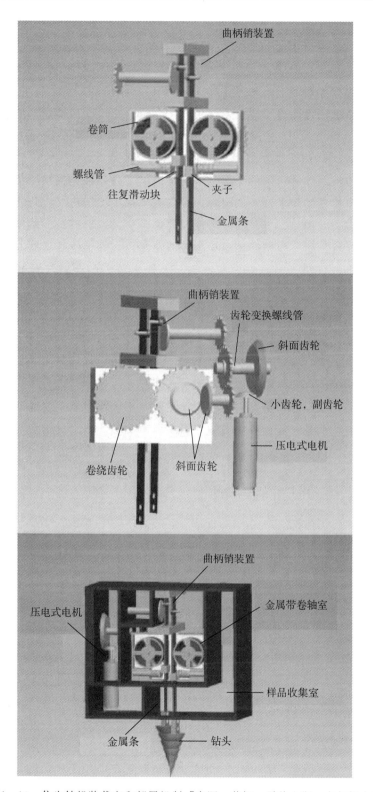

图 11-10　仿生钻机装载室和部署机制［来源：蒂姆·霍普金斯，卡尔顿大学］

在 Río Tinto（西班牙）进行的火星天体生物学研究和技术实验（Mars Astrobiology Research & Technology Experiment，MARTE）基于一个半自动的螺旋取芯钻，集合了一个矿样样品处理系统和一些科学仪器[1168]。样品处理系统包括一个很重要的夹具，用来抓紧岩芯，一个岩石粉碎器，一个双刃锯可以暴露出岩石的内部表面，一个线性轨道，向科学仪器传送固定截面的岩芯。仪器包括一个成像显微镜和拉曼质谱仪，用于孔内检查，同时还有可见/近红外光谱仪和生命迹象探测器（探测记录生命迹象，Signs of Life Detector——SOLID），用于消耗铁和硫化物的自养细菌分析。

使用集中的微波能量钻入硬的非导电材料，提供了另一种钻探模式。该方法使用高功率密度的常规磁电管源熔化区域性的材料。尽管频率 2.45 GHz，能量 1 kW 的微波在土壤中的穿透深度限制在几厘米，但是微波可以被聚焦，通过岩石裂缝，辅助以低得多的机械功率进行钻探。已经创建了包括同轴波导的微波钻头，该同轴波导将微波能量传送到近场聚光器，近场聚光器立即将微波辐射聚焦到一个体积较小的、端部具有高熔点的金属钻针[1169-1171]。通过热击穿过程产生熔融热点，从而降低功率需求。在高达 1 500 ℃ 的温度下，该热点具有比微波波长（12 cm）小得多的尺寸，通常为 1 cm。通过在钻针处使用尖锐的尖端来增加电场集中度，这使得能够在较低额定功率（10～100 W）下使用固态微波源[1172-1174]。钻针可以插入到冷却的熔化物中，钻针撤回后，留下具有玻璃性状的外壳。它已经被在不同的硬度（非导电陶瓷、玄武岩、混凝土、玻璃和硅）中进行了测试，显示出其在建造和机械加工中的适用性。适应行星探测并不困难，但主要的问题是会腐蚀钻孔和任何样品。更有趣的是，有人提出微波等离子体产生的微波诱导击穿光谱学可能适用于低成本矿物鉴定。

11.4　穿透鼠样品采集

一种可替代使用长钻杆进行钻探的方案是使用挖掘机器人——穿透鼠（MOLE）——其具有更小的尺寸和更高的操作灵活性。使用分离的自主推进式地下穿透鼠消除了长钻杆，不再需要进行自主钻杆段组装。这种方法允许处于穿透鼠后方的钻眼出现坍塌。穿透鼠提供了穿透器的功能，通过使用巡视器进行部署，它们可以被定位到特定位置，这点与大气进入器不同，因为大气进入器的着陆椭圆具有固有的不确定性。与钻机不同，穿透鼠不需要外部的安装平台。然而，尚不清楚它们是否可以在没有显著功率需求的情况下穿透坚固的基岩，但是它们非常理想地适用于穿透夯实的土被。对于冲击穿透鼠，穿透的理想端部形状是平滑的圆锥形，而不是带槽的圆锥形，在相同的冲击力作用下，平滑锥体会产生更大的穿透力[1175,1176]。钻孔通常比穿透鼠的直径大 7%。通过旋转穿透鼠可以减小穿透过程中的阻力，这样也许是提高钻进效率的一种选择，尽管必须要考虑到相应的能量消耗方面的折中。地下穿透鼠是一种替代性的钻探机械装置，适用于松散的、疏松的、多孔的土被，可实施小于 5 m 的浅层次深度穿透，不能用于硬土。猎兔犬二号 PLUTO（行星地下工具）穿透鼠是德国宇航中心开发的基于冲击钻探方法的一种变型，并安装在运送管上的 PAW 的后面（见图 11 - 11）[1177-1179]。它是一个独立的冲击装置，长度为 0.365 m，直径为 0.02 m，拥有一个 60°的圆锥形尖端。它被用于获取火星表面和地下的土壤，由于受到土壤密度的限制，其深入地下的最大深度为 1.5 m（相比之下，海盗号的最大深度 20 cm）。它的后端通过 2.8 m 长的系绳连接到猎兔犬二号着陆器机械臂的末端。系绳包括 Kapton 涂覆（Kapton - coated）钢丝编织层，通过该编织层有两条数据信号线路（遥控/遥测）和一条来自着陆器的功率线路。穿透鼠的移动距离受质量/每单位长度的限制，质量/单位长度由绞车的回收力（50 N）引起的张力决定。顶端有一个铝-锂发射管，穿透鼠可以作用于最初的土壤插入，消除了对外部推力的需求。穿透鼠的质量为 340 g（外壳 64 g，电机 220 g，机械装置 56 g）。相应的支撑装备——运送管 95 g，绞车 375 g，电动机 80 g——另外还有 550 g 的附加质量（总共有 860 g）。穿透鼠在顶端有一个外套筒，用于产生矿样。PLUTO 包含一个钛合金外壳，由内部的自动穿透机械装置（self - penetration mechanism）驱动，穿入土壤中。将穿透鼠部署到土壤中，这将涉及 ARM 精确地布置 PAW，使其垂直方向位置适应穿透鼠的要求。

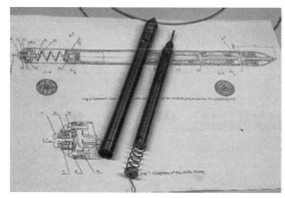

图 11 - 11　猎兔犬二号地面穿透鼠［来源：ESA］

在管内，冲击机构包括一个滑动的冲击锤，在电机的约束下，冲击锤压缩弹簧，有刷电机逆着弹簧压缩的方向，反向拉动内部的检测质量块。弹簧由电机通过变速器加载，然后释放。内部的冲击锤撞击穿透鼠的前尖端部分，导致土壤的移位。对于向前运动的反作用力部分地重新压缩弹簧，滑动抑制器将吸收连接到较弱制动弹簧的反作用力，以将抑制器返回到其名义上的先前位置[1180,1181]。来自内部冲击锤下降到其初始位置的二次冲击，引起额外的向前运动。每 5 s 重复释放弹簧，在尖端产生约 0.1 N·m 的力，该力驱动穿透鼠每次冲击进入土壤约 2 mm，直至达到 10 mm 的深度，并且在表面上没有摩擦阻力（即，超过 1 h 达到深度 1 m，忽略土壤压缩阻力的变化），所需的牵引功率仅为 2～5 W。每次冲击的持续时间＜0.5 ms，可以产生高达 8 000 g 的加速度，与此同时，摩擦力的作用时间则比较长（约 300 ms），相应产生的减速度小于 3 g。在坚硬的土壤中，这种方式的进展速率大大降低（约 1 mm/min）。摩擦力随着深度的增加而增大，由此将穿透鼠的穿透深度限制在 5～10 m，该深度极限主要取决于土壤的性质。据估计，土壤表面的密度为 2 g/cm³，内聚力为 8 kPa，摩擦角为 34°，在更深度处，上述各性质将分别增长到

3 g/cm³，13 kPa 和 48°。穿透鼠的质量和长度必须尽可能小，以最大化冲击效率。在土壤中，穿透鼠的动态摩擦系数经验值为 0.35。当系绳松开时，穿透鼠也可以水平地部署在表面上。这样的话，如果穿透鼠遇到了岩石，它将转移到岩石的下面，使得其可以接触到未受干扰的原始状态土壤，因为巨石的遮挡，其下面的土壤可以免受来自太阳的紫外辐射。

它可以反转其冲击锤机构，沿着原路返回至表面，并以 1～5 mm/s 的速度回卷到机械臂上，以回收其 60 mg 的样品，用于在着陆器上的后续分析。通过使用位于穿透鼠前端的一个小取样阀获取样品。穿透鼠发射软管，而不是机械臂本身提供 50 N 的拉回力，牵引穿透鼠。穿透鼠拴在一个电机驱动的绞车机械装置上，拴系点位于其后部的载体管上，载体管可以重绕系绳，可以收回穿透鼠。能量和数据通过系绳传递，以确保在没有热控制的情况下，需要最小的电子器件。通过反转冲击锤，使地面下的穿透鼠返回，允许从机器人臂的末端，回收进入穿透鼠发射管中，回收深度高达 2 m。穿透鼠的绞车电机的峰值功率为 0.8 W，而在穿透土壤期间，穿透鼠驱动电机功率为 1.2 W（峰值功率为 3 W）。穿透鼠携带有一个温度传感器，用来测量不同深度的地下温度。该尖端包括由相同电机驱动的采样装置，其能够获得 0.24 cm³ 的土壤，一旦穿透鼠被重新收回在其发射管中，该土壤将被机器人臂递到着陆器上的 GAP 入口。活塞驱动尖端以打开腔体。

DLR 仪器穿透鼠系统是由 PLUTO 穿透鼠发展成的，其包括一个双重穿透鼠，配置有驱动前进（牵引机）穿透鼠的冲击机构，拖动一个有效负载穿透鼠箱，内有 300 g 的仪器——用直径 3 mm 的短电缆实现电气连接[1182]。最大穿透深度取决于到着陆器的系绳长度（名义上为 5 m）。总穿透鼠长度是 415 mm，包括 250 mm×26 mm 的牵引穿透鼠和 158 mm×26 mm 的被牵引穿透鼠（带有 150 mm×24 mm 仪器包）。总穿透鼠质量是 1 kg，包括部署机械装置在内，总功率需求为 3 W。

NASA 还开发了一种冲击式机器穿透鼠，火星地下探险器（Mars Subsurface Explorer，SSX），其作用类似于猎兔犬二号穿透鼠，但有一些差异[1183]。它在螺纹线上使用了一个旋转锤。它的长度为 1 m，直径为 3 cm，带有一个尖的末端，质量为 5 kg。在坚硬的土被中，以 5 m/天的挖掘速率，需要消耗 30～50 W 的功率，在 10 m/天的挖掘速率下，消耗的功率为 100 W，在 500 天的整个任务生命周期中，足以实现 5 kg 的挖掘长度。它不依赖于弹簧来存储内部的能量，如 PLUTO。脉冲电机轴包括一条很长的拉伸螺纹，并且通过电机以 10 000 r/min 的速度旋转。钨旋转锤沿着螺纹旋转到轴的顶部。电机脉冲关闭时，转轴减速，棘轮立即制止住转轴，接合嵌入螺纹。旋转锤一直以 10 000 r/min 的速度旋转，并沿着螺纹旋转以利用 100 N 或更大的力将其打入到穿透鼠的前部，使其能够以 10 m/天的速率穿透。电机开始旋转，轴开始旋转，同时锤子由于其冲击而停止，螺旋自身又回到螺纹上，产生另一个脉冲。据推测，这种巧妙的冲击方法其效率是其他钻探方法的 3 倍。它可以使用从火星大气压缩的液态二氧化碳，并通过细管从地面泵送。液体与土/冰样品混合，当作钻探泥浆以将样品输送到表面。存在使用液态 Xe 作为钻探泥浆和/或环氧树脂流体挤出凝固孔套管的可能性。然而，使用流体引入了潜在的困难，因为它们需要复杂的流体处理能力，例如泵、阀和液压。

系绳的主要问题是沿着系绳具有很高的 DC 传输损失，对初始传输电压要求施加较高的功率，但这通常限于大约 100 V DC，限制系绳长度为 10～30 m。以太网供能（PoE）通过以太网电缆在 48 V DC 下传输电源和数据。如果系绳承受载荷，则必须加强。Dante Ⅱ 系绳包括两个 26 AWG 同轴导体，用于两个 384 kbit/s 的视频信道，一个 26 AWG 双绞线导体，用于一个 192 kbit/s 以太网信道，四个全双工 RS-232 串行信道和一个 18 AWG 的电源导体。铜 AWG 的内芯被 0.1 mm 厚的低摩擦戈尔特斯（GORE-TEX）织物连接的承载凯夫拉（Kevlar）覆盖。将整个系绳封装在磨损夹套中。一组系绳绞车机械装置是可能的。系绳重绕引入了许多潜在的问题。最小弯曲半径决定了卷筒的尺寸。在滚筒上堆叠的系绳必须避免切割，由此系绳的下层在低张力下缠绕，使得处于更大张力下的外层迫使它们进入下层。这可能导致系绳损坏和干扰系绳伸出。这可以通过以 1/10 的最大预期张力将系绳缠绕在滚筒上来避免。系绳堆叠的不均匀性也会导致划痕。这可以通过使用高摩擦系数的护套来避免。绞车可安装在挠曲处，挠曲处在牵引方向上是柔顺的，但在其他方向上是僵硬的，以将系绳运动限制在单一方向上。一组卷筒连续地施加张力，从绳索拉动系绳，可以消除系绳卷绕中的松弛。系绳的支出可以通过电位计监测，以测量在绞动期间的张力。系绳概念的问题由 Dante Ⅱ 机器人说明，Dante Ⅱ 机器人使用 300 m 长系绳来供应电力和数据通信，系绳缠绕在绞盘上，该绞盘在张力作用下放出系绳。在直径为 32.3 cm 的卷轴上的最大缠绕速度为 3.5 r/min，最大静态载荷为 7.7 kN。Dante Ⅱ 在 1994 年从阿拉斯加的斯伯尔山爬出来时，遇到了一个不利的系绳角度，导致它和系绳被绊住并折断，造成了机器人的损毁。

无束缚穿透鼠不受限于系绳的长度，但需要自主约束（self-contained）。尺蠖深钻系统（Inchworm Deep Drilling System，IDDS）穿透鼠是一种用于在行星表面钻探的先进设计[1184]。它是独立的，由放射性同位素热电发电器（Radioisotope Thermoelectric Generator，RTG）供电，消除了对系绳的需要。它是自主推进的，能够挖掘到 1～10 km 的深度，取回样品，并将它们返回到表面。装置重 15 kg，包括总长 1 m（可延伸到 5 m）、直径 15 cm 的两个对称（前部和后部）部分。每个部分包括其端部处的电机驱动的旋转钻头和一组三个锚定靴。每个部分上的脚抓住钻眼的壁面，以提供用于钻进的锚固力。这两个部分通过伸缩接头连接，伸缩接头由线性电机供电，可以收缩/膨胀尺蠖。沿着主体旋转的螺旋叶片通过切口到达后部。操作模式涉及使用后制动靴将后部锚固在展开管中，而前部钻至伸缩管的最大长度。伸缩管用于确保前部和后部之间的孔的完整性。前部通过其制动靴将其自身锚固到钻孔。后部释放其制动器并沿着孔滑动以在变短收缩时与前部相遇。后部接合其制动靴，前部释放制动器并恢复钻孔。因此，推进循环具有以下形式：

1）后段上的锚定靴锚定到钻孔壁面，而前段在向前旋转时向前延伸；

2）前段上的锚定靴锚定到钻孔，而后段上的锚定靴脱离；

3）线性执行机构收缩将后段向前拉动；

4）后段上的锚定靴投入使用，而前段上的锚定靴脱离。

这为样品回收提供了便利。使用相同的推进模式,它可以通过反转其机械过程返回到表面来递送样品,其中后段部分则变成了先导。IDDS 最初从定位在土壤表面上的软管展开。这用于为锚定靴提供控制力,使得前段可以向前延伸到土壤中。该装置与所有穿透鼠装置的主要缺点是其需要返回到表面以递送样品。虽然这代表了一个非常先进的概念,但却是庞大的且能量消耗巨大。类似的概念是使用两段式井眼锚定机构的空间蠕动钻头[1185]。主要区别是每个区段包括一个前进部分,其可以部分地滑入后面部分。此外,它使用蜗杆将电机旋转转换为线性运动,以用作线性致动器,具有比电磁线性致动器高得多的机械优点。

有人建议,使用电加热探针熔化土壤和岩石,可以实现 200～300 m 的钻探深度,从而形成玻璃状衬里的钻孔[1187]。探针可以连接到系绳上以进行电力和数据传输,以及探针回收——它需要 70～100 W 在 1 h 内穿透 1 cm。这就省去了孔眼套管、钻井液或碎屑排出的需要,因为在下降的过程中孔壁被玻璃化。已经开发出具有尖的陶瓷尖端的 1 m 长的热喷枪,其由电加热电阻线圈加热至 1 500 ℃[1188]。喷枪的轴通过将气体从冷的火星大气泵送到喷枪的后部进行冷却。尖端熔化周围的岩石,然后冷却成一个玻璃状的保护衬套,以固化钻孔。金属管的退绕卷轴将动力和冷却剂气体运送到喷枪并且赋予其重量以推动熔化的碎石。这种钻孔方法需要相当大的能量。此外,热喷枪的高温将在化学性质上改变矿物环境、破坏原始钻孔环境。为了进入永冻层,将需要额外的侧采样钻或火工子弹穿透玻璃墙和端盖。高功率水平可能需要使用核能源,这具有相当大的政治影响。这种技术是巨大的、庞大的、复杂的、未测试的、强力的,但具有化学还原材料被回收的可能性。

11.5　钻机性能模型

建立理论对钻机的性能进行预测是非常困难的。传统的岩石性质,例如硬度,与钻机的穿进速率并不是完全相关的——这促使了新参数的使用,如岩石质量指标或比能[1189],这些新参数是模糊的,并且不容易衡量。然而,单轴抗压强度、拉伸强度和杨氏模量与钻进速率有较高的相关性[1190]。钻机的性能依赖于岩石的比能量和岩石的抗压强度[1191]。摩尔-库仑关系式根据剪切面上的剪切应力定义土壤特征

$$\tau = C + \sigma \tan\phi (1 - e^{-j/K}) \tag{11-39}$$

其中

$$j = sx = (wp/2\pi) - v$$
$$x = wp/2\pi$$
$$s = [(wp/2\pi) - v]/(wp/2\pi)$$

式中　C ——在零法向应力下提供剪应力的土壤内聚力;

　　　σ ——法向应力,$\sigma = P/A$;

　　　ϕ ——内摩擦角,即剪应力相对于法向应力的斜率;

　　　j ——地面变形;

s —— 滑移；

K —— 土壤变形系数；

w —— 旋转速度；

p —— 钻头螺距。

岩石的无侧限抗压强度（Unconfined Compressive Strength，UCS）表明钻头截面所需的钻压由摩尔-库仑关系得到，为 $\sigma = W/A$。干砂岩的 UCS 为 50 MPa，其范围为 25～70 MPa，而冻结砂岩为 50～110 MPa。相比之下，玄武岩的 UCS 为 280～320 MPa。比能量（N·m/m³）是移除一个单位体积的岩石所需的能量，它可以被定义为

$$\mathrm{SE} = \frac{\sigma_c^2}{2G} \tag{11-40}$$

式中　G —— 体积模量；

　　　σ_c —— 岩石抗压强度。

比能量可以被视为钻机力矩和岩石抗压强度的乘积。干砂岩的比能量为 210 MJ/m³，而冻结砂岩的比能量为 770 MJ/m³。包括孔隙率在内的单轴抗压强度与内聚力和摩擦角有关

$$\sigma_c = \sigma_0 \left(\frac{A_c}{A_g} \right) \tag{11-41}$$

其中

$$(A_c/A_g) = [1 - (b/a)]^2$$
$$\sigma_0 = 2C/\tan(\pi/4 - \phi/2)$$

式中　(A_c/A_g) —— 单位横截面颗粒接触面积；

　　　a,b —— 颗粒及空隙大小。

由于孔隙率的增加，单轴抗压强度也随着深度而增加

$$\sigma_c = \sigma_0 \left(\frac{\rho_c}{\rho_0} \right) \tag{11-42}$$

所以

$$\tau = \left[C + \frac{A_c}{A_g} \frac{2C}{\tan\left(\dfrac{\pi}{4} - \dfrac{\phi}{2} \right)} \tan\phi \right]^{\left[1 - \mathrm{e}^{-\left(\frac{wp}{2\pi} - v \right)/K} \right]} \tag{11-43}$$

或者，泽莱宁（Zelenin）切削力可以根据冲击参数的数量来定义。对于旋转土壤切割，Zelenin 切割力由下式给出

$$F = Kr^{1.35}(1 - \cos\alpha)^{1.35} \tag{11-44}$$

其中

$$K = 10N(1 + 0.026l)(1 + 0.0075\alpha)z$$

式中　N —— 冲击次数，对于沙质土为 2.5；

　　　l —— 切削宽度（钻头齿的半径）；

　　　α —— 相对于地面的切割角（20°～90°，一般为 30°）；

　　　　　z ——切割系数，$z = 0.55$；

　　　　　r ——切割旋转半径（齿的半径）。

　　最佳的切割角为 20°，相比 45°～60°的切割角，20°的切割角可以减小 25％～35％的切削力。挖掘工具上的切削齿可以减小打破土壤所需的 40％的切割力。最佳齿间距为 $a = 2b$，其中 b 为齿宽［出自威尔金森（Wilkinson）和德金拿多（DeGennaro）（2007）[1192]对土壤挖掘力学进行的综述］。对于固体岩石，在岩石切割过程中没有明显的塑性失效，因此其行为类似于脆性材料。另一方面，软岩石在破坏之前会表现出塑性行为。由于岩石中的拉伸和压缩应力而使岩石破坏，其在刀具边缘处产生一个破碎区域。西松（Nishimatsu）的岩石切削理论给出的轴向推力为[1193,1194]

$$F = F_0 + 4 \sum_{i=1}^{m} \left[\frac{2Chd}{n+1} \frac{\cos\phi \sin(\phi' - \alpha)}{1 - \sin(\phi - \alpha + \phi')} \right] \tag{11-45}$$

式中　F_0——冲击岩石钻头上的最小推力，对于玄武岩为 1 kN；

　　　　　n ——土壤变形系数，$n = 11.3 - 0.18\alpha$；

　　　　　C ——内聚力；

　　　　　m ——挖掘工具中的钻头数；

　　　　　h ——切削深度；

　　　　　d ——钻头宽度；

　　　　　α ——切削刃的前角；

　　　　　φ ——土壤摩擦角；

　　　　　φ′——岩石和切削工具之间的摩擦角，$\phi' = 26°$，一般相当于 0.5 的摩擦系数；

　　　　　τ_0——克服摩擦力的初始力矩。

　　根据 Nishimatsu 的岩石切割理论，切向力矩为

$$\tau = \tau_0 + 2 \sum_{i=1}^{m} \frac{2Chd}{n+1} \frac{\cos\phi \cos(\phi' - \alpha)}{1 - \sin(\phi - \alpha + \phi')} R_i \tag{11-46}$$

　　功率为

$$P = \tau w = \left[\tau_0 + 2 \sum_{i=1}^{4} \left(\frac{2Chd}{n+1} \frac{\cos\phi \cos(\phi' - \alpha)}{1 - \sin(\phi - \alpha + \phi')} R_i \right) \right] w \tag{11-47}$$

式中，R_i 为刀具半径。以上成立的前提条件是 $\alpha < \phi$ 和 $\alpha < \phi'$。典型的钻进速度 1～2 m/12 h 被视为是可接受的。钻机的穿透速率取决于在钻头下面用于破碎岩石的能量。用于旋转和冲击钻孔的简单模型分别由以下两式给出[1195,1196]

$$\mathrm{PR} = \frac{kwW^2}{D^2 \sigma_c^2} \tag{11-48}$$

式中　k ——钻头参数；

　　　　　w ——旋转速度；

　　　　　W ——作用于钻头的重量；

　　　　　D ——钻头直径；

　　　　　σ_c ——岩石抗压强度。

冲击钻孔的简单模型为

$$PR = \frac{\eta E f}{A\,SE} \tag{11-49}$$

式中　E ——每次冲击的能量；

　　　f ——冲击频率；

　　　η ——能量转移效率，一般为 0.7；

　　　A ——钻孔面积；

　　　SE ——比能量。

　　基于钻头类型、钻头直径、旋转速度、推力、冲击频率和冲洗程度的钻机穿透速率预计已经通过经验关系建立了相应的数学模型。作用于钻头的重量（推力）受到钻探平台重量（名义上为巡视器的重量）的限制，除非使用锚定钻机系统。Kahraman（1999）方程与拉比亚（Rabia）（1985）的分析结果是一致的，即钻头穿透速率形成了能量输入到岩石材料强度的幂次定律[1197]。对于旋转钻机，Kahraman 方程由下式给出

$$PR(m/min) = \frac{1.05 W^{0.824} RPM^{1.690}}{D^{2.321} \sigma_c^{0.610}} \tag{11-50}$$

式中　W ——作用于钻头的重量（kg）；

　　　RPM ——旋转速度，一般为 $100 \sim 300$ r/min；

　　　D ——钻头直径（mm）；

　　　σ_c ——单轴抗压强度（MPa），$\sigma_c = W/A$。

　　对于冲击钻，有

$$PR(m/min) = \frac{0.47 f_{bpm}^{0.375}}{\sigma_c^{0.534} q^{0.093}} \tag{11-51}$$

式中　f ——冲击频率；

　　　q ——石英含量（%）。

　　砂岩的石英含量在 40% 和 60%（平均 50%）之间变化，但是石英在月球上是十分缺乏的。可以从钻头穿透速率确定出钻机的力矩

$$\tau = \frac{1}{3} WD \sqrt{\frac{PR}{15f}} \tag{11-52}$$

式中　W ——作用于钻头的重量；

　　　D ——钻头直径；

　　　PR ——穿透速率；

　　　f ——冲击频率。

　　对于火星上使用的钻机 RPM 一般为 $100 \sim 300$ r/min。表 11-3 给出了砂岩中旋转钻和冲击钻的钻探性能，图 11-12 显示了几种不同材料中旋转钻和冲击钻模型的比较[1198,1199]：

表 11 - 3　对于砂岩旋转钻和冲击钻的钻探性能

钻探类型	穿透速度/(m/min)	钻头直径/mm	作用于钻头的重量/kg	旋转速度/(r/min)	最大耐压强度/MPa	拉伸强度/MPa	弹性模量/MPa	冲击强度	密度/(g/cm³)	石英含量/%
旋转钻	0.41	165	1 493	72	70.5	5.5	13 855	75.8	2.56	40

钻探类型	穿透速度/(m/min)	钻头直径/mm	钻探功率/kW	冲击频率/bpm	最大耐压强度/MPa	拉伸强度/MPa	弹性模量/MPa	冲击强度	密度/(g/cm³)	石英含量/%
冲击钻	1.42	89	15.5	3 200	25.7	5.8	10 562	85	2.70	57

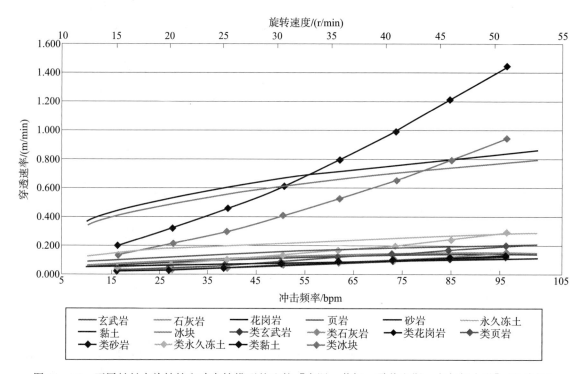

图 11 - 12　不同材料中旋转钻和冲击钻模型的比较［来源：蒂姆·霍普金斯，卡尔顿大学］（见彩插）

　　在低速度/频率下，其他条件相同时，穿透速率几乎没有差别，但是在高速度/频率下，旋转钻的穿透速率优于冲击钻。然而，这种比较并没有考虑到能量的消耗。比能量输入（MJ/m³），定义为移除单位体积岩石所需要的能量，在假定推力能量可忽略不计的情况下，可以通过穿透速率进行估算[1200]。玄武岩的比能量为 0.25～0.5 GJ/m³。对于冲击钻，比能量由下式给出

$$SE = 4\eta \frac{P_{out}}{d^2 PR} \tag{11-53}$$

其中

$$PR = k(E_{in})^a / [(RIHN) \cdot (SH)]^b = V/A$$

$$V = k(E_{in})^a / ([(RIHN) \cdot (SH)]^b)$$

式中　PR——穿透速率；

　　　η——能量效率，通常取为 0.7；

　　　d——钻头直径；

　　　RIHN——岩石冲击硬度值；

　　　SH——肖氏硬度；

　　　A——钻头面积；

　　　V——挖掘的体积。

旋转钻仅限于钻至 100 m 的深度。对于旋转钻，比能量由下式给出

$$E(\mathrm{MJ/m^3}) = 2.35\,\frac{W(\mathrm{RPM})}{d(\mathrm{PR})} \tag{11-54}$$

式中　W——作用于钻头的重量；

　　　RPM——旋转速度；

　　　d——钻眼直径。

钻孔时间由下式给出

$$\mathrm{PR} = k(W/A)^a (\mathrm{RPM})^b (\mathrm{EFS})^c \tag{11-55}$$

式中，EFS 为有效地层强度。可得到

$$\mathrm{PR} = \left(\frac{aS^2 d^3}{w^b W^2} + \frac{c}{wd}\right)^{-1} \tag{11-56}$$

式中　w——旋转速度；

　　　S——钻进力量。

由此可得出一个一般方程

$$\mathrm{PR} = k(\mathrm{RPM})^{a_1}(W)^{a_2}/S^b \tag{11-57}$$

经常简化成

$$\mathrm{PR} = k(\mathrm{RPM}\cdot W)^a/S^b \tag{11-58}$$

移动钻头到新的切割表面，需要施加的力矩有一个经验公式，即

$$\tau = \frac{Wd}{3}\sqrt{\frac{\mathrm{PR}}{15f\theta}} \tag{11-59}$$

式中　W——作用于钻头的重量；

　　　d——钻头直径；

　　　f——活塞冲击频率；

　　　θ——按钮直径。

由螺旋钻扭矩与钻头转速的关系图可得出具有最小扭矩的渐近转速。由此，可使用 Zacny - Cooper 功率模型确定出钻机功率，该模型包括克服滑动摩擦和切割岩石所需的功率

$$P = \tau(\mathrm{RPM})\left(\frac{2\pi}{60}\right) = P_{\mathrm{cut}} + P_{\mathrm{slide}} = \left(\sigma_c A\delta + \mu_d W\,\frac{d}{2}\right)\left(\frac{2\pi}{60}\mathrm{RPM}\right) \tag{11-60}$$

其中

$$A = (\pi/4)(d_{\text{out}}^2 - d_{\text{in}}^2)$$

$$\delta = 2\pi v/w$$

$$r = \frac{1}{2}(r_{\text{in}} + r_{\text{out}})$$

$$v - (2\pi/60)(\text{RPM})r$$

式中　A ——钻头的横截面积;

　　　δ ——每次旋转产生的切削深度;

　　　μ ——摩擦系数;

　　　r ——平均钻头半径;

　　　v ——钻进速率。

实际上,钻探效率由钻机功率与材料移除速率的比率确定。用于去除切屑的螺旋钻系统所需要的特性参数为最小转速和最小螺距高度[1201]。对于初始挖掘所使用的螺旋钻的最小旋转速度由下式给出

$$\text{RPM} = \frac{30}{\pi}\sqrt{\frac{2g}{d}\frac{\tan\alpha + \mu_{\text{ss}}}{\mu_{\text{rs}}}} \tag{11 - 61}$$

式中　d ——螺旋钻直径;

　　　μ_{rs} ——土壤和钻孔壁面之间的粗糙面摩擦系数,对于土壤一般为 0.7;

　　　μ_{ss} ——钻头表面和土壤之间的平滑面摩擦系数,对于金属一般为 0.3;

　　　α ——螺旋钻螺旋结构的螺旋角（典型状态为 20°）。

为防止螺旋钻发生阻塞,最小的螺旋间距高度由下式给出

$$h \geqslant \frac{\mu}{\cos i}\left(\frac{r_{\text{out}}^2 - r_{\text{in}}^2}{\mu_{\text{rs}} r_{\text{out}} - \mu_{\text{ss}} r_{\text{in}}}\right) \tag{11 - 62}$$

式中　r_{out},r_{in} ——钻头的外半径和内半径。

一个直径 10 cm 的实心钢钻能够以 $10\sim30$ mm/s 的速度穿透冻结的淤泥或砾石。推力是岩石抗压强度和工具面积的乘积——其主要作用在于保持钻头-岩石的彼此接触。钻机的力矩是由钻头切削面上的切向力的总和决定的,切向力与接触压力成正比。钻机旋转需要的力矩与钻头直径的平方成正比——对于直径为 75 mm 的钻孔,一般需要 35 kN/m 的典型力矩。最大推力范围与钻头直径的平方有关——对于直径为 75 mm 的钻头,需要 20 kPa 的最大推力。最大钻机旋转速度与最大钻头直径成反比——典型状态下,对于直径为 250 mm 的钻头,相应的最大旋转速度为 300 r/min。由于螺旋钻的旋转是受到约束的,因此,使得最外面的切割钻头的最大线速度在 $1\sim5$ m/s 之内。冰块中螺旋钻的穿透速率达到 $20\sim80$ mm/s,在增大旋转速度的情况下,在冻土中的穿透速率可达到 $10\sim30$ mm/s,但是为了较高的取芯质量,穿透速率应该是有限的。对于旋转钻头,所需功率和穿透速率都是与旋转速度成比例的。钻孔力矩不依赖于旋转速率,旋转速率通常由螺旋钻的切屑去除速率确定。对于冲击钻头,冲击作用能量与频率成反比,对于小钻头约为 30 J。冲击频率和冲击能量的乘积给出了传递到钻头的功率。

对于旋转钻机,其典型的电功率需求是其机械功率输出的 3 倍（例如,60 W 的电功

率输入，相应的机械功率输出为 20 W）。冲击钻头是比较高效的，其 40% 的输入功率转换为机械输出。玄武岩的比能量对于冲击钻为 $0.25\sim0.5$ GJ/m^3，或者对于旋转钻为 $0.6\sim1.0$ GJ/m^3。就冰而言，旋转钻进的比能量为 $0.5\sim4$ MJ/m^3，冻土旋转钻进的比能量达到 $2\sim6$ MJ/m^3，然而冲击钻进的比能量为 $2\sim20$ MJ/m^3。对于在非常高的频率下的冲击，冲击钻头变得很低效，并且在 300 MJ/m^3 的比能量下，起到了熔化器的作用。钻进的比能量与岩石的单轴抗压强度线性相关。通常，旋转钻孔的切削能量/单轴抗压强度比率 E/σ_c $=0.05\sim0.5$，而对于冲击钻孔，切削能量/单轴抗压强度比率 $E/\sigma_c=0.25\sim1.5$。然而，岩石的抗压强度是温度和含水量的函数——相比较温暖干燥的砂岩，冷冻砂岩需要 3 倍的能量进行钻探[1202]。对于在火星压力下的 Briar Hill 砂岩，一个穿透速率为 80 cm/h 的钻机，对于干燥岩石（比能量为 210 MJ/m^3，抗压强度为 43 MPa）需要 30 W 功率，而对于含水量饱和的冷冻岩石（比能量为 770 MJ/m^3，压缩强度为 110 MPa）需要的功率为 100 W。类似地，对于相同的穿透速率，干燥岩石需要比冰冻岩石低得多的钻压值（例如，25 kg 对 60 kg，穿透速率 80 cm/h）。需要 5 W 的最小功率来克服摩擦阻力（具有零穿透速率）。类似地，在干砂岩和饱和冷冻砂岩中钻头穿透所需的最小钻压值重量分别为 15 kg 和 40 kg。钻进所需的比功率由下式给出

$$\frac{P}{Wv} = \frac{1}{\sin\alpha} + \frac{\mu\{[(1+h/d)^2-1]\cos^2\alpha+1\}}{(1+h/d)\cos\alpha-\mu\sin\alpha} \tag{11-63}$$

式中　d ——转子直径；

　　　h ——叶片高度；

　　　α ——螺旋升角；

　　　μ ——摩擦系数；

　　　v ——速度；

　　　W ——钻压重量（作用于钻头的重量）。

该模型使得能够在岩石条件改变时自动控制钻机的性能。假设钻削是一个简单的动力学动态模型，钻具的相互作用力可以与钻探穿透率 $\dot{x}$ 和接触距离 x 联系起来

$$F = c_1\dot{x} + c_2x^a + c_3 = k_1\dot{x}^b + k_2x^a \tag{11-64}$$

式中，a，b 是弹性指数和阻尼指数。钻探模型描述了接触力与钻具速度、岩石硬度和刀具温度的非线性关系。使用切削工具会引起工具磨损和显著的能量消耗，其中大部分作为热损失。由于工具动作产生的热量由下式给出

$$q = Fv \tag{11-65}$$

式中　F ——工具剪切力；

　　　v ——工具的切削速度。

切削速度是刀具寿命 τ 的主要决定因素，通过泰勒关系式给出

$$C = v\tau^n \tag{11-66}$$

式中　C ——经验常数；

　　　n ——取决于切割条件的指数。

避免钻芯出现过热是十分必要的，这意味着必须采用冷却措施。火星的低压跨越水的

三相点（0.63 kPa 和 0 ℃）。低于该压力，地下冰将发生升华，从而将钻屑从钻孔中移除，不需要使用气体泵送。然而，高于这个压力，冰将融化，然后可能潜在地再冻结——这意味着必须采用间歇钻进，以减少过热。钻头温度测量对于监测温度以限制钻头加热至关重要。或者，电阻率测量可能更适合于直接测量液态水的发生率，因为温度依赖性可能受盐化的影响。穿透深度可以使用导螺杆开关测量。力/力矩反馈允许测量反作用力，以控制钻孔。在 10^5 N/m 的坚硬环境中，柔顺控制是必要的。基于完全复现网络的神经网络识别已经被提出用于具有学习参数的快速自适应调整的系统识别，使得其变化如下：$\eta^{\infty} \mid \nabla E \mid^{-t}$，其中 E 为能量函数，t 为时间[1203]。

NASA 火星模拟研究和技术实验（Mars Analog Research & Technology Experiment，MARTE）已经尝试在西班牙西南部的 Minas deRío Tinto（基于铁和硫化物矿物作为能源的化学自养生物圈）进行机器人钻探的部分自动化现场测试，测试涉及一个 10 m 的螺旋钻用于岩芯取样，机器人样品处理，钻孔检查，同时还有相应的科学仪器配套[1204]。这是一个庞大而复杂的 10 轴旋转钻机系统，高 3 m，直径为 2.4 m，用于在无流体的情况下达到 10 m 的钻探深度。它代表了迄今为止已实施的最完整的机器人钻探和科学分析仿真。该钻机包括 1 个 1.5 m 的第一钻段和需要自动组装的 10 个 1 m 长的附加钻段。钻孔检查系统包括拉曼光谱仪和显微成像仪——这种预先配置已被证明是非常有价值的。钻机收回岩芯样品，然后将其移交给岩芯样品处理系统。岩芯样品处理系统通过位于钻机下方的多爪 24 自由度夹具接收岩芯样品，并通过将其锯成小块来进一步制备岩芯——锯成小块后，新暴露的表面通过线性轨道传送到多个科学仪器（显微摄像机，可见/近红外光谱仪和基于 ATP 荧光素-荧光素酶试剂的检测器）。然后，岩石破碎机将样品粉末化，以通过天体生物仪器（使用荧光标记的 SOLID 蛋白质微阵列）进行分析。从 MARTE 获得的经验教训包括使用压缩空气吹出切屑的重要性，这大大降低了性能，但可确保在没有压缩空气循环的情况下进行取芯，以及由于在锯切和粉碎期间产生粉尘而导致在岩芯样品处理期间有相当大的交叉污染。

11.6　样品处理、加工和分配装置

科学仪器通常需要在分析之前对样品进行大量的处理——这对于仪器的后期分类尤其如此。此外，样品获取的速度也许比处理和分析的速度更快，迫使需要进行缓冲。通常需要一个样品采集机构以取得土/岩石样品，例如铲、机械手、取芯钻/钻等。正是这些后期的仪器提供了最详细的答疑分析，特别是对于天体生物学研究。样品处理和制备通常需要一组复杂的机器装置。大多数仪器需要进行样品处理以便能够提取到良好的信号（例如，研磨、粉碎、筛分、切片、抛光等）。不同的仪器需要不同的样品形式，这些样品形式必须由以下方式产生：

1）粉碎、研磨和筛分；

2）锯开、切片和抛光。

最常见的样品处理要求是粉末化样品（例如，X 射线衍射光谱仪）。样品处理必须通过远程和机器化实现，并且不能产生污染。岩石破碎可能会释放出内部包含的液态物质[1205]。流体夹杂物可以从先前的热液排放系统筛除。此外，回收的样品需要保护以避免遭受机械损伤、过高的温度和化学变化。样品制备和分配提供了跨科学分析仪器的通用功能集成系统。这比单独执行自己的样品处理的仪器更有效。贝蒂（Beaty）等（2004）定义了样品处理和分布的理论基础[1206]：

1）通过适当的样品制备（即粉碎、筛分、过滤、试剂添加等）提高准确度、精确度和检测极限。

2）通过多种相关分析实现科学仪器之间的协同。

3）以最小的交叉污染提高样品生产量。

4）使用低级筛选分类系统，使用适当的仪器分析适当的样品，以确定哪些样品应进一步用更敏感的设备进行分析，在有限的资源限制内，优化科学回报。

5）样本分析顺序应与每次分析逻辑一致，以便做出进一步分析的决定。

6）通过充分的样品处理，使新的科学仪器纳入仪器配套。

样品如含冰的土壤，可能需要特殊的处理方法。鉴于需要进行一般性和更具体的分析，一般性分析应在更具体的分析之前进行。贝蒂等（2004）也提出了一些建议，使 SPDS 的工程保持简单：

1）只应对具有共同处理要求的仪器进行共用样品处理，这是显而易见的。

2）处理掉已分析的样品，以减少储存需求。

3）每次只应启动一个样品先进分析系统。

4）应在抽样过程流程中为每件仪器指定一个独一无二的点。

样品制备必须切割用于光学显微镜使用的抛光薄切片，为 APXS 提供平滑表面（许多仪器需要平滑、平坦的表面以进行分析），并将岩石研磨成＜10 μm 的细粉末，用于 GCMS 中的高温分解。这通常会对仪器有效负载附加额外的质量。克朗西（Clancy）等（2000）提出了一个用于火星着陆器的六仪器自动化外太空生物学研究设施[1207]。它包括样品采集和输送系统，样品制备系统和一套分析仪器。样品采集系统包括一个机械臂、微型巡视器和取芯钻。钻柱可以安装在机械臂上或微型巡视器的有效载荷搭载室中。样品制备系统包括切割锯和抛光器，以切割和抛光用于光学检查的样品表面。它还包括米勒研磨机，以产生＜10 μm 尺寸的用于光谱测定的粉末。分析仪器包括高和低放大率的显微镜、拉曼光谱仪成像仪、红外光谱仪、原子力显微镜、穆斯堡尔光谱仪、APXS 和 GCMS。

对于 ExoMars 巡视器，样品处理、加工和分配装置（Sample Handling, Processing, and Distribution device，SHPD）必须靠近钻机，以便将样品转移到 SHPD 的入口。它将处理用于科学仪器的火星岩土样品。这涉及将样品粉碎成细粒粉末，然后通过样品容器的传送带将其分配到仪器套件。SHPD 是安装在外部的，这样在样品进入 SHPD 过程中会进行冷却。SHPD 必须保存样品，通过切割/抛光，研磨/铣削，然后将其转移到不同的仪器进行分析。SHPD 的多个样品输入端口确保了进入科学仪器的冗余度。样品储存器是托盘形容器，用于保存直径 1 cm，长 4 cm 的样品。用于运送的机构基于分配转盘和 3 自由度机械臂。样品最初呈现给用于非破坏性分析的光学仪器。样品可以研磨成细粉用于热解和化学分析；光学分析需要光滑的抛光截面；对于穆斯堡尔光谱仪，有一个云母玻璃窗。对于 ExoMars，首先将样品研磨成约 100 μm 的粉末，用于在样品容器的转盘中进行后续分析。研磨站可以设计成类似于能够破碎玄武岩的 NASA 颚式破碎机。有机物分析和 X 射线衍射需要精细的粉末材料。最终的仪器是破坏样品的仪器（如 GCMS）。SHPD 分为四个样品处理区域。第一个样品区域收集样品，并使用连接所有样品处理站的传送器将样品输送到第二处理区域。第二个样品处理区域将样器抛光，准备用于通过彩色显微镜，拉曼/LIBS 仪器和 X 射线衍射光谱仪进行光学检查。第三个样品处理区域使用研磨机粉碎样品，准备用于光学仪器、寿命标记芯片、氧化剂传感器、火星有机物检测器和 GCMS 仪器。

　　SHPD 系统的主要缺点是它在质量、能量体积和复杂性方面需要大量的资源。SHPD 系统中固有的机械复杂性，意味着由于机械故障导致故障的风险增加。需要考虑的第一个问题是，不同的仪器，特别是如果涉及不同的分辨率，需要不同的体积/质量的样品——这意味着需要将样品，如岩芯样品分成更小的子样品。通常，预期获得的样品将是很小的（约 1 g）。第二个问题涉及不同科学仪器的分析顺序——显然，破坏样品的分析应在非破坏性样品分析之后进行。有时，由于传送系统传送样品的速率比样品处理和分析的速率更快，因此样本需要存储。大多数科学仪器需要新鲜暴露的样品表面用于分析，确保分析的样品是原始状态的。一些科学仪器需要平整的表面（例如，APXS）。这可以通过锯切来实现，但是抛光也可能是必要的。对于一些仪器，可能需要将样品粉碎成不同程度的细粉末（例如，X 射线衍射需要随机的细粉末样品）。一些仪器需要易于产生挥发物的样品，这意味着需要粉化样品以增加表面积（例如，质谱仪）。特定尺寸级别的样品可以通过筛选样品获得。

　　样品处理和分配实验（Sample Processing and Distribution Experiment，SPADE）是一种小型化的 NASA 岩石颚式破碎机（研磨站）和样品分配系统，其可以产生不同尺寸的岩石碎片，将样品分类成不同的碎片，并且细分进入安装在轮盘上的样品舱内（见图 11 - 13）[1208]。这将岩石样品输送到不同的科学仪器和活门，分别用于分析岩石内部和在分析完成之后用于去除岩石。猎狗颚式破碎机包括固定板和形成 20° 的楔形的移动板。虽然在原型样机中，板是用硬化钢建造的，但是对于飞行件而言，钛合金在质量效率方面具有明显的优势。移动板通过凸轮旋转，在岩石压缩和碾压时迫使岩石向下。齿轮减速为 60 000：1 的双齿轮高速电机驱动破碎机提供 28.25 N • m 的力矩，在楔块顶部产生 37 000 N 的力。岩石破碎机高 10 cm，可接受直径达到 5 cm 的岩石。破碎机板循环周期为 3.5 min，整个岩石需要几小时的操作。粉碎的岩石碎片中，尺寸小于板和楔形之间最小间隙（0.5 cm）的碎片下落，岩石碎片被分类成大小类别（在这种情况下，粗碎片和细碎片的分离阈值为 2 mm）。在样品舱上方的振动辅助机械筛中将细碎片与较大颗粒分开。一旦达到样品舱容量，破碎机自动关闭，并且样品轮移动以将另一组样品舱放置在机械筛下方。活门被用来从样品舱中移除样品，并且发现其性能优于清扫器。进一步的改进包括使用不同的单个筛，增加样品舱的数量。用颚式破碎机破碎冰的问题是，由于冰的滑动，会将冰的破碎时间延长到 6 h。

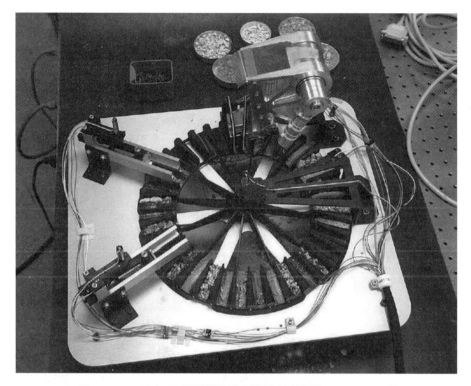

图 11-13　SPADE 岩石猎狗粉碎器原型 ［来源：NASA JPL］

样品分配需要移动样品到不同的科学仪器。这通常涉及三种类型的运送[1209]：

1）机器人操纵器；

2）转盘；

3）微流体。

转盘适用于多仪器分析，而机器人手臂具有最灵活的操作能力。样品分配比旋转仪器获得样品更加有效——因为这个原因，在欧洲的罗塞塔号任务中采用了一个旋转转盘（SD2）安装样品容器，使样品容器在不同的仪器下面旋转。然而，这种方法确实对科学仪器的配置施加了重大限制，适用于为数不多的仪器。具有 3～5 自由度的桁架式机器人，例如质量为 20 kg 的 ST Robotics R16/R17 机械臂通常用于制药工业中，以与样品转盘一起用于处理化学品。微流体与需要粉末样品的芯片实验室系统相关。旋转圆盘传送带以放置样品，使得每个仪器可以顺序地使用样品。结合了清洁站后，以允许重新使用一些容器。圆盘传送带解决方案显示出了比机器人操纵器更小的占用面积，但是具有更大的高度。圆盘传送带方法是比较可靠的。这两种方法都被用于实验室生化分析。这种操纵器被设计成熟练操作小瓶和试管，并广泛用于 DNA 微阵列的机器人测定点位。然而，对于 SHPD 系统，3 自由度操纵器足以在碾磨之前定位样品用于初始分析。圆盘传送带可被用于在其边缘安装环状样品容器（类似于罗塞塔号的 SD2 系统）。这些样品容器可以用于移动粉末状样品，用于进一步分析。该方法存在的主要问题是样品潜在的交叉污染。

火星科学实验室（Mars Science Laboratory，MSL）样品采集和处理系统是现已开发的最复杂精密的系统——这是 8 kg 的 CHIMRA（Collection and Handling for In situ Martian Rock Analysis，收集和处理火星岩石并进行原位分析）[1210]（见图 11 - 14）。对于样品采集，其使用一个 5 自由度的机械操作器铲斗进行风化层采样，使用一个旋转冲击钻获取粉末状样品。样品通过一个 1 mm 或 150 μm 的筛子，在每种情况下丢失较大的部分样品。从两个入口获取的样品（大的风化层土被来自铲斗，粉末状的样品则来自钻机），通过两个主通道，通向中心储存库。然后，样品通过一个 1 mm 或 150 μm 的筛网，在两种情况下均丢弃掉较大部分的样品。单向阀防止样品迁移到通道内的不期望位置。为了产生通过软管的样品流，CHIMRA 组件作为整体进行振动，同时由机械臂通过特定的旋转序列相对于重力重新定向。振动是由与结构的固定频率耦合的偏心质量块的旋转产生的。清洗是通过样品之间的释放和化学冲刷完成的。筛子连接到 thwacker——诱鼠装置，该装配基于闩锁和棘爪设备，可将筛子冲击硬停以防止堵塞。CHIMRA 的所有内部区域通过相机是可视的，以帮助排除故障。

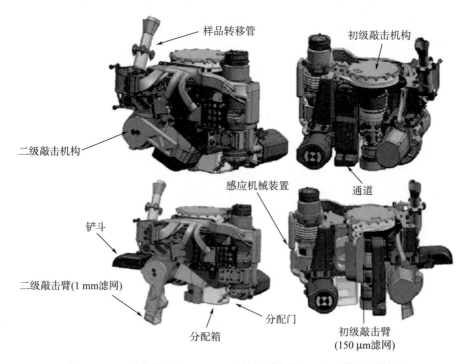

图 11 - 14　好奇号上的 CHIMRA 构造［来源：NASA］（见彩插）

未来，随着小型化的发展，预计显微操作将更加普遍地用于科学仪器——实际上可以想象，基于微型机电系统（MEMS）的科学仪器的微操纵可以根据需要提供对科学仪器套件的重新配置。已经提出了自动微装置组件，其中微制造单元包括机器人可配置的微组件组[1211]。关键部件是立体显微成像器，基于压电致动器的微型夹具，以及利用静电和毛细力进行粘附和振动释放的微定位器。微流控制技术的使用与实验室芯片类仪器中使用试剂有关。实验室自动化已经开发用于 DNA 测序和数据分析，形式为小型实验室——Adam[1212]。Adam 通过试验来研究基因与其表型效应（如酵母酶）之间的关系，从而进行微生物生长试验。液体处理机器人将来自冷冻器的微生物样品置于威尔斯测试板上的生长培养基中。孵化器加热测试板，同时一个机械臂周期性地将每个测试板移动到光学读取器中，以测量微生物的生长。通过离心机旋转每个测试板，以从培养基中分离出微生物样品，并冲洗掉培养基。另一个机械臂添加不同类型的生长介质。这是试验阶段——孵化器加热每个板，并且机械臂将板放置在光学读取器中，以测量微生物生长。使用基于知识库的专家系统分析数据，该系统具有源于 DENDRAL（Mass spectrometer data，质谱仪数据）、PROSPECTOR（Mineral prospecting data，矿物勘探数据）和 BACON（General scientific law，通用科学定律）的科学数据。它产生假设进行测试，设计实验来测试假设，并选择最简单的假设。

第 12 章　器载自主科学探测

　　科学驱动的自主性包括在巡视器上对科学事件的自动化探测和分类。这样的科学事件可能是静态的或瞬态的，对于后者要能够在移动的过程中对科学数据进行采集。这将降低地面站的运行成本，并通过有限的通信带宽提高科学数据的质量，以及提高智能科学数据处理的能力。同时也提供了高压缩比的数据。星球巡视器向地面传输科学数据的机会很少——通常，每天一次或两次。此外，根据前一天的图片上传科学目标会给科学实验增加延迟。在巡视器上安装具有科学决策能力的器载机器人地质专家系统，将大大提高巡视器任务的科学生产率，同时减少了传输低价值原始数据。MER 没有配置"科学"触发器（由于可能出现误报），因此所有的科学目标是通过地面操控员来选择的。科学目标在 20 m 的距离内能够被清晰识别，同时自主导航系统必须把巡视器引导至距离目标 1～2 m 的范围内。科学目标包括：

　　1）寻找和刻画表征水基过程的岩石及土壤，包括水沉积矿物，特别是碳酸盐；

　　2）确定矿物、岩石和土壤的空间分布和组成；

　　3）确定地表地质过程的性质；

　　4）在原始的地质背景下，描绘不同类型岩石和土壤的矿物组合和纹理特征；

　　5）确定可能存在生物进程的地质背景。

　　在距离目标 1～2 m 的范围内，巡视器朝向目标进行精确位置标定（对科学目标的定位精度为±10 cm 和 1°），如图 12-1 所示。

图 12-1　基于科学研究的巡视器引导［来源：NASA JPL］（见彩插）

这是为了确保机械臂能够执行科学仪器最终的展开部署。JPL 已经开发了一种自动化的机械臂仪器安置系统，用于星球巡视器器载使用[1213]。初始位置距离科学目标 3 m，使用自动化的巡视器放置、无碰撞操纵器规划和视觉引导操纵。关键过程是从导航相机到全景相机的切换。全景相机监控巡视器最终定位在操纵器工作空间的范围内。它们跟踪目标，以获得到达目标的无碰撞的操纵器运动轨迹，并且在采用视觉引导的轨迹执行期间，持续监视操纵器的运动。通过车辆-操纵器协调自动捕获目标涉及以下步骤[1214]：

1) 瞄准一个立体图像对；

2) 操控员选择感兴趣的岩石；

3) 基于目标强度差、相机校准和立体成像来识别岩石的三维位置；

4) 生成到达目标的轨迹；

5) 朝向目标导航；

6) 使用传感器数据更新地形图；

7) 当所选目标位于操纵器的工作空间内时停止导航；

8) 展开部署操纵器以获取岩石；

9) 谨慎垂直移动，直到软接触；

10) 力/力矩反馈控制目标获取；

11) 将样本插入样本盒（预定位置）。

星球巡视器自主科学研究——机器人科学家系统——是一种需要具备自主导航能力，且能够展开部署科学仪器设备的重要设施。自主导航和自主科学研究阶段本质上是重叠的，直到最终接近和定位在目标附近。科学生产能力是行星飞行任务包括巡视任务的主要性能指标。必须最大限度地提高巡视任务的科学生产能力，同时尽量地减少地球上地面控制小组干预的必要性。因此，非常希望巡视任务至少能够自主地执行其中的一些科学分析。这可能涉及通过视觉分析获取潜在目标，根据优先级选择相应的目标，时序安排最重要的科学数据的传输，以消除带宽瓶颈，确定最适当的行动，如仪器部署，以及整合科学规划与操作规划。自主科学研究的能力对于优先考虑行动选择至关重要，如选择需要调查的科学目标，做出科学决策，如选择要部署的科学仪器，以及减轻在未来巡视任务中的通信带宽瓶颈。JPL 的器载自主科学调查系统（Onboard Autonomous Science Investigation System，OASIS）已经开发出来，可以使用灰度图像自主评估岩石，并在该评估的基础上，进一步获取另外的图像[1215]。它将自动科学获取和决策与巡视活动规划（在 CASPER 巡视规划系统内）相结合，包括在巡视资源约束条件下识别新的科学目标[1216,1217]。在触发科学警报时，巡视器停止其当前的移动并定位产生警报的岩石。它接近并获取关于该岩石的额外科学数据，并产生新的科学目标。当测量完成后，巡视器恢复到其先前的移动状态。卡尔顿大学一直在研究机会主义科学，通过该科学，巡视器可以在移向一个目标的过程中，自主地选择一个先前未知的目标。根据新的优先顺序，巡视器转向新的目标，一旦调查完成或暂停，将恢复原来的航行。这个主题的一个引申是使用侦察车，如 Kapvik 微型巡视器，考虑一个更大更昂贵的巡视器，如 ExoMars。侦察车开拓并潜在地探索风险较高的地点，从而降低了主巡视器的风险。此外，侦察车将其移动过程中的相关信息传递到主巡视器，以增强主巡视器的 SLAM 过程。

12.1　视觉目标分析

我们简要地考虑使用视觉支持的自主科学研究——这些技术在较早的时候被十分详细地探讨过。星球巡视器执行的最基本的任务是绘制地质断面图，在图中检查局部区域以确定其地质特征，例如岩石[1218]。从图像的特定特征中，选择识别出感兴趣的特定岩石类型，将是这种科学驱动自主性的主要模式。例如，ExoMars 上的全景相机用于科学探测点的地质绘图，表面特征的识别以及不同岩石和土壤组合的表征。

视觉支持目前包括立体成像的广角相机和高分辨率相机（4°视场），安装在同一个光具座上，用于近距离观察。地质特征的检测是 ExoMars 上全景相机的其中一项任务，主要使用来自广角相机和高分辨率相机的视觉图像和多光谱反射系数。两个广角相机，每个相机拥有 38.3°的视场，具有 50 cm 的基线与 11 个滤光器对——共有 22 个滤光器安装在两个滤光器上，每个相机拥有一个滤光器。3 个滤光器对是红-绿-蓝宽带，而 12 个滤光器是在 440～1 000 nm（由硅检测器灵敏度确定）的窄带地质滤光器。虽然矿物的大多数反射光谱出现在 $>1\ \mu m$ 处，的确存在 $<1\ \mu m$ 的光谱特征，这需要在该光谱区域中使用全面的多光谱滤光器组，以便区分感兴趣的矿物。在水热条件下，酸性水与玄武岩材料相互作用，由此产生的土壤中富含硫酸盐、层状硅酸盐、铁的氧化物和石膏与沸石。共选择使用了 6 种地质滤光器对，主要为了有效地检测以下具有天体生物学意义的地质特征：硫酸盐、层状硅酸盐、镁铁质硅酸盐、氧化铁、所有铁矿物及所有的水合矿物[1217]。针对氧化铁的一套最优化的 12 个滤光器（440，500，530，570，610，670，740，780，840，900，950，1000）对于铁氧化物具有卓越的检测性能；同时还可以探测水合矿物质、硫酸盐、层状硅酸盐、镁铁质硅酸盐和碳酸盐。主成分分析用于室外试验中的光谱数据，前三个成分包含大多数具有天体生物学意义的光谱参数[1218]——红蓝比，610 nm 波段，绿红斜率和绿红斜率与蓝红斜率的差值特别有用，显示了可见光谱数据的重要性。

Marsokhod 巡视器在加利福尼亚州进行了实地测试，来演示使用视觉数据选择科学目标的器载巡视智能操作，以便将仅在科学上感兴趣的图像下载传输到地球。已经提出了三种算法，它们全部基于在图像强度水平中找到边缘（由此适用于传统的边缘检测算法，例如 Canny 边缘检测器，与 snakes 结合使用以确定边界的形状）：水平探测器、地层学分层探测器和物体/岩石探测器[1219]。水平探测器将天空与地面区分开来。一旦天空从地面被分割开来，接着将被忽略。这主要用于限定其他探测器算法的搜索空间。岩石探测器使用由相机测量的太阳矢量来预测岩石的阴影尺寸效应，从而定位它们。这有利于高优先级岩石目标的检测。分层探测器识别地层学层理作为不同反射层之间的边界。这是理解地质历史中地质随时间变化的关键。由于颗粒尺寸的差异，地质层次可以通过纹理来区分。在几乎所有的情况下，这些均涉及边缘检测算法，例如多尺度的智能边缘检测器。尽管存在明显的模糊性，但这证明了在使用自动模式识别以增加巡视器任务的科学回报方面的效用。封闭的形状可以被分类为潜在的岩石。基于使用多尺度 Gabor 滤波器的人类视觉皮质接受场模型，从背景中提取不同图像强度的视觉发现算法已经被实现[1220]。这样做的优点是，在不使用先验模型的情况下，从背景视觉上检测不同对象。它特别适合于显微成像。Gabor 滤波器与中心环绕和角敏感滤波器结合使用来识别对象。中心环绕（center - surround）滤波器识别与其周围环境不同的明或暗的局部区域。

　　岩石具有特定的地质学意义。它们的矿物成分具有独特的物理性质，如颜色、硬度、密度、光泽、透明度、裂痕，可用于对矿物进行分类。地质岩石循环从火山源处的火成岩开始，其可能是地质侵入形成的（在地球地壳内）或挤压形成的（在地球表面）。火成岩可能被风化和侵蚀成碎片。碎片以沉积物的形式沉积，并通过岩化作用胶结成沉积岩。除了由母岩碎片形成的碎屑沉积岩外，还有水中矿物质的化学沉淀蒸发可以形成沉积岩。碳酸盐主要来源于生物海洋化石。如果火成岩或沉积岩经受热或压力，它们被转变成具有改变了物理性质的变质岩。岩体可以被地质力量折叠成拱形（背斜或斜面）或断裂成断层（正断层、逆断层和走滑断层）。根据主要应力的方向对断层进行分类——当最大应力 S 为垂直时，形成正断层和地堑，这表明了先前的地质环境。沉积相组定义了沉积岩体的特征集合，这些特征是由沉积岩的沉积历史决定的，反映了岩石的原始环境。这些特征由几何、岩性、沉积结构和化石定义。河道、海滩和冰川的几何形状提供了特定的沉积几何形状。岩性由颜色、质地和组成决定。例如，氧化铁的红层是干旱或河流环境的指示。颗粒尺寸、形状和分布、纹理的决定因素，提供关于沉积物形成能量的信息——高能流动沉积较大的卵石，而低能流动沉积细砂粒和泥土。组成则暗示出化学环境。蒸发物如盐和石膏标示着干旱环境。富含长石的砂岩表明很少风化，因为长石很容易通过化学风化分解成黏土。红沙岩床层与长石的组合表明干旱贫瘠的环境。沉积矿物的氧同位素 $^{18}O/^{16}O$ 成分表明了气候温度（较高温度优先蒸发掉较轻的同位素）。沉淀性的构造包含有因水流而形成的波纹纹理，而冲刷则暗示着混乱的水流等。海洋环境中的海平面侵蚀和回归对沉积相组具有很强的影响。冰碛岩是由镶嵌在表明寒冷气候的冰川沉积黏土/粉砂中的条纹状卵石构成的。最后，化石当然是火星探索的珍品，但它们的识别将是最困难的，而且很可能是模糊的。

　　视觉特征发现使原始图像能够在巡视器上进行处理，然后被丢弃。小岩石和远处的岩石是难以发觉的。岩石提取基于反照率（反射系数）、颜色、纹理、大小和形状。反照率给出了关于岩石矿物成分的信息，但这受到阴影和太阳角度的影响。可以通过其高反照率（例如，高于平均反照率的两个标准偏差）来识别石英。岩石的尺寸和形状参数通过拟合椭圆体以提取尺寸、形状和取向来估计，其可以预示出岩石的棱角和粗糙度。视觉特征提取的核心是纹理分析——期望图像将具有横跨紫外线、可见光和近红外（Near InfraRed，NIR）带（色调、饱和度等）的多个滤波器通道。可以通过简单的滤波器——高斯滤波器、拉普拉斯滤波器和边缘检测滤波器来初步分析纹理。纹理包含重要的地质信息。行星环境下的岩石视觉图像可以用来识别岩石，对岩石的识别主要基于物理特性——粒度分布、基层、波纹、囊泡等。在火成岩的冷却期间，当气泡逸出时，形成囊泡。沉积岩相当多样，在颗粒尺寸上进行区分，从细致纹理的碎屑状（如页岩）到中粒砂岩再到砾岩。图像分辨率对于同一相机在不同范围是不同的，这是物体识别的关键[1221]。分层、纹理和识别特征仅在高分辨率下可见，这意味着需要非常近的观察距离和/或高质量的成像。由于检测粒度的分辨率降低，增加距离会丢失高频变化，如图 12 - 2 所示。增加分辨率会带来可提取信息的指数增长。

图 12 - 2　岩石识别空间分辨率比较；蛇纹岩及纹理分析（在 1 m，2 m，3 m 和 4 m 距离）
[来源：阿达姆·迈克，卡尔顿大学]

修正的反投影算法可用于从多个视点创建虚拟几何岩石模型，以允许在巡视器和/或操纵器移动之前进行规划，如图 12 - 3 所示。

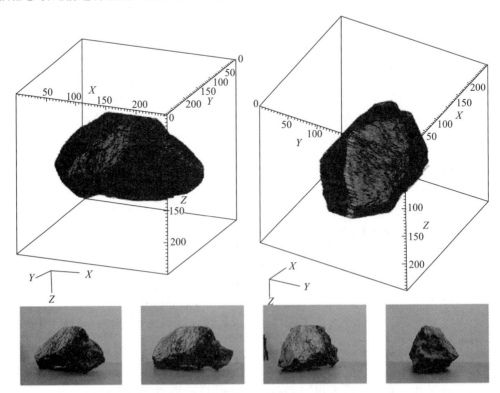

图 12 - 3　蛇纹岩虚拟模型 [来源：阿达姆·迈克，卡尔顿大学]

　　我们用高分辨率成像技术选择了 1 m 的标准距离——基于纹理的方法不太可能用于识别超过 5 m 距离的岩石，对于较远距离，轮廓分析将更适合用于预示地质起源。我们使用 30 个不同岩石的多个图像，分类成 5 个模糊统计集[1222]。在测量之前，将图像预处理成灰度共生矩阵（Gray - Level Co - Occurrence Matrix，GLCOM），以提供二阶特征提取。GLCOM 描述了图像中四个方向上不同相邻像素的出现频率。13 个哈拉利克（Haralick）图像参数是 f_1（角二阶矩），f_2（对比度），f_3（相互关系），f_4（方差和），f_5（逆差分矩），f_6（和平均），f_7（总方差），f_8（熵的总和），f_9（熵），f_{10}（差分方差），f_{11}（差熵），f_{12}（信息相关度 1），f_{13}（信息相关度 2）。第 14 个哈拉利克图像参数很少使用[1223]。它们是这样定义的：

　　角二阶矩

$$f_1 = \sum_{i=1}^{n} \sum_{j=1}^{n} p(i,j)^2 \tag{12-1}$$

　　对比度

$$f_2 = \sum_{k=0}^{n-1} \sum_{i=1}^{n} \sum_{j=1}^{n} p(i,j) \tag{12-2}$$

其中，$k = |i,j|$。

　　相互关系

$$f_3 = \frac{\sum_{i=1}^{n} \sum_{j=1}^{n} p(i,j) p(i,j) - \mu_x \mu_y}{\sigma_x \sigma_y} \tag{12-3}$$

　　方差和

$$f_4 = \sum_{i=1}^{n} \sum_{j=1}^{n} (1-\mu) p(i,j) \tag{12-4}$$

　　逆差分矩

$$f_5 = \sum_{i=1}^{n} \sum_{j=1}^{n} \frac{p(i,j)}{1+(i-j)^2} \tag{12-5}$$

　　和平均

$$f_6 = \sum_{i=2}^{2n} i p_{x+y}(i) \tag{12-6}$$

　　总方差

$$f_7 = \sum_{i=2}^{2n} (i-f_8) p_{x+y}(i) \tag{12-7}$$

　　熵的总和

$$f_8 = -\sum_{i=2}^{2n} p_{x+y}(i) \log[p_{x+y}(i)+\varepsilon] \tag{12-8}$$

　　熵

$$f_9 = -\sum_{i=1}^{n} \sum_{j=1}^{n} p(i,j) \log[p(i,j)+\varepsilon] \tag{12-9}$$

差分方差

$$f_{10} = \sigma(p_{x-y}) \tag{12-10}$$

差熵

$$f_{11} = \sum_{i=0}^{n-1} p_{x-y}(i) \log[p_{x-y}(i) + \varepsilon] \tag{12-11}$$

信息相关度 1

$$f_{12} = \frac{HXY - HXY1}{\max[HX, HY]} \tag{12-12}$$

信息相关度 2

$$f_{13} = \sqrt{1 - \exp[-2(HXY2 - HXY)]} \tag{12-13}$$

例如，角二阶矩度量的是图像的均匀性。14 个参数是基于视觉质感（f_1，f_2 和 f_3），GLCOM 变换的简单统计（f_4，f_5，f_6，f_7 和 f_{10}），信息理论（f_8，f_9 和 f_{11}）和信息的相关性（f_{12}，f_{13} 和 f_{14}）。f_3（纹理）、f_5（统计）、f_{10}（统计）和 f_{12}（相关信息），和/或 f_{13}（相关信息）参数是最有辨识度的，但熵函数 f_9（其似乎量化晶粒尺寸）和其他信息函数，由于在岩石图像中高度的噪声，很少被使用。然而，信息的相关性是熵比，似乎表现良好。哈拉利克参数计算是一种纹理分析的有效手段，用来确定相对组成成分。熵测量仅对少数岩石提供良好的区分，但不是全部，如图 12-4 所示。

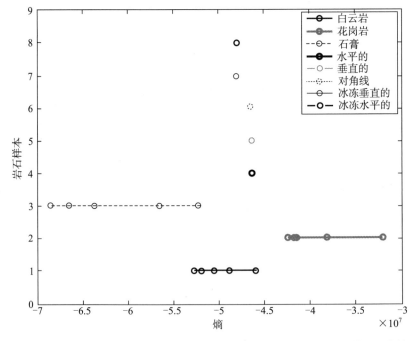

图 12-4　不同岩石的熵测量［来源：赫利亚·谢里夫，卡尔顿大学］（见彩插）

结合若干其他哈拉利克参数，可以区分不同的岩石类型。这种技术在计算上是有效的，但是作用是有限的——它不能提供方向灵敏度。为了提高这种能力，模拟哺乳动物视觉处理的 Gabor 滤波器组提供了更加丰富的信息提取形式，但其计算强度要大得多。我们使用了一组 80 个 Gabor 滤波器来提取复杂图像的一些基本的纹理特性，特别是关于岩石条纹（尚未公开的工作）。图像也可用于天体生物学研究。

电子机械天体生物学家是一个可穿戴的视频/计算机系统，用于训练自主计算机视觉系统，使其能够做现场地质学家/天体生物学家的一些决策[1224]。它能够自主地执行低级别地质图像的分析。其利用了转喻（metonymy）的概念，其中不同地质单元的并置是科学兴趣的关键。这意味着基于单元内的相似性和它们之间的边界的确定，将图像分割成不同的区域。基于色调（颜色）、饱和度（色调纯度）和强度（亮度）带的 2D 柱状图算法和峰值搜索算法被采用。由于不同的纹理，湿度和颜色差异导致的露头（Outcropping）、断层和分层可以被检测到，并且被标记为感兴趣的区域，但是被分类为感兴趣的阴影。这种方法不会检测到火星上的"蓝莓"（硫酸盐矿物），因为它们会被检测为背景材料，如图 12-5 所示。新颖性的检测可以基于现场数字显微镜呈现的颜色[1225]。色调饱和度和强度的平均值被输入到霍普菲尔德神经网络（Hopfield neural net），其松弛到熟悉的（先前已知的）状态或保持在高能量状态（指示新颖性）。表示颜色的色调和饱和度可以很容易地与强度分离。

图 12-5　火星"蓝莓"［来源：NASA］（见彩插）

一个自主科学系统必须包括其他光谱仪器以及视觉系统[1226]。岩石、土被和灰尘的光谱成像为岩石识别提供了基础。光谱分析是自主场景重建的必要先决条件，特别是用于识别由水基活动（例如，圆石、蒸发、砾岩）证明的潜在的天体生物学目标。例如，ExoMars 的全景相机[1227]设计有 18 个地质滤光器和 4 个基于猎兔犬二号设计[1228]的红绿蓝三色（RGB）滤光器（相比于有 12 个滤光器的探路者和 MER 相机[1229]）。

　　岩石、土被和灰尘的光谱成像为识别岩石提供了基础，如图 12 - 6 所示。自主特征检测算法与基于 if - then 规则的系统相结合，已经开发用于检测 2 000～2 400 nm 区域近红外反射光谱中的碳酸盐吸收带（在 2.33 μm 和 2.5 μm 处）[1230]。方解石（吸收带在 2 400 nm 处）和白云石（吸收带在 2 150 nm，2 000 nm 和 2 350 nm 处）是具有 CO_2^{3+} 的特征振动模式的典型碳酸盐。

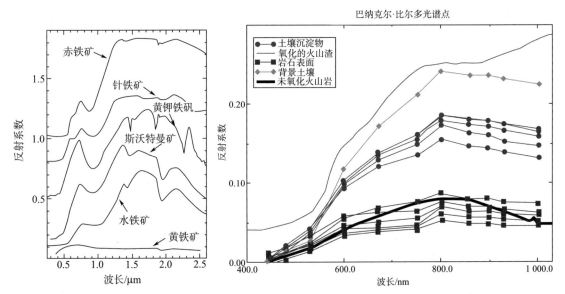

图 12 - 6　火星上典型的不同岩石类型的电磁反射光谱；火星岩石巴纳克尔·比尔（Barnacle Bill）的 APXS 反射光谱［来源：NASA］（见彩插）

　　卡尔曼滤波器已经被应用于伽马能源谱分析中，它可以检测出处于次表层深度的放射性矿物的浓度[1230]。卡尔曼滤波状态代表放射性物质的浓度，测量量度代表 γ 射线的通量。同样的方法应适用于月球或火星表面以下的氢浓度的中子测量。然而，在 MER 上，将岩石的全景相机光谱图像与 APXS 测得的元素丰度和穆斯堡尔测得的含铁矿物丰度相关联的尝试只取得了部分成功[1230]。这是由于仪器采样深度的差异和表面覆盖物对图像的影响。如果微型热发射分光计（miniature Thermal Emission Spectrometer，mini - TES）用于替代全景相机提供更深的测量或者使用激光感应分析仪（Laser Induced Breakdown Spectroscopy，LIBS）替代 APXS/穆斯堡尔提供表面测量，这个问题预计不会发生。这说明了不同的科学仪器数据自主相关的困难。

　　分类是视觉特征提取的下一个阶段。特征相关计算两个图像模式之间的差异，该差异度量通常是阈值化的。图像中的大变化是比较常见的，使得这种方法变得困难。聚类涉及将模式组织成群集，使得群集内的模式比属于不同群集的模式更相似。特征模式可以被简化为所有可能模式的低维矢量空间，从而允许 k - means 聚类的用于图像压缩[1231]。无监督分类允许提取数据点的集群（例如，k - means 算法允许识别类似数据）。最大似然分类器计算数据属于类的概率。k - means 聚类可以使用自适应变化的归一化马哈拉诺比斯

（Mahalanobis）距离度量来将数据样本分割成簇。它是期望最大化算法的一个示例。在新特征 x 和一个簇的高斯质心 μ 之间的归一化的马氏距离由下式给出（译码原型的矢量码本）

$$M(x,\mu)=\frac{1}{2}\big[d\ln2\pi+\ln\mid\pmb{\Sigma}\mid+(x-\mu)^{\mathrm{T}}\pmb{\Sigma}^{-1}(x-\mu)\big] \tag{12-14}$$

式中　　d ——向量空间维度；

　　　　$\pmb{\Sigma}$ ——聚类形态的协方差矩阵。

k - means 聚类技术已被用于人脸自动识别[1232]。其他基于内核的聚类方法包括自组织映射和支持向量机械装置[1233,1234]。理想情况下，岩石分类将遵循传统的地质模式，如图 12 - 7 所示。

图 12 - 7　沉积岩、变质岩和火成岩示例

然而，分类并不是直接的。岩石颜色受风化作用和灰尘覆盖的影响，但岩石的灰尘覆盖程度各不相同。新的曝光允许基于光谱反射率进行快速识别。特别是纹理被认为提供增强的地质分类——不同的土壤类型和不同的岩石类型可以通过纹理区分。岩石对于地质调查非常关键，可以对地质历史给出预示。粒度等视觉纹理在河流或蒸发岩风化中具有地质意义。火山岩中的柱状节理，沉积岩中的分层，角砾岩的结块等，将产生纹理特征。然而，存在着不同纹理的地质可以表现为相似的视觉纹理的条件。模糊性通常可以通过不同尺度的纹理分析来消除。某些矿物质对于天体生物学可能是比较有前途的目标——蒸发掉的沉积物、含水矿物（碳酸盐、硫化物等）均预示着热液喷口等。按因果关系处理，n 种矿物质（父本）中的每一个均会引出 m 个属性状态（子节点）。

白云石（浅色碳酸盐材料）或铁纹石（深色陨石材料）的条件概率表见表12-2。

表 12-1 一些岩石分类参数

属性	参数	实例
结构	形式	平面、透镜状、结节状
	方向	平行、多种方向、非平行
	尺度	厚层、中厚层、薄层
质地	光泽	朴实、珍珠似的、玻璃、金属
	粗糙度	粗糙、纹状、贝壳状、坑坑洼洼、崎岖不平
	尺度	厚层、中厚层、薄层
	形状	球形、片状、叶、几何状
	圆度	角、圆
	大小	砾石、砂
组成	反射率	低、中、高
	镜面反射	低、中、高
	颜色	淡红、绿、黑、白

表 12-2 白云石和铁纹石的条件概率表

颜色		
$P(C = 光照下)$	$P(C = 黑暗处)$	
0.35	0.65	
白云石		
颜色	$P(D = \text{false})$	$P(D = \text{true})$
光照下	0.15	0.85
黑暗处	0.70	0.30
铁纹石		
颜色	$P(D = \text{false})$	$P(D = \text{true})$
光照下	0.90	0.10
黑暗处	0.35	0.65

如果岩石的颜色是黑色的，那么它是白云石的概率由下式给出（见图12-8）

$$p(D \mid C = \text{dark}) = \frac{p(C = \text{dark} \mid D)p(D)}{p(C = \text{dark})} \tag{12-15}$$

颜色

$$p_{\text{col}} = \left(\frac{0.85}{0.20}\right) \times 0.05 = 0.21 \tag{12-16}$$

可以并入诸如纹理的附加特征。结合矿物学评估可以大大提高分类的精度。

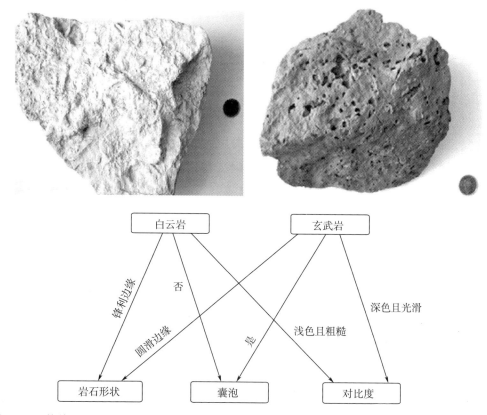

图 12 - 8　简单的贝叶斯网络将简单的视觉特性与离散的岩石类（黑暗玄武岩与轻质白云岩）相联系
[来源：赫利亚·谢里夫，卡尔顿大学]

12.2　贝叶斯网络分类

　　通过特征检测对先验和新颖的科学对象进行分类将是先决条件[1235]。新颖性检测需要通过自动分类来识别新数据。统计方法是基于根据其统计特性得到的模型数据[1236]。构造已知分类数据的概率密度函数，可以用来评估新数据属于该类型数据的概率。分类需要基于与预定义特征列表的比较来识别特征。它需要通过评分系统评估其观察数据的科学价值。最关键的特点是确保较低的误报率，需要通过使用加权滤波器消除统计异常值。实现识别的最简单的方法是通过使用统计方法进行数据库搜索，在搜索的过程中，将观察到的光谱与已知样品的光谱特征库进行比较。相关性由最大相关系数 r 和最小卡方准则 χ^2 表示

$$\chi^2 = \frac{1}{n-1} \sum_i \frac{(x_i - y_i)^2}{y_i} \qquad (12-17)$$

式中　x_i ——观测数据点值；

　　　y_i ——存储数据点值；

　　　n ——数据点的数量。

$$r = \frac{\sum\limits_i (x_i - \overline{x})(y_i - \overline{y})}{(n-1)S_x S_y} \tag{12-18}$$

其中

$$\overline{y} = \frac{\sum\limits_i y_i}{n} \tag{12-19}$$

$$\overline{x} = \frac{\sum\limits_i x_i}{n} \tag{12-20}$$

$$S_x = \sqrt{\frac{\sum\limits_i (x_i - \overline{x})^2}{n-1}} \tag{12-21}$$

$$S_y = \sqrt{\frac{\sum\limits_i (y_i - \overline{y})^2}{n-1}} \tag{12-22}$$

由低极值、低四分位数、中位数、上四分位数和上极限值构建的盒形图（box plot）提供了对于异常值的排除。异常值是根据它们与种类中最邻近数据的距离（大于3个标准偏差）被排除的。假定数据来自已知的分布，例如基于平均值和协方差建模的正态（高斯）分布。然而，极值理论可用于处理在分布尾部的异常值。高斯混合模型通过最大化数据集的对数似然来选择参数，模拟一般分布。

贝叶斯分类方法首先被开发用于部署在大象冰碛（Elephant Moraine）（南极洲）的Nomad巡视器，用以在白色的雪面中检测黑色的陨石[1237,1238]。Nomad设计用于自主陨石搜索，其科学自主系统基于包括控制层、排序层和计划层的三层分级控制架构。最低级别的是控制层，用于机器人的传感器和执行器。第二层是用于协调简单行为的排序层。最高层是计划层，其产生计划以实现任务和优化任务参数，例如能量消耗。在这种架构上运行的是科学知识库。它结合了具有简单行为的行为控制方法，包括传感器校准、传感器部署、传感器数据采集、传感器诊断和传感器存储。它以两种模式运作：获取新科学目标，以及对目标进行识别分类。在目标获取期间，蓝色和绿色之间的成像色比被用于区分岩石和冰，但是仍然需要区分岩石和其阴影。如果蓝色/（蓝色＋绿色）的比率超过阈值，则被分类为冰，否则为岩石。然后触发贝叶斯分类器网络进行目标识别。贝叶斯网络所需的第一级分类是区分岩石、土壤、天空、阴影和其他所有东西。这就假设已经发生了某种形式的场景分割（独立于色调饱和度和强度通道中），通常先使用5×5像素区域，然后合并成均匀区域。这种多通道分割对于可靠地检测地质相关的目标如岩石是至关重要的。根据科学知识库中保存的现有专家知识，贝叶斯网络用于对感知的数据进行分类。贝叶斯网络对19种地球岩石类型和6种陨石类型的光谱特征的统计分布进行编码，假设先验概率和测量值来自金属探测器、彩色照相机和光谱仪。由此，其计算在给定当前传感器读数情况下的正确识别的事后概率。它被设计为可以适应不同的光照条件，但是对于阴影，则表现得很脆弱。它的使用范围显然是有限的，因为完整的地质分类系统将需要一个700个岩石/矿物的数据库，使用更广泛的测量套件，如可见/红外光谱仪。科学自主系统成功地将来自红外光谱的 42 个样品分类，分类的成功率约为 79%。然而，基于冰背景下的陨石识别，相比于在行星表面上对岩石和土被的识别，提供了更高的对比度，特别是在覆盖有相同类型灰尘（尽管基于不同热惯性的红外检测可以提供替代的分类模式）的情况下。

贝叶斯定理基于上一时间步长（马尔可夫属性）的证据和最优先验知识计算该假设的后验概率[1239]。贝叶斯方法基于多感知证据估计样本属于某一类的后验概率。贝叶斯（最大先验似然）分类是一种稳健的对象分类方法。事件 w 定义属于 $(w_1, \cdots, w_c)$ 类的对象。在测量之前，一个对象属于类 w_i 的概率被定义——这是先验概率 $p(w_i)$。给定测量 x，对象在类 w_i 中的条件概率是 $p(w_i \mid x)$。类 w_i 的成员具有特征 x 的条件概率密度是 $p(x \mid w_i)$。类 w_i 的条件概率涉及测量的条件概率密度和每一类的先验概率。贝叶斯规则以给定证据 x 先验概率的形式定义后验概率，并将错误分类的风险降到最小

$$P(w_i \mid x) = \frac{p(x \mid w_i) p(w_i)}{\sum_j p(x \mid w_j) p(w_j)} \tag{12-23}$$

如果所有类都有同样的可能性，$p(w_i) = 1$，那么我们有决策规则：类 w_i 如果 $\forall j \neq i$，则 $p(x \mid w_i) > p(x \mid w_j)$。为了表示 $p(x \mid w_j)$，我们使用高斯函数

$$p(x \mid w_i) = \frac{1}{(2\pi)^{d/2} \mid C_i \mid^{1/2}} e^{-\frac{1}{2}(x-\mu_i)^{\mathrm{T}} C_i^{-\mathrm{T}}(x-\mu_i)} \tag{12-24}$$

式中，d 为向量 x 的维数；μ_i 为样本练习组 X_i 的均值向量；样本练习组 X_i 处于类 $i = \mu_i = 1/N_i \sum_{x \in X_i}(x-\mu_i)(x-\mu_i)^{\mathrm{T}}$ 中；N_i 为 X_i 中的样本数量；$C_i = 1/N_i \sum_{x \in X_i}(x-\mu_i)(x-\mu_i)^{\mathrm{T}}$，为协方差矩阵。我们可以使用这个公式通过形状描述来识别物体。

实例 12.1　一个未知岩石特征由基于器载显微镜的视觉系统测量，具有 2.5 μm 的特征长度。经验上来说，大量的干燥夹杂物具有 2.1 μm 的平均长度，长度方差为 0.8 μm。类似地，大量的流体夹杂物具有 2.8 μm 的平均长度和 1.3 μm 的长度变化范围。目标更可能是干夹杂物还是流体夹杂物？

应用高斯假设

$$p(2.5 \mid 干夹杂物) = \frac{1}{\sqrt{2\pi(0.8)}} e^{-(2.5-2.1)^2/(2\times0.8)} = 0.404 \tag{12-25}$$

$$p(2.5 \mid 流体夹杂物) = \frac{1}{\sqrt{2\pi(1.3)}} e^{-(2.5-2.8)^2/(2\times1.3)} = 0.338 \tag{12-26}$$

因此，未知的对象更可能是一个干的夹杂物，而不是流体夹杂物。

实例 12.2　考虑基于特征的观察和与每个现象相关的特征频率的知识来确定数据点属于三个现象中的哪一个问题。考虑到三种现象发生的概率如下：81.9% A，13.7% B，4.4% C。假设 $p(X_1 \mid \theta_1) = 3.96 \times 10^{-9}$，$p(X_1 \mid \theta_2) = 1.18 \times 10^{-8}$，$p(X_1 \mid \theta_3) = 1.91 \times 10^{-7}$，每个现象的先验概率是 0.819，0.137，0.044。测量属于每一种现象的后验概率

$$p(X_1) = 0.819 \times 3.96 \times 10^{-9} + 0.137 \times 1.18 \times 10^{-8} + 0.044 \times 1.91 \times 10^{-7} = 13.264 \times 10^{-9} \tag{12-27}$$

$$p(\theta_1 \mid X_1) = \frac{0.819 \times 3.96 \times 10^{-9}}{p(X_1)} = 0.25 \qquad (12-28)$$

$$p(\theta_2 \mid X_1) = \frac{0.137 \times 1.18 \times 10^{-8}}{p(X_1)} = 0.12 \qquad (12-29)$$

$$p(\theta_3 \mid X_1) = \frac{0.044 \times 1.91 \times 10^7}{p(X_1)} = 0.63 \qquad (12-30)$$

因此，第三种现象是优先的。除了简单的纹理分析，可以在更复杂的贝叶斯网络中实现多个视觉特性，以根据岩石的沉积历史对岩石进行分类，如图 12-9 所示。

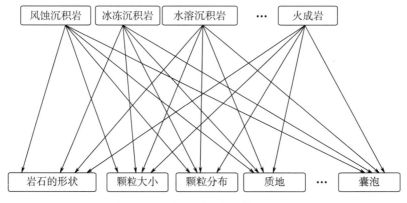

图 12-9　简化贝叶斯网络分类器

贝叶斯网络由使用概率分布来表示专家系统中的不确定性发展而成。基于有向无环图的贝叶斯网络要与作为无向模型的马尔可夫随机模型区分开来。马尔可夫随机域通过无向图定义联合概率分布族。能量最小化等效于最大化概率。贝叶斯网络是由有向链路连接节点组成的有向无环图。节点表示随机变量，弧线表示它们之间的依赖关系。它们可以表示变量之间的统计依赖性，从而构建复杂的概率模型[1240]。每个根节点包括一个先验概率表，而每个非根节点包括一个条件概率表。因此，它们表示了命题框架中的复杂概率分布[1241]。这些关联网络根本上代表着不确定关系和置信系统。它们模拟特征集和数据集之间的统计（因果）关系——每个节点都具有取决于其直接前任节点状态的条件概率分布。有两种类型的贝叶斯网络：表示条件性独立断言的信念网络和表示因果断言的因果网络[1242]。信念网络是表示条件独立断言的概率分布的有向无环图。有向无环图构成因果网络，并且因果网络可以通过贝叶斯网络来实现[1243]。贝叶斯网络可以建模为比简单的条件因果刺激——反应链接更复杂的因果关系，包括因果链、多种原因、相互作用的原因等[1244]。因果关系由定向（原因-效应）链路表示，因此因果网络是具有由父节点引起的非根节点的信念网络。事实上，弧线代表直接的因果关系。因果关系的强度被编码为因果效应关系的条件概率分布的集合。如果 C 导致 A 和 B——$p(A \mid C)$ 和 $p(B \mid C)$，那么 $p(A \cap B \mid C) = p(A \mid C)p(B \mid C)$，因此 $p(A \mid C)p(B \mid C) = p(C)$。作为贝叶斯定理，链接被表示为马尔可夫假设下的因果概率，在给定数据 D 的假设模型中，其定义了任何参数 θ 的概率

$$p(\theta \mid D, H) = \frac{p(D \mid \theta, H) p(\theta \mid H)}{p(D \mid H)} \tag{12-31}$$

式中，$p(\theta \mid H)$ 为假定 H 前提下参数 θ 的先验概率；$p(D \mid \theta, H)$ 为似然函数，在参数 θ 和假设 H 事实的条件下，定义观察 D 的可能性；$p(D \mid H)$ 为假设 H 的模型证据，其标准化了贝叶斯定理

$$p(D \mid H) = \int_{\theta} p(D \mid \theta, H) p(\theta \mid H) \mathrm{d}\theta \tag{12-32}$$

贝叶斯网络通过概率不确定性进行建模，其可以用于因果链的监督学习[1245,1246]。贝叶斯信念网络是随机的有向无环图，其中节点表示随机变量，弧线表示它们之间的依赖关系。它们代表因果关系并允许整合逻辑推理的贝叶斯概率。它们是有向无环图，网络中的节点表示通过联合概率分布选择的概率感知数据。证据包括网络中的节点的状态，这些节点通过双向链路在网络中传播，从而给出整体的联合概率分布。联合概率分布可以在贝叶斯网络的结构中编码。信念网络在证据的基础上计算贝叶斯置信度：$\mathrm{Bel}(H) = p(H \mid E)$。根节点表示以先验概率为特征的互斥和穷尽类的集合 C。每个节点是其因果父节点的派生。贝叶斯网络可用于建模信念和感知证据之间的条件依赖。它们通过计算条件概率来模拟反绎推理。如果存在由二进制随机变量定义的 n 个节点，则存在 2^{n-1} 个联合概率。贝叶斯信念网络将分割的区域分类成不同的类别。贝叶斯网络可以从观察到的特征，如周长、尺寸、纹理（表面粗糙度）和颜色（色调饱和度和强度），进行矿物分类[1247]。这些包括贝叶斯网络的输入，该网络输出地质分类。贝叶斯网络可以用作人类大脑知识结构的类似物，并且是用于专家系统的合适的模型。先验知识可以容易地融入具有概率确定性因子的网络拓扑结构中。贝叶斯网络提供了一种用于组合低级和高级视觉处理的机制。节点表示随机变量（命题），而弧线表示连接变量之间的直接概率相互关系——这些依赖关系的强度通过条件概率来量化。变量之间缺乏弧线表示节点的概率独立性。条件依赖和独立性的表示是贝叶斯网络的一个基本特征。独立性用于减少概率分布所需参数的数量。贝叶斯定理用于基于每个节点的父辈来确定每个节点的条件概率表。条件概率将每个节点 x_i（子）与直接父辈（父辈集合）π_i 相关联。与弧线相关联的条件概率系统对应于因果关系（即，从父 A 到子 B 的弧线指示 A 导致 B）。贝叶斯网络有效地提供了所考虑领域的因果模型。初始条件概率通常被布置在基于父节点状态定义节点概率的条件概率表中。贝叶斯网络可以表示为三个部分 $BN = (V, E, P)$，其中 V 为顶点集，E 为边界集，P 为先验和条件概率集。贝叶斯网络用于从先验概率计算后验概率，作为推理的主要机制（对于丰富连接的网络，其是 NP 难题）。对 n 个随机变量 $x_i, \cdots, x_n$ 的概率分布函数，在贝叶斯网络中由下式给出

$$P(x_1, \cdots, x_n) = p(x_n \mid x_{n-1}, \cdots, x_1), p(x_{n-1} \mid x_{n-2}, \cdots, x_1), \cdots, p(x_i) = \prod_{i=1}^{n} p(x_i \mid \pi_i)$$

$$\tag{12-33}$$

每个节点均具有其条件概率分布，其表示基于其父节点的可能值的似然性。x_k 与除其父变量 x_{k-1} 和 x_{k-2} 之外的所有其他变量的条件独立性由下式给出

$$P(x_k \mid x_{k-1}, \cdots, x_1) = P(x_k \mid x_{k-1}, x_{k-2}) \tag{12-34}$$

动态贝叶斯网络是用于模拟时间随机过程的贝叶斯网络。该网络被定义为两个或更多个连续时间片段，其能够被展开到静态网络中。系统隐藏状态的演变由下式给出

$$X_i = A_i X_{i-1} + B_i W_i \tag{12-35}$$

式中，W_i 为平稳过程白噪声向量。观察向量由下式给出

$$Y_i = H_i X_i + J_i V_i \tag{12-36}$$

式中，V_i 为稳态测量白噪声向量。

使用一组 F 个特征来测试贝叶斯网络，每个 F 特征均具有与其相关联的 M 个测量值。测量值提供证据以更新每个节点的概率。贝叶斯网络选择最佳行动以保持勘探和开发之间的最佳平衡。它允许使用先验知识，同时整合来自多个源的数据。在向数据学习之前，贝叶斯网络的拓扑结构是未知的。映射概率依赖性的贝叶斯网络，可以基于关于先验概率知识的假设，从数据集中自动地进行构建[1248]。其思想是学习最大后验（Maximum A Posteriori，MAP）贝叶斯网络结构，等同于置信传播。最大后验通过引入贝叶斯定理的先验概率来扩展最大似然（Maximum Likelihood，ML），以找到最大化对数后验概率的贝叶斯结构。最简单的先验分布是由均值和协方差描述的高斯分布。贝叶斯网络的每个节点表示一个随机变量 $X = (x_1, \cdots, x_n)$，节点之间的有向链路表示联合概率依赖性，使得

$$p(x) = \prod_i p(x_i \mid x_j) \tag{12-37}$$

贝叶斯网络将其节点上的联合分布定义为条件高斯函数。在离散节点中，条件分布由条件概率表（Conditional Probability Table，CPT）定义。对于任何节点 X_i 与父节点 $X_{k_1}, \cdots, X_{k_n}$，条件分布由下式给出

$$f(x_i \mid x_{k_1}, \cdots, x_{k_n}) = \frac{1}{\sqrt{2\pi\sigma^2}} e^{-1/(2\sigma^2)(x_i - u_i)^{\mathrm{T}}(x_i - u_i)} \tag{12-38}$$

其中，$u_i = \mu_i + \sum_k w_{k_i}(x_k - \mu_k)$；$w_{k_i}$ 为弧线权重（回归系数）；$\mu_i = (1/i) \sum_{j=1}^{i} x_j$；$\sigma = (1/i)x_i - \mu_i \mu_i^{\mathrm{T}}$。所有节点上的联合高斯分布可以表示为以下形式的势函数

$$\phi(x; p, \mu, \sigma) = p e^{1/(2\sigma)(x-\mu)^{\mathrm{T}}(x-\mu)} \tag{12-39}$$

式中，σ 为协方差矩阵；$p = (2\pi)^{-|x|/2} |\sigma|^{-1/2}$，为归一化常数，使得

$$\int \phi(x; p, \mu, \sigma) = 1 \tag{12-40}$$

从训练数据集学习贝叶斯网络需要搜索概率最高的贝叶斯网络。因此，目标是找到最大化数据 $D = (X_1, \cdots, X_n)$ 的（对数）似然性（期望增益）的贝叶斯网络 B

$$\mathrm{LL}(B \mid D) = \sum_{i=1}^{n} \log p(x_i \mid \pi_i) \tag{12-41}$$

这些评分函数测量网络拓扑对数据集的拟合优度。这样的评分必须基于条件似然，但是这难以在大尺度上计算。名义上，这开始于没有链路的拓扑，然后穷尽地应用链路添加、链路移除和反转操作（周期是非法的）。由于添加链接几乎总是增加对数似然，可能

导致过度拟合。几种方法可以缓解这一点——限制所有节点的父节点的数量，并且通过最小化以下方式来惩罚复杂性

$$\mathrm{MDL}(B \mid D) = \frac{1}{2} m \log n - \mathrm{LL}(B \mid D) \tag{12-42}$$

式中，m 是网络参数的数量。或者，贝叶斯狄利克雷（Bayesian Dirichlet，BD）得分最大化

$$\mathrm{BD} = p(B) p(D \mid B) = p(B) \prod_{i=1}^{q} \prod_{j=1}^{r} \frac{\Gamma(n'_{ij})}{\Gamma(n'_{ij} + n_{ij})} \prod_{k=1}^{s} \frac{\Gamma(n'_{ijk} + n_{ijk})}{\Gamma(n'_{ijk})} \tag{12-43}$$

其中

$$n_{ij} = \sum_{k=1}^{s} n_{ijk}$$

式中　$\Gamma()$——伽马函数，有 $\Gamma(x+1) = x \Gamma(x)$ 和 $\Gamma(1) = 1$；

　　q——父状态的数量；

　　r—— x_i 状态的数量；

　　$p(B)$——贝叶斯结构中的先验概率；

　　n_{ijk}——网络状态数。

或者，贝叶斯信息准则（Bayesian Information Criterion，BIC）使用大小为 N 的结构复杂度惩罚建模数据集 D 来计算网络 B 的似然性

$$\mathrm{BIC} = \log p(D \mid B) - \left(\frac{1}{2} \log N \right) \dim(B) \tag{12-44}$$

其中

$$p(B \mid D) = \sum N_{ijk} \log(N_{ijk} / N_{ij})$$

贝叶斯网络可以用作分类器，其中数据基于特征或属性被放置到预定义类别（类）中。它们使用贝叶斯定理来计算事件的相对可能性和先验数据以改善网络。随着变量数量的增加，搜索所有可能的贝叶斯网络的集合是 NP 难题。原始贝叶斯分类器——贝叶斯网络的特殊情况，其中每个属性只有一个父类（自身的类），使得给定类的所有属性都是条件独立的——被广泛用于分类。原始贝叶斯分类器的限制可以克服，通过使用树增强原始（Tree - Augmented Naive，TAN）贝叶斯分类器，允许任何类的属性之间附加边界，生成它们之间的相关性[1249]。类的条件对数似然估计给出了相关属性，该属性测量比特数，需要基于概率分布 P 去描述 D，该似然估计通过下式进行最大化[1250]

$$\mathrm{CLL}(B \mid D) = \sum_{i=1}^{n} \log P(y_i \mid x_i) \tag{12-45}$$

式中，B 是网络参数的数量。或者，条件最小描述长度由下式给出

$$\mathrm{CMDL}(B \mid D) = \frac{1}{2} m \log n - \mathrm{CLL}(B \mid D) \tag{12-46}$$

不存在封闭形式的最优估计。近似条件似然提供学习贝叶斯网络拓扑问题的解决方案[1251]。贝叶斯网络可以表示集成在推理系统内的知识。不需要在大型贝叶斯网络中计算

精确的后验分布，可以使用马尔可夫链模型或平均场近似方法[1252]。库尔贝克－莱布勒（Kullbach－Leibler）交叉熵的低值表明贝叶斯网络可以作为从先验知识外推的精确预测器[1253]。贝叶斯网络为概率计算提供了表示不可靠纳米电子电路逻辑的基础[1254]。贝叶斯网络在表示复杂关系中的不足之处可以使用多个贝叶斯网络克服[1255]。

贝叶斯网络构成了一种基于图像对岩石进行分类的有用机制，特别是在使用灰度对比、纹理和囊泡性质（后者可以是火成岩起源的部分诊断）来区分沉积的水溶岩与火成岩时，如图 12－10 所示[1256]。Canny 边缘检测算法可以用于提取特征[1257]。然而，使用哈拉利克参数处理的岩石图像的贝叶斯分类在实验室条件下产生了 80% 的精度[1258]。已经开发了基于从图像数据提取的特征对简单对象（基于大小和形状，而不是颜色对岩石进行标记）进行分类的贝叶斯网络[1259]。贝叶斯网络对视觉特征进行分类。基于贝叶斯特征分类的评估分数由下式给出

$$S = KD\sigma \sum_{i=1}^{n} w_i p_i \qquad (12-47)$$

其中

$$D = 2\arctan(r/d)$$

式中　K ——标距；

　　　D ——特征角直径；

　　　r ——特征半径；

　　　d ——特征距离；

　　　σ ——特征的标准差；

　　　i ——特征数；

　　　w_i ——加权因子；

　　　p_i ——特征 i 的贝叶斯概率。

评估标准用于选择最适当的图像特征，并且路径规划算法规划出到达新的机会目标的巡视器路径[1262]。基于 $D*/\theta*$ 的路径规划算法允许重新规划去考虑显著目标的机会性检测[1263]。特别地，可以部署小型侦察车以提高较大巡视器的效率和可靠性。

基于协方差矩阵特征向量分解的主成分分析（Principal Components Analysis，PCA）确定了数据之间的线性关系。它降低了高维数据的维数，同时保持其统计变异性，以保持信息。一个拉曼光谱仪的例子可以用来说明主成分分析方法[1264,1265]。根据拉曼光谱 $s(\lambda)$，可以确定分子成分的浓度[1266]

$$c = \sum_{\lambda} s(\lambda) b(\lambda) \qquad (12-48)$$

式中，$b(\lambda)$ 为特征强度——浓度因子（校准）。一般来说，$C = S \cdot B^T$，其中 B 是通过多变量分析确定的。许多方法可以被用来提取 B，包括最小二乘估计和主成分回归。如果混合物中所有化学物质的数据库是从实验测定的纯光谱中得知的，即 $S = C \cdot P$，那么 $C = S \cdot P^T(P \cdot P^T)^{-1}$，所以 $B^T = P^T(P \cdot P^T)^{-1}$。主成分分析选择一个子集的光谱（主成分）来表征范围内的所有光谱变化。这些主成分的线性组合，可以用来拟合测得的光谱，尽管

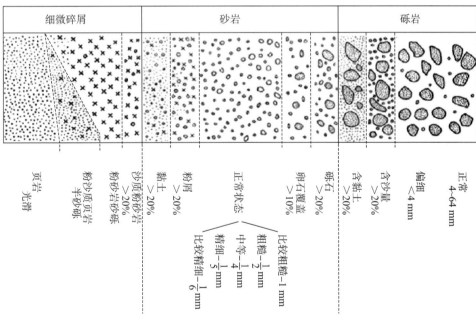

图 12-10　基于颗粒大小质地的页岩、砂岩和砾岩［来源：赫利亚·谢里夫，卡尔顿大学］

其系数是未知的。进一步发展是在自主科学探测中应用决策算法，根据一定的参数对数据进行分类。使用逻辑回归，光谱数据中的样本 i 属于某一类的概率由逻辑/反曲函数给出

$$p_i = \left[1 + \exp\left(\alpha + \sum_j w_j x_j\right)\right]^{-1} \qquad (12-49)$$

式中　x_j ——与频谱 j 相关的分数；

w_j ——加权系数；

α ——偏移常数。

似然函数 L 定义了在一组样本中观察特定分类的概率

$$L = \prod_{i=1}^{n} p_i \tag{12-50}$$

这样，可以从光谱测量分析中产生科学假设。通常，使用奇异值分解（Singular Value Decompositio，SVD）

$$\boldsymbol{X} = \boldsymbol{U} \cdot \boldsymbol{S} \cdot \boldsymbol{V}^{\mathrm{T}} \tag{12-51}$$

式中　$\boldsymbol{S}$ ——非负对角矩阵；

　　　$\boldsymbol{U}$，$\boldsymbol{V}^{\mathrm{T}}$ ——归一化矩阵。

已经描述了使用人工智能方法的自动化拉曼光谱的更复杂的方法[1267]。基于模糊规则的模糊逻辑控制器和模糊推理工具被用于从拉曼信号中过滤噪声。采用遗传算法对光谱多项式函数进行优化，用于去除荧光背景。选择来自洛伦兹峰、高斯峰和线性多项式函数形式

$$y = y_0 + \frac{2A}{\pi} \frac{w}{4(x - x_0)^2 + w^2} \tag{12-52}$$

$$y = y_0 + A \cdot \exp\left[\frac{-(x - x_0)^2}{2w^2}\right] \tag{12-53}$$

$$y = A + Bx + Cx^2 + Dx^3 + Ex^4 + \cdots（一般 4 次） \tag{12-54}$$

式中　w ——宽度（总高度一半）；

　　　y_0 ——振幅偏移；

　　　x_0 ——函数中心；

　　　A ——面积。

应用标准正态变量分析进行归一化以补偿散射

$$\mathrm{SNV}_i = \frac{(z_i - \bar{z})}{\sqrt{\sum_{i}^{n} (z_i - \bar{z})^2 / (n-1)}} \tag{12-55}$$

式中　z_i ——强度；

　　　n ——样本数。

最后，主成分分析被用于分类样品。隐马尔可夫模型是包含有限数量的不可观察（隐藏）状态的序列数据集的随机方法。隐马尔可夫模型方法已被提出用于检测新的岩石特征——由隐藏的状态估计未被观察的环境特征。基于神经网络的新颖性检测方法利用了它们的泛化能力[1268]。存在许多类型的神经网络：多层感知器、科胡特（Kohonen）自组织图、径向基函数、霍普菲尔德（Hopfield）网络、埃尔曼（Elman）网络、玻耳兹曼（Boltzmann）机器、自适应谐振理论、自需增长（grow - when - required）网络等。广义径向基函数可以自组织成为一个能够进行新颖性检测的贝叶斯分类器。科胡特自组织图、自适应共振理论和 Elman 网络是有效的分类器。

12.3　显著性作为一种价值衡量

飞行过程中的科学研究指的是在移动过程中，基于优先特征对科学目标进行识别的机会性[1270]。这样的特征可以是预先定义好的，或者是建立在新颖性或显著性基础上的特征。显著性是在强度对比度、颜色差异、纹理差异，取向变化和在多个尺度上的运动差异方面相对于背景的位置的度量。还存在一个与时间有关的分量，因为较早的曝光和随着时间渐增的曝光降低了对视觉领域的物体或位置的视觉吸引力[1271]。由此，显著性在相对于背景下记录了唯一性或稀有性（即感兴趣的位置）。这是一种非预先定义的测量

$$S(x) = p(v_i)^{-1} \tag{12-56}$$

式中，$p(v_i) = [\mathrm{e}^{-\frac{1}{2}(v_i-\mu)^{\mathrm{T}} X^{-1}(v_i-\mu)}]/(2\pi)^{n/2} \mid X \mid^{1/2}$，为特征向量 v_i 的正态概率。因此，扫视可以直接朝向感兴趣的位置。巡视器必须能够检测和选择其周围环境中科学上感兴趣的区域，并且可以规划出到达这些区域的行动轨迹。科学目标的显著性值由适当范围的传感器确定，例如视觉传感器和红外反射率传感器。路径规划器选择地图中最突出的对象，并计算出最佳路径。感知策略代表了一种进展情况，其中任务需求要从环境中恢复信息[1272]。这需要假定和检验方法，其中产生关于对象特性和姿态的假设，根据某些度量和新的感测配置来评估，对于假定提出基于匹配准则来进行验证。大多数传感器具有 5 个自由度：3 个位置自由度，再加上水平和垂直两个方向的旋转，共同定义了观察的方向。视点的特征在于几何结构、辐射度和视场。一般来说，一个主动旋转的相机应该遵循摄影中的三分法则：一幅图像必须被垂直和水平地分成三个部分，场景的最有趣的特征放在中央矩形内。摄影黄金法则规定，地平线应该将框架分成两个区域，其中较大的地面区域是较小的天空区域大小的 1.62 倍。对于任务驱动的传感策略，关于任务开始前的知识了解是必需的。传感器的放置必须考虑到传感器的不确定性、可见性、遮挡、阴影和对比度（照明情况）。如果通过"显著性"图采用主动视觉，自主科学设施对于选择相机的固定点很重要。可以根据多个标准来选择视野中的目标观察点，但是关注转移可以由显著性图来确定，使得每个图像像素根据低级别特征值加权总和分配一个显著性度量[1273]。

显著性图是一种二维地形图，为视觉跟踪提供了基础。它编码视觉环境中对象的显著性（物理上的特殊性）[1274]。显著性是在强度对比度、颜色差异、纹理差异、取向变化和在多个尺度上的运动差异方面相对于背景的位置的度量。视觉输入被分解成一组对应于固定目标的地形特征图。不同的空间区域以它们相对于背景的可辨性为基础，在每个地图内竞争突出（显著性）。这可以使用高斯滤波器棱锥，以不同的尺度通过中心环绕操作来实现[1275]。多个特征地图可以被并行的创建（例如，强度对比度、颜色对比度、运动方向和不同于其背景的方向敏感过滤标记区域）。特征强度通过中心-环绕布置来计算，中心环绕布置基于微细尺度中心 c 和粗尺度环绕 s。颜色有助于突出不同颜色的显著区域，因此可以创建颜色通道

$$R = r - (g + b)/2 (红) \tag{12-57}$$

$$G = g - (r + b)/2 (绿) \tag{12-58}$$

$$B = b - (r + g)/2 (蓝) \tag{12-59}$$

$$Y = (r + g)/2 - (r - g)/2 - b (黄) \tag{12-60}$$

可以通过 Gabor 滤波器来计算不同的方向。显著性图是一个预先注意的过程，其中最显著的对象通过"赢者通吃"（winer-take-in）机制被选为下一个视觉目标[1276]。不同的局部显著图被集成到主显著图中，其对局部图的地形进行编码以覆盖视觉场景。选择固定点的主要优点是可以在有限的计算资源的限制内将注意力动态地分配给具有较高价值的目标。权重可以进行动态改变，以强迫变换注意力。为了进一步降低处理要求，可以执行具有比像素分辨率更粗糙的拉普拉斯算子棱锥[1277]。一旦移动注意力指向该区域，可以使用更精细的分辨率。这种设施需要与自主科学设施协调，以便生成显著性图。视觉注视可以基于场景的信息性区域，特别是高空间频率区域，诸如边缘[1278]。这可以用于使用加权组合来建立表示在多个尺度上在颜色、强度、边缘等方面具有高对比度的区域的显著性图。优先级可以定义为显著性和相关性的产物，以形成优先级图——相关性的概念包括自上而下的影响[1279]。这是通过场景模式来指导的，场景模式包含关于场景类型中的对象的存储知识。已经开发了基于对称线和边缘交点的反射注意的机器人模型[1280]。带有视点规划的主动识别需要搜寻证据来在不同的建设间进行选择，建议使用贝叶斯分类[1281]。贝叶斯网络可以实现自顶向下的上下文知识，同时在视觉场景中跟踪移动对象以处理不确定性[1282]。先验概率初始化网络，而随后的证据对网络进行更新。凝视控制策略可以通过贝叶斯框架来实现，该框架基于面向目标的自顶向下处理集成的视觉场景中的局部特征[1283]。目标对显著性施加上下文约束，由于在动作和观察之间建立依赖性，使得最大化特定任务的信息随时间推移。给定观察 o_{ik}，类 c_j 的可能性（后验概率）将被最大化。优先级是由自上而下的目标提供的，而本地特性对于匹配预测性的顶层期望是必不可少的。其中一个将自下而上的显著性和自上而下的注意结合起来的贝叶斯模型是上下文的指导模型[1284]。它区分贝叶斯规则中的四项信息

$$p(O = 1, X \mid L, G) = \frac{1}{p(L \mid G)} p(L \mid O = 1, X, G) p(X \mid O = 1, G) p(O = 1 \mid G) \tag{12-61}$$

式中　　$1/[p(L \mid G)]$——自下而上的显著性；

　　　　$p(L \mid O = 1, X, G)$——自上而下的目标理解；

　　　　$p(X \mid O = 1, G)$——任务相关的基于背景的优先级；

　　　　$p(O = 1 \mid G)$——目标存在的概率。

凝视控制可以执行作为贝叶斯网络的推理系统，其中视觉证据被并入并通过网络传播[1285]。图形-地面问题需要在识别之前将物体与背景分离。人类视觉系统基于唯一性和高对比度来选择从场景中自动"弹出"的区域。基于熵的显著性度量是场景重要区域选择的关键。一个唯一的权重可以由下式确定

$$w(x) = \frac{x}{\sqrt{m}} \qquad\qquad (12-62)$$

式中　x——特征属性；

　　　m——超过阈值的局部最大值的数量。

此加权仅强调几个峰值以启用弹出。显著特征可以通过标记显著性图来计算

$$s = w(I) + w(\theta) + w(f) \qquad\qquad (12-63)$$

选择是通过自上而下的目标识别。这种方法可以用于为自动定位和测绘选择容易重新检测的地标[1286]。小波变换可以用作显著点检测器，其中 Daubechies 4 小波分析稍微优于 Haar 变换，Haar 变换又依次优于其他方法，如 Haar 角检测器及其导出的变型体[1287]。小波测量多个尺度的图像变化并提取平滑边缘而不仅仅是拐角。此外，在显著点提取颜色和纹理信息，产生改善的结果[1288]。已经通过聚焦注意力来展示用于快速场景评估的显著性图[1289,1290]。

控制注意力的显著性图已经被提出，作为一种机制用于自主航天器的着陆过程[1291]。该算法包括使用高斯棱锥的视觉滤波和在多个尺度上的中心-环绕操作，以创建构成显著性图的几个特征图。最显著的位置通过"赢者通吃"（通过竞争神经网络实现）来选择。性能与人工进行着陆点选择相当。

12.4　专家系统知识库

专家系统的应用多种多样：可用于细菌感染的医学诊断（MYCIN），矿物勘探（PROSPECTOR），电子元件故障排除（ACE），有机分子分析（DENDRAL）等。多巡视器综合科学理解系统（Multi-Rover Integrated Science Understanding System，MISUS）提供了自主假设导向的科学研究[1292]。MISUS 是一种具有机器学习功能的计划/调度系统。它将计划与机器学习结合在一起，用于星球巡视器器载自主科学探测。它可以使用聚类方法来分类不同的岩石类型，通过分析多光谱图像将岩石类型分组。通过计划/调度组件制定巡视器的行动，以使科学收益的质量最大化。与远程代理计划程序类似，它使用迭代修复方法来解决冲突和修复计划。它根据观察的预期效用和获得观察的预期成本，选择最适当的科学时机进行进一步观察。预期效用取决于品质因数和它将确认/驳斥科学假设的程度。MISUS 采用机器学习来识别、评估，并选择科学目标。分布式规划器计划实现这些科学目标所需的巡视器行动的顺序，并评估进行这一顺序行动需要的成本。归纳推理可以通过规则来实现——根据对象的特定属性将识别的对象分配给一类对象[1293]。该类规则编码出一个定义了种类属性的预先的描述，以提供相应的归纳。根据用于岩石类型分类的光谱矿物学特征，使用聚类法进行科学数据分析。无监督聚类分析方法基于一种混合的高斯函数，执行搜索岩石光谱图像的相似性类别。聚类是一种基于距离的分类过程，由不同岩石之间的视觉纹理和反射光谱的相似性定义。这些聚类用于评估科学假设，并根据其各自的科学价值区分需要进一步观测对象的先后次序。这通常涉及使用自

组织学习算法，例如科胡特克（Kohonen）自组织图。除此之外，科学假说可以使用岩石类型分类和空间聚类，以确定可能产生测量数据的模型地质过程。随着系统建立起岩石类型分布的模型，它收集新的观测目标，并传递给 ASPEN。

近（Chien）等（1999a，b）描述了最初为已经取消的美国深空 4/商博良彗星（Champollion comet）着陆器而设计的一套自主钻探专家系统[1294,1295]。它使用了诸如 STEP，FFWD，MOVE - DRILL，START - DRILL，STOP - DRILL，TAKE - PICTURE，TURN - ON（设备）等高级别指令。规划器对 11 个应变操作进行建模，包括钻探位置、电池电量、数据缓冲、摄像机状态；对 19 项动作进行建模，例如上行链路数据，移动钻头，压缩数据，拍摄图像和执行烤箱实验等。主要有三类动作：钻探并将材料运送到地面，设备动作包括对原位材料的成像和测试，以及数据上行链路（钻探是最复杂的）。有三种单独的钻探动作，每次钻探活动都要钻出一个单独的孔，在钻探的过程中对三个不同深度处的样品进行采集：表面处、在 20 cm 的深度和在 1 m 的深度。在钻孔形成后，样品采集涉及 5 个独立的采矿操作，以移走 1 cm 的材料。

为 ExoMars 提议的 ASTIA（Autonomous Science Target Identification and Acquisition，自动化科学目标识别及获取）自主科学系统需要被赋予属性值，而不是执行岩石或矿物的分类[1296,1297]。它侧重于更加广泛的整体特征，如地质边界的识别和地质区域之间的过渡（例如识别岩层平面）。分割是区分地质单元的基础。评价系统——对科学价值的评估——基于对地质结构的构造，质地和组成分配相应的数值，并将其乘以品质和偏差因子。ASTIA 由基于知识库的模糊专家系统作为支撑，该系统确定识别的岩石的重要性。机器人科学家拥有视觉数据分析能力，该分析与地质和生物属性方面的知识库以及以潜在目标的科学评估为基础的方法相结合。它需要使用预先储备的知识作为其观察的基础。自主巡视器必然需要执行机器人科学实验，这需要解释科学实验结果的能力，以产生新的假设和设计进一步的实验来检验这些假设。MER 巡视器将图像下载到地面站进行三维地形生成，以便能够使用科学活动规划器（Science Activity Planner，SAP）进行科学活动的计划[1298]。尤其是，测量土壤和岩石的红外发射的微型热发射光谱仪（mini - TES）产生的数据，其被绘制为可以覆盖在导航相机光学图像上的光谱曲线阵列。在这些数据的基础上，地面操作者规划相应的科学活动，如图像采集或到达引起科学兴趣位置的巡视器移动轨迹。这个过程的执行目前需要四天的时间——如果该过程可以减少到一天，这将大大提高科学生产率。需要考虑的一个关键问题是对样品进行科学分析的先后顺序。它应该遵循初始科学研究的逻辑顺序，在增加分辨率时，科学研究的逻辑顺序将更加详细。对于运行复杂的科学仪器的 ExoMars 巡视器任务，必须考虑所需的样品处理程度以及对样品产生的改变或破坏的影响：

对选定的样品进行视觉分析→采集样品→将样品移至样品处理、分配及操作系统（Sample Processing，Distribution，and Handling System，SPDHS）的入口→手持透镜显微成像→对选定区域进行高分辨率显微镜成像→对选定区域进行拉曼光谱分析→选定区域进行 LIBS 破坏分析→研磨成粉末→X 射线衍射测量→有机物检测实验→生命标记分析→

气相色谱-质谱仪（Gas Chromatography Mass Spectrometer，GCMS）分析→对获取样品进行 LIBS 破坏分析。

为了有效地做出科学决策，巡视器必须以背景科学信息进行程式化设计。知识库最基本的形式包括具有封装领域知识的不确定性因子的"如果-那么-否则"规则。地质特征往往很复杂，根据层理、粒度分布和化学成分等构造进行地质分类，例如层理，建立在粒度大小分布和化学构成基础上的纹理。然而，已存在成功应用于地质资源勘探的专家系统（例如，勘探者[1300]）。霉菌素（MYCIN）是一种用于诊断传染病的具有 500 条"如果-然后"规则的早期的专家系统，与人工诊断 80% 的成功率相比，其诊断的成功率为 65%。这被认为是一个重大的成功。专家系统通常局限于约 5 000 条生产规则。生产规则包含逻辑 AND 和 OR 连接词，排除或（OR）连接词有助于增强确定性。超规则（Metarules）可用于模块化与某些情况相关的规则组，以最小化搜索时间。规则应按描述优先级的顺序排列，以便找到满足条件的第一个规则优先于后续规则。此外，专家系统必须密切地了解其配套的科学仪器，了解它们的功能和操作。一套推理工具必须能够基于当前观察的结果产生假设，以便选择科学的目标和最合适的科学测量方法来检验假设。

12.5 自主科学的机器人现场试验

在自主科学领域（天体生物学）最全面的实验已在智利的阿塔卡马沙漠进行了实施，实验使用了佐伊（Zoe）巡视器测试平台[1302]。Zoe 星球巡视器试验器质量为 198 kg，是一种四轮式平台，用于测试该领域的机器人科学[1303,1304]。它的主要任务是演示机器人太空生物学在寻找生命的过程中，也就是在自主穿越找水的过程中，在资源有限的情况下，最大限度地生成科学数据。根据其拍摄图像中岩石的类型，能够计算出发现生命的可能性。就像在火星上一样，在阿塔卡马沙漠中生命可能是十分稀疏分布的，可能集中在与高度局部化小气候有关的小绿洲中。Zoe 使用自主导航和自主科学规划，在规定的目标位置之间以 0.5 m/s 的速度移动。Zoe 配备了四个通用处理器：两个用于自主导航的 2.2 GHz 奔腾 4 处理器，一个用于传感器处理的 700 MHz 奔腾 3 处理器和一个用于功率监视的 133 MHz AMD SC520。显然，该配置远远超出了星球巡视器的可配置能力范围。阿塔卡马沙漠主要由干盐床组成，是地球上最不适宜居住的地区之一。该试验在阿塔卡马生命（Life in the Atacama，LITA）项目中发挥了重要作用，该项目使用标准化的生态系统，在其疾驰的过程中，利用其科学研究仪器（Science on the Fly，SOTF）搜索生物学特征[1305,1306]。SOTF 是一种被动的行为，其使用在运动期间获得的光谱特征（例如叶绿素）来触发巡视器停止，以在标定的原位取样点与标定点 180～210 m 范围之间进一步收集样品数据。在横断面的端点之间，巡视器每 30 m 左右停止运动，进行快速地勘察。SOTF 基于贝叶斯网络分类器来解释生物特征，并且在 75% 的时间内是比较成功的，失效的原因与在检测非光合生物时，叶绿素触发的机制受限制相关。Zoe 巡视器部署有一台犁，用于暴露尚未受到强烈的太阳紫外线辐照影响的地下环境。使用桅杆上安装的平移-倾斜全景立体成像仪（400～700 nm）和一台固定安装的前向导航相机从远处对岩石/土壤的形态进行评估。可见/近红外光谱仪（350～2 500 nm）测量来自各种矿物（例如，硅酸盐、碳酸盐、硫酸盐等）和有机材料（例如叶绿素）的反射光谱。使用热红外光谱仪（类似于 MER 上的微型热发射光谱仪）来测量热红外范围（8～12 μm）中的发射光谱，获取相关的矿物学信息，但是由于其需要使用液氮制冷，导致无法将其安装到巡视器上。由荧光染料喷雾器支撑的闪光显微成像仪用于检测细菌菌落。荧光成像仪可以检测叶绿素。其他荧光染料与 DNA、蛋白质、脂质和碳水化合物结合。Zoe 通过使用一种简单的贝叶斯规则估算叶绿素检测的概率，进一步得到局部可变条件的可居住性，计算出发现生命的可能性。通过在 630 nm（红色）、535 nm（绿色）和 470 nm（蓝色）的带通滤波产生彩色图像。成像器提供了用于显微成像的背景。Zoe 使用底盘下的荧光成像仪搜索叶绿素、脂质、碳水化合物、蛋白质和 DNA。基于 CCD 的荧光成像仪通过具有叶绿素特性的 740 nm（红外）、450 nm（蓝色）或 540 nm（绿色）带通滤波器寻找荧光信号。虽然叶绿素天然发出荧光，但 DNA、蛋白质、脂质和碳水化合物需要通过调节到特定吸收频率的光源进行刺激（见图 12 - 9）。Zoe 使用较低的功率选项——Xe 闪光灯提供全光谱照明，该照明通过滤光器轮进行带通滤波，仅传递吸收频率。

此外，Zoe 还有一个湿化学设备，尽管通过对样品喷射温和的乙酸和染料着色样品，在目标分子例如蛋白质和碳水化合物中引起的荧光特性是有限的。器载科学研究系统涉及对要部署的仪器进行选择并做出决定，但该类仪器目前十分有限。实验研究发现，随着采样点多样性的增加，成功发现生命迹象的概率也会相应增加，即使以降低仪器部署多样性为代价。事实上，以勘察阶段作为开始被认为是更可取的，然后返回到更加有希望的位置。然而，在火星任务的背景下，从任务时间方面考虑来说，增加采样点的多样性是不切实际的，因此在采样点多样性和仪器套件多样性之间需要有一个权衡。与此相似，Nomad 也曾被部署在阿塔卡马沙漠，以期望在蒸发沉积床中寻找到古生命[1307]。在这种情况下，出现了使用航空摄影（模拟轨道图像）来手动识别由火山沉积物和沉积矿床组成的地质学中的露头和浅色区域的方法。在一个岩石样品薄剖面中，通过高分辨率多光谱图像识别到异常碎屑，其有三种解释：化石、燧石结核或富含铁的砾岩碎屑。选择正确的假设需要使用 Nomad 没有配备的光谱测定法。碳酸盐的鉴定表示可能存在一个生物源，但仍然不能确定——就地球而言，对地质历史和测定年龄的透彻了解为解释提供了背景。这表明，对行星表面上原位化石的识别可能充满困难，除非能够产生足够的背景数据。

按照卡布罗尔（Cabrol）等人（2001）在阿塔卡马沙漠的论述，化石的发现主要发生在侦察为主的穿越阶段，而不是详细的现场勘察阶段，由此表明了巡视器穿越阶段在整个搜索过程中的功用（见图 12 - 10）。在内华达州的科学沙漠实地试验中，FIDO 已被部署在更为现实的情景中[1308]。它的雅典娜（Athena）有效载荷包括一个用于导航和科学成像的全景立体相机对（采用桅杆方式安装），用于避障的避障相机，红外仪（1.3～2.5 μm 范围），彩色显微镜，岩石取芯钻头。使用一个安装在腹部的相机辅助进行钻探。

12.6　气体排放源定位

火星表面巡视器探索寻找甲烷源。虽然一种相当具体的天体生物搜索模式可能被整合到更广泛的"机器人科学家"能力之中，特别是与视觉分析相关的能力。在夏季，地球上的甲烷羽流测量值在北半球的埃律西昂、塔尔西斯和阿拉伯地区最大，指示出地球上的离散的甲烷气体排放源[1309]。甲烷已被火星快速行星傅里叶光谱仪证实，全球平均密度为 (10 ± 5) ppb，在 $0 \sim 30$ ppb 之间变化[1310]。然而，甲烷测量的准确性受到质疑[1311]。火星甲烷排放情景与地球气味检测问题有相似之处[1312-1314]。局部甲烷源的性质未知，火星表面甲烷的分辨率和可探测性也是未知的（实际上，不清楚它们是真实的还是人工的）。甲烷排放可能来自非生物蛇纹石沉积物或生物源（直接来自地下产甲烷菌或释放甲烷包合物的生物源）。存在几种可能的甲烷来源，从近表面甲烷包合物或其他有机物（不可能由于强氧化剂）的热演化到更深奥的来源，例如费舍尔-费托反应（Fischer-Tropsch-like reactions）、碳酸盐还原、蛇纹石化反应，或微生物甲烷生成。化石自养甲烷生成涉及将 CO 和 CO_2 主动还原为甲烷[1315]

$$4CO + 2H_2O \rightarrow CH_4 + 3CO_2 + 0.48 \text{ eV} \tag{12-64}$$

$$4H_2 + CO_2 \rightarrow CH_4 + 2H_2O + 1.71 \text{ eV} \tag{12-65}$$

微生物硫酸盐还原是地球上甲烷的常见来源。硫酸盐还原剂通常可以利用其他电子受体，例如 Fe(III)。硫和铁都存在于火星环境中。不管怎样，如果是微生物起源的话，微生物的数量是很低的。关于甲烷的来源主要有三种无机成因假说。火山喷发依赖于近期的火星火山活动。火星奥德赛西弥斯〔Odyssey THEMIS (THermal EMission Imaging System)，热发射成像系统〕在可见/红外区域以 100 m 的分辨率绘制了火星表面的地图[1316]。没有检测到比较活跃的热活动迹象，因此火山喷发的假说可以排除。甲烷包合水合物在火星温度下是稳定的，如果甲烷与二氧化碳混合，则在较浅深度下的稳定性会增加[1317]。气体水合物模型表明，在水存在的情况下，碳氢化合物和其他气体在高压和低温条件下浓缩，形成天然气体水合物。它们在水冰立方晶体内形成范德瓦尔斯键（van der waals bonds）。当火星冻结时，火星低温层的冰点向下传播，冰层将地下的甲烷包含，形成甲烷水合物。在 200 K 的温度条件下，甲烷水合物在高于 140 kPa 的压力状态下是稳定的——这相当于 15 m 的深度。在此深度之上，甲烷水合物是不稳定的，并且会释放出甲烷。二氧化碳水合物也可能存在于火星地表之下，但是在 50 kPa 及 200 K 的条件约束下，它们仅在 5 m 以下较浅的深度处是稳定的。甲烷包合物源需要通过地热加热而释放出其中的甲烷，仅仅只能释放出其中的一部分。蛇纹岩是由地球大陆边缘的橄榄石水溶液变化形成的富含蛇纹形状的岩石。橄榄石在火星上很常见，所以蛇纹石化预计是分布很广的[1318]。蛇纹岩——一种富含 Mg 和 Fe 的页硅酸盐——在二氧化碳作用下风化产生碳酸盐

$$\underbrace{2Mg_2SiO_4}_{\text{(olivine)}} + \underbrace{Mg_2Si_2O_6}_{\text{(pyroxene)}} + 4H_2O \rightarrow \underbrace{2Mg_3Si_2O_5(OH)_4}_{\text{(serpentine)}} \tag{12-66}$$

$$\underset{\text{(olivine)}}{\underline{Mg_2SiO_4}} + 2CO_2 \longrightarrow \underset{\text{(magnesite)}}{\underline{2MgCO_3}} + \underset{\text{(quartz)}}{\underline{SiO_2}} \qquad (12-67)$$

$$\underset{\text{(olivine)}}{\underline{Mg_2SiO_4}} + \underset{\text{(pyroxene)}}{\underline{CaMgSi_2O_6}} + 2CO_2 + 2H_2O \longrightarrow \underset{\text{(serpentine)}}{\underline{Mg_3Si_2O_5(OH)_4}} + \underset{\text{(calcite)}}{\underline{CaCO_3}} + \underset{\text{(magnesite)}}{\underline{MgCO_3}}$$

$$(12-68)$$

蛇纹石通常含有亚铁（二价铁），其在风化期间被氧化成三价铁，并且释放出氢

$$\underset{\text{(fayalite)}}{\underline{3Fe_2SiO_4}} + 2H_2O \longrightarrow \underset{\text{(magnetite)}}{\underline{3Fe_3O_4}} + \underset{\text{(quartz)}}{\underline{3SiO_2}} + 2H_2(aq) \qquad (12-69)$$

$$\underset{\text{(fayalite)}}{\underline{6Fe_2SiO_4}} + CO_2 + 2H_2O \longrightarrow \underset{\text{(magnetite)}}{\underline{4Fe_3O_4}} + \underset{\text{(quartz)}}{\underline{6SiO_2}} + CH_4 \qquad (12-70)$$

释放出的氢与溶解的二氧化碳反应生成甲烷

$$CO_2(aq) + 4H_2(aq) \longrightarrow CH_4(aq) + 2H_2O \qquad (12-71)$$

甲烷最大值出现在盾状火山上，这一巧合有利于蛇纹石化假说。蛇纹石化的过程中会产生甲烷和氢气，它们是潜在的生物燃料，因此该模型与生物源模型并不矛盾。

未知的气味源发出方向性方面的信息，这些信息会受到外部偏差和随机噪声的干扰。气味是一种化学颗粒，其分布会随着空间和时间而变化，具有较大的空间空隙和高浓度的丝状体。沙尘暴的普遍性和频繁特性表明大气混合在当地相当彻底。泵驱动的水下通气管可以起到类似于龙虾的触须的作用，以增加用于测量的局部强度（取决于水蒸气丝的缕度）。采样测量对于提供关于强度分布的逐点数据是必要的。首先考虑的是要检测的信号和使用的传感器及其积分时间。瞬时气味强度不同于时间平均分布，前者更容易和更快速地被检测，并且事实上，这是昆虫的反应[1319]。化学传感器是主要的化学敏感平台，传感器成对反向布置用于定向（气味罗盘）。通常使用氧化锡化学传感器，其中传感器的阻抗取决于还原气体（例如甲醇或氨）的浓度，但是他们还没有充分的应用于行星探测。就火星甲烷来说，调谐激光吸收二极管光谱仪（Tuned Laser Absorption Diode Spectrometer，TDLAS）可以测量甲烷（或者甚至将甲烷中$\delta^{13}C$过量作为潜在的生物标记）。同位素比值的测量相比于甲烷的存在和浓度测量更加具有挑战性和更耗时，因此同位素比值的测量不太容易实现。大气强迫函数的测量——用于气味的风矢量传感器——是必不可少的。风矢量测量是火星任务的实际标准测量（还包括大气温度，压力和含尘量测量）。

建立气味羽流随时间分布的物理模型是必要的，以提供对气味分布状态的预测能力。这种模型本质上必须是随机的，以解释气味分布的不确定性。从气源发出的蒸气根据气流的雷诺数被分散开来。在低雷诺数的典型微观环境中，黏度占主导地位，蒸气主要依靠扩散传播。流体流动的模型如下

$$\nabla(\rho V) = v_x \frac{\partial \rho}{\partial x} + \rho \frac{\partial v_x}{\partial x} + v_y \frac{\partial \rho}{\partial y} + \rho \frac{\partial v_y}{\partial y} \qquad (12-72)$$

式中，ρ 为密度；$V = \sqrt{v_x^2 + v_y^2}$，为流体速度。当扩散质量流 $\nabla(\rho V) > 0$ 时，为一个源；当扩散质量流 $\nabla(\rho V) < 0$ 时，为一个汇（即，这可以用于以想象到的势场的方式跟踪羽流质量通量梯度）。在化学浓度 C 方面，扩散-平流-反应方程模拟了二维空间下的甲烷羽流动力学，描述甲烷浓度 C 的时间演化：

$$\frac{\partial C}{\partial t} = D_x \frac{\partial^2 C}{\partial x^2} + D_y \frac{\partial^2 C}{\partial y^2} - v_x \frac{\partial C}{\partial x} - v_y \frac{\partial C}{\partial y} + Q \qquad (12-73)$$

式中 D ——分子扩散系数；

  v ——风速；

  Q ——甲烷产生速率（源）。

甲烷源是固定的，风矢量 V 包括三个过程：常规羽流运动（平流）、喷气混合和湍流噪声。化学浓度在源处达到峰值，并且以高斯分布径向平滑地减小。高斯羽流浓度可以通过以下方式模拟

$$C = C_{\max} \exp\left(-\frac{y^2}{2\sigma_y^2}\right) \cdot \left[\exp\left(\frac{-(z-h)^2}{2\sigma_z^2}\right) + \alpha \exp\left(\frac{-(z+h)^2}{2\sigma_z^2}\right)\right] \qquad (12-74)$$

其中

$$C_{\max} = Q/(2\pi V \sigma_x \sigma_y)$$

$$\sigma_i = \frac{1}{2} C_i x^{(2-n)/2}$$

式中 $C_{\max}$ ——羽流的最大浓度（中心线）；

  σ_i ——为平均羽流宽度（扩散系数），当 $i=y$ 或 $i=z$ 时，$n=1$ 给出了一个很好的匹配；

  Q ——气味释放率；

  V ——平均风速；

  h ——排放源高度；

  α ——地面反射系数。

高斯羽流浓度的萨顿（Satton）模型在形式上是比较简单的

$$C(x, y, z) = C_{\max} \exp\left[-\left(\frac{y^2}{2\sigma_y^2} + \frac{z^2}{2\sigma_z^2}\right)\right] \qquad (12-75)$$

上式可以简化为二维形式

$$C(x, y) = \frac{Q}{\sqrt{2\pi} S_y u} \exp\left(-\frac{y^2}{2S_y^2}\right) \qquad (12-76)$$

该模型适用于低雷诺数流体。低黏度条件允许测量的化学浓度，应用梯度下降，以确定源的方向（即趋化现象）。人工势场法将气味定位问题描述为梯度极小化问题。简单的 Braitenberg 车辆结构与双向传感器耦合到双轮，提供了一种基于梯度源定位的反应式方法。然而，尽管动物的气味源跟踪与通过人工势场的导航具有一些相似性，但是存在显著的随机成分，其产生具有高不确定性的变化目标位置。

气味定位涉及通过化学传感引导，寻找和发现环境中挥发性化学物的来源[1320]。气味跟踪能力对于所有的物种都是重要的，可以用于寻觅食物或伴侣。定位方法的灵感来自大自然，如飞蛾对于伴侣的定位、龙虾对于食物的定位和细菌对于食物的定位，如大肠杆菌。所有动物的觅食策略是跳跃式搜索，寻找猎物期间穿插着周期性的巡察猎物或周期性的等待伏击猎物。有些动物比较擅长于巡察猎物，如鹰，而有些动物比较擅长于等待伏击

猎物，如响尾蛇。然而，相比于等待偶然碰到气味碎片，主动搜索则是更有效的方法[1321]。蒸气羽流的瞬时气味分布将明显地不同于随时间平均的羽流分布。测量的关键在于通过平均瞬时波动，结合成为整体的测量。最合适用于这种类型气体测量的仪器是激光诱导荧光，其可以提供精确的浓度测量。四种反应趋化性算法已被评估——大肠杆菌、蛾、甲虫和基于梯度的物种[1322]。大肠杆菌通过其鞭毛实现两种类型的运动——逆时针方向转动鞭毛实现平滑的定向运动和随机旋转鞭毛导致随机翻滚[1323]。在检测营养物浓度梯度时，其显示出了沿着梯度对营养源的趋化现象的运动（即检测营养物的平滑运动）；如果没有检测到营养源，则随机翻滚作进一步搜索。大肠杆菌使用一种随机游走的方式，其中随机定向的直线运动中穿插着用于重新定向的随机翻滚运动。大肠杆菌对于低浓度的引诱剂（天冬氨酸）有反应，并且可以以 $20\sim40~\mu m/s$ 的速度沿着浓度梯度前进。定向运动行为由鞭毛逆时针旋转引发，形成一组协调束推动细菌前行。随机翻滚行为由鞭毛顺时针旋转引起，产生不协调的运动。定向与随机推进的比率随着引诱剂浓度的增加而增加。这种方法是低效的羽流跟踪的手段，除了对于没有湍流的羽流。蚕蛾保持静止，并等待不断展开的气味扑面而来。一旦遇到后，它迅速逆风移动，并执行振幅增大的侧向搜索。这种方法最适合于快速波动的羽流。蜣螂采用锯齿形算法，假设信号的损失指示着羽流边缘。这种方法适合于中间部位的羽流。基于梯度的方法保持直线轨迹遵循最大浓度的中心线。这是一种经济的方法，但需要考虑方向偏差才能有效。人工势场能够有效地模拟许多觅食策略。

　　基于梯度的技术不能适用于由风驱动的间歇式（离散式）小块为特征的羽流。这种微量气体流动出现在高雷诺数的流体中，使得流体的分散主要由湍流控制。气味不同于势场通路，在强度、稀疏度、移动、不确定性和飘逸度方面是可变的。在中到高雷诺数下，流体扩散上湍流占主导地位，蒸气通过背景流（平流）或温度梯度（对流）传播。对于火星甲烷环境，其受到外部作用力——风的推动，高黏度状态是具有代表性的形态。化学羽流从源头构成下向流动并蜿蜒流动（Chemical plumes form downflow from the source and meanders）。由于湍流对流分散的气味，其伸长和折叠的整个距离可使用 Kolmogorov 长度 $L=VT$（几厘米左右）来确定，其中 V 为风速，T 为波动的周期。化学浓度从羽流的下流中心线到交叉羽流边缘逐渐减小。湍流产生流体的混乱轨迹，引起浓度轮廓的拉伸和折叠。羽流在大面积区域上几乎随机地流动，形成许多细丝和碎片。羽流开始变得支离破碎，空间的密度分布高度均匀。湍流和扩散的组合增加了混合速率。浓度梯度随时间波动，使得梯度下降方法难以维持。气味以速率 R 向外发出，由于扩散系数 D 和当前风速 V 的平流输送，其具有有限的传播寿命 τ。气味羽流可以通过一个对流-扩散方程来建模[1324]

$$D\nabla^2 U(r)+V\cdot\nabla U(r)-\frac{1}{\tau}U(r)-R\delta(r-r_0)=0 \qquad (12-77)$$

其中

$$D\approx\Delta V_{\mathrm{rms}}^2\tau$$

式中　$U(r)$ ——在 r 位置处的局部标量场（例如浓度）；

$R(r)$——在 r 位置处的气味传播速率；

D——颗粒扩散率；

τ——气味追踪时间；

V——平流输送流速；

δ——狄拉克函数。

该方程的连续解由下式给出

$$U(r \mid r_0) = \frac{1}{4\pi D \mid r - r_0 \mid} e^{-\frac{V}{2D}(y-y_0)} e^{-\frac{\mid r-r_0 \mid}{\lambda}} \qquad (12-78)$$

其中

$$\lambda = \sqrt{\frac{D\tau}{\left(1 + \frac{V^2 r}{4D}\right)}} \qquad (12-79)$$

原方程的离散解由下式给出

$$U(r \mid r_0) = \left(\frac{e^{-\frac{\mid r-r_0 \mid}{4Dt}}}{4\pi Dt} R(t) e^{\frac{1}{\tau}\left(1 + \frac{V^2 \tau}{4D}\right)t}\right) e^{-\frac{V}{2D}(y-y_0) - \frac{1}{\tau}\left(1 + \frac{V^2 \tau}{4D}\right)t} \qquad (12-80)$$

已经提出了适用于在简化（室内）环境中模拟气流的定性物理模型[1325]。然而，定性模型使用范围有限，定量模型的有效性更高。一种合适的方法是信息，其中信息起到与趋化性浓度相同的作用[1326]。该策略最大化了有利于投射和曲折行为的信息增益的预期速率。逆风锯齿形运动是昆虫中常见的搜索策略，例如响应信息素的蚕蛾[1327]。这是通过类似于电子触发器的神经电路来实现的，它控制着锯齿形的行为。

最简单的方法是沿着其伸展长度追踪羽流，同时从环境中获取附加信息，例如由流体流动模型支持的风矢量。利用流量测量的阵列能够提取强制性的流动环境，以确保逆风跟踪。大多数火星任务携带风矢量传感器作为其气象包（其中包括压力和温度传感器）的一部分。外部流量测量对于工作非常重要，可以提供布雷滕贝格（Braitenberg）梯度下降方法的测量历史。初始羽流采集通常涉及垂直于风向的增加幅度的侧到端的光栅扫描，直到产生完的圆周运动。在湍流中的化学羽流跟踪可以遵循 bowtie 操作——轨迹沿着羽流中心线偏转 15° 的方向，以便获取迹线，然后如果迹线未被获取则该迹线被反转[1328]。该采集策略可以很容易地适配。为了跟踪气味羽流，需要在车辆的两侧对比两个分离的蒸气传感器[1329]。类似的参数同样适用于三维环境。更常见的搜索方法是半径增大的阿基米德螺旋轨迹（如沙漠蚂蚁所采用的）。连续时间反复神经网络使用加权适应函数进行演变，通过螺旋式发现气味源[1330]。锯齿形算法（蛲螂）涉及以一种逆风向的中间偏移角（通常在 30° 和 60° 之间）运动，同时监测气味浓度。超过 60° 时，羽流变得更加宽阔，超过了其本身长度。如果气味浓度低于一定的阈值，则已经到达了羽流的边缘。进行新的逆风向测量，并且移动以与新的逆风向相反的角度（$-\alpha$）偏移。这种运动在羽流内部呈现锯齿形，同时朝向源前进。另外，可以通过部署类似于龙虾触角的传感器（例如，RoboLobster）来确定化学交叉梯度。投掷运动（勘探）相比于锯齿形运动（探索），涉及广泛的横向偏移和减少逆风前进。或者，气流可以被迫以与飞蛾中的翅膀颤动的效果相同的方式影响气味分布。带有空气泵的通气管可以起到类似的功能——这有助于 TDLAS 传感器整合浓度强度。锯齿形运动和投掷运动都是通过遵循从源（发射器）发射到搜索器（接收器）[1331] 的气味踪迹（噪声消息），使信息增益的预期速率最大化的信息策略。信息的累积速率可以量化为熵的减小速率。源的未知位置的后验概率分布通过对气味遭遇历史的贝叶斯推理被迭代更新。熵越接近源，衰减得越快，从而产生信息梯度。最好的搜索策略是探索环境，然后利用获取的信息找到源[1332]。如果羽流丢失，则在使用预测的浓度梯度的同时跨越风执行跟踪。该梯度由最后三个边缘点形成的三角形确定。这应当跟踪逆风羽流中心线。羽流的波动表明，瞬时测量只提供瞬态信息。在这种情况下，使用势场表示是适用的，但其目标吸引力（混沌吸引子）是可变的。目标矢量由化学浓度和气流梯度的线性组合产生。就二维空间来说，由于湍流扩散作用，在位置 (x, y) 处的时间平均气体羽流浓度可以建模为

$$C(x, y) = \frac{Q}{2\pi K} \mathrm{e}^{\left[-\frac{V}{2K}(r - \Delta r)\right]} \tag{12-81}$$

其中

$$r = \sqrt{\Delta x^2 + \Delta y^2}$$
$$\theta = \arctan(\Delta x / \Delta y)$$
$$\Delta r = \Delta x \cos\theta + \Delta y \sin\theta$$
$$K = \sqrt{D_x D_y}$$

式中　　r ——到气味源的距离；

　　　　θ ——到气味源的逆风方向；

　　　　Q ——气味的释放率；

　　　　K ——湍流扩散系数；

　　　　D_i ——扩散系数；

　　　　V ——风速。

　　如果扩散系数是恒定的和已知的，则脉冲耗散时间可以由下式预测[1333]

$$C(t) = \frac{Q}{4\pi t D} \tag{12-82}$$

　　在此，对模型加权测量的卡尔曼滤波器方法可能是适用的。气体分布模型可以通过卡尔曼滤波器并入到羽流跟踪过程中。然而，湍流扩散的能力现实中是很弱的，因此卡尔曼滤波器将高度依赖于感知测量。隐马尔可夫模型在形成源似然图（Sourle Likelihood Map，SLIM）中提供了羽流建模的随机方法[1334]。环境被细分为网格，网格是否被气味占据，由隐马尔可夫模型概率确定。羽流检测事件被没有任何信号的宽空隙隔开，并且检测的概率取决于到源的距离。因此，在给定由源发射的测量的检测事件（粒子）的情况下，贝叶斯定理可以构造源的未知位置的后验概率[1337]。实际的概率分布必须从检测事件的历史估计——离源更远的地方羽流间歇性地增加。隐马尔可夫模型描述羽流中的单个气团，其中通过时间的向后积分可以生成源似然图。基于来自传感器的检测事件，

可以使用贝叶斯概率来更新源似然图。贝叶斯推断预测可能的气味源位置似乎提供了比隐马尔可夫模型更好的源似然图方法[1338]。这类似于在自主导航中使用卡尔曼滤波器的SLAM 处理。羽流跟踪应与自主导航相结合，障碍物将影响气味分布。然而，对于气味，细胞占据的先验概率比由视觉或激光检测到的障碍物低得多。模拟火星的操作已在位于魁北克州石棉市的杰夫瑞矿运行，使用先锋移动机器人携带少量科学仪器搜索蛇纹石沉积物，如图 12 - 11 所示[1339,1340]。这是基于一种假设，即这种沉积物可能是在火星上测量到的甲烷排放的来源。

图 12 - 11　部署在杰夫瑞矿（魁北克州石棉市）的先锋机器人
[来源：阿拉·卡迪（Ala Qadi），卡尔顿大学]（见彩插）

　　已经开发了包括平流和扩散的火星甲烷羽流模型来确定其精细结构（见图 12 - 12）。基于甲烷传感器和风矢量传感器的巡视器表面勘探策略已经被研究，该策略使用具有卡尔曼滤波学习规则的神经网络[1342]。这种类型的探测适合于侦察车辆角色，例如支持较大巡视器（例如 ExoMars）的 Kapvik 微型巡视器。

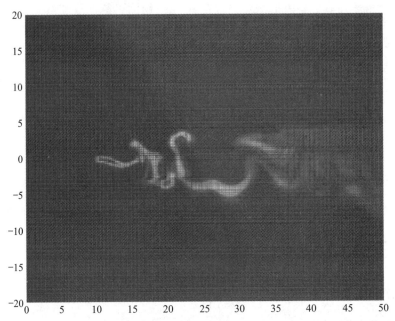

图 12 - 12　火星甲烷羽流模型［来源：克里斯·尼科尔（Chris Nicol），卡尔顿大学］（见彩插）

第 13 章 案例研究：木卫二机器人探测

为了说明可用于探测太阳系机器人的多样性，我们研究一个着陆机器人穿透木卫二的冰层，并进入到次表层海洋的案例（见图 13-1）。土卫二的探测可能与其很相似——土卫二的一个模型是在其表层下 10 km 深处（有的说法是 30～40 km 深处）为由液态水组成的海洋，海洋的运动方式是通过水热效应在多孔的硅酸盐地核中流动。狭窄的裂缝处所产生的羽絮状气体穿过冰层。在未来能够开展的机器人任务中，这可能是最具有挑战性的任务之一。表 13-1 列出了木卫二探测器的组成。

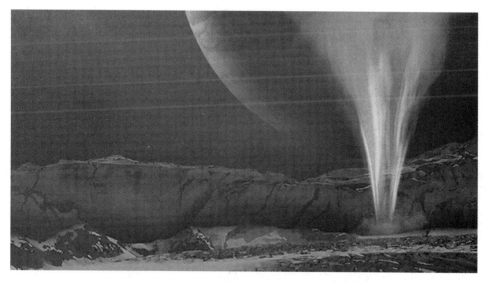

图 13-1 通常认为木卫二冰壳覆盖在液态海洋上，海洋下为硅酸盐覆盖物和铁核
［来源：NASA］（见彩插）

表 13-1 木卫二探测器组成

	干重/kg	能量/W
着陆器	560～800	
表面站	325～400	
穿冰机器人（Cryobot）	110～150	1 000
游泳机器人（Hydrobot）	125～200	50～100

由于地球和木卫二之间的通信延迟大，通信窗口不集中，木卫二的任务需要高度的自主性。特别是次表层操作，穿冰和潜水，都需要机器人能够完全自主地实现复杂的功能（见图 13-2）。星球保护是一个主要的设计驱动，有必要采取严格的消毒方式，将在机器人前进过程中所引入的对木卫二环境的污染概率降到最低。木星的磁场强度比地球大 10

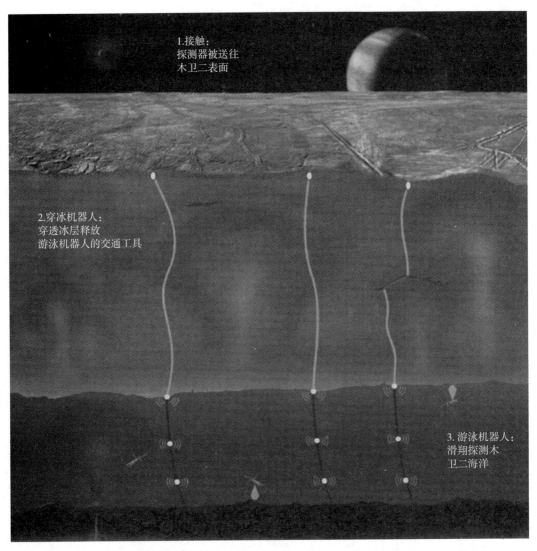

图 13-2　探测木卫二表面的穿冰-游泳机器人的任务概况［来源：NASA JPL］（见彩插）

倍，而木卫二在木星的主辐射带内。这意味着木卫二面对太阳系内最恶劣的辐射环境，质子、重粒子通量为 $10^8 \sim 10^{10}$ 粒子/（$cm^2 \cdot s$）。木卫二暴露在高辐射的环境下，辐射量为每年 15 Mrad。使用 5 mm 厚的铝板进行屏蔽，有望将总辐射剂量降低到 2.3 Mrad；使用 8 mm 厚的铝板进行屏蔽，有望将总辐射剂量降低到 953 krad，尤其是在从木星转移的过程中，非抗辐射的电子设备的辐射剂量通常要控制在不超过 1 Mrad，这就意味着，需要使用大量的屏蔽。木卫二的穿冰机器人/游泳机器人执行探测任务之前，会先执行穿透任务[1343]。将测震仪组网，投到木卫二的表面，使用 P 波或者 S 波来检测冰层和液体地幔的厚度。这之后，更为理想的方式是使用更加精密的木卫二着陆器继续执行任务。假设木卫二的着陆器从 100 km 的轨道下降，需要速度增量为 2.2 km/s。应该有一个降落相机（在控制降落前对降落地点进行勘探）和一个全景相机（获取环境图像）。木卫二的着陆器自由降落 10～20 m，以避免对木卫二的降落地点产生污染。为了确保可以水平补偿穿冰机器人被释放进入冰层时所产生的反作用力，着陆伸缩腿需要具有阻尼缓冲功能。

13.1　木卫二穿冰机器人

对木卫二的次表层进行探测，涉及使用钻孔探头或者凿洞装置。对冰层进行机械钻孔涉及使用旋转或者冲击钻头，以及需要在钻取杆上安装反作用力消除装置，以抵消切割力所产生的反作用力。机械切割冰层需要 1.2 kJ/kg 的能量，但是这个值随着深度的变化而变化，因为随着深度的增加，冰层变得更加坚固。如果钻孔很深，钻头就有可能会被卡住，以及受钻孔和冰层之间的压力差影响，钻孔的侧壁可能会坍塌。木卫二任务使用穿冰机器人——一个 1～2 m 长，10～12 cm 厚的探测器，顶端产生热量融化冰层。探测器穿越后冰层会重新冻结，这样可以将污染的可能性降到最小。这样的穿冰机器人只在重力的影响下下降，降落速度为每个月 0.5～1 km。标称的冰层厚度为 10 km，但有的冰层厚度只有 1～3 km。有证据表明，木卫二南极的次表层在间歇性地释放水蒸气，这也证明此处的冰层较薄。在 1 km 的深度处，冰层上的压强为 1.2 MPa；而在 3 km 的深度处，压强达到 40 bar（等同于地球上 390 m 水深的压强）。利用热量使冰升华或者融化，可以实现冰层穿透，其中，升华需要的热量要比融化所需的热量多得多。在低压条件下，很宽的范围内，水的蒸发潜热为 2 770 kJ/kg，相比之下，冰的融化潜热为 580 kJ/kg[1345]。水从探测器的前方排到探测器的后方，以维持压力平衡。为了避免水在侧壁处重新冻结，要求探测器的侧壁和前面一样，都要进行加热。水在探测器后方 1.25 m 处重新冻结。有两个主要的方法进行热钻孔：一个是使用热量枪（外部水流），另外一个是热水钻孔（内部水流）。这两种方法中，为了利用重力使探测器在冰层中不断下降，需要为探测器配一个向下的重心。大约 100 MPa 的高速流体可以穿透任何岩石。水流所需的功率为

$$P \propto d^2 p^{3/2} \qquad\qquad (13-1)$$

式中，$d^2 \propto q/p^{1/2}$，d 为喷嘴的直径；$p^{1/2} \propto v$，p 为喷嘴压力；v 为喷射速度；q 为流速。高速度和高压力需要高的能量——70 MPa 高速流体需要的每单位面积的能量为 3×10^4 MW/m²。在 100 K 的温度下，融化 1 kg 冰所需要的能量为

$$\Delta E = H_{fusion} + \int_{100}^{273} C(T) \cdot dT = 6 \times 10^5 \text{ J/kg} \qquad (13-2)$$

式中，$H_{fusion} = 3.3 \times 10^5$ J/kg，为冰的融化潜热；$C(T) = 7.04T + 185$，为与温度相关的冰的比热。水蒸发将需要更多的能量（$H_{vapor} = 2.5 \times 10^6$ J/kg），这就使得该方法不太可行。储存化学能是不可行的，长寿命的核能将至关重要。器载放射性同位素热发生器（Radioisotope Thermal Generator，RTG）的输出功率会随着时间的推移而会降低，需要在轨道转移的早期任务阶段，采取复杂的热排斥。整个系统设计要根据穿冰机器人探头的要求来确定。由于融化所需的能量取决于融化的水的体积，因此比较有利的方法是探头横截面尽可能设计得狭窄。使用 20 W 的能量可以在一个月内融化并过滤 100 L 的水。建议使用功率更高的热源，比如放射性同位素热源，可以产生大约 1 kW 的热功率。下降速率

（m/s）为

$$\frac{\mathrm{d}z}{\mathrm{d}t}=\frac{P}{\Delta H \pi r^2}$$ （13 - 3）

式中　P ——热功率；

　　　r ——钻孔半径；

　　　ΔH ——在温度 T 时由冰变成水的焓的变化，当 $T = -100\ ℃$ 时，$\Delta H = 4.5 \times 10^8 \mathrm{J/m^3}$。

　　与单纯加热相比，结合融化水的喷射，可以提供更快的下降速度（由 0.5 m/h 增加到 1～2 m/h）。向下喷射的 50 ℃ 热水，回流到尾部，被泵入入口，然后进行再次加热，最后重新喷射。冰层的穿透速率是温度的函数——假定在 −15 ℃ 下钻探的速度为 1.5 m/h；则在 −55 ℃ 时，钻探的速度会下降到 0.9 m/h；在 −120 ℃ 时，钻探的速度会下降到 0.5 m/h；在 −170 ℃ 时，钻探的速度会下降到 0.3 m/h。特别是，由于通过冰层热传导进行热扩散，融化将需要更高的能量，但是一旦冰融化后，融化的水将起到很好的热绝缘体作用。一个 3 m 长的探针以 2 m/h 的速度在冰层中融化出一个直径为 13 cm 的孔洞（假定探针的直径为 12 cm），所需要的能量为5 kW。这相当于平均每 21 天完成穿越 1 km（或每 210 天完成穿越 10 km）。1.2 m 的圆柱形探针可将所需的能源降低为 1.0 kW，由于其质量更小，下降的速度也就更慢——大约为每个月下降 0.5 km。融化的主要优点是，可以对融化的水进行采样和过滤，从而得到其中沉积的生物物质。已经有人提出，使用穿冰机器人来融化火星极地的冰层，但是将穿冰机器人释放到木卫二上，所面临的挑战更大。集成穿冰机器人实验（Integrated Cryobot Experimental，ICE）探测的概念是将四个加热器与中央融化水泵相结合。其构造为一个空心铝筒和铜质的熔头，长度大约为 3 m。几乎可以肯定的是，在冰层中下降时必然要躲避障碍物，这就需要用一个主动的声传感器来提前检测障碍物，从而启动穿冰机器人表面的差温加热。这也需要一个球形的尖端，以得到一个弯曲的轨迹。在检测到的冰/水界面时，穿冰机器人必须将自身锚定在冰上，然后释放游泳机器人进入到木卫二的海洋。

　　JPL 的穿冰-游泳集成机器人穿透系统（Cryo - Hydro Integrated Robotic Penetrator System，CHIRPS）任务涉及将通信传输/接收电子设备，释放到浅冰层处，通过脐带电缆来连接着陆器的天线。JPL 的穿冰-游泳集成机器人穿透系统的穿冰机器人重 22 kg，长 1 m，直径为 12 cm。在头部附近，使用四个中央热水喷射形式的热电加热器，能源源于器载放射性同位素热电发电器，需要耗用 1 kW 的能量[1347]。毛细流体环路在头部、中段和后方提供可控的融化水。温度、压力和倾角传感器对过程进行监视。一系列可展开的收发器都安装在后方以方便展开。穿冰机器人使用两个声纳传感器探测障碍物，利用差温加热方式，其行驶的方向与垂直方向的夹角可以达到 30°。在其靠近头部的两侧增加热水喷流，将会大大增加其下降的速度。已经有人为探测火星北极冰层设计出了一类轻小型的核动力系统，木卫二热探测器理想的选择是使用与其近似的系统[1348]。火星冰层探测器（Mars Ice Cap Explorer，MICE）的概念为使用由一个小型化的核反应堆的热能提供动力的温水喷射，融化形成一个通道。核能木卫二移动海洋计划（Nuclear Europa Mobile

Ocean，NEMO）木卫二融化探测器使用 MITEE 核反应堆的余热，来融化木卫二的冰层[1349]。浓缩 U‑235 金属陶瓷燃料颗粒镶嵌在金属锆基上。冷却水流入薄壁管，薄壁管以六边形网格形状排列，将堆芯成型，以去除裂变所产生的热量。水充当慢化剂的作用，相当于效率为 20% 的压水堆。压力维持在最低为 10 MPa 的量级，以避免表面沸腾，但是在下降的过程中，为了确保喷射出水，需要的压力也随之增加。融化探针的顶部有一个小的电解器，其作用是生成 H_2 以保持浮力。融化探针的最大热耗为 500 kW，上升、下降的速率可以达到每天 340 m。将热耗降低到 200 kW，可以将 U‑235 的消耗量减少为 72g/年。而这些热量也足以在下降的过程中进行科学测量。输出的电功率的标称值为 10 kW，但是具备输出 20～30 kW 的能力。类似的反应堆可以为木卫二表面海洋的水下自动装置提供能量，以支持其进行热水喷射。内部压力维持在高于下潜环境的压力水平——在 10 km 深的水冰交界处，水压为 120 个大气压；而在水冰交界处以下的 10 km 处，水压增大为 250 个大气压。

　　通常情况下，假设次表层探测器与表面着陆器之间有连接电缆，穿冰机器人通过系绳来获得直流电和通信数据[1350]。Dante Ⅱ 电缆能够分别承受 7 700 N 的静态负载和 13 600 N 的动态负载。承重绳内芯为符合 AWG 标准的铜导体，在内芯外包裹有芳纶，两者之间填充有 0.1 mm 厚的低摩擦力的膨体聚四氟乙烯材料。整个系绳外有耐摩擦罩。用两个 26 AWG 的同轴电缆建立带宽为 384 kbit/s 的视频信道；一个 26 AWG 的双绞线来建立带宽为 192 kbit/s 的以太通道，四个全双工的 RS‑232 串行信道；用一个 18 AWG 电缆来传输能量。它的电机在转速为 2 000 r/min 时，输出力矩为 2.85 N·m，总的齿轮减速比为 1 246∶1。使用直径为 32.3 cm 电缆盘，可实现的转绕速度为 3.5 r/min，最大静态负载为 7.7 kN。绞盘的总重量为 169 kg（55 kg 为 300 mm 绳索的特定重量：0.186 kg/m）。然而，鉴于冰层的厚度，基于系绳进行通信和传输能量并不可靠，因为在潮汐形变的过程中的冰层很可能会剪断绳索。而且，通过系绳的直流传输的效率很低，这就需要表面着陆器提供更高的能量。10 km 长的系绳也意味着需要牺牲一定的重量。而对于通信，建立链路的方式是部署多个小型化的微波射频收发器，来中继表面着陆器和次表层的探测器的通信[1351]。微波以 168 m/s 的速度穿过冰层。这些口径为 0.1 m 的四偶极阵子天线能够以较小的重量和体积，输出 120 mW 的功率。已经有人指出，1.3 W 的超级电容器有能力支持 3 个 1 W 的碲化铋放射性同位素加热单元正常工作。数据传输速率必须很低（大约为 10 kbit/s），这样图像数据传输的延迟时间会很长。形状记忆合金弹簧释放一个锚进入冰层，以维持收发机在冰层中的位置。收发信机间的标称距离为 300 m，这也限制了可达的冰层的深度：−15 ℃ 的冰比 −5 ℃ 的冰传输更远的距离。

13.2　木卫二游泳机器人

　　一旦穿透过覆盖的冰层，就可以释放游泳机器人。木卫二游泳机器人潜泳的最雄心勃勃的科学目标，就是在 100～200 km 深的海底实现自动探测和定位热液喷口。游泳机器人的最简单的形式就是穿冰机器人上可拆分下来的一部分，两者通过系绳连接。穿冰机器人在距离水冰交界处大约 100 m 处冻结在冰层上，实现锚定。这种情况下，释放两者之间缠紧的绳索，可分离部分继续下降，进入液态水中，游泳机器人受到的浮力必须为负值，这样才会下降，而重新缠紧绳索将使其上升。受重量的限制，系绳的长度不能超过 300 m，这也意味着进入水的系绳的长度不能超过 200 m。然而，由于释放的系绳为游泳机器人增加了重量，需要采取一定的浮力控制/压舱控制手段，以满足上升/下降的需求。梭形（泪滴形）的流体可以使其受到的阻力最小。外壁与流体之间剪切作用，产生了摩擦力。梭形结构使本体与分界层相贴合。潜艇的基本形状为梭形，与海豚形状相似，头部为圆形，然后到尾部慢慢变尖。长细比定义为长度与最大周长的比值，对于最大体积，想要拉力最小，最优的长细比在 3~8 之间。MASE（Miniature Autonomous Submersible Exploerer，小型自动化潜水式探测器）是一类用于在木卫二的次表层释放的探测器，为一个小型（长 23 cm，直径 5 cm）的鱼雷形状的自动潜水探测器。它采用了大量的小型化技术[1352]。受器上电池输出功率的限制，其释放过程的持续时间的设计值为不超过 5 h。MASE 通过光纤与母探测器（穿冰机器人）相连。它可达的范围为 5~10 km，为了实现与穿冰机器人的光纤通信，需要一个特别长的光纤。使用系绳严重限制了 MASE 被释放的深度——为了使其下潜深度能够达到 100~200 km，非常有必要使用一个不需要使用系绳的自动化潜水探测器。毫无疑问，可以自由游泳，通过 6 个自由度控制的游泳机器人，可以带来最大的灵活性。

首先关注的问题是应该使用自由降落的机器人，还是使用有动力的潜水艇。对深海中底栖生物群落的研究结果表明，在水下利用压载的方式下降，底栖生物群落可以自由下降到达 1~5 km 深的海床，并且在海底高达 600 bar 的压强下，一直呆在海底[1353-1355]。远程船的声纳可以用来激活舰上的控制程序。使用舰上的仪器包自动进行试验（比如显微镜、DNA 测序仪和质谱分析仪），并将数据储存在舰上。这些仪器可以用来监视水柱，跟踪深海鱼，分析沉淀物，和原位化学方式分析水、气体和沉淀物。一旦任务完成，扔掉钢制压重物，重新上升到表面。AUDOS（阿伯丁大学深海潜水器）是研究深海鱼运动的一个典型的例子。它由一个铝制的管形桁架组成，配有浮力和下降装置，同时安装有包括灯/相机、声学多普勒海流剖面仪和声纳在内的仪器载荷。

深水近海石油和天然气开采已经成为海底技术的主要驱动力。可以采用海洋学潜艇作为木卫二潜艇的最初模型，尽管木卫二在海底 200 m 深处的压力大约为 3 kbar［是马里亚纳海沟（Mariana Trench）压力的 3 倍］。缆控式遥控潜水艇（Remotely Operated Vehicles，ROV）的可操作周期更长，可以实现海床勘测、潜水电缆/管线安装和维护，维修海底石油平台和防军用水雷——它们经常作为太空机器人系统的验证模型［比如，中性浮力潜水艇（Neutral Buoyancy Vehicle，NBV），太空模拟车[1356]］。1 000 kg 重的贾森（Jason）潜艇是一种遥控潜水艇机动车，能够进行详细勘测和在海底拖动从动车[1357]。缆绳——被用于保持中性浮力——由于表面船只运动使其承受非常大的负荷，因此缆绳管理系统通过一个沉重的（典型的为三层包覆的）、长度大约为 10 km 的缆绳来连接表面的船，使用质量小一些的缆绳（大约 1 km 长）来连接遥控潜水艇。尽管一些遥控潜水艇和传统的传导率、温度和深度（Conductivity，Temperature，and Depth，CTD）测量平台相差无几，但是许多还是使用了带有高带宽光纤和三根铜电缆的缆绳，其中高带宽光纤用于传输视频图像数据，铜电缆用于在大约 100 m 的范围内传输交流电功率。海神（Nereus）号是一个缆控式机器人式潜水器，能够下降到海底 10 km 的深度——它在 2009 年成功下降到马里亚纳海沟。缆控式潜水器的问题是，如何在变化的洋流所产生的拉力的影响下保持位置。此外，日本的 ROV 海沟（Kaiko）号在 2003 年由于缆绳断裂而失去踪迹，这也说明缆绳是单点失效环节。

传统的潜水器的能源系统分为铅酸电池、锌银电池、钠硫电池、锂离子电池、高分子固体燃料电池、闭式循环柴油机——持久性最好的是高分子固体燃料电池[1358]。但是这些电池也无法为大于 100 km 的长距离提供所需要的长持久性功率。对于木卫二潜水器，唯一切实可行的选择就是使用放射性同位素热电发生器或者核反应堆——军用潜水艇上使用后者作为压水堆，但是这套设备体积太大，而且输出功率要远远超出木卫二潜水器所需的功率。对于小一些的潜水艇，最合适的功率系统应该是同位素热源供给的原电池组或者燃料电池。机器人潜水艇的最大距离为 [布鲁恩（Bruhn）等人于 2005 年提出]

$$R = \frac{2\varepsilon}{3(P_h - P_s)} \left[\left(1 - \frac{\rho_h}{\rho_f} \right) V - M \right] \sqrt[3]{\frac{(P_h - P_s)\eta_m \eta_p}{\rho_f V^{2/3} C_D}} \tag{13-4}$$

式中　P_h ——支持系统的功率；

$\quad\quad P_s$ ——提供的功率；

$\quad\quad V$ ——潜水艇的体积；

$\quad\quad M$ ——潜水艇的重量；

$\quad\quad C_D$ ——阻力系数；

$\quad\quad \varepsilon$ ——电池能量密度；

$\quad\quad \rho_h$ ——船体的密度；

$\quad\quad \rho_f$ ——流体密度。

推进系统所需要的推进功率由阻尼系数决定 [斯图贝克（Schubak）和斯科特（Scott）等人于 1995 年提出]

$$P_{prop} = \frac{1}{2} \rho C_D V^{2/3} v^2 \tag{13-5}$$

式中　ρ ——海水密度；

$\quad\quad C_D$ ——体积阻尼系数，对于鱼雷形状，当长细比（l/d）为 5 时，C_D 为 0.5；

$\quad\quad V$ ——机动设备的体积；

$\quad\quad v$ ——机动速度。

不使用绳缆，可以解耦潜水艇与海洋表面之间的动力学效应。自主潜水器（Autonomous Underwater Vehicles，AUV）摒弃了绳缆，不需要连续控制或监视，为部署提供了更大的灵活性。受电池限制，任务持续时间会相应缩短，这就限制了 AUV 只能进行短期的海洋勘测，但是已经有人开始将 AUV 用于成熟度更高的操作任务或者长时间的观察任务。现代的核潜艇自动化的程度更高——英国皇家海军仅用 98 个海军即可实现对核潜艇的精细操作，而在核潜艇 25 年的寿命期内，不需要再对其进行加油。Autosub 是一个 7 m 长，鱼雷形状的潜水器，干重为 1.4 t，湿重为 3.7 t。它的"D-cell"碱性蓄电池能让其在深度达 1 km 的条件下，在低功耗模式下，在 6 天多的时间内前进 500 km。

小型 AUV 下潜的深度和移动的距离受限：50 kg 重的 AUV 下潜的典型深度为 100 m，典型移动距离为 20～40 km。这样的 AUV 是分布式神经网络的主干，能够提供垂直和水平的探测能力。滑翔机的驱动力是浮力，与浮标相似，都是通过改变配重来改变浮力，只不过滑翔机有机翼，利用机翼将垂直的下降转换成向前移动，用方向舵来改变方向。滑翔机消耗的能量非常低。AUV 由推进器驱动，相对于滑翔机，移动的速度更快，但是能源持续的时间更短。水下滑翔机是一类新型 AUV 设计，它能够前进的距离相当长，受到的流体阻力小，俯仰控制的范围更大，可以适应 0.2～3.0 的滑翔斜面[1359]。水下滑翔机的船体为铝合金耐压船体，可以承受 1 000 bar 的压力，机翼、舵和跟踪天线通过在玻璃纤维整流罩里相互连接。52 kg 重的水下滑翔机长 1.8 m，机翼宽 1 m。

水下滑翔机用二乙醚石油，从内部的耐压船体泵入外部的球囊来增加在海水中的滑动力。石油的密度由环境压力决定

$$\rho = \frac{\rho_0}{1 - \dfrac{p - p_0}{E}} \tag{13-6}$$

式中，E 是体积模量。

石油泵入外部的球囊，根据阿基米德原理，水下滑翔机开始上升

$$F = mg - \rho g V \tag{13-7}$$

式中，V 为排开的液体体积。

海底滑翔机可以使用海洋的温差来获得能量——斯洛克姆（Slocum）滑翔机利用温差来改变浮力，实现下降或者上升。深飞 1 号（Deep Flight 1）带有两翼，鱼雷形状，两个短翼使其能够在水里"飞行"，但是对其进行改装，可以上升下降用于长达 6 000 km 的海床操作，能源需求却很低。仿生游泳机器人可以模仿多种生物——鱼、鳗、海马、蟹和虫子——但是根据基因算法进行优化后的结果表明，鱼是最成功的仿生设计[1360]。

在 1960 年，雅克·皮尔特（Jacques Piccard）和唐·华尔什（Don Walsh）乘坐钢制的深海潜水器曲斯特（Trieste），到达了马里亚纳海沟的挑战者深度，曲斯特是基于气球的原理来进行升降的。大多数军用潜水艇和科研潜水艇都被限制在 400～500 m 的深度（尽管 NR-1 到过 724 m 的深度），这个深度能够到达大多数大陆架区域。绝大多数深海潜水艇的架构是耐压船体，使用干式内部电缆。必须对耐压船进行设计，使其能够承受内外部的压力。典型的单壁结构包括能源系统、载荷和电子设备。原材料选择是个很复杂的过程，因为涉及在盐水这类高压力高腐蚀性环境下正常使用。铝合金的强度重量比要比高强钢的强度重量比高，但是通常很少使用铝合金，因为除非表面涂有锌合金，否则它的耐腐蚀性不佳。在所有的金属中，钛合金的强度重量比最高，相应地，大多数的船体都是 7.5 cm 厚的钛合金。特里同（Triton）MRV 采用了铝合金架构/耐压船体，深度能够到达

3 km[1361]。阿尔文号（Alvin）载人潜水器到达的最大深度为 4.5 km，这个深度也是大陆海洋的平均深度。5 km 深处的压强是 0.5 t/cm²。通过远程控制系统探测过泰坦尼克号失事地点的 ROV 式"贾森（Jason）"潜水器，尽管之前的额定下降深度为 7 km，探索发生事故的深水地平线钻井平台地点的 ROV 下潜深度为 1.5 km。大多数 AUV 的下潜深度不超过 3 km。在 10 km 深处的海床的压力大约为 110 MPa，这就需要高度抗压的结构。最深的陆地下潜深度纪录为 1960 年的载人潜水器曲斯特所创造的。其能承受的压强的设计值为 1.2 kbar，该潜水器在西太平洋南部关岛附近的马里亚纳海沟下潜到 11.3 km 深度，而这个深度也被称为挑战者深度。曲斯特的乘客室是由 12.7 cm 厚的钢制成的。今天，钛合金已经取代了钢。如采用 S 玻璃增强塑料作为代替材料，能够为更深的深度提供更高的抗压强度。碳纤维增强复合物能提供更好的弹性模量。詹姆斯·卡梅隆（James Cameron）的深海挑战者号在 2012 年 1 月下水，它重 12 t，为垂直的鱼雷形状，其能达到的最大深度的设计值为挑战者深度－11 km，且下降的速度尽可能得快。它由碳纤维复合物构造而成，能够承受 1 000 个大气压。所有的电子设备安装在压力平衡的填充油的箱子里。Autosub 潜水艇使用碳纤维复合物的耐压结构，能够到达 1.6 km 的深度，而深度主要受限于它的能源系统、配平压载物和浮力泡沫材料。船板使用玻璃增强塑料，主体构造使用铝。对于单层壁，壁厚为

$$t = \sqrt{t_{\mathrm{a}}^2 + t_{\mathrm{r}}^2} \qquad (13-8)$$

其中

$$t_{\mathrm{a}} = n\pi r^2 p / 2\sigma\pi r = nrp/2\sigma$$

$$t_{\mathrm{r}} = nrp/2\sigma$$

式中　t_{a}——轴向厚度；

$\quad\quad t_{\mathrm{r}}$——径向厚度；

$\quad\quad p$——外部压力；

$\quad\quad r$——段径；

$\quad\quad \sigma$——材料抗拉强度；

$\quad\quad n$——安全因子，大约为 5。

$$t = \sqrt{\frac{5}{4}} \frac{nrp}{\sigma} \qquad (13-9)$$

文献［1362］给出了壳体厚度的经验表达式

$$t = kd \frac{p/\sigma}{1 \mp kp/\sigma} \qquad (13-10)$$

式中　d——壳体直径；

$\quad\quad p$——压强的设计值（MPa）；

$\quad\quad \sigma$——船体材料的极限强度（MPa）；

$\quad\quad k$——无量纲常数，材料为金属时值为 0.7，材料为复合材料时值为 2.15。

球形壳体的强度重量比最大，但是军用潜水艇的结构为，壳体为近柱面耐压构造，封

端为钢制环梁构造。圆柱形的流体动力特性要优于球形的流体动力特性。这种鱼雷形状的潜水艇要想实现机动，需要配备舵、艏艉水翼和三个配平箱（头部、尾部和中间部分）。本体形状的阻尼系数由流体阻力决定

$$C_D - \frac{2D}{\rho A v^2}, \quad Re = \frac{\rho v l}{\mu} \tag{13-11}$$

式中，D 是拉力；ρ 是流体密度；A 是接触面积；v 是流体速度；l 是线性本体维度；μ 是动态流体黏滞度。雷诺数的定义是惯力与黏力的比值。更笨重的设计是采用推进器和螺旋桨来实现机动，但是这种设计要以牺牲速度为代价。柔性涂层可以用来延迟液体从层流转换到湍流，降低接触造成的阻力和抑制流动对小潜水艇产生的噪声[1363]。

　　首先提出的问题是，应该采用干式结构还是湿式结构：干式系统基于耐压船体，能够承受水底/冰下深处的外部环境压力；湿式系统是通过在内部的孔洞内灌注的方式，使得外部环境的压力保持一致。在潜水艇中，耐压船体被包围在流动的水动力环境中，而它自身感受不到流体静力压。在湿式结构中，仍然需要将电子设备封存在干燥的条件下，避免高压力的水渗透。湿式结构是木卫二游泳机器人的基本结构，因为木卫二的海洋环境压力很高。尽管比较理想的方式是使用湿式电缆，但是使用干燥腔体油耐压、橡胶密封、管端穿板式连接器和不漏水的隔断等方式都可以防止泄露。在特里同 MRV 中，所有的电子分线盒和机器人的关节都装满了绝缘的矿物油，用灵活的薄膜来平衡矿物油的压力与水压。

　　为了使得机动性能最大化，ROV 必须是中性浮力的。耐压船体的两侧有两个相似的浮力槽，在潜水的过程水涌入压力舱——在潜水艇中，使用船体上可调整的侧翼来控制下降角度。上升过程中，空气压缩将空气泵入浮力槽。浮力球可以由重量小、抗压强度高的陶瓷制造而成，以很小的重量为代价提供中性浮力。这里假设浮力球中装满空气，但是合成泡沫材料也可以用于提供浮力。泡沫材料由嵌入环氧树脂基中的极小的玻璃微球组成。压载水舱可以泵入和泵出水，实现潜水艇的下降、上升和提供平衡。

　　绝大多数 AUV/ROV 的推进系统通过导管螺旋桨推进器来进行操作（尽管其中一些是低功耗的仿生设计）。螺旋桨通过增加液流的速度来产生推力，将机械旋转速度 v_{veh} 转换为输出速度 v_{op}^2。推进功率是质量流量与速度差值的乘积。输入功率是每个单位时间产生的动能，可以表示为

$$P_{in} = \frac{1}{2}\dot{m}(v_{op}^2 - v_{veh}^2) \tag{13-12}$$

用弗劳德数（Froude number）定义推进效率，即

$$\eta = \frac{2v_{veh}}{v_{op} + v_{veh}} \tag{13-13}$$

$v_{op} > v_{veh}$，因此 $\eta < 100\%$。如果 $v_{op} \to v_{veh}$，那么哪怕提高极小的速度，也需要很大的质量流量。因此，喷气推进的效率很低，因为喷气式推进随着输出速度的增加，质量流量也随之减少。Autosub 型潜水器在尾部使用 5 叶片式的螺旋桨，与操纵面协同工作。潜水艇的姿态控制需要三轴推进控制，以在工作地点盘旋延长工作时间。这需要 4 个水平导管螺旋桨和 4 个垂直导管螺旋桨来实现矢量推进。特里同有 4 个直径为 380 mm 的水平

导管螺旋桨和 4 个直径为 305 mm 的垂直导管螺旋桨，分别产生 3.5 节和 2.0 节的速度。NR-1 潜水调查船能够使用底部的两个可伸缩的轮子来勘察海床，以实现深海勘察和救援。推进系统必须在巡航期间能够实现机动，这就涉及复杂的方向和位置的平移和旋转变化[1364]。可以用弗劳德数和雷诺数来定义巡航-机动联合指数[1365]

$$\beta = \frac{Fr^4}{Re} = \frac{v^3}{L^3} \frac{\mu}{g^2} \tag{13-14}$$

式中　Fr——弗劳德数，$Fr = v / \sqrt{gL}$ ；

　　　L ——船身长；

　　　Re ——雷诺数，$Re = vL/\mu$ ；

　　　μ ——动态流体黏滞度。

　　用仿生学的方法来实现水下推进应该也是可行的[1366-1368]。涡轮推进可以实现加速和机动，其机理与水母和乌贼的运动方式相似。当流体快速冲出一个缺口时，就形成了涡环。流体喷出的同时也在扩散，流体的前沿会绕回来。如果流体喷出的速度足够快，流体的前沿会绕一个圈，直到流体前进的方向又与原先流体喷出的方向一致，再继续前进。这个涡环与继续喷射出的流体互相独立，带走了大量的动量。这导致推进器产生反应。利用活塞将圆柱状液体推入到邻近的液体中会生成涡环。通过控制加速活塞和调整喷孔的直径，可以将排出流体的速度变为涡轮的速度。活塞腔的长度至少需要是宽度的 4 倍。推进器的构造采用柔性塑料薄膜，薄膜膨胀时水进入，薄膜压缩时水被推出，这就产生了一个能够转动螺旋桨的涡环。尽管涡轮推进器的技术还不是太成熟，但是还是可以使用高振幅的涡轮推进器来实现姿态控制和推进。可以通过改变相对于浮力中心的重心来实现俯仰滚动控制，从而实现姿态控制。浮力控制是基于小型高压力泵和内部活塞实现的，其中能源由器上的电池提供。侧翼提供水动升力，推动潜水艇在上升或者下降的过程中前进或者后退。与之相反，空气动力滑翔机在快速下降过程中使用三角翼的小的机翼面积产生下降推力。而这两种情况都可以使用重量调节的方式来配平。通过变换俯仰角度和推力来控制下潜的深度。

　　海水具有高导电性（6 S/m），是射频信号的强吸收体。绝大多数潜水器的无线通信都是使用极低频（Extremely Low Frequency，ELF）无线电波，限于 10 个字符/min。在水下，声波通信的距离较短，但是可以提供更高的信息传输速率。在深水，使用低频（30 kHz）的声频信号进行通信，最大通信范围为 10 km。潜水器也可以通过一条锚定在冰底部的系绳来进行通信。这种方式还能够为潜水器提供固定点，应对木卫二海洋中活跃的潮汐流。在不使用系绳和光纤的通信场合则要依赖于水下声波通信。水下通信受到引起信号扩散的多径效应的影响。这可以使用扩频的方法来缓解。超声波信号的传播距离可以达到 5 km，但是会被冰、水面、海底和温跃层反射。边界反射会引起低带宽多径传播，而且考虑到声音在水中的速度，还会带来高延迟[1369,1370]。声音在水中的速度在 1 400～1 600 m/s 之间（平均为 1 500 m/s），与水的温度、盐度和压力有关。它随着温度、压力和盐度的降低而降低，与盐度的依赖关系并不大（地球上绝大多数海洋的盐度在 33.8～

36.8 之间）。数据的传输速率通常为 100 bit/s 左右。温跃层是地球海洋的温度（8～25 ℃）随着深度变化迅速下降的地方（热带位于 150～400 m 深处，亚热带位于 400～1 000 m 深处）。在温跃层之下，海水的温度恒定于 3 ℃左右。海洋在 1 000 m 之下的温度变化很小，保持在接近 4 ℃，声速主要随着压力的增加而增加。在水深 1 000 m 左右的地方，声速最低。声音射线倾于转向声速较低的深度并在其中传播更远的距离。随着传输距离的增加，声音信道的幅度和频率的衰减也会增加——一个几十米的长距离声音信道只有几千赫兹的带宽。带宽限制是由于声波在水中的吸收超过 30 kHz。可以使用瑞利（Rayleigh）衰落信道对其建模。FSK 传输会受到多径传播效应的影响——因为与多径扩散相关的邻近点频会引起衰落。$\Delta f = 1/t_{\mathrm{mps}}$，只有频率在此范围之外的信道能够进一步降低数据传输速率：在 20～30 kHz 波段上的 FSK 调制的数据速率被限制在 5 kbit/s。为了减少或者消除码间干扰，必须在连续脉冲之间插入保护间隔，而这会降低数据吞吐量。使用相干调制来代替非相干调制——通过增加声音信道的带宽利用效率，可能将数据速率增加一个数量级到 30～40 kbit/s[1371]。相位相干 PSK 和 QAM 能够减小多径效应的影响——相干 DPSK 的传输速率可以达到 10～20 kbit/s。使用信道（纠错）编码能够显著提高信息传输的可靠性，而使用预估的自适应滤波进一步增强了通信的相干性。然而，声通信也存在着严重的问题，特别是在长距离通信领域支持的数据速率很低：在超过 1 km 的距离只有 1 kbit/s，更远的距离数据速率会更低（最深 100 km）。可以使用蓝色/绿色的激光进行通信——蓝光对水的穿透性比其他频率的光都好，在功率足够大的情况下，接收器几乎可以在任何深度检测到信号。由于被水吸收引起的损耗为

$$L = \mathrm{e}^{-kz} = \mathrm{e}^{-\tau} \tag{13-15}$$

式中　　τ——水的光学漫射厚度，$\tau = kz$；

　　　　k——扩散衰减常数；

　　　　z——深度。

　　增加传输脉冲的能量能够增加传输的深度。传输信道的质量在短时间内的变化意味着需要留有较大的余量。另一种有一定冒险性的策略是部署一个自由游动的潜水器，它能够返回锚定点传输数据。

　　潜水机器人需要复杂的导航和控制系统。惯性测量单元通过三轴加速计和三轴激光/光纤陀螺仪进行姿态测量。偏航陀螺仪测定潜水器的航向，两个倾斜传感器测定俯仰和滚转。潜水器使用磁航向传感器和俯仰/偏航陀螺仪进行姿态确定。Litton LN‐200 系统包括光纤陀螺仪和带有卡尔曼滤波器估计功能的微型机械加速度计，能够进行姿态和运动速率感知以保持潜水器的稳定，这对侧扫声纳十分重要[1372]。陀螺仪和加速度计会受到严重的漂移率影响，需要周期性地进行外部参照物校准——假设海底在可以利用的范围以内。典型的导航传感器是声学原理的（即前置声纳）。深度可以通过量程非常高的半导体压力传感器来测量。使用一个量程为 1 km 的声学回声测深仪来测量距离海底的高度（在接近海底的深度使用）。高精度的海底地形测量主要供外部参考，需要使用进行环境扫描的窄束扫描声纳——而从潜水器前面进行前向扫描和下向扫描则构成了主要的导航系统。侧扫

声纳被广泛用于二维搜索，但是不适合需要相位敏感性的三维测量。声学导航的标准方法是使用射束宽度为 1°～3°，频率为 12 kHz 的声纳，其测量范围和精度为 10 km±10 m。更高频率的声纳（300 kHz 以上）能够提供更高的分辨率（10 cm），但是高频声波衰减得更快，在浅水区（深度小于 500 m）的传输距离十分有限。贾森潜水器使用 120 kHz 的宽波段前向和下向声纳系统来进行导航，前向测量距离为 100 m，分辨率为±1°/2 cm。它还使用 200 kHz 的侧声纳。高频率的侧扫声纳能够透过浑水对海底进行测绘。一个 1 200 kHz 的声学多普勒扫描声纳能够提供关于海底的 30 m 范围内的导航。多波束多普勒声纳能够改善水下导航——通过主动的声纳测量，至少三个向下的高频（约1 200 kHz）多普勒波束测量由潜水器运动引起的海底的视速度[1373]。四次测量能够产生一个沿着波束轴的具有一个误差率的速度向量，可以通过卡尔曼滤波器与低频长基线扫描声纳相结合来提高精度，生成一个自定位的地形图。仿生回声定位十分复杂，海豚就是利用回声定位来识别物体的[1374]。它们使用单位时间带宽的宽频脉冲滴答声。峰值频率和带宽的范围为 20～100 kHz。文献［1375］开发了一种用于小型潜水器的小型化的侧扫声纳系统。声纳原件是一个长 50 mm，宽 1.5 mm 的压电陶瓷板，工作频率为 666 kHz。射束宽度为

$$B(\theta) = 20\log\left|\frac{\sin l}{l}\right| \tag{13-16}$$

式中，$L = (\pi/\lambda)l\sin\theta$；$l$ 为传感器原件尺寸。

传导率、温度和深度的测量通常用于确定盐度、温度和压力，但是作为额外的传感器源，可能对导航过程也有帮助。另外带有过滤器的微流体采样系统能够进行精矿样本的采集。彩色和黑白摄像机常与照明源一起使用，作为声纳数据的补充，但是受悬浮粒子吸收光和后向散射的影响，它们只能进行特写镜头成像。该采样系统提供蓝-绿色的照明光源，可以达到几毫米的高分辨率。贾森潜水器带有两个 16 bit，分辨率为1 024×1 024 像素的 CCD 彩色摄像机，和一个尾端的黑白摄像机，配有两个闪光灯和五个长明灯作为光源。前向摄像机可以利用激光装置来提供特写镜头成像。激光空间频率差分扫描是一个能够在没有照明的宽视野场景中测量 3D 数据的方法，且可以避免出现水下反向散射[1376]。不同时刻的空间频率差分扫描信号对应于在不同位置的不同测量值。主要器件包括一个激光扫描仪、一个 2D 成像系统、一个 3D 传感系统和一个信号处理单元。利用摄像机，控制机械臂能够对目标样本进行采样。特里同系列的远程操纵水下机器人装备有 6 自由度的机器臂、多于 2 个手指的抓手、末梢执行器或工具。其中特里同装备有 7 个自由度的带有机械手爪和工具的机械臂。

13.3　潜水器动力学

操纵涉及通过复杂的平移和旋转来改变方向和位置[1377]。作为一种运动介质，水是一种高密度的不可压缩的流体。任何物体的运动都将引起周围流体的运动。Navier - Stokes 方程分别基于质量和动量守恒描述了不可压缩流体的流体运动

$$\nabla v = 0 \tag{13-17}$$

$$\rho\left(\frac{\partial v_i}{\partial t} + v \nabla v_i\right) = \rho g_i + (\nabla \sigma)_i \tag{13-18}$$

水下机器人的动力学是高度非线性问题。通常假设由旋涡引起的流体旋转可以忽略不计。潜水器可以动态地表示为 6 自由度的系统。对潜水器位置的动力控制是最主要的需求，这是一个非线性动力学问题[1379]。潜水器必须能够对不可预计的电流等干扰和牵制效应进行补偿——如果感知处理和响应时间比未知电流动态变化快，则可以对其进行补偿。贾森潜水器使用了一个着重于伺服层的自动控制的监督控制系统。至少有一个机械手用于采样。贾森机械手的负载上限为 15 kg，曾经作为主要设备，在泰坦尼克号海难的打捞中捞起了 50 多件器物。在机器人与机械手之间有着重要的动态耦合。文献 [1380，1381] 中给出了水下机器人的 6 自由度动力学方程

$$\tau = BF = D(q)\ddot{q} + C(\dot{q})\dot{q} + H(\dot{q})\dot{q} + G(q) \tag{13-19}$$

式中　$D(q)$——车辆＋流体动力学（附加质量）惯性矩阵；

　　　$C(\dot{q})$——包括流体动力学的附加质量的科氏力/离心力项；

　　　$H(q)$——包括阻力和摩擦力的流体静力；

　　　$G(q)$——重力/浮力（标称的平衡浮力）；

　　　F——用于补偿外力的推进器力/力矩；

　　　B——推进器配置矩阵。

必须考虑外部洋流的影响，其可以简化为

$$m\dot{v}_h = F_h + \eta F_{th} + W = 0 \tag{13-20}$$

其中

$$F_h = -k_d v_h - C_d v_h \mid v_h \mid$$

$$F_{th} = k_1 w_p^2 - k_2 v_f w_p$$

式中　v_h——机器人垂直速率；

　　　m——包括附加质量的机器人质量；

　　　η——推进器效率；

　　　F_h——水阻尼力；

　　　F_{th}——推进器垂直力；

　　　w_p——螺旋桨旋转速率；

　　　v_f——水通过螺旋桨的速度；

　　　W——机器人的重量。

流体动力学参数是未知的，并且显著的外部扰动十分常见。水流十分湍急，阻力系数取决于流体的雷诺数。推进器动力学具有典型的非线性特征，包括饱和特性、转换速率限制、摩擦力、非线性螺旋桨负载等。推进器的行为像一个行动迟钝的非线性滤波器，其响应速度取决于控制推力，可以利用"超前补偿器＋非线性消除"方式对其进行补偿[1382]。附加质量是物体移动时周围的流体加速的结果，从而会产生额外的惯性阻力。它们是机器人形状和流体密度的函数，可以用下式对其进行建模

$$m_{add} = \gamma \rho A l \tag{13-21}$$

式中 γ ——附加质量系数，$\gamma \geqslant 1$；

l ——推进器长度；

A ——推进器截面积。

如果物体是对称的，且移动缓慢，这个附加质量可以忽略。流体动力包括海水流动作用于机器人压力中心的升力和阻力。如果压力中心与质心之间有一个杠杆臂，会有阻力矩。与阻力相比，由黏性剪力和涡旋脱落引起的高阶表面摩擦可以忽略不计。会有未知的潮汐效应影响，在木卫二上的具体情况尚不清楚，然而由于潮汐运动和放射性热源的存在，预计影响会比较显著。假设海流的速度可以忽略不计，可以使用航天器-机械臂模型。通过在机器人的相对于车辆质心和压力中心的不同位置安置推进器来实现平移和旋转的分离。当一个机械臂进行采样的时候，至少需要三对推进器进行主动控制来保持平台稳定。推进器的推力来自电马达驱动的导管螺旋桨。假设自由滑行的自主潜水器的所有三个旋转轴上都使用比例、积分、微分（PID）控制器来操纵每个轴的推进器。积分控制至关重要，以对干扰和未建模动态进行补偿。固定增益的比例、积分（PI）控制律可以用于推进器控制，也可以调整增益以对机器人的未建模方面和环境进行补偿[1383]。然而，滑动模型控制是无人潜航器的最常用控制策略，可以对外部干扰进行补偿[1384]。系统状态被推向状态空间中的开关曲面，即使在参数变化和干扰的情况下也保持在那里。开关曲面为

$$s = \dot{\phi}_e + \lambda \dot{\phi}_e \tag{13-22}$$

式中 ϕ_e ——系统参数误差，$\phi_e = \phi - \phi_d$；

λ ——带宽参数。

神经网络方法也被用于无人潜航器的控制，因为其十分适合解决非线性动力学问题[1385,1386]。这个问题的一种变体与安装在水下机器人上的机械臂的控制有关——实际上，大多数水下机器人有一个或多个摄像机的机械臂。尽管第二个机械臂可以将水下机器人固定在操作地点，但问题比看起来要复杂得多，因为它需要在至少 3 个自由度（滚动/俯仰/偏航）上对扰动力做出反应。此外，捷联激光/光纤陀螺仪可以用于测量三个轴向的角度。姿态的（滚动/俯仰/偏航）角定义为

$$R = \begin{pmatrix} cYcP & cYsPsR - sYcR & cYsPcR + sYsR \\ sYcP & sYsPsR + cYcR & sYsPcR - cYsR \\ -sP & cPsR & cRcP \end{pmatrix} \tag{13-23}$$

另外，可以使用一个基于四元数的公式[1387]——在位置保持期间的 AUV 的控制主要是使其水平位置的变化保持在一个很小的范围内。贾森潜水器使用 7 个无刷直流电机驱动的推进器来机动和移动，前向/垂直方向的最大速率为 1 节（260 N 的前向/后向推动马达，300 N 的垂直推动马达），侧移速率为 0.5 节（200 N 的推动马达）。航行器的流体动力由莫里森方程（Morison's equation）给出

$$F_{hydro} = \frac{1}{2} C_D \rho A v^2 + C_M \rho u \dot{v} + \rho u \dot{v} \tag{13-24}$$

式中 A ——航行器的横截面积；

ρ ——水的密度；

v ——航行器相对于水的速度；

u ——水的加速度，可以认为为 0；

C_D ——阻力系数。

$C_M \rho u$ 将附加质量包含到惯性矩阵 $D(q)$ 中。总的来说，许多流体动力学系数很难获得，并且有未知的多方向流存在。水流会对每个机械臂链接施力，可以估计为

$$F_{\parallel} = \frac{1}{2} C_D A \rho v_{\parallel}^2 \,, \quad F_{\perp} = \frac{1}{2} C_D A \rho v_{\perp}^2 \qquad (13-25)$$

式中　v ——每个链接处水的速度；

C_D ——阻力系数；

A ——垂直于运动方向的面积。

在低速状态下，直流电机驱动的控制性能不好，推进器动力学变得重要。滑动模型控制器由于其鲁棒性而常被用于 AUV 的控制[1388]，尽管最近也使用了许多同样具有鲁棒性的基于神经网络[1389]及其变体[1390]的控制器。即使是这些方法，也都使用了很多简化问题的假设，表明 AUV 的自动控制仍旧是一个尚未解决的问题。我们假设流体动力和重力/浮力效应可以通过近似于计算力矩控制方法的模型来进行前向补偿。此外，建立有效的推进器动力学模型对提高位置保持能力有着重要意义。这种基于模型的控制方法在性能上优于非基于模型的方法[1391]。薄箔螺旋桨流体动力学的建模基于轴向流体速度和螺旋桨旋转速度。在电流控制模式下无刷直流电机的操作力矩负载为

$$I_{\text{mech}} \dot{\Omega} + B\Omega = k_t i - \tau_1 - \tau_{\text{fric}} \qquad (13-26)$$

式中，$\tau_{\text{fric}} = k_v \Omega + k_s \text{sgn}(\Omega)$。PID 轴速率控制规则为

$$\tau = -k_p \Delta\Omega - k_i \int \Delta\Omega \, dt - k_d \Delta\dot{\Omega} \qquad (13-27)$$

一般来说，推进器中的流体动力相对于螺旋桨产生的推进力有一个时延。推进螺旋桨安装在一个管中以增加推进器的效率。轴向流和横向流会减小推进器的推力。推动器动力学可以通过螺旋桨角加速度和推力给出，分别为

$$\dot{\omega} = \frac{\tau}{\eta^2 p^2 \rho V} - \frac{\eta p A}{2V} w \mid w \mid \qquad (13-28)$$

式中　ρ ——流体密度；

τ ——推进器力矩；

w ——螺旋桨角速度；

V ——推进器体积；

η ——螺旋桨效率；

p ——螺旋桨螺距（螺旋桨桨叶的轴向距离）。

$$F_{\text{th}} = \gamma Q = A \rho \eta^2 p^2 w \mid w \mid \qquad (13-29)$$

其中

$$Q = \eta p A w$$

$$\gamma = (A\Gamma)/V$$

$$\Gamma = \rho V (Q/A^2)$$

式中　Q ——推进器体积流率；

　　　γ ——流体动力/单位体积；

　　　Γ ——流体动力；

　　　A ——推进器管道截面积。

　　假设木卫二潜水器具有较小的尺寸，在进行位置保持时能够对执行器指令做出快速响应。使用长周期三角波来输入指令能够减小水的瞬变惯性响应来提供稳态响应[1392]。螺旋桨的叶片能够产生升力和阻力。螺旋桨轴推力大小为[1393]

$$T = L\cos\theta - D\sin\theta \tag{13-30}$$

其中

$$L = \frac{1}{2}\rho A v^2 C_{\text{L}}\sin(2\alpha)$$

$$D = \frac{1}{2}\rho A v^2 C_{\text{D}} \times [1 - \cos(2\alpha)]$$

$$\theta = \arctan(v_{\text{p}}/v_{\text{t}})$$

式中　L ——垂直于入射流的升力；

　　　D ——平行于入射流的阻力；

　　　θ ——入射流方向。

　　对于螺旋桨叶片，通常 $C_{\text{L}}=1.75$，$C_{\text{D}}=1.2$，螺旋轴力矩为

$$\tau = 0.7r(L\sin\theta + D\cos\theta) \tag{13-31}$$

式中　r ——螺旋桨半径；

　　　A ——推进器管面积；

　　　p ——螺旋桨叶片平均螺距角；

　　　α ——叶片攻角，$\alpha = \pi/2 - p - \theta$。

　　相对于螺旋桨总的流体速度为

$$v = \sqrt{v_{\text{a}}^2 + v_{\text{t}}^2} \tag{13-32}$$

其中

$$v_{\text{t}} = 0.7r\Omega$$

式中　v_{a} ——轴向流速；

　　　v_{t} ——垂直于轴向的流速；

　　　Ω ——螺旋桨角速度。

　　轴向流速随时间的变化为

$$\dot{v}_{\text{a}} = \frac{\tau}{\rho A l} - \frac{K}{l}v_{\text{a}}^2 \tag{13-33}$$

式中，K 为轴向流动形状系数。这是一个非线性系统，需要基于螺旋桨叶片的旋转速度来倒推决定用于控制推进器的控制规则。当螺旋桨旋转的时候，液体的轴向速度在通过螺旋桨叶片时变化。轴向推力与通过推进器的流体动力变化率相关

$$T = \rho A l \gamma \dot{v}_{\mathrm{a}} + \rho A \, \Delta \beta v_{\mathrm{a}}^2 \qquad (13-34)$$

式中　$\Delta \beta$ ——进口和出口之间的动量通量差系数，经验值在 0.2～2 之间；

　　　γ ——有效附加质量比；

　　　l ——导管长度。

　　通过轴向流速传感器来控制螺旋桨的速度，能够精确地控制产生的推力。螺旋桨会受到几种难以精确建模的推力损耗机理的影响，包括轴向水流入（常被忽视），由与螺旋桨轴垂直的流入水流引起的交叉耦合阻力，摩擦/压力损耗引起的推进器和船体交互作用，邻近推进器间的交互作用，以及非定常流[1394]。在深海潜水的场景中，假设这些因素都可以被忽略。如果不是设计成使用声波通信链路，木卫二探测器可能需要一些系绳。系绳可能会由于老化和突然受力而损坏，其受力平衡的方程为[1395]

$$\frac{\partial T}{\partial l} + W + F = ma \qquad (13-35)$$

式中，$T = EA\varepsilon$，为系绳拉力；$EA = mc^2$，为轴向刚度；c 为沿着系绳的应力波速；$F = -\frac{1}{2}(\varepsilon + 1)\rho_w d C_{\mathrm{D}} \dot{v}^2$，为流体阻力；$W = \Delta \rho \overline{A} g$，为系绳重量；$\Delta \rho = \rho_l - \rho_w$，是水与系绳的密度差；$m$ 为系绳质量/单元长度；ε 为系绳张力；d 为系绳直径；C_{D} 为切向阻力系数；E 为系绳的杨氏模量；弹性位移为

$$u(s,t) = \sum_{j=1}^{n} \delta_i(t) \phi_{ij}(s) \qquad (13-36)$$

式中　$\phi_{ij}(s)$ ——形状函数；

　　　$\delta_i(t)$ ——时间系数。

　　在机械臂进行操作的时候，AUV 需要维持位置不变。航行器和机械臂之间的动态耦合会干扰航行器的位置和姿态。一般的水下机器人，是由人类操作员来进行调整以抵消机械臂产生的反作用力影响。对于用于木卫二上执行潜水任务的 AUV 来说，进行自动控制以取代人类操作员是至关重要的[1396]。"漫游者"中性浮力潜水艇（Neutral Buoyancy Vehicle，NBV）是一个带有四个机械臂的零重力模拟机器人系统，用于验证在轨维修的机械臂飞行器（见图 13-3）。

　　"漫游者"具有两个 8 自由度的机械臂，可实行滚动-俯仰-滚动-俯仰-滚动-俯仰-偏航-滚动操作，一条 7 自由度的腿和一个 6 自由度的机械手来驱动两个立体相机，这些相机用于支持远程监控（基于虚拟现实技术）。在对机械臂进行力控制时会产生反作用力，影响航行器的位置控制，这是一个重要问题，尤其是在通信中断期间[1397]。这使得难以使用基于目标或者基于地面的参考系统。末梢执行器的接触力可以使用雅可比矩阵的转置在联合层解决。主要困难在于，由于在航行器质心与压力中心之间（假设半径远小于长度）沿着机械臂存在一个杠杆臂而引入阻力。可以假设每个链接的压力中心都位于链接的质心，并且质心位于系统质心。因此，虚拟手臂的位置代表了杠杆臂的分离距离

$$N_{\mathrm{drag}_i} = 2 \int r_{\mathrm{lever}_i} \times \mathrm{d}F_i \qquad (13-37)$$

图 13-3　"漫游者"中性浮力潜水艇［来源：NASA］

式中，F_i 为作用在每条链接上的阻力。悬停控制——与自由飞行控制类似——避免了这种不利。机械臂的底部并不是固定在本体的惯性坐标系。这种装有机器臂的水下航行器的流体动力学与装有机器臂的航天器类似，只是做了几处很小的修改[1398,1399]：

1）附加质量指与潜水器一起移动的液体的有效质量——附加质量受液体密度影响并且会引起响应延迟。附加质量仅存在于惯性项中，因为它取决于加速度。流体的惯性是物体表面几何形状的函数且没有主轴；流体的惯性矩阵并不能反映物体本身。附加质量被定义为流体动量的导数

$$f = -I_f \begin{pmatrix} \dot{w}_b \\ \dot{v} \end{pmatrix} - \begin{pmatrix} w_b & v \\ 0 & w_b \end{pmatrix} I_f \begin{pmatrix} w_b \\ v \end{pmatrix} \qquad (13-38)$$

式中，v_b 为物体惯性速度；$\dot{v} = \dot{v}_b + w_b \times v_b$，为物体相对于流体的加速度；$I_f = \begin{pmatrix} I_i & m_i r_i \\ m_i r_i & m_i \end{pmatrix}$，为物体/流体惯性矩阵；$w_b$ 为物体的自转。

2）流体运动施加于潜水器的流体加速度为

$$\begin{pmatrix} F \\ N \end{pmatrix}_f = \begin{pmatrix} m_f \dot{v}_f \\ m_f r \times \dot{v}_f \end{pmatrix} \qquad (13-39)$$

式中，v_f 为流体速度；m_f 为排出的液体的质量——平衡浮力潜水器排出的液体质量等于潜

水器的质量。

3）由于流体黏滞性而引起的流体黏性阻力主要来自压力而不是剪切力。假设半径远小于长度的情况下（可以假设阻力垂直作用于链接轴，且平行力可以忽略不计），链接可以近似为圆柱体，此时

$$f_D = -\rho C_D r v^2 \qquad (13-40)$$

4）浮力 $f_B = -\rho g V$，其中 V 为排出的液体体积——浮力等于物质浸入液体后所减小的重力——对于铝制品，浸入水后的质量是其实际质量的三分之二。在平衡浮力的情况下，浮力等于重力 $f = m\dot{v}$。另外，如果重心和浮力中心一致则没有浮力矩。

5）推进器的动力学包括至少六个推进器——通常为四个垂直推进器和四个横向推进器。

6）液体流场提供外部液体作用力。

牛顿-欧拉动力学方法能够显示调节机械臂控制过程中额外的流体效应，其计算复杂度为 $O(n)$[1399-1401]。基于一种改进的太空机械臂控制算法[1403]，文献［1402］研究了安装在木卫二潜水器上的用于深海热泉采样的机械臂控制问题。一种改进的计算力矩控制律（结合鲁棒非线性控制律）可以用于解决潜水器-机械臂耦合问题[1404]。位于机械臂底部的测量机械臂-潜水器耦合的力矩传感器可以对水下航行器上的机械臂进行前馈补偿[1405]。可以利用这些系统中的动态冗余，对流体动力阻力的二次势函数最小化：

$$V(q,\dot{q}) = D^T W D \qquad (13-41)$$

式中，D 为阻力[1406]。一种基于 Moore-Penrose 伪逆法的参考自适应律的计算力矩参考模型也已经被成功应用[1407]。

13.4　丰富的行星海洋

土卫二和木卫二的环境相似之处是显而易见的，除了前者的地下海洋更容易进入。然而，从科学研究的角度上来看，前者的天体生物学研究价值要小很多。我们之前的很多讨论都可以直接应用或者在加些许限制后应用。探测木卫二的一个可能的替代方案是探测土卫六的碳氢化合物湖泊［例如，克拉肯海（Kraken Mare）］[1408]。在土卫六上已经发现了许多巨大的湖泊，包括丽姬亚海（Ligeia Mare）和克拉肯海（Kraken Mare）。后者可以由潜水器来探测以决定它在全球甲烷循环中所扮演的角色。可以通过一个漂浮的着陆器来部署潜水器，着陆器能够通过 X 波段转发器将信息转发给轨道卫星。潜水器可部署为一个自由单元或者用线缆拴在湖底。它包含由电缆连接的两个球体：下层的球体包含科学仪器，上层的球体包含传输系统。在以 1 m/s 的速度下沉的过程中，潜水器会在不同深度对湖水进行采样。如果是一个自由单元的潜水器，它会通过一个甚高频链路穿过碳氢化合物液体与表面的着陆器通信。它使用声纳测量周围的环境以控制自身的下降。到达湖底后，潜水器将采集用于 30 天分析的沉积物样本。一旦这个阶段完成，潜水器的上层球体将会返回表面而将包含科学仪器的下层球体留在原地。有人建议将类似 Seaglider 水下滑翔机

的浮力驱动滑翔机用于土卫六的探测，因为它们具有长时间航行的能力[1409]。它们是具有滑翔能力的航空气球的拓展。一种无人水面波浪滑翔机的改进体可以从波浪中获得机械推动力。在这个场景中，滑翔翼被连接到水面的浮舟上。当浮舟处于波浪上向上升起的时候，滑翔翼调整它的攻角产生推力。在浮舟落下的过程中，滑翔翼反转它的攻角产生进一步的推力。波动振荡因此被转化为水平运动。由于滑翔翼通过攻角工作，改变电池的位置能够转移重心。将滑翔和螺旋桨推动器相结合，能提高航程和控制精度。更加具有探索性的是飞行潜水器，一种改进的水中滑翔机，有对称的机翼，在水下的时候升力由头部向下的姿态（负攻角）提供，而在空中的时候升力由头部向上的姿态（正攻角）提供。

有人提出使用一个小探测器穿过庞大的大约 $10^8 \sim 10^{10}$ kg 的液态铁合金对地核进行探测，这种探测器在自身重力的作用下通过裂缝前进[1410]。通过一个深度为 l 、水平尺度为 w 、宽度为 d 的垂直裂缝，前进速度为

$$v_{\mathrm{p}} = \left[\left(\frac{\Delta\rho}{\rho} \right) \frac{gd^{5/4}}{v^{1/4}} \right]^{4/7} \approx 30 d^{5/7} \qquad (13-42)$$

式中　$\Delta\rho$ ——固态岩石和熔化的岩石的密度差，$\Delta\rho \approx \rho$ ；

　　　g ——重力加速度；

　　　v ——液态铁的运动黏度，$v = 10^{-6}$ m²/s。

裂缝的压力应力必须等同于岩石的剪切应力

$$\frac{\mu d}{l} = \Delta\rho g l \qquad (13-43)$$

式中，μ 为岩石的剪切模量，$\mu = 10^{11}$ Pa；在应力水平为 $3 \times 10^7 d^{1/2}$ Pa 的情况下，$l \approx \sqrt{\mu d / \Delta\rho g} \approx 1$ km $\times d^{1/2}$（即，$d = 0.1$ m，$l = 300$ m）。假设 $w = 300$ m，则得出铁的体积为 10^4 m³（10^8 kg）。裂缝将以 5 m/s 的速度向下扩散，会用一个星期的时间到达地核。为了启动裂缝，所需的能量为

$$E = \mu l w d \approx 10^{15} \mathrm{J} \ (\mathrm{Mt\ TNT}) \qquad (13-44)$$

（相当于一个 7 级地震）。探头的体积为 $d^3 \sim 10^{-3}$ m³，由液态铁合金溶液达到饱和平衡的高熔点合金构成。探测器将通过高频声波（地震波）与地面的探测器进行通信。产生地震的功率需求为

$$P = 4\pi\rho x^2 \left(\frac{w^4 d^4}{c} \right) \qquad (13-45)$$

式中，w 为角频率；$A = (wd^2 x)/rc$ ，为地震在地球表面的振荡幅度，值为 10^{-13}（10^2 Hz/f）；r 为与震源的距离；c 为波传播速度，$c = 10^4$ m/s；$x = 300$（10^2 Hz/f）μm。在执行这项任务期间，需要进行 10^8 个周期的调频信息传输。使用这种技术进行行星探索还有很长的路要走。

13.5　与地球地下海洋的类比

木卫二有些类似于地球上的沃斯托克湖（Lake Vostok），沃斯托克湖位于东南极洲冰

层之下，大小与安大略湖（Lake Ontario）相近[1411]。南极洲由两大冰原组成：东南极洲冰原和西南极洲冰原，总共包含 30 000 km³ 的冰，其中 83％位于东南极洲冰原。冰层的厚度在 2.8～4.5 km 之间，由于极地地区的气候显著变暖，冰层的厚度正在逐步变薄。东南极洲地块曾经是古生代/中生代的冈瓦纳大陆的一部分，冈瓦纳大陆（Gondwanaland）在侏罗纪/白垩纪分裂形成了非洲、东南极洲、印度和澳大利亚[1412]。南极洲的冰川作用开始于 3 300～1 400 万年之前。南极洲的冰面下埋藏着大约 150 个淡水湖，估计总体积达 35 000 km³，平均深度 10～20 m[1413,1414]。其中最大的沃斯托克湖位于冰面下 3.7～4.2 km，面积为 14 000 km²[1415]。它长 230 km，宽 50 km，位于一个裂谷之中。它已经被埋藏于地表之下 10 万～100 万年，也可能是 1 500 万年，从南极洲冰川时代开始（即新生代中期）。湖上覆盖的冰是湖水结冻形成的，这表明湖水的年龄也有 40 万年之久。湖水中可能存在生命，这对木卫二是一个重要启示：在这样的深度无法进行光合作用，但是可以进行基于氢、二氧化碳、甲烷、铁、硫的化学无机营养新陈代谢。

沃斯托克湖位于一个不活动的构造裂谷之中［类似于东非的坦噶尼喀湖（Lake Tanganyika）］，陡峭的侧壁表明存在着明显的地热能加热（55mW/m²）。地表的平均温度为 −20 ℃。上面 3.5 km 的冰来源于冰川冰盖，再往下的冰则是由湖水结冻累积形成的[1416]。上层的冰川冰中含有潜在的营养物质，如硫酸、硝酸、硫酸麻黄碱酸、甲酸、盐和矿物质。使用甚高频雷达探测冰/水的交界面，发现湖面有 0.000 4°的倾角。有证据表明沃斯托克湖内存在着由两端湖水深度不同引起的南北湖水循环。南端湖水的深度为 700 m，北端湖水的深度则为 300 m，平均深度为 500 m。这种对流可以提供矿物质和营养物质的传输机制。溶解在水中的硫酸盐离子、钠离子、氯离子和其他离子会降低水的冰点。含盐度估计在 0.4％～2％以下，沉降速度估计也很低。湖床的沉积物约有 100～200 m 厚。预期水中含有来源于天然气水合物的溶解氧。能够作为有机物来源的天然气水合物可能存在于湖水中，并且在大约 350 个大气压的高压环境中保持稳定——已经从湖中心的上方提取到了天然气水合物[1417]。溶于上层覆盖冰中的二氧化碳表明湖水中可能发生了溶解氧的生物氧化过程。

在格陵兰冰壳下 3 km 处的 20 万年的古老冰核中发现了细菌。它们栖息在附着在微黏土颗粒的水薄膜上并从中吸取铁。在冰中曾经发现过生物——位于麦克默多干河谷（McMurdo Dry Valleys）的极地湖泊的永久沙冰层（几米厚）中存在着能够进行光合作用、固氮作用和分解作用的复杂的微生物种群[1418]。此外，来自西伯利亚永久冻土层下 60 m 的冰核表明细菌可以存活 300 万年之久，如果它们是原生的而不是外来的话。2012 年沃斯托克湖（Lake Vostok）被钻探到了其最大深度 3.6 km 处（那里的冰核有 420 000 年的历史），不过对采集到的样本的详细分析还未完成。上面覆盖的 3 541～3 611 m 的冰核中在不同深度都有原核微生物和真核微生物存在。在与湖水次表层接近的 3.6 km 深处，生长营养物浓度较低，细菌细胞的浓度为 1 000～10 000 个/mL。已经在覆盖的冰核中发现了活细菌——球菌，与现代的陆生细菌类似。实际上，优势菌群存在于 3.5～3.6 km 的深度处。一种可能的栖息地是沿着冰块边界的连通的液体脉络，嗜冷细菌可以在其中依靠溶解有机碳来存活[1419]。微生物可能是在冰川下的湖形成的时候进入的，后来慢慢适应了高压、低温、永久黑暗、低能耗，低营养水平的环境[1420]。

埃尔斯沃斯湖（Ellsworth Lake）是一个覆盖在 3.4 km 冰层下的 10 km×10 km 的湖泊，位于西南极洲的埃尔斯沃斯山脉（Ellsworth Mountain）附近[1421]。具有光滑沿轨变化的强无线电回波反射，表明冰水交界处的梯度为 0.02（见图 13-4）。机载雷达探测表明它位于一个 1.5 km 深处深度为 250～500 m 的裂谷之中。它被认为是冰川下湖泊的一个典型代表，估计有 15 万年的历史。埃尔斯沃斯湖是南极冰川下的湖泊环境（Subglacial Antarctic Lake Environments，SALE）联盟的探测目标[1422]。有人建议使用热水钻探的方法来打开一个高压钻孔，再将带有科学仪器的机器人探测器通过线缆吊进去。这种方法在概念上类似于美国的南极冰钻孔探测器原理样机[1423]。众所周知在冰盖中可能存在含有液态水的空洞和岩屑。热水钻探的软管可以打开一个宽 30 cm，深 3.4～3.2 km 的钻孔到达地下湖。钻探系统需要从燃料燃烧中获得 2 MW 的能量以便把冰加热到 90 ℃。使用 12 000 L 的燃料（60 桶）在 50 h 内可以钻一个直径为 30 cm，深 3.4 km 的洞。据此可以

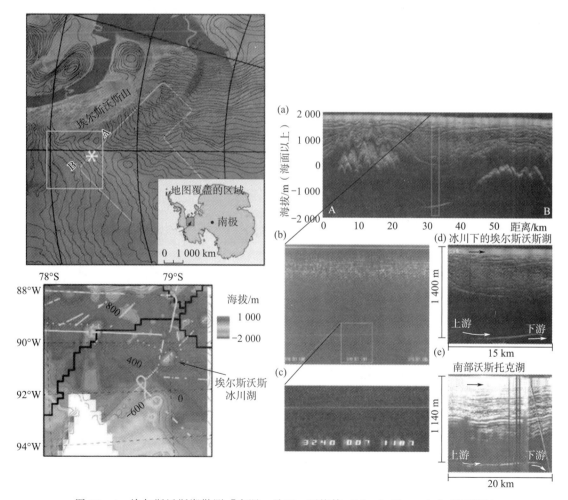

图 13-4　埃尔斯沃斯湖勘测〔来源：马丁·西格特（Martin Siegert）〕（见彩插）

估算出在 4 km 深处的压力为 370 bar。随着热喷枪的钻探，必须要保证钻洞中的液压接近地下湖的向上压力。无菌探头经由凿洞放下，穿过水层到达湖底。通过一组管子获得不同深度的水样。声纳成像结合惯性传感器进行位置测量。探头会获取 2 m 长的沉积物柱芯带回地表。设备可以在瓦特纳冰原（Vatnajokull）（冰岛）的冰川下湖泊进行测试。首要问题是要在将探头插入湖泊之前进行灭菌处理以确保没有污染物。微生物群的恢复需要保持密封。然而，最近的证据表明许多冰川下湖泊是通过移动的冰流互相连接的。不幸的是，钻探埃尔斯沃斯湖的最初尝试是不成功的——钻一个 300 m 深的洞以创建初始水腔，因为主管道不能与水腔耦合，任务失败了。预计在 2015 年会进行进一步的尝试。这些在地球上进行的探索表明，穿透冰层进入地下水非常具有挑战性，即使在人类和大量设施的支撑下，而木卫二则不具备这类条件。

第 14 章　未来巡视器概念

移动机器人有 5 种移动类型，这种分类也同样适用于星球探测巡视器：

1）车轮滚动（如汽车运动）；

2）履带滚动（如装甲车运动、旋转钻）；

3）腿部行走（如动物移动）；

4）身体关节爬行/滑动（如蛇起伏前进）；

5）无接触移动（如跳跃/飞行）；

移动的仿生方案多种多样，但最终目标是实现高性能机器人探测[1424-2427]。这涉及通过人造肌肉和量子限制传感器的反馈实施驱动力[1428]。仿生机器人通常用于动物神经学领域，因为机器人必须使用真实世界环境和物理约束进行交互和测试，这点和计算机模型不同[1429]。这样的机器人可以提供视觉和其他传感器、神经控制器、机器驱动和反射行为等的存在证明。很多课程需要学习，包括传感器融合、协同性、共振机制、开环控制、在线适应性的实现，以及能够检测环境变化的肢体传感器。生物启发探索系统（Bio - inspired Engineering of Exploration Systems，BEES）方法旨在开发具有生物世界的低质量、低容量、低功率特征的机器人设备，重点在于生物移动性及其控制和导航（例如神经控制）：腿部运动、跳跃、游泳、挖洞，特别是飞行[1430,1431]。仿生学也适用于与星球探测相关的其他机器人能力[1432]：壁虎式攀登，蜘蛛式跳跃，基于钟形感知的应变传感器，基于蠕动的运输，以及基于产卵器的树蜂钻探。生物感知不仅仅是复制，还有抽象的原理。许多仿生方法高度依赖于基于微型机电系统（MEMS）的微技术带来的微型化[1433]。已经提出了一些用于土卫六泰坦的独特任务。TANDEM 是一项由 ESA 主导的任务，包括一个探测泰坦和土卫二恩克拉多斯（Enceladus）的轨道飞行器，探测恩克拉多斯的穿透器，探测泰坦的一个热气球和三个进入探测器。泰坦海洋探测器是 NASA 提出的任务，用于发送湖泊着陆器。湖泊着陆器包括一个机器人潜水器来采集湖泊沉积物。同位素热源动力飞行器在 10 kg 的高度上巡航，使用可卷绕的系绳下降以回收地面样品。然而，目前还没有实现泰坦任务的概念性设计，但这说明了星球探测器的多功能性。

生物运动使用腿，相比轮式车辆，腿在崎岖的地形拥有更好的灵活性，详见麦克吉尔（McGeer）（1990）的轮式运动和腿式运动之间的机械关系[1434]。腿式运动不需要在离散脚步之间的连续自由通道。脚只需要在接触点克服压实阻力，而车轮和履带必须连续克服这些阻力。由足部塌陷产生的抗压性[1435]下式给出

$$R_c = \frac{l}{D} \frac{1}{(n+1)(k_c + bk_\phi)^{1/n}} \left(\frac{W}{l}\right)^{(n+1)/n} \qquad (14-1)$$

式中　l ——脚矩形长度；

　　　D ——步幅长度。

通过增加步幅长度 D 可以减少阻力。腿的滑移关系类似于轮辙，这里脚的长度和轮辙长度相等。腿部使用这些阻力来辅助运动，而不是阻碍运动。腿部可以克服崎岖地形实现车体运动。腿部运动需要大量的控制，技巧和精力。格雷厄姆（Graham）（1985）[1436]对机器人实现昆虫行走进行了很好的综述。行走周期具有两个阶段：在站立/动力阶段期间，一个或多个腿支撑身体的重量，而在摆动阶段期间，身体通过摆动一个或多个腿弹性移动。功率和摆动相位由过渡点分隔。在崎岖地形上控制腿式车辆需要协调的腿部运动：步态是腿部运动的协调响应。步态生成基于两条规则[1437]：1）不允许两个相邻的腿同时从地面抬起；2）参照 1）中所述，当相邻两条腿已经前进时，这条腿应该步行。步态定义了一条规则：所有腿具有相同的占空系数 β。腿部的占空系数定义了在地面上推动身体所花费的周期时间分数（即，站立到步幅持续时间的比率，$\beta \geqslant 0.5$）。对于四腿稳定系统 β 最小为 0.75；对于稳定六腿系统 β 最小为 0.5；对于八腿稳定系统 β 最小是 0.375（即，对于六腿系统，稳定性的增益是最大的[1438]）。腿摆动的时间由下式给出

$$\tau = (1 - \beta)T \tag{14-2}$$

那么

$$T = \frac{\tau}{1 - \beta} \tag{14-3}$$

因此

$$v = \frac{D}{\tau}\left(\frac{1 - \beta}{\beta}\right) \tag{14-4}$$

那么有

$$v = 0.33 \frac{D}{\tau} \text{（对于四腿）} \tag{14-5}$$

$$v = \frac{D}{\tau} \text{（对于六腿）} \tag{14-6}$$

$$v = 1.67 \frac{D}{\tau} \text{（对于八腿）} \tag{14-7}$$

因此，速度会随着腿的数目而增加，但代价是更高的复杂性。当 β 从 1.0 减小到 0.5 时，机器人速度增加但稳定性减小。当 $\beta = 2/3$ 时，我们有一个平行四边形步态，其中有四条腿在任何时候都与地面接触；当 $\beta = 0.5$ 时，我们有一个三边形步态，其中三条腿大多时候和地面接触。波形步态的占空系数 β（支撑阶段与总周期的比值）超过 0.5 时具有良好的稳定性。对于 $2n$ 条腿的波形步态的最优占空系数 β 应该是 $3/n \leqslant \beta < 1$，对于六腿步态，则 β 减小到 $1/2 \leqslant \beta < 1$[1439]。这定义了步态形式：波形步态（$\beta \approx 10/12$），四腿步态（$\beta \approx 8/12$），三腿步态（$\beta \approx 6/12$）。三腿步态速度最快，与此相对，多腿的慢波步态稳定。通常通过改变腿振荡器间的相位来选择步态。控制步态的中央模式发生器可以被模型化为网络中互相耦合的范德波尔振荡器（van der Pol oscillators），每个节点由单独振荡器控制[1440,1441]

$$\ddot{x} + \mu(\alpha - x^{2n+2})\dot{x} + w^2 x^{2n+1} = 0 \tag{14-8}$$

式中　α ——振幅；

　　　w ——频率。

增加一个谐波强制函数

$$\ddot{x} + \mu(\alpha - x^{2n+2})\dot{x} + w^2 x^{2n+1} = \gamma \cos wt \tag{14-9}$$

腿部结构使用下述方法优化，两个内侧关节轴线以直角相交，第三关节轴线平行于第二关节并具有相同长度，用于连接 2 和 3。有两种方式将腿部安装到身体：第一轴线可以是旋转或水平的。垂直轴安装的优点是垂直接头可以实现平行于重力轴线的最大位移。此时腿的动能在每个前进和后退冲击的末端被吸收。髋关节和膝关节沿相反的方向作用，以实现驱动器或制动器的功能。脚的位置可以通过戴维特-海特伯格（Denavit - Hartenburg）矩阵来重新定义，每只脚跟随从属于本体的其他脚的协调轨迹，并应用常规操纵控制算法[1442,1443]。腿式车辆的速度由下式给出

$$v = \frac{D}{\beta T} \tag{14-10}$$

式中　D ——腿部行程（步长）；

　　　T ——步态周期。

通过在任一侧使用不同的步长实现转弯，曲率半径和转弯速度为

$$r = b\frac{(D_l + D_r)}{(D_l - D_r)}, \quad w = \frac{v}{\rho} = \frac{D_l - D_r}{2b\beta T} \tag{14-11}$$

式中，b 为左右脚基线长度。所需功率由下式给出

$$P = \alpha\frac{mv^3}{D} \tag{14-12}$$

式中　α ——功率系数；

　　　m ——车质量；

　　　v ——车速。

生物腿部运动可以描述为一组弹簧负载的倒立摆，其能量消耗最小[1444]。为了保持行走机器人的稳定性，需要基于传感器的姿态控制。身体坐标中脚 i 的位置由下式给出[1445]

$$p_i = \begin{pmatrix} 1 & 0 & \gamma \\ \alpha\gamma & 1 & -\alpha \\ -\gamma & \alpha & 1 \end{pmatrix} \tag{14-13}$$

式中　γ ——y 轴的旋转角；

　　　α ——x 轴的旋转角。

在腿部运动期间，由脚的反作用力测量出重量分布变化，从而调整身体姿态变化。需要进行力控制使得腿式机器人适应崎岖的地形和不同的土壤：1）每只脚的压力感应和身体倾斜需要适应地形高度的不规律性；2）需要在每条腿上进行力的控制使得在土壤上进行平滑运动，从而使滑移最小化。地形响应由下式给出

$$F = kz^n \tag{14-14}$$

式中　F ——垂直力；

z ——土壤下沉。

为了符合腿末端的位置/力控制，更新的垂直腿坐标由下式给出[1446,1447]

$$\dot{z} = \dot{z}^d + K_p(z^d - z) + K_f(f^d - f) \tag{14-15}$$

式中，K_p，K_f 分别为位置和力的增益常数，K_p，$K_f < 1$。当脚部感应到力的大小不足时，腿被降低直到达到阈值——这将保持恒定的身体高度。如果腿在落下时没有检测到地面，则使用宽范围的水平运动来进行踏点搜索。在软土上行走最简单的方法是使用固定的运动周期。当腿从站立变为摆动时，脚间接触传感器从活动切换到非活动；当腿从摆动变为站立时，脚接触传感器反向切换。牛顿-欧拉动力学（Newton - Euler dynamics）可以由下式定义[1448]

$$J_R^T \tau + J_T^T F = M\ddot{x} + H \tag{14-16}$$

式中，M 为车的质量；J_R 为旋转腿雅可比行列式；J_T 为平移腿雅可比行列式；$(F，\tau)^T$ 为每条腿的接触力/力矩。可以应用一些约束条件，包括最小化弯曲能量，腿上的负载和/或行走平面中的中间力。一个复杂的腿式巡视器原型的例子是蝎子号（SCORPION）[1449]。然而，尽管其对崎岖地形拥有高适应性，但由于高数量的驱动自由度，腿式运动在控制和高功率密集性方面是复杂的[1450,1451]。缩放设计试图去耦合垂直和水平自由度以简化控制。腿式巡视器的早期设计之一是 3 t 的六腿漫步（Ambler）机器人，采用了步行步态形式[1452]。它的腿解耦水平和垂直运动。需要约 1.4 kW 的功率实现 40 cm/min 的步行速度。缩放连接是用于腿式机器人设计的常用选择，例如设计用于探索活动火山坑的 Dante Ⅱ [1453]。它的步行框架有 8 个缩放腿，在内部和外部框架上分别布置 4 个。缩放腿放大了脚部的髋关节运动，并允许脚垂直行走。存在混合腿式/轮式车辆的例子，如轮腿式（Wheeleg），其包括用于障碍物攀爬的两个 3 自由度前腿和与马拉车厢相似的两个后轮[1454,1455]。另一个例子是混合牵引机（Hybtor），其通过单独协调腿部而展现出"滚动"步态（组合滚动/行走），每个腿部末端是单个轮子[1456-1458]。一个称为工作参与者（WorkPartner）的 Hybtor 版本是为林业中远程控制操作而设计的。WorkPartner 的滚动步态是通过协调末端安装轮子的四个腿来实现的[1459-1461]。轮子最初被锁定以增加驱动拉力，然后轮子主动滚动以产生类似于滑雪行进的运动。底盘包括 18 个铰链，1 个活动铰接框架和 4 条腿。在 WorkPartner 中实现混合动力，确保其在复杂地形上具有较好的越野性能，同时在较宽的速度范围（在硬表面上高达 12 km/h）内运动[1462]。每个腿均具有线性制动器，电机功率为 250 W。类似的电机装置也安装在车轮中。其质量为 160 kg，在步行模式下的承载能力可达 60 kg，总长度为 1.4 m，宽度为 1.2 m，高度为 0.5～1.2 m。器载电源系统由电池（48 V）和发电机（由 3 kW 内燃机驱动）组成。

一般来说，步行机器适用于小型星球巡视器，需要它们基于刚性框架六足设计，以使得垂直和水平运动可以解耦，从而简化腿的控制[1463,1464]。当然，腿式运动已经成为微型机器人的常用选择（例如，八腿的蝎子号，如图 14 - 1 所示）。一个小团队在 12 周内设计和制造了质量为 1.3 kg 的六腿行走机器人，能够克服崎岖地形[1465]。它包括 4 个板载 8 位处理器（3 个用于电机/传感器处理，1 个用于协调包容体系结构），12 个电机（每个电机均具有力反馈传感器），6 个热电传感器，2 个碰撞检测晶须，以及俯仰倾角仪。每个处理器由 1 个 MIT 媒体实验室 miniboard 2.0 组成，其中包括 8 位摩托罗 6811 神经芯片 CPU，256B 内部 RAM 和 12 KB 可编程 ROM。强大的步态行为由一个分布式系统产生，没有中心协调，它能够实现鲁棒的转向和目标跟随。每个腿附着在具有 2 自由度的肩部关节，由一个用于模型飞机的位置可控的伺服电机驱动。单独控制每条腿，并通过每条腿的力感知来适应崎岖地形。晶须能够感知障碍物，红外传感器用于趋向移动目标。它采用简单的感觉运动行为控制策略，在一个固定的分布分包式体系结构中进行组织，这个结构通过 57 个带有增强定时器（ASM）的有限状态机实现。一旦腿抬起，它就自动向前，然后向下摆动。摆动的动作使得其他所有腿向后移动，而后身体向前移动。该过程通过每条腿交替循环。所有输出行为均为向量相加（类似于势场表示），但较高级别的行为会抑制较低级别的行为。每个腿部上抬由 8 个 ASM（即腿部由 48 个 ASM 控制）控制。其他 ASM 与晶须-前腿相互作用、前后腿平衡、步行步态协调、转向和跟随相关。控制系统在 8 个模块任务层中被实施：站立，简单步行，力平衡，腿部提升，晶须探测，稳定倾斜，徘徊和转向。在 57 个 ASM 中，48 个中每 6 个作为一组用于 8 条腿的机器控制系统，2 个用于将晶须连接到前腿的局部行为，2 个用于前后腿平衡行为，5 个用于"中央"控制（2 个用于行走，1 个用于转向，2 个用于跟踪目标）。因此，复杂的行为由一个简单的行为网络构成，几乎没有中央控制。重 2 kg 的匈奴王（Attila）机

图 14 - 1　八腿的蝎子号机械人［来源：NASA］（见彩插）

器人由成吉思（Genghis）发展而来，采用 6 条腿（总共 24 个驱动器）结构，其中包含 150 个传感器（14 种），9 个微控制器，2 个通过串行 I²C 总线连接的专用处理器（分别用于控制和视觉），以及太阳能电池/电源系统。许多传感器被用于腿部运动，尽管其他仪器更通用，如陀螺仪控制的相机和激光测距仪。Genghis 及其变体从原理上展示了可用简单任务构建轻型机器人，通过数量来实现更复杂的任务。微型机器人的进一步发展情况可通过以下事例说明，例如 2.5 kg 的微气体自动陀螺仪垂直起降（VTOL）车辆，由全空间飞行器子系统支持的 6 kg 微球型自由飞行器照相机，100 g 的微纳米组件，上述装置均使用了微控制器、微型电机、微型摄像机和微加速度计/陀螺仪等微部件[1466]。

　　由于平衡的复杂性、行走机械效率低等因素，在早期月球探测计划中取消了行走，因为这些原因，我们不做进一步考虑。蛇形运动在崎岖的地形或水下非常通用[1468-1471]（见图 14-2）。蛇的蠕动运行产生四种主要的步态：蛇形、侧绕、折叠和直线。蛇形车身的所有模块化部分是相同的，铰接在一起形成链，每个铰链由单个电机、齿轮箱、控制电子设备和电源供电。

图 14-2　蛇形机器人［来源：NASA］（见彩插）

　　蛇形机器人可以在松散的土壤中挖洞，可以像桅杆一样硬化，充当机器人操纵器，或者采用蛇形移动步态在物体表面移动，例如侧绕、卷绕或翻转。主要的缺点是能量效率较差。关键在于相对于主体的法向摩擦比切向摩擦大得多，从而减少侧滑，这在实践中难以实现，所以许多蛇形原型使用轮子来减少地面摩擦［例如，GMD 蛇（GMD-

Snake)[1472]〕。这个目标相去甚远因而不被进一步考虑。

尺蠖运动是类似于门环节动物分段蠕虫的运动[1473]，如蚯蚓[1474]。早期的应用是尺蠖深钻系统。通过控制围绕其流动填充体的圆形和纵向肌肉的蠕动来移动蠕虫。蚯蚓包括一系列节段，其上安装有一对刚毛。蠕虫通过伸长身体来向前推进并通过收缩拉动身体的后部来爬行。身体周围的圆形肌肉提供身体的径向收缩和扩张。沿着身体的纵向肌肉可以收缩并纵向延伸。在环形肌扩张时，刚毛是刚性的，通过将其自身锚固到土壤上来防止滑动。纵向肌肉的收缩缩短身体和加宽节段的周长。圆形肌肉收窄节段周长，同时向前伸长。这些肌肉依次沿整个身体长度方向操作。多个节段的增宽允许蠕虫的锚定，同时前段被拉长。然后前段变宽，并且尾端收缩。类似地，水生带状蠕虫能够从几厘米伸长到大约30 cm 长。它们具有恒定体积的体腔——静态骨架——带有喙，一个通过翻转向内延伸的管。带状蠕虫体周围的膜状皮肤包含嵌入的左右螺旋状胶原纤维。它们通过延长和缩短它们的周长和纵向肌肉实现蠕动移动。蠕动波比动物的前进速度慢，移动速度由下式给出

$$v_{per} = qv(\Delta l / l) \tag{14-17}$$

式中　v ——向前推进速度；

l ——未收缩部分长度；

Δl ——延长部分长度；

q ——蠕虫身体延长系数。

鱿鱼可以通过类似的过程在 15～30 ms 内将其触角延伸 50%。已经开发出能够以 13 cm/min 的低（表面）速度移动的微尺蠖驱动器，其可以用于提供适度的采样能力（例如，用于穿透器）[1475,1476]。与尺蠖类似，其通过交替的连接和分离身体部分以及交替的驱动可动部分而向前移动。电机包括单个推动装置〔基于铽镝铁（Terfenol-D）磁致伸缩材料〕和两个夹紧装置（基于多级压电驱动器）。仿生轻快顶点（Ver-Vite）模型仅适用于水平运动，不适用于钻孔。单个形状记忆合金驱动器产生收缩运动，而耦合的硅橡胶波纹管延伸到机器人主体。这提供了重复收缩和回撤的基础。两个简单的夹具安装在微型机器人的前部和后部。

爬升机器人必须能够粘附到垂直表面，同时能够沿着垂直表面移动[1477]。移动性和抓握是独立的，抓握包括吸力、磁性、夹持、导轨和仿生黏附。真空吸力是最常见的方法，但它需要光滑的无孔表面。对于如悬崖面和深峡谷的垂直体，仿生壁虎的爬升机器人可能是适用的[1478]。壁虎足毛是基于微米大小的宽度在 100～200 nm 的微小刺阵列。壁虎的脚趾垫和表面之间具有干黏附性。将接触垫分裂成许多点增加了附着力。这种高纵横比结构的阵列粘附到具有压力控制接触面积的任何表面，可以最大化范德华力（van der Waals forces）。干黏附性产生于直径为 200 mm 的微小刺阵列，附着于每条腿上的多个脚趾。壁虎脚趾垫衬有薄片，具有由 3～5 mm 刚毛组成的多个折叠膜状结构，其又由几纳米的刮刀构成。每个脚垫上具有大约 500 000 个这样的刷毛，每个脚有大约 100 M 个接触点。干黏附依赖于脚趾垫和表面——假设为赫兹接触（Hertzian contact）（分离距离＜2 nm）之间的范德华力，通过约翰逊-肯德尔-罗伯茨方程（Johnson-Kendall-Roberts equation）

给出了尖端和平坦表面之间的黏附力

$$F = \frac{3}{2}\pi r\gamma \qquad (14-18)$$

式中　r ——微脊半球半径；

　　　γ ——表面能。

壁虎脚的黏附力为 10 N（壁虎体重为 0.1 kg）。毛发（有效的悬臂）应该是硬的，以防止缠结。脊柱钩在岩壁表面上的多孔岩石中提供摩擦接触［例如，多刺机器人（Spinybot）］。基于合成壁虎脚毛的攀登需要复杂微结构的纳米模型制造[1479]。迄今为止，合成鬃毛已经使用聚氨酯制造，但是不具有与生物类似物相同的密度或类似的适应性。多刺机器人是三肢机器人，通过力控制来控制接触滑动，以保持平衡[1480]。攀登扶手的规划可以基于传统的 SLAM 和路径规划方法并结合手抓力反馈[1481]。

风滚草巡视器是一个大型、风吹、内部安装载荷设备的充气球。它在格陵兰冰盖上 48 h 之内成功移动了 130 km 以上[1482]（见图 14-3）。火星风滚草将利用火星风进行移动，火星风平均速度为 2～5 m/s（动力压力为 0.03 N/m²，速度为 2 m/s），阵风达到 10～20 m/s（动态压力为 0.8 N/m²，速度为 10 m/s）。风滚草的球形直径为 6 m，总质量为 5 kg，阻力系数为 0.5。格陵兰原型包括一个直径为 1.5 m 的尼龙袋，其中容纳包含仪器和电子器件的 1.2 m 长的管。在火星上部署将涉及一个直径为 6 m 的球，可以爬 1 m 高的岩石和 25°连续下坡。此外，它还可以用作降落伞/安全气囊下降和着陆系统。

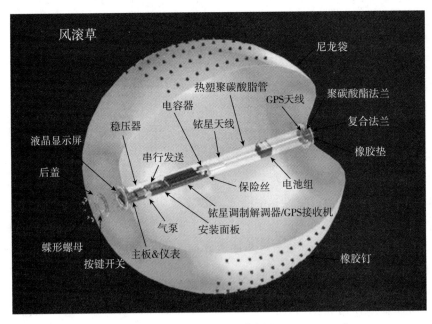

图 14-3　火星风滚草巡视器［来源：NASA JPL］

跳跃器特别适用于克服低重力环境中的障碍物，例如小行星，其表面机器人和地面之间的牵引摩擦力可能不足。跳跃高度至关重要。跳跃是探索太阳系小天体唯一可行的手段，因为轮式车辆具有负的拉杆牵引/重量比，表明没有足够的重量来提供牵引。由于其基于内部扭矩轮的低重力加速度$\leqslant 0.01$ m/s^2，所以已经提出用于小行星探测的跳跃器[1484]。更常规的小行星/彗星探测方法是在弱引力场中使用冷气推进器的三脚装置，通过控制推力方向产生弹道轨迹[1485]。已经为火星探测提出了基于 CO^2/金属火箭发动机的弹道跳跃器[1486]。一种替代方案是使用电动弹簧（即单个电机来驱动跳跃腿[1487]）。线性弹簧可以通过由电机驱动的滚珠丝杠压缩，该电机通过锁定释放装置保持就位。然而，线性弹簧容易过早启动，最好使用组合的弹簧联动系统产生非线性行为[1488]。弹簧棒/脚类似于腿式运动，包括四个阶段：两个飞行阶段（上升/下降）和两个站立阶段（弹簧压缩/伸展）[1489]。质心的跳跃高度由发射速度决定。峰值发射高度由下式给出

$$y_{max} = -\frac{(\dot{y}_0 \sin\theta)^2}{2g} = \frac{E(\sin\theta)^2}{mg} \tag{14-19}$$

最大范围由下式给出

$$x = \dot{x}^2 \frac{\sin 2\theta}{g} = \frac{2E\sin 2\theta}{mg} \tag{14-20}$$

最大水平范围出现在起飞角为 45°时，而最大高度出现在起飞角为 90°时。在福布斯二号（Phobos 2）上 50 kg 的 PrOP - F 通过弹簧装置来跳跃，推动车辆前进超过 40 m。它包括一个钟形的主体，以及一个减振器，以减少冲击力。跳跃器通常做得较小以获得更高的效率[1490,1491]。由隼鸟（Hayabusa）［缪斯 C（MUSES - C）］小行星探测航天器携带的小行星微纳试验机器人车辆（Micro Nano - experimental Robot Vehicle for Asteroids，MINERVA），该巡视器高 10 cm，直径为 12 cm。它是采用双直流电机驱动力矩器的跳跃装置。它的总质量是 588 g，携带三个 CCD 摄像机，光电二极管和温度计。在小行星 25143 丝川（Itokawa）上的 MINERVA 通过机器人内部的配重旋转来实现推动，该旋转重物以 9 cm/s 的速度（小于 20 cm/s 的逃逸速度）产生跳跃运动。它将 5 g 颗粒以 300 m/s 的速度喷射到小行星中以释放 1 g 样品，然后进行样品捕获。跳跃通常由非常小的动物采用，当地面移动效率很低时，跳跃能够减少广域勘探中的能量成本。生物启发式跳跃器通常是基于蚱蜢、招潮蟹或跳蚤，这样可以使能量成本最小化[1492]。生物系统如昆虫中的应变能量仅在弹簧装置完全负载等待能量释放时才存储。昆虫使其腿或身体进入跳跃位置，然后使用肌肉力量加载主弹簧。这样可使系统更安全。自然界通常使用双稳态机制。这与从应变能存储的加载配置分离情况有关。该装置被主弹簧拉过中心，然后弹簧被加载。当系统点火时——具有低力量高机械能的优势——触发器允许装置移回中心以下，来自主弹簧的能量注入系统。这种方式的优点是没有撞针或钩子卡住或破裂，并且控制更平滑，可靠性得到极大改善。运动的进一步变化是 PrOP - M，滑行在两个导轨上，每个导轨由两个旋转杆驱动。

　　气垫船没有被提议用于行星表面，主要是由于它的高功率要求。然而，它将非常适合于泰坦或者金星的表面勘探。它们的工作原理是可以穿过障碍场，如液体、冰、雪等。它们的工作原理是通过产生加压空气缓冲垫来使车辆与表面分离。有两种类型：增压室和外围射流，主要采用增压室[1493]。在增压室中，压缩空气通过压缩机泵送到室中以形成气垫。泵入的空气应该等于从气隙泄漏的空气。然而，间隙高度受环绕直径的限制，可以通

过空气缓冲来提升效率

$$K = \frac{W}{F_l} = \frac{A}{2hlD} \tag{14-21}$$

式中　W ——重量；

　　　h ——空隙高度；A ——缓冲面积；

　　　l ——缓冲周长；

　　　D ——排放系数，和围墙角度有关，见表 14-1；

　　　L ——升力，$L = \rho V v$；

　　　ρ ——空气密度。

表 14-1　排放系数和围墙角度的关系

围墙角度 θ /(°)	0	45	90	135	180
排放系数 D	0.5	0.537	0.611	0.746	1.00

　　升力由下式给出

$$L = W = p_c A \tag{14-22}$$

式中　p_c ——缓冲压强，对于陆地气垫船 $p_c = 1.2 \sim 3.3 \text{ kPa}$。

　　逃逸气流速度由下式给出

$$v_e = \sqrt{\frac{2p_c}{\rho}} \tag{14-23}$$

　　气流体积由下式给出

$$V = h\, dD v_e = hdD \sqrt{\frac{2p_c}{\rho}} \tag{14-24}$$

式中　d ——缓冲周长。

　　维持气垫所需的功率由下式给出

$$P = p_c V = hdD p_c^{2/3} \left(\frac{2}{\rho}\right)^{1/2} = hdD \left(\frac{W}{A}\right)^{3/2} \left(\frac{2}{\rho}\right)^{1/2} \tag{14-25}$$

　　还存在要补偿的拖拽效应，包括动量拖曳、修整拖曳、环绕拖曳和（仅水上）波拖曳。这主要由动量拖曳控制

$$R_d = \rho V v_{\text{rel}} \tag{14-26}$$

式中　v_{rel} ——气流的相对速度。

　　补偿动量拖拽所需的附加功率由下式给出

$$P = \frac{1}{2} \eta \rho V v_{\text{rel}}^2 \tag{14-27}$$

式中　η ——缓冲系统的效率。

　　推进通常使用螺旋桨风扇来实现，该螺旋桨风扇可以采取差速驱动来控制转向。风扇大小可以通过以下方式确定：

　　流速

$$Q = kNd^3 \tag{14-28}$$

式中　k ——效率常数；

　　　N ——风扇速度（r/s）；

　　　d ——风扇直径。

　　压强

$$p = k\rho N^2 d^2 \tag{14-29}$$

　　压力

$$P = kN^3 d^5 \tag{14-30}$$

　　目前尚不清楚气垫船如何实现可行性，但对于小型车辆它们带来了显著的控制问题。此外，环境条件（不在风太弱的火星上）可能适合利用行星风来产生电力。气流可以通过风驱动涡轮机的机翼转子转换成旋转轴功率。由风传递的动力取决于空气密度 ρ、流动的横截面 A 和风速 v，即

$$P = \frac{1}{2}\rho A v^3 \tag{14-31}$$

　　来自转子的功率取决于机翼上的升力和阻力，该升力和阻力又取决于由功率系数 c_p（通常为 0～0.5）量化的风车结构。

　　轻于空气的车辆可以提供持久的任务时间、较长的穿越距离，同时在行星大气环境下具有优于飞机或直升机的若干优点。动力飞艇是可控的，可以提供精确的飞行路径，用于测量大的区域，同时具有悬停能力停留在感兴趣的地点，甚至着陆以部署原位科学仪器[1494]。大多数行星飞行机器人设计是基于气球的。基于气球的系统通常用于陆地勘探和监测（见图 14-4）[1495]。卡茨（Cutts）等人（1995）对基于气球的飞行机器人进行了广泛综述，讨论了使用可逆流体进行相变来实现浮力控制的问题[1496]。它们为亚轨道遥感和地面测绘提供了一种比卫星测绘具有更高分辨率的选择。有人提出，使用太阳加热的热气球［太阳能热气球（Solar Montgolfier）］可以像降落伞那样部署在火星上，使用浮力控制将着陆速度降低到 <5 m/s[1497]。气球提供在感兴趣的科学点精确着陆的能力，表面巡视器是难以到达的（例如，在火星沟壑附近）。然而，这些场所可能遭受显著的大气湍流。气球可以是多层架构的一部分，通过为地面车辆提供导航支持，与地面车辆一起进行全面的行星探测[1498]。定向空中机器人探测器（Directed Aerial Robot Explorer，DARE）的概念提出使用具有轨迹控制的长持续时间的自主气球，在多个目标区域部署成组的微型探头，同时作为微型探测器的中继[1499]。轨迹控制装置包括悬挂在长绳末端的翼/帆，利用了在两个不同高度的风矢量差异。气球也可以作为下降和软着陆系统，可以省去很多重量[1500]。1984 年，法国-俄罗斯-美国的维加（Vega）项目在金星大气层中将两个金星超压气球部署到 54 km 高度。它们被投放在明暗界限的阴面，其中一个漂浮了 46.5 h 后返回气象数据，直到电池电量耗尽。气球通常被提出用于泰坦、火星、金星甚至木星、土星、天王星和海王星探测。通常，对于火星、金星和泰坦均设想采用超压气球，而太阳能热气球被设想用于巨型气体行星。火星 96 飞行任务包括一个气球的设计概念，白天在 4 km 高度飞行，每天覆盖 2 000 km，夜间着陆。该 5 500 m³ 的气球质量为 30.5 kg，密封了

6.4 kg 用于悬浮的天然气，载有 15 kg 科学有效载荷，并使用 13.5 kg 的导轨在地面部署仪器[1501]。对于泰坦和金星来说，气球外壳的质量很小，但对于火星来说，所需的大量气体需要一个巨大的包层。由于从较厚的大气中可以获得很高的浮力来驱动升力，泰坦被特别作为用于气球探测的潜在星球目标[1502,1503]。这将需要主动加热，因为泰坦表面的 1 W/m² 太阳能通量很低。这种方式的主要问题是，气球只能控制垂直上升/下降，需要环境风进行推动。

图 14-4　火星气球的部署［来源：NASA］（见彩插）

有几种气球类型可选，但对于行星任务超压气球是最有利的。零压力气球是最简单的，它们具有内部金属涂层，用大气气体加热内部。使用大气气体作为浮动气体，无须使用压缩气瓶。太阳能加热提供了如下能力：在白天穿越，夜间在多个位置着陆进行原位科学试验。预植的挥发性流体如甲醇，当被太阳辐射照射时可以充当浮动气体。零压气球与超压气球的不同之处在于是否需要压载。超压气球作为近恒定容积系统工作[1504,1505]。它们包括填充有氦-氢的密封外壳，尽管泄漏减少，但是由于其压力大于环境压力，因此更危险。这需要气囊保持其形状并且使升力最大化（其取决于移位体积）。不需要压载物来维持高度，只需要加压，实现超长时间飞行。高度范围由气囊包封材料可以承受的拉伸量确定。超压气球由于其长持续时间而具有优于零压气球的显著优点——它们通过阀排放过量气体[1506]。NASA 零压气球在南极洲运行了 10～20 天，但超压气球提供了运行 100 天持续时间的可能性。适宜的构造材料包括聚酯薄膜、聚对苯二甲酸乙二醇酯（Polyethylene Terephthalate，PET）和聚对苯二甲酰亚胺芳族聚酰胺（Poly - Phenyleneterephy Thalimide Aramid，PPTA）。聚酯层压板具有≤40～100 g/ m² 的低面密度，其可在 77 K 的低温下使用。用于常规零压气球的聚乙烯薄膜通常是聚酯和聚乙烯薄膜的复合物。然而，对于超压气球，聚酯薄膜或尼龙更适合用于压力容器，因为聚乙烯膜对撕裂很敏感。轻质材料如凯夫拉/聚酯薄膜/聚乙烯复合材料提供低至 13 g/m³ 的外表密度。这类材料的主要问题是密封气球如何减少气体损失。尽管通常用于零压气球的南瓜（自然形状）球囊已经被提出使用腱来获取子午载荷，但是尚未成功[1507-1509]，基线球囊形状是球形的，以使体积与表面积的比率达到最大化。气球技术已经被提出用于火星探测，但是它们需要大直径[1510]，由聚乙烯膜制成的直径 11.3 m 高 6.8 m 的超压南瓜球和由聚酯薄膜制成的直径 10 m 的超压球形球囊是一个实例。它们以 40 m/s 的速度在空中运行，在 34 km 高度的降落伞下降期间用 He 充气，类似于火星实施情况。南瓜球充气成功，球形球囊仅部分充气和破裂。气球任务的主要限制是发电（特别是在夜间）。此外，它们需要被锚定在地面上防风。作为钻孔平台，它们需要在地面上施加足够的力。滑翔和动力飞行提供了比气球飞行更好的控制。动态上升所需的最小风速梯度由下式给出

$$\frac{\mathrm{d}v}{\mathrm{d}h} = 2C_D v \tag{14-32}$$

式中，v 为风速。对于稳定飞行，机翼产生的升力由下式给出

$$L = \frac{1}{2}\rho v^2 C_L A \tag{14-33}$$

阻力由下式给出

$$D = \frac{1}{2}\rho v^2 C_D A \tag{14-34}$$

对于具有椭圆形升力分布的机翼

$$C_D = \frac{C_L^2}{\pi(AR)} \tag{14-35}$$

用于小攻角角度。在稳定的动力前向飞行中，升力平衡重量，而推力平衡阻力。滑翔涉及零推力，因此阻力必须最小化。当阻力最小时，滑翔角最小，这发生在由下式给出的飞行速度下

$$v_{\min} = \left(\frac{4K}{\rho^2 C_D}\frac{L^2}{Ab^2}\right)^{1/4} \tag{14-36}$$

式中　K ——升力效率；

　　b ——翼幅。

滑翔翼飞行时间由下式给出

$$t = h\frac{C_L}{C_D}\sqrt{\frac{\rho C_L A}{2W}} \tag{14-37}$$

式中，h 为初始高度；$W = mg$，为重量。在地球上，动力飞行的能量密度（每单位时间的能量）是地面运动的 10 倍，地面覆盖区域（每单位距离的能量）是 4 倍。动力行星飞行器涉及与无人机类似的技术。传统飞机使用机翼来降低其推力要求

$$T = W/(L/D) \tag{14-38}$$

式中，$L/D = 10 \sim 20$。空气动力通过流体压强产生

$$F = -\int P \, \mathrm{d}S \qquad (14-39)$$

式中　P——表面压强；

　　　$\mathrm{d}S$——物体表面面积。

切变应力由流体黏度给出

$$\tau = \mu \frac{\mathrm{d}v}{\mathrm{d}x} \qquad (14-40)$$

式中　μ——黏度，在空气中 $\mu = 1.79 \times 10^{-5} \ \mathrm{Ns/m^2}$；

　　　$\mathrm{d}v/\mathrm{d}x$——速度梯度。

为了最小化机翼上的摩擦，表面处空气的边界层应当平滑地流动——层流。伯努利方程（Bernoulli's equation）涉及流体压力和流体速度，同时忽略切变应力

$$P + \frac{1}{2}\rho v^2 = c \qquad (14-41)$$

沿着与流动方向相切的流线。空气速度通常由皮托静压管（Pitot static tube）测量，其允许测量内管中的滞止压力 P_0 并与外管中的压力 P 进行比较，使得

$$P_0 = P + \frac{1}{2}\rho v^2 \rightarrow v = \sqrt{\frac{2(P - P_0)}{\rho}} \qquad (14-42)$$

有许多无量纲的常数用于表征飞机的性能。机翼升力和阻力的系数由下式给出

$$C_L = \frac{L}{\frac{1}{2}\rho v^2 S}, \ C_D = \frac{D}{\frac{1}{2}\rho v^2 S} \qquad (14-43)$$

式中　L——升力；

　　　D——阻力；

　　　S——平台面积。

通常，边界层表现出混乱的气流（湍流），其通常占总空气阻力的 1/3。相比于大面积的弦，飞机机翼具有更大的翼幅 $A = l/c \gg 1$，其中 l 为翼幅，c 为弦长。升力系数随攻角变化：在 $10° \sim 20°$ 时线性增加到最大值；然后随着攻角的增加而下降。最大升力发生在临界迎角（失速角）。飞机机翼通常是弧形的，向上弯曲机翼前后距离的 8%，以产生更多的升力。机翼的俯仰力矩系数由下式给出

$$C_M = \frac{M}{\frac{1}{2}\rho v^2 S c} \qquad (14-44)$$

式中，c 为机翼的空气动力学弦。空气动力学中心通常在前缘的 1/4 后弦处。压力系数由下式给出

$$c_p = \frac{P - P_\infty}{\frac{1}{2}\rho v^2} \qquad (14-45)$$

雷诺数（Reynolds number）由下式给出

$$Re = \frac{vc}{\upsilon} \tag{14-46}$$

式中　v ——速度；

　　　υ ——黏度；

　　　c ——弦长；

　　　ρ ——密度。

围绕翼尖的流动产生引起顺风的尾涡，这是不利的。对于火星，由于大气较薄，需要长翼展和 $Ma \approx 0.5$ 的高速度。达帕（DARPA）微型飞行器项目的目标是开发一个长 15 cm，重 150 g 以下的探测器，在高达 50 km/h 的风中，2 h 内飞行 10 km。它们通常具有 350～400 mm 的翼展，并且必须由轻质材料构造[1513]。它们的飞行环境特征在于：低雷诺数（10^4～10^5）空气动力学要求薄箔低长宽比翼具有低至 40° 的扫描角——这种翼可以在低攻角下产生前缘和尖端涡流[1514]。用于火星巡视的动力飞机需要广泛使用轻质多功能结构，包括太阳能电池和锂聚合物电池的集成。已经有人提出用于火星的动力飞行器，尽管火星的大气压力为 7 mbar。飞行的功率需求取决于机翼性能和机翼载荷，并且由下式给出

$$P = Fv = (D+L)v = \frac{1}{2}\rho v^3 (A_s C_D + A_w C_L) = \sqrt{\frac{2W^3 C_D^2}{\rho A C_L^3}} \tag{14-47}$$

此外，还提出了用于火星的基于高空长时间无人机（UAV）技术［例如，用于平流层飞行的哈维二号（HARVE - 2）[1515,1516]］的长持续时间飞行器。这种设计需要具有高纵横比机翼（$AR = 19.3$，跨度为 34 m，翼的面积为 60 m²）轻质结构，对于在 26 km 高度下 48 h 的低雷诺数操作，升力系数为 1.2。

大多数微型飞行器基于旋转翼。火星纳微技术飞机（Mars Nano/Micro - Technology Aircraft，MANTA）是一种旋翼飞机，提供了具有垂直起降（Vertical TakeOff and Landing，VTOL）能力的空中侦察探索的基础。微型摄像机是主要的科学有效载荷。MANTA 被设想具有 3 h 的飞行持续时间，最大速度为 100 km/h。其特性见表 14 - 2[1517]。

表 14 - 2　MANTA 属性

总量/kg	2.5
旋转体直径/m	1.5
装填尺寸/m	0.8×0.5×0.38
最大任务时长/h	3
最大速度/(km/h)	100
巡航速度/(km/h)	60
最大范围/km	100
滑行轨道（动力关闭）	1：6

微型无人机的主要问题是需要携带大量电池，这限制了它们的飞行持续时间（特别是对于旋翼飞行器）。基于管道式推进器的火星表面采样和成像垂直起降飞行器（Mars

Surface Sampling and Imaging VTOL Aircraft，MASSIVA）带有三角翼（Zagi）状 10 节固定翼——具有 25 kg 的预估质量（见表 14 - 3）[1518,1519]。它垂直起飞，操作高度为 100 m。它使用直径为 1.4 m 的两个提升转子和具有较高长宽比的 8 m² 固定翼区域，用于在 40 m/s 的巡航速度下水平飞行。升力在 1 min 内需要 3.7 kW 的功率。该方法需要使用垂直堆叠的两个反向旋转转子。机翼区域涂有由可充电锂聚合物电池支持的三结薄膜太阳能电池。两个小螺旋桨将提供正向推力。所有结构和机械部件将由碳纤维复合材料制成。

表 14 - 3　MASSIVA 概念性质量预估

（单位：kg）

子系统	质量
推进	5.8
动力	4.7
结构	9.5
有效载荷	4.0
不确定度	1.0
总计	25.0

米兹直升机（Mesicopter）是一种直升机，测量精度达到几厘米，质量为 60 g，设计用途为在火星等行星上保持一定高度，通过使用器载电源支持的直流电机实现[1520]。转子推力由下式给出

$$T = 2\rho Av^2 \tag{14 - 48}$$

对于悬停，推力由其重量决定

$$v = \sqrt{\frac{W}{2\rho A}} \tag{14 - 49}$$

对于转子的四个叶片，每一个直径均为 2.5 cm，厚度为 100 mm。每个转子可以产生 20 g 的推力，足以在悬停中支撑直升机。转子具有＜25 N/m² 的盘负载。电机使用单匝线圈而不是多个线圈和永磁转子。速度控制器是实现 PWM 电机驱动的 PIC17 微控制器。虽然固定翼飞行具有单独的升力和推进装置，但是旋翼和扑翼飞行涉及结合两者的单个集成转子系统。固定翼飞机不能按比例缩小，因为在雷诺数减少的环境中需要高速度的升力。这需要大约 150 W/kg 的比功率。类似地，小型旋翼飞机会遇到再循环问题和高功率需求问题。固态飞机将机翼、能源和控制集成到飞机结构中，在金星大气中不操作运动部件，方便利用更高的太阳能通量[1521]。它使用离子聚合金属复合材料来推进和控制人造肌肉，人造肌肉由薄膜光伏电池和薄膜电池供电，以在机翼上产生电磁场。并且采用了高频振荡运动，频率为 10 Hz，可用于长时间探索。

基于挥动翅膀的生物启发微型飞行器（micro - air vehicles，MAV）提供滑翔和悬停的能力[1523]。MAV 可以通过翼拍或常规方法产生推力——性能的基本分析由夏仪（Shyy）等人（1999）[1524]给出。迈克尔逊（Michelson）和那可威（Naqvi）（2003）建议，飞行器

设计应该源于生物灵感，而不是直接仿生生物系统，仿生系统通常受限较多，难以复制，并且可能被技术超越。下面列出了 10 条设计原则：

1）仿生学是一个良好的起点；

2）纯仿生方法不一定产生最佳性能解；

3）有时最佳解决方案来自传统技术；

4）仿生解决方案可能不实用；

5）机翼拍动需要足够的功率——人工肌肉尚未展现足够能力来提升车体；

6）仿生扑动对涉及复杂的肌肉结构和弹性能量存储的控制是困难的；

7）飞行稳定性控制是复杂的，涉及扑翼角度、跨度、速率和机翼迎角调制；

8）较差的整合会产生大量蠕变，需要大量使用多功能结构；

9）设计必须利用在其结构内部储存的能量，弹性能量存储效率为 $35\%\sim38\%$，肌肉效率为 10%；

10）当前电池技术的平均功率密度对于小规模扑翼飞行是勉强的。

琼斯（Jones）和普朗兹（Platzer）（2002）已经开发了一种有效的 MAV[1526]。这是一种安装在大型低纵横比固定翼（用于升降）上的小型双翼飞机拍动翼装置（用于推进）[1527,1528]。车身具有提供大部分升力的大机翼，在后部布置成双翼方式的两个小翼以提供推进。拥有两个相对拍动翼的后双翼飞机布置可提供增强的地面效应。两个后翼在反相位以固定振幅、最大频率 25 Hz 振动。增加机翼长度 l 是增加升力的最有效方式，由 l^4 决定。空气动力也倾向于增加机翼长度，而不是增加以降低飞行速度为代价的拍动频率。它们无线电控制的 MAV 模型重 15 g，翼展为 30 cm，速度为 $2\sim5$ m/s，使用锂聚合物电池（能量密度为 170 Wh/kg）飞行时间为 20 min，拍动频率为 30 Hz[1529,1530]。它没有控制能力。50 g 的虫形飞机是火星探测的候选，具有低雷诺数，其翼展为 20 cm[1531]。它能够基于飞蛾进行拍打飞行，步行和游泳通过往复式化学肌肉系统无氧驱动进行。该动力系统由催化燃烧驱动，并且可通过化学燃料再生供能，提供 70 Hz 的振荡速率和 4 W 的功率。不同于使用个别翼扭转的翼摆动，X 形前后翼像跷跷板一样围绕中央机身转动，在给出侧倾、俯仰、偏航和前进运动的同时彼此 $180°$异相。机身动作像共振频率等于摆动速率的扭转弹簧。气动控制的气流（作为再生化学肌肉的废品产生）通过沿着后缘的中空肋，在机翼上提供循环控制以增加 500%的升力。火星生物苍蝇（ExoFly）提供悬停能力，范围为 $5\sim10$ km，速度为 70 km/h，功耗为 $5\sim10$ W。虫形飞机可以从地面巡视器上起飞进行远程侦察（见图 14 - 5）[1532]。

3 g 的德尔苍蝇（DelFly）是具有双扑翼、设计灵感来源于蜻蜓、翼展为 10 cm、前向飞行速度为 7 m/s 的微型飞行器[1533,1534]。翼对相对于彼此垂直安装，这样可以根据空气动力学利用中间扑翼的拍击。它采用质量≥1 g、130 Wh/kg 的特殊能量密度的高级微型化可充电锂聚合物电池，功率输出为 1.5 W、重 1 g 的小型化企业级直流无刷电机，小型化无线电控制系统和小型化美国电视系统委员会制式（NTSC）CMOS 摄像机。这些设备目前为止都是较为先进的。

图 14－5　虫形飞机从地面巡视器起飞［来源：NASA］（见彩插）

附　录

贝叶斯（Bayesian）理论及相关方法概览

贝叶斯方法及其衍生物如卡尔曼滤波器在巡视器和机器人技术中是同一个主题。本附录做了一个简要的回顾。在一个马尔可夫过程（Markov process）中，根据与每个状态相关联的一组概率，每个状态转换发生在离散时间域内。任何状态（state）都可以从任意其他状态（遍历）转换而来。转换概率是马尔可夫链（Markov chain）从状态 i 转换为状态 j 的后验概率（posterior probability）。对于一阶马尔可夫链，概率状态转换函数仅依赖于当前和前一个状态。一个马尔可夫链发出一系列可观察到的输出，一个马尔可夫模型是五元组的

$$(\Omega_s, \Omega_o, O, S, S_0) \tag{1}$$

式中，Ω_s 为有限状态集（finite set of states）；Ω_o 为特定的环境状态的有限状态集；O 为观察概率；S 为概率分布定义的状态转换概率；S_0 为初始状态分布。在马尔可夫过程中，当前状态和动作必须提供用于预测下一个状态的所有信息。对于一个动态的系统，控制输入可以由下式给出

$$p(x_k \mid u_{k-1}) = \int p(u_{k-1} \mid x_k, x_{k-1}) p(x_{k-1}) \mathrm{d} x_{k-1} \tag{2}$$

马尔可夫的属性假设是，当前状态（概率）只依赖于以前的状态（概率）[即：$p(x_k, x_{k-1}, x_{k-2}, \cdots) = p(x_k, x_{k-1})$]：

$$p(z_k \mid x_k) = p(z_k \mid x_{1:k}, z_{1:k}, u_{1:k-1}), p(x_k \mid x_{k-1}, u_{k-1}) = p(x_k \mid x_{1:k-1}, z_{1:k}, u_{1:k-1}) \tag{3}$$

对于马尔可夫的决策过程，策略 π 定义了一序列映射到状态的函数来控制行为。部分可观察的马尔可夫决策问题允许状态是所有过去的观测函数。一个马尔可夫的决策过程是一个元组

$$(S, A, T) \tag{4}$$

式中，S 是有限状态集；A 是有限行为集；$T: S \times A \rightarrow P(S)$，为马尔可夫属性的概率状态转换函数，该函数只依赖于以前的状态和所采取的行动[1535]。最优策略是一个最大的预期累计奖励 R [即马尔可夫的决策过程包括一组状态 S，一组行为 A，一个概率行为模型 $P(S \mid S, A)$ 和奖励函数 R]。折扣因数（discount factor）γ 控制奖励对未来的影响。马尔可夫链是一种只取决于其先前状态的随机马尔可夫过程序列 [即 $p(H_i \mid H_{i-1}, \cdots, H_0) = p(H_i \mid H_{i-1})$]。它由初始概率分布 $p(H_0)$ 和转移概率 $p(H_{i+1} \mid H_i)$ 定义。置信网络（Belief networks）由大量具有马尔可夫属性概率分布的粒子的非循环图（acyclic graphs）组成。概率状态转换为模型系统噪声。贝叶斯系统（Bayesian systems）的关系

是显而易见的。因为 $p(x_k \mid z_k)$ 表示的状态的后验概率给出了评估值，贝叶斯定理（Bayes theorem）给出了

$$p(x_k \mid z_k) = \kappa p(z_k, x_k) \int p(x_k \mid x_{k-1}) p(x_{k-1} \mid z_{k-1}) \mathrm{d}x_{k-1} \tag{5}$$

式中，$p(x_k \mid z_k)$ 是似然状态与估计值（将来的）之间的关系；$p(z_k, x_k)$ 为事先定义的状态随时间的变化；$p(x_{k-1}, z_{k-1})$ 为先验及后验概率；κ 为归一化常数（normalizing constant）。给出状态 $p(x_k \mid z_k)$ 的后验概率，可以计算 x_k 的最大后验估计。

在许多情况下，许多信息在观察中是隐藏的（非可观）。隐马尔可夫模型是一种概括的马尔可夫模型，其中存在隐藏的状态，没有直接观察到的。依赖于隐藏状态的输出是可观察的，它给出了一些关于状态序列的信息。独立成分分析、主成分分析、高斯（Gaussians）的混合物、矢量量化、卡尔曼滤波器和隐马尔可夫模型都是由无监督学习变化而来的方法[1536]。估计的隐藏状态给出了观测结果和模型，给出了参数，解决了滤波/平滑问题。尽管如此，通过数据（证据）观测模型得到一些参数是可能的。大多数学习算法的基础是迭代期望最大化算法，在隐藏变量存在的情况下，最大限度地观察到的数据的可能性。隐马尔可夫模型适合于线性统计——有限 n 状态模型描述了一个建立在无限的可能序列之上的概率分布[1537]。隐马尔可夫模型是一个双随机过程，产生对应于在序列中的位置的状态。它由马尔可夫链定义，马尔可夫链包括有限的 N 个状态、有限的 M 个可视察量，和一组有限的状态转换概率分布。隐马尔可夫模型从隐藏的状态中，根据转移概率，生成一个序列的可观察到的输出。所观察到的输出根据发生概率由隐藏状态产生。当前状态根据符号产生概率产生 M 个符号 B。下一个状态是由状态转移概率分布 A 和当前状态确定的。初始状态的一个序列的状态是根据状态转移概率产生的，直到达到一个结束状态。状态的序列形成一个马尔可夫链，因为下一个状态依赖于当前状态。然而，这些状态是隐藏的。每个状态根据状态的发生概率分布产生。它是根据观察到的状态序列推断的。该系统的状态不能直接观察到，只能从一组离散的系列中测量到。隐马尔可夫模型的定义为

$S = \{s_1, \cdots, s_q\}$，为状态集合

$\pi = p(s_i \mid t_0)$，为初始状态概率分布

$a_{ij} = p(s_j \mid s_i)$，为状态间转换的转换概率分布

$Y \in S$，为所有被噪声污染的可观察事件集合

$B = p(x \mid s_i)$，为观察的每个状态的发生概率分布

隐马尔可夫模型生成一个系统的输出序列，其内部状态的演变遵从概率规则〔状态转换函数（state transition function）〕。输出序列 y_t（观察）取决于现在模型的内部通过概率关系〔输出似然转换函数（likelihood transition function）〕体现的状态 x_t。隐马尔可夫模型是最简单的贝叶斯网络模型，该模型的状态是能直接观察的，但输出（依赖状态的概率）是可见的。语音识别的特征为，使用统计模型将语音变为一个文字串的最大似然解码（maximum likelihood decoding）[1538]。语音的产生可以被定性为一个马尔可夫源，在该源中，顺序的状态转换与概率联系在一起。通过应用基于先验语言（语法）模型的贝叶斯

规则，可最大限度地减少（语言识别的）字词评估过程中可能错误的概率。语音模型基于隐马尔可夫模型，生成符号序列[1539]。给定一个观察序列的符号 $O=(O_1，O_2，\cdots，O_r)$ 和模型 $M=(A，B，q_0)$，其中 q_0 是初始状态，我们基于隐状态序列 $Q=(Q_1，Q_2，\cdots，Q_r)$ 计算 $p(O \mid M)$ 的最大值。所观察到的符号序列的模型的概率由下式给出

$$p(O \mid M)=p(O \mid Q,M)p(Q \mid M) \tag{6}$$

隐马尔可夫的解用来估计隐式状态，给出观测情况和现有模型的参数。隐马尔可夫通过鲍姆-韦尔奇（Baum - Welch）或维特比（Viterbi）的无监督学习算法模型估计 π、A 和 B，后者（维特比的无监督学习算法模型）是前者的一个简化版本，计算更快。鲍姆-韦尔奇算法是用于计算整个数据序列的每个状态的概率的最大似然准则估计过程。向前-向后算法（forward - backward algorithm）形成了鲍姆-韦尔奇算法的核心，以最大限度地提高模型中给出的样本的条件概率。输出的似然概率最初由前向状态转换概率计算。前向概率由下式给出

$$\alpha_i=b_i\sum_j a_{ij}\alpha_j \tag{7}$$

其中，$\alpha(i，i+k，q_i^d，q^{d-1})=p(o_i，\cdots，o_{i+k}，q_i^d$ 结束于 $i+k \mid q^{d-1}$，开始于 $i)$。

输出的似然概率从后向观察函数处更新，后向概率为

$$\beta_i=\sum_j a_{ji}\beta_j b_j \tag{8}$$

其中，$\beta(i，i+k，q_i^d，q^{d-1})=p(o_i，\cdots，o_{i+k}，q_i^d$ 开始于 i，q^{d-1} 结束于 $i+k)$。维特比算法是动态规划算法，以找到隐状态的最可能的状态序列，得到一个给定的观察序列的输出。它计算状态序列的最大后验概率（MAP）估计，最大限度地提高给定的数据的状态序列的概率。它可以被看作是通过格子图（trellis diagram）的最短路径。维特比算法用于卷积码（convolutional codes）译码（decoding），但最常用于语音识别——声学信号代表一个观察序列的输出，而字串（语法）是产生输出序列的隐藏的原因。鲍姆-韦尔奇算法和维特比算法都具有计算复杂度（computational complexity）$O(nt^3)$，其中 n 为状态个数，t 为观测序列长度。层次隐马尔可夫模型，使用扩展鲍姆-韦尔奇（向前-向后）算法，适合于多尺度结构，如语言[1540]。部分可观察马尔可夫决策过程可以用于选择最佳行动[1541]。在这种情况下，马尔可夫决策过程是一个元组（tuple）$\langle S，A，T，R\rangle$，其中 S 是研究域的状态；A 是一系列行为的代理；$T：S \times A \rightarrow \pi(S)$，是状态转移函数通过概率分布映射每个研究域状态到代理行为；$R：S \times A \rightarrow R(s，a)$，是每个状态中给出行为的奖惩函数（reward function）。

贝叶斯定理定义了一个假设（hypothesis）的先验概率（priori probability）、一个给定的假设的观测结果的条件概率（conditional probability）和假设的后验概率（posteriori probability）之间的关系。观测证据是用来更新先验概率的假设。关于一个系统的不可观测状态的贝叶斯推理（Bayesian inference）是基于模型的系统（知识）与观察到的状态之间的测量。贝叶斯定理（Bayesian theorem）用来在给出先验似然估计和额外观测（证据）的情况下，更新假设的（后）似然概率

$$p(H_i \mid E) = \frac{p(E \mid H_i)p(H_i)}{\sum_{j=1}^{n} p(E \mid H_j)p(H_j)} \tag{9}$$

其中

$$\sum_{j=1}^{n} p(H_j) = 1$$

式中，$p(H_i \mid E)$ 是假设 H_i 为真时 O 被观测出的后验概率；$p(H_j)$ 是假设 H_i 为真的先验概率；$p(E \mid H_i)$ 是 H_i 为真时（观察模型或估计）观察到 O 的概率。贝叶斯定理允许选择适应先验知识和最佳观测（即最大后验概率）的模型。从先验概率组成的贝叶斯学习中计算后验概率的过程，其根据 MAP 概率分类数据。从先验概率计算后验概率的过程构成贝叶斯学习，因为它根据 MAP 概率分类数据。MAP 规则用于对 C 类的实例进行分类

$$\mathrm{argmax}\, p(C = c) \prod_{i=1}^{n} p(E_i = p_i \mid C = c) \tag{10}$$

现在，用一个条件概率定义事件 B 发生时 A 发生的概率

$$p(A \mid B) = \frac{p(A \cap B)}{p(B)} \tag{11}$$

贝叶斯定理是杰夫瑞规则（Jeffrey's rule）的特殊情况，由下式给出[1542]

$$p(H) = p(H \mid E)p + p(H \mid \overline{E})(1 - p) \tag{12}$$

式中，$p = 1$，是贝叶斯规则（即事件 E 发生）。贝叶斯定理描述了通过观察性状/状态 $E_1, \cdots, E_n$ 对事件 H 的分类，可描述为条件概率

$$p(H_i \mid E_j) = \frac{p(H \cap E)}{p(E)} = \frac{p(H_i)p(E_j \mid H_i)}{p(H_i, E_j)} \tag{13}$$

式中，$p(E \mid H)$ 是似然的，其中

$$p(H_i \mid E_j) = p(H_i)p(E_j \mid H_i) = p(H_i) \prod_{j=1}^{n} p(E_j \mid H_i)$$

为假设 H 为真时可观测的 E 的组合概率（joint probability）。

如果所有的先验概率相等（无差别原则），则

$$p(H_i) \prod_{j=1}^{n} p(E_j \mid H_j) = p(E) \tag{14}$$

因此

$$p(H_i \mid E_j) = \frac{p(H_i)p(E_j \mid H_i)}{p(E_j)} \tag{15}$$

另外，贝叶斯定理可以表示为似然比形式的有差别似然（odds - likelihood）形式

$$\frac{p(H \mid E)}{p(\sim H \mid E)} = \frac{p(E \mid H)}{p(H \mid \sim E)} \frac{p(H)}{p(\sim H)} \tag{16}$$

式中，$O(H \mid E) = p(H \mid E)/p(\sim H \mid E)$，为后验概率；$\lambda(H, E) = p(E \mid H)/p(E \mid \sim H)$，为似然比；最大熵（entropy）假设描述了最大化熵函数与先验概率间的关系[1544]

$$H = -\sum_{ij} p(H \cap E) \log[p(H \cap E)] \tag{17}$$

用概率描述事件的可信度，是指使用一组可能的研究域（模型）的概率分布，并选择那些具有最大熵的。根据信息理论[1545,1546]，我们可以通过用证据（数据）更新的先验信息（模型）来进行描述。关于 M 模型（假设）[从证据 E（数据）获得，E 从与上下文情景相符的信息 C（先验）获得]的信息 $I(M：E \mid C)$ 具有确定的概率。观测的后验分布的熵为

$$I(t) = \sum_{o \in O} p(o,t) H(p(C \mid o,t)) \tag{18}$$

其中

$$H(p(C \mid o,t)) = \sum_{c \in C} p(c \mid o,t) \log_2 (1/p(c \mid o,t))$$

式中，$p(o,t)$ 是观察 o 在时间 t 时的概率；$H(p(C \mid o,t))$ 是观察 o 在时间 t 时的后验概率的香农（Shannon）熵；C 是所有互斥（exclusive）的类 c 的集合。

　　贝叶斯问题是用于确定在时刻 k 之前给出观察数据 $z_{1, \dots, k}$ 的情况下，时刻 k 状态 $x_k = (x, y, \theta)^{\mathrm{T}}$ 的置信度。动态状态估计涉及（后验）系统状态的概率密度函数（probability density function）的架构及其未来组成 $p(x_k \mid z_{1, \dots, k})$，或 $p(x_k \mid z_k)$。后验概率密度函数可以表示为一个置信度函数

$$\begin{aligned} \mathrm{Bel}(x_k) &= p(x_k \mid z_k, u_{k-1}, z_{k-1}, \cdots, u_0, z_0) \\ &= \eta p(z_k \mid x_k) \int p(x_k \mid x_{k-1}, u_{k-1}) \mathrm{Bel}(x_{k-1}) \mathrm{d}x_{k-1} \end{aligned} \tag{19}$$

式中，$p(x_k \mid x_{k-1}, u_{k-1})$ 为系统状态动态；$p(z_k \mid x_k)$ 为测量模型；$\eta = p(z_k \mid z_{k-1}, u_{k-1})$。预测包括积分项（预测置信度），而更新项通过归一化常数和积分前的测量项表示。这就是贝叶斯滤波器的概念。初始概率分布函数（先验）$p(x_0 \mid z_0) = p(x_0)$ 是已知的（不需要测量）。贝叶斯解计算了过去的测量状态的后验分布 $p(x_k \mid z_k)$，贝叶斯解由柴普曼-柯尔莫戈洛夫（Chapman-Kolmogorov）方程（C-K 方程）给出

$$p(x_k \mid z_{k-1}) = \int p(x_k \mid x_{k-1}) p(x_{k-1} \mid z_{k-1}) \mathrm{d}x_{k-1} \tag{20}$$

该相位预测是基于假设当前状态 x_k 只依赖以前的状态 x_{k-1} 的运动模型 $p(x_k \mid z_{k-1})$（马尔可夫的假设）。更新过程中，测量 z_k（条件性地独立于早期测量 z_{k-1}）是基于测量模型的。测量模型是基于似然概率 $p(z_k \mid x_k)$，确定在星球车位置 x_k 且观测量 z_k 成立的情况下的似然概率。这可以用来更新之前使用贝叶斯定理计算的后验概率

$$p(x_k \mid z_k) = \frac{p(z_k \mid x_k) p(x_k \mid z_{k-1})}{p(z_k \mid z_{k-1})} \tag{21}$$

其中，$p(z_k \mid z_{k-1}) = \int p(z_k \mid x_k) p(x_k \mid z_{k-1}) \mathrm{d}x_k$ 是归一化常数；$p(z_k \mid x_k)$ 是似然函数。

这给出了一个阶数为 1 的马尔可夫过程，但一般来说，这是不能求解的解析式。但是，可以递归重复（repeated recursively）。先验概率 $p(H)$ 可以建模为方差（variance）为 $\sigma^2_{\mathrm{prior}}$ 和平均值（mean）为 μ_{prior} 的高斯分布。似然概率 $p(E \mid H)$ 同样可以被建模为方差为 $\sigma^2_{\mathrm{likelihood}}$ 和平均值为 $\mu_{\mathrm{likelihood}}$ 的高斯分布。基于先验的均值和方差传感器测量的最佳估计和似然分布为

$$\hat{x} = \eta \mu_{\mathrm{likelihood}} + (1 - \eta) \mu_{\mathrm{prior}} \tag{22}$$

其中，$\eta = \sigma_{prior}^2 / (\sigma_{prior}^2 + \sigma_{likelihood}^2) < 1$，为先验信息和传感器数据间的权重。这类近于卡尔曼滤波器的操作方法，卡尔曼滤波器假设先验概率分布函数 $p(x_{k-1} \mid z_{k-1})$ 符合高斯分布，因此后验概率 $p(x_k \mid z_k)$ 在任何情况下都是符合高斯分布的。在离数的状态空间下 $k-1$ 时的后验概率密度分布为

$$p(x_{k-1} \mid z_{k-1}) = \sum_{i=1}^{n} p(x_{k-1}^i \mid z_{k-1}) \tag{23}$$

如果需要利用泰勒（Taylor）展开对非线性函数进行线性化，那么扩展卡尔曼滤波器（Extended Kalman Filter，EKF）可以用来近似该过程。通常，由于计算复杂，只有第一项是被保留的。无迹卡尔曼滤波（Unscented Kalman Filter，UKF）实现了从非线性方程的高斯近似选择一组点，然后重新估计。

最大熵原理（principle of maximum entropy）是对无差别原则（principle of indifference）（选择概率相等）的一种推广，用来衡量概率分布的无知程度（缺乏信息）[1547]。当面对不完整的信息时，我们在假设概率分布具有最大熵的基础上提供的信息，分布的密度越大，熵越小（信息含量越大）。自适应回归模型（Autoregressive models），如维纳滤波器（Wiener filter），代表特殊的最大熵的情况。最大熵方法适用于贝叶斯分析。贝叶斯方法实现随机问题的最大熵解[1548]。最大限度地减少执行 MAP 时的错误概率，MAP 定义了最可能的解。如果 $p(x)$ 是恒定的，这一过程简化成了最大似然（比）估计（Maximum Likelihood（ratio）Estimator，MLE）。先验概率由贝叶斯定理给出

$$p(x_i \mid z_{1:i-1}) = \int p(x_i \mid x_{i-1}, z_{1:i-1}) p(x_{i-1} \mid z_{1:i-1}) \mathrm{d}x_{i-1} \tag{24}$$

校正生成后验概率密度函数

$$p(x_i \mid z_{1:i}) = p(z_i \mid x_i) p(x_i \mid z_{1:i-1}) \tag{25}$$

因此，一个后验概率密度函数可从贝叶斯规则中估计出来，定义了给定 z（测量或证据）条件下的 x（状态、假设或模型）的概率

$$p(x \mid z) = \frac{p(z \mid x) p(x)}{p(z)} \tag{26}$$

其中，$p(z \mid x)$ 是 z 发生的情况下 x 发生的概率（测量似然）；$p(x)$ 是无观察条件下 x 为真的先验概率；$p(z) = \sum p(z \mid x) p(x)$，是 z 的归一化先验概率。后验概率依赖于证据的似然性假设和其对立面 $p(z \mid x)$ 和 $p(z \mid \sim x)$ 以及假设的先验概率 $p(x)$。后验概率 $p(x \mid z)$ 定义了逆模型，而 $p(z \mid x)$ 定义了从传感器测量状态得出的前向模型。可以用递归（recursive）的方式给出

$$p(x \mid z_1, \cdots, z_k) = \frac{p(z_k \mid x, z_1, \cdots, z_{k-1}) p(x \mid z_1, \cdots, z_{k-1})}{p(z_k \mid z_1, \cdots, z_{k-1})} \tag{27}$$

通过证据 z，$p(z \mid x)$ 给出假设 x 的影响，贝叶斯定理可以计算证据 z 在假设 x，$p(x \mid z)$ 上的影响。假设 x 通过 $p(z \mid x)$ 得到证据 z，但贝叶斯定理可以得到这一直接逻辑推理的逆过程。滤波通过 $z_{i:i}$ 递归估计 x_i 的前两项。贝叶斯规则的主要限制是，条件概率是难以估计的，以及新的证据被找到前先验概率的评估是有疑问的。此外，贝叶斯定

理不能代表无知——如果证据仅部分支持一个假设，它必须也部分支持假设的否命题，因为 $p(H \mid E) + p(\sim H \mid E) = 1$。这显然是违反直觉和矛盾的。任何不支持命题 H 为真的概率都应当支持 $\sim H$ 为真。另外，德牧普斯特-山弗（Dempster - Shafer）理论解决了贝叶斯定理的缺点[1549]。新一代的贝叶斯定理克服了将一个命题的 $1 - p$ 概率分配到其否命题当中的问题。它可以区分缺少概率和似然证据。贝叶斯定理将概率分配到事件，而 Dempster - Shafer 理论将置信度分配到事件的命题。Dempster - Shafer 理论基于证据划分支持程度。像贝叶斯定理，它是基于主观概率（合理性）代表无知。不同于贝叶斯定理，先验概率在无知的条件下不分配。在 Dempster - Shafer 证据中，$p(\overline{A}) \neq 1 - p(A)$。这允许 Dempster - Shafer 理论分配置信度给一个命题而不需要分配给其否命题。事实上，证据被表示为一个置信度函数，而不是一个概率函数。它已经表明，模态和可能性的逻辑是所有 Dempster - Shafer 逻辑的子集[1550]。模态逻辑（modal logics）和概率逻辑（possibilistic logics）都是一系列可能域的多值逻辑（multivalued logics），组成了可能性和必要性方程（possibility and necessity functions）

$$\text{Poss}(X \mid A) = \sup[X(x) \wedge A(x)], \text{Nec}(X \mid A) = \inf[1 - X(x) \vee A(x)] \quad (28)$$

因此

$$\text{Poss}(X \mid A) \geqslant \text{Nec}(X \mid A) \quad (29)$$

贝叶斯滤波器中包含对概率密度函数的积分，导致一般而言无法在非高斯系统（non - Gaussian systems）的闭合形式中求解。这要求运用近似。如果噪声假定为高斯噪声，那么可以运用一个扩展卡尔曼滤波器（EKF）——对于高斯概率分布，它只需要平均数和协方差。卡尔曼滤波器是一种最简单的贝叶斯滤波器。卡尔曼滤波器是一种叠加了高斯噪声的隐马尔可夫应用。其类似于隐马尔可夫模型，但是其仅限于高斯噪声。未观测的马尔可夫进程为真的状态，条件性地独立于给出前一状态的早期状态

$$p[x(t) \mid x(0), \cdots, x(t-1)] = p[x(t) \mid x(t-1)] \quad (30)$$

所有状态的 HMM 概率分布由下式给出

$$p[x(0), \cdots, x(t), z(1), \cdots, z(k)] = p[x(0)] \prod_{i=1}^{t} p[z(i) \mid x(i)] p[x(i) \mid x(i-1)] \quad (31)$$

卡尔曼滤波器可以评估状态 x 的概率

$$p[x(t) \mid Z(t-1)] = \int p[x(t) \mid x(t-1)] p[x(t-1) \mid Z(t-1)] \mathrm{d}x(t-1) \quad (32)$$

概率密度函数是卡尔曼滤波器的评估结果。卡尔曼-布西（Kalman - Bucy）滤波器是卡尔曼滤波器的连续时间版本。卡尔曼滤波器是高斯分布的最大似然评估器（Maximum Likelihood Estimator，MLE）。可以通过平均值和均方差构建后验概率密度的高斯近似 $p(x_i \mid x_i)$

$$\hat{x}(t \mid t) = \hat{x}(t \mid t-1) + K(t)[z(t) - \hat{z}(t \mid t-1)] \quad (33)$$

其中

$$K(t) = P^{xz}(t \mid t-1)[P^{zz}(t \mid t-1)]^{-1}$$

$$P^{xx}(t \mid t) = P^{xx}(t \mid t-1) - K(t)P^{zz}(t \mid t-1)K(t)^{\mathrm{T}} \tag{34}$$

卡尔曼滤波器是一个递归估计器，滤波器的状态由下式体现：

$\hat{x}(t \mid t)$ 是在时间 t 时的后验状态估计

$P(t \mid t)$ 是后验协方差（状态估计的准确度评估）

卡尔曼滤波有两个步骤：

1）用先验状态估计来评估现有状态

$$\hat{x}(t \mid t-1) = A\hat{x}(t-1 \mid t-1) + Bu(t)$$
$$P(t \mid t-1) = AP(t-1 \mid t-1)A^{\mathrm{T}}(t) + Q(t) \tag{35}$$

2）更新过程采用上述估计和现有观测（后验估计）。更新/残差为

$$R(t) = HP(t \mid t-1)H^{\mathrm{T}} + I \tag{36}$$

更新后验估计

$$\hat{x}(t \mid t) = \hat{x}(t \mid t-1) + K(t)\tilde{y}(t) \tag{37}$$

其中

$$\tilde{y}(t) = z(t) - H\hat{x}(t \mid t-1) \text{ 为残差}$$
$$K(t) = P(t \mid t-1)H^{\mathrm{T}}R(t)^{-1} \text{ 为卡尔曼增益(Kalman gain)}$$
$$P(t \mid t) = \mathrm{cov}(x(t) - \hat{x}(t \mid t)) = (I - K(t)H)P(t)$$

优化的卡尔曼增益得到均方差估计（mean squared estimates）。扩展卡尔曼滤波器有以下形式

$$\dot{x} = f(x(t)) + w(t) = f(\hat{x}(t)) + K(t)[y(t) - H\hat{x}(t)] \tag{38}$$

其中，$y(t) = Hx(t) + v(t)$。可以线性化为

$$\delta\dot{x} = F(\hat{x}(t))\delta x(t) + w(t)$$
$$\delta y(t) = H\delta x(t) + v(t) \tag{39}$$

式中，F 是一个雅可比矩阵（Jacobian）。卡尔曼滤波器协方差（covariance）由下式给出

$$\dot{P} = F(\hat{x}(t))P(t) + P(t)F^{\mathrm{T}}(\hat{x}(t)) + Q(t) - K(t)HP(t)$$
$$K(t) = P(t)H^{\mathrm{T}}R^{-1}(t) \tag{40}$$

卡尔曼滤波器是一种高效的迭代维纳（Wiener）滤波器。卡尔曼滤波器是一种体现了噪声的状态估计，并优化了估计结果。基于动态模型的先验信息是通过后验信息测量进行预测的。传感器（估计器）用于当测量不足以决定系统整体状态时预估系统的完整状态。其计算了系统状态的后验估计，采用测量量作为基于系统模型先验估计的反馈。测量反馈是指将基于测量模型预测信息与测量值相比较以修正模型的方法。预测状态和测量差异用于更新状态。卡尔曼滤波器是一种具有以下形式的观察器

$$\hat{x}_{k+1} = A\hat{x}_k + Bu_k + K(z_{k+1} - H(A\hat{x}_k + Bu_k)) \tag{41}$$

对于现行系统，卡尔曼滤波器是一种优化的估计过程。扩展的卡尔曼滤波器近似了非线性测量这一过程。扩展的卡尔曼滤波器包括四种主要计算：状态预测和更新、协方差预测和更新。状态预测过程中，通过非线性动态系统模型预测状态的优化估计。相似地，预测状态估计协方差。传感器的更新利用了测量方程，测量方程将测量值与系统状态进行了

关联。卡尔曼滤波器增益通过更新（即变量的预测和测量量间的变化）来计算，因此产生了状态估计更新。卡尔曼增益用于更新协方差。在时间 k 时状态 x 的后验状态估计（采用通用的速记注释）表述为

$$\hat{x}_k^+ = \langle x_k \mid z_k \rangle \tag{42}$$

已知前 $k-1$ 步的状态，得到在时间 k 时状态 x 的先验估计如下

$$\hat{x}_k^- = \langle x_k \mid y_k \rangle \tag{43}$$

先验估计包括预测相，而后验估计包括修正。第一步给出了前一时间 t_{k-1} 下的先验状态估计 $\hat{x}_{k-1}$，利用时间更新等式预测下一时间 t_k。非线性系统的状态模型由下式给出

$$\dot{x}(t) = f(x(t), u(t), t) + w(t)$$
$$y(t) = g(x(t), t) + v(t) \tag{44}$$

上式可以线性化并离散为一个具有高斯噪声的离散的线性动态系统

$$x_{k+1} = A_k x_k + B_k u_k + w_k \tag{45}$$

式中，A 为系统转换矩阵；w 为具有协方差 Q 的噪声。

$$y_k = C_k x_k + D_k u_k + v_k \quad 或 \quad z_k = H_k x_k + v_k \tag{46}$$

式中，H 为测量矩阵；v 为具有协方差 R 的噪声。动态系统是线性的，噪声是高斯的，因此模型体现出一阶高斯马尔可夫随机进程。如果初始状态是高斯的，那么未来所有的状态都是高斯的。状态估计 $\hat{x}_k$ 基于测量取决于传感器的性质：

$$\hat{x}_{k+1} = A_k \hat{x}_k + B_k u_k + K_k(\hat{y}_k - y_k)$$
$$\hat{y}_k = C_k \hat{x}_k + D_k u_k \tag{47}$$

我们期望估计的误差趋近于零

$$e_k = \hat{x}_k - x_k \rightarrow 0 \quad 由于 \quad k \rightarrow \infty \tag{48}$$

估计量必须具有以下形式

$$\hat{x}_{k+1} = A\hat{x}_k + Bu_k$$
$$e_{k+1} = x_{k+1} - \hat{x}_{k+1} = Ae_k \tag{49}$$

这不能保证是渐进稳定（asymptotically stable）和收敛（converge）的，因此反馈可能是难以融合的

$$\hat{x}_{k+1} = A_k \hat{x}_k + B_k u_k + K_k(z_k - H_k \hat{x}_k)$$
$$e_{k+1} = x_{k+1} - \hat{x}_{k+1} = A_k x_k + B_k u_k - A_k \hat{x}_k - B_k u_k - K_k(z_k - H_k x_k) \tag{50}$$
$$= A_k e_k - K_k(H_k x_k - H_k \hat{x}_k)$$
$$= (A_k - K_k H_k)e_k$$

其中，$K_k(z_k - H_k \hat{x}_k)$ 为更新；K 为增益。这是一个特征值 $|\lambda_i| < 1 - a$ 的系统，如果初始量仅取决于输入和输出，那么该系统是可观测的。更新是一个变量的预测值和测量值之间的差异（即如果预测值不精确的话它将体现新的信息）。第一步基于预测位置 y 预测 $k+1$ 时机器人的位置，并控制输入 $u(k)$

$$\hat{x}(k+1 \mid k) = f[\hat{x}(k \mid k), u(k)] \quad 或 \quad x_k = f_{k-1}(x_{k-1}, u_{k-1}) + w_{k-1} \tag{51}$$

在线性情况下，先验估计为

$$\hat{x}_k^- = A_{k-1}\hat{x}_{k-1}^+ + B_{k-1}u_{k-1} \tag{52}$$

若测量量和后验估计具有相同的形式，那么估计是修正的

$$\hat{x}_k = \hat{x}_k^- + K_k(C_k\hat{x}_k^- - y_k) \tag{53}$$

观测值由现阶段估计值和估计误差组成

$$e_{k+1} = (A_k - K_kC_kA_k)e_k \tag{54}$$

观测器增益可以接近于最小的估计误差协方差

$$P_k = \langle(\hat{x}_k - x_k)(\hat{x}_k - x_k)^{\mathrm{T}}\rangle \tag{55}$$

过程和传感噪声是独立于高斯分布、协方差矩阵 Q_k 和 R_k 的。优化的观测器增益为

$$K_k = P_kC_k^{\mathrm{T}}(C_kP_kC_k^{\mathrm{T}} + R_k)^{-1} \tag{56}$$

其中，$P_{k+1} = A_k[P_k - P_kC_k^{\mathrm{T}}(C_kP_kC_k^{\mathrm{T}} + R_k)^{-1}C_kP_k]A_k^{\mathrm{T}} + Q_k$，$P_k$ 为离散代数（discrete algebraic）Riccati 方程的解。状态协方差矩阵是对状态模型中的不确定性进行测量，并根据模型分配先验估计的权重。传感器协方差矩阵是测量质量的度量方法，并根据其精确度分配传感器的权重。首先，进行时间更新，预测先验状态估计和状态误差协方差

$$\hat{x}_k^- = \begin{cases} f(\hat{x}_{k-1}, u_{k-1}, k-1)（非线性先验估计） \\ A_{k-1}\hat{x}_{k-1} + B_{k-1}u_{k-1}（线性先验估计） \end{cases} \tag{57}$$

通过过程误差，预测的先验方差量可以由下式计算

$$P(k+1 \mid k) = \nabla_p f \cdot P(k \mid k) \cdot \nabla_p f^{\mathrm{T}} + \nabla_u f P(k) \cdot \nabla_u f^{\mathrm{T}} \tag{58}$$

在线性的情况下为

$$P_k^- = A_{k-1}P_{k-1}A_{k-1}^{\mathrm{T}} + Q_{k-1}（先验误差协方差） \tag{59}$$

置信度由以下两个参数体现

$$\hat{x}(k+1 \mid k) \text{ 且 } P(k+1 \mid k) \tag{60}$$

其决定了高斯分布。测量的更新可以产生一个修正的后验估计和状态误差协方差

$$K_k = P_k^-C_k^{\mathrm{T}}(C_kP_k^-C_k^{\mathrm{T}} + R_k)^{-1}（传感器增益）$$

$$\hat{x}_k = \hat{x}_k^- + K_k(y_k - g(\hat{x}_k^-, k))（非线性后验估计）$$

$$\hat{x}_k = \hat{x}_k^- + K_k(y_k - C_k\hat{x}_k^-)（线性后验估计）$$

$$P_k = (I - K_kC_k)P_k^-（后验误差协方差） \tag{61}$$

第二步采用预测的 $\hat{x}_k^-$ 和测量值 z_k 通过后验误差协方差的平均值更新状态评估。真实的传感器测量 $z(k+1)$ 在观测过程中决定。机器人位置 $\hat{x}(k+1 \mid k)$ 和地图用于产生测量值 z_t 的预测值

$$\hat{z}(k+1) = h(z_k, \hat{x}(k+1 \mid k)) \text{ 或 } z_k = h_{k-1}(x_{k-1}) + v_{k-1} \tag{62}$$

式中，h 为世界坐标和传感器坐标之间的坐标转换矩阵。在匹配过程中，最佳观测与预测通过映射相匹配。匹配通过更新实现，更新是预测和观测之间的差异情况

$$v_{ij}(k+1) = z_j(k+1) - \hat{z}_i(k+1) = z_j(k+1) - h_i(z_t, \hat{\boldsymbol{p}}(k+1 \mid k)) \tag{63}$$

更新的协方差矩阵 $P_{\mathrm{in},ij}(k+1)$ 通过误差获得

$$P_{\mathrm{in},ij}(k+1) = \nabla h_j \cdot P_p(k+1 \mid k) \cdot \nabla h_i^{\mathrm{T}} + P_{R,j}(k+1) \tag{64}$$

式中，$P_{R,j}(k+1)$ 为测量噪声的协方差。相应的匹配之间的正确性，由马氏距离

(Mahalanobis distance) 给出

$$v_{ij}^{\mathrm{T}}(k+1) \cdot P_{\mathrm{in},ij}^{-1}(k+1) \cdot v_{ij}(k+1) \leqslant d^2 \tag{65}$$

其中, $d = \sqrt{v_k^{\mathrm{T}} P_k^{-1} v_k}$ 。最佳估计是测量前的最佳预测加上权重（卡尔曼增益）乘以测量和最佳预测间的差。卡尔曼增益使均方误差最小化

$$K(k+1) = P_p(k+1 \mid k) \cdot \nabla h^{\mathrm{T}} \cdot P_{\mathrm{in}}^{-1}(k+1) \tag{66}$$

式中, ∇h 是测量值的雅可比矩阵。线性情况下

$$K_k = P_k^- H^{\mathrm{T}} (H P_k^- H^{\mathrm{T}} + Q)^{-1} \tag{67}$$

状态评估可以更新为

$$\hat{x}(k+1 \mid k+1) = \hat{x}(k+1 \mid k) + K(k+1) \cdot v(k+1) \tag{68}$$

线性情况下

$$\hat{x}_k = \hat{x}_k^- + K_k(z_k - H\hat{x}_k^-) \tag{69}$$

估计的误差协方差矩阵为

$$P_p(k+1 \mid k+1) = P_p(k+1 \mid k) - K(k+1) \cdot P_{\mathrm{in}}(k+1) \cdot K^{\mathrm{T}}(k+1) \tag{70}$$

线性情况下

$$P_k = (I - K_k H) P_k^- \tag{71}$$

扩展卡尔曼滤波器（EKF）利用非线性方程的泰勒展开对关于现有状态估计的状态方程 $x_{k-1} = \overline{x}_{k-1}^+$ 进行线性化，而后应用标准的卡尔曼滤波。角标 "+" 和 "—" 代表在测量前和后的估计。用当前输入修正先验状态更新现有的状态

$$x_k = f_{k-1}(\overline{x}_{k-1}^+, u_{k-1}) + \frac{\partial f_{k-1}}{\partial x}(x_{k-1} - \overline{x}_{k-1}^+) + \frac{\partial f_{k-1}}{\partial w} w_{k-1}$$

$$= f_{k-1}(\overline{x}_{k-1}^+, u_{k-1}) + A_{k-1}(x_{k-1} - \overline{x}_{k-1}^+) + L_{k-1} w_{k-1}$$

$$z_k = h_k(\overline{x}_k^-) + \frac{\partial h_k}{\partial x}(x_k - \overline{x}_k^+) + \frac{\partial h_k}{\partial v} v_k$$

$$= h_k(\overline{x}_k^-) + H_k(x_k - \overline{x}_k^-) + M_k v_k \tag{72}$$

协方差矩阵 P_k 由费舍尔（Fisher）信息矩阵的逆矩阵约束，如下式

$$P_k = \langle (\overline{x}_k - x_k)(\overline{x}_k - x_k)^{\mathrm{T}} \rangle \geqslant J_k^{-1} \tag{73}$$

其中

$$J_k = \left\langle \left(\frac{\partial \ln p(z_k \mid x_k)}{\partial x_k} \right)^{\mathrm{T}} \left(\frac{\partial \ln p(z_k \mid x_k)}{\partial x_k} \right) \bigg| x_k \right\rangle \text{（费舍尔信息矩阵）}$$

式中, $p(z_k \mid x_k)$ 是给定 x_k 时 z_k 的联合条件概率密度方程。根据高斯假设，简化为

$$J_{k+1} = F_k^{-1\mathrm{T}} J_k F_k^{-1} + H_K^{\mathrm{T}} R_k^{-1} H_k \tag{74}$$

其中

$$F_K = \frac{\partial f(x)}{\partial x}, H_k = \frac{\partial h(x)}{\partial x}$$

用雅可比矩阵计算估计的协方差以完成一个先验估计。通过系统雅可比矩阵先验估计组成预测项

$$P_k^- = F_{k-1} P_{k-1}^+ F_{k-1}^{\mathrm{T}} + L_{k-1} Q_{k-1} L_{k-1}^{\mathrm{T}} \tag{75}$$

式中，$F_{k-1} = \delta f / \delta x$；$L_{k-1} = \delta f / \delta w$；$Q_k = \langle w_k w_k^{\mathrm{T}} \rangle$。在用测量值对状态进行修正后，状态和其协方差通过状态模型得以演进。在测量了一个修正之后更新状态。卡尔曼滤波器增益用测量模型和协方差的雅可比矩阵计算。增益由实际传感器测量值和预测值的差别得到，其中预测值通过状态的先验估计得到（即卡尔曼增益是状态模型测量量的权重）。后验估计从先验估计和测量值中计算得到，相应的权重由卡尔曼增益决定。这就是后验估计。后验估计包括测量修正

$$K_k = P_k^- H_k^{\mathrm{T}} (H_k P_k^- H_k^{\mathrm{T}} + M_k R_k M_k^{\mathrm{T}})^{-1}$$

其中

$$H_k = \frac{\partial h}{\partial k}, M_k = \frac{\delta h}{\delta v}, R_k = \langle v_k v_k^{\mathrm{T}} \rangle$$

$$\hat{x}_k^+ = \hat{x}_k^- + K_k (z_k - H_k \hat{x}_k^-)$$

$$P_k^+ = (I - K_k H_k) P_k^- \tag{76}$$

在状态的 n 维空间中，初始状态协方差矩阵由下式给出

$$P_0^+ = \mathrm{diag}(\sigma_i^2) = \mathrm{diag}\langle (x_0 - \overline{x}_0^+)(x_0 - \overline{x}_0^+)^{\mathrm{T}} \rangle \tag{77}$$

初始化可能是很大的数值表示高不确定度。Q 和 R 表示处理和测量噪声

$$Q_k = \mathrm{diag}(\sigma_i^2) \text{ 且 } R_k = \mathrm{diag}(\sigma_i^2) \tag{78}$$

式中，σ_i 为噪声方差。UKF 可以应用于非高斯系统，因为 sigma 点表示分布成比例地接近。

$$\chi_0(k \mid k) = \hat{x}(k \mid k) \text{ 且 } W_0 = \frac{\kappa}{n + \kappa}$$

$$\chi_i(k \mid k) = \hat{x}(k \mid k) + \left(\sqrt{(n + \kappa) P(k \mid k)} \right)_i \text{ 且 } W_i = \frac{1}{2(n + \kappa)}$$

$$\chi_{i+n}(k \mid k) = \hat{x}(k \mid k) - \left(\sqrt{(n + \kappa) P(k \mid k)} \right)_i \text{ 且 } W_{i+n} = \frac{1}{2(n + \kappa)} \tag{79}$$

其中，$(n + \kappa) \neq 0$，$n + \kappa = k$，$\sum_{i=0}^{p} W_i = 1$。元素 κ 对高阶近似量进行微调以减小误差。用 $(n + \kappa)$ 归一化四阶甚至更高阶矩，四阶矩定义了峰度。扩展的卡尔曼滤波忽略了这些高阶项。对于高斯分布，$n + \kappa = 3$。处理模型为

$$\chi_i(k + 1 \mid k) = f(\chi_i(k \mid k), u(k)) \tag{80}$$

预测的平均值为

$$\hat{x}(k + 1 \mid k) = \sum_{i=0}^{2n} W_i \chi_i(k + 1 \mid k) \tag{81}$$

预测的协方差为

$$P(k + 1 \mid k) = \sum_{i=0}^{2n} W_i [\chi_i(k + 1 \mid k) - \hat{x}(k + 1 \mid k)][\chi_i(k + 1 \mid k) - \hat{x}(k + 1 \mid k)]$$

$$\tag{82}$$

　　信息滤波器是卡尔曼滤波器的代数等式形式，其精确地给出了传感器测量量在状态估计中的影响。它涉及相关参数化，其中逆协方差决定了信息矩阵，其中有模拟量，如扩展

的信息滤波器。逆协方差可以被视为费舍尔信息——在时间 $k+1$ 时的信息是时间 k 时的信息加上从 z_{k+1} 处得来的时间 $k+1$ 时的新信息。信息滤波器用信息状态和信息矩阵（逆协方差）代替了卡尔曼滤波器的状态和协方差

$$Y_{k|k-1} = P_{k|k-1}^{-1}$$
$$\hat{y}_{k|k-1} = Y_{k|k-1}\hat{x}_{k|k-1}$$
$$i_k = C_k^{\mathrm{T}}R_k^{-1}y_k$$
$$I_k = C_k^{\mathrm{T}}R_k^{-1}C_k \tag{83}$$

信息滤波器首先进行信息测量更新

$$\hat{Y}_k^+ = \hat{Y}_k^- + i_k$$
$$Y_k^+ = Y_k^- + I_k \tag{84}$$

接着进行信息的实时更新

$$M_k = (A_k^{-1})Y_k^+ A_k^{-1}$$
$$Y_{k+1}^- = [I - M_k(M_k + Q_k^{-1})^{-1}]M_k$$
$$\hat{Y}_{k+1}^- = [I - M_k(M_k + Q_k^{-1})^{-1}](A_k^{-1})^{\mathrm{T}}\hat{Y}_k^+ \tag{85}$$

例如，均方根容积卡尔曼滤波器形式的信息为多传感器融合提供了一个简化测量更新的方法[1551]。在设备和测量中具有随机噪声，因此估计状态由平均状态计算

$$\hat{x}_k = \langle x_k \rangle \tag{86}$$

方差为

$$\sigma_k^2 = \langle (x_k - \hat{x}_k)^2 \rangle \tag{87}$$

因此

$$x_{k+1} = Ax_k + Bu_k + w_k$$
$$z_k = Hx_k + v_k \tag{88}$$

式中，w_k 为过程噪声；v_k 为测量噪声。贝叶斯估计试图去找到基于测量的状态基的条件概率分布 $p(x_z \mid z_k)$。先验估计是给定所有 k 之前的状态（k，$p(x_k \mid z_{k-1})$）下的 x_k 的概率分布函数。贝叶斯滤波器允许从噪声观测中估计出动态系统的状态。不确定度由概率分布决定。传感器给出新的测量值信息，输出规则给出在给定测量值 z 下状态 x 的条件概率

$$p(x \mid z)p(z) = p(z \mid x)p(x) \tag{89}$$

贝叶斯规则根据后验概率的计算得出

$$p(x \mid z) = p(z \mid x)\frac{p(x)}{p(z)} \text{ 或 } p(z \mid x) = p(x \mid z)\frac{p(z)}{p(x)} \tag{90}$$

假设为

$$p(x_t \mid z_t) = \int p(x_t \mid x_{t-1}, z_t)p(x_{t-1})\mathrm{d}x_{t-1} \tag{91}$$

从而，贝叶斯滤波器为

$$p(x_t \mid z_t) = \alpha_t p(z_t \mid x_t)p(x_t \mid z_{t-1}) \tag{92}$$

其中，α_t 为归一化常数；$p(x_t \mid z_{t-1}) = \int p(x_t \mid x_{t-1})p(x_{t-1} \mid z_{t-1})\mathrm{d}x_{t-1}$，为先验分布；

$$p(x_{t-1} \mid z_{t-1}) = \frac{p(z_{t-1} \mid x_{t-1})p(x_{t-1})}{p(z_{t-1})}$$ ，为后验分布；$p(z_t \mid x_t)$ 为测量模型；$p(x_t \mid x_{t-1})$ 为一阶马尔可夫进程（系统模型）状态转换概率。

这是马尔可夫假设的基础，即输出仅是前向状态和最近测量值的函数。状态模型预测带有噪声（名义上的高斯噪声）影响的系统输出。贝叶斯估计是一般的状态估计方法，其中估计体现于基于测量数据的概率分布函数。贝叶斯滤波器采用预测/更新循环来估计系统状态——传感器测量值更新这些关于动态系统状态的假设。贝叶斯滤波器通常不能在闭合形式中被估计，因此，可以用近似方法，如卡尔曼滤波器或者粒子滤波器——机器人现阶段的状态被认为是前向状态和输入的概率函数。

参 考 文 献

［ 1 ］ Space Exploration Engineering Group（SEEG），Department of Mechanical & Aerospace Engineering，Carleton University，Ottawa，Ontario，K1S 5B6，Canada.

［ 2 ］ National Research Council（Commission on Physical Sciences，Mathematics，and Applications）（1999）Scientific Rationale for Mobility in Planetary Environments，National Academy Press，Washington，D. C.

［ 3 ］ Vila，C.，Savolainen，P.，Maldonado，J.，Amorim，I.，Rice，J.，Honeycutt，R.，Crandall，K.，Lundenberg，J.，Wayne，R.（1997）"Multiple and ancient origins of the domestic dog," Science，276，1687 - 1689.

［ 4 ］ Brooks，R.，and Flynn，A.（1989）"Fast，cheap and out of control：A robot invasion of the solar system," J. British Interplanetary Society，42，478 - 485.

［ 5 ］ Angle，C.，and Brooks，R.（1990）"Small planetary rovers," IEEE International Workshop on Intelligent Robots and Systems.

［ 6 ］ Ellery，A.（2004）"Space robotics part 3：Robotic rovers for planetary exploration," Int. J. Advanced Robotic Systems，1（4），303 - 307.

［ 7 ］ Mondier，J（1993）"Planetary rover locomotion mechanisms," Proceedings of the International Symposium on Missions，Technologies and Design of Planetary Mobile Vehicles，Toulouse，September 1992，CNES/Cipaduhs - Iditions，Toulouse，France（ISBN 2854283317）.

［ 8 ］ Chicarro，A. et al.（1998）"Scientific applications of robotic systems on planetary missions," Robotics and Autonomous Systems，23，65 - 71.

［ 9 ］ Zakrajsek，J.，McKissock，D.，Woytach，J.，Zakrajsek，J.，Oswald，F.，McEntire，K.，Hill，G.，Abel，P.，Eichenberg，D.，and Goodnight，T.（2005）Exploration Rover Concepts and Development Challenges（AIAA 2005 - 2525，NASA TM - 2005 - 213555），NASA，Washington，D. C.

［10］ Wilcox，B.，Litwin，T.，Biesiadecki，J.，Matthews，J.，Heverly，M.，and Morrison，J.（2007）"Athlete：A cargo - handling and manipulation robot for the Moon," J. Field Robotics，24（5），421 - 434.

［11］ Ellery，A. and Cockell，C.（2006）"Bio - inspired microrobots for support of exploration from a Mars polar station," in C. Cockell（Ed.），Project Boreas：A Station for the Martian Geographic Pole，British Interplanetary Society，London.

［12］ Ellery，A.，and the Rover Team（2006）"ExoMars rover and Pasteur payload Phase A study：An approach to experimental astrobiology," International Journal of Astrobiology，5（3），221 - 241.

［13］ Vago，J.，Witasse，O.，Baglioni，P.，Haldemann，A.，Gianfiglio，G.，Blancquaert，T.，McCoy，D.，de Groot，R. and the ExoMars Team（2013）"ESA's next step in Mars exploration," ESA Bulletin，155，August，13 - 21.

[14] Teshigahara, A., Watanabe, M., Kawahara, N., Ohtsuka, Y., and Hattori, T. (1995) "Performance of a 7mm microfabricated car," IEEE J. Microelectromechanical Systems, 4 (2), 76 – 80.

[15] Fontaine, B. et al. (2000) "Autonomous operations of a micro – rover for geoscience on Mars," Proceedings Sixth ESA Workshop on Advanced Space Technologies for Robotics & Automation Conference (ASTRA), December 2000, ESTEC, Noordwijk, The Netherlands.

[16] Wilcox, B., and Jones, R. (2000) "MUSES – CN nanorover mission and related technology," Proceedings of IEEE International Conference Robotics & Automation, pp. 287 – 295.

[17] Newell, M., Stern, R., Hykes, D., Bolotin, G., Gregoire, T., McCarthy, T., Buchanan, C., and Cozy, S. (2001) "Extreme temperature (_ 170 _ C to t125 _ C) electronics for nanorover operation," Proceedings IEEE Aerospace Conference, Vol. 5, pp. 2443 – 2456.

[18] Mariorodriga, G. (1997) "Micro – rovers for scientific applications on Mars or Moon missions," Preparing for the Future, 7 (2), 16 – 17.

[19] Matijevic, J. (1997) "Sojourner: The Mars Pathfinder microrover flight experiment," Space Technology, 17 (3/4), 143 – 149.

[20] Shirley, D., and Matijevic, J. (1995) "Mars Pathfinder microrover," Autonomous Robots, 2, 283 – 289.

[21] Matijevic, J. (1998) Mars Pathfinder Microrover: Implementing a Low Cost Planetary Mission Experiment (IAA – L – 0510), International Academy of Astronautics, Johns Hopkins APL, Laurel, MD.

[22] Rover Team (1997) "The Pathfinder microrover," Journal of Geophysical Research, 102 (E2), 3989 – 4001.

[23] Qadi, A., Cross, M., Setterfield, T., Ellery, A., and Nicol, C. (2012) "Kapvik rover— systems and control: A micro – rover for planetary exploration," Proceedings CASI ASTRO Conference, Quebec City, Canada (Paper No. 84).

[24] Setterfield, T., Frazier, C., and Ellery, A. (2014) "Mechanical design and testing of an instrumented rocker – bogie system for the Kapvik micro – rover," J. British Interplanetary Society, 67, 96 – 104.

[25] Marth, P. (2003) "TIMED integrated electronics module (IEM)," Johns Hopkins APL Technical Digest, 24 (2), 194 – 200.

[26] Ellery, A., Welch, C., Curley, A., Wynn – Williams, D., Dickensheets, D., and Edwards, H. (2002) "Design options for a new European astrobiology – focussed Mars mission— Vanguard," Proceedings World Space Congress, Houston, IAC – 02 – Q. 3. 2. 04.

[27] Ellery, A., Richter, L., Parnell, J., and Baker, A. (2003) "A low – cost approach to the exploration of Mars through a robotic technology demonstrator mission," Proceedings Fifth IAA International Conference on Low – Cost Planetary Missions (ESA SP 542), ESTEC, Noordwijk, The Netherlands, pp. 127 – 134.

[28] Ellery, A., Cockell, C., Edwards, H., Dickensheets, D., and Welch, C. (2002) "Vanguard: A proposed European astrobiology experiment on Mars," Int. J. Astrobiology, 1 (3), 191 – 199.

[29] Ellery, A., Richter, L., Parnell, J., and Baker, A. (2006) "Low – cost approach to the

exploration of Mars through a robotic technology demonstrator mission," Acta Astronautica, 59 (8/11), 742 – 749.

[30] Ellery, A., Ball, A., Coste, P., Dickensheets, D., Hu, H., Lorenz, R., Nehmzow, H., McKee, G., Richter, L., and Winfield, A. (2003) "Robotic triad for Mars surface and sub – surface exploration," Proceedings Seventh International Symposium Artificial Intelligence Robotics & Automation in Space, Nara, Japan.

[31] Apostopoulos, D., and Bares, J. (1995) "Locomotion configuration of a robust rapelling robot," Proceedings IEEE International Conference Intelligent Robots & Systems, August 1995, Pittsburgh, PA.

[32] Bares, J., and Wethergreen, D. (1999) "Dante Ⅱ: Technical description, results and lessons learned," Int. J. Robotics Research, 18 (7), 621 – 649.

[33] Krishna, K. et al. (1997) "Tethering system design for Dante Ⅱ," Proceedings IEEE International Conference Robotics and Automation, pp. 1100 – 1105.

[34] Northcote Parkinson, C. (1957) Parkinson's Law and Other Studies in Administration, Ballantine Books, New York.

[35] Causon, J. (2007) "Six steps to efficient management," Engineering Management J., 17 (5), 8 – 9.

[36] Collins, D. (1997) "Ethical superiority and inevitability of participatory management as an organisational system," Organization Science, 8 (5), 489 – 507.

[37] Beer, R. (1995) "A dynamical systems perspective on agent – environment interaction," Artificial Intelligence, 72 (1995), 173 – 215.

[38] Clark, A. (1999) "An embodied cognitive science?" Trends in Cognitive Science, 3 (9), 345 – 351.

[39] Muir, P., and Neumann, C. (1987) "Kinematic modeling of wheeled mobile robots," J. Robotic Systems, 4 (2), 281 – 340.

[40] Ellery, A. (2004) "Space robotics part 3: Robotic rovers for planetary exploration," International J. Advanced Robotic Systems, 1 (4), 303 – 307.

[41] Lessem, A. et al. (1996) "Stochastic vehicle mobility forecast using the NATO Reference Mobility Model," J. Terramechanics, 33 (6), 273 – 280.

[42] Ellery, A. (2015) Space Technology for Astrobiology Missions, Cambridge University Press, U. K. (in press).

[43] Novara, M., Putz, P., Marechal, L., and Losito, S. (1998) "Robotics for lunar surface exploration," Robotics and Autonomous Systems, 23, 53 – 63.

[44] Greenwood, J., Itoh, S., Sakamoto, N., Warren, P., Taylor, L., and Yurimoto, H. (2011) "Hydrogen isotope ratios in lunar rocks indicate delivery of cometary water to the Moon," Nature Geoscience, 4, 79 – 82.

[45] Starukhina, L. (2006) "Polar regions of the Moon as a potential repository of solarwind – implanted gases," Advances in Space Research, 37, 50 – 58.

[46] Boucher, D., Edwards, E., and Sanders, J. (2005) "Fully autonomous mining system controller for in – situ resource utilisation," Proceedings Eighth International Symposium AI Robotics and Automation in Space, Munich, Germany (ESA SP – 603).

[47] Crawford, I. (2004) "Scientific case for renewed human activities on the Moon," Space Policy, 20,

91 - 97.

[48] Bussey, D., McGovern, J., Spudis, P., Neish, C., Noda, H., Ishihara, Y., and Sorensen, S - A. (2010) "Illumination conditions of the south pole of the Moon derived using Kaguya topography," Icarus, 208, 558 - 564.

[49] George, J., Mattes, G., Rogers, K., Magruder, D., Paz, A., Vaccaeo, H., Baird, R., Sanders, G., Smith, J., Quinn, J. et al. (2012) "RESOLVE mission architecture for lunar resource prospecting and utilisation," 43rd Lunar and Planetary Science Conference Abstracts, No. 2583.

[50] Horanyi, M., Walch, B., Robertson, S., and Alexander, D. (1998) "Electrostatic charging properties of Apollo 17 lunar dust," Journal of Geophysical Research, 103 (E4), 8575 - 8580.

[51] Liu, Y., and Taylor, L. (2008) "Lunar dust: Chemistry and physical properties and implications for toxicity," NLSI Lunar Science Conference 2012 (abstract).

[52] Kruzeklecky, R., Wong, B., Aissa, B., Haddad, E., Jamroz, W., Cloutis, E., Rosca, I., Hoa, S., Therriault, D., and Ellery, A. (2010) MoonDust Lunar Dust Simulation and Mitigation (AIAA - 2010 - 764033). American Institute of Aeronautics and Astronautics, Washington, D. C.

[53] Eimer, B., and Taylor, L. (2007) "Dust mitigation: Lunar air filtration with a permanent magnet system," 38th Lunar and Planetary Science Conference, League City, Texas, No. 1338, 1654.

[54] Landis, G., and Jenkins, P. (2002) "Dust mitigation for Mars solar arrays," Proceedings IEEE Conference Photovoltaic Specialists, pp. 812 - 815.

[55] Calle, C., McFall, J., Buhler, C., Snyder, S., Ritz, M., Trigwell, S., Chen, A., and Hogue, M. (2008) "Development of an active dust mitigation technology for lunar exploration," AIAA Space Conference and Exposition, San Diego (AIAA 2008 - 7894), American Institute of Aeronautics and Astronautics, Washington, D. C. .

[56] Clark, P., Curtis, S., Minetto, F., and Keller, J. (2007) "Finding a dust mitigation strategy that works on the lunar surface," 38th Lunar and Planetary Science Conference, League City, Texas, No. 1338, 1175.

[57] Lauer, H., and Allton, J. (1992) "Mars containers: Dust on Teflon sealing surfaces," Space International Conference Space III: Engineering, Construction and Operations in Space, Vol. 1, pp. 508 - 517.

[58] Cong, M., and Shi, H. (2008) "Study of magnetic fluid rotary seals for wafer handling robots," IEEE International Conference Mechatronics and Machine Vision in Practice, pp. 269 - 273.

[59] Komatsu, G., and Baker, V. (1996) "Channels in the solar system," Planetary and Space Science, 44 (8), 801 - 815.

[60] Squyres, S. (1989) "Water on Mars," Icarus, 79, 229 - 288.

[61] Squyres, S. (1984) "History of water on Mars," Annual Review Earth and Planetary Science, 12, 83 - 106.

[62] Malin, M., and Carr, M. (1999) "Groundwater formation of Martian valleys," Nature, 397, 589 - 591.

[63] Segura, T., Toon, O., Colaprete, A., and Zahnle, K. (2002) "Environmental effects of large impacts on Mars," Science, 298, 1977 - 1980.

[64] Clifford, S. (1993) "Model for the hydrological and climatic behaviour of water on Mars," J. Geophysical Research, 98 (E6), 10973 – 11016.

[65] Goldspiel, J., and Squyres, S. (1991) "Ancient aqueous sedimentation on Mars," Icarus, 89, 392 – 410.

[66] Forget, F., and Pierrehumbert, R. (1997) "Warming early Mars with carbon dioxide clouds that scatter infrared radiation," Science, 278, 1273 – 1276.

[67] Carr, M. (1986) "Mars: A water – rich planet," Icarus, 68, 187 – 216.

[68] Haberle, R. (1998) "Early Mars climate models," J. Geophysical Research, 103 (E12), 28467 – 28479.

[69] Pollack, J., Kasting, J., Richardson, S., and Poliakoff, K. (1987) "Case for a wet, warm climate on early Mars," Icarus, 71, 203 – 224.

[70] Gulick, V., and Baker, V. (1989) "Fluvial valleys and martian palaeoclimates," Nature, 341, 514 – 516.

[71] Head III, J., Hiesinger, H., Ivanov, M., Kreslavsky. M., Pratt, S., Thomson, B. (1999) "Possible ancient oceans on Mars: Evidence from Mars Orbiter laser altimeter data," Science, 286, 2134 – 2137.

[72] Marquez, A., Fernandez, C., Anguita, F., Farelo, A., Anguita, J., and de la Casa, M. – A. (2004) "New evidence for a volcanically, tectonically, and climatically active Mars," Icarus, 172, 573 – 581.

[73] Malin, M., and Edgett, K. (2000) "Evidence for recent groundwater seepage and surface runoff on Mars," Science, 288, 2330 – 2335.

[74] Mangold, N., Allemand, P., Duval, P., Geraud, P., and Thomas, P. (2002) "Experimental and theoretical deformation of ice – rock mixtures: Implications on rheology and ice content of Martian permafrost," Planetary and Space Science, 50, 385 – 401.

[75] Laskar, J., and Robutel, P. (1993) "Chaotic obliquity of the planets," Nature, 361, 608 – 612.

[76] Touma, J., and Wisdom, J. (1993) "Chaotic obliquity of Mars," Science, 259, 1294 – 1297.

[77] Ward, W., and Rudy, D. (1991) "Resonant obliquity of Mars," Icarus, 94, 160 – 164.

[78] Jakosky, B., Henderson, B., and Mellon, M. (1995) "Chaotic obliquity and the nature of the Martian climate," J. Geophysical Research, 100 (E1), 1579 – 1584.

[79] Smith, H., and McKay, C. (2005) "Drilling in ancient permafrost on Mars for evidence of a second genesis of life," Planetary and Space Science, 53, 1302 – 1308.

[80] Kargel, J., and Strom, R. (1992) "Ancient glaciation on Mars," Geology, 20, 3 – 7.

[81] Melosh, H., and Vickery, A. (1989) "Impact erosion of the primordial atmosphere of Mars," Nature, 338, 487 – 489.

[82] Jakosky, B., Pepin, R., Johnson, R., and Fox, J. (1994) "Mars atmospheric loss and isotopic fractionation by solar wind – induced sputtering and photochemical escape," Icarus, 111, 271 – 288.

[83] Jakosky, B., and Jones, J. (1997) "History of Martian volatiles," Reviews of Geophysics, 35 (1), 1 – 16.

[84] Hollingsworth, J., Haberle, R., and Schaeffer, J. (1997) "Seasonal variations of storm zones on Mars," Advances in Space Research, 19 (8), 1237 – 1240.

[85] Chevrier, V., and Mathe, P. (2007) "Mineralogy and evolution of the surface of Mars: A review," Planetary and Space Science, 55, 289 - 314.

[86] Bridges, J., and Grady, M. (2000) "Evaporite mineral assemblages in the nakhlite (martian) meteorites," Earth and Planetary Science Letters, 176, 267 - 279.

[87] Halevy, I., Zuber, M., and Schrag, D. (2007) "Sulphur dioxide climate feedback on early Mars," Science, 318, 1903 - 1907.

[88] Fairen, A., Fernandez - Remolar, D., Dohm, J., Baker, V., and Amils, R. (2004) "Inhibition of carbonate synthesis in acidic oceans on early Mars," Nature, 431, 423 - 426.

[89] Hurowitz, J., McLennan, S., Tosca, N., Arvidson, R., Michalski, J., Ming, D., Schroder, C., and Squyres S. (2006) "In situ and experimental evidence for acidic weathering of rocks and soils on Mars," J. Geophysical Research, 111E, E02S19.

[90] Knoll, A., and Grotzinger, J. (2006) "Water on Mars and the prospect of Martian life," Elements, 2, June, 169 - 173.

[91] Parnell, J., Cockell, C., Edwards, H., and Ellery, A. (2003) "The range of life habitats in volcanic terrains on Mars," Proceedings Third European Workshop on Exo/Astro - Biology (SP - 545), Madrid, Spain, pp. 81 - 84.

[92] Cabrol, N., and Grin, E. (2001) "Evolution of lacustrine environments on Mars: Is Mars only hydrologically dormant?" Icarus, 149, 291 - 328.

[93] Ori, G., Marinangeli, L., and Komatsu, G. (2000) "Martian palaeolacustrine environments and their geological constraints on drilling operations for exobiological research," Planetary and Space Science, 48, 1027 - 1034.

[94] Mancinelli, R., Fahlen, T., Landheim, R., and Klovstad, M, (2004) "Brines and evaporates: analogues for Martian life," Advances in Space Research, 33, 1244 - 1246.

[95] Kovtunenko, V. et al. (1993) "Prospects for using mobile vehicles in missions to Mars and other planets," Proceedings International Symposium on Missions, Technologies and Design of Planetary Mobile Vehicles, September 1992, CNES/Cipaduhs Iditions, Toulouse, France.

[96] Burkhalter, B., and Sharpe, H. (1995) "Lunar roving vehicle: Historical origins, development and deployment," J. British Interplanetary Society, 48, 199 - 212.

[97] Cowart, E. (1973) "Lunar roving vehicle: Spacecraft on wheels," Proc. Institution Mechanical Engineers, 187 (45/73), 463 - 491.

[98] Bekker, M. (1985) "The development of a moon rover," J. British Interplanetary Society, 38, 537 - 543.

[99] Matijevic, J. (1997) "Sojourner: the Mars Pathfinder microrover flight experiment," Space Technology, 17 (3/4), 143 - 149.

[100] Shirley, D., and Matijevic, J. (1995) "Mars Pathfinder microrover," Autonomous Robots, 2, 283 - 289.

[101] Matijevic, J. (1998) Mars Pathfinder Microrover: Implementing a Low Cost Planetary Mission Experiment (IAA - L - 0510), International Academy of Astronautics, Stockholm, Sweden.

[102] Rover Team (1997) "The Pathfinder microrover," Journal of Geophysical Research, 102 (E2), 3989 - 4001.

[103] Mishkin, A., Morrison, J., Nguyen, T., Stone, H., Cooper, B., and Wilcox, B. (1998) "Experiences with operations and autonomy of the Mars Pathfinder microrover," Proceedings International Conference Robotics and Automation, Leuven, Belgium.

[104] Arvidson, R., Baumgartner, E., Schenker, P., and Squyres, S. (2000) "FIDO field trials in preparation for Mars rover exploration and discovery and sample return missions" (Abstract d6018), Workshop on Concepts and Approaches for Mars Exploration, Johnson Space Center, Houston, TX.

[105] Weisbin, C., Rodriguez, G., Schenker, P., Das, H., Hamayati, S., Baumgarter, E., Maimone, M., Nesnas, I., and Volpe, R. (1999) "Autonomous rover technology for Mars sample return," Proceedings Fifth International Symposium: Artificial Intelligence, Robotics and Automation in Space (ESA SP - 440), pp. 1 - 8.

[106] Crisp, J., Adler, M., Matijevic, J., Squyres, S., Arvidson, R., and Kass, D. (2003) "Mars exploration rover mission," Journal of Geophysical Research, 108 (E12), 2.1 - 2.17.

[107] Erickson, J., Adler, M., Crisp, J., Mishkin, A., and Welch, R. (2002) "Mars exploration rover surface operations," World Space Congress, Houston (IAC - 02 - Q.3.1.03).

[108] Clarke, A. (1997) "Dynamical challenge," Cognitive Science, 21 (4), 461 - 481.

[109] Bogatchev, A. et al, (2000a) "Walking and wheel - walking robots," CLAWAR 2000: Third International Conference, on Climbing and Walking Robots, Madrid, Spain October 2 - 4, 2000.

[110] Bogatchev, A. et al. (2000b) "Mobile robots of high cross - country ability," IFAC 2000 Conference.

[111] Thianwoon, M. et al. (2001) "Rocker - bogie suspension performance," Proceedings 12th Pacific Conference Automotive Engineering, Shanghai, November 6 - 9, 2001, IPC2001D079.

[112] Mondier, J. (1993) "Planetary rover locomotion mechanisms," Proceedings International Symposium Missions, Technologies and Design of Planetary Mobile Vehicles, September 1992, CNES/Cipaduhs - Iditions, Toulouse, France.

[113] Wright, D., and Watson, R. (1987) "Comparison of mobility system concepts for a Mars rover," Procedings SPIE Conference Mobile Robots II, Vol. 852, pp. 180 - 186.

[114] Thakoor, S. (2000) "Bio - inspired engineering of exploration systems," Proceedings NASA/DoD Second Biomorphic Explorers Workshop, pp. 49 - 79.

[115] Colombano, S., Kirchner, F., Spenneberg, D., and Hanratty, J. (2003) Exploration of Planetary Terrains with a Legged Robot as a Scout Adjunct to a Rover, American Institute of Aeronautics and Astronautics, Washington, D. C.

[116] Genta, G., and Amati, N. (2004) "Mobility on planetary surfaces: May walking machines be a viable alternative?" Planetary and Space Science, 52, 31 - 40.

[117] Santovincenzo, A. et al. (2002) ExoMars 09 (CDF Study Report CDF - 14A), ESA/ ESTEC, Noordwijk, The Netherlands.

[118] Clark, P., Curtis, S., and Rilee, M. (2011) "New paradigm for robotic rovers," Physics Procedia, 20, 308 - 318.

[119] Hirose, S. et al, (1995) "Fundamental considerations for the design of a planetary rover," IEEE International Conference Robotics and Automation, pp. 1939 - 1944.

[120] Wright, D., and Watson, R. (1987) "Comparison of mobility system concepts for a Mars rover,"

Proceedings SPIE Conference on Mobile Robots II, Vol. 852, pp. 180 - 186.

[121] Ellery, A., Richter, L., and Bertrand, R. (2005) "Chassis design and performance analysis for the European ExoMars rover," Trans. Can. Soc. Mech. Eng., 29 (4), 507 - 518.

[122] Schid, I. (1999) "Focussing terramechanics research towards tools for terrain development," Proceedings 13th International Conference ISTVS, Munich, Germany, September 14 - 17, pp. 799 - 808.

[123] Jain, A., Guineau, J., Lim, C., Lincoln, W., Pomerantz, M., Sohl, G., and Steele, R. (2003) "ROAMS: planetary surface rover simulation environment," International Symposium Artificial Intelligence Robotics and Automation in Space, Nara, Japan.

[124] Yen, J., Jain, A., and Balaram, J. (1999) "ROAMS: Rover analysis, modelling and simulation software," Proceedings Fifth International Symposium on Artificial Intelligence and Automation in Space, Noordwijk, The Netherlands, June 1 - 3, 1999, pp. 249 - 254.

[125] Bauer, R., Leung, W., and Barfoot, T. (2005) "Development of a dynamic simulation tool for the ExoMars rover," Proceedings Eighth International Symposium on Artificial Intelligence, Robotics and Automation in Space (i - SAIRAS), Munich, Germany, ESA SP - 603.

[126] Patel, N., Ellery, A., Allouis, E,, Sweeting. M,, and Richter L (2004) "Rover mobility performance evaluation tool (RMPET): A systematic tool for rover chassis evaluation via application of Bekker theory," Proceedings Eighth Advanced Space Technologies for Robotics and Automation (ASTRA), ESA - ESTEC, Noordwijk, The Netherlands, pp. 251 - 258.

[127] Apostolopoulos, D. (1996) Systematic Configuration of Robotic Locomotion (CMU Technical Report CMU - RI - TR - 96 - 30), Carnegie Mellon University, Pittsburgh, PA; Apostolopoulos D (2001) "Analytical configuration of wheeled robotic locomotion," PhD thesis (CMU - RI - TR - 01 - 08), Carnegie Mellon University, Pittsburgh, PA.

[128] Michaud, S., Richter, L., Patel, N., Thuer, T., Huelsing, T., Joudrier, L., Seigwart, S., and Ellery, A. (2006) "RCET: Rover chassis evaluation tools," Proceedings ASTRA 2006, ESA - ESTEC, Noordwijk, The Netherlands.

[129] Bickler, D. (1993) "New family of JPL planetary surface vehicles," Proceedings International Symposium Missions, Technologies and Design of Planetary Mobile Vehicles, September 1992, CNES/Cipaduhs - Iditions, Toulouse, France, pp. 301 - 306.

[130] Weisbin, C. (1995) "JPL space robotics: Present accomplishments and future thrusts," ANS Sixth Topical Meeting on Robotics and Remote Systems, Monterey, CA.

[131] Weisbin, C. (1993) "Evolving directions in NASA's planetary rover requirements and technology," Proceedings International Symposium Missions, Technologies and Design of Planetary Mobile Vehicles, September 1992, CNES/Cipaduhs - Iditions, Toulouse, France.

[132] McTamaney, L. et al. (1988) "Mars rover concept development," Proceedings SPIE Conference Mobile Robots III, Vol. 1007, pp. 85 - 94.

[133] Weisbin, C., and Rodriguez, G. (2000) "NASA robotics research for planetary exploration," IEEE Robotics & Automation Magazine, December, 25 - 34.

[134] Hacot, H. et al. (1998) "Analysis and simulation of a rocker - bogie exploration rover," Proceedings 12th CISM - IFToMM Symposium RoMan Sy 98, Paris.

[135] Volpe, R. et al. (1997) "Rocky 7: A next generation Mars rover prototype," J. Advanced Robotics, 11 (4), 341-358.

[136] Miller, D. et al. (1993) "Experiments with a small behaviour - controlled planetary rover," Proceedings International Symposium Missions, Technologies and Design of Planetary Mobile Vehicles, September 1992, CNES/Cipaduhs - Iditions, Toulouse, France.

[137] Setterfield, T., and Ellery, A. (2010) "Potential chassis designs for Kapvik, a Canadian reconfigurable planetary microrover," Proceedings ASTRO Conference, Toronto, Canada, Paper 16.

[139][①] Setterfield, T., Frazier, C., and Ellery, A. (2014) "Mechanical design and testing of an instrumented rocker - bogie mobility system for the Kapvik micro - rover," J. British Interplanetary Society, 67, 96-104.

[140] Bickler, D. (1993) "New family of JPL planetary surface vehicles," Proceedings International Symposium Missions, Technologies and Design of Planetary Mobile Vehicles, September 1992, CNES/Cipaduhs - Iditions, Toulouse, France, pp. 301-306.

[141] Hacot, H., Dubowsky, S., and Bidaud, P. (1998) "Analysis and simulation of a rockerbogie exploration rover," reprint.

[142] Setterfield, T., and Ellery, A. (2012) "Terrain response estimation using an instrumented rocker - bogie mobility system," IEEE Trans. Robotics, 29, 172-188.

[143] Iagnemma, K., Rzepniewski, A., Dubowsky, S., Pirjanian, P., Huntsberger, T., and Schenker, P. (2000) "Mobile robot kinematic reconfigurability for rough terrain," Proceedings SPIE Conference Sensor Fusion and Decentralised Control in Robotic Systems III (edited by G. McKee and P. Schenker), Vol. 4196, 413-420.

[144] Kubota, T. et al. (2003) "Small, lightweight rover 'Micro5' for lunar exploration," Acta Astronautica, 52, 447-453.

[145] Siegwart, R. et al. (1998) "Design and implemention of an innovative micro - rover," Proceedings Third ASME Conf and Exposition on Robotics in Challenging Environments (Robotics 98), Albuquerque, NM.

[146] Estier, T. et al. (2000) "Shrimp: A rover architecture for long - range Martian missions," Proceedings Sixth ESA Workshop on Advanced Space Technologies for Robotics and Automation (ASTRA), December 2000, ESTEC, Noordwijk, The Netherlands.

[147] Estier, T. et al. (2000) "Shrimp: A rover architecture for long - range Martian missions," Proceedings Sixth ESA Workshop on Advanced Space Technologies for Robotics and Automation (ASTRA 2000), ESTEC, Noordwijk, The Netherlands.

[148] Estier, T. et al. (2000) "An innovative space rover with extended climbing abilities," Proceedings Fourth International Conference on Robotics for Challenging Situations and Environments, February 27 - March 2, Albuquerque, NM, pp. 333-339.

[149] Ellery, A., Richter, L., and Bertrand, R. (2005) "Chassis design and performance analysis for the European ExoMars rover," Trans. Can. Soc. Mech. Eng., 29 (4), 507-518.

---

① 原版中缺少参考文献 [138]，此处按照原文，后面类似情况同此处理。

[150] Kucherenko，V.，Gromov，V.，Kazhukalo，I.，Bogatchev，A.，Vladykin，S.，Manykjan，A. (2004) Engineering Support on Rover Locomotion for ExoMars Rover Phase A (ESROL - A Final Report ESTEC Contract No. 17211/03/NL/AG，ESA/ESTEC，Noordwijk，The Netherlands.

[151] Kucherenko，V.，Bogatchev，A.，and van Winnendael，M. (2004) "Chassis concepts for the ExoMars rover," Proceedings Conference Advanced Space Technology for Robotics and Automation (ASTRA)，ESTEC，Noordwijk，The Netherlands.

[152] Patel，N.，Slade，R.，and Clemmet，J. (2010) "ExoMars rover locomotion subsystem," J. Terramechanics，47，227 - 242.

[153] Eisen，H.，Buck，C.，Gillis - Smith，G.，and Umland，J. (1997) "Mechanical design of the Mars Pathfinder mission," Proceedings Seventh European Space Mechanisms and Tribology Symposium (ESA SP - 410)，ESTEC，Noordwijk，The Netherlands.

[154] Siegwart，R. et al. (1998) "Design and implementation of an innovative micro - rover," Proceedings Robotics 98: Third Conference and Exposition on Robotics in Challenging Environments，Albuquerque，NM.

[155] Lauria，M. et al. (2000) "Design and control of an innovative micro - rover," Proceedings Fifth ESA Workshop on Advanced Space Technologies for Robotics and Automation (ASTRA)，ESTEC，Noordwijk，The Netherlands.

[156] Richter，L.，and Bernasconi，M. (2000) "Small wheeled rovers for unmanned lunar surface missions," Proceedings Fourth International Conference on Exploration and Utilisation of the Moon (ICEUM 4) (ESA SP - 462)，ESTEC，Noordwijk，The Netherlands，pp. 143 - 148.

[157] Richter，L.，Bernasconi，M.，and Coste，P. (2002) "Analysis，design，and test of wheels for a 4 kg - class mobile device for the surface of Mars," Proceedings 14th International Conference，International Society for Terrain - Vehicle Systems (ISTVS)，Vicksburg，MS.

[158] Richter，L.，Hamacher，H.，Kochan，H.，and Gromov，V. (1998) "The mobile subsurface sample acquisition and transport rover proposed for the Beagle 2 lander," Proceedings Fifth ESA Workshop on Advanced Space Technologies for Robotics and Automation ASTRA 98，ESA，Noordwijk，The Netherlands.

[159] Littman，E. et al，(1993) "Mechanical design of a planetary rover," Proceedings International Symposium Missions，Technologies and Design of Planetary MobileVehicles，Toulouse，September 1992，CNES/Cipaduhs - Iditions，Toulouse，France (ISBN 2854283317).

[160] Chatila，R. et al. (1997) A Case Study in Machine Intelligence: Adaptive Autonomous Space Rovers (LAAS/CNRS Report 97463)，Laboratory for Analysis and Architecture of Systems，Toulouse，France.

[161] Lacroix，S. et al. (2000) "Autonomous long range rover navigation in planetary - like environments," Sixth ESA Workshop on Advanced Space Technologies for Robotics and Automation (ASTRA)，December 2000，ESTEC，Noordwijk，The Netherlands.

[162] Kemurdjian，A. et al，(1993) "Soviet developments of planet rovers in the period 1964 - 1990," Proceedings International Symposium Missions，Technologies and Design of Planetary Mobile Vehicles，Toulouse，September 1992，CNES/Cipaduhs - Iditions，Toulouse，France (ISBN 2854283317)，pp. 25 - 43.

[163] Kemurdjian, A. et al. (1992) "Small Marsokhod configuration," Proceedings IEEE International Conference Robotics and Automation, Nice, France, May, pp. 165 - 168.

[164] Boissier, L. (1998) "IARES - L: A ground demonstrator of planetary rover technologies," Robotics & Autonomous Systems, 23, 89 - 97; Boissier, L., and Maurette, M. (1997) "IARES: An onground demonstrator of planetary rover technology," Preparing for the Future, 7 (2), 12 - 13.

[165] Chatila, R. et al. (1997) A Case Study in Machine Intelligence: Adaptive Autonomous Space Rovers (LAAS/CNRS Report 97463), Laboratory for Analysis and Architecture of Systems, Toulouse, France.

[166] Chatila, R. et al. (1999) Motion Control for a Planetary Rover (LAAS/CNRS Report 99311), Laboratory for Analysis and Architecture of Systems, Toulouse, France.

[167] Eremenko, A. et al. (1993) "Rover in the Mars 96 mission," Proceedings International Symposium Missions, Technologies and Design of Planetary Mobile Vehicles, Toulouse, September 1992, CNES/Cipaduhs - Iditions, Toulouse, France (ISBN 2854283317).

[168] Schilling, K., and Jungius, C. (1996) "Mobile robots for planetary exploration," Control Engineering Practice, 4 (4), 513 - 524.

[169] McTamaney, L. et al. (1988) "Mars rover concept development," Proceedings SPIE Conference Mobile Robots III, Vol. 1007, pp. 85 - 94.

[170] Littman, E. et al. (1993) "Mechanical design of a planetary rover," Proceedings International Symposium Missions, Technologies and Design of Planetary Mobile Vehicles, September 1992, CNES/Cipaduhs - Iditions, Toulouse, France, pp. 345 - 359.

[171] Wettergreen, D., Bapna, D., Maimone, M., and Thomas, G. (1999) "Developing Nomad for robotic exploration of the Atacama Desert," Robotics & Autonomous Systems, 26, 127 - 148.

[172] Shamah, B., Apostopoulos, D., Wagner, M., and Whittaker, W. (2000) "Effect of tyre design and steering mode on robotic mobility in barren terrain," Proceedings International Conference on Field and Service Robots, pp. 287 - 292.

[173] Apostopoulos, D., Wagner, M., Shamah, B., Pedersen, L., Shillcutt, K., and Whittaker, W. (2000) "Technology and field demonstration of robotic search for Antarctic meteorites," Int. J. Robotics Research, 19 (11), 1015 - 1032.

[174] Bodin, A. (1999) "Development of a tracked vehicle to study the influence of vehicle parameters or tractive performance in soft terrain," J. Terramechanics, 36, 167 - 181.

[175] Wong, J., Garber, M., and Preston - Thomas, J. (1984) "Theoretical prediction and experimental substantiation of the ground pressure distribution and tractive performance of tracked vehicles," Proc. Institution Mechanical Engineers D, 198, 265.

[177] Matthies, L. et al. (2000) "A portable, autonomous, urban reconnaissance robot," Proceedings International Conference Intelligent Autonomous Systems.

[178] Liu, Y., and Liu, G. (2009) "Track - stair interaction analysis and online tipover prediction for a self - reconfigurable tracked mobile robot climbing stairs," IEEE/ ASME Trans. Mechatronics, 14 (5), 528 - 538.

[179] Bertrand, R. et al. (1998) "European tracked micro - rover for planetary surface exploration," Proceedings Fifth ESA Workshop on Advanced Space Technologies for Robotics and Automation

(ASTRA 98), ESTEC, Noordwijk, The Netherlands, p. 3. 4 - 1.

[180] Bertrand, R., and van Winnendael, M. (2001) "Mechatronic aspects of the Nanokhod micro - rover for planetary surface exploration" reprint.

[181] Bertrand, R. et al. (2000) "Nanokhod micro - rover environmental capability requirements and design," Proceedings Fifth ESA Workshop on Advanced Space Technologies for Robotics and Automation (ASTRA), ESTEC, Noordwijk, The Netherlands.

[182] Costes, N., and Trautwein, W. (1973) "Elastic loop mobility system: A new concept for planetary exploration," J. Terramechanics, 10 (1), 89 - 104.

[183] Costes, N. et al. (1973) "Terrain - vehicle dynamic interaction studies of a mobility concept (ELMS) for planetary surface exploration," AIAA/ASME/SAE 14th Structures, Structural Dynamics and Material Conference, Williamsburg, VA, March 20 - 22, Paper 73 - 407.

[184] Costes, N. (1998) "A mobility concept for Martian exploration," Proceedings ASME Space Conference, Alburquerque, NM.

[185] Ellery, A., and Patel, N. (2003) Elastic Loop Mobility System Study for Mars Micro - rovers (ESA - ESTEC Final Contract Report, Contract No 16221/02/NL/MV), ESA/ESTEC, Noordwijk, The Netherlands.

[186] Patel, N., Ellery, A., Welch, C., and Curley, A (2003) "Elastic loop mobility system (ELMS): Concept, innovation and performance evaluation for a robotic Mars rover," International Astronautics Congress, Bremen, Germany (IAC - 03 - IAA. 1. 1. 05).

[187] Gee - Clough, D. (1979) "Effect of wheel width on the rolling resistance of rigid wheels in sand," J. Terramechanics, 15 (4), 161 - 184.

[188] Hetherington, J. (2005) "Tracked vehicle operations on sand: Investigations at model scale," J. Terramechanics, 42, 65 - 70.

[189] Plackett, C. (1985) "Review of force prediction methods for off - road vehicles," J. Agricultural Engineering Research, 31, 1 - 29.

[190] Maclaurin, B. (2007) "Comparing the NRMM (VCI), MMP and VLCI traction models," J. Terramechanics, 44, 43 - 51.

[191] Godbole, R., Alcock, R., and Hettiaratchi, D. (1993) "Prediction of tractive performance on soil surfaces," J. Terramechanics, 30 (6), 443 - 459.

[192] Hetherington, J., and White, J. (2002) "Investigation of pressure under wheeled vehicles," J. Terramechanics, 39, 85 - 93.

[193] Larminie, J. (1988) "Standards for the mobility requirements of military vehicles," J. Terramechanics, 25 (3), 171 - 189.

[194] Hetherington, J. (2001) "Applicability of the MMP concept in specifying off - road mobility for wheeled and tracked vehicles," J. Terramechanics, 38, 63 - 70.

[195] Zuber, M., Smith, D., Phillips, R., Solomon, S., Banerdt, W., Neumann, G., and Aharonson, O. (1998) "Shape of the northern hemisphere of Mars from the Mars Orbiter Laser Altimeter (MOLA)," Geophysical Research Letters, 25 (24), 4393 - 4396.

[196] Parks, S., Popov, A., and Cole, D. (2004) "Influence of soil deformation on off - road heavy vehicle suspension vibration," J. Terramechanics, 41, 41 - 68.

[197] Nikora. V. , and Goring, D. (2004) "Mars topography: Bulk statistics and spectral scaling," Chaos, Solitons & Fractals, 19, 427 – 439.

[198] Fischer, D. , and Isermann, R. (2004) "Mechatronic semiactive and active vehicle suspensions," Control Engineering Practice, 12, 1353 – 1367.

[199] Moore, H. , and Jakosky, B. (1989) "Viking landing sites, remote – sensing observations, and physical properties of Martian surface materials," Icarus, 81, 164 – 184.

[200] Moore, H. et al. (1999) "Soil – like deposits observed by Sojourner, the Pathfinder rover," Journal of Geophysical Research, 104 (E4), 8729 – 8746.

[201] Moore, H. et al, (1997) "Surface materials of the Viking landing sites," Journal of Geophysical Research, 82 (28), 4497 – 4523.

[202] Golombek, M. et al. (1997) "Overview of the Mars Pathfinder mission and assessment of landing site predictions," Science, 278, 1743 – 1748.

[203] Golombek, M. et al. (1999) "Assessment of Mars Pathfinder landing site predictions," Journal of Geophysical Research, 104 (E4), 8585 – 8594.

[204] Golombek, M. et al. (1997) "Selection of the Mars Pathfinder landing site," Journal of Geophysical Research, 102 (E2), 3967 – 3988.

[205] Golombek, M. , and Rapp, D. (1997) "Size – frequency distributions of rocks on Mars and Earth analogue sites: Implications for future landed missions," Journal of Geophysical Research, 102 (E2), 4117 – 4129.

[206] Jindra, F. (1966) "Obstacle performance of articulated wheeled vehicles," J. Terramechanics, 3 (2), 39 – 56.

[207] Wilcox, B. , Nasif, A. , and Welch, R. (1997) "Implications of statistical rock distributions on rover scaling," International Conference Mobile Planetary Robots and Rovers Roundup, Santa Monica, CA, January 23 – February 1.

[208] Wilcox, B. et al. (1992) "Robotic vehicles for planetary exploration," Proceedings IEEE International Conference Robotics and Automation, pp. 175 – 180.

[209] Wilcox, B. et al. (1998) "Nanorover for Mars," Space Technology, 17 (3/4), 163 – 172.

[210] Ellery, A. (2005) "Robot – environment interaction: The basis for mobility in planetary micro – rovers," Robotics & Autonomous Systems, 51, 29 – 39.

[211] Bekker, M. (1969) Introduction to Terrain Vehicle Systems, Part 1: The Terrain and Part 2: The Vehicle, University of Michigan Press, Ann Arbor, MI.

[212] Bekker, M. (1960) Off the Road Locomotion, University of Michigin Press, Ann Arbor, MI.

[213] Bekker, M. (1959) Theory of Land Locomotion: The Mechanics of Vehicle Mobility, University of Michigan Press, Ann Arbor, MI.

[214] Wisner, R. , and Luth, H. (1973) "Off – road traction prediction for wheeled vehicles," J. Terramechanics, 10 (2), 45 – 61.

[215] Bekker, M. (1963) "Mechanics of locomotion and lunar surface vehicle concepts," Automotive Engineering Congress 72, Paper 632K, pp. 549 – 569.

[216] Plackett, C. (1985) "Review of force prediction methods for off – road wheels," J. Agricultural Engineering Research, 31 (1), 1 – 29.

[217] Moore, H., Bickler, D., Crisp, J., Eisen, H., Gensler, J., Haldemann, A., Matijevic, J., Pavlics, F., and Reid, L. (1999) "Soil – like deposits observed by Sojourner the Parthfinder rover," Journal of Geophysical Research, 104 (E4), 8729 – 8746.

[218] Rover Team (1997) "Characterisation of the Martian surface deposits by the Mars Pathfinder rover, Sojourner," Science, 278, 1765 – 1767.

[219] Arvidson, R., Anderson, R., Haldemann, A., Landis, G., Li, R., Lindeman, R., Matijevic, J., Morris, R., Richter, L., Squyres, S. et al. (2003) "Physical properties and localization investigations associated with the 2003 Mars Exploration Rovers," Journal of Geophysical Research, 108 (E12), 11.1 – 11.20.

[220] Wallace, B., and Rao, N. (1993) "Engineering elements for transportation on the lunar surface," Applied Mechanics Review, 46 (6), 301 – 312.

[221] Gibbesch, A., and Schafer, B. (2005) "Multibody system modelling and simulation of planetary rover mobility on soft terrain," Procedings Eighth International Symposium on Artificial Intelligence, Robotics and Automation in Space (i – SAIRAS), Munich, Germany (ESA SP – 603), ESA, Noordwijk, The Netherlands.

[222] Gibbesch, A., and Schafer, B. (2005) "Advanced modelling and simulation methods of planetary rover mobility on soft terrain," Proceedings Conference Advanced Space Technologies for Robotics and Automation, ESA/ESTEC, Noordwijk, The Netherlands.

[223] Komandi, G. (2006) "Soil vehicle relationship: The peripheral force," J. Terramechanics, 43, 213 – 223. RED2 .

[224] Gee – Clough, D. (1976) "Bekker theory of rolling resistance amended to take account of skid and deep sinkage," J. Terramechanics, 13 (2), 87 – 105.

[225] Wong, J., and Preston – Thomas, J. (1983) "On the characterization of the shear stress – displacement relationship of terrain," J. Terramechanics, 19 (4), 225 – 234.

[226] Ishigami, G., Miwa, A., Nagatani, K., and Yoshida, K. (2007) "Terramechanics – based model for steering maneuver of planetary exploration rovers on loose soil," J. Field Robotics, 24 (3), 233 – 250.

[227] Wong, J. – Y., and Reece, A. (1967) "Prediction of rigid wheel performance based on the analysis of soil – wheel stresses, Part 1: Performance of driven rigid wheels," J. Terramechanics, 4 (1), 81 – 98.

[228] Shibley, H., Iagnemma, K., and Dubowsky, S. (2005) "Equivalent soil mechanics formulation for rigid wheels in deformable terrain, with application to planetary exploration rovers," J. Terramechanics, 42, 1 – 13.

[229] Wong, J., and Huang, W. (2006) "Wheels vs tracks: A fundamental evaluation from the traction perspective," J. Terramechanics, 43, 27 – 42.

[230] Wong, G. (2001) Theory of Ground Vehicles (Second Edition), John Wiley & Sons, New York.

[231] Wong, G. (1981) "Wheel – soil interaction," J. Terramechanics, 21 (2), 117 – 131.

[232] Wong, J. (1997) "Dynamics of tracked vehicles," Vehicle System Dynamics, 28, 197 – 219.

[233] Jaeger, H. (2005) "Sand, jams and jets," Physics World, December, 34 – 39.

[234] Bak, P., Tang, C., and Wisenfeld, K. (1988) "Self – organised criticality," Physical Review A,

38 (1), 364 - 374.

[235] Boettcher, S., and Paczuski, M. (1997) "Broad universality in self - organised critical phenomena," Physica D, 107, 171 - 173.

[236] Cerville, J., Formenti, E., and Masson, B. (2007) "From sandpiles to sand automata," Theoretical Computer Science, 381, 1 - 28.

[237] Lindemann, R., and Voorhees, C. (2005) "Mars Exploration Rover mobility assembly, design, test and performance," IEEE Int. Conf. Systems, Man, and Cybernetics, 1, 450 - 455.

[238] Wong, Z., and Reece, A. (1984) "Performance of free rolling rigid and flexible wheels on sand," J. Terramechanics, 21 (4), 347 - 360.

[239] Wong, J., and Asnani, V. (2008) "Study of the correlation between the performances of lunar vehicle wheels predicted by the Nepean wheeled vehicle performance model and test data," Proc. Inst. Mechanical Engineers D (Automobile Eng.), 222, 1939 - 1954.

[240] Richter, L., Bernasconi, M., and Coste, P. (2002) "Analysis, design, and test of wheels for a 4 kg - class mobile device for the surface of Mars," Proceedings 14th International Conference International Society for Terrain - Vehicle Systems (ISTVS), Vicksburg, MS.

[241] Richter, L. et al. (2000) "Wheeled mobile device for the deployment of surface and subsurface instruments and for subsurface sampling on planets," Proceedings Sixth ESA Workshop on Advanced Space Technologies for Robotics and Automation (ASTRA 2000), ESTEC, Noordwijk, The Netherlands.

[242] Richter, L. et al. (1998) "Mobile micro - robots for scientific instrument deployment on planets," Robotics & Autonomous Systems, 23, 107 - 115.

[243] Bauer, R., Leung, W., and Barfoot, T. (2005) "Development of a dynamic simulation tool for the ExoMars rover," Proceedings Eighth International Symposium Artificial Intelligence, Robotics and Automation in Space (i - SAIRAS) (ESA SP - 603), ESA, Noordwijk, The Netherlands.

[244] Bauer, R., Leung, W., and Barfoot, T. (2008) "Experimental and simulation results of wheel - soil interaction for planetary rovers," Proceedings International Conference on Intelligent Robots and Systems, Edmonton, Canada.

[245] Nakashima, H., Fujii, H., Oida, A., Momozu, M., Kawase, Y., Kanamori, H., Aoki, S., and Yokoyama, T. (2007) "Parametric analysis of lugged wheel performance for a lunar microrover by means of DEM," J. Terramechanics, 44, 153 - 162.

[246] Ding, L., Gao, H., Deng, Z., Nagatani, K., and Yoshida, K. (2011) "Experimental study and analysis on driving wheels' performance for planetary exploration rovers moving in deformable soils," J. Terramechanics, 48, 27 - 45.

[247] Carrier III, W., Olhoeft, G., and Mendell, W. (1991) "Physical properties of the lunar surface," in G. Heiken, D. Vaniman, and B. French (Eds.), Lunar Sourcebook: A User's Guide to the Moon, Cambridge University Press, pp. 522 - 530.

[248] Bekker, M. (1962) "Land locomotion on the surface of planets," ARS Journal, 32 (11), 1651 - 1659.

[249] Richter, L., and Hamacher, H. (1999) "Investigating the locomotion performance of planetary microrovers with small wheel diameters and small wheel loads," Proceedings 13th International

Conference International Society for Terrain - Vehicle Systems, Munich, Germany, September 14 - 17, pp. 719 - 726.

[250] Richter, L., Ellery, A., Gao, Y., Michaud, S., Schmitz, N., and Weiss, S. (2006) "A predictive wheel - soil interaction model for planetary rovers validated in testbeds and against MER Mars rover performance data," Proceedings 10th European Conference International Society for Terrain - Vehicle Systems, Budapest, Hungary.

[251] Yoshida, K., and Ishigami, G. (2004) "Steering characteristics of a rigid wheel for exploration on loose soil," Proceedings IEEE/RST International Conference Intelligent Robots and Systems, pp. 3995 - 4000.

[252] Yamakawa, J. et al. (1999) "Spatial motion analysis of tracked vehicles on dry sand," Proceedings 13th International Conference International Society for Terrain - Vehicle Systems, Munich, Germany, September 14 - 17, pp. 767 - 774.

[253] Wong, J., and Chiang, C. (2001) "General theory for skid steering of tracked vehicles on firm ground," Proc. Institution Mechanical Engineers D, 215, 343 - 356.

[254] Wong, J., and Huang, W. (2006) "Wheels vs tracks: A fundamental evaluation from the traction perspective," J. Terramechanics, 43, 27 - 42.

[255] Richter, L., and Hamacher, H. (1999) "Investigating the locomotion performance of planetary microrovers with small wheel diameters and small wheel loads," Proceedings 13th International Conference International Society for Terrain - Vehicle Systems, Munich, Germany, September 14 - 17, pp. 719 - 726.

[256] Braun, H., Malenkov, M., Fedosejev, S., Popova, I., and Vlasov, Y. (1994) LUMOT: Locomotion Concepts Analysis for Moon Exploration (Final Report, ESTEC Contract No. 141253), ESA/ESTEC, Noordwijk, The Netherlands.

[257] NASA (1995) Selection of Electric Motors for Aerospace Applications (Preferred Reliability Practice No. PD - ED - 1229), NASA, Washington, D. C..

[258] Matijevic, J. (1997) "Sojourner: The Mars Pathfinder microrover flight experiment," Space Technology, 17 (3/4), 143 - 149; Matijevic, J. (1996) Mars Pathfinder Micro - rover: Implementing a Low Cost Planetary Mission Experiment (IAA - L - 0510), International Academy of Astronautics, Johns Hopkins APL, Laurel, MD.

[259] Oman, H. (2001) "Batteries for spacecraft, airplanes and military service: New developments," IEEE Aerospace & Electronic Systems, July, 35 - 44.

[260] Cross, M., Nicol, C., Qadi, A., and Ellery, A. (2013) "Application of COTS components for Martian surface exploration," J. British Interplanetary Society, 66, 161 - 166.

[261] Fuke, Y., Apostoulopoulos, D., Rollins, E., Silberman, J., and Whittaker, W. (1995) "A prototype locomotion concept for a lunar robotic explorer," IEEE International Symposium Intelligent Vehicles, pp. 382 - 387.

[262] Caldwell, D., and Rennels, D. (1997) "Minimalist hardware architecture for using commercial microcontrollers in space," Proceedings 16th Digital Avionics Systems Conference, pp. 1 - 8.

[263] Woodcock, A. (2002) "Microdot: A four - bit microcontroller designed for distributed low - end computing in satellites," US Air Force Institute of Technology Master's thesis, AFIT/GE/ENG/

02M – 28.

[264] Greenwald, L., and Kopena, J. (2003) "Mobile robot labs," IEEE Robotics &. Automation Magazine, June, 25.

[265] Yilma, B., and Seif, M. (1999) "Behaviour – based artificial intelligence in miniature mobile robot," Mechatronics, 9, 185 – 206.

[266] Fraeman, M., Meitzler, R., Martin, M., Millard, W., Wong, Y., Mellert, J., Bowles – Martinez, J., Strohbehn, K., and Roth, D. (2005) "Radiation tolerant mixed signal microcontroller for Martian surface applications," Proceedings 12th NASA Symposium on VLSI Design, Coeur d'Alene, ID, pp. 1 – 6.

[267] Pollina, M., Sinander, P., and Habinc, S. (1998) "Microcontroller with built – in support for CCSDS telecommand and telemetry." Proceedings First ESA Workshop on Tracking, Telemetry &. Command Systems, Noordwijk, The Netherlands.

[268] Wilcox, B., and Jones, R. (2000) "MUSES – CN nanorover mission and related technology," Proceedings IEEE Conference, pp. 287 – 295.

[269] Biesiadecki, J., Maimone, M., and Morrison, J. (2001) "Athena SDM rover: A testbed for Mars rover mobility," Proceedings International Symposium Artificial Intelligence and Robotics in Space, Montreal, Canada.

[270] Dote, Y. (1988) "Application of modern control techniques to motor control," Proc. IEEE, 76 (4), 438 – 454.

[271] Kappos, E., and Kinniment, D. (1996) "Application – specific processor architectures for embedded control: Case studies," Microprocessors &. Microsystems, 20, 225 – 232.

[272] Nilsson, K., and Johansson, R. (1999) "Integrated architecture for industrial robot programming and control," Robotics &. Autonomous Systems, 29, 205 – 226.

[273] Illgner, K. (2000) "DSPs for image and video processing," Signal Processing, 80, 2323 – 2336.

[274] Jameux, D. (2000) "Onboard DSP technologies applied to robotic applications," Proceedings Sixth ESA Workshop on Advanced Space Technologies for Robotics and Automation (ASTRA), December 2000, ESTEC, Noordwijk, The Netherlands.

[275] Grunfelder, S., and Kricki, R. (1999) "Buyer's guide to forward intersection for binocular robot vision," Proceedings Fifth International Symposium Artificial Intelligence Robotics &. Automation in Space (ESA SP – 440), pp. 649 – 654.

[276] Kukolj, D., Kulic, F., and Levi, E. (2000) "Design of the speed controller for sensorless electric drives based on AI techniques: A comparative study," Artificial Intelligence in Engineering, 14, 165 – 174.

[277] Petersen, R., and Hutchings, B. (1995) "An assessment of the suitability of FPGA based systems for use in digital signal processing," Proceedings Fifth International Workshop on FPGA Logic and Applications, August 1995, Oxford.

[278] Biesiadecki, J., and Maimone, M. (2006) "Mars Exploration Rover surface mobility flight software: Driving ambition," Proceedings IEEE Aerospace Conference, Big Sky, Montana, pp. 1 – 15.

[279] Sotelo, M. (2003) "Lateral control strategy for autonomous steering of Ackerman – like vehicles,"

Robotics & Autonomous Systems, 45, 223 - 233.

[280] Ishigami, G., Miwa, A., Nagatani, K., and Yoshida, K. (2007) "Terramechanics - based model for steering maneouvre of planetary exploration rovers on loose soil," J. Field Robotics, 24 (3), 233 - 250.

[281] Peynot, T., and Lacroix, S. (2003) "Enhanced locomotion control for a planetary rover," Proceedings IEEE/RSJ International Conference Intelligent Robots and Systems, pp. 311 - 316.

[282] Hacot, H., Dubowsky, S., and Bidaud, P. (1998) "Analysis and simulation of a rockerbogie exploration rover," Proceedings 12th CISM - IFToMM Sympowium RoManSy 98, Paris, France.

[283] Tunstel, E. (1999) "Evolution of autonomous self - righting behaviours for articulated nanorovers," Proceedings Fifth International Symposium Artificial Intelligence Robotics and Automation in Space (ESA SP - 440), pp. 341 - 346.

[284] Bernstein, D. (2001) "Sensor performance specifications," IEEE Control Systems Mag., August, 9 - 18.

[285] Borenstein, J., Everett, H., Feng, L., and Wehe, D. (1997) "Mobile robot positioning: Sensors and techniques," J. Robotic Systems, 14 (4), 231 - 249.

[286] Borenstein, J. et al. (1996) Where Am I? Sensors and Methods for Mobile Robot Positioning, University of Michigan Technical Manual for Oakridge National Lab and U. S. Department of Energy.

[287] Boero, G., Demierre, M., Besse, P - A., and Popovic, R. (2003) "Micro - Hall devices: Performance, technologies and applications," Sensors & Actuators, A106, 314 - 320.

[288] Kapoor, A., Simaan, N., and Kazanzides, P. (2004) "System for speed and torque control of dc motors with application to small snake robots," Proceedings IEEE Mechatronics and Robotics Conference, Germany.

[289] Bell, J. et al, (2003) "Mars exploration rover Athena panoramic camera (pancam) investigation," Journal of Geophysical Research, 108 (E12), 4. 1 - 4. 30.

[290] Trebi - Ollennu, A., Huntsberger, T., Cheng, Y., Baumgartner, E., Kennedy, B., and Schenker, P. (2001) "Design and analysis of a sun sensor for planetary rover absolute heading detection," IEEE Trans Robotics & Automation, 17 (6), 939 - 947.

[292] Enright, J., Furgale, P., and Barfoot, T. (2009) "Sun sensing for planetary rover navigation," IEEEEAC (Paper No. 1340).

[293] Furgale, P., Enright, J., and Barfoot, T. (2011) "Sun sensor navigation for planetary rovers: theory and field testing," IEEE Trans. Aerospace and Electronic Systems, 47 (3), 1631 - 1647.

[294] Wehner, R., and Lanfranconi, B. (1981) "What do ants know about the rotation of the sky?" Nature, 293, 731 - 733.

[295] Lambrinos, D., Moller, R., Lebhart, T., Pfeifer, R., and Wehner, R. (2000) "Mobile robot employing insect strategies for navigation," Robotics & Autonomous Systems, 30, 39 - 64.

[296] Lambrinos, D., Kobayashi, H., Pfeifer, R., Maris, M., Labhart, T., and Wehner, R. (1997) "Autonomous agent navigating with a polarised light compass," Adaptive Behaviours, 6 (1), 131 - 161.

[297] Wehner, R. (2003) "Desert ant navigation: How miniature brains solve complex tasks," J.

Comparative Physiology, 189A, 579 – 588.

[298] Lambrinos, D. , Muller, R. , Lebhart, T. , Pfeifer, R. , and Wehner, R. (2000) "Mobile robot employing insect strategies for navigation," Robotics and Autonomous Systems, 30, 39 – 64.

[299] Labhart, T. , and Meyer, E. (2002) "Neural mechanisms in insect navigation: Polarisation compass and odometer," Current Opinion in Neurobiology, 12, 707 – 714.

[300] Davis, J. , Nehab, D. , Ramamoorthi, R. , and Rusinikiewicz, S. (2005) "Spacetime stereo: A unifying framework for depth from triangulation," IEEE Trans. Pattern Analysis & Machine Intelligence, 27 (2), 296 – 302.

[301] Cha, Y. , and Gweon, D. (1996) "Calibration and range data extraction algorithm for an omnidirectional laser range finder of a free – ranging mobile robot," Mechatronics, 6 (6), 665 – 689.

[302] Jarvis, R. (1983) "Perspective on range – finding techniques for computer vision," IEEE Trans. Pattern Analysis & Machine Intelligence, 5 (2), 122 – 139.

[303] Hebert, M. (2000) "Active and passive range sensing for robotics," Proceedings IEEE International Conference Robotics and Automation, pp. 102 – 110.

[304] Kweon, I. , and Kanade, T. (1992) "High resolution terrain map from multiple sensor data," IEEE Trans. Pattern Analysis & Machine Intelligence, 14 (2), 278 – 292.

[305] Krotkov, E. , and Hoffman, R. (1994) "Terrain mapping for a walking planetary rover," IEEE Trans. Robotics and Automation, 10 (6), 728 – 739.

[306] Hebert, M. , Krotkov, E. , and Kanade, T. (1989) "Perception system for a planetary explorer," Procedings 28th Conference Decision and Control, Tampa, FL, pp. 1151 – 1156.

[307] Langer, D. , Rosenblatt, J. , and Hebert, M. (1994) "Behaviour – based system for offroad navigation," IEEE Trans. Robotics and Automation, 10 (6), 776 – 783.

[308] Okubo, Y. , Ye, C. , and Borenstein, J. (2009) "Characterisation of the Hokuyo URG – 04LX laser rangefinder for mobile robot obstacle negotiation," Proceedings of SPIE, 7332.

[309] Miller, D. , and Lee, T. (2002) "High speed traversal of rough terrain using a rockerbogie mobility system," Proceedings Fifth International Conference Exposition Robotics for Challenging Situations and Environments.

[310] McLean, D. , and Ellery, A. (2008) "Survey of traction control systems for planetary rovers," CSME Forum (CCToMM), Ottawa University, Ontario, Canada.

[311] Zaman, M. (2006) "High resolution relative localisation in a mobile robot using two cameras," Proceedings Towards Autonomous Robotic Systems (TAROS) Conference, University of Surrey, Guildford, U. K.

[312] Zaman, M. (2007) "High resolution localization using two cameras," Robotics & Autonomous Systems, 55, 685 – 692.

[313] Bradshaw, J. , Lollini, C. , and Bishop, B. (2007) "On the development of an enhanced optical mouse sensor for odometry and mobile robotics education," 39th Southeastern Symposium on System Theory, pp. 6 – 10.

[314] Jackson, J. , Callahan, D. , and Marstrander, J. (2007) "Rationale for the use of optical mice chips for economic and accurate vehicle tracking," Proceedings Third Annual IEEE Conference Automation Science and Engineering, Scottsdale, AZ, pp. 939 – 944.

[315] Barrows, G., Chahl, J., and Srinavasan, M. (2003) "Biomimetic visual sensing and flight control," Proceedings Bristol UAV Conference.

[316] Tunwattana, N., Roskilly, A., and Norman, R. (2009) "Investigations into the effects of illumination and acceleration on optical mouse sensors as contact – free 2D measurement devices," Sensors & Actuators A: Physical, 149, 87 – 92.

[317] Bonarini, A., Matteucci, M., and Restelli, M. (2005) "Automatic error detection and reduction for an odometric sensor based on two optical mice," Proceedings IEEE International Conference Robotics and Automation, pp. 1675 – 1680.

[318] Hyun, D., Yang, H., Park, H., and Park, H – S. (2009) "Differential optical navigation sensor for mobile robots," Sensors & Actuators A: Physical, 156, 296 – 301.

[319] Tan, C., Zweiri, Y., Althoefer, K., and Senevirante, L. (2005) "Online soil parameter estimation scheme based on Newton – Raphson method for autonomous excavation," IEEE/ASME Trans. Mechatronics, 10 (2), 221 – 229.

[320] Buckholtz, K. (2002) "Reference input wheel slip tracking using sliding mode control," SAE World Congress, Detroit, MI (Paper No. 2002 – 01 – 0301).

[321] Caponero, M., Moricini, C., and Aliverdiev, A. (2000) "Laser velocimetry: An application as smart driving agent for tracked vehicles," Proceedings Fourth Russian Laser Symposium.

[322] Ozdemir, S., Takamiya, S., Shinohara, S., and Yoshida, H. (2000) "Speckle velocimeter using a semiconductor laser with external optical feedback from a moving surface: Effects of system parameters on the reproducibility and accuracy of measurements," Measurement Science & Technology, 11, 1447 – 1455.

[323] Charrett, T., Waugh, L., and Tatam, R. (2010) "Speckle interferometry for high accuracy odometry for a Mars exploration rover," Measurement Science & Technology, 21 (2), 025301.

[324] Wong, J – Y. (1971) "Optimisation of the tractive performance of four – wheel – drive offroad vehicles," SAE Trans., 79, 2238 – 2246.

[325] Wong, J – Y., McLaughlin, N., Knezevic, Z., and Burrt, S. (1998) "Optimisation of the tractive performance of four – wheel – drive tractors: Theoretical analysis and experimental substantiation," Proc. Institution Mechanical Engineers, 212D, 285 – 297.

[326] Baumgartner, E., Aghazarian, H., and Trebi – Ollennu, A. (2001) "Rover localisation results for the FIDO rover," in: G. McKee and P. Schenker (Eds.), Proceedings SPIE Sensor Fusion and Decentralised Control in Robotic Systems IV, Vol. 4571. .

[327] Ishigami, G., Nagatani, K., and Yoshida, K. (2009) "Slope traversal controls for planetary exploration rover on sandy terrain," J. Field Robotics, 26 (3), 264 – 286.

[328] Helmick, D., Cheng, Y., Clouse, D., Bajrachararya, M., Matthoes, L., and Roumeliotis, S. (2005) "Slip compensation for a Mars rover," Proceedings IEEE/ RSJ International Conference Intelligent Robots and Systems, Pittsburgh, PA.

[329] Shibly, H., Iagnemma, K., and Dubowsky, S. (2005) "Equivalent soil mechanics formulation for rigid wheels in deformable terrain with application to planetary exploration rovers," J. Terramechanics, 42, 1 – 13.

[330] Bekker, M. (1969) Introduction to Terrain Vehicle Systems, Part 1: The Terrain and Part 2: The

Vehicle, University of Michigan Press, Ann Arbor; Bekker, M. (1959) Theory of Land Locomotion: The Mechanics of Vehicle Mobility, University of Michigan Press, Ann Arbor; Bekker, M. (1960) Off the Road Locomotion, University of Michigan Press, Ann Arbor.

[331] Yoshida, K., and Hamamo, H. (2002) "Motion dynamics and control of a planetary rover with slip – based traction model," Proceedings IEEE International Conference Robotics and Automation, pp. 3155 – 3160.

[332] Wong, G. (2001) Theory of Ground Vehicles (Second Edition), John Wiley & Sons, New York.

[333] Helmick, D., Roumeliotis, S., Cheng, Y., Clouse, D., Bajracharya, M., and Matthies, L. (2006) "Slip – compensated path following for planetary exploration rovers," Advanced Robotics, 20 (11), 1257 – 1280.

[334] Iagnemma, K., and Dubowsky, S. (2000) "Vehicle wheel – ground contact angle estimation: With application to mobile robot traction control," Proceedings International Symposium Advances in Robot Kinematics.

[335] Iagnemma, K., Shibley, H., and Dubowsky, S. (2002) "Online terrain parameter estimation for planetary rovers," Proceedings IEEE International Conference Robotics and Automation, pp. 3142 – 3147.

[336] Iagnemma, K., Kwang, S., Shibly, H., and Dubowsky, S. (2004) "Online terrain parameter estimation for wheeled mobile robots with application to planetary rovers," IEEE Trans. Robotics, 20 (5), 921 – 927.

[337] Shibly, H., Iagnemma, K., and Dubowsky, S. (2005) "Equivalent soil mechanics formulation for rigid wheels in deformable terrain with application to planetary exploration," J. Terramechanics, 42, 1 – 13.

[338] Iagnemma, K., and Dubowsky, S. (2004) "Traction control of wheeled robotic vehicles in rough terrain with application to planetary rovers," Int. J. Robotics Research, 23 (10/11), 1029 – 1040.

[339] Iagnemma, K., and Dubowsky, S. (2004) Mobile Robots in Rough Terrain: Estimation, Motion Planning, and Control with Application to Planetary Rovers (Springer Tracts in Advanced Robotics (STAR) 12), Springer – Verlag, Berlin, Germany.

[340] Iagnemma, K., Rzepniewski, A., Dubowsky, S., and Schenker, P. (2003) "Control of robotic vehicles with actively articulated suspensions on rough terrain," Autonomous Robots, 14 (1), 5 – 16.

[341] Howard, A., and Seraji, H. (2001) "Vision – based terrain characterization and traversability assessment," J. Robotic Systems, 18 (1), 577 – 587.

[342] Shirkhodaie, A., Amrani, R., and Tunstel, E. (2004) "Soft computing for visual terrain perception and traversability assessment by planetary robotic systems," Proc. IEEE Int. Conf Systems Man and Cybernetics, 2, 1848 – 1855.

[343] Sancho – Pradel, D., and Gao, Y. (2010) "Survey of terrain assessment techniques for autonomous operation of planetary robots," J. British Interplanetary Society, 63, 206 – 217.

[344] Angelova, A., Matthies, L., Helmick, D., and Perona, P. (2007) "Learning and prediction of slip from visual information," J. Field Robotics, 24 (3), 205 – 231.

[345] Tunstel, E., Howard, A., and Seraji, H. (2002) "Rule – based reasoning and neural network

perception for safe off - road robot mobility," Expert Systems: Int. J. Knowledge Engineering & Neural Networks, 19 (4), 191 - 200.

[346] Swartz, M., and Ellery, A. (2008) "Towards adaptive localisation for rover navigation using multilayer feedforward neural networks," Canadian Aeronautics & Space Institute (CASI) ASTRO2008, Montreal, Canada (Paper No. 74).

[347] Swartz, M., Ellery, A., and Marshall, J. (2015) "Simulation and analysis of a slipadaptive rover navigation algorithm," submitted toInt. J. Advanced Robotic Systems.

[348] Helmick, D., Angelova, A., and Matthies, L. (2009) "Terrain adaptive navigation for planetary rovers," J Field Robotics, 26 (4), 391 - 410, .

[349] Ojeda, L., Cruz, D., Reina, G., and Borenstein, J. (2006) "Current - based slippage detection and odometry correction for mobile robots and planetary rovers," IEEE Trans. Robotics, 22 (3), 366 - 378.

[350] Collins, E., and Coyle, E. (2008) "Vibration - based terrain classification using surface profile input frequency responses," Proceedings IEEE International Conference Robotics and Automation, pp. 3276 - 3283.

[351] Bajracharya, M., Tang, B., Howard, A., Turmon, M., and Matthies, L. (2008) "Learning long - range terrain classification for autonomous navigation," Proceedings IEEE International Conference Robotics and Automation, pp. 4018 - 4024.

[352] Kweon, I., and Kanade, T. (1990) "High resolution terrain map from multiple sensor data," IEEE International Workshop Intelligent Robots and Systems, pp. 127 - 134.

[353] Halatci, I., Brooks, C., and Iagnemma, K. (2008) "Study of visual and tactile terrain classification and classifier fusion for planetary exploration rovers," Robotica, 26, 767 - 779.

[354] Komma, P., Weiss, C., and Zell, A. (2009) "Adaptive Bayesian filtering for vibrationbased terrain classification," Proceedings IEEE International Conference Robotics and Automation, pp. 3307 - 3313.

[355] Brooks, C., Iagnemma, K., and Dubowsky, S. (2005) "Vibration - based terrain analysis for mobile robots," Proceedings IEEE International Conference Robotics and Automation, 3415 - 3420.

[356] Weiss, C., Tamimi, H., and Zell, A. (2008) "Combination of vision and vibrationbased terrain classification," Proceedings IEEE/RSJ International Conference Intelligent Robots and Systems, pp. 2204 - 2209.

[357] Brooks, C., and Iagnemma, K. (2012) "Self - supervised terrain classification for planetary surface exploration rovers," J. Field Robotics, 29 (3), 445 - 468.

[359] Setterfield, T., and Ellery, A. (2013) 'Terrain response estimation using an instrumented rocker - bogie mobility system," IEEE Trans. Robotics, 29 (1), 172 - 188.

[360] Buehler, M., Anderson, R., and Seshadri, S. (2005) "Prospecting for in - situ resources on the Moon and Mars using wheel - based sensors," Proceedings IEEE Aerospace Conference 2005.

[362] Cross, M., Ellery, A., and Qadi, A. (2013) "Estimating terrain parameters for a rigid wheel rover using neural networks," J. Terramechanics, 50 (3), 165 - 174.

[363] Jain, A., and Dorai, C. (1997) "Practicing vision: Integration, evaluation and applications," Pattern Recognition, 30 (2), 183 - 196.

[364] Massaro, D. , and Friedman, D. (1990) "Models of integration given multiple sources of information," Psychological Review, 97 (2), 225 – 252.

[365] Luo, R. , and Kay, M. (1989) "Multisensor integration and fusion in intelligent systems," IEEE Trans Systems Man & Cybernetics, 19 (5), 61 – 70.

[366] Harmon, S. et al. (1986) "Sensor data fusion through a distributed blackboard," Proceedings IEEE International Conference Robotics & Automation, Vol. 3, pp. 1449 – 1454.

[367] Perlovsky, L. (2007) "Cognitive high level information fusion," Information Sciences, 177, 2099 – 2118.

[368] Ernst, M. , and Banks, M. (2002) "Humans integrate visual and haptic information in a statistically optimal fashion," Nature, 415, 429 – 433.

[369] Hink, R. , and Woods, D. (1987) "How humans process uncertain knowledge," AI Magazine, December, 41 – 51.

[370] Pang, D. et al. (1987) "Reasoning with uncertain information," Proc. IEEE, 134D (4), 231 – 237.

[371] Hall, D. , and Llinas, J. (1997) "Introduction to multisensor data fusion," Proc. IEEE, 85 (1), 6 – 23.

[372] Bloch, I. (1996) "Information combination operators for data fusion: A comparative review with classification," IEEE Trans. Systems Man & Cybernetics, 26 (1), 52 – 67.

[373] Henkind, S. , and Harrison, M. (1988) "Analysis of four uncertainty calculi," IEEE Trans. Systems Man & Cybernetics, 18 (5), 700 – 714.

[374] Clark, D. (1990) "Numerical and symbolic approaches to uncertainty management in AI," Artificial Intelligence Review, 4, 109 – 146.

[375] Hackett, J. , and Shah, M. (1990) "Multisensor fusion: A perspective," Proceedings IEEE International Conference Robotics and Automation, 1324 – 1329.

[376] Knill, D. , and Pouget, A. (2004) "Bayesian brain: The role of uncertainty in neural coding and computation," Trends in Neurosciences, 27 (12), 712 – 719.

[377] Bloch, I. (1996) "Information combination operators for data fusion: A comparative review with classification," IEEE Trans. Systems Man & Cybernetics A: Systems & Humans, 26 (1), 52 – 67.

[378] Duda, R. , Hart, P. , and Nilsson, N. (1976) "Subjective Bayesian network for rulebased inference systems," Proc. AFIPS Computing Conf. , 45, 1072 – 1082.

[379] Wu, Y – G. , Yang, J – Y. , and Liu, K. (1996) "Obstacle detection and environment modelling based on multisensor fusion for robot navigation," Artificial Intelligence in Engineering, 10, 232 – 333.

[380] Murphy, R. (1998) "Dempster – Shafer theory for sensor fusion in autonomous mobile robots," IEEE Trans. Robotics & Automation, 14 (2), 197 – 206.

[381] Yang, C. , and Lin, C – F. (1993) "Multisensor data fusion for target recognition," Proceedings First IEEE Aerospace Control Systems Conference, pp. 118 – 121.

[382] Vasseur, P. , Pegard, C. , Mouaddib, E. , and Delahoche, L. (1999) "Perceptual organization approach based on Dempster – Shafer theory," Pattern Recognition, 32, 1449 – 1462.

[383] Zadeh, L. (1965) "Fuzzy sets," Information & Control, 8 (3), 338 – 353.

[384] Zadeh, L. (1978) "Fuzzy sets as a basis for a theory of possibility," Fuzzy Sets & Systems, 1, 3 – 28.

[385] Zadeh, L. (1988) "Fuzzy logic," IEEE Computer, 21 (4), 83 – 93.

[386] Haack, S. (1979) "Do we need fuzzy logic?" Int. J. Man – Machine Studies, 11, 437 – 445.

[387] Munakata, T., and Jani, Y. (1994) "Fuzzy systems: An overview," Communications ACM, 37 (3), 69 – 84.

[388] Shepard, R. (1987) "Towards a universal law of generalisation for psychological science," Science, 237, 1317 – 1323.

[389] Shepard, R. (1984) "Ecological constraints on internal representation: Resonant kinematics of perceiving, imagining, thinking, and dreaming," Psychological Review, 91, 417 – 447.

[390] Tong, R. (1977) "Control engineering review of fuzzy systems," Automatica, 13, 559 – 569.

[391] Procyk, T., and Mamdani, E. (1979) "Linguistic self organising process controller," Automatica, 15, 15 – 30.

[392] Daley, S., and Gill, K. (1986) "Design study for self – organising fuzzy logic controller," Proc. Institution Mechanical Engineers, 200C (1), 59 – 69.

[396] Mamdani, E. (1977) "Application of fuzzy logic to approximate reasoning using linguistic synthesis," IEEE Trans. Computers, 26, 1182 – 1191.

[397] Dodds, D. (1988) "Fuzziness in knowledge – based robotic systems," Fuzzy Sets & Systems, 20, 179 – 193.

[398] Zadeh, L. (1989) "Knowledge representation in fuzzy logic," IEEE Trans Knowledge & Data Eng., 1 (1), 89 – 100.

[399] Arzen, K. – E. (1996) "AI in the feedback loop: A survey of alternative approaches," Annual Reviews in Control, 20, 71 – 82.

[400] Lee, C. (1990) "Fuzzy logic in control systems, Fuzzy logic controller: Part 1," IEEE Trans Systems Man & Cybernetics, 20 (2), 404 – 418.

[401] Lee, C. (1990) "Fuzzy logic in control systems, Fuzzy logic controller: Part 2," IEEE Trans. Systems Man & Cybernetics, 20 (2), 419 – 435.

[402] Ying, H. (1998) "General Takagi – Sugeno fuzzy systems with simplified linear rule consequent are universal controllers, models and filters," J. Information Systems, 108, 91 – 107.

[403] Kosko, B. (1994) "Fuzzy systems as universal approximators," IEEE Trans Computers, 43 (11), 1329 – 1333.

[404] Pollatschek, M. (1977) "Hierarchical systems and fuzzy set theory," Kybernetes, 6, 147 – 151.

[405] Wang, L – X. (1997) "Modelling and control of hierarchical systems with fuzzy systems," Automatica, 33 (6), 1041 – 1053.

[406] Cao, S., Rees, N., and Feng, G (1997) "Analysis and design for a class of complex control systems, Part I: Fuzzy modeling and identification," Automatica, 33 (6), 1017 – 1028.

[407] Cao, S., Rees, N., and Feng, G. (1997) "Analysis and design for a class of complex control systems, Part II: Fuzzy controller design," Automatica, 33 (6), 1029 – 1039.

[408] Floreano, D., Godjevac, J., Martinoli, A., Mondada, F., and Nicoud, J – D. (1999) "Design,

control and applications of autonomous mobile robots," in S. Tzafestas (Ed.), Advances in Intelligent Autonomous Systems, Springer, Dordrecht, The Netherlands, pp. 175 – 189.

[409] Maiers, J., and Sherif, Y. (1985) "Applications of fuzzy set theory," IEEE Trans. Systems Man & Cybernetics. 15 (1), 175 – 189.

[410] Beliakov, G. (1996) "Fuzzy sets and membership functions based on probabilities," Information Sciences, 91, 95 – 111.

[411] Hisdal, E. (1988) "Philosophical issues raised by fuzzy set theory," Fuzzy Sets & Systems, 25, 349 – 356.

[412] Richardson, J., and Marsh, K. (1988) "Fusion of multisensor data," Int. J. Robotics Research, 7 (6), 78 – 96.

[413] Sasiadek, J. (2002) "Sensor fusion," Annual Reviews in Control, 26, 203 – 228.

[414] DeSouza, G., and Kak, A. (2002) "Vision for mobile robot navigation: A survey," IEEE Trans. Pattern Analysis & Machine Intelligence, 24 (4), 237 – 267.

[415] Wong, H – S. (1996) "Technology and device scaling considerations for CMOS imagers," IEEE Trans. Electron. Devices, 43 (12), 2131 – 2142.

[416] Mansoorian, B., Yee, H – Y., and Fossum, E. (1999) "A 250mW 60 frame/s 1, 280 _ 720 pixel 9B CMOS digital image sensor," Proceedings IEEE International Solid State Circuits Conference, pp. 312 – 313.

[417] Maurette, M. (2003) CNES Autonomous Navigation, Basic Description and Preliminary Requirements: Rev. 1 (CNES Direction des Techniques Spatiale DTS/AE/SEA/ER/ 2003 – 009), Centre National d'E′ tudes Spatiales, Toulouse, France.

[418] Griffiths, A., Coates, A., Josset, J. – L., Paar, G., and Sims, M. (2003) "Scientific objectives of the Beagle 2 stereocamera system," Lunar & Planetary Science, XXXIV, 1609.

[419] Griffiths, A., Coates, A., Josset, J. – L., Paar, G., Hofmann, B., Pullan, D., Ruffer, P., Sims, M., and Pillinger, C. (2005) "Beagle 2 stereocamera system," Planetary & Space Science, 53, 1466 – 1482.

[420] Eisenman, A., Liebe, C., Maimone, M., Schwochert, M., and Willson, R. (2002) "Mars exploration rover engineering cameras," available athttp://www – robotics.jpl.nasa.gov/ publications/Reg _ Willson/MER _ Cameras.pdf .

[421] Maki, J., Bell III, J., Herkenhoff, K., Squyres, S., Kiely, A., Klimesh, M., Schwochert, M., Litwin, T., Willson, R., Johnson, A. et al. (2003) "Mars Exploration Rover engineering cameras," Journal of Geophysical Research, 108 (E12), 12 – 1 – 12 – 24.

[422] Squyres, S., Arvidson, R., Baumgartner, E., Bell, J., Christensen, P., Gorevan, S., Herkenhoff, K., Klingelhofer, G., Madsen, M., Morris, R. et al. (2003) "Athena Mars rover science investigation," Journal of Geophysical Research, 108 (E12), 3.1 – 3.21.

[423] Bell, J., Squyres, S., Herkenhoff, K., Maki, J., Arneson, H., Brown, D., Collins, S., Dingizian, A., Elliot, S., Hagerott, E. et al. (2003) "Mars exploration rover Athena panoramic camera (pancam) investigation," Journal of Geophysical Research, 108 (E12), 4.1 – 4.30.

[424] Griffiths, A., Ellery, A., and the Camera Team (2007) "Context for the ExoMars rover: The panoramic camera (pancam) instrument," Int. J. Astrobiology, 5 (3), 269 – 275.

[425] Jameux, D. (2000) "Onboard DSP technologies applied to robotic applications," Proceedings Advanced Space Technologies for Robotics and Automation (ASTRA) 2000.

[426] Bajracharya, M., Maimone, M., and Helmick, D. (2008) "Autonomy for Mars rovers: Past, present and future," IEEE Computer, December, 44 – 50.

[427] Alexander, D., Deen, R., Andres, P., Zamani, P., Mortensen, H., Chen, A., Cayanan, M., Hall, J., Klochko, V., Pariser, O. et al. (2006) "Processing of Mars Exploration Rover imagery for science and operations planning," Journal of Geophysical Research, 111, E02S02.

[428] Wagner, M., O'Hallaron, D., Apostoulopoulos, D., and Urmson, C. (2002) Principles of Computer Design for Stereo Perception (CMU – RI – TR – 02 – 01), Carnegie Mellon University, Pittsburgh, PA.

[429] Kelly, A., and Stentz, A. (1998) "Rough terrain autonomous mobility, Part 1: A theoretical analysis of requirements," Autonomous Robots, 5 (May), 129 – 161.

[430] Kelly, A., and Stentz, A. (1998) "Rough terrain autonomous mobility, Part 2: An active vision, predictive control approach," Autonomous Robots, 5, 163 – 198.

[431] Vergauwen, M. et al. (2000) "Autonomous operations of a micro – rover for geoscience on Mars," Proceedings Sixth ESA Workshop on Advanced Space Technologies for Robotics and Automation (ASTRA), December 2000, ESTEC, Noordwijk, The Netherlands.

[432] Stieber, M., McKay, M., Vukovich, G., and Petriu, E. (1999) "Vision – based sensing and control for space robotics applications," IEEE Trans. Instrumentation & Measurement, 48 (4), 807 – 812.

[433] Tsai, R. (1987) "Versatile camera calibration technique for high accuracy 3D machine vision metrology using off – the – shelf TV cameras and lenses," IEEE J. Robotics and Automation, 3 (3), 323 – 344.

[434] Barnes, D., Wilding, M., Gunn, M., Pugh, S., Tyler, L., Coates, A,, Griffiths, A., Cousins, C., Schmitz, N., Bauer, A. et al. (2006) "Multispectral vision processing for the ExoMars 2018 mission," Symposium on Advanced Space Technologies in Robotics & Automation (ASTRA), ESTEC, Noordwijk, The Netherlands.

[435] Ellery, A. (2000) An Introduction to Space Robotics, Springer/Praxis, Heidelberg, Germany/ Chichester, U. K.

[436] Matthies, L., Maimone, M., Johnson, A., Cheng, Y., Willson, R., Villalpando, C., Goldberg, S., Huertas, A., Stein, A., and Angelova, A. (2007) "Computer vision on Mars," Int. J. Computer Vision, 75 (1), 67 – 92.

[437] Mallat, S. (1989) "Theory of multiresolution signal decomposition: The wavelet representation," IEEE Trans. Pattern Analysis & Machine Intelligence, 11 (7), 674 – 693.

[438] Mallat, S. (1996) "Wavelets for a vision," Proc. IEEE, 84 (4), 604 – 614.

[439] Nadernejad, E., Sharifzadeh, S., and Hassanpour, H. (2008) "Edge detection techniques: Evaluations and comparisons," Applied Mathematical Sciences, 2 (31), 1507 – 1520.

[440] Wells III, W. (1986) "Efficient synthesis of Gaussian filters by cascaded uniform filters," IEEE Trans. Pattern Analysis & Machine Intelligence, 8 (2), 234 – 239.

[441] Atick, J. (1992) "Could information theory provide an ecological theory of sensory processing?"

Network，3，213 - 251.

[442] Ullman，S.（1986）"Artificial intelligence and the brain：Computational studies of the visual system，" Annual Reviews Neuroscience，9，1 - 26.

[443] Sigman，M.，Cecchi，G.，Gilbert，C.，and Magnasco，M.（2001）"On a common circle：Natural scenes and Gestalt rules，" Proc. National Academy Sciences，98（4），1935 - 1940.

[444] Kennedy，L.，and Basu，M.（1997）"Image enhancement using a human visual system model，" Pattern Recognition，30（12），2001 - 2014.

[445] Canny，J.（1986）"Computational approach to edge detection，" IEEE Trans. Pattern Analysis & Machine Intelligence，8（6），679 - 698.

[446] Basu，M.（2002）"Gaussian - based edge - detection methods：A survey，" IEEE Trans. Systems Man & Cybernetics C：Applications & Reviews，32（3），252 - 259.

[447] Huntsberger，T.，Aghazarian，H.，Cheng，Y.，Baumgartner，E.，Tunstel，E.，Leger，C.，Trebi - Ollennu，A.，and Schenker，P.（2002）"Rover autonomy for long range navigation and science data acquisition on planetary surfaces，" Proceedings IEEE International Conference Robotics and Automation，pp. 3161 - 3168. Molina Cabrera，P.，and Ellery，A.（2015）"Towards a visual simultaneous localisation and mapping system for computationally constrained systems，" submitted to AJAA J. Aerospace Information Systems.

[448] Alahi，A.，Ortiz，R.，and Vandergheynst，P.（2012）"FREAK：Fast retina keypoint，" Proceedings IEEE Conference Computer Vision & Pattern Recognition，pp. 510 - 517.

[449] Schmid，C.，Mohr，R.，and Bauckhage，C.（2000）"Evaluation of interest point detectors，" Int. J. Computer Vision，37（2），151 - 172.

[450] Papardi，G.，Campisi，P.，Petkov，N.，and Neri，A.（2007）"Biologically motivated multiresolution approach to contour detection，" EURASIP J. Advances in Signal Processing，2007 （71828）.

[451] Geman，S.，and Geman，D.（1984）"Stochastic relaxation，Gibbs distribution and the Bayesian restoration of images，" IEEE Trans. Pattern Analysis & Machine Intelligence，6（4），721 - 741.

[452] Konishi，S.，Yuille，A.，Coughlan，J.，and Zhu，S.（2003）"Statistical edge detection：Learning and evaluating edge cues，" IEEE Trans. Pattern Analysis & Machine Intelligence，25（1），57 - 74.

[453] Carandini，M.，Demb，J.，Mante，V.，Tolhurst，D.，Dan，Y.，Olshausen，B.，Gallant，J.，and Rust，N.（2005）"Do we know what the early visual system does?" J. Neuroscience，16，10577 - 10597. Geman，S.，and Geman，D.（1984）"Stochastic relaxation，Gibbs distribution and the Bayesian restoration of images，" IEEE Trans. Pattern Analysis & Machine Intelligence，6（4），721 - 741. Cross，G.（1983）"Markov random field texture models，" IEEE Trans. Pattern Analysis & Machine Intelligence，5（1），25 - 39. Bello，M.（1994）"Combined Markov random field and wave - packet transform - based approach for image segmentation，" IEEE Trans. Image Processing，3（6），834 - 846.

[454] Haralick，R.（1979）"Statistical and structural approaches to texture，" Proc. IEEE，67（5），786 - 804.

[455] Haralick，R.，Shanmugam，K.，and Dinstein，I.（1973）"Textural features for image classification，" IEEE Trans. Systems Man & Cybernetics，3（6），610 - 621.

[456] Mack, A., and Ellery, A. (2015) "Autonomous science target identification using navigation cameras for planetary rovers," submitted to Int. J. Advanced Robotic Systems.

[457] Materka, A., and Strzelecki, M. (1998) "Texture analysis methods—a review," COST B11 Report, Institute of Electronics, Technical University of Lodz.

[458] Mallot, H. (1997) "Behaviour – oriented approaches to cognition: Theoretical perspectives," Theory in Biosciences, 116, 196 – 220. Weszka, J., Dyer, C., and Rosenfeld, A. (1976) "Comparative study of texture measures for terrain classification," IEEE Trans. Systems Man & Cybernetics, 6 (4), 269 – 285.

[459] Jain, A., Ratha, N., and Lakshmanan, S. (1997) "Object detection using Gabor filters," Pattern Recognition, 30 (2), 295 – 309.

[460] Xu, G., Ming, X., and Yang, N. (2004) "Gabor filter optimisation design for iris texture analysis," J. Bionic Engineering, 1 (1), 72 – 78.

[461] Wilson, R., Calway, A., and Pearson, E. (1992) "Generalised wavelet transform for Fourier analysis: The multiresolution Fourier transform and its application to image and audio analysis," IEEE Trans. Information Theory, 38 (2), 674 – 690.

[462] Jain, A., and Farrokhnia, F. (1990) "Unsupervised texture segmentation using Gabor filters," IEEE International Conference on Systems, Man & Cybernetics, pp. 14 – 19.

[463] Turner, M. (1986) "Texture discrimination by Gabor functions," Biological Cybernetics, 55, 71 – 82.

[464] Lee, T. (1996) "Image representation using 2D Gabor wavelets," IEEE Trans. Pattern Analysis & Machine Intelligence, 18 (10), 959 – 971.

[465] Daugman, J. (1988) "Complete discrete 2D Gabor transforms by neural networks for image analysis and compression," IEEE Trans. Acoustics, Speech & Signal Processing, 36 (7), 1169 – 1179.

[466] Mikolajczyk, K., and Schmid, C. (2005) "Performance evaluation of local descriptors," IEEE Trans. Pattern Analysis & Machine Intelligence, 27 (10), 1615 – 1630.

[467] Tianxu, Z., Nong, S., Guoyou, W., and Xiaowen, L. (1996) "Effective method for identifying small objects on a complicated background," Artificial Intelligence in Engineering, 10, 343 – 349. Mallat, S. (1989) "Multifrequency channel decomposition of images and wavelet models," IEEE Trans. Acoustics, Speech & Signal Processing, 37 (17), 2091 – 2110. Lee, T. (1996) "Image representation using 2D Gabor wavelets," IEEE Trans. Pattern Analysis & Machine Intelligence, 18 (10), 959 – 971. Laine, A., and Fan, J. (1993) "Texture classification by wavelet packet signatures," IEEE Trans. Pattern Analysis & Machine Intelligence, 15 (11), 1186 – 1191. Porat, M., and Zeevi, Y. (1988) "Generalised Gabor scheme of image representation in biological and machine vision," IEEE Trans. Pattern Analysis & Machine Intelligence, 10 (4), 452 – 468. Porter, R., and Canagarajah, N. (1997) "Robust, rotation – invariant texture classification: Wavelet, Gabor filter and GMRF based schemes," IEEE Proc. Vision & Image Processing, 144 (3), 180 – 188.

[468] Ozen, S., Bouganis, A., and Shanahan, M. (2007) "Fast evaluation criterion for the recognition of occluded shapes," Robotics & Autonomous Science, 55, 741 – 749.

[469] Xu, L., Oja, E., and Kultanen, P. (1990) "New curve detection method: Randomized Hough

transform (HRT)," Pattern Recognition Letters, 11, 331 – 338.

[470] Kass, M. , Witkin, A. , and Terzopoulos, D. (1988) "Snakes: Active contour models," Int. J. Computer Vision, 1 (4), 321 – 331.

[471] Kim, W. , Lee, C – Y. , and Lee, J – J. (2001) "Tracking moving object using Snake's jump based on image flow," Mechatronics, 11, 99 – 226. Durbin, R. , Szeliski, R. , and Yuille, A. (1989) "Analysis of the elastic net approach to the travelling salesman problem," Neural Computation, 1, 348 – 358. Durbin, R. , and Willshaw, D. (1987) "Analogue approach to the travelling salesman problem using an elastic net method," Nature, 326, 689 – 891.

[472] Zhu, S. , and Yuille, A. (1996) "Region competition: Unifying snakes, region growing, and Bayes/ MDL for multiband image segmentation," IEEE Trans. Pattern Analysis & Machine Intelligence, 18 (9), 884 – 900.

[473] Herman, H. , and Schempf, H. (1992) Serpentine Manipulator Planning and Control for the NASA Space Shuttle Payload Servicing (CMU Tech. Report CMU – RI – TR – 92 – 10) . Carnegie Mellon University, Pittsburgh, PA.

[474] Xu, C. , and Prince, J. (1998) "Snakes, shapes and gradient vector flow," IEEE Trans. Image Processing, 7 (3), 359 – 369.

[475] Von Tonder, G. , and Kruger, J. (1997) "Shape encoding: A biologically inspired method of transforming boundary images into ensembles of shape – related features," IEEE Trans. Systems Man & Cybernetics, Part B: Cybernetics, 27 (5), 749 – 759.

[476] Shen, D. , and Ip, H. (1997) "Generalised affine invariant image normalisation," IEEE Trans. Pattern Analysis & Machine Intelligence, 19 (5), 431 – 433.

[477] Wood, J. (1996) "Invariant pattern recognition: A review," Pattern Recognition, 29 (1), 1 – 17.

[478] de Croon, G. , de Weerdt, E. , de Wagner, C. , and Remes, B. (2011) "Appearance variation cue for obstacle avoidance," Proceedings IEEE International Conference Robotics & Biomimetics, pp. 1606 – 1611.

[479] Aloimonos, J. (1988) "Visual shape computation," Proc. IEEE, 76 (8), 899 – 916.

[480] Kanade, T. , Binford, T. , Poggio, T. , and Rosenfeld, A. (1990) "Vision," Annual Reviews Computer Science, 4, 517 – 529.

[481] Tomasi, C. , and Zhang, J. (1995) "Is structure – from – motion worth pursuing?" Proceedings Seventh International Symposium Robotics Research, Springer – Verlag, New York.

[482] Zhang, R. , Tsai, P – S. , Cryer, J. , and Shah, M. (1999) "Shape from shading: A survey," IEEE Trans. Pattern Analysis & Machine Intelligence, 21 (8), 690 – 706.

[483] Misu, T. , Hashimoto, T. , and Ninomiya, K. (1999) "Terrain shape recognition for celestial landing/rover missions from shade information," Acta Astronautica, 45 (4/9), 357 – 364.

[484] Stevens, K. (1981) "Information content of texture gradients," Biological Cybernetics, 42, 95 – 105.

[485] Pankathi, S. , and Jain, A. (1995) "Integrating vision modules: Stereo, shading, grouping and line labelling," IEEE Trans. Pattern Analysis & Machine Intelligence, 17 (8), 831 – 842.

[486] Cryer, J. , Tsai, P – S. , and Shah, M. (1993) "Integration of shape from X modules: Combining stereo and shading," Proceedings IEEE International Conference Robotics and Automation, pp.

720 - 721.

[487] Pentland, A. (1984) "Fractal - based description of natural scenes," IEEE Trans. Pattern Analysis & Machine Intelligence, 6 (6), 661 - 674.

[488] Chaudhuri, B., and Sarkar, N. (1995) "Texture segmentation using fractal dimension," IEEE Trans. Pattern Analysis & Machine Intelligence, 17 (1), 72 - 77.

[489] Bhanu, B., Symosek, P., and Das, S. (1997) "Analysis of terrain using multispectral images," Pattern Recognition, 30 (2), 197 - 215.

[490] Julesz, B. (1981) "Textons, the elements of texture perception and their interactions," Nature, 290, 91 - 97.

[491] Leung, T., and Malik, J. (2001) "Representing and recognizing the visual appearance of materials using 3D textons," Int. J. Computer Vision, 43 (1), 29 - 44.

[492] Jain, A., Murty, M., and Flynn, P. (1999) "Data clustering: A review," ACM Computing Surveys, 31 (3), 264 - 323.

[493] Shotton, J., Winn, J., Rother, C., and Criminisi, A. (2006) "Texton Boost: Joint appearance, shape and context modeling for multi - class object recognition and segmentation," Proceedings European Conference on Computer Vision, pp. 1 - 15.

[494] Varma, M., and Zisserman, A. (2005) "Statistical approach to texture classification from single images," Int. J. Computer Vision, 62 (1/2), 61 - 81.

[495] Varma, M., and Zisserman, A. (2003) "Texture classification: Are filter banks necessary?" Proceedings IEEE Computer Society Conference on Computer Vision and Pattern Recognition.

[496] Poggio, G., and Poggio, T. (1984) "Analysis of stereopsis," Annual Reviews in Neuroscience, 7, 379 - 412.

[497] Brown, M., Burschka, D., and Hager, G. (2003) "Advances in computational stereo," IEEE Trans. Pattern Analysis & Machine Intelligence, 25 (6), 993 - 1003.

[498] Krotkov, E., Henriksen, K., and Kories, R. (1990) "Stereo - ranging with verging cameras," IEEE Trans. Pattern Analysis & Machine Intelligence, 12 (12), 1200 - 1205.

[499] Brown, M., Burschka, D., and Hager, G. (2003) "Advances in computational stereo," IEEE Trans. Pattern Analysis & Machine Intelligence, 25 (8), 993 - 1008.

[500] van der Mark, W., Groen, F., and van den Heuvel, J. (2001) "Stereo based navigation in unstructured environments," Proceedings IEEE Instrument and Measurement Technology Conference, Budapest, Hungary.

[501] Binford, T. (1982) "Survey of model - based image analysis systems," Int. J. Robotics Research, 1 (1), 18 - 64.

[502] Matthias, L. (1992) "Stereovision for planetary rovers: Stochastic modelling to near real - time implementation," Int. J. Computer Vision, 8 (1), 71 - 91.

[504] Sanger, T. (1988) "Stereo disparity computation using Gabor filters," Biological Cybernetics, 59, 405 - 418.

[505] Marefat, M., and Wu, L. (1996) "Purposeful gazing and vergence control for active vision," Robotics & CIM, 12 (2), 135 - 155.

[506] Bernardino, A., and Santos - Victor, J. (1998) "Visual behaviours for binocular tracking,"

Robotics & Autonomous Systems, 25, 137 – 146.

[507] Ho, A., and Pang, T – C. (1996) "Cooperative fusion of stereo and mission," Pattern Recognition, 29 (1), 121 – 130.

[508] Parkes, S. (1993) "Towards real – time stereovision systems for planetary missions," Proceedings International Symposium Missions, Technologies and Design of Planetary Mobile Vehicles, Toulouse, September 1992, CNES/Cipaduhs – Iditions, Toulouse, France (ISBN 2854283317).

[509] Takeno, J., and Rembold, U. (1996) "Stereovision systems for autonomous mobile robots," Robotics & Autonomous Systems, 18, 355 – 363.

[510] Jin, S., Cho, J., Pham, D., Lee, K., Park, S – K., Kim, M., and Jeon, J. (2010) "FPGA design and implementation of a real – time stereo vision system," IEEE Trans. Circuits & Systems for Video Technology, 20 (1), 15 – 26.

[511] Mead, C. (1990) "Neuromorphic electronic systems," Proc. IEEE, 78 (10), 1629 – 1636.

[512] Orchard, G., Bartolozzi, C., and Indiveri, G. (2009) "Applying neuromorphic vision sensors to planetary landing tasks," Proceedings IEEE International Conference Robotics and Automation, pp. 201 – 204.

[513] Barnes, N., and Sandini, G. (2000) "Direction control for an active docking behaviour based on the rotational component of log – polar optic flow," Lecture Notes in Computer Science, 1843, 167 – 181.

[514] Sunderhauf, N., and Protzel, P. (2006) "Stereo odometry: A survey," Towards Autonomous Robotics, University of Surrey, Guildford, UK.

[515] Cheng, Y., Maimone, M., and Matthies, L. (2006) "Visual odometry on the Mars Exploration Rovers," IEEE Robotics & Automation Magazine, 13 (2), 54 – 62.

[516] Li, R., Di, K., Matthies, L., Arvidson, R., Folkner, W., and Archinal, B. (2004) "Rover localization and landing site mapping technology for the 2003 Mars Exploration Rover mission," Photogrammetric Engineering & Remote Sensing, 70 (1), 77 – 90.

[517] Helmick, D., Cheng, Y., Clouse, D., Matthies, L., and Roumeliotis, S. (2004) "Path following using visual odometry for a Mars rover in high – slip environments," IEEE Proc. Aerospace Conf., Vol. 2, pp. 772 – 789.

[518] Comaniciu, D., Ramesh, V., and Meer, P. (2000) "Real – time tracking of non – rigid objects using mean shift," IEEE Conference Computer Vision Processing.

[519] Campbell, J., Sukthankar, R., and Nourbakhsh, I. (2003) "Techniques for evaluating optical flow for visual odometry in extreme terrain," Proceedings IEEE/RSJ International Conference Intelligent Robots & Systems, Vol. 4, pp. 3704 – 3711.

[520] Olson, C., Matthies, L., Wright, J., Li, R., and Di, K. (2003) Visual Terrain Mapping for Mars Exploration (IEEE Paper 1176), Institute of Electrical and Electronic Engineers, Piscataway, NJ.

[521] Aloimonos, Y., Weiss, I., and Bandyopadyay, A. (1988) "Active vision," Int. J. Computer Vision, 1 (4), 333 – 356.

[522] Cheng, Y., Maimone, M., and Matthies, L. (2006) "Visual odometry on the Mars Exploration Rovers," IEEE Robotics & Automation Magazine, 13 (2), 54 – 62.

[523] Li，R. et al. (2005) "Initial results of rover localisation and topographic mapping for the 2003 Mars Exploration Rover mission," Photogrammetric Engineering & Remote Sensing，71 (10)，1129 - 1142.

[524] Olson，G. (2002) "Image motion compensation with frame transfer CCDs," Proc，SPIE，4567，153 - 160.

[525] Ben - Ezra，M.，and Nayar，S. (2004) "Motion - based motion deblurring," IEEE Trans. Pattern Analysis & Machine Intelligence，26 (6)，689 - 698.

[526] Ellery，A. (2007) Optic - flow Based Autonomous Navigation for the ExoMars Rover (PPARC Final Report，CREST programme)，Particle Physics and Astronomy Research Council (now STFC)，Swindon，U. K.

[527] Mallot，H.，Bulthoff，H.，Little，J.，and Bohrer，S. (1991) "Inverse perspective mapping simplifies optical flow computation and obstacle detection," Biological Cybernetics，64，177 - 185.

[528] Tan，S.，Dale，J.，Anderson，A.，and Johnston，A. (2006) "Inverse perspective mapping and optic flow：A calibration method and a quantitative analysis," Image & Vision Computing，24，153 - 165.

[529] Eklundh，J. - O.，and Christensen，H. (2001) "Computer vision：Past and future," in R. Wilhelm (Ed.)，Informatics：10 Years Back；10 Years Ahead (Lecture Notes in Computer Science)，Springer - Verlag，Berlin，pp. 328 - 340.

[530] DeSouza，G.，and Kak，A. (2002) "Vision for mobile robot navigation：A survey," IEEE Trans. Pattern Analysis & Machine Intelligence，24 (2)，237 - 267.

[531] Ellery，A. (2007) Optic - flow Based Autonomous Navigation for the ExoMars Rover (PPARC Final Report，CREST programme)，Particle Physics and Astronomy Research Council (now STFC)，Swindon，U. K.

[532] Vedula，S.，Rander，P.，Collins，R.，and Kanade，T. (2005) "Three dimensional scene flow," IEEE Trans. Pattern Analysis & Machine Intelligence，27 (3)，475 - 480.

[533] Verri，A.，and Poggio，T. (1989) "Motion field and optic flow：Qualitative properties," IEEE Trans. Pattern Analysis & Machine Intelligence，11 (5)，490 - 498.

[534] Horn，B.，and Schunck，B. (1981) "Determining optic flow," Artificial Intelligence，17，185 - 203.

[535] Waxman，A.，Kamgar - Parsi，B.，and Subbarao，M. (1987) "Closed form solutions to image flow equations for 3D structure and motion," Int. J. Computer Vision，1，239 - 258.

[536] Dias，J.，Paredes，C.，Fonseca，I.，Araujo，H.，Batista，J.，and Almeida，A. (1998) "Simulating pursuit with machine experiments with robots and artificial vision," IEEE Trans. Robotics & Automation，14 (1)，1 - 18.

[537] Barrows，G.，Chahl，J.，and Srinavasan，M. (2003) "Biomimetic visual sensing and flight control," Aeronautical J.，107 (1069)，159 - 168.

[538] Sundareswaran，V. (1991) "Egomotion from global flow field data," Proceedings IEEE Workshop Visual Motion，pp. 140 - 145.

[539] Campbell，J.，Sukthankar，R.，and Nourbakhsh，I. (2004) "Techniques for evaluating optical flow for visual odometry in extreme terrain," Proceedings IEEE/RSJ International Conference Intelligent

Robots & Systems (IRP - TR - 04 - 06).

[540] Santos - Victor, J., and Sandini, G. (1997) "Embedded visual behaviours for navigation," Robotics & Autonomous Systems, 19, 299 - 313.

[541] Camus, T. (1997) "Real - time quantized optical flow," Real - Time Imaging, 3, 71 - 86.

[542] Dev, A., Krose, B., and Groen, F. (1997) "Navigation of a mobile robot on the temporal development of the optic flow," Proc. IROS, 97, 558 - 563.

[543] Franceschini, N., Ruffler, F., and Serres, J. (2007) "Bio - inspired flying robot sheds light on insect piloting abilities," Current Biology, 17, 329 - 335.

[544] Neumann, T., and Bulthoff, H. (2002) "Behaviour - oriented vision for biomimetic flight control," Proceedings EPSRC/BBSRC International Workshop Biologically Inspired Robotics: The Legacy of W. Grey Walter, HP Labs, Bristol, U. K., pp. 196 - 203.

[545] Nelson, R., and Aloimonos, Y. (1989) "Obstacle avoidance using flow field divergence," IEEE Trans. Pattern Analysis & Machine Intelligence, 11 (10), 1102 - 1106.

[546] Coombs, D., Herman, M., Hong, T - H., and Nashman, M. (1998) "Real - time obstacle avoidance using central flow divergence and peripheral flow," IEEE Trans. Robotics & Automation, 14 (1), 49 - 59.

[547] Regan, D., and Gray, R. (2000) "Visually guided collision avoidance and collision achievement," Trends in Cognitive Sciences, 4 (3), 99 - 107.

[548] Borst, A. (1990) "How do flies land? From behaviour to neuronal circuits," BioScience, 40 (4), 292 - 299.

[549] Beauchemin, S., and Barron, J. (1995) "Computation of optical flow," ACM Computing Surveys, 27 (3), 433 - 467.

[550] Borst, A., and Egelhaaf, M. (1989) "Principles of visual motion detection," Trends in Neural Sciences, 12 (8), 297 - 306.

[551] Neumann, T., and Bulthoff, H. (2002) "Behaviour - oriented vision for biomimetic flight control," Proceedings EPSRC/BBSRC International Workshop on Biologically - Inspired Robotics: The Legacy of W. Grey Walter, pp. 196 - 203.

[552] Bruno, E., and Pellerin, D. (2002) "Robust motion estimation using spatial Gabor - like filters," Signal Processing, 82, 297 - 309.

[553] Barron, J., Fleet, D., Beauchemin, S., and Burkitt, T. (1992) "Performance of optical flow techniques," Proceedings IEEE Computer Society Conference on Computer Vision & Pattern Recognition, pp. 236 - 242.

[554] Bober, M., and Kittler, J. (1994) "Robust motion analysis," Proceedings IEEE Conference Computer Vision and Pattern Recognition, Seattle, WA, pp. 947 - 952.

[555] Diaz, J., Ros, E., Pelayo, F., Ortigosa, E., and Mota, S. (2006) "FPGA - based real - time optical flow system," IEEE Trans. Circuits & Systems for Video Technology, 16 (2), 274 - 279.

[556] Spacek, L., and Burbridge, C. (2006) "Instantaneous robot motion estimation with omnidirectional vision," Proceedings Towards Autonomous Robotic Systems Conference.

[557] Hrabar, S., Sukhatme, G., Corke, P., Usher, K., and Roberts, J. (2005) "Combined optic - flow and stereo - based navigation of urban canyons for a UAV," Proceedings IEEE/RSJ

International Conference Robots & Systems, pp. 3309 – 3316.

[558] Vidal, R., Shakernia, O., and Sastry, S. (2004) "Following the flock," IEEE Robotics & Automation Magazine, December, 14 – 20.

[559] De Croon, G., de Weerdt, E., de Wagter, C., and Remes, B. (2010) "Appearance variation cue for obstacle avoidance," IEEE Trans. Robotics, 28 (2), 529 – 534.

[560] Mack, A., and Ellery, A. (2009) "A method of real – time obstacle detection and avoidance using cameras for autonomous planetary rovers," Towards Autonomous Robotic Systems (TAROS 09), Londonderry, U. K., pp. 112 – 118.

[561] Hildreth, E., and Koch, C. (1987) "Analysis of visual motion: From computational theory to neuronal mechanisms," Annual Reviews of Neuroscience, 10, 477 – 533.

[562] Huang, T., and Netravali, A. (1994) "Motion and structure from feature correspondences," Proc. IEEE, 82 (2), 252 – 268.

[563] Soatto, S., and Perona, P. (1998) "Reducing structure – from – motion: A general framework for dynamic vision, Part 2: Implementation and experimental assessment," IEEE Trans. Pattern Recognition & Machine Intelligence, 20 (10), 11 – 17.

[564] Thakoor, S., Morookian, J., Chahl, J., and Zornetzer, S. (2004) "BEES: Exploring Mars with bioinspired technologies," IEEE Computer, September, 36 – 47.

[565] Sarpeshkar, R., Kramer, J., Indiveri, G., and Koch, G. (1996) "Analog VLSI architectures for motion processing: From fundamental limits to system applications," Proc. IEEE, 84 (7), 969 – 987.

[566] Higgins, C. (2002) Airborne Visual Navigation Using Biomimetic VLSI Vision Chips (Higgins Laboratory Technical Report), University of Arizona.

[567] Pudas, M., Viollet, S., Ruffier, F., Kruusing, A., Amic, S., Leppavuori, S., and Franceschini, N. (2007) "Miniature bio – inspired optic flow sensor based on low temperature co – fired ceramics (LTCC) technology," Sensors & Actuators A, 133, 88 – 95.

[568] Aubepart, F., and Franceschini, N. (2007) "Bio – inspired optic flow sensors based on FPGA: Application to micro – air vehicles," Microprocessors & Microsystems, 31, 408 – 419.

[569] Park, D – S., Kim, J – H., Kim, H – S., Parl, J – H., Shin, J – K., and Lee, M. (2003) "Foveated structure CMOS retina chip for edge detection with local light adaptation," Sensors & Actuators A, 108, 75 – 80.

[570] Akishita, S., Kawamura, S., and Hisanobu, T. (1993) "Velocity potential approach to path planning for avoiding moving obstacles," Advanced Robotics, 7 (5), 463 – 478.

[571] Kunder, A., and Ravier, D. (1998) "Vision – based pragmatic strategy for autonomous navigation," Pattern Recognition, 31 (9), 1221 – 1239.

[572] Wood, S. (2004) "Representation and purposeful autonomous agents," Robotics & Autonomous Systems, 49, 79 – 90.

[573] Aloimonos, J., Weiss, I., and Bandyopadhyay, A. (1988) "Active vision," Int. J. Computer Vision, 4 (1), 333 – 356.

[574] Bajcsy, R. (1988) "Active perception," Proc. IEEE, 76 (8), 996 – 1005.

[577] Sandini, G., and Tagliasco, V. (1980) "Anthropomorphic retina – like structure for scene

analysis," Computer Graphics & Image Processing, 14, 365 – 372.

[578] Ballard, D. (1991) "Animate vision," Artificial Intelligence, 48, 57 – 86.

[579] Landholt, O. (2000) "Visual sensors using eye movements," in J. Ayers, J. Davis, and A. Rudolph (Eds.), Neurotechnology for Biomimetic Robots, Bradford Books, MIT Press, MA.

[580] Coombs, D., and Brown, C. (1991) "Cooperative gaze holding in binocular vision," IEEE Control Systems, June, 24 – 33.

[581] Liversedge, S., and Findlay, J. (2000) "Saccadic eye movements and cognition," Trends in Cognitive Sciences, 4 (1), 6 – 14.

[582] Rayner, K. (1998) "Eye movements in reading and information processing: 20 years of research," Psychological Bulletin, 124 (3), 372 – 422.

[583] Taylor, R. (2011) "Vision of beauty," Physics World, May, 22 – 27.

[584] Abbott, A. (1992) "Survey of selective fixation control for machine vision," IEEE Control Systems, August, 25 – 31.

[585] Henderson, J. (2003) "Human gaze control during real world scene perception," Trends in Cognitive Sciences, 7 (11), 498 – 504.

[586] Carpenter, R., and Williams, M. (1995) "Neural computation of log likelihood in control of saccadic eye movements," Nature, 377, 59 – 61.

[587] Leopold, D., and Logothetis, N. (1999) "Multistable phenomena: Changing views in perception," Trends in Cognitive Sciences, 3 (7), 254 – 264.

[588] Denzler, J., and Brown, C. (2002) "Information theoretic sensor data selection for active object recognition and state estimation," IEEE Trans. Pattern Analysis & Machine Intelligence, 24 (2), 145 – 157.

[589] Torralba, A., Castelhano, M., Oliva, A., and Henderson, J. (2006) "Contextual guidance of eye movements and attention in real world scenes: The role of global features on object search," Psychological Review, 113 (4), 766 – 786.

[590] Richards, C., and Papanikopoulos, N. (1997) "Detection and tracking for robotic visual servoing systems," Robotics & Computer Integrated Manufacturing, 13 (2), 101 – 120.

[591] Epsiau, B., Chaumette, F., and Rives, P. (1992) "New approach to visual servoing in robotics," IEEE Trans. Robotics & Automation, 8 (3), 313 – 326.

[592] Schneider, W. (1998) "Introduction to 'Mechanisms of Visual Attention: A Cognitive Neuroscience Perspective'," Visual Cognition, 5 (1/2), 1 – 8.

[593] Bridgeman, B., van der Heijden, A., and Velichkovsky, B. (1994) "Theory of visual stability across saccadic eye movements," Behavioural & Brain Sciences, 17 (2), 247 – 292.

[594] Bernardino, A., and Santos – Victor, J. (1999) "Binocular tracking: Integrating perception and control," IEEE Trans. Robotics & Automation, 15 (6), 1080 – 1094.

[595] Conticelli, A. B., and Colombo, C. (1999) "Hybrid visual servoing: A combination of nonlinear control and linear vision," Robotics & Autonomous Systems, 29, 243 – 256.

[596] Kosecka, J. (1997) "Visually guided navigation," Robotics & Autonomous Systems, 21, 37 – 50.

[597] Cowan, N., Weingarten, J., and Koditschek, D. (2002) "Visual servoing via navigation functions," IEEE Trans. Robotics & Automation, 18 (4), 521 – 533.

[598] Di′as, J., Paredes, C., Fonseca, I., Araijo, H., Batista, J., and Almeida, A. (1998) "Simulating pursuit with machine experiments with robots and artificial vision," IEEE Trans. Robotics & Automation, 14 (1), 1 – 18.

[599] Buizza, A., and Schmid, R. (1982) "Visual – vestibular interaction in the control of eye movement: Mathematical modeling and computer simulation," Biological Cybernetics, 43, 200 – 223.

[600] Lobo, T., and Dras, J. (2000) "Preserving 3D structure from images and inertial sensors," Proceedings Sixth ESA Workshop on Advanced Space Technologies for Robotics and Automation (ASTRA), December 2000, ESA/ESTEC, Noordwijk, The Netherlands.

[601] Miles, F., and Lisberger, S. (1981) "Plasticity in the vestibule – ocular reflex: A new hypothesis," Annual Reviews of Neurosciences, 4, 273 – 299.

[602] Schweigart, G., Mergner, T., Evdokimidis, I., Morand, S., and Becker, W. (1997) "Gaze stabilization by optokinetic reflex (OKR) and vestibule – ocular reflex (VOR) during active head rotation," Vision Research, 37 (12), 1643 – 1652.

[603] Viollett, S., and Franceschini, N. (2005) "High speed gaze control system based on the vestibule – ocular reflex," Robotics & Autonomous Systems, 50, 147 – 161.

[604] Murray, D., and Basu, A. (1994) "Motion tracking with an active camera," IEEE Trans. Pattern Analysis & Machine Intelligence, 16 (5), 449 – 459.

[605] Gosselin, C., and Hamel, J – F. (1994) "Agile eyes: A high performance three degree – offreedom camera – orienting device," Proceedings IEEE International Conference Robots & Automation, pp. 781 – 786.

[606] Dasgupta, B., and Mruthyunjaya, T. (2000) "Stewart platform manipulator: A review," Mechanism & Machine Theory, 35, 15 – 40.

[607] Maris, M. (2001) "Attention – based navigation in mobile robots using a reconfigurable sensor," Robotics & Autonomous Systems, 34, 53 – 63.

[608] Ahuja, N., and Abbott, A. (1993) "Active stereo: Integrating disparity, vergence, focus, aperture and calibration for surface estimation," IEEE Trans. Pattern Analysis & Machine Intelligence, 15 (10), 1007 – 1029.

[609] Panerai, F., Metta, G., and Sandini, G. (2000) "Visuo – inertial stabilisation in spacevariant binocular systems," Robotics and Autonomous Systems, 30, 195 – 214.

[610] Ens, J., and Lawrence, P. (1993) "Investigation into methods for determining depth from focus," IEEE Trans. Pattern Analysis & Machine Intelligence, 15 (2), 97 – 108.

[611] Panerai, F., and Sandini, G. (1998) "Oculo – motor stabilisation reflexes: Integration of inertial and visual information," Neural Networks, 11, 1191 – 1204.

[612] Panerai, F., Metta, G., and Sandini, G. (2000) "Visuo – inertial stabilisation in spaceinvariant binocular systems," Robotics & Autonomous Systems, 30, 195 – 214.

[613] Panerai, F., Metta, G., and Sandini, G. (2000) "Adaptive image stabilisation: A need for vision – based active robotic agents," in J – A. Meyer et al. (Eds.), From Animals to Animats: Proceedings 6th International Conference on Simulation of Adaptive Behaviour, MIT Press, Cambridge, MA.

[614] Terzopoulos, D., and Rabie, T. (1995) "Animat vision: Active vision in artificial animals,"

Proceedings IEEE International Conference Robotics and Automation, pp. 801 – 808.

[615] Hosseini, H., Neal, M., and Labrosse, F. (2008) "Visual stabilization of an intelligent kite aerial photography platform," Towards Autonomous Robotic Systems (TAROS), preprint.

[616] Papanikolopoulos, N., and Khosla, P. (1993) "Adaptive robotic visual tracking: Theory and experiment," IEEE Trans. Automatic Control, 38 (3), 429 – 445.

[617] Brown, C. (1990) "Gaze control with interactions and delays," IEEE Trans. Systems Man & Cybernetics, 20 (1), 518 – 527.

[618] Coombs, D., and Brown, C. (1991) "Cooperative gaze holding in binocular vision," IEEE Control Systems, June, 24 – 33.

[619] Shibata, T., Vijayakumar, S., Conradt, J., and Schaal, S. (2001) "Biomimetic oculomotor control," Adaptive Behaviour, 9 (3/4), 189 – 207.

[620] Dias, J., Paredes, C., Fonseca, I., Araujo, H., Batista, J., and Almeida, A. (1998) "Simulating pursuit with machine experiments with robots and artificial vision," IEEE Trans. Robotics & Automation, 14 (1), 1 – 18.

[621] Fukushima, K. (2003) "Frontal cortical control of smooth pursuit," Current Opinion in Neurobiology, 13, 647 – 654.

[622] Das, S. (1997) "Biologically motivated neural network architecture for visuomotor control," Information Sciences, 96, 27 – 45.

[623] Fukushima, K. (2003) "Frontal cortical control of smooth pursuit," Current Opinion in Neurobiology, 13, 647 – 654.

[624] Shibata, T., and Schaal, S. (2001) "Biomimetic gaze stabilization based on feedback error learning with nonparametric regression networks," Neural Networks, 14, 201 – 216.

[625] Ross, J., and Ellery, A. (2014) "Use of feedforward controllers for panoramic camera deployment on planetary rovers," submitted toIEEE Trans. Robotics.

[626] Shibata, T., Vijayakumar, S., Conradt, J., and Schaal, S. (2001) "Biomimetic oculomotor control," Adaptive Behaviour, 9 (3/4), 189 – 207.

[627] Peixto, P., Batista, J., and Araujo, H. (2000) "Integration of information from several vision systems for a common task of surveillance," Robotics & Autonomous Systems, 31, 99 – 108.

[628] Grasso, E., and Tistarelli, M. (1995) "Active/dynamic stereo vision," IEEE Trans. Pattern Analysis & Machine Intelligence, 17 (9), 868 – 879.

[629] Fox, D., Burgand, W., and Thrun, S. (1998) "Active Markov localisation for mobile robots," Robotics & Autonomous Systems, 25, 195 – 207.

[630] Davidson, A., and Murray, D. (2002) "Simultaneous localisation and map – building using active vision," IEEE Trans. Pattern Analysis & Machine Intelligence, 24 (7), 865 – 880.

[631] Whaite, P., and Ferrie, F. (1997) "Autonomous exploration: Driven by uncertainty," IEEE Trans. Pattern Analysis & Machine Intelligence, 19 (3), 193 – 205.

[632] Fitts, P. (1954) "Information capacity of the human motor system in controlling the amplitude of movement," J. Exp. Psychol., 47, 381 – 391.

[633] Bullock, D., and Grossberg, S. (1988) "Neural dynamics of planned arm movements: Emergent invariants and speed – accuracy during trajectory formation," Psychological Review, 95 (1),

49 – 80.

[634] Radix, C., Robinson, P., and Nurse, P. (1999) "Extension of Fitts' Law to modelling motion perormance in man – machine interfaces," IEEE Trans. Systems Man & Cyber A: Systems & Humans, 29 (2), 205 – 209. Johannesen, L., and Woods, D. (1991) "Human interaction with intelligent systems: Trends, problems and new directions," Proc. IEEE Int. Conf. Systems Man & Cybernetics, 1337 – 1341.

[635] Greafe, V., and Bischoff, R. (1997) "Human interface for an intelligent mobile robot," RoMan 97, Human Interfaces for Intelligent Mobile Robots.

[636] Winfield, A., and Holland, O. (2000) "Applications of wireless local area network technology to the control of mobile robots," Microprocessors & Microsystems, 23, 1065 – 1075.

[637] Hu, H. et al. (2001) "Internet – based robotic systems for teleoperation," Assembly Automation, 21 (2), 143 – 151.

[638] Penin, L. (2000) "Teleoperation with time delay: A survey and its use in space robotics," Proceedings Sixth Advanced Space Technologies for Robotics and Automation (ASTRA 2000).

[639] Conway, L., Volz, R., and Walker, M. (1990) "Teleautonomous systems: Projecting and coordinating intelligent action at a distance," IEEE Trans. Robotics & Automation, 6 (2), 146 – 158.

[640] Bejczy, A., and Kim, W, (1990) "Predictive displays and shared compliance control for time – delayed telemanipulation," Proceedings IEEE International Workshop on Intelligent Robots & Systems (IROS), pp. 407 – 412.

[643] Ambrose, R., Aldridge, H., Askew, R., Burridge, R., Bluethmann, W., Diftler, M., Lovchik, C., Magruder, D., and Rehnmark, F. (2000) "Robonaut: NASA's space humanoid," IEEE Intelligent Systems, July/August, 57 – 62.

[644] Rochlis, J., Clarke, J. – P., and Goza, S. (2001) Space Station Telerobotics: Designing a Human – Robot Interface (AIAA 2001 – 5110), American Institute of Aeronautics and Astronautics, Washington, D. C.

[645] Burdea, G. (1999) "Synergy between virtual reality and robotics," IEEE Trans. Robotics & Automation, 15 (3), 400 – 410.

[646] Brooker, J., Sharkey, P., Wann, J., and Plooy, A. (1999) "Helmet mounted display system with active gaze control for visual telepresence," Mechatronics, 9, 703 – 716. Poli, R., Cinel, C., Matran – Fernandez, A., Sepulveda, F., and Stoica, A. (2013) "Towards cooperative brain – computer interfaces for space navigation," Proc. Int. Conf. Intelligent User Interfaces, 149 – 160.

[647] Sheridan, T. (1993) "Space teleoperation through time delay: Review and prognosis," IEEE Trans. Robotics & Automation, 9 (5), 592 – 606.

[648] Arcaca, P., and Melchiorri, C. (2002) "Control schemes for teleoperation with time delay: A comparative study," Robotics & Autonomous Systems, 38, 49 – 64.

[651] Flanagan, J. (1994) "Technologies for multimedia communication," Proc. IEEE, 82 (4), 590 – 603.

[652] Hirzinger, G. et al. (1994) "Multisensory shared autonomy and tele – sensor programming: Key issues in space robotics," Robotics & Autonomous Systems, 11, 141 – 162.

[653] Hirzinger, G. et al. (1998) "Preparing a new generation of space robots: A survey of research at DLR," Robotics & Autonomous Systems, 23, 99 - 106.

[654] Backes, P. (1994) "Prototype ground - remote telerobot control system," Robotica, 12, 481 - 490.

[655] Fontaine, B. (2000) Payload Support for Planetary Exploration, PSPE/ROBUST: Operations Scenario (Space Application Services Tech. Rep. ROBUST - SAS - OS, Iss 1), Space Application Services, Leuvensesteenweg, Belgium.

[656] Fontaine, B. et al. (2000) "Autonomous operations of a micro - rover for geoscience on Mars," Sixth ESA Workshop on Advanced Space Technologies for Robotics and Automation Conference (ASTRA), December 2000, ESA/ESTEC, Noordwijk, The Netherlands.

[657] Van Winnendael, M., and Joudrier, L. (2004) Control of ExoMars Rover Surface Operations: Potentially Relevant Results of R&D Activities (Information Paper ESAESTEC TEC - MMA), ESA/ESTEC, Noordwijk, The Netherlands.

[658] Joudrier, L. (2004) Summary of the DREAMS Concept, Its Main Functionalities and Its Applicability for Ground Control and Onboard Autonomy of the ExoMars Rover (Information Paper ESA - ESTEC TEC - MMA), ESA/ESTEC, Noordwijk, The Netherlands.

[659] Visentin, G., Putz, P., and Columbina, G. (1997) "Towards a common European controller for space robots," ESA Preparing for the Future, 7 (2), 23 - 24.

[660] Bormann, G., Joudrier, L., and Kapellos, K. (2004) "FORMID: A formal specification and verification environment for DREAMS," Eighthth ESA Workshop on Advanced Technologies for Robotics and Automation (ASTRA 2000), November 2000 (ESA WP - 236), ESA/ESTEC, Noordwijk, The Netherlands.

[661] Sifakis, J. (1997) Formal Methods and Their Evaluation, FEMSYS, Munich, Germany.

[662] Kapellos, K. (2004) A - DREAMS: A Synthetic View (Trasys Space Document 08501.500 - TI - 70 - TELEMAN=RA - ADREAMS), Trasys, Hoeilaart, Belgium.

[663] Galardini, D., Kapellos, K., and Didot, F. (2002) "Distributed robot and automation environment and monitoring supervision utilisation in EUROPA," Seventh ESA Workshop on Advanced Technologies for Robotics and Automation (ASTRA 2000), May 2000 (ESA WPP - 179), ESA/ESTEC, Noordwijk, The Netherlands.

[664] Maurette, H. (1997) "Control and operation of planetary rover vehicles," Preparing for the Future, 7 (2), 10 - 11.

[665] Ziegler, M., Falkenhagen, L., ter Horst, R., and Kalivias, D. (1998) "Evolution of stereoscopic and three dimensional video," Signal Processing: Image Communication, 14, 173 - 194.

[666] Gitelson, J., Bartsev, S., Mezhevikin, ., and Okhonin, V. (2003) "Alternative approach to solar system exploration providing safety of human mission to Mars," Advances in Space Research, 31 (1), 17 - 24.

[667] Ellery, A. (2001) "Robotics perspective on human spaceflight," Earth Moon & Planets, 87, 173 - 190.

[668] Ellery, A. (2003) "Humans versus robots for space exploration and development," Space Policy, 19, 87 - 91.

[669] Mendell, W. (2004) "Roles of humans and robots in exploring the solar system," Acta

Astronautica, 55, 149 – 155.

[670] Santos – Victor, J., and Sentiero, J. (2000) "Visual control of teleoperated cellular robots," Sixth ESA Workshop on Advanced Space Technologies for Robotics and Automation (ASTRA), December 2000, ESA/ESTEC, Noordwijk, The Netherlands.

[671] Oleson, S., Landis, G., McGuire, M., and Schmidt, G. (2011) "HERRO mission to Mars using telerobotic surface exploration from orbit," J. British Interplanetary Society, 64, 304 – 313. Drucker, J. (2011) "Humanities approach to interface theory," Culture Machine, 12, ISSN 1465 – 4165.

[672] Fong, T., Nourbakhsh, I., and Dautenhahn, K. (2003) "Survey of socially interactive robots," Robotics & Autonomous Systems, 42, 143 – 166.

[673] Chellappa, R., Wilson, C., and Sirohey, S. (1995) "Human and machine recognition of faces: A survey," Proc. IEEE, 83 (5), 705 – 740.

[674] Kumagai, J. (2006) "Halfway to Mars," IEEE Spectrum, March, 33 – 37.

[675] Li, R. et al. (2005) "Initial results of rover localisation and topographic mapping for the 2003 Mars Exploration Rover mission," Photogrammetric Engineering & Remote Sensing, 71 (10), 1129 – 1142.

[676] Biesiadecki, J., Leger, C., and Maimone, M. (2005) "Tradeoffs between directed and autonomous driving on the Mars Exploration Rovers," reprint.

[677] Erickson, J., Adler, M., Crisp, J., Mishkin, A., and Welch, R. (2002) "Mars exploration rover surface operations," 53rd International Astronautics Congress (WSC), Houston (IAC – 02 – Q. 3. 1. 03).

[678] McFarland, D., and Spier, E. (1997) "Basic cycles, utility and opportunism in selfsufficient robots," Robotics & Autonomous Systems, 20, 179 – 190.

[679] Gat, E., Desai, R., Ivlev, R., Loch, J., and Miller, D. (1994) "Behaviour control for robotic exploration of planetary surfaces," IEEE Trans. Robotics & Automation, 10 (4), 490 – 503.

[680] Morrison, J., and Nguyen, T. (1998) Onboard Software for the Mars Pathfinder Microrover (IAA –L – 0504P), International Academy of Astronautics, Stockholm, Sweden.

[681] Miller, D. (1993) "Mass of massive rover software," Proceedings International Symposium on Missions, Technologies and Design of Planetary Mobile Vehicles, Toulouse, September 1992, CNES/Cipaduhs – Iditions, Toulouse, France (ISBN 2854283317).

[682] Brooks, R. (1991) "New approaches to robotics," Science, 253, 1227 – 1232.

[683] Mataric, M. (1998) "Behaviour – based robotics as a tool for synthesis of artificial behaviour and analysis of natural behaviour," Trends in Cognitive Science, 2, 82 – 87.

[684] Braitenburg, V. (1984) Vehicles: Experiments in Synthetic Psychology, MIT Press, Cambridge, MA.

[685] Nolfi, S. (2002) "Power and limits of reactive agents," Neurocomputing, 42, 119 – 145.

[686] Pfeifer, R. (1996) "Building 'fungus eaters': Design principles of autonomous agents," Proceedings Fourth International Conference Simulation of Adaptive Behaviour, pp. 3 – 12.

[687] Dean, J. (1998) "Animats and what they can tell us," Trends in Cognitive Science, 2 (2), 60 – 67.

[688] Hallam, J., and Malcolm, C. (1994) "Behaviour: Perception, action and intelligence— the view

from situated robotics," Phil. Trans. Royal Society, A349 (1689), 29 – 42.

[689] Moravec, H. (1983) "Stanford cart and the CMU rover," Proc. IEEE, 71 (7), 872 – 884.

[690] Brooks, R. (1991) Intelligence without Reason (MIT AI Memo 1293), Massachusetts Institute of Technology AI Laboratory, Boston.

[691] Malcolm, C., Smithers, T., and Hallam, J. (1989) "An emerging paradigm in robot architecture," Proceedings International Conference on Intelligent Autonomous Systems 2, Amsterdam.

[692] Brooks, R. (1991) "Intelligence without representation," Artificial Intelligence, 47, 139 – 159.

[693] Brooks, R. (1990) "Elephants don't play chess," Robotics & Autonomous Systems, 6, 3 – 15.

[694] Brooks, R. (1997) "From earwigs to humans," Robotics & Autonomous Systems, 20, 191 – 304.

[695] Brooks, R., and Stein, L. (1994) "Building brains for bodies," Autonomous Robots, 1, 7 – 25.

[696] Anderson, T., and Donath, M. (1990) "Animal behaviour as a paradigm for developing robot autonomy," Robotics & Autonomous Systems, 6, 145 – 168.

[697] Columbetti, M., Dorigo, M., and Borghi, G. (1996) "Behaviour analysis and training: A methodology for behaviour engineering," IEEE Trans. Systems Man & Cybernetics: Part B— Cybernetics, 26 (3), 365 – 372.

[698] Brooks, R. (1983) "Robust layered control system for a mobile robot," IEEE J. Robotics & Automation, 2 (1), 14 – 23.

[699] Brooks, R. (1985) Robust Layered Control System for a Mobile Robot (MIT AI Memo 864), Massachusetts Institute of Technology AI Laboratory, Boston.

[700] Amir, E., and Maynard – Zhang, P. (2004) "Logic – based subsumption architecture," Artificial Intelligence, 153, 167 – 237.

[701] Brooks, R. (1989) "A robot that walks: Emergent behaviours from a carefully evolved network," Neural Computing, 1, 253 – 262.

[702] Connell, J. (1989) "Behaviour – based arm controller," IEEE Trans. Robotics & Automation, 5 (6), 784 – 791.

[703] Rosenblatt, J., Williams, S., and Durrant – Whyte, H. (2002) "Behaviour – based architecture for autonomous underwater exploration," Information Sciences, 145, 69 – 87.

[704] Rosenblatt, J., and Payton, D. (1989) "Fine – grained alternative to the subsumption architecture for mobile robot control," Proceedings IEEE/INNS Joint Conference Neural Networks, pp. 317 – 324.

[705] Hu, H., and Brady, M. (1994) "Bayesian approach to real – time obstacle avoidance for a mobile robot," Autonomous Robots, 1, 69 – 92.

[706] Barnes, D., Ghanea – Hercock, R., Aylett, R., and Coddington, A. (1997) "Many hands make light work? An investigation into behaviourally controlled co – operant autonomous mobile robots," Proceedings First International ACM Conference on Autonomous Agents, Marina del Rey, CA, pp. 413 – 420; Aylett, R., and Barnes, D. (1998) "Multirobot architecture for planetary rovers," preprint.

[707] Kording, K., and Wolpert, D. (2006) "Bayesian decision theory in sensorimotor control," Trends in Cognitive Sciences, 10 (7), 319 – 328.

[708] Rosenblatt，J. (1997) "Utility fusion：Map – based planning in a behaviour – based system," Field & Service Robotics reprint.

[709] Miller，D. (1993) "Mass of massive rover software," Proceedings International Symposium Missions，Technologies and Design of Planetary Mobile Vehicles，Toulouse，September 1992，CNES/Cipaduhs – Iditions，Toulouse，France (ISBN 2854283317).

[710] Miller，D.，and Varsi，G. (1993) "Microtechnology for planetary exploration," Acta Astronautica，29 (7)，561 – 567.

[711] Miller，D. (1990) "Mini – rovers for Mars exploration," Proc. Vision – 21 Workshop，NASA Lewes Research Center. Miller，D. et al. (1989) "Autonomous navigation through rough terrain：Experimental results," IFAC on Automatic Control，Tsukuba，Japan，pp. 111 – 114.

[712] Miller，D. et al. (1993) "Experiments with a small behaviour – controlled planetary rover," Proceedings International Symposium on Missions，Technologies and Design of Planetary Mobile Vehicles，Toulouse，September 1992，CNES/Cipaduhs – Iditions，Toulouse，France (ISBN 2854283317).

[713] Gat，E.，Desai，R.，Ivlev，R.，Loch，J.，and Miller，D. (1994) "Behaviour control for robotic exploration of planetary surfaces," IEEE Trans. Robotics & Automation，10 (4)，490 – 503.

[714] Miller，D.，Desai，R.，Gat，E.，Ivlev，R.，and Loch，J. (1992) "Reactive navigation through rough terrain：Experimental results," Proceedings 10th National Conference Artificial Intelligence (AAAI – 92)，San Jose，CA.

[715] Volpe，R. et al. (1997) "Rocky 7：A next generation Mars rover prototype," J. Advanced Robotics，11 (4)，341 – 358.

[716] Brooks，R. (1991) Intelligence without Reason (MIT Artificial Intelligence Laboratory AI Memo No. 1293)，MIT Press，Cambridge，MA.

[717] Mali，A. (1998) "Tradeoffs in making the behavior – based robotic systems goaldirected," Proceedings IEEE International Conference Robotics and Automation，pp. 1128 – 1133.

[718] Mali，A. (2002) "On the behaviour – based architectures of autonomous agency," IEEE Trans. Systems Man & Cybernetics，C：Applications & Reviews，32 (3)，231 – 242.

[720] Gershenson，C. (2004) "Cognitive paradigms：Which one is best?" Cognitive Systems Research，5，135 – 156.

[721] Tsoksos，J. (1995) "Behaviourist intelligence and the scaling problem," Artificial Intelligence，75，135 – 160.

[722] Clark，A. (1997) "The dynamical challenge," Cognitive Science，21 (4)，461 – 481.

[723] Antsaklis，P.，Passino，K.，and Wang，J. (1991) "Introduction to autonomous control systems," IEEE Control Syst. Mag.，June，5 – 13.

[724] Tigli，J.，Fayek，R.，Liscano，R.，and Thomas，M. (1994) "Methodology and computing model for a reactive mobile robot controller," IEEE Int. Conf. Systems Man & Cybernetics，2，317 – 322.

[725] McManus，J.，and Bynum，W. (1996) "Design and analysis techniques for concurrent blackboard systems," IEEE Trans. Systems Man & Cybernetics A：Systems & Humans，26 (6)，669 – 680.

[726] Liscano，R.，Manx，A.，Stuck，E.，Fayek，R.，and Tigli，J. – Y. (1995) "Using a blackboard to integrate multiple activities and achieve strategic reasoning for mobile robot navigation," IEEE

Expert, April, pp. 24 - 36.

[727] Maes, P. (1990) "Situated agents can have goals," Robotics & Autonomous Systems, 6, 49 - 70.

[728] Mataric, M. (1992) "Integration of representation into goal - driven behaviour - based robots," IEEE Trans. Robotics & Automation, 8 (3), 304 - 312.

[729] Prescott, T., Redgrave, P., and Gurney, K. (1999) "Layered control architectures in robots and vertebrates," Adaptive Behaviour, 7 (1), 99 - 127.

[730] Hawes, N. (2000) "Real - time goal - oriented behaviour for computer game agents," Proceedings First International Conference Intelligent Games and Simulation, pp. 71 - 75.

[731] Chatila, R. (1995) "Deliberation and reactivity in autonomous mobile robots," Robotics & Autonomous Systems, 16, 197 - 211.

[732] Kaelbling, L. (1990) "Action and planning in embedded agents," Robotics & Autonomous Systems, 6, 35 - 48.

[733] Murphy, R., Hughes, K., Marzilli, A., and Noll, E. (1999) "Integrating explicit path planning with reactive control of mobile robots using Trulla," Robotics & Autonomous Systems, 27, 225 - 245.

[734] Wilkins, D., Myers, K., Lowrance, J., and Wesley, L. (1995) "Planning and reacting in uncertain and dynamic environments," J Experimental Theoretical Artificial Intelligence, 7, 121 - 152.

[735] Payton, D. et al. (1990) "Plan - guided reaction," IEEE Trans. Systems Man & Cybernetics, 20 (6), 1370 - 1382.

[736] Gat, E., Slack, M., Miller, D., and Firby, R. (1990) "Path planning and execution monitoring for a planetary rover," IEEE International Conference on Robotics and Automation, pp. 20 - 25.

[737] Courtois, P. (1975) "Decomposability, instabilities and saturation in multiprogramming systems," Communications ACM, 18 (7), 371 - 390.

[738] Courtois, P. (1985) "On time and space decomposition of complex structures," Communications ACM, 28 (6), 590 - 603.

[739] Conant, R. (1972) "Detecting subsystems of a complex system," IEEE Trans. Systems Man & Cybernetics, 2 (4), 550 - 553.

[740] Conant, R. (1974) "Information flows in hierarchical systems," Int. J. General Systems, 2, 9 - 18.

[741] Conant, R. (1976) "Laws of information governing systems," IEEE Trans. Systems Man & Cybernetics, 6 (4), 240 - 255.

[742] Albus, J. (1999) "Engineering of mind," Information Sciences, 117, 1 - 18.

[743] Albus, J., Lumia, R., and McCain, H. (1988) "Hierarchical control of intelligent machines applied to space station telerobotics," IEEE Trans. Aero. & Elect. Syst., 24 (5), 535 - 541.

[744] Albus, J., McCain, H., and Lumia, R. (1987) NASA/NBS Standard Reference Model for Telerobotic Control Systems Architecture (NASA TN 1235), NASA, Washington, D. C.

[745] Albus, J. (1991) "Outline for a theory of intelligence," IEEE Trans. Systems Man & Cybernetics, 21 (3), 473 - 509.

[746] Noreils, F., and Chatila, R. (1995) "Plan execution monitoring and control architecture for mobile robots," IEEE Trans. Robotics & Automation, 11 (2), 255 - 266.

[747] Alami，R.，Chatila，R.，Fleury，S.，Ghallab，M.，and Ingrand，F.（1998）"Architecture for autonomy," Int. J. Robotics Research，17，315 – 337.

[748] Saridis，G.（1983）"Intelligent robotic control," IEEE Trans. Automatic Control，28（5），547 – 557.

[749] Chatila，R.（1995）"Deliberation and reactivity in autonomous mobile robots," Robotics & Autonomous Systems，16，197 – 211.

[750] Schenker，P.，Pirjanian，P.，Balaram，B.，Ali，K.，Trebi – Ollennu，A.，Huntsberger，T.，Aghazarian，H.，Kennedy，B.，Baumgartner，E.，Iagnemma，K. et al.（2000）"Reconfigurable robots for all terrain exploration," in G. McKee and P. Schenker（Eds.），Proceedings SPIE Conference Sensor Fusion and Decentralised Control in Robotic Systems III，Vol. 4196，pp. 454 – 467.

[751] Pirjanian，P.，Huntsberger，T.，Trebi – Ollennu，A.，Aghazarian，H.，Das，H.，Joshi，S.，and Schenker，P.（2000）"CAMPOUT：A control architecture for multi – robot planetary outposts," in G. McKee and P. Schenker（Eds.），Proceedings SPIE on Sensor Fusion and Decentralised Control in Robotic Systems III，Vol. 4196，pp. 221 – 229.

[752] Huntsberger，T.，Pirjanian，P.，Trebi – Ollennu，A.，Nayar，H.，Aghazarian，H.，Ganino，A.，Garrett，M.，Joshi，S.，and Schenker，P.（2003）"CAMPOUT：A control architecture for tightly coupled coordination of multirobot systems for planetary surface exploration," IEEE Trans. Systems Man & Cybernetics A：Systems & Humans，33（5），550 – 559.

[753] Pirjanian，P.，Christensen，H.，and Fayman，J.（1998）"Application of voting to fusion of purposive modules：An experimental investigation," Robotics & Autonomous Systems，23，253 – 266.

[755] Huntsberger，T.（2001）"Biologically inspired autonomous rover control," Autonomous Robots，11，341 – 346.

[756] Huntsberger，T.，Aghazarian，H.，Baumgartner，E.，and Schenker，P.（2000）"Behaviour – based control systems for planetary autonomous robot operations," Proceedings IEEE International Conference Robotics and Automation.

[757] Huntsberger，T.，Mataric，M.，and Pirjanian，P.（1999）"Action selection within the context of a robotic colony," Proceedings Sensor Fusion and Deceentralised Control in Robotic Systems II，Boston（SPIE 3839），Society of Photo – Optical Instrumentation Engineers，Bellingham，WA.

[758] Estlin，T.，Rabideau，G.，Mutz，D.，and Chien，S.（2000）Using Continuous Planning Techniques to Coordinate Multiple Rovers（JPL Report），NASA Jet Propulsion Laboratory，Pasadena，CA.

[759] Bresina，J.，Dorais，G.，and Golden，K.（1999）"Autonomous rovers for human exploration of Mars," reprint.

[760] Vera，A.，and Simon，H.（1993）"Situated action：A symbolic interpretation," Cognitive Science，17，7 – 48.

[761] Durrant – Whyte，H.（2001）Critical Review of the State – of – the – Art in Autonomous Land Vehicle Systems and Technology（SNL Report SAND2001 – 3685），Sandia National Laboratories，Albuquerque，NM.

[762] Duckett, T., and Nehmzow, U. (1998) "Mobile robot self - localisation and measurement of performance in middle - scale environments," Robotics & Autonomous Systems, 24, 57 - 69.

[763] Nehmzow, U. (1995) "Animal and robot navigation," Robotics & Autonomous Systems, 15, 71 - 81.

[764] Lemon, O., and Nehmzow, U. (1998) "The scientific status of mobile robotics: Multi - resolution mapbuilding as a case study," Robotics & Autonomous Systems, 24, 5 - 15.

[765] Tomatis, N., Nourbakhsh, I., and Siegwart, R. (2003) "Hybrid simultaneous localisation and mapbuilding: A natural integration of topological and metric," Robotics & Autonomous Systems, 44, 3 - 14.

[766] Kuipers, B., and Byun, Y. - T. (1981) "Robot exploration and mapping strategy based on a semantic hierarchy of spatial representations," Robotics & Autonomous Systems, 8, 47 - 63.

[767] Filliat, D., and Meyer, J. - A. (2003) "Map - based navigation in mobile robots: I. A review of localisation strategies," Cognitive Systems Research, 4, 243 - 282.

[768] Thrun, S. (1998) "Learning metric - topological maps for indoor mobile robot navigation," Artificial Intelligence, 99, 21 - 71.

[769] Nehmzow, U. (1985) "Animal and robot navigation," Robotics & Autonomous Systems, 15, 71 - 82.

[770] Blanco, J. - L., Ferna'ndez - Madrigal, J. - A., and Gonza'lez, J. (2008) "Towards a unified Bayesian approach to hybrid metric - topological SLAM," IEEE Trans. Robotics, 24 (2), 259 - 270.

[771] Milford, M., and Wyeth, G. (2009) "Persistent navigation and mapping using a biologically inspired SLAM system," Int. J. Robotics Research, 29 (9), 1131 - 1153.

[772] Lambrinos, D., Moller, R., Labhart, T., Pfeifer, R., and Wehner, R. (2000) "Mobile robot employing insect strategies for navigation," Robotics & Autonomous Systems, 30, 39 - 64.

[773] Nehmzow, U. (1993) "Animal and robot navigation," in L. Steels (Ed.), The Biology and Technology of Intelligent Autonomous Agents (NATO ASI series 920908), North Atlantic Treaty Organization, Brussels, Belgium.

[774] Marsland, U., Nehmzow, U., and Duckett, T. (2001) "Learning to select distinctive landmarks for mobile robot navigation," J. Robotics & Autonomous Systems, 37 (4), 241 - 260.

[775] Olson, C. (2000) "Probabilistic self - localisation for mobile robots," IEEE Trans. Robotics & Automation, 16 (1), 55 - 66.

[776] Li, R. et al. (2005) "Initial results of rover localisation and topographic mapping for the 2003 Mars Exploration Rover mission," Photogrammetric Engineering & Remote Sensing, 71 (10), 1129 - 1142.

[777] Hoffman, R., and Krotkov, E. (1992) "Terrain mapping for long - duration autonomous walking," Proceedings IEEE/RSJ International Conference Intelligent Robots and Systems, pp. 563 - 568.

[778] Morlans, R., and Liegois, A. (1993) "DTM - based path planning method for planetary rovers," Proceedings of the International Symposium on Missions, Technologies and Design of Planetary Mobile Vehicles, Toulouse, September 1992, CNES/Cipaduhs - Iditions, Toulouse, France (ISBN 2854283317).

[779] Maurette，H. (1997) "Control and operation of planetary rover vehicles," Preparing for the Future, 7 (2), 10 - 11.

[780] Hu，H.，and Brady，M. (1994) "A Bayesian approach to real - time obstacle avoidance for a mobile robot," Autonomous Robots, 1, 68 - 92.

[781] Gancet，J.，and Lacroix，S. (2003) "PG2P: A perception - guided path planning approach for long range autonomous navigation in unknown natural environments," Proceedings IEEE/RSJ International Conference Intelligent Robots and Systems, pp. 2992 - 2997.

[782] Tarokh，M.，Shiller，Z.，and Hayati，S. (1999) "Comparison of two traversability based path planners for planetary rovers," Proceedings Fifth International Symposium Artificial Intelligence Robotics and Automation in Space (ESA SP - 440), pp. 151 - 157, ESA, Noordwijk, The Netherlands.

[783] Saffiotti，A. (1997) "Uses of fuzzy logic in autonomous navigation: A catalogue raisonne'," Soft Computing, 1 (4), 180 - 197.

[784] Seraji，H. (1999) "Traversability index: A new concept for planetary rovers," Proceedings Fifth International Symposium Artificial Intelligence Robotics and Automation in Space (ESA SP - 440), pp. 159 - 164, ESA, Noordwijk, The Netherlands.

[785] Collins，A.，and Loftus，E. (1974) "Spreading activation theory of semantic networks," Psychological Review, 82, 407 - 428.

[786] Gat，E. et al. (1994) "Behaviour control for robotic exploration of planetary surfaces," IEEE Trans. Robotics & Automation, 10 (4), 490 - 503.

[787] Lacroix，S.，Mallet，A. D.，Brauzil，G.，Fleury，A.，Herrb，M.，and Chatila，R. (2002) "Autonomous rover navigation on unknown terrains functions and integration," Int. J. Robotics Research, 21 (10/11), 917 - 942.

[788] Olson，C. (2000) "Probabilistic self - localisation for mobile robots," IEEE Trans. Robotics & Autonomous Systems, 16 (1), 55 - 66.

[789] Olson，C.，Matthies，L.，Schoppers，M.，and Maimone，M. (2001) "Stereo ego - motion improvements for robust rover navigation," Proceedings IEEE International Conference Robotics and Automation, pp. 1099 - 1104.

[790] Goldberg，S.，Maimone，M.，and Matthies，L. (2002) "Stereovision and rover navigation software for planetary exploration," Proceedings IEEE Aerospace Conference, Big Sky, MT, pp. 2025 - 2036.

[791] Lacroix，S.，Mallet，A. D.，Brauzil，G.，Fleury，A.，Herrb，M.，and Chatila，R. (2002) "Autonomous rover navigation on unknown terrains functions and integration," Int. J. Robotics Research, 21 (10/11), 917 - 942.

[792] Maurette，M. (2003) CNES Autonomous Navigation: Basic Description and Preliminary Requirements (CNES Direction des Techniques Spatiale Report Ref DTS/AE/SEA/ ER/2003 - 009), Centre National d'E' tudes Spatiales, Toulouse, France.

[793] Chatila，R. et al. (1999) Motion Control for a Planetary Rover (LAAS/CNRS Report 99311), Laboratory for Analysis and Architecture of Systems, Toulouse, France.

[794] Lacroix，S.，Mallet，A.，and Chatila，R. (1998) Rover Self - localisation in Planetary - like

Environments (LAAS/CNRS Report 99234), Laboratory for Analysis and Architecture of Systems, Toulouse, France.

[795] Lacroix, S., Mallet, A., Chatila, R., and Gallo, L. (1999) "Rover self - localisation in planetary - like environments," Proceedings Fifth International Symposium Artificial Intelligence Robotics and Automation in Space, ESA/ESTEC, Noordwijk, The Netherlands.

[796] Lacroix, S. et al. (2000) "Autonomous long range rover navigation in planetary - like environments," Sixth ESA Workshop on Advanced Space Technologies for Robotics and Automation (ASTRA), December 2000, ESA/ESTEC, Noordwijk, The Netherlands.

[797] Mallet, A., Lacroix, S., and Gallo, L. (2000) "Position estimation in outdoor environments using pixel tracking and streovision," IEEE International Conference Robotics and Automation, pp. 3519 - 3524.

[798] Devy, M., Chatila, R., Fillatreau, P., Lacroix, S., and Nashashibi, F. (1995) "On autonomous navigation in a natural environment," Robotics & Autonomous Systems, 16, 5 - 16.

[799] Chatila, R., and Laumond, J. - P. (1985) "Position referencing and consistent world modelling for mobile robots," IEEE International Conference Robotics & Automation, pp. 138 - 145.

[800] Maurette, M., and Baumgartner, E. (2001) "Autonomous navigation ability: FIDO test results," Proceedings Advanced Space Technologies in Robotics & Automation (ASTRA), ESTEC, Noordwijk, The Netherlands.

[801] Baumgartner, E., Aghazarian, H., and Trebi - Ollennu, A. (2001) "Rover localisation results for the FIDO rover," in G. McKee and P. Schenker (Eds.), Proceedings SPIE Sensor Fusion & Decentralised Control in Robotic Systems IV, Vol. 4571.

[802] Cherif, M. (1999) "Motion planning for all - terrain vehicles: A physical modeling approach for coping with dynamic and contact interaction constraints," IEEE Trans. Robotics & Automation, 15 (2), 202 - 218.

[803] Brooks, R. (1991) "Challenges for complete creature architectures," Proceedings First International Conference on Simulation of Adaptive Behaviour (from Animals to Animats), pp. 434 - 443.

[804] Brady, M., and Hu, H. (1994) "Mind of a robot," Phil. Trans. Royal Society, 349, 15 - 28.

[805] Durrant - Whyte, H. (2001) Critical Review of the State - of - the - Art in Autonomous Land Vehicle Systems and Technology (SNL Report SAND2001 - 3685), Sandia National Laboratories, Albuquerque, NM.

[806] Berthoz, A., and Viaud - Delmon, I. (1999) "Multisensory integration in spatial orientation," Current Opinion in Neurobiology, 9, 708 - 712.

[807] Murphy, K. (1998) Inferene and Learning in Hybrid Bayesian Networks (University of California Computer Science Division Report No. UCB/CSD - 98 - 990), University of Caliornia Berkeley.

[808] Kalman, R. (1960) "New approach to linear filtering and prediction problems," ASME J. Basic Engineering, 82, 35 - 45.

[809] Dasarathy, B. (1997) "Sensor fusion potential exploitation: Innovative architectures and illustrative applications," Proc. IEEE, 85 (1), 24 - 38.

[810] Kam, M., Zhu, X., and Kalata, P. (1997) "Sensor fusion for mobile robot navigation," Proc. IEEE, 85, 108 - 119.

［811］Hostetler，L.，and Andreas，R.（1983）"Nonlinear Kalman filtering techniques for terrain‐aided navigation，" IEEE Trans. Automatic Control，28（3），315‐323.

［812］Sorenson，H.（1970）"Least squares estimation：From Gauss to Kalman，" IEEE Spectrum，7（7），63‐68.

［813］Luo，R.，Yih，C‐C.，and Su，K.（2002）"Multisensor fusion and integration：Approaches，applications，and future directions，" IEEE Sensors J，2（2），107‐119.

［814］Kalman，R.（1960）"New approach to linear filtering and prediction problems，" Trans. ASME J. Basic Engineering，March，35‐45.

［815］Baumgartner，E.，Aghazarian，H.，and Trebi‐Ollennu，A.（2001）"Rover localisation results for the FIDO rover，" in G. McKee and P. Schenker（Eds.），Proceedings SPIE Sensor Fusion & Decentralised Control in Robotic Systems IV，Vol. 4571.

［816］Oriolo，G.，Ulivi，G.，and Vendittelli，M.（1998）"Real‐time map building and navigation for autonomous robots in unknown environments，" IEEE Trans. Systems Man & Cyber B：Cybernetics，28（3），316‐333.

［817］Chatila，R.，and Laumond，J.‐P.（1985）"Position referencing and consistent world modelling for mobile robots，" IEEE International Conference Robotics & Automation，pp. 138‐145.

［818］Singh，S.，Simmons，R.，Stentz，A.，Verma，V.，Yahja，A.，and Schwehr，K.（2000）"Recent progress in local and global traversability for planetary rovers，" Proceedings IEEE International Conference Robotics and Autom，San Francisco.

［819］Pai，D.，and Reissell，L.‐M.（1998）"Multiresolution rough terrain motion planning，" IEEE Trans. Robotics & Automation，14（1），19‐33.

［820］Zhang，Z.，and Faugeras，O.（1992）"3D world model builder with a mobile robot，" Int. J. Robotics Research，11（4），269‐285.

［821］Barsham，B.，and Durrant‐Whyte，H.（1995）"Inertial navigation systems for mobile robots，" IEEE Trans. Robotics & Automation，11（3），328‐342.

［822］Guivant，J.，and Nebot，E.（2001）"Optimisation of the simultaneous localisation and map‐building algorithm for real‐time implementation，" IEEE Trans. Robotics & Automation，17（3），242‐257.

［823］Guivant，J.，Masson，F.，and Nebot，E.（2002）"Simultaneous localisation and map building using natural features and absolute information，" Robotics & Autonomous Systems，40，79‐90.

［824］Dissanayake，M.，Newman，P.，Clark，S.，Durrant‐Whyte，H.，and Csorba，M.（2001）"Solution to the simultaneous localisation and map building（SLAM）problem，" IEEE Trans. Robotics & Automation，17（3），229‐241.

［825］Madhavan，R.，and Durrant‐Whyte，H.（2004）"Natural landmark‐based autonomous vehicle navigation，" Robotics & Autonomous Systems，46，79‐95.

［826］Barshan，B.，and Durrant‐Whyte，H.（1995）"Inertial navigation systems for mobile robots，" IEEE Trans. Robotics & Automation，11（3），328‐342.

［828］Arras，K.，Tomatis，N.，Jensen，B.，and Siegwart，R.（2001）"Multisensor on‐the‐fly localisations：Precision and reliability for applications，" Robotics & Autonomous Systems，34，131‐143.

[829] Pulford, G. (2005) "Taxonomy of multiple target tracking methods," IEE Proc. Radar Sonar Navigation, 152 (5), 291 - 297.

[830] Durrant - Whyte, H., and Bailey, T. (2006) "Simultaneous localisation and mapping (SLAM): The essential algorithms," IEEE Robotics & Automation Magazine, 13 (2), 99 - 110.

[831] Bakambu, J., Langley, C., and Mukherji, R. (2008) "Visual motion estimation: Localization performance evaluation tool for planetary rovers," Proceedings International Symposium Artificial Intelligence & Robotics in Space, ESTEC, Noordwijk, The Netherlands.

[832] Masreliez, C., and Martin, R. (1977) "Robust Bayesian estimation for the linear model and robustifying the Kalman filter," IEEE Trans. Automatic Control, 22 (3), 361 - 371.

[833] Celebi, M. (1996) "Robust locally optimal filters: Kalman and Bayesian estimation theory," Informatics & Computer Science, 92, 1 - 32.

[834] Deng, Z - L., Zhang, H - S., Liu, S - J., and Zhou, L. (1996) "Optimal and self - tuning white noise estimators with applications to deconvolution and filtering problems," Automatica, 32 (2), 199 - 216.

[835] Castellanos, J., Martinez - Cantin, R., Tardos, J., and Neira, J. (2007) "Robocentric map - joining: Improving the consistency of EKF - SLAM," Robotics & Autonomous Systems, 55, 21 - 29.

[836] Bezdek, J. (1993) "Review of probabilistic, fuzzy and neural models for pattern recognition," J. Intelligent & Fuzzy Systems, 1 (1), 1 - 25.

[837] Chaer, W., Bishop, R., and Ghosh, J. (1997) "Mixture of experts framework for adaptive Kalman filtering," IEEE Trans. Systems Man & Cybernetics, 27 (3), 452 - 464.

[838] Sasiadek, J. (2002) "Sensor fusion," Annual Reviews in Control, 26, 203 - 228.

[839] Lee, C., and Salcic, Z. (1997) "High performance FPGA - based implementation of Kalman filter," Microprocessors & Microsystems, 21, 257 - 265.

[840] Palis, M., abd Krecker, D. (1990) Parallel Kalman Filtering on the Connection Machine (MS - CIS - 90 - 81 LINC LAB 186 Report), University of Pennsylvania, Philadelphia, PA.

[841] Stubberud, S., Lobbia, R., and Owen, M. (1995) "Adaptive extended Kalman filter using artificial neural networks," Proceedings 34th Conference Decision and Control, pp. 1852 - 1856.

[842] Swarz, M., Ellery, A., and Marshall, J. (2008) "Towards adaptive localisation for rover navigation using multilayer feedforward neural networks," ASTRO2008, Montreal, Canada, Paper No. 74.

[843] Choi, M., Sakthivel, R., and Chung, W. (2007) "Neural network - aided extended Kalman filter for SLAM problem," Proceedings IEEE International Conference Robotics & Automation, pp. 1686 - 1696.

[844] Julier, S., Uhlmann, J., and Durrant - Whyte, H. (1995) "New approach for filtering nonlinear systems," Proceedings American Control Conference, Seattle, WA, pp. 1628 - 1632.

[845] Julier, S., Uhlmann, J., and Durrant - Whyte, H. (2000) "New method for the nonlinear transformation of means and covariances in filters and estimators," IEEE Trans. Automatic Control, 45 (3), 477 - 482.

[846] Julier, S., and Uhlmann, J. (2004) "Unscented filtering and nonlinear estimation," Proc. IEEE,

92 (3), 401 - 422.

[847] Huag, A. (2005) Tutorial on Bayesian Estimation and Tracking Techniques Applicable to Nonlinear and Non - Gaussian Processes (MITRE Technical Report MTR05W00000004).

[848] Daum, F. (2005) "Nonlinear filters: Beyond the Kalman filter," IEEE Aerospace & Electronic Systems Magazine, 20 (8), 57 - 69.

[849] Arasaratnam, I., and Haykin, S. (2009) "Cubature Kalman filters," IEEE Trans. Automatic Control, 54 (6), 1254 - 1269.

[850] Duckett, T., and Nehmzow, U. (1998) "Mobile robot self - localisation and measurement of performance in middle - scale environments," Robotics & Autonomous Systems, 24, 57 - 69.

[851] Thrun, S., Burgard, W., and Fox, D. (1998) "Probabilistic approach to concurrent mapping and localisation for mobile robots," Machine Learning, 31, 29 - 53.

[852] Pederson, L. (2001) "Autonomous characterisation of unknown environments," Proceedings IEEE International Conference Robotics and Automation, pp. 277 - 284.

[853] Thrun, S. (2002) "Probabilistic robotics," Communications ACM, 45 (3), 52 - 57.

[854] Zhou, H., and Sakane, S. (2007) "Mobile robot localization using active sensing based on Bayesian network inference," Robotics & Autonomous Systems, 55, 292 - 305.

[855] Fox, D., Thrun, S., Burgard, W., and Dellaert, F. (2001) "Particle filters for mobile robot localisation," in A. Doucet, N. de Freitas, and N. Gordon (Eds.), Sequential Monte Carlo Systems in Practice, Springer - Verlag, New York.

[856] Thrun, S. (2000) Probabilistic Algorithms in Robotics (CMU Technical Report CMUCS - 00 - 126), Carnegie Mellon University, Pittsburgh, PA.

[857] Thrun, S. (1998) "Bayesian landmark learning for mobile robot localisation," J. Machine Learning, 33 (1), 41 - 76.

[858] Lazkano, E., Sierra, B., Astigarraga, A., and Martinez - Otzeta, J. (2007) "On the use of Bayesian networks to develop behaviours for mobile robots," Robotics & Autonomous Systems, 55, 253 - 265.

[859] Pearl, J. (1986) "Fusion, propagation and structuring in belief networks," Artificial Intelligence, 29 (3), 241 - 288.

[860] Han, K., and Veloso, M. (2000) "Automated robot behaviour recognition," Proceedings Ninth International Symposium Robotics Research, pp. 199 - 204.

[861] Thrun, S., Fox, D., Burgard, W., and Dellaert, F. (2001) "Robust Monte Carlo localisation for mobile robots," Artificial Intelligence, 128, 99 - 141.

[862] Raeside, D. (1976) "Monte Carlo principles and applications," Physics Medicine Biology, 21 (2), 181 - 197.

[863] Fitzgerald, W. (2001) "Markov chain Monte Carlo methods with applications to signal processing," Signal Processing, 81, 3 - 18.

[864] Dellaert, F., Fox, D., Burgard, W., and Thrun, S. (1999) "Monte Carlo localisation for mobile robots," Proceedings IEEE International Conference Robotics & Automation, pp. 1322 - 1328.

[865] Arulampalam, M., Maskell, S., Gordon, N., and Clapp, T. (2002) "Tutorial on particle filters for online nonlinear/non - Gaussian Bayesian tracking," IEEE Trans. Signal Processing, 50 (2),

174 – 188.

[866] Yuen, D., and MacDonald, B. (2002) "Comparison between extended Kalman filtering and sequential Monte Carlo techniques for simultaneous localisation and mapbuilding," Proceedings Australasian Conference on Robotics and Automation, Auckland, pp. 111 – 116.

[867] Carpenter, J., Clifford, P., and Fearnhead, P. (1999) "Improved particle filter for nonlinear problems," Proc. IEE Radar Sonar Navigation, 146 (1), 2.

[868] Fox, D. (2003) "Adapting the sample size in particle filters through KLD sampling," Int. J. Robotics Research, 22 (12), 985 – 1003.

[869] Aydogmus, O., and Talu, M. (2012) "Comparison of extended Kalman and particle filter based sensorless speed control," IEEE Trans. Instrumentation & Measurement, 61 (2), 402 – 410.

[870] Charniak, E. (1991) "Bayesian networks without tears," AI Magazine, Winter, 50 – 63.

[871] Gutmann, J. – S., Burgard, W., Fox, D., and Konolige, K. (1998) "Experimental comparison of localisation methods," Proceedings IEEE/RSJ International Conference Intelligent Robots and Systems, pp. 736 – 743.

[872] Fox, D., Burgard, W., and Thrun, S. (1998) "Active Markov localisation for mobile robots," Robotics & Autonomous Systems, 25, 195 – 207.

[873] Thrun, S., Montermerlo, M., Koller, D., Wegbreit, B., Nieto, J., and Nebot, E. (2004) "FastSLAM: An efficient solution to the simultaneous localisation and mapping problem with unknown data association," J. Machine Learning Research, reprint.

[874] Montemerlo, M., Thrun, S., Koller, D., and Wegbreit, B. (2002) "FastSLAM: A factored solution to the simultaneous localisation and mapping problem," Proceedings AAAI National Conference on Artificial Intelligence.

[875] Montemerlo, M., and Thrun, S. (2003) "Simultaneous localisation and mapping with unknown data association using FastSLAM," IEEE International Conference Robotics and Automation, pp. 1985 – 1991.

[876] Thrun, S. (2002) "Probabilistic robotics," Communications ACM, 45 (3), 52 – 57.

[877] Montemerlo, M., Thrun, S., Koller, D., and Wegbreit, B. (2003) "FastSLAM 2.0: An improved particle filtering algorithm for simultaneous localisation and mapping that converges," Proceedings International Joint Conference Artificial Intelligence.

[878] Kim, C., Sakthivel, R., and Chung, W. (2008) "Unscented Fast SLAM: A robust and efficient solution to the SLAM problem," IEEE Trans. Robotics, 24 (4), 808 – 820.

[879] Folkesson, J., and Christensen, H. (2004) "Graphical SLAM: Self – correcting map," Proceedings IEEE International Conference Robotics and Automation, pp. 383 – 390.

[880] Huang, G., Mourukis, A., and Roumeliotis, S. (2009) "On the complexity and consistency of UKF – based SLAM," IEEE International Conference Robotics and Automation, pp. 4401 – 4408.

[881] Gustafsson, F., Gunnarsson, F., Bergman, N., Forsell, U., Jansson, J., Karlsson, R., and Nordlund, P. – J. (2002) "Particle filters for positioning, navigation and tracking," IEEE Trans. Signal Processing, 50 (2), 425 – 437.

[882] Cummins, M., and Newman, P. (2008) "FAB – MAP: Probabilistic localization and mapping in the space of appearance," Int. J. Robotics Research, 27 (6), 647 – 665.

[883] Hewitt，R.，de Ruiter，A.，and Ellery，A.（2010）"Artificial neural networks and Kalman filters：A review of their hybridisation and potential uses，" 15th CASI ASTRO Conference 2010，Toronto，Canada.

[884] Hewitt，R.，Ellery，A.，and de Ruiter，A.（2012）"Efficient navigation and mapping techniques for the Kapvik analogue micro‐rover，" Proceedings Global Space Exploration Conference（GLEX）2012，Washington D. C.

[886] Hewitt，R.，Ellery，A.，and de Ruiter，A.（2014）"Training a terrain traversability classifier for a planetary rover through simulation，" submitted to Autonomous Robots.

[887] Hewitt，R.，de Ruiter，A.，and Ellery，A.（2010）"Hybridizing neural networks and Kalman filters for robotic exploration，" Proceedings 15th CASI Conference ASTRO，Toronto，Canada.

[888] Hewitt，R.，Ellery，A.，and de Ruiter，A.（2012）"Fast SLAM on a planetary microrover prototype，" 16th CASI ASTRO Conference 2012，Quebec City，Canada.

[889] Laubach，S.，and Burdick，J.（1999）"Autonomous sensor‐based path‐planner for planetary microrovers，" Proc. IEEE Int. Conf. Robotics & Automation，1，347–354.

[890] Laubach，S.，and Burdick，J.（1998）"A practical autonomous path‐planner for turn‐ofthe‐century planetary micro‐rovers，" Mobile Robots III，SPIE Symposium Intelligent Systems and Advanced Manufacturing，Boston，MA，November.

[891] Laubach，S.，and Burdick，J.（1999）"Autonomous sensor‐based path‐planner for planetary environments，" IEEE Trans. Robotics & Automation，1，347–354.

[892] Laubach，S.，and Burdick，J.（1999）"RoverBug：Long‐range navigation for Mars rovers，" International Symposium Experimental Robotics（ISER99），Sydney，Australia.

[893] Laubach，S. et al.（1999）"Long‐range navigation for Mars rovers using sensor‐based path‐planning and visual locations，" Fifth International Symposium AI，Robotics and Automation in Space（iSAIRAS99）.

[898] Rowe，N.，and Richburg，R.（1990）"Efficient Snell's law method for optimal path planning across multiple 2D irregular homogeneous‐cost regions，" Int. J. Robotics Research，9（6），48–66.

[899] Meyer，J.‐A.，and Filliat，D.（2003）"Map‐based navigation in mobile robots：II. A review of map‐learning and path‐planning strategies，" Cognitive Systems Research，4，283–317.

[900] Morlans，R.，and Liegois，A.（1993）"DTM‐based path planning method for planetary rovers，" Proceedings of the International Symposium on Missions，Technologies and Design of Planetary Mobile Vehicles，Toulouse，September 1992，CNES/Cipaduhs‐Iditions，Toulouse，France（ISBN 2854283317）.

[901] Schiller，Z.（1999）"Motion planning for Mars rovers，" Proceedings First Workshop Robot Motion and Control，pp. 28‐29.

[902] Al‐Hasan，S.，and Vachtsevanos，G.（2002）"Intelligent route planning for fast autonomous vehicles operating in a large natural terrain，" Robotics & Autonomous Systems，40，1–24.

[903] Stentz，A.（1995）"Optimal and efficient path planning for unknown and dynamic environments，" Int. J. Robotics & Autonomous Systems，10（3），89–100.

[904] Stentz，A.，and Hebert，M.（1995）"Complete navigation system for goal acquisition in unknown environments，" Autonomous Robots，2（2），1–28.

［905］ Stentz，A.（1994）"Optimal and efficient path planning for partially - known environments," Proceedings IEEE International Conference Robotics and Automation.

［906］ Stentz，A.（1995）"Focussed D * algorithm for real - time replanning," Proc. Int. J. Conf. Artificial Intelligence，2，1652 - 1659.

［907］ Tompkins，P.，Stentz，A.，and Wettergreen，D.（2006）"Mission - level path planning and re - planning for rover exploration," Robotics & Autonomous Systems，54，174 - 183.

［908］ Nash，A.，Daniel，K.，Koenig，S.，and Aelner，A.（2007）"Theta * : Any angle path planning on grids," Proceedings AAAI Conference on Artificial Intelligence，pp. 1177 - 1183.

［909］ Hwang，Y.，and Ahua，N.（1992）"Gross motion planning: A survey," ACM Computing Surveys，24（3），230 - 291.

［910］ Horswill，I.（1997）"Visual architecture and cognitive architecture," J. Experimental & Theoretical Artificial Intelligence，9，277 - 292.

［911］ Shiller，Z.（1991）"Dynamic motion planning of autonomous vehicles," IEEE Trans. Robotics & Automation，7（2），241 - 249.

［912］ Khatib，O.（1985）"Real time obstacle avoidance for manipulators and mobile robots," Proceedings IEEE International Conference Robotics and Automation，pp. 500 - 505.

［913］ Giszter，S. F.（2002）"Biomechanical primitives and heterarchical control of limb motion in tetrapods," in J. Ayers，J. Davis，and A. Rudolph（Eds.），Neurotechnology for Biomimetic Robots，MIT Press，Cambridge，MA，pp. 223 - 240.

［914］ Kweon，I. et al.（1992）"Behaviour - based mobile robot using active sensor fusion," Proceedings IEEE International Conference Robotics and Automation，pp. 1675 - 1682.

［915］ Veelaert，P.，and Bogaerts，W.（1999）"Ultrasonic potential field sensor for obstacle avoidance," IEEE Trans. Robotics & Automation，15（4），774 - 779.

［916］ Payton，D.，Rosenblatt，J.，and Keirsey，D.（1990）"Plan guided reaction," IEEE Trans. Systems Man & Cybernetics，20（6），1370 - 1382.

［917］ Olin，K.，and Tseng，D.（1991）"Autonomous cross - country navigation: An integrated perception and planning system," IEEE Expert，August，16 - 29.

［918］ Khatib，O.（1985）"Real time obstacle avoidance for manipulators and mobile robots," Proceedings IEEE International Conference Robotics and Automation，pp. 500 - 505.

［919］ Lynch，B.，Ellery，A.，and Nitzsche，F.（2008）"Two - dimensional robotic vehicle path planning based on artificial potential fields," CSME Forum (CCToMM)，Ottawa University，Canada.

［920］ Shadmehr，R.，Mussa - Ivaldi，F.，and Bizzi，E.（1993）"Postural force fields of the human arm and their role in generating multijoint movements," J. Neuroscience，13（1），45 - 62.

［921］ Howard，A，，Mataric，M.，and Sukhatme，G.（2002）"Mobile sensor network deployment using potential fields: A distributed，scalable solution to the area coverage problem," Proceedings Sixth International Symposium Distributed Autonomous Robotics Systems (DARS02)，Fukuoka，Japan.

［922］ Herman，H.，and Schempf，H.（1992）Serpentine Manipulator Planning and Control for NASA Space Shuttle Payload Servicing（CMU - RI - TR - 92 - 10），Carnegie Mellon University，Pittsburgh，PA.

［923］ Sawaragi，T.，Shiose，T.，and Akashi，G.（2000）"Foundations for designing an ecological interface for mobile robot teleoperation," Robotics & Autonomous Systems, 31, 193 - 207.

[924] Balkenius, C. (1994) Biological Learning and Artificial Intelligence (LU Cognitive Studies 30, ISSN 1101 - 8453), Lund University, Lund, Sweden.

[925] Valavanis, K., Hebert, T., and Kolluru, R. (2000) "Mobile robot navigation in 2D dynamic environments using an electrostatic potential field," IEEE Trans. Systems Man & Cybernetics A: Systems & Humans, 30 (2), 187 - 196.

[926] Tsourveloudis, N., Valavanis, K., and Hebert, T. (2001) "Autonomous vehicle navigation utilising electrostatic potential fields and fuzzy logic," IEEE Trans. Robotics & Automation, 17 (4), 490 - 497.

[927] Tarassenko, L., and Blake, A. (1991) "Analogue computation of collision - free paths," Proceedings IEEE International Conference Robotics and Automation, pp. 540 - 545.

[928] Mussa - Ivaldi, F. (1992) "From basis functions to basis fields: Vector field approximation from sparse data," Biological Cybernetics, 67, 479 - 489.

[929] Rimon, E., and Koditschek, D. (1992) "Exact robot navigation using artificial potential functions," IEEE Trans. Robotics & Automation, 8 (5), 501 - 518.

[930] Ge, S., and Cui, Y. (2000) "New potential functions for mobile robot path planning," IEEE Trans. Robotics & Automation, 16 (5), 615 - 620.

[931] Ge, S., and Cui, Y. (2002) "Dynamic motion planning for mobile robots using potential field method," Autonomous Robots, 13, 207 - 222.

[932] Ota, J., Arai, T., Yoshida, E., Kuruabayashi, D., and Sasaki, J. (1996) "Motion skills in multiple robot system," Robotics & Autonomous Systems, 19, 57 - 65.

[933] Haddad, H., Khatib, M., Lacroix, S., and Chatila, R. (1998) "Reactive navigation in outdoor environments using potential fields," Proceedings IEEE International Conference Robotics and Automation, pp. 1232 - 1237.

[934] Khosla, P., and Volpe, R. (1988) "Superquadratic artificial potentials for obstacle avoidance and approach," Proceedings IEEE Conference Robotics and Automation, Philadelphia.

[935] Chella, A. (1997) "Cognitive architecture for artificial vision," Artificial Intelligence, 89, 73 - 111.

[937] Chella, A., Frixione, M., and Gaglio, S. (2000) "Understanding dynamic scenes," Artificial Intelligence, 123, 89 - 132.

[938] Chella, A., Gaglio, S., and Pirrone, R. (2001) "Conceptual representations of actions for autonomous robots," Robotics & Autonomous Systems, 89 (9), 1 - 15.

[939] Warren, C. (1989) "Global path planning using artificial potential fields," Proceedings IEEE International Conference Robotics and Automation, pp. 316 - 321.

[940] Borenstein, J., and Koren, Y. (1989) "Real - time obstacle avoidance for fast mobile robots," IEEE Trans. Systems Man & Cybernetics, 19 (5), 1179 - 1187.

[941] Koren, Y., and Borenstein, J. (1991) "Potential field methods and their inherent limitations for mobile robot navigation," Proceedings IEEE Conference Robotics and Automation, pp. 1398 - 1404.

[942] Borenstein, J., and Koren, Y. (1991) "Vector field histogram: Fast obstacle avoidance for mobile robots," IEEE Trans. Robotics & Automation, 7 (3), 278 - 288.

[943] Labrosse, F. (2007) "Short and long range visual navigation using warped panoramic images,"

Robotics & Autonomous Systems，55 (9)，675 - 684.

[944] Hong，J.，Tan，X.，Pinette，B.，Weiss，R.，and Riseman，E. (1992) "Image - based homing," IEEE Control Systems，February，38 - 45.

[945] Schoner，G.，and Dose，M. (1992) "Dynamical systems approach to task - level system integration used to plan and control autonomous vehicle motion," Robotics & Autonomous Systems，10，253 - 267.

[946] Bicho，E.，and Schoner，G. (1997) "Dynamical approach to autonomous robotics demonstrated on a low - level vehicle platform," Robotics & Autonomous Systems，21，23 - 35.

[947] Huang，W.，Fajen，B.，Fink，J.，and Warren，W. (2006) "Visual navigation and obstacle avoidance using a steering potential function," Robotics & Autonomous Systems，54，288 - 299.

[948] Fajen，B.，and Warren，W. (2003) "Behavioural dynamics of steering，obstacle avoidance and route selection," J. Experimental Psychology：Human Perception & Performance，29 (2)，343 - 362.

[949] Mack，A.，and Ellery，A. (2010) "Potential steering function and its application to planetary exploration rovers," CASI Astronautics Conference，Toronto，Canada.

[950] Mack，A.，and Ellery，A. (2015) "Application of the potential steering function to planetary exploration rovers," submitted toRobotica.

[951] Schmajuk，N.，and Blair，H. (1993) "Place learning and the dynamics of spatial navigation：A neural network approach," Adaptive Behaviour，1 (3)，353 - 385.

[952] Gelenbe，E.，Schmajuk，N.，Stadden，J.，and Reif，J. (1997) "Autonomous search by robots and animals：A survey," Robotics & Autonomous Systems，22，23 - 34.

[953] Collett，T. (2000) "Animal navigation：Birds as geometers?" Current Biology，10 (19)，R718 - R721.

[954] Frazier，C.，Lynch，B.，Ellery，A.，and Baddour，N. (2015) "Re - active virtual equilibrium：A method of autonomous planetary rover navigation using potential fields," submitted to Robotica.

[955] Kim，J - O.，and Khosla，P. (1992) "Real - time obstacle avoidance using harmonic potential functions," IEEE Trans. Robotics & Automation，8 (3)，338 - 349.

[956] McInnes，C. (1995) Potential Function Methods for Autonomous Spacecraft Guidance and Control，American Astronomical Society，Pasadena，CA，pp. 95 - 447.

[957] Roger，A.，and McInnes，C. (2000) "Safety constrained free - flyer path planning at the International Space Station," J. Guidance Control & Dynamics，23 (6)，971 - 979.

[958] Cariani，P. (2002) "Extradimensional bypass," Bio Systems，64，47 - 53.

[959] Rutenbar，R. (1989) "Simulated annealing algorithms：An overview," IEEE Circuits & Devices Mag.，January，19 - 26.

[960] Kirkpatrick，S.，Gellatt，C.，and Vecchi，M. (1983) "Optimisation by simulated annealing," Science，320，671 - 680.

[961] Bandyopadhyay，S.，Pal，S.，and Murthy，C. (1998) "Simulated annealing based pattern classification," J. Information Sciences，109，165 - 184.

[962] Park，M.，Jeon，J.，and Lee，M. (2001) "Obstacle avoidance for mobile robots using artificial potential field approach with simulated annealing," Proceedings ISIE，Busan，South Korea，pp. 1530 - 1535.

[963] Sherwood, D., and Lee, T. (2003) "Schema theory: Critical review and implications for the role of cognition in a new theory of motor learning," Research Quarterly for Exercise & Sport, 74 (4), 376 – 382.

[964] Minsky, M. (1975) "Framework for representing knowledge," in P. Winston (Ed.), Psychology of Computer Vision, McGraw – Hill, pp. 211 – 277.

[965] Anderson, T., and Donath, M. (1990) "Animal behaviour as a paradigm for developing robot autonomy," Robotics & Autonomous Systems, 6, 145 – 168.

[966] Saffiotti, A., Konolige, K., and Ruspini, E. (1995) "Multivalued logic approach to integrating planning and control," Artificial Intelligence, 76, 481 – 526.

[967] Arkin, R. (1987) "Motor schema based mobile robot navigation," Int. J. Robotics Research, 8 (4), 92 – 112.

[968] Arkin, R. (1990) "Integrating behavioural, perceptual, and world knowledge in reactive navigation," Robotics & Autonomous Systems, 6, 105 – 122.

[969] Arkin, R. (1990) "Impact of cybernetics on the design of a mobile robot system: A case study," IEEE Trans. Systems Man & Cybernetics, 20 (6), 1245 – 1257.

[970] Arkin, R., and Murphy, R. (1990) "Autonomous navigation in a manufacturing environment," IEEE Trans. Robotics & Automation, 6 (4), 445 – 454.

[971] Laubach, S., Olson, C., Burdick, J., and Hayati, S. (1999) "Long – range navigation for Mars rovers using sensor – based path planning and visual localisation," Proceedings Fifth International Conference Artificial Intelligence Robotics and Automation (ESA SP – 440), ESA, Noordwijk, The Netherlands, pp. 455 – 460.

[972] Arbib, M., and Liaw, J. – S. (1995) "Sensorimotor transformations in the world of frogs and robots," Artificial Intelligence, 72, 53 – 79.

[973] Arkin, R., Ali, K., Wetzenfeld, A., and Cervantes – Perez, F. (2000) "Behavioural models of the praying mantis as a basis for robotic behaviours," Robotics & Autonomous Systems, 32, 39 – 60.

[974] Beom, H., and Cho, H. (1995) "Sensor – based navigation for a mobile robot using fuzzy logic and reinforcement learning," IEEE Trans. Systems Man & Cybernetics, 25 (3), 464 – 477.

[975] Xu, H., and Van Brussel, H. (1997) "Behaviour – based blackboard architecture for reactive and efficient task execution of an autonomous robot," Robotics & Autonomous Systems, 22, 115 – 132.

[976] Weitzenfeld, A., Arkin, R., Cervantes, F., Olivares, R., and Corbacho, F. (1998) "Neural schema architecture for autonomous robots," Proceedings International Conference Robotics and Automation.

[977] Lyons, D., and Hendricks, A. (1995) "Planning as incremental adaptation of a reactive system," Robotics & Autonomous Systems, 14, 255 – 288.

[978] Balch, T., and Arkin, R. (1993) "Avoiding the past: A simple but effective strategy for reactive navigation," Proceedings IEEE International Conference Robotics and Automation, pp. 678 – 685.

[979] Moorman, K., and Ram, A. (1992) "Case – based approach to reactive control for autonomous robots," Proceedings AAAI Fall Symposium on AI for Real – World Autonomous Mobile Robots, Georgia Institute of Technology, Atlanta, GA.

[980] Arkin, R., and Balch, T. (1997) "AuRA: Principles and practice in review," J. Experimental

Theoretical Artificial Intelligence, 9, 175 - 189.

[981] Reif, J., and Wang, H. (1999) "Social potential fields: A distributed behavioural control for autonomous robots," Robotics & Autonomous Systems, 27, 171 - 194.

[982] Brooks, R. (1985) A Robust Layered Control System for a Mobile Robot (MIT AI Memo 864), Massachusetts Institute of Technology, Cambridge, MA.

[983] Beer, R. (1995) "Dynamical systems perspective on agent - environment interaction," Artificial Intelligence, 72, 173 - 215.

[984] Beer, R. (1997) "The dynamics of adaptive behaviour: A research program," Robotics & Autonomous Systems, 20, 257 - 289.

[985] Van Rooij, I., Bongers, R., and Haselager, W. (2002) "Non - representational approach to imagined action," Cognitive Science, 26, 345 - 375.

[986] Payton, D., Rosenblatt, J., and Keirey, D. (1990) "Plan guided reaction," IEEE Trans Systems Man & Cybernetics, 20 (6), 1370 - 1882.

[987] Nikolos, I., Valavanis, K., Tsourveloudis, N., and Kosturas, A. (2003) "Evolutionary algorithm based offline/online path planner for UAV navigation," IEEE Trans. Systems Man & Cybernetics B—Cybernetics, 33 (6), 898 - 912.

[988] Saffiotti, A., Konolige, K., and Ruspini, E. (1995) "Multivalued logic approach to integrating planning and control," Artificial Intelligence, 76, 481 - 526.

[989] Malone, T., and Crowstone, K. (1994) "Interdisciplinary study of coordination," ACM Computing Surveys, 26 (1), 81 - 199.

[990] Kleinrock, L. (1985) "Distributed systems," Communications ACM, 28 (11), 1200 - 1213.

[991] Vamos, T. (1983) "Cooperative systems," IEEE Control Syst Mag., August, 9 - 13.

[992] Balch, T. (2000) "Hierarchic social entropy: An information theoretic measure of robot group diversity," Autonomous Robots, 8, 209 - 237.

[993] Pacala, S., Gordon, D., and Godfray, H. (1996) "Effects of social group size on information transfer and task allocation," Evolutionary Ecology, 10, 127 - 165.

[994] Lerman, K., Galstyan, A., Martinolli, A., and Ijspeert, A. (2001) "Macroscopic analytical model of collaboration in distributed robotic systems," Artificial Life, 7 (4), 375 - 393.

[995] Asada, M., Kitano, H., Noda, I., and Veloso, M. (1999) "RoboCup: Today and tomorrow: What we have learned," Artificial Intelligence, 110, 193 - 214.

[996] Van Dyke Parunak, H. (1997) "Go to the ant: Engineering principles from natural multi - agent systems," Annals of Operations Research, 75, 69 - 101.

[997] Simmons, R., Apfelbaum, D., Burgard, W., Fox, D., Moors, M., Thrun, S., and Younes, H. (2000) "Coordination for multi - robot exploration and mapping," Proceedings 17th AAAI National Conference Artificial Intelligence, pp. 852 - 858.

[998] Pereira, G., Das, A., Kumar, V., and Campos, M. (2003) "Formation control with configuration space constraints," Proceedings IEEE/RJS International Conference Intelligent Robots and Systems, Las Vegas, NV.

[999] Roumeliotis, S., and Bekey, G. (2002) "Distributed multirobot localization," IEEE Trans. Robotics & Automation, 18 (5), 781 - 795.

[1000] Feddema, J., Lewis, C., and Schoenwald, D. (2002) "Decentralised control of cooperative robotic vehicles: Theory and application," IEEE Trans. Robotics & Automation, 18 (5), 852 – 864.

[1001] Dudek, G., Jenkin, M., Milios, E., and Wilkes, D. (1995) "Experiments in sensing and communication for robot convoy navigation," Proceedings IEEE International Conference Intelligent Robots & Systems, pp. 268 – 273.

[1002] Stone, P., and Veloso, M. (1999) "Task decomposition, dynamic role assignment and low bandwidth communication for real – time strategic teamwork," Artificial Intelligence, 110 (2), 241 – 273.

[1003] Kube, C., and Zhang, H. (1994) "Collective robotics: From social insects to robots," Adaptive Behaviour, 2 (2), 189 – 218.

[1004] Cao, Y., Fukunaga, A., and Kahng, A. (1997) "Cooperative mobile robotics: Antecedents and directions," Autonomous Robots, 4, 1 – 23.

[1005] Castelfranchi, C. (1998) "Modelling social action for AI agents," Artificial Intelligence, 103, 157 – 182.

[1006] Werger, B. (1999) "Cooperation without deliberation: A minimal behaviour – based approach to multi – robot teams," Artificial Intelligence, 110, 293 – 320.

[1007] Reynolds, C. (1987) "Flocks, herds and schools: A distributed behavioural model," Computer Graphics, 21 (4), 25 – 34.

[1008] Mataric, M. (1994) "Issues and approaches in the design of collective autonomous agents," Robotics & Autonomous Systems, 16, 321 – 331.

[1009] Mataric, M. (1994) "Learning to behave socially," in D. Cliff et al. (Eds.), From Animals to Animats 3: Proceedings Third International Conference on Simulation of Adaptive Behaviour, MIT Press, Cambridge, MA, pp. 453 – 462.

[1010] Mataric, M. (1997) "Learning social behaviour," Robotics & Autonomous Systems, 20, 191 – 204.

[1011] Mataric, M. (1996) "Designing and understanding adaptive group behaviour," Adaptive Behaviour, 4 (1), 51 – 80.

[1012] Axelsson, H., Muhammed, A., and Egersted, M. (2003) "Autonomous formation switching for mobile robots," IFAC Conference Analysis and Design Hybrid Systems, Brittany, France.

[1013] Egerstedt, H., and Hu, X. (2001) "Formation constrained multi – agent control," IEEE Trans. Robotics and Automation, 17 (6), 947 – 951.

[1014] Wang, P. (1989) "Navigation strategies for multiple autonomous mobile robots," IEEE/RSJ International Workshop Intelligent Robots and Systems, 486 – 493.

[1015] Pirolli, P., and Card, S. (1997) Evolutionary Ecology of Information Foraging (Technical Report UIR – R97 – 01), Office of Naval Research, Arlington, VA.

[1016] Smith, E. (1983) "Anthropological applications of optimal foraging theory: A critical review," Current Anthropology, 24 (5), 625 – 651.

[1017] Molnar, P., and Starke, J. (2001) "Control of distributed autonomous robotic systems using principles of pattern formation in nature and pedestrian behaviour," IEEE Trans. Systems Man & Cybernetics B: Cybernetics, 31 (3), 433 – 436.

[1018] Molnar, P. (2000) Self – organised Navigation Control for Manned and Unmanned Vehicles in Space

Colonies（USRA Grant 07600 - 044 Final Report），NASA Institute for Advanced Concepts，Atlanta，GA.

[1019] Arkin，R.，and Balch，T.（1998）"Cooperative multiagent robotic systems," Artificial Intelligence and Mobile Robots，MIT Press，Cambridge，MA，pp. 277 - 296.

[1020] Balch，T.，and Arkin，R.（1998）"Behaviour - based formation control for multirobot teams," IEEE Trans. Robotics & Automation，14（6），926 - 939.

[1021] Lee，S - H.，Pak，H.，and Chon，T - S.（2006）"Dynamics of prey - flock escaping behaviour in response to predator's attack," J. Theoretical Biology，240，250 - 259.

[1022] Kraus，S.（1997）"Negotiation and cooperation in multi - agent environment," Artificial Intelligence，94，78 - 97.

[1023] Oubbati，M.，and Palm，G.（2007）"Neural fields for controlling formation of multiple robots," Proceedings IEEE International Symposium Computational Intelligence Robotics and Automation，pp. 90 - 94.

[1024] Schoner，G.，Dose，M.，and Engels，C.（1995）"Dynamics of behaviour: Theory and applications for autonomous robot architectures," Robotics & Autonomous Systems，16，213 - 245.

[1025] Quoy，M.，Moga，S.，and Gaussier，P.（2003）"Dynamical neural networks for planning and low - level robot control," IEEE Trans. Systems Man & Cybernetics A: Systems & Humans，33（4），523 - 532.

[1026] Cole，B.（1991）"Is animal behaviour chaotic? Evidence from the activity of ants," Proc. Royal Society London，B244，253 - 259.

[1027] Martinoli，A.，Yamamoto，M.，and Mondana，F.（1997）"On the modelling of bio - inspired collective experiments with real robots," Proceedings Third International Symposium Distributed Autonomous Robotic Systems，pp. 25 - 27.

[1028] Franks，N.（1989）"Army ants: A collective intelligence," American Scientist，77，139 - 145.

[1029] Poggio，M.，and Poggio，T.（1994）Cooperative Physics of Fly Swarms: An Emergent Behaviour（AI Memo 1512/CBCL paper 103），MIT AI Laboratory/Centre for Biological & Computation Learning.

[1030] Parunak，H.（1997）"Go to the ant: Engineering principles from natural multiagent systems" Annals Operations Research，75，69 - 101.

[1031] Kube，C.，and Zhang，H.（1994）"Collective robotic intelligence," Proceedings Second International Conference Simulation Adaptive Behaviour，pp. 460 - 468.

[1032] Kube，C.，and Zhang，H.（1994）"Collective robotics: From social insects to robots," Adaptive Behaviour，2（8），189 - 218.

[1033] Daniels，R.，Vanderleyden，J.，and Michiels，J.（2004）"Quorum sensing and swarming migration in bacteria," FEMS Microbiology Reviews，28，261 - 289.

[1034] Crespi，B.（2001）"Evolution of social behaviour in microorganisms," Trends in Ecology & Evolution，16（1），178 - 183.

[1035] Payton，D.，Estkowski，R.，and Howard，M.（2001）"Compound behaviours in pheromone robotics," Robotics & Autonomous Systems，44，229 - 240.

[1037] Bonabeau，E.，Theraulaz，G.，Deneubourg，J. - L.，Franks，N.，Rafelsberger，O.，Joly，J. -

　　　　L. , and Blanco, S. (1998) "Model for the emergence of pillars, walls and royal chambers in termite nests," Philosophical Trans. Royal Society London B, 353, 1561 - 1576.

[1038] Stickland, T. , Britton, N. , and Franks, N. (1995) "Complex trails and simple algorithms in ant foraging," Proc. Royal Society B, 260, 53 - 58.

[1039] Sahin, E. , and Franks, N. (2002) "Measurement of space: From ants to robots," EPSRC/BBRC Proceedings International Workshop Biologically Inspired Robotics: Legacy of W. Grey Walter, Bristol, U. K. , pp. 241 - 247.

[1041] Bonabeau, E. , Theraulaz, G. , Deneubourg, J. - L. , Aron, S. , and Camazine, S. (1997) "Self - organisation in social insects," Trends in Ecology & Evolution, 12 (5), 188 - 193.

[1042] Theraulaz, G. , Gautrais, J. , Camazine, S. , and Deneubourg, J. - L. (2003) "Formation of spatial patterns in social insects: From simple behaviours to complex structures," Phil. Trans. Royal Society London, A361, 1263 - 1282.

[1043] Franks, N. , and Deneubourg, J. - L. (1997) "Self - organising nest construction in ants: Individual worker behaviour and the nest's dynamics," Animal Behaviour, 54, 779 - 796.

[1044] Mason, Z. (2002) "Programming with stigmergy: Using swarms for construction," in R. Standish, H. Abbas, and M. Bedau (Eds.), Artificial Life VIII, MIT Press, Cambridge, MA, 371 - 374.

[1045] Dorigo, M. , and Gambardella, L. (1997) "Ant colony system: A cooperative learning approach to the travelling salesman problem," IEEE Trans. Evolutionary Computation, 1 (1), 53 - 66.

[1046] Verbeeck, K. , and Nowe, A. (2002) "Colonies of learning automata," IEEE Trans. Systems Man & Cybernetics—B: Cybernetics, 32 (6), 772 - 780.

[1047] Stone, P. , and Veloso, M. (2000) "Multiagent systems: A survey from a machine learning perspective," Autonomous Robots, 8 (3), 345 - 383.

[1048] Sloman, A. , and Croucher, M. (1981) "Why robots will have emotions," Proceedings Seventh International Joint Conference Artificial Intelligence, pp. 197 - 202.

[1049] Murphy, R. , Lisetti, C. , Tardif, R. , Irish, L. , and Gage, A. (2002) "Emotion - based control of cooperating heterogeneous mobile robots," IEEE Trans. Robotics & Automation, 18 (5), 744 - 757.

[1050] Vaughan, R. , Stoy, K. , Sukhatme, G. , and Mataric, M. (2000) "Go ahead, make my day: Robot conflict resolution by aggressive competition," Proceedings Sixth International Conference Simulation Adaptive Behaviour, pp. 491 - 500.

[1051] Kube, C. , and Zhang, H. (1993) "Collective robotics: From social insects to robots," Adaptive Behaviour, 2 (2), 189 - 219.

[1052] Mataric, M. , Nilsson, M. , and Simsarian, K. (1995) "Cooperative multi - robot boxpushing," Proceedings IEEE/RJS International Conference Intelligent Robots and Systems, pp. 556 - 561.

[1053] Brown, R. , and Jennings, J. (1995) "Pusher/steerer model for strongly cooperative mobile robot cooperation," Proceedings IEEE/RSJ International Conference Intelligent Robots and Systems, pp. 562 - 568.

[1054] Kube, C. , and Bonabeau, E. (1998) "Cooperative transport by ants and robots," Robotics & Autonomous Systems, 30, 85 - 101.

[1055] Kube, C. , and Zhang, H. (1992) "Collective robotic intelligence," Proceedings Second

International Conference Simulation Adaptive Behaviour, pp. 460 – 468.

[1056] Kube, C., and Zhang, H. (1992) Collective Task Achieving Group Behaviour by Multiple Robots (Technical Report TR93 – 06), University of Alberta, Edmonton, Alberta.

[1057] Deneubourg, J., and Goss, S. (1989) "Collective patterns and decision – making," Ethology, Ecology & Evolution, 1, 295 – 311.

[1058] Schoonderwoerd, R., Holland, O., Bruten, J., and Rothkrantz, L. (1996) Ant – based Load Balancing in Telecommunications Networks (HP Labs Technical Report HPL – 96 – 76), HP Labs, Palo Alto, CA.

[1059] Pereira, G., Pimentel, B., Chaimowicz, L., and Campos, M. (2002) "Coordination of multiple mobile robots in an object carrying task using implicit communication," Proceedings 2002 IEEE International Conference Robotics and Automation, pp. 281 – 286.

[1060] Chaimowicz, L., Sugar, T., Kumar, V., and Campos, M. (2001) "An architecture for tightly – coupled multi – robot cooperation," Proceedings IEEE International Conference Robotics and Automation, pp. 2292 – 2297.

[1061] Donald, B., Gariepy, L., and Rus, D. (2000) "Distributed manipulation of multiple objects using ropes," Proceedings IEEE International Conference Robotics and Automation, pp. 450 – 457.

[1062] Bowyer, A. (2000) Automated Construction Using Co – operating Biomimetic Robots (University of Bath Department of Mechanical Engineering Technical Report 11/00), University of Bath, Bath, U. K.

[1063] Parker, C., Zhang, H., and Kube, C. (2003) "Blind bulldozing: Multiple robot nest construction," Proceedings IEEE/RSJ International Conference Intelligent Robots & Systems, Las Vegas, Nevada, pp. 2010 – 2015.

[1064] Werfel, J., Petersen, K., and Nagpal, R. (2014) "Designing collective behaviour in a termite – inspired robot construction team," Science, 343, 754 – 758.

[1065] Robinson, G. (1992) "Regulation of division of labour in insect societies," Ann. Rev. Entomol., 37, 637 – 702.

[1066] Wahl, L. (2002) "Evolving the division of labour: Generalists, specialists and task allocation," J. Theoretical Biology, 219, 371 – 388.

[1067] Bongard, J. (2000) "Reducing collective behavioural complexity through heterogeneity," Artificial Life VII: Proceedings Seventh International Conference, pp. 327 – 336.

[1068] Chaimowicz, L., Sugar, T., Kumar, V., and Campos, M. (2001) "Architecture for tightly coupled multi – robot cooperation," Proceedings IEEE International Conference Robotics and Automation, pp. 2992 – 2997.

[1069] Mataric, M., and Sukhatme, G. (2001) "Task – allocation and coordination of multiple robots for planetary exploration," Proceedings 10th International Conference Advanced Robotics, pp. 61 – 70.

[1070] Mataric, M., Sukhatme, G., and Ostergaard, E. (2003) "Multi – robot task allocation in uncertain environments," Autonomous Robots, 14, 255 – 263.

[1071] Zlot, R., Stentz, A., Dias, M., and Thayer, S. (2002) "Multi – robot exploration controlled by a market economy," Proceedings IEEE International Conference Robotics and Automation.

[1072] Smith, R. (1980) "Contract net protocol: High level communication and control in a distributed problem solver," IEEE Trans. Computing, 29 (2), 1104 - 1113.

[1073] Ephrati, E., and Rosenschein, J. (1996) "Deriving consensus in multiagent systems," Artificial Intelligence, 87, 21 - 74.

[1074] Yamashita, A., Arai, T., Ota, J., and Asama, H. (2003) "Motion planning of multiple mobile robots for cooperative manipulation and transportation," IEEE Trans. Robotics & Automation, 19 (2), 1 - 15.

[1075] Mueller, R. (2006) Surface Support Systems for Co - operative and Integrated Human/ Robotic Lunar Exploration (IAC - 06 - A5. 2. 09), International Astronautical Federation, Valencia, Spain.

[1076] Cockell, C., and Ellery, A. (2003) "Human exploration of the Martian poles, Part 1: From early expeditions to a permanent station," J. British Interplanetary Society, 56, 33 - 42.

[1077] Parkinson, B., and Wright, P. (2006) "Systems modelling and systems trade for pole station," Project Boreas: A Station for the Martian Geographic North Pole, British Interplanetary Society, London, pp. 24 - 31.

[1078] Greene, M. (2006) "Base design for pole station," Project Boreas: A Station for the Martian Geographic North Pole, British Interplanetary Society, London, pp. 32 - 48.

[1079] Ellery, A., and Cockell, C. (2003) "Human exploration of the Martian pole, Part 2: Support technologies," J. British Interplanetary Society, 56, 43 - 55.

[1080] Benroya, H., Bernold, L., and Chua, K. (2002) "Engineering, design and construction of lunar bases," J. Aerospace Engineering, April, 33 - 46.

[1081] Satish, H., Radziszewski, P., and Ouellet, J. (2005) "Design issues and challenges in lunar/ Martian mining applications," Mining Technology, 114 (June), A107 - A117.

[1082] Isard, W. (1952) "General location principle of optimum space economy," Econometrica, 20, 406 - 430.

[1083] Smith, T., Simmons, R., Singh, S., and Hershberger, D. (2001) "Future directions in multi - robot autonomy and planetary surface construction," Proc. Space Studies Institute Conf., CMU - RJ - TR - 00 - 02.

[1084] Ha, Q., Santos, M., Nguyen, Q., Rye, D., and Durrant - Whyte, H. (2002) "Robotic excavation in construction automation," IEEE Robotics & Automation Magazine, March, 20 - 28.

[1085] Nakaruma, A., Ota, J., and Arai, T. (2002) "Human - supervised multiple mobile robot system," IEEE Trans. Robotics & Automation, 18 (5), 728 - 743.

[1086] Huntsberger, T., Rodriguez, G., and Schenker, P. (2001) "Robotics challenges for robotic and human Mars exploration," ASCE Proceedings Space & Robotics, pp. 340 - 346.

[1087] Huntsberger, T., Pirjanian, P., and Schenker, P. (2001) "Robotic outposts as precursors to a manned Mars habitat," Space Technology & Applications International Forum—AIP Conf. Proc., 552, 46 - 51.

[1088] Cockell, C., and Ellery, A. (2003) "Human exploration of the Martian pole, Part 1: Four phases from early exploration to a permanent station," J. British Interplanetary Society, 56 (1/2), 33 - 42.

[1089] Ellery, A., and Cockell, C. (2003) "Human exploration of the Martian pole, Part 2: Support technologies," J. British Interplanetary Society, 56 (1/2), 43 - 55.

[1090] Estlin, T., Rabideau, G., Mutz, D., and Chien, S. (1999) "Using continuous planning techniques to coordinate multiple rovers," International Joint Conference Artificial Intelligence Workshop on Scheduling & Planning, pp. 4 - 45.

[1091] Huntsberger, T. , Mataric, M. , and Pirjianian, P. (1999) "Action selection within the context of a robotic colony," Proc. SPIE Sensor Fusion & Decentralised Control in Robotic Systems II, 3839.

[1092] Parker, L. (1998) "Alliance: An architecture for fault tolerant multi - robot cooperation," IEEE Trans Robotics & Automation, 14 (2), 220 - 240.

[1093] Parker, L. , Guo, Y. , and Jung, D. (2001) "Cooperative robot teams applied to the site preparation task," Proceedings 10th International Conference Advanced Robotics, pp. 71 - 77.

[1094] Parker, L. (1996) "On the design of behaviour - based multi - robot systems," Advanced Robotics, 10 (6), 547 - 578.

[1095] Parker, L. (2002) "Distributed algorithms for multi - robot observation of multiple moving targets," Autonomous Robots, 12 (3), 231 - 255.

[1096] Murphy, R. , Lisetti, C. , Tardif, R. , Irish, L. , and Gage, A. (2002) "Emotion - based control of cooperating heterogeneous mobile robots," IEEE Trans. Robotics & Automation, 18, 744 - 757.

[1097] Sukhatme, G. , Montgomery, J. , and Mataric, M. (1999) "Design and implementation of a mechanically heterogeneous robot group," Proceedings SPIE Conference Sensor Fusion and Decentralised Control Robotic Systems II, pp. 122 - 133.

[1098] Brooks, R. , and Flynn, A. (1989) "Fast, cheap and out of control: A robot invasion of the solar system," J. British Interplanetary Society, 42, 478 - 485.

[1099] Carrier, W. et al. (1991) "Physical properties of the lunar surface," in G. Heiken et al. (Eds.), Lunar Sourcebook, Cambridge University Press, Cambridge, U. K. , pp. 522 - 530.

[1100] Lammer, H. , Lichtenegger, H. , Kolb, C. , Ribas, I. , Guinan, E. , Abart, R. , and Bauer, S. (2003) "Loss of water from Mars: Implications for the oxidation of the soil," Icarus. 165, 9 - 25.

[1101] Zent, A. (1998) "On the thickness of the oxidised layer of the Martian regolith," Journal of Geophysical Research, 103 (E13), 31491 - 31498.

[1102] Kolb, C. , Lammer, H. , Ellery, A. , Edwards, H. , Cockell, C. , and Patel, M. (2002a) "The Martian oxygen surface sink and its implications for the oxidant extinction depth," Proceedings Second European Workshop on Exo/Astrobiology, September 2002, Graz, Austria (ESA SP - 518), ESA, Noordwijk, The Netherlands, pp. 181 - 184.

[1103] Zent, A. , and McKay, C. (1994) "Chemical reactivity of the Martian soil and implications for future missions," Icarus, 108, 146 - 157.

[1104] Stoker, C. , and Bullock, M. (1997) "Organic degradation under simulated Martian conditions," J. Geophysical Research—Planets, 102, 10881 - 10888.

[1105] Ellery, A. , Ball, A. , Cockell, C. , Dickensheets, D. , Edwards, H. , Kolb, C. , Lammer, H. , Patel, M. , and Richter, L. (2004) "Vanguard: A European robotic astrobiology focussed Mars sub - surface mission proposal," Acta Astronautica, 56 (3), 397 - 407.

[1106] Ellery, A. , Kolb, C. , Lammer, H. , Parnell, J. , Edwards, H. , Richter, L. , Patel, M. , Romstedt, J. , Dickensheets, D. , Steel, A. et al. (2004) "Astrobiological instrumentation on Mars: The only way is down," Int. J. Astrobiology, 1 (4), 365 - 380.

[1107] Ellery, A. (2000) An Introduction to Space Robotics, Springer/Praxis, Heidelberg, Germany/

Chichester, U. K.

[1108] Das, H. et al. (1999) "Robot manipulator technologies for planetary exploration," Proceedings Sixth Annual International Symposium Smart Structures and Materials, CA (No. 3668 – 17).

[1109] Volpe, R. et al. (1998) "A prototype manipulation system for Mars rover science operations," Space Tech. J., 17 (3/4), 219 – 222.

[1110] Zeng, X., Burnoski, L., Agui, J., and Wilkinson, A. (2007) "Calculation of excavation force for ISRU on lunar surface," Proceedings 45th AIAA Aerospace Sciences Meeting, Reno, NV.

[1111] Reece, A. (1965) "Fundamental equation of earthmoving mechanics," Symposium Earthmoving Machinery, Proc. Inst. Mech. Eng. E, 179 (3F), 16 – 22.

[1112] Shmulevich, I., Asaf, Z., and Rubinstein, D. (2007) "Interaction between soil and a wide cutting blade using the discrete element method," Soil & Tillage Research, 97, 37 – 50.

[1113] Tong, J., and Moayad, B. (2006) "Effects of rake angle of chisel plough on soil cutting factors and power requirements: A computer simulation," Soil & Tillage Research, 88, 55 – 64.

[1114] Johnson, L., and King, R. (2010) "Measurement of force to excavate extraterrestrial regolith with a small bucket – wheel excavator," J. Terramechanics, 47, 87 – 95.

[1115] Wilkinson, A., and DeGennaro, A. (2007) "Digging and pushing lunar regolith: Classical soil mechanics and the forces needed for excavation and traction," J. Terramechanics, 44, 133 – 152.

[1116] Baumgartner, E., Bonitz, R., Melko, J., Shiraishi, L., and Leger, P. (2005) "Mars Exploration Rover instrument positioning system," Proceedings IEEE Aerospace Conference, Big Sky, MT.

[1117] Pillinger, C., Sims, M., and Clemmet, J. (2003) The Guide to Beagle 2, Open University, Milton Keynes, UK.

[1118] Clemmet, J. (2001) Beagle 2: Engineering an Integrated Lander for Mars (ESA SP – 468), ESTEC, Noordwijk, The Netherlands.

[1119] Phillips, N. (2000) "Robotic arm for the Beagle 2 Mars," Proceedings Sixth ESA Workshop on Advanced Space Technologies for Robotics & Automation (ASTRA), December, 2000, ESA/ ESTEC, Noordwijk, The Netherlands.

[1120] Bonitz, R., Shiraishi, L., Robinson, M., Carsten, J., Volpe, R., Trebi – Ollennu, A., Arvidson, R., Chu, P., Wilson, J., and Davis, K. (2008) Phoenix Mars Lander Robotic Arm (IEEEAC Paper 1695), Institute of Electrical and Electronic Engineers, Piscataway, NJ.

[1122] Sanger, T., and Kumar, V. (2002) "Control of cooperating mobile manipulators," IEEE Trans. Robotics & Automation, 18 (1), 94 – 103.

[1123] Mailah, M., Pitowarno, E., and Jamaluddin, H. (2005) "Robust motion control for mobile manipulator using resolved acceleration and proportional integral active force control," Int. J. Advanced Robotic Systems, 2 (2), 125 – 134.

[1124] Yamamoto, Y., and Yun, X. (1996) "Effects of the dynamic interaction on coordinated control of mobile manipulators," IEEE Trans. Robotics & Automation, 12 (5), 816 – 824.

[1125] Peters, R., Bishay, M., Cambron, M., and Negishi, K. (1996) "Visual servoing for a service robot," Robotics & Autonomous Systems, 18, 213 – 224.

[1126] Espiau, B., Chaumette, F., and Rives, P. (1992) "New approach to visual servoing in robotics," IEEE Trans. Robotics & Automation, 8 (3), 313 – 324.

[1127] Hutchinson, S., Hager, G., and Corke, P. (1996) "Tutorial on visual servo control," IEEE Trans. Robotics & Automation, 12 (5), 651 - 670.

[1128] Kelly, R., Carelli, R., Nasisi, O., Kuchen, B., and Reyes, F. (2000) "Stable visual servoing of camera - in - hand robotic systems," IEEE/ASME Trans. Mechatronics, 5 (1), 39 - 48.

[1129] Perry, R., and Sephton, M. (2006) "Desert varnish: An environmental recorder for Mars," Astronomy & Geophysics, 47, August, 4.34 - 4.35.

[1130] Ng, T. et al. (2000) "Hong Kong micro - end effectors and rind grinders," Proceedings Sixth ESA Workshop on Advanced Space Technologies for Robotics and Automation (ASTRA), December 2000, ESA/ESTEC, Noordwijk, The Netherlands.

[1131] Bar - Cohen, Y. et al. (2001) "Ultrasonic/sonic drilling/coring (USDC) for planetary application," Proceedings SPIE Eighth Annual Symposium on Smart Structures and Materials, CA, pp. 4327 - 4355.

[1132] Bar - Cohen, Y. et al. (2000) "Utrasonic/sonic drilling/coring (USDC) for in - situ planetary applications," SPIE Smart Structures 2000, March 2000, Newport Beach, CA, Paper No 33992 - 101.

[1133] Potthast, C., Tweifel, J., and Wallaschek, J. (2007) "Modelling approaches for an ultrasonic percussion drill," J. Sound & Vibration, 308, 405 - 417.

[1134] Das, H. et al. (1999) "Robot manipulator technologies for planetary exploration," Proceedings Sixth Annual International Symposium Smart Structures and Materials, CA (No. 3668 - 17).

[1135] Furutani, K., Kamishi, H., Murase, Y., Kubota, T., Ohtake, M., Saiki, K., Okada, T., Otake, T., Honda, C., Kurosaki, H. et al. (2012) "Prototype of percussive rock surface crusher using solenoid for lunar and planetary exploration," Proceedings International Symposium Artificial Intelligence, Robots & Automation in Space, Turin, Italy.

[1136] Moore, H. et al. (1997) "Surface materials of the Viking landing sites," Journal of Geophysical Research, 82 (28), 4497 - 4523.

[1137] Talbot, J. (1999) "Digging on Mars—preliminary report," preprint.

[1138] Beaty, D., Clifford, S., Briggs, G., and Blacic, J. (2000) Strategic Framework for the Exploration of the Martian Subsurface (White Paper), NASA Jet Propulsion Laboratory, Pasadena, CA.

[1139] Blacic, J., Dreesen, D., and Mockler, T. (2000) Report on Conceptual Systems Analysis of Drilling Systems for 200m Depth Penetration and Sampling of the Martian Subsurface (Report LAUR - 4742), Los Alamos National Laboratory, Los Alamos, NM.

[1140] Clifford, S., and Mars 07 Drilling Feasibility Team (2001) Science Rationale and Priorities for Subsurface Drilling in '07 (Final Report Rev. 8), LPS, University of Arizona, Tucson, AZ.

[1141] Zacny, K., and Cooper, G. (2006) "Considerations, constraints and strategies for drilling on Mars," Planetary & Space Science, 54, 345 - 356.

[1142] Zacny, K., and Cooper, G. (2007) "Coring basalt under Mars low pressure conditions," Mars, 3, 1 - 11.

[1143] Mellor, M. (1989) "Introduction to drilling technology," Proceedings International Workshop on Physics and Mechanics of Cometary Materials, Munster, Germany (ESA SP - 302), ESA,

Noordwijk, The Netherlands, pp. 95 - 114.

[1144] Blacic, J., Dreesen, D., and Mockler, T. (2000) Report on Conceptual Systems Analysis of Drilling Systems for 200m Depth Penetration and Sampling of the Martian Subsurface (Report LAUR00 - 4742), Los Alamos National Laboratory, Los Alamos, NM.

[1146] Ellery, A., Ball, A., Cockell, C., Coste, P., Dickensheets, D., Edwards, H., Hu, H., Kolb, C., Lammer, H., Lorenz, R. et al. (2002) "Robotic astrobiology: The need for sub - surface penetration of Mars," Proceedings Second European Workshop on Exo/ Astro - Biology, Graz, Austria (ESA SP - 518), ESA, Noordwijk, The Netherlands, pp. 313 - 317.

[1147] Zacny, K., and Cooper, G. (2007) "Methods for cuttings removal from holes drilled on Mars," Mars, 3, 42 - 56.

[1148] Kawashima, N. et al. (1993) "Development/drilling of auger boring machines onboard Mars rovers for Mars exploration," Proceedings of the International Symposium on Missions, Technologies and Design of Planetary Mobile Vehicles, Toulouse, September 1992, CNES/Cipaduhs - Iditions, Toulouse, France (ISBN 2854283317).

[1149] Peeters, M., and Kovats, J. (2000) "Drilling and logging in space: An oil well perspective," Space Resources Roundtable II, Abstract 7025.

[1150] Prensky, S. (1994) "Survey of recent developments and emerging tecnologies in welllogging and rock characteristics," Log Analyst, 35 (2), 15 - 45; 35 (5), 78 - 84.

[1151] Susmela, J. et al. (2000) "A robotic deep driller for Mars exploration," Proceedings Sixth ESA Workshop on Advanced Space Technologies for Robotics and Automation (ASTRA) (Paper No. 3. 5a - 4), ESA/ESTEC, Noordwijk, The Netherlands.

[1152] Rafeek, S. et al. (2000) "Sample acquisition systems for sampling the surface down to 10m below the surface for Mars exploration," Concepts and Approaches for Mars Exploration, Abstract 6239.

[1153] Pozzi, E., and Mugnuolo, R. (1998) "Robotics for ROSETTA cometary landing mission," Robotics & Autonomous Systems, 23, 73 - 77.

[1154] Di Pippo, S. (1997) "Automation and robotics: The key tool for space exploration," Acta Astronautica, 41 (4/10), 247 - 254.

[1155] Magnani, P., Re, E., Senese, S., Cherubini, G., and Olivieri, A. (2006) "Different drill tool concepts," Acta Astronautica, 59, 1014 - 1019.

[1156] Magnani, P., Re, E., Ylikorpi, T., Cherubini, G., and Olivieri, A. (2004) "Deep drill (DeeDri) for Mars application," Planetary & Space Science, 52, 79 - 82.

[1157] Hill III, J., Shenhar, J., and Lombardo, M. (2003) "Tethered down - hole - motor drilling system: A benefit to Mars exploration," Advances in Space Research, 31 (11), 2431 - 2426.

[1158] Vincent, J., and King, M. (1995) "Mechanism of drilling by wood wasp ovipositors," Biomimetics, 3 (4), 187 - 201.

[1159] Menon, C., Lan, N., Ellery, A., Zangani, D., Manning, C., Vincent, J., Bilhaut, L., Gao, Y., Carosio, S., and Jaddou, M. (2006) "Bio - inspired micro - drills for future planetary exploration," Proceedings CANEUS, Toulouse (Paper No. 11022).

[1160] Gao, Y., Ellery, A., Jaddou, M., and Vincent, J. (2006) "Bio - inspired drill for planetary subsurface sampling: Literature survey, conceptual design and feasibility study," Proceedings

Adaptation in Intelligent Systems and Biology (AISB) Conference 2, University of Bristol, pp. 71 - 77.

[1161] Gao, Y., Ellery, A., Vincent, J., Eckersley, S., and Jaddou, M. (2007) "Planetary micro - penetrator concept study with biomimetic drill and sampler design," IEEE Trans. Aerospace & Electronic Systems, 43 (3), 875 - 885.

[1162] Gao, Y., Ellery, A., Sweeting, M., and Vincent, J. (2007) "Bio - inspired drill for planetary sampling: Literature survey, conceptual design and feasibility study," J. Spacecraft & Rockets, 44 (3), 703 - 709.

[1163] Gao, Y., Ellery, A., Jaddou, M., Vincent, J., and Eckersley, S. (2005) "Novel penetration system for in - situ astrobiological studies," Int. J. Advanced Robotic Systems, 2 (4), 281 - 286.

[1164] Gao, Y., Ellery, A., Vincent, J., Eckersley, S., and Jaddou, M. (2007) "Planetary micro - penetrator concept study with biomimetic drill and sampler design," IEEE Trans. Aerospace & Electronic Systems, 43 (3), 875 - 885.

[1165] Gouache, T., Gao, T., Gourinat, Y., and Coste, P. (2010) "Wood wasp inspired planetary and Earth drill," in A. Mukherjee (Ed.), Biomimetics Learning from Nature, InTech, Rijeka, Croatia.

[1166] Hopkins, T., and Ellery, A. (2008) "Biomimetic drill design for in - situ astrobiological studies," Planetary and Terrestrial Mining Sciences Symposium, NORCAT, Sudbury, Canada.

[1167] Meehan, R. et al. (1998) "Drill - bit seismic technology," Oil & Gas J. (Technology), 96, November, 19.

[1168] Cannon, H., Stoker, C., Dunagan, S., Davis, K., Gomez - Elvira, J., Glass, B., Lemke, L., Miller, D., Bonaccorsi, R., Branson, M. et al. (2007) "MARTE: Technology development and lessons learned from a Mars drilling mission simulation," J. Field Robotics, 24 (10), 877 - 905.

[1169] Jerby, E., Dikhtyar, V., and Aktushev, O. (2003) "Microwave drill for ceramics," Ceramic Bulletin, 82, 35 - 42.

[1170] Jerby, E., and Dikhtyar, V. (2001) "Drilling into hard non - conductive materials by localised microwave radiation," Proceedings Eighth Ampere Conference, Bayreuth, Germany.

[1171] Jerby, E., Dikhtyar, V., Aktushev, O., and Grosglick, U. (2002) "Microwave drill," Science, 298, 587 - 589.

[1172] Grosglik, U., Dikhtyar, V., and Jerby, E. (2002) "Coupled thermal - electromagnetic model for microwave drilling," Proceedings European Symposium Numerical Methods in Electromagnetics, pp. 146 - 151.

[1173] Meir, Y., and Jerby, E. (2011) "Transistor - based miniature microwave drill applicator," IEEE International Conference Microwaves, Communications, Antennas & Electronic Systems, pp. 1 - 4.

[1174] Meir, Y., and Jerby, E. (2012) "Localised rapid heating by low power solid state microwave drill," IEEE Trans. Microwave Theory & Techniques, 60 (8), 2665 - 2672.

[1175] Eustes, A. et al. (2000) "Percussive force magnitude in permafrost," Space Resources Roundtable II, Abstract 7028.

[1176] Eustes, A. et al. (2000) "Summary of issues regarding the Martian subsurface explorer," Space Resources Roundtable II, Abstract 7029.

[1177] Gromov, V. et al. (1997) "Mobile penetrometer, a mole for sub - surface soil investigation,"

Proceedings Seventh European Space Mechanism and Tribology Symposium (ESA SP - 410), ESA, Noordwijk, The Netherlands, pp. 151 - 156.

[1178] Richter, L. et al. (2001) "Development of the 'Planetary Underground Tool' subsurface soil sampler for the Mars Express Beagle 2 lander," Advances in Space Research, 28 (8), 1225 - 1230.

[1179] Richter, L. et al. (2000) "Development of the mole with sampling mechanism sub - surface sampler," Proceedings Advanced Space Technologies for Robotics and Automation (ASTRA 2000) (Paper No. 3. 5a - 3), ESA/ESTEC, Noordwijk, The Netherlands.

[1180] Kochan, H. , Hamacher, H. , Richter, L. , Hirschmann, L. , Assanelli, S. , Nadalani, R. , Pinna, S. , Gromov, V. , Matrossov, S. , Yudkin, N. et al. (2001) "Mobile penetrometer (mole): A tool for planetary subsurface investigations," in N. Komle, G. Kargl, A. Ball, and R. Lorenz (Eds.), Proceedings International Workshop on Penetrometry in the Solar System.

[1181] Gromov, V. et al. (1997) "Mobile penetrometer, a mole for subsurface soil investigation," Proceedings Seventh European Space Mechanisms and Tribology Symposium (ESA SP - 410), ESA/ ESTEC, Noordwijk, The Netherlands, pp. 151 - 156.

[1182] Richter, L. , Dickensheets, D. , and Wynn - Williams, D. D. , Edwards, H. , and Sims, M. (2001) "An instrumented mole for Mars exobiological research," First European Exo/ Astrobiology Workshop, Frascati, May 2001 (Poster Paper).

[1183] Wilcox, B. (2000) "Nanorovers and subsurface explorers for Mars," Concepts & Approaches for Mars Exploration, Abstract 6002.

[1184] Goraven, S. , Kong, K. , Myrock, T. , Bartlett, P. , Singh, S. , Stroescu, S. , and Rafeek, S. (2000) "Inchworm deep drilling system for kilometer scale subsurface exploration of Mars (IDDS)," Concepts & Approaches for Mars Exploration, Abstract 6239.

[1185] Gagnon, H. , Abou - khalil, E. , Azrak, O. , Morozov, A. , Jones, H. , and Ravindran, G. (2007) "Space Worm: Borehole anchoring mechanism for micro - g planetary exploration drill," Proc. Canadian Engineering Education Association, reprint.

[1187] Mancinelli, R. (2000) "Accessing the martian deep subsurface to search for life," Planetary & Space Science, 48, 1035 - 1042.

[1188] Wilcox, B. (2000) "Nanorovers and subsurface explorers for Mars," Concepts & Approaches for Mars Exploration, Abstract 6002.

[1189] Schunnesson, H. (1996) "RQD predictions based on drill performance parameters," Tunnelling & Underground Space Technology, 11 (3), 345 - 351.

[1190] Kahnaman, S. , Bilgin, N. , and Feridunoglu, C. (2003) "Dominant rock properties affecting the penetration rate of percussive drills," Int. J. Rock Mechanics & Mining Sciences, 40, 711 - 723.

[1191] Rabia, H. (1985) "Unified prediction model for percussive and rotary drilling," Mining Science & Technology, 2, 207 - 216.

[1192] Wilkinson, A. , and DeGennaro, A. (2007) "Digging and pushing lunar regolith: Classical soil mechanics and the forces needed for excavation and traction," J. Terramechanics, 44, 133 - 152.

[1193] Nishimatsu, Y. (1972) "Mechanics of rock cutting," Int. J. Rock Mechanics & Mining Science, 9, 261 - 270.

[1194] Finzi, A. , Lavagna, M. , and Rocchitelli, G. (2004) "Drill - soil system modelisation for future

Mars exploration," Planetary & Space Science, 52, 83 – 89.

[1195] Wijk, G. (1991) "Rotary drilling prediction," Int. J. Rock Mechanics, Mining Science & Geomechanics Abstracts, 28 (1), 35 – 42.

[1196] Kahraman, S., Bilgin, N., and Feridunoglu, C. (2003) "Dominant rock properties affecting the penetration rate of percussive drills," Int. J. Rock Mechanics & Mining Sciences, 40, 711 – 723.

[1197] Kahraman, S. (1999) "Rotary and percussive drilling using regression analysis," Int. J. Rock Mechanics & Mining Sciences, 36, 981 – 989.

[1198] Hopkins, T., and Ellery, A. (2008) "Drilling model and applications of space drilling," ASTRO2008 (Paper No. 79), Canadian Aeronautics & Space Institute (CASI) Montreal.

[1199] Hopkins, T., and Ellery, A. (2008) "Rotary and percussive drilling penetration rate prediction model verification," CSME Forum, Ottawa University, Canada.

[1200] Rabia, H. (1985) "Unified prediction model for percussive and rotary drilling," Mining Science & Technology, 2, 207 – 216.

[1201] Zacny, K., and Cooper, G. (2007) "Methods for cuttings removal from holes drilled on Mars," Mars, 3, 42 – 56.

[1202] Zacny, K., and Cooper, G. (2006) "Considerations, constraints and strategies for drilling on Mars," Planetary & Space Science, 54, 345 – 356.

[1203] Venkataraman, S., Gulati, S., Brahen, J., and Toomarian, N. (1993) "Neural network based identification of environments models for compliant control of space robots," IEEE Trans. Robotics & Automation, 9 (5), 685 – 697.

[1204] Cannon, H., Stoker, C., Dunagan, S., Davis, K., Gomez – Elvira, J., Glass, B., Lemke, L., Miller, D., Bonaccorsi, R., Branson, M. et al. (2007) "MARTE: Technology development and lessons learned from a Mars drilling mission simulation," J. Field Robotics, 24 (10), 877 – 905.

[1205] Parnell, J., Mazzini, A., and Hingham, C. (2002) "Fluid inclusion studies of chemosynthetic carbonates: Strategy for seeking life on Mars," Astrobiology, 2 (1), 43 – 57.

[1206] Beaty, D., Miller, S., Zimmerman, W., Bada, J., Conrad, P., Dupuis, E., Huntsberger, T., Ivlev, R., Kim, S., Lee, B. et al. (2004) "Planning for a Mars in situ sample preparation and distribution (SPAD) system," Planetary & Space Science, 52, 55 – 66.

[1207] Clancey, P. et al. (2000) "A & R needs for a multi – user facility for exo – biology research," Proceedings Sixth ESA Workshop on Advanced Space Technologies for Robotics and Automation (ASTRA), December 2000, ESA/ESTEC, Noordwijk, The Netherlands.

[1208] Hansen, C., Paige, D., Bearman, G., Fuerstenau, S., Horn, J., Mahoney, C., Patrick, S., Peters, G., Scherbenski, J., Shiraishi, L. et al. (2007) "SPADE: A rock – crushing and sample – handling system developed for Mars missions," Journal of Geophysical Research, 112, E06008.

[1209] Elfving, A. (1993) "Automation technology for remote sample acquisition," Proceedings International Symposium on Missions, Technologies and Design of Planetary Mobile Vehicles, Toulouse, September 1992, CNES/Cipaduhs – Iditions, Toulouse, France (ISBN 2854283317).

[1210] Sunshine, D. (2010) "Mars Science Laboratory CHIMRA: A device for processing powdered Martian samples," Proceedings 40th Aerospace Mechanisms Symposium (NASA/CP – 2010 – 216272), NASA, Washington, D. C., pp. 249 – 262.

[1211] Cecil, J., Powell, D., and Vasquez, D. (2007) "Assembly and manipulation of microdevices: A state of the art survey," Robotics & Computer - Integrated Manufacturing, 23, 580 - 588.

[1212] King, R. (2011) "Rise of the robo scientists," Scientific American, January, 73 - 77.

[1213] Backes, P., Diaz - Calderon, A., Robinson, M., Bajracharya, M., and Helmick, D. (2005) "Automated rover positioning and instrument placement," IEEE Proceedings Aerospace Conference, pp. 60 - 71.

[1214] Maimon, M., Nesnas, I., and Das, H. (1999) "Autonomous rock tracking and acquisition from a Mars rover," Proceedings Fifth International Symposium Artificial Intelligence Robotics and Automation in Space (ESA SP - 440), ESA, Noordwijk, The Netherlands, pp. 329 - 334.

[1215] Estlin, T., Gaines, D., Chouinard, C., Castano, R., Bornstein, B., Judd, M., Nesnas, I., and Anderson, R. (2007) "Increased Mars rover autonomy using AI planning, scheduling and execution," IEEE International Conference Robotics and Automation, pp. 4911 - 4918.

[1216] Castano, R., Estlin, T., Gaines, D., Castano, A., Chouinard, C., Bornstein, B., Anderson, R., Chien, S., Fukunega, A., and Judd, M. (2006) "Opportunistic rover science: Finding and reacting to rocks, clouds and dust devils," IEEE Proceedings Aerospace Conference, Big Sky, Montana.

[1217] Castano, R., Estlin, T., Anderson, R., Gaines, D., Castano, A., Bormstein, B., Chouinard, C., and Judd, M. (2007) "OASIS: Onboard autonomous science investigation system for opportunistic rover science," J. Field Robotics, 24 (5), 379 - 397. Cousins, C., Gunn, M., Prosser, B., Barnes, D., Crawford, I., Griffiths, A., Davis, L., and Coates, A. (2012) "Selecting the geology filter wavelengths for the ExoMars Panorama Camera instrument," Planetary & Space Science, 71, 80 - 100. Harris, J., Cousins, C., Gunn, M., Grindrod, P., Barnes, D., Crawford, I., Cross, R., and Coates, A. (2015) "Remote detection of past habitability at Mars—analoguehydrothermal alteration terrains using an ExoMars Panoramic Camera emulator," Icarus, 252, 284 - 300.

[1218] Thompson, D., Smith, T., and Wettergreen, D. (2005) "Data mining during rover traverse: From images to geological signatures," Proceedings Eighth International Symposium on Artificial Intelligence Robotics and Automation in Space, Munich, Germany.

[1219] Gulick, V., Morris, R., Ruzon, M., and Roush, T. (2001) "Autonomous image analyses during the 1999 Marsokhod rover field test," Journal of Geophysical Research, 106 (4), 7745 - 7763.

[1220] Burl, M., and Lucchetti, D. (2000) Autonomous Visual Discovery, SPIE AeroSense DMKD, Orlando, FL.

[1221] Mack, A., and Ellery, A. (2012) "Methods of vision - based autonomous science for planetary exploration," Proceedings CASI ASTRO 2012, Quebec City, Canada.

[1222] Sharif, H., Ralchenko, M., Samson, C., and Ellery, A. (2014) "Autonomous rock classification using Bayesian image analysis for rover - based planetary exploration," accepted byComputers & Geosciences.

[1223] Haralick, R., Shanmugam, K., and Dinstein, I. (1973) "Textural features for image classification," IEEE Trans. Systems Man & Cybernetics, 3 (6), 610 - 621.

[1224] McGuire, P., Ormo, J., Martinez, E., Rodriguez, J., Elvira, J., Ritter, H., Oesker, M., and

Ontrup J （2004） "Cyborg astrobiologist: First field experience," Int. J. Astrobiology, 3, 189 - 207.

[1225] McGuire, P., Gross, C., Wendt, L., Bonnici, A., Souza - Egipsy, V., Ormo, J., Diaz - Martinez, E., Foing, B., Bose, R., Walter, S. et al. （2010） "Cyborg astrobiologist: Testing a novelty detection algorithm on two mobile exploration systems at Rivas Vaciamadrid in Spain and at the Mars Desert Research Station in Utah," Int. J. Astrobiology, 9 (1), 11 - 27.

[1226] Gilmore, M., Castano, R., Mann, T., Anderson, R., Mjolsness, E., Manduchi, R,, and Saunders, S. （2000） "Strategies for autonomous rovers at Mars," Journal of Geophysical Research, 105 (E12), 29223 - 29237.

[1227] Griffiths, A., Ellery, A., and the Camera Team （2006） "Context for the ExoMars rover: The panoramic camera (pancam) instrument," Int. J. Astrobiology, 5 (3), 269 - 275.

[1228] Griffiths, A., Coates, A., Josset, J. - L., Paar, G., Hofmann, B., Pullan, D., Ruffer, P., Sims, M., and Pillinger, C. （2005） "Beagle 2 stereocamera system," Planetary & Space Science, 53, 1466 - 1482.

[1229] Maki, J., Bell III, J., Herkenhoff, K., Squyres, S., Kiely, A., Klimesh, M., Schwochert, M., Litwin, T., Willson, R., Johnson, A. et al. （2003） "Mars Exploration Rover engineering cameras," Journal of Geophysical Research, 108 (E12), 12 - 1 - 12 - 24.

[1230] Gazis, P., and Roush, T. （2001） "Autonomous identification of carbonates using near - IR reflectance spectra during the February 1999 Marsokhod field tests," Journal of Geophysical Research, 106 (E4), 7765 - 7773. Ruckebusch, G. （1983） "Kalman filtering approach to natural gamma ray spectroscopy in well logging," IEEE Trans. Automatic Control, 28 (3), 372 - 380. Anderson, R., and Bell III, J. （2013） "Correlating multispectral imaging and ccmpositional data from the Mars Exploration Rovers and implications for Mars Science Laboratory," Icarus, 233, 157 - 180.

[1231] Chou, C - H., Su, M - C., and Lai, E. （2004） "New cluster validity measure and its application to image compression," Pattern Analysis Applications, 7, 205 - 220.

[1232] Sung, K - K., and Poggio, T. （1998） "Example - based learning for view - based human face detection," IEEE Trans. Pattern Analysis & Machine Intelligence, 20 (1), 39 - 51.

[1233] Filippone, M., Camastra, F., Masulli, F., and Rovetta, S. （2008） "Survey of kernel and spectral methods of clustering," Pattern Recgnition, 41, 176 - 190.

[1234] Miller, K. - R., Mika, S., Ratsch, G., Tsuda, K., and Scholkopf, B. （2001） "Introduction to kernel - based learning algorithms," IEEE Trans. Neural Networks, 12 (2), 181 - 201.

[1235] Jain, A., Duin, R., and Mao, J. （2000） "Statistical pattern recognition: A review," IEEE Trans. Pattern Analysis & Machine Intelligence, 22 (1), 4 - 37.

[1236] Markou, M., and Singh, S. （2003） "Novelty detection: A review, Part 1: Statistical approaches," Signal Processing, 83, 2481 - 2497.

[1237] Wagner, M., Apostopoulos, D., Shillcutt, K., Shamah, B., Simmons, R., and Whittaker, W. （2001） "Science autonomy system of the Nomad robot," Proceedings IEEE International Conference Robotics and Automation, pp. 1742 - 1749.

[1238] Apostoulopoulos, D., Wagner, M., Shamah, B., Pedersen, L., Shillicut, K., and Whittaker,

W. (2000) "Technology and field demonstration for robotic search for Antarctic meteorites," Int. J. Robotics Research, 19 (11), 1015 – 1032.

[1239] Basye, K., Dean, T., Kirman, J., and Lejter, M. (1992) "Decision – theoretic approach to planning, perception and control," IEEE Expert, August, pp. 58 – 65.

[1240] Buntine, W. (1996) "Guide to the literature on learning probabilistic networks from data," IEEE Trans. Knowledge & Data Engineering, 8 (2), 195 – 210.

[1241] Pearl, J. (1986) "Fusion, propagation and structuring in belief networks," Artificial Intelligence, 29, 241 – 288.

[1242] Heckerman, D., Geiger, D., and Chickering, D. (1995) "Learning Bayesian networks: The combination of knowledge and statistical data," Machine Learning, 293 – 301.

[1243] Lauritzen, S., and Spiegelhalter, D. (1988) "Local computations with probabilities on graphical structures and their application to expert systems," J. Royal Statistical Society B, 50, 157 – 224.

[1244] Glymour, C. (2003) "Learning, prediction and causal Bayes nets," Trends in Cognitive Sciences, 7 (1), 43 – 48.

[1245] Heckerman, D. (1996) Tutorial on Learning with Bayesian Networks (Microsoft Research Technical Report MSR – TR – 95 – 06), Microsoft, Redmond, WA.

[1246] Charniak, E. (1991) "Bayesian networks without tears," AI Magazine, Winter, 50 – 63.

[1247] Thompson, D., Niekum, S., Smith, T., and Wettergreen, D. (2006) Automatic Detection and Classification of Features of Geological Interest (IEEEAC Paper 1251), Institute of Electrical and Electronic Engineers, Piscataway, NJ.

[1248] Cooper, G., and Herskovits, E. (1992) "Bayesian method for the induction of probabilistic networks from data," Machine Learning, 9, 309 – 347.

[1249] Friedman, N., Geiger, D., and Goldszmidt, M. (1998) "Bayesian network classifier," Machine Learning, 29, 131 – 163.

[1250] Grossman, D., and Domingos, P. (2004) "Learning Bayesian network classifiers by maximizing conditional likelihood," Proceedings 21st International Conference Machine Learning, Banff, Canada.

[1251] Burge, J., and Lane, B. (2005) "Learning class – discriminative dynamic Bayesian networks," Proceedings 22nd International Conference Machine Learning, Bonn, Germany.

[1252] Frey, B., Lawrence, N., and Bishop, C. (1998) "Markovian inference in belief networks," NIP 98 Algorithms and Architectures.

[1253] Heckerman, D., Geiger, D., and Chickering, D. (1995) "Learning Bayesian networks: The combination of knowledge and statistical data," Machine Learning, 20, 197 – 243.

[1254] Rejimin, T., and Bhanja, S. (2005) "Scalable probabilistic computing using Bayesian networks," Proceedings IEEE International Conference Robotics and Automation, pp. 712 – 715.

[1255] Geiger, D., and Heckerman, D. (1996) "Knowledge representation and inference in similarity networks and Bayesian multinets," Artificial Intelligence, 82, 45 – 74.

[1256] Sharif, H., Ellery, A., and Samson, C. (2012) "Autonomous rock identification based on image processing techniques," CASI ASTRO Conference 2012, Quebec City, Canada.

[1257] Sharif, H., Ellery, A., and Samson, C. (2012) "Strategies for sampling of planetary materials based on images," Proceedings Global Space Exploration Conference (GLEX) 2012, Washington, D. C. , 2012. 03. P. 6x12403.

[1258] Sharif, H. , Ralchenko, M. , Samson, C. , and Ellery, A. (2014) "Autonomous rock classification using Bayesian image analysis for rover – based planetary exploration," accepted byComputers & Geosciences.

[1259] Gallant, M. , Ellery, A. , and Marshall, J. (2011) "Science – influenced mobile robot guidance using Bayesian networks," Proceedings 24th Canadian Conference on Electrical and Computer Engineering, Canada.

[1262] Gallant, M. , Ellery, A. , and Marshall, J. (2013) "Rover – based autonomous science by probabilistic identification and evaluation," J. Intelligent & Robotic Systems, 72 (3), 591 – 613.

[1263] Gallant, M. , Ellery, A. , and Marshall, J. (2010) "Exploring salience as an approach to rover – based planetary exploration," Proceedings of ASTRO Conference, Toronto, Canada.

[1264] Ellery, A. , Wynn – Williams, D. , Parnell, J. , Edwards, H. , and Dickensheets, D. (2004) "The role of Raman spectroscopy as an astrobiological tool," J. Raman Spectroscopy, 35, 441 – 457.

[1265] Ellery, A. , and Wynn – Williams, D. (2003) "Why Raman spectroscopy on Mars? A case of the right tool for the right job," Astrobiology, 3 (3), 565 – 579.

[1266] Hanlon, E. , Manoharan, R. , Koo, T. – W. , Shafer, K. , Motz, J. , Fitzmaurice, M. , Kramer, J. , Itzkan, I. , Dasari, R. , and Feld, M. (2000) "Prospects for in – vivo Raman spectroscopy," Physiology & Medical Biology, 45, R1 – R59.

[1267] Ye, Z. (2005) "Artificial intelligence approach for biomedical sample characterization using Raman spectroscopy," IEEE Trans. Automation Science & Engineering, 2 (1), 67 – 73.

[1268] Markou, M. , and Singh, S. (2003) "Novelty detection: A review, Part 2: Neural network based approaches," Signal Processing, 83, 2499 – 2521.

[1270] Smith, T. , Niekum, S. , Thompson, D. , and Wettergreen, D. (2005) Concepts for Science Autonomy during Robotic Traverse and Survey (IEEEAC Paper 1249), Institute of Electrical and Electronic Engineers, Piscataway, NJ.

[1271] Desimone, R. , and Duncan, J. (1995) "Neural mechanisms of selective visual attention," Annual Reviews Neuroscience, 18, 193 – 222.

[1272] Tarabanis, K. , and Allen, P. (1995) "Survey of sensor planning in computer vision," IEEE Trans. Robotics & Automation, 11 (1), 86 – 104.

[1273] Abbott, A. (1992) "Survey of selective fixation control for machine vision," IEEE Control Systems, August, 25 – 31.

[1274] Itti, L. , Koch, C. , and Niebur, E. (1996) "Model of saliency – based visual attention for rapid scene analysis," IEEE Trans. Pattern Analysis & Machine Intelligence, 20 (11), 1254 – 1259.

[1275] Itti, L. (2004) "Automatic foveation for video compression using a neurobiological model of visual attention," IEEE Trans Image Processing, 13 (10), 1304 – 1318.

[1276] Lee, D. , Itti, L. , Koch, C. , and Braun, J. (1999) "Attention activates winner – takes – all competition among visual filters," Nature, 2 (4), 375 – 381.

[1277] Singer, W. , and Gray, C. (1995) "Visual feature integration and the temporal correlation hypothesis" Annual Reviews Neuroscience, 18, 555 – 586.

[1278] Henderson，J. (2003) "Human gaze control during real world scene perception," Trends in Cognitive Sciences, 7 (11), 498 – 504.

[1279] Fecteau，J. , and Munoz，D. (2006) "Salience, relevance and firing: A priority map for target selection," Trends in Cognitive Sciences, 10 (8), 382 – 389.

[1280] Sela，G. , and Levine，M. (1997) "Real – time attention for robotic vision," Real – Time Imaging, 3, 173 – 194.

[1281] Paletta，L. , and Pinz，A. (2000) "Active object recognition by view integration and reinforcement learning," Robotics & Autonomous Systems, 31, 71 – 86.

[1282] Buxton，H. , and Gong，S. (1995) "Visual surveillance in a dynamic and uncertain world," Artificial Intelligence, 78, 431 – 459.

[1283] de Croon，G. , Postma，E. , and van den Herik，H. (2005) "Situated model for sensorymotor coordination in gaze control," Pattern Recognition Letters, 27 (11), July, 1181 – 1190.

[1284] Torralba，A. , Oliva，A. , Castehano，M. , and Henderson，J. (2007) "Contextual guidance of eye movements and attention in real – world scenes: The role of global features on object search," Psychological Review, 113 (4), 766 – 786.

[1285] Ballard，D. , and Brown，C. (1992) "Principles of animate vision," CVGIP: Image Understanding, 56 (1), 3 – 21.

[1286] Frintrop，S. , Jensfelt，P. , and Christensen，H. (2006) "Attentional landmark selection for visual SLAM," Proceedings IEEE/RSJ International Conference Intelligent Robots and Systems, pp. 2582 – 2587.

[1287] Sebe，N. , and Lew，M. (2003) "Comparing salient point detectors," Pattern Recognition Letters, 24, 89 – 96.

[1288] Sebe，N. , Tian，Q. , Loupias，E. , Lew，M. , and Huang，T. (2003) "Evaluation of salient point techniques," Image & Vision Computing, 21, 1087 – 1095.

[1289] Treisman，A. , and Gelade，G. (1980) "Feature integration theory of attention," Cognitive Psychology, 12, 97 – 136.

[1290] Itti，L. , Koch，C. , and Niebur，E. (1998) "Model of saliency – based visual attention for rapid scene analysis," IEEE Trans. Pattern Analysis & Machine Intelligence, 20 (11), 1254 – 1259.

[1291] Schiavone，G. , Izzo，D. , Simoes，L. , and de Croon，G. (2012) "Autonomous spacecraft landing through human pre – attentive vision," Bioinspiration & Biomimetics, 7, 025007.

[1292] Gross，A. , Smith，B. , Muscettola，N. , Cannon，H. , Barrett，A. , Mjolssness，E. , Clancy，D. , and Dorais，G. (2002) "Advances in autonomous systems for space exploration missions," World Space Congress, Houston (IAC – 02 – U. 5. 03).

[1293] Michalski，R. (1989) "Pattern recognition as rule – guided inductive inference," IEEE Trans. Pattern Analysis & Machine Intelligence, 2 (4), 349 – 361.

[1294] Chien，S. et al. (1999) "Integrated planning and execution for autonomous spacecraft," Proceedings IEEE Aerospace Conference, Vol. 1, pp. 263 – 271.

[1295] Chien，S. et al. (1999) "Using iterative repair to increase the responsiveness of planning and scheduling for autonomous spacecraft," International Joint Conference Artificial Intelligence 99 (Workshop on Scheduling and Planning meet Real – time Monitoring in a Dynamic and Uncertain

World), Sweden, August.

[1296] Woods, M., Shaw, A., Barnes, D., Price, D., Long, D., and Pullan, D. (2009) "Autonomous science for an ExoMars rover‐like mission," J. Field Robotics, 26 (4), 358‐390.

[1297] Barnes, D., Pugh, S., and Tyler, L. (2009) "Autonomous science target identification and acquisition (ASTIA) for planetary exploration," International Conference Intelligent Robots and Systems, pp. 3329‐3335.

[1298] Norris, J., Powell, M., Vona, M., Backes, P., and Wick, J. (2005) "Mars exploration rover operations with the science activity planner," Proceedings IEEE International Conference on Robotics and Automation, pp. 4629‐4634.

[1300] Duda, R., and Shortliffe, E. (1983) "Expert systems research," Science, 220, 261‐268.

[1301] Ruckebusch, G. (1983) "Kalman filtering approach to natural gamma ray spectroscopy in well logging," IEEE Trans. Automatic Control, 28 (3), 372‐380.

[1302] Smith, T., Thompson, D., Wettergreen, D., Cabrol, N., Warren‐Rhodes, A., and Weinstein, S. (2007) "Life in the Atacama: Science autonomy for improving data quality," Journal of Geophysical Research, 112, G04S03.

[1303] Kumagai, J. (2006) "Halfway to Mars," IEEE Spectrum, March, pp. 33‐37.

[1304] Wettergreen, D., Cabrol, N., Baskaran, V., Calderon, F., Heys, S., Jonak, D., Luders, A., Pane, D., Smith, T., Teza, J. et al. (2005) "Second experiments in the robotic investigation of life in the Atacama desert of Chile," Proceedings International Symposium Artificial Intelligence Robotics and Automation in Space (iSAIRAS), Munich, Germany (ESA SP‐603), ESA, Noordwijk, The Netherlands.

[1305] Warren‐Rhodes, K., Weinstein, S., Piatek, J., Dohm, J., Hock, A., Minkley, E., Pane, D., Ernst, A., Fisher, G., Emani, S. et al. (2007) "Robotic ecological mapping: Habitats and the search for life in the Atacama Desert," Journal of Geophysical Research, 112, G04S06.

[1306] Cabrol, N., Wettergreen, D., Warren‐Rhodes, K., Grin, E., Moersch, J., Diaz, G., Cockell, C., Coppin, P., Demergasso, C., Dohm, J. et al. (2007) "Life in the Atacama: Searching for life with rovers (science overview)," Journal of Geophysical Research, 112, G04S02, 1‐25.

[1307] Cabrol, N., Bettis, E., Glenisyter, B., Ching, G., Herrera, C., Jensen, A., Pereira, M., Stoker, C., Grin, E., Landheim, R. et al. (2001) "Nomad rover field experiment, Atacama Desert, Chile, 2: Identification of palaeolife evidence using a robotic vehicle: Lessons and recommendations for a Mars sample return mission," Journal of Geophysical Research, 106 (E4), 7807‐7815.

[1308] Arvidson, R., Squyres, S., Baumgartner, E., Schenker, P., Neibur, C., Larsen, K., Seelos, F., Snider, N., and Jolliff, B. (2002) "FIDO prototype Mars rover field trials, Black Rock Summit, Nevada, as a test of the ability of robotic mobility systems to conduct field science," Journal of Geophysical Research, 107 (E11), 2‐1‐2‐16.

[1309] Mumma, M., Villanueva, G., Novak, R., Hewagama, T., Boney, B., DiSanti, M., Mandell, A., and Smith, M. (2009) "Strong release of methane on Mars in northern summer 2003," Science, 323, 1040‐1041.

[1310] Formisano, V., Atreya, S., Encrenaz, T., Ignatiev, N., and Giuranna, M. (2004) "Detection of methane in the atmosphere of Mars," Science, 306, 158 – 161.

[1311] Zahnle, K., Freedman, R., and Catling, D. (2011) "Is there methane on Mars?" Icarus, 212 (2), 483 – 503.

[1312] Cloutis, E., Whyte, L., Qadi, A., Ellery, A. et al. (2012) "Mars methane analogue mission (M3): Results of the 2011 field deployment," Lunar and Planetary Sciences Conference (LPSC).

[1313] Cloutis, E., Qadi, A., Ellery, A. et al. (2013) "Mars methane analogue mission (M3): Results of the 2012 field deployment," Lunar & Planetary Science Conference 44, abstract 1579.

[1314] Ellery, A., Nicol, C., and Cloutis, E. (2012) Scent of Science: Model Creation for Odour Based Control of Robotic Vehicles (ESA Advanced Concepts Team Report 11 – 6301), European Space Agency, Noordwijk, The Netherlands.

[1315] Krasnopolsky, V., Maillard, J., and Owen, T. (2004) "Detection of methane in the Martian atmosphere: Evidence for life?" Icarus, 172, 537 – 547.

[1316] Christensen, P., and the THEMIS Team (2003) "Morphology and composition of the surface of Mars: Mars Odyssey THEMIS results," Science, 300, 2056 – 2061.

[1317] Chastain, B., and Chevrier, V. (2007) "Methane clathrate hydrates as a potential source for martian atmospheric methane," Planetary & Space Science, 55, 1246 – 1256.

[1318] Parnell, J., Boyce, A., and Blamey, N. (2010) "Follow the methane: The search for a deep biosphere and the case for sampling serpentinites on Mars," Int. J. Astrobiology, 9 (4), 193 – 200.

[1319] Murlis, J., Elkington, J., and Carde, R. (1992) "Odour plumes and how insects use them," Annual Reviews in Entomology, 37, 505 – 532.

[1320] Kowadlo, G., and Russell, R. (2008) "Robot odour localization: A taxonomy and survey," Int. J. Robotics Research, 27 (8), 869 – 894.

[1321] Balkovsky, E., and Shraiman, B. (2002) "Olfactory search at high Reynolds number," Proc. National Academy Sciences, 99 (20), 12589 – 12593.

[1322] Russell, R., Bab – Hadiashar, A., Shepherd, R., and Wallace, G. (2003) "Comparison of reactive robot chemotaxis algorithms," Robotics & Autonomous Systems, 45, 83 – 97.

[1323] Passino, K. (2002) "Biomimicry of bacterial foraging for distributed optimization and control," IEEE Control Systems Magazine, June, 52 – 67.

[1324] Shraiman, B., and Siggia, E. (2000) "Scalar turbulence," Nature, 405, 639 – 646.

[1325] Kowadlo, G., and Russell, R. (2006) "Using naïve physics for odour localization in a cluttered indoor environment," Autonomous Robotics, 20, 215 – 230.

[1326] Vergassola, M., Villermaux, E., and Shraiman, B. (2007) "Infotaxis as a strategy for searching without gradients," Nature, 445, 406 – 409.

[1327] Kanzaki, R. (1996) "Behavioural and neural basis of instinctive behaviour in insects: Odour – source searching strategies without memory and learning," Robotics & Autonomous Systems, 18, 33 – 43.

[1328] Farrell, J., Pang, S., and Li, W. (2005) "Chemical plume tracing via an autonomous underwater vehicle," IEEE J. Oceanic Engineering, 30 (2), 428 – 442.

[1329] Martinez, D., Rochel, O., and Hugues, E. (2006) "Biomimetic robot for tracking specific odours in turbulent plumes," Autonomous Robots, 20, 185 – 195.

[1330] De Croon, G., O'Connor, L., Nicol, C., and Izzo, D. (2013) "Evolutionary robotics approach to odour source localisation," Neurocomputing, 121, 481 – 487.

[1331] Vergassola, M. , Villermaux, E. , and Sharaiman, B. (2007) "Infotaxis as a strategy for searching without gradients," Nature, 445, 406 – 409.

[1332] Moraud, E. , and Martinez, D. (2010) "Effectiveness and robustness of robot infotaxis for searching in dilute conditions," Frontiers in Neurorobotics, 4, March, 1 – 8.

[1333] Ellery, A. , Nicol, C. , and Cloutis, E. (2014) "Chasing methane plumes on Mars," submitted toJ. British Interplanetary Society.

[1334] Farrell, J. , Pang, S. , and Li, W. (2003) "Plume mapping via hidden Markov methods," IEEE Trans. on Systems Man and Cybernetics—B: Cybernetics, 33 (6), 850 – 863.

[1337] Pang, S. , and Farrell, J. (2006) "Chemical plume source localization," IEEE Trans. on Systems Man & Cybernetics—B: Cybernetics, 36 (5), 1068 – 1080.

[1338] Ferri, G. , Jakuba, M. , Caselli, E. , Mattoli, V. , Mazzolai, B. , Yoerger, D. , and Dario, P. (2007) "Localizing multiple gas/odour sources in an indoor environment using Bayesian occupancy grid mapping," Proceedings IEEE/RSJ International Conference on Intelligent Robots and Systems, pp. 566 – 571.

[1339] Qadi, A. , Cloutis, E. , Whyte, L. , Ellery, A. , Bell, J. , Berard, G. , Boivin, A. , Haddad, E. , Jamroz, W. , Kruzelecky, R. et al. (2012) "Mars methane analogue mission: Rover operations at Jeffrey mine deployment," CASI ASTRO Conference 2012, Quebec City, Paper No. 189.

[1340] Qadi, A. , Cloutis, E. , Whyte, L. , Ellery, A. , Bell, J. , Berard, G. , Boivin, A. , Haddad, E. , Jamroz, W. , Kruzelecky, R. et al. (2012) "Mars methane analogue mission: Mission simulation and rover operations at Jeffery Mine deployment," Advances in Space Research, 55 (10), 2414 – 2426.

[1342] Nicol, C. , Ellery, A. , Cloutis, E. , and de Croon, G. (2012) "Sniffing as a strategy for detecting life on Mars," Proceedings Global Space Exploration Conference (GLEX) 2012, Washington, D. C. , 2012. 08. 1. 8x12332.

[1343] Horvath, J. , Carsey, F. , Cutts, J. , Jones, J. , Johnson, E. , Landry, B. , Lane, L. , Lynch, G. , Jezek, K. , Chela – Flores, J. et al. (1997) "Searching for ice and ocean biogenic activity on Europa and Earth," Proceedings SPIE 3111, Instruments, Methods and Missions for the Investigation of Extraterrestrial Microorganisms, pp. 490 – 500.

[1344] Stillwagen, F. (2002) "Exobiological exploration of Europa (E3): Europa lander," Proceedings 53rd Internatonal Astronautical Congress, Houston, TX (Paper IAC – 02 – Q. 2. 04).

[1345] Di Pippo, S. , Mugnuolo, R. , Vielmo, P. , and Prendin, W. (1999) "Exploitation of Europa ice and water basins: An assessment on required technological developments, on system design approaches and on relevant expected benefits to space and Earth based activities," Planetary & Space Science, 47, 921 – 933.

[1346] Chyba, C. (2002) "Searching for life on Europa from a spacecraft lander," inSigns of Life: A Report Based on the April 2000 Workshop on Life Detection Techniques, National Research Council, National Academies Press, Washington, D. C. , pp. 86 – 90.

[1347] Zimmerman, W. (1999) "Europa: Extreme communication technologies for extreme conditions," JPL Deep Space Communication and Navigation Symposium.

[1348] Powell, J., Maise, G., and Paniagua, J. (2001) "Self – sustaining Mars colonies utilizing the north polar cap and the Martian atmosphere," Acta Astronautica, 48 (5/12), 737 – 765.

[1349] Powell, J., Maise, G., and Paniagua, J. (2005) "NEMO: A mission to search for and return to Earth possible life forms on Europa," Acta Astronautica, 57, 579 – 593.

[1350] Atkinson, D.. (1999) "Autonomy technology challenges of Europa and Titan exploration missions," Proceedings Fifth International Symposium Artificial Intelligence Robotics and Automation in Space (ESA SP – 440), ESA, Noordwijk, The Netherlands, pp. 175 – 181.

[1351] Carsey, F., Chen, G – S., Cutts, J., French, L., Kern, R., Lane, A., Stolorz, P., and Zimmerman, W. (2000) "Exploring Europa's ocean: A challenge for marine technology of this century," Marine Technology Society J., 33 (4), 5 – 12.

[1352] Bruhn, F., Carsey, F., Kohler, J., Mowlem, M., German, C., and Behar, A. (2005) "MEMS enablement and analysis of the miniature autonomous submersible explorer," IEEE J Oceanic Engineering, 30 (1), 165 – 178.

[1353] Priede, I., Bagley, P., Armstrong, J., Smith, K., and Merrett, N. (1991) "Direct measurement of active dispersal of food – falls by deep – sea demersal fishes," Nature, 351, 647 – 649.

[1354] Bagley, P., Bradley, S., Priede, I., and Gray, P. (1999) "Measurement of fish movements at depths to 6000m using a deep – ocean lander incorporating a short baseline sonar utilizing miniature code – activated transponder technology," Measurement Science & Technology, 10, 1214 – 1221.

[1355] Bailey, D., Jamieson, A., Bagley, P., Collins, M., and Priede, I. (2002) "Measurement of in situ oxygen consumption of deep – sea fish using an autonomous lander vehicle" Deep Sea Research I, 49, 1519 – 1529.

[1356] Leonard, N. (1995) " " Control synthesis and adaptation of an underactuated autonomous underwater vehicle," IEEE J. Oceanic Engineering, 20 (3), 211 – 220.

[1357] Ballard, R. (1993) "Medea/Jason remotely operated vehicle system," Deep Sea Research 1, 40, 1673 – 1687.

[1358] Schubak, G., and Scott, D. (1995) "Techno – economic comparison of power systems for autonomous underwater vehicles," IEEE J. Oceanic Engineering, 20 (1), 94 – 100.

[1359] Eriksen, C., Osse, T., Light, R., Wen, T., Lehman, T., Sabin, P., Ballard, J., and Chiodi, A. (2001) "Seaglider: A long – range autonomous underwater vehicle for oceanographic research," IEEE J. Oceanic Engineering, 26 (4), 424 – 436.

[1360] Vaneck, T., Scire – Scappuzzo, F., Hunter, A., and Joshi, P. (2000) System of Mesoscale Biomimetic Roboswimmers for Underwater Exploration and Search for Life on Europa (NIAC Final Report NAS5 – 98051/PSI – 1337/TR – 1723), NASA Institute for Advanced Concepts, Atlanta, GA.

[1361] Perry Slingsby Systems (2002) Triton MRVd5 ROV System Technical Specification (A865 – 000 – 004), Perry Slingsby Systems Ltd., York, U. K.

[1362] Brighenti, A. (1990) "Parametric analysis of the configuration of autonomous underwater vehicles," IEEE J. Oceanic Engineering, 15 (3), 179 – 188.

[1363] Gad – El – Hak, M (1996) "Compliant coatings: A decade of progress," Applied Mechanics Review, 49 (10/2), S147 – S157.

[1364] Webb, P. (2004) "Maneuverability: General issues," IEEE J. Oceanic Engineering, 29 (3), 547 – 555.

[1365] Bandyopadhyay, P. (2005) "Trends in biorobotic autonomous undersea vehicles," IEEE J. Oceanic Engineering, 30 (1), 109 – 139.

[1366] Sfakiotakis, M., Lane, D., and Davies, J. (1999) "Review of fish swimming modes for aquatic locomotion," IEEE J. Oceanic Engineering, 24 (2), 237 – 252.

[1367] Colgate, J., and Lynch, K. (2004) "Mechanics and control of swimming: A review," IEEE J. Oceanic Engineering, 29 (3), 660 – 673.

[1368] Yu, J., Tan, M., Wang, S., and Chen, E. (2004) "Development of a biomimetic robot fish and its control algorithm," IEEE Trans. Systems Man & Cybernetics B: Cybernetics, 34 (4), 1798 – 1810.

[1369] Sayers, C., Paul, R., Whitcomb, L., and Yoerger, D. (1998) "Teleprogramming for subsea teleoperation using acoustic communication," IEEE J. Oceanic Engineering, 23 (1), 60 – 71.

[1370] Kilfoyle, D., and Baggeroer, A. (2000) "State of the art in underwater acoustic telemetry," IEEE J. Oceanic Engineering, 25 (1), 4 – 27.

[1371] Stojanovic, M. (1996) "Recent advances in high speed underwater acoustic communications," IEEE J Oceanic Engineering, 21 (2), 125 – 136.

[1372] Cox, R., and Wei, S. (1995) "Advances in the state of the art for AUV inertial sensors and navigation systems," IEEE J. Oceanic Engineering, 20 (4), 361 – 366.

[1373] Whitcomb, L., Yoerger, D., Singh, H., and Howland, J. (1999) "Advances in underwater robot vehicles for deep ocean exploration: Navigation, control and survey operations," Proceedings Ninth International Symposium Robotics Research.

[1374] Helweg, D., Moore, P., Martin, S., and Dankiewicz, L. (2006) "Using a binaural biomimetic array to identify bottom objects ensonified by echolocating dolphins," Bioinspiration & Biomimetics, 1, 41 – 51.

[1375] Jonsson, J., Edquist, E., Kratz, H., Almqvist, M., and Thornell, G. (2010) "Simulation, manufacturing and evaluation of a sonar for a miniaturized submersible explorer," IEEE Trans. Ultrasonics, Ferroelectrics & Frequency Control, 57 (2), 490 – 495.

[1376] Feng, T – J., Li, X., Ji, G – R., Zheng, B., Zhang, H – Y., Wang, G – Y., and Zheng, G – X. (1996) "New laser scanning sensing technique for underwater engineering inspection," Artificial Intelligence in Engineering, 10, 363 – 368.

[1377] Webb, P. (2004) "Maneuverability: General issues," IEEE J. Oceanic Engineering, 29 (3), 547 – 555.

[1379] Dumlu, D., and Istefanopulos, Y. (1995) "Design of an adaptive controller for submersibles via multimodel gain scheduling," Ocean Engineering, 22 (6), 593 – 614.

[1380] Antonelli, G., Caccavale, F., Chiaverini, S., and Villani, L. (2000) "Tracking control for underwater vehicle – manipulator systems with velocity estimation," IEEE J. Oceanic Engineering, 25 (3), 399 – 413.

[1381] Caccia, M., Bono, R., Bruzzone, G., and Veruggio, G. (1999) "Variable – configuration UUVs for marine science applications," IEEE Robotics & Automation Magazine, June, 22 – 32.

[1382] Yoerger, D., Cooke, J., and Slotine, J. - J. (1990) "Influence of thruster dynamics on underwater vehicle behaviour and their incorporation into control system design," IEEE J. Oceanic Engineering, 15 (3), 167 - 178.

[1383] Caccia, M., and Veruggio, G. (2000) "Guidance and control of a reconfigurable unmanned underwater vehicle," Control Engineering Practice, 8, 21 - 37.

[1384] Yoerger, D., and Slotine, J. - J. (1985) "Robust trajectory control of underwater vehicles," IEEE J. Oceanic Engineering, 10 (4), 462 - 470.

[1385] Yuh, J., and Gonugunta, K. (1993) "Learning control of underwater robotic vehicles," IEEE International Conference Robotics and Automation, pp. 106 - 111.

[1386] Yuh, J. (1990) "Neural net controller for underwater robotic vehicles," IEEE J. Oceanic Engineering, 15 (3), 161 - 166.

[1387] Fjellstad, O. - E., and Fossen, T. (1994) "Position and attitude tracking of AUVs: A quaternion feedback approach," IEEE J. Oceanic Engineering, 19 (4), 512 - 518.

[1388] Yoerger, D., and Slotine, J. (1985) "Robust trajectory control of underwater vehicles" IEEE J. Oceanic Engineering, 10 (4), 462 - 470.

[1389] Yuh, J., and Lakshmi, R. (1993) "Intelligent control system for remotely operated vehicles," IEEE J. Oceanic Engineering, 18 (1), 55 - 62.

[1390] Van de Ven, P., Flanagan, C., and Toal, D. (2005) "Neural network control of underwater vehicles," Engineering Applications of Artificial Intelligence, 18, 533 - 547.

[1391] Whitcomb, L., and Yoerger, D. (1999) "Preliminary experiments in model - based thruster control for underwater vehicle positioning," IEEE J. Oceanic Engineering, 24 (4), 495 - 506.

[1392] Healey, A., Rock, S., Cody, S., Miles, D., and Brown, J. (1995) "Towards an improved understanding of thruster dynamics for underwater vehicles," IEEE J. Oceanic Engineering, 20 (4), 354 - 361.

[1393] Bachmayer, R., Whitcomb, L., and Grosenbaugh, M. (2000) "Accurate four - quadrant nonlinear dynamical model for marine thrusters: Theory and experimental validation," IEEE J. Oceanic Engineering, 25 (1), 146 - 159.

[1394] Fossen, T., and Blanke, M. (2000) "Nonlinear output feedback control of underwater vehicle propellers using feedback from estimated axial flow velocity," IEEE J. Oceanic Engineering, 25 (2), 241 - 255.

[1395] Driscoll, F., Lueek, R., and Nahon, M. (2000) "Development and validation of a lumped - mass dynamics model of a deep - sea ROV system," Applied Ocean Research, 22, 169 - 182.

[1396] Hsu, L., Costa, R., Lizarralde, F., and da Cunha, J. (2000) "Dynamic positioning of remotely operated underwater vehicles," IEEE Robotics & Automation Magazine, September, 21 - 31.

[1397] Antonelli, G., Chiaverini, S., and Sarkar, N. (2001) "External force control for underwater vehicle - manipulator systems," IEEE Trans. Robotics & Automation, 17 (6), 931 - 938.

[1397] Ellery, A. (2004) "Robotic on - orbit servicers—the need for control moment gyroscopes for attitude control," Aeronautical J., 108 (2), 207 - 214.

[1398] Yuh, J. (1990) "Modelling and control of underwater robotic vehicles," IEEE Trans. Systems Man & Cybernetics, 20 (6), 1475 - 1483.

[1399] Ellery, A. (2004) "Robotic on - orbit servicers—the need for control moment gyroscopes for attitude control," Aeronautical J., 108 (2), 207 - 214.

[1399] McMillan, S., Orin, D., and McGhee, R. (1994) "Efficient dynamic simulation of an unmanned underwater vehicle with a manipulator," Proceedings IEEE International Conference Robotics & Automation, pp. 1133 - 1140.

[1400] Dunnigan, M., and Russell, G. (1998) "Evaluation and reduction of the dynamic coupling between a manipulator and an underwater vehicle," IEEE J. Oceanic Engineering, 23 (3), 260 - 273.

[1401] McIsaac, K., and Ostrowski, J. (1999) "Geometric approach to anguilliform locomotion: Modeling of an underwater eel robot," Proceedings IEEE International Conference Robotics & Automation, pp. 2843 - 2848.

[1402] Lynch, B., and Ellery, A. (2014) "Efficient control of an AUV vehicle - manipulator system: An application for the exploration of Europa," IEEE J. Oceanic Engineering, 39 (3), 552 - 570.

[1403] Ellery, A. (2004) "An engineering approach to the dynamic control of space robotic on - orbit servicers," Proc. Inst. Mech. Engineers, Part G: Aerospace Engineering, 218, 79 - 98.

[1404] Canudas de Wit, C., Diaz, E., and Perrier, M. (2000) "Nonlinear control of an underwater vehicle/manipulator with composite dynamics," IEEE Trans. Control Systems Technology, 8 (6), 948 - 960.

[1405] Ryu, J - H., Kwon, D - S., and Lee, P - M. (2001) "Control of underwater manipulators mounted on an ROV using base force information," Proceedings IEEE International Conference Robotics and Automation, pp. 3238 - 3243.

[1406] Sarkar, N., and Podder, T. (2001) "Coordinated motion planning and control of autonomous underwater vehicle - manipulator systems subject to drag optimization," IEEE J. Oceanic Engineering, 26 (2), 228 - 239.

[1407] Antonelli, G., Caccavale, F., and Chiaverini, S. (2004) "Adaptive tracking control of underwater vehicle - manipulator systems based on the virtual decomposition approach," IEEE Trans. Robotics & Automation, 20 (3), 594 - 602.

[1408] Elliott, J., and Waite, J. (2010) "In - situ missions for the exploration of Titan's lakes," J. British Interplanetary Society, 63, 376 - 383.

[1409] Morrow, M., Woolsey, C., and Hagerman, G. (2006) "Exploring Titan with buoyancydriven gliders," J. British Interplanetary Society, 59, 27 - 34.

[1410] Stevenson, D. (2003) "Mission to Earth's core: A modest proposal," Nature, 423, 239 - 240.

[1411] Ellis - Evans, J. C. (2001) "Sub - glacial Lake Vostok: A possible analogue for a Europan ocean?" J. British Interplanetary Society, 54, 159 - 168.

[1412] Studinger, M., Karner, G., Bell, R., Levin, V., Raymond, C., and Tikku, A. (2003) "Geophysical models for the tectonic framework of the Lake Vostok region, East Antarctica," Earth & Planetary Sciences, 216, 663 - 677.

[1413] Siegert, M. (2000) "Antarctic subglacial lakes," Earth - Science Reviews, 50, 29 - 50.

[1414] Siegert, M., Carter, S., Tabacco, I., Popov, S., and Blankenship, D. (2005) "Revised inventory of Antarctic subglacial lakes," Antarctic Science, 17 (3), 453 - 460.

[1415] Siegert, M. (2000) "Antarctica's Lake Vostok," American Scientist, 87, November/ December,

511 – 517.

[1416] Souchez, R., Petit, J., Tison, J – L., Jouzel, J., and Verbeke, V. (2000) "Ice formation in subglacial Lake Vostok, Central Antarctica," Earth & Planetary Science Letters, 181, 529 – 538.

[1417] Abyzov, S., Miskevich, I., Poglazona, M., Barkov, N., Lipenkov, V., Bobin, N., Koudryashov, B., Pashkevich, V., and Ivanov, M. (2001) "Microflora in the basal strata at Antarctica ice core above the Vostok lake," Advances in Space Research, 28 (4), 701 – 706.

[1418] Priscu, J., Fritsen, C., Adams, E., Giovannoni, S., Paerl, H., McKay, C., Doran, P., Gordon, D., Lanoil, B., and Pinckney, J. (1998) "Perennial Antarctic lake ice: An oasis for life in a polar desert," Science, 280, 2095 – 2098.

[1419] Price, B. (2000) "Habitat for psychrophiles in deep Antarctic ice," Proc. National Academy Sciences, 97 (3), 1247 – 1251.

[1420] Siegert, M., Ellis – Evans, J., Tranter, M., Mayer, C., Petit, J – R., Salamatini, A., and Priscu, J. (2001) "Physical, chemical and biological processes in Lake Vostok and other Antarctic subglacial lakes," Nature, 414, 603 – 609.

[1421] Siegert, M., Hindmarsh, R., Corr, H., Smith, A., Woodward, J., King, E., Payne, A., and Joughin, I. (2004) "Subglacial Lake Ellsworth: A candidate for in situ exploration in West Antarctica," Geophysical Research Letters, 31, L23404.

[1422] Siegert, M., Ellery, A., and the Lake Ellsworth Consortium (2006) "Exploration of Ellsworth subglacial lake: A concept for the development, organization and execution of an experiment to explore, measure and sample the environment of a West Antarctic subglacial lake," Reviews in Environmental Science & Biotechnology, 6 (1/3), 161 – 179.

[1423] Behar, A. et al. (2001) "Antarctic ice borehole probe," IEEE Proc. Aerospace Conf., 1, 325 – 330.

[1424] Paulson, L. (2004) "Biomimetic robots," IEEE Computer, September, 48 – 53.

[1425] Ellery, A. et al. (2004) Bionics and Space Systems, Design 1: Overview of Biomimetics Technology (ESA – ESTEC Technical Note 1, ESA Contract No. 18203/04/NL/PA), ESA/ESTEC, Noordwijk, The Netherlands.

[1426] Ellery, A. et al. (2005) Bionics and Space Systems, Design 3: Application of Biomimetics to Space Technology (ESA – ESTEC Technical Note 3, ESA Contract No. 18203/04/NL/ PA), ESA/ESTEC, Noordwijk, The Netherlands.

[1427] Menon, C., Ayre, M., and Ellery, A. (2006) "Biomimetics: A new approach to space systems design," ESA Bulletin, 125, February, 21 – 26.

[1428] Bar – Cohen, Y. (2006) "Biomimetics: Using nature to inspire human innovation," Bioinspiration & Biomimetics, 1, P1 – P12.

[1429] Webb. B. (2002) "Robots in invertebrate neuroscience," Nature, 417, 359 – 363.

[1430] Thakoor, S. (2000) "Bio – inspired engineering of exploration systems," J. Space Mission Architecture, Fall, 49 – 79.

[1431] Beer, R., Chiel, H., Quinn, R., and Ritzmann, R. (1998) "Biorobotic approaches to the study of motor systems," Current Opinion in Neurobiology, 8, 777 – 782.

[1432] Menon, C., Broschart, M., and Lan, N. (2007) "Biomimetics and robotics for space applications:

Challenges and emerging technologies," Proceedings IEEE International Conference Robotics &
Automation: Workshop on Biomimetic Robotics.

[1433] Ellery, A. , and Cockell, C. (2006) "Bio - inspired microrobots for support of exploration from a
Mars polar station" in C. Cockell (Ed.), Project Boreas: A Station for the Martian Geographic
Pole, British Interplanetary Society, London.

[1434] McGeer, T. (1990) "Passive dynamic walking," Int. J. Robotics Research, 9 (2), 62 - 82.

[1435] Scott, G. , and Ellery, A. (2005) "Using Bekker theory as the primary performance metric for
measuring the benefits of legged locomotion over traditional wheeled vehicles for planetary robotic
explorers," Proceedings Space 2005, Long Beach, California (AIAA - 2005 - 6736), American
Institute of Aeronautics and Astronautics, Washington, D. C.

[1436] Graham, D. (1985) "Pattern and control of walking in insects," Advances in Insect Physiology,
18, 31 - 140.

[1437] Celaya, E. , and Porta, J. (1998) "Control structure for the locomition of a legged robot on difficult
terrain," IEEE Robotics & Automation Magazine, June, 43 - 51.

[1438] Waldron, K. , Volinout, V. , Peng, A. , and McGhee, R. (1984) "Configuration design of the
Adaptive Suspension Vehicle," Int. J. Robotics Research, 3 (2), 37 - 48.

[1439] Song, S - M. , and Waldron, K. (1987) "Analytical approach for gait study and its applications on
wave gaits," Int. J. Robotics Research, 6 (2), 60 - 71.

[1440] Bay, J. , and Hemami, H. (1987) "Modelling of a neural pattern generator with coupled nonlinear
oscillators," IEEE Trans. Biomedical Engineering, 34 (4), 297 - 306.

[1441] Venkataraman, S. (1997) "Simple legged locomotion gait model," Robotics & Autonomous
Systems, 22, 75 - 85.

[1442] Celaya, E. , and Porta, J. (1998) "Control structure for the locomotion of a legged robot on difficult
terrain," IEEE Robotics & Automation Magazine, June, 43 - 51.

[1443] Galvez, J. , Estremera, J. , and de Santos, P. (2003) "New legged - robot configuration for
research in force distribution," Mechatronics, 13, 907 - 932.

[1444] Full, R. (2000) "Biological inspiration: Lessons from many - legged locomotors," International
Symposium Robotics Research, pp. 337 - 342.

[1445] Juinenez, M. , and Gonzalez de Santos, P. (1998) "Attitude and position control method for realistic
legged vehicles," Robotics & Autonomous Systems, 18, 345 - 354.

[1446] Klein, C. , Olson, K. , and Pugh, D. (1983) "Use of force and attitude sensors for locomotion of a
legged vehicle rover over irregular terrain," Int. J. Robotics Research, 2 (3), 3 - 17.

[1447] Zielinka, T. , and Heny, J. (2002) "Development of a walking machine: Mechanical design and
control problems," Mechatronics, 12, 737 - 754.

[1448] Pfeiffer, F. , Eltze, J. , and Weidenmaron, H. (1995) "Six legged technical walking considering
biological principles," Robotics & Autonomous Systems, 16, 223 - 232.

[1449] Klassen, B. , Linneman, R. , Spenneberg, D. , and Kirchner, F. (2001) "Biomimetic walking robot
scorpion: Control and modelling," Proceedings ASME Design Engineering Technical Conference,
pp. 1105 - 1112.

[1450] Waldron, K. (1995) "Terrain adaptive vehicles," Trans. ASME, Spec 50th Anniversary Design

Issue，117，June，107 - 112.

[1451] Waldron，K. (1985) "Mechanics of mobile robots," Proceedings International Conference Advanced Robotics (ICAR) 85，Tokyo，Japan，September 1985，pp. 533 - 544.

[1452] Krotkov，E. et al. (1995) "Ambler: Performance of a six - legged planetary rover," Acta Astronautica，35 (1)，75 - 81.

[1453] Bares，J.，and Wethergreen，D. (1999) "Dante Ⅱ: Technical description，results and lessons learned," Int. J. Robotics Research，18 (7)，621 - 649.

[1454] Guccione，S.，and Muscato，G. (2003) "Wheeleg robot," IEEE Robotics & Automation Magazine，December，33 - 43.

[1455] Lacagnina，M.，Muscato，G.，and Sinatra，R. (2003) "Kinematics，dynamics and control of a hybrid robot Wheeleg," Robotics & Autonomous Systems，45，161 - 180.

[1456] Hemle，A. et al. (2000) "Hybrid locomotion of wheel - legged machine," Proceedings Third International Conference on Climbing and Walking Robots，Madrid，pp. 167 - 173.

[1457] Hemle，A. et al. (1999) "Development of Work Partner robot: Design of actuating and motion control system," Climbing and Walking Robot Conference (CLAWAR 99)，September，Portsmouth，U. K.

[1458] Lepannen，I. et al. (1998) "Work Partner: HUT Automation's new hybrid walking machine," Climbing and Walking Robots Conference (CLAWAR 98)，Brussels，Belgium.

[1462] Bogatchev，A.，Gromov，V.，Koutcherenko，V.，Matrossov，S.，Petriga，V.，Solomnikov，V.，and Fedoseev，S. (2000) "Walking and wheel - walking robots," Climbing and Walking Robots Conference (CLAWAR 2000).

[1463] Genta，G.，and Amati，N. (2004) "Mobility on planetary surfaces: May walking machines be a viable alternative," Planetary & Space Sciences，52，31 - 40.

[1464] Amati，N.，Genta，G.，and Reyner，L. (2002) "Three - rigid - frames walking planetary rovers: A new concept," Acta Astronautica，50 (12)，729 - 736.

[1465] Brooks，R.，and Flynn，A. (1989) "Fast，cheap and out of control: A robot invasion of the solar system," J. British Interplanetary Society，42，478 - 485.

[1466] Hill，W.，Mausli，P. - A.，Estier，T.，Huber，R.，and van Winnendael，M. (2000) "Using microtechnologies to build micro - robot systems," Advanced Space Technologies for Robotics and Automation (ASTRA 2000).

[1467] Bekker，M. (1985) "Development of a moon rover," J. British Interplanetary Society，38，537 - 543.

[1468] Hirose，S.，and Morishima，A. (1990 "Design and control of a mobile robot with an articulated body," Int. J. Robotics Research，9 (2)，99 - 114.

[1469] Hirose，S. et al. (1995) "Fundamental considerations for the design of a planetary rover," IEEE International Conference Robotics and Automation，pp. 1939 - 1944.

[1470] Chirikjian，G. (1995) "Kinematics of hyper - redundant robot locomotion," IEEE Trans. Robotics & Automation，11 (6)，781 - 793.

[1471] Chirikjian，G.，and Burdick，J. (1991) "Kinematics of hyper - redundant robot locomotion with applications to grasping," Proceedings IEEE International Conference Robotics and Automation， pp. 720 – 725.

[1472] Klaasen, B. , and Paap, K. (1999) "GMD – SNAKE2: A snake – like robot driven by wheels and a method for motion," Proceedings IEEE International Conference Robotics & Automation, pp. 3014 – 3019.

[1473] Rincon, D. , and Sotelo, J. (2003) "Ver – Vite: Dynamic and experimental analysis for inchworm – like biomimetic robots," IEEE Robotics & Automation Magazine, December, 53 – 57.

[1474] Kim, B. , Lee, M. , Lee, Y. , Kim, Y. , and Lee, G. (2006) "Earthworm – like micro – robot using shape memory alloy actuator," Sensors & Actuators A, 125, 429 – 437.

[1475] Kim, J. , Kim, J. , and Choi, S. (2002) "A hybrid inchworm linear motor," Mechatronics, 12, 525 – 542.

[1476] Lee, S. , and Esashi, M. (1995) "Design of the electrostatic linear microactuator based on the inchworm motion," Mechatronics, 5 (8), 963 – 972.

[1477] Chu, B. , Jung, K. , Han, C – S. , and Hong, D. (2010) "Survey of climbing robots: Locomotion and adhesion," Int. J. Precision Engineering & Manufacturing, 11 (4), 633 – 647.

[1478] Soper, N. (2005) "Biomimetic approach to the design of a climbing robot for planetary exploration," Second Mars Expedition Planning Workshop, Abstract.

[1479] Sitti, M. , and Fearing, R. (2003) "Synthetic gecko foot – hair micro/nano – structures for future wall – climbing robots," IEEE International Conference Robots & Automation, pp. 1164 – 1170.

[1480] Bretl, T. , Miller, T. , Rock, S. , and Latombe, J – C. (2003) "Climbing robots in natural terrain," Proceedings International Symposium Artificial Intelligence & Robotics in Space, Nara, Japan.

[1481] Linder, S. , Wei, E. , and Clay, A. (2005) "Robotic rock climbing using computer vision and force feedback," Proceedings IEEE International Conference Robotics & Automation, pp. 4685 – 4689.

[1482] Behar, A. , Matthews, J. , Carsey, F. , and Jones, J. (2004) "NASA/JPL Tumbleweed polar rover," IEEE Aerospace Conference, Big Sky, MT, 0 – 7803 – 8155 – 6/4.

[1483] Antol, J. , Calhoun, P. , Flick, J. , Hajos, G. , Kolacinski, R. , Minton, D. , Owens, R. , and Parker, J. (2003) Low Cost Mars Surface Exploration: The Mars Tumbleweed (NASA TM – 2003 – 212411), NASA, Washington, D. C.

[1484] Yoshimitsu, T. , Kubota, T. , Nakatani, I. , Adachi, T. , and Saito, H. (2003) "Microhopping robot for asteroid exploration," Acta Astronautica, 52, 441 – 446.

[1485] Richter, L. (1998) "Principles for robotic mobility on minor solar system bodies," Robotics & Autonomous Systems, 23, 117 – 124.

[1486] Shafirovitch, E. , Saloman, M. , and Gokalp, I. (2006) "Mars hopper versus Mars rover," Acta Astronautica, 59, 710 – 716.

[1487] Armour, R. , Paskins, K. , Bowyer, A. , Vincent, J. , and Megill, W. (2007) "Jumping robots: A biomimetic solution to locomotion across rough terrain," Bioinspiration & Biomimetics, 2, S65 – S82.

[1488] Hale, E. , Schara, N. , Burdick, J. , and Fiorini, P. (2000) "Minimally actuated hopping rover for exploration of celestial bodies," IEEE International Conference Robotics & Automation, pp. 420 – 427.

[1489] Harbick, K. , and Sukhatme, G. (2001) Height Control for a One – legged Hopping Robot Using a

One – dimensional Model (IRIS Technical Report IRIS – 01 – 405), Institute for Robotics and Intelligent Systems, University of Southern California, Los Angeles, CA.

[1490] Scholz, M., Bobbert, M., and van Soest, A. (2006) "Scaling and jumping: Gravity loses grip on small jumpers," J. Theoretical Biology, 240, 554 – 561.

[1491] Confente, M., Cosma, C., Fiorini, P., and Burdick, J. (2002) "Planetary exploration using hopping robots," Proceedings Seventh ESA Workshop on Advanced Space Technologies for Robotics and Automation (ASTRA), Noordwijk, Netherlands.

[1492] Martinez – Cantin, R. (2004) "Bio – inspired multi – robot behaviour for exploration in low – gravity environments," Proceedings 55th International Astronautical Congress, Vancouver.

[1493] Wong, J. (2001) Theory of Ground Vehicles, John Wiley & Sons, New York.

[1494] Elfes, A,, Bueno, S., Berrgerman, M., De Paiva, E., Ramos, J., and Azinheira, J. (2003) "Robotic airships for exploration of planetary bodies with an atmosphere: Autonomy challenges," Autonomous Robots, 14, 147 – 164.

[1495] Barnes, D. et al. (2000) "Investigation into aerobot technologies for planetary exploration," Proceedings Sixth ESA Workshop on Advanced Space Technologies for Robotics and Automation (ASTRA), December 2000, ESA/ESTEC, Noordwijk, The Netherlands, 3.6 – 5.

[1496] Cutts, J., Nock, K., Jones, J., Rodriguez, G., and Balaram, J. (1995) "Planetary exploration by robotic aerovehicles," Autonomous Robots, 2, 261 – 282.

[1497] Blamont, J., and Jones, J. (2002) "New method for landing on Mars," Acta Astronautica, 51 (10), 723 – 726.

[1498] Joshi, S., Nagai, G., and Sullivan, C. (2004) "Planetary navigation architecture for cooperative autonomous ground – air – space robots," Proceedings First AIAA Intelligent Systems Technical Conference, Chicago (AIAA 2004 – 6256), American Institute of Aeronautics and Astronautics, Washington, D.C.

[1499] Pankine, A., Aaron, K., Heun, M., Nock, K., Schlaifer, R., Wyszkowski, C., Ingersoll, A., and Lorenz, R. (2004) "Directed aerial robotic explorers for planetary exploration," Advances in Space Research, 33, 1825 – 1830.

[1500] Jones, J., Saunders, S., Blamont, J., and Yavrouvian, A. (1999) "Balloons for controlled roving/landing on Mars," Acta Astronautica, 45 (4/9), 293 – 300.

[1501] Galeev, A. et al. (1995) "Russian programs of planetary exploration: Mars – 94/98 missions," Acta Astronautica, 35, 9 – 33.

[1502] Lorenz, R. (2008) "Review of balloon concepts for Titan," J. British Interplanetary Society, 61, 2 – 13.

[1503] Hall, J., Kerzhanovich, V., Yavrouian, A., Jones, J., White, C.. Dudik, B., Plett, G., Mannella, J., and Elfes, A. (2006) "Aerobot for global in situ exploration of Titan," Advances in Space Research, 37, 2108 – 2119.

[1504] Jones, J. (2000) "Meeting the challenge to balloon science," Advances in Space Research, 26 (9), 1303 – 1311.

[1505] Rand, J., and Crenshaw, J. (1996) "Superpressure balloon design," Advances in Space Research, 17 (9), 5 – 13.

[1506] Raque, S., and Simpson, J. (1998) "Automated pressure control in pressurized balloon systems," Advances in Space Research, 21 (7), 971 – 974.

[1507] Winker, J. (2002) "Pumpkins and onions and balloon design," Advances in Space Research, 30 (5), 1199 – 1204.

[1508] Yajima, N. (2002) "Survey of balloon design problems and prospects for large superpressure balloons in the next century," Advances in Space Research, 30 (5), 1183 – 1192.

[1509] Jones, W. (1990) "Recent developments and near – term expectations for the NASA balloon programme," AIAA J. Spacecraft, 27 (3), 306 – 311.

[1510] Kerzhanovich, V., Cutts, J., Cooper, H., Hall, J., MacDonald, B., Pauken, M., White, C., Yavrouian, A., Castano, A., Cathey, H. et al. (2004) "Breakthrough in Mars balloon technology," Advances in Space Research, 33, 1836 – 1841.

[1513] Wu, H., Sun, D., and Zhou, Z. (2004) "Micro air vehicle: Configuration, analysis, fabrication and test," IEEE/ASME Trans. Mechatronics, 9 (1), 108 – 117.

[1514] Gursul, I., Taylor, G., and Wooding, C. (2002) Vortex Flows over Fixed Wing Microair Vehicles (AIAA 2002 – 0698), American Institute of Aeronautics and Astronautics, Washington, D. C.

[1515] Goraj, Z. (2000) "Dynamics of a high altitude long duration UAV," ICAS 2000 Congress, pp. 362. 1 – 362. 10.

[1516] Goraj, Z. (2000) "Ultralight wing structure for high altitude long endurance UAV," ICAS 2000 Congress, pp. 476. 1 – 476. 10.

[1517] Hill, W. et al. (2000) "Using microtechnologies to build micro – robot systems," Proceedings ESA Workshop on Advanced Space Technologies for Robotics and Automation 2000, ESA/ESTEC, Noordwijk, The Netherlands.

[1518] Fielding, J., and Underwood, C. (2004) "MASSIVA: Mars surface sampling and imaging VTOL aircraft," J. British Interplanetary Society, 57, 306 – 312.

[1519] Underwood, C., Sweeting, M., and Song, H. (2008) "Design of an autonomous Mars VTOL aerobot," International Astronautics Congress Conference, IAC – 08. A3. 3. B5.

[1520] Kroo, I., Prinz, F., Shantz, M., Kunz, P., Fay, G., Cheng, S., Fabian, T., and Partridge, C. (2001) The Mesicopter: A Miniaturized Rotorcraft Concept, Phase I/II (NIAC Final Report), NASA Institute for Advanced Concepts, Atlanta, GA.

[1521] Colozza, A. (2002) Solid State Aircraft, Phase 1 Project (NIAC NAS5 – 98051 Final Report), NASA Institute for Advanced Concepts, Atlanta, GA.

[1523] Agrawal, A., and Agrawal, S. (2009) "Design of bio – inspired flexible wings for flapping wing micro – sized air vehicle applications," Advanced Robotics, 23, 979 – 1002.

[1524] Shyy, W., Berg, M., and Ljungqvist, D. (1999) "Flapping and flexible wings for biological and micro – air vehicles," Progress in Aerospace Sciences, 35, 455 – 505.

[1525] Michelson, R., and Navqi, M. (2003) "Beyond biologically – inspired insect flight," Low Re Aerodynamics on Aircraft Including Applications in Emerging UAV Technology (RTO AVT von Ka′rma′n Institute for Fluid Dynamics Lecture Series), von Ka′rma′n Institute for Fluid Dynamics, Rode, Belgium.

[1526] Jones, K., and Platzer, M. (2002) "On the design of efficient micro – air vehicles," Proceedings

First International Conference Design & Nature: Comparing Design in Nature with Science & Engineering, Udine, Italy.

[1527] Jones, K., Duggan, S., and Platzer, M. (2001) "Flapping wing propulsion for a microair vehicle," Proceedings 39th Aerospace Sciences Meeting & Exhibition, Reno, Nevada, AIAA - 2001 - 0126.

[1528] Jones, K., and Platzer, M. (2002) "On the design of efficient micro - air vehicles," Proceedings First International Conference Design & Nature, Udine, Italy.

[1529] Jones, K., Bradshaw, C., Papadopoulos, J., and Platzer, M. (2003) "Development and flight testing of flapping wing propelled micro air vehicles," Proceedings Second AIAA Unmanned Unlimited Systems Technologies and Operations Conference & Workshop, San Diego, California, AIAA - 2003 - 6549.

[1530] Jones, K., Bradshaw, C., Papadopoulos, J., and Platzer, M. (2004) "Improved performance and control of flapping wing propelled micro air vehicles," Proceedings 42nd Aerospace Sciences Meeting & Exhibition, Reno, Nevada, AIAA - 2004 - 0399.

[1531] Michelson, R. (2002) "Entomopter," in J. Ayers, J. Davis, and A. Rudolph (Eds.), Neurotechnology for Biomimetic Robots, Bradford Books, MIT Press, Cambridge, MA, pp. 481 - 510.

[1532] Michelson, R. C. (2002) "The Entomopter," in J. Ayers, J. Davis, and A. Rudolph (Eds.), Neurotechnology for Biomimetic Robots, Bradford Books, MIT Press, Cambridge, MA, pp. 481 - 510.

[1533] De Croon, G., Groen, M., de Wagter, C., Remes, B., Ruijsink, R., and van Oudheusden, B. (2012) "Design, aerodynamics and autonomy of the DelFly," Biomimetics & Bioinspiration, 7 (2), 025003.

[1534] De Croon, G., de Clercq, K., Ruijsink, R., Remes, B., and de Wagter, C. (2009) "Design, aerodynamics and vision - based control of the DelFly," Int. J. Micro - Air Vehicles, 1 (2), 71 - 97.

[1535] Kaelbling, L., Littman, M., and Cassandra, A. (1998) "Planning and acting in partially observable stochastic domains," Artificial Intelligence, 101, 99 - 134.

[1536] Roweis, S., and Ghahramani, Z. (1999) "Unifying review of linear Gaussian models," Neural Computation, 11 (2), 1 - 33.

[1537] Eddy, S. (1996) "Hidden Markov models," Current Opinion in Structural Biology, 6, 361 - 365.

[1538] Bahl, L., Jelinek, F., and Mercer, R. (1983) "Maximum likelihood approach to continuous speech recognition," IEEE Trans. Pattern Analysis & Machine Intelligence, 5 (2), 179 - 190.

[1539] Rabiner, L., and Juang, B. (1986) "Introduction to hidden Markov models," IEEE ASSP Magazine, January, 4 - 16.

[1540] Fine, S., Singer, Y., and Tishby, N. (1998) "Hierarchical hidden Markov model: Analysis and applications," Machine Learning, 32, 41 - 62.

[1541] Kaelbling, L., Littman, M., and Cassandra, A. (1988) "Planning and acting in partially observable stochastic domains," Artificial Intelligence, 101, 99 - 134.

[1542] Wang, P. (2004) "Limitation of Bayesianism," Artificial Intelligence, 158, 97 - 106.

[1543] Horvitz, E., Breese, J., and Henrion, M. (1988) "Decision theory in expert systems and artificial intelligence," Int. J. Approximate Reasoning, 2, 247 – 302.

[1544] Grove, A., Halpern, J., and Koller, D. (1994) "Random worlds and maximum entropy," J. Artificial Intelligence Research, 2, 33 – 88.

[1545] Shannon, C. (1948) "Mathematical theory of communications," Bell Systems Technical J., 27, 379 – 423, 623 – 656.

[1546] Kolmogorov, A. (1968) "Logical basis for information theory and probability theory," IEEE Trans. Information Theory, 14 (5), 662 – 664.

[1547] Jaynes, E. (1982) "On the rationale of maximum entropy methods," Proc. IEEE, 70 (9), 939 – 952.

[1548] Jaynes, E. (1968) "Prior probabilities," IEEE Systems Science Cybernetics, 4 (3), 227 – 244.

[1549] Hummel, R., and Landy, M. (1988) "Statistical viewpoint on the theory of evidence," IEEE Trans. Pattern Analysis & Machine Intelligence, 10 (2), 235 – 247.

[1550] Liau, C – J., and Lin, B. (1996) "Possibilistic reasoning: A mini – survey and uniform semantics," Artificial Intelligence, 88, 163 – 193.

[1551] Chandra, K., Gu, D – W., and Postlethwaite, I. (2013) "Square root cubature information filter," IEEE Sensors J., 13 (2), 750 – 758.

（a）全地形六腿地外探测器 （b）战车

图 1-1 带压力舱的月面巡视器原理样机［来源：NASA］（P4）

图 1-2 欧洲的火星生物学巡视器［来源：ESA］（P7）

图 1-3 纳米巡视器［来源：NASA JPL］（P8）

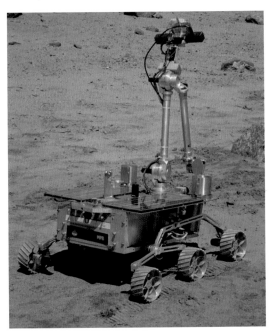

图 1-4 Kapvik 微型巡视器原理样机

[来源：布瑞恩·林奇（Brian Lynch），卡尔顿大学]

（P9）

图 1-5 Kapvik 微型巡视器原理样机

[来源：伊恩·辛克莱（Ian Sinclair），MPB 通信集团]

（P10）

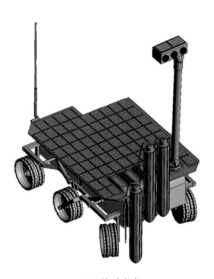

（a）轮系底盘 　　　　　　　　　　　　　　　（b）履带式底盘

图 1-6 带三个垂直钻取机构的先锋火星巡视器的两种方案

[来源：埃利·阿卢伊（Elie Allouis），萨里空间中心]（P12）

（a）峭壁机器人沿峭壁下降 　　　　（b）和（c）Kapvik在测试坡道上进行拉绳上升

图 1-7　［来源：NASA］和［来源：伊恩·辛克莱，MPB 通信集团］（P13）

（a）多岩石地貌 　　　　（b）多沙地貌

图 2-1　火星地貌图［来源：NASA JPL］（P30）

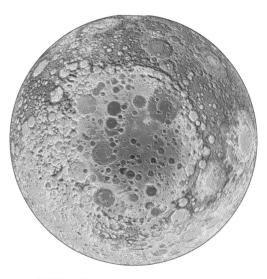

图 2-3　南极艾特肯（SPA）盆地［来源：NASA］（P34）

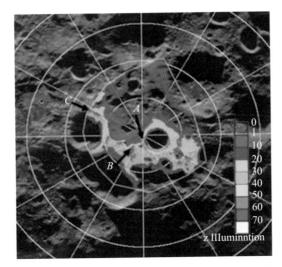

图 2-5　直径 20 km，深 3 km 的沙克尔顿环形山太阳光照百分比图〔来源：NASA〕（P36）

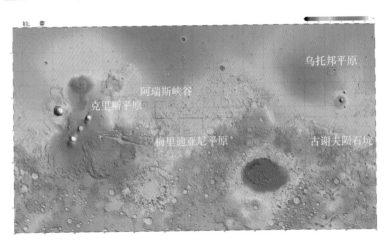

图 2-7　根据 MOLA 数据生成的火星地形图〔来源：NASA〕（P39）

图 2-8　水手号峡谷〔来源：NASA〕（P41）

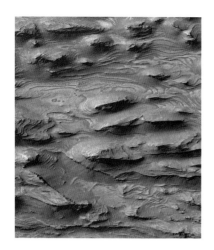

图 2-9　火星上的分层积淀

［来源：NASA］（P44）

图 3-2　阿波罗 LRA

［来源：NASA］（P48）

（a）实物图

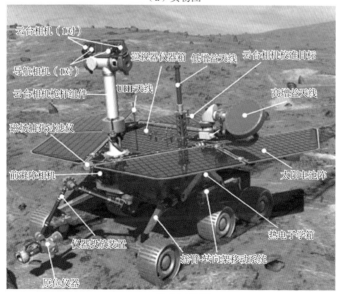

云台相机（1对）

导航相机（1对）　　　巡视器仪器箱　低增益天线　云台相机校准目标

云台相机枪杆组件　　UHF天线　　　　　　　　　　高增益天线

磁场捕获过滤仪

前进障相机　　　　　　　　　　　　　　　　　　太阳电池阵

　　　　　　　　　　　　　　　　　　　　　热电子学箱

仪器投放装置

原位仪器　　　　　摇臂-转向架移动系统

（b）示意图

图 3-4　MER 巡视器［来源：NASA JPL］（P53）

图 3-5 旅居者号、MER 和好奇号 [来源：NASA JPL]（P54）

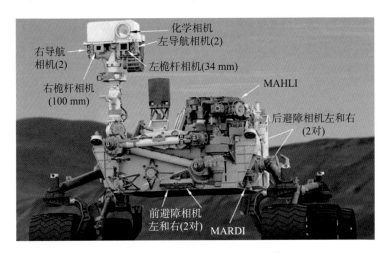

图 3-6 好奇号巡视器 [来源：NASA]（P54）

图 4-1 Kapvik 微型巡视器悬架在渥太华附近的试验场进行试验（P57）

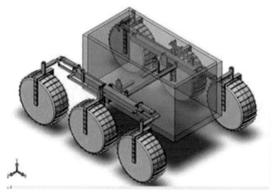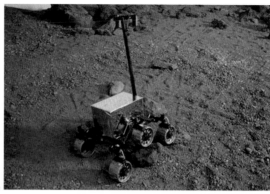

图 4 - 8　RCL - D 六轮底盘［来源：尼尔迪普·帕特尔，萨里空间中心］

以及 ESA 将其装在 Exomader 上的效果图［来源：ESA］（P63）

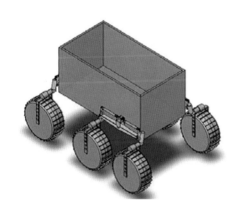

图 4 - 9　RCL - E 六轮底盘［来源：尼尔迪普·帕特尔，萨里空间中心］

以及其装在 ExoMars 上［来源：ESA］（P64）

图 4 - 11　Marsokhod 巡视器结构［来源：NASA］（P66）

图 4 - 12　Nomad 巡视器及其可变形底盘［来源：NASA］（P67）

图 4 - 13　具有可变轮地接触区域的采样返回巡视器样机［来源：NASA JPL］（P68）

图 4 - 14　Urban II 救援机器人［来源：NASA JPL］（P70）

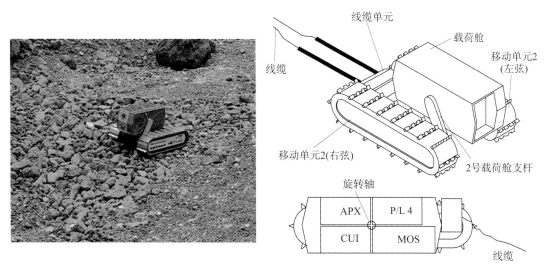

图 4 - 15　Nanokhod 微型巡视器［来源：ESA］（P71）

图 4 - 17　Kapvik 微型巡视器模块化可变底盘设计允许基于履带的底盘的拆装

［来源：卡梅伦·弗雷泽，卡尔顿大学］（P72）

图 4 - 22　MER 车轮结构［来源：NASA JPL］（P91）

图 4 - 23　ExoMars 的弹性车轮［来源：ESA - DLR］（P95）

图 4 - 24　带轮刺的 Kapvik 巡视器 （P97）

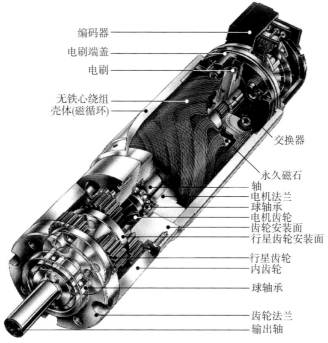

编码器
电刷端盖
电刷
无铁心绕组
壳体(磁循环)
交换器
永久磁石
轴
电机法兰
球轴承
电机齿轮
齿轮安装面
行星齿轮安装面
行星齿轮
内齿轮
球轴承
齿轮法兰
输出轴

图 5 - 1　Maxon Re025 电机图解 ［Maxon 公司允许发表］（P108）

图 5 - 5 Maxon 电机 EPOS 24/1 电机控制器 [来源：马特·克罗斯（Matt Cross），卡尔顿大学]（P114）

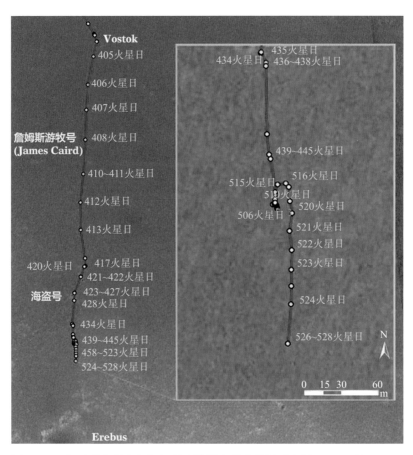

图 5 - 17 机遇号在其巡行期间的高滑转率分布范围 [来源：NASA]（P140）

(a)探路者号

(b)勇气号

(c)勇气号

(d)机遇号

(e)好奇号

图 6 - 1　全景图〔来源：NASA JPL〕（P159）

图 6 - 2　MER 避障相机的图像上的线性辐射校正和颜色畸变〔来源：NASA JPL〕（P160）

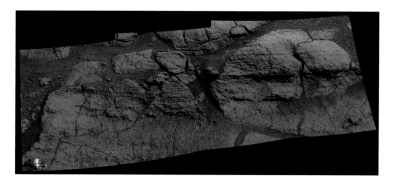

图 6-3 好奇号在 El Capitán 地区得到的镶嵌图像, 表明有水流痕迹 [来源: NASA JPL] (P160)

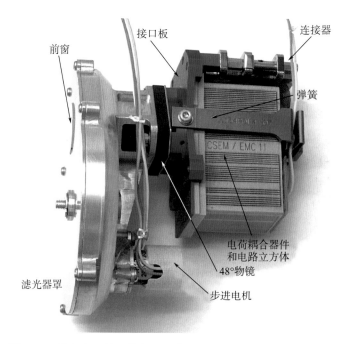

图 6-4 猎兔犬二号立体相机系统 (来源: MSSL-ESA) (P163)

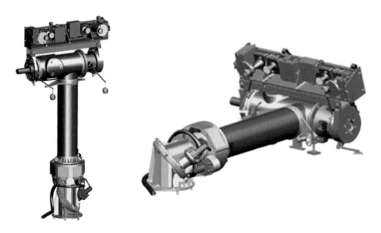

图 6-6 火星巡视器全景相机装置 [来源: NASA JPL] (P165)

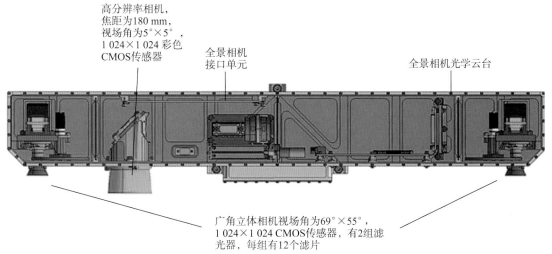

高分辨率相机，
焦距为180 mm，
视场角为5°×5°，
1 024×1 024 彩色
CMOS传感器

全景相机
接口单元

全景相机光学云台

广角立体相机视场角为69°×55°，
1 024×1 024 CMOS传感器，有2组滤
光器，每组有12个滤片

图 6 - 7　ExoMars 全景相机的原型和 ExoMars 安装云台［来源：NASA］（P166）

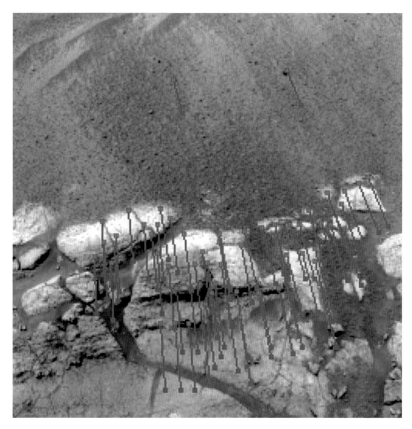

图 7-1　在火星上应用的视觉里程计 ［来源：NASA JPL］（P211）

图 7-2　使用体感传感器的基于视觉里程计的特征流

［来源：巴勃罗·莫利纳（Pablo Molina），卡尔顿大学］（P214）

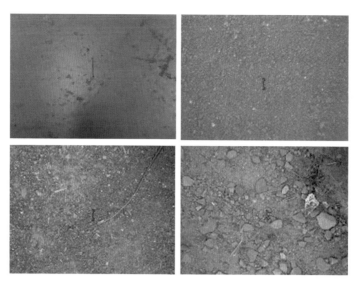

图 7-4 巡视器光流测量测速仪（左上）在水泥表面（右上）沥青面层，（左下）土壤表面，和（右下）
石面［来源：阿达姆·迈克，卡尔顿大学］（P220）

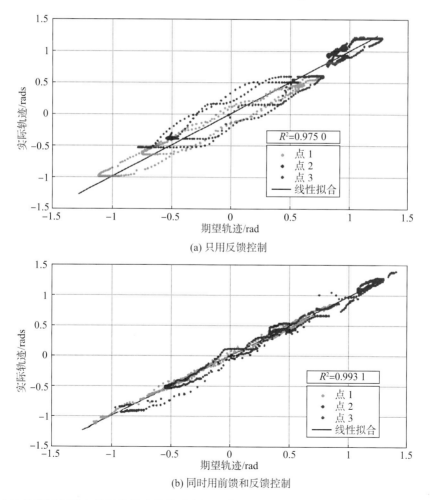

(a) 只用反馈控制

(b) 同时用前馈和反馈控制

图 7-6 在追踪期间相机和目标的轨迹偏差［来源：乔丹·罗斯（Jordan Ross），卡尔顿大学］（P239）

图 8-1　Robonaut 在空间站中使用（左图）和 Robonaut 的半人马外形（右图）（P244）

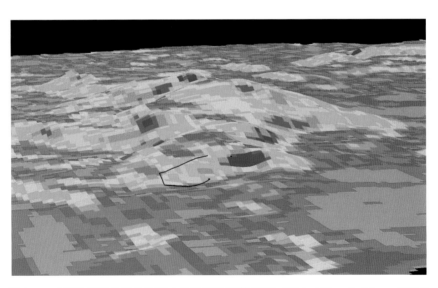

图 8-3　MER 横穿的哥伦比亚山的数字地形构造图（Digital Terrain Map，DTM）

［来源：NASA JPL］（P246）

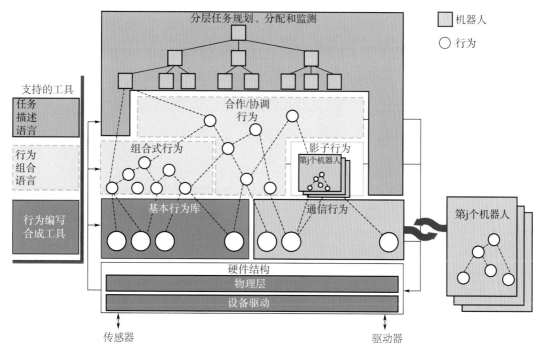

图 8-5　CAMPOUT 机器人结构［来源：NASA JPL］（P261）

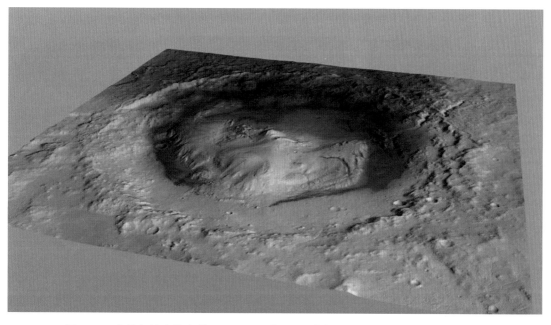

图 9-2　在盖尔撞击坑内的 Mt. Sharp 的 DEM 结构［来源：NASA JPL］（P267）

(a) 布满岩石的不利环境

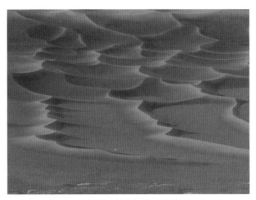
(b) 沙丘地形的恶劣环境

(c) 相对平坦的良性环境

图 9-3　火星地形（来源：NASA）（P269）

图 9-4　使用局部地形表面可通过性的网格估计方法生成的圆弧集合［来源：NASA JPL］（P271）

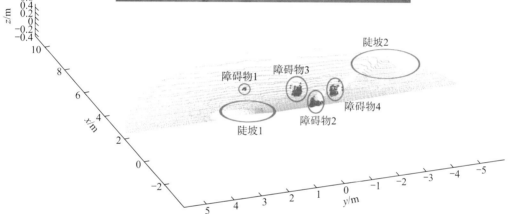

图 9 - 11　FastSLAM 2.0 在皮特里岛测试中检测巡视器的障碍物地图
[来源：罗伯·休伊特，卡尔顿大学]（P298）

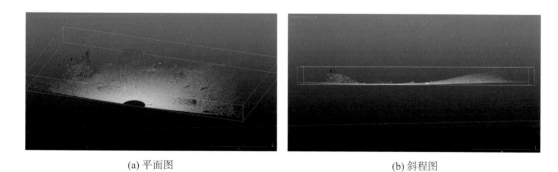

(a) 平面图　　　　　　　　　　　　　　　(b) 斜程图

图 9 - 12　加拿大航天局（CSA）的火星试验场进行的雷达试验，在巡视器前进过程中
FastSLAM 2.0 地形地图 [来源：罗伯·休伊特，卡尔顿大学]（P299）

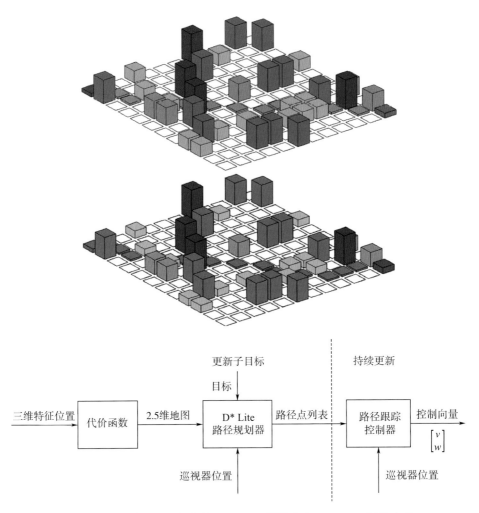

图 10 - 2 离散场上反方向的 D*-Lite 图搜索和 D*-Lite 架构实现

[来源：马克·加仑特，卡尔顿大学]（P304）

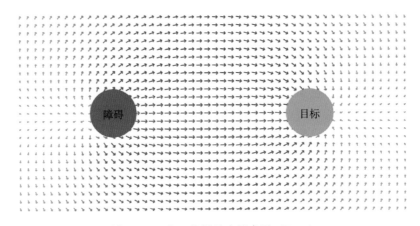

图 10 - 3 人工势场的力示意图（P309）

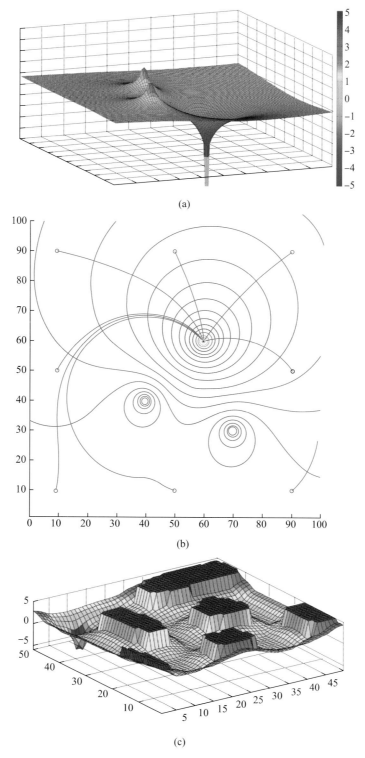

(a)

(b)

(c)

图 10 - 4 （a）和（b）为障碍物的势场；（c）为路径规划生成的典型地形图

［来源：卡梅伦·弗雷泽，卡尔顿大学］（P312）

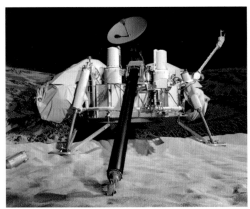

图 11-1　海盗号着陆器（1976）及其样品采集器

［来源：NASA JPL/Smithsonian Air & Space Museum］（P340）

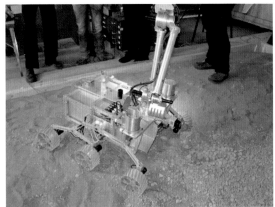

图 11-4　海盗号使用操纵器携带铲斗获取岩石样本［来源：伊恩·辛克莱，MPB 通信集团］（P348）

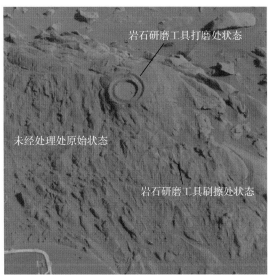

岩石研磨工具打磨处状态

未经处理处原始状态

岩石研磨工具刷擦处状态

图 11-5　MER 岩石研磨工具和其在火星岩石上的研磨情况［来源：NASA JPL］（P350）

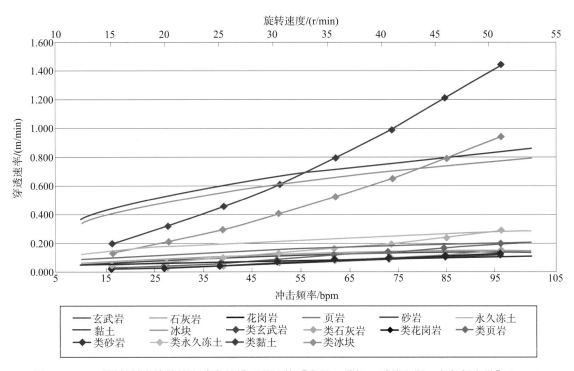

图 11-12　不同材料中旋转钻和冲击钻模型的比较［来源：蒂姆·霍普金斯，卡尔顿大学］（P374）

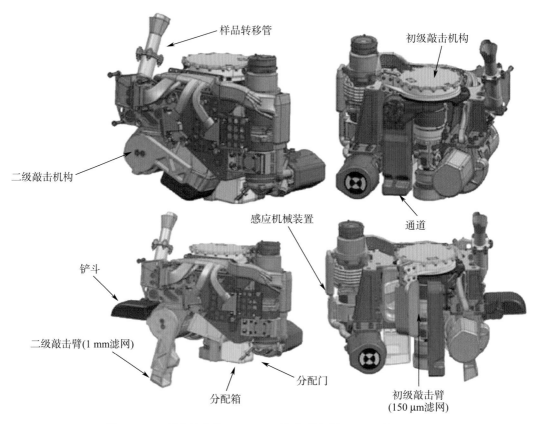

样品转移管

初级敲击机构

二级敲击机构

感应机械装置

通道

铲斗

二级敲击臂(1 mm滤网)

分配门

分配箱

初级敲击臂
(150 μm滤网)

图 11 - 14　好奇号上的 CHIMRA 构造　［来源：NASA］（P382）

图 12 - 1　基于科学研究的巡视器引导　［来源：NASA JPL］（P384）

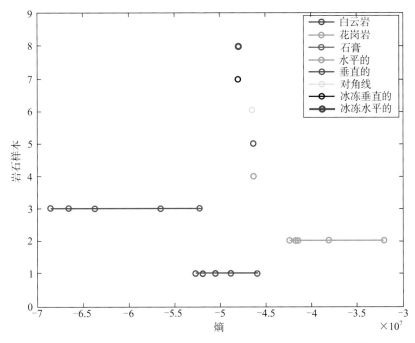

图 12-4 不同岩石的熵测量 ［来源：赫利亚·谢里夫，卡尔顿大学］（P390）

图 12-5 火星"蓝莓" ［来源：NASA］（P391）

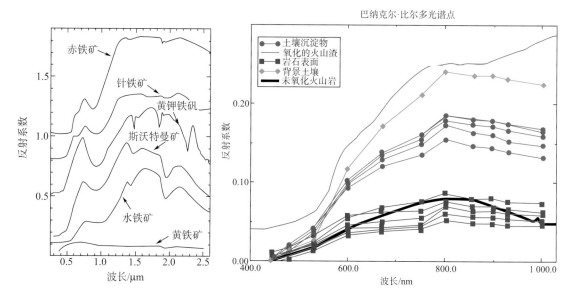

图 12-6　火星上典型的不同岩石类型的电磁反射光谱；为了比较，火星岩石

巴纳克尔·比尔（Barnacle Bill）的 APXS 反射光谱〔来源：NASA〕（P392）

图 12-11　部署在杰夫瑞矿（魁北克州石棉市）的先锋机器人

〔来源：阿拉·卡迪（Ala Qadi），卡尔顿大学〕（P417）

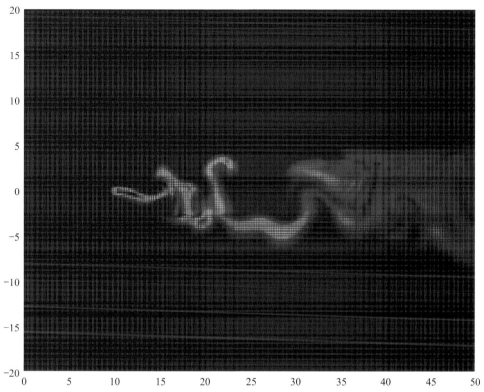

图 12-12　火星甲烷羽流模型［来源：克里斯·尼科尔（Chris Nicol），卡尔顿大学］（P418）

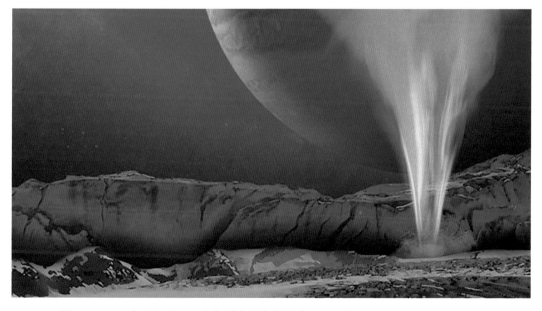

图 13-1　通常认为木卫二冰壳覆盖在液态海洋上，海洋下为硅酸盐覆盖物和铁核

［来源：NASA］（P419）

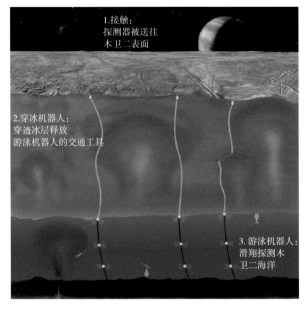

图 13-2 探测木卫二表面的穿冰-游泳机器人的任务概况〔来源：NASA JPL〕（P420）

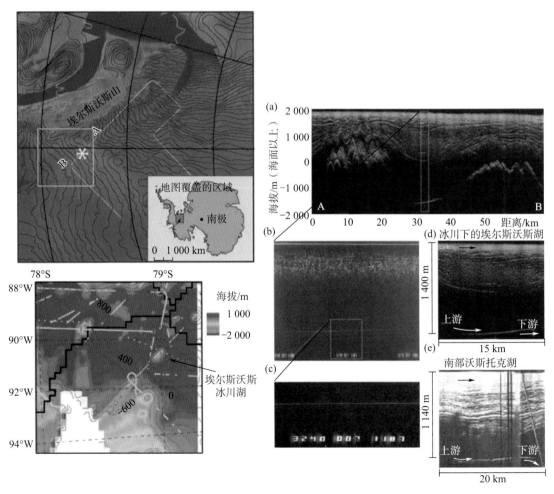

图 13-4 埃尔斯沃斯湖勘测〔来源：马丁·西格特（Martin Siegert）〕（P441）

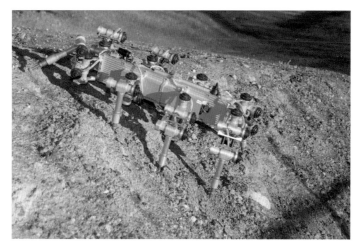

图 14 - 1　八腿的蝎子号机械人［来源：NASA］（P447）

图 14 - 2　蛇形机器人［来源：NASA］（P448）

图 14 - 4　火星气球的部署［来源：NASA］（P454）

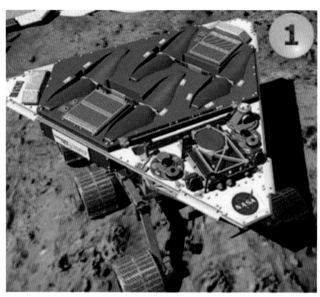

图 14 - 5　虫形飞机从地面巡视器起飞［来源：NASA］（P460）